中国观赏园艺研究进展
（2021）

Advances in Ornamental Horticulture of China, 2021

中国园艺学会观赏园艺专业委员会 ◎ 张启翔　主编

主　编：张启翔

副主编：夏宜平　高俊平　吕英民　包满珠　葛　红

编　委（汉语拼音排序）：

包满珠　包志毅　车代弟　陈发棣　陈龙清　陈其兵
成仿云　戴思兰　董建文　董　丽　范燕萍　高俊平
高亦珂　葛　红　何金儒　何松林　胡永红　黄敏玲
贾桂霞　兰思仁　李玉花　梁建国　刘青林　刘庆华
刘　燕　罗　乐　吕英民　潘会堂　沈守云　石　雷
宋希强　孙红梅　孙振元　王彩云　王　佳　王亮生
王小菁　王　雁　王云山　夏宜平　肖建忠　杨秋生
尹俊梅　于晓南　袁　涛　张启翔　张延龙　赵世伟
郑唐春　周耘峰　朱根发

图书在版编目（CIP）数据

中国观赏园艺研究进展. 2021 / 中国园艺学会观赏园艺专业委员会，张启翔主编. — 北京：中国林业出版社，2021.8

ISBN 978-7-5219-1263-0

Ⅰ. ①中⋯　Ⅱ. ①中⋯ ②张⋯　Ⅲ. ①观赏园艺-研究进展-中国-2021　Ⅳ. ①S68

中国版本图书馆 CIP 数据核字（2021）第 137895 号

出版	中国林业出版社（100009　北京西城区刘海胡同7号）
网址	http：//www.forestry.gov.cn/lycb.html　电话　010-83143562
发行	中国林业出版社
印刷	河北京平诚乾印刷有限公司
版次	2021年11月第1版
印次	2021年11月第1次
开本	889mm×1194mm　1/16
印张	31.25
字数	1071千字
定价	150.00元

前　言

　　花开盛世，国泰民安。花卉产业作为现代高效农林业的重要组成部分，在建设生态文明、美丽中国，助力脱贫攻坚和乡村振兴中持续发挥重要作用。2019年，全国花卉生产面积148.48万hm^2，销售额1793.20亿元，分别较上年增长1.62%和9.40%；主要鲜切花和盆栽植物面积19.64万hm^2，占全球同类生产面积(74.50万hm^2)的26.36%；观赏苗木88.26万hm^2，占全球同类生产面积(116.50万hm^2)的75.76%。产业总体呈现稳中求进，对于创新发展、高质量发展的总体需求和态势日趋明显：面积小幅上涨，单位面积产能增长提速，线上交易量成倍增长；新品种、新产品、新技术的市场响应积极，新花卉、健康衍生产品、三产融合发展的相关业务快速提升，花卉融生产、生态(美丽中国、美丽乡村)、生活(休闲、康养、衍生产品开发加工等)三位一体的产业形态在乡村振兴中显现出蓬勃的生机和活力；政府主导、企业主体、产学研协同创新的体制机制不断完善，企业主动加大创新投入并与大专院校和科研院所积极对接合作协同攻关；植物工厂、容器大苗轻简栽培、精准智慧生产等技术在花卉生产中应用更加广泛……以创新和高质量发展为特色的现代花卉产业特征正逐步显现。

　　四十年接续奋斗，风雨兼程。中国现代花卉产业起步于改革开放，标签了快速扩张、科学发展、高质量发展的时代烙印。产业从无到有，从小到大，发展迅速，实现成为全球第一花卉生产大国的历史性跨越。与此同时，中国的花卉科技也由点及面，由浅入深，由继承传统到融入现代科技内涵，与世界花卉科技逐步实现由萌芽到接轨，到跟跑和部分领域并跑的长足进步。研究领域不断从资源、育种、繁殖、栽培到采后、宜居环境、康养、性状形成等机制研究的深入拓展和实践应用，尤其是近年来花卉分子生物学方面的研究进展迅速，成效显著，逐步接近国际同行的先进水平。无论是产业还是科技，中国正逐步走近世界花卉园艺舞台的中央。

　　2021年极不平凡，步履坚定。"十四五"开局之年，全面开启建设社会主义现代化国家新征程，恰逢建党百年华诞、扬州世界园艺博览会、上海第十届中国花卉博览会等重大活动顺利举办。新时代，新使命，新起点，新征程，直面科技创新"四个面向"和"自立自强""坚决打赢种业翻身仗"等时代课题，中国花卉人依然要坚守"幸福像花儿一样""人民对美好生活的向往就是我们的奋斗目标"的美丽初心，担当"建设美丽中国""振兴民族花卉产业"的历史使命。开好局、起好步，坚持中国特色资源优势，坚持新发展理念，坚持创新发展道路是振兴中国民族花卉产业的必然选择。

　　江南忆，最忆是杭州。2021年中国观赏园艺学术研讨会将于12月在杭州召开，本次大会的主题是"花卉创新与绿色发展"。花卉苗木产业是浙江省传统的农业主导产业之一，随着生态文明和"浙江大花园"建设的深入推进，全省花卉苗木产业在持续发展中壮大，在结构调整中提升，在市场竞争中转型，产业规模、综合效益、发展水平持续走在全国前列，有力地推动了生态建设、经济发展、社会和谐，成为典型的绿色产业、富民产业、美丽产业。2019年和2020年全年花木市场行情基本保持平稳发展，全省花卉生产面积继续保持在230万亩左右，全产业链产值稳定在600亿元以上；绿化苗木份额巨大，占比高达90%；稳规模、调结构、促增长成为全省花卉产业发展的新特点，苗木产能有所收缩，批零贸易、网络销售、花艺服务、私家花园市场等业务持续增长，呈现良好发展态势。

　　秉持初心，继往开来。今年，是中国观赏园艺学术研讨会(2014年之前称"中国园艺学会观赏园艺专业委员会学术年会")自 2000 年以来持续举办的第 22 届学术盛会，全国花卉同行相约杭州，以花为媒，共襄盛举，共谋发展，必将对浙江乃至全国花卉产业创新发展产生积极而深远的影响。配合此次学术会议，组委会编撰并出版《中国观赏园艺研究进展 2021》论文集，收录论文 68 篇。本届学术研讨会由中国园艺学会观赏园艺专业委员会、国家花卉工程技术研究中心、国家花卉产业技术创新战略联盟主办，浙江大学农业与生物技术学院承办，北京国佳花卉产业技术创新战略联盟、国家林业和草原局花卉产业国家创新联盟、国家林业和草原局绣球花产业国家创新联盟、杭州市园林绿化股份有限公司、浙江省园林植物与花卉研究所协办，期间得到国家林业和草原局科技司、中国园艺学会、中国花卉协会、中国林业出版社等单位的大力支持，同时得到国内外同行专家的大力支持以及全国从事花卉教学、科研、生产的专家学者的积极响应，一并表示感谢！由于时间仓促，错误在所难免，敬请读者批评指正！

谨以此书献给为中国观赏园艺事业发展做出重要贡献的人们！

中国园艺学会副理事长、观赏园艺专业委员会主任

2021 年 7 月 10 日

目　录

花卉种质资源与育种

多倍化对铁炮百合性状的影响 ……………………………………………… 秦平然　段苏微　贾桂霞(1)
2b-RAD 简化基因组测序技术鉴别樱花品种 ………………………………………………………… 吕　彤(9)
华中樱叶绿体非编码区多态性标记筛选及遗传多样性 …………………… 严佳文　禹　霖　柏文富等(17)
百子莲种子繁殖群体花部性状变异与聚类分析 …………………………… 申瑞雪　李秋静　吕秀立等(24)
昼夜开花萱草的杂交对后代花期的影响 …………………………………… 刘寒妍　高亦珂　任　毅等(30)
姜花属种质资源遗传多样性的 ISSR 分析 ………………………………… 周熠玮　魏　雪　玉云祎等(35)
毛杜鹃花粉萌发和花粉储藏方法研究 ……………………………………… 王思之　张全程　关文灵(42)
不同倍性萱草杂交育种研究 ………………………………………………… 吕　奕　关春景　崔毓萱等(47)
拟鸢尾系(Series Spuriae)杂交育种初探 …………………………………… 肖建花　王鑫姿　范诸平等(51)
八仙花远缘杂交及其亲和性分析 …………………………………………… 刘　涵　吕　彤　陈　月等(56)
大花葱'大使'多倍体诱导初步研究 ………………………………………… 周园园　尹　思　陈语涵等(64)

花卉生理学研究

一年生花卉对土壤镍污染的响应 …………………………………………… 朱妙馨　张灵巧　巫丽华等(69)
不同浓度 Cu^{2+} 对百日菊种子萌发及响应的研究 ………………………… 刘翰升　赵春莉　黄　靖等(77)
矮壮素对永福报春苣苔生理特性的影响 …………………………………… 何　栋　姚晓妍　史莹莹等(82)
北京立体花坛可用 7 种植物耐旱性评价 …………………………………… 乔　鑫　蓝海浪　李进宇等(89)
不同类型废弃土壤对景天属植物生理的影响 ……………………………… 白舒冰　关雯雨　张　瑜等(99)
八仙花品种抗寒性评价研究 …………………………………………………… 章　敏　吕　彤　吕英民(108)
7 种滨岸带湿地潜力树种耐水湿能力分析 ………………………………… 章晓琴　李　娜　马婷婷等(121)
Zn 胁迫对 2 种景天属植物生长和生理的影响 ……………………………… 关雯雨　白舒冰　孔令旭等(127)
磷水平对小菊生长开花的影响 ……………………………………………… 邱丹丹　杨秀珍　陈嘉琦等(134)
油葵 Helianthus annuus 对镉铅复合污染的生长生理响应 ………………… 韩文佳　杨秀珍　刘景絮等(139)
荷包牡丹 Dicentra spectabilis (L.) 催花技术初探 ………………………… 刘景絮　韩文佳　陈嘉琦等(145)
不同浓度蔗糖对八仙花切花保鲜效果的影响 ……………………………… 李　琴　侯　艳　张文城(151)
BTH 对百合瓶插品质及花香物质释放的影响 ……………………………… 郭子雨　郭彦宏　石雪珺等(160)
桂花开放过程中的细胞超微结构变化及 CCD1 基因表达 ………………… 蔡　璇　邹晶晶　曾祥玲等(166)
褪黑素对牡丹切花的采后保鲜效果研究 …………………………………… 凌　怡　孔　鑫　张丽丽等(173)
芙蓉菊与甘菊杂交后代的耐盐性评价 ……………………………………… 刘　淼　王彩侠　梁苡琳等(179)
干旱胁迫下外源海藻糖对菊花叶片 ASA-GSH 循环的影响 ……………… 梁苡琳　刘　淼　巴亭亭等(187)
6 种绣球品种对低温胁迫的生理响应 ……………………………………… 曹　贺　陈爱昌　杨　宁等(198)

'飞黄'玉兰花香成分及主要释放部位研究 ……………………………………… 林洋佳　刘秀丽(203)
金叶含笑开花特性与繁育系统研究 …………………………………… 张峥　邵凤侠　肖玉洁　等(209)
外源喷施乙酸对杜鹃黄化叶片复绿及叶绿素荧光参数的影响 ………… 毛静　童俊　徐冬云　等(216)
盐碱胁迫对蜡梅种子萌发及生理特性的影响 …………………………… 任安琦　罗燕杰　禹世豪　等(222)

花卉繁殖技术

黑果枸杞(Lycium ruthenicum)组培快繁技术研究 …………………… 苏源　曾文静　王四清(228)
糯米条华北地区嫩枝扦插技术研究 …………………………………… 王啸博　郭伟　乔鑫　等(235)
反季节栽培下氮营养水平对小菊'东篱娇粉'(Chrysanthemum morifolium 'Donglijiaofen')生长发育的影响
　　…………………………………………………………………………… 陈嘉琦　邱丹丹　杨秀珍　等(243)
温度、光照、赤霉素和不同储藏方式对丁香种子萌发的影响 …………………… 钟玉婷　赵冰(248)
IBA对3种丁香扦插生根的影响 ……………………………………… 钟玉婷　赵冰　付丽童(257)
两种委陵菜属植物种子发芽对温度的响应 ……………………………… 张浩然　关雯雨　孔令旭　等(263)
3个短生育期百合新种质高效组培体系的初建 ………………………… 谭平宇　高丽　贾桂霞(268)
不同光质比对微型蝴蝶兰试管苗形态建成的影响 ……………………………… 吴小梅　张黎(276)
岷江百合种子萌发及组织培养的初探 …………………………………… 陈佳伟　张倩　贾桂霞(281)
华北珍珠梅花芽分化观察及修剪对二次开花的影响 ………………… 郭伟　王啸博　袁涛(286)
白刺花种子的硬实性及吸水特性 ……………………………………… 韦秋莹　徐珂　蒋雨萌　等(293)
一串红与鼠尾草属2种植物远缘杂交胚挽救研究 ……………………… 王俊力　王红利　葛秀秀　等(301)
酸蚀处理和采收时间对鸡麻种子萌发的影响 …………………………… 徐珂　刘佳欣　袁涛(307)
不同植物生长抑制剂处理对山茶矮化栽培的影响 ……………………… 孙映波　于波　刘小飞　等(315)
四种野生杜鹃属植物组培快繁体系研究 ……………………………… 罗程　黄文沛　王馨婕　等(319)

花卉分子生物学

大花铁线莲'薇安'转录组结构分析及激素信号转导相关基因挖掘 ………………… 王莹　王锦(331)
梅花糖基转移酶基因PmGT72B1克隆及表达模式分析 ………………… 李世琦　张曼　郑唐春　等(342)
东方百合遗传转化受体研究 …………………………………………… 陈月　刘涵　郑雨婷　等(349)
梅花GRF家族基因的鉴定与生物信息分析 …………………………… 程文辉　李平　邱丽珂　等(355)
牡丹AP2/ERF转录因子PsRAV1的克隆与生物信息学分析 …………… 马玉杰　何春艳　成仿云(362)
金钱树实时荧光定量PCR内参基因筛选 ……………………………… 张欢　侯志文　何文英　等(369)
芍药属远缘杂交胚败育植物激素信号转导通路分析 ………………… 贺丹　张明星　曹健康　等(376)
芍药PlABCF3基因的表达分析与亚细胞定位 ………………………… 贺丹　曹健康　张佼蕊　等(382)
桂花花瓣基因瞬时转化体系建立 ……………………………………… 席婉　朱琳琳　袁金梅　等(388)

花卉应用研究

京西煤矿废弃地植被构成特征的微地形分异 …………………………………… 曹钰　董丽(393)
弃耕群落时空动态视角下生态种植设计方法探究 ……………………………… 徐俊　高亦珂(404)
植物识别APP对园林植物基础课程影响研究 ………………………… 张秦英　王一祎　彭耀凯(412)
北京三山五园地区植被覆盖度时空演变及其地形响应关系 …………… 夏天　蓝海浪　刘丹丹　等(421)
基于CiteSpace的石蒜属植物可视化分析 ……………………………… 马美霞　魏绪英　张绿水　等(430)
紫叶李的减噪特性与效果研究 ………………………………………… 陈瑞珉　陈仿　王明月　等(439)

露天开采矿山生态修复技术模式与效益评价——以唐山文喜采石场为例 …… 孔令旭　叶一又　张岳等（446）
北京市立体花坛应用调查与分析 ………………………………… 乔鑫　蓝海浪　刘秀丽（454）
上海市公园绿地花境植物应用分析 ……………………………… 秦诗语　吴瑾　张亚利等（466）
北京奥林匹克森林公园健康步道中不同植物群落的空气负离子效益研究……… 张灿　孟子卓　夏笛等（471）
郑州市森林公园植物景观调查 …………………………………… 陈乐　陈启航　徐言等（479）
我国花卉团体标准建设的思考 …………………………………… 何金儒　王佳　张启翔（488）

多倍化对铁炮百合性状的影响

秦平然　段苏微　贾桂霞[*]

(花卉种质创新与分子育种北京市重点实验室，国家花卉工程技术研究中心，城乡生态环境北京实验室，园林环境教育部工程研究中心，林木花卉遗传育种教育部重点实验室，园林学院，北京林业大学，北京 100083)

摘要　研究百合加倍后各性状的变化，为百合多倍体育种提供生长数据。本研究以铁炮百合及其加倍后的四倍体为材料，比较它们在不同继代培养次数后的分化、增殖和生根情况，同时对两种倍性百合的光合色素、气孔特性、叶片横截结构和不同糖浓度下的生长情况进行了统计分析。5 次继代培养后，四倍体在 0 次继代培养分化过程中存在的滞后情况得到明显改善，生根率和生根长度也得到恢复，而四倍体的增殖能力仍与二倍体存在显著差异，同时多次继代培养对二倍体无显著影响；最适四倍体和二倍体鳞茎生长的蔗糖浓度不同，四倍体在 60g/L 时根茎叶的整体生长情况最佳，而二倍体在 90g/L 时整体根茎叶的表现最佳；四倍体叶绿素 a 含量显著低于二倍体，因此四倍体的叶绿素总量也显著降低；四倍体的气孔显著增大，单位视野内的气孔数显著变少；叶片厚度显著大于二倍体，主要表现为海绵组织和栅栏组织的显著增厚以及上下表皮细胞的显著增大。用来诱导植物加倍的试剂对四倍体的毒害作用经过 5 次继代培养后有所降低，但完全消失仍旧需要更长的时间；二倍体和四倍体在光合色素、气孔特性和叶片结构方面均存在显著差异。这些差异为铁炮百合四倍体的扩繁和离体条件下的生长表现提供理论数据。

关键词　铁炮百合；四倍体；组织培养；生长差异

The Influence of Polyploidization on the Characters of *Lilium longiflorum*

QIN Ping-ran　DUAN Su-wei　JIA Gui-xia[*]

(*Beijing Key Laboratory of Ornamental Plants Germplasm Innovation & Molecular Breeding, National Engineering Research Center for Floriculture, Beijing Laboratory of Urban and Rural Ecological Environment, Engineering Research Center of Landscape Environment of Ministry of Education, Key Laboratory of Genetics and Breeding in Forest Trees and Ornamental Plants of Ministry of Education, School of Landscape Architecture, Beijing Forestry University, Beijing 100083, China*)

Abstract　This paper aims to explore the changes in various traits of doubled lily to provide growth data for lily polyploid speeding. This study used *Lilium longiflorum* and its tetraploid as materials to compare their differentiation, proliferation and rooting after different times subculture. At the same time, the photosynthetic pigment, stomatal characteristics, the leaf structure and growth under different sugar concentrations were statistically analyzed. After 5 times subculture, the lag of tetraploid in the differentiation process of 0 times subculture was significantly improved, and the rooting rate and root length were also restored, while the proliferation ability still existed significant differences with diploid. The difference between multiple subcultures at the same time has no significant effect on diploid; The optimal sucrose concentration for tetraploid and diploid bulb growth is different. The overall growth of roots, stems and leaves is the best for tetraploid is 60g/L, while the best for diploid

---

1　基金项目：林业科学技术推广项目(2019-05)和国家自然科学基金(31772348)。
　第一作者简介：秦平然。主要研究方向：花卉种质创新与育种。E-mail：15663431736@163.com；地址：100083 北京市海淀区清华东路 35 号北京林业大学园林学院。
　*通讯作者：贾桂霞，教授。主要研究方向：花卉种质创新与育种。E-mail：gxjia@bjfu.edu.cn；地址：100083 北京市海淀区清华东路 35 号北京林业大学园林学院。

is 90g/L; The chlorophyll a content of tetraploid is significantly lower than diploid, so the total chlorophyll of tetraploid is also significantly reduced; The stomatal of tetraploid has been significantly enlarged, and the number of stomata in the unit field of view is significantly reduced; The leaf of tetraploid thickness are also significantly larger than diploid, which is mainly manifested by the significant thickening of sponge tissue and palisade tissue, and the significant increase of epidermal cells. The toxic effect of reagents used to induce plant doubling on tetraploid has been reduced after 5 subcultures, but it still takes longer to completely disappear; Diploid and tetraploid have significant differences in photosynthetic pigment, stomata and leaf structure. These research differences will provide theoretical data for the multiplication the tetraploid of *Lilium longiflorum* and the growth performance in vitro conditions.

Key words *Lilium longiflorum*; Tetraploid; Tissue culture; Growth difference

多倍体育种在植物中是重要的育种手段之一。体细胞内染色体组的增加，可以有效地改变植物的观赏性、抗性、育性以及杂交亲和性等(瞿素萍 等，2003)。多倍体除了通常表现出的器官巨大性外(张计育 等，2009)，也会造成生长节奏的改变。目前在多种植物中，已经发现了多倍体在离体条件下分化生长缓慢(张锡庆 等，2017)，移栽后花期提前(贺水莲 等，2017)或延迟，但经过几个世代后恢复(Podwyszyńska *et al.*，2018；Podwyszyńska *et al.*，2015；李萌 等，2019；Husband *et al.*，2008；Xue *et al.*，2017)等现象。

前人研究发现，植物在经过秋水仙素诱导加倍后，由于加倍试剂的毒害作用，在初次继代培养期，会出现生长发育缓慢等现象(段苏微，2019)，经过多次的继代培养后，四倍体的生长速率会恢复至二倍体水平甚至超越二倍体。OT(*Oriental* × *Trumpet*)百合加倍后的四倍体材料初期出现了鳞片在分化前先愈伤化的现象，且分化过程中植株生根较慢甚至不生根，与二倍体的分化过程差异较大，但在经过多次的继代培养后，秋水仙素的毒害作用降低甚至消失，四倍体恢复至二倍体的生长水平(张锡庆，2017)。除此之外，杨英杰在对细叶百合加倍后也发现，多倍体在早期生长过程中生长发育迟缓，但经过20d的培养后，四倍体植株开始加速生长(杨英杰 等，2013)。

四倍体在气孔、叶片结构和光合色素等方面也有一定的变化。张锡庆对OT百合的研究中发现，四倍体OT百合的气孔密度显著小于二倍体，气孔长度显著大于二倍体(张锡庆，2017)。在南川百合的四倍体中也有相同现象，四倍体气孔长度和宽度均显著大于二倍体，密度显著小于二倍体，此外对气孔特征和倍性水平进行相关性分析，结果表明气孔长度、宽度和密度都与倍性水平存在显著相关性(Lian *et al.*，2019)。在芋头的四倍体(Wulandari *et al.*，2020)和矮牵牛的多倍体中(蒋卉 等，2019)也呈现了气孔长度随着倍性的增加而增加等特征。另外在杂种百合FO(*Formolongi* × *Oriental*)四倍体中，叶绿素和类胡萝卜素的含量更高，且表皮和海绵组织也显著厚于二倍体(Qinzheng *et al.*，2018)。对多倍体枇杷叶片结构的分析中表明，多倍体栅栏组织、海绵组织等细胞组织的厚度增加，且与植物的抗旱性存在一定的相关性(温国 等，2019)。

荷兰等欧美国家多倍体育种起步较早，1940年诱导出了世界上第一株多倍体百合，到20世纪末，荷兰已经形成了一套完善的多倍体育种技术，并且获得了大量的百合杂种系(Tuyl，1989；Emsweller and Philip，1940)。我国虽然拥有众多的百合资源，但是育种起步较晚(周晓杰，2009)，近些年多倍体育种逐渐成为热点，但大部分研究都集中在诱导方法和结果鉴定等方面，对加倍后的生长及生理的差异报道相对较少。铁炮百合(*Lilium longiflorum*)在西方被作为复活节百合广泛使用，同时也是非常重要的育种资源，且抗寒性不足，导致铁炮百合在国内尤其北方地区的种植受到限制(周莹，2012)。因此，本研究利用铁炮百合二倍体和秋水仙素诱导获得的四倍体，分别对不同继代次数的二倍体和四倍体铁炮百合在分化、增殖、生根和养球阶段的生长特性进行了研究，来探究加倍材料在组培扩繁阶段的生长表现，同时对不同倍性百合的光合色素、叶片结构和气孔进行了观察统计，为铁炮百合四倍体种质的扩繁及多倍体育种提供了理论数据。

1 材料和方法

1.1 材料

课题组前期利用秋水仙素对铁炮百合进行诱导加倍，并利用流式细胞术和观察染色体数量等方法进行鉴定，获得了离体条件下的四倍体植株(段苏微，2019)。本研究以二倍体和四倍体铁炮百合为材料，试验于2019年3月至2020年12月进行。

1.2 方法

1.2.1 分化能力

诱导后并鉴定为四倍体的鳞片和同培养期的二倍体鳞片作为该试验继代0次的材料，继代培养间隔为30d，5次继代培养后获得的材料作为该试验继代5次的材料。

将大小和生理状态一致的铁炮百合二倍体和四倍体鳞片在超净工作台内接种到分化培养基中（MS+6-BA 2mg/L + NAA 0.1mg/L + Sugar 30g/L，pH=5.8），每处理10片，3次重复。由前期的培养试验可知，铁炮百合二倍体鳞片一般在分化培养基上最早7d左右开始发生卷曲等变化，15d左右开始明显膨大，20d左右开始进行芽点分化，40d时丛生芽处于旺盛生长期。因此本研究中分别于继代0次和继代5次后的第10d、20d和40d统计鳞片分化情况，将分化过程中的鳞片状态分为4个类型，分别为无变化型、基部膨大型、长芽点型和长不定芽型，并计算各状态类型鳞片数占总鳞片数量的百分比。

$$各状态类型鳞片占比 = \frac{各状态类型的鳞片数}{总鳞片数} \times 100\%$$
（1）

1.2.2 增殖能力

将1.2.1分化试验中继代0次和继代5次获得的丛生芽作为增殖实验中的材料。挑选大小一致且继代次数不同的二倍体和四倍体丛生芽分别接种到培养基（MS + 6-BA 2mg/L + NAA 0.1mg/L + Sugar 30g/L，pH=5.8），每重复10株，3次重复，接种30d后，统计丛生芽数量并计算增殖系数。

$$增殖系数 = \frac{30d后丛生芽数量}{初始丛生芽数量} \times 100\%$$（2）

1.2.3 生根能力

将1.2.1分化试验中继代0次和继代5次得到的二倍体和四倍体丛生芽接种到养球培养基上（MS + NAA 0.1mg/L + Sugar 60g/L，pH=5.8），得到的小鳞茎作为生根试验的材料。挑选大小一致的二倍体和四倍体小鳞茎（直径约0.5cm）分别接种到生根培养基中（MS + NAA 0.1mg/L + Sugar 30g/L，pH=5.8），每重复10个鳞茎，3次重复，统计30d后的生根率、生根数量、生根重量和生根长度。生根重量利用天平测出每个鳞茎所有根的总重量，生根长度是从每个鳞茎长度较统一的根中挑选出，用游标卡尺进行测量。

$$生根率 = \frac{染深红色花粉数生根的鳞茎数量}{总鳞茎数量} \times 100\%$$
（3）

1.2.4 不同糖浓度下不同倍性鳞茎生长情况

以大小一致（直径约0.5cm，重量约0.015g）的铁炮百合二倍体和四倍体小鳞茎为材料，分别接种到培养基（MS + NAA 0.1mg/L + sugar 60、90和120g/L，pH=5.8）上，每个重复3个鳞茎，3次重复，60d后统计鳞茎的直径、鳞茎重量以及叶片和根部的各项生长指标，并进行分析。

1.2.5 不同倍性的叶片光合色素含量的测定

将0.1g左右（电子天平称量记录具体重量）的二倍体和四倍体铁炮百合的叶片剪成小碎片，浸入10ml 95%的乙醇溶液中，并保存在黑暗条件下。当叶片浸泡至完全白色时（约36h），用分光光度计测量其在665、649和470nm波长时的值，分别计算出叶绿素a、叶绿素b和类胡萝卜素的含量（冯双华，1997）。

1.2.6 不同倍性气孔的比较

撕取二倍体和四倍体叶片的下表皮结构，制成玻片，3次重复。在显微镜（Leica DM500，Heerhrugg，Switzerland）的10×和40×镜头下进行观察拍照，然后用Adobe Photoshop统计其单位视野内的气孔数，并测量气孔长度与宽度。

1.2.7 不同倍性叶片结构和气孔的比较

选取长势相同的二倍体和四倍体叶片，在其中部剪出3mm×3mm的片段，立即放入70%的FAA溶液中进行固定，经过脱水、浸蜡和番红固绿染色得到叶片的横截面切片（康海岐等，2008）。在显微镜（Leica DM500，Heerhrugg，Switzerland）的5×镜头下对其进行观察拍照，然后用Adobe Photoshop测量叶片厚度、叶肉厚度、上下表皮厚度、栅栏组织和海绵组织厚度，并统计单位长度内维管束的数量。每个照片随机选取3个点或区域，3次重复。

1.3 数据分析

将统计数据利用SPSS（方差分析 2012）工具进行差异显著分析，多重比较的方法为Duncan氏新复极差法。

2 结果与分析

2.1 继代次数对不同倍性百合鳞片分化能力的影响

分别在接种后的第10d、20d和40d对继代0次和继代5次的试管鳞片分化能力进行了调查。

2.1.1 继代次数对不同倍性的百合鳞片分化10d时的影响

分化培养10d时，继代0次的四倍体鳞片多处于无变化型的状态，占比71.11%±1.92%，而二倍体多处于基部膨大型的状态，占比47.78%±3.80%，说明倍性的改变使得四倍体鳞片的分化启动滞后于二倍体鳞片。

但经过5次继代后，四倍体鳞片和二倍体鳞片处于基部膨大型的占比分别为39.58%±64.77%和40.63%±6.30%，二者无显著差异，说明多次继代培养使得四倍体的分化启动的滞后性得到恢复。同时，多次继代培养对二倍体的分化过程无显著影响。

表1 继代0次和继代5次二倍体和四倍体鳞片在第10d时的各分化状态类型占比

Table 1 Proportion of each type of differentiation state of diploid and tetraploid scales at the 10d after 0 and 5 times subcultures

材料	无变化型占比(%)	基部膨大型占比(%)	长芽点型占比(%)	长不定芽型占比(%)
继代0次二倍体	32.22±1.92cC	47.78±3.80aA	20.00±3.33aA	0.00±0.00aA
继代0次四倍体	71.11±1.92aA	14.44±1.92bB	14.44±3.85aA	0.00±0.00aA
继代5次二倍体	33.33±6.51cC	39.58±4.77aA	27.08±3.61aA	0.00±0.00aA
继代5次四倍体	48.96±4.80bB	40.63±6.30aA	10.42±3.60bB	0.00±0.00aA

注：不同大小写字母代表差异极显著($P<0.01$)和显著($P<0.05$)。

2.1.2 继代次数对不同倍性百合鳞片分化20d时的影响

四倍体鳞片和二倍体鳞片在继代0次时的无变化型占比分别是40.00%±6.67%和0.00%±0.00%，二者差异显著，说明在0次继代后二倍体全部开始启动分化时，四倍体的大部分鳞片仍处于无变化的状态。

经过5次继代后，四倍体鳞片与二倍体鳞片状态一样，大部分处于长芽点型状态，分别是47.92%±11.0%和53.13%±5.41%，二者无显著差异，说明四倍体鳞片在多次继代培养后启动长芽点的时间恢复至二倍体鳞片的水平。

另外，二倍体鳞片在继代5次后长不定芽型占比与继代0次相比有显著差异，说明继代培养次数会对二倍体20d时的鳞片分化进程有一定的影响。

表2 继代0次和继代5次二倍体和四倍体鳞片在第20d时的各分化状态类型占比

Table 2 Proportion of each type of differentiation state of diploid and tetraploid scales at the 20d after 0 and 5 times subcultures

材料	无变化型占比(%)	基部膨大型占比(%)	长芽点型占比(%)	长不定芽型占比(%)
继代0次二倍体	0.00±0.00bB	10.00±3.33bB	45.56±1.92aA	44.44±5.09aA
继代0次四倍体	40.00±6.67aA	28.89±1.92aA	20.00±3.33bB	11.11±3.85bB
继代5次二倍体	8.33±4.77bB	18.75±5.41bB	53.13±5.41aA	27.08±4.77bB
继代5次四倍体	12.50±3.10bB	33.33±4.80aA	47.92±11.00aA	6.25±3.10bB

注：不同大小写字母代表差异极显著($P<0.01$)和显著($P<0.05$)。

2.1.3 继代次数对不同倍性百合鳞片分化40d时的影响

继代0次后分化的第40d时，二倍体鳞片和四倍体鳞片处于长丛生芽状态的占比分别是65.56%±3.85%和34.44%±8.39%，差异极显著，说明继代0次的四倍体鳞片分化进程仍滞后于二倍体。

但经过5次继代培养后，二倍体和四倍体鳞片处于长丛生芽状态的占比分别是85.42%±6.51%和90.63%±16.50%，二者无显著差异，说明四倍体因为多次继代培养后分化出的丛生芽数量恢复正常，甚至略优于二倍体的分化情况。

表3 继代0次和继代5次二倍体和四倍体鳞片在第40d时的各分化状态类型占比

Table 3 Proportion of each type of differentiation state of diploid and tetraploid scales at the 40d after 0 and 5 times subcultures

材料	无变化型占比(%)	基部膨大型占比(%)	长芽点型占比(%)	长不定芽型占比(%)
继代0次二倍体	0.00±0.00bB	0.00±0.00bB	34.44±8.39aA	65.56±3.85bB
继代0次四倍体	24.44±1.92aA	16.67±3.33aA	24.44±6.94aA	34.44±8.39cC
继代5次二倍体	0.00±0.00bB	2.08±3.61bB	7.29±3.61bB	85.42±6.51aA
继代5次四倍体	1.04±1.80bB	1.04±1.80bB	7.29±1.80bB	90.63±16.50aA

注：不同大小写字母代表差异极显著($P<0.01$)和显著($P<0.05$)。

2.2 继代次数对不同倍性百合丛生芽增殖能力的影响

继代0次二倍体的增殖系数为6.01±0.32，而四倍体仅有3.41±0.47，说明继代0次时四倍体的增殖能力显著弱于二倍体。经过多次继代培养后，二倍体的增殖系数为5.87±1.00，而四倍体的增殖系数为3.90±0.96，四倍体的增殖能力仍显著弱于二倍体。同时，多次继代培养对二倍体的增殖能力无显著影响。

表4 继代0次和继代5次的不同倍性丛生芽在第60d时的增殖情况

Table 4 Proliferation of cluster buds of different ploidies after 0 times and 5 times subcultures at the 60d

材料	数量(个)	增殖系数
继代0次二倍体	30.00	6.01±0.32aA
继代0次四倍体	30.00	3.41±0.47bB
继代5次二倍体	30.00	5.87±1.00aA
继代5次四倍体	30.00	3.90±0.96bB

注：不同大小写字母代表差异极显著($P<0.01$)和显著($P<0.05$)。

2.3 继代次数对不同倍性百合鳞茎生根能力的影响

继代0次的二倍体和四倍体鳞茎生根率分别是100.00%±0.00%和73.33%±3.34%，二者差异极显著。继代5次后二倍体和四倍体的鳞茎生根率分别是96.67%±10.85%和93.33%±0.52%，二者差异不显著，说明多次继代培养后四倍体的生根率恢复至正常水平。生根长度和生根率有同样的趋势。

另外，继代5次后的二倍体和四倍体的生根数量分别是5.63±0.99根和3.67±0.81根，差异极显著，说明继代5次后四倍体的生根数量仍极显著小于二倍体。继代0次时和继代5次时四倍体生根重量分别是17.18±1.37mg和30.67±4.56mg，二者差异极显著，说明多次继代培养对四倍体的生根重量有显著的恢复作用，但仍旧显著低于同期的二倍体。

表5 继代0次和继代5次的不同倍性鳞茎在30d时的生根情况

Table 5 Rooting status of bulbs of different ploidides 0 times and 5 times subcultures at the 30d

材料	生根率(%)	生根数量(根)	根重(mg)	根长(mm)
继代0次二倍体	100.00±0.00aA	5.97±0.09aA	53.38±3.47aA	11.36±0.08aA
继代0次四倍体	73.33±3.34bB	2.37±0.29bB	17.18±1.37cC	8.98±0.26bB
继代5次二倍体	96.67±10.85aA	5.63±0.99aA	55.57±6.12aA	12.00±2.77aA
继代5次四倍体	93.33±0.52aA	3.67±0.81bB	30.67±4.56bB	11.28±2.19aA

注：不同大小写字母代表差异极显著($P<0.01$)和显著($P<0.05$)。

2.4 不同倍性铁炮百合鳞茎在不同糖浓度下的生长差异

二倍体在糖浓度为90g/L时整体生长态势最好（图1b）。鳞茎重量显著大于另外两个糖浓度，另外该浓度下的叶长、叶宽、叶片数、根长、根直径、叶重和根重也都显著优于另外两个浓度；而鳞茎直径情况与鳞茎重量表现不同，90g/L糖浓度下的鳞茎直径与120g/L糖浓度下的鳞茎直径差异显著，与60g/L糖浓度的鳞茎直径无显著差异（表6）。

四倍体在糖浓度为90g/L时的鳞茎重量与另外两个浓度差异不显著，鳞茎直径显著大于120g/L糖浓度下的直径，但在60g/L糖浓度下四倍体的整体生长态势最好（图1d），叶长、叶宽、叶片数、根长、叶重和根重均显著优于其他两个浓度（表6）。

另外，在120g/L的糖浓度下，虽然两种倍性的鳞茎直径存在显著差异，但整体弱于其他两个浓度下的生长（图1）。

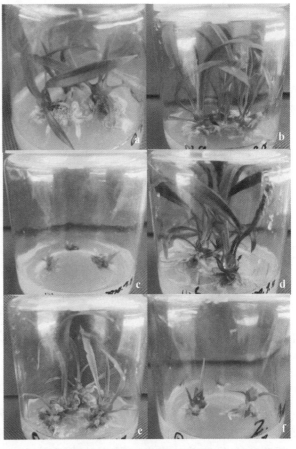

图1 三种糖浓度下的二倍体和四倍体的生长状态比较

Fig. 1 Comparison of the growth status of diploid and tetraploid under three sugar concentrations

注：a. 60g/L蔗糖下的二倍体；b. 90g/L蔗糖下的二倍体；c. 120g/L蔗糖下的二倍体；d. 60g/L蔗糖下的四倍体；e. 90g/L蔗糖下的四倍体；f. 120g/L蔗糖下的四倍体

表6 二倍体和四倍体在三个糖浓度下的各生长指标统计

Table 6 Statistics of growth indexs of diploid and tetraploid under three sugar concentrations

倍性和处理浓度	鳞茎重量(g)	鳞茎直径(mm)	叶长(mm)	叶宽(mm)	叶片数(片)
E1	0.38±0.33bA	12.07±0.87abA	60.67±3.51cB	4.67±0.29cB	5.00±1.00bcABC
E2	0.78±0.03aA	12.80±1.23abA	72.33±4.04bAB	5.23±0.06bB	7.00±2.00abAB
E3	0.39±0.02bA	9.88±0.42cB	24.00±7.00dC	2.1±0.26eC	2.67±1.53cC
D1	0.47±0.04bA	12.66±0.28abA	87.33±4.51aA	6.67±0.38aA	7.67±0.58aA
D2	0.55±0.03abA	13.01±0.91aA	55.67±4.73cB	4.97±0.21bcB	5.00±1bcABC
D3	0.38±0.11bA	11.55±0.75bAB	25.67±9.07dC	2.77±0.40dC	3.67±0.58cBC

(续)

倍性和处理浓度	生小鳞茎数(个)	根长(mm)	根直径(mm)	叶重(g)	根重(g)
E1	0.00±0.00bA	28.33±2.52bBC	1.63±0.15bcAB	0.37±0.02bB	0.51±0.05bB
E2	1.00±1.00abA	36.00±1.73aA	2.17±0.25aA	0.50±0.04aA	0.65±0.05aA
E3	1.67±1.53aA	13.67±2.08dE	1.30±0.17cB	0.21±0.03cC	0.19±0.03Dd
D1	0.00±0.00bA	31.67±4.51abAB	2.07±0.31abA	0.45±0.02aA	0.49±0.04bBC
D2	0.33±0.58abA	21.67±2.52cCD	2.17±0.32aA	0.33±0.02bB	0.39±0.03cC
D3	0.33±0.58abA	18.33±3.06cdDE	1.73±0.12abcAB	0.25±0.03cC	0.25±0.03dD

注：E1、E2和E3：分别在60、90和120g/L糖浓度下的二倍体，D1、D2和D3：分别在60、90和120g/L糖浓度下的四倍体；不同大小字母代表差异极显著($P<0.01$)和显著($P<0.05$)。

2.5 二倍体和四倍体铁炮百合光合色素含量的比较

从表7中我们可以看出，叶绿素b和类胡萝卜素的含量在二倍体和四倍体中无明显差异，但二倍体的叶绿素a含量和总叶绿素含量均显著高于四倍体材料。

表7 二倍体和四倍体单位鲜重叶片中的光合色素含量

Table 7 Photosynthetic pigment content in the fresh weight leaves of diploid and tetraploid

倍性	Chla(mg/g)	Chlb(mg/g)	Cx.c(mg/g)	Chl(a+b)(mg/g)
二倍体	0.64±0.05a	0.20±0.00a	0.14±0.01a	0.84±0.05a
四倍体	0.54±0.04b	0.17±0.01b	0.12±0.01a	0.71±0.05b

注：Chla. 叶绿素a，Chlb. 叶绿素b，Cx.c. 类胡萝卜素，Chl(a+b)=叶绿素总量；不同大小字母代表差异极显著($P<0.01$)和显著($P<0.05$)。

2.6 二倍体和四倍体气孔特性差异

四倍体与二倍体气孔大小差异明显(图2c、2d)，其中四倍体的气孔长度极显著大于二倍体，宽度显著大于二倍体。两个倍性叶片单位视野内的气孔数也发生了显著变化，四倍体的气孔数极显著小于二倍体(表8)。

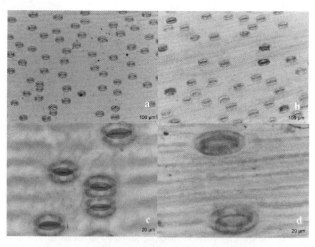

图2 二倍体和四倍体叶片气孔差异图

Fig. 2 Differences in stomata of diploid and tetraploid leaves

注：a. 二倍体单位视野内的气孔；b. 二倍体单位视野内的气孔；c. 二倍体的气孔大小；d. 四倍体的气孔大小；
比例尺=100μm(a~b)，20μm(c~d)

表8 二倍体和四倍体叶片气孔特性

Table 8 Stomatal characteristics of diploid and tetraploid leaves

倍性	气孔密度(个)	气孔长度(μm)	气孔宽度(μm)	气孔长(宽)
二倍体	57.44±3.43aA	68.20±2.72bB	36.51±1.68bA	1.87±0.13aA
四倍体	44.44±5.34bB	78.44±2.82aA	39.68±2.82aA	1.98±0.18aA

注：不同大小字母代表差异极显著($P<0.01$)和显著($P<0.05$)。

2.7 二倍体和四倍体叶片结构差异

如表9和图3所示，铁炮百合在加倍后叶片厚度、叶肉厚度和单位视野内气孔数量均发生了显著变化。其中栅栏组织和海绵组织厚度的极显著增加是叶肉厚度增加的主要原因，同时上表皮和下表皮厚度也显著增加，这使得叶片厚度发生了极显著的变化。

表9 二倍体和四倍体叶片横截结构的各组织统计表

Table 9 Statistics of each tissue of the cross-sectional structure of diploid and tetraploid leaves

倍性	叶片厚度(μm)	上表皮厚度(μm)	下表皮厚度(μm)	栅栏组织厚度(μm)
二倍体	324.14±21.93Bb	50.95±3.37Bb	38.84±3.10Bb	37.12±3.11Bb
四倍体	468.61±36.55Aa	78.68±9.60Aa	53.81±3.56Aa	53.70±5.160Aa

（续）

倍性	海绵组织厚度(μm)	叶肉厚度(μm)	单位长度内叶脉数(个)
二倍体	210.96±26.76Bb	242.17±22.73Bb	4.67±0.58Aa
四倍体	307.27±32.64Aa	353.66±28.09Aa	3.67±0.58Aa

注：不同大小写字母代表差异极显著($P<0.01$)和显著($P<0.05$)。

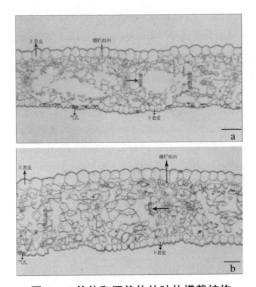

图3 二倍体和四倍体的叶片横截结构

Fig. 3 The cross-sectional structure of the leaves of diploid and tetraploid

注：a. 二倍体；b. 四倍体；比例尺=100μm

3 结论与讨论

本研究通过比较四倍体在继代0次和5次后的生长表现，结果证明继代培养后四倍体的分化能力基本已经恢复到二倍体水平，但是增殖和生根能力与二倍体仍旧有显著差异，我们可以得出，铁炮百合四倍体材料最初确实受到试剂的毒害作用，多次培养后开始逐渐恢复生长，但是生长整体表现完全恢复需要更长的时间，可能最少需要一个生长季。对这种恢复现象出现的原因进行推测：①加倍试剂的毒害作用会随着不断地继代培养而降低，但完全消失需要很长的时间。5次继代培养后增殖能力和生根能力未完全恢复，这也证明了试剂的毒害作用不能在这几次继代培养后完全消失。②染色体组在加倍后，某些影响生长的关键基因剂量会加倍，可能是和激素水平相关的某些基因发生了改变，进而导致生长表现的改变(Sedov et al., 2014; Li et al., 2017)。

二倍体和四倍体的光合色素浓度也存在显著差异，尤其是四倍体的叶绿素a的浓度显著低于二倍体，这可能导致光合荧光参数劣化，对百合苗的光合作用有显著影响，进而影响四倍体的生长速度(师桂英，2020)，在后续研究中会对此进行验证。而类胡萝卜素无显著差异，这与前人研究一致(Delphine et al., 2019)。同时，四倍体的气孔显著增大，密度显著减小，叶片厚度等其他细胞组织均显著大于二倍体，与前人结果一致。

参考文献

段苏微，2019. 铁炮百合及OT百合的倍性育种研究[D]. 北京：北京林业大学．

冯双华，1997. 水稻叶绿素含量的简易测定[J]. 福建农业科技(4)：7-8．

贺水莲，吴景芝，陆燕，等，2017. 四倍体彩色马蹄莲的生长及对低温胁迫的生理响应[J]. 浙江大学学报(农业与生命科学版)，43(5)：570-578．

蒋卉，袁欣，冯乃馨，等，2019. 矮牵牛同源多倍体诱导及其初期表型差异分析[J]. 河南农业科学，48(9)：111-116．

康海岐，常红叶，许育彬，等，2008. 水稻籽粒胚乳的石蜡切片方法改良及其结构发育观察[J]. 西北植物学报，28(5)：1069-1074．

李萌，郭烨，刘松珊，等，2019. 二倍体及其同源四倍体酸枣的生理特征和转录组分析[J]. 北京林业大学学报，41(7)：57-67．

瞿素萍，王继华，张颢，2003. 多倍体育种在园艺作物中的应用[J]. 北方园艺(6)：58-60．

师桂英，2020. 连作栽培对兰州百合(Lilium davidii var. unicolor)叶片PSⅡ光化学效率和抗氧化作用的影响[J]. 中国沙漠．

温国，孙皓浦，党江波，等，2019. 多倍体与二倍体枇杷叶片特征及抗旱性初步分析[J]. 果树学报，36(8)：968-979．

杨英杰，葛蓓孛，魏倩，等，2013. 秋水仙素诱导细叶百合多倍体研究[J]. 中国农业大学学报，18(1)．

张计育，李国平，乔玉山，等，2009. 秋水仙素对草莓离体叶片再生和多倍体诱导的影响[J]. 植物资源与环境学报(3)：69-73．

张锡庆，2017. 百合多倍体诱导技术及多倍化效应效应研究[D]. 北京：北京林业大学．

张锡庆，汪莲娟，曹钦政，等，2017. 有斑百合多倍体诱导及鉴定[J]. 北京林业大学学报，39(7)：96-102．

周晓杰，2009. 百合杂交育种及杂交种子特性的研究[D]. 哈尔滨：东北农业大学．

周莹，2012. 麝香百合、矮牵牛DREB家族基因的克隆与表达分析[D]. 武汉：华中农业大学.

Delphine, Amah, Angeline, et al, 2019. Effects of in vitro polyploidization on agronomic characteristics and fruit carotenoid content; implications for banana genetic improvement. [J]. Frontiers in plant science, 10: 1450.

Emsweller S L, Philip B, 1940. Colchicine-induced tetraploidy in lilium[J]. Journal of Heredity(5): 5.

Husband B C, Ozimec B, Martin S L, et al, 2008. Mating consequences of genome duplication: current patterns and insights from neopolyploids[J]. International Journal of Plant Sciences, 169(1): 195-260.

Li M, Xu G, Xia X, et al, 2017. Deciphering the physiological and molecular mechanisms for copper tolerance in autotetraploid Arabidopsis [J]. Plant Cell Reports, 36(10): 1585-1597.

Lian Q, Tang D, Bai Z, et al, 2019. Acquisition of deleterious mutations during potato polyploidization FA[J]. 植物学报(英文版), 61(1): 7-11.

Podwyszyńska M, Gabryszewska E, Dyki B, et al, 2015. Phenotypic and genome size changes (variation) in synthetic tetraploids of daylily (*Hemerocallis*) in relation to their diploid counterparts[J]. Euphytica, 203(1): 1-16.

Podwyszyńska M, Trzewik A, Marasek-Ciolakowska A. 2018. In vitro polyploidisation of tulips (*Tulipa gesneriana* L.) Phenotype assessment of tetraploids[J]. Scientia Horticulturae, 242: 155-163.

Qinzheng, Cao, Xiqing, et al, 2018. Effects of ploidy level on the cellular, photochemical and photosynthetic characteristics in Lilium FO hybrids. [J]. Plant Physiology & Biochemistry Ppb.

Sedov E N, Sedysheva G A, Serova Z M, et al, 2014. Autogamy of polyploid apple varieties and forms[J]. Russian Agricultural Sciences, 40(4): 253-256.

Tuyl J, 1989. Research on mitotic and meiotic polyploidization in lily breeding[J]. Herbertia, 45: 97-103.

Wulandari D R, Ningrum R K, Wulansari A, et al, 2020. Morphological and anatomical characters of diploid and tetraploid taro (*Colocasia esculenta* L. Schott) cv. Bentul grown in lathhouse[J]. IOP conference series. Earth and environmental science, 439(1): 12050.

Xue H, Zhang B, Tian J, et al, 2017. Comparison of the morphology, growth and development of diploid and autotetraploid 'Hanfu' apple trees[J]. Scientia Horticulturae, 225: 277-285.

2b-RAD 简化基因组测序技术鉴别樱花品种

吕 彤

(北京市植物园植物研究所,北京 100094)

摘要 采用 2b-RAD 简化基因组测序技术对 46 个樱花栽培品种的遗传多样性进行了分析。建立了樱花品种的系统进化树,并对系统树中的 46 个樱花品种材料进行了亲缘关系和品种群分组讨论,结果表明 2b-RAD 简化基因组测序技术可以很好地鉴定樱花品种的亲缘关系,目前认为划分到一起的樱花品种很多都得到基因组测序的遗传支持,但是也有很多樱花品种虽然名字相似,但是遗传距离却很远。因此,应用现代分子生物学技术,可以很好地结合形态学鉴别区分同名异物和异名同物的樱花品种名混乱问题。

关键词 樱花;2b-RAD 简化基因组;品种鉴别

Identification of Flowering Cherry Varieties *via* 2b-RAD Simplified Genome Sequencing Technology

LYU Tong

(*Plant Institute, Beijing Botanical Garden, Beijing* 100094, *China*)

Abstract Genetic diversity of 46 flowering cherry cultivars was analyzed by using 2b-RAD simplified genome sequencing technology. The phylogenetic tree of flowering cherry varieties was established, and the genetic relationship and group discussion of 46 flowering cherry varieties in the phylogenetic tree were carried out. The results showed that 2b-RAD simplified genome sequencing technology can identify the genetic relationship of flowering cherry varieties well. At present, it is believed that many flowering cherry varieties divided together are supported by genome sequencing, but there are also many flowering cherry varieties with similar names but far genetic distance. Therefore, the application of modern molecular biology technology can well combine morphology to identify and distinguish the confusion of flowering cherry varieties with homonymy and synonym.

Key words Flowering cherry; 2b-RAD simplifies genome; Variety identification

樱花品种分类是对樱花品种鉴别以及应用的重要前提和基础。中国樱花野生资源虽然丰富,但是大多仍处于野生状态,没有选育出樱花品种进行栽培。日本培育了众多的樱花品种,而且很多都是个人培育,以个人的身份申请新品种保护。从江户时代前期的日本就开始选育樱花新品种,在樱花现代育种中日本培育了众多的樱花新品种,大岛、霞樱、山樱、大叶早樱(日本称'江户彼岸')和钟花樱(日本称'寒绯樱')是用于日本樱花新品种选育的主要亲本基因来源。中国也已经开始重视在樱花的品种选育,如在华中樱、福建山樱花、尾叶樱、云南红花高盆樱等野生樱花资源中筛选优良变异,特别是在大量实生群体中有很多优良的变异类型,如大花、花色艳丽等优良性状,很容易被发现而被无性繁殖固定下来,成为一个樱花新品种。中国自 2017 年开始已经有 100 多个樱花新品种获得了植物新品种保护权。中国的樱花品种主要分布在福州、昆明圆通山和昆明植物园、武汉东湖樱园、江苏无锡鼋头渚公园、南京中山植物园、长沙森林植物园和北京玉渊潭等景区。

樱花新品种选育首先要明确育种目标,樱花育种目标可从人们在实际栽培和应用过程中樱花暴露出的如花色单一、抗性低等问题中确定。为了延长樱花观赏期,可通过培育开花期不同的樱花新品种实现。目前已培育的花期极早的樱花新品种有'椿寒樱''寒绯

---

1 国家林业局林业行业标准资助项目(项目编号:2016-LY-020)。

第一作者:吕彤,硕士,E-mail:Chinabjlutong@163.com。

樱''启翁樱''河津樱''飞寒樱'和'阳光'等。此外，还可以培育一年中多次开花的樱花新品种，如'冬樱''十月樱'和'四季樱'等，这些都是一年可开花两次以上的樱花品种。中国的福建山樱花在1月份就陆续开放一直持续到3月，这样可以在福建山樱花中选育早花的樱花品种。其次就是培育不同花色的樱花新品种，目前樱花品种的花色只有白色、浅粉、浅紫红、玫红和黄绿花色的樱花品种，因此还可以丰富樱花的花色。此外，还要同时选育不同花型、不同株型、彩叶樱、花果兼用樱花、抗寒、抗旱和抗病虫的樱花新品种，不断重视选育亲和性和抗逆性都优良的樱花专用砧木品种，并确定不同的砧穗组合。这些育种目标都可以从中国丰富的野生樱花资源中通过筛选、实生播种等方式实现。

在中国从南到北到处大搞樱花大道、樱花主题园，小则几百亩大到几千亩，这既增加了农民收入和就业，而且带动了各地的生态旅游，同时带动了美丽新农村和美丽中国的建设。目前在樱花应用中存在的主要问题是樱花品种单一，90%是开白花的'染井吉野'和开紫红色花的日本晚樱品种'关山'，急需培育中国的樱花新品种。植物学分类的最小单位是种，品种不是植物学分类的单位，而是园艺栽培上的单位，而且在植物新品种选育过程中可能有很多种参与到新品种亲本中，目前的樱花品种遗传背景很复杂，单单靠形态来划分品种群，确实难度很大，但是也不排除有遗传背景比较单纯的品种，如中国的迎春樱、福建山樱花、华中樱、尾叶樱、浙闽樱等，遗传背景相对简单。虽然如此，大部分品种还是通过外部植物学形态很难看清楚其遗传背景，所以一定要借助分子生物学的手段来区分品种。

利用2b-RAD简化基因组测序技术对樱花品种进行亲缘关系鉴定是目前最先进的测试手段，远远比其他分子标记手段精准。2b-RAD技术是指基于IIB型限制性核酸内切酶的简化基因组测序技术。通过对IIB型内切酶酶切基因组产生的等长tag进行高通量测序，可以大幅降低基因组的复杂度，同时不受有无参考基因组的限制，快速进行全基因组范围内大规模SNP标记的开发与分型。不经过片段大小选择，技术重复度好，具有极强的灵活性，标签数目多少可控，标签长度一致，PCR时具有一致的扩增效率，共显性标记之外还可以开发显性标记，与传统的简化基因组技术RAD-Seq相比，2b-RAD技术获得的标记数目更多、分型准确率更高，可用于高密度遗传图谱构建、QTL定位、全基因组关联分析、群体进化研究、辅助基因组的组装、全基因组选择育种等。常见的简化基因组技术主要有RAD（Restriction site Associated DNA）、GBS（Genotyping By Sequencing）等。主要目的是开发分子标记，进而进行种质资源鉴定、群体进化、GWAS、图谱构建、BSA定位等，为功能基因的挖掘及标记辅助育种提供理论基础。

1 材料和方法

1.1 试验材料

选取46个樱花品种的幼嫩叶片作为试验材料。在樱花营养芽萌发后取其嫩叶10片放在盛有干燥硅胶的自封袋内，标记好品种名、采集地点和时间带到实验室，提取DNA。

表1 樱花品种
Table1 Varieties of flowering cherry

编号	样品编号	樱花品种名	拉丁名	采集地点
1	FS-01	'惜春'钟花樱	*Prunus campanulata* 'Xichun'	福州
2	FS-02	'早花钟花樱'	*Prunus campanulata*	福州
3	FS-03	'粉花钟花樱'	*Prunus campanulata*	福州
4	FS-04	'灿霞'	*Prunus campanulata* 'Canxia'	福州
5	FS-05	'寒樱'	*Prunus × kanzakura* 'Praecox'	福州
6	FS-06	'红粉佳人'	*Prunus campanulata* 'Hongfen Jiaren'	福州
7	FS-07	'灿霞'	*Prunus campanulata* 'Canxia'	福州
8	FS-08	'京红早樱'	*Prunus cerasoides* 'Jinghong Zaoying'	河南
9	FS-09	'迎春樱'	*Prunus discoidea*	北京
10	FS-10	'阳光'	*Prunus campanulata* 'Youkou'	北京
11	FS-11	'青肤樱'	*Prunuspseudocerasus* 'Multiplex'	北京
12	FS-12	'越之彼岸'	*Prunus × subhirtella* 'Koshiensis'	北京
13	FS-13	'椿寒樱'	*Prunuspseudocerasus* 'Introsa'	北京

（续）

编号	样品编号	樱花品种名	拉丁名	采集地点
14	FS-14	'八重红垂枝'	*Prunus spachiana* 'Plena rosea'	北京
15	FS-15	'垂枝樱'	*Prunus spachiana* 'Pendula'	北京
16	FS-16	'染井吉野'	*Prunus × yedoensis* 'Somei-yoshino'	北京
17	FS-18	'杭州早樱'	*Prunus discoidea* 'Hangzhou Zaoying'	北京
18	FS-20	'小彼岸'	*Prunus × subhirtella* 'Subhirtella'	北京
19	FS-21	'江户彼岸'	*Prunus × subhirtella*	北京
20	FS-23	'大岛'	*Prunus speciosa*	北京
21	FS-24	'毛樱桃'	*Prunus tomentosa*	北京
22	FS-25	'毛叶山樱'	*Prunus serrulata* var. *pubescens*	北京
23	FS-26	'红山樱'	*Prunus jamasakura*	北京
24	FS-29	'苔清水'	*Prunus serrulata* 'Kokeshimidsu'	北京
25	FS-31	'大山樱'	*Prunus sargentii*	北京
26	FS-32	'大山樱'	*Prunus sargentii*	北京
27	FS-33	'大山樱'	*Prunus sargentii*	北京
28	FS-35	'玉帝吉野'	*Prunus × yedoensis*	北京
29	FS-36	'山樱'	*Prunus serrulata*	北京
30	FS-37	'大岛'	*Prunus speciosa*	北京
31	FS-38	'大山樱'	*Prunus sargentii*	北京
32	FS-39	'白妙'	*Prunus lannesiana* 'Sirotae'	北京
33	FS-40	'大岛'	*Prunus speciosa*	北京
34	FS-41	'樱桃'	*Prunus pseudocerasus*	北京
35	FS-42	'大岛'	*Prunus speciosa*	北京
36	FS-43	'思川'	*Prunus × subhirtella* 'Omoigawa'	北京
37	FS-44	欧洲甜樱桃	*Prunus avium*	北京
38	FS-45	'笑耶姬'	*Prunus × yedoensis* 'Sakuyahime'	北京
39	FS-46	'关山'	*Prunus lannesiana* 'Kanzan'	北京
40	FS-47	'普贤象'	*Prunus lannesiana* 'Albo-rosea'	北京
41	FS-48	'紫叶矮樱'	*Prunus × cistena* 'Ziyeaiying'	北京
42	FS-49	'八重红大岛'	*Prunus speciosa* 'Yaebeni-ohshima'	北京
43	FS-50	'一叶'	*Prunus lannesiana* 'Hisakura'	北京
44	FS-51	'松前红绯衣'	*Prunus lannesiana* 'Matsumae-benihigoromei'	北京
45	FS-52	'太白'	*Prunus lannesiana* 'Taihaku'	北京
46	FS-53	'郁金'	*Prunus lannesiana* 'Grandiflora'	北京

1.2 2b-RAD 建库测序流程

樱花样品 DNA 抽提质检合格后，利用 2b-RAD 五标签串联技术进行测序文库构（图1）。

1.3 生物信息分析

樱花没有参考基因组，从樱花样品测序数据中提取含有酶切识别位点的 Reads，应用聚类分析软件 ustacks（1.34 版本）对樱花样品进行聚类分析（图2），构建樱花样品的参考序列。

2 结果与分析

2.1 不同樱花品种差异 SNP 聚类

统计 SNP 分型结果中不同樱花品种间差异 SNP 数量并据此生成不同樱花品种的聚类热图（图3），该热图可以反映出不同樱花品种间亲缘进化关系的远近。单元格中数字代表对应行与列两个樱花品种间差异的 SNP 标记数目。亲缘关系近的樱花品种会聚成一簇。

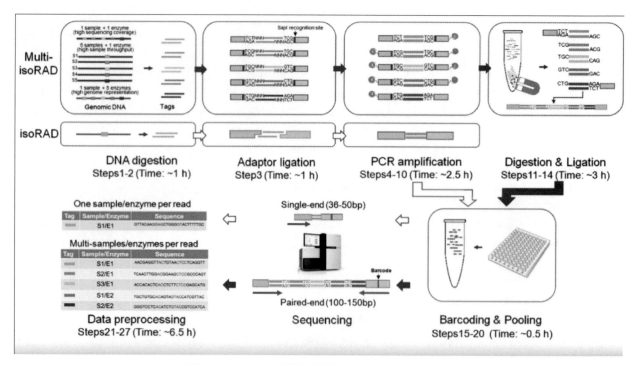

图1 2b-RAD 建库测序流程(Wang et al., 2016)

Fig. 1 The 2b-RAD database building sequencing process

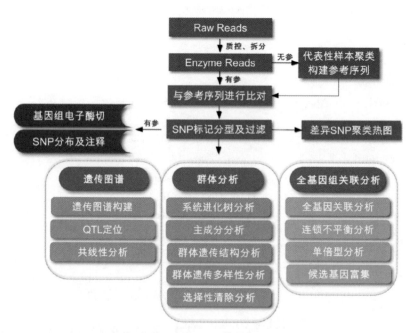

图2 樱花 2b-RAD 生物信息分析流程

Fig. 2 2b-RAD biological information analysis process of flowering cherry

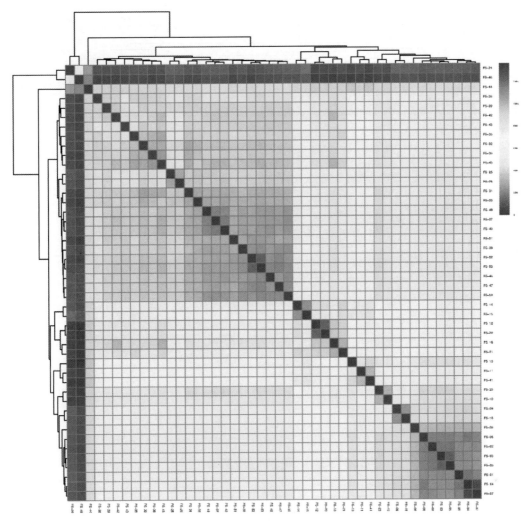

图 3　不同樱花品种差异 SNP 聚类热图
Fig. 3　The differential SNP clustering heat map of different flowering cherry varieties

2.2　不同樱花品种共有标签聚类

统计不同樱花品种共有标签,生成不同樱花品种的聚类热图(图4),单元格中数字代表对应行与列两个樱花品种间共有的标记数目,数值越大说明共有标记数量越多,亲缘关系越近。结果显示,亲缘关系近的樱花品种会聚在一起。

如从热图上可以看出有几个突出橙色的区域,FS-11('青肤樱')在中间位置,上边是FS-13('椿寒樱'),下边是FS-41('樱桃'),这3个品种聚集在一起,说明三者亲缘关系近。从形态学分析发现,这3个品种都与樱桃由杂交亲缘关系。分子标记检测支持形态学樱桃品种群的确立。

此外,FS-12('越之彼岸')、FS-20('小彼岸')、FS-16('染井吉野')、FS-21('江户彼岸')形成一个橙色区域,说明这4个品种亲缘关系近。其中3个品种FS-12('越之彼岸')、FS-20('小彼岸')和FS-21('江户彼岸')都是彼岸品种群品种,'染井吉野'是在日本和国内栽培和应用最广泛的品种,染井吉野的起源一直存在争议(Iketani 等2007;Shuri 等,2014),Kawasaki T 等(1993)在其《日本的樱花》一书中描写到关于日本樱花品种'染井吉野'是1916年威尔逊(E. H Wilson)提出了'大岛'樱和'江户彼岸'的杂种说。日本国立遗传学研究所的竹中要通过这个组合进行交配,从 F_1 中选出酷似'染井吉野'的植株,并于1965年发表了结果。本研究发现'染井吉野'与'江户彼岸'的DNA共有标签数目多,说明两个品种的亲缘关系近,支持起源于'江户彼岸',并支持染井吉野属于彼岸品种群。

FS-14('八重红垂枝')和FS-15('垂枝樱')也形成橙色区,说明两者亲缘关系近。两个品种共同的特征是枝条下垂,所以支持垂枝品种群的确立。

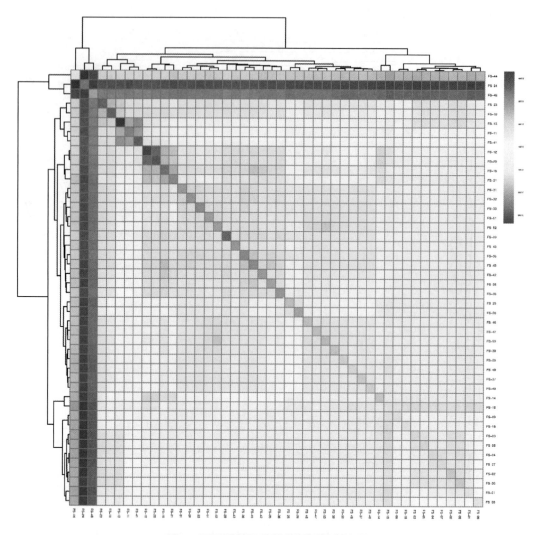

图 4 不同樱花品种共有标签聚类热图

Fig. 4 The common tag clustering heat map of different flowering cherry varieties.

2.3 樱花品种系统进化树构建

系统进化树(Phylogenetic tree)是描述樱花不同品种间分化顺序的分支图或树,用来表示樱花群体间的进化关系。根据樱花品种群体的遗传学特征的共同点或不同点可以推断出不同樱花品种的亲缘关系的远近。将每个樱花品种个体的 SNP 标记首尾相连,缺失相应的位点用"-"代替,本研究采用邻接法构建樱花品种的系统进化树(图5)。

从获得的樱花品种系统进化树的数据中可看出(图5),FS-04('灿霞')与FS-07('灿霞')亲缘关系最近,这两者与FS-06('红粉佳人')亲缘关系较近,前三者与FS-01('惜春'钟花樱)的亲缘关系也较近;FS-03('粉花钟花樱')与FS-05('寒樱')亲缘关系最近,这两者与FS-02('早花钟花樱')亲缘关系较近;以上7个樱花品种(FS-01,FS-02,FS-03,FS-04,FS-05,FS-06,FS-07)虽然亲缘关系远近存在差异,但是都聚类在同一族内,从形态分类分析,7个品种都是钟花樱品种群品种,所以分子生物学检测结果支持钟花樱品种群的确立,这个品种群遗传背景相对单纯。

FS-08('京红早樱')与以上7个品种亲缘关系相对较远,但是比较与其它品种的亲缘关系还属于比较近的类型。FS-08 在形态分类上属于云南高盆樱品种群,在花萼筒形态上与钟花樱品种群近似程度高,但是从地理分布上,钟花樱品种群主要分布在福建和台湾地区,而云南高盆樱品种群主要分布在云南境内,存在着地理隔离,分子生物学检测支持钟花樱品种群和云南高盆樱品种群独立存在。FS-10('阳光')虽然按照形态划分到了钟花樱品种群,但是与寒樱和福建山樱的亲缘关系很远。

FS-09('迎春樱')和FS-18('杭州早樱')亲缘关系最近,分子生物学检测支持形态学迎春樱品种群的独立存在。

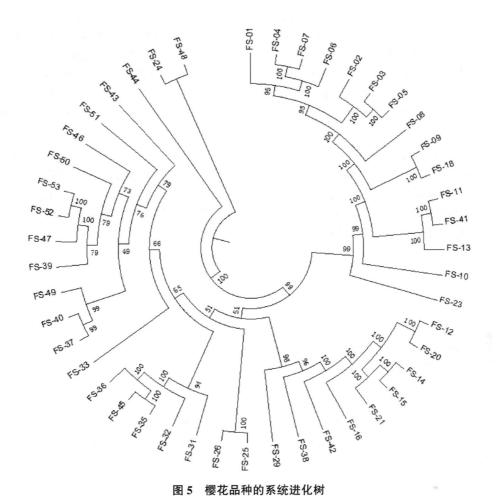

图 5　樱花品种的系统进化树

Fig. 5　The phylogenetic tree of flowering cherry varieties

FS-11('青肤樱')与 FS-41('樱桃')亲缘关系最近,这两者与 FS-13('椿寒樱')的亲缘关系较近,分子标记检测支持形态学樱桃品种群的确立。

FS-12('越之彼岸')与 FS-20('小彼岸')亲缘关系最近,支持形态学的彼岸品种群。FS-14('八重红枝垂')与 FS-15('垂枝樱')亲缘关系最近支持形态学的垂枝品种群的划分。这两者与 FS-21('江户彼岸')的亲缘关系较近。FS-16('染井吉野')与垂枝樱和彼岸品种群的亲缘较近。

FS-24('毛樱桃')和 FS-48('紫叶矮樱')亲缘关系最近,支持形态学矮樱品种群的确立。

FS-25('毛叶山樱')与 FS-26('红山樱')亲缘关系最近,支持形态学中国山樱品种群的确立。

FS-52('太白')与 FS-53('郁金')亲缘关系最近,都是日本晚樱,一个单瓣一个重瓣,一个白色,一个黄绿色,但是聚类在一起,所以不支持把日本晚樱按照单瓣、重瓣和花色分组。FS-39('白妙')、FS-47('普贤象')、FS-46('关山')、FS-50('一叶')整体聚类在一起,但是都有一定的遗传距离,所以日本晚樱遗传背景是比较复杂的。建议把日本晚樱归为一个日本晚樱品种群。

FS-35('玉帝吉野')与 FS-45('笑耶姬')亲缘关系最近,'笑耶姬'是'染井吉野'的实生后代选育的品种,花梗无毛。FS-31(大山樱)、FS-32(大山樱)、FS-36(日本山樱)与前两个品种遗传距离比较近,说明这些大山樱和日本山樱都是遗传背景复杂的群体。FS-38('大山樱')与 FS-31('大山樱')、FS-32('大山樱')都是大山樱,但是由于都是实生后代单株,变异大,遗传距离比较远,所以不支持成立大山樱品种群。

从以上分析发现中国原产的樱花种类如福建山樱花、迎春樱、中国山樱所形成的品种遗传背景相对简单,而日本种类如大山樱、日本山樱、日本晚樱、东京樱花等类型遗传背景相对复杂,对樱花品种群的确立比较困难。

3　讨论

很多研究人员对中国樱花品种进行了调查(吕彤,

2019；陈雨亭，2016；张杰，2010）。对樱花品种进行了形态学划分，并提出把樱花品种划分成不同的品种群，这是符合国际栽培植物命名法规的。比如，吕彤（2019）提出了樱花的钟花樱品种群、迎春樱品种群、日本晚樱品种群、华中樱品种群、云南高盆樱品种群、二度樱品种群、垂枝樱品种群、吉野樱品种群、樱桃樱品种群等等。

分子标记广泛应用到樱花品种亲缘关系鉴定（陈雨婷，2016；Iketani et al.，2007；林立 等，2016；Ohta et al.，2005；Shuri et al.，2014；吴沛，2016）。但是已往的研究主要采用SSR（simple sequence repeat，微卫星）标记，该标记技术存在很大局限性，只能对樱花进行大致分组，不能准确对樱花品种进行鉴别。而本研究采用2b-RAD技术对每个品种进行全基因组测序，所以准确度大大提高，顾伟航等（2018）利用2b-RAD技术分析了水稻供测品种的真实性，也发现目前不同地区种植的水稻品种存在假冒套牌问题。

2b-RAD简并基因组测序技术可以很好地鉴定樱花品种的亲缘关系，划分到一起的樱花品种很多都得到基因组测序的遗传支持，但是也有很多樱花品种虽然名字相似，但是遗传距离却很远。所以，应用现代分子生物学技术，可以很好地结合形态学鉴别区分同名异物和异名同物的樱花品种。

参考文献

陈雨婷，2016. 樱花品种分类及园林应用研究[D]. 南京：南京林业大学.

顾伟航，田佳琪，朱明超，等，2018. 利用分子标记对'淮稻5号'进行品种真实性鉴定[J]. 植物生理学报，54(2)：265-272.

林立，王志龙，付涛林，等，2016. 39个樱花品种亲缘关系的ISSR分析[J]. 植物研究，36(2)：297-304.

吕彤，2019. 樱花植物新品种DUS测试指南制定研究[D]. 北京：北京林业大学.

吴沛，2016. 基于SSR分子标记技术的樱花类植物遗传特性研究[D]. 广州：华南农业大学.

张杰，2010. 樱花品种资源调查和园林应用研究[D]. 南京：南京林业大学.

Iketani H, Ohta S, Kawahara T, 2007. Analyses of clonal status in 'Somei-yoshino' and confirmation of genealogical record inother cultivars of *Prunus × yedoensis* by microsatellite markers[J]. Breeding Science, 57(1)：1-6.

Kawasaki T, Ho O, Hiroshi K, 1993. Flowering Cherries of Japan[J]. YAMA-KEI Publishers Co. Ltd. Tokyo, Japan：161-163.

Ohta S, Katsuki T, Tanaka T, 2005. Genetic Variation in Flowering Cherries (*Prunus* subgenus *Cerasus*) Characterized by SSR Markers[J]. Breeding Science, 55：415-424.

Shuri Kato, Asako Matsumoto, Kensuke Yoshimura, 2014. Origins of Japanese flowering cherry (*Prunus* subgenus *Cerasus*) cultivars revealed using nuclear SSR markers[J]. Tree Genetics & Genomes, 10(3)：477-487.

华中樱叶绿体非编码区多态性标记筛选及遗传多样性

严佳文[1]　禹霖[1]　柏文富[1]　李建挥[1]　聂东伶[1]　王志杨[2]　熊颖[1]　吴思政[1,*]

（[1] 湖南省植物园，长沙 410116；[2] 中南林业科技大学，长沙 410004）

摘要　以湖南省5个地理位置的华中樱居群为材料，分析了10个候选叶绿体非编码区DNA序列间的变异，以期筛选、鉴定多态性丰富的叶绿体DNA标记并用于遗传多样性分析。应用MEGA 7.0进行序列拼接、比对以及系统进化树构建，应用DnaSP 6.12计算叶绿体DNA的遗传多样性参数，分别应用GenAIEx 6.5和Network 10进行分子方差分析和单倍型邻接网络关联图绘制。结果表明，序列 *ndhC-trnV-UAC*、*trnM-CAU-atpE* 和 *rps2-rpoC2* 的变异最丰富，可作为华中樱群体遗传和谱系地理学的理想标记。基于6条非编码区片段合并序列的比对分析，从50个华中樱个体中检测到了28种单倍型。单倍型多态性（*Hd*）为0.94，核苷酸多态性（*Pi*）为0.00678，遗传分化指数（*Fst*）为0.58609，基因流（*Nm*）为0.17658；中性检验Tajima's *D* 值（0.38451）为正值，且差异不显著（*P*>0.10），推测华中樱在进化过程中遵循中性进化理论，可能经历过瓶颈效应或者平衡选择；分子方差分析结果显示，48%的变异出现在居群间，52%出现在居群内；系统发育分析结果表明28个华中樱单倍型可分为两大支，其中单倍型H10、H11、H14、H15、H20和H27聚为一大支，另外的22个单倍型聚为一大支；单倍型邻接网络关系分析结果与系统发育结果基本一致。本研究为华中樱野生资源保护和谱系地理学研究奠定了基础。

关键词　华中樱；叶绿体非编码区片段；多态性标记；单倍型；遗传多样性

Screening and Genetic Diversity Analysis of Non-coding Chloroplast Regions in *Cerasus conradinae*

YAN Jia-wen[1]　YU Lin[1]　BAI Wen-fu[1]　LI Jian-hui[1]
NIE Dong-ling[1]　WANG Zhi-yang[2]　XIONG Ying[1]　WU Si-zheng[1,*]

([1] *Hunan Botanical Garden, Changsha 410115, China* ; [2] *Central South University of Forestry and Technology, Changsha 410004, China*)

Abstract　In order to identify polymorphic chloroplast DNA markers that can be used for genetic diversity analysis, the nucleotide variations among the DNA sequences of 10 candidate chloroplast non-coding regions were analyzed, using five populations of *Cerasus conradinae* from Hunan province, China. MEGA 7.0 was used for sequence splicing and alignment, and the Neighbour-Joining phylogenetic tree was constructed among different haplotypes of *C*. *conradinae*. DnaSP ver6.12 was used to calculate the genetic diversity parameters of the chloroplast DNA, gene flow and gene differentiation among different populations which were used to evaluate gene exchange among different populations. GenAIEx ver6.5 was used to analyze standard molecular variation (AMOVA), and NetWork 10 was used to construct Median-Joining network for cpDNA haplotypes among intraspecific populations of *C*. *conradinae*. The results showed that the sequences *ndhC-trnV-UAC*, *trnM-CAU-atpE* and *rps2-rpoC2* have the most abundant variant sites, which can be used as potential markers for population genetics and phylogeography of *C*. *conradinae*. There were 28 haplotypes identified based on the combined sequence of six non-coding region DNA fragments. The haplotype diversity (*Hd*) and nucleotide diversity (*Pi*) were 0.94 and 0.00678, respectively. The genetic differentiation coefficient (*Fst*) was 0.58609 with the low *Nm* value of 0.17658. Tajima's *D* of neutrality tests were positive (0.38451, *P*>0.10), indicating that *C*. *conradinae* followed the neutral evolution theory in the evolution, and may had ex-

---

1　基金项目：本研究由湖南省林业科技创新项目（XLK202108-6）、国家林业和草原局林业科技发展中心项目（KJZXSA2019037）和湖南省重点研发计划（2017NK2251）共同资助。
*　通讯作者：吴思政，职称：研究员，E-mail：loutus001@163.com。

perienced balancing selection or population contraction. The results of molecular analysis of variance showed that 48% of the variation occurred among populations, and 52% occurred within populations. The results of phylogenetic analysis showed that 28 haplotypes of *C. conradinae* can be divided into two clusters, among which the haplotypes H10, H11, H14, H15, H20 and H27 were clustered into one cluster, and the other 22 haplotypes were clustered together. The results of haplotype network analysis were consistent with those of phylogeny. These results will be useful for conservation of germplasm resources and phylogeography of *C. conradinae*.

Key words *Cerasus conradinae*; Non-coding chloroplast DNA fragment; Polymorphism marker; Haplotype; Genetic diversity

华中樱(*Cerasus conradinae*)是原产于中国的野生樱花，广泛分布于湖南、湖北、陕西、河南、四川、福建、贵州、云南、浙江、甘肃和广西等地，常见于海拔 500~2600m 的沟边林中(Wu and Raven, 2003; 伊贤贵, 2007)。华中樱为高大乔木，花白色或粉红色(Wu and Raven, 2003)，观赏价值高；具有先花后叶、生长迅速、适应性强等特性(周俐 等, 2021)。近年来，国内外研究者越来越重视野生樱花资源的开发利用，但华中樱相关研究相对较少，主要涉及资源调查(伊贤贵, 2007; 禹霖 等, 2019; 柏文富 等, 2021)与评价(邹宜含 等, 2019)、繁殖技术(崔晓燕 等, 2020)、品种选育(董京京 等, 2020)、砧木亲和性(周俐 等, 2021)和叶绿体基因组测序(Yan et al., 2020)等，群体遗传多样性研究尚未见报道。

叶绿体 DNA(chloroplast DNA, cpDNA)是开展植物分子系统学、谱系地理学和群体遗传学研究的主要材料之一(Shaw et al., 2007; Scarcelli et al., 2011)。大部分被子植物的叶绿体为母系遗传，在进化过程中不发生基因重组，受到的选择压力小，可以较好地反映物种系统发育过程。相比叶绿体蛋白编码基因(protein-coding genes)，非编码区(non-coding regions, NCR)，尤其是基因间隔区(intergenic spacer, IGS)序列的进化速率更快，具有遗传学意义的变异位点更多。IGS 序列作为最常用的叶绿体 DNA 标记(Borsch et al., 2009)，已广泛应用于多种樱花的系统发育(付涛 等, 2018; 朱弘 等, 2018; Yi et al., 2020)和遗传学研究(Ohta et al., 2006; Kato et al., 2011; Cheong et al., 2017)。尽管不少叶绿体非编码区序列可作为樱花遗传分析的可靠标记，由于其在物种间存在差异，目前还没有适用于所有樱花的"通用标记"。因此，筛选适用于华中樱的叶绿体多态性标记并应用于系统进化和遗传学等研究很有必要。

本研究以湖南省 5 个华中樱自然群体为试验材料，以项目组前期测序并注释的华中樱基因组序列(NCBI 登录号：MT374065)为参考设计特异性引物，对前期基于 23 个樱属植物叶绿体基因组鉴定的 10 个变异程度较高的叶绿体 IGS 片段进行 PCR 扩增并测序。通过比较序列间变异程度，从中找出变异相对丰富的 cpDNA 片段，并对所选材料的遗传多样性和遗传分化程度进行分析，为华中樱群体遗传学和谱系地理学研究奠定基础，为野生资源的保护和利用提供依据。

1 材料与方法

1.1 试材及取样

2020 年 8 月至 9 月在湖南省 5 个华中樱主要分布区域采集 5 个华中樱居群 50 份个体的嫩叶(表1)，液氮速冻后置于-80℃冰箱备用。50 个华中樱个体均为不同地理位置的野生资源，个体之间相距 100m。

表 1 华中樱居群地理位置信息

居群	样本数量	经度	纬度	海拔(m)	采样地点
LY	10	114°19′	28°41′	600~1390	湖南省浏阳市
HS	10	112°72′	27°27′	750~1050	湖南省衡阳市南岳区
ZF	10	110°10′	27°52′	500~685	湖南省中方县
XP	10	110°47′	27°62′	500~950	湖南省溆浦县
PJ	10	113°83′	28°98′	600~1020	湖南省平江县

1.2 DNA 提取与检测

采用改良 CTAB 法提取华中樱基因组 DNA，0.8% 琼脂糖凝胶电泳检测并用凝胶成像系统拍照，条带清晰、完整的 DNA 存于-30℃冰箱备用。

1.3 PCR 扩增与测序

应用 Primer Premier 5 设计扩增各非编码区的特异性 PCR 引物，送上海生工生物工程股份有限公司合成，引物信息见表2。PCR 反应体系为 25μL，包括 2×Phanta Max buffer 12.5μL, dNTP mix(10μmol/L) 0.5μL, 上、下游引物(10μmol/L) 各 1μL, Phanta Max Super-Fidelity 高保真 DNA 聚合酶 0.5μL, ddH$_2$O 7.5μL, DNA 2μL(约 100ng)。PCR 扩增程序为：94℃ 预变性 3min, 94℃ 变性 15s, 60℃ 退火 15s, 72℃ 延伸 30s, 共 35 个循环；72℃ 延伸 5min 后 16℃ 保存。PCR 扩增产物在 0.8% 琼脂糖凝胶中电泳检测并用凝胶成像系统拍照，观察产物大小和特异性。正确无误的产物送上海生工生物工程股份有限公司进行测序，测序引物与 PCR 反应引物相同。DNA 聚合酶等试剂购自南京诺唯赞生物科技股份有限公司。

表2 用于扩增10个叶绿体非编码区片段的引物信息

非编码区名称	引物编号	引物序列(5′-3′)	退火温度(℃)
trnG-GCC-trnR-UCU	trnGRF	CCAAGCTAACGATGCGGGTT	58.5
	trnGRR	AGAAGACCTCTGTCCTATCCATT	54.4
trnR-UCU-atpA	trnRAF	CAAGCTAACGATGCGGGTTC	56.9
	trnRAR	TCAGGAACAGATGGAACGTTTC	54.9
trnH-GUG-psbA	trnHPF	GCGAACGACGGGAATTGAAC	57.3
	trnHPR	CGCGCTAACCTTGGTATGGA	57.7
psbZ-trnG-GCC	psbZGF	TGCTTCTCCTGAGGGTTGGT	58.8
	psbZGR	CGGATAGCGGGAATCGAACC	58.7
trnM-CAU-atpE	trnMAF	TATTGCTTTCATACGGCGGGA	56.4
	trnMAR	CCACAAGAAGCGCAACAAAC	55.4
ndhC-trnV-UAC	ndhCVF	CTAATCGGGGCCAAAACTCC	56.3
	ndhCVR	AAGGTCTACGGTTCGAGTCC	56.5
rps2-rpoC2	rps2CF	ACCAAAATGAACTCCTGCTTCC	55.4
	rps2CR	TGCACCGTTCAAGGCAACAT	58
rps12-clpP	rps12PF	GTTGAGGACATCCCCCAAGA	57
	rps12PR	CACAAAGGACAGGCAAACCC	57.2
psbC-trnS-UGA	psbCSF	ATTTATGGCACGCGGGAAGG	58.6
	psbCSR	GCCGAGTGGTTGATAGCTCC	58.7
trnF-GAA-ndhJ	trnFJF	TGATGCGATGTGTCGTGACT	56.6
	trnFJR	ACGAGAGGAGACACAGTATGGA	57

1.4 序列比对与分析

应用DNA测序分析软件Chromas读取序列，去除两端低质量碱基，并进行人工校对。采用MEGA 7.0(Kumar et al., 2016)软件对测序序列进行拼接、比对；以沙梨(*Pyrus pyrifolia*)为外组，构建不同单倍型的系统进化树。比对结果以DnaSP 6.12(Rozas et al., 2017)软件统计变异位点、简约性信息位点和单倍型数目，计算核苷酸多样性、单倍型多态性、遗传距离、遗传分化指数、基因流和Tajima's *D*值等。应用Network 10(Bandelt et al., 1999)软件绘制单倍型邻接网络关系图。应用GenAIEx 6.5(Peakall and Smouse, 2012)软件进行分子方差分析。

2 结果与分析

2.1 10条华中樱叶绿体非编码区序列多态性评价

5个华中樱居群50个个体的10条叶绿体非编码区合并序列全长为2820~2910 bp，共有插入/缺失和变异位点77个，占序列长度的2.65%~2.73%。其中变异位点56个，简约性信息位点51个，单碱基插缺位点9个，多碱基插缺位点12处(表3)。序列 *ndhC-trnV-UAC* 的变异位点最多(22个)，其次是 *trnM-CAU-atpE*(17个)和 *rps2-rpoC2*(7个)；序列 *trnR-UCU-atpA*、*trnH-GUG-psbA* 和 *psbC-trnS-UGA* 的变异位点较少，分别为3个、3个和4个；另外4条非编码区序列未出现变异位点。6个候选非编码区序列的变异情况存在差异，*trnM-CAU-atpE* 的变异率最高(6.91%)，其次是 *ndhC-trnV-UAC*(3.49%~3.53%)和 *rps2-rpoC2*(2.71%~2.77%)，其他序列的变异率较低，均不到1%(表3)。

表3 叶绿体非编码区片段多态性位点和变异率统计

非编码区名称	样品数	序列长度(bp)	单碱基插缺位点(个)	多碱基插缺位点	变异位点(个)	简约性位点(个)	变异率(%)
trnG-GCC-trnR-UCU	50	120~124	1	a	0	0	0
trnR-UCU-atpA	50	423~445	3	b, c	3	3	0.67~0.71
trnH-GUG-psbA	50	285~294	2	d	3	2	0.68~0.70
psbZ-trnG-GCC	50	252~261	0	e, f	0	0	0
trnM-CAU-atpE	50	246	0	0	17	17	6.91
ndhC-trnV-UAC	50	623~630	0	g	22	20	3.49~3.53
rps2-rpoC2	50	253~258	1	h	7	7	2.71~2.77
rps12-clpP	50	188~209	0	i, j	0	0	0
psbC-trnS-UGA	50	255~261	2	k	4	2	0.76~0.78
trnF-GAA-ndhJ	50	175~182	0	L	0	0	0
共计		2820~2910	9	12	56	51	1.92~1.99

注：a处碱基序列为TTAA；b处碱基序列为ATAATTAA；c处碱基序列为TTATATAAGATATTATAAA；d处碱基序列为ATATCATT；e处碱基序列为AA；f处碱基序列为TATTATAAG；g处碱基序列为TTTTATT；h处碱基序列为AAAA；i处碱基序列为AATGAGATTAATTAATAGATT；j处碱基序列为CCGGTAA；k处碱基序列为TATGT；m处碱基序列为TTGATAA。

2.2 基于6条叶绿体非编码区片段的50个华中樱个体遗传多样性和单倍型多样性分析

6个非编码区片段合并后全长为2085~2134bp，所有群居的单倍型多态性（Hd）为0.94，核苷酸多态性（Pi）为0.00678，可将50个个体区分为28个单倍型，单倍型多样性方差和标准差分别是0.00046和0.022。基于单个非编码区的群居遗传多样性存在差异：trnM-CAU-atpE的遗传多样性水平相对较高，Hd为0.748，Pi为0.02832，平均核苷酸差异数（K）为6.967，另外5个非编码区的遗传多样性由高到低依次是 ndhC-trnV-UAC、rps2-rpoC2、trnH-GUG-psbA、trnR-UCU-atpA 和 psbC-trnS-UGA（表4）。6个叶绿体非编码区片段中，trnR-UCU-atpA 和 trnM-CAU-atpE 的Tajima's D 值为正值，另外4个片段则为负值，且仅trnM-CAU-atpE存在显著差异（$P<0.05$）；合并序列的Tajima's D 值为正值，且不显著（$P>0.10$）。

2.3 基于合并序列的5个华中樱居群遗传多样性和单倍型多样性分析

居群XP的核苷酸多样性最为丰富（$Pi=0.00677$，$K=14.133$），其次是群居ZF（$Pi=0.00327$，$K=6.822$）、PJ（$Pi=0.00306$，$K=6.4$）和LY（$Pi=0.00245$，$K=5.133$），群居HS的遗传多样性最低。群居PJ的单倍型多态性最高（$Hd=0.978$），单倍型数目（h）也最多（9），其次是居群XP（$Hd=0.933$，$h=8$）、LY（$Hd=0.933$，$h=7$）和ZF（$Hd=0.778$，$h=4$），群居HS的单倍型多态性最低（$Hd=0.378$，$h=3$）。从单倍型分布情况来看，28种单倍型只有H1为LY和HS居群所共有，H12为ZF和XP共有，H13为XP和PJ共有；其他的单倍型都是地域特异性地分布在一个地点的群体中，为各居群所特有。

表4 基于6条叶绿体非编码区片段的华中樱群居遗传多样性和单倍型多样性

非编码区名称	核苷酸多态性	平均核苷酸差异	单倍型多态性	单倍型数目	单倍型多样性方差	单倍型多样性标准差	Tajima's D值
trnR-UCU-atpA	0.00164	0.692	0.591	4	0.00405	0.064	0.06936
trnH-GUG-psbA	0.00175	0.498	0.431	4	0.0061	0.078	-0.53001
trnM-CAU-atpE	0.02832	6.967	0.748	6	0.0011	0.033	2.60913*
ndhC-trnV-UAC	0.00685	4.264	0.776	10	0.00153	0.039	-0.4249
rps2-rpoC2	0.00525	1.329	0.767	13	0.00321	0.057	-0.3958
psbC-trnS-UGA	0.00136	0.348	0.26	5	0.00646	0.08	-1.66843
合并序列	0.00678	14.133	0.94	28	0.00046	0.022	0.38451

注：*代表差异显著（$P<0.05$）。

表5 基于合并序列的5个华中樱居群的遗传多样性和单倍型多样性分析

居群	核苷酸多样性	平均核苷酸差异	单倍型多态性	单倍型数目	单倍型分布
LY	0.00245	5.133	0.933	7	H1(2), H4(2), H5(1), H6(2), H7(1), H8(1), H9(1)
HS	0.00036	0.756	0.378	3	H1(8), H2(1), H3(1)
ZF	0.00327	6.822	0.778	4	H12(4), H26(2), H27(1), H28(3)
XP	0.00677	14.133	0.933	8	H10(1), H11(1), H12(3), H13(1), H14(1), H15(1), H16(1), H17(1)
PJ	0.00306	6.4	0.978	9	H13(1), H18(1), H19(2), H20(1), H21(1), H22(1), H23(1), H24(1), H25(1)

2.4 基于合并序列的不同华中樱居群遗传变异分析

分子方差（AMOVA）分析表明，48%的遗传变异存在于华中樱居群间，52%存在于居群内（表6），居群间遗传变异大于居群内（$P<0.01$）；总体遗传分化指数$Fst=0.58609$，基因流$Nm=(1-Fst)/4Fst=0.17658$。

表6 基于合并序列的华中樱居群内与居群间分子变异

变异来源	自由度	平方和	变异组成	变异百分比(%)
居群间	4	329.840	7.454	48
居群内	45	356.300	7.918	52
合计	49	686.140	15.372	100

华中樱各居群间的遗传距离较小，居群XP和HS以及XP和LY之间的遗传距离相对较大，分别为0.0114和0.0113，其他居群之间的遗传距离均未超过0.01（表7）。居群HS与PJ、ZF之间的遗传分化指数最高，分别为0.8117和0.8037，其次是居群HS与XP（0.6960）、居群LY与PJ（0.6929）居群LY与ZF（0.6887）以及居群LY和XP（0.6）；居群LY与HS之间的遗传分化指数最小（0.0912）（表7）。

表7 基于合并序列的不同华中樱居群的遗传距离和遗传分化指数

居群	LY	HS	ZF	XP	PJ
LY	—	0.0912	0.6887	0.6000	0.6929
HS	0.0016	—	0.8037	0.6960	0.8117
ZF	0.0092	0.0093	—	0.1644	0.1798
XP	0.0113	0.0114	0.0059	—	0.1137
PJ	0.0090	0.0091	0.0039	0.0054	—

注：遗传距离（Da，对角线下方）；遗传分化指数（F_{st}，对角线上方）。

2.5 基于合并序列的华中樱单倍型系统发育分析

基于邻接法（Neighbor-Joining，NJ）构建了华中樱不同单倍型的系统进化树（图1）。28个华中樱单倍型可分为两大支：单倍型H10、H11、H14、H15、H20和H27聚为一大支，其中H14和H20聚为一小支，H10和H11聚为一小支，H15、H27各自聚为一小支；另外的22个单倍型聚为一大支，其中H13和H24、H16和H17、H18和H21、H9和H22、H12和H23、H3和H6、H5和H7、H26和H28分别聚为一小支，其他单倍型各自聚为一小支。

2.6 基于合并序列的华中樱单倍型邻接网络关系图

应用中介邻接网络（Median-Joinning，NJ）算法构建了华中樱单倍型之间的邻接网络关系图（图2）。H和mv分别表示单倍型和中介矢量位点，单倍型网络图的主干由15个中介矢量位点和13个单倍型组成，15个中介矢量位点为缺失单倍型。位于网络图中心区域的中介矢量位点为mv15，其向6个方向扩散，其一是由单倍型H1向外扩散至mv1、mv2和H6，然后继续扩散形成由H1、mv2、H8、H5、H7、mv3、H2和mv1组成的闭合环；其二是由H12扩散至H23；其三是由mv4扩散至H9和H25，再由H25继续向外扩散；其四是由mv17扩散至H19再继续向外扩散；其五是由mv18扩散至mv10和H22，再由mv10继续向外扩散；其六是由mv16扩散至mv10、H19和H28，然后再分3个方向继续向外扩散。相邻的以及聚在同一中介矢量位点的单倍型亲缘关系较近。相邻的单倍型组合有（H10，H11）、（H13，H14）、（H16，H17）、（H26，H28）、（H12，H23）、（H5，H7）、（H18，H19）、（H10，H11）、（H2，H6）、（H5，H8）。聚在同一中介矢量位点的单倍型组合有（H10，H15）、（H14，H20）、（H18，H21）、（H9，H22，H25）、（H19，H25）、（H1，H4）、（H1，H2）、（H2，H3，H4）、（H2，H4，H8）、（H7，H8）（图2）。这与系统发育分析结果基本一致。

3 讨论

3.1 华中樱叶绿体非编码区多态性标记

目前已经公布cpDNA的樱属植物大约有30种，cpDNA最大的是毛叶欧李（*C. dictyoneura*）（158,084 bp）（Liu *et al.*, 2019），最小的是苦樱桃（*C. emarginata*）（157,458 bp）（Chen *et al.*, 2019），华中樱的cpDNA为158,019 bp（Yan *et al.*, 2020），大小更接近毛叶欧李。从目前已有的数据来看，樱属植物的基因容量和基因顺序非常保守，序列中的结构变异不明显，更多的可能是核苷酸变异。本研究从10个候选非编码区共检测到插入/缺失位点和单碱基变异位点77个，其中插入/缺失位点21个（27.27%），变异位点56个（72.73%）。研究表明植物叶绿体核苷酸变异约占70%，插缺突变约占30%，或者单碱基突变频率是插缺变异的3倍（Small *et al.*, 1998；杨艳婷等，2018）。本研究所得的结果与前人研究基本一致。叶绿体基因组中的核酸序列一般表现出不同程度的进化速率，且因物种而异（Shaw *et al.*, 2007）。10个候选非编码区中，有6个在华中樱群体中表现出不同程度的变异水平，而另外4个未检测到变异，这可能是

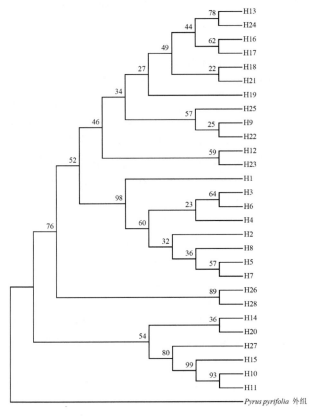

图1 华中樱单倍型系统进化树

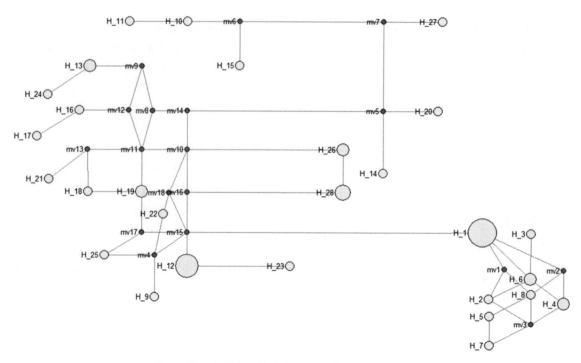

图 2 基于合并序列的华中樱单倍型邻接网络关系图

各个非编码区的基因序列在华中樱中的进化速率不同导致的。序列 ndhC-trnV-UAC、trnM-CAU-atpE 和 rps2-rpoC2 的变异相对丰富，在华中樱中的进化速度相对较快，可作为群体遗传多样性或低水平分子研究的理想标记；序列 trnR-UCU-atpA、trnH-GUG-psbA 和 psbC-trnS-UGA 的变异位点相对较少，可用作辅助标记。

3.2 华中樱的群体遗传多样性

物种的遗传多样性主要受生存环境、自然进化和自身适应性等因素的影响，因此不同地理环境和气候条件下的物种会表现出不同程度的遗传变异。本研究通过分析湖南省 5 个华中樱居群的非编码区序列，共鉴定出 28 个单倍型，虽然单倍型多态性较丰富（$Hd = 0.94$），但总体上呈现出较低的核苷酸多态性（$Pi = 0.00678$）。基于合并序列的 Tajima's D 值为正值（0.38451），且差异不显著（$P>0.10$）。这说明华中樱在进化过程中遵循中性进化模式，且存在大量中等频率的等位基因，这可能是由于群体进化过程中的瓶颈效应或者平衡选择导致的（Carlson et al., 2005）。华中樱单倍型多态性和核苷酸多态性在每个居群中存在差异，可能是由于华中樱各种群所处的自然环境条件不同，经历了不同的自然选择和生态选择，进而导致遗传多样性有所不同；也有可能是因为样品数量有限，潜在的单倍型没被检测到，需要加大取样量以提高样本覆盖度。导致不同居群遗传多样性差异的主要因素有待进一步研究。评估各居群遗传多样性水平和单倍型多样性，可为湖南省华中樱野生资源的保护和利用提供理论依据。

3.3 华中樱的群体遗传结构

植物的群体遗传结构反映的是遗传变异在群体中的非随机分布，受物种迁移、自然选择、遗传漂变和地理隔离等诸多因素的影响。遗传分化指数（Fst）可在一定程度上揭示居群间基因流和遗传漂变程度（刘占林和赵桂仿，1999）。理论上讲，$Fst<0.05$，说明群体间遗传分化程度很低甚至没有分化；$0.05<Fst<0.15$，遗传分化程度中等；$0.15<Fst<0.25$，遗传分化程度很高；$Fst>0.25$，遗传分化程度非常高（Wright, 1968；Willing et al., 2012）。华中樱居群总体 Fst 为 0.58609，其中居群 HS 与 PJ、ZF 之间的 Fst 最高，分别为 0.8117 和 0.8037，其次是居群 HS 与 XP（0.6960）、居群 LY 与 PJ（0.6929）、居群 LY 与 ZF（0.6887）以及居群 LY 和 XP（0.6），以上居群之间的遗传分化程度非常高；居群 LY 与 HS 之间的 Fst 最小（0.0912），但也达到了中等分化水平。Nm 值（0.17658）小于 1，表明华中樱各居群的基因交流较小，推测居群间可能存在地理隔离。分子方差分析结果显示于居群间的分子变异为 48%，居群内变异为 52%，两者之间遗传变异值较接近，这与苹果属（高源 等，2021）中的研究结果相似。

参考文献

柏文富, 禹霖, 李建挥, 等, 2021. 大围山樱属植物群落结构及物种多样性[J]. 应用生态学报, 32(4): 1201-1212.

崔晓燕, 杨浩, 邱影, 等, 2020. 华中樱野生优株扦插繁育技术[J]. 林业科技通讯, 12: 60-63.

董京京, 王宇, 司家鹏, 等, 2020. 樱花新品种'龙韵'[J]. 南京林业大学学报(自然科学版), 44(6): 236-238.

付涛, 王志龙, 林乐静, 等, 2018. 我国南方野生樱属植物的分子系统发育[J]. 分析核农学报, 32(11): 2126-2134.

高源, 王大江, 王昆, 等, 2021. 苹果属15个种的叶绿体DNA变异与遗传分化[J]. 果树学报, 38(1): 1-12.

杨艳婷, 侯向阳, 魏臻武, 等, 2018. 羊草叶绿体非编码区多态性标记筛选及群体遗传多样性[J]. 草业学报, 27(10): 147-157.

伊贤贵, 2007. 武夷山樱属植物资源调查与开发利用研究[D]. 南京: 南京林业大学.

禹霖, 李建挥, 柏文富, 等, 2019. 湖南大熊山野生樱花资源调查与利用评价[J]. 林业与环境科学, 35(6): 38-43.

周俐, 张兵, 徐建刚, 等, 2021. 华中樱砧木嫁接亲和性试验[J]. 现代园艺, 3: 56-58.

朱弘, 伊贤贵, 朱淑霞, 等, 2018. 基于叶绿体DNA atpB-rbcL片段的典型樱亚属部分种的亲缘关系及分类地位探讨[J]. 植物研究, 6: 821-828.

邹宜含, 唐丽, 蒋冬月, 等, 2019. 不同种源华中樱优树种子萌发特性研究[J]. 花卉, 20: 6-7.

Bandelt HJ, Forster P, Röhl A. 1999. Median-joining networks for inferring intraspecific phylogenies[J]. Molecular Biology Evolution, 16: 37-48.

Borsch T, Quandt D, Koch M. 2009. Molecular evolution and phylogenetic utility of non-coding DNA: Applications from species to deep level questions[J]. plant systematics and evolution, 282: 107-108.

Carlson CS, Thomas DJ, Eberle MA, et al, 2005. Genomic regions exhibiting positive selection identified from dense genotype data[J]. Genome Research, 15: 1553-1565.

Chen LX, Brown KR, Yi XG, et al, 2019. Complete chloroplast genome of Prunus emarginata and its implications for the phylogenetic position within Prunus sensu lato (Rosaceae)[J]. Mitochondrial DNA Part B, 4(2): 3402-3403.

Cheong EJ, Cho MS, Kim SC, et al, 2017. Chloroplast non-coding DNA sequences reveal genetic distinction and diversity between wild and cultivated Prunus yedoensis[J]. J Amer Soc Hort Sci, 142: 434-443.

Kato S, Iwata H, Tsumura Y, et al, 2011. Genetic structure of island populations of Prunus lannesiana var. speciosa revealed by chloroplast DNA, AFLP and nuclear SSR loci analyses[J]. J Plant Res, 124: 11-23.

Kumar S, Stecher G, Tamura K, 2016. MEGA7: Molecular evolutionary genetics analysis version 7.0 for bigger datasets[J]. Molecular Biology Evolution, 33(7): 1870-1874.

Liu J, Yin R, Xu Z, et al, 2019. The complete chloroplast genome of Cerasus dictyoneura, an ornamental plant of China[J]. Mitochondrial DNA Part B, 4(2): 3383-3385.

Ohta S, Osumi S, Katsuki T, et al, 2006. Genetic characterization of flowering cherries (Prunus subgenus Cerasus) using rpl16-rpl14 spacer sequences of chloroplast DNA[J]. J Japan Soc Hort Sci, 75: 72-78.

Peakall R, Smouse PE, 2012. GenAlEx 6.5: genetic analysis in Excel. population genetic software for teaching and research-an update[J]. Bioinformatics, 28, 2537-2539.

Rozas J, Ferrer-Mata A, Sánchez-DelBarrio JC, et al, 2017. DnaSP v6: DNA Sequence Polymorphism Analysis of Large Datasets[J]. Molecular Biology Evolution, 34: 3299-3302.

Scarcelli N, Barnaud A, Eiserhardt W, et al, 2011. A set of 100 chloroplast DNA primer pairs to study population genetics and phylogeny in monocotyledons[J]. PLoS ONE, 6(5): e19954.

Shaw J, Lickey EB, Schilling EE, et al, 2007. Comparison of whole chloroplast genome sequences to choose noncoding regions for phylogenetic studies in angiosperms: The tortoise and the hare III[J]. Am J Bot, 94: 275-288.

Small RL, Ryburn JA, Cronn RC, et al, 1998. The tortoise and the hare: choosing between noncoding plastome and nuclear Adh sequences for phylogeny reconstruction in a recently diverged plant group[J]. Am J Bot, 85(9): 1301-1315.

Willing EM, Dreyer C, van Oosterhout C, 2012. Estimates of genetic differentiation measured by F_{ST} do not necessarily require large sample sizes when using many SNP markers[J]. PLoS One, 7(8): e42649.

Wright S, 1968. Evolution and the genetics of populations[M]. London: Chicago university of Chicago Press.

Wu ZY, Raven PH, 2003. Flora of China: Pittosporaceae through Connaraceae[M]. Beijing: Science Press/St. Louis: Missouri Botanical Garden Press.

Yan JW, Li JH, Bai WF, et al, 2020. The complete chloroplast genome of Prunus conradinae (Rosaceae), a wild flowering cherry from China[J]. Mitochondrial Dna B, 5: 2153-2154.

Yi XG, Chen J, Zhu H, et al, 2020. Phylogeography and the population genetic structure of flowering cherry Cerasus serrulata (Rosaceae) in subtropical and temperate China[J]. Ecol Evol, 10: 11262-11276.

百子莲种子繁殖群体花部性状变异与聚类分析

申瑞雪[1]* 李秋静[1] 吕秀立[2,3] 尹丽娟[2,3] 陆牡丹[1] 陈香波[2,3]**

([1]上海上房园林植物研究所有限公司,上海 201114;[2]上海市园林科学规划研究院,上海 200232;[3]上海城市困难立地绿化工程技术研究中心,上海 200232)

摘要 为探明早花百子莲种子繁殖群体花部变异特征,为百子莲品种选育提供依据,对早花百子莲(Agapanthus praecox Willd.)种子繁殖群体分别白、蓝白、浅蓝、蓝、深蓝5种花色类群测试花部形态指标,进行差异显著性分析与聚类,结果显示:不同花色类群间花葶长、花序横径、花序纵径、小花数、小花梗长、花筒长、花裂片长、小花花径等花部性状均达极显著差异($P<0.01$);小花数、小花梗长、花序纵径、花葶长、花序横径等性状变异系数较大,花被片长、花裂片长、花筒长等小花形态性状变异系数小且R型聚类最先聚为一类,显示小花性状相关系数高且较为稳定;Q型聚类分析将5种花色类群分为2大类,深蓝花色类群单独聚为一类,浅蓝、蓝白、白与蓝花色聚为另一类。百子莲选择育种可将小花形态作为主要选择指标,白色与深蓝花宜作为花色育种选配的基础亲本。本研究对于早花百子莲自由授粉群体后代性状选择及控制杂交亲本选配具有重要意义。

关键词 百子莲;花色;育种;稳定性;花被片长

Variation and Cluster of Flower Characters in Seed-propagated Population of *Agapanthus praecox*

SHEN Rui-xue[1] LI Qiu-jing[1] LV Xiu-li[2,3] YIN Li-juan[2,3] LU Mu-dan[1] CHEN Xiang-bo[2,3]**

([1]Shanghai Shangfang Gardening Plant Research Institute co. ltd, Shanghai, 200114;
[2]Shanghai Academy of Landscape Architecture Science and Planning, Shanghai 200232, China;
[3]Shanghai Engineering Research Center of Landscaping on Challenging Urban Sites, Shanghai 200232, China)

Abstract To reveal the variation characters of flower in seed-propagated population, so as to provide a basis for the breeding of *Agapanthus praecox*, the morphological indexes in groups with white, bluewhite, light blue, blue, dark blue flower-color from seed-propagated population of *Agapanthus praecox* were measured. The significance test of difference and cluster analysis were conducted. The results showed that there exist extremely significant difference among different-color groups in the traits of peduncle long, horizontal diameter of inflorescence, vertical diameter of inflorescence, floret numbers of inflorescence, pedicel length of floret, perianth length, tepal length, perianth tube length and floret diameter($P<0.01$). The variation co-efficient of floret numbers per inflorescence, pedicel length of floret, vertical diameter of inflorescence, peduncle long, horizontal diameter of inflorescence were larger than that of morphological indexes of floret such as floret diameter, tepal length, perianth tube length and perianth length. Lower variation co-efficient and higher correlation based on R cluster analysis indicated that morphological indexes of floret were more stable. Q cluster revealed the genetic relationship of different flower-color groups that was dark blue group alone as one group and bluewhite, light blue, white and blue flower-color group the other group. In conclusion, the morphological traits of floret are suggested to be the main selection indexes while white and dark blue flower-color groups be the basic parents for the variety selection breeding of *Agapanthus praecox*. This study provide important guidance for the offspring selection of open pollination population and parent combination in cross-breeding of *Agapanthus praecox*.

Key words *Agapanthus praecox*; Flower color; Breeding; Stability; Perianth length

---

1 基金项目:上海市科委"科技创新行动计划"项目"大花葱等球形花序花卉品种选育与商品苗规模化生产技术研究"(19391901200)。

* 第一作者简介:申瑞雪(1987-),女,高工,硕士,主要从事园林植物开发利用研究,E-mail:srx2244@163.com。

** 责任作者:陈香波(1972-),女,高工,博士,主要从事园林植物育种研究,E-mail:cxb7210@163.com。

百子莲(*Agapanthus* spp.)又名蓝百合、非洲爱情花,为石蒜科(Amaryllidaceae)百子莲属(*Agapanthus*)多年生草本,原产于南非,常绿或落叶,具顶生聚伞花序,球状,花色有蓝、白或紫色,花期6~8月,生长适应性强、病虫害少,既可作鲜切花,也作盆花或花坛、花境植物栽培,应用范围广泛(Leighton F. M, 1965)。

国外在百子莲的分类学、药理学及组织培养、花期调控等方面已开展了多项研究(Zonneveld B. J. M et al., 2003; O. J. Sharaibi et al., 2017; Sakae Suzuki et al., 2002; Genjiro MORI et al., 1989),国内自南非引进早花百子莲迄今已逾20年,以种子繁殖种苗生产为主,后代性状分离严重,花葶高低错落,开出白或深浅不一的蓝色花朵、花色混杂,开花景观效果不佳。而英国、荷兰等欧美国家则以百子莲品种栽培为主(Hanneke van Dijk, 2004),迄今已培育出600多个百子莲品种(陈香波 等, 2016)。国内对于百子莲的研究集中在栽培、繁殖与适应性方面(刘芳伊 等, 2011; 陈香波 等, 2020; 李浩 等, 2019),在品种选育方面研究较少,仍处于起步阶段。

百子莲属遗传变异非常丰富,在原产地南非,原种或亚种以种子繁殖为主。已知的6个原种中,*A. africanus*、*A. praecox*、*A. inapertus*、*A. campanulatus* 4个种出现有白、蓝或紫蓝色的花色分离,很多品种是通过自然选择的方式获得,如品种 *A. africanus* 'Albus'选自 *A africanus* 自然授粉群体(Wim Snoeijer, 2004),品种 *A.* 'Snow Cloud'选自 *A. praecox* ssp. *orientalis* 与 *A. inapertus* 混合授粉群体(United States Plant Patent Application Publication Hooper, 2003)。种子繁殖群体杂合度高,这与百子莲本身的繁育系统不无关系,百子莲属异花传粉类型,异交为主、部分自交亲和(卓丽环 等, 2009),群体选择不失为百子莲品种选育的一个有效途径。

改变我国目前百子莲以原种栽培为主、性状不整齐的现状,开展品种选育工作是目前的当务之急。在进行选择育种时,需首先了解对象群体的变异类型与幅度范围,特别对作为主要观赏对象的花器官性状变异的选择尤为重要。本研究通过对早花百子莲种子繁殖群体进行花部性状测试,以明确混合授粉群体花部形态变异特点,为百子莲花色、花形品种选育与制定科学的选择策略奠定基础。

1 研究方法

1.1 测试方法

以引自南非的早花百子莲原种种子繁殖苗群体为研究对象,将观察到的5种花色分别随机选择30株,于盛花期测试花部形态各项指标,包括:花序横径、花序纵径、小花数、花葶长、小花梗长、花被管长度、花被片长度、小花花径,其中小花梗长、花被管长度、花被片长度、小花花径等小花指标是在每株花序中部随机选取3个小花测定,取平均值。

1.2 统计分析

利用EXCEL 2003计算各性状指标的平均值、标准差及变异系数 CV,采用DPS软件系统进行不同花色亚群体间测试性状方差分析及各指标间相关性分析,并用LSD法进行多重比较;采用欧氏距离系数、非加权配对算术平均法(UPGMA)分别进行R型与Q型聚类分析(唐启义 等, 2007)。

2 结果与分析

2.1 百子莲种子繁殖群体花部性状变异

2.1.1 花色分离变异

早花百子莲原种基因混杂,同一个种内存在白、蓝等不同花色(Wim Snoeijer, 2004),种子繁殖群体花色多样,对照RHS标准比色卡,花被片内侧边缘区主色、中肋色的比色值对应分别为白(RHS 155C、RHS 155B)、蓝白(RHS 92C、RHS 91B)、浅蓝(RHS 92B、RHS 94A)、蓝(RHS 94B、RHS 95A)、深蓝(RHS 93B、RHS 96B)。白色与其他4种花色区分明显,蓝白与浅蓝花色较为接近,但凭肉眼仍可区分,蓝白花色更偏于灰白,自浅蓝花色开始出现蓝色底调,并由浅蓝、蓝直至深蓝花色依次递进加深,由此可区分出5种不同花色(图1),从而形成白、蓝白、浅蓝、蓝、深蓝5个花色类群。

2.1.2 不同花色类群花部性状变异特征

分别5个花色类群进行花部性状测试,经差异显著性检验,除花序横纵径比外,花葶长、花序横径、花序纵径、小花数、小花梗长、花被片长、花筒长、花裂片长以及小花花径等9个性状在不同花色类群间差异均达极显著($P<0.01$)。

花部性状中,蓝色花花葶最长、白色花花葶最短,深蓝花花序小花数最少并且小花梗最短,蓝色花花序小花数最多,浅蓝花小花梗最长。花序大小与形态方面,深蓝色花序最小,花序横纵径比最大、形状趋扁球形并且花序较为紧凑(小花梗最短),而蓝、浅蓝与蓝白色花花序大,形状偏圆球形、稍松散。百子莲花序中小花的花被片长是由花筒长与花裂片长两部分组成,小花花径代表花被片张开的程度(图1C),花被片长、花筒长、花裂片长与小花花径4项指标数值能综合反映出小花形态特点。白色花类群4项指标均为最大,深蓝色最小,其他4种花色居中,可见白色花小花最大、深蓝色花小花最小。总体而言,深蓝

图 1 百子莲不同花色个体花部形态特征

Fig. 1 Flower and morphological indexes of individuals with different flower color

表 1 百子莲种子繁殖群体花部性状①

Table 1 Flower characters of seed-propagated population in *Agapanthus praecox*

花色 Flower color	花葶长(cm) Peduncle long	花序横径(cm) Horizontal diameter of inflorescence	花序纵径(cm) Vertical diameter of inflorescence	横径/纵径 Ratio of horizontal diameter to vertical diameter	小花数 Floret numbers per inflorescence	小花梗长(cm) Pedicel length of floret	花被片长(cm) Perianth length	花筒长(cm) Perianth tube length	花裂片长(cm) Tepal length	小花花径(cm) Floret diameter
白 White	81.83±8.86c B	17.00±1.53a A	12.17±1.46b A	1.41±0.13ab A	109.20±31.77b BC	3.78±0.62b B	6.39±0.54a A	3.89±0.31a A	2.50±0.23a A	4.40±0.40a A
蓝白 Bluewhite	87.20±9.63bc B	17.66±1.75a A	13.31±1.89ab A	1.36±0.16b A	112.40±29.48b B	4.25±0.54a AB	6.06±0.52bc AB	3.71±0.32ab AB	2.35±0.20ab AB	4.15±0.33ab AB
浅蓝 Light blue	89.70±8.85b AB	17.87±2.48a A	13.53±2.50a A	1.35±0.15b A	112.00±30.47b B	4.39±0.94a A	6.24±0.48ab A	3.82±0.31ab A	2.43±0.22ab A	4.29±0.52ab AB
蓝 Blue	98.10±12.72a A	17.67±1.84a A	13.17±1.63ab A	1.35±0.15b A	152.20±33.41a A	4.12±0.66ab AB	6.33±0.42ab A	3.85±0.30ab A	2.48±0.19ab A	4.06±0.37bc AB
深蓝 Dark blue	83.83±10.78bc B	14.77±1.50b B	10.17±1.53c B	1.48±0.16a A	84.13±28.00c C	3.15±0.56c C	5.84±0.47c B	3.60±0.25b B	2.24±0.24c B	3.88±0.40c B

① 不同小写字母表示不同处理间差异显著($P<0.05$),不同大写字母表示不同处理间差异极显著($P<0.01$)。

花色类群在花序横径、花序纵径、小花梗长、花被片长、花裂片长、花筒长及小花花径等性状指标与白色花类群差异均达极显著($P<0.01$),说明深蓝与白花色类群间花部性状差别最大。

2.1.3 不同花色花部性状变异系数

百子莲10个花部性状变异系数差别较大(图3所示),其中小花数、小花梗长变异系数较大,分别为27.55%与16.85%;其次为花序纵径(14.39%)、花葶长(11.51%)、花序横纵径比(10.8%)、花序横径(10.54%)等,变异系数在10%~15%之间;变异系数在10%以下的性状为:小花花径(9.71%)、花裂片长(9.01%)、花筒长(7.87%)、花被片长(7.56%),均为小花性状。由此可见,在同一花色类群中,小花性状相对稳定,花序形态指标变异幅度居中,而小花数、小花梗长变异系数较大,同一花色个体间差别明显。

2.2 花部性状聚类分析

2.2.1 R型聚类

R型聚类分析得出各性状指标间的相关性(图4),9个花部性状大致可以分为3类,小花数与花葶长相关性明显,被聚为一类,花序形态相关指标小花梗长、花序横径、花序纵径聚为一类,而花筒长、花被片长、花裂片长与小花花径等小花性状指标单独聚为一类。

2.2.2 Q型聚类

基于百子莲5种花色的9个花部性状变异的欧式平均距离,采用非加权配对算数平均法(UPGMA)进

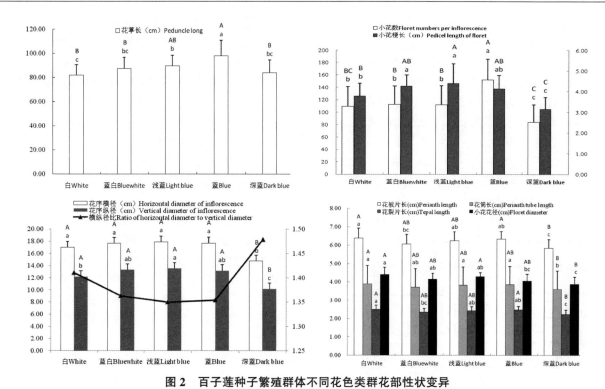

图 2 百子莲种子繁殖群体不同花色类群花部性状变异

Fig. 2 Flower variation characteristics among different flower-color groups of seed-propagated population in *Agapanthus praecox*

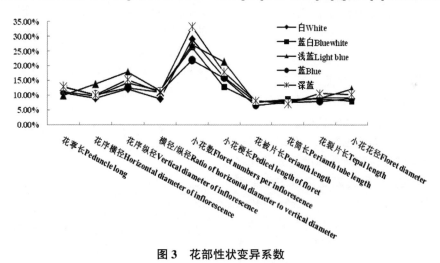

图 3 花部性状变异系数

Fig. 3 Variation co-efficient of flower characteristics.

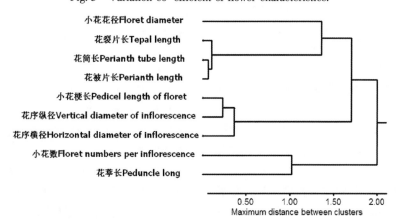

图 4 花部性状 R 型聚类图

Fig. 4 The R cluster analysis of flower characteristics

行聚类分析,构建出不同花色类群聚类图(图4)。由图4可以看出,在欧氏距离5.0时(L1),百子莲花色群体可分为2组,白、蓝白、浅蓝、蓝4种花色归为一组以及深蓝花色群体为另一组;在欧氏距离3.0时(L2),百子莲花色类群可分为3组,白、蓝白、浅蓝一组及蓝、深蓝另外两组;而在欧氏距离2.0时(L3),百子莲花色群体可分为4组,蓝白与浅蓝为一组,白、蓝、深蓝分别为一组。以上表明,浅蓝与蓝白花色类群花部形态最为接近,深蓝花与其他4种花色类群间花部形态差别较大。

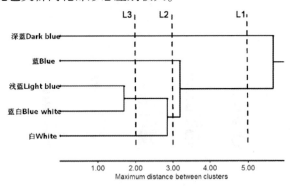

图5 百子莲花部性状表型聚类图

Fig.5 The clustering dendrogram of different flower-color groups

3 讨论

3.1 百子莲种子繁殖群体花部性状变异与选择

分析混合授粉群体花色分离及花部性状变异特征可为花色及花形育种提供依据,在选择时,应首先区分表现显著的质量性状,比如花色性状,其次在同一花色群体内,则应重点关注稳定而选择潜力大的性状(王海玲 等,2016)。变异系数代表着性状的稳定程度,小花数、小花梗长、花葶长等性状变异系数较大,而花裂片长、花被片长、花被管长等小花形态性状等,变异系数相对较小,这与性状的属性有关。小花数、花葶长等属营养生长相关性状,与植物营养体生长有一定关联(陈香波 等,2019),而小花性状多属生殖生长性状,在同一花色类群里这类性状表现更为稳定(赵正楠 等,2018),选择时应予以重点考虑。

小花梗长反映出小花着生的紧密程度,与花序形态直接相关。百子莲品种花序有呈现椭圆、扁球或球形等不同形状(UPOV,2011),球形花序花朵花序横径与花序纵径相近,聚伞花序中小花呈等距发散状、小花梗长相差不大,椭圆形花序纵径大于横径,扁球形花序横径大于纵径,这两类花序小花梗长短差别较大,中上部小花小花梗短而下部小花花梗偏长,如椭圆花序品种 A.'Silver Lining',小花梗长分布区间在20~70cm。小花梗长变异系数大、较不稳定,不适宜作为直接选择指标,但可与花序大小与形态指标(横径、纵径、横径/纵径)综合比较,作为辅助参照。

对于单花序小花数与花葶长等营养生长相关性状,要求必须种植在同等的栽培条件下、以同龄植株进行比较,避免受环境及植株营养生理变化等的干扰影响。百子莲中极矮生品种 A.'Double Dimond'(花葶长仅19~21cm)以及大花型品种 A.'White Heaven'(小花数达210~220)即是通过选择此种方式获得,品性稳定(Wim Snoeijer,2004)。

3.2 百子莲花部性状表型聚类分析

R型聚类显示百子莲花部性状存在一定关联,特别是小花性状:花被片长与花筒长、花裂片长、小花花径等相关性明显,因为花被片是由花筒与花裂片组成,花裂片以一定夹角张开,相同的张开角度,花裂片越长,则小花花径越大。小花是组成百子莲球形花序的单元,随小花数增加、小花梗变长,由多个小花组成的花序则自然变大,花序横、纵径增加,因此小花梗长与花序横、纵径相关而聚为一类。可见,百子莲花部表型性状间变异存在一定协同性,并且协同性较高的性状多为同一器官的不同部位,具有相似特征的性状最先聚集在一起,这与大花蕙兰的研究结果基本一致(张韶伊,2013)。此外,营养生长相关性状同受植株营养体大小影响,也必然会存在一定的相关性,如小花数与花葶长性状,但这类性状较不稳定,不同年份间会有差异(陈香波 等,2019)。

花色是观赏植物重要的表型性状,也是进行品种分类的重要依据(许文婷 等,2019;刘艺萍 等,2020),相同花色因着表型的相似性而聚在一起(Wang X W et al.,2014)。本研究中花色相近的浅蓝与蓝白花色类群最先聚类,显示个体间花部表型的相似性。浅蓝与蓝白花色类群介于白色与蓝色花中间,而与深蓝花色类群距离最远,浅蓝、蓝白花色可能是白与蓝花色的中间型,这一结果与ISSR分子标记不同花色间遗传亲缘关系聚类结果类似(待发表),外部表现型与内在基因型相吻合,综合反映出百子莲花色类群间的遗传亲缘关系。

另据观察发现在早花百子莲自然混合授粉群体后代中,白、蓝白、浅蓝花色个体结实后籽播苗出现5种花色,而蓝、深蓝花色个体后代并未出现白色个体,可知白色对蓝色为隐性遗传,这与耧斗菜花色遗传结果类似(朱蕊蕊 等,2019)。蓝色是数量遗传性状,受多基因控制,白与深蓝花具备早花百子莲群体的基础花色基因,随着自然杂合蓝色向白色基因的渗入,花色而逐渐由白转为蓝白、浅蓝、蓝。百子莲属中花色有白、蓝、紫花色,但缺乏红色与黄色基因

(陈香波 等，2016）。研究表明随 pH 1.0~2.5~4.5~7.0~9.5~11.5~14.0 的变化，早花百子莲蓝色花瓣中花青素提取液会出现粉紫—深红—亮紫—蓝绿—深绿—亮绿—黄色等的色彩转变（J. S. Yaacob et al，2011），蓝色花的呈色 pH 范围在 5.0~7.0，是否可运用现代生物技术手段、通过调控液泡 pH 环境实现百子莲花色基因改良，还需对其花色素合成途径以及花色遗传控制因子展开进一步研究。

4 结论

我国目前栽培百子莲以原种栽培为主、群体性状分离严重，需尽快开展针对花色、花形的品种选育工作，培育性状稳定的品种，扭转目前的原种混乱栽培的现状。同一花色类群内，花裂片长、花被片长、花被管长等小花形态性状变异系数小、相对稳定，应作为重点选择形态指标；白色与深蓝花色类群表型距离最远，宜作为花色亲本选配的基础亲本，通过控制杂交与系统选择相结合的方法，获得特异花色、花形等表现稳定的百子莲新品种。

目前农业部正在组织编制百子莲属（Agapanthus L' Hér.）品种测试指南，相信未来我国一定会培育出更多百子莲品种类型，以品种栽培取代现有的原种栽培模式，提升我国百子莲园林应用水平。

参考文献

陈香波，陆亮，钱又宇，等，2016. 百子莲属种质资源及园林开发应用[J]. 中国园林(8)：99-105.

陈香波，吕秀立，申瑞雪，等．2019. 百子莲花色种质提纯与稳定性评价[M]//中国风景园林学会 2019 年会论文集. 北京：中国建筑工业出版社．

陈香波，申瑞雪，吕秀立，等，2020. 不同基质栽培百子莲生长效应评价[J]. 中国农学通报，36(19)：73-79.

李浩，周惠瑜，2019. 昆明地区公园绿地百子莲引种栽培适应性评价[J]. 黑龙江农业科学(12)：94-96.

刘芳伊，高永鹤，尚爱芹，2011. 百子莲组培快繁与植株再生[J]. 北方园艺(13)：121-124.

刘艺萍，吴芳芳，贺丹，等，2020. 基于花色表型的荷花品种数量分类[J]. 浙江大学学报（农业与生命科学版），46(3)：319-326.

唐启义，冯明光，2007. DPS 数据处理系统——实验设计、统计分析及数据挖掘[M]. 北京：科学出版社．

王海玲，刘凤华，刘涛，等，2016. 黑心金光菊花部形态变异研究[J]. 园艺学报，43(7)：1326-1336.

王业社，侯伯鑫，索志立，等，2015. 紫薇品种表型多样性分析[J]. 植物遗传资源学报，16(1)：71-79.

许文婷，吕长平，陈梦洁，等，2019. 基于形态学标记的部分湖南本土牡丹资源聚类分析[J]. 江苏农业科学，47(8)：135-138.

张韶伊，2013．大花蕙兰品种 DUS 测试及性状间相关性分析[D]. 临安：浙江农林大学．

赵正楠，李子敬，辛海波，等，2018. 不同花色一串红品种观赏性状的相关性及聚类分析[J]. 西北农林科技大学学报，46(1)：111-118.

朱蕊蕊，高亦珂，张启翔，2019. 耧斗菜属植物杂交育种和性状遗传分析[J]. 分子植物育种，17(11)：3681-3689.

卓丽环，孙颖，2009. 百子莲的花部特征与繁育系统观察[J]. 园艺学报，36(11)：1697-1700.

Genjiro MORI, Yoshihiro SAKANISHI, 1989. Effect of temperature on flowering of Agapanthus africanus Hoffmanns [J]. J. Japan. Soc. Hort. Sci, 57(4)：685-689.

Hanneke van Dijk, 2004. Agapanthus for Gardeners[M]. Cambridge, Porland：Timber Press.

Yaacob J S, Yussof A I M, S. Abdullah, et al., 2011. Investigation of pH varied anthocyanin pigment profiles of Agapanthus praecox and its potential as natural colourant[J]. Materials Research Innovations, 15(Suppl 2)：106-109.

Leighton F M, 1965. The Genus Agapanthus L' Héritier [J]. J. South African Bot. Suppl. Vol. IV.

O. J. Sharaibi, A. J. Afolayan. 2017. Phytochemical analysis and toxicity evaluation of acetone, aqueous and methanolicleaf extracts of Agapanthus praecox Willd. IJPSR, 8(12)：5342-5348.

Sakae Suzuki, Miki Oota, Masaru Nakano, 2002. Embryogenic callus induction from leaf explants of the Liliaceous ornamental plant, Agapanthus praecox ssp. orientalis (Leighton) Leighton[J]. Scientia Horticulturae, 95 (1)：123-132.

United States Plant Patent Application Publication Hooper, Patent No. US 2003/0182700 P1.

UPOV, 2011. AFRICAN LILY–UPOV Code：Agapa–Agapanthus L' Héritier. GUIDELINES FOR THE CONDUCT OF TESTS FOR DISTINCTNESS, UNIFORMITY AND STABILITY.

Wang X W, Fan H M, Li Y Y, et al, 2014. Analysis of genetic relationships in tree peony of different colors using conserved DNA—derived polymorphism markers [J]. Scientia Horticulturae, 175：68-73.

Wim Snoeijer, 2004. Agapanthus—A revision of the genus[M]. Cambridge, Porland：Timber Press.

Zonneveld B J M, Duncan G D, 2003. Taxonomic implications of genome size and pollen colour and vitality for species of Agapanthus L' Héritier (Agapanthaceae) [J]. Plant Systematics and Evolution, 241 (1)：115-123.

昼夜开花萱草的杂交对后代花期的影响

刘寒妍* 高亦珂** 任毅 关春景

(花卉种质创新与分子育种北京市重点实验室,国家花卉工程技术研究中心,城乡生态环境北京实验室,园林环境教育部工程研究中心,林木花卉遗传育种教育部重点实验室,园林学院,北京林业大学,北京 100083)

摘要 花朵开放和闭合时间的差异对开花植物的生殖隔离有重要影响。因缺乏适合的植物材料,花朵开放和和闭合时间的遗传规律尚无研究。H. fulva 早晨开花傍晚闭合,H. lilio-asphodelus 和 H. citrina 傍晚开花凌晨闭合,对萱草昼夜开花杂交后代的研究可探索花朵开闭时间及单花花期的遗传变异规律。以夜间开花的北黄花菜及黄花菜品种'四月花''珍珠花'和白天开花的萱草品种'Frequent Flyer' 4 种(品种)萱草及其 6 个正反杂交后代群体为研究对象,对后代的花开放和闭合时间、单花花期比较分析。6 个不同杂交组合 280 株 F_1 个体的花开放时间分布集中在 15:30~20:00 之间;闭合时间分布分散,从凌晨 4:00 到傍晚 15:13 均有花朵闭合。花闭合时间的差异获得了延长了单花花期的后代个体。昼夜开花萱草间杂交,可延长萱草的单花开放时间。为探索开花与昼夜节律之间的关系提供了一个框架。

关键词 花朵开放时间;花朵闭合时间;种间杂种;单花花期

Effects of Day and Night Flowering Daylily on Flowering Duration of Single Flower

LIU Han-yan* GAO Yi-ke** REN Yi GUAN Chun-jing

(*Beijing Key Laboratory of Ornamental Plants Germplasm Innovation & Molecular Breeding, National Engineering Research Center for Floriculture, Beijing Laboratory of Urban and Rural Ecological Environment, Engineering Research Center of Landscape Environment of Ministry of Education, Key Laboratory of Genetics and Breeding in Forest Trees and Ornamental Plants of Ministry of Education, School of Landscape Architecture, Beijing Forestry University, Beijing 100083, China*)

Abstract Different flowering and closing times within a diurnal period play a significant role in reproductive isolation. However, few studies focused on the genetics of flower opening and closing times within a day for the lack of suitable plant materials. *H. fulva* opens in the morning and closes in the evening, while *H. lilio-asphodelus* and *H. citrina* opens at dusk and closes in the morning. Moreover, they produce fertile hybrids, providing an extraordinary opportunity to study the genetics of flower opening and closing times within a day. With four kinds of *Hemerocalis*: *H. lilio-asphodelus*, *H. citrina* 'Siyuehua' and *H. citrina* 'Zhenzhuhua' of nightlily and *H. fulva* 'Frequent Flyer' of daylily being the parents, separation of flower opening, closing times, flowering duration of single flower were observed. 280 F_1 hybrids of 6 crosses were all night flowering types, their flower opening times were between 15:30 and 20:00 and closing times were between 4:00 and 15:13, which fall between parents show continuous normal distribution. Crossing of night flowering types and daytime flowering types makes flowering duration of single flower longer. This study provides a framework for exploring the relationship between flowering and circadian rhythm.

Key words Flower opening time; Flower closing time; Interspecific hybrids; Flowering duration of single flower

花朵开放时间直接关系着开花植物杂交授粉的成功与否,也决定着其观赏期的长短。每种植物花朵的开放和闭合都有确定的时间,且不同植物开花的途径及所需外部条件不尽相同。大多数植物为昼夜开花,

---

* 第一作者简介:刘寒妍(1998-),女,硕士研究生,主要从事花卉种质资源与育种研究。
** 通讯作者:高亦珂,职称:教授,E-mail:cnpeony@hotmail.com。

但也有一些植物为夜间开花,比如红豆杉(*Telosma cordata*)和茉莉(*Jasminum sambac*)。

萱草属(*Hemerocallis*)单花花期1d,属内分为两类:夜间开花型和白天开花型,二者间杂交可育。对昼开型 *H. fulva* 与夜开型 *H. citrina* 的杂交的研究为探索花开闭性状遗传变异规律的重要途径。由于不同开花时间、不同倍性萱草间的杂交亲和性低(Frund 等,2011;何琦 等,2012),2000年之前,黄花菜常被单独作为亲本与二倍体萱草杂交,其后代也均为二倍体,2000年之后,杂交选用的亲本的杂合度逐渐增加(AHS)。针对这个问题,有研究证明控制萱草花开放及闭合时间的基因并不相同:花开放受一个主效基因控制,夜间开花为显性性状;花朵闭合受多基因控制(何琦 等,2012;贾贺燕 等,2014;任毅 等,2019);也有研究指向两种性状都受主基因控制且白天开花为显性(Hasegawa 等,2006;Nitta 等,2010)。花开放和闭合机制非常复杂。

AFLP数据显示,1893—1957年间,野生夜开型黄花菜和早期品种被分为不同类群,说明野生夜开型黄花菜对现代萱草的育种贡献不大(任毅 等,2019)。那么,若以夜开型野生种与品种分别做杂交亲本与昼开型品种杂交,其后代是否会有差异?本研究以夜开型的北黄花菜野生种及黄花菜品种'四月花''珍珠花'和昼开型的萱草品种'Frequent Flyer' 4种(品种)萱草及其6个正反杂交后代群体为研究对象,对后代的花开放和闭合时间、单花花期比较分析,探索亲本及其杂种的开花和闭合时间的遗传规律,并分析其遗传相关性。

1 材料与方法

1.1 植物材料

植物材料均植于国家花卉工程研究中心小汤山苗圃(40°09′N,116°26′E,北京)。'四月花'(*Hemerocallis citrina* 'Siyuehua')、'珍珠花'(*Hemerocallis citrina* 'Zhnezhuhua')和北黄花菜(*Hemerocallis lilio-asphodelus*)花被为柠檬黄色,夜间开花;'Frequent Flyer'(*Hemerocallis fulva* 'Frequent Flyer')花被为乳黄色且具橙色花喉,白天开花。

1.2 花朵开闭时间观测

于2018年7~8月露地观察4种萱草及其6种正反杂交后代共10个群体292株F_1个体的花朵开闭的动态,每株植物均记录3朵花的开放过程,因该3个重复的个体变异小,用3朵花的平均值作为每个观察植株的代表值。观测期间,苗圃的日出时间为4:49~4:55,日落时间为19:44~19:47,黎明时间为4:17~4:23,夜幕开始时间为20:16~20:20。因此,根据开放时间的不同,4个种和品种可分为白天开花(3:00~15:00开放)和夜间开花(15:00~3:00开放)两种(表1)。选择将于次日开放的花蕾,每1h拍照记录一次花朵的开放状态,直到花朵完全自然闭合。萱草属植物开花分为6个状态,分别为:(1)花萼开始打开;(2)花被片开始打开;(3)花被片和花萼都最大限度打开;(4)花被片关闭;(5)花被片完全关闭;(6)花被片和花萼都完全闭合。其中,定义(1)为花开放时间,(4)为闭合时间,(3)-(4)为单花持续时间(任毅 等,2019)。记录观测结果,采用 Excel 2020 和 SPSS24.0统计软件对数据进行描述性统计、单因素方差分析得出花朵开闭时间、单花花期的遗传变异规律。

1.3 花粉活力观测

花粉萌发选用的培养基为100g/L蔗糖+50mg/L的硼酸,pH为5.8~6.0。在花开放的(1)-(6)进程中,每1h取1次样品进行观测。选取的花粉均匀撒于滴有培养液的凹面载玻片上,再置于盛湿润滤纸的培养皿中,于25℃、湿度80%的智能人工气候箱中培养,每隔1h在显微镜下观察1次,统计萌发的花粉数量直到稳定不再变化。每次观察3个不重叠的视野,每个视野要有不少于30粒的花粉数量。花粉萌发率=(萌发的花粉粒数量/全部的花粉粒数量)×100%。

2 结果与分析

2.1 花朵开放时间和花朵闭合时间

萱草花朵的开放时间和闭合时间分两类,不同品种的开闭时间存在差异。每种萱草品种选取10朵花,记录开闭时间。北黄花菜、'四月花''珍珠花'的花朵于下午或傍晚开放,开放2~3h后达到最佳观赏状态,之后于次日上午或凌晨闭合;'Frequent Flyer'的花朵在早晨开放,开放2~3h后达到最佳观赏状态,之后于当日傍晚闭合(表1)。4种亲本的开花时间和闭合时间均比较集中,单花之间变幅小。

表1 北黄花菜、'四月花''珍珠花''Frequent Flyer'群体花朵开闭时间统计

Table 1 The statistics of flower opening time and closing time in *H. lilio-asphodelus*, *H.* 'Siyuehua', *H.* 'Zhenzhuhua' and *H.* 'Frequent Flyer' groups

亲本	花开放时间	花闭合时间	单花平均持续时长(h)
北黄花菜	17:05~19:00	次日7:30~8:20	13
'四月花'	16:00~17:30	次日2:20~4:00	11
'珍珠花'	16:00~17:30	次日2:30~4:20	11
'Frequent Flyer'	7:05~9:00	当日15:30~17:20	8

6对杂交组合的F_1代群体的开花时间均集中分布且有明显的峰值，均为夜间开花型，波动范围小（图1和表2）。花朵开始开放的时间都在下午15:30~20:00之间，高峰在17:00~19:00，大部分植株稍晚于夜间开花的亲本。萱草的开花时间在3个正反交组合的F_1代群体中表现一致。所有F_1代群体Kolmogorov-Smirnov检验的P值均小于0.05（表2）。

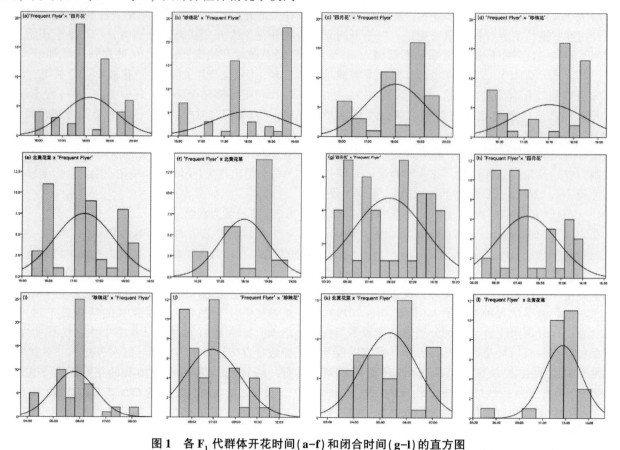

图1 各F_1代群体开花时间（a-f）和闭合时间（g-l）的直方图

Fig. 1 Histograms with normal fitting curves of flower opening time (a-f) and closing time (g-l) in F_1 hybrids

表2 各F_1代群体Kolmogorov-Smirnov检验的P值、开花和闭花时间的偏度和峰度统计

Table 2 P-value of Kolmogorov-Smirnov test, skewness, and kurtosis of flower opening and closing times in F_1 hybrids

群体	开花时间			闭合时间		
	P值	偏度	峰度	P值	偏度	峰度
'四月花'ב Frequent Flyer'	0.000	-0.693(0.350)	-0.620(0.688)	0.003	-0.040(0.350)	-1.474(0.688)
'Frequent Flyer'×'四月花'	0.000	-0.276(0.330)	-0.417(0.650)	0.000	0.474(0.330)	-1.052(0.650)
'珍珠花'ב Frequent Flyer'	0.000	-0.631(0.319)	-0.771(0.628)	0.000	0.257(0.319)	2.154(0.628)
'Frequent Flyer'×'珍珠花'	0.000	-0.740(0.343)	-1.102(0.674)	0.000	0.653(0.343)	-0.587(0.674)
北黄花菜×'Frequent Flyer'	0.015	0.100(0.330)	-1.057(0.650)	0.024	0.010(0.330)	-0.936(0.650)
'Frequent Flyer'×北黄花菜	0.000	-1.097(0.456)	0.223(0.887)	0.000	-3.378(0.456)	13.510(0.887)

6对杂交组合的F_1代群体的闭合时间差异大，在4:00~15:13均有花朵闭合（图1和表2）。野生种与品种的F_1代群体正反交表现不一致，杂交组合'Frequent Flyer'×北黄花菜的31株F_1中，闭合时间集中在5:30~15:20之间，有一个高峰在13:12~15:06（有24株，占92.31%），稍早于其白天开花的亲本'Frequent Flyer'，反交的52株F_1的闭合时间集中在3:00~7:01之间，有一个高峰在5:46~6:06（有30株，占57.69%），稍晚于其夜间开花的亲本北黄花菜。品种之间的F_1代群体正反交表现一致，且闭合时间均在两杂交亲本之间。所有F_1代群体Kolmogorov-Smirnov检验的P值均小于0.05（表2）。

2.2 花朵开闭时间的关系

北黄花菜、'四月花''珍珠花'于下午或傍晚开放(16:00~19:00),次日上午或凌晨闭合(2:30~8:30);'Frequent Flyer'于早晨开放(7:05~9:00),当日傍晚闭合(15:30~17:20)(表1)。定义该两种类型为亲本模式:傍晚开凌晨闭合(EM模式),早晨开傍晚闭合(ME模式)。6对杂交组合的F_1代群体中没有植株表现ME模式。品种之间杂交的F_1代群体大多符合EM模式:'珍珠花'דFrequent Flyer'所有植株均符合EM模式;大多数的'Frequent Flyer'ד珍珠花'(70.8%)符合EM模式,其余植株在开花时间上与EM模型亲本一致,但闭合时间较晚;'四月花'ד Frequent Flyer'的后代47.8%的植株符合EM模式,其余52.2%的植株在闭合时间均较晚;'Frequent Flyer'ד四月花'后代65.4%的植株符合EM模式,其余34.6%的植株在开花时间上与EM模式的亲本一致,但闭合时间均较晚,其中有10株(占19.2%)的花朵闭合时间在中午12:00以后。然而,野生种与品种的杂交组合'Frequent Flyer'×北黄花菜的31株F_1后代中,仅有1株符合EM模式,其余植株的闭合时间晚于其EM模式的亲本(图2)。

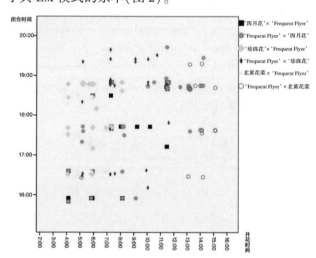

图2 各F_1代群体花开放与闭合时间关系散点图

Fig. 2 The scatter diagrams of flower opening times and closing times in F_1 hybrids

ME模式植株开花后1h(早晨8h)活力最高;EM模式植株开花后6h左右(早晨5h)活力最高(表3)。为萱草传粉的昆虫多为蛾类和蝶类。蝶类、蜂类主要为ME模式传粉,大都在上午活动;EM模式的传粉者主要是蛾类,大都在晚上21:00至次日凌晨5:00活动,高峰期0:00~2:00。授粉者活动时间、花粉活力较高时间与花朵盛开时间一致。

表3 北黄花菜、'四月花''珍珠花'和'Frequent Flyer'群体花粉活力

Table 3 The pollen viability of H. lilio-asphodelus, H. 'Siyuehua', H. 'Zhenzhuhua' and H. 'Frequent Flyer' groups

开花时期	花粉活力(%)			
	北黄花菜	'四月花'	'珍珠花'	'Frequent Flyer'
1h	50	40	41.5	60.22
6h	68.57	69.17	57.65	61.4
12h	83.59	79.75	74.15	59.22
18h	82.4	82.05	79.75	47.16
24h	40	74.22	71.83	51.32
36h	22.01	13.53	10.64	14.84
48h	0	0	0	0

2.3 单朵花开放持续时间

亲本的单花花期的平均值大都在12h左右:北黄花菜为13h;'四月花'为12h;'珍珠花'为12h;'Frequent Flyer'为8h(表1)。

昼夜开花萱草间杂交,可延长萱草的单花开放时间(图3)。品种之间正反交结果一致。'Frequent Flyer'和'珍珠花'F_1代群体的开花时间与'珍珠花'一致,闭合时间推迟3h左右;单花花期比'Frequent Flyer'长5h。'Frequent Flyer'和'四月花'F_1代群体与亲本'珍珠花'相比,开花时间晚2h左右,闭合时间部分植株晚4h左右,部分植株晚12h左右,平均单花花期延长6h左右;与亲本'Frequent Flyer'相比,单花花期延长9h左右。野生种与品种正反交结果不一致。'Frequent Flyer'和北黄花菜F_1代群体开花时间与北黄花菜一致;正反交后代闭合时间和单花花期表现不一致,北黄花菜×'Frequent Flyer'的后代闭合时间和单花花期与母本北黄花菜一致,比父本'Frequent Flyer'长5h左右,'Frequent Flyer'×北黄花菜

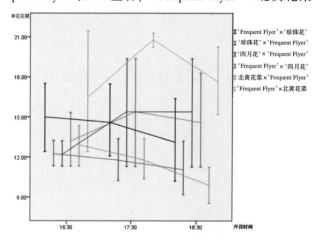

图3 F_1群体单朵花期统计

Fig. 3 The statistics of flowering duration in F_1 hybrids

后代单花花期比北黄花菜长5h左右，比'Frequent Flyer'长10h左右。

3 讨论

北黄花菜、'四月花''珍珠花'属于夜间开花型，傍晚开放，次日上午闭合，'Frequent Flyer'属于白天开花型，上午开放，当天傍晚闭合。亲本的开闭观察结果与Hasegawa、Nitta和任毅等人一致（Hasegawa等，2006；Nitta等，2010；任毅等，2019）。4种亲本的开花时间和闭合时间均比较集中，单花之间变化幅度不大。

6对杂交组合的F_1代群体均为夜间开花，花开放的时间都在15:30~20:00之间。然而，北黄花菜野生种、黄花菜品种分别与萱草品种杂交的后代花朵闭合时间性状存在显著差异，4:00~15:13均有花朵闭合，均处于各自的杂交亲本之间，分布连续，所有F_1代群体Kolmogorov-Smirnov检验的P值均小于0.05。这种差异可能与亲本基因复杂程度有关，野生种北黄花菜遗传物质多样性丰富，黄花菜品种'四月花''珍珠花'品种一致性高。与任毅的结果一致（任毅等，2019）。

花闭合时间的差异获得了延长了单花花期的后代个体。夜间开花型与白天开花型的杂交使得萱草的单花花期延长。部分群体的单花花期从亲本的9h左右延长到了18h左右。与任毅的结果一致（任毅等，2019）。

昼夜开花萱草间杂交，可延长萱草的单花开放时间。与花朵开闭相关的表型变异受遗传差异和环境效应共同作用的结果。为探索开花与昼夜节律之间的关系提供了一个框架。

参考文献

何琦，2012. 不同倍性萱草（Hemerocallis spp. & cvs.）杂交育种研究[D]. 北京：北京林业大学.

贾贺燕，高亦珂，何琦，等，2014. 昼夜开花萱草杂交后代花朵开闭时间[J]. 东北林业大学学报，42（7）：100-104.

AHS. https://www.daylilies.org/DaylilyDB/.

Frund J, Dormann C F, Tscharntke T, 2011. Linne's floral clock is slow without pollinators – flower closure and plant-pollinator interaction webs [J]. Ecology Letters, 14: 896-904.

Hasegawa M, Yahara T, Yasumoto A, et al, 2006. Bimodal distribution of flowering time in a natural hybrid population of daylily (Hemerocallis fulva) and nightlily (Hemerocallis citrina) [J]. Journal of Plant Research, 119: 63-68.

Nitta K, Yasumoto A A, Yahara T, 2010. Variation of Flower Opening and Closing Times in F_1 and F_2 Hybrids of Daylily (Hemerocallis fulva; Hemerocallidaceae) and Nightlily (H. Citrina) [J]. American Journal of Botany, 97: 261-267.

Ren Y, Gao Y, Gao S, et al, 2019. Genetic characteristics of circadian flowering rhythm in Hemerocallis [J]. Scientia Horticulturae, 250: 19-26.

姜花属种质资源遗传多样性的 ISSR 分析

周熠玮[1,2]　魏雪[1,2]　玉云祎[1,2]　余让才[2,3]　范燕萍[1,2]*

([1] 华南农业大学林学与风景园林学院；[2] 华南农业大学花卉研究中心；
[3] 华南农业大学生命科学学院；广州　510642)

摘要　为了分析姜花属种质资源的亲缘关系和遗传多样性，筛选出适用于姜花属植物的 ISSR 标记，本研究以收集的 24 份姜花属种质资源为材料，从 32 条 ISSR 引物中筛选出 8 条扩增条带清晰、稳定的引物，确定了最适退火温度后，对 24 份姜花进行遗传多样性分析，共扩增出 107 条条带，其中多态性条带 89 条，多态性条带百分率 83.2%。24 份种质资源可以被完全区分开，遗传相似度范围为 0.438~0.989。遗传结构、NJ 聚类和主坐标分析（PCoA）表明可以将 24 份种质划分为 3 个类群，其中靖西 01、靖西 02、普洱姜花 01 和普洱姜花 02 四份种质资源杂合度较高。研究结果为姜花属种质资源鉴定及杂交育种提供理论依据。

关键词　姜花属；ISSR；遗传多样性；种质资源

2 Genetic Diversity Analysis in *Hedychium* Based on ISSR Markers

ZHOU Yi-wei[1,2]　WEI Xue[1,2]　YU Yun-yi[1,2]　YU Rang-cai[2,3]　FAN Yan-ping[1,2]*

([1] *College of Forestry and Landscape Architecture, South China Agricultural University;*
[2] *Flower Research Center, South China Agricultural University;*
[3] *College of Life Science, South China Agricultural University; Guangzhou 510642, China*)

Abstract　In order to analyze the genetic relationship and diversity of *Hedychium* germplasm resources and screen out ISSR markers suitable for it, 24 *Hedychium* accessions were collected as materials for study. Eight clear and stable primers were selected from 32 ISSR primers. After determining the optimal annealing temperature of the primers, genetic diversity of 24 *Hedychium* accessions was analyzed. A total of 107 bands were amplified, including 89 polymorphic bands, and the percentage of polymorphic bands was 83.2%. 24 *Hedychium* accessions could be completely distinguished with genetic similarity ranging from 0.438 to 0.989. Genetic structure, NJ cluster and principal coordinate analysis (PCoA) showed that 24 germplasms could be divided into three groups, among which Jingxi 01, Jingxi 02, Puerjianghua 01 and Puerjianghua 02 had higher heterozygosity. These results provide a theoretical basis for germplasm identification and cross breeding of *Hedychium*.

Key words　*Hedychium*；ISSR；Genetic diversity；Germplasm resource

姜花属（*Hedychium*）为姜科（Zingiberaceae）多年生草本植物，全世界分布约 50 种，分布在热带亚洲至热带非洲，分布中心位于喜马拉雅地区，其中我国分布约 30 种，产于西南至南部，属内植物花大而美，大多具有观赏价值（胡秀和刘念，2009；吴德邻，2016）。姜花是岭南特色香型切花，在广东、香港、台湾等地很受欢迎。姜花属植物部分种之间可以杂交获得果实（甘甜和李庆军，2010；熊友华 等，2011）。近年来我国姜花育种已经取得一些进展，广东省农作物品种审定委员会审定、登记或评定了 10 个姜花新品种。姜花属在花香性状鉴定及分子调控研究方面研究较多（Yue et al., 2014；Ke et al., 2019；Chen et al., 2021；Abbas et al., 2021)，目前研究者越来越关注它们根茎药用价值开发（TAVARES et al., 2020)，姜花属植物在观赏和药用方面的发展潜力巨大。

1　基金项目：广东省重点领域研发计划资助（编号：2020B02020007）；广州市民生科技攻关计划（编号：201903010054）。
第一作者简介：周熠玮(1994-)，男，博士研究生，主要从事花卉种质资源利用与改良研究。
* 责任作者：范燕萍(1962-)，职称：教授，E-mail：fanyanping@scau.edu.cn。

种质资源的遗传多样性是遗传育种和生物技术研究的重要基础。在姜花属植物遗传多样性研究方面已经有一定进展，但总体研究还不够多。早在2000年，Wood等(2000)就对30份姜花属种质及16份姜科其他物种资源进行了ITS序列分析，结果支持姜花属是单系起源的，另外结合了每苞片内花蕾数和地理分布情况将30份姜花属资源划分为四大类。高丽霞等(2008)对我国22份姜花属种质资源进行了SRAP分析，根据28对引物的扩增结果构建系统聚类树，结果发现可以根据单苞片内花蕾数和海拔高度分为2个大的类群。Basak等(2014)利用15个ISSR标记和5个AFLP标记对印度北部的11份姜花属资源进行分析，发现可以根据植株高度和花香气强度进行分类。另外ISSR、RAPD标记也被应用在姜花种内野生种质资源遗传多样性研究中，聚类分析发现与地理来源密切相关(Ray et al., 2019)。Rawat等(2017)利用12个ISSR标记分析了草果药16个居群的64个样本，结合酚类化合物含量进行了相关性分析，挖掘出与没食子酸、1-羟基苯甲酸等化合物含量关联的等位位点。这些研究都表明姜花属植物具有丰富的遗传多样性。ISSR分子标记由于成本低、操作简便、多态性高等优势已被广泛应用在种质资源遗传多样性和亲缘关系分析方面(邱国俊等，2020)，但目前国内关于姜花属种质资源ISSR分析仍未见报道。

本研究以前期收集到的24份姜花属种质资源为材料，建立ISSR-PCR体系，筛选合适的ISSR引物进行遗传多样性和亲缘关系分析，为进一步的育种工作提供参考。

1 材料和方法

1.1 材料

供试材料如表1所示，保存于华南农业大学花卉研究中心种质资源圃。

表1 供试的24份姜花属资源信息

Table 1 The information of 24 *Hedychium* accessions

序号 No.	名称 Name	所属种 Species	来源 Origin	种质类型 Type
H1	白姜花	*H. coranarium*	广东中山	栽培品种
H2	红姜花	*H. coccineum*	云南西双版纳	野生种
H3	金姜花	*H.* 'Jin'	香港	栽培品种
H4	圆瓣姜花01	*H. forrestii*	云南西双版纳	野生种
H5	峨嵋姜花	*H. flavescens*	云南西双版纳	野生种
H6	肉红姜花	*H. neocarneum*	云南西双版纳	野生种
H7	云南01	Unknown	云南西双版纳	野生种
H8	无丝姜花	*H. efilamentosum*	西藏察隅	野生种

(续)

序号 No.	名称 Name	所属种 Species	来源 Origin	种质类型 Type
H9	密花姜花	*H. densiflorum*	西藏察隅	野生种
H10	西藏红姜花	Unknown	西藏察隅	野生种
H11	西藏01	Unknown	西藏察隅	野生种
H12	草果药	*H. spicatum*	西藏察隅	野生种
H13	广西姜花	*H. kwangsiense*	广西靖西	野生种
H14	矮姜花	*H. brevicaule*	广西靖西	野生种
H15	靖西01	Unknown	广西靖西	野生种
H16	滇姜花	*H. yunnanense*	云南昆明	野生种
H17	美国姜花	Unknown	美国夏威夷	栽培品种
H18	普洱姜花01	*H. puerense*	云南西双版纳	野生种
H19	泰国姜花	*H. coronarium* var. *chrysoleucum*	泰国	栽培品种
H20	贵州01	*H. forrestii*	贵州铜仁	野生种
H21	圆瓣姜花02	*H. forrestii*	云南昆明	野生种
H22	普洱姜花02	*H. puerense*	广西靖西	野生种
H23	云南02	Unknown	云南昆明	野生种
H24	靖西02	Unknown	广西靖西	野生种

1.2 基因组DNA的提取

使用天根生化科技(北京)有限公司的植物基因组DNA提取试剂盒提取DNA，用1%琼脂糖凝胶电泳检测。将提取得到的DNA用ddH$_2$O稀释至30~50 ng/μL备用。

1.3 ISSR-PCR扩增体系

32条引物由上海捷瑞生物工程有限公司合成，引物序列如表2所示。

表2 用于ISSR-PCR分析的32条引物

Table 2 32 primers for ISSR-PCR analysis

引物名称 Primer name	碱基序列 Base sequence
UBC807	AGAGAGAGAGAGAGT
UBC809	AGAGAGAGAGAGAGG
UBC811	GAGAGAGAGAGAGAC
UBC812	GAGAGAGAGAGAGAA
UBC813	CTCTCTCTCTCTCTT
UBC814	CTCTCTCTCTCTCTA
UBC816	CACACACACACACAT
UBC817	CACACACACACACAA
UBC823	TCTCTCTCTCTCTCC
UBC824	TCTCTCTCTCTCTCG

(续)

引物名称 Primer name	碱基序列 Base sequence
UBC825	ACACACACACACACACT
UBC826	ACACACACACACACACC
UBC827	ACACACACACACACACG
UBC835	AGAGAGAGAGAGAGAGYC
UBC840	GAGAGAGAGAGAGAGAYT
UBC841	GAGAGAGAGAGAGAGAYC
UBC846	CACACACACACACACART
UBC847	CACACACACACACACARC
UBC855	ACACACACACACACACYT
UBC856	ACACACACACACACACYA
UBC857	ACACACACACACACACYG
UBC880	GGAGAGGAGAGGAGA
UBC881	GGGTGGGGTGGGGTG
UBC888	BDBCACACACACACACA
UBC890	VHVGTGTGTGTGTGT
UBC891	HVHTGTGTGTGTGTG
UBC899	CATGGTGTTGGTCATTGTTCCA
17898B	CACACACACACAGT
17899A	CTCTCTCTCTCTCTGC
HB12	GTGTGTGTGTGTCC
HB13	GAGGAGGAGGC
HB15	GTGGTGGTGGC

1.3.1 PCR 反应条件

反应体系参照 Basak 等略做修改，用 20μL 反应体系：2.5μL 10×buffer(Mg^{2+} plus)，2μL dNTP$_s$，30~50ng 模板 DNA，0.5 U of r Taq 酶，0.5μM 引物，ddH$_2$O 补足至 20μL。PCR 反应试剂购于宝日医生物技术(大连)有限公司。PCR 反应程序：首先 94℃ 预变性 120s，然后按照 94℃ 变性 45s，引物最适退火温度复性 60s，72℃ 延申 90s 进行 35 个循环反应，最后 72℃ 保持 600s。

1.3.2 引物最适退火温度的筛选

对每条引物设置从 48℃ 至 55℃ 的 12 个温度梯度分别为 48.0℃、48.4℃、48.8℃、49.5℃、50.4℃、51.3℃、51.9℃、52.8℃、53.7℃、54.4℃、54.8℃、55.0℃，以白姜花 DNA 为模板进行引物最适退火温度的筛选。

1.4 数据统计分析

1.4.1 电泳结果的数据转换

PCR 产物用 1.5% 的琼脂糖凝胶检测，在荧光成像系统下拍照后，进行人工读带，在相同迁移位置无条带记为"0"，有条带记为"1"，建立"0，1"矩阵。

1.4.2 引物多态性百分率的计算

统计筛选出来的引物在 24 份样品分析中的总扩增条带数目(N)和总多态性条带数目(n)，根据下面公式计算引物多态性百分率(PPB)。

$$PPB = n \div N \times 100\%$$

1.4.3 遗传相似性系数和遗传结构分析

根据 1.4.1 建立的"0，1"矩阵，用 NTSYS2.1 软件计算遗传相似系数，用 R 语言绘制遗传相似性矩阵。使用 STRUCTRE2.3.4 软件进行群体结构分析(Pritchard et al., 2000)，计算出材料相对应的 Q 值(第 i 材料其基因组变异源于第 K 群体的概率)。将 K 值设为 1-10，采用马尔可夫链的蒙特卡洛模拟算法(markov chain monte carlo, MCMC)，不作数迭代(length of burn-in period)和不作数迭代后的 MCMC 均设为 100000 次，用 STRUCTURE HARVESTER 0.6.92 软件(Earl et al., 2012)计算结果。用 CLUMPP 1.1.275 软件分析合并 10 次重复的 Q 值(Jakobsson et al., 2007)。最后用 WPS2019 表格绘制堆叠柱形图。

1.4.4 NJ 聚类和主坐标分析(PCoA)

用 Powermarker 软件计算 Nei's(1983) 遗传距离，进行 Neighbor-joining(NJ) 聚类分析(Liu and Muse, 2005)，用 MEGA7 对聚类树进行美化(Kumar et al., 2016)。用 R 软件进行主坐标分析(PCoA)。

2 结果与分析

2.1 引物及退火温度的筛选

从 32 条 ISSR 引物中筛选出 8 条扩增条带清晰且多态性好的引物，用于遗传多样性分析。首先对这 8 个引物进行最适退火温度的筛选，在 48~55℃ 的区间设置 12 个梯度，图 1 为引物 UBC816 的退火温度筛选结果，可见温度升高到 52.8~55.0℃ 时，条带扩增相对稳定且清晰，其他引物退火温度的筛选结果见表 3。

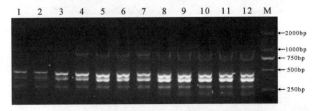

图 1 引物 UBC816 的退火温度筛选结果

Fig. 1 Annealing temperature screening results of primer UBC816 (M: Marker D2000；1~12 分别对应退火温度 48.0℃、48.4℃、48.8℃、49.5℃、50.4℃、51.3℃、51.9℃、52.8℃、53.7℃、54.4℃、54.8℃、55.0℃)

表3　8条ISSR引物的最适退火温度

Table 3　Optimum annealing temperature of 8 ISSR primers

引物名称 Primer name	碱基序列 Base sequence	最适退火温度(℃) Optimum annealing temperature
UBC807	AGAGAGAGAGAGAGAGT	51.3
UBC811	GAGAGAGAGAGAGAGAC	54.4
UBC816	CACACACACACACACAT	53.7
UBC824	TCTCTCTCTCTCTCTCG	51.9
UBC825	ACACACACACACACACT	51.9
UBC835	AGAGAGAGAGAGAGAGYC	51.3
UBC855	ACACACACACACACACYT	52.8
UBC899	CATGGTGTTGGTCATTGTTCCA	51.3

2.2 基于24份姜花属种质资源的ISSR标记多态性分析

利用8条扩增效果较好的ISSR引物对24份资源进行分析，图2为引物UBC824对24份资源的分析结果，图3为引物UBC824对24份资源的分析结果。其他引物具体的扩增条带数目统计结果如表4所示，8条ISSR引物对24份资源总共扩增出107条可读条带，各引物扩增条带数为11~18条，平均为13.4条。其中引物UBC807扩增条带数最多，达18条，引物UBC811最少，仅有11条。107条总扩增条带中有89条多态性条带，各引物多态性条带数范围为7~16条，平均11.1条，其中引物UBC807最多，达16条，引物UBC811最少，仅有7条。8引物的多态性条带百分率范围为63.6%~93.8%，平均为82.1%，其中引物UBC811和UBC899多态性百分率相对较低，分别为63.6%和66.7%，其他引物均高于80%。说明24份资源表现出较丰富的遗传变异。

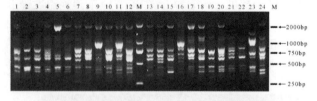

图2　引物UBC824对24份姜花属资源的分析

Fig. 2　Analysis of 24 *Hedychium* accessions by primer UBC824

（M：Marker D2000；1~24对应表1中的H1~H24的24份姜花属种质资源）

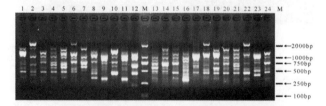

图3　引物UBC899对24份姜花属资源的分析

Fig. 3　Analysis of 24 *Hedychium* accessions by primer UBC899

（M：Marker D2000；1~24对应表1中的H1~H24的24份姜花属种质资源）

表4　基于24份姜花属资源分析的8条ISSR引物扩增条带数目及多态性

Table 4　Amplified band number and polymorphism of 8 ISSR primers based on the analysis of 24 *Hedychium* accessions

引物名称 Primer name	扩增的总条带数 N	多态性条带数 n	多态性条带百分率 PPB
UBC807	18	16	88.9%
UBC811	11	7	63.6%
UBC816	16	15	93.8%
UBC824	12	11	91.7%
UBC825	13	11	84.6%
UBC835	12	10	83.3%
UBC855	13	11	84.6%
UBC899	12	8	66.7%
总计 Total	107	89	83.2%

2.3 基于8条ISSR引物的24份姜花属种质资源遗传结构分析

图4为基于8条ISSR引物分析的24份姜花属种质资源遗传相似性系数热图，24份资源相互之间的遗传相似度范围为0.44至0.99，其中圆瓣姜花01与圆瓣姜花02的遗传相似度最大，高达0.99，白姜花与云南01的遗传相似度最小，仅为0.438。遗传结构分析（图5）结果表明，模型参数K=3时，ΔK值最大，表明适宜将24份种质资源分为三大类群。根据计算的K值得出24份姜花属种质资源的Q值，Q在某子群中的概率≥60%的材料被认为是纯基因型的，并分配给相应的亚类群，而小于60%的材料被归类为杂合型的。类群Ⅰ包含红姜花等15份种质资源，平均Q值为0.840（Q>0.80的占75.0%），其中15份是野生种质，1份为栽培种；类群Ⅱ包含白姜花等5份种质资源，平均Q值为0.721（Q>0.80的占40.0%），其中3份为栽培种，2份为野生种；类群Ⅲ包含3份种质资源，平均Q值为0.883（Q>0.80的占66.7%），且属于同一个种（*H. forrestii*）。Q值小于0.6的种质资源有4份，包括H15（靖西01）、H18（普洱姜花01）、H22（普洱姜花02）、H24（靖西02），说明这几份资源杂合度较高。进一步通过NJ聚类分析（图6A）发现结果与遗传结构分析基本一致，组Ⅰ包含了类群Ⅰ中的所有种质和类群Ⅱ中的1份杂合度较高种质（H18），组Ⅱ包含了类群Ⅱ中的4份种质，组Ⅲ与类群Ⅲ结果一致。主坐标分析（图6B）也表明3个类群能基本区分开。

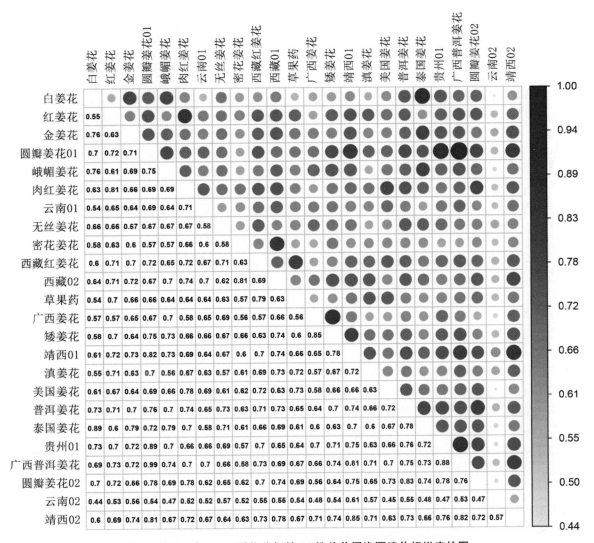

图 4 基于 8 条 ISSR 引物分析的 24 份姜花属资源遗传相似度热图

Fig. 4 Heatmap of genetic similarity of 24 accessions based on 8 ISSR primers

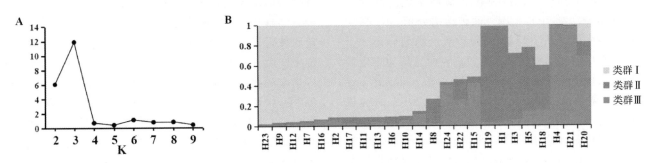

图 5 基于 8 条 ISSR 引物分析的 24 份姜花属资源遗传结构分析

Fig. 5 Genetic structure analysis of 24 *Hedychium* accessions based on 8 ISSR primers

A：不同 K 值对应的 Delta K 值折线图；B：24 份姜花种质资源的遗传结构图；H1-H24 对应表 1 中的 24 份姜花属种质资源

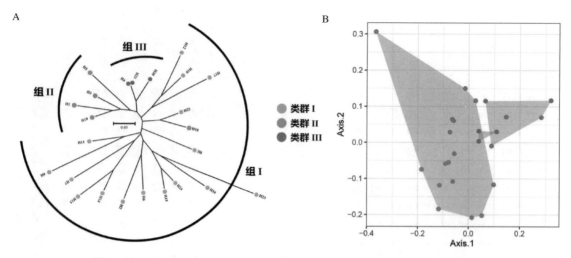

图6 基于8条ISSR引物分析的24份姜花属资源NJ聚类树和PCoA分析

Fig. 6　NJ cluster tree of 24 *Hedychium* accessions based on 8 ISSR primers

A：NJ聚类分析；B主坐标分析（PCoA）；H1-H24对应表1中的24份姜花属种质资源

3　结论与讨论

从32条ISSR引物中筛选出了8条扩增效果较好的引物，对24份姜花属资源分析共扩增出107条条带，其中多态性条带89条，多态性条带百分率为83.2%，比Basak等（2014）和Rawat等（2017）用ISSR标记分析姜花属资源的多态性条带百分率为90.9%和90.5%略低，这很可能是由于选用的资源和引物不同造成的。

高丽霞等（2008）用SRAP标记分析了我国22份姜花属种质资源，22份材料遗传相似性系数在0.08～0.97，变异范围很大，在遗传相似性系数为0.3时可划分为3个类群。本研究根据ISSR分析结果计算了24份种质资源的遗传相似性系数，范围为0.44至0.99，属正常范围。遗传结构分析、NJ聚类分析和主坐标分析支持将24份种质资源划分为3个类群，其中有4份种质杂合度较高，而且均为野生种质。前人报道姜花属具有异交繁育系统，同域分布现象普遍（高江云，2006），另外甘甜等（2010）研究也表明姜花属的几个自然居群能够进行杂交并结实，本研究结果也显示姜花属中部分野生种质的杂合度较高，进一步说明了姜花属自然居群中可能存在自然杂交的现象，部分种间没有严格意义的生殖隔离，在后面杂交育种过程中可多考虑种间杂交。本研究在西藏、云南和贵州共收集到6份国内未有相关文献报道过的野生种质，包括西藏红姜花、西藏01、云南01、云南02、靖西01和靖西02，ISSR聚类分析发现它们与其他已知种能明显区分开，表明它们有可能是新发现的种、变种或变型，需要进结合形态学、细胞学和更多分子标记进一步确定它们的类型。近年国内外陆续都有发现姜花属新种的报道（Ding et al.，2018；Hu et al.，2018；Ashokan and Gowda，2019），这暗示着我国西南部仍蕴藏着许多姜花属种质资源，有待挖掘和利用。

在姜花属研究中仍存在种间混淆等问题，这大大限制了姜花属的保护和遗传育种工作。本研究用ISSR分子标记对24份姜花属种质资源进行了分析，发现它们具有较丰富的遗传变异，一定程度上揭示了姜花属种质资源遗传多样性，为姜花属的品种鉴定和遗传多样性研究提供了有效的ISSR标记。目前仅有极少量文献报道了在姜花属植物中开发SSR分子标记（张爱玲等，2018），SNP标记开发方面仍未有报道，需要进一步结合转录组、基因组等高通量测序技术来开发利用，为姜花属植物的研究和应用提供更多有效的新标记。

参考文献

甘甜，李庆军，2010. 几种同域分布姜花属植物的种间杂交亲和性及杂交后代种子活力[J]. 云南植物研究，32(3)：230-238.

高江云，2006. 中国姜科花卉[M]. 北京：科学出版社.

高丽霞，胡秀，刘念，等，2008. 中国姜花属基于SRAP分子标记的聚类分析[J]. 植物分类学报(6)：899-905.

胡秀，刘念，2009. 中国姜花属 *Hedychium* 野生花卉资源特点[J]. 广东园林，31(4)：7-11.

邱国俊, 程敏, 郭计华, 2020. ISSR 分子标记技术在植物中的应用及其研究进展[J]. 兴义民族师范学院学报(1): 117-120.

吴德邻, 2016. 中国姜科植物资源[M]. 武汉: 华中科技大学出版社.

熊友华, 寇亚平, 刘念, 2011. 姜花属种间杂交结实率研究初报[J]. 广东农业科学, 38(10): 34-35.

张爱玲, 涂红艳, 吴泳薇, 等, 2018. 基于转录组测序的 SSR 位点在不同倍性白姜花株系多态性分析[M]//中国观赏园艺研究进展2018. 北京: 中国林业出版社.

Ashokan A, Gowda V, 2019. *Hedychium ziroense* (Zingiberaceae), a new species of ginger lily from Northeast India[J]. PhytoKeys, 117: 73-84.

Basak S, Ramesh A M, Kesari V, et al, 2014. Genetic diversity and relationship of *Hedychium* from Northeast India as dissected using PCA analysis and hierarchical clustering[J]. Meta Gene, 2: 459-468.

Chen H, Yue Y, Yu R, et al, 2019. A *Hedychium coronarium* short chain alcohol dehydrogenase is a player in allo-ocimene biosynthesis[J]. Plant Molecular Biology, 101(3): 297-313.

Ding H B, Yang B, Zhou S S, et al, 2018. *Hedychium putaoense* (Zingiberaceae), a new species from Putao, Kachin State, Northern Myanmar[J]. PhytoKeys, 94: 51-57.

Earl D A, Vonholdt B M, 2012. STRUCTURE HARVESTER: a website and program for visualizing STRUCTURE output and implementing the Evanno method[J]. Conservation Genetics Resources, 4(2): 359-361.

Hu X, Huang J Q, Tan J C, et al, 2018. *Hedychium viridibracteatum* X. Hu, a new species from Guangxi Autonomous Region, South China[J]. PhytoKeys, 110: 69-79.

Jakobsson M, Rosenberg N A, 2007. CLUMPP: a cluster matching and permutation program for dealing with label switching and multimodality in analysis of population structure[J]. Bioinformatics, 23: 1801-1806.

Ke, Abbas F, Zhou Y, et al, 2019. Genome-wide analysis and characterization of the Aux/IAA family genes related to floral scent formation in *Hedychium coronarium*[J]. International Journal of Molecular Science, 20: 3235.

Kumar S, Stecher G, Tamura K, 2016. MEGA7: molecular evolutionary genetics analysis version 7.0 for bigger datasets[J]. Molecular Biology and Evolution, 33: 1870-1874.

Liu K, Muse S V, 2005. PowerMarker: an integrated analysis environment for genetic marker analysis[J]. Bioinformatics, 21: 2128-2129.

Pritchard JK, Stephens M, Donnelly P, 2000. Inference of population structure using multilocus genotype data[J]. Genetics, 155: 945-959.

Rawat A, Jugran A K, Bhatt I D, et al, 2017. Effects of genetic diversity and population structure on phenolic compounds accumulation in *Hedychium spicatum*[J]. Ecological Genetics and Genomics, 3-5: 25-33.

Ray A, Jena S, Haldar T, et al, 2019. Population genetic structure and diversity analysis in *Hedychium coronarium* populations using morphological, phytochemical and molecular markers[J]. Industrial Crops and Products, 132: 118-133.

Tavares W R, Barreto C, Seca A, 2020. Uncharted Source of Medicinal Products: The Case of the *Hedychium* Genus[J]. Medicines, 7(5): 23.

Wood T H, Whittn W M, Williams N H, 2000. Phylogeny of *Hedychium* and related Genera (Zingiberaceae) based on ITS sequence data[J]. Edinburgh Journal of Botany, 57(2): 261-270.

Yue Y, Yu R, Fan Y, 2014. Characterization of two monoterpene synthases involved in floral scent formation in *Hedychium coronarium*[J]. Planta, 240(4): 745-762.

毛杜鹃花粉萌发和花粉储藏方法研究

王思之　张全程　关文灵*

（云南农业大学园林园艺学院，昆明　650201）

摘要　为了探究毛杜鹃花粉萌发的最适培养基及储藏特性，以毛杜鹃花粉为试验材料，采用单因子及 $L_{25}(5^3)$ 正交试验对毛杜鹃花粉进行离体培养，以确定最佳培养条件；采用 MTT 法、TTC 法、I_2-IK 染色法对毛杜鹃花粉生活力进行测定；同时对保持花粉活力的不同储藏方法进行探究。结果表明，蔗糖、硼酸、氯化钙及 3 因子交互效应对毛杜鹃花粉萌发有显著影响，氯化钙是毛杜鹃花粉萌发率高低的决定性因素；当花粉在 50g/L 蔗糖+300mg/L 硼酸+0mg/L 氯化钙的培养基配方下萌发率最高，达 67.89%；3 种花粉生活力测定的方法中 MTT 染色法是测定毛杜鹃花粉活力最快速有效的方法。-20℃ 和-80℃ 低温冷冻储藏均有利于保持毛杜鹃花粉活力，但花粉在-20℃ 低温冻藏下保持活力的时间更长。本研究结果可为毛杜鹃延长其花粉寿命，提高杂交组合成功率，为今后利用毛杜鹃开展人工育种奠定基础。

关键词　毛杜鹃；花粉活力；液体培养基；萌发率；储藏方式

Study on Pollen Germination and Storage Methods of *Rhododendron pulchrum*

WANG Si-zhi　ZHANG Quan-cheng　GUAN Wen-ling*

(*College of Horticulture and Landscape, Yunnan Agricultural University, Kunming 650201, China*)

Abstract　To study the optimum medium and storage characteristics of *Rhododendron* pollen. Single factor and L25(53) orthogonal test were used to determine the optimum culture conditions. In vitro germination method, MTT method, TTC method and I_2-IK staining method were used to determine the pollen viability of *Rhododendron pulchrum*. Meanwhile, different storage methods to maintain the pollen viability were investigated. Showed that the interaction effects of sucrose, H_3BO_3, $CaCl_2$ and 3 factors had a significant effect on pollen germination of *R. pulchrum*, and $CaCl_2$ was the decisive factor for pollen germination rate of *R. pulchrum*. The germination rate of *R. pulchrum* pollen under the medium formula of 50g/L sucrose+300mg/L H_3BO_3+ 0mg/L $CaCl_2$ was the highest, reaching 67.89%. MTT staining is the fastest and most effective method for the determination of pollen viability of *R. pulchrum*. Among the four storage methods studied, the cryogenic storage at -20°C and -80°C is beneficial to the preservation of pollen vitality, but the storage at -20°C is longer than that at -80°C. The results of this study can extend the pollen life of *R. pulchrum*, improve the success rate of hybrid combination, and lay a foundation for artificial breeding of *R. pulchrum* in the future.

Key words　*Rhododendron pulchrum*; Pollen viability; Liquid medium; Germination rate; Storage method

0　引言

毛杜鹃（*Rhododendron pulchrum*）是杜鹃花科杜鹃花属的半常绿灌木，又名春鹃、锦绣杜鹃等（Yang Hanbi et al., 2005）。其株形低矮，开花繁茂，花色艳丽，长势强健，适应性强，具有耐旱、耐晒、耐热的特点，是我国南方园林绿化中使用最普遍的杜鹃花栽培种。由于毛杜鹃雌雄蕊发育正常，用于杂交育种的成功率高，因此是杜鹃杂交育种中重要的亲本材料。

1　基金项目：云南省现代农业花卉苗木产业体系建设（2017KJTX0010）。
第一作者：王思之，男，硕士研究生，研究方向：园林植物种质资源利用与创新。E-mail：719460822@qq.com。
* 通信作者：关文灵，男，教授，研究方向：园林植物种质资源利用与创新。Tel：办公室电话 0871-65220399；E-mail：158066692@qq.com。

杂交育种是杜鹃花新品种培育的主要途径。而在杂交育种中，好的杂交亲本则能大大提高育种的效率（王定跃 等，2012）。在杂交育种中，为确保育种工作的顺利进行，首先要对父本进行花粉活力的测定，因为花粉活力是影响育种效率的关键因素，因此测定花粉的活力和储藏特性对指导杂交育种具有重大意义。已有报道中快速测定杜鹃花粉活力的方法有（张超仪 等，2012；李国树 等，2010）：MTT法、TTC法、碘-碘化钾法、液体培养基法、醋酸洋红染色法和混合"活染"法等，其中染色法被证明是杜鹃花粉生活力快速、准确的测定方法。对于杜鹃花粉储藏的研究，李凤荣等研究表明常温储藏下花粉生活力保持时间最短，在杂交育种实践中可将杜鹃花粉放在-20℃低温下干燥冷冻储藏（李凤荣 等，2017）。李修鹏等发现华顶杜鹃（R. huadingense）花粉保存的最佳方式为-80℃冷藏（李修鹏 等，2019）；李玉萍也曾筛选过毛杜鹃的储藏温度，但并未做超低温的储藏（李玉萍 等，2012）。国内最早有卜志国等对映山红开花习性及花粉活力的研究（卜志国 等，2011）。张超仪等对6种杜鹃花的花粉离体萌发培养基配方进行了研究（张超仪 等，2012）。徐芬芬、李玉萍都对毛杜鹃花粉萌发进行了研究（徐芬芬 等，2012；李玉萍 等，2012），但前者并未讨论氯化钙和硼酸单因素对毛杜鹃花粉的影响；后者则并未对氯化钙进行研究，忽略了氯化钙也是影响杜鹃花粉萌发的重要因素。韩金多则主要讨论了NaCl在毛杜鹃花粉萌发过程中的影响（韩金多 等，2011）。

本试验以毛杜鹃花粉为试验材料，在花粉萌发培养基中设置蔗糖、硼酸、氯化钙的单因素试验及三因子正交试验，探讨三者对毛杜鹃花粉生活力的影响，同时筛选出最佳萌发培养基。比较3种不同的测定花粉活力的染色法，旨在找出最适宜测定毛杜鹃花粉活力的快速检测方法。加入超低温储藏，探究在不同储藏时间和温度下，毛杜鹃花粉活力的变化，从而了解最适宜毛杜鹃花粉的储藏条件。通过对毛杜鹃生活力及储藏温度的研究，不仅可以延长其花粉生活力，且有利于提高杂交组合成功率，为今后利用毛杜鹃开展人工育种提供借鉴。

1 材料和方法

1.1 试验材料及处理

供试验的毛杜鹃花（R. pulchrum）采自云南农业大学校园内，采样时间为毛杜鹃盛花期（4月13~17日）晴天的早晨9:00~9:30，采取长势基本一致且健康的未开放的花朵，于实验室采集花粉备用。

1.2 试验方法

1.2.1 花粉收集与储藏温度的确定

①将采收的新鲜花粉在24h内收集到培养皿内，做好标记，置于干燥箱24h后封存并放置于4℃冰箱内保存待用，1.2.2及1.2.3中每个试验对照采用同批花粉，并在试验前将花粉充分混合。

②将采集回来的新鲜毛杜鹃花粉，分成4部分储藏：室温储藏，4℃储藏，-20℃冷冻储藏及-80℃低温冷冻储藏。首先将花粉用干燥剂干燥24h，将干燥后的花粉置于培养皿中，用封口薄膜对培养皿进行封口，之后将器皿放入密闭的自封袋中，将自封袋封口，贴好标签，写上日期。然后将4份花粉分别放入不同培养箱中储藏。从花粉储藏开始，分别在第0d、15d、30d、60d、90d、120d、150d、180d时测定不同储藏方式下的花粉活力，测定方法使用2.2所得的最适宜的测定方法，记录统计花粉活力，根据统计结果选出毛杜鹃花粉的最适储藏温度。

1.2.2 单因子及$L_{25}(5^3)$正交试验对毛杜鹃花粉萌发培养基的筛选

以毛杜鹃花粉为试验材料，在试验中将蔗糖的浓度设置为0、50、100、150、300g/L；硼酸的浓度设置为0、50、100、200、300mg/L；氯化钙浓度梯度为0、50、150、250、350mg/L。在单因子试验的基础上，进行$L_{25}(5^3)$正交试验设计，探究适宜毛杜鹃花粉萌发的最佳培养基配方。具体操作方法参照李玉萍杜鹃花粉萌发培养基的筛选方法。根据结果筛选出最适于毛杜鹃花粉萌发的培养基。萌发率(%)=视野内已萌发的花粉粒数/视野下观察花粉粒总数×100%。

1.2.3 染色法测定毛杜鹃花花粉活力

以毛杜鹃花粉为试验材料，采用MTT法、碘-碘化钾法、TTC法等染色法对毛杜鹃花粉进行染色，同时和离体萌发法作对比，选出能快速测定毛杜鹃花粉活力的染色方法。具体方法：将配好的各种染色试剂滴于载玻片凹面处，然后将收集备用的花粉均匀地撒在试剂上，盖上盖玻片置于25℃恒温箱培养，其中除碘-碘化钾染色法培养5min外，其余的培养20min后用显微镜观察染色情况。每个试验重复3次，统计花粉活力。

2 结果与分析

2.1 毛杜鹃花粉萌发的液体培养基筛选

2.1.1 蔗糖、硼酸、氯化钙单因素对毛杜鹃花粉萌发的影响

为探究各因子对毛杜鹃花粉萌发的影响，对毛杜鹃花粉进行单因子试验，试验结果如表1所示。从表

1中可见，蔗糖，碳酸和氯化钙对毛杜鹃花粉萌发率存在极显著影响（F值分别为395.738、340.338、496.576，$P<0.05$），花粉在没有任何添加物的培养基中也能萌发，平均萌发率为11.43%。花粉萌发率随着蔗糖、硼酸和氯化钙浓度的升高均呈现先升后降的变化趋势。毛杜鹃花粉分别在50g/L的蔗糖、150mg/L的氯化钙和50mg/L的硼酸培养液中萌发率最高，但随着培养基中各因子浓度的不断升高直至超过这个范围，毛杜鹃花粉的萌发率则开始下降，浓度过高会抑制花粉的萌发。蔗糖、硼酸和氯化钙的单因素对毛杜鹃花粉萌发率存在极显著影响，添加后花粉萌发率比对照有显著变化。

基配方相同。因此，最佳培养基组合应为：50g/L蔗糖+300mg/L硼酸+0mg/L氯化钙，花粉在该液体培养基中萌发率最高，花粉管生长良好。在单因子试验中，高浓度的硼酸会抑制花粉的萌发，适宜浓度的氯化钙可以促进花粉的萌发；但在正交试验结果中高浓度的硼酸反而促进了花粉的萌发，在培养基中添加氯化钙反而抑制了花粉的萌发。

表1 毛杜鹃花粉单因子试验的萌发率

Table 1 Germination rate of pollen single factor test of *R. pulchrum*

因素水平 Factor levels	试验号 Test number	处理浓度 Treatment concentration (g/L)	萌发率 Germination rate(%)
蔗糖 Sucrose	1	0	11.56d
	2	50	54.48a
	3	100	46.58b
	4	150	28.30c
	5	300	12.71d
硼酸 H₃BO₃	6	0	12.33d
	7	0.05	36.09a
	8	0.1	27.64b
	9	0.2	18.37c
	10	0.3	10.89d
氯化钙 CaCl₂	11	0	10.39e
	12	0.05	35.37b
	13	0.15	41.94a
	14	0.25	23.90c
	15	0.35	13.33d

注：同一列数据内不同字母表示在$P<0.05$水平上有显著差异。

Note: Different letters in each column indicate significant difference at $P<0.05$ level.

2.1.2 三因子正交试验对毛杜鹃花粉萌发的影响

为了进一步找到最适合毛杜鹃花粉萌发的培养基配方，设计了$L_{25}(5^3)$正交试验，试验结果如表2所示。从表2中可以看出，正交试验各组培养基配方对毛杜鹃花粉萌发率差异极显著（F值为372.97，$P<0.05$）。在处理10的培养基中花粉萌发率最高，达到67.89%。对试验数据进行极差分析，结果显示：3个因素对毛杜鹃花粉萌发影响从大到小表现为：硼酸、氯化钙、蔗糖，蔗糖、硼酸和氯化钙相对应的最佳因子分别为A2、B5、C1，和正交试验中处理10的培养

表2 毛杜鹃花花粉正交试验的萌发率

Table 2 Germination rate of *R. pulchrum* pollen in orthogonal design experiment

试验号 Test number	蔗糖浓度 Sucrose concentration (g/L)	硼酸浓度 H₃BO₃ concentration (mg/L)	氯化钙浓度 CaCl₂ concentration (mg/L)	萌发率 (%)
1	0	0	0	12.60hij
2	0	50	50	10.68hij
3	0	100	150	8.35j
4	0	200	250	6.80jk
5	0	300	350	13.82hi
6	50	0	50	35.88de
7	50	50	150	21.69fg
8	50	100	250	23.78efg
9	50	200	350	17.27gh
10	50	300	0	67.89a
11	100	0	150	28.46ef
12	100	50	250	32.48def
13	100	100	350	10.55hij
14	100	200	0	40.19cd
15	100	300	50	36.23de
16	150	0	250	25.81efg
17	150	50	350	11.72hij
18	150	100	0	14.89ghi
19	150	200	50	46.57c
20	150	300	150	50.22b
21	300	0	350	15.21ghi
22	300	50	0	48.76bc
23	300	100	50	18.28gh
24	300	200	150	13.81hi
25	300	300	250	7.55jk

注：同一列数据内不同字母表示在$P<0.05$水平上有显著差异。

Note: Different letters in each column indicate significant difference at $P<0.05$ level.

2.2 测定毛杜鹃花粉活力方法的筛选

为筛选最适合毛杜鹃花粉活力的测定方法，用各种染色剂对毛杜鹃花粉染色，染色结果如图1所示。从图1中可以看出，TTC染色法和I_2-KI染色法对于区分毛杜鹃花粉是否具有活力的效果不佳，不能作为测定毛杜鹃花粉活力的染色剂。前者染色后在短时间

内花粉不易染色，在延长染色时间后，花粉也几乎不能着色，即使有少量花粉着色，其颜色过浅而无法分辨。而碘-碘化钾染色法，则把毛杜鹃花粉全部染为蓝色，不易区分花粉是否具有活力。MTT染色法对于测定毛杜鹃花粉活力染色快速清晰且染色效果明显，染色后有活力的花粉呈紫红色，没有染色的花粉无色，比较容易区分是否染色，染色后测得的花粉平均活力为92.7%。花粉的离体萌发率为68.79%，把MTT染色后测得的花粉活力与离体萌发率进行比较可看出，MTT染色后花粉活力值较高，并且它更加简单快捷。因此可认为MTT染色法是测定毛杜鹃花粉活力的最佳方法。

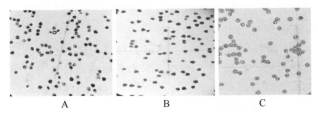

图1 不同染色法对毛杜鹃花粉染色的效果

Fig. 1 Effects of different staining methods on pollen staining of *R. pulchrum*

注：A-MTT染色法；B-I_2-KI染色法；C-TTC染色法

Note：A-MTT coloration；B-I_2-KI coloration；C-TTC coloration

2.3 不同储藏温度对毛杜鹃花粉活力的影响

在不同的储藏时间下，对储藏于不同温度下的毛杜鹃花粉活力进行检测，从图2中可以看出，毛杜鹃花粉在室温(20℃)的储藏条件下，生命力急剧下降，只能存活短短几天，在30d后的花粉活力仅为5.9%，不可以用于杂交育种。毛杜鹃花粉在4℃低温密封储藏条件下，储藏30d后花粉活力为33.4%，可以进行杂交授粉，但储藏超过60d则完全失去花粉活力。适当的低温保存，有利于延长毛杜鹃花粉寿命，在同一储藏温度下，花粉活力随储藏时间的延长而降低。图2中毛杜鹃花粉在-20℃和-80℃低温冻藏条件下，花粉可以在较长的时间内保持较高的生活力。在储藏的前60d，-80℃冻藏的毛杜鹃花粉活力高于-20℃储藏，但储藏至90d时，-20℃储藏的毛杜鹃花粉活力(68.9%)开始高于-80℃储藏(66.6%)且随着时间往后的推迟也一直保持。这表明毛杜鹃花粉要在短期(60d内)储藏用-80℃较好，而要进行长期(90d以上)储藏以-20℃条件下储藏较好。

3 讨论

3.1 花粉萌发最适液体培养基

蔗糖是植物花粉离体萌发中重要的能源物质，为植物提供碳源和营养物质。同时也是重要的渗透物质，在花粉萌发和花粉生长过程中起着重要的调节作用(朱展望 等，2007)。本研究结果与徐斌研究结果一致，蔗糖能够促进植物花粉的萌发(徐斌 等，2015)。但在本试验中花粉在高浓度的蔗糖培养基中萌发率较低，这有可能是因为当蔗糖浓度与花粉浓度相近时，两者处于动态平衡状态，而当其浓度过高时发生质壁分离现象，造成花粉细胞失水死亡，从而导致花粉不能萌发(年玉欣 等，2005)。本试验最佳蔗糖浓度与前人研究中花粉萌发所需的蔗糖浓度有所不同，李玉萍认为100g/L的蔗糖浓度下萌发率最高(李玉萍 等，2012)，这可能是因为植物不同的生长环境造成的。

硼离子能促进果胶物质的合成，从而促进花粉萌发(田翠婷 等，2007)。正交试验结果显示，硼酸对毛杜鹃花粉萌发的影响是最显著的，该结果与年玉欣等研究结果一致(年玉欣 等，2005)，适宜浓度的硼酸和蔗糖互做可以促进毛杜鹃花粉萌发和花粉管的生长。

在单因素试验中，添加一定浓度的$CaCl_2$能够促进毛杜鹃花粉的萌发。但正交试验结果发现，毛杜鹃花粉在没有$CaCl_2$的培养基中，反而萌发率最高，添加了$CaCl_2$，反而抑制了花粉的萌发，这与陆琳等的研究不同(陆琳 等，2016)。但类似的现象在百合花粉中同样存在(年玉欣 等，2005)，当钙和硼与蔗糖同时存在时，植物对钙的需求降低，其原因还有待进一步的探究。

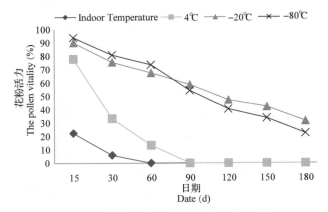

图2 毛杜鹃花粉在不同储藏温度下的花粉活力%

Fig. 2 pollen viability of *R. pulchrum* in different storage temperatures

3.2 花粉活力测定的最佳方法

毛杜鹃花朵繁茂，花色鲜艳，生长适应性极强，雌雄蕊发育正常，是杜鹃花杂交育种中优良的亲本材料。因此，研究毛杜鹃花粉生活力以及储藏特性对于开展杜鹃花人工杂交育种具有重要意义。本研究中MTT染色法对于测定毛杜鹃花粉活力效果较好，且该方法比离体萌发法测定的花粉活力值高,这可能是由于个人对染色标准的主观判断有所差异所致。该结果与姜雪婷等的测定结果相同(姜雪婷 等,2006)。有研究(李国树 等,2010;黄春球 等,2011)发现,测定杜鹃花粉的活力用TTC或碘-碘化钾染色法效果比较好,但在本试验中,碘-碘化钾染色法可能由于毛杜鹃本身不适于用碘-碘化钾染色法染色等原因所致,从而使已失去活力的花粉也着色,导致测定结果不准确。而用TTC染色法在短时间内花粉不易染色,在延长染色时间后,花粉也几乎不能着色,即使有少量花粉着色,因其颜色过浅而无法分辨。试验结果与其他研究报道的不同可能是试剂浓度、染色时间或者是植物材料之间存在种间差异,这在之后还需要进一步研究。

3.3 毛杜鹃花粉最适储藏温度

为了探究毛杜鹃花粉的储藏特性以延长花粉的寿命,本试验对不同储藏温度下的毛杜鹃花粉活力进行了探究。试验结果表明,适当的低温保存,有利延长毛杜鹃花粉的寿命,在同一储藏时间下,花粉活力随储藏温度的降低而升高。本试验结果与李凤荣和陆琳等研究中的几种杜鹃品种花粉的保存温度相同(李凤荣 等,2017;陆琳 等,2016),都认为低温冷冻储藏有利于保持杜鹃花粉活力,但不同物种之间花粉的储藏条件存在差异。本研究结果在长期储藏中-20℃比-80℃储藏效果要好,但在短期内2种低温储藏方式无太大差异。毛杜鹃花粉在-20℃和-80℃的低温储藏条件下保存后的花粉活力比常温及4℃条件下储藏要高且储藏时间更长,说明低温冷冻储藏可以延长花粉的寿命,这可能是由于低温能降低有机酸类物质和可溶性糖类的消耗,使花粉保持较高的活力,并且还能降低呼吸的强度和酶的活性,延长花粉寿命(黄春球 等,2011)。

4 结论

本试验分析了蔗糖、硼酸和氯化钙对毛杜鹃花粉萌发的影响,结果显示适宜的测定毛杜鹃花粉萌发的液体培养基的配方为50g/L蔗糖+300mg/L硼酸+0mg/L氯化钙。

比较不同染色法对于测定毛杜鹃花粉活力的测定效果得出:MTT染色法对于测定毛杜鹃花粉活力染色快速清晰且染色效果明显,染色后有活力的花粉呈紫红色,没有染色的花粉无色,比较容易区分是否染色,染色后测得的花粉平均活力为92.7%。

探究毛杜鹃花粉储藏条件可知:毛杜鹃花粉短期(60d内)储藏用-80℃较好,而长期(90d以上)储藏以-20℃条件下储藏较好。

参考文献

卜志国,杜绍华,张晓曼,2011. 映山红开花习性与花粉生活力研究[J]. 安徽农业科学,39(8):4562-4563,4686.

韩金多,谢洪云,程新平,等,2011. 盐胁迫对毛杜鹃花粉萌发的影响[J]. 湖南农业科学(21):106-107.

黄春球,宋天顺,李明静,等,2011. 白芨花粉活力测定与花粉保存[J]. 北方园艺(3):182-184.

姜雪婷,杜玉虎,张绍铃,等,2006. 梨43个品种花粉生活力及4种测定方法的比较[J]. 果树学报,23(2):178-181.

李凤荣,李叶芳,关文灵,等,2017. 几种杜鹃花粉萌发和花粉储藏方法研究[M]//中国观赏园艺研究进展2017. 北京:中国林业出版社.

李国树,徐成东,李天星,2010. 几种杜鹃花粉生活力研究[J]. 北方园艺(22):80-83.

李修鹏,沈登锋,徐沁怡,等,2019. 不同储藏方法对华顶杜鹃花粉活力的影响[J]. 浙江林业科技,39(5):72-76.

李玉萍,陈堃,王燕青,等,2012. 测定杜鹃花花粉萌发力的液体培养基和储藏方法研究[J]. 金陵科技学院学报,28(3):56-61.

陆琳,彭绿春,宋杰,等,2016. 不同高山杜鹃品种花粉活力测定及储藏方法研究[J]. 山西农业科学,44(2):175-178.

年玉欣,罗凤霞,张颖,等,2005 测定百合花粉生命力的液体培养基研究[J]. 园艺学报,32(5):922-925.

田翠婷,吕洪飞,王锋,等,2007 培养基组分对青杆离体花粉萌发和花粉管生长的影响[J]. 北京林业大学学报,1:47-52.

王定跃,刘永金,白宇清,等,2012. 杜鹃属植物育种研究进展[J]. 安徽农业科学,40(32):15622-15625,15627.

徐斌,彭莉霞,潘文,等,2015. 杜鹃红山茶花粉活力测定方法的比较研究[J]. 北方园艺(13):88-90.

徐芬芬,崔燕,谢洪云,等,2012. 毛杜鹃花粉离体萌发特性研究[J]. 黑龙江农业科学(1):26-28.

张超仪,耿兴敏,2012. 六种杜鹃花属植物花粉活力测定方法的比较研究[J]. 植物科学学报,30(1):92-99.

朱展望,张改生,牛娜,2007. 小麦花粉的离体萌发研究[J]. 麦类作物学报,27(1):12-15.

Yang H B, David F C, He M Y, et al, 2005. Flora of China[M]. Beijing: Science Press(14):506.

不同倍性萱草杂交育种研究

吕奕　关春景　崔毓萱　高亦珂*

（花卉种质创新与分子育种北京市重点实验室，国家花卉工程技术研究中心，城乡生态环境北京实验室，园林环境教育部工程研究中心，林木花卉遗传育种教育部重点实验室，园林学院，北京林业大学，北京 100083）

摘要　萱草（*Hemerocallis* spp.）是园林绿化中重要的宿根花卉，不同倍性萱草杂交，可以获得遗传变异丰富的三倍体或非整倍体后代，有效提高萱草遗传多样性，为萱草育种工作提供理论支持。试验以二倍体、三倍体和四倍体萱草的种与品种作为亲本，获得24个不同倍性杂交组合，研究杂交亲和性规律，并采用胚拯救技术对败育胚珠进行离体培养，得到的结果如下：萱草不同倍性杂交败育率高，存在较为严重的生殖隔离，平均坐果率为2.61%，所得种子平均萌发率为41.86%，二倍体与四倍体杂交亲和性更强；在24个组合中，'Barbary Corsair'בBlazing Lamp Sticks'组合亲和性最强，坐果率和萌发率分别为16.00%和76.92%；配方为MS+0.01mg/L NAA+0.5mg/L 6-BA+30g/L 蔗糖的培养基效果最优，在杂种胚珠发育早期，较高浓度的细胞分裂素和较低浓度的生长素更有利于其生长；胚龄为5d 的胚珠经胚拯救处理后膨大率最高。

关键词　萱草；不同倍性杂交；胚拯救

Different Ploidy Hybridization of Daylily

LV Yi　GUAN Chun-jing　CUI Yu-xuan　GAO Yi-ke*

（*Beiging Key Laboratory of Ornamental Plants Germplasm Innovation & Molecular Breeding, National Engineering Research Center for Floriculture, Beijing Laboratory of Urban and Rural Ecological Environment, Engineering Research Center of Landscape Environment of Ministry of Education, Key Laboratory of Genetics and Breeding in Forest Trees and Ornamental Plants of Ministry of Education, School of Landscape Architecture, Beijing Forestry University, Beijing 100083, China*）

Abstract　Daylily is an important perennial flower in landscaping. Hybridization of different ploidy daylilies can obtain triploid or aneuploid progeny with rich genetic variation, which can effectively improve the genetic diversity of daylilies, provide important materials for chromosome engineering breeding, and provide theoretical support for breakthrough progress in daylily breeding career. 24 *Hemerocallis* hybridization combinations with different ploidies were obtained through crosses of diploid, triploid and tetraploid *Hemerocallis* species and varieties to study the compatibility of different ploidy, used embryo rescue to overcome embryo abortion. The ovules were cultured in vitro, and the results were as follows: Different ploidy hybrid abortion is serious, and there is a relatively serious reproductive isolation. The average fruit setting rate is 2.61%, and the average germination rate of the obtained seeds is 41.86%, hybrid between diploid and tetraploid is more compatible. Among the 24 combinations, 'Barbary Corsair' × 'Blazing Lamp Sticks' has the strongest affinity, with fruit setting and germination rates of 16.00% and 76.92%, respectively. Medium fomulated as MS+0.01mg/L NAA+0.5mg/L 6-BA+30g/L sucrose is better than others. In the early stage of ovule development, higher concentration of cytokinin and lower concentration of auxin are more conducive to its growth. The ovule with embryo age of 5d has the highest expansion rate after embryo rescue treatment.

Key words　*Hemerocallis*; Embryo rescue; Different ploidy hybridization

萱草是重要宿根花卉，分布中心在中国。至2021年5月，已培育出9万多个萱草品种（American Daylily Society，2021）。萱草栽培品种的遗传背景高度复杂，存在丰富的变异和遗传多样性（Tomkins 等，

第一作者简介：吕奕（1998—），女，硕士研究生，主要从事萱草杂交育种研究。

* 通讯作者：高亦珂，职称：教授，E-mail：gaoyk@bjfu.edu.cn。

2001；黎海利，2008）。目前，萱草杂交育种工作集中于同倍性种和品种间杂交，导致遗传相似系数增大，品种间的遗传差异减小（Priyadarshan，2019），难以取得突破性进展。

不同倍性萱草杂交，可获得多倍体和非整倍体后代。萱草不同倍性杂交败育现象严重（何琦，2012），克服杂交障碍是亟待解决的问题。胚拯救是解决萱草合子后杂交障碍的常用方法（Li Z 等，2009；祝朋芳等，2008），通过适宜条件下进行胚的离体培养，使败育的胚胎发育成完整植株，胚拯救能阻止胚早期败育或退化（Lentini 等，2020）。胚拯救受到亲本基因型、胚龄、培养基组成及其性质、培养方法、培养条件等诸多因素的影响。因此，对胚拯救技术体系的优化是成功获得不同倍性萱草杂种苗的关键。

用二倍体、三倍体、四倍体萱草的种与品种作为杂交亲本，开展不同倍性杂交，探索杂交亲和性规律，分析杂交障碍，并对杂交败育的胚进行胚拯救，提高不同倍性萱草杂交成功率，丰富萱草杂交后代的遗传变异，为萱草育种工作提供理论支持。

1 材料与方法

1.1 材料

亲本采用二倍体萱草品种（'金娃娃''Barbary Corsair'），四倍体萱草品种（'晚霞''吉星''杏波''T96''Heavenly Beginnings''9H400''Custard candy''Light years away''Bureaucrat tango''Strutters Ball''Blazing Lamp Sticks'）和三倍体萱草（*H. fulva*）。亲本均种植在北京市昌平区国家花卉工程中心小汤山基地（40°09′N，116°26′E）。

1.2 杂交授粉

设计24个不同倍性杂交组合，其中二倍体与四倍体正反交组合20个，二倍体与三倍体正反交组合4个。

采用常规杂交授粉方法，开花前一天下午用锡纸包裹雌蕊并去雄，人工授粉。授粉40d后，统计坐果率（坐果率(%)=果实数/授粉数×100%），Excel软件分析数据。

1.3 播种

授粉后40~50d，采收播种。草炭和珍珠岩以10∶1的比例混合作为栽培基质。统计萌发率（萌发率(%)=萌发种子数/播种数×100%）。

1.4 胚拯救

以植物生长调节剂NAA、6-BA的浓度为变量设计了5种培养基，培养基配方如表1所示，pH为5.80~6.00。

将出现明显败育迹象的子房在授粉后5、7、9d取下，进行胚拯救处理。在超净工作台中，将胚珠接种于培养基，并在胚珠发育到一定阶段时将胚乳剥离。每3周更换一次培养基。培养温度25±2℃，光强1200~1500lx，光照时间16h/d。

表1 培养基配方
Table 1 Medium formula

序号	MS	NAA (mg/L)	6-BA (mg/L)	蔗糖 (g/L)	琼脂 (g/L)
1	√	—	—	30.00	7.50
2	√	0.01	0.1	30.00	7.50
3	√	0.01	0.5	30.00	7.50
4	√	0.1	0.5	30.00	7.50
5	√	0.1	0.1	30.00	7.50

2 结果与分析

2.1 杂交亲和性

杂交授粉后3d，子房膨大，5~6d后出现败育迹象，3d内未膨大子房随花冠萎蔫脱落，其余发育成果实。所得种子大部分饱满光亮，播种所得杂种苗生长状况良好。

24个组合杂交败育率高，存在较为严重的生殖隔离，平均坐果率为2.61%，所得种子平均萌发率为41.86%。在所有组合中，'Barbary Corsair'דBlazing Lamp Sticks'亲和性最强，坐果率和萌发率分别为16.00%和76.92%，而66.67%的组合授粉后坐果率为0，79.17%的组合萌发率为0（表2、表3）。

不同倍性组合的坐果率、萌发率存在差异。在所有杂交组合中，以二倍体为母本，四倍体为父本杂交平均坐果率最高（6.87%），四倍体为母本，二倍体为父本杂交平均坐果率最低（0.66%）；以四倍体为母本，二倍体为父本杂交平均萌发率最高（50.00%），二倍体与三倍体杂交的萌发率最低（25.00%）。在二倍体与四倍体杂交组合中，以二倍体为母本平均坐果率最高，以四倍体为母本平均萌发率最高（50.00%）；二倍体与三倍体杂交组合中，以二倍体为母本时平均坐果率更高（2.50%），平均萌发率均为25.00%。

表2 二倍体与四倍体萱草杂交的坐果率和萌发率
Table 2　Fruit setting rate and germination rate of hybridization between diploid and tetraploid daylilies

母本	父本	杂交数(朵)	结实数(个)	坐果率(%)	种子数(个)	萌发数(个)	萌发率(%)
晚霞	Barbary corsair	16	0	0.00	0	0	0.00
吉星	Barbary Corsair	34	1	2.94	1	0	0.00
杏波	Barbary Corsair	26	2	7.69	9	5	55.56
T96	Barbary Corsair	34	0	0.00	0	0	0.00
Heavenly Beginnings	Barbary Corsair	12	0	0.00	0	0	0.00
9H400	Barbary Corsair	29	0	0.00	0	0	0.00
Custard candy	Barbary Corsair	192	0	0.00	0	0	0.00
Light years away	Barbary Corsair	23	0	0.00	0	0	0.00
晚霞	金娃娃	6	0	0.00	0	0	0.00
Bureaucrat tango	金娃娃	16	0	0.00	0	0	0.00
Strutters Ball	金娃娃	18	0	0.00	0	0	0.00
杏波	金娃娃	14	0	0.00	0	0	0.00
T96	金娃娃	20	0	0.00	0	0	0.00
吉星	金娃娃	9	0	0.00	0	0	0.00
Heavenly Beginnings	金娃娃	4	0	0.00	0	0	0.00
Barbary Corsair	Heavenly Beginnings	22	1	4.55	1	0	0.00
Barbary Corsair	Custard candy	53	6	11.32	10	0	0.00
Barbary Corsair	问候	30	1	3.33	1	1	100.00
Barbary Corsair	Blazing Lamp Sticks	50	8	16.00	13	10	76.92
Barbary Corsair	9H400	78	0	0.00	0	0	0.00

表3 二倍体与三倍体萱草杂交的坐果率和萌发率
Table 3　Fruit setting rate and germination rate of hybridization between diploid and triploid daylilies

母本	父本	杂交数(朵)	结实数(个)	坐果率(%)	种子数(个)	萌发数(个)	萌发率(%)
萱草	Barbary Corsair	74	1	1.35	4	1	25.00
Barbary Corsair	萱草	45	3	6.67	4	1	25.00
Happy return	萱草	45	0	0.00	0	0	0.00
金娃娃	萱草	30	0	0.00	0	0	0.00

2.2　胚拯救

试验共计接种113颗胚珠,培养初期胚珠呈透明状(图1A),在培养7~14d后,胚珠膨大,开始发育,总膨大率为17.19%。经15~30d的培养,86.92%的膨大胚珠表皮变黑且内部腐烂,或中间下凹、胚退化而仅剩胚乳(图1B);9.81%的胚珠继续膨大,表皮变为褐色(图1C);3.27%的胚珠继续膨大,始终保持透明。胚龄为5d、7d、9d时接种的杂种胚在5种不同植物生长调节剂配比的培养基中的膨大情况见表4。

表4 培养基和胚龄对胚拯救效果的影响
Table 4　The ovary swelling rates of different formula of medium and different number of days after hybridization

培养基序号	5d			7d			9d			总接种数(个)	总膨大数(个)	总膨大率(%)
	接种数(个)	膨大数(个)	膨大率(%)	接种数(个)	膨大数(个)	膨大率(%)	接种数(个)	膨大数(个)	膨大率(%)			
1	5	1	20.00	7	2	28.57	7	2	28.57	19	5	26.32
2	53	15	28.30	30	0	0.00	16	0	0.00	99	15	15.15
3	2	2	100.00	8	2	25.00	3	0	0.00	13	4	30.77
4	22	9	40.91	5	1	20.00	7	0	0.00	34	10	29.41
5	36	0	0.00	8	2	25.00	12	2	16.67	56	4	7.14
总和	118	27	22.88	58	7	12.07	45	4	8.89	221	38	17.19

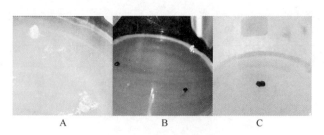

图 1 杂种胚生长情况

Fig. 1 The growth situation of hybrid embryos

A：透明胚珠；B：胚珠膨大一段时间后死亡；C：胚珠膨大

3 讨论

对不同倍性萱草杂交后代进行核型分析发现，杂交后代染色体数目变异丰富，多为非整倍体（何琦，2012）。植物非整倍体可以发生高频率重组，对于植物的遗传、育种研究有重要意义（Gao et al.，2016），有利于快速产生大量的遗传变异，丰富遗传多样性，为育种工作提供重要资源。

不同倍性萱草杂交育种研究还处于探索杂交亲和性规律的阶段，亲本的选择与选配缺乏理论指导，存在一定盲目性。对杂交亲和性数据分析发现，二倍体和四倍体萱草杂交亲和性更强。杂交败育率高，但成功获得的种子平均萌发率高达41.86%，因此，为获得不同倍性萱草杂交后代，应将研究重点放在克服种子形成以前的杂交败育，可以通过柱头处理、重复授粉、胚拯救等手段克服杂交障碍，获得不同倍性萱草杂交种子。

萱草胚拯救体系尚处于探索阶段，关于萱草胚败育过程的研究尚无报道，申家恒等（2004；2005）使用石蜡切片对黄花菜的受精生物学进行系统分析，明确黄花菜受精作用各阶段的持续时间，为探究萱草胚发育过程提供理论支持。在以后的研究中，可以利用组织切片明确胚发育各阶段的持续时间及胚败育发生的具体阶段，有利于预测取材时机，在败育前及时进行胚拯救，并根据胚的生长需求调整培养基组成（Lentini et al.，2020；Zhao et al.，2017）。在以后的萱草不同倍性杂交育种研究中，需要继续探索胚龄和培养基配比对胚拯救效果的影响，建立一套可重复的杂种胚拯救体系。

参考文献

何琦，2012. 不同倍性萱草（Hemerocallis spp. & cvs.）杂交育种研究[D]. 北京：北京林业大学.

黎海利，2008. 萱草属部分种和栽培品种资源调查及亲缘关系研究[D]. 北京：北京林业大学.

申家恒，申业，王艳杰，等，2004. 黄花菜受精过程各阶段的持续时间的研究[C]//第六届全国植物结构与生殖生物学学术研讨会论文摘要集. 中国哈尔滨：1.

申家恒，申业，王艳杰，等，2005. 黄花菜受精过程的研究[J]. 园艺学报（6）：1013-1020.

祝朋芳，张利欣，刘莉，2008. 大花萱草与黄花菜杂交亲和性及其幼胚离体培养[J]. 北方园艺（8）：190-191.

American Daylily Society. Daylily Search-the Official Database of Registered Cultivars [DB/OL]. [2021-05-29]. https://daylilies.org/DaylilyDB/

Gao L, Diarso M, Zhang A, et al, 2016. Heritable alteration of DNA methylation induced by whole-chromosome aneuploidy in wheat[J]. New Phytologist, 209(1): 364-375.

Lentini Z, Restrepo G, Buitrago M E, et al, 2020. Protocol for Rescuing Young Cassava Embryos[J]. Frontiers In Plant Science, 11.

Li Z, Pinkham L, Campbell N F, et al, 2009. Development of triploid daylily (Hemerocallis) germplasm by embryo rescue [J]. Euphytica, 169(3): 313-318.

Priyadarshan P M, 2019. PLANT BREEDING: Classical to Modern[M]. Springer Singapore: 570.

Tomkins J P, Wood T C, Barnes L S, et al, 2001. Evaluation of genetic variation in the daylily (Hemerocallis spp.) using AFLP markers [J]. Theoretical and applied genetics, 102 (4): 489-496.

Zhao J, Xue L, Bi X, et al, 2017. Compatibility of interspecific hybridization between Hemerocallis liloasphodelus and daylily cultivars[J]. Scientia Horticulturae, 220: 267-274.

拟鸢尾系(Series Spuriae)杂交育种初探

肖建花 王鑫姿 范诸平 高亦珂* 张含笑

(花卉种质创新与分子育种北京市重点实验室,国家花卉工程技术研究中心,城乡生态环境北京实验室,园林环境教育部工程研究中心,林木花卉遗传育种教育部重点实验室,园林学院,北京林业大学,北京 100083)

摘要 为研究拟鸢尾系品种间杂交后代性状的遗传规律,以 3 个拟鸢尾系品种('Lucky Devil''Missouri Autumn''Adriatic Blue')和喜盐鸢尾(*Iris halophila*)为亲本,杂交获得 F_1 代。结果表明:品种与喜盐鸢尾杂交坐果率与出苗率均低于品种间杂交。以'Lucky Devil'为母本,以'Missouri Autumn'为父本比'Adriatic Blue'的子代在株高、葶高、叶宽、叶数、花高、花径、垂瓣长、垂瓣宽、旗瓣长和旗瓣宽等性状中表现出更高的变异系数。花径和花高、旗瓣长和垂瓣长、旗瓣宽和垂瓣宽、花量和花葶量,这 4 对与观赏性紧密相关的性状分别呈极显著正相关。品种间杂交后代性状分离广泛,可选出性状优良的单株。

关键词 拟鸢尾系;杂交育种;表型性状

Preliminary Report on Cross Breeding of Series Spuriae

XIAO Jian-hua WANG Xin-zi FAN Zhu-ping GAO Yi-ke* ZHANG Han-xiao

(*Beijing Key Laboratory of Ornamental Plants Germplasm Innovation & Molecular Breeding, National Engineering Research Center for Floriculture, Beijing Laboratory of Urban and Rural Ecological Environment, Engineering Research Center of Landscape Environment of Ministry of Education, Key Laboratory of Genetics and Breeding in Forest Trees and Ornamental Plants of Ministry of Education, School of Landscape Architecture, Beijing Forestry University, Beijing 100083, China*)

Abstract In order to study the heredity of phenotypic traits of hybrid offspring of Series Spuriae, three varieties ('Lucky Devil', 'Missouri Autumn' and 'Adriatic Blue') and *Iris halophila* were used as the main parents to construct F_1 generation. The results showed that the fruit setting rate and seed germination rate of the cross between the cultivar and *I. halophila* were lower than that of the cross between the varieties. The offspring with 'Lucky Devil' as the female parent and 'Missouri Autumn' as the male parent showed higher coefficient of variation than 'Adriatic Blue' in plant height, scape height, flower height, flower diameter and other traits. Four pairs of phenotypic traits (flower diameter and flower height, standard length and fall length, standard width and fall width, flower number and scape number) closely related to ornamental were extremely significant positive correlations respectively. The phenotypic traits of the hybrid offspring of closely related varieties vary widely, and individual plants with excellent traits can be selected.

Key words Series Spuriae; Cross breeding; Phenotypic traits

拟鸢尾系是鸢尾科(Iridaceae)鸢尾属(*Iris*)无髯鸢尾类(Beardless Irises)植物。拟鸢尾系由拟鸢尾(*I. spuria*)、淡黄鸢尾(*I. orientalis*)和鲜黄鸢尾(*I. crocea*)等原种、变种及其杂交品种组成,美国鸢尾协会(AIS,2012)将其分为 14 个种、11 个亚种、5 个变种、1 个变型。拟鸢尾系品种花期与大部分鸢尾属植物不同,其初夏开花,大部分品种植株高大,花被片质地较硬,花色丰富,拟鸢尾现代品种具有抗病毒能力,且同一花葶上花朵依次开放、单花花期长,是鸢尾属中适宜做切花的植物,具有重要的育种价值。

拟鸢尾育种起步晚,始于 19 世纪末,直到 2020 年 9 月,美国鸢尾协会(American Iris Society, AIS)登

第一作者简介:肖建花(1995—),女,硕士研究生,研究方向为花卉种质资源与育种研究。

* 通讯作者:高亦珂,职称:教授,E-mail: gaoyk@bjfu.edu.cn。

录的拟鸢尾品种只有962个。现有品种是原始种的第9或10代，如'Adriatic Blue'和'Hot Chili'是 I. spuria 和 I. monnieri 杂交的第9代，而同属的有髯鸢尾已经达到25代以上（AIS，2014），拟鸢尾还具大量育种空间。

拟鸢尾性状遗传变异文献缺少，其花色、株高等重要观赏性状的遗传规律未知。此外，拟鸢尾与其他鸢尾花期不遇，鲜有人将其与同属其他鸢尾杂交，因此拟鸢尾杂交后代变异范围仅在系内。

以3个拟鸢尾系的新品种为亲本，建立品种间近缘杂交的群体，研究株高、花量等重要观赏性状的遗传规律，为拟鸢尾杂交亲本的选择和新品种的选育提供理论依据。拟鸢尾品种与喜盐鸢尾（I. halophila）杂交，研究品种与拟鸢尾系原种间的杂交亲和性，为丰富拟鸢尾品种类型提供研究基础。

1 材料和方法

1.1 试验材料

2016年至2019年以拟鸢尾系的品种（I. spuria 'Lucky Devil'（L）、I. spuria 'Missouri Autumn'（M）和 I. spuria 'Adriatic Blue'（A））和喜盐鸢尾为亲本进行杂交。试验地点为国家花卉工程技术与研究中心苗圃（40°09′15″N，116°27′44″E）。

1.2 试验方法

开花前一天，去除花被片和花药，次日柱头分泌黏液时，人工授粉。8月下旬果实开裂前采收和播种。统计坐果率和出苗率（坐果率=果实数/授粉的花朵数×100%；出苗率=出苗数/播种的种子数×100%）。

测定19个性状，包括株高（T1）、花葶高（T2）、叶长（T3）、叶宽（T4）、叶数（T5）、小株数（T6）、花高（T7）、花径（T8）、垂瓣长（T9）、垂瓣宽（T10）、旗瓣长（T11）、旗瓣宽（T12）、雌蕊长（T13）、雌蕊顶端长（T14）、雄蕊长（T15）、花药长（T16）、花葶量（T17）、花量（T18）、花葶粗（T19）。每个性状重复测量3次，计算平均值。

1.3 数据分析方法

数据采用Microsoft Excel 2016和SPSS22.0进行统计分析。

2 结果与分析

2.1 杂交坐果率和出苗率

将拟鸢尾品种进行系内品种间杂交，坐果率均为100%，L、A和M与喜盐鸢尾杂交，坐果率为7.69%~64.29%。常规播种，系内品种间杂交出苗率为33.33%~54.65%，品种和喜盐鸢尾杂交出苗率较低，0~17.37%，结果表明拟鸢尾3个品种间杂交亲和性高于与喜盐鸢尾杂交（表1）。

表1 拟鸢尾系品种杂交的坐果率和萌发率
Table 1 Fruit setting rate and seed germination rate of hybrids of Spuria Irises

组合	坐果率（%）	萌发率（%）
A×M	100.00	33.33
M×A	100.00	50.00
L×A	100.00	54.65
L×M	100.00	52.23
M×L	100.00	36.84
L×喜盐鸢尾	64.29	17.37
A×喜盐鸢尾	7.69	9.36
M×喜盐鸢尾	33.33	0

2.2 杂交后代表型性状的遗传变异

对'Lucky Devil'×'Adriatic Blue'和'Lucky Devil'×'Missouri Autumn'杂交后代的14个表型性状进行分析（表2和表3），以'Missouri Autumn'为父本比'Adriatic Blue'的子代在株高、葶高、叶宽、叶数、花高、花径、垂瓣长、垂瓣宽、旗瓣长和旗瓣宽等性状中表现出更高的变异系数。

'Lucky Devil'×'Adriatic Blue'杂交后代群体中各性状的变异系数为4.63%~61.26%（表2），其中变异系数最大的是花量（61.26%），最小的是垂瓣长（4.63%）。花量和花葶量的变异系数接近60%，说明这些性状在个体间表型的变异较大。花量的变异系数为61.26%，说明杂交后代个体间花量变异极显著，具有很大的遗传改良潜力。

'Lucky Devil'×'Missouri Autumn'杂交后代群体中各性状的变异系数为11.72%~60.69%（表3），变异系数最大的是花量（60.69%），最小的是花葶粗（11.72%），其中有12个性状的变异系数高于20%，该杂交组合性状个体间表型的变异较大。

2.3 杂交后代表型性状相关性

'Lucky Devil'×'Adriatic Blue'后代F_1群体的18个表型性状的Pearson相关性分析结果表明（表4），18个性状组成的171对相对性关系中，8对达到了极显著性相关（$P<0.01$），12对达到显著相关（$P<0.05$）。这18个性状可以分为营养生长（株高、叶长、叶宽、叶数和小株数）和生殖生长（花葶高、花高、花径、花量等花部性状）相关的表型性状。营养生长相关的表型性状中，株高和叶长存在极显著正相关，

株高和叶宽存在显著正相关,当叶长和叶宽值越大时,株高会越高;叶数和小株数存在显著负相关,小株数越多,单个小株的叶片数越少。

生殖生长相关的表型性状中,花径和花高、旗瓣长和垂瓣长、旗瓣宽和垂瓣宽、花量和花葶量,这4对性状分别存在极显著的正相关。垂瓣长与花葶量、花量存在显著负相关;旗瓣长和花葶量存在显著负相关,垂瓣长和旗瓣长较小,花葶量会较大。

生殖生长与营养生长的性状相关性中,花葶高和株高、叶长之间存在极显著正相关,株高高、叶长长的植株花葶高度会更高。叶宽与花葶高存在显著正相关;叶数与旗瓣长存在显著正相关;小株数与花葶量存在显著正相关。叶宽、叶数和小株数等营养生长性状较大时,花葶高、旗瓣长、花葶量也会较大。

由'Lucky Devil'×'Missouri Autumn'杂交后代的18个性状组成的171对相对性关系中,47对达到极显著相关($P<0.01$),15对达到显著相关($P<0.05$),极显著相关率达到27.49%,各性状间相关性紧密(表5)。株高与花葶高、叶长、小株数、花量呈极显著正相关,花葶高与叶长呈极显著正相关,叶长与小株数呈极显著正相关,小株数与花葶量、花量呈极显著正相关,植株的高度、叶长和小株数与开花量之间关系紧密。花高、花径、垂瓣长、垂瓣宽、旗瓣长、旗瓣宽、雌蕊长、雌蕊顶端长、雄蕊长和花药长之间相互均存在极显著的正相关,证明10个花部性状之间关系紧密。花葶粗和旗瓣宽、雌蕊长存在极显著的负相关性,花量和花葶量呈极显著正相关。

相关的性状中,株高与小株数、花葶量存在显著正相关,叶长和小株数、花葶量、花量存在显著正相关,表明株高和叶长等营养生长性状与小株数和花葶量相关。花葶高和叶宽、小株数、花葶量、花量、花葶粗存在显著正相关,花葶粗和花高、花径、垂瓣长、垂瓣宽、旗瓣长、雄蕊长存在显著负相关。

表2 'Lucky Devil'×'Adriatic Blue'的遗传多样性
Table 2 Genetic diversity of the cross between 'Lucky Devil' and 'Adriatic Blue'

性状	最大值	最小值	平均值	标准差	变异系数(%)
株高(cm)	81.50	53.20	71.50	8.71	12.26
花葶高(cm)	76.20	50.90	68.51	6.73	9.83
叶长(cm)	89.90	54.40	74.62	10.69	14.32
叶宽(cm)	2.60	1.70	2.14	0.27	12.51
叶数(片)	8	6	6.67	0.65	9.77
花高(cm)	9.90	6.80	7.93	0.91	11.42
花径(cm)	14.00	11.0	12.28	0.87	7.12
垂瓣长(cm)	7.70	6.50	7.08	0.33	4.63
垂瓣宽(cm)	4.80	4.10	4.56	0.22	4.72
旗瓣长(cm)	7.10	6.10	6.57	0.34	5.29
旗瓣宽(cm)	4.10	2.90	3.56	0.34	9.62
花葶量(个)	4	1	1.58	0.90	56.86
花量(朵)	10	2	4.17	2.55	61.26
花葶粗(cm)	0.90	0.60	0.71	0.11	15.87

表3 'Lucky Devil'×'Missouri Autumn'的遗传多样性
Table 3 Genetic diversity of the cross between 'Lucky Devil' and 'Missouri Autumn'

性状	最大值	最小值	平均值	标准差	变异系数(%)
株高(cm)	92.20	520.00	72.70	10.80	14.85
花葶高(cm)	94.30	338.00	75.51	16.00	21.19
叶长(cm)	93.0	575.00	74.74	10.41	13.92
叶宽(cm)	3.10	12.00	2.02	0.56	27.79
叶数(片)	10	5	7.10	1.44	20.35
花高(cm)	9.10	7.50	6.75	2.18	32.22
花径(cm)	13.60	12.50	10.44	3.13	30.03
垂瓣长(cm)	0.76	7.30	6.39	1.84	28.76
垂瓣宽(cm)	4.70	4.70	4.01	1.14	28.51
旗瓣长(cm)	6.80	6.70	5.79	1.67	28.85
旗瓣宽(cm)	3.80	4.00	3.29	0.94	28.42
花葶量(个)	3	1	1.64	0.93	56.53
花量(朵)	9	1	4.64	2.82	60.69
花葶粗(cm)	0.90	0.60	0.71	0.08	11.72

表4 'Lucky Devil'×'Adriatic Blue'的性状相关性
Table 4 Correlation of phenotypic traits in the offspring of 'Lucky Devil'×'Adriatic Blue'

	T1	T2	T3	T4	T5	T6	T7	T8	T9	T10	T11	T12	T13	T14	T15	T16	T17	T18
T2	0.879**																	
T3	0.953**	0.863**																
T4	0.582*	0.692*	0.652*															
T5	0.093	-0.232	0.069	-0.174														
T6	0.466	0.501	0.399	0.176	-0.604*													
T7	0.097	0.007	0.026	-0.062	0.282	0.066												
T8	-0.262	-0.294	-0.279	-0.057	0.08	-0.078	0.775**											
T9	-0.007	-0.144	-0.011	-0.184	0.426	-0.432	0.165	0.042										
T10	0.052	0.273	0.154	0.348	-0.238	-0.065	0.283	0.535	-0.197									

(续)

	T1	T2	T3	T4	T5	T6	T7	T8	T9	T10	T11	T12	T13	T14	T15	T16	T17	T18
T11	-0.227	-0.438	-0.17	-0.394	0.589*	-0.526	0.466	0.3	0.743**	-0.13								
T12	-0.02	0.061	0.041	0.169	-0.149	-0.118	0.21	0.394	-0.472	0.715**	-0.12							
T13	-0.243	-0.447	-0.358	-0.575	0.409	-0.331	-0.248	-0.282	0.467	-0.694*	0.283	-0.525						
T14	0.006	-0.316	-0.097	-0.499	0.45	0.089	0.465	0.155	0.012	-0.467	0.472	-0.021	0.286					
T15	0.361	0.42	0.24	-0.049	0.017	0.086	0.349	0.129	0.4	0.203	0.09	-0.04	0.25	-0.143				
T16	0.192	0.487	0.082	0.054	-0.466	0.265	0.104	-0.045	-0.235	0.321	-0.374	0.341	-0.111	-0.209	0.670*			
T17	0.297	0.32	0.18	-0.035	-0.413	0.685*	-0.182	-0.188	-0.654*	0.043	-0.688*	0.116	-0.281	0.09	-0.155	0.227		
T18	0.232	0.271	0.094	0.016	-0.346	0.52	-0.333	-0.344	-0.668*	-0.086	-0.742**	0.071	-0.198	0.034	-0.28	0.199	0.943**	
T19	0.047	0.175	0.027	0.432	0.062	-0.428	-0.266	-0.181	-0.273	0.266	-0.347	0.473	-0.201	-0.427	-0.145	0.236	-0.033	0.213

注：* 表示在 0.05 水平显著相关，** 表示在 0.01 水平显著相关。

Note：* indicates significant correlation at $P<0.05$, ** indicates extremely significant correlation at $P<0.01$.

表 5 'Lucky Devil'ב'Missouri Autumn'的性状相关性

Table 5　Correlation of phenotypic traits in the offspring of 'Lucky Devil'ב'Missouri Autumn'

	T1	T2	T3	T4	T5	T6	T7	T8	T9	T10	T11	T12	T13	T14	T15	T16	T17	T18
T2	0.691**																	
T3	0.974**	0.686**																
T4	0.106	0.637*	0.213															
T5	-0.139	-0.241	-0.166	-0.126														
T6	0.703**	0.580*	0.676**	0.065	-0.303													
T7	0.022	-0.416	0.124	-0.169	0.174	-0.155												
T8	0.062	-0.298	0.183	0.037	0.196	-0.21	0.943**											
T9	-0.005	-0.299	0.092	0.065	0.376	-0.407	0.841**	0.934**										
T10	-0.088	-0.37	0.005	0.063	0.347	-0.539	0.817**	0.901**	0.978**									
T11	0.018	-0.313	0.1	0.002	0.376	-0.398	0.855**	0.938**	0.989**	0.966**								
T12	-0.153	-0.484	-0.068	-0.067	0.388	-0.524	0.867**	0.915**	0.969**	0.974**	0.974**							
T13	-0.014	-0.345	0.077	-0.045	0.363	-0.338	0.852**	0.889**	0.965**	0.932**	0.946**	0.944**						
T14	0.027	-0.407	0.119	-0.139	0.26	-0.311	0.932**	0.939**	0.885**	0.873**	0.926**	0.921**	0.830**					
T15	-0.1	-0.383	-0.002	0.041	0.348	-0.473	0.885**	0.930**	0.976**	0.981**	0.970**	0.982**	0.951**	0.908**				
T16	0.274	0.37	0.212	0.244	0.581	-0.011	-0.243	-0.212	0.233	0.252	0.137	-0.039	0.061	-0.056	0.466			
T17	0.613*	0.548*	0.549*	0.031	-0.497	0.896**	-0.236	-0.282	-0.45	-0.579*	-0.422	-0.555	-0.395	-0.334	-0.521	-0.203		
T18	0.723**	0.640*	0.653*	0.078	-0.467	0.853**	-0.164	-0.219	-0.396	-0.501	-0.359	-0.507	-0.384	-0.231	-0.449	-0.009	0.947**	
T19	0.311	0.651*	0.262	0.393	-0.327	0.373	-0.661*	-0.597*	-0.694*	-0.656*	-0.677*	-0.722**	-0.781**	-0.549*	-0.690*	0.323	0.336	0.407

注：* 表示在 0.05 水平显著相关，** 表示在 0.01 水平显著相关。

Note：* indicates significant correlation at $P<0.05$, ** indicates extremely significant correlation at $P<0.01$.

3　结论与讨论

拟鸢尾早期的育种工作主要集中于近缘杂交，而远缘杂交育种研究较少。在 AIS 上记录杂交成功的组合有：拟鸢尾和马蔺(*I. lactea* var. *chinensis*)、红籽鸢尾(*I. foetidissima*)、暗黄鸢尾(*I. fulva*)、玉蝉花(*I. ensata*)、*I. fulvala*、燕子花(*I. laevigata*)、黄菖蒲(*I. pseudacorus*)和西伯利亚鸢尾(*I. sibirica*)(Lech, 2012; AIS, 2018; AIS, 2020; GBI, 2012; GBI, 2020)。将喜盐鸢尾与黄菖蒲、'南奴舞'(*I. sibirica* 'Dancing Nanou')、马蔺进行正反交，通过花粉荧光观察，发现少量花粉进入胚珠，但没有结实，推测杂交障碍出现于受精后(杨占辉 等, 2013)。胚拯救技术已经广泛应用于鸢尾及其他植物的远缘杂交育种中(杨占辉 等, 2014; Yabuya, 1980; 李玉帆 等, 2017)，未来拟鸢尾的远缘杂交育种工作中，胚拯救技术也是一个有效的克服杂交障碍的方法。

以'Missouri Autumn'为父本比'Adriatic Blue'的子代在株高、葶高、叶宽、叶数、花高、花径、垂瓣长、垂瓣宽、旗瓣长和旗瓣宽等性状中表现出更高的变异系数。

表型性状的相关性分析结果表明，2个F_1代群体的株高与花葶高、叶长呈极显著正相关，表明拟鸢尾的植株高度、花葶高和叶长之间关系紧密（表4和表5）。'Lucky Devil'ב Missouri Autumn'的F_1代花高、花径、垂瓣长、垂瓣宽、旗瓣长、旗瓣宽、雌蕊长、雌蕊顶端长、雄蕊长和花药长之间相互均存在极显著的正相关，拟鸢尾具有宽大的花型，与黄菖蒲细长的花型不同。通过相关性分析，为之后选择育种亲本和新品种选育提供理论支持。

拟鸢尾杂交后代重要观赏性状的遗传规律分析，对选择育种亲本和快速选育新品种具有重要的理论意义。通过对遗传规律的认识和应用，可以加速我国拟鸢尾的育种进程，也为其他鸢尾属植物的育种工作提供参考。

参考文献

李玉帆，韩秀丽，于雪，等，2017. 新铁炮百合和东方百合远缘杂交胚拯救及杂种苗增殖技术研究[M]//中国观赏园艺研究进展2017. 北京：中国林业出版社.

杨占辉，高亦珂，史言妍，等，2013. 无髯鸢尾远缘杂交障碍[J]. 中国农业大学学报，18(4)：71-76.

杨占辉，史言妍，高亦珂，2014. 喜盐鸢尾和黄菖蒲种间杂交障碍[J]. 东北林业大学报，42(1)：94-97.

Group for beardless irises, The Review (Issue No 9 Autumn 2012) [EB/OL]. (2012) [2021-4-5]. http：//www.beardlessiris.org/reviews/r2012.pdf

Group for beardless irises, The Review (No 17 Winter 2020) [EB/OL]. (2020) [2021-4-5]. http：//www.beardlessiris.org/reviews/r2020.pdf

Lech Komarnicki, Interspecies and interseries crosses of beardless irises [M]. 2012

The AmericanIris Society, InfoClassification Series Spuriae [EB/OL]. (2012-1-11) [2021-3-1]. https：//wiki.irises.org/Main/InfoClassificationSeriesSpuriae

The AmericanIris Society, InfoHybridizingSpuriasByNiswonger (29 Apr 2014, BobPries) [EB/OL]. (2014-4-29) [2021-5-29]. https：//wiki.irises.org/Main/InfoHybridizingSpuriasByNiswonger

The AmericanIris Society, SpecCrocea (28 Jul 2018, af.83) [EB/OL]. (2018-7-28) [2020-9-5]. https：//wiki.irises.org/Spec/SpecCrocea

The AmericanIris Society, SpecFulva (20 Feb 2020, TLaurin) [EB/OL]. (2020-2) [2020-9-5. https：//wiki.irises.org/Spec/SpecFulva

Yabuya T, 1980. Elucidation of seed failure and breeding of F1 hybrid in reciprocal crosses between *Iris ensata* Thunb. and *Iris laevigata* [J]. Japanese Journal of Breeding, 30(2)：139-150.

八仙花远缘杂交及其亲和性分析

刘涵[1] 吕彤[2]* 陈月[1] 刘云[1] 章敏[1] 吕英民[1]*

([1]花卉种质创新与分子育种北京市重点实验室,国家花卉工程技术研究中心,城乡生态环境北京实验室,园林环境教育部工程研究中心,林木花卉遗传育种教育部重点实验室,园林学院,北京林业大学,北京 100083;[2]北京植物园植物研究所,北京 100094)

摘要 本研究对于八仙花(*Hydrangea macrophylla*)'宝石'('Jewel')、'花团锦簇'('Huatuanjincu')、'傲霜红'('Aoshuanghong')、'猫眼石'('Magica Opal'),耐寒绣球(*Hydrangea arborescens*)'安娜贝拉'('Annabelle'),圆锥绣球(*Hydrangea paniculata*)'香草草莓'('Vanilla strawberry')6个品种进行了杂交试验,并主要分析了耐寒绣球和八仙花之前的亲和性。试验结果表明八仙花'花团锦簇'有较高的结实率和亲和性,八仙花的柱头可授性均受到时间、品种和成熟程度的影响,其中影响程度品种>时间>成熟度,'安娜贝拉'花粉具有较高的萌发率,硼酸能有效加快其萌发速度,其最适宜的培养液浓度为100g/L蔗糖溶液+0.02%硼酸,萌发率可达到96.29%;耐寒绣球和八仙花之间存在一定的受精前障碍,'安娜贝拉'只有少量花粉管能进入八仙花柱头,且有扭曲的现象,'安娜贝拉'作为母本时,八仙花的花粉无法在其柱头萌发。

关键词 绣球属;杂交;亲和性

Distant Hybridization and Affinity Analysis of *Hydrangea*

LIU Han[1] LYU Tong[2]* CHEN Yue[1] LIU Yun[1] ZHANG Min[1] LYU Ying-min[1]*

([1]*Beijing Key Laboratory of Ornamental Plants Germplasm Innovation & Molecular Breeding, National Engineering Research Center for Floriculture, Beijing Laboratory of Urban and Rural Ecological Environment, Engineering Research Center of Landscape Environment of Ministry of Education, Key Laboratory of Genetics and Breeding in Forest Trees and Ornamental Plants of Ministry of Education, School of Landscape Architecture, Beijing Forestry University, Beijing 100083, China;* [2]*Plant Institute, Beijing Botanical Garden, Beijing 100094, China*)

Abstract *Hydrangea macrophylla* 'Jewel' 'Huatuanjincu' 'Aoshuanghong' 'Magica Opal', Six varieties of *Hydrangea arborescens* 'Annabelle' and *Hydrangea paniculata* 'Vanilla Straberry' were hybridized. And mainly analyzed the cold - resistant Hydrangea and Hypophaea before the affinity. The experimental results showed that the flower clusters had high seed setting rate and affinity, and the stigma receptivity was affected by time, variety and maturity degree, among which > time > maturity, Annabella pollen had a higher germination rate, boric acid could effectively accelerate its germination speed. The optimal concentration of culture medium was 100g/L sucrose solution +0.02% boric acid, and the germination rate reached 96.29%. There were some pre-fertilization barriers between the hardy hydrangea and Hydenia sinensis. Only a few pollen tubes of 'Annabelle' could enter the stigma of Hydenia sinensis, and the phenomenon of distortion was observed. When 'Annabelle' was the female parent, the pollen of 'Hydenia sinensis' could not germinate on the stigma.

Key words *Hydrangea*; Hybrid; Cross affinity

　　八仙花(*Hydrangea macrophylla*),又名绣球、紫阳花、大花绣球、大叶绣球,落叶灌木,为虎耳草科(Saxifragaceae)绣球属(*Hydrangea*)灌木,其伞房状花序硕大且似球形,状如绣球,花色丰富,有白色、粉色、蓝色、紫色、绿色和混合色等,部分品种花色可调,具有极高的观赏价值,广泛应用于切花、盆栽和园林绿化,是全球重要的观赏植物(卫兆芬 等 1995;Wu Xingbo 等,2020)。绣球属(*Hydrangea*)是虎耳草

---

1 基金项目:北京市公园管理中心资助项目(项目编号:2019-ZW-08)。
　第一作者简介:刘涵(1997—),女,硕士研究生,主要从事八仙花耐寒育种研究。
* 通讯作者:吕彤,Chinabjlutong@163.com;吕英民,E-mail:luyingmin@bjfu.edu.cn。

科（Saxifragaceae）中最大的一个属，大约共有 73 个种，我国境内分布着包括八仙花和圆锥绣球等在内的 47 个种和 11 个变种，其中八仙花是绣球属中应用最为广泛的一个种，在美洲、亚洲和欧洲地区均有大量运用和栽培，并且已经有 600 多个已命名的八仙花品种（乔谦 等，2020；焦隽 等，2016）。虽然我国人工栽培八仙花的历史可以追溯到唐代，但是八仙花的育种工作一直进展得较为缓慢（乔谦 等，2020）。除了部分野生种，目前市场上运用的大多数八仙花品种都是由国外引进，虽然目前已经有昆明杨月季等园艺公司育成了'人面桃花''青山绿水''蓝宝石'等拥有自主知识产权的新品种，但数量还较少，育种工作在国际上还是相对落后，且也缺乏育种相关的研究（乔谦 等，2020；陆继亮，2010）。以往，优美、奇特的外观一直都是八仙花育种工作的重要目标，与抗病性和抗逆性相关育种工作则相对较少，随着八仙花在园林中的应用越来越广泛，国内外也开始重视抗性较强的八仙花品种的培育。我国在 2019 年 5 月昆明西南林业大学国际交流中心举办的绣球属植物学术研讨大会中，就针对"耐寒八仙花育种研究进展"这一主题做了相应的报告，指明了耐寒八仙花育种这一研究方向。近些年，八仙花越来越受到人们的喜爱，在北方的家庭、庭院和公共园林中，也有较高的出现频率，但由于目前耐寒的八仙花品种较少，且北方春季低温容易将花芽冻死，所以北方地区的八仙花往往花序较为稀疏，难以呈现较好的景观效果。

目前，国内外对于八仙花的抗寒都有一定需求，培育八仙花耐寒新品种，是目前我国花卉育种的新趋势，对扩大八仙花的应用区域、满足人们的需求、增加中国八仙花园艺品种影响力和提升北方城市植物景观具有重要意义，通过八仙花与耐寒绣球'安娜贝拉'远缘杂交育种，是培育耐寒八仙花的重要探索。以往的实验还未分析两个物种之前的亲和性，因此实验希望通过分析两个远缘种之间的亲和性，进一步发现远缘杂交中所需解决的问题及其问题的根源，并依据以往的经验找到解决的方法，为杂交育种提供更有力的理论基础。

1 材料与方法

1.1 试材及取样

在 2020 年 7 月在昆明杨月季月季有限公司南国山花基地的八仙花田选取八仙花（*Hydrangea macrophylla*）'宝石'（'Jewel'）、'花团锦簇'（'Huatuanjincu'）、'傲霜红'（'Aoshuanghong'）、'猫眼石'（'Magica Opal'），耐寒绣球（*Hydrangea arborescens*）'安娜贝拉'（'Annabelle'），圆锥绣球（*Hydrangea paniculata*）'香草草莓'（'Vanilla straberry'）6 个品种进行杂交，反交，并设置对照组，60 d 后统计结实数量。杂交亲本 6 个品种的图片及 DUS 性状如图 1、图 2 及表 1 所示。

在杂交授粉后 2 h、4 h、6 h、8 h、24 h 后采集授粉后的可孕花，置于 FAA 中固定，观测其花粉管行为。

在杂交期间，采集不同母本不同发育程度的花蕾，分析其柱头可授性。

收集杂交所用花粉，检测其花粉萌发率。

图 1 杂交亲本花序图片

Fig. 1 Inflorescence pictures of cross parents

a. '宝石'（'Jewel'）； b. '猫眼石'（'Magica Opal'）；
c. '傲霜红'（'Aoshuanghong'）； d. '花团锦簇'（'Huatuanjincu'）；
e. '香草草莓'（'Vanilla straberry'）； f. '安娜贝拉'（'Annabelle'）

图 2 杂交亲本景观效果图片

Fig. 2 Landscape effect pictures of cross parent

a. '宝石'（'Jewel'）； b. '猫眼石'（'Magica Opal'）；
c. '傲霜红'（'Aoshuanghong'）； d. '花团锦簇'（'Huatuanjincu'）；
e. '香草草莓'（'Vanilla straberry'）； f. '安娜贝拉'（'Annabelle'）

表1 绣球属杂交亲本性状表(依据绣球属DUS测试指南)

Table 1 Characters of cross parents (Follow the *Hydrangea* DUS test guidelines)

品种名称 Clutiver	种类 Species	株高(cm) Plant hight	花序 Inflorescence	萼片 Sepal	叶片 Leaf	耐寒性 Cold tolerance
'宝石'	大花绣球	100~120	花序半球,高度8cm,花序直径约为15cm,可孕花较为明显,数量多,不孕花密度低,花序中等紧密	不孕花萼片1轮,萼片椭圆形或者阔椭圆形,萼片直径1~2cm,萼片平整,花萼内收,萼片颜色深度中等,早期蓝色,衰老后褪色,萼片中度重叠,萼片无缺刻,萼片厚度中等	叶片椭圆,叶基部楔形,叶缘锯齿深度中等,中度密度,叶色中绿,中度光泽,泡状程度中等,叶片轻微凹,不被毛,叶柄无花青素	弱
'猫眼石'		60~100	花序半球,高度10cm,花序直径约为15cm,可孕花较为明显,数量多,不孕花密度低,花序中等紧密	不孕花萼片1轮,萼片椭圆形或者阔椭圆形,萼片直径0.5~1cm,萼片平整,花萼内收,萼片颜色深度中等,早期蓝色,衰老后褪色,萼片中度重叠,萼片无缺刻,萼片厚度中等		
'傲霜红'		60~100	花序近球状,高度11~12cm,花序直径为10~15cm,可孕花不明显,数量较少,不孕花密度中等	不孕花萼片1轮,萼片阔椭圆形,萼片直径1~1.5cm,萼片内卷,花萼内收,萼片颜色深度较浅,早期浅蓝紫色,萼片中度重叠,萼片无缺刻,萼片厚度中等		
'花团锦簇'		60~120	花序扁球状,高度8cm,花序直径约为15cm,可孕花不明显,数量中等,不孕花密度中等	不孕花萼片1轮,萼片椭圆形,萼片直径1~2cm,萼片平展,花萼平展萼片颜色开始最深,紫色过蓝色,衰老颜色变浅,萼片不重叠,萼片没有缺刻,萼片厚度中等		
'香草草莓'	圆锥绣球	120~160	花序圆锥,高度20~25cm,花序直径约为15cm,可孕花不明显,数量多,不孕花密度大,花序较为紧密	不孕花萼片1轮,萼片倒卵形,萼片直径1~2cm,萼片平展,花萼平展,没有泡状,萼片颜色白色,衰败粉红,萼片不重叠,萼片顶端缺刻,萼片厚度薄	叶片椭圆形,叶基部楔形,叶缘锯齿深度浅,密度中等,叶色中浅绿,轻度光泽,泡状程度无,被毛,叶柄有中度花青素	强
'安娜贝拉'	耐寒绣球	120~160	花序半球形,高度10~15cm,花序直径为15~20cm,可孕花较为明显,数量多,不孕花密度中等	不孕花萼片1轮,萼片倒卵形,萼片直径0.5~1cm,萼片平展,花萼平展,没有泡状,萼片颜色白色,衰败粉红,萼片厚度薄	叶片近圆形,叶基部楔形,叶缘锯齿深度中等,密度中等,叶色中浅绿,无光泽,泡状程度无,被毛,叶质地薄	强

1.2 绣球属种间杂交授粉

大花绣球(八仙花)耐最低气温-12℃,普遍不耐寒,圆锥绣球和耐寒绣球耐最低气温-36℃,可以在北方生长,要得到耐寒的八仙花品种,试验希望通过杂交,获得圆锥绣球和耐寒绣球的耐寒性状的八仙花,试验设置八仙花×圆锥绣球杂交组合1组,为'猫眼石'ב香草草莓';八仙花×耐寒绣球杂交组合3组,分别为'宝石'ב安娜贝拉'、'花团锦簇'ב安娜贝拉'、'傲霜红'ב安娜贝拉';并设置了反交组合3组,分别为'安娜贝拉'ב宝石'、'安娜贝拉'ב花团锦簇'、'安娜贝拉'ב傲霜红';对照组4组,'安娜贝拉'ב安娜贝拉'、'宝石'ב宝石'、'花团锦簇'ב花团锦簇'、'傲霜红'ב傲霜红',在晴天进行授粉,授粉60~90d后,统计结实率。杂交步骤如下。

母本去雄。选取可孕花准备开放但未开放数量较多的花序,去掉周围的可孕花,用镊子挑开可孕花,留下雌蕊,注意在去雄时不要伤到柱头。

采集父本花粉并保存。在无风的晴天,选取可孕花开放数量较多的花序,在室内用镊子摘下可孕花,用镊子刮取花药至培养皿中。放入铺满硅胶的干燥皿中自然散粉24h。放入2ml的离心管中,用脱脂棉封住管口,放入装有干燥硅胶的塑封袋中,密封,存入4℃冰箱中保存(李卓忆 等,2018)。

图 3　八仙花去雄步骤

Fig. 3　Steps of castration

a. 选择合适的花序；b. 去除不孕花；c. 可孕花去雄

杂交授粉套袋。由于八仙花雌蕊较为脆弱，不采用毛笔刷花粉，直接用镊子夹取植物组织蘸取花粉涂抹于柱头上。每一个组合都至少授粉两次。挂牌，写上母本×父本，授粉人姓名和编号，给整个花序套上硫酸纸袋，用别针固定住，杂交2周后摘下袋子。

1.3　联苯胺-过氧化氢法检测柱头可授性

由于八仙花自交可结实，需要将还未开花的八仙花可孕花花蕾进行去雄后进行授粉，授粉的成功率和母本柱头的可授性密切相关，而八仙花的一朵花序上的可孕花往往成熟时间不一致，为了探究品种、时间和花蕾状态对于柱头可授性的影响，试验采用联苯胺-过氧化氢法检验不同条件下柱头的可授性。

在晴天采集花蕾及已开花的花蕾，将可孕花花蕾按照黄绿花苞、紫色花苞和已开花花苞进行分类（大小依次增大，3个品种可孕花均为蓝紫色），剥开花蕾，挑去雄蕊和花瓣，使花柱展露，将花柱置于凹面载玻片上，加入联苯胺-过氧化氢溶液（1%联苯胺溶液∶3%过氧化氢溶液∶蒸馏水的体积比例为4∶11∶22），观察气泡产生的速度和数量，气泡产生速率越快，说明可授性越强，每个正交试验组合重复3次（刘天凤 等，2021）。

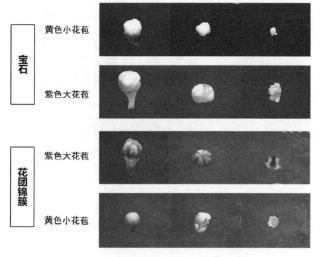

图 4　杂交母本可孕花花苞及柱头图片

Fig. 4　Pictures of bracts and stigmas of pregnant female hybrids

1.4　苯胺蓝染色法观察远缘杂交后花粉管在柱头的行为

在远缘杂交组合授粉后的2h、4h、6h、8h、24h和48h，摘取每个杂交组合授粉后的可孕花3~5朵置于FAA固定液中，在4℃的温度下固定24h，固定后，置于70%酒精（4℃）中保存，需要制片时，将材料用蒸馏水冲洗3遍后，置于8mol/L NaOH（八仙花）以及2mol/L NaOH（耐寒绣球）中透明3~4h，直到材料变得透明，将透明的柱头浸入0.1%的水溶性苯胺蓝染液染色10min以上后取出，八仙花其可孕花体积较小，应在体视显微镜下将柱头切成两半，柱头切割面朝下，然后轻轻盖上盖玻片，以观察到完整的柱头结构。

1.5　花粉离体萌发测量花粉萌发率

为检测父本的花粉的活性，并探索出适宜花粉萌发的蔗糖及硼酸浓度条件，试验采用单因素试验方法，设置5%、10%、15%三个蔗糖浓度以及0、0.01%、0.02%、0.03% 4个硼酸浓度。配制6种培养液，分别为5%蔗糖溶液，10%蔗糖溶液，15%蔗糖溶液，10%蔗糖溶液+0.01%硼酸，10%蔗糖溶液+0.02%硼酸，10%蔗糖溶液+0.03%硼酸，编号1-6。

测量方法采用悬滴法，在凹面载玻片的凹槽处加入300μl培养液，用镊子夹取散粉后的花药于培养液中，用镊子轻轻点压载玻片上的花药，使花粉充分散落，取出花药，盖上盖玻片，每种培养液重复3组。于2h、4h、6h、8h、24h后在光学显微镜下观察花粉萌发情况。每个载玻片选取3~6个不重复的视野，每个视野花粉数不少于20粒，以花粉管长度大于花粉直径视为萌发。花粉萌发率（%）= 视野内已萌发的花粉数/视野内花粉总数×100（朱扬帆 等，2021）。

2　结果与分析

2.1　杂交结实率统计

根据表2，'宝石'ב安娜贝拉'共杂交了884朵不孕花，结实0，坐果率0；'花团锦簇'ב安娜贝拉'共杂交298朵，结实165颗，坐果率55.4%；'傲霜红'ב安娜贝拉'共杂交148朵，结实42颗，坐果率28.4%；'猫眼石'ב香草草莓'共杂交451朵，结实108颗，坐果率23.95%。以'安娜贝拉'为母本时结实率几乎为0，而自交的结实率普遍高于杂交结实率，'宝石'自交结实率为36.6%，'花团锦簇'自交结实率为100%，'傲霜红'自交结实率为40.6%。

由试验结果可得知，不同杂交组合的结实率差异明显，八仙花和耐寒绣球组间杂交时，结实率'花团锦簇'>'傲霜红'>'宝石'，其中'宝石'的结实率为0，可能存在受精前障碍或者胚发育不良的现象；相比自交结实率，杂交的结实率还是相对低，但是以八仙花为母本时杂交结实率和自交的结实率基本呈正比，值得注意的是以'安娜贝拉'作为母本时结实率极低，而其自交的结实率则较高，可能有一定的受精前障碍；在同一个杂交组合中，不同的植株表现出较大的结实差异，其结实率也受植株生长状况的影响。

表 2 杂交结实率统计
Table 2 Statistics on seed setting rate of hybrid

杂交组合	数量	编号 1	2	3	4	5	6	7	8	9	10	总数	坐果率（%）
正交													
'宝石'×'安娜'（1）	数量	16	20	6	49	13	32	12	18	52	20	238	0.00
	坐果	0	0	0	0	0	0	0	0	0	0	0	
'宝石'×'安娜'（2）	数量	151	112	42	67	50	80	26	51	19	48	646	0.00
	坐果	0	0	0	0	0	0	0	0	0	0	0	
'花团锦簇'×'安娜'	数量	27	11	17	11	31	69	11	14	73	34	298	55.4
	坐果	9	1	2	5	3	34	10	7	72	22	165	
'傲霜红'×'安娜'	数量	15	58	21	30	24						148	28.4
	坐果	9	17	6	2	8						42	
'猫眼石'×'香草草莓'	数量	13	29	21	64	42	26	49	94	26	87	451	23.9
	坐果	0	0	0	2	24	0	2	57	5	18	108	
反交													
'安娜'×'宝石'	数量	51	50	103								204	3.4
	坐果	1	4	2								7	
'安娜'×'花团锦簇'	数量	19										19	0.0
	坐果	0										0	
'安娜'×'傲霜红'	数量	32										32	0.0
	坐果	0										0	
对照													
'宝石'×'宝石'	数量	41										41	36.6
	坐果	15										15	
'花团锦簇'×'花团锦簇'	数量	22										22	100
	坐果	22										22	
'傲霜红'×'傲霜红'	数量	32										32	40.6
	坐果	13										13	
'安娜'×'安娜'	数量	59										59	13.6
	坐果	8										20	

2.2 母本柱头可授性

根据试验所得数据，相对 3 个八仙花品种而言，其可授性'宝石'>'湖蓝'>'傲霜红'，相对上午和下午的授粉时间而言，上午相比下午更有优势，相对 3 个花芽发育时期而言，八仙花的可授性紫色花苞≈开花时期>黄绿色花苞。试验结果表明，八仙花的可授性均受到时间、品种和成熟程度的影响，其中影响程度品种>时间>成熟度，白天授粉的时间不会导致可授性的缺失，在八仙花的一朵花序上及时发育成熟时间不一致的情况下，也可一并授粉，对于可授性较弱的品种如'傲霜红'，则建议在柱头涂抹植物生长调节剂来改善授粉条件。

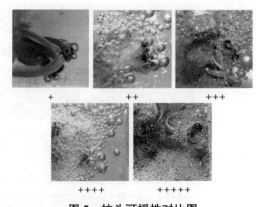

图 5 柱头可授性对比图
Fig. 5 Contrast of stigma receptivity
+号代表产生气泡快慢的速度，+号越多代表可授性越强

表3 母本柱头可授性
Table 3　Stigma receptivity of hybrid mothers

	宝石		湖蓝		傲霜红	
	上午	下午	上午	下午	上午	下午
黄绿花苞	+++	+++++	++	+	+	+
紫色花苞	++++	+++++	+++	+	+++	+
已开花	++++	++++	++++	+++	++	++

2.3 杂交后花粉管行为观察

如图6所示，以八仙花'花团锦簇''宝石''傲霜红'3个品种作为母本时，'安娜贝拉'花粉能在柱头大量萌发，但也产生了大量的胼胝质反应，进入柱头的花粉管较少，且花粉管部分扭曲，少量花粉管能顺利到达胚珠。

以耐寒绣球做母本，八仙花作为父本时，出现受精前障碍，主要表现为花粉难以在柱头萌发，不会有胼胝质反应，而'安娜贝拉'自交则可见花粉管进入柱头。

不管是耐寒绣球'安娜贝拉'，还是3个八仙花品种，其自交的花粉管行为都表现出在柱头大量萌发，有大量花粉管进入柱头的特点。

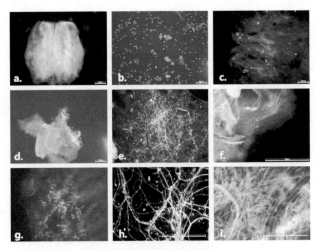

图7　自交和反交花粉管行为

Fig. 7　Pollen tube behavior after selfing and reciprocal crossing
a. b. c. 为反交中花粉管的行为；
d. e. f. 为'安娜贝拉'自交花粉管行为；
g. h. i. 为八仙花自交花粉管行为

2.4 父本花粉萌发率检测

依据表1和图8所展示的试验结果，父本'安娜贝拉'的花粉具有较高的萌发率，蔗糖浓度及硼酸对于其萌发有显著的作用，其最适宜的蔗糖浓度为100g/L，在加入0.01%~0.03%硼酸后能显著加快花粉萌发速度，并适当提高花粉萌发率。在培养24h后，每一组的花粉管几乎都达到了400~900μm，还未进入胚珠，因此应在杂交2~3d后观察花粉管是否进入胚珠。

表4 父本花粉萌发率统计
Table 4　Statistics on pollen germination rate of male parent(%)

萌发时间	1	2	3	4	5	6
2h	27.76	13.63	8.45	59.25	53.97	38.91
4h	18.61	40.34	12.40	55.13	68.90	49.90
6h	47.38	58.26	36.17	83.92	81.32	90.20
8h	43.90	61.33	63.68	89.79	95.98	91.43
24h	82.45	86.52	82.07	93.80	96.29	94.34

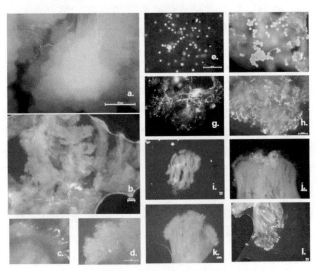

图6　八仙花做母本杂交后花粉管行为

Fig. 6　Pollen tube behavior of female parent hybridization of Hydrangea macrophylla
a. 8h时花粉管到达柱头低端；b. 一周后花粉管到达胚；
c. 6h八仙花柱头胼胝质反应；d. 4h时少量花粉管进入柱头；
e. 2h花粉在柱头萌发情况；f. 4h花粉在柱头萌发情况；
g. 8h花粉在柱头萌发情况；h. 48h花粉在柱头萌发情况；
i. 2h; j. 6h; k. 8h; l. 48h

3　讨论

（1）亲本的选择在杂交中至关重要，在远缘杂交抗性育种中，一般尽量选择结实率较高的母本，有利于获得更多的子代。八仙花品种'宝石'虽然有较高的亲和性，而其杂交结实率为0%，应该是花粉管在进入胚珠时有一定的障碍，和花的生长状态也有一定关系。

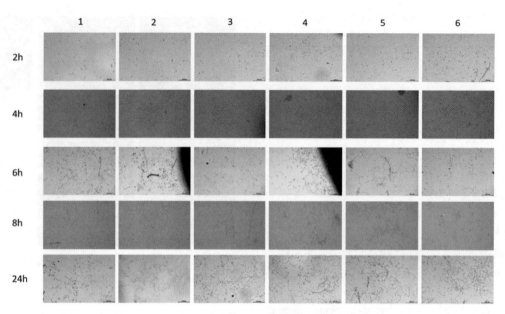

图 8 父本花粉离体萌发过程
Fig. 8　In vitro germination process of male parent pollen

(2)本次杂交试验和亲和性分析实验表明,八仙花作为母本时,与耐寒绣球进行远缘杂交受精前较为亲和,但其结实率低于自交组合,且花粉管进入柱头较少,有扭曲现象,明显还是低于自交的正常亲和水平,可以采取切割柱头-涂抹法,以增强其受精前的亲和性。

(3)在耐寒绣球与八仙花进行远缘杂交时,如果以耐寒绣球作为母本,则会存在受精前障碍,问题主要在耐寒绣球的柱头上,八仙花花粉便难以萌发。其原因可能是'安娜贝拉'的柱头太小,而八仙花花粉相对较大,难以适配,还应检测'安娜贝拉'的柱头可授性,继续探索适宜八仙花母本萌发的条件,探索'安娜贝拉'远缘杂交受精前障碍的原因,针对受精前障碍,后续可以尝试使用切割柱头,涂抹生长素等方法促进其花粉管进入柱头,观察不同方法对于解决'安娜贝拉'作为母本受精前障碍的效果(杨晓苓 等,2009)。

(4)通过观察其授粉后的状况,得出了更高效的杂交方式,一朵花序上应选择蓝紫色较成熟的可孕花进行杂交效果更好,采用100g/L 蔗糖溶液+0.02%硼酸的培养液能显著增快花粉萌发的速度,等到花粉管进入胚珠,需要2~3d 的时间,在此期间应重复授粉,并尽量保证晴天。

(5)目前的八仙花与耐寒绣球杂交试验中,往往只能得到以八仙花为母本得到的子一代,其成活率较低,且成活后性状多像八仙花,在杂交中克服耐寒绣球作为母本的受精前障碍,育得耐寒绣球作为母本的子一代,在耐寒八仙花远缘杂交育种中也值得尝试和探索。

(6)杂交后得到的果实,由于受精后障碍未有萌发,需进一步把握胚拯救的时间,通过在合适的时间进行胚拯救得到子一代。

参考文献

焦隽,梁丽君,马辉,等,2016.绣球种质资源引进与栽培技术[J].现代农业科技(11):203-204.

李卓忆,王洁瑶,王仪茹,等,2018.观赏兼食用百合新品种的培育[M]//中国园艺学会观赏园艺专业委员会,张启翔.中国观赏园艺研究进展2018.北京:中国林业出版社.

刘天凤,李莹,谢伟东,等,2021.引种泡核桃开花动态及花粉活力和柱头可授性分析[J].分子植物育种,19(8):2758-2767.

陆继亮,2010.杨月季公司对新品种研发信心满满[J].中国花卉园艺(19):47-48.

乔谦,王江勇,陶吉寒,2020.绣球属植物研究进展[J].农学学报,10(4):60-64.

卫兆芬,1995.绣球属[M]//陆玲娣,黄淑美.中国植物志.北京:科学出版社.

杨晓苓,杨利平,尚爱芹,等,2009.不同授粉处理对百合花粉萌发生长及坐果率的影响[J].河北农业大学学报,32(2):46-49.

曾奕，杨伟权，郁书君，2018. 绣球花的育种研究进展[J]. 广东农业科学，45(6)：36-43.

朱杨帆，何江，黄歆怡，等，2021. 杨桃花粉离体萌发研究[J]. 中国南方果树，50(2)：112-115.

作者不详，2019. 2019绣球属植物学术研讨会召开[J]. 花木盆景(花卉园艺)，(6)：58.

Wu Xingbo, Alexander Lisa W, 2019. Genetic Diversity and Population Structure Analysisof Bigleaf Hydrangea Using Genotyping-bysequencing[J]. AMER. SOC. HORT. SCI. 144(4)：257-263. https：//doi.org/10.21273/JASHS04683-19.

Wu Xingbo, Alexander Lisa W, 2020. Genome-wide association studies for inflorescence type and remontancy in *Hydrangea macrophylla*[J]. Pubmed，7.

大花葱'大使'多倍体诱导初步研究

周园园 尹思 陈语涵 严楚杰 赵惠恩*

（花卉种质创新与分子育种北京市重点实验室，国家花卉工程技术研究中心，城乡生态环境北京实验室，园林环境教育部工程研究中心，林木花卉遗传育种教育部重点实验室，园林学院，北京林业大学，北京 100083）

摘要 化学诱变是一种常见的育种技术，并且在一些植物上取得了较好的效果。本试验探讨了秋水仙素不同浓度及处理时间对大花葱'大使'成苗率及染色体加倍率的影响，旨在获得性状更佳、可育性更强的多倍体植株。首先选用大花葱'大使'品种的愈伤组织以及幼芽作为试验材料，将其浸泡于浓度为 0.01%、0.03%、0.06%、0.09%、0.12%的秋水仙素溶液中，处理时间为 24h、48h、72h，然后通过根尖压片染色体计数法对植株进行倍性鉴定。经过染色体计数法鉴定二倍体植株根尖染色体为 $2n=2x=16$，四倍体植株染色体为 $2n=4x=32$，八倍体植株染色体为 $2n=8x=64$。在本次秋水仙素处理愈伤及幼芽诱变多倍体的试验过程中，随着秋水仙素处理浓度的升高及时间的延长，对大花葱'大使'组培苗存活率影响较小，而对多倍体的诱变效应存在着明显差异。结果表明：秋水仙素浓度为 0.03%~0.12%，处理时间在 48h 的条件下，诱导多倍体效果较好，其中浓度为 0.06%时最佳。此次诱导共获得 20 株多倍体植株，其中包括 3 株四倍体、1 株八倍体以及 16 株嵌合体，该研究对日后大花葱多倍体育种提供了理论依据以及技术参考。

关键词 大花葱'大使'；秋水仙素；多倍体

Preliminary Study on Polyploid Induction of *Allium giganteum* 'Ambassador'

ZHOU Yuan-yuan YIN Si CHEN Yu-han YAN Chu-jie ZHAO Hui-en[1,*]

(*Beijing Key Laboratory of Ornamental Plants Germplasm Innovation & Molecular Breeding, National Engineering Research Center for Floriculture, Beijing Laboratory of Urban and Rural Ecological Environment, Engineering Research Center of Landscape Environment of Ministry of Education, Key Laboratory of Genetics and Breeding in Forest Trees and Ornamental Plants of Ministry of Education, School of Landscape Architecture, Beijing Forestry University, Beijing 100083, China*)

Abstract Chemical mutagenesis is a common breeding technique and has achieved good results on some plants. This experiment explored the effects of different concentrations of colchicine and treatment time on the seedling growth rate and chromosome doubling rate of the *Allium giganteum* 'Ambassador', aiming to obtain polyploid plants with better traits and stronger fertility. First, the callus and buds of the *Allium giganteum* 'Ambassador' were used as the test materials, and they were *soaked* in colchicine solutions with concentrations of 0.01%, 0.03%, 0.06%, 0.09% and 0.12% for 24h, 48h, 72h. Then, the ploidy of the plants was identified by the chromosome counting method of root tip pressed tablets. The root tip chromosomes of diploid plants were $2n=2x=16$, tetraploid plants were $2n=4x=32$, and octoploid plants were $2n=8x=64$ by chromosome counting method. In this experiment, with the increase of colchicine treatment concentration and the prolongation of time, the effect of colchicine treatment on the survival rate of the tissue culture seedling of *Allium giganteum* 'Ambassador' was small, but the effect on the mutagenesis of polyploid was obviously different. The results showed that the concentration of colchicine was 0.03%~0.12% and the treatment time was 48h, the effect of polyploid induction was better, and the concentration of colchicine was 0.06%. A total of 20 polyploid plants were obtained, including 3 tetraploid plants, 1 octoploid plants and 16 chimeras. This study provides theoretical basis and technical reference for polyploid breeding of *Allium giganteum* in the future.

Key words *Allium giganteum* 'Ambassador'; Colchicine; Polyploid

---

第一作者简介：周园园(1994-)，女，硕士研究生，主要从事大花葱种质资源与育种的研究。

* 通讯作者：赵惠恩(1969-)，职称：教授，E-mail：zhaohuien@bjfu.edu.cn。

大花葱（*Allium giganteum*）是百合科（Liliaceae）葱属（*Allium*）的多年生球根花卉，原产于中亚及地中海地区（果红梅，2020；桂炳中，2010）。其叶片灰绿，花茎健壮挺拔，花色鲜艳，花型丰满别致，极具观赏价值，在我国大部分地区都进行了引种和推广（包尚友和英歌石，2019；范适、陈海霞，2016；金立敏等，2012；刘青和刘青林，2008）。目前，国内关于大花葱的研究主要集中于种质资源、生长习性、活性成分、再生体系等方面（林辰壹，2010；刘建涛等，2007；刘江淼等，2020），而对于多倍体育种的研究较少。大量研究表明，观赏植物发生多倍体后，其往往表现为部分器官增大、产量提高，抗逆性增强等优点（杨寅桂等，2006；Chen Z J，2013）。而秋水仙素是被广泛采用且有效的化学诱变剂，目前已在多种植物上取得了成功（吴青青等，2019；郑云飞等，2018；宋策等，2016；余道平和李策宏，2014；王冲，2012；韩耀祖等 2013）。因此本试验通过利用秋水仙素对大花葱'大使'（*Allium giganteum* 'Ambassador'）品种进行多倍体诱导，以期获得性状更佳、可育性更强的多倍体植株。

1 材料和方法

1.1 试验材料

选择课题组大花葱'大使'组织培养过程中的愈伤及带生长点的幼芽作为试验材料。

1.2 试验方法

1.2.1 秋水仙素处理

试验用2%的DMSO溶液作溶剂，配制浓度分别为0.01%、0.03%、0.06%、0.09%和0.12%秋水仙素溶液，在121℃、20min的高压条件下灭菌，常温遮光存放待用。

取大花葱生长旺盛的愈伤和幼芽放入这5种不同浓度的秋水仙素溶液中浸泡处理，用锡纸包裹遮光，处理时间依次为24h、48h和72h，超净工作台中取出后经无菌蒸馏水冲洗3次，无菌滤纸上吸干水分放入添加1.0mg/L NAA和0.2mg/L 6-BA的MS培养基中培养，诱导愈伤分化和不定芽的产生、生长。每组处理15个外植体，培养周期为20~30d，之后在相同培养基上进行继代，不加秋水仙素的处理组为对照。根据生长情况，将生长良好的不定芽转入1/2MS的生根培养基中进行生根繁殖。

1.2.2 染色体倍性鉴定

葱属植物根系为须根系，萌发快，一次萌发的数量多，易获得，且诱导处理方法简单，效果明显，因此是良好的染色体倍性检测材料。在组培苗进行两次继代培养20~30d后，进行植株形态学鉴定，通过对植物生长期的外部特征进行观察，以正常二倍体植株为对照，比较多倍体与正常二倍体植株的生长势、叶色、叶厚、植株形状等相关指标鉴定，用于初步判定倍性。相关指标符合多倍体植株性状的采用根尖染色体观察的方法确定多倍体的倍性情况。

取生长旺盛的根尖0.5~1cm作为染色体倍性检测材料，用300mg/L的放线菌酮溶液在常温无光条件下预处理14h，然后按照无水乙醇和冰醋酸3∶1的体积比配制固定溶液，在4℃的环境中固定14h，最后放入1mol/L的盐酸在60℃的水浴锅中解离10分钟。由于残留的盐酸会影响卡宝染液对染色体的上色，因此经过解离的根尖再在滤纸上用蒸馏水冲洗3~4次后待用。冲洗后切取根尖尖端1mm左右的乳白色区域，用改良的卡宝染液上色5~8min，压片处理，最后在100倍显微镜下观察分裂的根尖细胞，对染色体数目进行统计。

1.2.3 数据处理

主要运用EXCEL（WPS版）软件分析和整理。

2 结果与分析

2.1 秋水仙素对大花葱'大使'的诱导效果

秋水仙素对外植体有毒害作用，只有在合适的浓度和时间范围内才能对植株起到良好的诱导效果。本次试验设置秋水仙素浓度为0.01%~0.12%，处理时间24h、48h、72h时，大花葱'大使'的愈伤和不定芽都生长状态良好，均未出现明显污染和毒害致死现象，说明大花葱'大使'对秋水仙素的敏感度相对较低。由表1可以观察到，当秋水仙素浓度为0.03%~0.12%，处理时间为48h时，诱导效果最好，获得了2株四倍体，1株八倍体植株，以及6株嵌合体；当在0.09%的秋水仙素浸泡72h条件下，诱导出1株四倍体的大花葱'大使'。本研究表明，以低浓度长时间和高浓度短时间的组合来处理大花葱'大使'的愈伤与幼芽，更有利于诱导多倍体细胞的产生，其中高浓度短时间对于大花葱'大使'的诱导效果最佳。在秋水仙素的诱导过程中，大花葱'大使'的嵌合体的诱导率较高，获得的20株多倍体中有16株为嵌合体。嵌合体的二倍体细胞往往生活力和分裂速度都强于变异细胞，会淹没变异细胞而表现为回复突变（雷家军和王冲，2012；王娜等，2005），因此在多倍体育种的过程中，及时对加倍后代进行鉴定并转接，防止回复突变的发生。

表1 大花葱'大使'多倍体诱导结果统计
Table 1 Statistics of polyploid induction results of *Allium giganteum* 'Ambassador'

处理时间	处理浓度(%)	编号	检测植株(株)	四倍体植株(株)	八倍体植株(株)	嵌合体植株(株)	细胞倍性情况(倍体)
24h	0.01	D1	4	0	0	0	二
	0.03	D2	8	0	0	0	二
	0.06	D3	3	0	0	1	二、四
	0.09	D4	9	0	0	3	二、四
	0.12	D5	8	0	0	2	二、四、八
48h	0.01	D6	5	0	0	0	二
	0.03	D7	5	1	0	1	二、四*
	0.06	D8	2	1	0	1	四、八*
	0.09	D9	6	0	0	0	二
	0.12	D10	7	0	1	4	二、四*、八
72h	0.01	D11	5	0	0	1	二、四
	0.03	D12	7	0	0	1	二、四
	0.06	D13	3	0	0	1	二、四*
	0.09	D14	6	1	0	0	四
	0.12	D15	4	0	0	1	二、四、八

注：带*表示存在部分染色体数目待进一步确认的多倍体细胞。

Note: The band * indicates that there are some polyploid cells whose chromosome number needs to be further confirmed.

2.2 变异植株染色体鉴定

试验取未加倍处理、正常生长的大花葱'大使'植株的根尖作为对照，在100倍显微镜下可以观察到其有丝分裂中期的根尖染色体数目染色体条数均为16条，有丝分裂后期的染色体条数为32条，基本可以确定大花葱'大使'染色体数为$2n=2x=16$(图1A)。对检测出的四倍体和八倍体植株的根尖进行压片观察，四倍体根尖体细胞染色体数为$2n=4x=32$(图1B)，八倍体根尖体细胞染色体数为$2n=8x=64$(图1C)。此外还发现了单倍体细胞(图1D)以及一些染色体数目超过32条以及64条的变异植株(图1E和F)。

2.3 四倍体、八倍体与二倍体植株形态比较

由图2可以看出经过秋水仙素处理得到的四倍体植株和八倍体植株与对照二倍体植株相比，叶片变大，叶面变厚、叶色变深、叶片褶皱等情况，这些均符合多倍体植株特性。接下来将会对这些多倍体植株进行生根培养，以及炼苗移栽，对于后续能否长出完整的植株，获得性状更佳、可育性更强的多倍体植株还需要进一步观察。

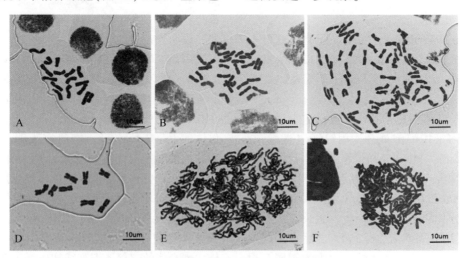

图1 大花葱'大使'根尖体细胞染色体

Fig. 1 The number of chromosomes at the root tip of the *Allium giganteum* 'Ambassador'

注：A. 二倍体根尖染色体数目；B. 四倍体根尖染色体数目；C. 八倍体根尖染色体数目；D. 单倍体根尖染色体数目；E和F. 变异植株超过32条以及64条染色体数目

Note: A. The number of diploid root tip chromosomes; B. The number of tetraploid root tip chromosomes; C. The number of octoploid root tip chromosomes; D. The number of haploid root tip chromosomes; E and F. There are more than 32 and 64 variant plants chromosome number

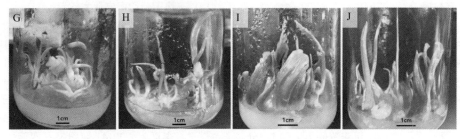

图 2 大花葱'大使'加倍的植株和未加倍的植株对比图
Fig. 2 Comparison of the *Allium giganteum* 'Ambassador' doubled plants and undoubled plants
注：G：二倍体植株；H：嵌合体植株；I：四倍体植株；J：八倍体植株
Note：G：Diploid plant；H：Chimera plant；I：Tetraploid plant；J：Octaploid plant

3 讨论

秋水仙素诱导在多倍体育种中应用较为广泛，且效果较显著，但它对外植体也有毒害作用，若处理不当，常常会使材料在处理过程中死亡，影响成苗率。前人研究表明，不同的植物品种及器官对秋水仙素的敏感性存在较大的差异（张世清 等，2019；陈敏敏 等，2018；陈劲枫 等，2004）。因此针对不同品种和类型的诱导材料，筛选出最佳的处理浓度和时间，是获得多倍体植株的关键因素。李涵等（2005）利用诱导齿瓣石斛丛生芽诱导多倍体时，发现利用0.03%秋水仙素处理24h，变异率最高，高达60%。王俐等（2001）在用库拉索芦荟丛生芽诱导多倍体时，发现用0.06%秋水仙素溶液处理12h时，诱变率可达50%。吴青青等（2019）将百合黄精灵组培苗的鳞片浸泡于0.1%的秋水仙素处理48h的变异率最高，可达56%。曾宪松（1997）在处理巴西橡胶树的试验中，愈伤组织在0.5%的秋水仙素溶液中浸泡24h时，多倍体诱导效果最好。董飞等（2001）研究表明，0.8%秋水仙素处理大葱种子48h诱变效果较好，其形态变异株率达22%。在本研究中，秋水仙素浓度为0.03%～0.12%，处理时间为48h时，诱导效果最好，因此可以得出高浓度短时间的搭配组合对大花葱'大使'多倍体的诱导更加有效。这与张俊莲等（1995）对当归的愈伤组织进行诱导时发现最佳处理为高浓度与较短的时间的组合的观点一致。

本次试验共获得20株多倍体，其中包括3株四倍体、1株八倍体以及16株嵌合体，说明秋水仙素对大花葱'大使'多倍体诱导效果明显，是对其有效的多倍体诱导试剂。经过秋水仙素诱变处理后获得的四倍体、八倍体在形态上与二倍体植株相比存在叶片变大、变厚、叶色加深、叶片褶皱等现象，这与刘静等（2008）对兰州百合多倍体的鉴定一致。由于时间有限，本研究仅诱导出多倍体，未对其进行移栽，后续会对其进行下地移栽比较其与二倍体植株优缺点。大花葱'大使'在秋水仙素的作用下发现存在嵌合体植株较多的情况。前人研究表明，可以通过组织培养技术不断切割继代再鉴定分离嵌合体，从而获得生长状况良好的变异苗，未来可以从这方面来解决'大使'嵌合体多的问题，提高其多倍体诱导效率。

本试验中也存在一些不足之处。一方面试验主要采取的是根尖染色体计数法来确认植株的倍性，部分不定芽至今未取到根尖组织，导致可检测植株数量较少。另一方面少量检测植株没有观测到清晰的染色体图像，出现一些疑似多倍体、染色体数目不清晰的情况。

参考文献

包尚友，英歌石，2019. 中国库肯霍夫花园[J]. 农产品市场周刊（9）：11-13.
陈劲枫，雷春，钱春桃，等，2004. 黄瓜多倍体育种中同源四倍体的合成和鉴定[J]. 植物生理学通讯（2）：149-152.
陈敏敏，周音，孙亿敏，等，2018. 秋水仙素诱导百合多倍体及流式细胞仪倍性鉴定研究[J]. 上海农业学报，34（2）：81-87.
范适，陈海霞，2016. 4个花葱品种引种湖南地区的物候期及生长特性分析[J]. 湖南农业科学（10）：24-26.
桂炳中，2010-03-20. 大花葱栽培管理技术[N]. 中国花卉报（1）.
果红梅，2020. 大花葱栽培与应用[J]. 中国花卉园艺（18）：33.
韩耀祖，黄嘉鑫，徐永胜，等，2013. 唐菖蒲多倍体诱导及其后代无性系繁殖与鉴定[J]. 广东农业科学，40（8）：38-40.
金立敏，张文婧，朱晓国，2012. 观赏葱在苏州地区的引种及生态适应性研究初探[J]. 北方园艺(4): 79-80.

雷家军, 王冲, 2012. 观赏植物多倍体诱导研究进展[J]. 东北农业大学学报, 43(1): 18-24.

林辰壹, 2010. 新疆葱属植物资源研究[D]. 乌鲁木齐: 新疆农业大学.

刘建涛, 王杉, 张维民, 等, 2007. 葱属植物生物活性物质的研究进展[J]. 食品科学(4): 348-350.

刘江淼, 聂绍虎, 程静, 等, 2020. 切花葱的再生[J]. 分子植物育种, 18(4): 1259-1265.

刘青, 刘青林, 2008. 我国球根花卉种质资源概况及利用前景[J]. 中国花卉园艺(5): 16-18.

宋策, 陈典, 梁誉, 等, 2016. 秋水仙素离体诱导分蘖洋葱茎尖多倍体的研究[J]. 吉林农业大学学报, 38(6): 675-680.

王冲, 2012. 君子兰多倍体诱导及种间杂交亲和性研究[D]. 沈阳: 沈阳农业大学.

王娜, 刘孟军, 代丽, 等, 2005. 秋水仙素离体诱导冬枣和酸枣四倍体[J]. 园艺学报(6): 1008-1012.

吴青青, 胡小京, 崔嵬, 等, 2019. 秋水仙素诱导百合黄精灵多倍体研究[J]. 种子, 38(11): 96-100.

杨寅桂, 庄勇, 陈龙正, 等, 2006. 蔬菜多倍体育种及其应用[J]. 江西农业大学学报(4): 534-538.

余道平, 李策宏, 2014. 迎阳报春四倍体诱导及鉴定[J]. 核农学报, 28(6): 961-966.

张世清, 陈河龙, 刘巧莲, 等, 2019. 剑麻多倍体诱导及鉴定[J]. 农村实用技术(11): 106-107.

郑云飞, 徐维杰, 廖飞雄, 2018. 秋水仙素处理白掌组培苗的效应与多倍体诱导[J]. 现代园艺(17): 16-18.

CHEN Z J, BIRCHLER J A, 2013. Polyploid and hybrid genomics [M]. New York: Wiley Blackwell.

一年生花卉对土壤镍污染的响应

朱妙馨　张灵巧　巫丽华　刘燕*

（花卉种质创新与分子育种北京市重点实验室，国家花卉工程技术研究中心，城乡生态环境北京实验室，园林环境教育部工程研究中心，林木花卉遗传育种教育部重点实验室，园林学院，北京林业大学，北京 100083）

摘要　为探明北京常用一年生花卉在保持良好景观前提下对土壤镍（Ni）污染的清除作用，研究了孔雀草、地肤、红蓼、垂盆草、蛇目菊、紫茉莉和银边翠 7 种一年生花卉在 Ni 浓度分别为 27（CK）、264（T1）、489（T2）和 902（T3）mg/kg 土壤中栽培 3 个月后对 Ni 的吸收、富集、转运特征和综合功能。结果显示：Ni 污染下只有孔雀草、地肤、垂盆草、紫茉莉和银边翠 5 种植物可部分存活，污染浓度越高植物生长越受抑制。Ni 污染下植物耐受能力排序：T1 浓度时，地肤>垂盆草>银边翠>紫茉莉>孔雀草；T2 浓度时，地肤>垂盆草>银边翠；T3 浓度时，地肤>垂盆草。Ni 污染促进这 5 种花卉对土壤 Ni 的吸收和富集，但富集系数均<1，其中垂盆草富集能力最强，富集系数为 0.44~0.57。5 种花卉均能在一定的 Ni 污染下达到转运系数>1。T1 浓度下，孔雀草、地肤和紫茉莉景观效果良好；T2 浓度下，只有地肤景观效果良好。Ni 污染下地肤景观效果最佳。紫茉莉在 T1 浓度时净化功能最佳，地肤在 T2~T3 浓度时净化功能最佳。研究表明，Ni 污染抑制植物的生存和生长，Ni 污染下地肤耐性最强，蛇目菊和红蓼最弱。Ni 污染下可存活的 5 种花卉均不属于 Ni 富集植物，但都能将 Ni 大量转运至地上部分。从兼顾土壤净化与景观功能考虑，T1 浓度时紫茉莉综合功能最好，地肤次之；T2~T3 浓度时地肤综合功能最好。

关键词　一年生花卉；土壤镍污染；富集转运；景观生态功能

Responses of Annual Flowers to Soil Nickel Pollution

ZHU Miao-xin　ZHANG Ling-qiao　WU Li-hua　LIU Yan*

(Beijing Key Laboratory of Ornamental Plants Germplasm Innovation & Molecular Breeding, National Engineering Research Center for Floriculture, Beijing Laboratory of Urban and Rural Ecological Environment, Engineering Research Center of Landscape Environment of Ministry of Education, Key Laboratory of Genetics and Breeding in Forest Trees and Ornamental Plants of Ministry of Education, School of Landscape Architecture, Beijing Forestry University, Beijing 100083, China)

Abstract　In order to ascertain the removal effect of annual flowers commonly used in Beijing on soil nickel (Ni) pollution under the condition of maintaining good landscape, we cultivated seven annual flowers (*Tagetes patula*, *Kochia scoparia*, *Polygonum orientale*, *Sedum sarmentosum*, *Coreopsis tinctoria*, *Mirabilis jalapa* and *Euphorbia marginata*) in soils with Ni content of 27 (CK), 264 (T1), 489 (T2), and 902 (T3) mg/kg for three months, and studied their Ni absorption, accumulation and translocation characteristics and comprehensive functions. The results showed that only five kinds of plants, *Tagetes patula*, *Kochia scoparia*, *Sedum sarmentosum*, *Mirabilis jalapa* and *Euphorbia marginata*, could survive under Ni pollution. The higher the concentration of Ni pollution, the more inhibited the growth of plants. The order of plant tolerance under Ni pollution was as follows: at T1 concentration, *Kochia scoparia* > *Sedum sarmentosum* > *Euphorbia marginata* > *Mirabilis jalapa* > *Tagetes patula*; at T2 concentration, *Kochia scoparia* > *Sedum sarmentosum* > *Euphorbia marginata*; at T3 concentration, *Kochia scoparia* > *Sedum sarmentosum*. Ni pollution promoted the absorption and enrichment of soil Ni by these flowers, but their bioaccumulation

---

1 基金项目：北京林业大学建设世界一流学科和特色发展引导专项基金"健康城市"视角下园林植物功能研究（2019XKJS0322）；北京市教委科学研究与研究生培养共建科研项目"北京实验室—北京城乡节约型绿地营建技术与功能型植物材料高效繁育"（2019GJ-03）。

第一作者简介：朱妙馨（1995），女，硕士研究生，主要从事园林植物应用与园林生态研究。

* 通讯作者：刘燕，职称：教授，E-mail：chblyan@sohu.com。

factors were all less than 1. Among them, *Sedum sarmentosum* had the strongest enrichment ability, with the bioaccumulation factors of 0. 44 ~ 0. 57. Under certain Ni pollution, the translocation factors of that five kinds of flowers was more than 1. At T1 concentration, the landscape effect of *Tagetes patula*, *Kochia scoparia* and *Mirabilis jalapa* was good; at T2 concentration, only *Kochia scoparia* was good. The landscape effect of *Kochia scoparia* was the best under nickel pollution. The purification function of *Mirabilis jalapa* was the best at T1 concentration, and that of *Kochia scoparia* was the best at T2~T3 concentrations. the best landscape effect was under Ni pollution. It could be concluded that Ni pollution inhibited the survival and growth of annual flowers, and the tolerance of *Kochia scoparia* was the strongest under Ni pollution, while that of *Polygonum orientale* and *Coreopsis tinctoria* was the weakest. The five flowers that could survive under Ni pollution did not belong to Ni accumulator, but they could transport a large amount of Ni to the aboveground parts. Considering both soil purification and landscape functions, the comprehensive function of *Mirabilis jalapa* was the best at T1 concentration, followed by *Kochia scoparia*; the comprehensive function of *Kochia scoparia* was the best at T2~T3 concentrations.

Key words Annual flowers; Soil nickel pollution; Accumulation and translocation; Landscape ecological function

土壤重金属污染已成为一个全球性问题，我国首次土壤污染状况调查显示，我国总的土壤中 Ni 污染点位超标率达 6.4‰[1]。根据 CJT 340—2016《绿化种植土壤》[2] Ni 含量要求，北京园林绿地也已出现 Ni 超标现象，且主要集中在主干道路两侧绿化带。如二环路两侧绿化带的 46 个土壤样本中，有 12 个 Ni 含量超过Ⅲ级标准（150mg/kg），7 个超过Ⅳ级标准（220mg/kg），最高值达 1633mg/kg[3]；四环路和朝阳路两侧绿化带土壤样点中 Ni 含量超过Ⅳ级标准（220mg/kg）的占到 13.6%和 10.0%[4]。

植物具有清洁土壤重金属的功能。植物提取主要是利用超富集植物将土壤重金属转运到地上部分，再通过收获植物将重金属移除从而降低土壤重金属含量[5]，该技术具有成本低，效果好，原位修复，操作简便，不易造成二次污染，对土壤环境扰动小等优点，是目前研究较多且最具发展前途的一种重金属污染土壤治理方法。而在此基础上，应用观赏植物改善园林绿地环境污染，还兼具美学价值[6]。因此，研究园林植物对污染的清除作用具有重要意义。

研究表明，Ni 超富集植物一般生长在天然的镍、钴或某些超镁铁质土壤中，主要分布在地中海、巴西、古巴、新喀里多尼亚、土耳其、印度尼西亚和东南亚地区[7]。至今世界上已发现的超富集植物大多为 Ni 超富集植物，正如全球超富集植物数据库显示，截至 2017 年 7 月，全球共有 754 种超富集植物，而 Ni 超富集植物多达 52 科 130 属 532 种[8-9]。但绝大多数 Ni 超富集植物原产异国他乡，我国目前所发现的 Ni 富集植物相对较少，如李氏禾（*Leersia hexandra*）[10]。

一年生花卉具有生长迅速、生物量较大、应用广泛，便于控制生长周期获取植株等特点，这些决定了如果其具有重金属富集能力，将是良好的环境修复植物。为丰富适用于园林绿地兼具生态和美化功能的一年生花卉种类，本研究以 7 种北京市常用一年生花卉为材料，探讨不同浓度 Ni 处理对花卉吸收、富集、转运特性和景观的影响，为植物净化北京园林绿地重金属 Ni 污染提供参考。

1 材料与方法

1.1 试验地概况

试验地位于北京市海淀区东升双清路八家村委会北 300m 的三顷园苗圃，东经 116°20′45.06″，北纬 40°8′16.55″。属于暖温带半湿润大陆性季风气候型，年降水量 511.1mm，年均温 12.5℃。

1.2 供试材料

1.2.1 供试土壤

栽培土壤为地表 0~20cm 园土（褐色砂壤土）与珍珠岩以 7∶3 比例混匀得到。栽培土壤基本理化性质：pH8.24，有机质 33.8g/kg，全氮 1236.6mg/kg，水解氮 137.6mg/kg，全磷 695mg/kg，有效磷 15.3mg/kg，全钾 19378.9mg/kg，速效钾 157.2mg/kg，重金属 Ni 27mg/kg。

1.2.2 供试植物

孔雀草（*Tagetes patula*）、地肤（*Kochia scoparia*）、红蓼（*Polygonum orientale*）、垂盆草（*Sedum sarmentosum*）、蛇目菊（*Coreopsis tinctoria*）、紫茉莉（*Mirabilis jalapa*）、银边翠（*Euphorbia marginata*）。以上材料均为 60d 以上大苗，垂盆草为苗圃扦插苗，其他种类为播种苗，种子试验当年购于北京林业大学林业科技股份有限公司。

1.3 试验设计

试验于 2019 年 8~11 月进行，为防止污染场地，在试验场地设置 4 个特殊种植床：以金属架支撑起的长 240cm×宽 90cm×高 30cm 的防水帆布袋槽做成栽培床，内部依次铺设排水板、土工布、栽培土壤 20cm。8 月 11 日种植植物，每个栽培床中按相同方式栽植 7

种植物材料，每种10株。隔两周待所有植物长势良好后，给3个污染处理组种植床均匀喷施等量不同浓度的$NiCl_2$溶液，给对照组土面喷施等量自来水。喷施前3d不浇水以确保土面干燥，进行充分松土和整平后，分多次将处理液均匀喷施于土面，最后用自来水喷淋植物表面，确保无处理液残留。处理后CK、T1、T2、T3 4种土壤中Ni含量分别为27mg/kg、264mg/kg、489mg/kg、902mg/kg。栽培过程中，4组处理采用相同管理，同一般花卉常规管理。不定期浇水，保持田间持水量的70%左右，除雨天覆盖透明雨布，防止植物被水淹和处理液被淋溶外，其他天气均露天栽培。11月12日，对所有植物进行生长状况评价，然后每种植物每个处理随机选取3株植株进行采收取样。

1.4 指标测定

光合色素含量：采用95%乙醇提取分光光度法测定[11]，每个样品准确称取3份0.100g的新鲜叶片剪碎后在10ml 95%乙醇提取液中避光浸泡12~24h至完全变白，在波长665nm、649nm、470nm下测定吸光值。

生物量测定：采收整株植物样品，先用自来水冲洗干净，后用去离子水润洗，在室内晾干后分成地上和地下两部分，105℃杀青30min后于80℃烘箱烘干至恒重。称重得到生物量，干燥保存。

植物Ni含量：烘干后的植物样品粉碎过80目筛，参照DD 2005-03生态地球化学评价样品分析技术要求[12]，准确称取0.500g，采用HNO_3-H_2O_2微波消解体系消解，电感耦合等离子体发色光谱仪测定[13-14]，重复3次，取均值。

土样采用梅花形布点法采取5份/床，每份大于300g。烘干后充分研磨过80目筛。

土壤Ni含量：参照DZ/T 0279.3-2016区域地球化学样品分析方法[15]，准确称取1.000g土壤样品，采用HCl-HNO_3-HF-$HClO_4$微波消解体系消解，电感耦合等离子体发色光谱仪测定[11-12]，重复3次，取均值。

土壤pH：参照NY/T 1121.2-2006土壤检测[16]进行。

地上部或全株Ni富集系数=植物地上部或全株Ni含量/土壤Ni含量；

Ni转运系数=植物地上部Ni含量/根部Ni含量；

相对值=处理组测定值/对照组测定值；

耐受能力：用相对存活率和相对全株生物量的乘积判定；

净化功能：用全株Ni吸收总量的隶属度值评价，

全株Ni吸收总量=全株Ni含量×全株生物量；

景观功能：用相对地上部生物量和相对叶绿素含量的隶属度值判定；

综合功能：用净化隶属度值和景观隶属度值的平均值表示。

1.5 数据处理与分析

所得数据使用Microsoft Excel 2019和SPSS 25进行处理、统计分析和图表绘制。显著性分析采用Duncan多重比较法；植物功能比较应用模糊数学中的隶属函数法[17-18]。将每种植物各指标的隶属函数值进行累加，求平均值。

$$U_j = (X_i - X_{min})/(X_{max} - X_{min}) \quad (j = 1, 2, \cdots, n)$$

$$\overline{U} = \frac{1}{n}\sum_{j=1}^{n} U_j$$

式中，U为材料相关指标的隶属函数值，X_i为材料该指标值，X_{min}和X_{max}分别代表所有材料该指标的最小值和最大值。n为指标数量，U_j为第j个隶属函数值。

2 结果

2.1 Ni处理对植物生长的影响

7种花卉在不同土壤Ni含量下的存活率如表1所示。Ni污染影响植物生存，不同植物可耐受的Ni污染程度不同，浓度越高植物存活率越低。蛇目菊和红蓼在T1浓度下已无法生存；紫茉莉和孔雀草在T1浓度下存活率分别为0.2和0.4，在T2浓度以上无法生存；银边翠在T1和T2浓度下存活率分别为0.5和0.2，T3浓度时无法存活；而垂盆草和地肤在3种浓度Ni污染下均可以部分存活，存活率分别为0.3~0.9和0.5~0.8。

表1 不同土壤Ni含量下植物存活率
Table 1 Plant survival rate under different soil Ni contents

植物	土壤Ni含量			
	CK	T1	T2	T3
孔雀草	1	0.4	0	0
地肤	1	0.8	0.5	0.5
红蓼	1	0	0	0
垂盆草	1	0.9	0.7	0.3
蛇目菊	1	0	0	0
紫茉莉	1	0.2	0	0
银边翠	1	0.5	0.2	0

7种花卉在不同土壤Ni含量下各部位生物量如表2所示。Ni污染抑制植物各部位的生长，浓度越高抑制越显著。就全株和地上部而言，垂盆草、银边翠和

孔雀草全株和地上部生物量在T1浓度时已下降50%以上,而地肤在T3浓度下地上部和全株生物量也低于对照的50%。对于地下根系,紫茉莉和孔雀草地下部生物量在T1浓度时已低于对照的50%,垂盆草、地肤和银边翠地下部生物量在T2浓度时下降超过50%。

表2 不同土壤Ni含量下植物的生物量
Table 2　Biomass of plants under different soil Ni contents (g)

部位	植物	CK	T1	T2	T3
全株	孔雀草	64.69±3.33	12.09±0.62	—	—
	地肤	133.62±6.46a	115.46±3.06b	108.39±5.01b	50.08±3.10c
	红蓼	29.02±2.88	—	—	—
	垂盆草	6.63±0.12a	2.33±0.18b	1.56±0.11c	1.12±0.11d
	蛇目菊	19.33±1.97	—	—	—
	紫茉莉	54.65±5.309	46.35±1.72	—	—
	银边翠	21.66±3.87a	10.29±0.48b	6.24±0.11b	
地上部	孔雀草	61.37±3.24	11.36±0.53	—	—
	地肤	125.08±5.85a	110.4±2.93b	104.18±4.67b	48.25±2.94c
	红蓼	26.40±2.60	—	—	—
	垂盆草	5.86±0.11a	1.74±0.13b	1.23±0.09c	0.83±0.08d
	蛇目菊	13.46±1.37	—	—	—
	紫茉莉	38.72±3.77	42.01±1.62	—	—
	银边翠	19.91±3.36a	9.16±0.45b	5.64±0.08b	
地下部	孔雀草	3.32±0.09	0.73±0.09	—	—
	地肤	8.54±0.61a	5.06±0.13b	4.21±0.35c	1.83±0.16d
	红蓼	2.61±0.29	—	—	—
	垂盆草	0.77±0.01a	0.59±0.05b	0.33±0.02c	0.29±0.02c
	蛇目菊	5.87±0.60	—	—	—
	紫茉莉	15.93±1.62	4.34±0.11	—	—
	银边翠	1.75±0.52a	1.13±0.03b	0.60±0.02b	

注:大写字母表示相同处理不同植物间的差异显著($P<0.05$, $n=3$);小写字母表示同一植物不同处理下的差异显著($P<0.05$, $n=3$)。

以相对存活率和相对全株生物量的乘积指示植物对土壤Ni污染的耐受能力:T1浓度时,地肤>垂盆草>银边翠>紫茉莉>孔雀草>蛇目菊、红蓼;T2浓度时,地肤>垂盆草>银边翠>其他植物;T3浓度时,地肤>垂盆草>其他植物。总体上,地肤对Ni污染耐性最强,蛇目菊、红蓼最弱。

2.2 植物对土壤Ni的吸收

不同土壤Ni含量下,7种植物全株、地上部和地下根系Ni吸收含量均不同。所有种类及其各部分Ni吸收量均随土壤Ni含量升高而增加(表3)。就7种植物全株单位干重Ni吸收量看,CK组0.14~1.56mg/kg,T1组6.96~117.1mg/kg,T2组15.85~239.5mg/kg,T3组91.30~509.4mg/kg不等。地上部Ni含量,CK组0.13~1.61mg/kg,T1组6.37~123.1mg/kg,T2组31.44~216.0mg/kg,T3组93.06~597.8mg/kg不等。Ni污染对垂盆草和地肤Ni吸收促进作用最显著,T3浓度下,垂盆草地上部和全株Ni含量较CK组增加1000倍以上,地肤地上部和全株Ni含量较T1时增加了10倍以上。

表3 不同土壤Ni含量下植物Ni含量
Table 3　The Ni content of plants under different soil Ni content (mg/kg DW)

部位	植物	CK	T1	T2	T3
全株	孔雀草	1.56±0.04A	36.13±2.16C	—	—
	地肤	1.04±0.02cB	7.66±0.56cD	15.85±0.97bC	91.30±6.60a
	红蓼	0.83±0.02C	—	—	—
	垂盆草	0.44±0.02dD	117.1±6.94cA	239.5±12.47bA	509.4±16.69a
	蛇目菊	0.37±0.01E	—	—	—
	紫茉莉	0.20±0.01F	51.05±5.22B	—	—
	银边翠	0.14±0.02cG	6.96±1.37bD	30.90±3.10aB	
地上部	孔雀草	1.61±0.04A	37.04±2.20C	—	—
	地肤	1.06±0.02cB	7.69±0.56cD	15.90±0.97bC	93.06±6.73a
	红蓼	0.86±0.02C	—	—	—
	垂盆草	0.34±0.03dD	123.1±8.26cA	216.0±12.72bA	597.8±18.92a
	蛇目菊	0.33±0.02D	—	—	—
	紫茉莉	0.27±0.01E	54.91±5.44B	—	—
	银边翠	0.13±0.01cF	6.37±1.28bD	31.44±3.23aB	
地下部	孔雀草	0.79±0.05B	21.85±0.90B	—	—
	地肤	0.79±0.04bB	7.06±0.67cD	14.49±0.96bC	44.77±2.13a
	红蓼	0.56±0.02C	—	—	—
	垂盆草	1.19±0.03dA	99.18±3.39cA	327.2±11.88aA	256.7±6.85b
	蛇目菊	0.46±0.06D	—	—	—
	紫茉莉	0.05±0.02F	13.63±2.51C	—	—
	银边翠	0.20±0.03cE	11.8±2.08bC	25.81±2.08aB	

注:大写字母表示相同处理不同植物间的差异显著($P<0.05$, $n=3$);小写字母表示同一植物不同处理下的差异显著($P<0.05$, $n=3$)。

Ni污染下可存活的5种花卉Ni含量均与土壤Ni含量呈强正相关,相关系数都在0.79以上,表明植株体内Ni来源于土壤Ni(表4)。除了仅在T1浓度下存活的孔雀草和紫茉莉各部位Ni含量与土壤Ni含量极显著相关外,地肤和银边翠地下部以及垂盆草地上部和全株Ni含量与土壤Ni含量显著相关,相关系数均达到 0.97 以上。不同植物之间,同种植物地上部分和根系与土壤 Ni 相关系数不同,说明不同植物对 Ni 污染的响应存在差异。

表 4 植物 Ni 含量与土壤 Ni 含量的相关系数 (r)
Table 4 Correlation coefficients (r) of plant Ni content with soil Ni content

植物	部位 Part		
	地上部	地下部	全株
孔雀草	1.000**	1.000**	1.000**
地肤	0.925	0.971*	0.926
垂盆草	0.983*	0.787	0.998**
紫茉莉	1.000**	1.000**	1.000**
银边翠	0.94	0.998*	0.948

注：*和**分别标示在 5%和 1%水平(双侧)上显著相关.

2.3 植物 Ni 富集能力

植物体内吸收 Ni 含量与环境 Ni 含量密切相关。Ni 富集系数是植物 Ni 含量与土壤 Ni 含量的比值,反映植物在该土壤条件下对 Ni 的富集能力。也是富集植物和超富集植物筛选的重要指标。

不同土壤 Ni 含量下,7 种花卉 Ni 富集能力不同,且受土壤 Ni 浓度影响。按全株排序,CK 浓度:孔雀草>地肤>红蓼>垂盆草>蛇目菊>紫茉莉>银边翠;T1 浓度时,垂盆草>紫茉莉>孔雀草>地肤、银边翠;T2 浓度时,垂盆草>银边翠>地肤;T3 浓度时,垂盆草>地肤。按地上部富集能力排序与全株基本一致。

孔雀草、垂盆草、紫茉莉和银边翠在 Ni 污染处理下地上部和全株富集系数均>对照组,T3 浓度下地肤地上部和全株富集系数也>对照组(图 1)。植物富集系数与土壤 Ni 含量的相关分析显示(表5),5 种花卉地上部和全株富集系数均与土壤 Ni 含量极强正相关。表明这 5 种植物在响应土壤 Ni 污染浓度升高,提高 Ni 吸收量的同时,富集能力也随 Ni 污染浓度增大而增大。Ni 污染促进 5 种花卉的富集能力,T1 浓度尤其能激发垂盆草和紫茉莉对 Ni 的富集能力。

表 5 植物 Ni 富集系数与土壤 Ni 含量的相关系数 (r)
Table 5 Correlation coefficients (r) of soil Ni content and Ni bioaccumulation factors of plants

植物	部位	
	地上部	全株
孔雀草	1.000**	1.000**
地肤	0.816	0.818
垂盆草	0.886	0.833
紫茉莉	1.000**	1.000**
银边翠	0.977	0.986

注：**表示在 1%水平(双侧)上显著相关。

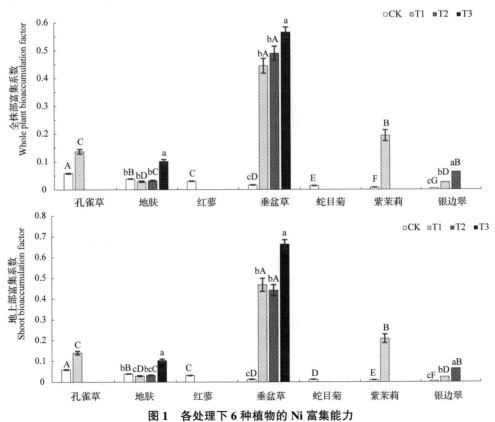

图 1 各处理下 6 种植物的 Ni 富集能力
Fig. 1 Ni accumulation ability of 6 plants under different treatments

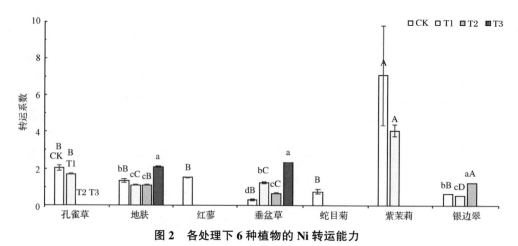

图2 各处理下6种植物的Ni转运能力
Fig. 2 Ni transportation capacity of six plants under different treatments

2.4 植物Ni转运能力比较

Ni转运系数是植物地上部Ni含量与地下部Ni含量的比值，反映植物将地下部吸收的Ni转运到地上部的能力。7种花卉在不同土壤Ni浓度下的转运系数如图2所示。除T1浓度下的银边翠和T2浓度下的垂盆草外，其他Ni污染处理下的植物转运系数均>1，即植物地上部富集量超过地下根系。

垂盆草在Ni污染下的转运能力高于对照组，银边翠和地肤分别在T2、T3浓度下转运能力也高于对照组，这3种花卉转运能力与土壤Ni含量呈强正相关（表6），而孔雀草、紫茉莉转运能力随土壤Ni污染浓度升高而下降。

表6 植物Ni转运能力与土壤Ni含量的相关系数（r）
Table 6 Correlation coefficients (r) of soil Ni content and Ni translocation factors of plants

植物	孔雀草	地肤	垂盆草	紫茉莉	银边翠
r	−1.000**	0.721	0.863	−1.000**	0.773

注：**表示在1%水平（双侧）上显著相关。

2.5 植物功能比较

植物最终净化环境能力与其自身生物量密切相关。从兼顾景观和去除重金属功能角度，采用全株Ni吸收总量指示净化功能，为全株单位Ni含量与全株生物量的乘积，代表植物对土壤Ni污染的净化能力；7种植物中地肤和垂盆草属于观叶类型，其他5种植物在试验期间均开花正常，因此景观功能用相对地上部生物量和相对叶绿素含量综合评价，代表植物在Ni污染下的景观效果，由于存在植物种间的景观天然差异，因此采用不同处理组与CK组的相对值。不同土壤Ni含量下7种植物地上部生物量和叶绿素含量分别见表2和表7，植物生长状态见图3。

表7 不同土壤Ni含量下植物叶绿素含量
Table 7 Chlorophyll content of plants under different soil Ni contents (mg/g FW)

植物	土壤Ni含量（mg/kg）			
	CK	T1	T2	T3
孔雀草	3.11±0.27	2.8±0.18	—	—
地肤	1.26±0.1b	1.62±0.02a	1.61±0.03a	1.53±0.05a
红蓼	3.45±0.03	—	—	—
垂盆草	0.62±0.14a	0.54±0.07ab	0.51±0.04ab	0.34±0.11b
蛇目菊	1.67±0.04	—	—	—
紫茉莉	2.12±0.06	2.08±0.01	—	—
银边翠	2.05±0.09a	1.9±0.08a	1.52±0.1b	

注：小写字母表示同一植物不同处理下的差异显著（$P<0.05$，$n=3$）。

以污染组地上部生物量或叶绿素含量较CK组下降50%视为景观效果严重下降，由表2和表7可知，T1浓度下，孔雀草、地肤和紫茉莉景观效果良好；T2浓度下，只有地肤景观效果良好。

由表8可知，T1浓度Ni污染时紫茉莉净化功能最佳，T2、T3浓度Ni污染时地肤净化功能最佳。Ni污染下地肤景观效果最佳。因此，兼顾净化与景观功能，T1浓度时紫茉莉综合功能最好，地肤次之；T2和T3浓度时地肤综合功能最好。

图 3 不同土壤 Ni 含量下植物的生长状态
Fig. 3 Growth state of species under different soil Ni content
从左至右依次为 CK, T1, T2, T3

表 8 Ni 污染处理下植物功能比较
Table 8 Comparison of plant functions under Ni pollution treatment

植物名	净化指数隶属度值			观赏指数隶属度值			平均隶属度值		
	T1	T2	T3	T1	T2	T3	T1	T2	T3
孔雀草	0.18	0.00	0.00	0.44	0.00	0.00	0.31	0.00	0.00
地肤	0.37	1.00	1.00	0.91	1.00	1.00	0.64	1.00	1.00
红蓼	0.00			0.00			0.00		
垂盆草	0.12	0.22	0.12	0.48	0.45	0.41	0.30	0.33	0.27
蛇目菊	0.00			0.00			0.00		
紫茉莉	1.00			0.88			0.94		
银边翠	0.03	0.11	0.00	0.57	0.46	0.00	0.30	0.29	0.00

3 讨论

Ni 超富集植物需满足 4 个要求：①能够忍受较高浓度重金属毒害；②植物地上部重金属含量达到一定量，即 1000mg/kg[19]；③植物地上部重金属含量>地下部，即转运系数系数>1；④在非污染或中等污染的土壤上也能富集重金属，其地上部含量>土壤含量，即地上部富集系数>1[20-21]。本研究中所有种类在 Ni 污染下地上部富集系数均<1，因此 7 种花卉均不属于 Ni 富集植物。但在 Ni 污染下可存活的 5 种花卉——孔雀草、地肤、垂盆草、紫茉莉和银边翠在一定的 Ni 污染下转运系数>1，说明这些植物对 Ni 具有较好的转运能力，能够将 Ni 从根部大量转移至地上部分，而一年生花卉往往根冠比较小，这将大幅增加植物全株的 Ni 吸收总量，促进其对土壤 Ni 的净化。

研究超富集植物时，通常以植物地上部对重金属的富集能力体现其生态修复价值。本研究中，3 个污染浓度下都以垂盆草的 Ni 富集能力最强；但结合生物量，T1 浓度下紫茉莉净化功能最佳，T2、T3 浓度下以地肤净化功能最佳。因此，在实际应用，尤其是园林应用中，植物自身生物量和景观维持程度不容忽视。

4 结论

Ni 污染影响植物生存和生长，浓度越高抑制越显著。Ni 污染下可存活植物的耐受能力：土壤 Ni 含量 264mg/kg 时，地肤>垂盆草>银边翠>紫茉莉>孔雀草；土壤 Ni 含量 489mg/kg 时，地肤>垂盆草>银边翠；土壤 Ni 含量 902mg/kg 时，地肤>垂盆草。总体上，地肤对 Ni 污染耐性最强，蛇目菊、红蓼最弱。

Ni 污染下可存活的上述 5 种花卉对 Ni 的吸收均随土壤 Ni 含量升高而增加，但均不属于 Ni 富集植物。Ni 污染促进这 5 种花卉的富集能力，其中垂盆草富集能力最强，264mg/kg Ni 污染能激发垂盆草和紫茉莉的富集能力。5 种花卉均能在一定的 Ni 污染下达到转运系数>1，Ni 在这些植物体内容易向上转移。

土壤 Ni 含量低于 264mg/kg 时，孔雀草、地肤和紫茉莉能维持良好景观；土壤 Ni 含量达到 489mg/kg 时，只有地肤能维持较好景观。Ni 污染下地肤景观效果最佳。264mg/kg Ni 污染下紫茉莉净化功能最佳，489~902mg/kg Ni 污染下地肤净化功能最佳。兼顾景观与净化功能，264mg/kg Ni 污染下紫茉莉综合功能最好，地肤次之；489~902mg/kg Ni 污染下地肤综合功能最好。

参考文献

[1] 全国土壤污染状况调查公报[J]. 中国环保产业, 2014, (5): 10-11.

[2] 中华人民共和国住房和城乡建设部. CJ/T 340-2016 绿化种植土壤[S]. 北京: 中国标准出版社, 2019.

[3] 轩书堂. 北京市二环路两侧土壤重金属污染状况调查[D]. 北京: 北京理工大学, 2015.

[4] 王鹏. 北京某公路两侧土壤重金属污染现状及风险评价研究[D]. 北京: 北京建筑大学, 2014.

[5] Lasat M M. Phytoextraction of toxic metals[J]. Journal of Environmental Quality, 2002, 31(1): 109-120.

[6] 冯子龙. 玉米与香根草、伴矿景天间作对重金属Cd、Pb污染土壤的修复研究[D]. 温州: 温州大学, 2017.

[7] Jaffré T, Reeves R D, Baker A J M, et al. The discovery of nickel hyper accumulation in the New Caledonian tree *Pycnandra acuminata* 40 years on: An introduction to a Virtual Issue[J]. New Phytologist, 2018, 218(2): 397-400.

[8] Reeves R D, Baker A J M, Jaffré T, et al. A global database for plants that hyper accumulate metal and metalloid trace elements[J]. New Phytologist, 2017, 218(2): 407-411.

[9] 王丙烁, 黄益宗, 王农, 等. 镍污染土壤修复技术研究进展[J]. 农业环境科学学报, 2018, 37(11): 2392-2402.

[10] 张学洪, 陈俊, 王敦球, 等. 李氏禾对镍的富集特征[J]. 桂林工学院学报, 2008, (1): 98-101.

[11] 陈伟. 重金属胁迫对草坪草生长发育及生理特性的影响[D]. 兰州: 甘肃农业大学, 2014.

[12] 中国地质调查局. DD 2005-03 生态地球化学评价样品分析技术要求[S].

[13] 唐敏, 张欣, 王美仙. 北京37种园林植物对4种重金属的富集力及其分级评价研究[J]. 西北林学院学报, 2019, 34(5): 263-268.

[14] 兰欣宇, 程佳雪, 万映伶, 等. 北京地区8种园林树木的叶片和枝条重金属含量比较[J]. 中国园林, 2019, 35(9): 124-128.

[15] 中华人民共和国国土资源部. DZ/T 0279.3-2016 区域地球化学样品分析方法 第3部分: 钡、铍、铋等15个元素量测定 电感耦合等离子体质谱法[S]. 北京: 中国标准出版社, 2016.

[16] 中华人民共和国农业部. NY/T 1121.2-2006 土壤检测. 第2部分: 土壤pH的测定[S].

[17] 张黛静, 刘雪晴, 刘安琪, 等. 小麦耐Cu性综合评价及其谷胱甘肽相关酶活性差异研究[J]. 生态环境学报, 2018, 27(1): 150-157.

[18] 程佳雪, 巫丽华, 任瑞芬, 等. 北京园林绿地6种树木的叶片和一年生枝中5种重金属含量比较[J]. 中国园林, 2020, 36(11): 139-144.

[19] Baker A J M, Brooks R R, Pease A J, et al. Studies on copper and cobalt tolerance in three closely related taxa within the genus *Silene* L. (Caryophyllaceae) from Zaïre[J]. Plant and Soil, 1983, 73(3): 377-385.

[20] 陈英旭. 土壤重金属的植物污染化学[D]. 北京: 科学出版社, 2008: 43.

[21] Brown S L, Chaney R L, Angle J S, et al. Zinc and cadmium uptake by hyperaccumulator *Thlaspi caerulescens* and metal tolerant *Silene vulgaris* grown on sludge-amended soils[J]. Environmental Science & Technology, 1995, 29(6): 1581-1585.

不同浓度 Cu^{2+} 对百日菊种子萌发及响应的研究

刘翰升[1]　赵春莉[2,*]　黄靖[2]　李源恒[2]　汤昊[2]

（[1]吉林农业大学资源与环境学院学院，长春 130118；[2]吉林农业大学园艺学院，长春 130118）

摘要　探讨 Cu^{2+} 胁迫下百日菊种子耐受能力及致死浓度，为选择铜富集植物及重金属污染土壤的植物修复提供理论依据。采用水培试验，研究不同浓度 Cu^{2+}（0、150、600、900、1200、1800、2400、3000mg/L）胁迫下对百日菊种子萌发、幼苗生长及生理的影响。结果表明：Cu^{2+} 浓度在 600mg/L 时百日菊的发芽率、发芽势、发芽指数、活力指数、茎长最高；对照组的根长、根表面积、根体积最大，Cu^{2+} 浓度 3000mg/L 时表现为完全抑制。随着 Cu^{2+} 浓度的增加可溶性蛋白含量先升高后降低，POD 活性先增强后减弱，SOD 活性持续增强。百日菊抵抗铜胁迫生理机制 SOD 起主导作用；600mg/L 以下 Cu^{2+} 可以促进百日菊的种子萌发以及地上部分的生长，600mg/L 以上 Cu^{2+} 浓度则会对百日菊生长产生抑制作用；最高能耐受 2400mg/L 的 Cu^{2+} 胁迫，具有较强的抗铜胁迫的能力。

关键词　百日菊；Cu^{2+} 胁迫；生长指标；生理指标

Study on Different Concentrations of Cu^{2+} on the Seeds Germination and Response of *Zinnia elegans*

LIU Han-sheng[1]　ZHAO Chun-li[2,*]　HUANG Jing[2]　LI Yuan-heng[2]　TANG Hao[2]

（[1]*School of Resources and Environment, Jilin Agricultural University, Changchun 130118, China;*
[2]*School of Horticulture, Jilin Agricultural University, Changchun 130118, China*）

Abstract　To explore the tolerance and lethal concentration of *Zinnia elegans* seeds under copper stress, and provide a theoretical basis for the selection of copper-enriched plants and phytoremediation of heavy metal contaminated soil. Hydroponics experiments were carried out to study the effects of different concentrations of Cu^{2+} (0, 150, 600, 900, 1200, 1800, 2400, 3000mg/L) on the seed germination, seedling growth and physiology of *Zinnia elegans*. The results show: When the Cu^{2+} concentration was 600mg/L, the germination rate, germination potential, germination index, vigor index and stem length of Zinnia were the highest. The root length, root surface area and root volume of the control group were the largest. Cu^{2+} concentration of 3000mg/L showed complete inhibition. With the increase of Cu^{2+} concentration, the soluble protein content increased first and then decreased, POD activity increased first and then decreased, and SOD activity continued to increase. The physiological mechanism of *Zinnia elegans* against copper stress plays a leading role. The concentration of Cu^{2+} below 600mg/L can promote the seed germination and the growth of aboveground parts of *Zinnia elegans*. The concentration of Cu^{2+} above 600mg/L can inhibit the growth of *Zinnia elegans*. *Zinnia elegans* can withstand up to 2400mg/L of Cu^{2+} stress and has strong resistance to copper stress.

Key words　*Zinnia elegans*; Cu^{2+} stress; Growth index; Physiological index

随着工业及经济的快速发展，重金属污染问题日益严重，大量研究表明土壤中重金属的积累对植物的生长产生严重影响（张凯凯 等，2016；刘春生 等，2000；赵景龙 等，2016）。水土重金属污染是比较突出的污染问题，我国的种植土壤污染物的超标率为19.4%，北方的重金属污染比南方情况更严重（赵其

1　基金项目：吉林省科技发展计划项目（编号 20190303078SF）。
第一作者简介：第一作者简介：刘翰升（1994-），男，博士研究生，主要从事重金属污染抗性植物筛选与微生物、植物协同修复技术等研究，E-mail：604171193@qq.com。
*　通讯作者：赵春莉，职称：副教授，主要从事园林植物生物技术及资源等研究，E-mail：zcl8368@163.com。

国和骆永明,2015),每年所损失的人民币高达200亿元(徐建明 等,2018)。铜是植物生长和发育所必需的元素,铜离子适量时对植物的生长发育和生理代谢有着促进的作用,但当铜含量过量时就会对植物产生毒害作用,随着重金属浓度的增加而变得越来越明显,不仅会影响种子萌发,还会抑制植物生长,一般表现为植株矮小、生长缓慢、生物量减少等,严重时不开花、不结果,甚至死亡(陶玲 等,2007;汪洪和金继运,2009)。

百日菊(*Zinnia elegans*)为菊科(Compositae)百日菊属(*Zinnia*)一年生草本观赏植物,在我国各地均有种植,研究铜胁迫下百日菊种子萌发幼苗生长生理的状态,了解其耐受能力及致死浓度,对修复铜污染土壤有重要的理论和实践意义。目前用于植物修复的观赏植物在重金属胁迫影响方面研究较少,难以为城市园林绿化提供参考依据,直接播种相较于成株移栽具有低成本、绿化周期长、易打理等优势,本试验以模拟直接播种的方式,研究不同浓度铜对百日菊种子萌发与幼苗生长的影响,旨在为铜污染地区土壤修复提供理论依据。

1 材料与方法

1.1 试验材料

试验材料为购买自吉林省长春市绿友园林公司的百日菊种子。

1.2 试验方法

依据中华人民共和国国家土壤环境质量标准(GB36600-2018和GB15618-2018)以及预试验所得结果,设置Cu^{2+}浓度为0(CK)、150、600、900、1200、1800、2400、3000mg/L,处理分别设置为A_1、A_2、A_3、A_4、A_5、A_6、A_7、A_8。Cu^{2+}供源由分析纯$CuSO_4$配制,以溶液的形式加入,模拟土壤重金属污染。在超净工作台内,每份试材选取50粒籽粒饱满、大小均一的种子,整齐摆放在垫有双层滤纸已灭菌的PC培养皿中,每个培养皿中添加8ml不同浓度Cu^{2+}溶液,以无菌水为对照,进行单因素试验,不再补充额外Cu^{2+}溶液。试验在模拟最优自然生长环境的人工气候箱中进行,温度设置为(19±4)℃,相对湿度设置为50%~90%,光照设置为0~6000lx,24h暗处理后,培养7d,3次重复。

1.3 测定与分析方法

1.3.1 生长指标

每隔24h记录一次种子的萌发数(以胚根露出种皮2mm作为发芽标准),计算种子发芽势、发芽率、发芽指数、活力指数、芽长抑制指数(刘翰升 等,2020)。待发芽终期结束后,选取各浓度平均长势茎与根,利用EPSON Expression 11000XL进行形态扫描,采用WinRHIZO 2016根系测量分析软件测定幼芽茎长、根长、根表面积、根体积。

1.3.2 生理指标

百日菊幼苗中可溶性蛋白质含量采用考马斯亮蓝G-250染色法测定;MDA含量采用硫代巴比妥酸法;POD活性用愈创木酚法测定;SOD活性的测定采用NBT光还原法(刘翰升 等,2020)。

1.4 数据处理

采用SPSS 20.0、Word 2013对数据进行Duncan新复极差法显著性分析、数据整理与制作图表。

2 结果与分析

2.1 铜胁迫对百日菊种子萌发的影响

不同Cu^{2+}浓度对百日菊种子萌发情况的影响见表1。百日菊种子的发芽率随着Cu^{2+}浓度的升高呈现出先上升后下降的趋势,在处理A_3发芽率是最高,较A_1提高了6.59%,处理A_5与A_1相比百日菊种子的发芽率开始显著性降低;发芽势随着Cu^{2+}浓度的增高先增加后降低,处理A_2、A_3与处理A_1相比增加了2.46%、7.41%,A_4、A_5、A_6、A_7与A_1相比差异极显著;发芽指数随着Cu^{2+}浓度的增加先上升后下降,处理A_3发芽指数最高,比对照组提高了10.38%,处理A_5、A_6、A_7与A_1相比差异极显著;活力指数随着

表1 铜胁迫对百日菊种子萌发的影响

Table 1 Effect of copper ion stress on seed germination of *Zinnia elegans*

处理 Treatment	发芽率 Germination rate	发芽势 Germination	发芽指数 Germination index	活力指数 Vitality index
A_1	60.66±3.05ABa	54.00±2.00ABab	19.65±1.57Aab	153.22±13.04Aa
A_2	62.00±6.00Aa	55.33±3.05ABa	20.17±1.28Aab	129.40±5.54Bb
A_3	64.66±5.03Aa	58.00±5.29Aa	21.69±2.74Aa	145.77±16.01ABa
A_4	57.33±1.15ABab	49.33±1.15Bbc	18.34±1.93ABbc	93.97±12.07Cc
A_5	51.333±1.15BCbc	44.66±1.15Cc	15.67±1.38BCcd	70.20±5.44Dd
A_6	45.33±4.167Cc	35.33±2.30Dd	13.28±1.45Cd	30.54±1.52Ee
A_7	25.33±6.11Dd	22.66±5.03Ee	8.20±0.52De	10.88±0.46EFf
A_8	0.00±0.00Ee	0.00±0.00Ff	0.00±0.00Ef	0.00±0.00Ff

注:表中数据为平均值±标准差;不同大写字母表示极显著性差异($P<0.01$),不同小写字母表示显著性差异($P<0.05$),下同。

Note: The data in the table are mean value ± standard deviation; after the same column of data, different capital letters show significant difference ($P<0.01$), and different small letters show significant difference ($P<0.05$), the same below.

Cu²⁺浓度的增加先下降后上升在下降,处理A_2、A_4、A_5、A_6、A_7与A_1相比差异显著；处理A_8发芽率、发芽势、发芽指数、活力指数均为0。

2.2 铜胁迫对百日菊幼苗生长的影响

不同Cu²⁺浓度对百日菊幼苗情况的影响见表2。茎长随着Cu²⁺的增加先极显著升高后极显著降低,处理A_4、A_5差异不显著,处理A_2、A_3比A_1增加了10.63、29.90%,处理A_4、A_5、A_6、A_7、A_8与A_1相比降低10.96%、15.95%、44.52%、76.08%、100%；芽长抑制指数随着Cu²⁺浓度的升高呈现出先降低后升高的趋势,处理A_3芽长抑制指数最小比A_1减少了30.36%,处理A_8表现为芽长完全抑制。根长随着Cu²⁺浓度的增加逐渐降低,A_2、A_3处理无显著差异,A_6、A_7处理无显著差异,各处理与A_1相比分别降低30.58%、36.16%、48.21%、61.38%、84.38%、89.73%、100%；根长抑制指数随着Cu²⁺浓度升高先显著增加后趋于稳定,处理A_6、A_7差异不显著,处理A_8表现为完全抑制。根表面积随着Cu²⁺浓度的增加而先显著降低后趋于稳定,处理A_5、A_6、A_7差异不显著,各处理与A_1相比分别降低31.71%、57.32%、68.29%、85.37%、91.46%、100%；根体积随着Cu²⁺浓度的增加而先显著降低后趋于稳定,各处理与A_1相比分别降低20.51%、62.82%、66.67%、75.64%、84.62%、89.74%、100%。

表2 重金属铜对百日菊生长的影响
Table 2 Effect of copper ion stress on the growth of *Zinnia elegans* seedlings

处理 Treatment	芽长抑制指数 Bud length inhibition index	茎长 Stem length (cm)	根长抑制指数 Root length inhibition index	根长 Root length (cm)	根表面积 Root surface area (cm²)	根体积 Root volume (mm³)
A_1	0.00±0.00EFe	3.01±0.11Cc	0.00±0.00Fg	4.48±0.44Aa	0.82±0.10Aa	15.60±3.84Aa
A_2	-11.06±11.77Ff	3.33±0.28Bb	26.70±8.67Ef	3.11±0.18Bb	0.56±0.09Bb	12.40±4.50Ab
A_3	-30.36±8.85Gg	3.91±0.19Aa	55.07±7.18De	2.86±0.11Bb	0.35±0.02Cc	5.80±1.92Bc
A_4	10.91±3.13DEd	2.68±0.15Dd	69.03±3.77Cd	2.32±0.15Cc	0.26±0.04Cd	5.20±1.78Bcd
A_5	15.51±7.03Dd	2.53±0.15Dd	86.28±3.08Bc	1.73±0.23Dd	0.12±0.01De	3.80±0.44BCcde
A_6	44.33±9.21Cc	1.67±0.23Ee	93.88±0.92Ab	0.70±0.08Ee	0.09±0.00De	2.40±0.54BCdef
A_7	75.84±5.01Bb	0.72±0.14Ff	96.07±0.27Aab	0.46±0.09Ee	0.07±0.00DEe	1.60±0.54BCef
A_8	100.00±0.00Aa	0.00±0.00Gg	100.00±0.00Aa	0.00±0.00Ff	0.00±0.00Ef	0.00±0.00Cf

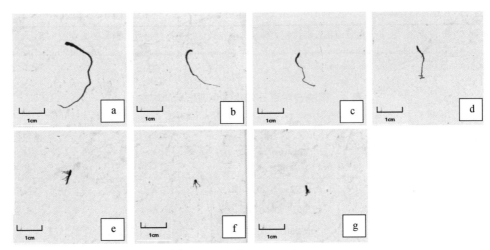

图1 不同质量浓度(a-g分别为0、150、600、900、1200、1800、2400 mg/L)铜胁迫下百日菊根系生长状态
Fig. 1 Growth status of *Zinnia elegans* roots under different mass concentration(a-g is 0mg/L, 150mg/L, 600mg/L, 900mg/L, 1200mg/L, 1800mg/L, 2400mg/L) of Cu stress

2.3 铜胁迫对百日菊植物萌发和幼苗芽根生长的浓度阈值影响

表3所示，百日菊植物种子萌发（A）的临界质量浓度均明显高于幼苗生长（B-D）的重金属质量浓度，百日菊植物种子萌发（A）的极限质量浓度与百日菊植物种子根长（B）的极限质量浓度差别不大，但两者均明显高于其他根系指标（C-D）的浓度，说明百日菊种子可以忍受较高质量浓度的铜胁迫，其幼苗能忍受质量浓度更高的铜胁迫，并且极限质量浓度状态下幼苗芽茎的耐受性强于幼苗根系。百日菊幼苗根系指标根长的临界质量浓度较高，与根表面积、根体积的临界质量浓度相比分别高出98.74%和94.68%；根长的极限质量浓度较高，与根表面积、根体积的极限质量浓度相比分别高出52.08%和60.05%。

2.4 铜胁迫对百日菊幼苗生理的影响

不同Cu^{2+}浓度对百日菊幼苗生理的影响见表4。

百日菊幼苗可溶性蛋白含量随着Cu^{2+}浓度的增加，开始表现为极显著显著上升，处理A_2、A_3、A_4与A_1相比，极显著升高了11.07%、14.62%、3.16%，处理A_5与A_1无显著差异，处理A_6、A_7与A_1相比极显著降低了5.53%、17.00%。MDA含量随着Cu^{2+}浓度的增加呈现出先下降后上升的趋势，A_3处理MDA含量是最低的，与A_1处理相比显著下降了30.99%，A_7处理MDA含量最高，与A_1处理相比增加了8.45%。POD活性随着Cu^{2+}浓度的增加表现为先降低后上升再降低趋势，在处理A_2与A_1相比极显著降低22.85%，A_5处理POD活性最高，比A_1极显著增加了153.75%。SOD活性随着Cu^{2+}浓度的增加而显著升高，处理A_2、A_3差异不显著，A_7处理SOD活性最强，与A_1处理相比极显著增加了270.77%。

表3 百日菊萌发和幼苗生长与铜胁迫浓度之间的关系
Table 3 Relationship between germination and seedling growth of *Zinnia elegans* and copper stress concentration

Cu处理 CuTreatment	回归方程 Regression equation	P值 Pvalue	R值 Correlation coefficient R	临界质量浓度 Critical mass concentration（mg/L）	极限质量浓度 Ultimate mass concentration（mg/L）
百日菊 *Zinnia elegans*	A：y=-0.020x+70.453	<0.01	0.924	2006.150	3522.650
	B：y=-0.001x+3.683	<0.01	0.951	1443.000	3683.000
	C：y=-0.000230x+0.577	<0.01	0.862	726.087	2421.739
	D：y=-0.005x+11.506	<0.01	0.821	741.200	2301.200
	E：y=0.039x-23.401	<0.01	0.928	650.026	3164.128
	F：y=0.031x+17.577	<0.01	0.954	1045.903	2658.806

注：表中A-F依次为：发芽率、根长、根表面积、根体积、芽长抑制指数、根长抑制指数与铜离子浓度的关系。

Note: The order of A-F in the table is: germination rate, root length, root surface area, root volume, bud length inhibition index, root length inhibition index and the relationship between copper ion concentration.

表4 铜胁迫对百日菊幼苗生理指标的影响
Table 4 Effects of copper stress on physiological indexes of *Zinnia elegans* seedlings

Cu处理 Cu Treatment	可溶性蛋白（mg/g） Soluable Protein	丙二醛（μmol/g） MDA	过氧化物酶（u/g） POD	超氧化物歧化酶（u/g） SOD
A_1	2.53±0.02CDd	0.0072±0.0002ABab	977.33±16.65Ee	257.52±24.23Ef
A_2	2.81±0.04Bb	0.0053±0.0013Ccd	754.00±5.29Gg	326.86±2.29De
A_3	2.90±0.04Aa	0.0050±0.0005Cd	805.33±4.16Ff	331.43±2.29De
A_4	2.61±0.01Cc	0.0063±0.0003ABCbc	1488.67±13.01Dd	665.90±8.65Cd
A_5	2.50±0.03Dd	0.0060±0.0002BCcd	2480.00±8.72Aa	687.24±6.98Cc
A_6	2.39±0.08Ee	0.0074±0.0007ABab	2338.67±29.14Bb	921.14±9.14Bb
A_7	2.10±0.01Ff	0.0077±0.0006Aa	2236.00±41.33Cc	954.81±16.95Aa
A_8	0.00±0.00Gg	0.00±0.00De	0.00±0.00Hh	0.00±0.00Fg

3 讨论与结论

Cu 是植物生长发育的必需营养元素，但当浓度超过了植物能够承受的范围之后就会对植物产生毒害作用。本试验研究发现 Cu^{2+} 浓度小于 600mg/L 百日菊种子的萌发起到促进作用，大于 600mg/L 时受到抑制作用，达到 3000mg/L 时表现为完全抑制，这与张刚、田如男等提出的种子发芽率、发芽势随着 Cu^{2+} 浓度升高表现出先升高后降低的趋势相一致（张刚 等，2019；田如男 等，2011）。Cu^{2+} 浓度小于 600mg/L 时芽长抑制指数为负值，表现为促进生长，随着 Cu^{2+} 浓度的增加逐渐转为抑制；根长抑制指数均为正值变现为抑制生长，并随着 Cu^{2+} 浓度升高逐渐强烈，这与陆干等提出低浓度铜胁迫能够促进玉米植株的生长发育和根的伸长，而高浓度铜胁迫下会抑制玉米生长和根的伸长有所不同，这应该是植物自身差异导致的不同（陆干 等，2017）。

重金属胁迫不仅影响植物的生长发育，且对植物生理代谢中抗氧化酶系统以及部分生物大分子产生严重的影响（Kupper H *et al.*，1996；Kalaji HM and Loboda T，2007；张金彪和黄维南，2007）。研究结果显示，随着 Cu^{2+} 浓度的增加可溶性蛋白含量呈现先升高后降低的趋势，这与杜晓等提出的地中海荚蒾中的可溶性蛋白含量随着 Cd^{2+} 胁迫的增加先上升后下降的趋势相一致（杜晓和申晓辉，2010）。随着 Cu^{2+} 浓度的增加 POD 活性先降低后升高，这与王娅玲等提出的 Cu 胁迫下茶树幼苗 POD 活性先升高后降低有不同，这可能是植物受 Cu 胁迫程度的不同，或者是植物材料自身的抗氧化系统中起主导作用的因子不一致导致的（王娅玲 等，2016），还有试验表明小麦、黄豆幼苗中的过氧化物酶的含量随着 Cu 浓度的增加而上升（张国军 等，2004），与本试验结果相似。SOD 活性随着 Cu^{2+} 浓度的增加不断增强，这与朱惠敏等人提出的绿豆种子在 50mg/L Cu^{2+} 胁迫下 SOD 活性最高有不同（朱惠敏 等 2017），这应该是百日菊种子对于 Cu 胁迫有着较高耐受性的原因，且 SOD 活性随着 Cu^{2+} 浓度高于最适浓度的情况下仍不断增强，说明百日菊抵抗铜胁迫生理机制 SOD 起主导作用。

百日菊是一种可用于较高浓度铜污染地区土壤植物修复的潜在材料，在低浓度 Cu^{2+} 胁迫对百日菊生长有一定的刺激与促进作用的，Cu^{2+} 浓度在 600mg/L 时百日菊生长状态最佳，在更高浓度 Cu^{2+} 胁迫下，百日菊种子也表现出了较强的耐性，百日菊能在 Cu 污染土壤修复中发挥积极作用，建议因地制宜地积极采用。

参考文献

杜晓，申晓辉，2010. 镉胁迫对珊瑚树和地中海荚蒾生理生化指标的影响[J]. 生态学杂志，29(5)：899-904.

刘春生，史衍玺，马丽，等，2000. 过量铜对苹果树生长及代谢的影响[J]. 植物营养与肥料学报(4)：451-456，480.

刘翰升，赵春莉，刘玥，等，2020. Cd 胁迫对波斯菊种子萌发、幼苗耐性及富集的影响[J]. 河南农业科学，49(5)：126-133.

陆干，李磊明，陶祥运，等，2017. Pb、Cu 胁迫对玉米（*Zea mays* L.）生长、细胞色素合成以及重金属吸收特性的影响[J]. 安徽农业大学学报，44(5)：905-911.

陶玲，任珺，祝广华，等，2007. 重金属对植物种子萌发的影响研究进展[J]. 农业环境科学学报(S1)：52-57.

田如男，于双，王守攻，2011. 铜、镉胁迫下获种子的萌发和幼苗生长[J]. 生态环境学报，20(Z2)：1332-1337.

汪洪，金继运，2009. 植物对锌吸收运输及积累的生理与分子机制[J]. 植物营养与肥料学报，15(1)：225-235.

王娅玲，李维峰，马巾媛，等，2016. Cu 胁迫对大叶种茶树幼苗生理特征的影响[J]. 云南农业大学学报(自然科学)，31(2)：368-371.

徐建明，孟俊，刘杏梅，等，2018. 我国农田土壤重金属污染防治与粮食安全保障[J]. 中国科学院院刊，33(2)：153-159.

张刚，翁悦，李德香，等，2019. 铜胁迫对黑麦草种子萌发及幼苗生理生态的影响[J]. 东北师大学报(自然科学版)，51(1)：119-124.

张国军，邱栋梁，刘星辉，2004. Cu 对植物毒害研究进展[J]. 福建农业大学学报(3)：289-294.

张金彪，黄维南，2007. 镉胁迫对草莓光合的影响[J]. 应用生态学报(7)：1673-1676.

张凯凯，陈兴银，杨鹏，等，2016. 不同浓度镉胁迫对孔雀草 DNA 甲基化的影响[J]. 草业科学，33(9)：1673-1680.

赵景龙，张帆，万雪琴，等，2016. 早开堇菜对镉污染的耐性及其富集特征[J]. 草业科学，33(1)：54-60.

赵其国，骆永明，2015. 论我国土壤保护宏观战略[J]. 中国科学院院刊，30(4)：452-458.

朱惠敏，梁靖，吴宇东，等，2017. 铜胁迫对绿豆幼苗生理指标的影响[J]. 安徽农业科学，45(27)：31-32，54.

Kalaji HM, Loboda T, 2007. Photosystem II of barley seedlings under cadmium and lead stress [J]. Plant Soil Environ, 53(12)：511-516.

Kupper H, Kupper H, Spoller M. 1996. Environmental relevance of heavy metal substituted chlorophylls using the example of water plants [J]. J Exp Bot, 47：259-266.

矮壮素对永福报春苣苔生理特性的影响

何栋[1] 姚晓妍[2] 史莹莹[1] 李悦雅[1] 陈简村[1] 罗乐[1,*]

([1]花卉种质创新与分子育种北京市重点实验室，国家花卉工程技术研究中心，城乡生态环境北京实验室，园林环境教育部工程研究中心，林木花卉遗传育种教育部重点实验室，园林学院，北京林业大学，北京 100083；[2]西藏自治区林业调查规划研究院，拉萨 850000)

摘要 为探究不同浓度的矮壮素(CCC)对永福报春苣苔生理特性的影响，为优化栽培方法提供依据，该研究以两年生永福报春苣苔扦插苗为材料，使用不同浓度梯度的CCC进行灌根和叶喷处理，测定叶片可溶性蛋白质、可溶性糖含量、过氧化物酶(POD)、超氧化物歧化酶(SOD)、过氧化氢酶(CAT)活性和内源激素的变化。结果表明：随着浓度的增高，植物叶片内可溶性糖和可溶性蛋白含量呈先上升后下降的趋势，最终含量均高于对照；3种抗氧化活性酶中除SOD活性提升不显著，POD活性和CAT活性都有先增强后减弱的趋势，但最终含量均高于对照；叶片内源激素IAA和ZR含量与对照相同，呈先上升后下降的趋势；ABA含量与对照不同，一直呈上升趋势；GA含量与对照都呈现出先下降后上升再下降的趋势，但最终含量低于对照。灌根处理比叶喷处理稍优，400mg/L处理效果最好，相较对照组可溶性糖平均增加约17.3%，可溶性蛋白平均增加1.64%。叶片内POD活性、CAT活性均达到CK组的两倍，内源激素变化最显著。综合认为，400mg/L矮壮素根灌处理对永福报春苣苔的矮化和抗性加强能起到较好的促进作用。

关键词 永福报春苣苔；矮壮素；可溶性蛋白；可溶性糖；酶活性

Effects of CCC on Physiological Characteristics of *Primulina yungfuensis*

HE Dong[1] YAO Xiao-yan[2] SHI Ying-ying[1] LI Yue-ya[1] CHEN Jian-cun[1] LUO Le[1,*]

([1]*Beijing Key Laboratory of Ornamental Plants Germplasm Innovation & Molecular Breeding, National Engineering Research Center for Floriculture, Beijing Laboratory of Urban and Rural Ecological Environment, Engineering Research Center of Landscape Environment of Ministry of Education, Key Laboratory of Genetics and Breeding in Forest Trees and Ornamental Plants of Ministry of Education, School of Landscape Architecture, Beijing Forestry University, Beijing 100083, China; [2]Institute of Forestry Investigation and Planning of Tibet Autonomous Region, Lhasa 850000, China*)

Abstract To investigate the effects of CCC on physiological characteristics of *Primulina yungfuensis* and provide useful suggestions for cultivation, two-year-old cutings of *Primulina yungfuensis* were sprayed with different concentration of CCC on roots and leaves, measuring soluble sugar、soluble protein、POD、SOD、CAT and endogenous hormones. The Result shows that The content of soluble sugar and soluble protein in leaves were first increased and then decreased. However, they were higher than that of control at last. The POD activity and CAT activity in the three antioxidant active enzymes was first enhanced and then weakened, while the SOD activity was not significantly enhanced, but the final content was higher than that of the control. The contents of IAA and Zr in leaves were the same as those in the control, which showed a trend of first increase and then decrease; the content of ABA was different from that in the control, which showed an upward trend; the content of GA and the control both showed a trend of first decrease and then increase and then decrease, but the final content was lower than that in the control. The concentration of 400mg/L chlorpromazine was best. Compared with the control group, the soluble sugar and protein increased by 17.3% and 1.64% respectively under 400mg/L treatment. The activities of pod and cat in leaves were twice that of CK group, and the changes of endogenous hormones were the most significant. It can promote the dwarfing and resistance strengthening of *Primulina yungfuensis*.

Key words *Primulina yungfuensis*; CCC; Soluble sugar; Soluble protein; Enzymatic activity

---

1 基金项目：中央高校基本科研业务费专项资金北京林业大学课题"重要花卉种质创新与新品种培育"(2015ZCQ-YL-03)；北京林业大学高精尖建设项目(2020)。

第一作者简介：何栋(1996-)，硕士研究生，主要从事报春苣苔育种研究。

* 通讯作者：罗乐，副教授。E-mail: luolebjfu@163.com。

永福报春苣苔（*Primulina yungfuensis*）为我国特有的苦苣苔科（Gesneriaceae）报春苣苔属植物，主要分布在桂林市、永福及临桂，常见于海拔200~450m的石灰岩石山阴处，极为稀有，是我国一级保护植物（韦毅刚，2010）。该种为小型莲座状植株，叶片的斑纹丰富多变，叶背呈鲜紫红色，花大呈浅紫色、紫色或紫红色，5月开花，具有很高的观赏价值；此外永福报春苣苔具备良好的耐阴性和耐旱性，非常适合燥阴暗的室内环境，是一种极具发展潜力的观叶兼观花的室内植物，应用前景广阔（闫海霞 等，2017）。然而永福报春苣苔株高不可控，花序梗柔软且长，若投入生产，包装运输过程中花葶极易折损，容易产生不必要的损失。

矮壮素作为植物生长调节剂一种，通过调控植株体内的核酸、蛋白质和酶的合成影响植物整体的生长发育，有效改善植株生长发育指标、抗逆性（王忠，2000；翟丙年 等，2003），适宜浓度的矮壮素能够提高光合作用，提高土壤对植物养分的吸收，改善生长器官的水分平衡和蛋白质合成（Grossmann K，1990；Wang H，2010）。有研究表明银杏（*Ginkgo biloba*）、向日葵（*Helianthus annuus*）、白花紫露草（*Commelina benahalensis*）等喷施矮壮素后通过降低 GA_3 含量，增强可溶性蛋白相关氧化酶活性，达到矮化植株，增强抗性的目的（ZHANG W，2013；柳延涛，2018；田颖，2017）。目前关于植物生长延缓剂与苦苣苔的研究主要集中在繁殖和培养基配比上，如桂林报春苣苔（*P. gueilinensis*）的快速繁殖（苏以丽，2012），植物生长调节剂（IBA、NAA和IAA）对3种报春苣苔的叶插的影响（闫海霞 等，2020），植物生长调节剂提高苦苣苔观赏特性的相关研究很少，相应的试验成果也较少，而有关施用一次生长调节剂对永福报春苣苔生理特性影响的研究未见报道。本文以永福报春苣苔为材料，喷施不同浓度的矮壮素，探究相关酶活性及生理特性的变化情况，筛选出控制永福报春苣苔株型，提高抗性的最佳组合，为提高苦苣苔观赏性状和盆花生产提供相关的理论指导。

1 材料与方法

1.1 材料与试剂

供试材料为国家花卉工程技术研究中心苦苣苔科植物种质资源圃引种驯化的永福报春苣苔，选取株高、长势基本一致的两年生扦插苗。本试验使用的植物生长抑制剂为矮壮素粉剂（有效成分含量99.9%），药品来源北京拜尔迪生物技术有限公司。

1.2 试验方法

2017年11月采用根灌与叶面喷施的方法，单因素随机区组设计，共设置14个处理，矮壮素浓度设置为100、200、300、400、500和700mg/L；以清水处理（CK）为对照，每个处理重复10次。每隔25d矮壮素处理1次，共施加3~5次，每次根灌和叶喷CCC溶液200ml/盆，此时盆中土壤中水分处于饱和状态。

1.3 测量指标及方法

可溶性糖含量采用蒽酮法、可溶性蛋白含量采用考马斯亮蓝G-250染色法、超氧化物歧化酶（SOD）采用氮蓝四唑法、过氧化物酶（POD）和CAT采用愈创木酚法，内源激素采用高压液相色谱法进行测定（李合生，2003），矮壮素处理前测定一次，每次根灌和叶喷25d后测定一次。

1.4 数据处理

数据处理采用 Excel 和 SPSS 13.0 软件进行统计，进行单因素方差分析（one-way ANOVA），用 Pearson 相关系数评价不同指标间的相关关系。

2 结果与分析

2.1 不同处理浓度对叶片内可溶性糖的影响

从表1中看出矮壮素处理浓度为100mg/L、200mg/L时，可溶性糖含量低于对照组；当矮壮素处理浓度为300mg/L、400mg/L、500mg/L、700mg/L时，可溶性糖含量高于对照组。矮壮素浓度不同，各组之间差异较大，相对对照组，既有上升，又有下降，随浓度的变化较大，无明显规律。700mg/L 处理效果最好，相较对照组平均增加值约为17.3%，效果显著。400mg/L 处理效果其次，平均增加值为13%。

表1 不同浓度矮壮素对可溶性糖含量的影响
Table1 Effects of CCC irrigating on soluble sugar content

处理 Treatment	质量浓度（mg/L）Concentration						
	0	100	200	300	400	500	700
根灌 Root irrigation	65.91±3.77a	65.7±1.08a	60.9±1.42a	74.3±1.16b	78.3±0.13c	70.0±0.63b	83.2±0.75c
叶面喷施 Foliar spray	65.91±3.77a	64.5±0.51a	66.6±0.43a	78.9±1.21c	83.5±0.47c	70.4±0.08b	66.0±0.59a

注：$P > 0.05$ 表示差异性不显著。

叶面喷施处理后，除浓度为100mg/L这一组外，其他组可溶性糖含量均高于对照组，且随着矮壮素处理浓度的增大，可溶性糖含量基本呈先上升后下降的趋势。浓度高于500mg/L时，可溶性糖含量下降。叶面喷施矮壮素400mg/L处理效果最好,相较对照组平均增加值约为17.6%,效果显著。

2.2 不同处理浓度对永福报春苣苔可溶性蛋白的影响

从表2中可以看出根灌处理后,当矮壮素处理浓度为200mg/L时,可溶性蛋白含量低于对照组,其余均高于对照组。矮壮素处理浓度不同,各组之间差异性显著。其中300mg/L处理效果最好,相较对照组平均增加值约为2.72%、效果显著。400mg/L和700mg/L处理效果其次,平均增加值为1.62%。

叶面喷施处理后,当矮壮素处理浓度为100mg/L、200mg/L时,可溶性蛋白含量低于对照组;其他组均高于对照组。随着矮壮素处理浓度的增大,叶片中可溶性蛋白含量基本呈先上升后下降的趋势。叶面喷施矮壮素400mg/L处理效果最好,相较对照组平均增加值约为1.64%,效果显著。

表2 矮壮素根灌对可溶性蛋白含量的影响
Table 2 Effects of CCC irrigating on soluble protein content

处理 Treatment	质量浓度(mg/L) Concentration						
	0	100	200	300	400	500	700
根灌 Root irrigation	6.71±0.39a	7.57±1.08b	6.09±1.42a	9.43±1.16c	8.33±0.13bc	7.00±0.63a	8.33±0.75b
叶面喷施 Foliar spray	6.71±0.39a	6.00±0.01a	6.66±0.43a	7.89±1.21b	8.35±0.47b	7.04±0.08a	6.80±0.59a

注:$P > 0.05$表示差异性不显著。

2.3 不同处理浓度对永福报春苣苔叶片膜脂过氧化酶的影响

矮壮素根灌处理后,不同浓度矮壮素处理的永福报春苣苔叶片内POD活性与CK存在显著性差异。矮壮素浓度为300mg/L、400mg/L时,叶片内POD活性均达到CK组的两倍。浓度为100mg/L叶片POD活性低于对照组。总体上,POD活性随着矮壮素浓度的增大呈现先上升后下降的趋势;不同浓度处理后叶片内SOD活性,除了500mg/L浓度低于对照组外,各组均高于对照组,但差异性不显著;矮壮素处理浓度为100mg/L和400mg/L的叶片CAT活性高于对照组,效果显著。其余浓度处理效果均低于对照组,相互间无明显差异性。

叶面喷施处理下,不同浓度组叶片内POD活性差异显著,且试验组POD活性均高于对照组。浓度为300mg/L、400mg/L和500mg/L时,叶片内POD活性均达到CK组的两倍以上,其中浓度为400mg/L时,效果最好。总体上高浓度矮壮素叶面喷施后,POD活性高于低浓度和对照组,POD活性随着矮壮素浓度的增大基本呈现先上升后下降的趋势;不同浓度处理后除700mg/L浓度外,叶片内SOD活性均高于对照组,但无明显差异;叶片CAT活性随着浓度变化差异较大。矮壮素处理浓度为200mg/L和300mg/L的叶片CAT活性高于对照组,效果显著。综合3项指标,400mg/L矮壮素根灌处理时POD和CAT活性均显著提升,SOD活性稍高于对照组。

表3 矮壮素对永福报春苣苔膜脂过氧化物酶活性的影响
Table 3 Effects of CCC on antioxidant enzyme activity of *P. yungfuensis*

处理 Treatment	指标 index	质量浓度(mg/L) Concentration						
		0	100	200	300	400	500	700
根灌 Root irrigation	POD	5.04±0.06e	4.74±0.42e	8.53±0.36c	11.49±0.11b	12.61±0.39a	8.26±0.77c	7.66±0.05d
	SOD	14.18±0.38a	15.52±3a	15.16±1.04a	14.8±0.89a	15.54±1.77a	8.38±0.22c	14.35±0.61a
	CAT	7.58±0.32d	9.22±0.05b	6.57±0.06c	6.32±0.44e	9.97±0.06b	6.19±0.11e	5.91±0.35e
叶喷 Foliar spray	POD	5.04±0.06e	5.92±1.08e	9.61±0.57b	13.37±0.98a	13.92±0.44a	13.34±5a	10.29±8b
	SOD	14.18±0.38a	17.09±0.93a	15.60±0.14a	16.40±1.13a	15.09±0.52a	15.3±0.01a	12.84±9b
	CAT	7.58±0.32d	4.58±0.43e	10.47±0.12b	8.11±0.02c	6.99±0.15d	5.97±1.26e	8.03±1.01d

注:$P > 0.05$表示差异性不显著。

2.4 不同处理浓度对永福报春苣苔内源激素的影响

绘制3种标准品的HPLC色谱曲线,根据不同标准品的浓度,得出色谱峰面积,绘制标准曲线。得出其线性方程及相关系数见表4,标准溶液质量浓度在相应的线性范围内质量浓度与其色谱响应间呈线性,3种植物激素的线性方程的相关系数均大于0.990,呈现出良好的线性关系。

表 4 标准品的线性关系、相关系数及线性范围

Table 4 Linear relationships、correlation coefficient and linear range

标准品	回归方程	相关系数	线性范围
IAA	y=1E+0.6x−9159.10	0.9941	500~4000
GA	y=72563x−1433.30	0.9963	0.025~0.400
ABA	y=415147x−136.22	0.9974	0.010~0.400
ZR	y=46239x−1038.91	0.9902	0.010~0.400

由图1可知，对照组生长素（IAA）含量在生长过程中变化较大，呈"先升高后降低"的变化趋势，且波动性较大。不同浓度矮壮素处理后1个月即2018年12月25日，其叶片内生长素（IAA）含量均高于对照组，矮壮素浓度为300mg/L时，生长素（IAA）含量最多，但随着时间推移，生长素（IAA）含量增长速率慢慢下降，在6月25日，400mg/L与500mg/L矮壮素处理后IAA含量下降最多，表明对生长素（IAA）的抑制效果最好。

由图2可知，对照组GA含量在生长过程中变化较大，呈"先下降后上升再下降再上升"的变化过程，且波动性较大；而试验组GA含量再整个生长过程中则呈现"先下降后上升再下降"的趋势。不同浓度矮壮素处理后一个月即2018年12月25日，其叶片内GA含量与对照组无显著性差异，矮壮素浓度为500mg/L时，GA含量最多，其次是矮壮素浓度为200mg/L。矮壮素浓度为100mg/L时，GA含量随着时间的变化逐渐下降，说明矮壮素通过有效抑制了内源GA的合成来控制株形矮化。在6月25日，400mg/L与500mg/L矮壮素处理后GA含量最低，效果最显著。

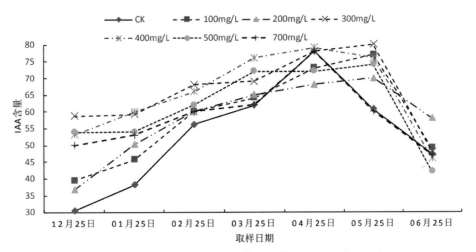

图 1 矮壮素不同浓度对永福报春苣苔叶片 IAA 含量的影响

Fig. 1 Effect of different concentration CCC on IAA content of *P. yungfuensis*

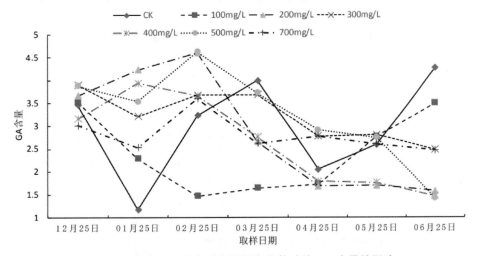

图 2 矮壮素不同浓度对永福报春苣苔叶片 GA 含量的影响

Fig. 2 Effect of different concentration CCC on GA content of *P. yungfuensis*

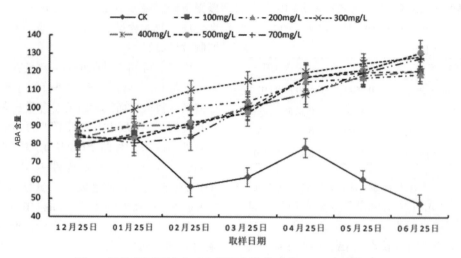

图3 矮壮素不同浓度对永福报春苣苔叶片 ABA 含量的影响

Fig. 3 Effect of different concentration CCC on ABA content of *P. yungfuensis*

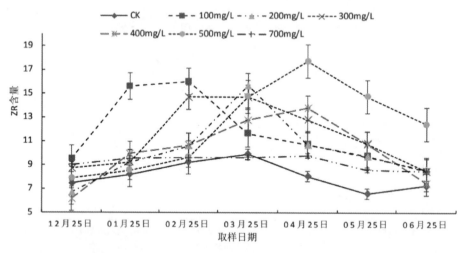

图4 矮壮素不同浓度对永福报春苣苔叶片 ZR 含量的影响

Fig. 4 Effect of different concentration CCC on ZR content of *P. yungfuensis*

由图3可知，对照组 ABA 含量在生长过程中变化较大，呈"先下降后上升再下降"的变化过程，且波动性较大；而试验组 ABA 含量整个生长过程中则呈现逐渐上升的趋势，且上升速率稳定。不同浓度矮壮素处理后1个月即2018年12月25日，其叶片内 ABA 含量与对照组无显著性差异，随着时间推移，ABA 含量逐渐上升，说明矮壮素促进了内源 ABA 的合成，且在2019年2月和3月上升速率最快，此期间正处于现蕾期，ABA 含量加速合成，可有效抑制花葶的伸长。300mg/L 的矮壮素处理后，ABA 含量上升较快。

由图3可知，试验组 ZR 含量在生长过程中变化较大，呈先上升再下降的"单峰"趋势，且波动性较大，均高于对照组 ZR 含量。不同浓度处理后 ZR 含量达到峰值的时间也不相同，但基本集中在2月、3月和4月；500mg/L 的矮壮素处理后，ZR 含量最多。6月末开花后，ZR 含量基本又和初始值接近，以400mg/L 最低。

2.5 矮壮素不同处理浓度下生理指标间相关性分析

由表4可知，矮壮素处理条件下，叶片中可溶性糖和可溶性蛋白含量显著相关。3种膜脂过氧化酶之间相关性不同，POD 与 CAT 活性之间呈显著性相关，与 SOD 活性无显著相关性。POD 与叶片内可溶性糖含量呈极显著相关，CAT 与叶片内可溶性蛋白含量呈极显著相关，SOD 与可溶性糖和可溶性蛋白无显著相关性。4种内源激素之间相关性显著。GA 含量与 IAA 含量、ABA 含量呈显著性负相关，与 ZR 含量呈显著相关。ABA 含量与 IAA、ZR 含量呈负相关，但与 ZR 相关性不显著。IAA 与 ZR 含量正显著相关。

表5 矮壮素处理下生理指标间相关性分析

Table 5 Correlation analysis of physiological indexes under CCC treatment

	可溶性糖含量	可溶性蛋白含量	POD 活性	SOD 活性	CAT 活性	IAA 含量	GA 含量	ABA 含量	ZR 含量
可溶性糖含量	1								
可溶性蛋白含量	0.669*	1							
POD 活性	0.876**	0.784*	1						
SOD 活性	0.375	0.416	0.198	1					
CAT 活性	0.731*	0.812**	0.788*	0.017	1				
IAA 含量	0.144	0.391	0.029	0.119	0.165	1			
GA 含量	-0.142	-0.129	-0.067	0.746	0.917*	-0.765*	1		
ABA 含量	-0.150	0.168	0.443	-0.059	-0.194	-0.727*	-0.599*	1	
ZR 含量	0.486*	0.130	0.297	-0.116	0.591*	0.568*	0.639*	-0.273	1

3 讨论

可溶性糖和可溶性蛋白质是植物体内重要的营养物质和有机渗透调节物质，在植物缓解逆境伤害的渗透调节中起着重要的作用，因此研究可溶性糖含量和可溶性蛋白含量是衡量植物抗逆能力大小的依据，可溶性糖和可溶性蛋白含量越高，代表植物抗性越强（张赛娜等，2008）。本研究发现，矮壮素处理后，永福报春苣苔叶片可溶性糖和可溶性蛋白含量均有所变化。矮壮素处理浓度不同，各组之间差异性显著。根灌处理下，可溶性糖的变化相对对照组，既有上升，又有下降，随浓度的变化较大，无明显规律。低浓度（100mg/L、200mg/L）处理下，可溶性糖和可溶性蛋白含量低于对照组或差异不明显。随着矮壮素处理浓度的增大，叶片中可溶性糖和可溶性蛋白含量基本呈先上升后下降的趋势。推测原因可能是高浓度比低浓度更有利于提高可溶性含量，利于可溶性蛋白的合成，减缓可溶性蛋白的降解，但处理浓度不能过高，这与姚雪（2012）、赵湘（2015）对大苞萱草（*Hemerocallis middendorffii*）和榉树（*Zelkova serrata*）进行试验的结论相同。矮壮素能使沉水植物苦草叶片叶绿素 a 和 b 含量增加，苦草光合作用水平提高（刘晓培等，2012），王小红（2016）也指出油莎豆（*Cyperus esculentu*）光合作用与可溶性糖、可溶性蛋白质含量正相关。可溶性糖的累积与植物体内叶绿素的含量和植物的净光合速率有关，叶绿素为植物的生长提供源动力，促进糖和蛋白的合成，高含量的叶绿素和较强的净光合速率可使植物体内的可溶性糖的含量得到累积，增强其抗性（杨炜茹，2006）。但本研究未对施药后植物净光合速率的变化进行研究，可溶性糖和叶绿素是否有明显的相关性，需要进一步探讨。

植物可利用 SOD、POD、CAT 保护酶系统及其协同作用，使膜结构及其功能相对稳定，进而保护植物的生物膜结构，防御活性氧自由基对细胞的伤害，而维持植物体内正常的生理代谢平衡，使植株的抗逆性得到提高，SOD、POD、CAT 活性越大，代表植物抗逆性越强（李源，2015）。本研究中矮壮素不同浓度处理后对过氧化物酶（POD）和过氧化氢酶（CAT）活性有显著影响，叶片内超氧化物歧化酶（SOD）活性差异性不显著，但基本上高于对照组，清除了活性氧自由基，维持了叶片细胞生理代谢的正常进行，延缓了其衰老。随着处理浓度的增加，POD 和 CAT 活性大概呈先上升后下降的趋势。矮壮素浓度较高反而不能促进抗氧化酶活性升高。当施用浓度为 400mg/L 处理效果最好，叶片内 POD 活性、CAT 活性均达到 CK 组的两倍。这与小叶楠（*Phoebe microphylla*）、番茄穴盘秧苗变化趋势相似（费越，2019；程艳，2016）。任吉君等（2006）的研究表明了矮壮素处理孔雀草（French Marigold）时，随着着药剂浓度增高，SOD 作用最明显，与本研究的 SOD 活性变化不明显不同，这可能是矮壮素对不同植物的不同抗氧化活性酶敏感程度不同。

植物内源激素 GA 和 IAA 的作用是促进植物细胞分裂及伸长，诱导开花；ZR 促进细胞扩大，促进花芽分化，延迟花的衰老，去除顶端优势，ABA 抑制细胞纵向生长，提高植物抗逆性，调控营养物质的运输，延缓叶片衰老（潘瑞炽，2008）。本试验利用矮壮素矮化处理中发现，GA、IAA、ABA 等变化波动较大时在 2~3 月，此期间正是花葶伸长阶段，这可能是花葶生长受到抑制的主要原因之一。各浓度处理后 ABA 含量均增加，表明处理组都对逆境胁迫进行响应。低浓度生长素（IAA）可以抑制植株生长，赤霉素合成受阻也是株高变矮的主要原因,400mg/L 矮壮素处理后,IAA、GA、ZR 含量降低最显著,对永福报春苣苔矮化效果最好。综上所述,400mg/L 的矮壮素浓度处理下永福报春苣苔叶片可溶性糖、可溶性蛋白含量增加,植株的矮化效果和抗性提升显著,适用于盆栽永福报春苣苔的栽培。

参考文献

程艳, 2016. CCC、Pix 和 PP_{333} 对番茄穴盘秧苗生长及理化指标的影响[D]. 长春:吉林农业大学.

董倩, 2012. 生长调节剂对黄连木生长及生理特性的影响[D]. 保定:河北农业大学.

费越, 白志波, 牛学舫, 等, 2019. 矮壮素对小叶楠抗寒生理的影响[J]. 福建农业学报, 34(1):117-123.

李合生, 2003. 植物生理生化实验原理与技术[M]. 北京:高等教育出版社:164-165.

李源, 2015. 矮壮素和多效唑对澳大利亚太阳扇形态生理特性的影响[D]. 重庆:西南大学.

刘晓培, 张饮江, 李岩, 等, 2012. 矮壮素对苦草矮化特征及生理指标的影响[J]. 生态学杂志, 31(10):2561-2567.

柳延涛, 徐安阳, 段维, 等, 2018. 缩节胺、多效唑和矮壮素对向日葵生理特性的影响[J]. 中国油料作物学报, 40(2):241-246.

潘瑞炽, 1996. 植物生长延缓剂的生化效应[J]. 植物生理学通讯, 32(3):161-168.

任吉君, 王艳, 孙秀华, 等, 2006. 多效唑、矮壮素和摘心对孔雀草的矮化效应[J]. 沈阳农业大学学报(3):390-394.

苏以丽, 2012. 桂林小花苣苔的快速繁殖及器官发生研究[D]. 桂林:广西师范大学.

田颖, 2017. 植物抑制剂对白花紫露草的生理和生长影响研究[D]. 长沙:中南林业科技大学.

王小红, 田丽萍, 薛琳, 等, 2016. 矮壮素对油莎豆生理特性及内源激素含量变化的影响[J]. 北方园艺(24):26-31.

王忠, 2000. 植物生理学[M]. 北京:中国农业出版社:267-311.

韦毅刚, 2010. 华南苦苣苔科植物:汉英对照[M]. 南宁:广西科学技术出版社:2388.

闫海霞, 邓杰玲, 何荆洲, 等, 2017. 永福报春苣苔离体快繁体系的建立[J]. 植物生理学报, 53(11):2037-2043.

闫海霞, 关世凯, 周锦业, 等, 2020. 不同植物生长调节剂、叶片部位及基质组分对报春苣苔叶插繁殖的影响[J]. 西南农业学报, 33(1):126-134.

杨炜茹, 2006. 矮壮素对地榆生长发育的影响及生理机制研究[D]. 保定:河北农业大学.

姚雪, 2012. 多效唑对大苞萱草生长发育及生理特性的影响[D]. 长春:吉林农业大学.

翟丙年, 郑险峰, 杨岩荣, 等, 2003. 植物生长调节物质的研究进展[J]. 西北植物学报(6):1069-1075.

张赛娜, 马旭君, 李科文, 等, 2008. 补血草愈伤组织中渗透调节物对 NaCl 胁迫的响应[J]. 西北植物学报(7):1343-1348.

赵湘, 李超, 芦建国, 2015. 2 种植物生长调节剂对榉树容器苗生理特性的影响[J]. 浙江林业科技, 35(1):23-29.

Grossmann K, 1990. Plant growth retardants as tools in physiological research[M]. Physiol Plant, 78:640-648.

Wang H, Xiao L, Tong J, et al, 2010. Foliar application of chlorocholine chloride improves leaf mineral nutrition, antioxidant enzyme activity, and tuber yield of potato (*Solanum tuberosum* L.)[M]. Sci Hortic, 125:521-523.

ZHANG W, Feng X U, Cheng H, et al, 2013. Effect of Chlorocholine Chloride on Chlorophyll, Photosynthesis, Soluble Sugar and Flavonoids of *Ginkgo biloba*[J]. Notulae Botanicae Horti Agrobotanici Cluj-Napoca, 41(1):97-103.

北京立体花坛可用7种植物耐旱性评价

乔鑫[1]　蓝海浪[2]　李进宇[3]　刘秀丽*

([1] 花卉种质创新与分子育种北京市重点实验室，国家花卉工程技术研究中心，城乡生态环境北京实验室，园林环境教育部工程研究中心，林木花卉遗传育种教育部重点实验室，园林学院，北京林业大学，北京 100083；
[2] 北京市园林古建设计研究院有限公司，北京 100081；[3] 北京市园林科学研究院，北京 100102)

摘要　水资源是影响植物生长发育的重要因子，在植物表现良好的观赏价值方面发挥重要作用。为提高立体花坛养护过程中水资源的应用效率，延长立体花坛的观赏周期，本研究以北京地区立体花坛可用材料中的红龙草(*Alternanthera dentate* 'Rubiginosa')、'绿草'五色苋(*Alternanthera ficoidea* 'Green')、'黄草'五色苋(*Alternanthera ficoidea* 'Aurea')、'玫红草'五色苋(*Alternanthera ficoidea* 'Mei Hong')、'紫草'莲子草(*Alternanthera sessilis* 'Zi Cao')、'白草'佛甲草(*Sedum lineare* 'Albamarguna')、'金叶'佛甲草(*Sedum lineare* 'Jin Ye')为材料进行干旱胁迫处理，测量其株高与冠幅等外部形态指标，测定相对电导率、叶片含水量、丙二醛含量、可溶性蛋白质含量、叶绿素含量等生理生化指标，并应用模糊隶属函数评价法对其耐旱性进行综合评价。结果表明：依据各指标的平均隶属度，7种植物的耐旱性依次为'金叶'佛甲草＞'白草'佛甲草＞'绿草'五色苋＞红龙草＞'玫红草'五色苋＞'紫草'莲子草＞'黄草'五色苋。本研究为立体花坛立面植物的选择与养护管理提供一定的理论依据。

关键词　生理指标；耐旱性评价；生长指标；立体花坛植物

Evaluation of Drought Resistance of 7 Species Plants in Mosaiculture in Beijing

QIAO Xin　LAN Hai-lang[2]　LI Jin-yu[3]　LIU Xiu-li*

([1] *Beijing Key Laboratory of Ornamental Plants Germplasm Innovation & Molecular Breeding, National Engineering Research Center for Floriculture, Beijing Laboratory of Urban and Rural Ecological Environment, Engineering Research Center of Landscape Environment of Ministry of Education, Key Laboratory of Genetics and Breeding in Forest Trees and Ornamental Plants of Ministry of Education, School of Landscape Architecture, Beijing Forestry University, Beijing 100083, China*; [2] *Beijing Institute of Landscape and Traditional and Research Co. Ltd, Beijing, 100081, China*; [3] *Beijing Institute of Landscape Architecture, Beijing 100102, China*)

Abstract　Water resource is an important factor affecting the growth and development of plants and plays an important role in the ornamental value of plants. In this experiment, *Sedum lineare* 'Jin Ye', *Sedum lineare* 'Albamarguna', *Alternanthera ficoidea* 'Green, Alternanthera dentate* 'Rubiginosa', *Alternanthera ficoidea* 'Mei Hong', *Alternanthera sessilis* 'Zi' and *Alternanthera ficoidea* 'aurea' are used as plant materials under drought treatment. The study comprehensively evaluated the drought tolerance of 7 species of plants, including observation and determination of drought tolerance related growth index and physiological index, in order to screen out plants with strong drought tolerance, improve water resource efficiency and extend ornamental cycle of Mosaiculture in Beijing. After measuring the external morphological indexes such as plant height and crown, physiological and biochemical indexes such as relative electrical conductivity, leaf water content, malondialdehyde content, soluble protein content and chlorophyll content, the fuzzy membership function evaluation method was used to comprehensively evaluate the drought tolerance. According to the average membership degree, the results show that: *Sedum lineare* 'Jin Ye' >*Sedum lineare* 'Albamarguna' >*Alternanthera ficoidea* 'Green' >*Alternanthera dentate* 'Rubiginosa' >*Alternanthera fi-*

---

1 基金项目：北京林业大学建设世界一流学科和特色发展引导专项资金(2019XKJS0324)；北京市共建项目专项(2016GJ-03)；2019北京园林绿化增彩延绿科技创新工程-北京园林植物高效繁殖与栽培养护技术研究(2019-KJC-02-10)
第一作者简介：乔鑫(1997-)，女，硕士研究生，主要从事园林植物栽培与植物应用研究。
* 通讯作者：刘秀丽，职称：副教授，E-mail：showlyliu@126.com。

coidea 'Mei Hong'>*Alternanthera sessilis* 'Zi Cao'>*Alternanthera ficoidea* 'Aurea'. This study provides a theoretical basis for the selection and maintenance management of Mosaiculture plants.

Key words Physiological index; Drought resistance evaluation; Growth index; Plants of mosaiculture

近些年全球干旱日趋明显，水资源短缺严重，应用节水型植物美化城市景观、烘托节日氛围尤为重要。立体花坛在节庆期间被广泛应用于北京的长安街沿线、公园节点等，深受市民的喜爱。立体花坛植物所处的特殊环境导致其对土壤水分较为敏感，而干旱对于观赏植物而言会导致其生长缓慢、观赏价值下降。花坛建造之后需要长期的养护管理、耗费人力物力以维持其景观价值，因此评价应用于立面植物的耐旱性可以为节约型城市景观美化提供方向，为立体花坛的养护管理提供更好的指导(周大凤，2020；司丽芳，2018)。

目前，观赏植物的耐旱性研究是较为热门的研究方向，特别是城市园林绿化与耐旱性植物应用的结合备受关注。肖涵等(2019)、李艳等(2019)、徐兴友等(2010)、关春景等(2018)、李治慧等(2015)分别对3种宿根花卉、4种地被植物、6种野生花卉、8个矮牵牛品种、4种花坛宿根花卉进行耐旱性研究，对其形态特征、生理指标等进行方差分析、多重比较，综合评价植物的耐旱性，对于宿根花卉应用提出合理化建议；刘爱荣等(2012)利用PEG-6000模拟干旱环境探究佛甲草(*Sedum lineare*)的生长与渗透调节物质的关系；李瑞(2017)运用隶属函数值法对地被菊(*Chrysanthemum morifolium*)、黑心菊(*Rudbeckia hirta*)、堆心菊(*Helenium autumnale*)、射干(*Belamcanda chinensis*)等8种宿根花卉进行耐旱性研究和综合评价；李雪萌(2016)以三七景天(*Sedum maizoon*)、小叶红草(*Alternanthera bettzickiana*)等为例对长春市立体花坛植物耐旱性进行调查和分析，为观赏植物的栽培与应用提供更为全面的理论基础。

关于观赏植物耐旱性的研究相对较多，但基于立体花坛植物的耐旱性研究则鲜有报道。近年来立体花坛由于其特殊的观赏价值在城市中越来越被重视，但立面观赏植物的耐旱性成为影响立体花坛观赏性的重要因素。本研究基于北京市水资源严重短缺的现状及对北京地区立体花坛植物应用情况多次调查的基础上，选定7种立体花坛立面可用的植物为试验材料进行干旱胁迫处理，通过电导法测定相对电导率，记录相同胁迫程度下的植物旱害程度，同时测定不同干旱胁迫下的各项生理指标，进行多重比较，结合隶属函数法对植物的生长指标和生理生化指标的变化进行分析，综合评价7种植物材料的耐旱性，为立体花坛耐旱植物的应用和后期养护管理提供一定的理论和实践依据。

1 材料与方法

1.1 试验材料

选用红龙草(*Alternanthera dentate* 'Rubiginosa')、'绿草'五色苋(*Alternanthera ficoidea* 'Green')、'黄草'五色苋(*Alternanthera ficoidea* 'Aurea')、'玫红草'五色苋(*Alternanthera ficoidea* 'Mei Hong')、'紫草'莲子草(*Alternanthera sessilis* 'Zi Cao')、'白草'佛甲草(*Sedum lineare* 'Albamarguna')、'金叶'佛甲草(*Sedum lineare* 'Jin Ye')7个生长良好、长势一致、观赏性较强的来源于北京市花木有限公司(顺义鲜花港基地)的植物穴盘苗为本次试验材料。

1.2 试验设计

2019年3~5月于北林科技日光温室对处于同一生长阶段、生长状况良好、生长势一致的7种植物材料穴盘苗进行干旱胁迫处理。每种植物72株穴盘苗，采用自然干燥控水法(王松 等，2020)，连续3d浇水，使盆土处于饱和水状态后停止，作为对照(即第0d)，保证干旱胁迫初始土壤含水量相同、外界环境条件相同，之后不再浇水，连续干旱胁迫。在第0、5、10、15、20、25d干旱胁迫下取样，测定叶片相对含水量、叶绿素、可溶性蛋白、丙二醛含量、叶片相对电导率等生理指标(每个处理设3个重复，取平均值)；每天观察干旱胁迫下植物材料外部形态的变化，记录株高、冠幅等生长指标；综合分析和评定各植物材料的耐旱能力。

通过模糊隶属函数法综合评价7种植物的耐旱性，确保本研究结论的可靠性。公式为：$R(X_i) = (X_i - X_{min})/(X_{max} - X_{min})$(某指标与耐旱性正相关)；$R(X_i) = 1 - (X_i - X_{min})/(X_{max} - X_{min})$(某指标与耐旱性负相关)，最后累加各指标的隶属值，由平均值比较植物的耐旱性(李瑞雪 等，2017)。

1.3 测定项目与方法

1.3.1 植物株高与冠幅的测量

用卷尺测量植物株高和冠幅等生长指标(从土面量至叶尖或花序顶部表示株高，取植株南北和东西方向宽度的平均值表示冠幅)。

1.3.2 旱害指数

根据观测到的植物外部形态，将植物的受伤程度分为5个等级，分别为：0级-无受伤症状；1级-有少部分叶片萎蔫、叶尖变黄；2级-有1/2叶片萎蔫、叶片变黄或卷曲；3级-有3/4叶片卷曲变黄、干枯下垂；4级-全部叶片萎蔫干枯或植株死亡。

旱害指数=Σ每株受伤等级/(最高级数×总株数)。

1.3.3 采用烘干法测定叶片相对含水量

将采取的新鲜叶片清洗、擦干，称量叶片鲜重W_1，放入烘干箱中105℃下杀青15min，然后80℃下烘干至恒重，测量叶片干重W_2。

叶片组织含水量(占鲜重百分数)=$(W_1-W_2)/W_1 \times 100\%$。

1.3.4 采用电导率仪(DDS-12A)进行电导率的测定

参考李合生(2000)的方法。将植物新鲜叶片用蒸馏水清洗2~3次，擦干，称取0.1g，剪成0.5cm²大小放入试管中，加入20ml蒸馏水，摇晃使材料尽量浸入水中，摇匀，用DDS-12A电导率仪测其初电导值L_1，并测定去离子水对照电导率L_0。将试管沸水浴15min，然后用自来水冷却至室温，充分摇匀后测定电导值L_2，进行3次重复试验。

电导率=$[(L_1-L_0)/(L_2-L_0)] \times 100\%$。

1.3.5 采用硫代巴比妥酸(TBA)还原法进行丙二醛(MDA)含量的测定

参考李合生(2000)的方法。用自来水将采取的新鲜叶片洗去表面污物，再用蒸馏水冲洗3次，吸干叶片表面水分，避开中脉剪碎混匀。称取0.1g叶片放入冰浴的研钵中，加入少量石英砂和5%三氯乙酸(TCA)2ml，研磨成匀浆，再加3ml的5%三氯乙酸进一步研磨。将所得匀浆在3000r/min，4℃下离心10min，所得上清液为丙二醛(MDA)提取液。取上清液1ml加0.67%硫代巴比妥酸(TBA)2ml，摇匀后水浴加热(从试管中溶液出现小气泡时开始计时10min)，后将试管取出进行冷水浴。冷却后测定溶液在450nm、532nm、600nm处吸光度值，并按公式$C_{MDA}(\mu mol/L)=6.45 \times (A_{532}-A_{600})-0.56 \times A_{450}$算出MDA提取液中MDA浓度，再根据公式MDA的含量($\mu mol/g$)=$(C_{MDA} \times V_t)/(W \times V_s)$算出单位鲜重的材料叶片中的MDA含量($\mu mol/g$)。公式中A450、A532及A600为待测溶液在波长450nm、532nm及600nm处的吸光度值。V_t为提取液总体积(ml)，V_s为测定提取液体积(ml)，W为样品鲜重(g)。每个样品设3个重复(并设以1ml 5%三氯乙酸代替1ml上清液为对照组)。

1.3.6 采用考马斯亮蓝G-250染色法进行可溶性蛋白含量的测定

参考吴金山(2017)与李合生(2000)的方法。样品叶片的处理方法同上。剪碎后称取0.1g，加入少量石英砂和蒸馏水2ml，研磨成匀浆，再加3ml的蒸馏水进一步研磨。将所得匀浆在10000r/min，4℃下离心10min。吸取上清液1ml，加入离心管中(每个样品设3个重复)，加入5ml考马斯亮蓝G-250溶液，充分混合后静置2min，测定波长595nm处的吸光值。按公式可溶性蛋白质含量(mg/g)=$(C \times V_t)/(W \times V_s \times 1000)$计算样品中可溶性蛋白质的含量(mg/g)。公式中C为查标准曲线所得测定液中蛋白质的含量($\mu g/ml$)，V_t为提取液总体积(ml)，V_s为测定提取液体积(ml)，W为样品鲜重(g)。

1.3.7 采用95%乙醇提取法进行叶绿素含量的测定

参考李合生(2000)的方法。称取剪碎的新鲜叶片0.1g于研钵中，加入少量石英砂、碳酸钙粉末、2ml 95%乙醇，研磨成匀浆，再加95%乙醇5ml，继续研磨至组织变为白色，静置3~5min。将所得匀浆倒入2ml离心管中，在5000r/min，4℃下离心5min。将提取液上清液转移至比色皿中，以95%乙醇为空白对照，在波长665nm、649nm、470nm下测定吸光度，每个样品设3个重复，根据测得的吸光度值求得叶绿素a、b的浓度和总叶绿素含量。

$C_a=13.95A_{665}-6.88A_{649}$

$C_b=24.96A_{649}-7.32A_{665}$

$C=(1000A_{470}-2.05C_a-114.8C_b)/245$

公式中A_{665}、A_{649}及A_{470}为待测溶液在波长665nm、649nm及470nm处的吸光度值，C_a和C_b为叶绿素a和b的浓度(mg/L)。

1.4 数据处理与分析

使用Microsoft Excel 2016进行数据计算和图表生成，运用SPSS 22.0软件对生理指标进行多重比较分析和主成分分析，用隶属函数法综合评价7种植物的耐旱性。

2 结果与分析

2.1 干旱胁迫对7种植物材料的形态特征的影响

植物在生长过程中对缺水最为敏感，其外部形态的变化可以作为植物抗性强弱的直观证据。干旱胁迫处理过程中，各植物外部形态(株高和冠幅)的变化明显，先后出现旱害症状。结果显示(图1、图2)，实验开始期间'金叶'佛甲草、'白草'佛甲草、'绿草'五色苋外部形态受到的影响并不明显；胁迫进行10~15d，'白草'佛甲草株高、冠幅仍继续增加，'金叶'佛甲草、'绿草'五色苋开始出现下降，其他4种植物的株高呈现出不同程度的下降趋势；胁迫后期'金叶'佛甲草、'白草'佛甲草仍能保持其观赏性，耐旱性较强，其他5种植物表现为严重萎蔫甚至死亡状态。

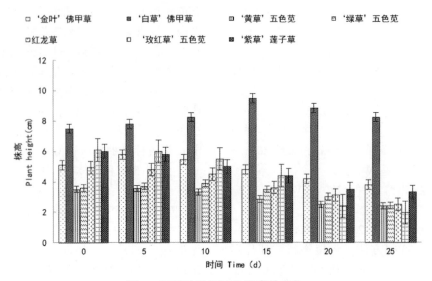

图 1 干旱胁迫下植物株高的变化

Fig. 1 Changes of plant height under drought stress

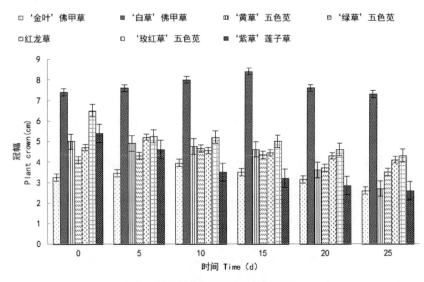

图 2 干旱胁迫下植物冠幅的变化

Fig. 2 Changes of plant canopy width under drought stress

2.2 干旱胁迫对7种植物材料旱害指数的影响

干旱胁迫下，植物外部形态能够最直观、最明显的表现植物的受伤程度，其叶片颜色的变化、是否下垂、卷曲，都能够被直观地感受到。通过对植物形态指标综合观察、分级、记录，得到旱害指数变化（图3），胁迫过程中'金叶'佛甲草、'白草'佛甲草叶片失水时间较晚，且未出现全株萎蔫，耐旱性强；胁迫进行至10d，'黄草'五色苋最高，'绿草'五色苋、'玫红草'五色苋、'紫草'莲子草叶片开始出现枯黄、萎蔫；第15d，'玫红草'五色苋叶片出现焦边；胁迫进行20~25d时，'绿草'五色苋、红龙草、'玫红草'五色苋、'紫草'莲子草出现叶片脱落、植株倒伏现象。'黄草'五色苋、'绿草'五色苋、红龙草、'玫红草'五色苋、'紫草'莲子草的凋萎系数分别为18%、19%、21%、24%，'黄草'五色苋最高，为37%。由此可得出耐旱性由强到弱依次为'金叶'佛甲草>'白草'佛甲草>'绿草'五色苋>红龙草>'玫红草'五色苋>'紫草'莲子草>'黄草'五色苋。

2.3 干旱胁迫对植物叶片相对含水量的影响

水分是植物生长活动周期不可或缺的物质，植物叶片的相对含水量能够体现出植物的保水能力和需水情况，从而体现植物的耐旱能力。干旱胁迫过程中，每种植物的叶片相对含水量都呈现不同程度的下降趋势（图4）。在整个干旱胁迫过程中，'金叶'佛甲草、'绿草'五色苋、'白草'佛甲草叶片含水量降幅小且

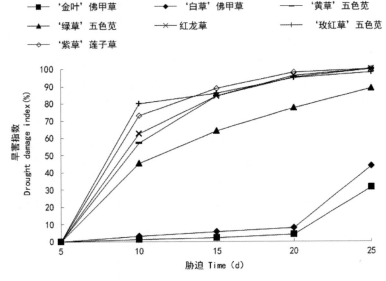

图 3 干旱胁迫下植物旱害指数的变化

Fig. 3 Changes of plant drought damage index under drought stress

下降平缓,观赏价值所受影响较小,对干旱适应性强;红龙草、'玫红草'五色苋、'紫草'莲子草居中,叶片含水量一直在均匀下降;'黄草'五色苋叶片含水量下降时间最早、变化程度最大,其叶片呈现的饱满程度变化也最大,外部形态的观赏价值降低,说明其对水分更为敏感,持水能力和耐旱能力较弱。

2.4 干旱胁迫对植物叶片质膜透性的影响

逆境环境下植物膜系统最为敏感,对7种植物叶片在不同干旱胁迫程度下进行测定,并计算相对电导率。试验结果表明(图5),随着干旱胁迫的加剧,7种植物的相对电导率均不同程度的呈现上升趋势。在干旱胁迫处理初期,各植物相对电导率变化不明显,

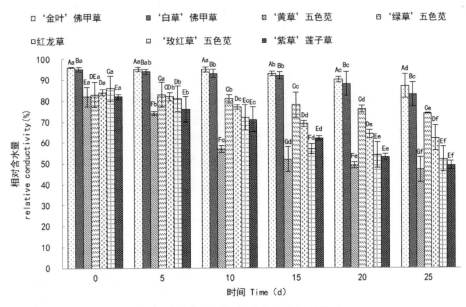

图 4 干旱胁迫对植物叶片含水量的影响

Fig. 4 Effects of drought stress on leaf water content of plants

注:采用 Duncan 法检验,不同大写字母表示同一时间不同品种间差异显著($P \leqslant 0.05$),不同小写字母表示同一品种不同胁迫程度间差异显著($P \leqslant 0.05$),下同。

Note: Using Duncan test, different uppercase letters indicated significant differences among different varieties at the same time ($P \leqslant 0.05$), while different lowercase letters indicated significant differences among different stress levels of the same variety ($P \leqslant 0.05$), below is the same

'紫草'莲子草在处理5d后呈现变化幅度忽高忽低的上升趋势,整体的变化幅度大;'黄草'五色苋在处理5d后其相对电导率呈现平稳逐步增长后趋于平缓的趋势;干旱胁迫10d后,其余5种植物材料电导率也呈现较大幅度的上升趋势,且相互之间表现出显著差异,叶片的质膜透性均受到不同程度的伤害;在干旱处理后期,'绿草'五色苋的相对电导率骤升,其植物细胞在处理后期才受到严重损伤,耐旱时间最长;'金叶'佛甲草、'白草'佛甲草的相对电导率受干旱胁迫影响最小,耐旱能力相对较高;'紫草'莲子草相对电导率超过50%,离子渗透较为严重,细胞质膜损伤较重。

2.5 干旱胁迫对植物叶片丙二醛(MDA)含量的影响

丙二醛是植物在逆境环境受损害时膜脂过氧化作用的最终产物,通过叶片中的丙二醛的含量可判断植物对干旱条件抵御能力的强弱。试验期间,随干旱胁迫程度加重,每种植物体内的丙二醛含量都有不同程度的上升趋势(图6)。'白草'佛甲草、'金叶'佛甲草的丙二醛含量变化微弱,'玫红草'五色苋、红龙草的变化最为明显。干旱胁迫10～15d,'玫红草'五色苋的丙二醛含量急剧上升,平均每日变化为0.672μmol/mg,红龙草在15～20d之间丙二醛含量变化明显,达到平均每日变化0.884μmol/mg,说明其受到干旱胁迫的影响较大,膜脂过氧化作用加剧,耐旱性较弱。

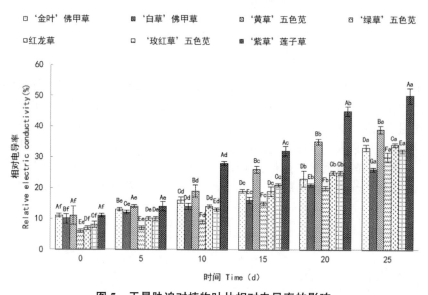

图5 干旱胁迫对植物叶片相对电导率的影响

Fig. 5 Effects of drought stress on relative electrical conductivity of plant leaves

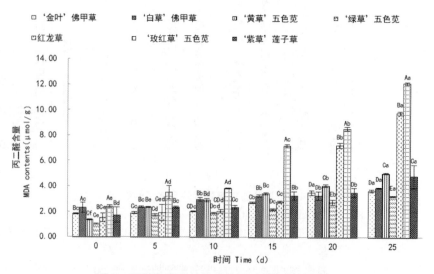

图6 干旱胁迫对植物叶片丙二醛含量的影响

Fig. 6 Effects of drought stress on MDA content in plant leaves

2.6 干旱胁迫对植物叶片可溶性蛋白质含量的影响

植物体内可溶性蛋白质等有机溶质对干旱等逆境环境会产生相应反应,在一定胁迫程度内,可自身调节植物体内渗透压。研究结果显示(图7),7种植物在干旱胁迫的过程中蛋白质含量均出现先上升后下降的趋势。'黄草'五色苋的蛋白质含量变化幅度较为明显,呈现直线上升后直线下降的趋势,蛋白质含量最高与最低相差9.75mg/g,受到干旱胁迫的影响较大;其他6种植物的蛋白质含量出现不同程度和变化率的增加后平稳降低。最终7种植物可溶性蛋白质含量变化为'金叶'佛甲草1.75mg/g,'白草'佛甲草2.54mg/g,'紫草'莲子草3.24mg/g,'绿草'五色苋3.74mg/g,'黄草'五色苋5.07mg/g,红龙草5.55mg/g,'玫红草'五色苋5.67mg/g,仅通过可溶性蛋白质含量比较植物耐旱性强弱为:'金叶'佛甲草>'白草'佛甲草>'紫草'莲子草>'绿草'五色苋>'黄草'五色苋>红龙草>'玫红草'五色苋。

2.7 干旱胁迫对植物叶片叶绿素含量的影响

植物的叶绿素含量可以反映其光合速率和所受干旱胁迫影响的程度,对试验数据进行处理后发现,植物叶片叶绿素含量均呈现降低趋势(图8)。'绿草'五色苋在干旱胁迫0~10d叶绿素含量变化不大,说明其可以忍受一定时间的缺水;红龙草的叶绿素含量变

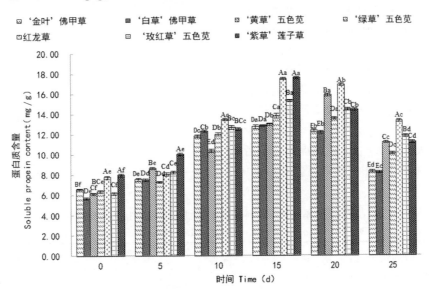

图7 干旱胁迫对植物叶片可溶性蛋白质含量的影响

Fig. 7 Effects of drought stress on soluble protein content in plant leaves

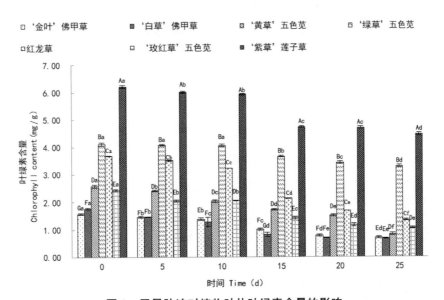

图8 干旱胁迫对植物叶片叶绿素含量的影响

Fig. 8 Effects of drought stress on chlorophyll Content in plant leaves

化最为明显,在胁迫过程的10~15d下降幅度极大,在此期间受到严重的干旱伤害;'黄草'五色苋、'紫草'莲子草、'玫红草'五色苋叶绿素含量减少幅度较为明显,平均每天下降0.274~0.352mg/g;'绿草'五色苋、'金叶'佛甲草、'白草'佛甲草在干旱胁迫过程中叶绿素的含量下降平稳且降幅不大,其光合作用所受干旱胁迫的影响程度较小,与其他几种植物相比具有较强的耐旱性。

2.8 耐旱能力综合评价

以供试7种植物材料的叶片含水量、相对电导率、丙二醛含量、可溶性蛋白质、叶绿素、株高与冠幅为指标进行主成分分析发现(表1),各植物的第一主成分、第二主成分的特征根均大于1,综合贡献率达到69.052%,可反映大部分信息,因此提取第一、二主成分对7种植物的耐旱性进行综合评价。

通过对于7种植物的各项生理指标测定值进行转化、累加、求取平均值,进行模糊隶属函数分析,对其耐旱性进行综合排名(表1)。其中'金叶'佛甲草隶属函数平均值最大,为0.638,说明综合分析后得到其耐旱性最强;'白草'佛甲草次之,为0.636,二者隶属度均高于0.6,属于耐旱性较强的立体花坛立面材料;'绿草'五色苋、红龙草、'玫红草'五色苋的隶属函数值相接近,'紫草'莲子草、'黄草'五色苋得分较低,均小于0.5,耐旱性较弱。因此,7种立体花坛立面植物的综合耐旱性顺序为:'金叶'佛甲草>'白草'佛甲草>'绿草'五色苋>红龙草>'玫红草'五色苋>'紫草'莲子草>'黄草'五色苋。

表1 7种植物材料各指标的主成分分析

Table 1 Principal component analysis of seven plant materials

主成分 Principal component	特征根 Characteristic root	贡献率 Contribution rate	累计贡献率 Cumulative contribution rate
1	4.061	50.758	50.758
2	1.464	18.294	69.052
3	0.832	10.403	79.456
4	0.652	8.156	87.612
5	0.505	6.318	93.929
6	0.296	3.703	97.633
7	0.132	1.652	99.285
8	0.057	0.715	100.000

表2 干旱胁迫下7种植物耐旱性综合评定指数与排序

Table 2 The comprehensive evaluation index and ranking of drought tolerance of seven plants under drought stress

	'金叶'佛甲草 *Sedum lineare* 'Jin Ye'	'白草'佛甲草 *Sedum lineare* 'Albamarguna'	'绿草'五色苋 *Alternanthera ficoidea* 'Green'	红龙草 *Alternanthera dentate* 'Rubiginosa'	'玫红草'五色苋 *Alternanthera ficoidea* 'Mei Hong'	'紫草'莲子草 *Alternanthera sessilis* 'Zi Cao'	'黄草'五色苋 *Alternanthera ficoidea* 'Aurea'
叶片含水量 Leaf relative water content	0.934	0.897	0.664	0.539	0.423	0.39	0.284
相对电导率 Relative conductivity	0.481	0.472	0.51	0.436	0.437	0.254	0.312
丙二醛 MDA	0.145	0.186	0.102	0.288	0.474	0.181	0.197
蛋白质 Malondialdehyde	0.355	0.346	0.402	0.6	0.484	0.555	0.435
叶绿素 Chlorophyll	0.811	0.817	0.685	0.55	0.713	0.377	0.585
株高 Plant height	0.865	0.849	0.837	0.76	0.72	0.69	0.878
冠幅 Plant crown	0.876	0.882	0.741	0.662	0.562	0.83	0.573
得分 Score	0.638	0.636	0.563	0.548	0.545	0.468	0.466
排名 Rank	1	2	3	4	5	6	7

3 结果与讨论

3.1 干旱胁迫对7种植物形态特征的影响

立体花坛是重大节庆节日的主要花卉表现形式，常见于城市街头、城市重要节点及城市公园，在美化和绿化城市、改善城市环境方面发挥着重要的作用。

立体花坛立面植物的生长环境与平面植物不同，因此对水分的要求更为严格。本研究对7种立体花坛立面植物进行干旱胁迫处理，初始各植物土壤含水量相同，在相同外界环境下，因各植物的光合作用、蒸腾作用不同而表现出差异，从而能够比较其耐旱性的强弱。植物外部形态的变化，能够直观地反映植物的耐旱能力，通过观察、测量发现：'金叶'佛甲草、'白草'佛甲草的耐旱性较强，在干旱胁迫过程中未出现萎蔫、枯萎的现象，叶片失水程度较低，其观赏性受干旱胁迫的影响较小。'绿草'五色苋、红龙草、'玫红草'五色苋、'紫草'莲子草、'黄草'五色苋5种植物在胁迫处理下均出现不同程度的叶片失水、枯黄萎蔫、甚至死亡的现象，说明其耐旱性相对较弱，观赏性受土壤水分的影响较大，在立体花坛应用时在节水节能的理念下为不影响其观赏价值需10 d内浇灌1次。

3.2 干旱胁迫对7种植物生理指标的影响

水分是植物生长必不可少的重要条件，植物的水分生理是一种复杂的现象(李新蕾 等，2020；Yang et al.，2019)。研究发现，干旱胁迫条件下，景天科植物'金叶'佛甲草、'白草'佛甲草受土壤水分的影响较小，耐旱性较强，苋科仅'绿草'五色苋表现较好，其他4种植物在处理后期均失去观赏价值，株高、冠幅等生长指标在胁迫中期变化显著，后期植株枯萎甚至死亡，耐旱性相比之下较差。植物叶片相对含水量对于评价植物耐旱性有很强的直观性，能够反映植物叶片的保水能力(孙国荣 等，2013；汤聪 等，2014)，随干旱胁迫的加重，植物的叶片含水量逐渐降低，'金叶'佛甲草、'绿草'五色苋、'白草'佛甲草下降的幅度较小，受土壤水分的影响程度低，耐旱性较强。研究表明，干旱胁迫下耐旱性强的植物相对电导率的增加幅度较少，'白草'佛甲草、'金叶'佛甲草叶片的相对电导率变化程度小，耐旱性弱的植物相对电导率的增加幅度较大(洪震 等，2016；刘雪 等，2016)，'黄草'五色苋、'玫红草'五色苋居中，'绿草'五色苋、红龙草、'紫草'莲子草变化幅度较大，接近500%，耐旱性较差。丙二醛是植物在逆境条件下膜脂过氧化作用的最终分解产物，可以反映植物逆境中的受伤害程度，植物组织中丙二醛增幅越大表明细胞受到的伤害越重，耐旱性越弱(张博文 等，2018)，研究发现，随干旱胁迫程度的加剧，植物细胞膜脂过氧化作用加剧，叶片丙二醛含量与干旱胁迫程度呈正相关，红龙草、'玫红草'五色苋的丙二醛含量增幅较大，变化十分显著，耐旱性较弱，'白草'佛甲草、'金叶'佛甲草的丙二醛含量与其相比仅有微弱变化，耐旱性较强。植物具有一定限度的渗透调节能力，随着干旱胁迫加重，7种植物可溶性蛋白含量呈现持续上升或出现先升后降的趋势，'黄草'五色苋和'玫红草'五色苋可溶性蛋白质含量变化程度最为明显，本研究的结果印证了可溶性蛋白质在植物受到逆境胁迫时起到的调节渗透平衡方面的重要作用(Fabio ES et al.，2019；沈少炎 等，2017)。干旱胁迫下植物叶片叶绿素含量呈现降低趋势，'黄草'五色苋的降幅最大，'绿草'五色苋、'紫草'莲子草的叶绿素含量在干旱胁迫过程中降幅较小，可以维持较强的光合作用，印证了植物叶绿素含量的变化可以反映植物对干旱胁迫的敏感性(陈立明，2016)。

综上所述，对比各植物不同指标表现的耐旱差异性，植物的形态观测指标和生理生化指标测定结果总体变化趋势基本相符。

3.3 立体花坛可用7种立面植物耐旱性比较与应用建议

在北京水资源短缺的现实条件下，应用节水耐旱植物于花坛的立面上有利于节约水资源、降低花坛后期养护成本、提高花坛的观赏性。本研究采用盆栽自然干旱法，通过对7种立体花坛可用立面植物的耐旱性生理指标的测定及形态特征的观察测量，消除单个指标带来的片面性，对7种植物的耐旱性进行综合评价，最终通过隶属函数值法比较7种植物材料耐旱性由强到弱依次为：'金叶'佛甲草>'白草'佛甲草>'绿草'五色苋>红龙草>'玫红草'五色苋>'紫草'莲子草>'黄草'五色苋。干旱胁迫对7种植物的渗透系统等造成了不同程度的损害，对于'紫草'莲子草、'黄草'五色苋等耐旱性较弱的植物造成的抑制更为严重，其植物体内也会在一定限度内通过各种生理特性的变化积极应对逆境环境，通过变化体内蛋白质、丙二醛的含量保证渗透调节系统的稳定；而对于'金叶'佛甲草、'白草'佛甲草耐旱性较强的植物其体内生理指标的变化幅度小，受影响程度也相对较小。与此同时，'金叶'佛甲草、'白草'佛甲草得分大于0.6，具有较强的耐旱性；'绿草'五色苋、红龙草、'玫红草'五色苋得分介于0.5~0.6间，耐旱中等；'紫草'莲子草、'黄草'五色苋得分小于0.5，其观赏性受土壤水分的影响较大，耐旱性较弱。

本研究结果可为立体花坛立面花卉材料的选择应用、后期养护管理措施的实施提供参考，也可为研究耐旱节水植物提供理论依据。

参考文献

陈立明，尹艳豹，2015. 干旱区园林植物耐旱机制研究进展[J]. 安徽农业科学，43(4)：73-76.

关春景，焦孟月，张彦妮，2018. 8个矮牵牛品种耐旱性综合评价分析[J]. 西北林学院学报，33(2)：62-69，187.

洪震，练发良，刘术新，等，2016. 3种乡土园林地被植物对干旱胁迫的生理响应[J]. 浙江农林大学学报，33(4)：636-642.

李合生，2000. 植物生理生化实验原理和技术[M]. 北京：高等教育出版社：182-261.

李瑞，2017. 8种宿根花卉在东北黑土区抗寒、耐旱性研究[D]. 牡丹江：牡丹江师范学院.

李瑞雪，孙任洁，汪泰初，等，2017. 植物耐旱性鉴定评价方法及耐旱机制研究进展[J]. 生物技术通报，33(7)：40-48.

李新蕾，李叶芳，李凤荣，等，2020. 干旱胁迫对扁核木种子萌发及幼苗生理特性的影响[J]. 云南农业大学学报（自然科学），35(4)：682-687.

李雪萌，2017. 长春市立体花坛常见植物耐旱性的调查研究——以三七景天、小叶红草、四季海棠为例[J]. 吉林农业(10)：86-87.

李艳，王庆，刘国宇，等，2019. 4种地被植物干旱胁迫下的生理响应及抗旱性评价[J]. 中南林业科技大学学报，39(6)：9-15.

李治慧，2015. 4种宿根花卉的耐旱性及园林应用研究[D]. 福州：福建农林大学.

刘爱荣，张远兵，谭志静，等，2012. 模拟干旱对佛甲草生长和渗透调节物质积累的影响[J]. 草业学报，21(3)：156-162.

刘雪，陈涛，袁涛，2016. 宿根花卉耐旱性研究进展[J]. 黑龙江农业科学(8)：145-148.

沈少炎，吴玉香，郑郁善，2017. 植物干旱胁迫响应机制研究进展——从表型到分子[J]. 生物技术进展，7(3)：169-176.

司丽芳，2018. 北京立体花坛中立面植物的选用[J]. 黑龙江农业科学(3)：81-85.

孙国荣，彭永臻，阎秀峰，等，2003. 干旱胁迫对白桦实生苗保护酶活性及脂质过氧化作用的影响[J]. 林业科学(1)：165-167.

汤聪，刘念，郭微，等，2014. 广州地区8种草坪式屋顶绿化植物的耐旱性[J]. 草业科学，31(10)：1867-1876.

王松，武敏，康红梅，等，2020. 干旱胁迫对2种地被植物生理指标的影响[J]. 山西农业科学，48(9)：1424-1430.

吴金山，张景欢，李瑞杰，等，2017. 植物对干旱胁迫的生理机制及适应性研究进展[J]. 山西农业大学学报（自然科学版），37(6)：452-456.

肖涵，张鸿翎，韩涛，等，2019. 干旱胁迫对3种宿根花卉生理生化指标的影响[J]. 西北林学院学报，34(5)：102-107.

徐兴友，杜金友，龙茹，等，2010. 干旱胁迫下6种野生耐旱花卉苗木蒸腾耗水与耐旱性的关系[J]. 经济林研究，28(1)：9-13.

张博文，李富平，许永利，等，2018. PEG-6000模拟干旱胁迫下五种草本植物的耐旱性[J]. 分子植物育种，16(8)：2686-2695.

周大凤，2020. 北京立体花坛立面植物的应用与发展[J]. 现代园艺，43(9)：179-181.

Eric S Fabio, Carlie J Leary, Lawrence B, 2019. Smart. Tolerance of novel inter-specific shrub willow hybrids to water stress[J]. Trees, 33(4)：1015-1026.

Yang S Q, Xu K, Chen S J, et al, 2019. A stress-responsive b ZIP transcription factor OsbZIP62 improves drought and oxidative tolerance in rice[J]. BioMed Central, 19(1)：1-15.

不同类型废弃土壤对景天属植物生理的影响

白舒冰　关雯雨　张瑜　董丽*

（花卉种质创新与分子育种北京市重点实验室，国家花卉工程技术研究中心，城乡生态环境北京实验室，园林环境教育部工程研究中心，林木花卉遗传育种教育部重点实验室，园林学院，北京林业大学，北京 100083）

摘要　景天属植物具有较强的抗性和观赏性，为评价景天属植物对矿山废弃地的适应性，本研究以德国景天（Sedum hybridum 'Immergrunchen'）和胭脂红景天（Sedum spurium 'Fuldaglut'）为材料，研究了不同类型废弃土壤（采矿区土壤、排土场土壤和尾矿砂）对 2 种景天生理的影响，并通过熵值法和灰色关联分析综合评价 2 种景天在不同废弃土壤上的适应性，为景天属植物在矿山修复中的应用提供参考。结果表明不同类型废弃土壤对景天属植物生理指标的变化产生不同程度的影响，其中，废弃土壤处理显著降低了 2 种景天的叶片相对含水量，且均在尾矿砂中表现最差，但德国景天优于胭脂红景天；2 种景天在不同废弃土壤中的叶绿素含量降低，而德国景天在第 2 个生长季的类胡萝卜素含量显著升高；2 种景天在不同废弃土壤中丙二醛含量、可溶性蛋白含量和 SOD 活性显著升高，但不同土壤处理之间差异显著。通过对 2 种景天的适应性进行综合评价，德国景天对废弃地基质的适应性由强到弱排序为排土场土壤>尾矿砂>采矿区土壤，胭脂红景天的排序为排土场土壤>采矿区土壤>尾矿砂。

关键词　景天属植物；矿山废弃地土壤；生理特性；综合评价

Effects of Different Types of Abandoned Soils on the Physiology of Sedum Plants

BAI Shu-bing　GUAN Wen-yu　ZHANG Yu　DONG Li*

（Beijing Key Laboratory of Ornamental Plants Germplasm Innovation & Molecular Breeding, National Engineering Research Center for Floriculture, Beijing Laboratory of Urban and Rural Ecological Environment, Engineering Research Center of Landscape Environment of Ministry of Education, Key Laboratory of Genetics and Breeding in Forest Trees and Ornamental Plants of Ministry of Education, School of Landscape Architecture, Beijing Forestry University, Beijing 100083, China）

Abstract　Sedum hybridum 'Immergrunchen' and Sedum spurium 'Fuldaglut' were used as materials in this study to evaluate the adaptability of Sedum to abandoned mines. The effects of different types of waste soils (mining soil, dump soil and tailing sand) on the physiology of the two Sedum species were studied, and the adaptability of the two Sedum species on different waste soils was comprehensively evaluated by entropy method and grey correlation analysis, which provided a reference for the application of Sedum in mine remediation. The results showed that different types of waste soil had different effects on the changes of physiological indexes of Sedums. Among them, waste soil treatment significantly reduced the relative water content of leaves of the two Sedums. , and the performance of both Sedums. The chlorophyll content of the two species decreased in different abandoned soils, while the carotenoid content of S. 'Immergrunchen' increased significantly in the second growing season. The content of malondialdehyde, soluble protein and SOD activity in the two kinds of Sedum scutum were significantly increased in different waste soils, but the differences were significant among different soil treatments. Through the comprehensive evaluation of the adaptability of the two kinds of Sedum scutum, the adaptability of the S. 'Immergrunchen' to the abandoned land matrix is ranked from strong to weak as the dump soil > tailing sand > mining area soil, and S. 'Fuldaglut' is ranked as the dump soil

---

1 基金项目：北京林业大学一流学科建设项目：基于生物多样性支撑功能的雄安新区城市森林营建与管护策略方法研究（2019XKJS0320）；景天、萱草等宿根花卉种质资源收集、应用研究与示范（JTHM2020ZDHH01）。

第一作者简介：白舒冰（1996-），女，硕士研究生，主要从事园林植物栽培与应用。

* 通讯作者：董丽，职称：教授，E-mail：dongli@bjfu.edu。

> mining area > tailing sand.

Key words Sedum plants; Abandoned mine soil; Physiological characteristics; Comprehensive evaluation

矿产资源的大规模开采破坏了原有的生态系统，原始表土的损失使露出地表的土壤理化性质遭到破坏，不良的土壤可能会影响矿区生态系统中的植物-土壤-水动态，抑制植物的生长[1,2]。并且由于矿区功能分区的不同，形成大量不同类型的废弃地，典型的废弃地类型有采矿区、排土场和尾矿库。不同类型的废弃地土壤条件又各不相同，对植物也势必产生不同的影响。位于干旱、半干旱气候类型区的矿山废弃地，其植被恢复受多种环境因素的制约，例如有限的降雨、土壤养分含量低和地表高温[3,4]。自然界中的植物会暴露在各种环境胁迫下，但在这些环境胁迫中，干旱胁迫是对植物生长和生产最不利的因素之一，因此植物对干旱的适应性是矿区生态恢复的关键。

干旱引发各种各样的植物反应，从细胞代谢到生长和产量的变化，从植物形态到生理生化的变化。由于气孔导度降低，CO_2的同化率逐渐降低，导致叶片变小，茎的生长和根的增殖受到限制，扰乱了植物的水分平衡，降低了水分利用效率。另外干旱会破坏光合色素，减少气体交换，导致植物生长和产量下降。渗透调节物质的积累可用来了解植物对脱水的耐受性，干旱胁迫诱导的活性氧可通过增加抗氧化系统的活性得以缓解[5]。景天属具有较强的耐旱性[6]，但未有相关研究将其作为矿区生态修复植物全面描述其在不同类型矿山土壤上的耐旱特征。土壤水分关系及其与植物形态和生理生态特征的相互作用是干旱系统中植物生长、物种分布和群落结构的主要驱动力[7,8]。了解形态和生理指标的变化有助于识别与适应性相关的植物性状，从而促进恢复的成功[9]。

因此，本研究以首云铁矿不同类型的废弃土壤为基质，选择德国景天和胭脂红景天为植物材料，测定了它们在3种废弃土壤上的叶片相对含水量、叶绿素含量、丙二醛含量、可溶性蛋白含量、SOD活性等生理生化指标，了解废弃土壤基质如何影响植物的生理反应，以期为矿区生态修复抗旱植物的选择提供理论和技术依据。

1 材料与方法

1.1 试验设计

德国景天和胭脂红景天于2019年7月初从北京林业大学三倾园地栽苗中选择生长健壮的枝条进行扦插，生长1个月后，于2019年8月中旬选择大小长势一致的幼苗移入盆中。土壤设置4个处理：对照土为园土∶草炭∶蛭石=2∶1∶1，采矿区土壤、排土场土壤和尾矿砂采集自北京首云铁矿。期间进行正常的定期浇水和除草管理，为模拟矿山自然下缺水的环境，浇水周期为14d。采样周期选择第0d、第一个生长季末期（2019年10月）以及第二个生长季末期（2020年10月）的上午9:00，随机采取植株顶端第3~4轮的成熟叶片，带回实验室部分用于叶片相对含水量和叶绿素含量的测定，部分叶片置于液氮中放置在-80℃超低温冰箱用于其他生理指标的测定。

1.2 试验方法

1.2.1 土壤理化性质的测定

土壤容重、总孔隙度、持水孔隙度、通气孔隙度的测定参照Byrne[10]的方法，先称环刀（V）质量（W_0），然后将烘干的基质加满环刀并称质量（W_1），水中浸泡24h后，称质量（W_2），沥出自由水后，再次称质量（W_3）。土壤含水量的测定采用烘干法，因不同基质的最大持水量不同，因而连续14d观察不同基质的含水量变化。

$$容重(g \cdot cm^{-3}) = (W_1 - W_0)/V, \quad (1)$$
$$总孔隙度(\%) = (W_2 - W_1)/V \times 100, \quad (2)$$
$$通气孔隙度(\%) = (W_2 - W_3)/V \times 100, \quad (3)$$
$$持水孔隙度(\%) = 总孔隙度 - 通气孔隙度, \quad (4)$$

土壤化学性质测定的参照《土壤农业化学分析方法》[11]，其中，土壤全N采用凯氏定氮法；全P和全K采用氢氧化钠熔融法；土壤有机质采用重铬酸钾高温外加热法；土壤pH采用酸度计法（土水比为1:2.5）；重金属Pb、Cd用微波消解仪消解，消解后的样品采用ICP-AES仪器进行测定。

1.2.2 植物生理指标的测定

植物生理指标的测定参照《植物生理生化实验原理和技术》[12]，其中，叶片相对含水量采用叶片烘干称重法测定，叶绿素含量采用乙醇浸提法测定，丙二醛MDA含量采用硫代巴比妥酸法测定，超氧化物歧化酶（SOD）采用氮蓝四唑法，可溶性蛋白含量采用考马斯亮蓝（G-250）法进行测定。

1.3 熵值法和灰色关联分析评价2种景天属植物对废弃土壤的适应性

用熵值法确定指标权重，具体方法如下：将各指标进行标准化处理，首先计算第i个处理第j个指标值的比重p_{ij}；然后计算第j个指标的熵值r_j和第j个指标的差异系数c_j；最后计算各指标的权重w_j。计

算公式如下:

$$p_{ij} = \frac{r_{ij}}{\sum_{i=1}^{m} r_{ij}}, i = 1, 2\cdots m; j = 1, 2\cdots n \quad (6)$$

$$r_j = -(\ln n)^{-1} \sum_{i=1}^{m} p_{ij} \ln p_{ij}, j = 1, 2\cdots n \quad (7)$$

$$c_j = 1 - r_j, j = 1, 2\cdots n \quad (8)$$

$$w_j = \frac{c_j}{\sum_{j=1}^{n} c_j}, j = 1, 2\cdots n \quad (9)$$

式中:r_{ij} 为第 i 个处理第 j 项指标量值,p_{ij} 为第 i 个处理第 j 项指标的比重;r_j 为第 j 项指标的熵值;c_j 为第 j 项指标的差异系数;w_j 为各指标的权重。

用灰色关联分析确定关联系数。先将数据进行无量纲处理,逐个计算每个被评价指标序列与参考序列对应元素的绝对差值,即 $|x_0(k) - x_i(k)|$,$k = 1, 2 \cdots m$,$i = 1, 2 \cdots n$,其中 n 为被评价对象的个数;确定 $\min\limits_{i=1}\min\limits_{k=1}|x_0(k) - x_i(k)|$ 与 $\max\limits_{i=1}\max\limits_{k=1}|x_0(k) - x_i(k)|$;再分别计算每个比较序列与参考序列对应元素的关联系数 $\zeta_i(k)$,最后综合熵值法和灰色关联分析对评价指标的关联度(ε_i)进行加权,计算公式如下:

$$\zeta_i(k) = \frac{\min\limits_{i}\min\limits_{k}|x_0(k) - x_i(k)| + p\max\limits_{i}\max\limits_{k}|x_0(k) - x_i(k)|}{|x_0(k) - x_i(k)| + p\max\limits_{i}\max\limits_{k}|x_0(k) - x_i(k)|} \quad (10)$$

$$\varepsilon_i = \sum_{k=1}^{m} \zeta_i(k) w_j。 \quad (11)$$

1.4 数据分析

利用 Excel 365 进行数据统计,SPSS 26.0 对不同处理之间的试验数据进行方差分析,并运用 LSD 检验法确定每个指标在不同处理间差异的显著性。用 Excel 365 对景天属植物对废弃铁矿土壤的适应性进行综合评价。

2 结果与分析

2.1 不同废弃地基质土壤理化性质分析

由表 1 可知,不同土壤容重之间差异显著,其中,尾矿砂的容重最大,对照土壤的容重最小,仅为前者的 54.10%,容重从大到小顺序为尾矿砂>采矿区土壤>排土场土壤>对照土。各处理基质的总孔隙度差异较大,依次为对照土>排土场土壤>采矿区土壤>尾矿砂。对照土的持水孔隙度最大,显著高于其他废弃地土壤,尾矿砂的持水孔隙度最小,是对照土的 67.17%,说明其保水能力最差。相反,尾矿砂和排土场基质的通气孔隙度大于其他基质,具有较好的透气性。

从表 2 可以看出,本试验 4 种基质的 pH 均在 6.85 左右。与对照土壤相比,3 种废弃地土壤中的有机质含量低,全 N 和全 P 含量也显著低于对照土,特别是尾矿砂中的 P,难以测出,而全 K 含量则尾矿砂显著高于采矿区和排土场的土壤。重金属元素 Pb 含量极低,Cd 含量难以测出,可见,本试验中重金属对植物生长产生的毒害作用可以忽略不记。

土壤含水量的变化直接关系到植物水分吸收特性的改变,也可间接反映出基质的保水性能和稳定性能。由图 1 可知,3 种废弃地土壤的最大持水量显著小于对照土壤,在一个浇水周期内,不同土壤的含水量随时间的增加而逐渐降低。

表 1 试供土壤的物理性质

Table 1 Physical and chemical properties of tested soils

土壤类型	容重 (g/cm³)	总孔隙度 (%)	持水孔隙度 (%)	通气孔隙度 (%)
对照土壤	0.66±0.02d	7.16±0.11a	6.58±0.11a	0.58±0.02c
采矿区土壤	0.96±0.12b	5.38±0.06c	4.86±0.05c	0.52±0.01d
排土场土壤	0.90±0.08c	6.18±0.02b	5.41±0.04b	0.77±0.03b
尾矿砂	1.22±0.02a	5.28±0.07c	4.42±0.09d	0.86±0.03a

注:同一列不同小写字母表示不同处理间差异显著($P<0.05$),下同。

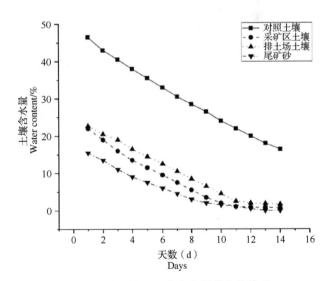

图 1 不同土壤 14d 内含水量的变化情况

Fig. 1 Changes of water content in different soils within 14 days

表2 试供土壤的化学性质
Table 2 Physical and chemical properties of tested soils

土壤类型	pH	有机质(g/kg)	全N(g/kg)	全P(g/kg)	全K(mg/kg)	Cd(mg/kg)	Pb(mg/kg)
对照土壤	6.83±0.04b	4.23±0.38a	2.16±0.16a	2.24±0.08a	55.06±1.67c	/	/
采矿区土壤	6.87±0.03ab	1.24±0.21c	0.31±0.03c	0.96±0.07b	65.91±1.44b	/	1.29±0.05b
排土场土壤	6.91±0.04a	2.12±0.18b	0.41±0.03b	0.63±0.03c	63.66±0.17b	/	/
尾矿砂	6.86±0.01ab	1.09±0.11c	0.33±0.03c	/	75.35±1.11a	/	8.64±0.45a

2.2 不同废弃地土壤对景天属植物叶片相对含水量的影响

由图2可知，2种景天各处理在第1个生长季末的相对含水量小于第2个生长季末，表现出先降低后升高的趋势。对德国景天来说，在第1个生长季末，采矿区土壤、排土场土壤和尾矿砂处理是对照的93.11%、89.32%、83.24%，在第2个生长季末，采矿区土壤、排土场土壤和尾矿砂处理是对照的94.81%、92.91%、81.73%，由此可见，采矿区土壤处理下的含水量大于排土场土壤，尾矿砂处理下植物叶片的相对含水量最小。

对胭脂红景天来说，在第1个生长季末，采矿区土壤、排土场土壤和尾矿砂处理是对照的76.55%、90.73%、70.81%，在第2个生长季末，采矿区土壤、排土场土壤和尾矿砂处理是对照的84.51%、89.64%、75.22%，由此可见，排土场土壤处理下的相对含水量大于采矿区土壤，尾矿砂处理下植物的相对含水量最小。

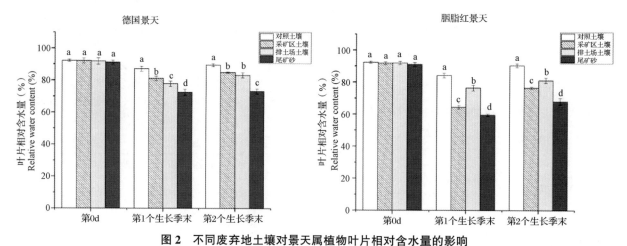

图2 不同废弃地土壤对景天属植物叶片相对含水量的影响

Fig. 2 Effects of different of types wasteland soils on leaf relative water content of two sedum species

2.3 不同废弃地土壤对景天属植物光合色素的影响

2.3.1 不同类型废弃土壤对2种景天叶绿素含量的影响

由图3可知，随着修复时间的延长，2种景天各处理的叶绿素含量表现出逐渐降低的趋势。对德国景天来说，在第1个生长季末，采矿区土壤、排土场土壤和尾矿砂处理是对照的90.47%、89.65%、76.64%，在第2个生长季末，采矿区土壤、排土场土壤和尾矿砂处理是对照的72.56%、63.90%、51.17%，由此可见，3种废弃地土壤处理的叶绿素含量从高到低依次是采矿区土壤>排土场土壤>尾矿砂。

对胭脂红景天来说，在第1个生长季末，采矿区土壤、排土场土壤和尾矿砂处理是对照的86.45%、92.73%、69.07%，在第2个生长季末，采矿区土壤、排土场土壤和尾矿砂处理是对照的68.62%、97.41%、50.07%，由此可见，3种废弃地土壤处理的叶绿素含量从高到低依次是排土场土壤>采矿区土壤>尾矿砂。

2.3.2 不同类型废弃土壤对2种景天类胡萝卜素含量的影响

由图4可知，随着修复时间的延长，2种景天各处理的类胡萝卜素含量表现出逐渐降低的趋势。对德国景天来说，在第1个生长季末，采矿区土壤、排土场土壤和尾矿砂处理是对照的93.11%、89.32%、83.24%，在第2个生长季末，采矿区土壤、排土场土壤和尾矿砂处理是对照的94.81%、92.91%、81.73%，由此可见，3种废弃地土壤处理的类胡萝卜素含量从高到低依次是采矿区土壤>排土场土壤>尾矿砂。

对胭脂红景天来说，在第1个生长季末，采矿区

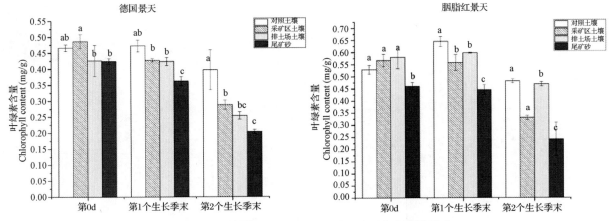

图 3 不同类型废弃土壤对 2 种景天叶绿素含量的影响
Fig. 3 Effects of different of types wasteland soils on chlorophyll content of two sedum species

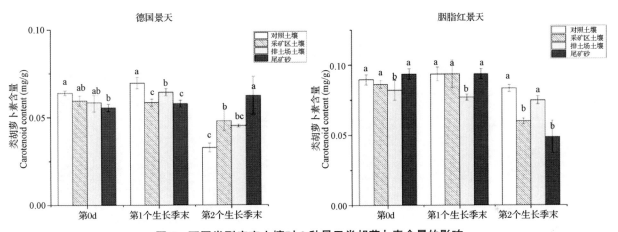

图 4 不同类型废弃土壤对 2 种景天类胡萝卜素含量的影响
Fig. 4 Effects of different of types wasteland soils on carotenoid content of two sedum species

土壤、排土场土壤和尾矿砂处理是对照的 76.55%、90.73%、70.81%，在第 2 个生长季末，采矿区土壤、排土场土壤和尾矿砂处理是对照的 84.51%、89.64%、75.22%，由此可见，3 种废弃地土壤处理的类胡萝卜素含量从高到低依次是排土场土壤>采矿区土壤>尾矿砂。

2.4 不同类型废弃土壤对 2 种景天可溶性蛋白的影响

由图 5 可以看出，随着修复时间的延长，2 种景天在不同废弃第土壤上的可溶性蛋白含量均呈现出先增加后降低的趋势。对德国景天来说，在第 1 个生长季末。采矿区土壤、排土场土壤和尾矿砂处理与对照相比分别升高了 6.82%、52.60%、41.66%，在第 2 个生长季末，采矿区土壤与对照相比差异显著，而排土场土壤和尾矿砂与对照相比差异不显著，三者的可溶性蛋白含量与对照相比分别增加了 13.09%、3.78%、8.90%。

对胭脂红景天来说，第 1 个生长季末，采矿区土壤、排土场土壤和尾矿砂处理与对照相比分别升高了 43.58%、74.50%、55.03%，第 2 个生长季末，采矿区土壤、排土场土壤和尾矿砂处理之间不存在显著差异，它们与对照相比分别升高了 8.50%、8.66%、11.12%。

2.5 不同废弃地土壤对景天属植物活性氧代谢及抗氧化物酶活性的影响

2.5.1 不同类型废弃土壤对 2 种景天 MDA 含量的影响

由图 6 可以看出，2 种景天在不同类型土壤生长过程中的 MDA 含量随着修复时间的延长呈现出先升高后降低的趋势。在第 1 个生长季末表现出了与对照的显著差异，对德国景天来说，采矿区土壤、排土场土壤和尾矿砂处理与对照相比分别升高了 7.82%、27.16%、42.93%，在第 2 个生长季末，采矿区土壤、排土场土壤和尾矿砂处理与对照相比分别升高了 18.09%、49.73%、44.67%，由此可见，对德国景天

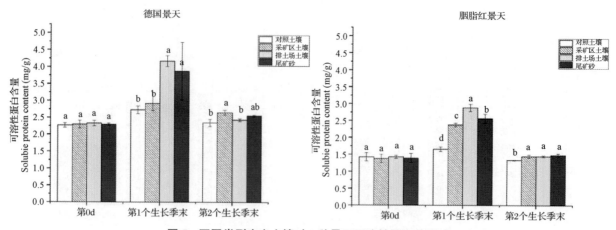

图 5 不同类型废弃土壤对 2 种景天可溶性蛋白的影响
Fig. 5 Effects of different of types wasteland soils on soluble protein content of two sedum species

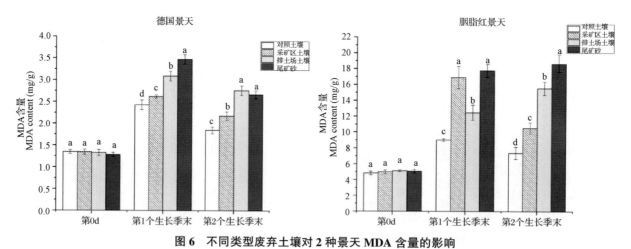

图 6 不同类型废弃土壤对 2 种景天 MDA 含量的影响
Fig. 6 Effects of different of types wasteland soils on MDA contents of two sedum species

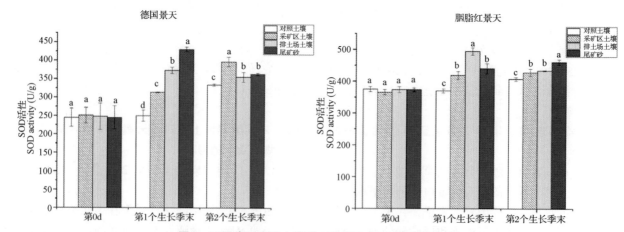

图 7 不同类型废弃土壤对 2 种景天 SOD 活性的影响
Fig. 7 Effects of different of types wasteland soils on SOD activity of two sedum species

来说，采矿区土壤受到的胁迫相较其他两种废弃土壤来说较小。

对胭脂红景天来说，在第 1 个生长季末，采矿区土壤、排土场土壤和尾矿砂处理与对照相比显著升高，分别上升了 87.78%、38.52%、97.33%，而在第 2 个生长季末，三者的 MDA 含量与对照相比分别增加了 42.53%、110.86%、152.94%。由此可见，胭脂红景天在不同废弃地土壤上受胁迫的程度大于德国景天，而胭脂红景天在排土场土壤受到的胁迫较小。

2.5.2 不同类型废弃土壤对 2 种景天 SOD 活性的影响

由图 7 可以看出，在第 1 个生长季末和第 2 个生长季末，2 种景天在不同废弃土壤上生长，其体内的 SOD 活性与对照相比均产生了显著升高，且不同处理之间的景天的 SOD 活性也存在显著差异。对德国景天来说，随着修复时间的延长，对照和采矿区土壤处理下，SOD 活性呈现逐渐升高的趋势，而排土场土壤和尾矿砂则呈现出先升高后降低的趋势。第 1 个生长季末，采矿区土壤、排土场土壤和尾矿砂处理与对照相比分别升高了 25.37%、49.19%、72.07%，第 2 个生长季末，采矿区土壤、排土场土壤和尾矿砂处理与对照相比分别升高了 18.79%、6.4%、8.84%。

对胭脂红景天来说，随着修复时间的延长，除排土场土壤处理下，其余土壤处理下的 SOD 活性均呈现逐渐升高的趋势，而排土场土壤则表现出先升高后降低的趋势。第 1 个生长季末，采矿区土壤、排土场土壤和尾矿砂处理与对照相比分别升高了 13.05%、33.57%、18.86%，第 2 个生长季末，采矿区土壤、排土场土壤和尾矿砂处理与对照相比分别升高了 5.11%、6.6%、13.13%。

2.6 两种景天对废弃地土壤适应性的综合评价

选取第二个生长季的生理指标，包括：叶绿素含量、叶片相对含水量、MDA 含量、SOD 活性、可溶性蛋白共 5 个指标，用公式(10)计算各指标的生长适应性关联系数，用熵值法计算各指标所占权重，然后综合计算 2 种景天属植物对铁矿废弃地土壤的适应性大小。

根据关联度加权公式，计算出个处理的加权关联度值，并得到综合评价指数，对于德国景天，其对铁矿废弃地生长适应性的综合评价值的大小顺序为：对照土壤(0.7619)＞排土场土壤(0.6498)＞尾矿砂(0.6204)＞采矿区土壤(0.5318)。对于胭脂红景天，其对铁矿废弃地生长适应性的综合评价值的大小顺序为：对照土壤(0.9366)＞尾矿砂(0.7782)＞采矿区土壤(0.7763)＞排土场土壤(0.6723)。

表 3 德国景天在废弃地土壤生长适应性指标的加权关联度和位次
Table 3 The weighted incidence degree and rank of the growth adaptability index of *S. hybridum* 'Immergrunchen' in wasteland soil

处理	叶绿素含量	叶片相对含水量	MDA 含量	SOD 活性	可溶性蛋白	加权关联度	位次
对照土壤	0.9579	0.8942	0.3878	0.9542	0.8849	0.7619	1
采矿区土壤	0.4764	0.7524	0.4709	0.5475	0.4772	0.5318	4
排土场土壤	0.3333	0.7110	0.7533	0.7615	0.7100	0.6498	2
尾矿砂	0.3985	0.6001	0.7235	0.7372	0.6329	0.6204	3
权重	0.2163	0.1665	0.3039	0.1550	0.1583		

表 4 胭脂红景天在废弃地土壤生长适应性指标的加权关联度和位次
Table 4 The weighted incidence degree and rank of the growth adaptability index of *S. spurium* 'Fuldaglut' in wasteland soil

处理	叶绿素含量	叶片相对含水量	MDA 含量	SOD 活性	可溶性蛋白	加权关联度	位次
对照土壤	0.9156	0.9921	0.9407	0.9790	0.8829	0.9366	1
采矿区土壤	0.7141	0.8290	0.6243	0.9225	0.8024	0.7763	3
排土场土壤	0.9257	0.8835	0.4053	0.9073	0.8010	0.7782	2
尾矿砂	0.6228	0.7668	0.3333	0.8458	0.7805	0.6723	4
权重	0.1780	0.1889	0.1974	0.1646	0.2710		

3 讨论

采矿区土壤黏重紧实，容易板结，土壤孔隙数量少，持水量少，透水较慢，土壤水气条件较差。排土场土壤主要由废石构成，夹杂有少量表土，土壤贫瘠，保水保肥能力极差。尾矿砂为砂质颗粒，透水性好，保水力较差。不同类型的矿山废弃地土壤，土壤理化性质不同且不良，影响着土壤水分含量、土壤透气性及根系的分布，进而对植物的生长产生影响，而干旱影响植物的水分状况、色素含量、膜完整性、渗透关系和抗氧化系统[13,14]。

叶片相对含水量、叶片水势、蒸腾速率是影响植物水分关系的重要特征。相对含水量被认为是度量植物水分状况、最有意义的脱水耐受指标。本研究中，矿山废弃土壤降低了2种景天的叶片相对含水量，原因可能是3种废弃土壤的最大持水量低，低于对照土壤的一半，因此叶片含水量显著低于对照。且尾矿砂的最大含水量最低，水分下降得速率最快，对植物造成的胁迫也就最大。

光合色素的作用是收集光能并产生还原力。叶绿素含量的降低被认为是胁迫反应的典型症状，可能是色素光氧化和叶绿素降解的结果。本研究中，不同废弃地土壤处理下2种景天叶绿素总量显著低于对照土壤处理，叶绿素总量的减少意味着光收集能力的降低，生物的生长受限制。由于活性氧物质的产生主要是由光合机构中过量的能量吸收驱动的，这可以通过降解吸收色素来避免[15]。但同时，德国景天在第二个生长季，其类胡萝卜素含量有所升高，这可能是由于类胡萝卜素可作为非酶抗氧化剂直接清除活性氧[16]。有助于减轻氧化应激的有害影响。

干旱环境可能会造成活性氧的快速积累，导致细胞过氧化损伤[17]。丙二醛是膜脂过氧化的产物，是氧化损伤的指标[18]。本研究中，废弃土壤处理下，丙二醛含量显著高于对照土壤。为了最大限度地减少氧化应激的影响，植物已经进化出一系列复杂的抗氧化系统来减轻氧化应激的有害影响，有助于保证正常的细胞功能[19]。本研究中，废弃地处理下的废弃土壤处理下的SOD活性显著高于对照土壤。在干旱条件下，叶片膨压的维持也可以通过渗透调节的方式来实现，例如干旱胁迫下脯氨酸、蔗糖、可溶性碳水化合物等溶质的积累过程被称为渗透调节[20]。本研究中，废弃土壤处理的可溶性蛋白含量显著高于对照土壤，说明植物可能通过积累渗透调节物质维持细胞膨胀，提高干燥土壤的水分吸收。

孙洋楠[21]比较了3种强旱生植物在鄂尔多斯矿区生物修复中的生理生态适应性；张蓉蓉[22]进行了黄土高原矿区木本植物幼苗对干旱胁迫的生态适应性研究；Bateman在皮尔巴拉土壤中干旱区评价乡土幼苗干旱响应的生理生态指标[23]；余莉琳以4种典型干旱区草本植物为试验材料，测定了植物叶片相对含水量、相对电导率叶绿素含量、脯氨酸含量、丙二醛含量和可溶性蛋白含量6个抗旱指标的变化，综合评价这4种植物的耐旱性[23]；徐晓雯[24]通过盆栽试验研究了4种典型的草本植物在黄土高原矿区的生长状况、水分生理指标、抗氧化酶系统、光合生理特性，以上相关研究与本研究具有相似的结果。

4 结论

矿山废弃土壤不良的土壤理化性质对2种景天的生理变化造成一定的影响，废弃土壤降低了景天叶片的含水量和叶绿素含量，使膜脂过氧化程度加剧，但景天可以通过增加渗透调节物质和激发抗氧化系统来降低土壤理化性质不良给植物造成的逆境胁迫。同时，不同景天对不同类型废弃地的适应性不同，德国景天的适应性为排土场土壤>尾矿砂>采矿区土壤，胭脂红景天的适应性为排土场土壤>采矿区土壤>尾矿砂。

参考文献

[1] Peter, J, Golos, Kingsley, W, Dixon. Topsoil Stockpiles Minimizes Viability Decline in the Soil Seed Bank in an Arid Environment[J]. Restoration Ecology, 2014, 22(4): 495-501.

[2] Gwenzi W, Hinz C, And T, Veneklaas E J. Transpiration and water relations of evergreen shrub species on an artificial landform for mine waste storage versus an adjacent natural site in semi-arid Western Australia[J]. Ecohydrology, 2014, 7(3): 965-981.

[3] Arnold S, Kailichova Y, Knauer J, et al. Effects of soil water potential on germination of co-dominant Brigalow species: Implications for rehabilitation of water-limited ecosystems in the Brigalow Belt bioregion[J]. Ecological Engineering, 2014.

[4] Audet P, Arnold S, Lechner A M, et al. Site-specific climate analysis elucidates revegetation challenges for post-mining landscapes in eastern Australia[J]. Biogeosciences, 2013, 10(10): 1-14.

[5] Gupta A, Rico-Medina A, Caño-Delgado AI. The physiology of plant responses to drought[J]. Science (American Association for the Advancement of Science), 2020, 368 (6488): 266-269.

[6] 冯黎. 北京地区部分景天属植物抗旱性及园林应用研究[D]. 北京: 北京林业大学, 2015.

[7] Heneghan L, Miller S P, Baer S, et al. Integrating Soil Ecological Knowledge into Restoration Management[J]. Restoration Ecology, 2010, 16(4): 608-617.

[8] Cipriotti P A, Flombaum P, Sala O E, et al. Does drought control emergence and survival of grass seedlings in semi-arid rangelands?: An example with a Patagonian species [J]. Journal of Arid Environments, 2008, 72(3): 162-174.

[9] Westoby, Wright, Ij. Land-plant ecology on the basis of functional traits[J]. Trends in Ecology and Evolution, 2006, 21(5): 261-268.

[10] Byrne PJ, Carty B. Developments in the measurement of

air filled porosity of peat substrates. [J]. Acta Horticulturae, 1989(238): 37-44.
[11] 鲁如坤. 土壤农业化学分析方法[M]. 北京: 中国农业科技出版社, 1999.
[12] 李合生. 植物生理生化实验原理和技术[M]. 北京: 高等教育出版社, 2000.
[13] Praba ML, Cairns JE, Babu RC, et al. Identification of Physiological Traits Underlying Cultivar Differences in Drought Tolerance in Rice and Wheat[J]. Journal of Agronomy & Crop Science, 2010, 195(1): 30-46.
[14] Benjamin JG, Nielsen DC. Water deficit effects on root distribution of soybean, field pea and chickpea[J]. Field crops research, 2006.
[15] Herbinger K, Tausz M, Wonisch A, et al. Grill D. Complex interactive effects of drought and ozone stress on the antioxidant defence systems of two wheat cultivars[J]. Plant Physiology & Biochemistry, 2002, 40(6-8): 691-696.
[16] Apel K, Hirt H. Reactive oxygen species: metabolism, oxidative stress, and signal transduction[J]. Annual Review of Plant Biology, 2004, 55(1): 373-399.
[17] Smirnoff N. The role of active oxygen in the response of plants to water deficit and desiccation[J]. New Phytologist, 2010, 125(1): 27-58.
[18] Miller IM, Jensen PE, Hansson A. Oxidative Modifications to Cellular Components in Plants[J]. Annual review of plant biology, 2007, 58(1): 459-481.
[19] Horváth E, Pál M, Szalai G, et al. Exogenous 4-hydroxybenzoic acid and salicylic acid modulate the effect of short-term drought and freezing stress on wheat plants[J]. Biologia Plantarum, 2007, 51(3): 480-487.
[20] Rhodes D, Samaras Y. Genetic Control of Osmoregulation in Plants[M]. 1994.
[21] 郭洋楠, 孙安安, 吕凯, 等. 三种强旱生植物在鄂尔多斯矿区生物修复中的生理生态适应性[J]. 水土保持通报, 2020: 1-8.
[22] 张蓉蓉. 黄土高原矿区典型木本植物幼苗对干旱胁迫的生态适应性研究[D]. 太原: 山西大学, 2015.
[23] Bateman A, Lewandrowski W, Stevens JC, et al. Ecophysiological Indicators to Assess Drought Responses of Arid Zone Native Seedlings in Reconstructed Soils[J]. Land Degradation & Development, 2018, 29(4): 984-993.
[24] 徐晓雯. 黄土高原矿区4种草本植物对干旱胁迫的生态适应性研究[D]. 太原: 山西大学, 2014.

八仙花品种抗寒性评价研究

章敏[1]　吕彤[2]*　吕英民[1]*

([1]花卉种质创新与分子育种北京市重点实验室，国家花卉工程技术研究中心，城乡生态环境北京实验室，园林环境教育部工程研究中心，林木花卉遗传育种教育部重点实验室，园林学院，北京林业大学，北京 100083；[2]北京植物园植物研究所，北京 100094)

摘要　以 17 个八仙花属植物品种为试验材料进行低温胁迫处理，测定不同品种的相对电导率、MDA 含量、SOD 活性、POD 活性、CAT 活性和可溶性蛋白含量，利用主成分分析法和隶属函数法综合评价八仙花品种的抗寒性。结果表明，供试材料的抗寒性从强到弱依次为：'粉色贝拉安娜'>'夏日美人'>'无敌贝拉安娜'>'粉钻'>'石灰灯'>'贝拉安娜'>'紫水晶'>'雪花'>'无尽夏'>'开格卡'>'奥瑞迪可阿玛措'>'白波'>'初恋'>'小绿'>'青山绿水'>多花柳叶绣球>多花西南绣球，总体来说乔木绣球抗寒性最强，圆锥绣球和栎叶绣球次之，大花绣球、粗齿绣球、粗齿大花杂交绣球、多花柳叶绣球和多花西南绣球相对较弱。

关键词　八仙花属；抗寒性；生理指标；综合评价

Evaluation of Cold Resistance of *Hydrangea* Cultivars

ZHANG Min[1]　LYU Tong[2]*　LYU Ying-min[1]*

([1]*Beijing Key Laboratory of Ornamental Plants Germplasm Innovation & Molecular Breeding*, *National Engineering Research Center for Floriculture*, *Beijing Laboratory of Urban and Rural Ecological Environment*, *Engineering Research Center of Landscape Environment of Ministry of Education*, *Key Laboratory of Genetics and Breeding in Forest Trees and Ornamental Plants of Ministry of Education*, *School of Landscape Architecture*, *Beijing Forestry University*, *Beijing* 100083, *China*；[2]*Plant Institute*, *Beijing Botanical Garden*, *Beijing* 100094, *China*)

Abstract　The relative conductivity, MDA content, SOD activity, POD activity, CAT activity and soluble protein content of 17 cultivars of *Hydrangea* were measured under low temperature stress. The cold resistance of *Hydrangea* was evaluated by principal component analysis and membership function. The results showed that the order of cold resistance of the tested materials from strong to weak was *Hydrangea arborescens* 'Invincibelle Spirit' > *Hydrangea paniculata* 'Summer Beauty' > *Hydrangea arborescens* 'Incrediball' > *Hydrangea paniculata* 'Pink Diamond' > *Hydrangea paniculata* 'Lime lamp' > *Hydrangea arborescens* 'Bella Anna' > *Hydrangea quercifolia* 'Amethyst' > *Hydrangea quercifolia* 'Snowflake' > *Hydrangea macrophylla* 'Endless summer' > *Hydrangea serrata* 'Shiro Gaku' > *Hydrangea serratophlla* 'Odoriko Amacha' > *Hydrangea serrata* 'White Wave' > *Hydrangea serrata* 'First love' > *Hydrangea macrophylla* 'Tiny Green' > *Hydrangea macrophylla* Qingshanlvshui > *Hydrangea stenohylla* var. > *Hydrangea davidii* var.. In general, *Hydrangea arborescens* has the best cold resistance, followed by *Hydrangea paniculata* and *Hydrangea quercifolia*, *Hydrangea macrophylla*, *Hydrangea serrata*, *Hydrangea serratophlla*, *Hydrangea stenohylla* var. and *Hydrangea davidii* var. were relatively weak.

Key words　*Hydrangea*；Cold resistance；Physiological indexes；Comprehensive evaluation

八仙花属(*Hydrangea*)植物具有良好的观赏价值及园林应用价值，但其在北方地区的应用受到冬季低温的影响较大，探究八仙花品种的抗寒能力，对今后八仙花的园林应用和抗寒新品种的选育具有指导意义。

目前已有许多针对八仙花品种的抗性研究(任倩 等，2020)，主要包括抗旱性(孙欧文，2019；蔡建国 等，2018；章毅，2018；谭艳，2010)、耐阴性(潘月 等，2021)、抗重金属胁迫(邢春艳 等，2020；陈海霞 等，2019)，但其中对于耐寒性的研究较少(雷帅 等，2015)。

---

1 基金项目：北京市公园管理中心资助项目(项目编号：2019-ZW-08)。
第一作者简介：章敏(1996-)，女，硕士研究生，主要从事园林植物繁殖栽培研究。
* 通讯作者：吕彤(项目负责人)，Chinabjlutong@163.com；吕英民，E-mail：luyingmin@bjfu.edu.cn。

1 材料与方法

1.1 试验材料

试验材料为八仙花属17个种或品种(表1),分别为3个乔木绣球(*Hydrangea arborescens*)、2个栎叶绣球(*Hydrangea quercifolia*)、3个圆锥绣球(*Hydrangea paniculata*)、3个大花绣球(*Hydrangea macrophylla*)、3个粗齿绣球(*Hydrangea serrata*)、粗齿大花杂交绣球(*Hydrangea serratophlla*)、多花柳叶绣球(*Hydrangea stenohylla*)和多花西南绣球(*Hydrangea davidii*),种植于北京植物园苗圃内,进行常规养护管理。

表1 供试八仙花品种信息

Table 1 Information of *Hydrangea* cultivars used in this study

	品种名	品种拉丁名	品系
1	'无敌贝拉安娜'	H. arborescens 'Incrediball'	乔木绣球
2	'贝拉安娜'	H. arborescens 'Bella Anna'	乔木绣球
3	'粉色贝拉安娜'	H. arborescens 'Invincibelle Spirit'	乔木绣球
4	'雪花'	H. quercifolia 'Snowflake'	栎叶绣球
5	'紫水晶'	H. quercifolia 'Amethyst'	栎叶绣球
6	'石灰灯'	H. paniculata 'Lime lamp'	圆锥绣球
7	'粉钻'	H. paniculata 'Pink Diamond'	圆锥绣球
8	'夏日美人'	H. paniculata 'Summer Beauty'	圆锥绣球
9	'无尽夏'	H. macrophylla 'Endless summer'	大花绣球
10	'小绿'	H. macrophylla 'Tiny Green'	大花绣球
11	'青山绿水'	H. macrophylla. 'Qingshanlvshui'	大花绣球
12	'白波'	H. serrata 'White Wave'	粗齿绣球
13	'初恋'	H. serrata 'First love'	粗齿绣球
14	'开格卡'	H. serrata 'Shiro Gaku'	粗齿绣球
15	'奥瑞迪可阿玛措'	H. serratophlla 'Odoriko Amacha'	粗齿大花杂交绣球
16	多花柳叶绣球	H. stenohylla var.	多花柳叶绣球
17	多花西南绣球	H. davidii var.	多花西南绣球

1.2 试验方法

2019年11月下旬选取不同八仙花品种成熟健壮且无病虫害的一年生枝条为试验材料,将其去除叶片后剪成长度约为10cm的小段,每个品种分成18组(3次生物学重复,6个梯度),放入自封塑料袋中进行不同温度的低温胁迫处理。

设置6个温度梯度:0℃,-5℃,-10℃,-15℃,-20℃,-25℃,以2.5℃/h的速度降温,降到相应温度时保持12h,每个品种取出1份,放入4℃冰箱中解冻12h后取出,进行相对电导率及其他生理指标测定,每个指标重复测定3次。

1.3 指标测定方法

参照李合生(2000)的方法,采用电导率仪测定相对电导率,通过Logistic方程计算出半致死温度(LT_{50}),硫代巴比妥酸显色法测定丙二醛(MDA)含量,氮蓝四唑法测定超氧化物歧化酶(SOD)活性,愈创木酚法测定过氧化物酶(POD)活性,紫外吸收法测定过氧化氢酶(CAT)活性,考马斯亮蓝G-250法测定可溶性蛋白含量。

1.4 数据统计与处理

采用Excel 2007进行数据统计,用SPSS 22.0软件进行方差分析、指标的相关性分析和主成分分析,利用隶属函数法对八仙花品种的抗寒性进行综合评价。主要运用的公式如下:

(1)权重

$$D_i = \sum_{i,j=1}^{n}(F_{ij} \times Y_{ij})$$

$$W_i = D_i / \sum_{i=1}^{n} D_i$$

注:D_i表示各指标对抗寒性的作用大小,F_{ij}表示该指标在第j主成分上的负荷量,Y_{ij}表示第j主成分的贡献率,W_i表示各指标的权重。

(2)隶属度值

当指标与抗寒性呈正相关时,$U_{ij} = (x_{ij} - x_{imin})/(x_{imax} - x_{imin})$,当指标与抗寒性呈负相关时,$U_{ij} = (x_{imax} - x_{ij})/(x_{imax} - x_{imin})$。

注:U_{ij}表示各指标的隶属度值,x_{ij}表示第i个品种的第j个指标的测定值,x_{imax}、x_{imin}分别表示第i个品种的第j项指标的最大值和最小值。

(3)抗寒性综合指数

根据各指标隶属度值与各指标权重,计算出抗寒性综合指数(D),依据其大小确定树种的抗寒性强弱。

$$D = \sum_{i=1}^{n}(W_i \times U_{ij})$$

2 结果与分析

2.1 低温胁迫下八仙花细胞膜透性变化

如图2所示,17个八仙花品种的相对电导率均随着温度的降低而升高,温度与相对电导率之间呈显著负相关,且各品种相对电导率的差异显著(表2)。乔木绣球、栎叶绣球和圆锥绣球的电导率在0~-25℃之间呈现先缓慢上升,后加速上升的趋势,在0~-20℃之间这8个品种的相对电导率都不超过50%,变化也比较平缓,表明在这一阶段,这8个品种的细胞膜损伤很小,抗寒性较好,在-20~-25℃之间增幅增大。大花绣球、粗齿绣球、粗齿大花杂交绣球、多花柳叶绣球和多花西南绣球的相对电导率在0~-25℃

图 1 八仙花品种

Fig. 1 Hydrangea cultivars

注：图中 A，B，C，D，E，F，G，H，I，J，K，L，M，N，O，P，Q 分别表示'无敌贝拉安娜''贝拉安娜''粉色贝拉安娜''雪花''紫水晶''石灰灯''粉钻''夏日美人''无尽夏''小绿''青山绿水''白波''初恋''开格卡''奥瑞迪可阿玛措'，多花柳叶绣球，多花西南绣球。

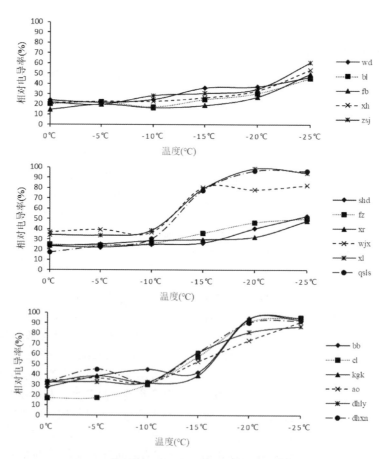

图 2 不同低温下八仙花品种的相对电导率

Fig. 2 Relative electric conductivity of *Hydrangea* cultivars exposed to different temperatures

注：图中 wd，bl，fb，xh，zsj，shd，fz，xr，wjx，xl，qsls，bb，cl，kgk，ao，dhly，dhxn 分别表示'无敌贝拉安娜''贝拉安娜''粉色贝拉安娜''雪花''紫水晶''石灰灯''粉钻''夏日美人''无尽夏''小绿''青山绿水''白波''初恋''开格卡''奥瑞迪可阿玛措'，多花柳叶绣球，多花西南绣球，下同。

表2 不同品种八仙花的相对电导率

Table 2 Relative electric conductivity of *Hydrangea*

品种	0℃	-5℃	-10℃	-15℃	-20℃	-25℃
'无敌贝拉安娜'	23.83 ± 2.72abc	21.67 ± 0.74bc	24.56 ± 1.80bc	36.06 ± 2.90efg	37.34 ± 2.02ef	46.79 ± 1.79d
'贝拉安娜'	20.14 ± 1.70abc	22.13 ± 4.03bc	17.22 ± 1.74c	24.54 ± 2.43fg	30.61 ± 2.18f	45.42 ± 1.75d
'粉色贝拉安娜'	14.73 ± 1.82c	19.77 ± 0.70bc	16.53 ± 2.22c	18.77 ± 1.99g	27.13 ± 1.53f	49.65 ± 2.62d
'雪花'	21.07 ± 2.59abc	22.69 ± 1.70bc	22.71 ± 3.19bc	26.45 ± 3.43fg	33.33 ± 10.34ef	53.57 ± 1.91cd
'紫水晶'	21.64 ± 3.34abc	19.59 ± 3.10bc	28.42 ± 3.03abc	30.66 ± 4.01fg	34.99 ± 1.58ef	60.90 ± 2.31c
'石灰灯'	23.13 ± 2.77abc	22.05 ± 4.04bc	24.84 ± 3.73abc	26.27 ± 1.31fg	40.48 ± 4.59ef	52.80 ± 1.28cd
'粉钻'	24.93 ± 5.81abc	23.94 ± 5.68bc	26.00 ± 1.48abc	35.94 ± 2.35efg	46.32 ± 2.05e	49.97 ± 10.13d
'夏日美人'	23.60 ± 2.37abc	25.16 ± 2.78bc	28.48 ± 2.80abc	29.60 ± 4.29fg	32.10 ± 5.84ef	47.76 ± 1.48d
'无尽夏'	36.92 ± 5.89a	39.46 ± 4.22ab	36.69 ± 11.19abc	80.26 ± 14.99a	78.19 ± 10.86cd	82.29 ± 4.25b
'小绿'	34.18 ± 9.92ab	33.76 ± 0.88abc	38.59 ± 6.65ab	78.87 ± 12.52ab	98.80 ± 0.41a	94.59 ± 1.81a
'青山绿水'	17.23 ± 2.88bc	23.57 ± 2.09bc	30.38 ± 12.20abc	77.49 ± 4.37ab	96.39 ± 2.07a	96.03 ± 2.26a
'白波'	27.24 ± 3.15abc	38.20 ± 15.95ab	44.78 ± 2.41a	41.81 ± 7.04def	94.42 ± 3.82ab	93.25 ± 1.09a
'初恋'	16.72 ± 1.15bc	17.16 ± 1.50c	29.98 ± 9.24abc	57.07 ± 1.48cd	91.07 ± 1.95abc	95.21 ± 1.62a
'开格卡'	31.77 ± 13.73abc	38.62 ± 10.43ab	31.42 ± 8.85abc	38.85 ± 4.50ef	93.97 ± 2.79ab	95.05 ± 1.94a
'奥瑞迪可阿玛措'	33.18 ± 3.35abc	36.32 ± 3.97abc	31.39 ± 4.16abc	52.52 ± 2.71cde	73.17 ± 2.01d	91.16 ± 2.43ab
多花柳叶绣球	31.75 ± 3.08abc	32.66 ± 1.57abc	31.96 ± 5.34abc	61.04 ± 3.43bc	80.99 ± 2.07bcd	86.82 ± 2.44ab
多花西南绣球	32.68 ± 8.67abc	45.12 ± 9.52a	32.29 ± 0.35abc	61.28 ± 1.73bc	90.34 ± 0.57abc	92.25 ± 1.81ab

注：各指标同一列数字后不同小写字母表示差异显著（$P<0.05$）。

之间随温度的降低而呈"S"型上升趋势，尤其是在-10~-20℃之间电导率增幅较大，表明随着温度降低，细胞膜受到的损伤逐渐变大，细胞膜透性增加，至-25℃时均达到了80%以上，表明这些品种的抗寒性较弱。

根据不同低温下的相对电导率，通过Logistic方程计算出不同品种八仙花的回归方程及半致死温度如表3所示。结果表明，'夏日美人'和'贝拉安娜'的半致死温度低于-30℃，表明这两个品种的抗寒能力最强，'无尽夏'和'小绿'的半致死温度分别为-8.53℃和-8.57℃，表明这两个品种的抗寒能力最弱。根据半致死温度对各八仙花品种进行抗寒能力强弱排序依次为：'夏日美人'>'贝拉安娜'>'无敌贝拉安娜'>'粉色贝拉安娜'>'雪花'>'石灰灯'>'粉钻'>'紫水晶'>'初恋'>'奥瑞迪可阿玛措'>'开格卡'>多花柳叶绣球>'青山绿水'>'白波'>多花西南绣球>'小绿'>'无尽夏'。

总体来说，乔木绣球平均半致死温度低于-30℃、栎叶绣球和圆锥绣球的半致死温度均低于-20℃，而大花绣球、粗齿绣球、粗齿大花杂交绣球、多花柳叶绣球和多花西南绣球的半致死温度均为-10℃左右。因此，从半致死温度来看，乔木绣球的抗寒性更好，栎叶绣球和圆锥绣球次之，大花绣球、粗齿绣球、粗齿大花杂交绣球、多花柳叶绣球和多花西南绣球相对较弱。

表3 八仙花低温胁迫中相对电导率回归方程及半致死温度（LT_{50}）

Table 3 Logistic equation of the relative electric conductivity of *Hydrangea* and them Semilethal temperature(LT_{50}) during a natural drop in temperature

品种 Cultivars	回归方程 Logistic equation	拟合度 R^2	半致死温度(℃) LT_{50}
'无敌贝拉安娜'	$50=100/(1+4.078e^{0.048x})$	0.90	-29.28
'贝拉安娜'	$50=100/(1+5.642e^{0.053x})$	0.76	-32.65
'粉色贝拉安娜'	$50=100/(1+9.106e^{0.076x})$	0.76	-29.06
'雪花'	$50=100/(1+5.374e^{0.061x})$	0.80	-27.57
'紫水晶'	$50=100/(1+5.459e^{0.071x})$	0.82	-23.91
'石灰灯'	$50=100/(1+4.915e^{0.061x})$	0.84	-26.10
'粉钻'	$50=100/(1+3.888e^{0.054x})$	0.92	-25.15
'夏日美人'	$50=100/(1+3.759e^{0.040x})$	0.80	-33.10
'无尽夏'	$50=100/(1+2.407e^{0.103x})$	0.80	-8.53
'小绿'	$50=100/(1+4.011e^{0.162x})$	0.86	-8.57
'青山绿水'	$50=100/(1+16.064e^{0.249x})$	0.94	-11.15
'白波'	$50=100/(1+3.842e^{0.128x})$	0.79	-10.52
'初恋'	$50=100/(1+17.602e^{0.223x})$	0.96	-12.86
'开格卡'	$50=100/(1+4.402e^{0.129x})$	0.71	-11.49
'奥瑞迪可阿玛措'	$50=100/(1+3.520e^{0.107x})$	0.84	-11.76
多花柳叶绣球	$50=100/(1+3.840e^{0.120x})$	0.88	-11.21
多花西南绣球	$50=100/(1+3.078e^{0.120x})$	0.81	-9.37

2.2 低温胁迫下 MDA 含量变化

如图3所示,随着温度的降低,大多数八仙花品种的 MDA 含量呈现出先增加后减少的趋势,且各八仙花品种间的 MDA 含量差异显著。

具体来说,随着温度的下降,'紫水晶'和'开格卡'的 MDA 含量呈上升趋势,表明温度的下降导致它们的膜脂过氧化作用加强,使得 MDA 含量累积,上升幅度较小,说明抗寒性较好;'夏日美人'的 MDA 含量呈下降趋势,但其含量低且较为平稳,而'初恋' MDA 含量很高且随温度的降低 MDA 含量下降幅度很大,可能是由于低温导致其部分细胞生理功能减弱或死亡,抗寒性较差;其余八仙花品种的 MDA 含量均呈现先增加后减少的变化趋势,表明在低温胁迫初期它们的细胞膜脂过氧化作用增强,膜脂过氧化产物 MDA 含量增加,而到了某个温度临界以后,可能是由于低温导致其部分细胞生理功能减弱甚至细胞死亡,从而导致了 MDA 含量下降。其中,大花绣球'小绿'和'青山绿水'的 MDA 含量增幅较大,分别增加了 0.65 倍和 1.4 倍且含量较高,表明其遭受的膜脂过氧化胁迫较大,抗寒性较差。

总体而言,在整个低温处理过程中,栎叶绣球、粗齿大花杂交绣球、圆锥绣球、乔木绣球的 MDA 含量较低并且随温度下降其变化幅度较小,说明抗寒性较好;大花绣球、多花西南绣球、多花柳叶绣球和粗齿绣球的 MDA 含量较高。

2.3 低温胁迫下 SOD 活性变化

如图4所示,随着处理温度的降低,各八仙花品种的 SOD 活性趋势均为先升高后降低,表明在开始阶段这些品种的 SOD 活性能及时响应低温胁迫而升

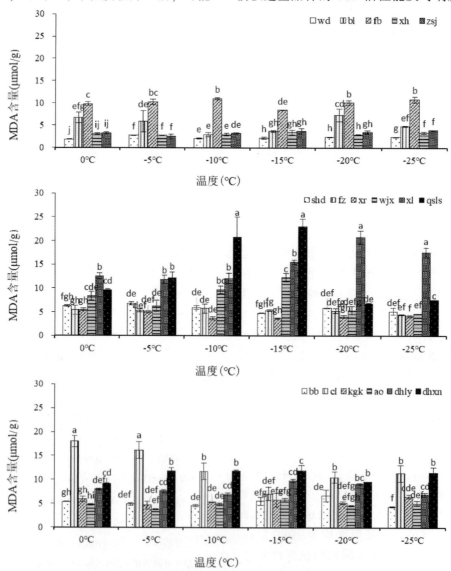

图3 不同低温下八仙花品种的丙二醛含量

Fig. 3 MDA content of *Hydrangea* cultivars exposed to different temperatures

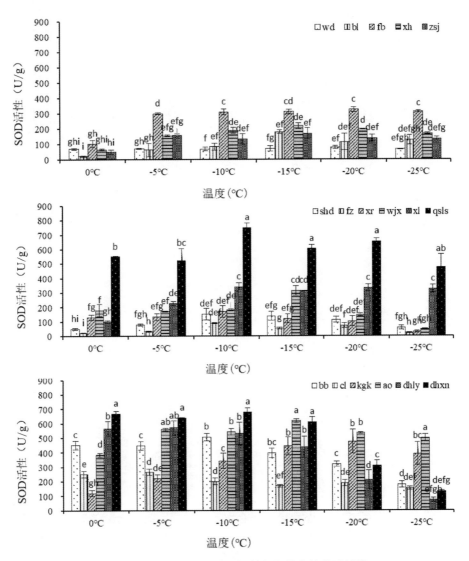

图4 不同低温下八仙花品种的超氧化物歧化酶活性

Fig. 4 SOD activity of *Hydrangea* cultivars exposed to different temperatures

高以应对过氧化胁迫,而后受到更低温度的抑制,SOD活性降低。

其中,多花柳叶绣球在-5℃时SOD活性就达到了最高值,之后随温度的降低而降低了87.88%,表明低温对它造成的伤害较大,抗寒性较差。

各八仙花品种间的SOD活性差异显著。总体来看,圆锥绣球、栎叶绣球和乔木绣球的SOD活性较低,粗齿大花杂交绣球、多花西南绣球、多花柳叶绣球、大花绣球和粗齿绣球的SOD活性较高。

2.4 低温胁迫下POD活性变化

如图5所示,随着温度的降低,各八仙花品种的POD活性的变化趋势不一,多数八仙花品种的POD活性呈现出先升高后降低的趋势。

具体来说,'夏日美人''无尽夏'和多花西南绣球的POD活性呈上升趋势,其中'无尽夏'的增幅较大;'雪花''石灰灯'和'初恋'的POD活性呈下降趋势,其中'雪花'和'石灰灯'的变化幅度较小;其余八仙花品种的POD活性均随温度的降低而呈现出先升高后降低的趋势,表明在开始阶段这些品种的POD活性能够及时响应低温胁迫而升高以应对过氧化胁迫,而后受到更低温度的抑制,POD活性降低。

其中,'青山绿水'的POD活性增幅最大,在-10℃时迅速升高了96.55%,表明它具备在-10℃时存活的生理基础,而后在-15℃时迅速降低了55.51%,下降幅度大于其他品种,其活性的骤降可能是因为低温对它伤害较大,意味着该品种在此温度下可能已受冻害,使得酶活性降低,因此抗寒性较弱。'粉色贝拉安娜'的POD活性在整个低温胁迫中都显著高于其他品种,说明它通过保护酶系统进行调

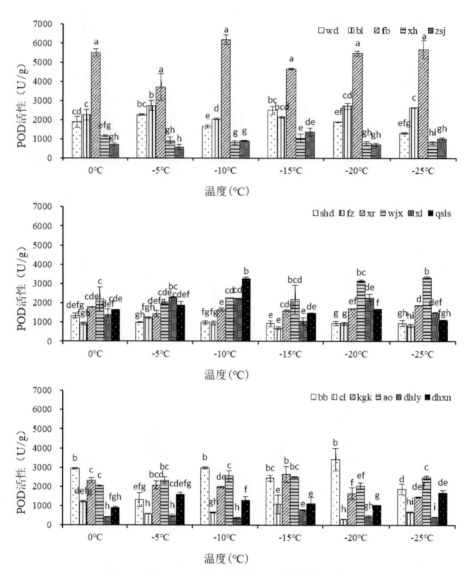

图5 不同低温下八仙花品种的过氧化物酶活性

Fig. 5　POD activity of *Hydrangea* cultivars exposed to different temperatures

节，具有较强的抗寒能力。

各八仙花品种间的POD活性差异显著。总体来看，在整个低温处理过程中，乔木绣球、粗齿大花杂交绣球、大花绣球和粗齿绣球的POD活性较高，多花西南绣球、圆锥绣球、栎叶绣球和多花柳叶绣球的POD活性较低。

2.5 低温胁迫下CAT活性变化

如图6所示，随着温度的降低，各八仙花品种的CAT活性的变化趋势不一，多数八仙花品种的CAT活性呈现出先升高后降低的趋势，表明在开始阶段这些八仙花品种的CAT活性能够及时响应低温胁迫而升高以起保护酶作用，而后受更低温度的影响，CAT活性降低。

其中，'无敌贝拉安娜'的CAT活性增幅最大，增加了4.07倍，'贝拉安娜'CAT活性减少的幅度最小，降低了11.5%，说明抗寒性较好。'青山绿水'的CAT活性减小的幅度最大，降低了86.93%，说明其抗寒性较差。

各八仙花品种间的CAT活性差异显著。总体来看，在整个低温处理过程中，圆锥绣球、乔木绣球和大花绣球的CAT活性较高，粗齿大花杂交绣球、粗齿绣球、多花柳叶绣球、多花西南绣球和栎叶绣球的CAT活性较低。

2.6 低温胁迫下可溶性蛋白含量变化

在低温胁迫下，17个八仙花品种的可溶性蛋白含量变化趋势如图7所示。随温度的降低，除了'石灰灯''小绿''白波'和'初恋'的可溶性蛋白含量逐渐降低，其余八仙花品种的可溶性蛋白含量随温度的

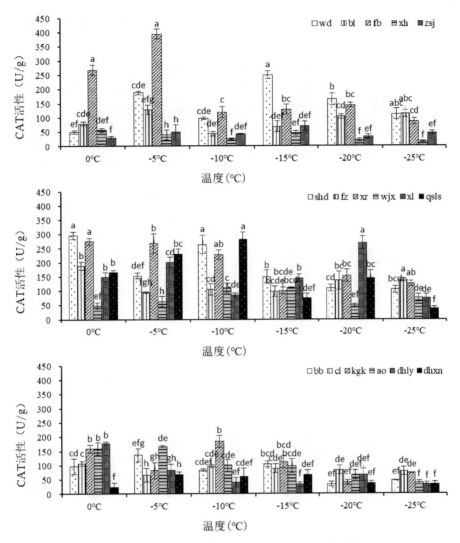

图 6 不同低温下八仙花品种的过氧化氢酶活性
Fig. 6 CAT activity of *Hydrangea* cultivars exposed to different temperatures

下降而呈现先增加后减少的趋势。

其中，'青山绿水'的可溶性蛋白含量随温度的降低增幅最大，在-10℃时迅速升高了125.57%，表明它具备在-10℃时存活的生理基础，而后在-15℃时迅速降低了68.48%，下降幅度大于其他品种，其含量的骤降可能是因为低温对它伤害较大，抵抗-15℃以下的低温的能力较差。'无敌贝拉安娜'的可溶性蛋白含量随温度的降低增幅较大，'粉色贝拉安娜'和'夏日美人'的可溶性蛋白含量在整个低温处理过程中较高，这3个品种的抗寒性较好。

各八仙花品种间可溶性蛋白含量的差异达到了显著水平。总体来看，在整个低温处理过程中，乔木绣球、圆锥绣球、粗齿大花杂交绣球和粗齿绣球的可溶性蛋白含量较高，栎叶绣球、大花绣球、多花西南绣球和多花柳叶绣球的可溶性蛋白含量较低。

2.7 抗寒性综合评价

2.7.1 抗寒指标相关性

将测定的17个八仙花品种枝条的LT_{50}、相对电导率、丙二醛含量、SOD活性、POD活性、CAT活性和可溶性蛋白含量进行相关性分析，得出相关矩阵如表4所示。从表中可以看出，各个变量之间均存在一定的相关性：LT_{50}与相对电导率、丙二醛、SOD达到极显著正相关，POD、CAT和可溶性蛋白与LT_{50}呈负相关，相对电导率与丙二醛、SOD达到极显著正相关，丙二醛与SOD显著相关，POD与CAT显著相关，可溶性蛋白与POD和CAT呈极显著正相关。指标间提供的信息有一定的重叠和疏漏，因此不能单独依赖某个指标对八仙花品种进行抗寒性评价。

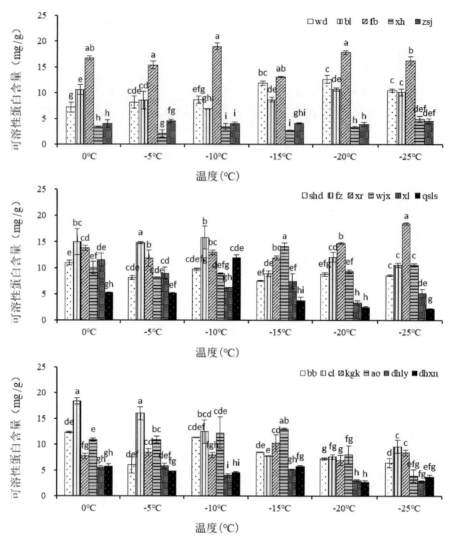

图 7 不同低温下八仙花品种的可溶性蛋白含量

Fig. 7 Soluble protein content of *Hydrangea* cultivars exposed to different temperatures

表 4 八仙花品种抗寒指标相关性分析

Table 4 Correlation analysis among cold resistance indices of *Hydrangea* cultivars

	LT_{50}	相对电导率	丙二醛	SOD	POD	CAT	可溶性蛋白
LT_{50}	1.000						
相对电导率	0.976**	1.000					
丙二醛	0.569**	0.575**	1.000				
SOD	0.707**	0.687**	0.483*	1.000			
POD	-0.130	-0.156	0.109	0.136	1.000		
CAT	-0.326	-0.256	0.187	-0.128	0.419*	1.000	
可溶性蛋白	-0.371	-0.353	-0.027	-0.358	0.565**	0.636**	1.000

注：*表示指标间相关性显著($P<0.05$)；**表示指标间相关性显著($P<0.01$)。

2.7.2 抗寒指标主成分分析及指标权重的确定

将各八仙花品种的相对电导率、丙二醛含量、SOD 活性、POD 活性、CAT 活性和可溶性蛋白含量进行主成分分析，得到各主成分的特征值和贡献率（表 5），抽取特征值>1 的前两个主成分，累计贡献率>70%，可以反映绝大部分信息。

根据前两个主成分分析各指标的负荷量，计算各指标对 17 个八仙花品种抗寒性的作用大小，按照公式确定权重，结果如表 6 所示。根据权重大小判断出与八仙花品种抗寒性关系最大的指标依次为可溶性蛋白含量、相对电导率、SOD 活性、CAT 活性、丙二醛含量、POD 活性。

表5 八仙花品种抗寒性指标的特征值及相应贡献率
Table 5 Eigenvalue and contribution rate of cold resistance indices of *Hydrangea* cultivars

主成分	特征向量		
	特征值	贡献率(%)	累计贡献率(%)
1	2.514	41.905	41.905
2	1.899	31.652	73.557
3	0.706	11.769	85.326
4	0.399	6.657	91.982
5	0.329	5.483	97.465
6	0.152	2.535	100.000

表6 八仙花品种抗寒性指标的负荷量和权重
Table 6 Capacity and weight of cold resistance indices of *Hydrangea* cultivars

指标	负荷量		|F1×Y1|+|F2×Y2|	权重
	主成分1	主成分2		
相对电导率	0.816	0.387	0.464438	0.176543
丙二醛	0.443	0.711	0.4106849	0.15611
SOD	0.706	0.512	0.4579075	0.17406
POD	-0.444	0.655	0.3933788	0.149532
CAT	-0.592	0.590	0.4348244	0.165286
可溶性蛋白	-0.779	0.452	0.469507	0.17847

2.7.3 抗寒指标隶属度及综合指数值

按照公式计算出17个八仙花品种抗寒性相关指标的隶属度值，结果如表7所示。再根据指标权重，计算出各品种的综合指数值和排名（表8），结果表明，抗寒性强弱顺序为：'粉色贝拉安娜'>'夏日美人'>'无敌贝拉安娜'>'粉钻'>'石灰灯'>'贝拉安娜'>'紫水晶'>'雪花'>'无尽夏'>'开格卡'>'奥瑞迪可阿玛措'>'白波'>'初恋'>'小绿'>'青山绿水'>多花柳叶绣球>多花西南绣球。

总体来说，乔木绣球的抗寒性最好，圆锥绣球和栎叶绣球次之，大花绣球、粗齿绣球、粗齿大花杂交绣球、多花柳叶绣球和多花西南绣球相对较弱，这与计算半致死温度得到的结果相一致。

2.7.4 聚类分析

根据综合指数值将17个八仙花品种进行聚类分析，结果如图8所示。结果表明，在相似系数5.0水平上，可以将这17个八仙花品种分为3类：抗寒性较强的有'粉色贝拉安娜''夏日美人''无敌贝拉安娜''粉钻''石灰灯''贝拉安娜'共6个品种，抗寒性中等的有'紫水晶''雪花''无尽夏''开格卡''奥瑞迪可阿玛措''白波''初恋'共7个品种，抗寒性较弱的为'小绿''青山绿水'、多花柳叶绣球和多花西南绣球。

表7 八仙花品种抗寒性指标的隶属度值
Table 7 Subordination value of cold resistance indices of *Hydrangea* cultivars

品种	电导率	丙二醛	SOD	POD	CAT	可溶性蛋白
'无敌贝拉安娜'	0.812	1.000	0.959	0.301	0.696	0.500
'贝拉安娜'	0.942	0.771	0.912	0.409	0.355	0.455
'粉色贝拉安娜'	1.000	0.388	0.581	1.000	0.991	1.000
'雪花'	0.857	0.937	0.785	0.089	0.000	0.000
'紫水晶'	0.786	0.916	0.852	0.078	0.073	0.063
'石灰灯'	0.815	0.723	0.908	0.112	0.924	0.430
'粉钻'	0.739	0.766	1.000	0.092	0.591	0.729
'夏日美人'	0.827	0.839	0.880	0.252	1.000	0.814
'无尽夏'	0.108	0.569	0.772	0.430	0.266	0.525
'小绿'	0.000	0.000	0.589	0.275	0.760	0.290
'青山绿水'	0.162	0.135	0.000	0.287	0.769	0.136
'白波'	0.168	0.768	0.386	0.425	0.319	0.407
'初恋'	0.308	0.202	0.716	0.055	0.336	0.662
'开格卡'	0.212	0.741	0.480	0.324	0.473	0.380
'奥瑞迪可阿玛措'	0.263	0.801	0.128	0.389	0.449	0.498
多花柳叶绣球	0.231	0.546	0.360	0.000	0.245	0.081
多花西南绣球	0.107	0.321	0.160	0.165	0.092	0.091

表 8 八仙花品种抗寒性综合指数

Table 8 Integrated index of cold resistance indices of *Hydrangea* cultivars

品种	电导率	丙二醛	SOD	POD	CAT	可溶性蛋白	综合指数	排序
'无敌贝拉安娜'	0.143	0.156	0.167	0.045	0.115	0.089	0.716	3
'贝拉安娜'	0.166	0.120	0.159	0.061	0.059	0.081	0.646	6
'粉色贝拉安娜'	0.177	0.061	0.101	0.150	0.164	0.178	0.830	1
'雪花'	0.151	0.146	0.137	0.013	0.000	0.000	0.448	8
'紫水晶'	0.139	0.143	0.148	0.012	0.012	0.011	0.465	7
'石灰灯'	0.144	0.113	0.158	0.017	0.153	0.077	0.661	5
'粉钻'	0.131	0.120	0.174	0.014	0.098	0.130	0.666	4
'夏日美人'	0.146	0.131	0.153	0.038	0.165	0.145	0.778	2
'无尽夏'	0.019	0.089	0.134	0.064	0.044	0.094	0.444	9
'小绿'	0.000	0.000	0.102	0.041	0.126	0.052	0.321	14
'青山绿水'	0.029	0.021	0.000	0.043	0.127	0.024	0.244	15
'白波'	0.030	0.120	0.067	0.064	0.053	0.073	0.406	12
'初恋'	0.054	0.031	0.125	0.008	0.055	0.118	0.392	13
'开格卡'	0.037	0.116	0.084	0.048	0.078	0.068	0.431	10
'奥瑞迪可阿玛措'	0.046	0.125	0.022	0.058	0.074	0.089	0.415	11
多花柳叶绣球	0.041	0.085	0.063	0.000	0.040	0.014	0.243	16
多花西南绣球	0.019	0.050	0.028	0.025	0.015	0.016	0.153	17

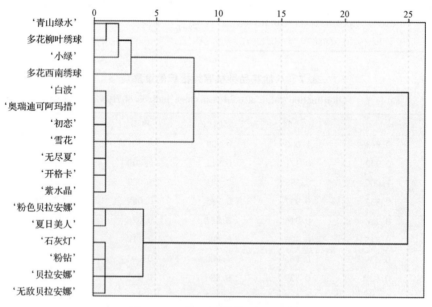

图 8 八仙花品种的聚类分析图

Fig. 8 Cluster analysis of *Hydrangea* cultivars

3 结论与讨论

3.1 低温胁迫对八仙花生理指标的影响

有研究表明,植物受到低温胁迫后首先发生的结构变化是细胞膜流动性的改变,这可能是植物感知低温胁迫的物理基础(Chinnusamy et al.,2010),细胞膜由液晶状态变为凝胶状态,膜透性增大,从而导致电解质大量外渗,使得相对电导率增大(Lyons,1973)。抗寒性强的植物细胞膜透性增大的程度较慢,抗寒性弱的植物细胞膜透性增大的程度较快(Hincha and Zuther,2014),因此我们通过测定各八仙花品种在低温胁迫下的相对电导率,就可以用来评价其抗寒性。本研究中,八仙花各品种的相对电导率均随着温度的降低而升高,抗寒性强的品种相对电导率变化幅度较小,抗寒性弱的品种相对电导率升高较快,这与大多数研究者的研究结果相一致(时朝,2010;田娟,2009)。

MDA 作为细胞膜脂过氧化的最终产物,其含量与植物受到的逆境胁迫程度相关,可以反映植物在低温胁迫下的生理状态(和红云 等,2007),MDA 与蛋白质结合会引起膜蛋白的变性,导致膜脂流动性降低,严重时可能导致细胞死亡(Chen et al.,2014)。本研究中,各品种的 MDA 含量均随温度的降低而升高,耐寒性较好的品种的 MDA 含量较低且随温度的降低 MDA 含量变化幅度较小,这与大多数研究者的研究结果相一致(马若晨,2021;王琪,2013)。

SOD 和 POD 共同作用可将有毒的自由基活性氧还原成水和氧分子,防止膜脂过氧化,其活性是衡量植物耐寒性的重要指标,其活性的提高可以减少逆境对植物的伤害。CAT 能清除膜脂过氧化产生的活性氧(Chen et al.,2014)。在遭受低温胁迫时,保护酶系统可清除过多的自由基,但是若自由基含量超过了保护酶系统的清除能力,植物就会受伤害甚至死亡(Low and Merida,1996)。本研究中,随着温度的降低,17 个八仙花品种的酶活性变化趋势多为先升高后降低,表明多数八仙花品种保护酶系统在开始阶段能及时响应低温胁迫,但在受到更低温度后,酶活性降低,这与大多数研究者的研究结果相一致(姜良宝,2020;尹航,2018)。

蛋白质含量的增加,有助于加强细胞的保水性能,降低冰点,对植物抗寒具有重要作用。本研究中,大多数八仙花品种的可溶性蛋白含量随温度的下降而呈现先增加后减少的趋势。其中'无敌贝拉安娜'增幅较大,'粉色贝拉安娜'和'夏日美人'的可溶性蛋白含量较高,抗寒性较好,而耐寒性较弱的品种的可溶性蛋白含量有明显降低,说明植物在低温胁迫期间,细胞内可溶性蛋白和抗寒性之间表现出较为明显的正相关,这与大多数研究者的结果相一致(李瑞雪,2019;窦坦祥,2013)。

3.2 八仙花的抗寒性评价

通过 Logistic 方程计算出 17 个八仙花品种的半致死温度分别为'无敌贝拉安娜'-29.28℃、'贝拉安娜'-32.65℃、'粉色贝拉安娜'-29.06℃、'雪花'-27.57℃、'紫水晶'-23.91℃、'石灰灯'-26.10℃、'粉钻'-25.15℃、'夏日美人'-33.10℃、'无尽夏'-8.53℃、'小绿'-8.57℃、'青山绿水'-11.15℃、'白波'-10.52℃、'初恋'-12.86℃、'开格卡'-11.49℃、'奥瑞迪可阿玛措'-11.76℃、多花柳叶绣球-11.21℃、多花西南绣球-9.37℃。

根据综合评价结果得出八仙花品种的抗寒性强弱顺序为:'粉色贝拉安娜'>'夏日美人'>'无敌贝拉安娜'>'粉钻'>'石灰灯'>'贝拉安娜'>'紫水晶'>'雪花'>'无尽夏'>'开格卡'>'奥瑞迪可阿玛措'>'白波'>'初恋'>'小绿'>'青山绿水'>多花柳叶绣球>多花西南绣球。

总体来说,乔木绣球抗寒性最强,圆锥绣球和栎叶绣球次之,大花绣球、粗齿绣球、粗齿大花杂交绣球、多花柳叶绣球和多花西南绣球相对较弱。

参考文献

蔡建国,章毅,孙欧文,等,2018. 绣球抗旱性综合评价及指标体系构建[J]. 应用生态学报,29(10):3175-3182.

陈海霞,李志奇,彭尽晖,等,2019. 铝胁迫对八仙花抗氧化酶系统的影响[J]. 湖南生态科学学报,6(4):7-13.

窦坦祥,2013. 10 个油茶品种的耐寒性评价[D]. 武汉:华中农业大学.

和红云,田丽萍,薛琳,2007. 植物抗寒性生理生化研究进展[J]. 天津农业科学(2):10-13.

姜良宝,2020. 梅花响应低温胁迫的生理变化和基因表达模式研究[D]. 北京:北京林业大学.

雷帅,蒋倩,汉梅兰,等,2015. 五种花灌木对低温胁迫的生理响应及抗寒性评价[J]. 甘肃农业大学学报,50(5):35-41+46.

李合生,2000. 植物生理生化实验原理和技术[M]. 北京:高等教育出版社.

李瑞雪,金晓玲,胡希军,等,2019. 低温胁迫下 6 种木兰科植物的生理响应及抗寒相关基因差异表达[J]. 生态学报,39(8):2883-2898.

马若晨,乔鑫,刘秀丽,2021. 4 个三角梅品种的耐寒性评价[J]. 分子植物育种,19(2):687-696.

潘月,张宪权,叶康,等,2021. 不同八仙花品种对遮阴和强光处理的生理响应与评价[J]. 福建农林大学学报(自然科学版),50(1):36-48.

任倩倩,郑建鹏,张京伟,等,2020. 绣球属抗逆性研究进展[J]. 安徽农业科学,48(11):26-28.

时朝,2010. 北京地区桂花引种评价及抗寒生理生化研究[D]. 北京:北京林业大学.

孙欧文,2019. 高温干旱胁迫对 4 个绣球品种生理生化特性的影响[D]. 临安:浙江农林大学.

谭艳,2010. 土壤干旱胁迫对八仙花生理生化特性的影响

[D]. 长沙：湖南农业大学.

田娟, 2009. 20个紫薇品种抗寒性比较研究[D]. 北京：北京林业大学.

王琪, 2013. 几个芍药品种对低温、干旱及盐碱胁迫的生理生化研究[D]. 北京：北京林业大学.

王琪, 于晓南, 2013. 3种彩叶树对低温的生理响应及抗寒性评价[J]. 北京：北京林业大学学报, 35(5)：104-109.

邢春艳, 周玉卿, 赵九洲, 等, 2020. 野生圆锥八仙花对Pb(NO$_3$)$_2$重金属胁迫的生长及生理响应[J]. 北方园艺(18)：71-77.

尹航, 2018. 不同烟草品种苗期对低温胁迫的若干生理响应及耐寒性综合评价[D]. 延边：延边大学.

章毅, 2018. 5个绣球品种的抗旱性研究[D]. 临安：浙江农林大学.

章毅, 韦孟琪, 孙欧文, 等, 2018. 不同绣球品种对干旱胁迫的生理响应及抗旱机制研究[J]. 西北林学院学报, 33(1)：90-97.

Chen L J, Xiang H Z, Miao Y, et al, 2014. An overview of cold resistance in plants[J]. Journal of Agronomy and Crop Science, 200(4)：237-245.

Chinnusamy V, Zhu J K, Sunkar R, 2010. Gene regulation during cold stress acclimation in plants[J]. Methods Mol Biol, 639：39-55.

Hincha D, Zuther E, 2014. Plant cold acclimation：Methods and protocols[M]. New York：Springer New York.

Loow PS, Merida JR, 1996. The oxidative burst in plant defence：funtion and signal transduction[J]. Physiologia Plantarum, 96(3)：533-542.

Lyons M J, 1973. Chilling injury in plants[J]. Annu Rev Plant Physiol, 24(1)：445-466.

7种滨岸带湿地潜力树种耐水湿能力分析

章晓琴[1]　李娜[1]　马婷婷[2]　姚军[1,*]

([1]武汉市园林科学研究院，武汉 430081；[2]武汉市园林建筑规划设计研究院有限公司，武汉 430024)

摘要　为了丰富滨岸带湿地植物的物种多样性，如何科学合理地选择、配置适宜树种是需要解决的首要问题，本研究以樟叶槭、湿地松、江南桤木、喜树、枫杨、重阳木和河岸黑桦的3年生实生苗为试材，以正常水肥管理的盆栽苗木为对照组，以土壤长期饱和含水的盆栽苗木为湿生处理组。处理两年后，测定各试材叶片MDA含量、叶绿素含量以及根系活力，并进行两配对样本T检验，研究湿生处理对7个树种生理生化指标的影响。运用隶属函数法对7个树种的耐水湿能力进行综合评价，结果显示，河岸黑桦和重阳木耐水湿能力最强，可配置于近水区域；江南桤木、喜树、湿地松和枫杨耐水湿能力中等，建议配置于湖畔溪边；樟叶槭耐水湿能力相对最弱，建议栽植于地势较高的岸边。

关键词　滨岸带湿地；潜力树种；耐水湿；生理响应

Analysis on Moisture Tolerance of Seven Potential Tree Species in Riparian Wetland Landscape

ZHANG Xiao-qin[1]　LI Na[1]　MA Ting-ting[2]　YAO Jun[1,*]

([1]Wuhan Institute of Landscape Architecture, Wuhan 430081, China;
[2]Wuhan Institute of Landscape Architectural Design Co., LTD, Wuhan 430024, China)

Abstract　In order to enrich the species diversity of riparian wetland plants, how to scientifically and reasonably select and configure suitable tree species is the primary problem to be solved. Three-year-old seedlings of *Acer cinnamomifolium*, *Pinus elliottii*, *Alnus trabeculosa*, *Camptotheca acuminata*, *Pterocarya stenoptera*, *Bischofia polycarpa* and *Betula platyphylla* were used as test materials, potted seedlings under normal water and fertilizer management were used as control group, and potted seedlings with long-term saturated soil watercontent were used as wet treatment group. After two years of treatment, MDA content, chlorophyll content and root activity of each tree were measured, and T test of two pairs of samples was conducted to study the effects of wet treatment on physiological and biochemical indexes of seven tree species. The membership function method was used to comprehensively evaluate the moisture tolerance of seven tree species. The results showed that *Betula platyphylla* and *Bischofia polycarpa* had the strongest moisture tolerance, which could be configured near the water area. *Alnus trabeculosa*, *Camptotheca acuminata*, *Pinus elliottii* and *Pterocarya stenoptera* had moderate moisture resistance, which were suggested to be be arranged at the banks of lakes and streams. *Acer cinnamomifolium* has the weakest resistance to humidity, so it is recommended to plant on the shore with high terrain.

Key words　Riparian wetland; Potential tree species; Moisture tolerance; Physiological response

水是植物生长不可或缺的要素之一，土壤中适宜的水含量对于保证园林植物的正常生长以及保持其观赏效果至关重要。武汉市地处长江中下游地带，境内大小湿地、湖泊星罗棋布，水资源丰沛，被誉为"百湖之市""湿地之城"，有着众多的滨岸带湿地。滨岸带湿地是指连接湖泊水域生态系统与陆地生态系统的

---

1 基金项目：武汉市园林和林业局项目"城市湿地公园湿生木本植物选择"(武园发[2015]9号)；"海绵城市植物的选择及应用"(武园林发[2017]49号)；"荚蒾属观赏植物的开发应用研究"(武园林发[2020]22号)。
第一作者简介：章晓琴(1989-)，女，工程师，硕士，主要从事园林植物栽培与生理研究。
* 通讯作者：姚军，职称：高级工程师，E-mail：yaojun77@sohu.com。

一个功能过渡区，具有重要的生态和服务功能（周文昌 等，2020；周志翔 等，2014）。每年，随着雨季及汛期的到来，水位上涨，栽植于各江岸、湖岸边的滨岸带景观植物往往面临着渍害、涝害。

土壤涝渍对植物的光合作用、光合色素、水分代谢、保护酶活性、质膜透性及根系活力等均会有不同程度的影响（王萍 等，2007）。因为植物在淹水胁迫下会产生一系列的生理生化响应以抵御逆境。如土壤中过多的水分会导致植株根部缺氧，随后植物会受诱导形成具有通气组织的不定根，从而提高耐低氧胁迫的能力，提高根系活力（Mohanty B et al.，2003；郑佳雯，2020；郑佳雯和何勇，2021；甘丽萍 等，2020）。水分胁迫下，植物细胞膜脂过氧化加剧，丙二醛（MDA）作为其终产物之一，能加重细胞膜损伤，通过分析其含量的高低可以判断植物细胞受损程度（兰超杰 等，2021；罗婷 等，2020；Hodges DM et al.，1999）。土壤水分过饱和还能导致植物的叶绿素含量也发生变化，植株的叶绿素保存能力越强，其受到的伤害越小（郑佳雯 等，2021；Repo T et al.，2016）。不同园林植物在淹水胁迫下生理生化指标变化的差异，可以有效地反映其耐湿能力（高琦 等，2018）。

本研究选取7种适宜种植在滨岸带湿地的园林植物樟叶槭（Acer cinnamomifolium）、湿地松（Pinus elliottii）、江南桤木（Alnus trabeculosa）、喜树（Camptotheca acuminata）、枫杨（Pterocarya stenoptera）、重阳木（Bischofia polycarpa）、河岸黑桦（Betula nigra）（钱又宇，2009），1/2进行正常盆栽管理，1/2进行盆栽浸水湿生处理，处理两年后对其在两种不同生长环境下的MDA含量、叶绿素含量及根系活力的测定，进行两配对样本T检验，并结合隶属函数法，对其耐水湿能力进行分析评价，为滨岸带湿地景观树种的选择提供参考，并对其在滨岸带具体配置位点的选择奠定理论基础。

1 材料与方法

1.1 试验材料

选取2015年播种繁殖的健壮、无病虫害、长势正常的樟叶槭、湿地松、江南桤木、喜树、枫杨、重阳木和河岸黑桦实生苗，栽种于规格为底径18cm、内径22cm、高25cm的棕色PP塑料花盆中，栽培基质为1∶1的园土与腐殖土。于2018年5月在武汉市园林科学研究院圃地内移栽后取一半试验苗木进行正常的盆栽苗木管理，作为对照；另一半用于湿生处理，即将盆栽苗浸没于科研院内水生池中，土面与水面持平，土壤一直保持在饱和含水状态。

1.2 试验设计

本试验对照组为正常水肥管理的盆栽苗木，处理组为进行湿生处理的盆栽苗木。处理组每个树种设置6个重复，长期保持土壤饱和含水。于2020年8月17日、8月24日进行叶片采样，于2020年9月11日进行根部采样，对每个树种的每个重复都进行取样，并将取样的样品混匀，设置3个生物学重复。每次取样的叶片先放入液氮保存，带回实验室后置于-80℃超低温冰箱保存，待采样结束后统一进行指标测定。

1.3 测定方法及数据分析

MDA含量的测定采用硫代巴比妥酸法（张清航 等，2019），叶绿素含量的测定参考王学奎的方法（王学奎，2006），根系活力的测定采用吸附甲烯蓝吸附法（王云礼 等，2015）。

数据整理及图表绘制采用Microsoft Excel 2007，采用SPSS statistics 22.0软件进行两配对样本T检验。参考王飞等（王飞 等，2020）用的模糊数学中隶属函数的方法，计算湿生处理下各指标隶属函数值再累加进行综合比较。隶属函数法计算公式如下：

隶属函数值 = $(X-X_{min}) / (X_{max}-X_{min})$；

反隶属函数与供试材料耐水湿程度呈负相关。反隶属函数值 = $1-(X-X_{min}) / (X_{max}-X_{min})$。

式中，X为某材料的某一指标测定值，X_{max}为所有供试材料某一指标测定值的最大值，X_{min}为所有供试材料某一指标测定值的最小值。将隶属函数值进行累加，求取平均值，平均值越大，则该供试材料耐水湿能力更强。

2 结果与分析

2.1 湿生处理对7个树种膜脂过氧化的影响

两配对样本T检验结果（图1）表明，经过湿生处理2年的7种滨岸带景观潜力树种中，樟叶槭、喜树、河岸黑桦的MDA含量与对照有显著差异，这表明长期湿生环境下这3个树种膜脂过氧化较为严重，湿生环境并不是其最适宜的生长环境；江南桤木和枫杨在湿生处理下MDA含量略高于对照组，但并没有显著性差异，说明这两个树种能够较好地适应湿生环境；湿地松和重阳木这两个树种处理组和对照组的MDA含量差异很小，甚至处理组的MDA含量还略高于对照组。整体来看，湿生处理下，而樟叶槭的MDA含量最高，枫杨次之，湿地松和重阳木的MDA含量最低，最高值和最低值相差约4倍，这说明7种供试材料耐水湿能力相差较大，而樟叶槭是这7种供试材料中最不适宜长期栽植于湿生环境的树种。

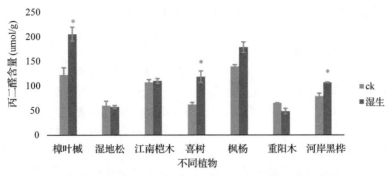

图 1 湿生处理对 7 个树种丙二醛含量的影响

注：图中标注"*"代表两配对样本差异显著($P<0.05$)，下同

Fig. 1 The influences of wet treatment on MDA content in seven plants

2.2 湿生处理对 7 个树种叶绿素含量的影响

植物在逆境环境下其叶绿素将受到破坏，含量必有所下降。如图 2 所示，樟叶槭、江南桤木、喜树和枫杨在湿生环境下的叶绿素含量与对照有着显著差异，这表明这 4 个树种无法适应长期湿生环境，其叶绿素含量受到较大影响。湿地松和重阳木在湿生处理下的叶绿素含量略高于对照，但并不存在显著性差异，这表明长期湿生环境对其叶绿素含量影响不大；河岸黑桦的处理组叶绿素含量反而略高于处理组，说明相比于旱生环境，河岸黑桦可能更适应湿生环境。

2.3 湿生处理对 7 个树种根系活力的影响

甲烯蓝吸附法主要通过植物根系对甲烯蓝试剂的活跃吸附面积，即根系活跃率，作为根系活力的指标。如图 3 所示，樟叶槭和湿地松这两种供试材料的根系活力湿生处理组与对照组有着显著差异，表明湿生处理对这两个树种根系的影响较大；另外 5 个树种处理组和对照组根系活力不存在显著性差异，表明对

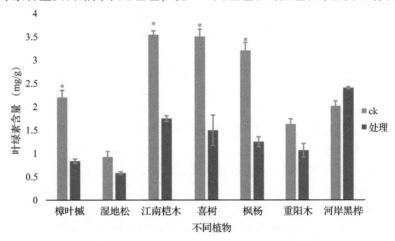

图 2 湿生处理对 7 个树种叶绿素含量的影响

Fig. 2 The influences of wet treatment on chlorophyll content in seven plants

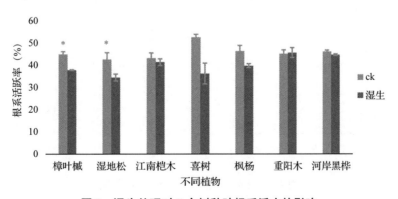

图 3 湿生处理对 7 个树种叶根系活力的影响

Fig. 3 The influences of wet treatment on root activity in seven plants

这 5 个树种的根系活力受湿生环境影响不大。喜树在对照组中根系活力最强,但是在处理组其根系活力排名靠后,表明相比于长期湿生处理,其根系更适应正常盆栽环境。河岸黑桦、枫杨、江南桤木和重阳木在两种情况下根系活力都较高,其根系对于土壤水分的适应范围比较宽广。

2.4 基于隶属函数法的耐湿能力分析

利用隶属函数法,结合湿生处理下 7 种滨水景观植物 MDA 含量、叶绿素含量及根系活力的数据,对其进行综合评价,隶属函数值越大,表明其耐水湿能力越强。从表 1 可以看出,7 个树种耐水湿能力排序为:河岸黑桦>重阳木>江南桤木>喜树>湿地松>枫杨>樟叶槭。

表 1 隶属函数值及综合排序
Table 1 Membership function values and comprehensive ranking

供试材料	丙二醛含量	叶绿素含量	根系活力	平均值	排名
岸河黑桦	0.628	1	0.932	0.853	1
重阳木	1	0.266	1	0.755	2
江南桤木	0.607	0.639	0.705	0.650	3
喜树	0.553	0.501	0.245	0.466	4
湿地松	0.945	0	0.223	0.389	5
枫杨	0.172	0.367	0.592	0.377	6
樟叶槭	0	0.140	0.456	0.199	7

2.5 湿生处理对 7 个树种株高的影响

在实际观测中发现,湿生处理下供试材料的株高也受到了较大影响,两配对样本 T 检验结果(图 4)显示,除湿地松以外的另外 6 个树种湿生处理后的株高明显比对照组矮,存在显著性差异;湿地松处理组和对照组株高均比较矮,不存在显著性差异。结合生理指标分析发现,尽管生理指标显示部分植物受湿生胁迫影响有限,但是湿生处理对大部分植物幼苗的生长速度影响较大。

3 讨论与结论

3.1 植物的耐水湿能力与细胞膜质过氧化的关系

水分过饱和的涝渍环境会导致植物细胞产生大量自由基,从而导致细胞膜脂过氧化,MDA 作为膜脂过氧化的终产物会加剧细胞膜的损伤,因此 MDA 含量的变化能够反映出植物细胞膜受害程度,从而被广泛作为衡量植物耐水淹的生理指标之一(兰超杰 等,2021)。高琦等对多种园林植物进行的水淹胁迫试验表明,植物的耐水淹能力与 MDA 含量有直接关联(高琦 等,2018)。本研究中 MDA 含量的结果显示,长期湿生环境会大大地损伤樟叶槭、喜树、河岸黑桦的细胞膜,不属于此 3 个树种最适宜的生长环境;对比之下,另外 4 个树种在长期湿生环境下细胞膜则受损伤较小。经研究发现,喜树的 MDA 含量随着淹水深度增大而增大,仅在轻度渍水(水面在土壤表面以下10cm,下同)条件下能正常生长(汪贵斌 等,2009)。本研究中设置的湿生处理可能超出了喜树的所适环境。甘丽萍等(2021)的研究表明,岸河黑桦在水淹 1 次和 2 次后叶片丙二醛含量与对照组差异显著,但在水淹 3 次后,差异不显著。这表明,相比于长期水淹,间歇性水淹更有利于提升岸河黑桦的抗逆性。

3.2 植物的耐水湿能力与叶绿素含量的关系

淹环境对植物的叶绿素含量在湿生逆境下也会受到一定影响。在无氧呼吸的情况下,根系吸收矿物质的效率下降,导致叶片缺乏合成叶绿素的必要物质,叶片从而呈现发黄、营养不良的状态,因此,植物叶片叶绿素含量的变化可以反映其耐水湿能力(Mohanty B et al.,2003)。张文豹的研究表明,淹水条件下,女贞(Ligustrum lucidum)、枇杷(Eriobotrya japonica)等 6 个树种的叶绿素含量均随淹水时间的延长而下降,这表明淹水对植物叶片叶绿素合成有一定影响,且胁

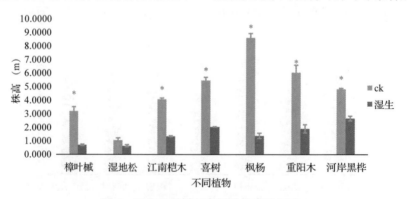

图 4 湿生处理对 7 个树种株高的影响

Fig. 4 The influences of wet treatment on plant height of seven plants

迫环境也会加速叶绿素的降解，进而影响其光合作用效率（张文豹 等，2021）。本研究中樟叶槭、江南桤木、喜树和枫杨在湿生环境下的叶绿素含量也比正常盆栽环境低很多，表明这4个树种叶绿素合成和降解的生理过程在渍水状态下受到较大影响，而湿地松、重阳木和河岸黑桦受影响较小，结合隶属函数法的综合分析结果，侧面证实水淹环境下植物叶片叶绿素含量的变化能够指示其耐水湿能力。

3.3 植物的耐水湿能力与根系活力的关系

土壤涝渍对植物的影响最先作用在植物的根系，根系的一系列生理生化活动均受到影响，如根系活力、呼吸代谢等，为了适应环境，植物会通过改变根系的形态来缓解它所面临的生理和代谢困境（张文豹等，2021）。如喜树1年生实生苗在轻度渍水条件下，其皮孔和不定根便会增多，不定根结构类似水稻，含有通气组织，通气组织能够将地上部分的氧气源源不断地输送至根系（汪贵斌 等，2009；刘春风，2009）。本研究对根系活力测定的结果可以看出，7个树种在湿生处理下，根系活力变化不尽相同。其中河岸黑桦、枫杨、江南桤木和重阳木在长达两年的湿生处理后根系活力依然处于较高的水平，与对照差异不大，这表明这4个树种的根系对于土壤水分的适应范围比较宽广，在长期湿生处理下，可能已经通过改变根系的形态特征来适应环境。樟叶槭和湿地松这两个树种湿生处理下的根系活力远低于对照组，存在显著差异，表明长期湿生环境对这两个树种根系影响更大。甘丽萍等（2021）的研究表明，河岸黑桦在间歇性半水淹的条件下便能产生明显的补偿反应，水淹3次后能具备较好的适应能力。高岚等（2018）的研究表明，河岸黑桦对于三峡库区消落带生境表现出较强的适应能力，可以考虑用于三峡库区消落带的植被恢复。刘春风（2009）研究发现，耐涝树种枫杨、重阳木在涝害情况下分别在35~50d、51~60d不定根增长速度较快，与本研究结果相符。较耐涝树种如喜树随着淹水时间变长，根系表面会出现发黑、腐烂的状况，整体根数量减少，这也能为本研究中喜树在长期渍水情况下根系活力不强提供佐证。江南桤木虽喜湿生环境，但作为一种非豆科固氮植物，地下水位过高会导致其根系长期在好氧和厌氧交替的土壤环境中，根瘤生长稀少，生长受阻，植株多枯萎（江祥庆，2017），本试验中设定的湿生环境已经远远超出了江南桤木根系适宜的生长环境，所以呈现出耐水湿能力中等的结果。

3.4 7个树种耐水湿能力综合评价及应用建议

隶属函数法综合分析的结果显示，本研究中7个树种在长期水淹情况下，其耐水湿能力排序为：河岸黑桦>重阳木>江南桤木>喜树>湿地松>枫杨>樟叶槭。河岸黑桦和重阳木耐水湿能力最强，适于配置在近水区域或者长期水淹的湿地环境；江南桤木、喜树、湿地松和枫杨属于较耐水湿树种，可以承受轻度或短暂渍水，但在长期水淹情况下植株生理状态会受到较大影响，适宜栽植于堤岸、湖畔或溪边等地带；樟叶槭是7个树种中最不耐长期水淹的树种，建议栽植于地势较高的岸边。本研究首次对樟叶槭进行了耐水湿能力的研究，受试验条件限制，未能充分掌握其相关特性，有待进一步研究。

滨岸带湿地植物的设计、施工应建立在对园林树种耐水湿习性充分研究和掌握的基础之上，在追求植物多样性的同时，也应充分考虑景观树种选配的科学性、合理性。实际工作中，建议尽量选用生长健壮的成熟苗木，一方面有利于营造优质的景观，另一方面成熟苗木抗性较强，能保证树木在长期淹水条件下存活。

参考文献

甘丽萍，任立，李豪，等，2021. 三峡库区消落带水桦（Betula nigra）周期性水淹后的生理与结构响应[J]. 林业科学研究，34（1）：146-152.

甘丽萍，杨玲，李豪，等，2020. 三峡库区消落带狗牙根与桑树淹没后的恢复机制[J]. 中国水土保持科学，18（5）：60-68.

高岚，刘芸，熊兴政，等，2018. 引种植物水桦与乡土植物桑树对三峡库区消落带水淹的响应[J]. 林业科学，54（9）：147-156.

高琦，沈广爽，杨彤，等，2018. 6种园林草本植物对水淹胁迫的生理响应的比较研究[J]. 南开大学学报（自然科学版），51（2）：1-8.

江祥庆，2017. 水湿地江南桤木经营技术研究[J]. 福建农业科技（2）：11-14.

兰超杰，刘聪聪，翟鹏飞，等，2021. 淹水深度对樱桃番茄苗期生理生化特性的影响[J/OL]. 热带作物学报：1-15[2021-02-07]. http://kns.cnki.net/kcms/detail/46.1019.s.20201217.1435.002.html.

刘春风，2009. 淹水对15个树种苗木生长和形态特征的影响[D]. 南京：南京林业大学.

罗婷，裴艳辉，2020. 乳油木幼苗对不同水分胁迫强度的生理响应[J]. 西部林业科学，49（06）：21-27.

钱又宇，薛隽，2009. 河岸黑桦·美洲桦[J]. 园林（3）：68-69.

王飞，王波，郁继华，等，2020. 基于隶属函数法的油麦菜栽培基质综合评价[J]. 西北农业学报，29（1）：117

-126.

王萍, 胡永红, 王丽勉, 等, 2007. 观赏植物耐涝性鉴定指标的种类及其评价方法[J]. 北方园艺(11): 78-81.

王学奎, 2006. 植物生理生化实验原理和技术[D]. 北京: 高等教育出版社.

王云礼, 陈香艳, 唐洪杰, 2015. 不同玉米品种的根系活力与产量性状关系的初步研究[J]. 农业科技通讯(4): 68-72.

汪贵斌, 蔡金峰, 何肖华, 2009. 涝渍胁迫对喜树幼苗形态和生理的影响[J]. 植物生态学报, 33(1): 134-140.

张清航, 张永涛, 2019. 植物体内丙二醛(MDA)含量对干旱的响应[J]. 林业勘查设计(1): 110-112.

张文豹, 周忠胜, 曾雷, 等, 2021. 6种园林树木对持续性淹水胁迫的生理响应及其比较[J]. 南方林业科学, 49(1): 6-11+43.

郑佳雯, 2020. 西瓜耐涝的生理机制研究[D]. 杭州: 浙江农林大学.

郑佳雯, 何勇, 2021. 瓜类作物耐涝性研究进展[J/OL]. 分子植物育种: 1-9[2021-02-08]. http://kns.cnki.net/kcms/detail/46.1068.S.20200827.1457.006.html.

周文昌, 史玉虎, 付甜, 等, 2020. 湖北省湿地保护现状、问题及保护对策[J]. 湿地科学与管理, 16(1): 31-34.

周志翔, 滕明君, 张滨, 等, 2014. 武汉市湿地植物应用指南[D]. 武汉: 湖北科学技术出版社.

Hodges DM, Delong JM, Forney CF, et al, 1999. Improving the thiobarbituric acid-reactive-substances assay for estimating lipid peroxidation in plant tissues containing anthocyanin and other interfering compounds[J]. Planta, 207: 604-611.

Mohanty B, Ong B L. 2003. Contrasting effects of submergence in light and dark on pyruvate decarboxylase activity in roots of rice lines differing in submergence tolerance[J]. Annals of Botany, 91(2): 291-300.

Repo T, Launiainen S, Lehto T, 2016. The response of Scots pine seedlings to waterlogging during growing season[J]. Canadian Journal of Forest Research, 46: 1-12.

Zn 胁迫对 2 种景天属植物生长和生理的影响

关雯雨　白舒冰　孔令旭　张浩然　孔鑫　董丽*

(花卉种质创新与分子育种北京市重点实验室，国家花卉工程技术研究中心，城乡生态环境北京实验室，园林环境教育部工程研究中心，林木花卉遗传育种教育部重点实验室，园林学院，北京林业大学，北京 100083)

摘要　以'胭脂红'景天(Sedum spurium 'Coccineum')和'金叶'佛甲草(Sedum lineare 'JinYe')为材料，通过盆栽试验研究了不同 Zn 浓度 0(CK)、500、1000、2000mg/kg 胁迫对 2 种景天生长及生理特性的影响。结果表明，本试验范围内 2 种景天的茎长、地上部干重、根部干重都出现不同程度的增加，其中低或中浓度(500、1000mg/kg)Zn 处理使植物的根冠比、比叶面积、叶绿素含量显著提升，促进了植物的生长发育，而高浓度下(2000mg/kg)2 种景天的叶绿素及根冠比、比叶面积开始下降，MDA 含量大幅提升，'胭脂红'景天的 CAT 活性和可溶性蛋白含量极显著低于对照，表明高浓度 Zn 对植物产生毒害作用。综合比较 2 种景天的各项生长指标、耐性指数和抗氧化系统调节能力，相对于'胭脂红'景天，金叶佛甲草对 Zn 胁迫具有更高效的自我调节机制，对 Zn 的耐受能力更强，可优先作为 Zn 污染土壤修复和绿化的备选植物。

关键词　Zn 胁迫；'胭脂红'景天；金叶佛甲草；生长；生理

Effects of Zinc Stress on Growth and Physiology of 2 Species of Sedum

GUAN Wen-yu　BAI Shu-bing　KONG Ling-xu　ZHANG Hao-ran　KONG Xin　DONG Li*

(Beijing Key Laboratory of Ornamental Plants Germplasm Innovation & Molecular Breeding, National Engineering Research Center for Floriculture, Beijing Laboratory of Urban and Rural Ecological Environment, Engineering Research Center of Landscape Environment of Ministry of Education, Key Laboratory of Genetics and Breeding in Forest Trees and Ornamental Plants of Ministry of Education, School of Landscape Architecture, Beijing Forestry University, Beijing 100083, China)

Abstract　The effects of Zinc stress 0(CK), 500, 1000 and 2000mg/kg on the growth and physiological characteristics of Sedum spurium 'Coccineum' and Sedum lineare 'Jinye' were studied by pot experiment. Test results show that the range of 2 species of Sedum stem length, above ground dry weight, root dry weight appeared different degree of increase, for low or medium concentration (500, 1000mg/kg), the root crown dry weight ratio, specific leaf area, total chlorophyll content of Zinc processing plants significantly increased, promoted plant growth and development. However, the total chlorophyll content, root crown dry weight ratio and specific leaf area of the two Sedums began to decrease under high concentration(2000mg/kg), while MDA content increased significantly. The CAT activity and soluble protein content of Sedum spurium 'Coccineum' was significantly lower than that of the control, reflecting the toxic effect of high concentration of Zinc on plants. The comprehensive comparison of various growth indexes, tolerance index and antioxidant system regulation ability of the two Sedums showed that, compared with Sedum spurium 'Coccineum', Sedum lineare 'Jinye' had a more efficient self-regulation mechanism to Zinc stress and a stronger tolerance to Zinc, so it could be used as a candidate plant for remediation and greening of Zinc-contaminated soil.

Key words　Zinc stress; Sedum spurium 'Coccineum'; Sedum lineare 'Jinye'; Growth; Physiology

当前，随着我国人口的增长、工业化进程的快速推进，各类生产活动日趋频繁，导致排放进环境中的重金属污染物日益增多(Huang et al., 2016)。其中由于 Zn 矿开采冶炼、镀 Zn 工业的快速发展，大量含 Zn 工业"三废"伴随着改土剂和混合肥被施入土壤中，致使土壤中的 Zn 含量超标，成为 Zn 污染土壤(顾继

---

1 基金项目：北京市科技计划项目：北京城市生态廊道植物景观营建技术(D171100007217003)；基于植被种群选育优化的城市生态系统功能提升(D171100007117001)基于健康可持续的西城区城市森林养护管理关键技术研究。

第一作者简介：关雯雨(1997-)，女，硕士研究生，宁夏银川人，主要从事园林植物生态修复。

* 通讯作者：董丽，职称：教授，E-mail：dongli@ bjfu.edu.com。

光等，2005）。研究表明，适量浓度的Zn有利于植物的生长发育，它充当着植物体内多种酶的组成成分或催化剂（张莉等，2020），Zn指蛋白可以结合特定DNA，从而调控植物的抗逆性（钟婵娟等，2020），Zn在逆境条件下还可以增强细胞膜的稳定性（门中华和王颖，2005）。但高浓度的Zn则会对植物产生毒害，当植株体内含Zn量>50mg/kg时，就会发生Zn中毒（宋勇，2013），并通过食物链的传递进而威胁到人类健康。过量的Zn会破坏植物体内代谢平衡，影响叶绿素合成，导致植株缺铁性失绿（Dev et al.，2017），严重危害植物种子萌发、幼苗生长过程，会对植物质膜透性、呼吸作用和光合作用等多种生理活动造成不同程度的伤害（龚红梅和李卫国，2009）。

因此对于土壤Zn污染的治理至关重要，众多技术中植物修复是当下较为成熟的修复手段，投资维护成本低、绿色环保，且具有一定的观赏美化价值，该技术通过根系过滤、植物挥发与原位固化、植物萃取等多种方式对重金属污染物进行控制，其关键在于寻找超积累植物（鲍桐等，2008）。研究发现景天属植物具有很强的环境适应能力，对于重金属污染土壤的修复治理有一定优势，毕德等（2006）在浙江某Pb、Zn矿废弃地调查发现，植物体内重金属含量超过正常值10倍以上的优势种中，60.5%分布在景天科景天属，其中东南景天更是一种Zn超富集植物。'胭脂红'景天（*Sedum spurium* 'Coccineum'）和'金叶'佛甲草（*Sedum lineare* 'JinYe'）均为景天科景天属多年生草本植物，分布范围广，容易繁殖、抗逆性好、耐粗放管理，是园林绿地中良好的观叶观花植物。目前基于这2种景天属植物的研究多集中在高温高湿及盐胁迫方面（傅杨，2015；高志慧，2016；胡双，2015），对重金属的适应性研究尚无报道。因此，本研究选用'胭脂红'景天和'金叶'佛甲草作为试验材料，通过盆栽试验研究其对Zn胁迫的生长及生理响应，探讨2种观赏性好适应性佳的景天属植物对Zn污染的修复潜力，为土壤Zn污染植物修复提供参考。

1 材料与方法

1.1 试验材料

试验以'胭脂红'景天（*Sedum spurium* 'Coccineum'）和'金叶'佛甲草（*Sedum lineare* 'JinYe'）为材料，于生长季在北京林业大学三顷园实验苗圃剪取2种景天嫩枝进行扦插，待插穗生长成完整植株后选取株高、生物量、分蘖数相对一致的幼苗移栽入直径13cm花盆，每盆栽3株。栽培基质为草炭土：蛭石：珍珠岩=3:1:1，每盆土重1kg，土壤基础理化性质为：pH6.04，有机质含量50.73%，全N含量0.69%，速效P含量68.45mg/kg，速效K含量158.07mg/kg，全Zn含量108.89mg/kg。

1.2 试验方法

试验采用完全随机区组设计，参考北京市《场地土壤环境风险评价筛选值（DB11T811-2011）》对住宅用地和公园绿地土壤Zn的筛选值分别为3500mg/kg和5000mg/kg，以及相关文献和课题组研究成果，设置4个浓度梯度：0（CK）、500mg/kg、1000mg/kg、2000mg/kg，浇灌$Zn(NO_3)_2 \cdot 6H_2O$溶液于盆栽土壤中，每个处理重复3次，每次重复3盆。试验期间常规养护浇水，保持土壤田间持水量，Zn处理30d后收获植物，部分于当天进行鲜样测定，部分液氮速冻后于-80℃保存用于其余指标测定。

1.3 测定项目和方法

1.3.1 土壤理化性质测定

土壤pH采用电位测定法，有机质含量采用重铬酸钾容量法，全N含量采用半微量开氏法，速效P含量采用钼锑抗比色法，速效K和全Zn含量采用原子吸收分光光度法测定。

1.3.2 生长指标测定

从各处理中选择具有代表性的植株，摘取健康成熟叶片用叶面积仪（LI-3000C）测定单叶面积，后将叶片置于60℃烘箱中烘干至恒重，测定叶干重。将收获的整株植物先用自来水洗去表面污泥，再用蒸馏水洗净后擦干后用游标卡尺测量株高和根长，并将植株分地上部和根部烘干至恒重，分别测定干物质量。每个处理重复3次测定。

耐性指数=处理组株高、根长、生物量/对照组株高、根长、生物量（钱瑭璜等，2016）

比叶面积=叶表面积/叶干重

根冠比=地下部干重/地上部干重

1.3.3 生理指标测定

叶片相对含水量采用称重法测定；叶绿素含量采用95%乙醇浸提法测定；MDA含量通过硫代巴比妥酸法测定；超氧化物歧化酶（SOD）活性采用氮蓝四唑光还原法测定；过氧化氢酶（CAT）活性采用紫外吸收法测定；可溶性蛋白含量通过考马斯亮蓝染色法测定。吸光度均采用Biomate 3S紫外分光光度计测得，每个处理重复3次测定。

1.4 数据分析方法

试验数据采用EXCEL和SPSS22.0进行处理和统计分析。运用单因素方差分析（ANOVA）和最小差异显著法（LSD）比较不同处理间的差异显著性（$P<$

0.05），结果以平均值±标准差表示。

2 结果与分析

2.1 Zn胁迫对2种景天生长的影响

2.1.1 Zn胁迫对2种景天株高、根长和生物量的影响

由表1可知，在不同浓度Zn处理下，除'胭脂红'景天的根长有所降低，且在1000mg/kg时显著降低至对照的43.90%，2种景天的生长状况都得到促进或显著促进。其中'胭脂红'景天的茎长在低浓度（50mg/kg）和高浓度（2000mg/kg）处理时显著增加，分别为对照的139.00%和138.95%。地上部干重随Zn浓度的升高先降低后增加，并在2000mg/kg时达到最大值，比对照高出43.14%，但根部干重几乎不受Zn胁迫的影响。'金叶'佛甲草的茎长在不同浓度处理下均显著高于对照，且在低浓度时达到最大值15.59cm，而根长和地上部干重则在高浓度胁迫下才达到最大值，分别是对照组的1.74倍和2.8倍，根部干重与对照相比有所增加但并不显著。

表1 Zn胁迫对2种景天茎长、根长、生物量的影响
Table 1 Effects of Zn stress on the stem length, root length and biomass of 2 *Sedum*

植物种类 Species	处理(mg/kg) Treatment	茎长(cm) Height	根长(cm) Root length	地上部干重(g/株) Tops dry weight	根部干重(g/株) Root dry weight
'胭脂红'景天	0(CK)	24.80±3.86b	13.37±5.20a	0.51±0.21ab	0.03±0.01a
	500	34.47±1.10a	8.70±1.18ab	0.46±0.24b	0.03±0.02a
	1000	30.04±2.03ab	5.87±1.35b	0.55±0.14b	0.04±0.02a
	2000	34.46±4.67a	8.34±0.87ab	0.73±0.11a	0.04±0.01a
'金叶'佛甲草	0(CK)	8.46±1.15b	7.07±1.56b	0.50±0.19b	0.02±0.01a
	500	15.59±1.00a	12.25±2.51a	0.51±0.09b	0.05±0.01a
	1000	13.96±1.69a	11.79±2.23ab	0.75±0.03ab	0.04±0.01a
	2000	14.12±1.72a	12.31±4.47a	1.40±0.78a	0.07±0.05a

注：同列不同小写字母表示处理间差异显著（$P<0.05$）。下同。
Notes: The different lowercase letters in a column indicate significant differences among treatments at $P<0.05$ levels. The same below.

表2 Zn胁迫对2种景天耐性指数的影响
Table 2 Effects of Zn stress on the tolerance index of 2 *Sedum*

植物种类 Species	处理(mg/kg) Treatment	株高耐性指数 Height tolerance index	根长耐性指数 Root length tolerance index	地上部生物量耐性指数 Tops biomass tolerance index	根部生物量耐性指数 Root biomass tolerance index
'胭脂红'景天	500	1.39	0.65	0.90	1.00
	1000	1.21	0.44	1.07	1.33
	2000	1.39	0.62	1.43	1.32
'金叶'佛甲草	500	1.84	1.72	1.02	2.50
	1000	1.65	1.67	1.50	2.00
	2000	1.67	1.74	2.80	3.50

耐性指数（Ti）可以反映植物对重金属胁迫的耐性程度，耐性指数越大对应该条件下植物生长发育状况越好，对重金属的耐受能力越强，且一般认为植物耐性指数高于0.5时表明该植物此时生长状情良好（吴彬艳 等，2017）。由表2可知，除在1000mg/kg的Zn处理时'胭脂红'景天的根长耐性指数为0.44，其余各浓度处理下的各项指标均高于0.5，说明2种景天对于2000mg/kg范围内Zn胁迫有较好的耐受性，且'金叶'佛甲草的各项耐性指数均优于'胭脂红'景天。

2.1.2 Zn胁迫对2种景天根冠比的影响

为满足自身生长需求，植物地下根系和地上部持续进行着物质和能量交换，提升根冠比有助于植株在逆境胁迫下生存。随Zn处理浓度的增大，如图1所示，'胭脂红'景天和'金叶'佛甲草的根冠比均呈现先升高后降低的趋势。'胭脂红'景天在低中浓度Zn胁迫下根冠比持续增加，在1000mg/kg时达到最大值约为对照组的2倍，但在2000mg/kg的Zn胁迫下迅速降低至对照水平，显著低于1000mg/kg的处理。

'金叶'佛甲草根冠比在500mg/kg的处理下攀升至最高值,且显著高于对照组,在1000mg/kg和2000mg/kg的处理时又恢复至对照水平。总的来看,低中浓度的Zn胁迫处理加大了2种景天的根冠比,而高浓度的Zn处理会减小植株根冠比。

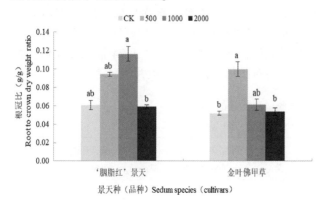

图1 Zn胁迫对2种景天根冠比的影响

Fig. 1 Effects of Zn stress on root-canopy weight ratio of 2 *Sedum*

2.1.3 Zn胁迫对2种景天比叶面积的影响

叶片比叶面积(SLA)是具有重要意义的叶片功能性状之一,能很好地反映叶片结构与生长发育状况。由图2可知,'胭脂红'景天和'金叶'佛甲草的比叶面积同根冠比表现类似,都随Zn处理浓度的增大先增加后降低,且峰值的出现点均体现在中低浓度的Zn胁迫下。'胭脂红'景天在500mg/kg浓度时比叶面积最大达376.66cm²/g,显著高于对照组,随处理浓度的上升其比叶面积又降至对照水平。'金叶'佛甲草比叶面积在不同程度Zn胁迫下相比对照有所增大或显著增大,并在1000mg/kg处理下达到最大值269.20cm²/g,是对照组的17.09倍。

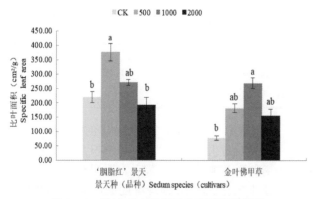

图2 Zn胁迫对2种景天比叶面积的影响

Fig. 2 Effects of Zn stress on pecific leaf area of 2 *Sedum*

2.1.4 Zn胁迫对2种景天相对含水量的影响

叶片相对含水量能直观地体现植物叶片水分状况,是植物抗逆性研究方面的重要参考指标,其高低在一定程度上反映了该植物保水能力的强弱。从图3来看,'胭脂红'景天和'金叶'佛甲草的相对含水量均在500mg/kg的低浓度Zn胁迫时显著降低,分别为87.41%和75.95%,与对照相比降低了5.72%和12.97%,随处理浓度的增大相对含水量有所增加,但增幅并不显著且始终低于对照组处理。整体来看,不同处理下'胭脂红'景天的相对含水量都高于'金叶'佛甲草,表现出较强的保水能力。

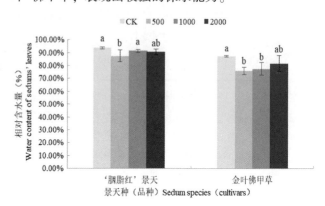

图3 Zn胁迫对2种景天相对含水量的影响

Fig. 3 Effects of Zn stress on water content of 2 *Sedum*

2.2 Zn胁迫对2种景天生理的影响

2.2.1 Zn胁迫对2种景天叶绿素含量的影响

叶绿素是植物进行光合作用的必要条件,也是光合作用进行的场所,叶绿素含量越高光合作用越强,越有利于植物在逆境中生存。由图4可知,'胭脂红'景天和'金叶'佛甲草的叶绿素总量随Zn处理浓度的增大表现出相似的变化趋势,即先升高后降低,且均在1000mg/kg的Zn胁迫时达到最高值,显著高于对照组。其中'胭脂红'景天在500mg/kg、1000mg/kg、2000mg/kg处理下叶绿素总量分别比对照提高了95.10%、141.72%和87.03%,而'金叶'佛甲草低中高Zn浓度处理对应的叶绿素含量分别相比对照组提

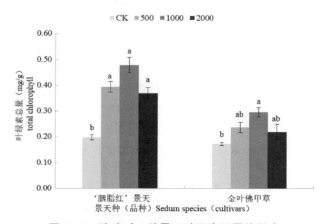

图4 Zn胁迫对2种景天叶绿素总量的影响

Fig. 4 Effects of Zn stress on total chlorophyll of 2 *Sedum*

升了36.94%、70.92%和26.53%,可见'胭脂红'景天的叶绿素总量增幅更大。

2.2.2 Zn胁迫对2种景天丙二醛含量的影响

当植物体内积累的重金属过多时就会产生大量活性氧,使膜脂发生过氧化反应破坏膜系统结构,其最终产物为丙二醛(MDA),具有细胞毒性,因此丙二醛含量可以间接地指示植物遭受的损伤程度(江行玉和赵可夫,2001)。由图5知,'胭脂红'景天和'金叶'佛甲草在不同浓度的Zn胁迫下丙二醛含量均有所提高,'胭脂红'景天丙二醛含量表现为随处理浓度的增大先显著升高后降低,且在1000mg/kg处理时达到最大含量3.66μmol/g,是对照组的1.95倍。'金叶'佛甲草丙二醛含量在低浓度Zn处理时有所提升但并不显著,中浓度下降回对照水平,但在2000mg/kg的高浓度处理时迅速攀升至3.17μmol/g,是对照组的1.93倍,显著高于其他处理组。

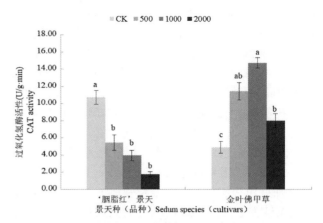

图6 Zn胁迫对2种景天CAT活性的影响

Fig. 6 Effects of Zn stress on CAT activity of 2 *Sedum*

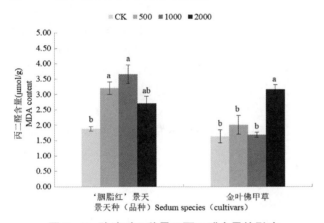

图5 Zn胁迫对2种景天丙二醛含量的影响

Fig. 5 Effects of Zn stress on MDA content of 2 *Sedum*

2.2.3 Zn胁迫对2种景天CAT活性的影响

正常情况下植物体内活性氧的产生与清除处于一种动态平衡,主要依赖于酶促和非酶促的抗氧化系统,其中过氧化氢酶(CAT)广泛存在于所有植物细胞中,在自由基的消除中发挥重要作用。从图6来看,'胭脂红'景天与'金叶'佛甲草在同样的Zn胁迫下,CAT的活性表现截然不同,'胭脂红'景天CAT活性与Zn处理浓度呈负相关,且各处理组均显著低于对照,在2000mg/kg时降至最低1.78U/(g·min),是对照组的11.31%。'金叶'佛甲草的CAT活性随Zn处理浓度的增大先升高后降低,但各处理组始终显著高于对照组,分别是后者的2.33倍、3.01倍和1.63倍,在1000mg/kg处理时达到最大值14.74U/(g·min)。

2.2.4 Zn胁迫对2种景天可溶性蛋白含量的影响

可溶性蛋白是植物体内重要的渗透调节物质,同时也是必不可少的营养物质,能够间接清除自由基维持代谢平衡,其含量高低能够反映植物对重金属的耐受程度(毛雪飞和杨洁,2019)。根据图7可以看出,'胭脂红'景天和'金叶'佛甲草的可溶性蛋白含量随Zn处理浓度的增大呈现不同的变化趋势,其中'胭脂红'景天可溶性蛋白含量与其CAT活性变化相似,都显著低于对照组且在高浓度处理下降到最低的24.20μg/g,相比对照降幅达到46.36%。'金叶'佛甲草可溶性蛋白在500mg/kg和1000mg/kg处理下均显著低于对照,分别降低了47.41%和51.62%,但在2000mg/kg的高浓度处理下有所回升,但仍比对照低了20.06%。

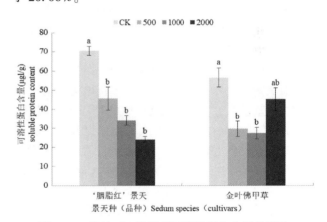

图7 Zn胁迫对2种景天可溶性蛋白含量的影响

Fig. 7 Effects of Zn stress on soluble protein content of 2 *Sedum*

3 讨论

Zn是植物必需的微量元素之一,适量的Zn元素可以促进植物的生长,但土壤中过量的Zn会导致植物体内积累大量Zn元素,进而对其生长发育造成不同程度的损伤,这直观地表现在植物茎长、根长、生物量以及根冠比、比叶面积和相对含水量等生长指标的变化中(程维舜等,2020)。本研究表明,'胭脂红'景天和'金叶'佛甲草在不同浓度 Zn 胁迫下均能保持较好的生长状况,都表现出对 Zn 较强的耐受性,除了'胭脂红'景天的根长有所降低,2 种景天的茎长、生物量都有所提升或显著提升,可见 2000mg/kg 范围内的 Zn 胁迫处理能够刺激这 2 种景天属植物的生长发育,这与红花景天(王超 等,2014)在 Zn 浓度达到 2000mg/kg 以上时各项生长指标才开始下降相类似,但具体耐受阈值有待进一步研究。'胭脂红'景天和'金叶'佛甲草的茎长和地上部干重在一定量的 Zn 添加后均有所提升,而根长和地下部干重出现降低或无显著变化,可见 Zn 对 2 种景天根部的生长毒害作用要强于地上部,这可能与植物的外排机制,即限制 Zn 离子向地上部运输以保护茎叶等器官正常进行光合与呼吸作用有关(Hall,2002;Tauqeer et al.,2016),大量研究表明景天属植物对重金属的耐性机制更趋向于将有毒的离子固定在根部(关海燕,2019;焦轶男和朱宏,2014;杨琴 等,2020),且当根部重金属浓度趋于饱和时才向地上部大量转运,从而使地上部保持了一个较低的浓度(Kumar et al.,1995;罗莎,2017)。

本试验中'胭脂红'景天和'金叶'佛甲草的根冠比和比叶面积均在低中浓度(500mg/kg、1000mg/kg) Zn 处理下有所提升优于对照,但在高浓度(2000mg/kg) 处理时降至对照水平,可见适量的 Zn 能够促进两种景天的生长,但重金属浓度过高,超过植物耐受范围则会抑制植物正常生长,类似的研究结果也出现在高羊茅(刘骐华 等,2019)、哈密瓜和西瓜(刘骐华 等,2019)等植物中。另外,由于试验施用的 $Zn(NO_3)_2$ 中含有大量 NO_3^-,而 NO_3^- 不易被带负电为主的土壤吸附,移动性大,容易被植物吸收(颜昌宙和郭建华,2020),不排除 $Zn(NO_3)_2$ 溶液的添加提升了土壤中的氮素,在整体上促进了植物的生长发育,且大量的硝态氮并不会对植物产生负面影响(Coskun et al.,2017)。薛启等人(2018)研究藿香时发现 N、Zn 互作对植物生长有显著影响,Zn 的吸收促进植物对 N 的利用,而高施 N 量也会加大植物对 Zn 的积累,植物体内 Zn 和 N 元素的含量存在显著的正相关(郭九信 等,2013),这与本试验中较低浓度处理促进植物生长而高浓度下产生抑制作用的结果吻合。也有研究表明氮素的添加有助于增加地上部生物量,但对地下部生物量有所减弱或无影响(景明慧 等,2020),从而表现为 2 种景天比叶面积的增大和根冠比的减小。

植物对抗重金属胁迫的外部形态响应与其内部生理调节机制息息相关。Zn 是合成叶绿素的重要成分,叶绿素含量高低直接影响植物光合作用强弱,进而影响植物生长代谢,本试验中随着 Zn 处理浓度的提升,2 种景天的叶绿素含量先升高后降低,同比叶面积的变化情况相似,可见为抵抗 Zn 的毒害作用,植物加大了对叶片的资源投入量以增强光合作用从而提升抗逆性,但当 Zn 浓度超出植物自身调节范围则产生毒害作用,这与低浓度 Zn 促进小麦叶绿素合成,而高浓度下叶绿素合成受阻的结论一致(王培 等,2009)。累积过量的 Zn 离子扰乱了代谢平衡,导致膜脂过氧化,随 Zn 胁迫浓度的增大,本试验中 MDA 含量迅速增加反映了 2 种景天的受损程度。为减小重金属的毒害,植物通过自身抗氧化系统和渗透调节系统来清除过量的自由基维持正常代谢,'胭脂红'景天的 CAT 活性和可溶性蛋白含量都随 Zn 处理浓度的增大显著降低,而'金叶'佛甲草通过提升 CAT 活性和可溶性蛋白含量作出正向的逆境反馈机制,综合 MDA 变化情况及多项生长指标和耐性指数,可见'金叶'佛甲草对 Zn 更为敏感,具有更高效的信号感知能力与耐受能力(阎佩云,2019)。

4 结论

综上所述,'胭脂红'景天和'金叶'佛甲草在 2000mg/kg 的 Zn 胁迫范围内都表现出较强的抗性,低中浓度的 Zn 胁迫能够有效提升 2 种景天的茎长、根长和生物量以及根冠比、比叶面积,增加叶绿素的合成量,在一定程度上促进了植物光合作用与生长。而高浓度的 Zn 对植物生长发育及生理调节起到抑制作用,MDA 含量迅速提升,植物体内积累的过量 Zn 超出了自身调节能力范围,出现中毒症状。综合比较 2 种景天各项生长和生理指标得出,'金叶'佛甲草对 Zn 的耐受性要强于'胭脂红'景天,可以优先选作土壤 Zn 污染的植物修复材料。

参考文献

鲍桐,廉梅花,孙丽娜,等,2008. 重金属污染土壤植物修复研究进展[J]. 生态环境(2):858-865.

毕德,吴龙华,骆永明,等,2006. 浙江典型铅锌矿废弃地优势植物调查及其重金属含量研究[J]. 土壤(5):591-597.

程维舜,黄翔,陈钢,等,2020. 锌缺乏和过量对藜麦幼苗生长及光合作用的影响[J]. 湖南农业科学(11):21-23.

傅杨,2015. 金叶佛甲草和胭脂红景天的高温胁迫研究[D]. 长沙:中南林业科技大学.

高志慧,2016. 盐胁迫对两种景天幼苗生理特性的影响[J]. 陕西农业科学,62(8):1-3.

龚红梅, 李卫国, 2009. 锌对植物的毒害及机理研究进展[J]. 安徽农业科学, 37(29): 14009-14015.

顾继光, 林秋奇, 胡韧, 等, 2005. 土壤—植物系统中重金属污染的治理途径及其研究展望[J]. 土壤通报(1): 128-133.

关海燕, 2019. 三种景天属植物对 Cd、Pb 胁迫的响应及富集特征研究[D]. 北京: 北京林业大学.

郭九信, 廖文强, 凌宁, 等, 2013. 氮锌配施对小麦产量及氮锌含量的影响[J]. 南京农业大学学报, 36 (2): 77-82.

胡双, 2015. 金叶佛甲草等3种景天属植物的水分胁迫研究[D]. 长沙: 中南林业科技大学.

江行玉, 赵可夫, 2001. 植物重金属伤害及其抗性机理[J]. 应用与环境生物学报(1): 92-99.

焦轶男, 朱宏, 2014. 长药景天对重金属镉胁迫的生理及形态响应[J]. 西北植物学报, 34(6): 1173-1178.

景明慧, 贾晓彤, 张运龙, 等, 2020. 长期氮添加对内蒙古典型草原植物地上、地下生物量及根冠比的影响[J]. 生态学杂志, 39(10): 3185-3193.

刘骐华, 王慧慧, 刘璐, 等, 2019. 铜、镉、铅对高羊茅种子萌发及幼苗生长的影响[J]. 草原与草坪, 39(4): 10-18.

罗莎, 2017. Sasm05 菌株提高东南景天锌富集的作用机制研究[D]. 杭州: 浙江大学.

毛雪飞, 杨洁, 2019. 锌镉胁迫下4种农田杂草生理生化特性及对重金属的累积特征[J]. 西南林业大学学报(自然科学), 39(6): 9-18.

门中华, 王颖, 2005. 锌在植物营养中的作用[J]. 阴山学刊(自然科学版), 19(2): 8-12.

钱瑭璟, 梁琼芳, 雷江丽, 2016. 轻型屋顶绿化中景天属植物栽培基质配比研究[J]. 亚热带植物科学, 45(4): 369-372.

宋勇, 2013. 施肥与外源锌对土壤和小白菜的效应研究[D]. 太原: 山西农业大学.

王超, 毕君, 宋熙龙, 等, 2014. 6种植物对锌的耐性和富集能力[J]. 环境科学与技术, 37(S2): 62-65.

王培, 李莉, 苗明升, 2009. 锌对小麦萌发和早期生长发育的影响[J]. 山东师范大学学报(自然科学版), 24(4): 124-125, 130.

吴彬艳, 邵冰洁, 赵惠恩, 等, 2017. 11种广义景天属植物对 Cd 的耐性和积累特性[J]. 环境科学学报, 37(5): 1947-1956.

薛启, 王康才, 梁永富, 等, 2018. 氮锌互作对藿香生长、产量及有效成分的影响[J]. 中国中药杂志, 43(13): 2654-2663.

阎佩云, 2019. 土壤微生物在植物营养促进作用中的改善作用[J]. 吉林农业(9): 73.

颜昌宙, 郭建华, 2020. 氮肥管理对植物镉吸收的影响[J]. 生态环境学报, 29(7): 1466-1474.

杨琴, 樊战辉, 孙家宾, 等, 2020. 东南景天种植及对土壤重金属锌和镉的去除研究[J]. 农业与技术, 40(2): 3-6.

张莉, 任媛媛, 张岁岐, 2020. 锌缺乏对植物生长发育的影响[J]. 现代农业研究, 26(5): 54-55.

钟婵娟, 彭伟业, 王冰, 等, 2020. 植物逆境响应相关的 C2H2 型锌指蛋白研究进展[J]. 植物生理学报, 56(11): 2356-2366.

Coskun D, Britto D T, Shi W, et al, 2017. How Plant Root Exudates Shape the Nitrogen Cycle[J]. Trends in Plant Science, 661.

Dev A, Srivastava A K, Karmakar S, 2017. Nanomaterial toxicity for plants[J]. Environmental Chemistry Letters.

Hall J L, 2002. Cellular mechanisms for heavy metal detoxification and tolerance [J]. Journal of Experimental Botany (366): 1-11.

Huang Z, Tang Y, Zhang K, et al, 2016. Environmental risk assessment of manganese and its associated heavy metals in a stream impacted by manganese mining in South China. [J]. Human & Ecological Risk Assessment, (22): 6.

Kumar P, Dushenkov V, Motto H, et al, 1995. Pytoextration-the use of plants to remove to heavy metals from soils[J]. Environmental Science & Technology, 29(5): 1232-1238.

Tauqeer, Hafiz, Muhammad, et al, 2016. Phytoremediation of heavy metals by *Alternanthera bettzickiana*: Growth and physiological response[J]. Ecotoxicology and Environmental Safety.

磷水平对小菊生长开花的影响

邱丹丹　杨秀珍*　陈嘉琦　韩文佳　刘景絮

（花卉种质创新与分子育种北京市重点实验室，国家花卉工程技术研究中心，城乡生态环境北京实验室，园林环境教育部工程研究中心，林木花卉遗传育种教育部重点实验室，园林学院，北京林业大学，北京 100083）

摘要　为探究磷水平对小菊（chrysanthemum×morifolium Ramat.）生长开花的影响，以采取科学合理的磷施肥方法，试验以小菊品种'东篱小太阳'为材料，设置不同磷水平（10、40、60、90 和 150mg/L）进行盆栽试验。结果表明：磷水平为 60mg/L 时，小菊的冠幅、株高、叶片数、花序数、全株干重最大，花期最长；磷水平为 40mg/L 时，叶和根干重最大，且全株干重与 60mg/L 磷水平差异不显著；磷水平提高到 90 和 150mg/L 时，生长指标减小；根冠比随磷水平提高呈减小趋势。综合考虑，磷水平为 40~60mg/L，较有利于'东篱小太阳'的生长开花，对应的施磷量为 60~90mg/株，可作为该品种的磷施肥量参考值。

关键词　小菊；磷水平；生长；开花

Effect of Phosphorus Level on Growth and Flowering of Chrysanthemum

QIU Dan-dan　YANG Xiu-zhen*　Chen Jia-qi　HAN Wen-jia　LIU Jing-xu

(Beijing Key Laboratory of Ornamental Plants Germplasm Innovation & Molecular Breeding, National Engineering Research Center for Floriculture, Beijing Laboratory of Urban and Rural Ecological Environment, Engineering Research Center of Landscape Environment of Ministry of Education, Key Laboratory of Genetics and Breeding in Forest Trees and Ornamental Plants of Ministry of Education, School of Landscape Architecture, Beijing Forestry University, Beijing 100083, China)

Abstract　In order to explore the effect of phosphorus level on growth and flowering of chrysanthemum and to provide scientific phosphorus fertilization scheme, taking 'Dong Li Xiao Tai Yang' as the test object, the experiment was conducted with different phosphorus levels (10, 40, 60, 90 and 150mg/L). The results showed that: at 60mg/L phosphorus level, the crown diameter, plant height, leaves number, inflorescence number, dry weight of the whole plant were the largest, and the flowering period was the longest; at 40mg/L phosphorus level, the dry weight of leaf and root were the largest, and the dry weight of whole plant was not significantly different from 60mg/L phosphorus level; it showed phosphorus deficiency at 10mg/L phosphorus level; at 90 and 150mg/L phosphorus levels, the growth indexes decreased; the root-shoot ratio decreased with the increase of phosphorus level. In summary, the phosphorus level of 40~60mg/L is more conducive to the growth and flowering of 'Dong Li Xiao Tai Yang', and the corresponding phosphorus fertilization rate of 60~90mg/plant can be used as the reference of phosphorus fertilization rate for this variety.

Key words　Chrysanthemum; Phosphorus level; Growth; flowering

菊花是我国十大传统名花之一，在中国已有 3000 年以上的栽培历史（戴思兰，2004），因其品种繁多、花色花型丰富而深受人们喜爱。近年来，株型紧凑、呈半球状的小菊品种因其着花繁密、整体花期长、适合整株观赏，而受到市场的广泛认可，在庭院装饰和城乡美化中广泛应用（Augustinová et al., 2016）。

磷对植物观赏品质的影响是其他元素不可替代的，合理施磷可以促进植物营养生长和生殖生长，提高产量和品质，施磷过多或过少都会产生不利影响（Mohamed and Ali, 2016；王丽云 等，2018）。有研究表明，缺磷时洋桔梗花期延迟，在磷肥充足的条件下，则促进花芽分化、花朵数量也增大（白艳荣和蒋亚莲，2019）。较高的磷水平能显著促进翠菊生长指

---

1 第一作者简介：第一作者简介：邱丹丹（1995-），女，硕士研究生，主要从事花卉栽培研究。
* 通讯作者：杨秀珍，职称：副教授，E-mail：1060021646@qq.com。

标增大，株高、鲜重、干重、总分枝数、花序数量均在200kg/hm²施磷量下达到最大，花期也最长（Maheta et al.，2016）。磷水平为50kg/hm²时，鸡冠花叶片最多，叶片最长，叶和花鲜重最大（Muhammd et al.，2018）。何晶认为，磷水平为4~8mmol/L时盆栽多头菊观赏品质较好（何晶，2007）。王敬丽研究发现，磷水平为30~60mg/L时独本菊生长开花较好；0~10mg/L磷水平下的开花品质变差；而磷水平为120mg/L时，花径减小，花期缩短，出现磷过量症状（王敬丽等，2012）。本试验以小菊品种'东篱小太阳'为试验材料，进行不同磷水平的盆栽试验，探讨磷水平对小菊冠幅、株高、叶片数、开花量等的影响，以确定科学合理的磷施肥方法，为小菊在园林中的应用提供磷施肥技术参考。

1 材料与方法

1.1 试验材料

试验采用的小菊品种为'东篱小太阳'，花红色，自然花期从9月中旬延续到10月下旬，为北京林业大学菊花课题组自主选育品种。

1.2 试验方法

磷水平设10、40、60、90、150mg/L共5个水平，采用单因素完全随机设计，每个处理重复10次。磷源由$NaH_2PO_4 \cdot 2H_2O$提供，其余元素采用霍格兰营养液配方（连兆煌，1994）。

试验于2019年5月20日选取生长良好、一致的菊花脚芽作为插穗进行扦插育苗，扦插基质为草炭∶珍珠岩∶蛭石=1∶1∶1（体积比）。6月20日取生长一致的扦插苗移入13cm×11cm的塑料盆中，每盆1株，栽培基质为珍珠岩。缓苗10d，6月30日开始以浇灌营养液的方式进行处理，每周浇灌1次营养液，每次每盆150ml，试验于9月1日停止浇灌营养液，共浇灌营养液10次。

1.3 测定指标及数据处理

2019年6月30日起每14d测定一次株高、冠幅。10月7日采收，调查统计各处理叶片数、主茎粗、分枝数、头状花序数、花径、舌状花数、管状花数，并分割各器官置于80℃干燥箱中烘至恒重，用天平称量各器官干重。观察并记录各处理的花期长。

1.4 数据处理

采用Microsoft Excel和SPSS对试验数据进行统计分析，采用Origin作图。

2 结果与分析

2.1 磷水平对'东篱小太阳'冠幅的影响

2019年6月30日至10月6日期间每14d对'东篱小太阳'的冠幅进行测定，结果如图1所示。上盆前28d，40mg/L磷水平的冠幅增速最快；28d以后，60mg/L磷水平的冠幅增速最快。各处理冠幅在上盆前56d增速较快，56d以后增速逐渐减小，这是由于各处理先后于上盆56d左右进入现蕾期，营养生长减弱。84d至98d期间，因冠丛边缘花序展开，引起冠幅稍增大。

上盆98d时，对各处理的冠幅进行调查统计，结果表明，随着磷水平的提高，冠幅先增大后减小，冠幅从大到小对应的处理依次为：60＞90＞40＞150＞10mg/L。10mg/L磷水平的冠幅最小，为19.55cm，与40和150mg/L磷水平差异不显著；60mg/L磷水平的冠幅最大，为24.88cm，与其他处理差异显著。综上，磷水平为60mg/L时，'东篱小太阳'的冠幅达到最大，磷水平为90和150mg/L时，冠幅反而减小。

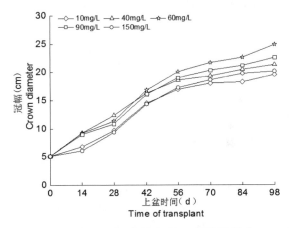

图1 磷水平对'东篱小太阳'冠幅的影响

Fig. 1 Effect of phosphorus level on crown diameter of 'Dong Li Xiao Tai Yang'

2.2 磷水平对'东篱小太阳'株高的影响

2019年6月30日至10月6日期间每14d对'东篱小太阳'的株高进行测定，结果如图2所示。自上盆至98d时，60mg/L磷水平的株高增速最快。各处理株高在14~56d期间增速较大，56d以后增速逐渐减小，70d以后几乎不再增加，84~98d期间，因冠丛顶部花序展开，引起株高稍增大。

上盆98d时，对各处理的株高进行调查统计，结果表明，随着磷水平的提高，株高先增大后减小；株高从大到小对应的处理依次为：60＞90＞40＞10＞150mg/L。150mg/L磷水平的株高最小，为18.40cm，与10mg/L磷水平差异不显著；60mg/L磷水平的株高最大，为23.50cm，与其他处理差异显著。综上，磷水平为60mg/L时，'东篱小太阳'的株高达到最大，磷水平为90和150mg/L时，株高反而减小。

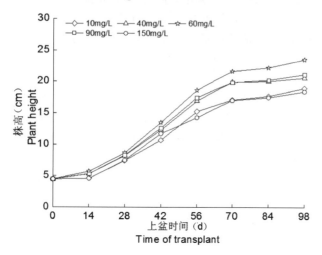

图2 磷水平对'东篱小太阳'株高的影响

Fig. 2　Effect of phosphorus level on plant height of 'Dong Li Xiao Tai Yang'

2.3 磷水平对'东篱小太阳'叶片数、主茎粗、分枝数的影响

对各处理的叶片数、主茎粗、分枝数进行调查统计，结果如表1所示。叶片数随着磷水平的提高先增大后减小，在10mg/L磷水平下最小，与其他处理差异显著；60mg/L磷水平的叶片数最大，为104.00片/株，与其他处理差异显著。主茎粗随磷水平的提高而增大，在60mg/L磷水平下最大，为0.37cm，在150mg/L磷水平下最小，各处理之间差异不显著。

表1 磷水平对'东篱小太阳'叶片数、主茎粗、分枝数的影响

Table 1　Effect of phosphorus level on leaves number, main stem diameter, and branches number of 'Dong Li Xiao Tai Yang'

磷水平 (mg/L) Phosphorus level	叶片数 (片/株) Leaves number	主茎粗 cm Main stem diameter	一级分枝数 (个/株) First branches number	二级分枝数 (个/株) Second branches number
10	31.00d	0.33a	3.67b	14.67b
40	79.00b	0.36a	4.00ab	14.67b
60	104.00a	0.37a	4.67a	16.67a
90	71.00c	0.35a	4.00ab	14.00bc
150	69.00c	0.32a	3.33b	12.67c

注：同列不同字母表示处理间差异显著（$P<0.05$），相同字母表示差异不显著（$P>0.05$），下同。

Note: Within the same column, different letters represent significant difference ($P<0.05$), while the same letters represent no significant difference ($P>0.05$). The same as below.

一、二级分枝数随着磷水平的提高先增大后减小。一级分枝数在60mg/L磷水平下最大，为4.67个/株，与10和150mg/L磷水平差异显著，与其他处理差异不显著。二级分枝数在60mg/L磷水平下最大，为16.67个/株，与其他处理差异显著；在150mg/L磷水平下最小，与90mg/L磷水平差异不显著。综上，磷水平为60mg/L时，'东篱小太阳'的叶片数、主茎粗、一级分枝数、二级分枝数均最大；磷水平为90~150mg/L时，叶片数、主茎粗和分枝数反而减小。

2.4 磷水平对'东篱小太阳'开花状况的影响

2019年10月7日采收时各处理地上部的生长状况如图3所示。可以看出，60mg/L磷水平下的小菊生长开花较好，其次是40mg/L磷水平；90mg/L和150mg/L磷水平下的小菊叶片稀疏、花序数量减少，观赏品质明显下降。

图3 不同磷水平下'东篱小太阳'地上部的生长状况

Fig. 3　Shoot (a) and root (b) growth condition of 'Dong Li Xiao Tai Yang' under different phosphorus levels

在'东篱小太阳'生长期间，观察并记录各处理花期长，在2019年10月7日采收时调查统计各处理的花序数等，结果如表2所示。花序数随着磷水平的提高先增大后减小，在150mg/L磷水平下最小，为24.33朵/株，与10mg/L和90mg/L磷水平差异不显著；在60mg/L磷水平下最大，为37.33朵/株，与其他处理差异显著。花序直径在各处理之间差异不显著。磷水平提高到150mg/L时，舌状花和管状花数量显著下降，与其他处理差异显著。花期在40mg/L和60mg/L磷水平下最长，为26d。综上，磷水平为60mg/L时，'东篱小太阳'的花序数最大，且有利于花期延长；磷水平为90~150mg/L时，花序数则显著减小。磷水平对花序直径影响不显著；磷水平提高到150mg/L时，舌状花和管状花数量显著下降。

表2 磷水平对'东篱小太阳'开花状况的影响

Table 2 Effect of phosphorus level on flowering condition of 'Dong Li Xiao Tai Yang'

磷水平 (mg/L) Phosphorus level	花序数 (朵/株) Head flowers number	花序直径 (cm) Inflorescence diameter	舌状花数 (个/花序) Ray florets number	管状花数 (个/花序) Tubiform florets number	花期 (d) Flowering period
10	26.00c	4.17a	91.00a	153.67a	22
40	32.33b	4.07a	93.33a	142.67a	26
60	37.33a	4.12a	88.00a	140.33a	26
90	25.00c	4.28a	86.67a	147.00a	24
150	24.33c	4.02a	76.33b	121.67b	22

2.5 磷水平对'东篱小太阳'干重的影响

2019年10月7日，分割各器官置于80℃干燥箱中烘至恒重，称量各器官干重，结果如表3所示。随着磷水平提高，各器官和全株干重均先增大后减小，各器官干重均在150mg/L磷水平下最小。花、茎干重在60mg/L磷水平下最大，分别为2.93g/株、1.93g/株，花干重与40mg/L磷水平差异不显著。叶、根干重在40 mg/L磷水平下最大，分别为2.58g/株、0.96g/株。全株干重在60mg/L磷水平下最大，为7.94g/株，与40mg/L磷水平差异不显著；在90mg/L和150mg/L磷水平下，全株干重显著减小。根冠比随着磷水平的提高呈减小趋势，在10mg/L磷水平下最大；在150mg/L磷水平下最小，与其他处理差异显著。磷水平为40mg/L时，满足'东篱小太阳'全株干物质累积需求；磷水平为60mg/L时，全株干重最大；磷水平为90~150mg/L时，各器官干重均减小。

表3 磷水平对'东篱小太阳'干重的影响

Table 3 Effect of phosphorus level on dry weight of 'Dong Li Xiao Tai Yang'

磷水平 (mg/L) Phosphorus level	花干重 (g/株) Dry weight of flower	叶干重 (g/株) Dry weight of leaf	茎干重 (g/株) Dry weight of stem	根干重 (g/株) Dry weight of root	全株干重 (g/株) Dry weight of per plant	根冠比 (%) Root-shoot ratio
10	2.41b	1.25c	1.38b	0.72b	5.75b	14.25a
40	2.64ab	2.58a	1.62b	0.96a	7.80a	14.04a
60	2.93a	2.17b	1.93a	0.92a	7.94a	13.11a
90	2.26bc	1.87b	1.37b	0.73b	6.22b	13.31a
150	1.94c	1.09c	0.94c	0.35c	4.32c	8.90b

3 讨论

何晶指出，124~248mg/L磷水平较适宜多头菊生长开花，而花芽分化进程最快的磷水平为124mg/L（何晶，2007）。姜贝贝等认为，适宜菊花营养、生殖生长的磷水平分别为62mg/L、124mg/L（姜贝贝 等，2008）。在本试验中，小菊在40mg/L和60mg/L磷处理下的生长开花情况较好，磷浓度为90mg/L和150mg/L时，小菊生长量指标显著减小，观赏品质下降。

吴文景等研究发现，根冠比随着供磷水平的增加而降低，在低磷水平下根冠比最大（吴文景 等，2020）。在本试验中，'东篱小太阳'的根冠比随着磷水平的提高呈减小趋势，低磷水平促进根冠比增大，这与前人研究结果一致。王敬丽在对独本菊的磷营养试验中观察发现，0和10mg/L磷浓度下叶片背面出现紫斑，并逐渐扩大，最后叶片枯死（王敬丽 等，2012）。本试验条件下，10mg/L磷水平并没有导致小菊叶片因缺磷而出现紫斑，这可能是由于小菊对低磷的耐受性较强。

施磷可以促进药菊提早开花，提高百朵花鲜重，在0~0.20g/kg范围内，花朵数与施磷量显著正相关（刘大会 等，2010）。张佳音等研究发现，且在0~30L范围内提高磷水平，天竺葵的开花数量增多、花干重增大（张佳音 等，2019）。方娅婷等研究发现，增施磷肥能延长油菜花期，增加开花数量和单花重（方娅婷 等，2019）。本试验中，在10~60mg/L范围内提高磷水平，'东篱小太阳'花序数量和花干重均增大，并在60mg/L磷水平下最大，且花期最长；磷水平对花序直径影响不显著。此外，试验中发现磷水平提高到150mg/L时，舌状花和管状花数量均显著下降，有关磷营养与菊花头状花序小花数量的关系有待进一步研究。

4 结论

磷水平为10mg/L时，'东篱小太阳'冠幅、株高、叶片数、分枝数、花序数、各器官干重均显著降低，表现为磷营养不足。磷水平为40mg/L时，能满足全株干物质累积需求，且花期较长；磷水平为60mg/L时，冠幅、叶片数、分枝数、花序数、全株干重最大，花期也较长，'东篱小太阳'的观赏品质较高。磷水平为90~150mg/L时，冠幅、株高、叶片数、分枝数、花序数、各器官干重又减小，观赏品质下降。综合考虑，认为磷水平为40~60mg/L时，较适宜'东篱小太阳'的生长开花，对应的施磷量为60~90mg/株，可作为该品种磷肥施用量参考值。

参考文献

白艳荣，蒋亚莲，2019. 不同施肥方式与 N、P、K 配比对洋桔梗切花生长发育及品质的影响[J]. 西南农业学报，32(8)：1860-1863.

戴思兰，2004. 中国菊花与世界园艺[J]. 河北科技师范学院学报，18(2)：1-9.

方娅婷，李会枝，廖世鹏，等，2019. 氮肥和磷肥用量对油菜开花性状的影响[J]. 中国油料作物学报，41(2)：199-204.

何晶，2007. 盆栽多头菊引种栽培中营养物质和生长调节剂应用研究[D]. 北京：北京林业大学.

姜贝贝，房伟民，陈发棣，等，2008. 氮磷钾配比对切花菊'神马'生长发育的影响[J]. 浙江林学院学报(6)：692-697.

连兆煌，1994. 无土栽培技术原理[M]. 北京：中国农业出版社.

刘大会，刘伟，朱端卫，等，2010. 磷肥施用量对药用菊花生长、产量和养分吸收的影响[J]. 西南农业学报，23(5)：1575-1580.

王敬丽，杨美燕，杨秀珍，等，2012. 磷营养对独本菊生长及开花的影响[J]. 江苏农业科学，40(9)：156-159.

王丽云，刘小金，崔之益，等，2018. 施肥对降香黄檀营养生长和生殖生长的影响[J]. 植物研究，38(2)：225-231.

吴文景，梅辉坚，许静静，等，2020. 供磷水平及方式对杉木幼苗根系生长和磷利用效率的影响[J]. 生态学报，40(6)：2010-2018.

张佳音，王静怡，樊金萍，等，2019. 磷营养对天竺葵与彩叶草生长发育的影响[J]. 中国土壤与肥料(5)：65-71.

Augustinová L, Doležalová J, Matiska P, et al, 2016. Testing the winter hardiness of selected chrysanthemum cultivars of Multiflora type[J]. Horticultural Science, 45.

Maheta P, Polara N D, Rathod J, 2016. Effect of Nitrogen and Phosphorus on Growth, Flowering and Flower Yield of China Aster (*Callistephus chinensis* L. Nees) cv. POORNIMA[J]. The Asian Journal of Horticulture, 11(1)：132-135.

Mohamed M H M, Ali M M E, 2016. Effect of phosphorus fertilizer sources and foliar spray with some growth stimulants on vegetative growth, productivity and quality of globe artichoke[J]. International Journal of Plant & Soil Science.

Muhammd W, Amin J, Imtiaz M, et al, 2018. Response of Cockscomb (*Celosia amigo*) to various levels of Phosphorus and Nitrogen[J]. International Journal of Environmental Sciences & Natural Resources, 8(3).

油葵 Helianthus annuus 对镉铅复合污染的生长生理响应

韩文佳　杨秀珍*　刘景絮　陈嘉琦

（花卉种质创新与分子育种北京市重点实验室，国家花卉工程技术研究中心，城乡生态环境北京实验室，园林环境教育部工程研究中心，林木花卉遗传育种教育部重点实验室，园林学院，北京林业大学，北京 100083）

摘要　为了揭示油葵(Helianthus annuus)对于镉铅胁迫的生理响应，本试验以油葵为供试材料，探究不同浓度的镉（Cd）铅（Pb）复合污染对盆栽油葵的生理生化指标的影响。结果表明：油葵对于重金属镉铅有一定的耐受性，油葵对于重金属的富集能力：根>茎叶，油葵对重金属的转运能力随着重金属处理浓度的升高而降低。随着镉铅处理浓度的升高，油葵的株高、根长、叶片数、生长量是不断下降的，过氧化氢酶（CAT）活性、过氧化物酶（POD）活性、丙二醛（MDA）含量、叶绿素 a 和叶绿素 b 含量等的变化都说明镉铅复合处理对于油葵的生长是抑制的，并且浓度越高抑制作用越强。为将油葵应用于不同的重金属污染的检测以及植物修复提供理论依据。

关键词　镉；铅；油葵；复合胁迫；生理生化指标

Physiological Response of *Helianthus annuus* to Cd and Pb Combined Pollution

HAN Wen-jia　YANG Xiu-zhen*　LIU Jing-xu　CHEN Jia-qi

(Beijing Key Laboratory of Ornamental Plants Germplasm Innovation & Molecular Breeding, National Engineering Research Center for Floriculture, Beijing Laboratory of Urban and Rural Ecological Environment, Engineering Research Center of Landscape Environment of Ministry of Education, Key Laboratory of Genetics and Breeding in Forest Trees and Ornamental Plants of Ministry of Education, School of Landscape Architecture, Beijing Forestry University, Beijing 100083, China)

Abstract　In order to reveal the physiological response of *Helianthus annuus* to Cd and Pb stress, this experiment took *Helianthus annuus* as the test material to explore the effects of different concentrations of cadmium (Cd) and lead (Pb) combined pollution on physiological and biochemical indexes of potted *Helianthus annuus*. The results show that the enrichment capacity of *Helianthus annuus* for heavy metals was as follows: root > stems and leaves. Low energy treatment promoted the transport of heavy metals in *Helianthus annuus*, while high energy treatment inhibited the transport of heavy metals in *Helianthus annuus*. With the increase of concentration of Pb, Cd treatment, canopy of plant height, root length, leaf number and biomass is declining, catalase (CAT), peroxidase (POD), malondialdehyde (MDA) content, the chlorophyll a and chlorophyll b content such as change suggests that Cd、Pb compound processing is inhibition for the growth of canopy, and the greater concentration, the higher inhibition.

Key words　Cadmium; Lead; *Helianthus annuus*; Compound stress; Physiological and biochemical index

　　土壤重金属污染已成为全球性环境问题（谷阳光等，2017；刘俊 等，2017；Bartkowiak et al，2017）。据 2014 年国土资源部和环境保护部联合发布的《全国土壤污染调查公报》显示，全国土壤总的点位超标率为 16.1%，以重金属污染为主，其中镉（Cd）和铅（Pb）的超标率分别达 7.0% 和 1.5%，污染较严重（本报评论员，2014）。

　　Cd 和 Pb 作为土壤中最主要最普遍的污染物，在土壤中具有很高的持久性，其中土壤中 Cd 的生物半衰期大于 18 年，Pb 的潜伏期为 150~5000 年。土壤是植物生长发育的关键，一旦过量的 Cd 或 Pb 进入土壤，不但会使土壤土质下降，对植物的生长造成危

---

1 基金项目：北京市支持中央在京高校共建项目（2019GJ-03）。
第一作者简介：韩文佳（1996-），女，硕士研究生，主要从事花卉栽培、花卉生理研究。
* 通讯作者：杨秀珍，职称：副教授，E-mail：1060021646@qq.com。

害，使农作物减产，造成经济损失。其次，土壤中的Cd或Pb会通过植物根系进入植物体内，无形中通过食物链的传递过程放大并富集Cd或Pb的毒害作用，最终会对人类的生存构成极大的威胁（黄志勇 等，2011）。因此修复Cd、Pb污染土壤是全人类的当务之急。

油葵（*Helianthus annuus*）别名油用向日葵，一年生高大草本，是菊科向日葵属的植物。高1~3.5m，花期7~9月，花色金黄色，具有较高的观赏价值和经济价值，市场潜力较为广阔，因其花期可长达3个月之久，因此在园林中的应用也逐年增加。油葵茎秆直，根系发达、喜光照、生长周期短、生物量大（郭平 等，2007）、对环境的适应性强、抗旱耐盐碱、对土壤要求不高。采用油葵对重金属污染的土壤进行修复，不但能有效降低土壤中的重金属，而且又能维持土地的价值属性，带来一定的经济价值而且易于推广（马双进 等，2019）。

本试验以油葵为材料，研究不同浓度的镉铅复合胁迫对其生长发育和生理生化指标的影响。为将油葵应用于不同的重金属污染的检测以及植物修复提供理论依据。

1 材料与方法

1.1 试验材料

试验所用油葵种子，购于北京林业科技有限公司。

1.2 试验方法

10月15日，选取颗粒饱满的油葵种子，种植于培养基质为珍珠岩∶蛭石∶草炭=1∶1∶1的穴盘中，上用薄膜覆盖以保温保湿。将其置于北京林业大学北林科技温室（透光率80%，温度32℃，相对湿度70%~80%）内培养。控制土壤含水量为田间含水量的70%~80%。注意观察其生长情况。待长到2片真叶后，于11月8日进行移栽。选取生长健壮且长势一致的植株将其移栽到栽培基质为珍珠岩∶蛭石=1∶1的塑料移栽盆（上口径18cm、高20cm）中，用霍格兰营养液进行浇灌培养，因疫情原因，北林科技温室暂停使用，将植物移到国家花卉工程中心小汤山基地的"九天温室"（透光率80%，最高温度28℃，最低温度8℃，相对湿度50%~80%）中进行培养，自然培养一段时间后，于11月22日选取长势一致（株高40cm）、生长健壮的苗子进行试验研究。

试验期间，"九天温室"的最高温度为28℃，最低温度为8℃，昼夜温差较大。湿度也较大，因此采取每7d浇灌一次处理液，每次200ml的方法，同时每周喷施一次吡虫啉溶液以达到防治虫害的目的。试验由2020年12月5日开始处理到2021年1月25日处理结束，试验共设置6个处理，每组处理10个重复。各处理Cd、Pb浓度如图1所示。

试验中分别将不同浓度的镉、铅胁迫液加入到霍格兰营养液中进行联合浇灌处理，记录每次处理过后油葵的生长情况，并于1月31日取样进行指标测试。

表1 Cd、Pb浓度设定
Table 1 Settings of Cd and Pb concentrations

处理	Cd(mg/L)	Pb(mg/L)
T0(CK)	0	0
T1	10	5
T2	20	20
T3	30	50
T4	50	100
T5	100	200

1.3 样品处理及指标测定

1月31日，采取样品叶片，用蒸馏水清洗干净表面的灰尘，用滤纸吸干表面的水分。叶绿素的含量采用分光光度计的方法进行测定（黄秋婵 等，2009）；过氧化物酶（POD）活性采用愈创木酚法（李合生，2000）进行测定；过氧化氢酶（CAT）活性采用过氧化氢分解法（刘砚韬 等，2013）进行测定；丙二醛（MDA）含量采用硫代巴比妥酸（TBA）法进行测定（郑炳松 等，2006）；用直尺测量根长；用烘干法测定各部分的干物质重。以上分析各重复3次。取干样研磨成粉末后进行重金属含量的分析，转运系数=地上部重金属/地下部重金属含量。

1.4 数据的处理分析

采用Excel 2010和SPSS 25以及PS、Origin 2019软件对所得数据进行处理分析及制图。

2 结果与分析

2.1 镉铅复合胁迫对油葵形态及生物量的影响

2.1.1 镉铅复合胁迫对油葵形态的影响

株高、根长、叶片数、叶片生长状态都是衡量植物生长特征的重要指标，它们的变化反映了植物的生长状态。由图1和图2可知，相对于T0处理，T1、T2、T3、T4、T5处理时油葵株高的增长量分别为30、26.2、25.6、23.6和21cm；叶片数的增长量分别为10、10、9、8、8，增长量随着处理浓度的升高逐步降低。说明随着镉铅浓度的升高，油葵的株高、叶片数是受到抑制的。

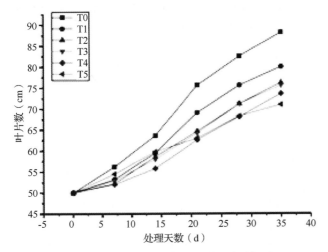

图 1　Cd、Pb 复合胁迫对油葵株高的影响

Fig. 1　Effects of Cd and Pb stress on plant height of *Helianthus annuus*

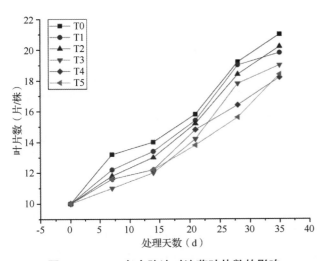

图 2　Cd、Pb 复合胁迫对油葵叶片数的影响

Fig. 2　Effects of Cd and Pb stress on leaf number of *Helianthus annuus*

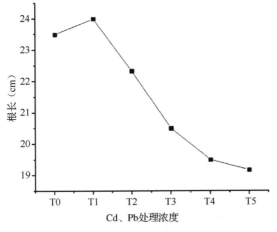

图 3　Cd、Pb 复合胁迫对油葵根长的影响

Fig. 3　Effects of Cd and Pb stress on root length of *Helianthus annuus*

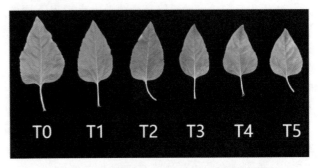

图 4　Cd、Pb 复合胁迫对油葵叶片形态的影响

Fig. 4　Effects of Cd and Pb stress on leaf morphology of *Helianthus annuus*

由图 3 可知，镉铅复合胁迫对油葵根长的影响是先升高后下降的，说明 T1 组处理时的镉铅浓度可能是促进了油葵根系的伸长；但是随着镉铅处理浓度的升高对油葵的根系的伸长又起到了抑制的作用，并且抑制作用相对于对照差异显著（$P < 0.05$）。由图 4 可直接看出随着处理浓度的增大，出现叶片面积变小、发黄、并出现斑点的现象。说明随着处理浓度的增大，叶片的生长受到了严重的毒害。

2.1.2　镉铅复合胁迫对油葵生物量的影响

生物量是反映植物生长发育的重要指标。由图 5 可知，油葵地上部干重及总体干重随着处理浓度的增加呈现出逐步降低的趋势，而地下部分的干重变化较小。T1、T2、T3、T4、T5 组处理分别相对于对照组处理的总干重下降了 13.3%、19.8%、27.3%、34.6%、48.1%，处理浓度越高，总干重量下降越大。说明随着处理浓度的不同，对油葵生长的抑制作用是不同的，处理浓度越高，对于油葵生长的抑制作用越大。

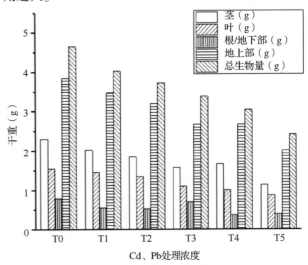

图 5　Cd、Pb 复合胁迫对油葵干重的影响

Fig. 5　Effects of Cd and Pb stress on dry weight of *Helianthus annuus*

油葵在不同浓度的镉铅复合胁迫中表现出不同的形态学变化,株高、根长、叶片数和增加的生物量都是随着处理浓度的增加而逐渐下降的;叶片形态的变化也是随着处理浓度的增加而逐步变差的,这些都说明了镉铅复合胁迫对于油葵生长是抑制的并且浓度越高抑制作用越强。

2.2 镉铅复合胁迫对油葵抗氧化酶类活性的影响

2.2.1 镉铅复合胁迫对油葵 CAT 活性的影响

当植物受到外界胁迫时,抗氧化酶系统能够有效清除自由基,防止植物氧化损伤,抵御外界胁迫对植物的毒害作用(夹书珊,2016)。过氧化氢酶(CAT)广泛存在于植物体内,在抗氧化酶系统中起主要作用之一。不同浓度的镉铅胁迫对于油葵叶中 CAT 含量的影响,结果见图6。由图可知,CAT 活性随着处理浓度的增大呈现出先上升后下降的趋势,在 T4 处理时达到最高值,相对于对照来说,增加了 67.7%,与对照相比差异显著($P < 0.05$)。说明在重金属镉、铅引起的胁迫反应中,CAT 发挥了重要作用,并且随着处理浓度的增加,已经超出了油葵体内利用 CAT 调节减轻伤害的能力。

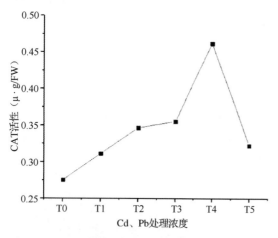

图 6 Cd、Pb 复合胁迫对油葵 CAT 活性的影响
Fig. 6 Effect of Cd and Pb on CAT activity in *Helianthus annuus*

2.2.2 镉铅复合胁迫对油葵 POD 活性的影响

过氧化物酶(POD)是活性较高的适应性酶,它能够反映植物的生长发育特点及对环境的适应性。当植物受到外界胁迫时,POD 能够有效清除 O^{2-}、OH^{-}、H_2O_2 等自由基,是细胞活性氧保护酶系统的成员之一,在防止自由基伤害中起着重要作用(曾小飚 等,2018)。镉铅胁迫对油葵体内 POD 活性的影响见图7。由图可知,随着处理浓度的增加,POD 活性呈现出先增加后降低的趋势,并且在 T4 处理时达到了最大值。说明油葵持续受到重金属镉、铅的胁迫伤害,并且在 T4 处理时油葵通过 POD 活性调节来减轻氧化伤害的能力已经达到最大值。

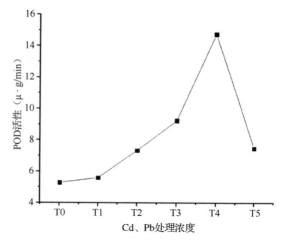

图 7 Cd、Pb 复合胁迫对油葵 POD 活性的影响
Fig. 7 Effect of Cd and Pb on POD activity in *Helianthus annuus*

2.3 镉铅复合胁迫对油葵丙二醛(MDA)含量的影响

植物器官在逆境条件下会发生膜脂过氧化作用,其中主要产物之一是丙二醛(MDA),植物在逆境胁迫下活性氧的伤害程度可根据 MDA 含量的高低来衡量(过晓明 等,2011)。本试验中镉铅复合胁迫对油葵体内 MDA 含量的影响见图8。由图我们可以看出,随着处理浓度的增加,MDA 的含量是先增加后减小的趋势,并且都高于对照组,分别高出 9.1%、11.9%、11.2%、60.3% 和 50.5%。MDA 的含量在 T4 处理时达到了最高值,说明在低于 T4 处理的镉铅复合胁迫的浓度时,重金属镉、铅对于油葵细胞膜的伤害不大,而随着处理浓度的不断增大,使得 MDA 含量增多,反映出油葵受损害的程度加深。

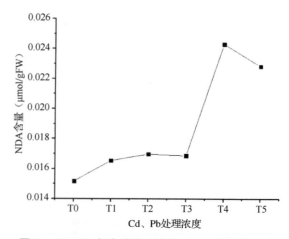

图 8 Cd、Pb 复合胁迫对油葵 MDA 含量的影响
Fig. 8 Effects of Cd and Pb stress on MDA content in *Helianthus annuus*

2.4 镉铅复合胁迫对油葵叶绿素含量的影响

植物体内的叶绿素主要包括叶绿素 a 和叶绿素 b，植物光合作用离不开叶绿素，光合作用的强弱直接影响着植物体内有机物的合成。叶绿素的含量减少，会使植物叶片失绿，严重的会造成植物体死亡(曾小飚等，2019)。由图 9 可看出，在 T0~T1 范围内，叶绿素 a 和叶绿素 b 的含量随着镉铅浓度的升高而升高，并且上升幅度很大；并在 T1 浓度时达到了最高值，相比对照增加了 62.8% 和 37.6%。而当超过 T1 的浓度时，则明显下降；在 T5 处理时，与对照组相比，分别下降了 7% 和 44%，对叶绿素 b 的影响大于叶绿素 a。由此可见，在镉铅处于低浓度时，对叶绿素 a 和 b 有促进作用，能够提高光合作用效率；当浓度增高时，叶绿素的含量不断下降，对植物产生毒害作用。

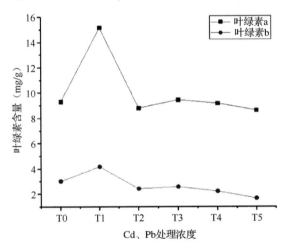

图 9　Cd、Pb 复合胁迫对油葵叶绿素的影响
Fig. 9　Effect of Cd and Pb stress on chlorophyll content in *Helianthus annuus*

2.5 镉铅复合处理下油葵对于重金属镉铅的富集

处理重金属污染物的方法众多，植物修复相对于其他方法来说更加可靠、安全和环保。植物修复利用植物具有的特殊生理，通过实现清洁重金属污染的物质和回收重金属污染的生物，达到修复重金属污染环境的目的。任珺(2010)等人研究发现芦苇(*Acorus calamus*)、菖蒲(*Acorus calamus*)和水葱(*Scirpus tabernaemontani*)地下部分对 Cd 的吸收均高于地上部分；但在高浓度 Pb 处理下菖蒲和芦苇地上部分的富集浓度较地下部分高。本文选择温室盆栽油葵的方法，通过研究不同镉铅复合污染下油葵对重金属离子的吸收和转运系数，为促进油葵对重金属镉铅的修复提供相关依据。

由图 2 可以看出，在重金属镉铅的复合胁迫下，油葵对于铅的富集量大于对镉的富集量；随着镉铅处理浓度的增加，油葵地上部以及地下部所富集的重金属镉铅的含量也随之增多，与对照组差异显著($P>0.05$)。油葵地下部和地上部对于重金属镉铅的积累能力总体表现为：地下部重金属的含量>地上部重金属的含量。油葵的根部是富集重金属的主要器官，根富集的重金属通过植物的运输系统运输到茎叶，并且对 Cd 的运输能力大于 Pb 的运输能力。重金属在根部大量积累而未向上运输，可以减轻重金属对于整株植株的毒害，这是植物对重金属胁迫的一种耐受方式。

油葵对于重金属的转运系数随着处理浓度的增加总体上呈现逐步减小的趋势，说明低浓度的重金属胁迫会促进植物对于重金属的吸收和转运，而随着处理时间的延长，高浓度的重金属胁迫会破坏植物生长、降低植物对重金属的吸收和转运。

表 2　油葵地上、地下部分 Cd、Pb 含量和转运系数
Table 2　Cd、Pb content and transport table of *Helianthus annuus* above and below ground

处理组	地上部(μg/g)		地下部(μg/g)		转运系数	
	Cd	Pb	Cd	Pb	Cd	Pb
T0	0.72±0.02f	0f	2.94±0.07f	0d	0.250	0
T1	1.49e	2.86±0.06e	10.13±0.07e	24.10±0.63d	0.147	0.119
T2	3.76±0.12d	7.80±0.42d	22.32±0.88d	99.88±0.35c	0.168	0.078
T3	4.61±0.07c	14.61±0.45c	37.96±0.15c	200.33±0.92b	0.121	0.073
T4	7.19±0.22b	22.65±0.706b	64.82±0.29b	235.06±0.25 a	0.111	0.096
T5	10.30±0.28a	33.75±0.15a	92.61±0.67a	340.72±0.2a	0.111	0.099

注：表中数据为平均值±标准差($n=3$)；同一列相同字母表示不同处理间差异不显著($P>0.05$)；同一列不同字母表示不同处理间差异显著($P<0.05$)。

3　讨论

油葵的根系是富集重金属 Cd、Pb 的主要器官，根向茎叶的运输能力 Cd 大于 Pb。重金属富集在根部而未向上运输，减轻植物伤害，提高植物对于重金属的耐受性。低浓度的重金属胁迫促进植物对重金属的吸收和转运，高浓度的重金属胁迫会破坏植物生长，降低对重金属的吸收和转运。

植物根系、地上部的生物量，可作为评价植物对重金属耐受性的重要指标（Nadia et al.，2002）。同时，生物量也直接影响着重金属污染土壤的植物修复效果，生物量高的植物修复作用强（2004）。在本试验中，通过研究不同浓度的镉铅复合胁迫对油葵各项生理生化指标的变化规律，得到以下结论：施加 Cd、Pb 处理会造成植株变矮，生物量降低，叶片出现干枯、黄化等现象，并且处理浓度越大，这些现象越明显，植株受到的伤害越严重。这与曹莹等（2008）采用 Pb 处理花生的研究以及郭艳丽等（2009）用 Cd 处理向日葵的研究结果相类似。

油葵在不同浓度的镉铅复合污染中表现出不同的抗性，低浓度的镉铅复合胁迫对于油葵叶绿素、过氧化物酶、过氧化氢酶的合成影响不大，油葵可以通过自身的调节作用，抵制重金属毒害，提高抵抗逆境的能力。但是随着处理浓度的增高，油葵内的叶绿素、过氧化物酶、过氧化氢酶逐步减少，表明高浓度的镉铅处理已经超出了油葵自身的调节能力，影响了植株的正常生长发育。

在本试验中，MDA 的含量随着镉铅复合胁迫液浓度的逐步升高而增多，刚开始升高的趋势并不显著，但当复合胁迫液的浓度到达 T4 时，MDA 的含量急剧增加。表明，油葵在低浓度的镉铅复合胁迫下受到的伤害较小，高浓度的胁迫下会导致油葵体内膜酯化反应加剧，MDA 含量增加，破坏膜结构，影响正常的生长发育。

参考文献

本报评论员. 2014. 直面污染 守护安全[N]. 中国国土资源报(1).

曹莹, 韩豫, 蒋文春, 2008. 铅胁迫对花生生长与铅积累特性的研究[J]. 中国油料作物学报, (2)：198-200.

谷阳光, 高富代, 2017. 我国省会城市土壤重金属含量分布与健康风险评价[J]. 环境化学, 36(1)：62-71.

郭平, 刘畅, 张海博, 等, 2007. 向日葵幼苗对 Pb、Cu 富集能力与耐受性研究[J]. 水土保持学报, 21(6)：92-95, 113.

郭艳丽, 台培东, 韩艳萍, 等, 2009. 镉胁迫对向日葵幼苗生长和生理特性的影响[J]. 环境工程学报, 3(12)：2291-2296.

过晓明, 李强, 王欣, 等, 2011. 盐胁迫对甘薯幼苗生理特性的影响[J]. 江苏农业科学, 39(3)：107-109.

黄秋婵, 韦友欢, 2009. 阳生植物和阴生植物叶绿素含量的比较分析[J]. 湖北农业科学, 48(8)：1923-1924, 1929.

黄志勇, 余江, 秦德萍, 等, 2011. 菜园土壤重金属污染潜在生态危害评估分析(英文). 第四届中国北京国际食品安全高峰论坛, 中国北京.

夹书珊, 2016. 旱柳生长过程对铅胁迫的响应机理研究[D]. 长沙：中南林业科技大学.

李合生, 2000. 植物生理生化实验原理和技术[M]. 北京：高等教育出版社.

刘俊, 朱允华, 胡劲松, 等, 2017. 湘江中游江段沉积物重金属污染特征及生态风险评价[J]. 生态与农村环境学报, 33(2)：135-141.

刘砚韬, 王振伟, 张伶俐, 2013. 过氧化氢酶活性测定的新方法[J]. 华西药学杂志, 28(04)：403-405.

马双进, 南忠仁, 臧飞, 等, 2019. 油料作物对重金属污染农田土壤修复的研究进展[J]. 中国农学通报, 35(36)：80-84.

任珺, 陶玲, 杨倩, 等, 2010. 芦苇、菖蒲和水葱对水体中 Cd 富集能力的研究[J]. 农业环境科学学报, 29(9)：1757-1762.

任珺, 陶玲, 杨倩, 2009. 芦苇、菖蒲和水葱对水体中 Pb^{2+} 富集能力的研究[J]. 湿地科学, 7(3)：255-260.

徐惠风, 刘兴土, 金研铭, 等, 2003. 向日葵叶片叶绿素和比叶重及其产量研究[J]. 农业系统科学与综合研究, 19(2)：97-100.

郑炳松, 2006. 现代植物生理生化研究技术[M]：北京：气象出版社.

曾小飚, 唐健民, 朱成豪, 2019. 重金属镍胁迫对向日葵幼苗生理生化特性的影响[J]. 广西植物, 39(12)：1702-1709.

曾小飚, 张肃杰, 宁莞权, 等, 2018. 锰、汞复合胁迫对向日葵幼苗生理生化指标的影响[J]. 安徽农学通报, 24(2)：17-19.

Bartkowiak A, Lemanowicz J, Hulisz P. 2017. Ecological risk assessment of heavy metals in salt-affected soils in the Natura 2000 area (Ciechocinek, north-central Poland)[J]. Environmental Science and Pollution Research, 24(35)：27175-27187.

Nadia A A, M. P B, Mohammed A. 2002. Tolerance and bioaccumulation of copper in Phragmites *australis* and *Zea mays* [J]. Plant and Soil, 239(1).

Papoyan, A, Kochian, L V, 2004. Identification of Thlaspi caerulescens Genes That May Be Involved in Heavy Metal Hyperaccumulation and Tolerance. Characterization of a Novel Heavy Metal Transporting ATPase[J]. Plant Physiology, 2004, 136(3).

荷包牡丹 Dicentra spectabilis(L.)催花技术初探[1]

刘景絮　韩文佳　陈嘉琦　杨秀珍*

（花卉种质创新与分子育种北京市重点实验室，国家花卉工程技术研究中心，城乡生态环境北京实验室，园林环境教育部工程研究中心，林木花卉遗传育种教育部重点实验室，园林学院，北京林业大学，北京 100083）

摘要　为探究荷包牡丹打破休眠的条件，调节其花期，达到春节期间开花的目的，以休眠状态的荷包牡丹地下根为试验材料进行催花试验。试验一于 2019 年 11 月 13 日开始，试验二于 2020 年 9 月 25 日开始，试验三于 2020 年 11 月 25 日开始，探究温度和 GA_3 对其萌发、生长和开花的影响。试验一表明，荷包牡丹需要低温才能打破休眠，若不经过低温处理，植株不能萌发。试验二表明，在不加温温室内保存至春节前 50d（其中 38d 最低温度低于 5℃，7d 全天温度低于 5℃），然后转移至加温温室（4~26℃）栽培，可提前萌发生长，并在春节期间达到盛花期。试验三表明，使用 5mg/L GA_3 蘸根处理也可以达到催花目的，与对照组相比可提前 25d 萌发，花期提前 7d。

关键词　荷包牡丹；低温；催花技术

Preliminary Study on Dormancy Breaking and Flower Forcing of *Dicentra spectabilis*(L.)

LIU Jing-xu　HAN Wen-jia　CHEN Jia-qi　YANG Xiu-zhen*

(Beijing Key Laboratory of Ornamental Plants Germplasm Innovation & Molecular Breeding, National Engineering Research Center for Floriculture, Beijing Laboratory of Urban and Rural Ecological Environment, Engineering Research Center of Landscape Environment of Ministry of Education, Key Laboratory of Genetics and Breeding in Forest Trees and Ornamental Plants of Ministry of Education, School of Landscape Architecture, Beijing Forestry University, Beijing 100083, China)

Abstract　In order to explore the conditions of breaking dormancy of *Dicentra spectabilis*, regulate its flowering period, and achieve the purpose of flowering during the Spring Festival, the dormant underground roots of *Dicentra spectabilis* were used as experimental materials to carry out the experiment of accelerating flowering. Experiment 1 started on November 13, 2019, experiment 2 started on September 25, 2020, and Experiment 3 started on November 25, 2020 to explore the effects of temperature and GA_3 on its germination, growth and flowering. Experiment 1 showed that the dormancy of *Dicentra spectabilis* could be broken by low temperature, and the plant could not germinate without low temperature treatment. The second experiment showed that the plants could germinate and grow in advance and reach full bloom during the Spring Festival when they were stored in the non heated room until 50 days before the Spring Festival (the lowest temperature was below 5℃ for 38 days and the all day temperature was below 5℃ for 7 days), and then transferred to the heated greenhouse (4~26℃). The third experiment showed that 5 mg/L GA_3 dipping root treatment could also achieve the purpose of accelerating flowering, and the germination and flowering date of the treatment group were 25 days and 7 days earlier than those of the control group.

Key words　*Dicentra spectabilis*; Low temperature; Flower forcing technology

荷包牡丹(*Dicentra spectabilis*)，是罂粟科荷包牡丹属多年生草本植物，植株高 30~60cm，三出羽状复叶互生，有长柄，总状花序上长有 8~11 朵花，于花序轴的一侧下垂，花瓣 4 片，外层 2 瓣花瓣粉红或玫红色，联合成心脏形，基部膨大呈荷包状，内层 2 瓣花瓣细长，从外层花瓣间伸出，包裹着雌蕊和雄蕊，多为粉白色。因其叶形似牡丹、花形似荷包而得名荷包牡丹，其他地区也根据花形称为鱼儿牡丹、荷包

---

[1] 基金项目：北京市园林绿化局计划项目(2019-KJC-02-10-1)。
第一作者简介：刘景絮(1997-)，女，硕士研究生，主要从事花卉繁殖栽培研究。
*通讯作者：杨秀珍，职称：副教授，E-mail：1060021646@qq.com。

花、兔儿牡丹、铃儿草、耳环花等,英文名称bleeding heart。荷包牡丹肉质根怕积水,喜富含腐殖质排水良好的壤土,耐寒,喜半阴环境。不耐高温,忌阳光直射,夏季休眠(侯兵,2005)。

荷包牡丹作为一种耐寒耐阴的宿根花卉,花形奇特,花期长,无论作为地被还是盆花和切花,都拥有很大的应用潜力(潘伟和张爽,2010)。

荷包牡丹在古代就为人们所欣赏,并有了文字记载,如宋代周必大的《咏鱼儿牡丹并序》等,乾隆也曾写过关于荷包牡丹的诗句,此外还有用荷包牡丹做瓶花的记录,但现代对荷包牡丹的应用却较少,市场需求量也较小,国内目前对于荷包牡丹的研究大多集中在繁殖和栽培方面(马冬梅,2010;余力等,2015),虽然也有关于荷包牡丹冬季催花相关的文章但数量少且较缺乏试验数据(庞冉奇等,2003)。因此明确荷包牡丹打破休眠的条件,进行催花技术的相关研究,能够为未来荷包牡丹盆花的应用奠定一定的理论基础。

在冬季休眠的植物的催花研究中,常见的影响因素有低温处理的时间、温度、外源植物激素的使用、光照强度和光照时间等(姜楠南 等,2017;沈威 等,2019;胡超 等,2019),可为荷包牡丹的催花研究提供一定的参考。

1 材料与方法

1.1 试验材料

试验材料来自山东菏泽出售、北京市昌平区白浮苗木基地栽植的荷包牡丹。越冬后生长的荷包牡丹如图1。2020年分2批挑选在白浮苗木基地生长1年、地下根系状态良好的荷包牡丹地下根共15株。

1.2 试验方法

试验一于2019年11月13日进行,选取100株状态良好的荷包牡丹地下根,每株带芽5~8个,用中号盆(直径17cm,高18cm)上盆,基质成分为草炭:蛭石:珍珠岩=1:1:1。上盆后置于温室内,温度保持在13~28℃;其余地下根露地栽于白浮苗木基地进行越冬,试验期间温度-7~23℃。观察记录荷包牡丹的萌发和生长开花情况。

试验二于2020年9月25日进行,该时间下日温20℃以上,夜温13℃以上。在白浮基地挖取状态良好的地下根,如图2,根上携带的芽大小在1cm以下。去掉园土后,分株成14株,每株带芽5~8个,用中号盆上盆,基质成分草炭:蛭石:珍珠岩=1:1:1,上盆后置于北林科技不加温温室,试验期间温度与气温近似。2020年12月18日随机选取6株荷包牡丹分别移入中温温室(温度10~26℃)和低温温室(温度4~19℃),观察记录萌发和生长开花情况。

试验三于2020年11月25日进行,该时间下日温

图1 在白浮基地越冬后的荷包牡丹

Fig. 1 *Dicentra spectabilis* after overwintering in Baifu base

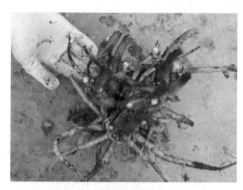

图2 荷包牡丹地下根(9月25日)

Fig. 2 Underground roots of *Dicentra spectabilis* excavated on September 25

图3 荷包牡丹地下根(11月25日)

Fig. 3 Underground roots of *Dicentra spectabilis* excavated on November 25

10℃、夜温 0℃。在白浮基地挖取 6 株状态良好,芽长在 1~1.5cm 的地下根,如图 3,晒根 2 天后在低温温室内使用大号盆(直径 31.5cm,高 26cm)上盆,基质成分为草炭∶蛭石∶珍珠岩 = 1∶1∶1。3 盆作为空白对照,3 盆使用 5mg/L GA_3 蘸根,观察记录萌发和生长开花情况。

2021 年 1 月 24 日将试验二、试验三的所有试验苗移入办公室,室内温度保持在 19~26℃,平均湿度 24.5%,每周记录 1 次株高和开花情况。

3 组试验的处理方式如表 1 所示。

表 1 荷包牡丹的不同处理方式

Table 1 Different treatment of *Dicentra spectabilis*

	处理时间	处理方式	加温温室温度范围(℃)
试验一	2019 年 11 月 13 日	温室栽培	13~28
		露地栽培(气温 -7~23℃)	
试验二	2020 年 9 月 25 日	不加温温室→低温温室	4~19
		不加温温室→中温温室	10~26
试验三	2020 年 11 月 25 日	5mg/L GA_3 蘸根	4~19
		对照	4~19

2 结果与分析

2.1 催花成功的荷包牡丹生长开花过程观察

以试验二中移入中温温室的荷包牡丹的生长过程为例,在试验中可观察到上盆的荷包牡丹经历了萌芽期、展叶期、初花期、盛花期、末花期 5 个过程,该处理下的荷包牡丹 9 月 25 日分株上盆后置于不加温温室;12 月 18 日移入中温温室;1 月 24 日移至办公室。

2020 年 12 月 31 日开始进入萌芽期,从芽顶端开始松动,露出紫红色幼叶,至第一片叶片展开变成绿色,可持续约 14d,期间外层叶片逐渐展开、伸长(图 4a、4b)。展叶期从第一片绿色叶片出现,至第一朵花透色,可持续约 10d,期间叶片伸展变绿,叶柄略有伸长,株高变化小,展叶的同时花芽也开始生长发育(图 4c、4d),花蕾于 1 月 25 日透色。初花期从花蕾透色,至全株 50% 的花朵完全开放,可持续 5~7d,期间花序长度增加,总状花序上小花依次开放,同时株高也迅速增加。盛花期从全株 50% 的花朵完全开放,至全株 50% 的花朵枯萎为止,持续约 14d,此期间是荷包牡丹的最佳观赏期。末花期从全株 50% 的花朵枯萎,至全部花朵枯萎,持续 5~7d。1 月 27 日有 1 朵及以上的小花外层花瓣下端翘起,呈荷包状(图 4e),全株在 2 月 1 日至 13 日达到盛花状态,是最佳观赏期(图 4f、4g),随后进入末花期,至 2 月 17 日仅有零星残花(图 4h)。

根据本试验,荷包牡丹从萌发到盛花需要 32d 左右,单株花期可持续 3 周左右,最佳观赏期 14d 左右。

2.2 温度及 GA_3 处理对荷包牡丹萌发的影响

表 2 为不同处理下荷包牡丹的萌发时间。试验一中温室栽培未经低温处理的荷包牡丹没有萌发,但露地栽培的在次年春天顺利萌发,可以认为荷包牡丹需经低温处理才能萌发,而不经低温处理则无法萌发。试验二低温处理时间长且经过全天 5℃ 以下低温处理的荷包牡丹在 2020 年 12 月 18 日移入低温温室和中温温室加温,温度恢复到 5℃ 以上后两周左右即可萌发,可比自然环境下提前 50d 左右,其中移入中温温室的最早于 2020 年 12 月 31 日萌发,移入低温温室

图 4 荷包牡丹生长开花过程

Fig. 4 Growth and blossom process of *Dicentra spectabilis*

的于 2021 年 1 月 3 日萌发。可推测，经过全天 5℃ 低温处理后，在一定温度范围内，温度越高越有利于荷包牡丹萌发。

试验三低温处理时间短且未经过全天 5℃ 以下低温处理的荷包牡丹于 2021 年 1 月 29 日萌发，出现了未长叶先开花的现象；使用 GA_3 蘸根的荷包牡丹在 1 月 4 日萌发，比对照组早了 24d，且与试验二的萌发时间相差不大，推测除了低温，赤霉素也有一定打破休眠、促使萌发的作用。

荷包牡丹从 2020 年 12 月 31 日陆续萌发，试验二的荷包牡丹在萌发后 2 周左右开始展叶生长，试验三对照组萌发晚，但萌发后也很快进入展叶期，使用 GA_3 蘸根处理虽然萌发早，但幼叶并未逐渐展开，经过 3 周以上才进入展叶期，推测荷包牡丹萌芽期长短与萌发前的积温有关。

整体来看，促进荷包牡丹提前萌发的因素中，温度因素占主导作用，其次是 GA_3 的使用，二者对萌发时间的影响差异不大，均早于试验三的对照组，但使用 GA_3 会使萌芽期延长。

表 2 温度和 GA_3 处理对荷包牡丹萌发时间的影响
Table 2 Effects of temperature and GA_3 Treatment on germination time of *Dicentra spectabilis*

处理		萌发时间
试验一	温室栽培	未萌发
	露地栽培	2020 年 3 月（自然萌发）
试验二	移至低温温室	2021 年 1 月 3 日
	移至中温温室	2020 年 12 月 31 日
试验三	使用 GA_3 蘸根后置于低温温室	2021 年 1 月 4 日
	对照，置于低温温室	2021 年 1 月 29 日

2.3 温度及 GA_3 处理对荷包牡丹株高的影响

2.3.1 温度对荷包牡丹株高的影响

试验二中移至低温温室和移至中温温室的荷包牡丹在萌发后至 1 月 20 日间生长较为缓慢，1 月 20 日至 2 月 3 日两周间生长速率最高，株高迅速增加，之后生长速度明显减缓，在 2 月 10 日至 17 日之间达到最大株高，之后株高出现一定下降，如图 5a 所示。两处理的荷包牡丹株高无明显差异，可以认为在低温处理后不同的温度不会对生长速度和株高产生较大影响。

2.3.2 GA_3 处理对荷包牡丹株高的影响

试验三使用 GA_3 蘸根处理的荷包牡丹虽然于 1 月 4 日萌发，但停留在萌发的状态，并未生长，3 周后，于 1 月 27 日开始展叶生长，在 2 月 10 日至 2 月 17 日

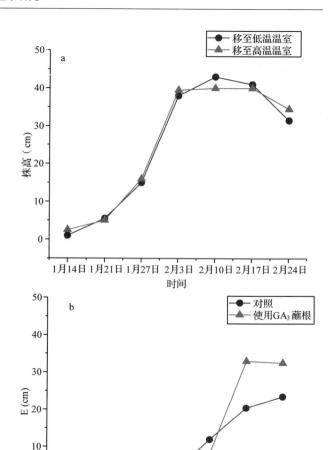

图 5 不同处理的荷包牡丹株高变化
Fig. 5 Changes of plant height of *Dicentra spectabilis* with different treatments
a. 不同温度处理的荷包牡丹株高变化；
b. GA_3 处理与否的荷包牡丹株高变化

一周间快速生长并开花，在 2 月 10 日达到最大高度之后株高略有下降。对照组的萌发时间晚且生长量较少、生长速度慢，如图 5b 所示。可以看出使用 GA_3 蘸根处理对荷包牡丹生长有一定促进作用。

除了试验三对照组外，每组处理的株高均出现展叶期缓慢增长、初花期迅速增长、达到最大株高后回落的现象。推测由于办公室位于北侧，光照不足导致植株徒长，未进行施肥导致荷包牡丹营养不足、花茎嫩绿细弱，开花后无法承担地上部枝叶和花序的重量，导致植株倒伏、株高降低。

2.3 温度和 GA_3 处理对荷包牡丹开花的影响

试验二的荷包牡丹自 12 月 18 日移入低温温室和中温温室，两周左右开始萌发，萌发 4 周后进入初花

期，第5周和第6周即2021年春节期间可进入最佳观赏期。从表3可以看出，试验三的荷包牡丹的开花时间晚，其中对照组的开花时间最晚。每枝花枝可至少生出1个花序，除对照组外，平均小花数和平均花序数呈正相关，经F检验，温度和GA_3处理对平均花序数和平均小花数的影响不显著。虽然使用GA_3处理的平均小花数多，但试验二移至中温温室的植株个体间差异小。最长花序和花径之间的差异不明显，推测温度和外源生长激素对花序长度和花径的影响不明显。

表3 不同处理对荷包牡丹开花的影响

Table 3 Effects of different treatments on flowering of Dicentra spectabilis

	处理	初花期开始时间	平均花序数	平均小花数	最长花序(cm)	花径(cm)
试验二	移至低温温室	2月5日	1.59±0.35	8.74±3.29	22.8	1.9~2.5
	移至中温温室	1月25日	1±0.00	8.5±1.50	23.2	1.9~2.5
试验三	使用GA_3处理	2月10日	2.33±0.47	9.67±3.09	20	2.1~2.3
	对照	2月17日	1.85±0.85	5.15±3.15	25.4	2.1~2.3

注：数据为平均值±标准差，同列数据间无显著差异。

3 结论与讨论

荷包牡丹休眠后需要5℃以下低温处理才能打破休眠。在春节前50d左右将5℃以下低温处理的荷包牡丹移入5℃以上环境栽培2周即可萌发，在展叶后保持温度在20℃左右可以让荷包牡丹在春节期间达到最佳观赏期。也可以在9月将荷包牡丹分株上盆后置于室外环境，春节前50d左右移入5℃以上环境内栽培。荷包牡丹作为作为室内盆花栽培时，若使用中号盆，分株时留4~6个芽的植株效果较好。

试验中发现低温处理时间长且经过全天5℃以下低温处理的荷包牡丹，移入5℃以上室温后2周左右即可顺利萌发，而低温处理时间短且未经全天5℃以下低温处理的荷包牡丹萌发晚。可以说明5℃以下的低温处理能够有效打破荷包牡丹的休眠，但低温处理具体需要的时间还应进一步研究。

使用GA_3也可以打破荷包牡丹的休眠，使用5mg/L的GA_3蘸根可以让荷包牡丹提前萌发，但萌发后展叶慢，株高也不及低温处理的植株，因此认为低温处理是最佳选择。但由于试验重复数量较少，存在个体差异，在今后的试验中也应进一步进行验证。除了蘸根，也可以采用灌根、上盆后喷施等不同方式施用GA_3，GA_3浓度不同也会对催芽效果产生一定影响（袁燕波 等，2014；张佳平，2015），此外，也有研究发现使用单氰胺可以打破植物休眠（耿伟和许世霖，2018；黄晓婧，2019），在后续试验中也具有研究价值。

试验发现，荷包牡丹花芽和叶片同时生长发育，认为其在低温休眠时进行花芽分化。个别植株在营养生长前就开始生殖生长，推测由于环境温度骤然增高、花芽发育过快导致。

试验中荷包牡丹在19~26℃环境下，单株花期可持续3周左右，最佳观赏期14d左右，根据庞冉奇等人的研究，开花后降低温度可延长观赏时间，可在后续试验中进一步探究。

在开花品质方面，除对照组外，平均花序数和小花数呈正相关。使用GA_3蘸根的荷包牡丹每枝花枝的平均花序数和平均小花数最多，但未发现其对花径产生较明显影响，与在芍药等植物中发现的现象不太一致（袁燕波 等，2014），可能由于试验中GA_3浓度低，难以对成花产生影响。

试验发现，虽然荷包牡丹每枝花枝可生出至少1支花序，但仅有顶上最早发育的主花序上小花多，后发育的花序上小花数量会明显减少甚至仅有1朵花，而后期观察到露地栽培的植株单枝花枝上的花序多、每个花序小花数也多，推测可能是由于露地栽培的荷包牡丹根系更为发达、营养储备更加充足，在后续的试验中，可以探究施肥对于荷包牡丹成花质量的影响。

参考文献

陈淏子辑，伊钦恒校注，1979. 花镜[M]. 修订版. 北京：农业出版社.

陈少海，2014. 红楼复梦[M]. 长沙：岳麓书社.

圣祖玄烨撰，1703. 御制诗集[M]. 影印版.

恽毓鼎著，史晓风整理，2004. 恽毓鼎澄斋日记[M]. 杭州：浙江古籍出版社，2005重印.

耿伟，许世霖，2018. 葡萄打破休眠与越冬防寒技术[J]. 吉林蔬菜（8）：18.

侯兵，2005. 荷包牡丹的莳养[J]. 农村实用技术与信息，（12）：23.

胡超，张云珍，2019. 基于球根花卉花期调控的研究进展[J]. 现代园艺（20）：55-56.

黄晓婧，2019. 单氰胺处理对葡萄冬芽萌发的影响及其调控机理初探[D]. 成都：四川农业大学.

姜楠南，吴晓星，王翠香，等，2017. 芍药周年供花技术研究综述[J]. 林业与环境科学，33(4)：135-138.

李深江，2011. 荷包牡丹的养护管理[J]. 特种经济动植物，14(6)：30-31.

娄晓鸣，吕文涛，彭慧菊，2019. 盆栽风信子年宵花花期调控影响因素[J]. 北方园艺(5)：79-84.

马利娜，马健，2017. 观赏花卉珍品——荷包牡丹[J]. 中国园艺文摘，33(7)：168-169.

宁云芬，徐萌，2019. 不同补光处理对盆栽百合生长及花期的影响[J]. 农业研究与应用，32(Z1)：23-27+58.

潘伟，张爽，2010. 荷包牡丹的繁殖与栽培管理技术[J]. 中国园艺文摘，26(3)：97-98.

庞冉琦，赵海军，晁阳，等，2003. 荷包牡丹冬季室内催花技术[J]. 林业实用技术(12)：40.

全宋词[M]. 台北：世界书局股份有限公司，2009.

沈威，顾立群，高凯娜，等，2019. 球根花卉花期调控技术[J]. 现代园艺(1)：84-85.

严肃，1987. 荷包牡丹扦插法[J]. 中国花卉盆景(5)：32.

余力，2015. 如何繁殖荷包牡丹[J]. 中国花卉园艺(18).

袁燕波，王历慧，于晓南，2014. 低温和外源 GA_3 对芍药切花品种花期调控的影响[J]. 东北林业大学学报，42(1)：98-103.

张吉通，2005. 荷包牡丹及其栽培技术[J]. 农村新技术(12)：28.

张佳平，2015. 芍药在杭州栽培的耐热评价及地下芽休眠机理研究[D]. 杭州：浙江大学.

赵晓红，2018. 单氰胺打破蓝莓休眠的效果[J]. 中国南方果树，47(3)：127-129.

不同浓度蔗糖对八仙花切花保鲜效果的影响

李琴 侯艳 张文娥*

(贵州大学农学院园艺系，贵阳 550025)

摘要 八仙花是虎耳草科八仙花属植物的一种观赏花卉，近年来，作为一种新型高档切花被广泛应用。本研究以八仙花切花为试材，研究了不同蔗糖浓度的保鲜液对八仙花切花保鲜效果的影响，同时探讨了蔗糖在鲜切花保鲜中的作用。试验结果表明：和对照(CK)相比，采用不同配方保鲜液对八仙花切花进行瓶插处理时，发现各处理均能在不同程度上提高切花的保鲜效果，其中以处理 200mg/L 8-HQ + 20mg/L 6-BA + 200mg/L 柠檬酸 + 40g/L 蔗糖的保鲜效果最好，该瓶插液可以延长八仙花切花的瓶插寿命，瓶插期间可明显减缓花枝鲜重变化率下降幅度，维持水分平衡，提高其体内的 CAT 和 SOD 活性，减少 MDA 的积累，增加切花叶片中蛋白质和可溶性糖的含量，增强了细胞膜的稳定性。

关键词 八仙花；蔗糖；保鲜

Effects of Different Concentrations of Sucrose on Fresh-keeping Effect of Cut Flowers of *Hydrangea macrophylla*

LI Qin HOU Yan ZHANG Wen-e*

(*Department of Horticulture, College of Agriculture, Guizhou University, Guiyang 550025, China*)

Abstract *Hydrangea macrophylla* is a kind of ornamental flower of *Hydrangea* genus in Saxifragaceae. In recent years, it has been widely used as a new high-grade cut flower. In this study, the effects of different concentrations of sucrose on the fresh-keeping effect of cut flowers were studied, and the effect of sucrose on fresh-keeping of cut flowers was also discussed. The test results show that: Compared with CK, it was found that each treatment could improve the fresh-keeping effect of cut flowers in different degrees when the fresh-keeping solution of different formulations was used for vase treatment. Among them, 200mg/L 8-HQ + 20mg/L 6-BA + 200mg/L citric acid + 40g/L sucrose had the best fresh-keeping effect. This solution could prolong the vase life of cut flowers, slow down the rate of change of fresh weight, maintain water balance, increase the activities of CAT and SOD, reduce the accumulation of MDA, increase the content of protein and soluble sugar in cut flowers, and enhance the stability of cell membrane.

Key words *Hydrangea macrophylla*; Sucrose; Preservation

八仙花(*Hydrangea macrophylla*)为虎耳草科八仙花属植物，又名绣球花、紫阳花、粉团花，原产日本和中国(赵智芳，2018)，经多年选育研究已育成大量栽培品种。八仙花因花大色艳，观赏价值较高，常作盆栽、绿化、切花生产。目前，八仙花已成为继玫瑰、康乃馨、百合、洋桔梗、非洲菊之后云南第六大鲜切花，发展前景广阔(李青，2019)。在切花生产中因花序大、小花多、表面积大，导致切花易失水萎蔫、保鲜期短，极大限制了八仙花切花的广泛应用，而研究和开发适宜的保鲜技术可有效延长其瓶插寿命，提高切花质量。前人研究发现不同的保鲜技术均可在一定程度上延长八仙花切花寿命，如采用

500mg/L 的 8-羟基喹啉硫酸盐作为保鲜液能将瓶插期延长 3.5d(吴文杰 等，2017a)，而 4℃ 低温预冷 6~8h，瓶插期延长 2d(吴文杰 等，2017b)。此外，20g/L 蔗糖+200mg/L 8-HQ+200mg/L 柠檬酸、木醋液(0.5g/L)和可利鲜(pH 5.0)的均可不同程度的延长瓶插期(白桦 等，2013；班伟，2016)。

糖是切花的主要营养和能量物质，它能维持切花的生理生化过程。另外，糖在保持渗透压、气孔关闭、保护线粒体结构和维持膜的完整性方面有一定的作用(徐华忠，2007)。大量研究表明，在保鲜液中添加蔗糖可为切花的代谢补充能量，提供呼吸基质，有效改善切花营养状况，因此蔗糖被广泛应用于切花保

鲜液中，但蔗糖浓度过高可能引起切花生理脱水，因此添加合适的蔗糖浓度才能起到积极作用（娄喜艳等，2018；郑鹏丽等，2019；朱东兴等，2006；张溢等，2016）。张林青（2013）在蔗糖对切花月季保鲜效果的研究中表明：经过15g/L的蔗糖溶液处理的切花月季比清水对照的瓶插寿命长3d，并且能有效增强切花月季的吸水效率，增加花枝鲜重，缓解切花水分胁迫，有效增加过氧化物歧化酶（SOD）活性。Han等（2003）在百合切花保鲜中发现，蔗糖瓶插处理对切花瓶插寿命和花苞直径均无显著影响，但促进了花瓣中花青素含量，提高了切花的观赏质量。耿兴敏等（2012）在添加8-HQ的基础上，发现蔗糖对百合切花瓶插寿命的影响不显著，但在不同程度上促进了花苞直径的增长和切花鲜重的增加，尤其是蔗糖5g/L以上的瓶插处理显著提高了花瓣中可溶性糖的含量，但蔗糖的高浓度处理，加速了叶片的黄化，导致切花叶片观赏质量下降。

最新研究发现，大丽花在50g/L的蔗糖浓度下瓶插寿命比对照延长了9.7d，同时减缓切花水分平衡值和鲜重变化率的下降幅度，减少MDA积累；提高了可溶性糖、可溶性蛋白含量（熊兴伟等，2021）；蜡梅在10g/L的蔗糖预处理下，可以促进花朵开放并延缓盛花期花朵鲜重的下降，丙二醛的含量呈缓慢下降趋势，花被片内超氧化物阴离子、过氧化氢减少（孟亚南，2019）；重瓣百合在3%的蔗糖溶液能显著延长瓶插期（郭奇梅，2018）。

丛日晨（2003）、韩琴等（2015）研究认为，外源添加的糖类能够被切花吸收，减慢切花体内总糖量下降的速度，从而延缓切花的衰老。然而，在处理液中添加糖时，需要控制好量，糖浓度过高时反而容易使切花脱水，破坏水分平衡，导致叶片褐化、花瓣卷缩以及茎部出现黑斑（Meng F.，2001）。因此，本试验在前人研究的基础上，以八仙花切花为试材，通过设计不同蔗糖浓度的保鲜液，对比分析不同蔗糖浓度对八仙花切花瓶插寿命和生理特性的影响，以期筛选出较为适宜的保鲜液配方，并为蔗糖在鲜切花保鲜上的开发利用提供理论依据。

1 材料与方法

1.1 材料

供试材料为新鲜八仙花（*Hydrangea macrophylla* 'Merveille'）花枝，花枝剪切自贵州大学农学院教学实验场。

1.2 试验设计

瓶插前将花材置于清水中斜切花枝基部，切取保留约为30cm花枝（从斜口处到花朵顶部），分别插入含有300ml瓶插液的锥形瓶中，基础瓶插液配方为200mg/L 8-HQ + 20mg/L 6-BA + 200mg/L 柠檬酸，蔗糖浓度设置为0、10、20、30、40g/L，蒸馏水处理作为CK。每处理重复3次，每重复3枝切花，瓶口密封以防液体蒸发，瓶插期间室温23℃±2℃，相对湿度83%±5%。

1.3 指标测定

1.3.1 外观形态指标

花枝鲜重变化率参照张开会的方法测定（2011），水分平衡值参照熊光元等的方法测定（2010），瓶插寿命：从花枝的瓶插之日起，以50%的花瓣出现失水萎蔫或切花弯茎≥90°或以外层花瓣严重失水萎蔫，或花头折断视为瓶插寿命结束来考察切花离体后的瓶插寿命（张静等，2009）。参照郑成淑等（2000）万寿菊的测定方法评价八仙花的外观形态，具体分级标准如表1所示。

表1 鲜艳度、立体感、整齐度评价标准

Table 1 Evaluation criteria for brightness, stereoscopic sense and uniformity

级别	0	1	2	3	4
立体感	很差	稍强	中等	较强	很强
鲜艳度	很淡	稍强	中等	深艳	浓艳
整齐度	很差	稍好	中等	较好	极好

注：立体感指花瓣开放、直立程度、花芯聚集，整齐度和鲜艳度指花的开放和色泽的均匀。

1.3.2 生理指标测定

根据瓶插寿命和形态表现，以瓶插7d的材料进行各生理指标的测定。从各处理材料上分别称取0.5g花瓣和叶片样品，置于冰浴后的研钵中，分次加入3ml预冷的PBS，于冰浴中研磨成匀浆后，定容到8ml，然后在10000r/min下离心15min，上清液为提取的酶液，用于后续生理指标的测定。丙二醛（MDA）、可溶性糖、可溶性蛋白、相对电导率、超氧化物歧化酶（SOD）和过氧化物酶（POD）均参照王学奎（2006）的方法测定。参照陈托兄（2009）方法测定过氧化氢酶（CAT）。

2 结果与分析

2.1 不同蔗糖浓度对八仙花瓶插寿命的影响

添加有蔗糖的保鲜液能不同程度地延长八仙花切花的瓶插寿命（表2），由表2可知，0、10、20、30、

40g/L 蔗糖的瓶插寿命相较 CK 分别增长了 80.00%、103.34%、93.33%、110.00% 及 106.67%,又以 30g/L 蔗糖最佳,其瓶插寿命为 7d,较 CK 延长了 3.67d,显著高于对照。由此表明,蔗糖能延长八仙花切花的瓶插寿命。

表2 不同浓度蔗糖对八仙花切花瓶插寿命的影响
Table 2 Effects of vase life of cut flowers of *Hydrangea macrophylla* under different concentrations of sucrose

处理(g/L)	CK	0	10	20	30	40
瓶插寿命(d)	3.3±0.17c	6±0.24b	6.78±0.22a	6.44±0.18ab	7±0.24a	6.89±0.26a
瓶插寿命延长天数(d)	0	2.67	3.44	3.11	3.67	3.56

注:同列小写字母不同表示差异显著($P<0.05$)(下同)。

2.2 不同蔗糖浓度对八仙花外观形态的影响

外观在切花品质评价中占据着主要地位,通常指花形、花色、茎叶状况和开花等。由表3、图1可以看出,CK 和保鲜液处理过的切花在外观形态上均存在明显差异,CK 的效果很差。30g/L 蔗糖和 40g/L 蔗糖处理的切花外观均达到了质的饱和状态,特别是后者,花瓣肥厚,色泽鲜润,明显区别于其他各个处理,可见,适宜的蔗糖浓度保鲜液不仅能够延长切花的瓶插时间,也能有效增加花色,使花朵盛放,更加完美地达到花朵的成熟度,对八仙花切花保鲜效果显著。试验表明,蔗糖浓度会影响到花朵的开放程度以及花色。

表3 不同蔗糖浓度对八仙花外观形态的影响
Table 3 Influence of different sucrose concentration on the appearance of *Hydrangea macrophylla*

蔗糖浓度(g/L)	立体感	鲜艳度	整齐度	总分	次序	瓶插期形态表现
CK	很差(0)	很淡(0)	中等(2)	2	6	花瓣凋谢速度快,严重萎蔫
0	中等(2)	稍强(1)	稍好(1)	4	5	花瓣边缘卷曲,速度较快
10	稍强(1)	中等(2)	中等(2)	5	4	花瓣边缘轻度卷曲萎蔫,速度较慢
20	较强(3)	中等(2)	中等(2)	7	3	花瓣轻度卷边,凋谢速度慢
30	很强(4)	深艳(3)	较好(3)	10	2	花瓣轻度萎蔫,凋谢速度慢
40	很强(4)	浓艳(4)	极好(4)	12	1	花瓣边缘卷曲,速度最慢

2.3 不同蔗糖浓度对八仙花切花鲜重变化率的影响

各处理对八仙花切花鲜重变化率的影响如图2,可以看出,各处理中八仙花切花的鲜重变化率都呈现出先上升后逐渐下降的趋势,CK 及 0、10、20、30、40g/L 蔗糖的平均鲜重变化率分别为 -5.54、0.85、2.04、1.96、2.56、2.73。40g/L 蔗糖下降最慢,其次是 30g/L 蔗糖,CK 变化最大。表明不同浓度蔗糖可在不同程度上有效延迟切花萎蔫,维持观赏品质。

图1 不同蔗糖浓度条件下瓶插第 1d(A)和 7d(B)的八仙花外观形态
Fig. 1 Appearance and morphology of the flower of *Hydrangea macrophylla* after 1 day (A) and 7 days (B) in the bottle under different sucrose concentrations

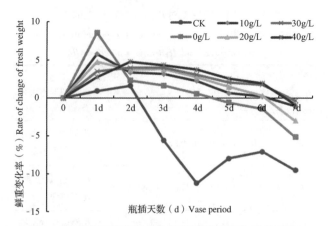

图 2 不同蔗糖浓度对八仙花切花鲜重变化率的影响

Fig. 2 Effects of different sucrose concentrations on the change rate of fresh weight of cut flowers of *Hydrangea macrophylla*

2.4 不同蔗糖浓度对八仙花切花水分平衡值的影响

如表4所示，第7d时，CK和0、10、20、30、40g/L蔗糖的水分平衡值之和依次为-19.48、2.48、6.92、8.14、9.38、9.41，所有处理在第7d水分平衡值之和的均值为2.81，10g/L、20g/L、30g/L、40g/L水分平衡值之和大于均值，说明这4个处理在延缓八仙花切花的衰老方面优于CK和0蔗糖。而纵观水分平衡值的变化，由于吸水量小于蒸腾失水量，各处理的变化趋势基本一致，均随时间的延长而下降；从下降速率看，40g/L蔗糖最慢；从打破水分平衡的时间来看，30g/L蔗糖下降到负数的时间最晚，40g/L蔗糖次之。相比对照而言，除0蔗糖外，其他处理均有助于维持八仙花切花的水分平衡。

表4 不同浓度蔗糖下八仙花切花水分平衡值的变化

Table 4 Changes of water balance value of cut flowers of *Hydrangea macrophylla* under different concentrations of sucrose

处理 (g/L)	水分平衡值(g)						
	1d	2d	3d	4d	5d	6d	7d
CK	0.30	0.57	-2.00	-3.78	-2.37	-1.92	-10.30
0	3.45	1.05	0.76	0.28	-0.25	-0.59	-2.22
10	2.66	1.64	1.62	1.16	0.34	0.09	-0.59
20	2.70	2.24	2.34	1.76	0.95	0.19	-2.04
30	1.70	1.98	2.08	1.68	1.11	1.00	-0.17
40	1.23	2.18	2.13	1.93	1.33	1.05	-0.44

2.5 不同蔗糖浓度对八仙花相对电导率的影响

各处理较CK的相对电导率均呈下降趋势(图3)。花瓣在0、10、20、30、40g/L蔗糖的相对电导率较CK降低了52%、54%、47%、50%、55%，以40g/L蔗糖最低；在20g/L蔗糖时花瓣的相对电导率较10g/L蔗糖显著上升了194%，其余处理均降低，各处理与对照达到显著性差异；叶片在0、10、20、30、40g/L蔗糖的相对电导率较CK降低了75%、82%、48%、58%、76%，以10g/L蔗糖最低；在20g/L蔗糖时叶片的相对电导率较10g/L蔗糖上升了16%，之后持续降低，各处理与对照差异显著。

以上看出，CK的相对电导率一直显著高于其他处理，说明蔗糖能延缓八仙花切花相对电导率的增加。花瓣和叶片相比，叶片的相对电导率变化较平缓，花瓣和叶片的平均变化率分别为68%、52%，表明蔗糖均能抑制花瓣和叶片细胞膜透性的增加，对延缓八仙花切花的衰老效果显著。

2.6 不同蔗糖浓度对八仙花丙二醛(MDA)含量的影响

各处理的丙二醛(MDA)含量变化总体呈先上升后下降趋势(图4)。叶片在0、10g/L、20g/L、30g/L蔗糖与CK比较，MDA含量均增加，在40g/L蔗糖时明显下降，各处理间差异显著；叶片在30g/L蔗糖的MDA含量增加最高，为10.46nmol/g，显著高于CK，达47%；40g/L蔗糖的MDA含量最低，为4.52nmol/g，显著低于CK，达36%；0、10g/L、20g/L、30g/L蔗糖与CK比较，显著增加了21%、23%、34%、47%。花瓣在10g/L、20g/L蔗糖与CK比较，MDA含量分别为10.10、10.80nmol/g，较CK增加了9%、16%；在0、30g/L、40g/L蔗糖时较CK分别下降了10%、35%、48%，各处理间无显著差异。由此表明，蔗糖能延缓八仙花切花叶片MDA含量的上升，于40g/L蔗糖的MDA含量变化率最大，叶片和花瓣中的MDA含量均为最低，分别为4.52、4.87nmol/g，显著低于对照36%、48%，此处理对延缓MDA含量上升的效果最好。

2.7 不同蔗糖浓度对八仙花过氧化氢酶(CAT)活性的影响

各处理的过氧化氢酶(CAT)活性变化呈上升趋势(图5)。其中，切花花瓣以10g/L蔗糖和20g/L的CAT活性最高，二者都为74.67mg/g；而叶片和花瓣在10g/L蔗糖的CAT活性相同，切花叶片中的CAT活性以40g/L蔗糖的最高，为117.33mg/g，较CK升高了144%。在0、10、20、30、40g/L蔗糖中，切花的花瓣CAT活性较CK分别上升41%、56%、56%、33%、26%；叶片的CAT活性较CK分别上升11%、56%、78%、63%、144%。CAT活性平均变化率叶片的为70%、花瓣为42%。叶片中40g/L蔗糖与其他处理的差异显著，切花衰老的程度最低。可以看出，CAT活性叶片比花瓣高，40g/L蔗糖保鲜液具有较好

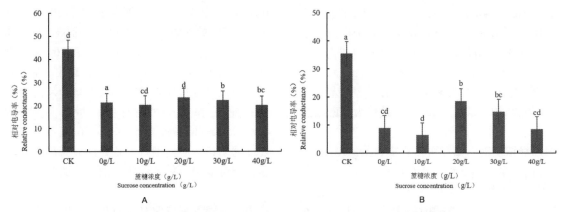

图3 不同蔗糖浓度对八仙花叶片(A)和花瓣(B)相对电导率的影响

Fig. 3　Influence of different sucrose concentrations on relative electrical conductivity in leaves (A) and petals (B) of *Hydrangea macrophylla*

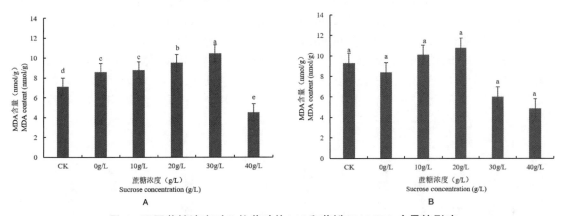

图4 不同蔗糖浓度对八仙花叶片(A)和花瓣(B)MDA含量的影响

Fig. 4　Effects of different sucrose concentrations on MDA content in leaves (A) and petals (B) of *Hydrangea macrophylla*

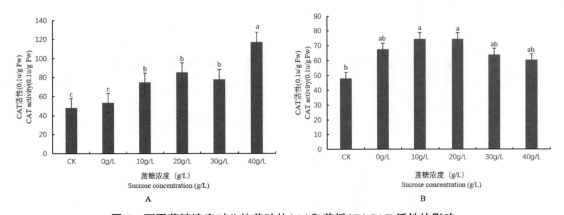

图5 不同蔗糖浓度对八仙花叶片(A)和花瓣(B)CAT活性的影响

Fig. 5　Effects of different sucrose concentrations on CAT activity in leaves (A) and petals (B) of *Hydrangea macrophylla*

的保鲜效果，保鲜液对切花的保鲜有一定效果。

2.8　不同蔗糖浓度对八仙花超氧化物歧化酶(SOD)活性的影响

各处理及对照的超氧化物歧化酶(SOD)活性如图6。从总体来看，各处理的SOD活性均显著高于CK，SOD活性在0和30g/L蔗糖时花瓣>叶片，在CK和其他处理时叶片>花瓣；叶片在20g/L时、花瓣在0蔗糖时达到最大值，分别为17.96mg/g、16.21mg/g，分别显著高于CK 115.00%、336.00%。其中叶片的SOD活性从0开始较CK呈显著上升趋势，其活性于0、10、20、30、40g/L蔗糖分别为9.06、14.49、17.96、8.42、17.47mg/g，较CK高8%、76%、115%、1%、109%；花瓣的SOD活性从0蔗糖开始呈显著上升趋势,其活性于0、10、20、30、40g/L蔗糖分别为16.21、7.46、13.58、12.24、8.98mg/g,较CK高336%、101%、115%、266%、230%、142%。

由此表明,适宜浓度的蔗糖浓度对八仙花切花的SOD活性有促进效果,但叶片和花瓣有明显差异,叶片效果最佳为20g/L蔗糖,花瓣效果最佳为0蔗糖。

2.9 不同蔗糖浓度对八仙花可溶性糖含量的影响

可溶性糖含量是衡量鲜切花采后衰老进度的可靠指标。通常,糖类物质的不足会导致切花呼吸逐渐下降,切花随之衰老。由于瓶插时间到第7d时,CK组切花已经完全衰老凋谢,因此无法测定CK组可溶性糖含量。由图7B可以看出,各处理中,除0与10g/L蔗糖处理无明显差异外,其余处理切花花瓣含糖量均显著升高。40g/L蔗糖处理时可溶性糖含量最高(52.16mg/g),衰老速度最慢;其次,20g/L和30g/L蔗糖处理含糖量稍高,衰老较慢。由图7A知,叶片中含糖量随着蔗糖浓度增加而升高,衰老速度缓慢,且各处理间差异显著。0蔗糖处理含糖量最少,为16.22mg/g。与花瓣含糖量相比,10g/L、20g/L和30g/L蔗糖处理中,叶片含糖量分别高出了8.18 mg/g、10.24 mg/g、9.55 mg/g。叶片中在40g/L蔗糖处理含糖量最高为54.64 mg/g,比花瓣高出5%。就整体来说,叶片含糖量较花瓣多,可能与叶片的呼吸强度有关。图7A和B中可溶性糖含量从高到低依次为:40g/L、30g/L、20g/L、10g/L、0蔗糖。40g/L蔗糖处理的切花可溶性糖含量差异性显著高于其他几个处理,极可能为花色的促成提供充分的基础。

2.10 不同蔗糖浓度对八仙花蛋白质含量的影响

蛋白质是影响鲜切花保鲜效果的重要指标之一(赵兰勇 等,2000)。由于瓶插时间到第7d时,CK组切花已经完全衰老凋谢,因此无法测定CK组蛋白质含量。由图8可知,蛋白质含量在切花叶片中均有不同程度的增加,在花瓣中随蔗糖浓度的增加而依次递减。其中,叶片的蛋白质含量在40g/L蔗糖处理时高于其他处理,0和30g/L蔗糖处理的蛋白质含量较少。叶片中蛋白质含量在不同蔗糖浓度下,由高至低

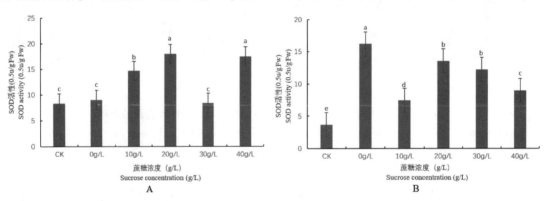

图6 不同蔗糖浓度对八仙花叶片(A)和花瓣(B)SOD活性的影响

Fig. 6 Effects of different sucrose concentrations on SOD activity in leaves (A) and petals (B) of *Hydrangea macrophylla*

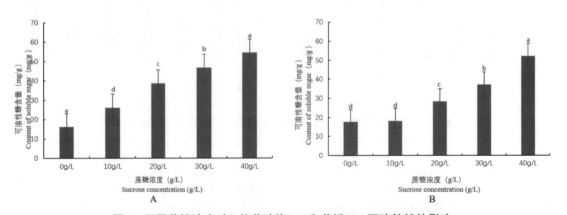

图7 不同蔗糖浓度对八仙花叶片(A)和花瓣(B)可溶性糖的影响

Fig. 7 Effects of different sucrose concentrations on soluble sugar in leaves (A) and petals (B) of *Hydrangea macrophylla*

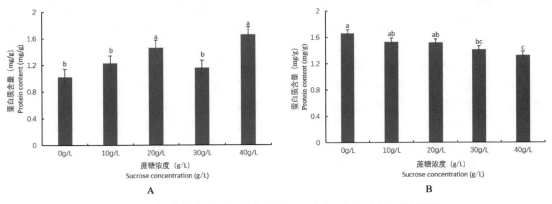

图 8 不同蔗糖浓度对八仙花叶片（A）和花瓣（B）蛋白质的影响

Fig. 8 Effects of different sucrose concentrations on leaf (A) and petal (B) protein of *Hydrangea macrophylla*

依次为：40g/L（1.66mg/g）、20g/L（1.46mg/g）、10g/L（1.23mg/g）、30g/L（1.16mg/g）、0（1.03mg/g）。花瓣中蛋白质含量10g/L和20g/L蔗糖处理后分别为1.53mg/g、1.52mg/g，两者间无差异；其他处理差异显著，分别为0（1.66mg/g）、30g/L（1.41mg/g）、40g/L（1.32mg/g）。综合看来，花瓣中的蛋白高于叶片。随着蔗糖浓度的增加，叶片的蛋白质含量总体上呈增加趋势，与花瓣变化趋势刚好相反。

3 讨论

影响切花衰老的因素包括环境因素，如光照、温度、湿度、营养、细菌和气体成分等以及内部因素（决定因素），包括水分代谢、大分子物质代谢、呼吸代谢、内源性激素、生物膜透性变化等（闫海霞等，2013）。切花脱离母体后，会产生一系列生理生化变化，最终导致了切花衰老和凋谢（苏军等，1991）。为解决这一系列问题，人们常用保鲜剂保存切花，通过改善切花瓶插环境，从而延长切花的瓶插寿命。使用蔗糖作为能源物质，它可被迅速转化为还原糖，除了可以提供能量外，蔗糖还能促进花枝吸水（高勇等，1989）。

3.1 不同蔗糖浓度对切花瓶插寿命、鲜重变化、水分平衡及外观品质的影响

汪成忠等（2015）认为金鱼草切花用10%浓度的蔗糖溶液水养时，不仅能补给水分、碳水化合物，还能平衡花枝体内的渗透压，从而延缓瓶插寿命。杨立文等（2015）研究表明有无蔗糖处理对切花菊'优香'的瓶插寿命差异明显，无蔗糖的保鲜效果最差，本试验结果与此相似。本试验表明，40g/L蔗糖保鲜液处理较CK效果最好，添加不同蔗糖浓度的处理溶液能明显地增加八仙花的花枝鲜重，延长瓶插寿命，延缓鲜重变化，维持水分平衡，增强花色，提高外观品质。

3.2 不同蔗糖浓度对切花细胞膜透性的影响

在鲜切花衰老过程中，膜通透率增加、流动性减弱等生物膜受损的生理变化会出现。随着细胞膜的透性逐渐增加，细胞内的有机溶质和离子就大量流出胞外，增加组织液的渗透势，加剧细胞内的水分散失。膜脂中不饱和脂肪酸发生膜脂过氧化作用时，大量的丙二醛（MDA）会在植物体内产生并积累，MDA作为脂质过氧化主要产物之一，其含量的高低与膜脂过氧化程度的强弱紧密相关，因此MDA的含量常作为检测脂质过氧化作用的一种主要指标（杨景雅，2018）。

郑春雷等（2011）在菊花切花保鲜试验中证明，随着菊花切花的衰老，切花体内的MDA含量呈现上升趋势。刘健君等（2011）指出20g/L蔗糖浓度的预处液可延缓洋桔梗切花中MDA的产生，维持细胞膜的相对稳定性。李巧玲等（2014）对香石竹切花的研究发现，糖能使细胞膜透性降低，延缓蛋白质降解速度，从而减缓切花的衰老。韩琴等（2015）研究表明，20g/L浓度的蔗糖保鲜剂处理可有效减缓山茶可溶性糖和蛋白质含量的下降，抑制细胞膜相对透性的上升幅度，具有明显的延缓鲜切花衰老的效果。本试验也得出相同结论。

本试验中发现，由于CK组的切花提前衰老凋谢，在测定可溶性糖和蛋白质含量时，无法获取CK组的值，但从添加不同蔗糖浓度处理来看，随着蔗糖浓度增大，可溶性糖在叶片和花瓣中均显著增加；叶片中蛋白质含量总体呈增加趋势，花瓣中的蛋白高于叶片；10g/L蔗糖和40g/L蔗糖处理的八仙花切花中，叶片和花瓣中MDA含量显著低于对照，保鲜的效果最好。试验表明，添加蔗糖溶液的处理和CK相比有使细胞膜透性降低和维持细胞膜稳定的作用。

3.3 不同蔗糖浓度对切花抗氧化保护物质的影响

当植物细胞内活性氧的产生与清除不平衡时，就会发生氧化胁迫。黄海泉等(2014)研究显示，植物体内普遍存在酶促(SOD、CAT等)氧自由基防御系统，该系统受逆境诱导，当花毛茛逐渐走向衰败，其体内自由基产生增多，酶活性增加，从而清除体内大量的自由基，保护膜结构，延缓衰老。龙斌等(2011)对香石竹切花的研究可以看出，在植物组织中清除活性氧，SOD和CAT基本上是同步提高的。麦有专等(2010)认为40g/L蔗糖的瓶插保鲜液，抑制了膜脂过氧化作用，提高了SOD的活性和细胞保护酶的活性，保鲜期得到有效地延长。本试验表明，40g/L蔗糖处理的八仙花总抗氧化的能力最强，与CK相比，添加不同浓度蔗糖的保鲜液处理可提高SOD、CAT活性。添加蔗糖后会对切花膜脂过氧化作用产生影响，增加抗氧化保护物质含量，清除体内大量的自由基，并促使总抗氧化能力得到提升，有效地延缓切花的衰老。

参考文献

白桦, 王培, 2013. 不同pH值保鲜液对八仙花切花瓶插寿命的影响[J]. 宁夏农林科技, 54(11): 14-16.

班伟, 2016. 木醋液对八仙花瓶插寿命及生理特性的影响[J]. 南方农业, 10(3): 94+97. DOI: 10.19415/j.cnki.1673-890x.2016.03.054.

陈托兄, 2009. 不同生育时期紫花苜蓿秋眠型标准品种耐盐机制研究[D]. 北京: 北京林业大学.

丛日晨, 赵喜亭, 高俊平, 等, 2003. 月季切花采后花瓣内肽酶活性的变化[J]. 园艺学报, 30(2): 232-235.

高勇, 1990. 月季切花水分平衡、鲜重变化和瓶插寿命的关系[J]. 江苏农业科学, 30(1): 46-48.

耿兴敏, 李敏, 全大治, 等, 2012. 蔗糖对百合切花的保鲜效果[J]. 福建林业科技, 39(4): 92-96.

郭奇梅, 2018. 蔗糖对切花重瓣百合瓶插保鲜效果的研究[J]. 农业科技与信息(18): 43-44.

韩琴, 于勇杰, 张晶, 等, 2015. 保鲜剂对山茶花切花保鲜效果的研究[J]. 中国野生植物资源, 34(1): 1-4.

黄海泉, 费晶晶, 邓新禹, 等, 2014. 不同保鲜剂对花毛茛切花生理效应的影响[J]. 江西农业大学学报(3): 526-530.

李巧玲, 彭瑞娟, 郭金丽, 2014. 不同保鲜剂对香石竹鲜切花保鲜效果的研究[J]. 内蒙古科技与经济(10): 75-77.

李青, 2019. 绣球属观赏植物研究进展及在西藏发展前景[J]. 西藏科技(2): 66-68.

刘健君, 林萍, 2011. 蔗糖和STS预处液对洋桔梗切花的保鲜效应研究[J]. 广东农业科学, 38(10): 88-90.

龙斌, 廖梅英, 2011. 自由基清除剂对香石竹切花瓶插寿命及生理效应的影响[J]. 安徽农业科学(6): 3179-3180, 3229.

娄喜艳, 王桂青, 丁锦平, 等, 2018. 不同试剂组合对非洲菊鲜切花保鲜效果的影响[J]. 南方农业学报, 49(9): 1811-1815.

麦有专, 李海滨, 温艺超, 2010. 红掌切花的瓶插保鲜液研究[J]. 农业科学与技术(英文版), 11(3): 151-155.

孟亚南, 2019. 蔗糖预处理促进蜡梅切花保鲜机理的初步研究[D]. 武汉: 华中农业大学.

苏军, 孙自然, 于梁, 等, 1991. 预处理对切花菊贮藏中含糖量及过氧化物酶活性的影响[J]. 园艺学报, 18(1): 94-96.

汪成忠, 唐蓉, 顾国海, 等, 2015. 不同处理对金鱼草瓶插寿命的影响[J]. 现代园艺(1): 7-8.

王学奎, 2006. 植物生理生化试验原理和技术[M]. 北京: 高等教育出版社: 1-298.

吴文杰, 林少峰, 陈荣顺, 等, 2017. 8-HQ瓶插液保鲜绣球花效应的研究[J]. 现代园艺(5): 7-9.

吴文杰, 林少峰, 陈荣顺, 等, 2017. 低温处理对延长绣球花保鲜期的影响[J]. 北方园艺(5): 122-125.

熊光元, 刘家凯, 2010. 不同蔗糖浓度对菊花切花保鲜的影响[J]. 中国园文摘, 26(5): 11-14.

熊兴伟, 杨浩, 张文娥, 2021. 蔗糖浓度对大丽花瓶插寿命及生理特性的影响[J]. 山地农业生物学报, 40(1): 85-89.

徐华忠, 2007. 家庭切花月季简易保鲜剂的研究[J]. 安徽农学通报, 13(18): 126-127.

闫海霞, 武鹏, 万正林, 等, 2013. 月季衰老机理及保鲜影响因素的研究进展[J]. 南方农业学报, 44(8): 1355-1361.

杨景雅, 2018. 绣球切花采后保鲜技术的研究[D]. 昆明: 云南大学.

杨立文, 黄河, 张蜜, 等, 2015. 不同预处理液对切花菊'优香'的保鲜效果[J]. 东北林业大学学报(3): 34-38.

张静, 刘金泉, 2009. 鲜切花保鲜技术研究进展[J]. 黑龙江农业科学(1): 144-146.

张开会, 魏跃远, 刘丽, 2011. 环保型保鲜剂对小苍兰切花的保鲜效应研究[J]. 安徽农业科学, 39(33): 20557-20559.

张林青, 2013. 蔗糖对切花月季保鲜效果的影响[J]. 北方园艺, 5(14): 146-148.

张溢, 袁雅珍, 余露霞, 等, 2016. 植物生长调节剂对月季切花保鲜效果的影响[J]. 南方农业学报, 47(3): 454-458.

赵兰勇,焦松松,2000.切花保鲜液配方筛选试验研究[J].山东农业大学学报,31(3):297-300.

赵智芳,2018.八仙花在植物景观配置中的应用分析[J].南方农业,12(15):66+68.

郑成淑,石铁源,全雪丽,等,2000.不同保鲜剂对万寿菊切花保鲜的效果[J].延边大学农学学报(2):132-136.

郑春雷,2011.不同植物生长调节剂对菊花切花保鲜效果和生理作用的影响[D].郑州:河南农业大学.

郑鹏丽,宋燕,周明芹,2019.不同保鲜溶液对菊花鲜切花保鲜效果的影响[J].湖北农业科学,58(8):113-116.

朱东兴,郁达,王俊宁,等,2006.不同配比保鲜剂对月季切花保鲜效果研究初报[J].西北农林科技大学学报(自然科学版)(2):95-99.

Han, S. S. 2003. Role of sugar in the vase solution postharvest flower and leaf quality of Oriental lily 'stargazer'[J]. Hort. ci., 38(3), 412-416.

Meng F. Deleterious, 2001. Effects of Sucrose on Cut Rose in Postharvest Treatment[J]. Transactions of the Chinese Society of Agricultural Engineering, 21(2):40-45.

BTH 对百合瓶插品质及花香物质释放的影响

郭子雨 郭彦宏 石雪珺 孙明*

(花卉种质创新与分子育种北京市重点实验室，国家花卉工程技术研究中心，城乡生态环境北京实验室，园林环境教育部工程研究中心，林木花卉遗传育种教育部重点实验室，园林学院，北京林业大学，北京 100083)

摘要 花香是百合重要的观赏性状，花香过于浓郁易引起人体不适，这极大地限制了浓香型百合的推广应用，改良浓香型百合花香特性是当前百合育种的研究热点。本研究以浓香型百合品种'西伯利亚'(Lilium 'Siberia')为试材，用 50mg/L、350mg/L 及 500mg/L 苯并噻重氮(2,1,3-Benzothiadiazole，BTH)溶液对百合进行瓶插处理，试验以溶剂处理为对照。对不同浓度 BTH 处理下百合的瓶插品质进行观测，并采用固相微萃取结合气相色谱-质谱(SPME-GC/MS)联用技术对百合花香物质释放量进行测定。结果表明，适宜浓度 BTH 处理可减缓百合鲜重下降和水分流失，并使得百合瓶插寿命适当延长；不同浓度 BTH 处理均对百合萜烯类挥发物和苯类/苯丙素类挥发物的释放量有显著的抑制作用，对脂肪酸类衍生物类挥发物释放量无显著影响；其中萜烯类挥发物释放量下降幅度最大，平均降幅达 47.92%，且以 350mg/L BTH 对百合萜烯类挥发物总释放量抑制效果最佳；苯类/苯丙素类挥发物总释放量平均降幅为 46.87%，以 50mg/L BTH 对百合苯类/苯丙素类挥发物总释放量抑制效果最佳。综上所述，外施 BTH 可抑制百合花香物质萜烯类挥发物和苯类/苯丙素类挥发物的释放量，且不会对百合观赏品质造成负面影响，BTH 可作为花香调节剂用于进一步研究和开发，本研究为浓香型百合的香型改良及高效花香调节剂的开发提供理论依据。

关键词 百合'西伯利亚'；花香成分；萜烯类；苯环/苯丙素类；BTH

Effects of BTH on Vase Quality and Emissions of Floral Scent of *Lilium* 'Siberia'

GUO Zi-yu GUO Yan-hong SHI Xue-jun SUN Ming*

(*Beijing Key Laboratory of Ornamental Plants Germplasm Innovation & Molecular Breeding, National Flower Engineering Technology Research Center, Beijing laboratory of urban and rural ecological environment, Engineering Research Center of Ministry of Education of Garden Environment, College of Landscape Architecture, Beijing Forestry University, Beijing 100083, China*)

Abstract Floral scent is an important character of ornamental hybrid lilies. The very strong smell may become a limiting factor for popularization and application of lily because usage tends to cause discomfort. At present, improving the floral scent characteristics of scented *Lilium* genotypes is becoming a hot focus of research. This study aims to regulate monoterpenes volatiles of *Lilium* 'Siberia' by BTH treatment, to make it smells relatively moderate and mild, and to explore the possible regulation mechanism. In this study, *Lilium* 'Siberia', with a strong fragrance was used as the material. After application of BTH at 50, 350 and 500mg/L by vase treatment with solvent treatment as control. Floral scent compounds were collected and identified using headspace solid phase microextraction and gas chromatographymass spectrometry (SPME-GC/MS). The results showed that appropriate concentration of BTH treatment can reduce the fresh weight decline and water loss of *Lilium* 'Siberia', and prolong its vase life. Treatment with 50, 350 and 500mg/L BTH decreased the emissions of terpenoids and benzenoids/phenylpropanoids volatiles, had no significant effect on the release of fatty acid derivatives volatiles. Among three categories, the release of terpenoids volatiles decreased the most, with an average decrease of 47.92%, and 350mg/L BTH had the best inhibitory effect on the total release of terpene volatiles. Moreover, the release amount of benzene/phenylpropanoid volatiles de-

---

1 基金项目：国家自然科学基金项目(31971708)。
第一作者简介：郭子雨(1997—)，女，硕士研究生，主要从事百合花香育种研究。
* 通讯作者：孙明，职称：教授，E-mail：sunmingbjfu@163.com。

creased by 46.87%, and 50mg/L BTH had the best inhibitory effect on total release of benzene/phenylpropanoid volatiles. In conclusion, application of BTH decrease the emissions of monoterpenoids and render the fragrance milder without affecting flower morphology through its period of use as an ornamental. Thus, BTH can be used as flower fragrance regulator for further research and development. The results provided an important theoretical basis for floral scent improvement breeding and development of high-efficiency floral scent regulator.

Key words *Lilium* 'Siberia'; Floral scent; Terpenoids; Benzenoids/phenylpropanoids volatiles; BTH

百合(*Lilium* spp.)是世界著名的切花和盆栽花卉,花香是百合的重要观赏性状。其中东方百合栽培种系(Oriental hybrids)是目前最具商业价值的切花百合栽培种系之一,东方百合花朵硕大,花型美丽,具有极高的观赏价值,但其过于浓郁的芳香气味常引发人体不适,使大量消费者难以接受,研究表明百合'西伯利亚'浓郁气味使人体交感神经系统和生理兴奋值增加(Jin *et al.*, 2009),易引发一定程度的焦虑。强烈的香气已成为限制浓香型百合室内空间应用及消费需求增长的重要因素。因此改良浓香型百合花香特性的研究势在必行。目前对百合花香的研究大多集中在不同品种百合花香成分测定等方面展开;植物花香成分由多种易挥发的小分子化合物组成,根据其生物合成来源主要分为:萜烯类、苯类/苯丙素类以及脂肪酸衍生物类。研究表明,与无香的百合相比,萜烯类化合物和苯类/苯丙素类化合物是有香百合花香挥发物的主要成分(王婷,2019)。而目前对百合花香的调控尤其是对浓香型品种花香的抑制作用的研究较少。

苯并噻重氮(2,1,3-Benzothiadiazole,BTH)是一种人工合成的植物抗病性化学诱导制剂,是水杨酸结构和功能类似物,但不像水杨酸具有较高的生物学毒性,且易被植物吸收、起效快。BTH在诱导植物抗病性、提高果实品质、促进植物发育、与多种化合物协同增效等方面有极其重要的作用(Gorlach *et al.*, 1996;吴娇娇,2020)。除此之外,BTH对植物挥发物尤其是萜烯类挥发物的释放也有显著的调控作用。研究表明,BTH溶液处理可显著抑制甜瓜(*Cucumis melo* 'Yujinxiang')、玉米(*Zea mays*)、豇豆(*Vigna unguiculata* var. *unguiculata*)和葡萄(*Vitis vinifera*)等植物萜烯类物质的释放量,其中主要包括单萜类物质[如芳樟醇、(z)-β-罗勒烯、香叶醇、β-蒎烯等]和倍半萜类物质[如(E)-β-石竹烯、β-香柠檬、(E)-β-法呢烯等](von Merey *et al.*, 2012;Sobhy *et al.*, 2018;Sobhy *et al.*, 2012;王雨, 2018)。关于BTH对苯类/苯丙素类的影响研究鲜有报道;此外BTH还可降低杏果中脂肪酸衍生物类挥发物如(E)-2-己烯醛、(E,E)-2,4-正己烯醛等的释放量(王迪,2016)。然而目前关于BTH调控花香物质释放量的研究鲜有报道。

本研究以浓香型东方百合'西伯利亚'百合为试验材料,用不同浓度的BTH溶液对百合进行瓶插处理,通过观测百合的瓶插品质,测定百合花香物质释放量,研究不同浓度外源BTH对百合瓶插品质及花香物质释放量的影响,为浓香型百合的香型改良及高效花香调节剂的开发提供科学理论依据。

1. 材料与方法

1.1 试验材料与BTH处理

试验材料为东方百合杂种系品种'西伯利亚'(*L.* 'Siberia')。百合购买于北京同一家花卉市场。选择处于半开期的花朵从花枝上剪下(图1 A),将BTH用2%乙醇配制成浓度为50mg/L、350mg/L及500mg/L的溶液后,对百合进行瓶插处理,需保证处理1d后花朵达到盛花期(图1 B),花朵要求健康无损伤且大小一致、轮数相近;花枝培养条件为瓶插条件:温度为25±1℃,相对湿度为55%,光周期为16L/8D,光照时间为06:00 am~10:00 pm,黑暗时间为10:00 pm~06:00 am。

图1 百合'西伯利亚'花期
Fig. 1 Stages of development of *Lilium* 'Siberia'
A:半开期;B:盛开期

1.2 试验方法

1.2.1 瓶插品质测定

切花瓶插寿命:每朵花的瓶插寿命是根据切花放入处理液的第1d(半开期)开始的时间来确定的。当花被片严重失水萎蔫、尖端部分出现枯萎;花朵色泽褐变、花型蓬松、基部开始脱落视为为瓶插寿命结束。

鲜重变化率的测定：每天同一时间称量各处理花的鲜重，计算鲜重变化率。鲜重变化率(%) = (W_n - W_1)/W_1×100%（W_n 为第 n 天百合花的鲜重，W_1 为插瓶第 1d 百合花的鲜重）。

水分平衡值的测定：每天同一时间称量整朵百合花+溶液+储水管的质量，两次连续称量的差值即为这段时间内百合花的失水量；每天同一时间称量溶液+储水管的质量，两次连续称量的差值即为百合花的吸水量；水分平衡值=吸水-失水。

1.2.2 挥发性化合物测定

本试验采用固相微萃取结合气相色谱-质谱(SPME-GC/MS)联用技术对百合单萜挥发物进行测定。试验于每天 13：00~15：00 进行花香采样。将处理 24h 后达到盛花期的花朵称重，将称重后的整朵花朵放置在 2.4L 的玻璃器皿中，加入 5μl 癸酸乙酯甲醇溶液(1：100)内标后，立即盖盖儿密封，在室温下密封平衡 10min，然后插入 SPME 萃取针，推出萃取头部分，采样时间为 30min，采样过程结束后，将萃取头插入气相色谱仪的进样口，在 250℃ 解析 5min。色谱柱采用 DB-5(30m×0.25mm×0.25mm)色谱柱，起始温度 50℃，保持 4min，升温到 270℃（速度为 10℃/min），保持 5min。GC 进样口温度为 250℃。质谱条件：质谱中离子源为 70 eV，记录的质荷比 m/z 为 30~500。根据 NIST 11 谱图库检索鉴定挥发物成分。

挥发物含量定量计算：$m_i(\mu g/gh) = f_i \times (A_i/A_s) \times m_s/mt$

m_i：挥发物质量；f_i：待测挥发物校正因子（本试验默认为1）；A_i：待测挥发物峰面积；A_s：内标物峰面积；m_s：内标物质量；m：被测花朵质量；t：固相微萃取时间。

2 结果与分析

2.1 BTH 处理百合适宜浓度筛选

研究外源 BTH 对百合花香物质释放量的影响的前提是确保该物质对百合切花的生长状态及观赏品质没有造成损害，因此本研究首先对百合可适应的 BTH 最高浓度进行筛选。如图 2 所示，结果表明，高浓度 BTH 毒害作用首先展现在花茎部分，使得花茎褐变、萎蔫，影响百合的正常水分吸收和生理代谢。1000mg/L 的 BTH 瓶插液处理百合'西伯利亚'，在处理 3d 左右百合花茎全部褐变萎蔫，600mg/L 处理 5d 花茎部分褐变，500mg/L 处理无显著毒害作用（图 2）。因此，在本研究中，百合'西伯利亚'可适应的 BTH 瓶插处理最大浓度为 500mg/L。后续试验选择 BTH 浓度梯度：50、350、500mg/L。

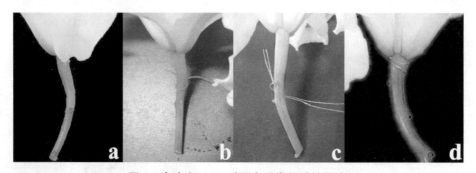

图 2 高浓度 BTH 对百合观赏品质的影响

Fig. 2 Effect of high concentration of BTH on ornamental quality of *Lilium* 'Siberia'

a：对照；b：500mg/L BTH；c：600mg/L BTH；d：1000mg/L BTH

2.2 BTH 处理对百合瓶插品质的影响

对不同浓度 BTH 处理后百合的瓶插寿命进行观测，结果如表 1 所示，50mg/L BTH 处理百合瓶插寿命与对照组(0mg/L)无显著差异（表 1），而 350mg/L 和 500mg/LBTH 处理均显著延长了百合的瓶插寿命，且以 350mg/L BTH 效果最佳。与对照组(0mg/L)相比，350mg/L BTH 处理使百合瓶插寿命增加 1.20d（表 1）。

鲜重变化率和水分平衡值均可反映切花衰老状况及速度。由图 3 可知，随瓶插时间的延长，各处理花枝鲜重变化率和水分平衡值均呈持续下降趋势。从瓶插第 4d 开始，对照组百合鲜重和水分平衡值迅速降低，而不同浓度 BTH 处理的百合鲜重和水分平衡值的下降幅度均小于对照，说明 BTH 处理可减缓百合切花水分和鲜重流失，有利于延缓花枝衰老。3 种不同浓度 BTH 处理组间百合鲜重变化率及水分平衡值差异较小（图 3）。

综上所述，适宜浓度的 BTH 对百合的观赏品质无不良影响，且可延长百合瓶插寿命，因此可作为一种对植物无害的、有潜力的调节剂用于进一步调节花香的研究。

表1 BTH处理对百合'西伯利亚'瓶插寿命的影响
Table 1 Effect of BTH treatment on the vase life of *Lilium* 'Siberia'

BTH处理(mg/L)	CK	50	350	500
瓶插寿命(d) Vase Life(d)	6.80± 0.75b	6.40± 0.49b	8.00± 0.63a	7.80± 1.17a

注：同一行不同小写字母表示不同浓度间差异显著($P<0.05$)。

2.3 BTH处理对百合不同种类挥发物释放量的影响

'西伯利亚'百合花香物质可分为3大类：萜烯类、苯类/苯丙素类及脂肪酸衍生物类。本研究经3种不同浓度BTH处理百合后，对上述3类挥发物释放总量进行测定。结果表明，不同浓度BTH处理均可抑制萜烯类及苯类/苯丙素类挥发物的总释放量，但均对脂肪酸衍生物类挥发物总释放量无显著影响。其中在50mg/L BTH处理下，萜烯类挥发物总释放量显著低于对照($P<0.05$)，下降为对照的63.65%，苯类/苯丙素类挥发物总释放量极显著低于对照，降低至对照的50.28%（图4）。在350mg/L和500mg/L BTH处理下，萜烯类挥发物总释放量均极显著低于对

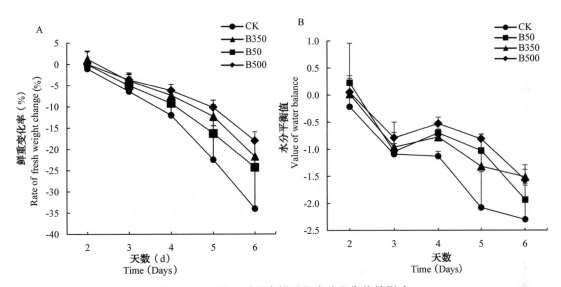

图3 BTH处理对百合鲜重及水分平衡值的影响
A：鲜重变化率；B：水分平衡值
Fig. 3 Effect of BTH treatment on weight change and water balance
A: rate of fresh weight change; B: value of water balance

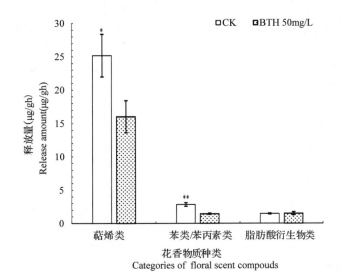

图4 50mg/L BTH对百合'西伯利亚'不同种类挥发物释放量的影响
Fig. 4 Effect of 50mg/L BTH treatment on floral scent of *Lilium* 'Siberia'

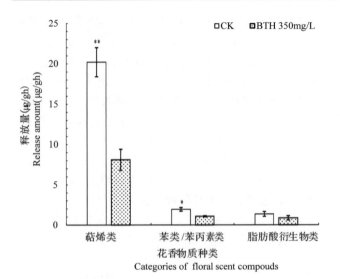

图5 350mg/L BTH对百合'西伯利亚'不同种类挥发物释放量的影响

Fig. 5 Effect of 350mg/L BTH treatment on floral scent of *Lilium* 'Siberia'

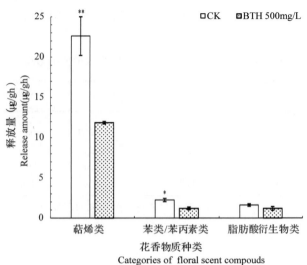

图6 500mg/L BTH对百合'西伯利亚'不同种类挥发物释放量的影响

Fig. 6 Effect of 500mg/L BTH treatment on floral scent of *Lilium* 'Siberia'

照($P<0.01$),分别为对照的40.11%和52.35%;在这两种浓度下,苯类/苯丙素类挥发物总释放量均显著低于对照($P<0.05$),分别下降至对照的55.68%和53.43%(图5、图6)。不同浓度BTH处理下,脂肪酸衍生物类挥发物的总释放量均与对照无显著差异。在上述3种浓度BTH处理下,百合3类挥发物中,萜烯类挥发物总释放量相比对照下降幅度最大,平均降幅达47.92%,且以350mg/L BTH对百合萜烯类挥发物总释放量抑制效果最佳;苯类/苯丙素类挥发物释放量平均降幅为46.87%,以50mg/L BTH对百合苯类/苯丙素类挥发物总释放量抑制效果最佳。

3 讨论与结论

花香是花卉重要的观赏性状,是评价观赏植物品质的重要指标。东方百合等浓香型百合花香过浓,易引起人体不适(Jin et al.,2009),因此调控花香浓度对百合室内应用具有重要意义。通过外源物质可便捷、高效地对植物挥发物合成进行调控。已有研究表明,外源BTH能够调节植物萜类挥发物的释放,当前相关研究主要集中在果树、蔬菜等园艺作物上,其在花香调控上的应用鲜有报道。

王雨等研究表明BTH处理甜瓜(*Cucumis melo*)显著降低了其萜类香气代谢酶HK、HMGR、DXR活性,进而抑制了单萜类和倍半萜类挥发物质释放量并推迟了萜类物质的释放高峰出现时间(王雨,2018);与上述研究结果相似,本研究结果表明BTH对百合'西伯利亚'萜烯类挥发物和苯类/苯丙素类挥发物的释放量有显著的抑制作用,这可能是由于外源施用BTH抑制了百合萜烯类挥发物及苯类/苯丙素类挥发物生物合成途径中相关酶基因的表达,使酶活性降低,进而抑制了该类物质的生物合成和积累,从而降低了百合主要花香物质的释放量,BTH对百合花香物质的具体调控机制仍有待进一步研究。然而,在葡萄(*Vitis vinifera*)中BTH处理却增加了葡萄果皮中芳樟醇、柠檬烯等单萜挥发物的释放量(Gomez-Plaza et al.,2012);此外BTH处理还可促进储藏初期及中期杏(*Armeniaca vulgaris*)果实中苯甲酸的释放量而抑制萜烯类挥发物如芳樟醇的释放量。由此可知,BTH作为一种SA功能类似物,其对植物挥发物代谢的调控作用因物种、环境、挥发物种类等多种因素的差异而有所不同,不可一概而论。

有研究表明BTH处理可降低储藏过程中南国梨(*Pyrus ussriensis*)、杏(*Armeniaca vulgaris*)、桃(*Prunus persica*)等果实的失重率,显著抑制果实呼吸强度的升高,从而降低营养物质的消耗,延缓果实衰老速度(葛永红 等,2017;王迪 2016;刘敏,2010);此外BTH可有效调控桃(*Prunus persica*)、葡萄(*Vitis vinifera*)和杧果(*Mangifera indica*)等多种果实细胞内活性氧代谢相关酶如SOD、APX、CAT活性,增强果实抗氧化能力,延缓果实衰老、延长货架期(伍冬志,2019;刘红霞,2004)。目前有关BTH对鲜切花观赏品质的影响研究较少,本研究结果表明适宜浓度BTH处理可有效减缓百合鲜重下降和水分流失,并使得百合瓶插寿命适当延长,这可能与BTH可抑制花枝呼吸强度,以及增强花枝抗氧化能力相关,其调控机制仍需深入研究。

综上所述，BTH处理对'西伯利亚'百合萜烯类挥发物和苯类/苯丙素类挥发物的释放量抑制作用明显，其中萜烯类挥发物释放量下降幅度最大，且以350mg/L BTH对百合萜烯类挥发物总释放量抑制效果最佳；以50mg/L BTH对百合苯类/苯丙素类挥发物总释放量抑制效果最佳。同时适当浓度的BTH瓶插液不会影响百合的观赏价值，且可有效减缓百合鲜重下降和水分流失，适当延长百合的瓶插寿命。因此将BTH作为花香调节剂开发应用具备可行性。此外以BTH调控百合花香物质合成为切入点，进一步探究百合花香物质合成机制，是实现花香改良育种的有效途径。

参考文献

葛永红，魏美林，李灿婴，等，2017. 苯并噻重氮对南果梨果实贮藏品质的影响[J]. 渤海大学学报（自然科学版），38(4)：311-315.

孔滢，孙明，潘会堂，等，2012. 花香代谢与调控研究进展[J]. 北京林业大学学报，34(2)：146-154.

刘红霞，2004. 1-MCP，BTH和PHC对桃果（Prunus persica L.）采后衰老的调控作用及诱导抗病机理的研究[D]. 北京：中国农业大学.

刘敏，2010. 南山甜桃采前BTH处理对采后贮藏品质的影响[J]. 安徽农业科学，38(34)：19570-19571，19719.

王迪，2016. BTH处理对杏果蔗糖、有机酸代谢关键酶及相关品质影响的研究[D]. 乌鲁木齐：新疆农业大学.

王婷，2019. 百合花香分类、LhTPS基因表达与启动子克隆研究[D]. 太原：山西农业大学.

王雨，2018. 采后BTH处理对"玉金香"甜瓜萜类香气组分及其代谢的影响分析[D]. 兰州：甘肃农业大学.

吴娇娇，2020. 麦类作物BTH诱导抗病的转录调控机制研究[D]. 保定：河北农业大学.

伍冬志，2019. 基于还原势和WRKY转录因子调控的草莓果实绿色诱导抗病性机制研究[D]. 重庆：重庆三峡学院.

Akagi Aya, Fukushima Setsuko, Okada Kazunori, et al, 2014. WRKY45-dependent priming of diterpenoid phytoalexin biosynthesis in rice and the role of cytokinin in triggering the reaction[J]. Plant Molecular Biology, 86(1-2): 171-183.

Fang Du, Ting Wang, Jun-miao Fan, et al, 2019. Volatile composition and classification of Lilium flower aroma types and identification, polymorphisms, and alternative splicing of their monoterpene synthase genes[J]. Horticulture Research, 6(110).

Gomez-Plaza E, Mestre-Ortuno L, Ruiz-Garcia Y. 2012. Effect of benzothiadiazole and methyl jasmonate on the volatile compound composition of Vitis vinifera L. Monastrell Grapes and wines[J]. American Journal of Enology and Viticulture, 63(3): 394-401.

Görlach J, Volrath S, Knauf-Beiter G, et al, 1996. Benzothiadiazole, a novel class of inducers of systemic acquired resistance, activates gene expression and disease resistance in wheat[J]. The Plant cell, 8(4): 629-643.

Hu Zenghui, Tang Biao, Wu Qi, et al, 2017. Transcriptome sequencing analysis reveals a difference in monoterpene biosynthesis between scented Lilium 'Siberia' and unscented Lilium 'Novano'[J]. Frontiers in plant science, 8.

Muhlemann J K, Klempien A, Dudareva N, 2014. Floral volatiles: from biosynthesis to function[J]. Plant Cell and Environment, 37(8SI): 1936-1949.

Pan H T, Xia L, Jin Z L, et al, 2011. Major aroma ingredients of oriental Lilium 'Siberia' and their effect on humans[J]. Acta Horticulturae, 925(925): 307-313.

Sobhy I S, Bruce T J A, Turlings T C J, 2018. Priming of cowpea volatile emissions with defense inducers enhances the plant's attractiveness to parasitoids when attacked by caterpillars[J]. Pest Management Science, 74(4): 966-977.

Zhang T X Sun M, Li L L, et al, 2017. Molecular cloning and expression analysis of a monoterpene synthase gene involved in floral scent production in lily (Lilium 'Siberia')[J]. Russian Journal of Plant Physiology, 64(4).

von Merey G E, Veyrat N, de Lange E, et al, 2012. Vitalini[J]. Biological Control, 60(1): 7-15.

桂花开放过程中的细胞超微结构变化及 CCD1 基因表达

蔡璇[1,3]　邹晶晶[1,3]　曾祥玲[1,3]　杨洁[1,3]　陈洪国[1,3]　王彩云[2,*]

（[1] 湖北科技学院核技术与化学生物学院，咸宁 437100；[2] 华中农业大学园艺植物生物学教育部重点实验室，武汉 430070；[3] 湖北省香花植物工程技术中心，咸宁 437100）

摘要　花色花香是桂花重要的观赏性状，花器官的细胞及组织结构与色香呈现具有一定的相关性。本研究以'厚瓣银桂'为试材，对开花过程中花冠裂片的细胞超微结构及 CCD1 基因的表达进行分析。结果表明，扫描电镜观察到的细胞结构较大，条纹结构之间能够舒展，可能有助于香气的释放。透射电镜观察到的颗粒状内含物可能属于白色体中的淀粉复合物的小颗粒和溶酶体，与香气前体物或能量储存以及植物体持续释香的功能有关。CCD1 基因的表达，一定程度上匹配 β-胡萝卜素降解，但并不完全匹配 β-紫罗酮的生成。说明可能 β-胡萝卜素降解产生 β-紫罗酮的过程是多基因共同作用的结果。该结果有助于人们进一步了解桂花色香呈现的相互关系。

关键词　桂花；超微结构；CCD1；花色；花香

Cell Ultrastructure Changes and CCD1 Gene Expression during Flowering of Osmanthus fragrans

CAI Xuan[1,3]　ZOU Jing-jing[1,3]　ZENG Xiang-ling[1,3]　YANG Jie[1,3]　CHEN Hong-guo[1,3]　WANG Cai-yun[2,*]

([1] *School of Nuclear Technology and Chemistry & Biology, Hubei University of Science and Technology, Xianning 437100, China*; [2] *Key Laboratory for Biology of Horticultural Plants, Ministry of Education, Huazhong Agricultural University, Wuhan 430070, China*; [3] *Hubei Engineering Research Center for Fragrant Plants, Xianning 437100, China*)

Abstract　Flower color and fragrance are important ornamental traits of *Osmanthus fragrans*. The cell and tissue structure of floral organs are related to the appearance of color and fragrance. In this study, 'Houban Yingui' was used as the material to analyze the cell ultrastructure of corolla lobes and the expression of CCD1 gene during flowering process. The results showed that: observing by the scanning electron microscope, the cell structure was large, and the striped structure could stretch, which might help the release of aroma. The granular inclusions observed by transmission electron microscopy may belong to the small granules of starch complexes and lysosomes in the white body, which are related to the aroma precursors or energy storage and the continuous aroma release function of the plant. The expression of CCD1 gene match the degradation of β-carotene to a certain extent, but does not completely match the production of β-ionone. It indicates that the process of β-carotene degradation to produce β-ionone is the result of multi-gene interaction. These results will be helpful for further understanding of the relationship between the color and fragrance of *Osmanthus fragrans*.

Key words　*Osmanthus fragrans*; Ultrastructure; CCD1; Flower color; Fragrance

桂花是我国十大传统名花之一，其色艳花香，兼具观赏和食用药用等价值。植物花器官是研究花色花香的重要部位。植物体花器官的细胞及组织结构与香气释放也有一定的关系（Maiti and Mitra, 2017）。在越南安息香(Xu and Yu，2015)、茉莉(孟伟，2014)、白兰花(郭素枝 等，2006)等植物中都有报道花香的释放与花瓣表皮细胞结构有关。前人对桂花细胞超微结构的观察发现桂花花冠裂片表面可能是个大的分泌腺(尚富德，2004)，不同品种的香气释放可能与花冠裂片的结构特征有关(施婷婷 等，2020)，且伴随着开花过程，细胞衰老，结构破坏可能也会影响桂花香的释放(常炳华，2007)。但很少有关于开花过程不同时期的薄壁细胞纵切面的颗粒物观察及透射电镜有关白色体和溶酶体的研究报道。本研究对桂花开花过程中花冠裂片中细胞结构扫描电镜和透射电镜的观察有助于分析开花过程中香气释放与植物体细胞组织学的关系。

随着对花色花香物质生物合成途径的不断了解，学者们也发现某些色香物质在合成路径中有一定的关联(Ben Zvi et al.，2008)。前人发现 CCD 基因家族的成员对花色物质 β-胡萝卜素降解能产生花香物质 β-紫罗酮(Schwartz et al.，2001；Simkin et al.，2004)，这是花色花香相互关系比较重要的体现。在桂花的研究中，也有学者发现 CCD4 和 CCD1 基因可能具有将 β-胡萝卜素降解产生 β-紫罗酮这一功能(Chen et al.，2021；Han et al.，2019；藤林佐，2019；Baldermann et al.，2012；Baldermann et al.，2010)。但是人们感官上觉得桂花不同品种的花色花香有所差异，这些特征花色花香物质在桂花开花的各个时期的是如何变化，以及该特征与 CCD1 基因表达是否有关系，还没有报道。因此，本研究选择花色较浅香气浓郁的桂花品种，通过比较 CCD1 基因的表达量，结合前期课题组报道的开花过程中花色花香的物质变化，探讨桂花中可能存在的色香关系。希望这些研究结果能为丰富桂花花色花香的生物性状，指导育种做出贡献。

1 材料与方法

1.1 试验材料

参考周媛(2009)的方法，采集'厚瓣银桂'(*O. fragrans* 'Houban Yingui')铃梗期(花苞期)、初花期、盛花期以及末花期的花冠裂片(如图1所示)，一部分进行细胞超微结构观察，另一部分液氮速冻后超低温(-80℃)保存，用于 CCD1 基因的表达测定。

图 1 '厚瓣银桂'开花时期划分
A：铃梗期；B：初花期；C：盛花期；D：末花期
Fig. 1 Developmental stages of the sweet osmanthus
A: Linggeng stage; B: Initial flowering stage; C: Full flowering stage; D: Final flowering stage.

1.2 扫描电镜观察

参照周媛(2009)的方法，主要步骤如下：(1)取材：在桂花花冠裂片中部切取 2mm×2mm 正方形小块。(2)固定：迅速将小块投入盛有 2.5% 戊二醛(0.1 M，pH7.0 磷酸缓冲液配制)的样品瓶中，置于4℃固定24h。(3)漂洗：用 0.1M 磷酸缓冲液(pH7.0)漂洗3次，每次15min。(4)脱水：梯度叔丁醇脱水。50%、70%、80%、90%、95%各15min，最后100%以5min左右为宜。(5)真空冷冻干燥：用100%叔丁醇浸没样品，在4℃冰箱中降温10min，至样品结晶。放入真空干燥器中干燥约3h，每隔1h放气1次，干燥程度以样品揉之则碎为好。(6)镀膜：JFC-1200 离子溅射镀膜仪喷金镀膜。(7)观察及拍照：在 JSM-5310LV 扫描电镜中观察试验样品，找到目的视野后，拍照，用于处理分析。

1.3 透射电镜观察

参照周媛(2009)的方法，主要步骤如下：(1)取材：在桂花花冠裂片中部切取 2mm×2mm 正方形小块。(2)前固定：迅速将小块投入盛有 2.5% 戊二醛(0.1M，pH 7.0 磷酸缓冲液配制)的样品瓶中，置于4℃固定24h。(3)漂洗：用吸管吸出戊二醛固定液后加入 0.1M 磷酸缓冲液(pH 7.0)，换液3次，每次浸洗15min。(4)后固定：用吸管吸出磷酸缓冲液，留下一滴左右的缓冲液在样品瓶中，在通风橱加入1%四氧化锇，固定1h左右。(5)漂洗：吸管吸出四氧化锇固定液后用 0.1M 磷酸缓冲液浸洗3次，每次15min。(7)梯度脱水：吸去缓冲液，梯度丙酮系列脱水。50%、70%、80%、90%各15min以上，100% 2

次,每次5min。(8)浸透:吸去丙酮,用包埋剂逐步取代脱水剂,置于烘箱中渗透。丙酮:包埋液=1:1,37℃烘箱2h;丙酮:包埋液=1:4,37℃烘箱12h;纯包埋液,45℃烘箱2h。(9)包埋聚合:把样品从渗透液中取出置于滤纸上吸干渗透液,再放入200μl小离心管底部,注入包埋剂,插入标签,加盖,要使样品竖直于离心管底部,不要将其贴到壁上。包埋好后先将材料放进45℃烘箱,3h后调到65℃,烘48h。(10)超薄切片:使用LKB-V超薄切片机切出厚50~70nm的超薄切片,将切片移入覆有薄膜的铜网上,装入样品盒备用。(11)染色:将醋酸双氧铀染液滴于蜡盘中,将粘有切片的铜网网膜面朝下漂浮在染滴上避光染色30min。用镊子夹住铜网边缘,在盛有蒸馏水的烧杯中清洗、吸干。(12)透射电镜观察及拍照:在JEM-1010透射电镜中观察试验样品,找到目的视野后,拍照,用于处理分析。

1.4 CCD1基因的RT-PCR实时定量分析

将桂花花冠裂片的样品放入液氮中充分研磨,取20mg用上海华舜生物科技有限公司提供的RNA试剂盒,参考zeng(2015)改良的trizol法分别提取'厚瓣银桂'在各个开花期的总RNA,然后在260nm紫外光下检测RNA浓度(NanoDrop ND-1000 UV-Vis Spectrophotometer),并在1%的TBE琼脂糖电泳中检测RNA质量。每个样品取2μg总RNA进行cDNA反转录,具体步骤如下:(1)在0.5ml离心管中加入2μg RNA(5μl),RNase-Free DNase 10×Reaction Buffer 1.1μl,RNase-Free DNase(1 U/μl)0.5μl,Nuclease-free水4.4μl,始终体积为10μl;(2)将上述10μl混合体系在小型离心机上短暂离心混合均匀,然后在37℃下孵育30min;(3)加入1μl stop solution后,65℃下孵育10min,在小型离心机上短暂离心;(4)将12μl处理后的RNA用于之后第一链cDNA合成。

使用美国Promega公司的反转录酶(M-MLV Reverse Transcriptase)合成第一链cDNA,具体操作步骤如下:(1)在上述12μl处理后的RNA中加入1μl Oligo dT后,至于70℃下孵育5min后快速置于冰上5min后简易离心,以打开RNA二级结构;(2)在上述13μl混合体系中加入4μl M-MLV 5×reaction Buffer,1.3μl 10 mM dNTP,0.7μl Recombinant RNasin Ribonuclease inhibitor(RRI)和1μl M-MLV Reverse Transcriptase,始终体积为20μl;(3)将上述20μl体系置于42℃下孵育1.5h后,再于75℃下孵育15min,使反转录酶失活;(4)将上述反转录的20μl cDNA体系用去RNA和去DNA的水稀释10倍后,放在-20℃冰箱保存备用。

用AppliedBiosystems公司的7500 Realtime PCR仪对桂花各个开花时期的CCD1基因表达进行相对实时荧光定量分析。CCD1基因正向和反向特异引物参考已发表文献报道。桂花保守的看家基因Actin作为CCD1基因分析的内参基因,引物具体信息见表1。Real-time PCR反应体系为:4μl cDNA模板,10μl SYBR Green/Flourescein qPCR Master Mix(2X)(Fermentas),0.4μl正向特异引物,0.4μl反向特异引物,5.2μl dH$_2$O,总反应体系为20μl。Real-time PCR扩增,程序为:50℃ 2min;95℃ 10min;95℃ 15s,60℃ 1min,40个循环。比较扩增获得的CT值(PE Applied Biosystems),根据2-δCt CT法计算CCD1基因在不同品种不同发育阶段的转录表达量(-δCt=CT target gene-CT reference gene)。

表1 CCD1基因表达分析所用引物
Table 1 Primer for real-time PCR analysis for CCD1 gene

基因名 Gene name		引物序列 Primer sequence
Actin	正向	5'- CCAGCCTTCTTTGATAGGAATGG-3'
	反向	5'- CAACATCGCACTTCATGATTCA -3
OfCCD1	正向	5'- GTAAAGCCGAAACCCAGTCAA -3'
	反向	5'- TTAGGACCAACCCTCACAAAT -3'

2 结果与分析

2.1 扫描电镜观察结果

桂花开花过程各个时期花冠裂片的扫描电镜结果见图2。观察表明,'厚瓣银桂'上下表皮细胞比较饱满,主要呈现方形或椭圆形,排列较紧密,且上下表皮细胞突起的顶部一小部分区域存在条纹结构不明显,细胞较为平滑的现象(图2)。'厚瓣银桂'铃梗期时下表皮细胞凹陷十分明显,上表皮细胞虽未完全膨胀,但其顶端突起部位的条纹结构不明显,较为平展(图2A、B)。到了初花期,下表皮细胞充分膨大,上表皮细胞已有部分附着物出现(图2D、E)。盛花期时,上下表皮细胞已经出现失水塌陷现象,且细胞间隙变得不太明显,下表皮也产生了明显的附着物(图2G、H)。到了末花期,上表皮细胞结构破坏明显,表面杂质较多,且细胞轮廓不清晰(图2J、K)。花冠裂片横切面的电镜观察表明,铃梗期的基本薄壁组织细胞有一些呈团状或颗粒状的细胞内含物存在(图2C);初花期时薄壁组织细胞中内含物增多,多为大量颗粒状物质(图2F);盛花期薄壁细胞中很多大颗粒状的内含物转变成棉絮状物质(图2I);末花期时细胞骨架不清晰,物质分布比较散乱(图2L)。

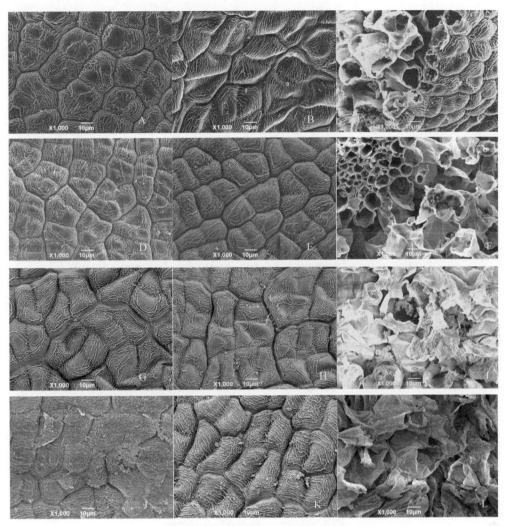

图 2 桂花花冠裂片扫描电镜观察

Fig. 2 SEM observation of corolla lobes of sweet osmanthus

A：铃梗期花冠裂片上表皮顶面观；B：铃梗期花冠裂片下表皮顶面观；C：铃梗期花冠裂片横切面；D：初花期花冠裂片上表皮顶面观；E：初花期花冠裂片下表皮顶面观；F：初花期花冠裂片横切面；G：盛花期花冠裂片上表皮顶面观；H：盛花期花冠裂片下表皮顶面观；I：盛花期花冠裂片横切面；J：末花期花冠裂片上表皮顶面观；K：末花期花冠裂片下表皮顶面观；L：末花期花冠裂片横切面。

A: Top view of epidermis on corolla lobes at Linggeng stage; B: Top view of epidermis on corolla lobes at Linggeng stage; C: Cross section of corolla lobes at Linggeng stage; D: Top view of epidermis on corolla lobes at initial flowering stage; E: Top view of epidermis on corolla lobes at initial flowering stage; F: Cross section of corolla lobes at initial flowering stage; G: Top view of epidermis of corolla lobes at the full flowering stage; H: Top view of epidermis on corolla lobes at full flowering stage; I: Cross section of corolla lobes at full flowering stage; J: Top view of epidermis on corolla lobes at final flowering stage; K: Top view of epidermis of corolla lobes at final flowering stage; L: Cross section of corolla lobes at final flowering stage.

2.2 透射电镜观察结果

桂花各时期花冠裂片细胞的透射电镜观察表明，随着花香的释放，细胞超微结构和内含物发生了一系列变化。铃梗期时细胞中就有类似淀粉复合物（Sc）的白色内含物，其体积较大（图3A），类似溶酶体颗粒（P）中的内含物均一，无明显颗粒（图3A），表皮细胞细胞壁面向外界一侧形成的嵴状突起（Cu）没有明显的附着现象（图3B）；初花期，Sc 体积逐渐减小，P 颗粒体积增大，内含物不均一，表皮细胞 Cu 有附着物，且开始向细胞外释放（图3C、D）；盛花期时，Sc 基本消失，P 颗粒逐渐增多，Cu 附着物增多（图3E、F）；末花期，细胞内含物减少，开始发生质壁分离，P 颗粒逐渐解体，但 Cu 依然有附着物，也向细胞外释放（图3G、H）。

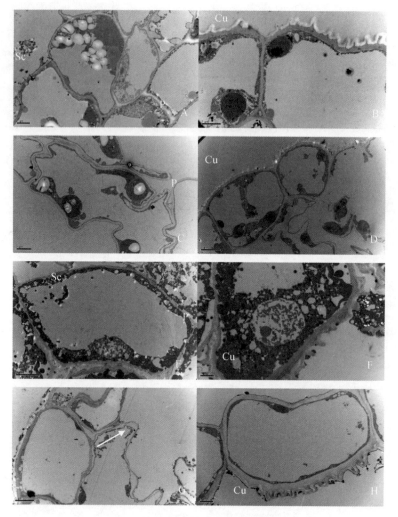

图3 桂花花冠裂片透射电镜观察

Fig. 3 TEM observation of corolla lobes of sweet osmanthus

A-B：铃梗期花冠裂片基本薄壁细胞横切面；C-D：初花期花冠裂片基本薄壁细胞横切面；E-F：盛花期花冠裂片基本薄壁细胞横切面；G-H：末花期花冠裂片基本薄壁细胞横切面。Sc：淀粉复合物；P：溶酶体颗粒；Cu：嵴状突起

A-B: Cross section of basic parenchyma cells of corolla lobes at Linggeng stage; C-D: Cross section of basic parenchyma cells of corolla lobes at initial flowering stage; E-F: Cross section of basic parenchymal cells of corolla lobes at full flowering stage; G-H: Cross section of basic parenchyma cells of corolla lobes at final flowering stage. Sc: starch complex; P: lysosomal granules; Cu: ridge-like protrusions

2.3 桂花开花过程中 CCD1 基因表达的变化

CCD1 基因在桂花花冠裂片中不同开花时期的 RT-qPCR 分析结果如图4所示。CCD1 基因在'厚瓣银桂'铃梗期表达量最低，随着开花进程，表达量升高，在盛花期达到最高后至末花期开始下降。

3 讨论

花瓣以及花冠裂片是植物香气存在的主要部位。前人对桂花花冠裂片的结构也进行过扫描电镜的观察，认为桂花的表皮细胞是一个分泌腺，芳香物质通过表皮细胞释放到空气中，被人们感知（尚富德，2004）。且前人通过对比不同品种群间香气浓淡存在明显差异的桂花品种超微结构上的变化，认为花冠裂片细胞表面的条纹结构紧密会有助于香气的释放（常炳华，2007）。本研究所选取的桂花品种'厚瓣银桂'是银桂品种群中香气比较浓郁的。而在超微结构的观

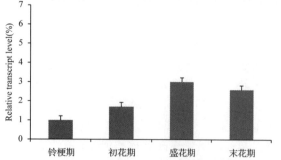

图4 桂花开花过程中 CCD1 基因表达水平

Fig. 4 The expression level of CCD1 gene in sweet osmanthuss during flowering

察中发现'厚瓣银桂'上下表皮细胞大,并且条纹结构不太紧密。因此我们推测,细胞结构大,条纹结构之间能够舒展,可能才更有助于香气的释放。除此之外,本研究也观察了开花过程中花冠裂片的纵切面超微结构,发现薄壁细胞中的内含物可能与香气的形成有关。薄壁细胞从初花期到盛花期具有较多的颗粒状物质,此时期的香气物质释放量高,香味较浓郁。然后到了末花期这些颗粒状内含物逐渐减少至最后解体,香气物质的释放在此时期也有所减少。这一结果与前人在含笑属3个种花被片细胞扫描电镜研究中的报道一致(高华娟,2009)。

为了探讨扫描电镜中所观察到的颗粒的性质,我们还对桂花花冠裂片的超微结构进行了透射电镜观察。参照前人在含笑以及茉莉中的研究,我们在桂花花冠裂片中也发现有类似淀粉复合物的小颗粒 Sc 以及类似溶酶体颗粒 P 在开花过程中的变化特征。类似淀粉复合物的小颗粒 Sc 常常存在于植物细胞的白色体中。白色体在植物体内与前质体、有色体和叶绿体之间可进行一些转化(Sun et al., 2018)。含笑3个不同种的研究中曾报道苞片和花被片呈绿色时,薄壁细胞中有叶绿体存在,叶绿体中存在一些淀粉粒,随着开花过程花被片呈现黄白色(白兰、含笑)或橙黄色(黄兰),此时的薄壁细胞中无叶绿体存在,出现了许多白色体颗粒(高华娟,2009)。在我们的研究中,桂花花冠裂片在铃梗期时已经具有其固有花色黄白色,所以没有观察到叶绿体向白色体的转换。但根据白色体中类似淀粉复合物的小颗粒 Sc 随着开花过程中明显地减少,最后解体的特征,可以推测白色体以及类似淀粉复合物的小颗粒 Sc 可能具有香气前体物或能量的储存器功能。前人在含笑属植物的细胞超微结构研究中认为溶酶体在植物体内的变化是一个不同步的动态过程,具有初级溶酶体、次级溶酶体和残体3种形态,且在同一细胞中,可观察到3种典型形态的溶酶体(高华娟,2009)。在我们对桂花花冠裂片的研究中,虽然没有同时观察到3种形态的溶酶体共同存在于一个细胞中,但溶酶体在开花过程中的由初级溶酶体向次级溶酶体再向残体转换的过程却非常明显。前人认为溶酶体的功能可能与花朵的持续释香有关,但相关研究还需要进一步深入。

在课题组前期研究中发现,不同花色的桂花品种中存在香气差异,其他物种中也有类似现象。这些花色与花香之间呈现的相关性可能是因为花色物质与花香物质在生物合成路径上有交叉的缘故。$CCDs$ 是一种类胡萝卜素氧化酶,能在特定的位点裂解氧化类胡萝卜素而形成多种脱辅基类胡萝卜素,参与形成植物的风味和香气。其基因家族的成员 $CCD1$ 和 $CCD4$ 是目前研究较多的在 β-胡萝卜素转变为 β-紫罗酮的过程中具有显著作用的基因。前人对桂花 $CCD4$ 和 $CCD1$ 基因的表达都有所研究。Huang 等人(2009)以丹桂为材料发现桂花 $CCD4$ 基因在类胡萝卜素的降解和脱辅基类胡萝卜素的合成两方面都不具有较高的活性。Baldermann 在 Huang 的基础上猜测桂花中可能是 $CCD1$ 基因起到决定 β-胡萝卜素转变为 β-紫罗酮的关键作用,并用丹桂为材料,研究了 $CCD1$ 基因的功能,发现 $CCD1$ 基因无论是在体内还是体外试验都能以 β-胡萝卜素为底物生成 β-紫罗酮(Baldermann et al, 2012; Baldermann et al, 2010)。本研究基于前期在'厚瓣银桂'开花过程中花色花香物质成分分析的结果,比较了开花过程中花冠裂片 $CCD1$ 基因的表达水平,发现 $CCD1$ 基因的表达水平整体都不高,但依然可以检测到一定的差异性。'厚瓣银桂'开花过程中 $CCD1$ 基因表达量的趋势从铃梗期到盛花期表达量缓慢上升,末花期时则开始下降。并且课题组之前的研究报道过'厚瓣银桂'β-紫罗酮的含量初花期最高,此后呈现含量降低的变化趋势(邹晶晶 等,2017)。类胡萝卜素底物 β-胡萝卜素在乳白色的'厚瓣银桂'中含量很低。其含量的变化趋势从铃梗期到盛花期都有一定程度的积累,到盛花期后便开始下降(邹晶晶 等,2017)。这可能是由于桂花开花过程中类胡萝卜素代谢路径中 β-胡萝卜素合成速率大于降解速率有关。但在底物充足,基因转录水平高的情况下,产物 β-紫罗酮含量依然降低这一现象说明桂花体内 β-胡萝卜素向 β-紫罗酮的转化可能不是 $CCD1$ 一个基因的作用结果。相关研究还有待深入。

参考文献

常炳华,2007. 桂花品种整理及其景观应用研究[D]. 上海:华东师范大学.

高华娟,2009. 含笑属3个种花香形成和释放及化学成分的研究[D]. 福州:福建农林大学.

郭素枝,邱栋梁,张明辉,2006. 白兰花开放过程中花被片结构的变化与香气释放机理的研究[J]. 热带作物学报,27:24-40.

孟伟,2014. SODm 对茉莉花瓣细胞结构及香气成分的影响[D]. 福州:福建农林大学.

尚富德,2004. 桂花(Osmanthus fragrans Lour.)生物学研究[D]. 南京:南京林业大学.

施婷婷,杨秀莲,王良桂. 2020. 3个桂花品种花香组分动态特征及花被片结构解剖学观测[J]. 南京林业大学学报(自然科学版),44(4):12-20.

滕林佐, 2019. 桂花类胡萝卜素裂解关键基因 *CCD1* 的克隆及功能研究[D]. 长沙: 中南林业科技大学.

周媛, 蔡璇, 王彩云, 2009. 桂花花瓣衰老过程中细胞程序性死亡的超微结构特征研究[J]. 园艺学报, 36: 2065.

邹晶晶, 蔡璇, 曾祥玲, 等, 2017. 桂花不同品种开花过程中香气活性物质的变化[J]. 园艺学报, 44 (8): 1517-1534.

邹晶晶, 曾祥玲, 陈洪国, 等, 2017. 不同桂花品种开花及衰老过程中的花色物质成分分析[J]. 南方农业学报, 48: 1683-1690.

Baldermann S, Kato M, Fleischmann P, et al, 2012. Biosynthesis of alpha- and beta-ionone, prominent scent compounds, in flowers of *Osmanthus fragrans*[J]. Acta Biochim Pol, 59: 79-81.

Baldermann S, Kato M, Kurosawa M, et al, 2010. Functional characterization of a carotenoid cleavage dioxygenase 1 and its relation to the carotenoid accumulation and volatile emission during the floral development of *Osmanthus fragrans* Lour[J]. J Exp Bot, 61: 2967-2977.

Ben-Zvi M M, Florence N Z, Masci T, et al, 2008. Interlinking showy traits: co-engineering of scent and colour biosynthesis in flowers[J]. Plant Biotechnolo J, 6: 403-415.

Chen H G, Zeng X L, Yang J, et al, 2021. Whole genome resequencing of *Osmanthus fragrans* provides insights into flower color evolution. Horticulture Research, 8: 98.

Han Y, Wang H, Wang X, et al, 2019. Mechanism of floral scent production in *Osmanthus fragrans* and the production and regulation of its key floral constituents, β-ionone and linalool. Horticulture Research, 6: 106.

Huang F C, Molnar P, Schwab W. 2009. Cloning and functional characterization of carotenoid cleavage dioxygenase 4 genes[J]. J Exp Bot, 60: 3011-3022.

Maiti S, Mitra A, 2017. Morphological, physiological and ultrastructural changes in flowers explain the spatio-temporal emission of scent volatiles in *Polianthes tuberosa* L[J]. Plant Cell Physiol, 58(12): 2095-2111.

Schwartz S H, Qin X, Zeevaart J A, 2001. Characterization of a novel carotenoid cleavage dioxygenase from plants[J]. J Biol Chem, 276: 25208-25211.

Simkin A J, Schwartz S H, Auldridge M, et al, 2004. The tomato carotenoid cleavage dioxygenase 1 genes contribute to the formation of the flavor volatiles beta-ionone, pseudoionone, and geranylacetone[J]. Plant J, 40: 882-892.

Sun T, Yuan H, Cao H, et al, 2018. Carotenoid metabolism in plants: the role of plastids[J]. Molecular Plant, 11: 58-74.

Xu L P, Yu F Y, 2015. Corolla structure and fragrance components in *Styrax tonkinensis*[J]. Trees, 29(4): 1127-1134.

Zeng X, Liu C, Zheng R, et al, 2015. Emission and accumulation of monoterpene and the key terpene synthase (TPS) associated with monoterpene biosynthesis in *Osmanthus fragrans* Lour[J]. Frontiers in Plant Science, 6: 1232.

褪黑素对牡丹切花的采后保鲜效果研究

凌怡 孔鑫 张丽丽 闫丽 关雯雨 张浩然 董丽[*]

（花卉种质创新与分子育种北京市重点实验室，国家花卉工程技术研究中心，城乡生态环境北京实验室，园林环境教育部工程研究中心，林木花卉遗传育种教育部重点实验室，园林学院，北京林业大学，北京 100083）

摘要 以牡丹'洛阳红'切花为试材，研究在基础瓶插液中添加不同浓度的褪黑素（添加 10、20、40μmol/L 褪黑素）对切花保鲜效果的影响。结果表明，在基础瓶插液中添加 20μmol/L 褪黑素处理能够有效的延长牡丹切花的瓶插寿命，改善切花花枝的水分平衡情况，提高花瓣可溶性蛋白的含量，抑制膜脂过氧化物丙二醛（MDA）的升高。

关键词 切花牡丹；瓶插液；褪黑素

Preservation Effects of Melatonin on Tree-Peony Cut Flowers

LING Yi KONG Xin ZHANG Li-li YAN Li GUAN Wen-yu ZHANG Hao-ran DONG Li[*]

(Beijing Key Laboratory of Ornamental Plants Germplasm Innovation & Molecular Breeding, National Engineering Research Center for Floriculture, Beijing Laboratory of Urban and Rural Ecological Environment, Engineering Research Center of Landscape Environment of Ministry of Education, Key Laboratory of Genetics and Breeding in Forest Trees and Ornamental Plants of Ministry of Education, School of Landscape Architecture, Beijing Forestry University, Beijing 100083, China)

Abstract The cut tree peony "Luo Yang Hong" was treated with different concentrations of melatonin (10、20、40 μmol/L melatonin). The results indicated that 20 μmol/L melatonin could effectively prolong the vase life of tree-peony of cut flower "Luo Yang Hong", improve the water balance and soluble protein content of the petals, and decrease the MDA content of the petals.

Key words Tree-Peony cut flower; Vasing solutions; Melatonin

牡丹（*Paeonia suffruticosa*）是芍药科（Paeoniaceae）、芍药属（*Paeonia*）落叶灌木。花朵直径宽大，开花时香气馥郁，花色因品种不同差异很大，比较多见呈玫瑰色、红紫色、粉红色至白色等。因其花大而香且花色繁多艳丽，故又有"国色天香"之称，具有极高的观赏价值与文化价值，自古以来便作为一种重要花材被广泛应用于宫廷及民间的插花艺术中（郑青，2004）。牡丹作为高档次鲜切花材在现代更是应用前景广阔，但牡丹自然花期短，再加上切花脱离母体后由于失水胁迫等原因衰老速度加快，瓶插寿命进一步缩短（史国安 等，2010）。瓶插寿命的限制大大削减了牡丹切花的商业应用价值，因此开展牡丹切花保鲜研究具有十分重要的意义。近年来牡丹切花保鲜研究已经取得了一定进展，8-羟基喹啉（8-HQ）、硝酸银（AgNO$_3$）、硫代硫酸银（STS）、1-甲基环丙烯（1-methylcyclopropene，1-MCP）等作为保鲜剂应用于切花保鲜已取得明显的效果（贾培义 等，2007；贾培义 等，2006；刘娟 等，2007；刘燕燕 等，2009）。但这些有效的保鲜成分或对人体有一定生理毒性，或对环境造成一定污染，或价格较高，所以真正能投入到商业生产的甚少，已经严重影响切花产业的发展（李明霞，2019）。

褪黑素（melatonin，MT），化学名 N-乙酰基-5-甲氧基色胺（C$_{13}$H$_{16}$N$_2$O$_2$），是一种广泛存在于动植物体内的内源调节物质。褪黑素作为体外天然抗氧化分子和体内自由基清除剂参与细胞作用，是植物对体外

---

1 基金项目：国家重点研发计划（2018YFD1000407）；国家科学自然基金项目（31572164）。
第一作者简介：凌怡（1997-），女，硕士研究生，主要从事切花采后保鲜研究。
* 通讯作者：董丽，职称：教授，E-mail：dongli@bjfu.edu.cn。

或体内氧化压力的第一道防线，可有效保护植物细胞膜的完整性（Russel et al.，2015；Wang et al.，2012；辛丹丹 等，2017）。研究表明脂质过氧化的增加是牡丹花衰老的重要生理原因之一（刘娟 等，2007），在该作用的调控下，活性氧物质的大量产生及过度积累，容易将生物膜中的多种不饱和脂肪酸氧化，使细胞质膜、细胞器膜等的膜功能和膜结构受到破坏，引发膜脂的过氧化，使丙二醛（MDA）含量升高；同时，活性氧还可以攻击氨基酸残基，损伤蛋白质，进而引发不能修复的代谢功能丧失和细胞死亡（鲁振强，2007），切花在膜脂趋于饱和化的状态下加速衰老（王荣花 等，2005）。

近年来，国内外研究褪黑素对果蔬等食品的储藏保鲜作用，取得了良好保鲜效果，同时褪黑素天然安全的特性更显示其在果品蔬菜的采后保鲜方面有着非常广阔的应用前景（Gao et al.，2016；Hu et al.，2017；辛丹丹 等，2017）。不过，褪黑素作为一种保鲜成分，在牡丹切花保鲜应用方面的研究仍是空白。

本研究以牡丹品种'洛阳红'为研究对象，通过比较在基础液中添加不同浓度的褪黑素（10、20、40μmol/L 褪黑素）对牡丹切花的瓶插寿命、切花瓶插期间花径、花枝鲜重及水分平衡的影响，同时比较瓶插期间切花花瓣中可溶性蛋白、丙二醛（MDA）的含量，研究褪黑素对牡丹切花瓶插的保鲜效果，以期为牡丹瓶插保鲜技术研发提供参考。

1 材料与方法

1.1 试验材料及处理

试验选取的所有'洛阳红'牡丹，均来于菏泽牡丹基地，将采收时花色、大小一致，带2~3片复叶，花枝长30cm，开花指数为1级（郭闻文，2004）的健壮花枝，采后12h内运回实验室。运输途中每10枝花为1扎，用湿报纸包裹放入泡沫箱中，泡沫箱内四周置入冰块，并用厚纸板将花枝与冰块隔开，保持低温。

切花运回实验室后立即置于蒸馏水中重新剪切，用刀口锋利的园艺专用剪在水下将花枝基部斜剪45°以利于水分的吸收，使每枝切花从基部到花茎顶部大约为20cm，复水1h后备用，并去掉其余叶片，仅保留顶端一片小叶片，以减少水分蒸发。

本试验共设4个处理（表1），每个处理10个重复。分别将花枝插入250ml的广口瓶中，为了防止水分蒸发，瓶口用保鲜膜覆盖，并于瓶上标号。每个广口瓶加入100ml的保鲜液。从采摘回来当日开始，在瓶插期间第0h、6h、12h、24h、48h、72h、96h观察

其形态特征，记录最大花径值、鲜重等，并取样进行可溶性蛋白、丙二醛（MDA）含量等生理指标测定。

本试验在北京林业大学园林院实验室内进行，室内温度：20~23℃，空气湿度：50%~60%，光照为室内散射光。

表1 不同处理瓶插液配方
Table 1 Formula of different vasing solutions of tree-peony cut flowers

处理编号	保鲜剂配方
基础液（CK）	100ml 蒸馏水+2%蔗糖+0.5%次氯酸钠
处理1（T1）	100ml 蒸馏水+2%蔗糖+0.5%次氯酸钠+10μmol/L 褪黑素
处理2（T2）	100ml 蒸馏水+2%蔗糖+0.5%次氯酸钠+20μmol/L 褪黑素
处理3（T3）	100ml 蒸馏水+2%蔗糖+0.5%次氯酸钠+40μmol/L 褪黑素

1.2 指标测定及方法

瓶插期间对切花进行拍照，观测记录花朵的开放等级、直径等其他形态特征，以花枝花朵开始萎蔫或花瓣脱落（等级记为6级）失去观赏价值记为瓶插结束。瓶插结束后计算出最佳观赏期和瓶插寿命。

花开放等级：花朵开放级别参照郭闻文（2004）的方法。

花径变化率：采用游标卡尺测量，取花朵最大直径。花径变化率计算公式为：花径变化率=（当天花朵直径-初始花朵直径）/初始花朵直径×100%。

鲜重变化率：采用称重法，称取花枝质量，计算出当天的质量与第1d花枝质量的差异，并计算该差异与第1d花枝质量的比值，即切花鲜重变化率。鲜重变化率计算公式为：鲜重变化率=（当天花枝鲜重-初始花枝鲜重）/初始花枝鲜重×100%。

水分平衡值：采用称重法测定花枝的吸水量、失水量，计算出水分平衡值。计算公式为：吸水量=（当天花瓶+溶液质量）-（后1d花瓶+溶液质量）；失水量=（当天花瓶+溶液+花枝质量）-（后1d花瓶+溶液+花枝质量）；水分平衡值=吸水量-失水量。

将处理花瓣迅速用液氮冷冻处理后放入-80℃的超低温冰箱中冷冻，用于分析牡丹切花开放和衰老过程中花瓣生理生化指标的变化。参考王学奎（2006）的方法测定切花花瓣内可溶性蛋白和丙二醛（MDA）含量。

数据用 Microsoft Office Excel 2003 和 SPSS13.0 软件进行统计处理。

2 结果与分析

2.1 褪黑素对'洛阳红'切花瓶插期间观赏品质的影响

由表2可知,10μmol/L、20μmol/L、40μmol/L褪黑素处理均能延长牡丹切花的瓶插寿命和到达最大花径的时间,其中20μmol/L处理与对照CK相比,其瓶插寿命延长了12.80h,到达花径最大值的时间延后了26.80h,均达到显著差异($P<0.05$),最大花径值与对照CK相比减少了1.66cm。10μmol/L及40μmol/L的褪黑素处理与对照CK相比分别延长了切花的寿命达8.00h、6.80h,到达花径最大值的时间分别延后了23.80h、17.20h,最大花径值与对照CK相比无显著差异。

表2 不同处理对牡丹切花开放及衰老的影响

Table 2 Effect of different treatments on opening and senescence of tree-peony cut flowers

处理编号	寿命(h)	最大花径(cm)	到达最大花径的瓶插时间(h)
基础液(CK)	81.60±8.89 b	12.96±1.43 a	45.20±21.78 b
处理1(T1)	89.60±10.07 ab	13.18±0.78 a	69.00±13.99 ab
处理2(T2)	94.40±2.33 a	11.30±0.84 b	72.00±16.97 a
处理3(T3)	88.40±5.542ab	11.88±0.54 ab	62.40±8.89 ab

由图2A可知,在瓶插初期72h内,处理T2与其他各处理相比,其切花开放进程明显放缓。处理T2的牡丹切花在瓶插第60h开花指数才达到3级,与对照相CK比推迟了42h,显著延缓了切花的开放进程。72h后处理T2与其他各处理的开放进程逐渐趋于一致。处理T3的牡丹切花使牡丹瓶插前期24h内的开放进程有所减缓,而处理T1瓶插期间牡丹切花的开放级别与对照CK相比无明显差异。

牡丹切花的花径变化率总体上呈现先上升再下降的趋势(图2B),切花瓶插前期,花枝快速吸水,花朵迅速开放,因此花径变化快,整体呈现迅速上升的趋势,之后花朵失水萎蔫,花径变小,花径变化率逐渐降低。经10μmol/L、20μmol/L、40μmol/L褪黑素处理的牡丹切花花径变化率峰值出现时间相较对照均有不同程度延迟,其中处理T2对花径变化率峰值的延迟作用最大。处理T2花径变化率峰值出现在第84h,与对照CK相比推迟了36h,且此时的花径变化率显著高于CK;而处理T1、T3的花径变化率峰值均出现于第60h,相较对照CK延迟了12h。不同处理相较对照CK都推迟了花径变化率峰值的出现,说明在基础液中添加10μmol/L、20μmol/L、40μmol/L褪黑素能够有效延长牡丹切花花径增大的时间,增强了牡丹切花的失水耐受性,有利于延长切花瓶插寿命。

2.2 褪黑素对'洛阳红'切花瓶插鲜重变化及水分平衡值的影响

如图2A所示,牡丹切花花枝鲜重变化呈现先上升后下降的趋势。经过处理的切花及对照CK的切花鲜重变化均在瓶插第36h到达最大值,之后开始下降。瓶插36h后对照CK鲜重变化相较各处理下降幅度最大,且率先到达0值,说明施加不同浓度的褪黑素能在一定程度上增强切花对失水胁迫的耐性。瓶插后期各处理之中,处理T2的鲜重增长幅度与其他各处理相比始终处于最高水平。表明褪黑素处理对花枝吸水起促进作用,有利于花枝保持花枝鲜样质量,以20μmol/L褪黑素处理对牡丹切花改善品质效果最好。

瓶插期间牡丹切花花枝的水分平衡值呈现持续下降的趋势(图2B)。瓶插前期24h内,各处理包括对

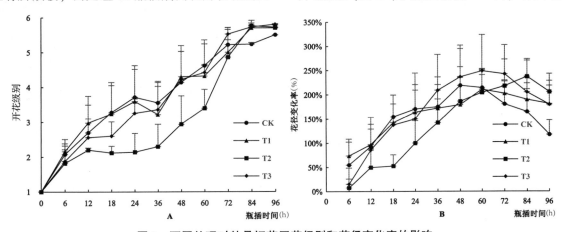

图1 不同处理对牡丹切花开花级别和花径变化率的影响

Fig. 1 Effect of different treatments on flowering grade and diameter change rate of tree-peony cut flowers

A:开花级别;B:花径变化率

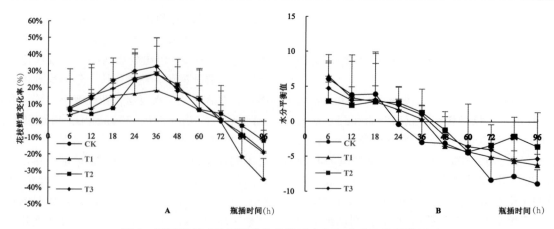

图 2 不同处理对牡丹切花花枝鲜重变化和水分平衡值的影响

Fig. 2 Effect of different treatments on fresh mass and water balance of tree-peony cut flowers

A：花枝鲜重变化率；B：水分平衡值

照的水分平衡值均为正值，随后逐渐降低，出现负值。说明瓶插初期24h内牡丹切花的吸水量大于失水量，随着瓶插时间增加，失水量大于吸水量，失水胁迫加剧。对照水分平衡值在第24h达到0值，随后水分平衡值下降，在第24~60h水分平衡值均小于0，花朵失水量大于吸水量，开始萎蔫，而处理T1、T2、T3第24h水分平衡值为为正值，且处理T2出现负值的时间最晚。说明20μmol/L褪黑素处理能较好维持花枝的持水能力，延缓切花的衰老进程。

2.3 褪黑素对'洛阳红'切花瓶插期间可溶性蛋白含量的影响

如图所示3A所示，瓶插期间牡丹切花花瓣中的可溶性蛋白含量大致呈现先下降，最后缓慢回升的趋势。不同浓度褪黑素处理及对照CK在瓶插第24h时切花花瓣内可溶性蛋白含量均出现回升，其中以处理T1切花花瓣内的可溶性蛋白含量最高，处理T3的可溶性蛋白含量最低。整个瓶插期间不同浓度褪黑素处理的切花与对照CK相比花瓣内可溶性蛋白含量始终处于较高水平。说明一定浓度的褪黑素处理有助于提高并维持可溶性蛋白的含量，有助于切花保鲜。

2.4 褪黑素对'洛阳红'切花瓶插期间MDA含量的影响

MDA含量整体上呈现先上升后下降的趋势(图3B)，在瓶插前期变化缓慢，进入盛花期后迅速增加。在切花瓶插后期，40μmol/L褪黑素处理的牡丹切花MDA含量与对照CK相比并无明显差异。10μmol/L褪黑素处理的牡丹切花MDA峰值于瓶插第12h出现，而处理T2、T3、对照CK的MDA峰值均在瓶插第72h出现。20μmol/L褪黑素处理的牡丹切花MDA含量与对照CK相比明显下降，且从第24h开始，20μmol/L褪黑素处理的牡丹切花MDA含量与对照CK相比一直处于低水平，说明20μmol/L褪黑素

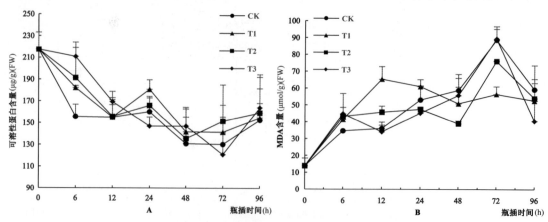

图 3 不同处理对牡丹切花花瓣可溶性蛋白质和MDA含量的影响

Fig. 3 Effect of different treatments on soluble protein content and MDA content in petals of tree-peony cut flowers

A：可溶性蛋白含量；B：MDA含量

处理能减缓切花花瓣中的 MDA 积累，以延缓牡丹切花衰老进程。

3 结论与讨论

褪黑素已被证明是一种高效的氧化还原平衡剂，清除自由基的能力比维生素 E、抗坏血酸和谷胱甘肽强（童瑶 等，2020），且能有效延缓采后果蔬的成熟以及衰老（李光亚 等，2020；罗彤彤 等，2018；彭强 等，2020；童瑶 等，2020；辛丹丹 等，2017）。本试验在牡丹切花'洛阳红'基础瓶插液中添加不同浓度褪黑素，结果表明基础瓶插液中添加适宜浓度褪黑素可以不同程度延长切花瓶插寿命并推迟到达最大花径的时间。其中 20 μmol/L 褪黑素处理能够显著延长切花瓶插寿命和到达最大花径的时间。

对于切花来说，水分代谢平衡是决定采后衰老状况的主要因素之一，很大程度上影响了瓶插寿命的长短（刘小林，2017）。而水分平衡值的动态变化又是影响'洛阳红'牡丹切花衰老的重要因素（刘燕燕 等，2009）。研究表明褪黑素可以促进切花切口部位的水分吸收、促进水分在植物体导管或管胞内的运输且调节蒸腾速率，改善鲜切花体内的水分平衡（李光亚 等，2020）。本试验结果表明在瓶插液中添加适宜浓度的褪黑素可以维持该切花花枝鲜样质量（图 2A），延迟水分平衡值到达 0 值的时间（图 2B），较好维持花枝的吸水能力，改善切花的水分状况。其中 20 μmol/L 褪黑素处理能够显著推迟水分平衡值到达 0 值的时间点，对维持切花鲜重，提高切花瓶插品质有明显促进作用。

牡丹切花在瓶插过程中，花瓣中可溶性蛋白含量的变化与切花发育进程密切相关。切花瓶插后期，随着花朵体内许多大分子生命和结构物质开始降解，可溶性蛋白质含量减少，这也是植物花朵衰败的重要指标之一（史国安 等，2010）。研究表明褪黑素显著促进了洋桔梗切花花瓣中可溶性蛋白含量的增加，延迟了切花的衰老（彭强 等，2020）。本研究中牡丹切花瓶插初始时可溶性蛋白含量整体较高，可能由于瓶插初始切花合成所用的蛋白质含量小于发育消耗的蛋白质所致。经不同浓度褪黑素处理后，牡丹切花花瓣中可溶性蛋白含量在整个瓶插期间都高于对照 CK 切花花瓣中的可溶性蛋白含量，且瓶插第 24 h 可溶性蛋白回升时，经不同浓度褪黑素处理的峰值相显著高于对照，说明蛋白降解速率减缓，从而保持对花输送营养的能力。不仅如此，处理组切花衰老进程明显延迟以及花瓣可溶性蛋白含量的持续高水平，也证明了添加适宜浓度的褪黑素有助于提高并维持牡丹切花瓶插过程中可溶性蛋白质含量，有助于延缓切花衰老进程。

牡丹切花采收后不能从根部吸收营养物质，原有的平衡被打破。自由基生成速率大于清除速率，引起质膜的过氧化作用，这阶段不饱和脂肪酸含量逐渐减少从而导致膜流动性降低，但甾醇与磷脂的比例增加（Itzhaki H，1990），进而发生膜的选择透性丢失，导致原生质渗漏，膜结构及膜功能受损，使膜脂过氧化，MDA 升高（苏军 等，1997；薛秋华 等，1999），最终导致牡丹衰老的出现。因此保持膜的稳定性可对延缓牡丹切花衰老起到积极作用（Saeed et al.，2014；Saeed et al.，2016）。MDA 是膜脂过氧化的产物，其含量的多少直接反映出膜脂过氧化损伤程度。研究表明外源褪黑素处理可降低桃果实的膜脂过氧化反应，降低 MDA 含量，从而有效减缓了桃果实的衰老过程（Gao et al.，2016）。本研究中 20 μmol/L 褪黑素处理显著减缓了 MDA 在花瓣中的积累，说明适宜浓度的褪黑素能降低 MDA 含量，减缓膜脂过氧化进程进而延缓切花衰老。

目前，8-HQ、Ag^+、STS、1-MCP 等成分均在牡丹切花保鲜方面有研究且效果明显，但这些保鲜成分或因对环境产生毒害，或为气体使用不便，或价格昂贵等原因难以在牡丹切花产业中普及使用。褪黑素作为生物体内天然存在的一种吲哚类色胺，不会对人体及环境产生不利影响。目前在市场上工业褪黑素价格低廉，容易获得，其次褪黑素作为保鲜成分添加于瓶插液中，技术推广门槛较低。这些都为褪黑素在牡丹切花保鲜应用中的推广提供了良好条件。

综上所述，瓶插液中添加适宜浓度的褪黑素对牡丹切花具有较好的保鲜作用，可以维持花枝的吸水能力和鲜样质量，维持切花的水分平衡，同时能够抑制花瓣内部膜脂过氧化产物 MDA 的积累，减少可溶性蛋白质的消耗，延长瓶插寿命。其中以在基础瓶插液中添加 20 μmol/L 褪黑素处理对牡丹切花的瓶插保鲜效果最佳。同时褪黑素还具有安全、便宜、使用简单这些特性，说明褪黑素作为新型的切花保鲜物质，在牡丹切花及其他切花保鲜上具有良好的应用前景。

参考文献

郭闻文，2004. 牡丹切花采后衰老特征及内源乙烯代谢初探[D]：北京：北京林业大学.

贾培义，张玉环，刘燕燕，等，2007. 乙烯及 1-MCP 处理对牡丹切花采后开花衰老进程的影响[M]//中国园艺学会观赏园艺专业委员会张启翔. 中国观赏园艺研究进展 2007. 北京：中国林业出版社.

贾培义，周琳，董丽，2006. 瓶插液对储藏后牡丹'洛阳红'切花瓶插品质的影响[J]. 中国农学通报(3)：267-270.

李光亚，范华鹏，王盼，等，2020. 褪黑素对百合、月季切花保鲜效应的影响[J]. 安徽农学通报，26(22)：54-56.

李明霞，2019. 亲环境保鲜剂对切花月季保鲜效果研究[D]：郑州：河南农业大学.

刘娟，董丽，2007. 牡丹切花保鲜研究进展[J]. 湖北林业科技(1)：43-46.

刘小林，2017. 鲜切花采后生理变化特征及保鲜技术研究进展[J]. 现代农业科技(15)：32-34.

刘燕燕，张玉环，王玮然，等，2009. 乙烯及1-MCP处理对不同开花指数牡丹切花开放衰老进程和水分平衡的影响[J]. 安徽农业科学，37(20)：9455-9458.

鲁振强，2007. 植物活性氧解毒机理及其应用[M]：哈尔滨：黑龙江大学出版社.

罗彤彤，庞天虹，马骥，等，2018. 褪黑素对切花月季'卡罗拉'保鲜效应的影响[J]. 浙江农林大学学报，35(5)：981-986.

彭强，雷升阳，胡小京，2020. 不同浓度褪黑素对洋桔梗切花保鲜效果的影响[J]. 分子植物育种(2)：1-23.

史国安，郭香凤，张国海，等，2010. 不同发育时期牡丹切花瓶插生理特性的研究[J]. 园艺学报，37(3)：449-456.

苏军，叶文，1997. 含抗坏血酸保鲜剂对小苍兰切花几个衰老指标的影响[J]. 上海农业学报(4)：80-82.

童瑶，魏树伟，王纪忠，2020. 褪黑素在果蔬保鲜中的应用[J]. 果树资源学报，1(2)：56-59.

王荣花，刘雅莉，李嘉瑞，2005. 不同发育阶段牡丹和芍药切花开花生理特性的研究[J]. 园艺学报(5)：96-100.

王学奎，2006. 植物生理生化实验原理和技术[M]. 2版. 北京：高等教育出版社.

辛丹丹，司金金，寇莉萍，2017. 黄瓜采后外源褪黑素处理提高品质和延缓衰老的研究[J]. 园艺学报，44(5)：891-901.

薛秋华，林如，1999. 月季切花衰老与含水量、膜脂过氧化及保护酶活性的关系[J]. 福建农业大学学报(3)：3-5.

郑青，2004. 牡丹在传统插花中的应用[J]. 中国花卉园艺(23)：52-53.

Gao H, Zhang Z K, Chai H K, et al, 2016. Melatonin treatment delays postharvest senescence and regulates reactive oxygen species metabolism in peach fruit[J]. Postharvest Biology & Technology, 118：103-110.

Hu W, Yang H, Tie W, et al, 2017. Natural Variation in Banana Varieties Highlights the Role of Melatonin in Postharvest Ripening and Quality[J]. Journal of Agricultural and Food Chemistry, 65(46)：3346-3354.

Itzhaki H, Borochov A, Mayak S, 1990. Age-Related Changes in Petal Membranes from Attached and Detached Rose Flowers[J]. Plant physiology, 94(3)：1233-1236.

Russel R, Dun X T, Zhou Z, et al, 2015. Phytomelatonin：Assisting Plants to Survive and Thrive[J]. Molecules, 20(4)：7396-7437.

Saeed T, Hassan I, Abbasi N A, et al, 2014. Effect of gibberellic acid on the vase life and oxidative activities in senescing cut gladiolus flowers[J]. Plant Growth Regulation, 72(1)：89-95.

Saeed T, Hassan I, Abbasi N A, et al, 2016. Antioxidative activities and qualitative changes in gladiolus cut flowers in response to salicylic acid application[J]. Scientia Horticulturae, 210：236-241.

Wang P, Sun X, Li C, et al, 2012. Long-term exogenous application of melatonin delays drought-induced leaf senescence in apple[J]. Journal of Pineal Research, 54(3)：292-302.

芙蓉菊与甘菊杂交后代的耐盐性评价

刘淼[1]　王彩侠[2]　梁苡琳[1]　钟剑[1]　曹贺[1]　陈俊通[1]　张启翔[1]　孙明[1,*]

([1] 花卉种质创新与分子育种北京市重点实验室，国家花卉工程技术研究中心，城乡生态环境北京实验室，园林环境教育部工程研究中心，林木花卉遗传育种教育部重点实验室，园林学院，北京林业大学，北京 100083；
[2] 北京东方畅想建筑设计有限公司，农业农村部设施农业工程重点实验室，北京 100083）

摘要　土壤盐渍化是全球范围内广泛存在的问题，耐盐菊花的培育对于盐碱地区园林绿化以及菊花产业的发展意义重大。本研究以广义菊属耐盐种质芙蓉菊与广义菊属盐敏感种质甘菊的杂交后代为试验材料，在盆栽条件下，浇灌不同浓度 NaCl 进行胁迫处理。通过比较分析其形态特征、叶绿素含量、相对电导率、丙二醛（MDA）含量、脯氨酸（Pro）含量、超氧化物歧化酶（SOD）活性和过氧化氢酶（CAT）活性，并利用隶属函数分析法综合评价杂交后代的耐盐性。结果显示：芙蓉菊在 700mmol/L NaCl 胁迫下，形态、生理指标上均表现出了强耐盐性；甘菊在 500mmol/L NaCl 胁迫下即整株死亡，耐盐性差。8 个杂交后代中存在一定耐盐性差异，在 500mmol/L NaCl 胁迫下仍能保持正常的生长状态，700mmol/L NaCl 胁迫下出现黄化、萎蔫等表型，耐盐表现良好。本研究为菊花耐盐种质培育与创新提供基础。

关键词　芙蓉菊；甘菊；杂交后代；生理指标；耐盐性

Evaluation of Salt Tolerance of Hybrids of *Crossostephium chinense* and *Chrysanthemum lavandulifolium*

LIU Miao[1]　WANG Cai-xia[2]　LIANG Yi-lin[1]　ZHONG Jian[1]　CAO He[1]　CHEN Jun-tong[1]　ZHANG Qi-xiang[1]　SUN Ming[1,*]

([1] *Beijing Key Laboratory of Ornamental Plants Germplasm Innovation & Molecular Breeding, National Engineering Research Center for Floriculture, Beijing Laboratory of Urban and Rural Ecological Environment, Engineering Research Center of Landscape Environment of Ministry of Education, Key Laboratory of Genetics and Breeding in Forest Trees and Ornamental Plants of Ministry of Education, School of Landscape Architecture, Beijing Forestry University, Beijing 100083, China;*
[2] *Beijing Dongfang Changxiang Architectural Design Corporation, Key Laboratory of Agricultural Engineering in Structure and Environment of MOARA, Beijing 100083, China*)

Abstract　Soil salinization is a widespread problem worldwide. The cultivation of salt-tolerant chrysanthemums is of great significance to the landscaping of saline-alkali areas and the development of chrysanthemum industry. In this study, the hybrid of the salt-tolerant germplasm *Crossostephium chinense* and salt-sensitive germplasm *Chrysanthemum lavandulifolium* of the genus Chrysanthemum were used as experimental materials. Under potted conditions, different concentrations of NaCl were irrigated for stress treatment. Through comparative analysis of its morphological characteristics, chlorophyll content, relative conductivity, malondialdehyde content, proline content, superoxide dismutase activity and catalase activity, and the membership function analysis method is used to comprehensively evaluate the salt tolerance of the hybrid offspring. The results showed that the hibiscus chrysanthemum showed strong salt tolerance in morphology and physiological indicators under 700mmol/L NaCl stress; the whole plant died under 500mmol/L NaCl stress, and the salt tolerance was poor. There is a certain difference in salt tolerance among the 8 hybrid. They can still maintain normal growth under 500mmol/L NaCl stress. Phenotypes such as chlorosis and wilting appear under 700mmol/L NaCl stress, and they have excellent salt tolerance. This research provides the basis for the cultivation and innovation of salt-tolerant germplasm of chrysanthemum.

Key words　*Crossostephium chinense*; *Chrysanthemum lavandulifolium*; Hybrids; Physiological index; Salt tolerance

---

1　基金项目：国家重点研发计划项目课题（2020YFD1000400）。
　第一作者简介：刘淼（1995—），女，硕士研究生，主要从事菊花抗性育种及栽培研究。
*　通讯作者：孙明，职称：教授，E-mail：sunmingbjfu@163.com。

土壤盐渍化是全球公认对生物圈及生态环境构成威胁的地质环境问题之一,也是自然界中主要的非生物胁迫之一,近 23 亿 hm^2 灌溉土地的 1/3 受到盐分胁迫,过量的灌溉及降雨的缺乏加剧了盐渍化程度,给农业生产造成重大损失(吴雪霞 等,2008)。因此,培育具有较强耐盐性的观赏植物种质对于盐渍化区域的环境绿化、重要观赏植物的推广应用以及实现盐渍化土地的有效生产利用具有实质性意义。

菊花是世界重要花卉,具有极高的观赏价值、药用价值和经济价值,深受人们喜爱。中国很多土地含盐量都远超过植物所需的土壤标准,影响着菊花产业的生产量,限制了我国菊花产业的发展(梁倩玉,2018)。广义菊属中有丰富的野生资源,分布范围广,具备优良抗逆性,对改良现代栽培菊花育种有着重要意义(谢菲,2016)。芙蓉菊是菊花抗性育种研究的一个重要种质资源(陈斌,2007)。通过属间杂交可以将耐盐、抗旱等优良性状导入栽培菊花,或与其他近缘种属杂交,获得杂交后代,对于菊花抗盐种质创新、新品种选育以及拓宽菊花基因库具有重要意义。

本研究以芙蓉菊(*Crossostephium chinense* Makino)和甘菊(*Chrysanthemum lavandulifolium* Makino)杂交后代为试验材料(陈俊通,2019),参考前人对菊花耐盐评价指标筛选的相关研究成果,拟通过叶片形态变化、叶绿素含量(Chl)、相对电导率(REC)、丙二醛(MDA)含量、脯氨酸(Pro)含量、超氧化物歧化酶(SOD)活性、过氧化氢酶(CAT)活性对后代耐盐性进行评价,从而为菊花耐盐育种筛选中间材料,为耐盐基因挖掘及耐盐机理解析奠定研究基础。

1 材料与方法

1.1 植物材料

本研究选取芙蓉菊(CC)、甘菊(CL)及其 8 个杂交后代(C1、C2、C3、C4、C5、C6、C7、C8)为试验材料。上述植物材料均保存于国家花卉工程技术研究中心小汤山基地,统一进行栽培管理。

1.2 试验方法

1.2.1 供试材料预处理

试验于 2019 年 4~6 月进行,4 月中旬,采集温室内生长良好、无病虫害供试植株材料的嫩梢扦插于 V(珍珠岩):V(蛭石)= 1:1 的基质中,生根后移植至塑料盆(上口径 13cm,下口径 11cm,高 15cm)中,栽培基质配比为:V(草炭):V(珍珠岩)= 3:1。试验在北林科技繁育温室中进行,白天 25±5℃、18h,夜晚 18±2℃、6h,空气相对湿度 75%~85%。

1.2.2 盐胁迫处理

扦插苗长至 8~10 枚叶时,挑选生长健壮、长势一致的植物材料进行分组,并在花盆底部都垫上直径 13cm 的小托盘。胁迫处理前对盆中基质进行控水,保证其具有相同的含水量。设置 0、500、700mmol/L 的 NaCl 胁迫处理浓度,3 个生物学重复。早上 8:00~10:00,对各处理组浇 200ml 对应浓度 NaCl 溶液,对照组用清水代替。渗出的盐水及时倒回盆中,每 3d 浇 1 次,共浇盐水 4 次。胁迫期间环境条件控制与缓苗期间相同,定期用土壤水分测试仪测定土壤饱和含水量,及时补充蒸发的水分,保持土壤含水量为土壤饱和含水量的 70%~80%。胁迫期为 15d,结束后进行取样测定生理指标,用于测定叶片叶绿素含量的材料取回后立即测定,用于其他生理指标测定的植物材料包入锡箔纸后用液氮速冻,存于-80℃超低温冰箱中。

1.3 指标测定

盐胁迫 15d 后,采用便携式叶绿素测定仪(SPAD-502)测定叶片的叶绿素含量;采用硫代巴比妥酸比色法测定叶片丙二醛含量;采用酸性茚三酮法测定叶片脯氨酸含量,采用黄嘌呤氧化酶法测定超氧化物歧化酶活性;采用钼酸铵法测定过氧化氢酶活性。

1.4 数据处理

使用 Excel 2016 软件进行绘图,采用 SPSS 22.0 对数据进行方差分析,运用单因素方差分析方法对同一品种不同盐浓度的试验数据进行单因素比较,采用 Duncan 分析法进行多重比较检验。参照前人研究方法,利用隶属函数法求出耐盐性的综合评价值,进行耐盐性排序(吕晋慧,2013)。

2 结果与分析

2.1 盐胁迫下各材料形态变化

不同浓度 NaCl 溶液胁迫处理 15d 后,10 种植株表型均发生不同程度的变化(图 1)。其中,500mmol/L NaCl 胁迫下,CL 整株叶片干枯死亡;C3、C8 植株底部叶片出现黄化、萎蔫现象;C4 整株叶片萎蔫严重,接近死亡。CC、C1、C6 叶片仍保持绿叶状态,与 0 相比变化不大。700mmol/L NaCl 胁迫下,C3、C4 叶片出现严重黄化、萎蔫现象,受盐害较重;CC、C1、C2、C6 仅出现底部叶片烧灼、萎蔫等症状。

2.2 盐胁迫下各材料叶片叶绿素含量变化分析

10 种试验材料的叶片随 NaCl 处理浓度的增加而减小(图 2),在 500mmol/L NaCl 胁迫下,叶绿素含

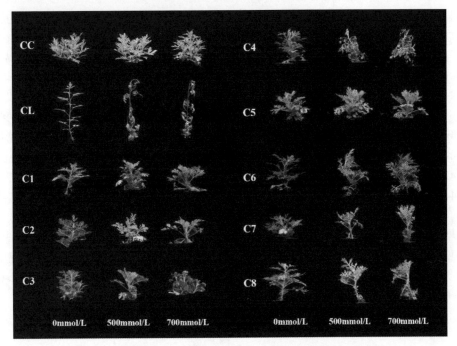

图 1 不同浓度 NaCl 胁迫 15d 后 10 种参试材料的形态变化

CC：芙蓉菊；CL：甘菊；C1-C8：8 个杂种后代

Fig. 1 Morphological changes of 10 experimental materials under different NaCl stress

CC: *Crossostephium chinense*; CL: *Chrysanthemum lavandulifolium*; C1-C8: 8 hybrids

量下降幅度由大到小依次是 CL>C6>C5>C4>CC>C7>C3>C1>C2>C8，CL、C1、C2、C3、C4、C5、C6 下降显著，CC、C7、C8 下降不明显，分别下降了约 23%、35%、26%；在 700mmol/L NaCl 胁迫下，叶绿素含量下降幅度由大到小依次是 CL>C3>C2>C6>C4>C5>CC>C7>C1>C8，CL、C1、C2、C3 下降极显著，C4、C5、C6 下降显著，CC、C7、C8 下降不显著，CC 叶绿素含量高于其他株系。

2.3 盐胁迫下各材料相对电导率和丙二醛含量变化分析

10 种试验材料叶片相对电导率（REC）随着盐浓度的增加呈上升趋势。在 500mmol/L NaCl 胁迫下，CC、C5、C6 叶片的相对电导率上升相对较少，分别上升了约 37%、31%、29%；C1、C2、C3、C4、C7、C8 叶片的相对电导率显著上升，上升幅度大，最高可达 60%。在 700mmol/L NaCl 胁迫下，CC 叶片的相

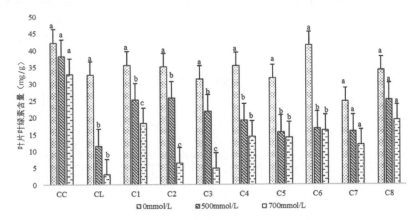

不同小写字母表示同种植物在不同盐浓度下各指标的差异显著性（$P<0.05$），下同

图 2 不同浓度 NaCl 胁迫后 10 种参试材料的叶绿素含量变化

CC：芙蓉菊；CL：甘菊；C1-C8：8 个杂种后代

Fig. 2 Changes of Chlorphyll contents of 10 experimental materials under different NaCl stress

CC: *Crossostephium chinense*; CL: *Chrysanthemum lavandulifolium*; C1-C8: 8 hybrids

对电导率上升不显著,CL整株死亡,故无法测叶片相对电导率;C1、C3、C5、C6、C8叶片的相对电导率上升极显著,其中C6增幅最大,在83%左右。C2、C4、C7叶片的相对电导率上升显著,其中C4相对于500mmol/L NaCl 胁迫时叶片的相对电导率下降了5.9%。

各试验材料叶片的丙二醛含量随着盐浓度增加均表现出不同程度的上升(图4)。丙二醛含量上升幅度由大到小依次是C8>C1>C6>C5>C3>C2>C4>C7>CC。CC、C1、C2、C4、C5、C7叶片的丙二醛含量始终呈上升趋势,其中,C1、C5在盐浓度达700mmol/L时丙二醛含量显著增加;CC、C2、C4、C7的丙二醛含量增加不显著,增加不到1/3。C3、C6、C8叶片丙二醛含量呈先上升后下降趋势,在500mmol/L NaCl处理下,C3、C6丙二醛含量增加不显著,约5.5%、7.3%,C8丙二醛含量增加显著,约为25%;当盐胁迫浓度上升为700mmol/L NaCl时,C3、C6、C8叶片的丙二醛含量有所下降。CL在高浓度下整株死亡,丙二醛含量无法计算。

2.4 盐胁迫下各材料叶片脯氨酸含量变化分析

随着NaCl胁迫浓度增高,各试验材料的脯氨酸(Pro)含量均有所增加(图5)。500mmol/L NaCl胁迫下,除CC叶片脯氨酸含量没有显著上升外,C1~C8植株的脯氨酸含量均显著上升,其中C2、C3、C6、C7、C8脯氨酸含量上升幅度较大,高达96%;C1、C4、C5脯氨酸含量上升幅度约为73%、72%、75%。在700mmol/L NaCl胁迫下,均呈现上升趋势,上升幅度大小为C6>C7>C3>C2>C8>C1>C5>C4;相对于

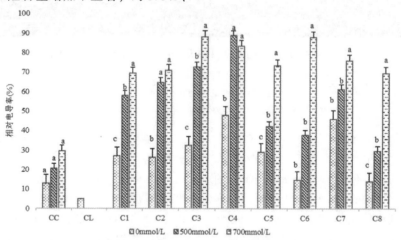

图3 不同浓度NaCl胁迫后10种参试材料的相对电导率变化

CC:芙蓉菊;CL:甘菊;C1-C8:8个杂种后代

Fig. 3 Changes of relative electrical conductivity of 10 experimental materials under different NaCl stress

CC: *Crossostephium chinense*; CL: *Chrysanthemum lavandulifolium*; C1-C8: 8 hybrids

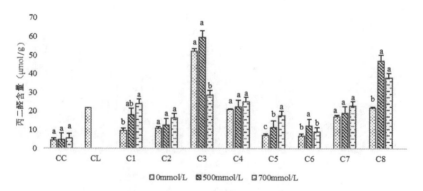

图4 不同浓度NaCl胁迫后10种参试材料的丙二醛含量变化

CC:芙蓉菊;CL:甘菊;C1-C8:8个杂种后代

Fig. 4 Changes of malondialdehyde content of 10 experimental materials under different NaCl stress

CC: *Crossostephium chinense*; CL: *Chrysanthemum lavandulifolium*; C1-C8: 8 hybrids

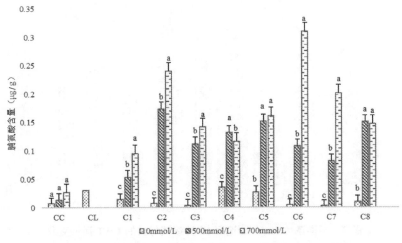

图 5 不同浓度 NaCl 胁迫后 10 种参试材料的脯氨酸含量变化

CC：芙蓉菊；CL：甘菊；C1-C8：8 个杂种后代

Fig. 5　Changes of proline content of 10 experimental materials under different NaCl stress

CC：*Crossostephium chinense*；CL：*Chrysanthemum lavandulifolium*；C1-C8：8 hybrids

500mmol/L NaCl 胁迫处理，C4、C8 脯氨酸含量呈现先上升后下降趋势，下降不显著；C1、C2、C3、C6、C7 的脯氨酸含量极显著上升，其中 C6 上升约 98%。CC 的脯氨酸含量随盐浓度的增加上升幅度不大，变化较稳定，由于 CL 植株死亡，未能测得 CL 在高浓度盐胁迫下的脯氨酸含量。

2.5 盐胁迫下各材料叶片超氧化物歧化酶和过氧化氢酶活性变化分析

10 种试验材料中除 CL 外，其余植物材料叶片的超氧化物歧化酶（SOD）活性随着盐浓度的增加均呈现先升后降的趋势（图 6）。当 NaCl 胁迫浓度 ≤ 500mmol/L 时，随着盐浓度增加达到最大值，SOD 活性增加幅度由大到小依次为 C1>C7>C6>C3>C2>C8>C5>CC；其中 C1、C3、C5、C6、C7 植物材料的 SOD 活性显著上升；CC、C2、C4、C8 植物材料的 SOD 活性上升不显著，分别上升了 3.4%、5.3%、4.7%、4.9%。当 NaCl 胁迫浓度>500mmol/L 时，试验材料叶片 SOD 活性下降，其中 CC、C1、C4、C7 叶片的 SOD 活性下降不显著。CC 和 C4 随着盐胁迫浓度增加，SOD 活性变化较稳定，CL 在 500mmol/L NaCl 胁迫浓度时整株死亡。

10 种试验材料叶片过氧化氢酶（CAT）活性随着盐浓度的增加呈现不同的变化趋势（图 7）。CC、C2、C3、C5 叶片 CAT 活性随着 NaCl 浓度增加一直上升，C1、C4、C7、C8 叶片的 CAT 活性在 500mmol/L 胁迫时上升到最大值随后下降。在 500mmol/L NaCl 胁迫下，C1、C2、C4、C5、C7、C8 叶片的 CAT 活性均显著上升，其中 C4 叶片的 CAT 活性高达 54U/g，约上升 51%。C7 在 700mmol/L NaCl 胁迫下的 CAT 活性极显著下降，CC、C6 叶片的 CAT 活性随盐浓度增加上升不显著，始终保持在较稳定的状态。

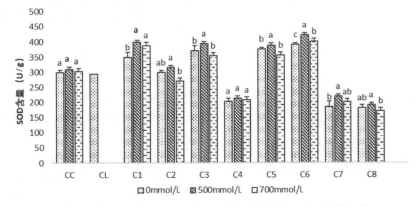

图 6 不同浓度 NaCl 胁迫后 10 种参试材料的 SOD 活性变化

CC：芙蓉菊；CL：甘菊；C1-C8：8 个杂种后代

Fig. 6　Changes of SOD activity of 10 experimental materials under different NaCl stress

CC：*Crossostephium chinense*；CL：*Chrysanthemum lavandulifolium*；C1-C8：8 hybrids

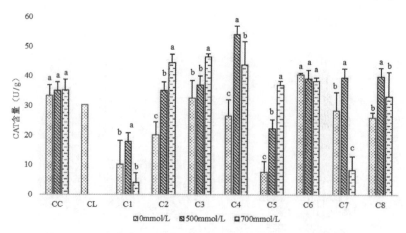

图 7 不同浓度 NaCl 胁迫后 10 种参试材料的 CAT 活性变化
CC：芙蓉菊；CL：甘菊；C1-C8：8 个杂种后代
Fig. 7 Changes of CAT activity of 10 experimental materials under different NaCl stress
CC: *Crossostephium chinense*; CL: *Chrysanthemum lavandulifolium*; C1-C8: 8 hybrids

2.6 芙蓉菊与甘菊杂交后代耐盐性的综合评价

上述研究结果表明，在 500mmol/L 浓度 NaCl 胁迫处理下，芙蓉菊、甘菊及其杂交后代均出现不同程度的受害症状。故采用隶属函数法对 500mmol/L NaCl 胁迫处理下，受试植物材料各生理指标进行耐盐性综合评价。甘菊在 500mmol/L NaCl 胁迫处理下整株死亡，缺少各生理指标数据，故不将其列入后续隶属函数值的计算中，默认其为综合最低值。由表 1 可以看出，芙蓉菊、甘菊及其 8 个杂交后代的耐盐性由强到弱依次为 CC>C6>C1>C2>C5>C7>C3>C8>C4>CL。

表 1 500mmol/L NaCl 下 9 种试验材料隶属函数值和综合评价表
Table1 Value of subjection function and evaluation D of experimental materials

株系	隶属函数值 Value of subjection function						综合值 D Evaluation D	排序 Order
	Chl	REC	MDA	Pro	SOD	CAT		
CC	1.000	1.000	1.000	0.504	0.515	0.476	0.749	1
C1	0.061	0.649	0.859	0.548	1.000	0.588	0.618	3
C2	0.548	0.380	0.855	0.000	0.541	0.476	0.467	4
C3	0.334	0.255	0.000	0.515	0.877	0.529	0.418	7
C4	0.189	0.000	0.676	0.352	0.099	1.000	0.386	9
C5	0.000	0.737	0.877	0.186	0.854	0.126	0.463	5
C6	0.514	0.645	0.755	1.000	0.900	0.000	0.636	2
C7	0.014	0.434	0.737	0.768	0.122	0.601	0.446	6
C8	0.520	0.938	0.231	0.195	0.000	0.608	0.415	8

3 结论与讨论

盐胁迫对植物生理层面的影响主要可以分为渗透胁迫、离子胁迫和氧化胁迫 3 个方面（Chaves et al.，2009）。植物可以通过调节相应的生理过程以适应胁迫，维持植株的正常生理代谢和能量供需平衡，所以植株耐盐性评价是多个指标的综合性评价。不同菊花种或品种耐盐性差异较大，研究方法不尽相同，分别有针对茶菊（吕晋慧 等，2013）、名贵菊花（李荣华 等，2012）、药用菊花（王康才 等，2011）、甘菊（黄河，2012）以及广义菊属植物（钟剑 等，2018）的耐盐性研究，筛选了不同耐盐性程度的菊花种质，为耐盐机理的研究提供了较具参考价值的评价指标与处理方法。

盐胁迫处理浓度会影响试验材料间不同指标差异大小，合适的处理浓度会使相关指标在材料间的变异幅度和变异系数变大，从而更好地区分不同材料间的耐盐性。根据 360mmol/L NaCl 处理下芙蓉菊和甘菊的表型（杨海燕，2016）。本研究设置了 0、500、700mmol/L NaCl 三个浓度梯度进行胁迫处理，能够区分 10 种试验材料间的耐盐性差异。

植物形态是其响应环境变化最直观的表现，叶片是植物重要的功能器官，也是胁迫响应下最明显的器官之一（李芳兰，2005；罗庆云，2001）。对于不耐盐胁迫的植株，会出现叶片黄化、萎蔫及干枯等一系列受害表现。在本研究中，通过对植株形态变化、叶片受损程度的观察来反映植株受盐胁迫的程度。在 500mmol/L NaCl 胁迫下，CL 整株死亡，C3、C4、C8 植株底部少量叶片出现黄化、萎蔫现象，CC、C6、C1 在高浓度盐胁迫下受盐害均不明显。

叶绿素是光合作用中最重要和最有效的色素，其含量在一定程度上能反映植物同化物质的能力（李雪 等，2008）。本试验中，10 种试验材料的叶绿素含量随着盐浓度的升高均出现了不同程度的下降，其中

CC、C7、C8下降并不显著，CL、C1、C2、C3下降极显著。这表明芙蓉菊、杂交后代C7、C8叶片中叶绿素酶的活性受盐胁迫影响不大。

MDA是膜脂过氧化的产物，与膜渗透性密切相关，膜脂过氧化可增加膜的通透性并促进水解作用，从而增加电导率（Zou et al., 2018）。MDA含量高低和细胞质膜透性变化是反映细胞膜脂过氧化作用强弱和质膜破坏程度的重要指标（曹晶等, 2007）。本研究中，随着盐浓度的升高，10种试验材料叶片的相对电导率和MDA含量均呈现出上升或先升后降趋势。在整个胁迫过程中，C8的MDA含量增幅最大，且MDA含量较高，说明其耐盐能力较差。CC、C1、C2、C4、C7的MDA含量变化幅度较小，含量较低，说明其受到的伤害较轻。

植物可以通过积累一定量渗透调节物质，降低体内水势实现渗透调节，是植物耐盐的最基本特征之一（Jia et al., 2020）。脯氨酸是分布最广的一种渗透调节物质，也是最有效的渗透调节物质之一（许祥明等, 2000），在植物对盐胁迫的适应中具有重要作用。本试验中，随着盐浓度的增加，10种试验材料的脯氨酸含量出现不同程度的上升，其中C1、C2、C3、C4、C5、C6、C7脯氨酸含量均上升，且上升幅度较大，通过增加游离脯氨酸含量提高其抗性。C4、C8在700mmol/L NaCl胁迫下脯氨酸含量略有下降，说明其受损程度较大。

SOD、CAT等酶促防御系统在清除活性氧中起着关键作用。SOD活性越强说明其清除自由基的能力也越强，植物的抗逆性也越强（Parul et al., 2015）；CAT主要分布于过氧化酶体中，可将高浓度的H_2O_2清除，可与SOD协同反应，使其维持较低的水平，进而保护细胞膜结构（孙方行 等, 2005）。本研究中，500mmol/L NaCl胁迫下，除CL之外其余9种试验材料的SOD、CAT活性均上升。CC、C4、C8的SOD增幅较小，可能是在高浓度盐胁迫下产生活性氧危害小于其他植株，故产生的保护酶较少。C1、C6的增幅较大，说明SOD在抵御NaCl胁迫的过程中发挥的作用较大，耐盐性较强。700mmol/L NaCl胁迫下，C4、C8的SOD、CAT含量有所下降，表明其在高浓度盐胁迫下，受到了严重伤害，超出了自身的调节能力，膜系统遭到一定程度破坏。结果显示，盐胁迫对CC、C1、C6的伤害程度较小，对C2、C3、C5、C7的伤害次之，而对CL、C4、C8的伤害程度最大。

根据土壤盐渍度划分标准：土壤中总盐量0.4%~0.6%为重度盐化土，0.2%~0.4%为中度盐化土，0.1%~0.2%为轻度盐化土（盛云飞, 2004）。轻中度盐渍土的电导率为1242μS/cm，重度盐渍土的电导率为2970μS/cm（张子璇 等, 2020）。本研究所设置盐胁迫浓度为500、700mmol/L，质量分数在2.3%~3.9%之间，土壤电导率在2000~3600μS/cm之间，胁迫条件远高于重度盐化土标准。因此可以初步认定，由此筛选得到芙蓉菊、杂种后代C3、C4、C8是极耐盐的优良种质，为今后菊花耐盐育种及耐盐机理研究提供了宝贵资源。

参考文献

曹晶, 姜卫兵, 翁忙玲, 等, 2007. 夏秋季旱涝胁迫对红叶石楠光合特性的影响[J]. 园艺学报（1）: 163-172.

陈斌, 2007. 海滨奇葩——芙蓉菊[J]. 浙江林业（11）: 17.

陈俊通, 2019. 广义菊属远缘杂交障碍及耐盐种质创制的研究[D]. 北京: 北京林业大学.

黄河, 2012. 甘菊响应盐诱导的分子机理研究[D]. 北京: 北京林业大学.

李芳兰, 包维楷, 2005. 植物叶片形态解剖结构对环境变化的响应与适应[J]. 植物学通报（S1）: 118-127.

李荣华, 阎旭东, 赵松山, 2012. 名贵菊花品种耐盐性筛选浓度的确定[J]. 安徽农业科学, 40（6）: 3263-3264.

李雪, 2008. 青竹复叶槭抗旱抗盐特性的研究[D]. 郑州: 河南农业大学.

梁倩玉, 2018. 菊花DgWRKY5基因的耐盐性鉴定和转录组测序分析[D]. 成都: 四川农业大学.

罗庆云, 於丙军, 刘友良, 2001. 大豆苗期耐盐性鉴定指标的检验[J]. 大豆科学（3）: 177-182.

吕晋慧, 任磊, 李艳锋, 等, 2013. 不同基因型茶菊对盐胁迫的响应[J]. 植物生态学报, 37（7）: 656-664.

孙方行, 孙明高, 夏阳, 等, 2005. NaCl胁迫对紫荆幼苗保护酶系统的影响[J]. 中南林学院学报（6）: 34-37.

盛云飞, 2004. 崇明农业园区滨海盐渍土上园林树木的生长适应性研究[D]. 南京: 南京农业大学.

王康才, 黄莺, 汤兴利, 等, 2011. 药用杭白菊和黄菊及其杂交F_1代耐盐特性研究[J]. 中国中药杂志, 36（17）: 2321-2324.

吴雪霞, 陈建林, 查石, 2008. 植物耐盐性研究进展[J]. 江西农业学报, 2（20）: 11-13.

谢菲, 2016. 广义菊属远缘杂交初探（Ⅸ）—女蒿等属的种质利用[D]. 北京: 北京林业大学.

许祥明, 叶和春, 李国凤, 2000. 脯氨酸代谢与植物抗渗透胁迫的研究进展[J]. 植物学通报（6）: 536-542.

杨海燕, 2016. 广义菊属耐盐种质筛选及关键耐盐基因挖掘[D]. 北京: 北京林业大学.

张子璇，牛蓓蓓，李新举，2020. 不同改良模式对滨海盐渍土土壤理化性质的影响[J]. 生态环境学报，29(2)：275-284.

钟剑，石雪珺，陈俊通，等，2018. 部分广义菊属种质资源的耐盐性评价[M]. 中国园艺学会观赏园艺专业委员会 张启翔. 中国观赏研究进展2018. 北京：中国林业出版社.

Chaves M M, Flexas J, Pinheiro C, 2009. Photosynthesis under drought and salt stress: regulation mechanisms from whole plant to cell[J]. Annals of Botany, 103(4).

Jiahui L, Jing Z, Ze W, et al, 2020. Strawberry FaNAC2 Enhances Tolerance to Abiotic Stress by Regulating Proline Metabolism[J]. Plants (Basel, Switzerland), 9(11).

Parul P, Samiksha S, Rachana S, et al, 2015. Effect of salinity stress on plants and its tolerance strategies: a review[J]. Environmental science and pollution research international, 22(6).

Zou C, Sang L, Gai Z, et al, 2018. Morphological and Physiological Responses of Sugar Beet to Alkaline Stress[J]. Sugar Tech, 20(2).

干旱胁迫下外源海藻糖对菊花叶片 ASA-GSH 循环的影响

梁苡琳　刘淼　巴亭亭　杨永娟　张启翔　孙明*

（花卉种质创新与分子育种北京市重点实验室，国家花卉工程技术研究中心，城乡生态环境北京实验室，园林环境教育部工程研究中心，林木花卉遗传育种教育部重点实验室，园林学院，北京林业大学，北京 100083）

摘要　以抗旱种质太行菊、干旱敏感种质菊花脑、地被菊'铺地淡粉'以及'微香粉团'为试验材料，在室温下进行干旱胁迫（20%PEG6000 处理）以及根系浇注 20mmol/L 海藻糖溶液处理，以 Hoagland 营养液为对照，研究了干旱胁迫下外源海藻糖对菊花叶片 ASA-GSH 循环的影响以及缓解干旱胁迫效应的可能生理机制。经研究发现，20mmol/L 海藻糖处理与干旱胁迫处理可在不同程度上提高菊花叶片内源海藻糖（trehalose）的含量，诱导菊花叶片胞内抗氧化酶如超氧化物歧化酶（SOD）和谷胱甘肽还原酶（GR）活性的提高以及非酶抗氧化物质如还原型抗坏血酸（ASA）和还原型谷胱甘肽（GSH）含量的增加，从而对抗坏血酸-谷胱甘肽（ASA-GSH）循环产生一定的影响，抑制活性氧的积累，提高植物抗氧化防护能力以响应干旱胁迫。其中，干旱胁迫下外施海藻糖使抗旱种质太行菊的内源海藻糖含量在 3~12h 内有较大增幅，对太行菊叶片的 ASA 含量、SOD 活性、GR 活性有着更为显著的影响，说明海藻糖在响应干旱胁迫时发挥了关键作用。

关键词　菊花叶片；干旱胁迫；ASA-GSH 循环；海藻糖；抗旱性

Effects of Exogenous Trehalose on ASA-GSH Cycle of Chrysanthemum Leaves under Drought Stress

LIANG Yi-lin　LIU Miao　BA Ting-ting　YANG Yong-juan　ZHANG Qi-xiang　SUN Ming*

(*Beijing Key Laboratory of Ornamental Plants Germplasm Innovation & Molecular Breeding, National Engineering Research Center for Floriculture, Beijing Laboratory of Urban and Rural Ecological Environment, Engineering Research Center of Landscape Environment of Ministry of Education, Key Laboratory of Genetics and Breeding in Forest Trees and Ornamental Plants of Ministry of Education, School of Landscape Architecture, Beijing Forestry University, Beijing 100083, China*)

Abstract　In order to investigate the effect of exogenous trehalose on ASA-GSH cycle of chrysanthemum leaves under drought stress and the possible physiological mechanism of alleviating the effect of drought stress, a drought-resistant germplasm material *Opisthopappus taihangensis* and a drought-sensitive germplasm material *Chrysanthemum nankingense* as well as *Chrysanthemum morifolium* 'Pudidanfen' and *Chrysanthemum morifolium* 'Weixiangfentuan' were selected as the experimental materials and were subjected to drought stress (20% PEG6000 treatment) and trehalose solution at the concentration of 20mmol/L at room temperature, and a Hoagland nutrient solution group was used as control. The results showed that 20mmol/L trehalose treatment and PEG simulating drought treatment could increase the content of trehalose in chrysanthemum leaves in different degrees and induce the increase of activities of antioxidant enzymes, such as superoxide dismutase(SOD) and glutathione reductase(GR), and increase the contents of non-enzyme substance, such as reduced ascorbic acid(ASA) and reduced glutathione(GSH), which had a certain effect on ASA-GSH cycle, inhibiting the accumulation of reactive oxygen species and improving the plant antioxidant capacity in response to drought stress. Besides, trehalose increased the endogenous trehalose content of the drought-resistant germplasm material *Opisthopappus taihangensis* within 3~12 hours, and had more significant effects on ASA content, SOD activity and GR activity of its leaves under drought stress, which indicates that trehalose plays a crucial role in response to drought stress.

1　基金项目：北京林业大学大学生创新创业训练计划项目（X201910022021）。

　　第一作者简介：梁苡琳（1996—），女，硕士研究生，主要从事菊花抗性育种研究。

*　通讯作者：孙明，职称：教授，E-mail：sun.sm@163.com。

Key words Chrysanthemum leaves; Drought stress; ASA-GSH cycle; Trehalose; Drought resistance

干旱胁迫是影响植物生长发育的重要非生物因素之一(Kramer et al., 1995)。Egert等(2002)连续研究了植物在响应干旱胁迫时的生长发育、生理生化指标以及形态结构，发现干旱胁迫会给植物带来严重的伤害。在不同的自然逆境中，干旱胁迫对植物造成的影响占据首位，由于干旱胁迫导致植物受到伤害的情况远超于其他非生物胁迫的总和(陈立松和刘星辉，2003)。我国每年因旱灾造成了大量直接和间接的经济损失，受灾农田、林地、种植园面积甚广。

干旱胁迫下，植物在形态结构上会有明显的变化，植物体内过多活性氧如过氧化氢(H_2O_2)的产生与积累，带来细胞膜脂过氧化、蛋白质变性等不利影响。植物通过调节自身的防御系统对干旱胁迫作出适应性反应，以降低活性氧给细胞带来的伤害，维持膜系统的稳定。抗坏血酸-谷胱甘肽循环(ASA-GSH)在清除活性氧的过程中发挥着极其重要的作用。在这个循环中，抗坏血酸和谷胱甘肽都是植物体内重要的还原性物质。罗娅等(2007)研究发现，低温胁迫导致ASA-GSH循环中超氧化物歧化酶(SOD)、抗坏血酸过氧化物酶(APX)和单脱氢抗坏血酸还原酶(MDHAR)活性上升，脱氢抗坏血酸还原酶(DHAR)和谷胱甘肽还原酶(GR)活性下降；同时使还原型抗坏血酸(ASA)含量下降而脱氢抗坏血酸(DHA)含量上升。赵肖琼等(2017)研究发现，在20% PEG模拟干旱胁迫下，喷施100mg/L的壳寡糖溶液能明显降低小麦叶片中的活性氧含量和膜脂过氧化程度，维持ASA-GSH循环高效运转，提升小麦的抗旱能力。

海藻糖(trehalose)，分子式为$C_{12}H_{12}O_{11} \cdot 2H_2O$，是一种广泛存在于自然界中的非还原性二糖。据报道，海藻糖与植物抗旱性密切相关。大量事实表明，海藻糖与葡萄糖、果糖、麦芽糖、果聚糖等糖类相比，对细胞膜脂和蛋白质有着更为突出的保护作用。当植物处于逆境胁迫时，其细胞膜脂会发生相变，导致细胞膜脂双层结构失去稳定性。而海藻糖却具有保护DNA和膜脂稳定性的能力，主要通过利用海藻糖分子替代水分子并结合到膜磷脂的极性头部，从而保护了水合膜的完整性。在高等植物中，海藻糖只是一种痕量物质，但研究表明海藻糖在高等植物响应干旱胁迫时发挥关键作用，其作用机理尚不明晰。当遇到干旱胁迫时，西瓜细胞中会产生大量海藻糖来保护细胞膜并协助植株响应干旱胁迫(孙梦利 等，2019)。海藻糖是一种典型的应激代谢物质，外源性的海藻糖也能对各种外界胁迫下的生物大分子甚至生物体起到一定的非特异性保护作用。所以，设想是否可以通过外源性的海藻糖来改善植物在逆境环境下的生长发育活动，进一步研究海藻糖在植物响应干旱胁迫时的作用机理。

菊花(*Chrysanthemum morifolium*)为菊科菊属的多年生草本植物，具有极高的观赏价值、经济价值、生态价值和药用价值。然而由于水资源匮乏导致的干旱胁迫严重限制了菊花的产量、品质及分布范围。本研究旨在探究外源海藻糖对不同菊花种质的抗旱性影响，通过测定并分析干旱胁迫下外源海藻糖处理对4种菊花叶片的内源海藻糖含量、ASA-GSH循环中重要非酶抗氧化物质含量及抗氧化酶活性的影响，进一步探究外源海藻糖对干旱胁迫耐受性的影响机理，为菊花种质栽培提供参考性意见。

1 材料与方法

1.1 试验材料

本试验选择太行菊(北京地区耐旱型)，菊花脑(干旱敏感型)，地被菊'铺地淡粉'、'微香粉团'作为试验材料。试验材料均保存于北京林业大学小汤山苗圃基地温室，温室内昼/夜温度维持在18℃/25℃，空气湿度70%~80%，光照强度>800μmol/($m^2 \cdot s$)。

1.2 试验方法

扦插扩繁太行菊(北京地区耐旱型)、菊花脑(干旱敏感型)、地被菊'铺地淡粉'、地被菊'微香粉团'后，分别挑选生长情况相似的7~8片叶龄太行菊、菊花脑、'铺地淡粉''微香粉团'各20株，将其分为4组，放入4组Hoagland营养液水培槽(容积3L)进行预培养，缓苗7d，每3d更换一次营养液。7d后进行如下处理：(1)对照处理(CK)，以Hoagland营养液为对照；(2)海藻糖处理(TPE)，向营养液中添加海藻糖分析纯7.5g；(3)模拟干旱处理(PEG)，向营养液中添加聚乙二醇6000(PEG6000)500g；(4)模拟干旱+海藻糖处理(PEG+TRE)，向营养液中添加聚乙二醇6000(PEG6000)500g和海藻糖分析纯7.5g。试验期间其他环境条件及管理措施都保持一致。

1.3 指标测定方法

从胁迫处理开始，分别在第0h、3h、6h、12h、24h各取样一次，合计取样5次。叶片取自幼苗顶端起完全展开的第5~7片叶，用锡纸包裹投入液氮，带回试验室并迅速制成组织匀浆，并-80℃保存，用于测定各项生理指标。每个测定指标设定3个重复。超氧化物歧化酶(SOD)活性的测定参考李合生(2000)

的方法,谷胱甘肽还原酶(GR)活性的测定参考Chikahiro等(1992)的方法,还原型抗坏血酸(ASA)含量的测定参考Barry等(1998)的方法,还原型谷胱甘肽(GSH)含量的测定参考Griffith等(1980)的方法,海藻糖(trehalose)含量的测定参考Ilhan等(2015)的方法。

1.4 数据统计与分析

采用Microsoft Excel、IBM SPSS Statistics 23等软件对数据进行方差分析,并采用Duncan's新复极差法进行多重比较($P<0.05$),分析并总结出相关规律,得出结论。

2 结果与分析

2.1 外源海藻糖对4种菊花叶片海藻糖含量的影响

海藻糖(trehalose)是一种非还原性二糖,能作为渗透保护剂维持细胞质膜、蛋白质、核酸等生物大分子的空间结构和功能活性,同时能缓解干旱、渗透、高温胁迫以及有毒化学物质等多种胁迫所造成的损伤,从而提高植物对胁迫的耐受性(周倩 等,2018)。如图1至图4,PEG胁迫下,随着胁迫时间的延长,菊花叶片内源海藻糖含量有不同程度的提高,而20mmol/L海藻糖溶液处理后,无论正常还是PEG胁迫条件下,内源海藻糖含量与对照组相比均有所提高。与对照相比,PEG胁迫下菊花脑、太行菊、'微香粉团'的叶片海藻糖含量总体呈上升趋势,并分别于6h、12h、12h时达到最大值,显著高于对照处理($P<0.05$),然后缓慢下降,但仍维持在较高水平。

由图2可知,在处理第12h,PEG、PEG+TRE处理下太行菊叶片海藻糖含量显著高于其他处理($P<0.05$)。菊花脑、'微香粉团''铺地淡粉'叶片中海藻糖的含量比较低,外源海藻糖处理前后基本不超过1mg/g;太行菊叶片内源海藻糖含量相对较高,且12h内增幅较大,结合试验结果以及菊花种质耐旱性,说明海藻糖在响应干旱胁迫时发挥了关键作用。

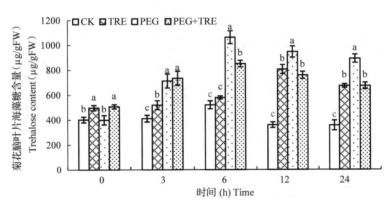

注:同一时间不同处理的不同小写字母表示差异达5%显著水平;CK:对照组;TRE:仅20mmol/L海藻糖溶液处理组;PEG:干旱处理组;PEG+TRE:20mmol/L海藻糖溶液与干旱处理组,下同

图1 外源海藻糖处理后菊花脑叶片海藻糖含量的变化

Fig. 1 Effect of trehalose on trehalose content in *Chrysanthemum nankingense* leaves in normal and drought environment

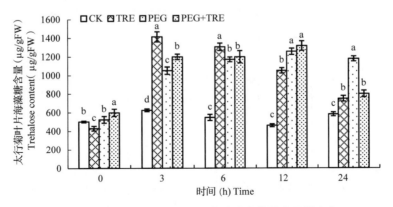

图2 外源海藻糖处理后太行菊叶片海藻糖含量的变化

Fig. 2 Effect of trehalose on trehalose content in *Opisthopappus taihangensis* leaves in normal and drought environment

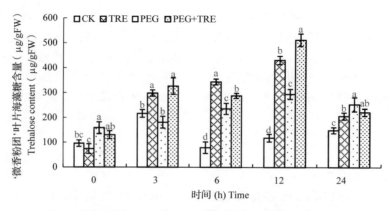

图 3 外源海藻糖处理后'微香粉团'叶片海藻糖含量的变化

Fig. 3 Effect of trehalose on trehalose content in *Chrysanthemum morifolium* 'Weixiangfentuan' leaves in normal and drought environment

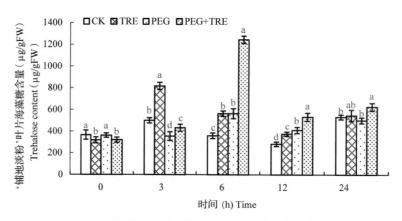

图 4 外源海藻糖处理后'铺地淡粉'叶片海藻糖含量的变化

Fig. 4 Effect of trehalose on trehalose content in *Chrysanthemum morifolium* 'Pudidanfen' leaves in normal and drought environment

2.2 外源海藻糖对 4 种菊花叶片还原型抗坏血酸（ASA）含量的影响

抗坏血酸-谷胱甘肽（ASA-GSH）循环是 ASA 和 GSH 再生的主要途径。其中还原型抗坏血酸（ASA）是胞内过氧化物的有效清除剂之一，该抗氧化物质主要通过在植物细胞的叶绿体和细胞质中捕捉 H_2O_2 来将其清除，进而提高植物对各种逆境胁迫的耐受性（张韫璐 等，2018）。如图 5 至图 8，PEG 胁迫下，菊花脑、太行菊、'铺地淡粉'叶片 ASA 含量呈现波浪性变化，并在 12~24h 呈现上升趋势，于 24h 时达最大值，较对照组分别提高了 13.80%、71.39% 和 49.83%，显著高于对照处理（$P < 0.05$）。外施 20mmol/L 海藻糖溶液对 4 种菊花叶片 ASA 含量的影响在 6h 后逐渐显现，使叶片 ASA 含量逐渐上升，其

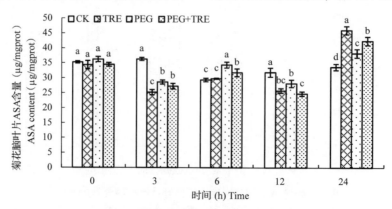

图 5 外源海藻糖处理后菊花脑叶片 ASA 含量的变化

Fig. 5 Effect of trehalose on ASA content in *Chrysanthemum nankingense* leaves in normal and drought environment

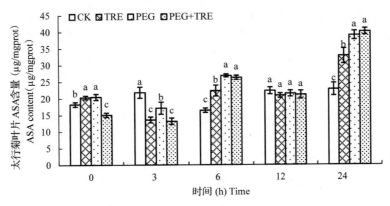

图 6　外源海藻糖处理后太行菊叶片 ASA 含量的变化

Fig. 6　Effect of trehalose on ASA content in *Opisthopappus taihangensis* leaves in normal and drought environment

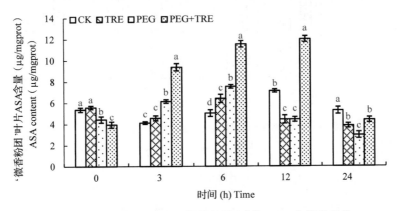

图 7　外源海藻糖处理后'微香粉团'叶片 ASA 含量的变化

Fig. 7　Effect of trehalose on ASA content in *Chrysanthemum morifolium* 'Weixiangfentuan' leaves in normal and drought environment

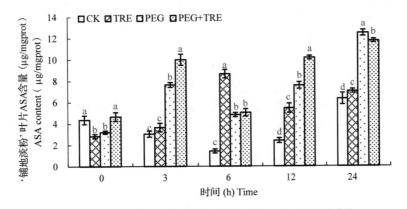

图 8　外源海藻糖处理后'铺地淡粉'叶片 ASA 含量的变化

Fig. 8　Effect of trehalose on ASA content in *Chrysanthemum morifolium* 'Pudidanfen' leaves in normal and drought environment

中 24h 时，TRE 处理的菊花脑、太行菊、'铺地淡粉'叶片 ASA 含量较对照组分别提高了 36.71%、43.98% 和 11.38%，PEG+TRE 处理的菊花脑、太行菊、'铺地淡粉'较对照组分别提高了 26.12%、76.30% 和 85.83%，均显著高于对照处理（$P<0.05$），且 PEG+TRE 处理效果比单一 TRE 处理效果更佳，表明外施海藻糖对干旱胁迫下菊花叶片 ASA-GSH 循环产生了一定的影响。

总体上看，外施海藻糖对太行菊叶片 ASA 含量的影响更为显著，使其 24h 内增幅显著。

2.3　外源海藻糖对 4 种菊花叶片还原型谷胱甘肽（GSH）含量的影响

ASA-GSH 循环上，还原型谷胱甘肽（GSH）也是胞内过氧化物的有效清除剂，能有效增强植物对逆境胁迫的抗性。如图9至图12，PEG胁迫下，4种菊花叶片GSH含量均于6h达到最大值，较对照组分别提高了49.40%、68.78%、87.88%和22.09%，显著高于对照处理（$P<0.05$），随后呈下降趋势。总体上，外施20mmol/L海藻糖溶液对菊花叶片GSH含量的影响在6h后逐渐显现，其中TRE处理下菊花脑、太行菊、'铺地淡粉'叶片GSH含量于3h到达谷值，随后呈现上升趋势，24h时TRE处理下4种菊花叶片GSH含量与其他处理组的差异达显著水平（$P<0.05$）；PEG+TRE处理下，4种菊花叶片GSH含量呈现波浪性变化，并分别于6h、6h、3h、6h时达到最大值，但与对照相比，该处理下菊花叶片GSH含量不升反降。总体上看，外源海藻糖对4种菊花叶片GSH含量有较大的影响，对干旱胁迫下的叶片GSH含量也有一定的提升作用，但是效果并不显著。

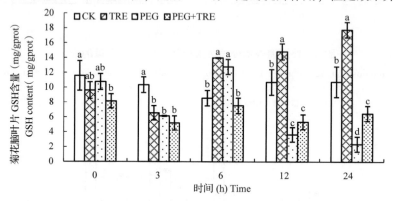

图9　外源海藻糖处理后菊花脑叶片GSH含量的变化

Fig. 9　Effect of trehalose on GSH content in *Chrysanthemum nankingense* leaves in normal and drought environment

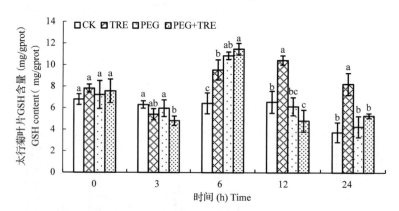

图10　外源海藻糖处理后太行菊叶片GSH含量的变化

Fig. 10　Effect of trehalose on GSH content in *Opisthopappus taihangensis* leaves in normal and drought environment

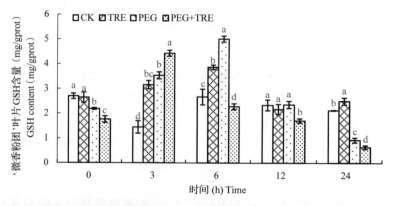

图11　外源海藻糖处理后'微香粉团'叶片GSH含量的变化

Fig. 11　Effect of trehalose on GSH content in *Chrysanthemum morifolium* 'Weixiangfentuan'
leaves in normal and drought environment

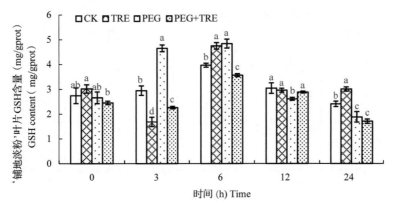

图 12 外源海藻糖处理后'铺地淡粉'叶片 GSH 含量的变化

Fig. 12　Effect of trehalose on GSH content in *Chrysanthemum morifolium* 'Pudidanfen' leaves in normal and drought environment

2.4 外源海藻糖对 4 种菊花叶片超氧化物歧化酶(SOD)活性的影响

超氧化物歧化酶(SOD)是 ASA-GSH 循环上的重要抗氧化酶之一,构成了植物体内清除活性氧的第一道防线,通过催化·O_2^-发生歧化反应,生成 H_2O_2 和 O_2,在 ROS 清除系统中发挥着举足轻重的作用。如图 13 至图 16,与对照相比,PEG 胁迫下,SOD 活性呈现波浪性变化,4 种菊花叶片 SOD 活性分别于 3h、6h、6h、6h 到达峰值,与其他处理差异达显著水平($P<0.05$)。PEG+TRE 处理的试验组表明,20mmol/L 海藻糖溶液处理后,干旱胁迫下的菊花叶片 SOD 活性总体上呈现先下降后上升的变化趋势,第 24h 时到达最大值,与其他处理差异达显著水平($P<0.05$)。

总体上看,外施海藻糖处理对干旱胁迫下的 4 种菊花叶片 SOD 活性的影响在 12h 后更为显著,使菊花叶片 SOD 活性得到了显著的提升。此外,外施海藻糖对太行菊叶片 SOD 活性有着更为显著的影响。太行菊作为耐旱型种质,其叶片内 SOD 活性变化在干旱胁迫下较为显著,外施海藻糖后可能使其叶片 SOD 处于较活跃的响应干旱胁迫的状态。

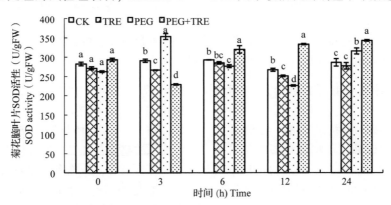

图 13 外源海藻糖处理后菊花脑叶片 SOD 活性的变化

Fig. 13　Effect of trehalose on SOD activity in *Chrysanthemum nankingense* leaves in normal and drought environment

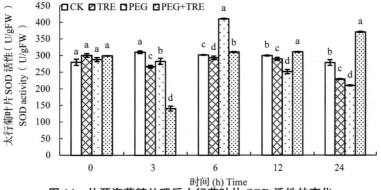

图 14 外源海藻糖处理后太行菊叶片 SOD 活性的变化

Fig. 14　Effect of trehalose on SOD activity in *Opisthopappus taihangensis* leaves in normal and drought environment

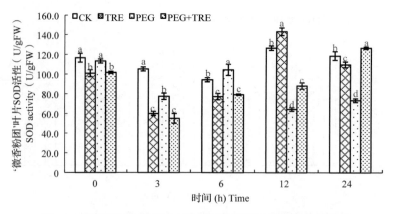

图 15 外源海藻糖处理后'微香粉团'叶片 SOD 活性的变化

Fig. 15　Effect of trehalose on SOD activity in *Chrysanthemum morifolium* 'Weixiangfentuan' leaves in normal and drought environment

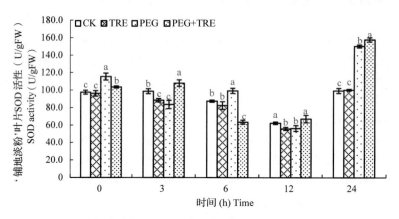

图 16 外源海藻糖处理后'铺地淡粉'叶片 SOD 活性的变化

Fig. 16　Effect of trehalose on SOD activity in *Chrysanthemum morifolium* 'Pudidanfen' leaves in normal and drought environment

2.5　外源海藻糖对 4 种菊花叶片谷胱甘肽还原酶（GR）活性的影响

谷胱甘肽还原酶（GR）是抗坏血酸-谷胱甘肽（ASA-GSH）循环中的关键酶，可将氧化型谷胱甘肽（GSSH）还原为 GSH，同时在清除活性氧的过程中发挥重要作用。如图 17 至图 20，PEG 胁迫下，4 种菊花叶片 GR 活性逐渐上升，分别于 3h、3h、6h、3h 到达最大值，显著高于对照处理（$P<0.05$），随后呈现波浪性变化。PEG+TRE 处理的试验组表明，20mmol/L 海藻糖溶液处理后，干旱胁迫下的菊花脑、太行菊、'微香粉团'叶片 GR 活性总体上呈现先下降后上升的趋势，且 12~24h 上升趋势愈加明显。

总体上看，外施海藻糖对太行菊叶片 GR 活性的影响更大（图 18），12h 时，TRE 和 PEG+TRE 处理下太行菊叶片 GR 活性分别提高了 41.62% 和 22.21%，24h 时则分别提高了 33.11% 和 25.62%，均显著高于

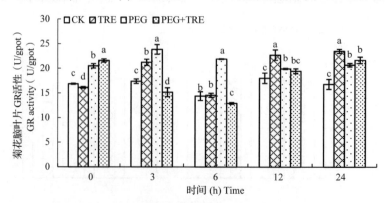

图 17 外源海藻糖处理后菊花脑叶片 GR 活性的变化

Fig. 17　Effect of trehalose on GR activity in *Chrysanthemum nankingense* leaves in normal and drought environment

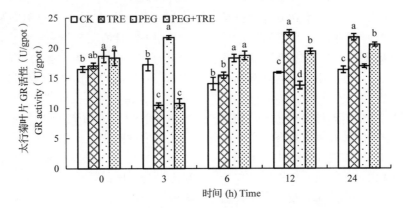

图 18 外源海藻糖处理后太行菊叶片 GR 活性的变化

Fig. 18 Effect of trehalose on GR activity in *Opisthopappus taihangensis* leaves in normal and drought environment

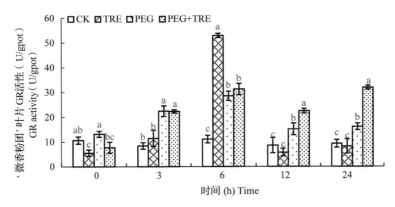

图 19 外源海藻糖处理后'微香粉团'叶片 GR 活性的变化

Fig. 19 Effect of trehalose on GR activity in *Chrysanthemum morifolium* 'Weixiangfentuan' leaves in normal and drought environment

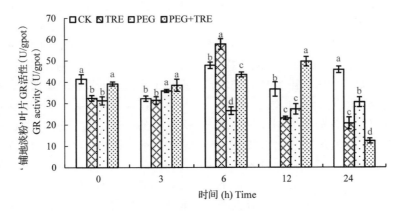

图 20 外源海藻糖处理后'铺地淡粉'叶片 GR 活性的变化

Fig. 20 Effect of trehalose on GR activity in *Chrysanthemum morifolium* 'Pudidanfen' leaves in normal and drought environment

对照处理和 PEG 胁迫处理（$P<0.05$）。

3 讨论

外源海藻糖对逆境胁迫下的植物细胞具有维持细胞生长、调节抗逆反应的功能，孙梦利等（2019）在对西瓜细胞的研究中进一步证实了这一结论。本次研究发现，菊花叶片会通过提高内源海藻糖的含量响应干旱胁迫，而在外源海藻糖处理后，正常或胁迫条件下，内源海藻糖含量与对照组相比均有所增高，表明外源海藻糖处理后，叶片会吸收海藻糖，并有效利用外源海藻糖响应干旱胁迫。此结果与前人在苹果叶片上的研究一致（张霓裳，2017）。此外，试验中发现，与PEG处理相比，PEG+TRE处理下菊花叶片海藻糖含量相对较低，推测外施海藻糖存在一定的浓度效应，适量浓度外源海藻糖有助于提高内源海藻糖含量，而浓度过高则会产生一定的抑制作用，这与前人在玉米幼苗根系上的研究一致（刘旋 等，2018）。

抗坏血酸-谷胱甘肽（ASA-GSH）循环在维持植物细胞氧化还原平衡及有效清除活性氧中发挥着重要的作用（Sarvajeet et al.，2010）。在这个循环中，抗坏血酸和谷胱甘肽都是植物体内重要的还原性物质。单长卷（2010）在对4种不同草种的研究中发现，干旱胁迫下，不同草种通过增加ASA、GSH含量来抵御干旱所造成的氧化胁迫。赵肖琼等（2017）在对小麦叶片的试验中发现，在PEG胁迫下，对叶片喷施100mg/L壳寡糖溶液可以显著提高两种小麦叶片的ASA和GSH含量。本试验中，干旱胁迫下，菊花叶片ASA、GSH含量普遍高于对照组的ASA、GSH含量，表明干旱胁迫可以通过提高ASA、GSH含量来提高菊花对干旱胁迫的耐受性；外施海藻糖对干旱胁迫条件下的4种菊花的影响在12h后较为明显，其叶片ASA、GSH含量与PEG处理组相比有一定程度的提高；随着胁迫时间的延长，4种菊花的GSH含量有所减少，可能是GSH基因的合成受到抑制，也可能是在清除ROS时GSH自身被部分氧化。

抗氧化酶如超氧化物歧化酶（SOD）、谷胱甘肽还原酶（GR）等是ASA-GSH循环的重要组成部分，在清除活性氧的过程中发挥着重要作用。在正常生长条件下，抗氧化酶会使体内活性氧的产生与清除维持一种动态的平衡，而逆境胁迫如干旱胁迫则会使活性氧大量积累，使植物细胞膜系统的完整性和功能受损。徐田军等（2012）在对玉米幼苗的研究中发现，逆境胁迫下，植物自身的抗氧化酶活性会有所增强。杨庆贺和郑成淑（2018）在对菊花叶片的研究中发现，菊花叶片在低温弱光胁迫下，其胞内超氧化物歧化酶（SOD）、谷胱甘肽还原酶（GR）、抗坏血酸过氧化物酶（APX）等抗氧化酶的活性均呈不同程度先上升后下降的趋势。田礼欣等（2017）在对玉米幼苗的研究中发现，外施10mmol/L的海藻糖处理能显著提高盐胁迫下玉米幼苗的SOD和过氧化物酶（POD）的活性，这表明外源性海藻糖能一定程度地缓解盐胁迫对玉米幼苗的生长抑制。本试验中，在干旱胁迫条件下，4种菊花叶片内的SOD、GR活性均有所提高，并于3~6h达最大值，随后呈波浪形变化。这与杨庆贺和郑成淑（2018）发现的菊花叶片在低温弱光胁迫下的抗氧化酶活性的变化规律相似。可能是因为胁迫初期活性氧积累迅速，诱发了菊花叶片SOD、GR的活性，随着胁迫时间的延长，活性氧含量过高，从而抑制了SOD、GR的活性，此后通过ASA-GSH循环的运转，叶片内活性氧的产生受到抑制，并得以清除，实现活性氧产生与清除的动态平衡；对干旱胁迫下的4种菊花叶片进行外施海藻糖处理后，SOD、GR活性总体上呈现先下降后上升的趋势，可能是因为短时间内海藻糖浓度过高（图1至图3），对细胞内ASA-GSH循环产生一定的抑制作用，导致SOD、GR活性受到抑制；3h后SOD、GR的活性逐渐上调，可能是随着胁迫时间的延长，植物体内通过加速ASA-GSH循环的运转来响应干旱胁迫，使其叶片SOD、GR处于较活跃的响应干旱胁迫的状态，活性得到提高。

综上所述，外源海藻糖处理可以在一定程度上提高干旱胁迫下菊花叶片内源海藻糖（trehalose）的含量，并对抗坏血酸-谷胱甘肽（ASA-GSH）循环产生一定影响，一定程度上增加ASA-GSH循环上的还原型抗坏血酸（ASA）、还原型谷胱甘肽（GSH）等非酶抗氧化物质的含量，提高超氧化物歧化酶（SOD）、谷胱甘肽还原酶（GR）等抗氧化酶的活性，增强细胞清除活性氧的能力，抑制活性氧的积累，维持细胞结构和功能的稳定。结合4个菊花种质叶片的生理指标数据，发现干旱胁迫下外施海藻糖能使抗旱种质太行菊的内源海藻糖含量在3~12h内有较大增幅，同时对太行菊叶片的ASA含量、SOD活性、GR活性有着更为显著的影响，说明海藻糖在响应干旱胁迫时发挥了关键作用。此外，外施海藻糖存在一定的浓度效应，浓度过高则会对SOD、GR等抗氧化酶以及ASA、GSH等非酶抗氧化物质产生一定的抑制作用。

参考文献

陈立松，刘星辉，2003. 果树逆境生理[M]. 北京：中国农业出版社.

李合生，2000. 植物生理学实验指导书[M]. 北京：高等教育出版社：184-197.

刘旋，佟昊阳，田礼欣，等，2018. 外源海藻糖对低温胁迫下玉米幼苗根系生长及生理特性的影响[J]. 中国农业气象，39(8)：538-546.

罗娅，汤浩茹，张勇，2007. 低温胁迫对草莓叶片SOD和AsA-GSH循环酶系统的影响[J]. 园艺学报(6)：1405-1410.

单长卷，2010. 干旱胁迫下冰草AsA、GSH代谢及茉莉酸的信号调控作用[D]. 杨凌：西北农林科技大学.

孙梦利，王世豪，徐子健，等，2019. 外源海藻糖调节西瓜细胞渗透胁迫抗性的研究[J]. 热带作物学报，40(2)：

269-274.

田礼欣, 李丽杰, 刘旋, 等, 2017. 外源海藻糖对盐胁迫下玉米幼苗根系生长及生理特性的影响[J]. 江苏农业学报, 33(4): 754-759.

徐田军, 董志强, 兰宏亮, 等, 2012. 低温胁迫下聚糠萘合剂对玉米幼苗光合作用和抗氧化酶活性的影响[J]. 作物学报, 38(2): 352-359.

杨庆贺, 郑成淑, 2018. 低温弱光胁迫下外源ASA与$CaCl_2$对菊花叶片AsA-GSH循环的影响[J]. 山东农业大学学报(自然科学版), 49(3): 495-499.

张霓裳, 2017. 海藻糖处理减轻苹果叶片光合机构的干旱伤害研究[D]. 杨凌: 西北农林科技大学.

张韫璐, 王琦, 王金缘, 等, 2018. 干旱预处理对盐胁迫下水稻幼苗抗氧化酶活性及AsA-GSH循环的影响[J]. 江苏农业科学, 46(7): 58-60.

赵肖琼, 梁泰帅, 赵润柱, 2017. 壳寡糖对PEG胁迫下小麦叶片AsA-GSH循环的影响[J]. 河南农业科学, 46(12): 8-12, 58.

周倩, 曹家畅, 崔明昆, 等, 2018. 非结构性糖在植物对干旱胁迫响应与适应中的作用[J]. 安徽农业科学, 46(30): 24-28.

Barry A Logan, Stephen C Grace, William W Adams III, et al, 1998. Seasonal differences in xanthophylls cycle characteristics and antioxidants in *Mahonia repens* growing in different light environments[J]. Oecologia, 116(1): 9-17.

Chikahiro Miyake, Asada Kozi, 1992. Thylakoid-bound ascorbate peroxidase in spinach chloroplasts and photoreduction of its primary oxidation product monodehydroascorbate radicals in thylakoids[J]. Plant and Cell Physiology, 33: 541-553.

Markus Egert and Manfred Tevini, 2002. Influence of drought on some physiological parameters symptomatic for oxidative stress in leaves of chives (*Allium schoenoprasum*)[J]. Environmental and Experimental Botany, 48(1): 43-49.

Griffith Owen W, 1980. Determination of glutathione and glutathione disulfide using glutathione reductase and 2-vinylpyridine[J]. Analytical Biochemistry, 106(1): 207-212.

Ilhan S, Ozdemir F, Bor M, 2015. Contribution of trehalose biosynthetic pathway to drought stress tolerance of *Capparis ovata* Desf[J]. Plant Biology, 17(2): 402-407.

Kramer P J and Boyer J S. 1995. Water relations of plants and soils [M]. Academic press.

Sarvajeet Singh Gill and Narendra Tuteja, 2010. Reactive oxygen species and antioxidant machinery in abiotic stress tolerance in crop plants [J]. Plant Physiology and Biochemistry, 48(12): 909-930.

6种绣球品种对低温胁迫的生理响应

曹贺[1]* 陈爱昌[2] 杨宁[2] 柳健[2] 刘昱[2] 王士才[2] 李士芳[2] 孙明[1]**

([1] 花卉种质创新与分子育种北京市重点实验室，国家花卉工程技术中心，城乡生态环境北京实验室，园林环境教育部工程研究中心，林木花卉遗传育种教育部重点实验室，园林学院，北京林业大学，北京 100083；[2] 济南市国有苗圃，济南 250100)

摘要 本研究选择'暗夜天使''永恒之热情''北极星''抹茶''粉贝''无敌贝贝'6个绣球品种进行低温胁迫处理，设定梯度温度为0、-5、-10、-15、-20℃，低温处理24h，分别测量不同处理的脯氨酸、丙二醛、相对电导率等生理指标，对这些指标进行综合比较。结果表明，'北极星''抹茶'的脯氨酸含量、丙二醛含量、相对电导率上升与下降幅度较为平稳，相对波动较小，耐寒能力较强；'粉贝'与'无敌贝贝'耐寒能力居中；'暗夜天使''永恒之热情'的脯氨酸含量、丙二醛含量、相对电导率在0~-5℃冷处理胁迫初期时上升速率很快，幅度较大，耐寒能力较弱。

关键词 绣球；低温胁迫；抗寒性；生理指标

Physiological Responses of Six Hydrangea Cultivars to Low Temperature Stress

CAO He[1]* CHEN Ai-chang[2]* YANG Ning[2] LIU Jian[2] LIU Yu[2]
WANG Shi-cai[2] LI Shi-fang[2] SUN Ming[1]**

([1] *Beijing Key Laboratory of Germplasm Innovation and Molecular Breeding of Flowers, National Engineering Technology Center of Flowers, Beijing Laboratory of Urban and Rural Ecological Environment, Engineering Research Center of Landscape Environment, Ministry of Education, Key Laboratory of Forest and Flower Genetics and Breeding, College of Landscape Architecture, Beijing Forestry University, Beijing 100083, China;*
[2] *Jinan State-owned Nursery, Jinan 250100, China*)

Abstract In this study, six hydrangea varieties were selected to undergo low temperature stress treatment, including 'Dark Night Angel', 'Everlasting Pour', 'Puxingxing', 'Matcha', 'Fenbei' and 'Invulnerable Beibei' The gradient temperature was set at 0, -5, -10, -15 and -20℃, and the temperature was treated at low temperature for 24h. Physiological indexes such as proline, malondialdehyde and relative electrical conductivity of different treatments were measured and compared comprehensively. The results showed that the increase and decrease of proline content, malondialdehyde content and relative conductivity of 'Pole star' and 'Matcha' were stable, and the relative fluctuation was small, and the cold resistance was strong. The cold resistance of 'Pink Annabelle' and 'Icredibal' is in the middle. The proline content, malondialdehyde content and relative conductivity of 'Dark angel' and 'Eternal passion' increased rapidly and greatly in the early stage of cold treatment at 0 to -5℃, and their cold resistance was weak.

Key words Hydrangea; Low temperature stress; Hardiness; Physiological indexes

低温是典型的环境压力因素，能够限制观赏植物的地理分布以及正常生长（葛慧莲，2021）。原产地在亚热带或热带的观赏植物耐寒性普遍较弱，在北方冬季不能露天越冬，或越冬过程中冻伤严重，严重限制

---

1 基金项目：基金项目：校地合作项目（2019HXFWYL14）。
* 共同第一作者。
第一作者简介：曹贺（1995—），男，硕士研究生，主要从事花卉栽培与育种研究。陈爱昌（1963— ），高级工程师，山东济南人，主要从事花卉、苗木栽培与繁育工作。
** 通讯作者：孙明，职称：教授，E-mail：sunmingbifu@163.com。

了优良花卉在北方的生产、推广与应用。为了使观赏植物在园林造景和室内绿化中发挥更大的价值,观赏植物的抗寒性研究与改良显得尤为重要。

绣球属花卉作为重要的耐阴观赏花卉,受环境条件限制,在北方应用不多,主要是绣球属花卉在生长过程中耗水量较大,不耐强光,不耐低温,在北方露天栽培越冬困难(赵玉芬,2008)。为了更好地发挥绣球属花卉在北方的园林绿化价值,收集挑选耐寒绣球属花卉种质资源,对不同绣球属花卉做出耐寒性评价等工作具有非常重要的意义。目前,很多研究者已经对不同的绣球属花卉的适应性做出了评价,但涉及北方引种栽培与耐寒性评价的工作较少。白露等(2018)通过引种栽培,对20种大花绣球品种做出过适应性评价,主要观察了形态特征与生长表现,但没有对耐低温性状方面进行评价。郁永富等(2016)通过引种栽培乔木绣球'安娜贝尔'应用试验研究,'安娜贝尔'表现出较好的抗性和观赏性,不过秋季需移栽入低温大棚内越冬。

前人研究发现低温对观赏植物在遭遇低温胁迫时,生物膜系统首先响应低温胁迫,如大多数植株在低温驯化过程中叶绿体基粒区域和叶绿体类囊体数量均增加,有助于其在低温下维持光合作用(Astakhova et al.,2014),而冷胁迫下膜系统遭到伤害,细胞内丙二醛含量增加,因此通过观测植物体组织电导率与丙二醛含量可以看出植物的受伤害程度以及适应冷胁迫的能力。另外植物在冷胁迫时细胞内代谢表现出显著变化,脯氨酸与可溶性糖含量增加,有助于植物细胞降低冰点,维持细胞稳定。脯氨酸含量的变化也是衡量植物耐寒能力的重要指标。本研究借鉴前人对其他植物的耐寒研究成果,通过对绣球品种的冷胁迫处理,测量6个不同绣球品种的丙二醛含量、脯氨酸含量、相对电导率等指标,对其耐寒性进行评价,旨在为绣球耐寒机理研究提供科学依据,为寒冷地区绣球引种以及耐寒绣球育种提供有益参考。

1 材料与方法

1.1 材料

试验材料均来自于济南市国有苗圃绣球种质资源圃,共选择6种绣球属植物(表1)。

表1 试验材料
Table 1 Experimental materials

材料编号	中文名	学名	科属
N1	'暗夜天使'	*Hydrangea macrophylla* 'Dark angel'	绣球属
N2	'永恒之热情'	*Hydrangea macrophylla* 'Eternal passion'	绣球属
N3	'北极星'	*Hydrangea paniculata* 'Pole star'	绣球属
N4	'抹茶'	*Hydrangea paniculata* 'Matche'	绣球属
N5	'粉贝'	*Hydrangea arborescens* 'Pink annabelle'	绣球属
N6	'无敌贝贝'	*Hydrangea arborescens* 'Icredibal'	绣球属

1.2 试验方法

试验设计采用完全随机区组设计,因素一(供试植物材料种类)包含6个水平,因素二(冷胁迫温度)包含5个水平,共设置3个区组,每个区组下设置20个小区随机排布。

1.2.1 试验材料冷胁迫处理

2020年1月初,于济南市国有苗圃绣球种质资源圃内采集绣球枝条,选取健壮、长势一致、无病虫害的外围当年生枝条,剪成20cm左右长段,分别贴签,用无纺布包裹带回。在实验室内先用自来水冲洗,然后用蒸馏水反复冲洗,再放在吸水纸上将水分吸干,最后用洁净纱布包裹,置于低温冰箱中进行低温胁迫处理,分别设定梯度温度为0、-5、-10、-15、-20℃,低温处理24h,然后将材料浸入液氮,存放于-80℃超低温冰箱中待用,测定各项生理指标。

1.2.2 指标测定方法

生理指标:丙二醛(MDA)含量采用硫代巴比妥酸(TBA)反应法测定(邹琦,2000);脯氨酸的测定采用茚三酮比色法测定(李合生,2000);相对电导率的测定采用电导仪法(段美红 等,2020)。

半致死温度的计算:采用Logistic方程拟合温度与电导率,通过直线回归的方式求得相关系数,计算理论半致死温度(徐传保 等,2011)。

1.3 数据统计分析

数据处理采用Microsoft Excel 2019和SPSS 24.0、DPS 9.01软件进行差异显著性分析、线性回归计算与Tukey($P<0.05$)多重比较,Microsoft Excel 2019软件绘制示意图。

2 结果

2.1 低温胁迫对绣球枝条丙二醛(MDA)含量的影响

6种试验材料随着冷胁迫温度的下降,丙二醛含量总体表现为先上升再下降的趋势,在冷胁迫温度下降至-5℃之前,所有试验材料丙二醛含量均有不同程度的上升，在胁迫温度达到-5℃之后所有的试验材料丙二醛含量表现为不同程度的下降。N1、N4、N5、N6丙二醛含量在0~-5℃上升显著，在-10℃、-15℃、-20℃下降变化明显，N2、N3在0℃、-5℃、-10℃处理下变化不明显，在-10℃、-15℃处理下丙二醛含量下降明显。总体来讲所有材料丙二醛含量呈先增再减趋势，其中在-10℃出现转折；N2、N3上升变化不明显，也于-5℃出现含量下降的趋势，不过在-10℃以后才出现明显下降。

2.2 低温胁迫对绣球枝条脯氨酸含量的影响

从图2中可以看出，N1、N2、N4在冷胁迫0~-15℃脯氨酸含量上升，-15~-20℃含量下降；在冷胁迫0~-5℃脯氨酸含量，-5~-20℃含量下降，下降变化显著，变化过程随着胁迫温度的下降总体呈先上升在下降的趋势。N3、N6这两个品种在冷胁迫过程中，脯氨酸含量随着胁迫温度的下降总体呈上升趋势，其中在-5~-10℃上升变化显著，分别增加了为110%、30%左右。N1、N5、N6在0~-5℃上升变化不明显，但N5、N6在-5~-10℃的上升变化显著。总体来讲，所有品种在遭遇冷胁迫后脯氨酸的含量均呈上升趋势，其中N3、N6这两个品种在冷胁迫过程中，脯氨酸含量随着胁迫温度的下降一直呈上升趋势，而N1、N2、N4、N5呈先上升再下降的趋势。

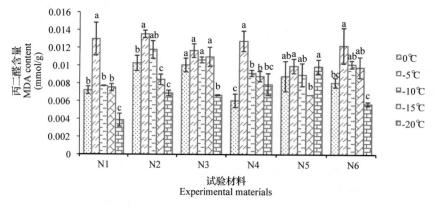

图1 低温条件下6个绣球品种枝条丙二醛含量的变化

Fig. 1 Changes of malondialdehyde content in branches of hydrangea cultivars under low temperature

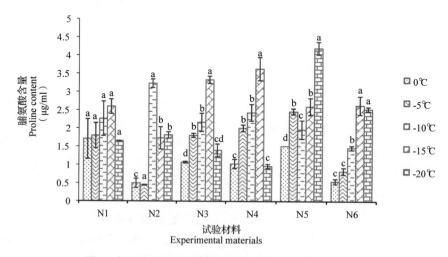

图2 低温条件下6个绣球品种枝条脯氨酸含量的变化

Fig. 2 Changes of proline content in branches of hydrangea cultivars under low temperature

2.3 低温胁迫对绣球枝条相对电导率的影响与各品种枝条的半致死温度

2.3.1 低温胁迫对绣球枝条相对电导率的影响

从图中可以看出，N3、N6两个品种在冷胁迫0~-20℃相对电导率一直上升，其中在-10~-15℃，-15~-20℃上升显著；N1、N4、N5在冷胁迫0~-5℃相对电导率下降，在-10~-29℃相对电导率呈一直上升趋势。N2在0~-5℃相对电导率保持稳定，在-5~-10℃相对电导率下降，-10~-20℃相对电导率上升且显著。总体来讲，所有品种在遭遇冷胁-15~-20℃均呈上升趋势，且在-20℃相对电导率达到90%左右，其中N1、N4、N5在0~-5℃中有明显下

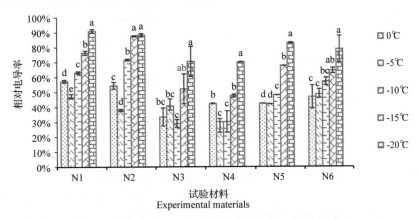

图3 低温条件下不同绣球品种枝条相对电导率的变化
Fig. 3 Changes in relative electrical conductivity of branches of different hydrangea cultivars under low temperature

降，之后在-10~-20℃中持续上升，而N3与N6两个品种在冷胁迫过程中，相对电导率一直呈上升趋势。

2.3.2 各品种枝条的半致死温度

从表2中可以看出N4枝条的半致死温度最低，达到了-14.081℃，其次是N3，也达到了-12.901℃的低温；其次是N5、N6半致死温度分别为-6.539℃和-4.285℃；N1与N2的半致死温度最高，分别为-2.369℃和-1.755℃。

表2 半致死温度
Table 2 Half lethal temperature

材料编号	回归方程	b	LT$_{50}$/℃	拟合度 Fitness
N1	y=-0.111x+0.263	-0.111	-2.369	0.781
N2	y=-0.049x+0.086	-0.049	-1.755	0.771
N3	y=-0.071x+0.916	-0.071	-12.901	0.646
N4	y=-0.061x+0.859	-0.061	-14.081	0.486
N5	y=-0.089x+0.582	-0.089	-6.539	0.863
N6	y=-0.070x+0.303	-0.007	-4.285	0.91

3 讨论

低温是植物在生长发育过程中可能面临的最重要的非生物胁迫之一，是典型的环境压力因素，能够限制观赏植物的地理分布以及正常生长。为了使观赏植物在园林植物造景和室内绿化中创造更大的价值，观赏植物的抗寒性研究与评价具有重要的意义（李玉立，2020）。

绣球属花卉，自然分布区域主要我国长江流域和以南各地，多为落叶灌木，喜温暖而又阴湿的半阴环境，常见的绣球属花卉耐寒性较差，在遭遇冷胁迫时地上部枝条易冻伤甚至完全死亡。用低温冰箱模拟低温环境，对绣球品种进行低温处理，测量其生理生化指标，计算理论半致死温度，可以为筛选耐低温的绣球种质提供参考。

本研究通过设置不同低温温度处理的方法，分别在温度为0、-5、-10、-15、-20℃的低温胁迫下处理24h，测量比较不同生理生化指标的变化。前人研究得出，植物在遭遇低温胁迫时膜系统会快速响应，其中丙二醛含量的变化反映植物细胞发生膜质过氧化的程度和植物对逆境条件反应的强弱；丙二醛的含量高低可以反映出细胞膜氧化性损伤的程度（赵雪辉，2020）。本试验研究发现，6种绣球品种在遭遇冷胁迫时，丙二醛含量总体表现为先上升再下降的趋势，但上升速率与出现转折的温度值不同。'暗夜天使'与'永恒之热情'上升速率很快，'暗夜天使'在0~-5℃大约上升了50%，'北极星''粉贝''无敌贝贝'上升速率不快，'北极星'最慢，上升差异不显著，只上升了约20%。从丙二醛指标可以看出'暗夜天使''永恒之热情'这两个品种在冷胁迫初期膜损害较大，受冷胁迫影响较大，'北极星''粉贝''无敌贝贝'这些品种在冷胁迫初期膜损害较小，受冷胁迫影响较小。

脯氨酸介导植物体内很多细胞和亚细胞的反应，植物通过积累体内的脯氨酸促进蛋白质的水合作用，通过使蛋白质胶体亲水面积增大，达到植物免受伤害的作用。低温逆境往往伴随着脯氨酸含量的增加，其含量高低与植物抗寒性密切相关，越是抗寒性强的品种增加的倍数越高（陈钰 等，2007）。本试验中6个绣球品种在冷胁迫时脯氨酸含量均有升高，表现出对低温胁迫的生理响应，在应对持续加强的冷胁迫时，脯氨酸含量减少，说明植物体遭受冷胁迫的侵害，细胞机能下降，脯氨酸降解。从脯氨酸含量的大小、上升的幅度与出现下降转折的温度，我们可以比较绣球品种间的抗寒能力。尽管前期'暗夜天使'与'永恒之热情'脯氨酸含量最高，但-10~-20℃脯氨酸含量下降很快，说明这两种绣球在-10℃后细胞损害较大，机能遭到破坏。而'北极星''抹茶'的脯氨酸上升与下降幅度较为平稳，相对波动较小，说明这两种绣球在低温下细胞机能损害较小，耐寒能力较强。

植物细胞电解质的外渗程度可用相对电导率来表示，用来反映植物细胞膜系统的低温伤害程度（刘晓东 等，2011；何小勇 等，2007）。植物在低温胁迫下细胞膜会受到破坏，使细胞膜质的功能和结构发生改变，从而使植物细胞的渗透率发生变化，细胞膜质的损害程度越大，电解质渗出率越高。因此，在同一低温胁迫下电解质外渗滤相对较低的植物抗寒性越强。本试验中，低温胁迫初期'永恒之热情'与'暗夜天使'的相对电导率比其余品种要高，且在-5~-20℃上升幅度很大，说明受低温伤害程度大，外渗程度高，不耐低温。而'北极星'与'抹茶'在整个冷胁迫过程中相对电导率要低于其他品种，且上升缓慢，说明其细胞膜质的损害程度较小，耐寒能力强。本试验中'暗夜天使''永恒之热情'和'抹茶'在0~-5℃相对电导率出现下降，可能是植物材料差异影响，或是植物在刚开始应对冷胁迫时具有一个应激修复过程，植物可通过修复自身的膜系统来应对外来胁迫。通过Logistic方程拟合温度与电导率，通过直线回归的方式求得相关系数，计算理论半致死温度，可以看出'抹茶'枝条的半致死温度最低，达到了-14.081℃，其次是'北极星'，也达到了-12.901℃的低温；其次是'粉贝'和'无敌贝贝'半致死温度分别为-6.539℃和-4.285℃；'暗夜天使'与'永恒之热情'的半致死温度最高，分别为-2.369℃和-1.755℃。这个也与脯氨酸和丙二醛得到的结论相符合。

综上所述，本研究采用根据冷胁迫下脯氨酸、丙二醛、电导率等生理指标的变化，来探究不同绣球花卉在应对冷胁迫是的生理响应，通过比较其响应的程度来比较其耐寒性的大小。在室内超低温冰箱模拟低温胁迫可能与自然低温有所不同，因此在以后的研究中需要深入观察比较自然环境中低温胁迫下的绣球品种耐寒性能力，为绣球的引种栽培或育种提供更可靠的依据。

参考文献

陈钰，郭爱华，姚延梼，2007. 自然降温条件下杏品种蛋白质、脯氨酸含量与抗寒性的关系[J]. 山西农业科学（6）：53-55.

段美红，马益，李庆卫，2020. 电导法结合Logistic方程鉴定嫁接繁殖梅花的抗寒性[J]. 中国园林，36(S1)：67-70.

葛慧莲，2021. 观赏植物抗寒性改良技术探讨[J]. 农业与技术，41(4)：60-62.

何小勇，柳新红，袁德义，等，2007. 不同种源翅荚木的抗寒性[J]. 林业科学（4）：24-30.

李玉立，李玲，李娅，等，2020. 观赏植物抗寒性改良技术分析[J]. 分子植物育种，18(2)：628-637.

刘晓东，翟晓宇，施冰，2011. 金叶风箱果和紫叶风箱果的抗寒性[J]. 东北林业大学学报，39(4)：18-20.

徐传保，戴庆敏，杨晓琴，2011. 电导法结合Logistic方程确定4种竹子的抗寒性[J]. 河南农业科学，40(11)：129-131.

郁永富，单春兰，李长海，2016. "安娜贝尔"耐寒绣球引种繁育技术[J]. 国土与自然资源研究（4）：86-87.

赵雪辉，陈双建，成继东，等，2020. 3个桃品种抗寒性分析研究[J]. 果树资源学报，1(6)：14-19.

赵玉芬，2008. "北方优质盆栽八仙花促成栽培技术示范与推广"通过验收[J]. 河北林业科技（2）：65.

Astakhova N V, Popov V N, Selivanov A A, et al, 2014. Re-organization of chloroplast ultrastructure associated with low-temperature hardening of *Arabidopsis* plants[J]. Russian Journal of Plant Physiology, 61(6).

'飞黄'玉兰花香成分及主要释放部位研究

林洋佳　刘秀丽*

（花卉种质创新与分子育种北京市重点实验室，国家花卉工程技术研究中心，城乡生态环境北京实验室，园林环境教育部工程研究中心，林木花卉遗传育种教育部重点实验室，园林学院，北京林业大学，北京 100083）

摘要 本研究以'飞黄'玉兰（*Magnolia denudata* 'Feihuang'）盛花期鲜花为材料，采用顶空固相微萃取-气相色谱-质谱联用技术对'飞黄'玉兰整朵花、花瓣、雌雄蕊群挥发物成分进行分析与鉴定，通过内标法定量计算挥发物含量，对比花器官不同部位挥发物含量差异及主要释放部位。结果显示，'飞黄'玉兰共鉴定出 64 种化合物，其中花香成分共有 27 种，在整朵花、花瓣、雌雄蕊群分别占比 10.27%、14.15%、27.94%，主要为萜类、酮类、腈类物质，其中雌雄蕊群为萜类物质的主要释放部位，单独花瓣为酮类的主要释放部位，花雌雄蕊群花香最浓，绝对含量为 2.649μg/gh。研究结果为阐明'飞黄'玉兰的花香释放规律提供科学依据，为其在园林中的应用及其药用价值提供一定的理论基础。

关键词 '飞黄'玉兰；挥发物；固相微萃取；释放部位

The Fragrant Composition in Different Parts of *Magnolia denudata* 'Feihuang'

LIN Yang-jia　LIU Xiu-li*

（Beijing Key Laboratory of Ornamental Plants Germplasm Innovation & Molecular Breeding, National Engineering Research Center for Floriculture, Beijing Laboratory of Urban and Rural Ecological Environment, Engineering Research Center of Landscape Environment of Ministry of Education, Key Laboratory of Genetics and Breeding in Forest Trees and Ornamental Plants of Ministry of Education, School of Landscape Architecture, Beijing Forestry University, Beijing 100083, China）

Abstract This study uses blooming *Magnolia denudata* 'Feihuang' as materials. Using Headspace-Gas Chromatography-Mass spectrometry (HS-GC-MS) and internal standard method to determine the volatile composition of flowers, petals, gynoecium and androecium of the flowers. The results showed, *Magnolia denudata* 'Feihuang' were identified 64 compounds. Including 27 aromatic constituents. The whole flower, petals, gynoecium and androecium respectively accounting for 10.27%、14.15%、27.94%. Mainly includes terpenoid, ketones and nitrile. Terpenoid mainly released in the gynoecium and androecium, ketones mainly released in the petals. The gynoecium and androecium fragnant is strongest, have 2.649μg/gh. The results provide the scientific basis for the release law of fragrant and its application in gardens and medicinal value of *Magnolia denudata* 'Feihuang'.

Key words *Magnolia denudata* 'Feihuang'; Volatiles; Headspace-Gas Chromatography-Mass spectrometry; Different part

'飞黄'玉兰（*Magnolia denudata* 'Feihuang'）为木兰科木兰属白玉兰的自然芽变品种，因其花色鲜黄、花朵芳香、花期较晚、生长迅速、抗寒能力强等诸多优点，而具有非常广泛的园林应用前景（王少军，2004）。花香通常是指植物所产生的具有芳香气味的挥发性化合物（volatile compounds）。自然界很多植物的花朵能释放出芳香气味，并形成自己的显著特征。花香研究不仅在农业、医药和香水化妆品工业等方面有着重要的价值，还有着重要的生物学意义。另外花香被誉为"花卉的灵魂"（陈秀中 等，2001），在观赏

---

1 基金项目：北京林业大学建设世界一流学科和特色发展引导专项资金（2019XKJS0324）；北京市共建项目专项（2016GJ-03）；2019 北京园林绿化增彩延绿科技创新工程-北京园林植物高效繁殖与栽培养护技术研究（2019-KJC-02-10）。

第一作者简介：林洋佳，女，硕士研究生，主要从事园林植物应用研究。

* 通讯作者：刘秀丽，职称：副教授，E-mail：showlyliu@126.com。

植物中有着重要的审美价值。国内外对于花香的研究有诸多报道(袁颖,2018;张辉秀 等,2013;肖志娜,2016),但前人对'飞黄'玉兰的研究则较少,以'飞黄'玉兰为关键词知网上只有5篇文献,对其花香的研究则少之更少,其中一研究采取活体动态顶空采集法与热脱附-气相色谱-质谱联用技术相结合的方法测定了'飞黄'玉兰、二乔玉兰等4种木兰科植物的花香成分(丁倩倩 等,2013),另一研究则对'飞黄'玉兰各轮花被片、不同花期的挥发物成分进行了测定(李晓颍 等,2019),但对于不同部位挥发物含量则没有相关研究。

本试验采用顶空固相微萃取-气相色谱-质谱联用技术,对'飞黄'玉兰盛花期花器官不同部位挥发物成分进行分析与鉴定,通过内标法定量计算挥发物含量,对比不同部位挥发物含量差异及主要释放部位,明确花香主要释放部位及成分差异,此研究对'飞黄'玉兰在植物景观应用、芳香油提取、花香药用价值及综合利用木兰科植物资源提供理论依据。

1 材料与方法

1.1 试验材料

1.1.1 材料

试验以'飞黄'玉兰盛花期花朵为材料,样本2021年4月12日采集于北京林业大学校内,花朵完好,无损伤,花瓣完全展开且花粉散开,采摘时间为早上8:30。

1.1.2 试剂

内标溶液由3-辛醇(3-octanol)、正己烷配制,将1μl 3-辛醇加入999μl的正己烷中,充分混合均匀配制成1/1000的3-辛醇溶液。

1.2 试验方法

1.2.1 植物材料准备

以整朵花为材料,剪取飞黄玉兰盛开期带花枝条1朵,插入水中,放入5.3L容器中,加入5μl内标后,将其密封,于室温下平衡10min。测定单独花瓣、雌雄蕊群的挥发物成分时,将整朵花的花瓣与雌雄蕊群分离,将花瓣、雌雄蕊群分别放入相同容器中,加入3μl内标溶液,将容器密封,于室温下平衡10min。每个样品3次重复。

1.2.2 HS-SPME/GC-MS测定

1.2.2.1 植物挥发物成分采集(固相微萃取采集)

采用50/30μmDVB/CAR/PD(Divinylbenzene/Carboxen/ PolydimETylsiloxane,二乙烯苯/分子筛/聚二甲基硅氧烷)萃取头,将萃取头在250℃下激活10min。将萃取头插入容器中,萃取30min。萃取后将萃取头插入气相色谱仪进样口,在250℃脱附5min。

1.2.2.2 挥发物成分GC-MS分析

进样方法采用不分流进样,载气为He,流速为1.0ml/min(2001)。起始温度为50℃,4min后,升温至270℃,升温速度为10℃/min,保持5min,GC样口温度为250℃;采用DB-5(30m×0.25mm×0.25mm)色谱柱;电离方式为EI,离子源电离能70 eV,质荷比m/z为30~500,扫描质谱范围29~600amu(参考刘倩2015方法,部分修改)。

1.3 数据处理

花香含量定量计算方法,采用内部矫正因子法,即内标法。

$$m_i(\mu g/gh) = f_i \times (A_i \cdot m_s / A_s \cdot m \cdot t)$$

m_i:挥发物质量;f_i:待测挥发物校正因子(本研究默认为1);A_i:待测挥发物峰面积;A_s:内标物峰面积;m_s:内标物质量;m:被测植物材料质量;t:固相微萃取时间。

2 结果与分析

2.1 各部位挥发性成分及含量分析

GC-MS分析得到的'飞黄'玉兰整朵花、单独花瓣、雌雄蕊群的总离子流图,见图1、图2、图3。根据图可知,'飞黄'玉兰共鉴定出64种物质,整朵花

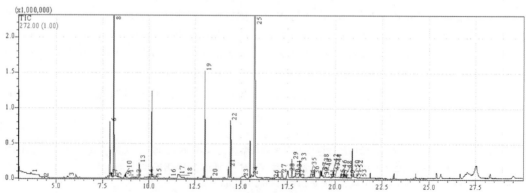

图1 飞黄玉兰整朵花总离子流图

Fig. 1 Total ion chromatogram of *Magnolia denudata* 'Feihuang' flower

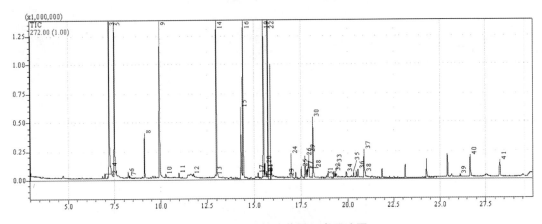

图 2 飞黄玉兰单独花瓣总离子流图
Fig. 2 Total ion chromatogram of *Magnolia denudata* 'Feihuang' petals

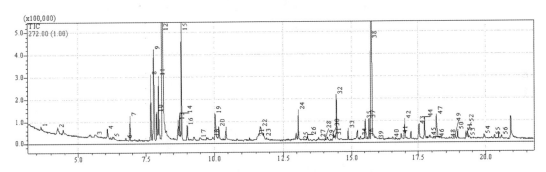

图 3 飞黄玉兰雌蕊群雄蕊群总离子流图
Fig. 3 Total ion chromatogram of *Magnolia denudata* 'Feihuang' gynoecium and androecium

鉴定出53种化合物，同时单独花瓣鉴定出41种化合物，花的雌雄蕊群鉴定出56种化合物，故盛开期'飞黄'玉兰丰富的花香成分主要来源于花的雌雄蕊群。

对'飞黄'玉兰不同部位挥发物的测定结果，由表1可知，所含花香物质主要包括萜类6种，烷4种，醛类3种，酯类3种，腈类2种，酮类1种，占整朵花总挥发物的10.27%，占单独花瓣总挥发物的14.15%，占雌雄蕊群的总挥发物的27.94%，萜类为主要花香成分来源，主要包括α-松节烯、β-水芹烯、β-月桂烯、d-柠檬烯、桉叶油醇、氧化芳樟醇，其中β-月桂烯为三者皆有且含量最高的成分。各花香物质在花瓣中共检测到12种，花雌雄蕊群中共检测到19种，整朵花共检测出16种物质，可看出花雌雄蕊群物质更丰富。绝对含量数据表明（表2），雌雄蕊群的挥发物含量更高，即花香浓度高，雌雄蕊群中挥发物含量是单独花瓣中挥发物含量的1.4倍。整朵花检测出的物质与不同部位检测出的物质种类有相似性和差异性，整朵花、单独花瓣、雌雄蕊都含有的物质包括3-辛酮、β-月桂烯、辛醚，整朵花、单独花瓣共同含有的物质还包括邻苯二甲酸二异丁酯、氧化芳樟醇，整朵花、雌雄蕊群共同含有的包括壬醛、水杨酸甲酯、柠檬腈，花瓣、雌雄蕊群都含有的成分有桉叶油醇、β-水芹烯，部分成分只存在于花瓣或雌雄蕊群中可能是由于花瓣和雌雄蕊群分离后的伤口导致更多成分的释放。

表1 飞黄玉兰盛花期整朵花、单独花瓣、雌雄蕊群主要挥发物及含量
Table 1 Main volatiles and content of whole flowers, petals and gynoecium and androecium

化合物类别	化合物名称	保留时间 (min)	含量(μg/gh)			相对含量(%)		
			整朵花	单独花瓣	雌雄蕊群	整朵花	单独花瓣	雌雄蕊群
醇类	α,β-二甲基苯甲醇	5.637	—	—	0.032	—	—	0.275
	2-乙基-1-己醇	8.677	—	—	0.133	—	—	1.134
	7-甲基-3-亚甲基-7-辛烯-2-醇	8.843	—	0.024	—	—	0.121	—

(续)

化合物类别	化合物名称	保留时间(min)	含量(μg/gh)			相对含量(%)		
			整朵花	单独花瓣	雌雄蕊群	整朵花	单独花瓣	雌雄蕊群
醇类	1-辛醇	9.475	—	—	0.031	—	—	0.265
	2-丁基-1-辛醇	15.591	0.016	—	—	0.249	—	—
	(S)-(+)-3-甲基-1-戊醇	16.675	0.010	—	—	0.154	—	—
醛类	己醛	4.247	—	—	0.054	—	—	0.457
	壬醛	10.035	0.011	—	0.220	0.174	—	1.871
	癸醛	11.675	0.020	—	—	0.326	—	—
酮类	3-辛酮	7.889	0.235	0.959	0.181	3.733	4.749	1.543
烷	十三烷	13.051	0.352	1.428	0.159	5.606	7.072	1.351
	十四烷	14.443	0.194	0.791	0.249	3.093	3.916	2.116
	十五烷	15.754	4.581	—	6.276	72.854	—	53.357
	十七烷	18.150	0.094	14.172	0.189	1.495	70.184	1.608
酯类	水杨酸甲酯	11.599	0.052	—	0.307	0.830	—	2.608
	2-甲基-2,2-二甲基-1-(2-羟基-1-甲基乙基)乙酸丙酯	13.807	—	—	0.027	—	—	0.226
	邻苯二甲酸二异丁酯	19.924	0.033	0.117	—	0.520	0.578	—
醚类	辛醚	17.725	0.100	0.070	0.123	1.585	0.349	1.046
萜类	α-松节烯	6.900	0.145	—	—	1.229	—	—
	β-水芹烯	7.673	—	0.011	0.360	—	0.052	3.058
	β-月桂烯	7.965	0.026	0.065	0.360	0.408	0.321	3.058
	d-柠檬烯	8.734	—	—	0.164	—	—	1.392
	桉叶油醇	8.802	—	0.008	0.636	—	0.041	5.404
	氧化芳樟醇	9.604	0.054	0.145	—	0.852	0.717	—
	石竹烯	14.870	—	—	0.062	—	—	0.524
腈类	柠檬腈	10.165	0.339	—	0.083	3.720	—	0.706
	橙花腈	10.541	0.634	—	—	3.138	—	—

表2 整朵花、单独花瓣、雌雄蕊群主要挥发物质的绝对含量

Table2 Absolute content of the whole flower, petals and gynoecium and androecium

绝对含量(μg/gh)	整朵花	单独花瓣	雌雄蕊群
	0.939	1.962	2.649

2.2 挥发性物质在不同部位分布差异

对整朵花、单独花瓣、雌雄蕊群的花香物质总量及整朵花、单独花瓣、雌雄蕊群的不同类别化合物进行统计(表3),发现花香物质中不同类别化合物含量差异巨大,含量最高的为萜类物质,占36.63%,最低的为醇类,占4.44%,萜类物质为花香的主要来源,萜类、酮类和腈类含量显著高于其他类别。数据表明,整朵花中,腈类占比35.07%、酮类占比25.00%、萜类占比23.84%,3类物质是主要花香来源;花瓣中,酮类占比48.86%、腈类占比32.29%、萜类占比11.65%,酮类、腈类为主要香气来源;雌雄蕊群中,萜类占比59.67%为主要的香气来源。

表3 不同类别化合物占花香物质总量及在各部位中百分比含量

Table 3 Percentage of different compounds in different parts of the flower

化合物类别	百分比含量(%)			
	花香物质总量	整朵花	单独花瓣	雌雄蕊群
醇类	4.44	2.70	1.24	7.43
醛类	5.50	3.35	0.00	10.33
酮类	24.78	25.00	48.86	6.85
酯类	9.64	9.04	5.95	12.58
萜类	36.63	23.84	11.65	59.67
腈类	19.01	36.07	32.29	3.13

前文所言，萜类物质为总物质含量最高的成分，整朵花、花瓣、雌雄蕊群中萜类物质绝对含量（表4），雌雄蕊群中萜类含量最高，萜类物质也多有药理价值、经济价值（张建红，2018）。

表4 萜类在花朵各部位中的绝对含量

Table 4 Absolute content of triterpenoids in different parts of the flowers

绝对含量（μg/gh）	整朵花	花瓣	雌雄蕊群
	0.224	0.229	1.581

整朵花、单独花瓣、雌雄蕊群花香物质中都含有3-辛酮、β-月桂烯，3-辛酮为酮类，是花瓣中百分比含量最高的物质，也是花香贡献第二的物质；萜类物质是花香贡献最高的物质，β-月桂烯为萜类物质中含量最高的一种。比较两种物质在三者中的含量（图4），3-辛酮在花瓣中的含量最高，而在雌雄蕊中含量最低，酮类在总花香物质含量中略低于萜类物质，而在整朵花与花瓣中含量最高，花瓣是酮类的主要释放部位；β-月桂烯为萜类中整朵花、花瓣、雌雄蕊群皆含有的物质，其中，雌雄蕊群中含量最高，可见雌雄蕊群为β-月桂烯的主要释放部位。3-辛酮主要来源于花瓣，而花瓣是花香含量更高的部位，

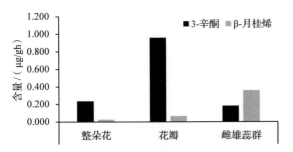

图4 3-辛酮、β-月桂烯在整朵花、花瓣、雌雄蕊群中的含量

Fig. 4 3-Octanone and β-Myrcene content of the whole flower, petals, gynoecium and androecium

β-月桂烯主要来源于雌雄蕊群，可见3-辛酮的绝对含量高于β-月桂烯。

3 结论与讨论

本研究采用顶空固相微萃取法采集'飞黄'玉兰花香挥发物质，共检测出64种化合物，包括萜类6种，烷4种，醛类3种，酯类3种，腈类2种，酮类1种。主要香气成分为萜类、酮类、腈类物质，分别占绝对含量的36.63%、24.78%、19.01%。萜类物质主要释放于花雌雄蕊群中，而花瓣则是酮类物质的主要释放部位。萜类物质共测出7种，其中β-月桂烯、桉叶油醇为最主要物质，这与前人结果（丁倩倩等，2013）有明显差异，分析原因可能是由于前期对花的处理方法不同以及花朵采集的时期不同导致。

根据绝对含量在各部位中的数据表明，花香主要释放于雌雄蕊群中，绝对含量为2.649 μg/gh，可知雌雄蕊群部位花香浓度最高，单位质量的雌雄蕊群花香含量是单独花瓣的1.4倍。

本研究对'飞黄'玉兰花香具体成分的主要来源部位进行了分析研究，数据表明整朵花中α-松节烯（α-蒎烯）的含量较高，α-蒎烯具有抗腺病毒（魏凤香等，2020）、抑制肝癌细胞增殖（陈伟强，2019）等药用价值，具有极大的应用潜力；花瓣中氧化芳樟醇含量较高，氧化芳樟醇制得的芳樟醇有抗炎抗菌、镇静、抗肿瘤等作用（姜冬梅等，2015）；雌雄蕊群中β-水芹烯、桉叶油醇含量较高，β-水芹烯具有抑菌作用，对番茄生产中果实腐烂有较好的抑制作用（孙和龙，2017），桉叶油醇具有驱避和引诱虫类的作用（刘燕等，2016），同时对多种霉菌具有抑制作用（白懋嘉等，2017）。除药理价值外，含量较高的柠檬腈，是新型的香料物质，具有经济价值（秦婷等，2014），对后期'飞黄'玉兰花香成分的提取和应用奠定基础，为其在园林中的应用，作为兼具花香的观赏植物广泛应用提供支持。

参考文献

白懋嘉，刘布鸣，柴玲，等，2017. 桉叶素-松油醇型复合精油对6种霉菌的抑制作用研究[J]. 香料香精化妆品（5）：11-16.

陈伟强，2019. 基于细胞G2/M期调控的α-蒎烯抗肝癌作用机制研究[D]. 广州：广东药科大学.

陈秀中，王琪，2001. 中华民族传统赏花理论探微[J]. 北京林业大学学报，23（S1）：16-21.

丁倩倩，吴兴波，刘芳，等，2013. 木兰科4种植物鲜花挥发物成分分析[J]. 浙江农林大学学报，30（4）：477-483.

姜冬梅，朱源，余江南，等，2015. 芳樟醇药理作用及制剂研究进展[J]. 中国中药杂志，40（18）：3530-3533.

李晓颖，武军凯，王海静，等，2019. '飞黄'玉兰花发育期各轮花被片挥发性成分分析[J]. 园艺学报，46（10）：2009-2020.

刘倩，孙国峰，张金政，等，2015. 玉簪属植物花香研究[J]. 中国农业科学，48（21）：4323-4334.

刘燕，谢冬生，熊焰，等，2016. 庚醛与桉叶油醇组合对马

铃薯块茎蛾产卵选择的影响[J]. 植物保护, 42(3): 99-103.

秦婷, 吕奇琦, 李兴宇, 等, 2014. 以柠檬醛为原料的香料合成研究进展[J]. 广州化工, 42(20): 19-20, 33.

孙和龙, 2017. α-水芹烯及壬醛对番茄圆弧青霉和灰霉的抑菌作用研究[D]. 湘潭: 湘潭大学.

王少军, 2005. 绿化新品种——红运玉兰与飞黄玉兰[J]. 农村实用科技信息(2): 12.

魏凤香, 商蕾, 高虹, 等, 2020. α-蒎烯抗腺病毒作用机制研究[J]. 哈尔滨医科大学学报, 54(3): 248-252.

肖志娜, 2016. 矮牵牛花香相关的 ERF 筛选及其调节机理初探[D]. 广州: 华南农业大学.

袁颖, 2018. 玫瑰及其近缘种质花朵特征挥发成分比较研究[D]. 太原: 山西农业大学.

张辉秀, 冷平生, 胡增辉, 等, 2013. '西伯利亚'百合花香随开花进程变化及日变化规律[J]. 园艺学报, 40(4): 693-702.

张建红, 刘琬菁, 罗红梅, 2018. 药用植物萜类化合物活性研究进展[J]. 世界科学技术-中医药现代化, 20(3): 419-430.

Jörg Bohlmann, Gilbert Meyer-Gauen, Rodney Croteau, 1998. Plant terpenoid synthases: Molecular biology and phylogenetic analysis[J]. Proceedings of the National Academy of Sciences, 95(8).

金叶含笑开花特性与繁育系统研究

张峥[1]　邵凤侠[1]　肖玉洁[1]　金晓玲[1,*]　李卫东[2]

([1] 中南林业科技大学,风景园林学院,长沙 410004;[2] 园林花卉种质创新与综合利用湖南省重点实验室,长沙 410128)

摘要　为确定金叶含笑的开花特性与繁育系统,为其种质资源的保护、开发和利用提供理论基础,本文通过观察金叶含笑的开花动态,采用花粉活力与柱头活性检测、花粉胚珠比、杂交指数估算等方法对其繁育系统进行了研究。结果表明:(1)金叶含笑单株花期在4月初至5月初,盛花期在4月中旬,持续25d左右;(2)单花开放时间持续6~7d,开放过程可划分为5个时期:苞片期(T1)、开花前期(T2)、开花中期(T3)、散粉期(T4)与衰败期(T5);(3)花粉离体培养最适培养基配方为蔗糖50g/L+硼酸100~200mg/L+氯化钙300mg/L+琼脂8g/L。蔗糖浓度对花粉萌发影响最大且低浓度蔗糖促进萌发,高浓度蔗糖抑制萌发。在开花中期T3与散粉期T4,花粉活力较高,分别达75.53%和78.35%,均可作为杂交育种的花粉源。(4)柱头可授性在开花中期T3可授性最强,可作为最佳授粉期;(5)异交指数(OCI)与花粉胚珠比(P/O)共同判定繁育系统为以异交为主,部分自交亲和,需要传粉者。

关键词　金叶含笑;开花特性;花粉活力;柱头可授性;繁育系统

Study on Flowering Characteristics and Breeding System of *Michelia foveolata*

ZHANG Zheng[1]　SHAO Feng-xia[1]　XIAO Yu-jie[1]　JIN Xiao-ling[1,*]　LI Wei-dong[2]

([1] *College of Landscape Architecture, Central South University of Forestry and Technology, Changsha 410004, China;*
[2] *Hunan Key Laboratory of Innovation and Comprehensive Utilization, Changsha 410128, China*)

Abstract　To clarify the Flowering Characteristics and Breeding System of *Michelia foveolata*, and to provide a theoretical basis for the protection, development and utilization of germplasm resources, we observed the flowering dynamics and measured the pollen viability, stigma receptivity, P/O and OCI to study the breeding system. The results were as follows: (1) The flowering span of *Michelia foveolata* was in early April to early May, lasting for about 25 d. (2) The flowering span of single flowering was approximately 6-7 d. The flowering process was divided into five stages: bract stage(T1), bract abscission stage(T2), initial opening stage(T3), pollen dispersal stage(T4) and decay stage(T5). (3) The most suitable medium concentration for pollen germination in vitro of *Michelia foveolata* was sucrose 50g/L, boric acid 100-200mg/L, calcium chloride 300mg/L, and agar 8g/L. The concentration of sucrose had the greatest effect on pollen germination, and low concentration sucrose promoted germination, while high concentration sucrose inhibited germination. The highest pollen viability at T3 and T4 was 75.53% and 78.35%, respectively. The pollen at T3 and T4 both can be used as pollen sources for cross breeding. (4) Stigma receptivity is the highest at T3, which can be used as the best pollination period. (5) OCI and P/O together determined that the breeding system was mainly outcrossing, partly self-compatible, and needed pollinators.

Key words　*Michelia foveolata*; Flowering characteristics; Pollen viability; Stigma receptivity; Breeding system

金叶含笑(*Michelia foveolata*)隶属木兰科(Magnoliaceae)含笑属(*Michelia*)。其花量大,花瓣淡黄绿色,花香清新宜人,花型独特,形似灯笼状。叶表深绿色,有光泽,叶背被红铜色短茸毛。金叶含笑是木兰科含笑属中少见具有优良花型性状与叶色性状的花叶共赏的植物,同时也是木兰科植物杂交育种中优良

1　基金项目:园林花卉种质创新与综合利用湖南省重点实验室开放课题,金叶含笑传粉生物学及杂交育种研究(2019TP1033)。
第一作者简介:张峥(1997-),男,在读硕士研究生,主要从事园林植物杂交育种研究。
*　通讯作者:金晓玲,职称:教授,E-mail: jxl0716@hotmail.com。

亲本材料。主要分布于我国湖北、湖南、江西、广东、广西、云南、贵州等地,由于分布分散,纯林较少,且由于乱砍滥伐,其数量急剧减少,是我国珍稀树种(明军 等,2004)。因此应对金叶含笑这一珍稀树种资源充分保护和利用。迄今金叶含笑相关研究多集中在其假种皮、茎、叶芳香精油的提取与成分分析(刘映良 等,2012;钟瑞敏 等,2005)、金叶含笑的生理特性(李晓征 等,2005)、引种栽培(张吉华,2005)等,在金叶含笑的开花特性和繁育系统方面,鲜有研究。木兰科植物存在花色、花型、叶色单一的问题,因此性状的改良是木兰科杂交育种研究的重要方向之一,而对亲本的开花特性和繁育系统的研究是开展杂交育种的前提和基础。钱一凡等(2015)对深山含笑的传粉生物学进行系统地研究,发现深山含笑雄蕊先熟,兼性异交需要传粉者。柴弋霞(2017)发现紫花含笑的雌蕊先熟,以异交为主,部分自交亲和,异交需要传粉者。本研究旨在通过研究金叶含笑开花特性和繁育系统,为今后金叶含笑的优良性状的开发和利用与杂交育种研究提供理论基础。

1 材料与方法

1.1 试验地概况与试验材料

试验地点为湖南省林业科技示范园,位于28°06′51″N,113°02′49″E,属亚热带季风气候,气候温和,降水充沛。栽植地为路边缓坡地,土层较厚,伴生植物以金边六道木、弗吉尼亚栎、合欢、天竺桂、山茶、深山含笑为主。

试验材料选取金叶含笑人工种群,长势良好,无病虫害,生境相似的10年生金叶含笑为研究对象。

1.2 试验方法

1.2.1 花部表型性状及开花动态

借鉴柴弋霞(2018)对紫花含笑开花动态的划分标准,依据苞片的开裂程度、花被片的开放程度、雄蕊的散粉状态,将金叶含笑的开花过程划分不同时期。采用游标卡尺测量各时期的花部表型性状,主要包括花被片直径与花被片垂直高度、雌蕊群长度、雄蕊平均长度,测量标准详见图1。花被片直径:花被片开展形成近似圆形的直径;花被片垂直高度:花被片尖端与以花托为水平面的垂直高度;雄蕊平均长度:指从各时期的每朵花里随机选取5枚雄蕊,测量其长度,取其平均值。

于2021年4~5月,选取3株金叶含笑植株,记录统计单株花期。将花期分为始花期(10%~50%花朵盛开)、盛花期(50%~90%花开放)、末花期(90%左右花朵凋谢)。在盛花期随机选取中部外围不同方向

图1 花部表型性状测量标准

Fig. 1 Standard for measuring floral phenotypic traits

注:Te(Tepals):花被片;St(Stigma):柱头;Re(Receptacle):花托

的10朵未开放的花芽,挂牌标记,每天观察开花状况,计算单花花期。单花花期为金叶含笑第二层苞片开裂至花被片及雄蕊全部凋谢所经历的时间。

1.2.2 花粉活力测定

(1)最适培养基筛选

借鉴刘晓玲(2016)对醉香含笑属花粉活力测定结果,本文采用了固体培养基对花粉进行离体培养,测定花粉活力。培养基中添加0.8%琼脂、蔗糖、硼酸、氯化钙,并以蔗糖、硼酸和氯化钙的添加量为变量设置3个不同的培养浓度梯度。试验设计见表1。

表1 花粉离体萌发最适培养基

Table 1 The optimal medium for pollen germination in vitro

处理组合	蔗糖质量浓度(g/L)	硼酸质量浓度(mg/L)	氯化钙质量浓度(mg/L)	琼脂质量浓度(g/L)
1	50	100	200	8
2	50	200	300	8
3	50	300	400	8
4	100	100	300	8
5	100	200	400	8
6	100	300	200	8
7	150	100	400	8
8	150	200	200	8
9	150	300	300	8
10	0	0	0	8

(2)测定方法

收集各时期的雄蕊,对于未散粉的雄蕊,用解剖针轻轻划开药室,取出新鲜花粉,再用刷子蘸取,均匀拍打在配方为50g/L蔗糖+200mg/L硼酸+300mg/L氯化钙+8g/L琼脂的培养基上。置于25℃恒温培养箱内培养12h,在光学显微镜(10×10倍)下统计花粉萌发率。花粉管长度大于等于花粉粒直径记为萌发,反之记为未萌发。每个处理3次重复,每个重复随机

选择3个视野,且每个视野至少50个花粉粒。

$$花粉萌发率=\frac{某视野花粉萌发数}{某视野中花粉总数}\times100\%$$

1.2.3 柱头可授性测定

采用联苯胺—过氧化氢法测定各时期的柱头可授性。按联苯胺乙醇溶液:3%过氧化氢溶液:水 = 4:11:22 配制联苯胺-过氧化氢溶液。将各时期的柱头,做好标记,放在培养皿里,加入检测液且淹没柱头。反应10min,在体式显微镜下观察柱头表面的气泡产生情况以及柱头的颜色变化。

1.2.4 繁育系统

(1)异交指数(Out-crossing index,OCI)估算

在盛花期随机选择10朵开放的花朵,根据Dafni的标准(Dafni,1992)测量花朵直径、雌雄蕊成熟时间间隔、柱头与花药的空间间隔这3个花部特征。通过计算异交指数来判断繁育系统类型(表2、表3)。

表2 OCI 计算
Table 2 OCI index calculation

花部特征	状态	分值
花朵直径	<1.0mm	0
	1.0~2.0mm	1
	2.1~6.0mm	2
	>6.0mm	3
雌雄蕊成熟时间间隔	雌蕊先熟	0
	雄蕊先熟	1
柱头与花药空间位置	同一高度	0
	空间分离	1

表3 OCI 与繁育系统类型的关系
Table 3 The relationship of OCI with the reproduction system

OCI	繁育系统类型
=0	闭花受精
=1	专性自交
=2	兼性自交
=3	自交亲和,有时需要传粉者
≥4	异交,部分自交亲和,异交需要传粉者

(2)花粉胚珠比(P/O)

随机选取7朵未散粉的花朵,将雄蕊取下置于干净的玻璃瓶里,待花药散粉后,加入10ml 蒸馏水。用磁力搅拌器搅拌2~3min,制成花粉悬浊液。用血球计数板法,计算10ml 花粉悬浊液中的花粉总数。同时在每朵花上随机选取10个雌蕊,用解剖刀纵切子房,在体视显微镜下计算出每个子房内的胚珠数,之后计算出平均值。以平均值为标准估算出所有子房内的胚珠数,用单花花粉数除以单花胚珠总数得到花粉胚珠比(P/O),最后取7朵待测花 P/O 的平均值。并根据 Cruden 的标准(Cruden,1977),如表4所示,判断金叶含笑繁育系统类型。

表4 P/O与繁育系统类型的关系
Table 4 The relationship of P/O ratios with the reproduction system

P/O	繁育系统类型
2.7~5.4	闭花受精
18.1~39.0	专性自交
31.9~396.0	兼性自交
244.7~2588.0	兼性异交
2108.0~195525.0	专性异交

2 结果与分析

2.1 开花动态

金叶含笑的单株花期为25±0.94d。初花期为4月上旬,盛花期为4月中旬,末花期在4月下旬或过渡至5月初;单花花期的范围为5~8d,平均单花花期为6.6±0.95d。

根据金叶含笑花被片的开放程度与雄蕊的散粉情况,将金叶含笑的单花花期分为5个阶段(图2)。苞片期(T1):苞片紧紧地包裹花被片,未见花被片露出;花药颜色为浅黄绿色;柱头紧贴在雌蕊群上。开花前期(T2):花芽横向及纵向膨大,第二层苞片开裂,可见花被片,但雌雄蕊未露出;花药颜色为淡黄色;下层柱头弯曲而上层柱头紧贴雌蕊群。开花中期(T3):花被片逐渐打开且开展状态逐渐呈内扣趋势;花被片的长度与雌蕊长度近等长;花药颜色呈鲜黄色且花药多数为未散粉状态,少数即将散粉状态;柱头弯曲。散粉期(T4):花被片内扣,雌蕊高于花被片,花朵整体呈现灯笼状;花药颜色呈黄褐色,已散粉,花粉密集分散在花药上;柱头弯曲。衰败期(T5):花被片开展程度更大,花被片变软且其上出现褐色的斑点;花药颜色呈褐色且干枯,仍可见较少花粉分散在花药上;柱头弯曲。

2.2 花部表型性状

通过对金叶含笑花部各表型形状进行测定,结果如图3、表5所示,从T1到T2时期,花芽出现横向与纵向的膨大,花被片直径与垂直高度逐渐增大,随后从T3时期开始,花被片长度逐渐减小,宽度继续增加,花被片逐渐向内卷曲,出现内扣的趋势。在T4

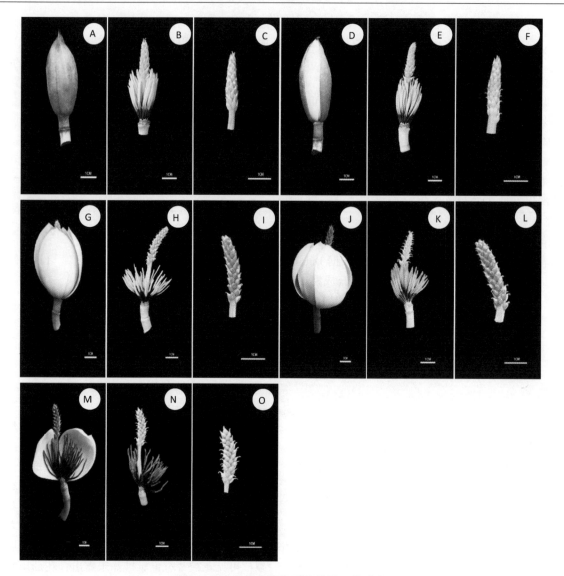

图 2 金叶含笑花部表型性状及开花动态

Fig. 2 Floral phenotypeand flowering dynamics of *Michelia foveolata*

A-C：苞片期（T1）；D-F：开花前期（T2）；G-I：开花中期（T3）；J-L：散粉期（T4）；M-O：衰败期（T5）

Ob(Outer bracts)：外层苞片；Ib(Inner bracts)：内层苞片；Te(Tepals)：花被片

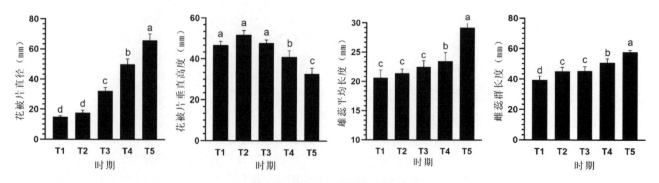

图 3 金叶含笑花部表型性状

Fig. 3 Floral phenotype of *Michelia foveolata*

表 5 金叶含笑花部表型性状
Table 5 Floral phenotype of *Michelia foveolata*

	花被片直径（mm）	花被片垂直高度（mm）	雄蕊平均长度（mm）	雌蕊群长（mm）	雄蕊状态		雌蕊状态	
					花药颜色	花药散粉情况	柱头形态	柱头颜色
T1	14.98±0.65d	48.67±1.84a	20.62±1.34c	39.37±2.60d	淡黄绿色	未散粉	柱头紧贴雌蕊群	柱头绿色
T2	17.78±2.66d	51.80±2.09a	21.44±0.70c	45.15±2.57c	淡黄色	未散粉	下部柱头弯曲，上部紧贴雌蕊群	柱头绿色
T3	32.19±2.25c	47.83±1.44a	22.52±1.04bc	45.28±2.92c	鲜黄色	未散粉或即将散粉	柱头弯曲	部分柱头为褐色
T4	50.12±3.44b	41.44±2.95b	23.49±1.46b	50.87±2.52b	黄褐色	已散粉	柱头弯曲	部分柱头为褐色
T5	65.94±4.34a	32.87±2.74c	29.20±0.92a	57.88±1.09a	褐色	已散粉	柱头弯曲、干枯	柱头为深褐色

注：不同字母表示在0.05水平，同一表型性状在不同时期上的显著差异。

期花被片垂直高度明显短于雌蕊群长度，呈现灯笼状的花型。T5期花被片开展程度最大，少数T5期的花被片开展程度近乎水平，此时花被片直径最大，花被片垂直高度最小。在整个开花过程中，雄蕊和雌蕊的长度随开花进程均呈逐渐增大趋势。

2.3 花粉活力测定

2.3.1 最适培养基筛选

以3个因素的不同梯度浓度设计的正交试验，结果如表6所示，$A_1B_2C_2$的萌发率最高，为68.66%±3.82%；$A_3B_2C_1$的萌发率最低，为11.15%±1.71%。最佳培养基配方为$A_1B_2C_2$，即蔗糖50g/L+硼酸200mg/L+氯化钙300mg/L+琼脂8g/L。因素内水平极差（R）的大小反映该因素对试验结果的影响程度。由表7所示，3个因素对金叶含笑花粉萌发的影响程度大小为A（蔗糖）>B（硼酸）>C（氯化钙），说明蔗糖的质量浓度对金叶含笑花粉萌发的影响程度最大，硼酸次之，氯化钙影响程度最小。根据各因素水平萌发数的均值大小，得出蔗糖浓度（K1>K2>K3）>硼酸浓

表 6 最适培养基筛选结果
Table 6 Screening results of optimal medium

处理组合	A 蔗糖 (g/L)	B 硼酸 (mg/L)	C 氯化钙 (mg/L)	琼脂 (g/L)	萌发率 (%)
1	50	100	200	8	60.84±2.70
2	50	200	300	8	68.66±3.82
3	50	300	400	8	65.62±2.34
4	100	100	300	8	62.86±3.91
5	100	200	400	8	48.24±3.14
6	100	300	200	8	59.73±3.27
7	150	100	400	8	32.69±2.64
8	150	200	200	8	11.15±1.71
9	150	300	300	8	18.75±2.42
10	0	0	0	8	19.31±2.76

表 7 花粉萌发正交实验的直观分析
Table 7 Intuitive analysis of orthogonal experiment on pollen germination

	A 蔗糖	B 硼酸	C 氯化钙
K1	65.04	52.13	43.91
K2	56.94	42.68	50.09
K3	20.86	48.04	48.85
R	44.18	9.45	6.18

度（K1>K3>K2）>氯化钙浓度（K2>K3>K1），因此最适培养基的组合为$A_1B_1C_2$，但该组合在正交试验组合中未出现，因此对$A_1B_2C_2$与$A_1B_1C_2$进行显著性差异分析（0.05水平），结果发现$P>0.05$，则两组合无显著性差异。因此，最适培养基的配方为蔗糖50g/L+硼酸100~200mg/L+氯化钙300mg/L+琼脂8g/L。

2.3.2 金叶含笑各时期花粉活力

使用最适培养基对金叶含笑各时期的花粉进行离体培养，测定其活力，结果如表8所示，花粉活力随着开花进程整体呈先上升后下降的趋势。在苞片包裹花芽的T1期，花粉已有活力，但活力较低（19.73%）。从T1至T4期，金叶含笑花粉活力逐渐上升，在T4期活力最大（72.35%），此时正处在雄蕊散粉期。在T5期花粉活力达到最低（17.98%），此时雄蕊干枯，只有极少的花粉分布在雄蕊表面。

2.4 柱头可授性

在对金叶含笑各时期柱头可授性进行测定时发现，5个时期的柱头均在浸没于反应液2~3min内迅速变蓝，在后续反应过程中，各时期柱头表面产生不等数量的气泡，说明各时期均存在可授性。柱头可授性详细情况如表8所示，T1可见柱头周围存在少量气泡，说明在苞片期金叶含笑的柱头就具有一定的可授性，但可授性较弱。T3可授性最强，气泡产生速率快，且气泡数量较多。T4较T3气泡产生速率略慢，

表8 花粉活力与柱头可授性

Table 8 Pollen viability and stigma receptivity

时期 Stage	花粉活力(%) Pollen viability	柱头可授性 Stigma receptivity
T1	19.73±1.23c	+（较弱可授性）
T2	64.32±2.45b	++（较强可授性）
T3	75.53±3.29a	++++（可授性最强）
T4	78.35±4.07a	+++（强可授性）
T5	17.98±3.85c	+（较弱可授性）

注：不同字母表示在0.05水平的显著差异。

气泡数量略少，柱头具有强活性。T5与T1情况相似，柱头上仅有少量气泡，有较弱的可授性。

2.5 繁育系统

2.5.1 异交指数(OCI)估算

通过对10朵金叶含笑的花朵直径、雌雄蕊成熟时间间隔、柱头与花药的空间间隔这3个花部特征进行数据统计分析，得出OCI=4（花朵直径>6mm，分值为3；雌蕊先熟于雄蕊，分值为0；柱头与花药空间分离，分值为1）。根据Dafni的标准，OCI≥4，繁育系统判定为部分自交亲和，异交需要传粉者。

2.5.2 花粉胚珠比(P/O)估算

通过对金叶含笑子房解剖，可知其胚珠数为6~10个，普遍为8个，多数为近似对称排列，少数呈非对称排列。单花花粉数为6.8×10^5~9.0×10^5个，P/O为1427±204，P/O范围在1201.92~1748.03之间，根据Cruden的标准判定繁育系统为兼性异交。

3 讨论

金叶含笑的单株花期在4月初至5月初，持续25d左右。盛花期在4月中下旬，为最佳观赏期。单花花期较短，为6~7d。金叶含笑开花各阶段的转变速度较快，由T2期至T3期、T3至T4期平均需1.1d。由T4期至T5期平均需要1.5d，T4期花型成"灯笼状"，是观赏效果最好的时期，但持续时间较短。由T5期至完全凋落平均需要1.6d。在金叶含笑花期内降雨频率为56.7%且降雨多集中在盛花期，4月平均温度在17℃左右，花期持续时间较短，可能与降雨频率有关。笔者前期对广东省乐昌市龙山林场的金叶含笑种群也进行了花期观察，发现其单花花期在4~5d，单株花期在3月下旬至4月末，持续40d左右，广东省乐昌市3~4月的月平均温度在18~21℃，花期内降雨频率为40%左右。覃文更等(2012)通过对单性木兰开花物候与气象因子的研究，发现单性木兰开花物候与气温及前期积温呈显著负相关；王琳等(2017)发现气温是影响芳香植物始花期的主要原因之一。长沙与乐昌两地开花期间的月降雨频率和月平均温度有着明显的差异，可能是影响金叶含笑花期差异的原因之一。

金叶含笑花粉离体培养最适培养基配方为蔗糖50g/L+硼酸100~200mg/L+氯化钙300mg/L+琼脂8g/L。蔗糖不但是呼吸作用的底物，还可以调节花粉渗透势、参与淀粉的合成，促进花粉管生长；硼普遍存在于大多数花的柱头和花柱组织里，缺硼会使花粉管壁延展性得到限制从而生长受阻；植物体中的钙离子涉及到花粉管顶端生长等各个方面。因此这3种成分是花粉离体培养必不可少的。通过对最适培养基的筛选，发现3个因素对金叶含笑花粉萌发的影响表现为：蔗糖浓度>硼酸浓度>氯化钙浓度。低浓度的蔗糖浓度促进花粉萌发，高浓度的蔗糖浓度抑制花粉萌发。刘晓玲(2016)对醉香含笑进行离体萌发最适培养基的筛选试验中发现，高浓度的蔗糖浓度反而促进醉香含笑的花粉萌发。叶利民(2012)表示花粉萌发率低可能是由于高浓度的蔗糖导致使培养基水势降低，花粉细胞脱水而丧失活力。因此，不同品种含笑花粉离体培养时所需蔗糖浓度不同。

刘宝等(2008)对花粉采集方法进行研究，表明花较大、单花花粉产量大的木本植物，采取用镊子分离花药，在室温自然风干1~2d或在灯泡下烘烤直至花药散粉，也可采用直接将花粉从花药中取出的方法。笔者在采集花粉用于花粉离体萌发试验中发现，采用自然阴干的方法不适合金叶含笑花粉的采集，金叶含笑散粉前的较早时期的花粉在阴干过程中可能由于花药内含物对花粉起到催熟的作用，而引起散粉期较早期未成熟花粉的活力明显高于成熟花粉的花粉活力。所以采用自然阴干收集花粉来测定花粉活力的方法容易导致花粉在阴干过程中活力下降，同时容易导致试验出现误差。采用自然阴干的方法不适合金叶含笑花粉的采集，因此本研究采用直接取出花药中的新鲜花粉用于活力测定。随着金叶含笑开花进程，花粉活力呈现先升高后下降的趋势，在T4期花粉活力最强(78.35%)，其次是T3时期(75.53%)，且T3与T4期无显著性差异，因此均可在这两个时期收集花粉进行花粉储藏与杂交育种的花粉源。T3时期雄蕊未散粉而柱头可授性最强，可在杂交育种中作为母本的最佳授粉期。

随着金叶含笑开花进程，柱头可授性呈现先增强后减弱的趋势，在T3期柱头可授性达到最。在雄蕊散粉前，柱头已有可授性，属于雌雄异熟中的雌性先熟。在T4雄蕊散粉期，柱头仍具有可授性，只是可授性逐渐减弱，此时为雌雄性征同期表达阶段。孟希等(2011)在广玉兰雌雄异熟机制研究中发现,在雄蕊未散粉之前,柱头已有可授性,雄性性征未表达,为雌性表达阶段;在广玉兰二次开放时期,雄蕊散粉,柱头仍具有部分活力,此时雌雄性征在表达时间上有所重叠,为雌雄性征同期表达阶段。此现象与金叶含笑雌雄性征表达上有相似的现象。

根据 Dafni 的评判标准,金叶含笑的繁育系统为异交,部分自交亲和,异交需要传粉者。根据 Cruden 的评判标准,繁育系统为兼性异交。两种繁育系统的评判结果相吻合,综合判定金叶含笑的繁育系统为以异交为主,部分自交亲和,异交需要传粉者。柴弋霞等(2017)通过对紫花含笑的不同授粉组合进行结实率统计用来对繁育系统进行验证,授粉试验结果繁育系统预测结果一致。本文仅对金叶含笑进行两种评判标准下的繁育系统的判定,未进行结实率、结籽率和种子质量的验证。在今后的研究中,对金叶含笑繁育系统进行进一步的检验以及访花昆虫的观测,以期完善金叶含笑传粉生物学领域的研究,为金叶含笑杂交育种、丰富含笑属种质资源提供理论基础。

参考文献

柴弋霞, 2018. 紫花含笑传粉生物学与杂交育种研究[D]. 长沙:中南林业科技大学.

柴弋霞, 蔡梦颖, 金晓玲, 等, 2017. 紫花含笑传粉生物学初探[J]. 广西植物, 37(10):1322-1329.

李晓征, 彭峰, 徐迎春, 等, 2005. 不同遮荫下多脉青冈和金叶含笑幼苗叶片的气体交换日变化[J]. 浙江林学院学报(4):380-384.

刘宝, 曾杰, 程伟, 等, 2008. 木本植物花粉采集、贮藏与活力检测的研究进展[J]. 广西林业科学(2):76-79.

刘晓玲, 金晓玲, 沈守云, 2016. 醉香含笑(Michelia macclurei)开花特征与花粉活力研究[M]//中国园艺学会观赏园艺专业委员会张启翔. 中国观赏园艺研究进展 2016. 北京:中国林业出版社.

刘映良, 柳青, 陈丽, 等, 2012. 金叶含笑假种皮精油的提取与分析[J]. 光谱实验室, 29(5):2790-2793.

孟希, 王若涵, 谢磊, 等, 2011. 广玉兰开花动态与雌雄异熟机制的研究[J]. 北京林业大学学报, 33(4):63-69.

明军, 顾万春, 2004. 中国含笑属植物研究进展[J]. 中南林学院学报(5):147-152.

钱一凡, 黎云祥, 陈兰英, 等, 2015. 深山含笑传粉生物学研究[J]. 广西植物, 35(1):36-41, 108.

覃文更, 覃国乐, 覃文渊, 等, 2012. 单性木兰开花物候与气象因子的相关性分析[J]. 西部林业科学, 41(5):100-103.

王琳, 郑育桃, 伍艳芳, 等, 2017. 气象因子对芳香植物始花期的影响[J]. 经济林研究, 35(2):194-199.

叶利民, 2012. 温度、蔗糖和硼酸对含笑花粉离体萌发的影响[J]. 中国野生植物资源, 31(2):41-43.

张吉华, 娄开华, 邹玉芬, 等, 2005. 金叶含笑引种试验初报[J]. 内蒙古农业科技(S2):176-179.

张瑞, 李洋, 梁有旺, 等, 2013. 薄壳山核桃花粉离体萌发和花粉管生长特性研究[J]. 西北植物学报, 33(9):1916-1922.

钟瑞敏, 张振明, 曾庆孝, 等, 2005. 金叶含笑中芳香精油成分的气相色谱-质谱分析[J]. 植物生理学通讯(4):505-508.

Cruden RW, 1977. Pollen-ovulerations: a conservative indicator of breeding systems in flowering plants[J]. Evolution, 31:32-46.

Dafni A, 1992. Pollinationecology: a practical approach[M]. Oxford: Oxford University Press.

外源喷施乙酸对杜鹃黄化叶片复绿及叶绿素荧光参数的影响

毛静 童俊 徐冬云 杨品 周媛*

（武汉市农业科学院，林业果树研究所，武汉 430075）

摘要 杜鹃是典型的酸性土植物，在碱性栽培基质中叶片黄化而使得整株生长不良。以杜鹃园艺品种"胭脂蜜"黄化植株为试验材料，采用不同浓度的乙酸对杜鹃叶片进行喷施处理，检测杜鹃萌发新叶与黄化叶的叶绿素相对含量与叶绿素荧光参数，比对处理前后植株复绿效果。结果显示：乙酸浓度(v/v)为 0.01% 时，萌发新叶的叶绿素含量显著提升；而乙酸浓度为 0.10% 时黄化叶片复绿效果较为明显；叶绿素荧光参数结果表明黄化植株正在遭受碱性栽培基质或缺铁性胁迫；0.1% 与 0.01% 浓度的乙酸处理后，新叶 Fo 下降幅度较 1.0% 乙酸大；而 0.1% 乙酸对黄化叶片 Fo 下调幅度最大；浓度 0.1% 与 0.01% 乙酸处理后黄化叶片的 Fv/Fm 与 Fv/Fo 两项荧光参数有明显提升，而乙酸浓度 1.0% 则导致黄化叶片光合活性损伤更为严重。进一步观察杜鹃整株生长状况并结合基质 pH 值变化结果，可见，高浓度(1.0%)乙酸对杜鹃黄化植株造成负面影响，较低浓度的乙酸(0.1%)对杜鹃黄化植株的复绿效果最好。

关键词 杜鹃；乙酸；黄化；复绿；叶绿素荧光

Effect of Exogenous Acetic Acid Application on Regreening and Chlorophyll Fluorescence Parameters in Chlorosis Leaves of Rhododendron

MAO Jing TONG Jun XU Dong-yun YANG Pin ZHOU Yuan*

(Institute of Forestry and Fruit Tree, Wuhan Academy of Agricultural Sciences, Wuhan 430075)

Abstract Rhododendron is one of the typical acid-soil plant that chlorosis and unhealthy growth happened in alkaline medium. Taking the Rhododendron cultivar 'Yanzhimi' as material to study three different concentrations of acetic acid spraying treatment on leaves chlorophyll content and fluorescence, the regreening effects of chlorosis Rhododendron were compared. The results showed that, 0.01% acetic acid could significantly improve the chlorophyll content in the new leaves while with the concentration of 0.1% chlorosis leaves regreened best. Chlorophyll fluorescence parameters showed that the chlorosis plants were suffered from the alkaline medium or iron deficiency. Acetic acid treatment with the level of 0.1% and 0.01% decreased Fo value more in new leaves than the level of 1.0%, while 0.1% level could significantly depress Fo in the yellow leaves. Fv/Fm and Fv/Fo were obviously increased after the treatment of 0.1% and 0.01% Acetic acid, but 1.0% Acetic acid intensified the damage of Photosynthetic activity. The recovery of the whole plants and the pH value change of the media were further confirmed. It could be concluded that level 1.0% is too high to regreen the leaves, and the acetic acid level of 0.1% could efficiently recover the chlorosis rhododendron.

Key words Rhododendron; Acetic acid; Chlorosis; Regreening; Chlorophyll fluorescence

杜鹃是杜鹃花属(*Rhododendron* L.)植物的统称，泛指杜鹃花科杜鹃花属植物，是世界著名观赏花卉，

---

1 基金项目：湖北省技术创新重大专项"茶花、杜鹃优质抗性新品种选育与应用研究"（2017ABA162）；武汉市农科院青年创新项目"多组学技术探究杜鹃响应冠网蝽侵害的防御机制"（QNCX202112）。

第一作者简介：毛静，女，1980 年出生，湖北武汉人，博士，主要从事观赏植物种质资源收集与抗逆性评价研究。通信地址：430075 湖北省武汉市洪山区珞瑜东路 38 号 武汉市农业科学院林业果树研究所，Tel：027-87518860，E-mail：jeanmao2008@163.com。

* 通讯作者：周媛，女，1981 年出生，湖北武汉人，高级工程师，博士，主要从事观赏植物抗逆性评价与分子生物学研究。通信地址：430075 湖北省武汉市洪山区珞瑜东路 38 号 武汉市农业科学院林业果树研究所，Tel：027-87518860，E-mail：zhouyuan@wuhanagri.com。

也是我国传统的十大名花之一,享有"花中西施"的美誉,因其花色艳丽,绿叶鲜亮,充满野趣等特点备受人们喜爱。杜鹃花属各原种多生于山区雨水较多的酸性水土地区,其共同的生态习性是要求酸性土壤,忌碱性水土。杜鹃适合在pH4.0~6.0的土壤中生长,多数种的最适pH在4.5~5.5之间,因此是典型的酸性土植物之一(刘攀 等,2020;林斌,2008)。它们在碱性栽培基质中生长不良或不能生长,表现为新叶失绿,叶肉呈黄绿色,仅叶脉为绿色;严重时,叶变小而薄,叶肉呈黄白色,叶尖出现棕褐色枯斑或焦尖,甚至枯落;由于缺少叶绿素,影响光合作用,生长衰弱,品质下降(王玉华和王丽云,1997)。

对于碱性土壤引起的失绿,一般会采取土壤增施铁螯合剂等方法来改善这种状况,然而却难以收到良好的效果(郭爱霞 等,2018)。事实上,造成植物叶片黄化失绿的原因并非土壤中铁的含量不足,而是由于土壤中有效铁的含量降低,导致铁离子以Fe^{3+}的形式在根系细胞液泡和土壤中沉淀下来,而无法运送到地上部最终导致叶片失绿(叶振风 等,2019)。因此,解决这一问题的可行性措施应是设法提高土壤中铁的生物有效性和植物对铁的利用和再利用能力,而并非一味盲目地向土壤中施用铁肥。

植物通过叶面吸收营养物质速度快、见效快。通过叶片喷施改善植物叶片黄化已在一些植物种类中有报道和应用(贾兵 等,2020;马晓丽 等,2018)。但由于不同植物种或品种叶表性状不一样,对铁的吸收和对酸性溶液的耐受能力不同,最终喷施的试剂或浓度水平会有所不同:对于黄化严重,叶面角质层厚、发育成熟的植株,可使用较高浓度酸性溶液或增加喷施次数;反之,则减小浓度。过高浓度,会造成严重的药害,引起叶片灼伤、落叶等。

本研究通过选定的乙酸浓度和硫酸亚铁的组合,对盆栽杜鹃黄化叶片进行喷施处理;检测比对处理后杜鹃新、老叶片的叶绿素荧光参数特征以及叶绿素含量变化,分析不同处理对杜鹃叶片黄化复绿的影响效果,以期为常绿类杜鹃盆栽过程中叶片失绿黄化、生长缓慢的问题提供科学依据与技术支持。

1 材料与方法

1.1 试验材料

(1)植物材料:选用杜鹃花东鹃品种'胭脂蜜'系2017年浙江引种至武汉市农科院武湖杜鹃资源圃盆栽苗;盆土采用东北泥炭土、珍珠岩、园土按1∶1∶1混合,经检测土壤pH6.8~7.0。采用210mm×190mm双色盆对杜鹃种苗进行盆栽。挑选新叶开始出现黄化,老叶已有部分黄化的盆栽苗进行试验;所选盆栽苗蓬径30~40cm,株高40~50cm。

(2)试验试剂:所用乙酸为国药集团化学试剂有限公司生产的分析纯溶液试剂(≥99.5%)。用蒸馏水将乙酸化学纯试剂分别稀释至体积比(v/v)为1%,0.1%,0.01%,各存于1L喷壶备用;喷施溶液现配现用。

1.2 方法

(1)试剂喷施处理:将不同浓度的乙酸溶液分别均匀地喷施于杜鹃盆栽苗基部;每盆喷施100ml左右;24h后,栽培基质中灌施0.1%硫酸亚铁溶液,每盆浇灌100ml左右;以纯水喷施浇灌作为对照;每2周处理一次,共处理3次;定期观察叶片生长情况。

(2)测定方法:3个月后对试剂处理后的盆栽杜鹃进行叶绿素含量与叶绿素荧光参数测定。跟踪观测盆栽杜鹃根际pH。

叶绿素含量测定:叶绿素抽提采用0.1叶片鲜样,与0.2g石英砂混合,加入4ml 95%乙醇研磨;将混合液离心,取0.5ml上清液加入2ml 95%乙醇,在波长665nm、649nm和470nm下测定吸光度。

叶绿素荧光参数测定:选择晴朗无风的天气于8:00~11:00测定乙酸处理的杜鹃叶片的荧光参数。每一处理从每一品种中选取3株具有代表性的植株,每株选取3个植株上部第1~2轮完整叶片,采用美国产的Li-6400XT型便携光合测定仪进行活体测定。测量前将叶片用锡纸包住做30min暗适应后,测定初始荧光值(F_o)、最大荧光值(F_m)、潜在光化学效率(F_v/F_o)和最大光化学效率(F_v/F_m)。

盆栽杜鹃根际基质pH检测:采用上海研衡仪器有限公司生产的土壤检测仪对不同浓度乙酸处理的杜鹃盆栽基质进行pH测定;每盆杜鹃盆栽在乙酸喷施前检测1次;乙酸处理后硫酸亚铁浇灌前检测1次;硫酸亚铁浇灌后即测定1次。

2 结果分析

2.1 不同浓度乙酸处理对叶片叶绿素含量的影响

经不同浓度乙酸处理3个月后,杜鹃黄化植株表现不同程度的复绿效果。其中经0.01%乙酸对已经黄化的叶片复绿效果不明显,但萌发的新叶呈现绿色(图1A);0.1%乙酸处理的杜鹃黄化叶片复绿效果最为明显,且萌发大量绿色新叶,生长势得以恢复(图1B);1%乙酸处理的盆栽苗萌发少量新叶呈现绿色,但老叶黄化加剧(图1C),植株生长势逐渐减弱。

根据这一现象,研究检测了不同浓度乙酸处理后杜鹃萌发的新叶以及黄化叶片的叶绿素含量变化。检

图 1 不同浓度乙酸处理 3 个月后盆栽杜鹃黄化叶片复绿效果

Fig. 1 Regreening effects on the potted Rhododendron of the acetic acid treatments with different concentration after 3 months.

备注：A-乙酸浓度 0.01%；B-乙酸浓度 0.1%；C-乙酸浓度 1%

测结果显示，经乙酸处理后，不论是萌发的新叶或是原已经黄化的叶片中叶绿素含量明显增加。相对已经黄化的叶片，新叶中叶绿素含量增长更为显著（图2A）；较低浓度（0.01%）的乙酸即对萌发的新叶中叶绿素含量具有明显提升作用，处理后新叶叶绿素含量增长至对照叶片（清水）的 2.01 倍；而 1% 与 0.1% 两个浓度处理之间差异相对较小，萌发的新叶中的叶绿素含量分别是对照叶片的 1.78 倍和 1.88 倍。由此可见乙酸在一定程度上促进了杜鹃黄化植株上萌发的新叶的叶绿素增加。

同时，结果还显示，对于已经出现黄化现象的杜鹃叶片，0.01% 的乙酸浓度的复绿效果较小，叶片中叶绿素含量处理后较对照增长 1.22 倍（图2B）；0.1% 的乙酸浓度则相对来说可以获得较好的复绿效果，叶片中的叶绿素相对含量增长了 3.16 倍；而当乙酸浓度高至 1% 时，黄化叶片中的叶绿素含量增长至对照 1.80 倍，但明显可见经 1% 浓度乙酸处理的黄化叶片有一定程度的损伤，具体表现为叶片出现喷洒状褐化斑点并后期有大量脱落（图1C）。

2.2 新、老叶片叶绿素荧光参数特征

叶绿素荧光参数能够对植物体内的光合作用运转情况进行无损伤诊断，可以反映出逆境胁迫下 PSII 反应中心的受损程度。Fo 表示初始荧光，又被称为 0 水平荧光和基础荧光，代表不参与光系统 II（PSII）反应中心处于完全开放时的荧光产量，在逆境胁迫下，其产量的增加表明 PSII 反应中心遭到了严重的破坏。

检测结果显示，经纯水处理的杜鹃黄化叶片的初始荧光（CK）明显高于新萌发的叶片，说明黄化叶片正在遭受土壤盐碱性胁迫或缺铁性胁迫，胁迫使 PSII 反应中心遭受了不同程度的损害（图3）。

结果还显示出，经过乙酸处理后，新叶和黄叶 Fo 均有不同程度的降低，说明胁迫程度在乙酸处理后有所缓解；在新叶样本对浓度较高的（1%）乙酸反应最为显著，Fo 下降至对照的 40.35%；乙酸浓度为 0.1% 或 0.01% 时，新萌发的叶片 Fo 的下降幅度差异不大，分别为对照清水处理叶片的 54.59% 与 56.18%；对于黄化叶片，适中的乙酸浓度（0.1%）对胁迫缓解的效果较好，Fo 值下降至清水对照处理的 50.46%；而 1% 与 0.01% 浓度水平的乙酸处理对黄叶的 Fo 影响差异较小，分别降低至对照的 66.55% 与 70.22%。

Fv/Fm 为最大光化学效率，是可变荧光（Fv）和最大荧光（Fm）的比值，可以反映出光反应中心 PSII

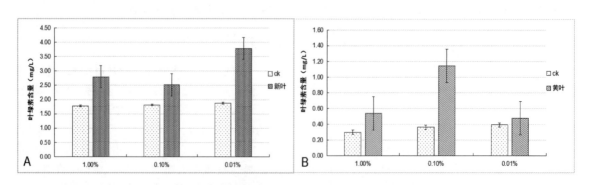

图 2 不同浓度乙酸处理后杜鹃叶片中的叶绿素含量变化

Fig. 2 Chlorophyll content change in Rhododendron leaves after the treatment of acetic acid with different concentration

备注：A. 新叶；B. 黄化叶片

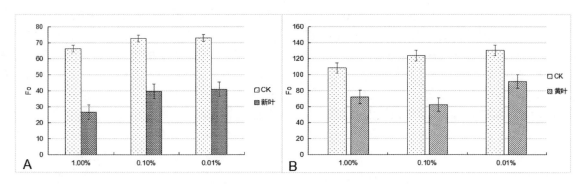

图3 不同浓度乙酸处理后杜鹃叶片 Fo 变化

Fig. 3 Chlorophyll Fo value change in Rhododendron leaves after the treatment ofacetic acid with different concentration

备注：A. 萌发新叶；B. 黄化老叶

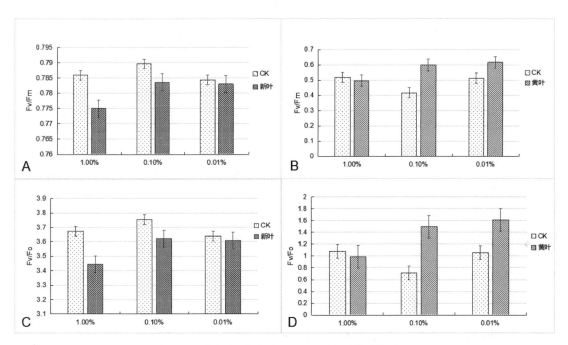

图4 不同浓度乙酸处理后杜鹃叶片荧光参数变化

Fig. 4 Chlorophyll fluorescence parameter change in Rhododendron leaves after the treatment of acetic acid with different concentration

备注：A. 新叶 Fv/Fm；B. 黄化叶片 Fv/Fm；C. 新叶 Fv/Fo；D. 黄化叶片 Fv/Fo

将光能转化为化学能的效率。在正常生长情况下，植物 Fv/Fm 的值比较稳定，当受到逆境胁迫时，Fv/Fm 的值会出现下降。检测结果显示，经不同浓度乙酸处理后的新叶的 Fv/Fm 值略有下降，但差异不明显，皆在纯水处理后萌发的新叶 Fv/Fm 的 98% 以上(图4A)。对于黄化叶片，1%乙酸处理后 Fv/Fm 变化相对较小；0.1%与 0.01%浓度的乙酸处理可以明显提升 Fv/Fm 值，分别增加至纯水对照的 1.44 倍与 1.20 倍(图4B)。

Fv/Fo 为潜在光化学效率，可以反映出光反应中心 PSⅡ的潜在活性。经不同浓度乙酸处理后，杜鹃新萌发叶片 Fv/Fo 较纯水中略有下降，分别降至对照的 93.79%、96.48%、99.20%；而黄化叶片的 Fv/Fo 则在乙酸浓度为 0.1%与 0.01%水平处理后明显提升至纯水对照的 2.09 倍和 1.53 倍(图4C，D)。

2.3 盆栽杜鹃根际基质 pH 变化

在喷施处理前检测不同的浓度乙酸水溶液的 pH 分别为：1%乙酸溶液 pH 2.8~2.9，0.1%乙酸溶液 pH 3.5~3.8，0.01%乙酸溶液 pH 4.0~4.1。当不同浓度乙酸溶液喷施处理后，杜鹃盆栽基质 pH 也发生了变化。从跟踪监测杜鹃盆栽基质的 pH 结果中可看出(图5)，经纯水喷施的基质在 1 个月、2 个月、3 个月时 pH 变化幅度较小，维持在 6.8~7.0；1%乙酸溶液处理对基质 pH 值影响最为显著，在第 1 个月时盆栽 pH 降至最低为 4.4；至第 3 个月时 pH 回升至

5.4，基质一直处于酸性较强的状态。浓度为0.1%与0.01%的乙酸溶液处理对杜鹃盆栽基质的pH影响较轻，仅在第1个月时将基质pH降至5.2~5.5，3个月时维持在比较理想的pH 6.1~6.5之间。可见，不同浓度的乙酸处理可使得杜鹃盆栽基质pH呈现酸性状态，较高的乙酸浓度可导致基质pH酸性过强或不利于杜鹃黄化叶片复绿生长。而0.1%~0.01%的乙酸处理后基质pH较为理想。

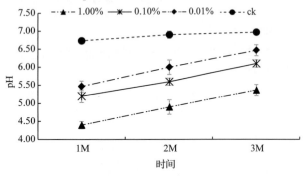

图5 不同浓度乙酸处理后杜鹃盆栽基质pH变化

Fig. 5 The change of pH value in potted cultivation medium of Rhododendron after the treatment of acetic acid with different concentration

3 讨论

植物在遭受土壤基质盐碱胁迫时，因铁元素等叶绿体合成必需元素的缺失，以及植物体内pH值的升高，导致光合系统受损；同时，当土壤胁迫缓和时，植物调控内源生理生化逐步恢复光合能力，从而可通过叶绿素荧光参数来监测植物对土壤pH变化的耐受能力（涂美艳 等，2018；赵婷 等，2020）。有研究报道，在水稻中通过改良土壤盐碱性可降低水稻叶片的初始荧光产量，同时增加叶绿素含量及叶绿素荧光参数，提高水稻叶片PSII系统的光合活性（胡慧 等，2019）。本研究不同浓度乙酸处理杜鹃栽培基质后，同样不仅降低了植株萌发新叶和黄化老叶中的F_o值，也明显提高了叶片中叶绿素含量，整株杜鹃苗逐渐复绿。

但植物对盐碱胁迫的反应能力是一个复杂的数量性状，单靠某一个叶绿素荧光参数进行评价，其结果或有不同，因而需要对多个参数进行分析评价（理挪 等，2018；牛锐敏 等，2018）。叶片最小初始荧光F_o常与植物叶绿素浓度相关；最大光合量子效率F_v/F_m和潜在光合效率F_v/F_o则表征叶片PSII光合过程中光能电子传递和光化学效率，反映植物光合作用强弱的生长状态（汤飞洋 等，2017；于海业 等，2017）。杜鹃萌发新叶在外源乙酸的处理后虽F_v/F_m与F_v/F_o略有下降，但较对照差异不显著；但0.1%与0.01%浓度水平的乙酸处理，可明显提升黄化叶片中的F_v/F_m与F_v/F_o值，说明叶片PSII反应中心的活性和光能转化效率在土壤基质酸性条件下有所提高，黄化叶片开始复绿。尤其是浓度为0.1%与0.01%的乙酸处理对黄化叶片的F_v/F_o有显著提升；而乙酸浓度高达1.0%时则导致黄化叶片光合活性损伤更为严重。因此，不同浓度乙酸对杜鹃叶片的F_v/F_o值影响也可看出，相对较低浓度的乙酸对黄化植株的复绿效果较好，酸性浓度过高或可造成负面效果。对于萌发的新叶，较高浓度的乙酸处理并不能有效提高F_v/F_m或F_v/F_o值，或可说明酸性过高反而对植株形成胁迫效应。

纵观多年以来研究杜鹃叶片黄化或缺铁失绿的原因及其防治方法的大量报道和文献记载（孙振元 等，2005；常美花 等，2007）。在同样的处理下，铁比其他元素难以见效，是植物矿质营养中的一个世界性难题。铁在石灰性土壤上施用，pH>6，则降效，pH 8以上几乎无效。杜鹃缺铁性失绿症主要是因为栽培基质pH偏高导致。而通过降低杜鹃盆栽基质的pH，使杜鹃缺铁性失绿黄化叶片复绿，至今还没有行之有效且简单易行能广泛应用的技术方法。在杜鹃生产中，有农户采用食醋浇灌杜鹃植株来控制叶片黄化；食醋虽为酸性，但成分较为复杂，也尚缺乏系统试验来验证食用醋对杜鹃生长的影响。采用乙酸单成分，配制成不同浓度（pH）溶液对杜鹃盆栽基质进行处理，能有效促进杜鹃黄化叶片复绿；并通过叶绿素含量和叶片荧光反应检测验证了乙酸处理对杜鹃黄化叶片复绿效果。通过系统研究酸性试剂对于杜鹃黄化叶片的控制恢复及其施用方法，可为杜鹃优质盆栽种苗生产中基质酸碱性调控提供科学技术依据。

参考文献

常美花，李文杰，张素英，2007. 杜鹃花黄叶病防治技术[J]. 北方园艺，2：47-48.

郭爱霞，王延秀，唐健，等，2018. 不同复合铁肥对石灰质土壤苹果黄化病的矫正效果[J]. 甘肃农业大学学报，3(53)：76-82.

胡慧，马帅国，田蕾，等，2019. 脱硫石膏改良盐碱土对水稻叶绿素荧光特性的影响[J]. 核农学报，33(12)：2439-2450.

贾兵，郭国凌，王友煜，等，2020. '黄金梨'缺铁黄化叶片受GA3诱导复绿的机理研[J]究. 园艺学报，47：1

−11.

理挪, 王培, 马志慧, 等, 2018. 酸铝复合胁迫对杉木苗叶绿素荧光的影响[J]. 福建农林大学学报(自然科学版), 47(6): 686-690.

林斌, 2008. 中国杜鹃花园艺品种及应用[J]. 北京: 中国林业出版社.

刘攀, 耿兴敏, 赵晖, 2020. 碱胁迫下杜鹃花抗氧化体系的响应及亚细胞分布[J]. 园艺学报, 47(5): 916-926.

马晓丽, 刘雪峰, 袁项成, 等, 2018. 树干输液和叶面喷施铁肥对缺铁黄化柑橘的矫正效果[J]. 安徽农业科学, 46(10): 115-117.

牛锐敏, 许泽华, 沈甜, 等, 2018. 盐胁迫对葡萄砧木生长和叶绿素荧光特性的影响[J]. 北方园艺, 21: 85-89.

孙振元, 徐文忠, 赵梁军, 2005. 高pH值和铁素对毛白杜鹃和迎红杜鹃根系Fe^{3+}还原酶活性的影响[J]. 核农学报, 19(6): 456-460.

汤飞洋, 金荷仙, 唐宇力, 2017. 不同程度干旱胁迫对4个杜鹃品种叶绿素荧光参数的影响[J]. 西北林学院学报, 32(5): 64-68.

涂美艳, 宋海岩, 陈栋, 等, 2018. 川中丘陵区碱性土对GF677和毛桃叶片光合特性及叶绿素荧光参数的影响[J]. 山地学报, 36(1): 153-162.

王玉华, 王丽云, 1997. 碱性水土地区盆栽杜鹃花缺铁黄化防治的研究[J]. 北京林业大学学报, 19(2): 63-68.

叶振风, 刘超, 衡伟, 等, 2019. 外源喷施$FeSO_4$对'黄金梨'黄化叶片氮代谢相关酶活性及基因表达量的影响[J]. 安徽农业大学学报, 46(2): 337-341.

于海业, 张雨晴, 刘爽, 等, 2017. 植物叶绿素荧光光谱的研究进展[J]. 北方园艺, 24: 194-198.

赵婷, 杨建宁, 吴玉霞, 等, 2020. 外源H_2S处理对盐碱胁迫下垂丝海棠幼苗生理特性的影响[J]. 果树学报, 37(8): 1156-1167.

盐碱胁迫对蜡梅种子萌发及生理特性的影响

任安琦 罗燕杰 禹世豪 李庆卫*

(花卉种质创新与分子育种北京市重点实验室,国家花卉工程技术研究中心,城乡生态环境北京实验室,园林环境教育部工程研究中心,林木花卉遗传育种教育部重点实验室,园林学院,北京林业大学,北京 100083)

摘要 以'小磬口'蜡梅种子为试材,将 NaCl、Na_2SO_4、$NaHCO_3$ 和 Na_2CO_3 以不同比例组合成 5 种类型,各组合类型下以不同浓度处理种子,观察种子萌发情况,再对抗氧化酶、游离脯氨酸、丙二醛等生理生化指标进行测定,在此基础上采用隶属函数值法对蜡梅种子进行耐盐碱性综合评价。研究结果表明:随着盐浓度增加,5 种类型盐碱胁迫下,蜡梅种子发芽率整体呈下降趋势;抗氧化酶活性、游离脯氨酸含量、可溶性蛋白含量呈先上升后下降趋势,可溶性糖含量、丙二醛含量呈上升趋势;蜡梅种子耐盐碱性综合评价结果表明,随碱性增强,蜡梅种子受胁迫程度整体呈上升趋势。

关键词 蜡梅;种子萌发;盐碱胁迫

Effect of Saline-Alkali Stress on Germination and Physiological Characteristics of *Chimonanthus praecox* seeds

REN An-qi LUO Yan-jie YU Shi-hao LI Qing-wei[1,*]

(*Beijing Key Laboratory of Ornamental Plants Germplasm Innovation & Molecular Breeding, National Engineering Research Center for Floriculture, Beijing Laboratory of Urban and Rural Ecological Environment, Engineering Research Center of Landscape Environment of Ministry of Education, Key Laboratory of Genetics and Breeding in Forest Trees and Ornamental Plants of Ministry of Education, School of Landscape Architecture, Beijing Forestry University, Beijing 100083, China*)

Abstract The seed of *Chimonanthus praecox* 'Xiaoqingkou' was used as the test material to study the combination of NaCl, Na_2SO_4, $NaHCO_3$ and Na_2CO_3 in different proportions into five types. The seeds were treated with different concentrations under each combination type to observe the germination of the seeds, and then the Physiological and biochemical index such as SOD, POD, free proline and MDA were measured. On this basis, the comprehensive salt and alkaline resistance of *C. praecox* seeds was studied by membership function method Evaluation. The results showed that: with the increase of salt concentration, the germination rate of five types of salt and alkali stress decreased as a whole. The activity of antioxidant enzymes (SOD, POD), the content of free proline and soluble protein increased first and then decreased, the content of soluble sugar and malondialdehyde increased. The comprehensive evaluation of salt and alkali tolerance of wintersweet seeds showed that with the increase of alkali, the germination rate of *C. praecox* seeds decreased Strong, the stress degree of *C. praecox* seeds is the greater trend.

Key words *Chimonanthus praecox*; Seed germination; Salt and alkali-stress

全球范围内广泛存在盐碱地,总面积约 9.54 亿 hm^2(郭勃,2015)。盐碱土中常含有钠盐、碳酸盐和碳酸氢盐等水溶性盐(樊兴路,2015;关元秀 等,2001),土壤盐渍化不仅影响农林牧业的生产,也阻

基金项目:北京林业大学建设世界一流学科和特色发展引导专项资金资助-园林植物高效繁殖与栽培养护技术研究(2019XKJS0324),科学研究与研究生培养共建科研项目-北京实验室(2016GJ-03),北京园林绿化增彩延绿科技创新工程-北京园林植物高效繁殖与栽培养护技术研究(2019-KJC-02-10)。

第一作者简介:任安琦(1997—),女,北京林业大学园林学院,在读硕士研究生。

*通讯作者:李庆卫,北京林业大学园林学院,教授。邮箱:lqw6809@bjfu.edu.cn。

碍生态环境的可持续发展,盐碱地的资源利用和改良已成为全球性的问题(Petelet-Giraud E 等,2013)。实践证明,利用耐盐植物可有效改良盐碱土壤(樊丽琴和杨建国,2010)。因此研究植物耐盐性,开发适应于盐碱地区的园林植物具有重要的现实意义。

蜡梅(*Chimonanthus praecox*)为蜡梅科蜡梅属植物,落叶丛生灌木,为第三纪孑遗植物。经过长期的栽培选育,现今有许多观赏品种,根据蜡梅内被片的颜色,将蜡梅分为素心、晕心以及红心蜡梅3个品种群(陈龙清 等,2004;陈龙清,2014)。目前对蜡梅的研究涉及品种分类、育种引种(Creech J L,1984;F. T 等,2001)、园林应用以及其他经济价值的开发利用(Dirr M A,1981;Marik Kitajima 和 Ikue Mori,2006)等方面。有研究发现蜡梅基因 *CpGlp* 和 *CpHSP*1与植物响应盐胁迫相关(刘朝显,2008;胡雨晴 等,2011),如今关于蜡梅抗盐性生理研究多以单盐 NaCl处理模拟自然条件,而土壤的实际状况是复杂的,盐化和碱化经常相伴发生,单一 NaCl 处理不足以反映实际的土壤情况,根据北方盐碱地主要盐碱成分组成和配比的特征,本研究以 NaCl、Na_2SO_4、$NaHCO_3$ 和 Na_2CO_3 组成混合盐碱,以碱性盐所占比例逐渐增大的顺序混合,进一步模拟土壤盐碱胁迫环境进行试验,为指导蜡梅在盐碱地区的栽培提供理论依据。

1 材料与方法

1.1 试材及取样

以北京香山公园蜡梅谷的素心蜡梅'小磬口'(*Chimonanthus praecox* 'Xiaoqingkou')为样本来源,所有蜡梅种子均于 2018 年 6 月 25 日果皮变黄时采收,采后立即剥种,选择籽粒直径大小均匀、颜色光泽明亮且纹理清晰的种子作为试验材料。所有试验均于北京林业大学梅菊圃的半坡温室内完成。

1.2 试验设计与方法

盐胁迫处理:蜡梅种子一经采回即用 800 倍多菌灵进行浸种灭菌,灭菌完成后用蒸馏水彻底洗净。选择 NaCl、Na_2SO_4、$NaHCO_3$ 和 Na_2CO_3 四种盐进行处理,通过不同的摩尔配比混合,分别用 A、B、C、D、E 表示。且每个配比内设置不同梯度的盐离子浓度为 0.2%、0.4%、0.6%、0.8% 和 1.0%,各处理组的具体配比设置见表 1。以蒸馏水作为 CK 组,每个处理 3 次重复。

表 1　各处理所含盐分及其摩尔比

Table 1　Salt and its molar ratio of each treatment group

处理组	NaCl	Na_2SO_4	$NaHCO_3$	Na_2CO_3
A	1	1	0	0
B	1	2	1	0
C	1	9	9	1
D	1	1	1	1
E	9	1	1	9

发芽率测定:将种子置于覆有已被灭菌的细沙的培养皿(Φ=15cm)中,每个培养皿中均匀放置 30 粒种子,每个处理重复 5 次,种子上覆一层薄沙(图1)。每个培养皿分别浇 100ml 蒸馏水,使用电子天平称重记录原始质量,每天通过称重法补充减少的水量,以确保培养皿中盐碱溶液的浓度保持不变。当胚根长出长度为种子整体长度的一半时视为种子已发芽,每日进行一次数据的观察和记录。所有的发芽试验在第 15d 结束,种子发芽率(%)计算公式如下:

种子发芽率(%)= 发芽种子数/种子总数×100%

图 1　种子试验材料及萌发示意图

Fig. 1　The materials and germination schematics of seeds

生理生化指标测定方法:当发芽试验结束后,立即将种子的种皮去除并取出种胚,将种胚用去离子水彻底洗净晾干后,测定各处理组的种胚的生理生化指标。丙二醛(malondialdehyde, MDA)含量测定参照硫代巴比妥酸法;可溶性蛋白含量(soluble protein, SP)测定参照考马斯亮蓝 G-250 染色法;游离脯氨酸含量(free proline, Pro)测定参照茚三酮比色法;可溶性糖含量(soluble sugar, SS)测定参照蒽酮比色法;超氧化物歧化酶活性(superoxide dismutase, SOD)测定参照氮蓝四唑法;过氧化物酶活性(peroxidase, POD)测定参照愈创木酚法(李合生,2006)。

1.3 试验数据处理及分析

数据采用 Excel 2018 进行计算,使用 SPSS 22.0 进行数据分析,用 Origin 2018 进行绘图。

2 结果与分析

2.1 不同配比和浓度的盐碱胁迫处理对蜡梅种子发芽率的影响

由图2可知，随着盐离子浓度增大，蜡梅种子发芽率降低，盐离子浓度为1%时，各处理组的发芽率最低，其中E组蜡梅种子萌芽率为0，高盐高碱处理对蜡梅种子存在强烈的抑制作用。A、C组的发芽率整体高于相应浓度的其他处理组，且自身CK组和0.2%盐离子浓度处理间发芽率差异不显著。

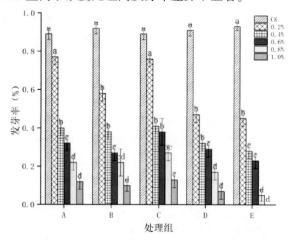

图2 盐碱胁迫对蜡梅种子发芽率的影响

Fig. 2　The effect on seed germination rate of *C. praecox* under saline-alkali stress

注：同一处理中不同小写字母表示1%水平显著性，数据为平均值±标准误差。

2.2 不同配比和浓度的盐碱胁迫对蜡梅种子SOD和POD活性的影响

由图3可知，随着盐浓度增大，各处理种子SOD活性呈先上升后下降趋势，SOD活性均值表现为A、B、C处理活性最强，D处理其次，E处理最差。各处理组的SOD活性均在0.4%或0.6%浓度下达到最大值，说明当盐胁迫处理水平中等时，对种子的SOD活性有促进作用。各处理组的SOD活性在CK处理和盐浓度为1%处理时都较差。

随着盐离子浓度的增大，各处理种子POD活性呈先增大后降低趋势。其中1%盐离子浓度处理条件下POD活性最低，且D、E配比组合的低于A、B、C处理。各处理条件下，0.8%和1%处理条件下POD活性均远低于CK组。说明盐胁迫处理水平太强时，蜡梅种子自身无法调控操纵体内活性氧自由基的清除。

2.3 不同配比和浓度的盐碱胁迫对蜡梅种子MDA、SP、SS和Pro含量的影响

由图4可知，随着盐离子浓度的增加，各处理组的MDA含量呈上升趋势，且E组中1%盐浓度处理的MDA含量显著高于其他处理。A组配比处理下，0.2%、0.4%盐浓度处理和CK组差异不显著，A、C、D组配比处理下，0.8%和1%差异不显著。说明盐离子浓度升高，细胞膜受损程度越大。

随着盐离子浓度的增加，各处理组的可溶性蛋白含量趋势变化不同。A、B、C组随着盐离子浓度增加可溶性蛋白含量逐渐上升，于1%浓度下达到极大值；D、E组先上升后下降，但D组可溶性蛋白最大值为0.4%浓度处理，E组最大值为0.2%浓度处理。说明A、B、C组中，盐离子浓度较高时，可溶性蛋白被大量合成用于抵御盐胁迫；而D、E组中，碱性盐含量较高，受离子毒害作用，可溶性蛋白被分解含量降低。

随着盐离子浓度上升，A、B、C、D处理组的可溶性糖呈上升趋势，E组的可溶性糖呈先上升后下

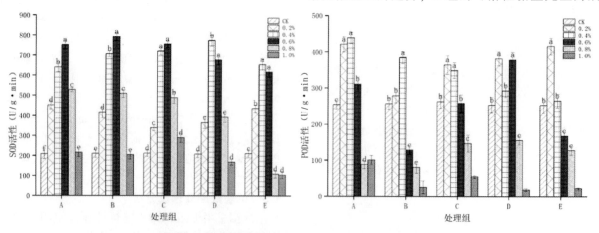

图3 盐碱胁迫对蜡梅种子SOD和POD活性的影响

Fig. 3　The effect on SOD and POD activity in the seeds of *C. praecox* under saline-alkali stress

注：同一处理中不同小写字母表示1%水平显著性，数据为平均值±标准误差

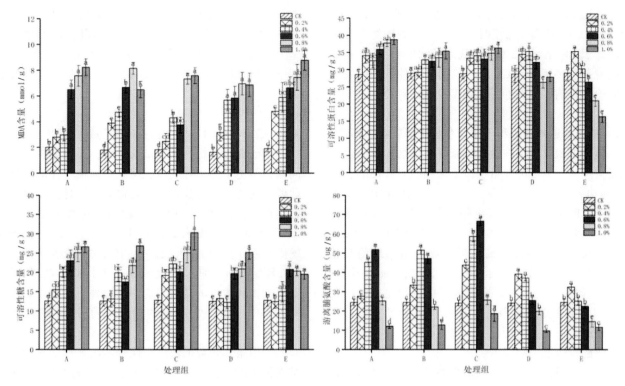

图 4 盐碱胁迫对蜡梅种子 MDA、SP、SS 和 Pro 含量的影响

Fig. 4 The effect on MDA, SS, SP and Pro content in the seeds of *C. praecox* under saline-alkali stress

注：同一处理中不同小写字母表示 1% 水平显著性，数据为平均值±标准误差

降，但 0.6%~1% 之间下降差异不显著，极大值出现在 0.4% 盐离子浓度时。B、C 组均在 0.6% 盐离子浓度时出现可溶性糖含量的一次小下降，但同 0.4% 盐离子浓度时比较差异不显著。说明可溶性糖在高盐高碱时被大量合成用于抵御盐胁迫。

随着盐离子浓度上升，不同处理组中游离脯氨酸呈先上升后下降趋势，A、C 组中在 0.6% 时出现极大值，B 组在 0.4% 时出现极大值，D、E 组在 0.2% 时出现极大值。所有处理组在 1% 盐离子浓度时游离脯氨酸含量均为最小值，且都低于 CK 组游离脯氨酸含量。说明盐离子浓度较高时，蜡梅种子进行自我渗透调节能力大幅降低。

2.4 蜡梅种子对不同类型盐碱耐性综合评价

为综合评价蜡梅种子耐盐碱能力的大小，发芽率、SOD 活性、POD 活性、SS 含量、SP 含量、Pro 含量采用隶属函数计算，MDA 含量采用反隶属函数计算(李彦 等，2008)。

使用 5 个处理组 A、B、C、D、E 的各生理生化指标隶属度的平均值作为蜡梅种子对不同类型盐碱耐性综合鉴定标准进行比较，综合评定结果如表 2 所示，不同类型盐碱对蜡梅种子胁迫程度由小到大依次为：C<A<B<D<E。

表 2 蜡梅种子对不同类型盐碱耐性综合评价

Table 2 Comprehensive comparison result of resistance of *C. praecox* under saline-alkali stress

处理组	发芽率	SOD	POD	MDA	SS	SP	Pro	综合评价	位次
A	0.90	0.61	1.00	0.24	0.66	1.00	0.35	0.68	2
B	0.77	0.54	0.08	1.00	0.69	0.85	0.27	0.60	3
C	1.00	1.00	0.44	0.53	1.00	0.89	1.00	0.84	1
D	0.51	0.35	0.00	0.84	0.53	0.51	0.00	0.39	4
E	0.00	0.00	0.04	0.00	0.00	0.00	0.21	0.04	5

3 结论与讨论

3.1 盐碱胁迫对蜡梅种子萌发率的影响

盐碱胁迫下，植物种子耐盐性大小会影响其自身萌发的能力。通过观察并记录分析种子的萌发率，可以一定程度反映种子在苗期的耐盐性(陈彦，2006)。本研究中蜡梅种子的发芽率随盐浓度升高而下降，这与皂荚种子对盐碱胁迫的反应结论一致(王妮妮，2017)。当盐离子胁迫浓度为 0.2% 时，A、C 处理组的种子发芽率和 CK 组没有显著性差异，表明种子萌发并未受到明显抑制，这与邵金彩研究蜡梅在 NaCl 胁迫下种子萌发率的结论一致(邵金彩，2017)。各处理组的种子发芽率在 1.0% 盐离子浓度时出现极小值，E 处理发芽率为 0，高盐条件严重抑制了种子的萌发，这与紫穗槐种子耐盐性的研究结果一致（陈培玉，2013）。0.4%盐离子浓度时，A、B、C处理组发芽率显著低于CK组，0.2%浓度盐离子浓度时，D、E处理组发芽率显著低于CK组，说明蜡梅种子的萌发受盐胁迫的影响和盐碱的混合类型及配比有关。

3.2 盐碱胁迫对蜡梅种子生理生化指标变化的影响

植物细胞膜透性在盐胁迫条件下增加，膜脂过氧化反应加速，丙二醛含量可以反映细胞膜受损的程度（时丽冉，2007；杨科 等，2009）。本研究中，随着盐离子浓度增大，各处理组蜡梅种子MDA含量呈上升趋势，其中不同盐浓度处理下E处理组的MDA含量均比较高，说明高盐高碱条件影响植物细胞膜功能，这与Wang Q Z(Wang Q Z 等，2012；Lee D H 等，2001)的研究结论一致。蜡梅种子在低盐胁迫时会产生更多酶类来进行调节，SOD与POD活性在低盐胁迫时升高且有相似的变化，而高盐胁迫下蜡梅种子对活性氧的抵御能力被降低。

为了应对盐胁迫，植物需要通过积累渗透调节物质来进行自我调节。本研究中，随着盐浓度增加Pro的含量先上升后下降，这种趋势与鲁艳等研究结论类似（鲁艳 等，2014）。随着盐离子浓度增加，A、B、C各处理组中可溶性蛋白含量整体升高，表明在一定盐浓度范围内细胞可以通过合成大量蛋白质调节细胞渗透势，适应盐碱胁迫；D、E处理中可溶性蛋白含量随盐离子浓度增加而降低，这种趋势与刘建新等在对燕麦耐盐碱性的研究中的结论类似（刘建新 等，2015）。各处理组中，可溶性糖含量随盐浓度增加均呈上升趋势。总体来看，在渗透调节方面，D、E处理中可溶性糖含量与可溶性蛋白含量有一定的互补关系。

3.3 蜡梅种子对不同类型盐碱耐性综合评价

本研究以蜡梅种子为试验材料，通过分析其在不同盐碱胁迫下的生理响应，探究蜡梅种子在萌发期耐盐碱的能力。综合分析盐碱胁迫对蜡梅种子发芽率等各生理生化指标的影响，发现在0.2%盐浓度下，A、C处理组种子萌发未受到抑制，D、E处理组种子萌发则受到了严重抑制。此外，在0.4%浓度下A、B、C处理组的种子萌发均受到了严重抑制。结果表明，不同配比和浓度的盐碱胁迫对蜡梅种子的萌发影响不同，其中A、C处理组的蜡梅种子相对较耐低盐胁迫。

采用隶属函数值法综合比较不同类型盐碱胁迫下蜡梅种子的受害程度，结果由小到大依次为：C<A<B<D<E。随着碱性增强，种子受胁迫程度逐渐增大。对于丰富盐碱地区的植物应用，本研究可以提供相关理论参考。混合盐碱胁迫除了盐胁迫、碱胁迫的简单叠加之外，两者的协同作用及其他生物、非生物因素（杨凤英 等，2007）对蜡梅种子萌发的相关影响还有待深入探究。

参考文献

陈龙清，赵凯歌，周明芹，2004. 蜡梅品种分类体系探讨[J]. 北京林业大学学报，(S1)：88-90.

陈龙清，2014. 蜡梅属品种国际登录工作紧锣密鼓[J]. 中国花卉园艺，(9)：18-19.

陈培玉，2013. 盐碱胁迫对紫穗槐种子萌发及幼苗的影响[D]. 郑州：河南农业大学.

陈彦，2006. NaCl胁迫对紫薇种子萌发的影响[J]. 种子，26(11)：9-13.

樊丽琴，杨建国，20101. 盐碱地改良措施对盐荒地土壤盐分及油葵产量的影响[J]. 西北农业学报，19(9)：154-158.

樊兴路，2015. 文冠果无性系早期选择研究及幼苗对盐碱胁迫的响应[D]. 太原：山西农业大学.

关元秀，刘高焕，王劲峰，2001. 基于GIS的黄河三角洲盐碱地改良分区[J]. 地理学报(2)：198-205.

郭勃，2015. 基于RS和GIS的黄河三角洲盐碱地分级与治理研究[D]. 济南：山东师范大学.

胡雨晴，孙文婷，马婧，2011. 蜡梅热激蛋白基因 CpHSP1 的克隆与表达分析[J]. 林业科学，47(5)：162-167.

李合生，2006. 植物生理生化试验原理和技术[M]. 北京：高等教育出版社.

李彦，张英鹏，孙明，等，2008. 盐分胁迫对植物的影响及植物耐盐机理研究进展[J]. 中国农学通报(1)：258-265.

刘朝显，2008. 蜡梅 Cpglp 基因功能的初步研究[D]. 重庆：西南大学.

刘建新，王金成，王瑞娟，等，2015. 盐、碱胁迫对燕麦幼苗光合作用的影响[J]. 干旱地区农业研究，33(6)：155-160.

鲁艳，雷加强，曾凡江，等，2014. NaCl胁迫对大果白刺幼苗生长和抗逆生理持性的影响[J]. 应用生态学报，25(3)：711-717.

邵金彩，刘玉霞，杨佳鑫，等，2017. 盐胁迫对蜡梅种子萌发及幼苗生长的影响[J]. 浙江农业学报，29(7)：1139-1143.

时丽冉，2007. 混合盐碱胁迫对玉米种子萌发的影响[J].

衡水学院学报, 9(10): 13-15.
王妮妮, 2017. 混合盐碱胁迫对皂荚种子萌发的影响[D]. 哈尔滨: 东北林业大学.
杨凤英, 吕德国, 秦嗣军, 2007. NaCl 和 NaHCO$_3$ 处理对本溪山樱保护酶及相关指标的影响[J]. 沈阳农业大学学报(3): 287-290.
杨科, 张保军, 胡银岗, 等, 2009. 混合盐碱胁迫对燕麦种子萌发及幼苗生理生化特性的影响[J]. 干旱地区农业研究, 27(23): 188-191.
Creech J L, 1984. Asian natives for American. Two hardy, interesting shrubs from China[J]. American Nurseryman, 160: 12, 70.
Dirr M A, 1981. Fragrant winter sweet adds to southern gardens [J]. American Nursery man. 154(8): 9, 40, 42.
F. T, Lasseigne, P. R, Fantz, J.C, Raulston, et al, 2001. ×Sinocalycalycanthus raulstonii (Calycanthaceae): A New Intergeneric Hybrid between Sinocalycanthus chinensis and Calycanthus floridus [J]. HortScience, 36(4): 765-767.
Lee D H, Kim Y S, Lee C B, 2001. The inductive responses of the antioxidant enzymes by salt stress in the rice (Oryza sativa L.)[J]. Plant Physiol, 158: 737-745.
Marik Kitajima, Ikue Mori, 2006. Two new tryptamine-derived alkaloids from Ch. *Praecox conclolor*[J]. Tetrahe-dron Letters, 47: 3199-3202.
Petelet-Giraud E, Négrel P, Guerrot C, et al, 2003. Origins and processes of salinization of a Plio-quaternary coastal Mediterranean multilayer aquifer, the Roussillon Basin case study [J]. Procedia Earth and Planetary Science, 2013, 7: 681-684.
Wang Q Z, Wu C H, Xie B, et al, 2002. Model analysing the antioxidant responses of leaves and roots of switchgrass to NaCl-salinity stress[J]. Plant Physiol Biochem, 58: 288-296.

花卉繁殖技术

黑果枸杞(*Lycium ruthenicum*)组培快繁技术研究

苏源　曾文静　王四清*

(花卉种质创新与分子育种北京市重点实验室，国家花卉工程技术研究中心，城乡生态环境北京实验室，园林环境教育部工程研究中心，林木花卉遗传育种教育部重点实验室，园林学院，北京林业大学，北京 100083)

摘要　建立黑果枸杞(*Lycium ruthenicum*)组培快繁体系对黑果枸杞优良株系的繁殖、推广、产业化开发利用具有重要意义。本研究以本课题组选育的黑果枸杞优株'大果一号'休眠枝在组培室水培后萌发的腋芽为外植体，研究了外植体消毒方法、不同种类和浓度生长调节剂对茎段芽诱导、无菌叶片愈伤诱导与不定芽分化、生根培养的影响，建立了高效的组培快繁体系。结果表明：(1)采用10%的次氯酸钠溶液对外植体消毒15min 效果最好，污染率为 6.67%±5.77%，启动率达 86.68%±5.77%。(2)6-BA 浓度对茎段芽诱导系数、玻璃化率、株高有显著影响，NAA 浓度对玻璃化率有显著影响。最佳茎段芽诱导培养基为：MS+0.05mg/L 6-BA+0.025mg/L NAA，芽诱导系数为 4.07±0.20，玻璃化率为 6.67%±3.33%；(3)6-BA 浓度、6BA 与 NAA 的交互作用对无菌叶片愈伤诱导率和愈伤组织鲜重有显著影响，NAA 浓度对愈伤组织鲜重有显著影响。无菌叶片愈伤诱导最佳培养基为：MS+0.2mg/L 6-BA+0.3mg/L NAA，诱导率达到 83.33%±6.67%；(4)愈伤组织的不定芽分化受到 6-BA 浓度、光照条件、生长素种类的显著影响，16h/d 光照处理优于暗处理、NAA 优于 IBA。该阶段最适合培养基为：MS+0.2mg/L 6-BA+0.1mg/L NAA，不定芽分化系数达 12.00±1.62。(5)IBA 促进生根的效果显著优于同浓度的 NAA。最佳生根培养基为：MS+0.1mg/L IBA，培养 10d 后经过炼苗即可进行移栽。

关键词　黑果枸杞；外植体；组织培养；愈伤组织诱导

Study on Tissue Culture and Rapid Propagation of *Lycium ruthenicum*

SU Yuan　ZENG Wen-jing　WANG Si-qing*

(*Beijing Key Laboratory of Ornamental Plants Germplasm Innovation & Molecular Breeding, National Engineering Research Center for Floriculture, Beijing Laboratory of Urban and Rural Ecological Environment, Engineering Research Center of Landscape Environment of Ministry of Education, Key Laboratory of Genetics and Breeding in Forest Trees and Ornamental Plants of Ministry of Education, School of Landscape Architecture, Beijing Forestry University, Beijing 100083, China*)

Abstract　The establishment of tissue culture and rapid propagation system of *Lycium ruthenicum* has a great significance to its propagation, promotion, industrialization development and utilization. In this paper, the axillary buds which had been broken dormancy in tissue culture room of branches of *L. ruthenicum* 'Daguo No.1' were used as explants. The disinfection methods of explants, effects of the addition of different plant growth regulators on the shoot induction of stem segment, callus induction of sterile leaves, differentiation of callus and rooting culture were investigated and an efficient tissue culture and rapid propagation system of *L. ruthenicum* was established. The results indicated that: sterilizing the stem segments in 10% hypochlorite solution for 15min had the best disinfection effect, the contamination rate was 6.67%±5.77%, and the activation rate was up to 86.68%±5.77%. Vitrification rate and shoot induction coefficient were significantly influenced by the concentration of 6-BA and the concentration of NAA could significantly affect vitrification rate. MS+0.05mg/L 6-BA+0.025mg/L NAA was the most suitable medium for shoot induction of stem segment, the shoot induction coefficient was 4.07±0.20 and the vitrification rate was 6.67%±3.33%. In callus induction, fresh weight and induction rate were significantly influenced by the concentration of 6

第一作者简介：苏源(1995-)，女，硕士研究生，主要从事园林植物高效繁育研究。
* 通讯作者：王四清，职称：教授，E-mail: wangsiqing547@sina.com。

-BA and the interaction between 6BA and NAA and the concentration of NAA could significantly affect the fresh weight. MS+0.2mg/L 6-BA+0.3mg/L NAA was the best callus induction medium of sterile leaves, the callus induction rate reached 83.33%±6.67%. The concentration of 6-BA, the light condition and type of auxin significant influenced the differentiation of adventitious buds from callus, 16h/d light treatment was significantly better than dark treatment and NAA performed better than IBA. The optimal medium in this stage was MS+0.2mg/L 6-BA+0.1mg/L NAA, the adventitious buds differentiation coefficient was 12.00±1.62. The optimum rooting medium was 1/2MS+0.1mg/L IBA. After 10 days of culture, the plantlets could be transplanted after acclimatization.

Key words *Lycium ruthenicum*; Explants; Tissue culture; Callus induction

黑果枸杞(*Lycium ruthenicum*)为茄科枸杞属多年生小灌木,主要分布于宁夏、青海等地。黑果枸杞的果实富含多种多糖、黄酮类物质、原花青素、游离态的氨基酸(李淑珍和李进,2011)及矿物质,是目前发现的原花青素含量最高的野生植物(矫晓丽 等,2011)。相关研究表明黑果枸杞果实的各类提取物具有提高人体免疫力(Peng Q, 2016)、预防炎症(Yin J, 2017)、抗氧化、减轻高脂饮食引起的非酒精性脂肪肝疾病(Lin J Y, 2015)、降血脂防止动脉硬化(林丽 等,2012)、降血糖防止糖尿病(汪建红 等,2009)等药用作用。此外,黑果枸杞环境适应能力强、生态功能优异,能够有效降低土壤盐浓度、改良盐渍土壤,是良好的盐碱地绿化、防风固沙、水土保持植物(陈海魁 等,2008)。因此,黑果枸杞是盐碱、干旱地区最具开发潜力和价值的植物品种之一。

随着黑果枸杞药用作用的宣传与推广,人们对其需求量也逐渐增加。目前过度的采摘和移栽对黑果枸杞野生资源造成巨大破坏,产量急剧下降,种子繁殖的黑果枸杞果实质量参差不齐,不能满足市场的需求。无论是以种源保护还是市场开发为目的,建立黑果枸杞人工快繁体系已迫在眉睫(李娜 等,2020)。目前报道的黑果枸杞组培体系的建立主要以种子为材料(李娜 等,2020;汪清锐和吕林芳,2019;戴逢斌 等,2019;王静 等,2019;曹君迈 等,2018;陈海军 等,2018;冀菲 等,2016;杨宁 等,2016;乔永旭,2015),但播种获得的无菌苗不能保持母株的优良特性。以黑果枸杞优株茎段(王聪慧 等,2019;陈健和柴勇,2018;李媛媛 等,2017;李小艳 等,2017;胡相伟 等,2015)或叶片(孙晓红 等,2016)为外植体进行优株扩繁的研究较少。尽管黑果枸杞离体快繁技术取得了一定的进展,但仍缺乏系统、深入的研究,不能满足优良株系规模化快速繁殖的需求。

本研究以'大果一号'黑果枸杞休眠枝萌发的腋芽为外植体,研究了外植体消毒方法、不同种类和浓度生长调节剂对茎段芽诱导、无菌叶片愈伤诱导与不定芽分化、生根培养的影响,为实现黑果枸杞高效组培快繁提供技术支持。

1 材料与方法

1.1 试验材料

2018年12月从本课题组选育的优良大果粒优选植株'大果一号'黑果枸杞上截取粗约1cm左右的休眠枝条,经多菌灵和抗生素处理后置于25℃的组培室内水培,1个月后剪下枝条萌发的腋芽作为外植体。

1.2 基本培养基与培养条件

本文各试验培养基的基本培养基为MS+30g/L蔗糖+6.5g/L琼脂(pH 5.8)。组培室的培养条件为25℃,光照16h/d,光照强度1500~2000lx。

1.3 外植体消毒和初代培养

外植体经流水冲洗30min后,在超净工作台上,以10%次氯酸钠溶液进行表面消毒,分别处理10min、15min、30min后再用无菌水冲洗3次。去除多余叶片及受伤的端部,剪成长1.5~2cm的茎段接种到基本培养基上,每处理接种10瓶,每瓶1棵,重复3次。30d后统计污染率、启动率。

污染率=污染外植体数/接种外植体数×100%
启动率=萌动的外植体数/接种外植体数×100%

1.4 茎段芽诱导

采用双因素完全随机试验,培养基中的6-BA和NAA浓度分别取0.025、0.05、0.1mg/L 3个水平,共计9种处理组合。将初代培养中萌发的腋芽切成2cm长的茎段转接到不同处理的培养基中,每种处理接种1瓶,每瓶15根,3次重复。30d后统计芽诱导系数、玻璃化率、株高、芽粗。

芽诱导系数=诱导出的芽数/接种茎段数
玻璃化率=玻璃化的芽数/诱导出的芽数×100%
株高=瓶内小植株总高度/接种茎段数
芽粗=瓶内随机5棵小植株上所有芽的直径总和/测量的芽数

1.5 无菌叶片愈伤诱导

采用双因素完全随机试验,从茎段芽诱导中获得的小植株上剪取充分展开、大小相近的叶片,去除两端剪成0.8cm左右长度分别接入含6-BA(0.05、0.1、0.2、0.5、1.0mg/L)和NAA(0.05、0.1、0.3mg/L)的培养基中。每个浓度组合接种2瓶,每瓶5枚叶片,重复3次。接种后置于组培室暗培养,20d后统计愈伤组织诱导率和每枚叶片形成的愈伤组织鲜重。

愈伤组织诱导率=形成愈伤组织的叶片数/接种叶片数×100%

1.6 愈伤组织不定芽分化

试验采用四因素完全随机试验设计,光照条件取16h/d光照处理、暗处理两个水平,培养基中6-BA浓度取0.2、0.3mg/L两个水平,细胞分裂素与生长素比例采用2∶1、1∶1、2∶3三个水平,生长素种类取NAA、IBA两个水平,共计24种处理。将1.5中获得的愈伤组织切成0.8cm×0.8cm大小后接种到不同处理的培养基上进行不定芽的分化,每处理接种2瓶,每瓶5块,重复3次。10d后统计不定芽分化系数。

不定芽分化系数=分化出的不定芽数/接种愈伤组织数

1.7 生长素对生根培养的影响

选择高约4cm、生长健壮的黑果枸杞单苗分别接入添加0.05、0.1、0.5mg/L IBA或NAA的培养基中,以不添加生长素的培养基作为对照。每处理接种4瓶,每瓶5棵,重复3次。观察生根情况,10d后统计不同处理的生根率、生根数、根长、根粗。

生根率=生根苗数/接种苗数×100%

生根数=瓶内根总数/接种苗数

根粗=每个处理随机1瓶内根粗总和/瓶内根总数

根长=每个处理随机1瓶内根长总和/瓶内根总数

1.8 数据分析

数据采用EXCEL 2016和SPSS 17.0进行统计分析,采用Duncan分析法进行多重比较。

2 结果与分析

2.1 不同消毒时间对黑果枸杞茎段初代培养的影响

由表1试验结果可知,消毒时间对外植体的污染率和启动率有显著影响。消毒时间越长,污染率降低,启动率也降低。采用10%的次氯酸钠溶液对茎段消毒15min效果最好,污染率仅为6.67%±5.77%,启动率高达86.68%±5.77%。

表1 不同消毒时间对黑果枸杞茎段初代培养的影响
Table 1 Effects of different sterilizationtime on initial culture of stem segment of *Lycium ruthenicum*

处理号 Number	消毒时间(min) Disinfection time(min)	污染率(%) Contamination rate(%)	启动率(%) Activation rate(%)
A1	10	16.67±5.77b	76.67±5.77ab
A2	15	6.67±5.77ab	86.68±5.77a
A3	30	3.33±5.77a	66.67±11.55b

注:小写a、b、c表示在0.05水平上显著相关性(下文相同)。
Note: a、b、c indicates a significant correlation at the 0.05 level. (the same below).

2.2 6-BA、NAA浓度对黑果枸杞茎段芽诱导的影响

由表2可知,随着6-BA浓度升高,芽诱导系数、玻璃化率和芽粗显著升高,而株高显著减少;随着NAA浓度升高,玻璃化率显著升高。当6-BA浓度为0.025mg/L时,黑果枸杞茎段增殖以腋芽的发生和伸长为主,小植株的株高可达4.59±0.21cm,芽诱导系数为3.18±0.12,植株无玻璃化现象(表3);当6-BA浓度增大到0.05mg/L时,茎段增殖以从基部发生不定芽为主,株高减少至2.33±0.17cm,芽诱导系数增加至4.11±0.12,芽玻璃化率为13.33%±2.89%;当6-BA浓度增加到0.1mg/L时,株高变化不显著,芽粗显著增加,芽诱导系数达到4.78±0.20,芽玻璃化率达到58.89%±6.76%。经综合考虑,最适宜芽诱导培养基为MS+0.05mg/L 6-BA+0.025mg/L NAA,此时增殖系数为4.07±0.20,玻璃化率为6.67%±3.33%。但茎段经过多次继代后芽诱导系数和生理状态有所下降。

表2 6-BA、NAA浓度对黑果枸杞茎段芽诱导的影响
Table 2 Effect of 6-BA and NAA on shoot induction of *Lycium ruthenicum*

处理号 Number	6-BA (mg/L)	NAA (mg/L)	芽诱导系数 Shoot induction coefficient	株高(cm) Height(cm)	芽粗(mm) Thickness(mm)	玻璃化率(%) Vitrification rate(%)
Z1	0.025	0.025	3.11±0.10c	4.90±0.11a	1.07±0.07f	0.00±0.00a

（续）

处理号 Number	6-BA (mg/L)	NAA (mg/L)	芽诱导系数 Shoot induction coefficient	株高(cm) Height (cm)	芽粗(mm) Thickness (mm)	玻璃化率(%) Vitrification rate (%)
Z2	0.025	0.05	3.38±0.14c	4.58±0.14ab	1.11±0.06f	0.00±0.00a
Z3	0.025	0.1	3.13±0.14c	4.21±0.34b	1.14±0.02f	0.00±0.00a
Z4	0.05	0.025	4.07±0.20b	2.16±0.05d	1.58±0.02e	6.67±3.33a
Z5	0.05	0.05	4.24±0.17b	2.23±0.05cd	1.63±0.03d	20.00±5.77b
Z6	0.05	0.1	4.00±0.13b	2.60±0.12c	1.67±0.04d	13.33±3.33b
Z7	0.1	0.025	4.75±0.24a	2.21±0.18cd	2.24±0.06b	43.33±12.02c
Z8	0.1	0.05	4.76±0.08a	2.30±0.14cd	2.12±0.06c	56.67±6.67d
Z9	0.1	0.1	4.80±0.18a	2.10±0.13d	2.59±0.03a	76.67±8.82e

表3　6-BA、NAA浓度对黑果枸杞茎段芽诱导的影响的多重比较结果
Table 3　Results of multiple comparisons of 6-BA and NAA on shoot induction of *Lycium ruthenicum*

浓度 concentration (mg/L)	6-BA				NAA
	芽诱导系数 Shoot induction coefficient	玻璃化率(%) Vitrification rate (%)	芽粗(mm) Thickness (mm)	株高(cm) Height (cm)	玻璃化率(%) Vitrification rate (%)
0.025	3.18±0.12c	0.00±0.00a	1.11±0.04c	4.59±0.21a	16.67±7.64a
0.05	4.11±0.12b	13.33±2.89b	1.53±0.08b	2.33±0.17b	25.56±8.68ab
0.1	4.78±0.20a	58.89±6.76c	2.32±0.14a	2.20±0.10b	30.00±12.13b

2.3　6-BA、NAA浓度对无菌叶片愈伤诱导的影响

表4显示了各处理愈伤组织的诱导率、鲜重和形态。6-BA浓度对愈伤组织的诱导率和鲜重有显著影响，当6-BA为0.05mg/L时，愈伤诱导率和鲜重最低（表5），愈伤块小而紧密；随着6-BA浓度增加，愈伤组织诱导率和鲜重先增大后减小，诱导率在6-BA为0.1mg/L或0.2mg/L时最高，平均鲜重在6-BA为0.1mg/L时达到峰值；当6-BA浓度达1.0mg/L时，对叶片产生明显毒害作用，无愈伤产生。NAA浓度对愈伤组织鲜重有显著影响，NAA浓度增加到0.3mg/L时鲜重显著增加（表6）。6-BA和NAA浓度对叶片愈伤诱导还存在交互作用，结合表4至表6的结果，本文以处理S9：MS+0.2mg/L 6-BA+0.3mg/L NAA作为叶片愈伤诱导最佳培养基，此时愈伤诱导率为83.33%±6.67%，愈伤组织鲜重0.437±0.048g，均达到本试验最优水平。

表4　6-BA和NAA浓度对黑果枸杞叶片愈伤诱导的影响
Table 4　Effect of concentrations of 6-BA and NAA on *Lycium ruthenicum* leaf callus induction

处理号 Number	6-BA (mg/L)	NAA (mg/L)	诱导率(%) Induction rate (%)	愈伤组织鲜重/叶片(g) Fresh weight per callus (g)	形态 Morphology
S1	0.05	0.05	33.33±3.33e	0.039±0.005h	白，紧密
S2	0.05	0.1	60.00±5.77cd	0.069±0.002gh	白，紧密
S3	0.05	0.3	56.67±14.53de	0.095±0.006fgh	白，紧密
S4	0.1	0.05	86.67±8.82ab	0.382±0.036ab	白，疏松
S5	0.1	0.1	93.33±6.67a	0.335±0.051bc	白，疏松
S6	0.1	0.3	63.33±8.82bcd	0.330±0.022bc	白，疏松
S7	0.2	0.05	80.00±10.00abcd	0.175±0.029ef	白，疏松
S8	0.2	0.1	83.33±8.82abc	0.264±0.026cd	淡黄，疏松，少量丛生芽
S9	0.2	0.3	83.33±6.67abc	0.437±0.048a	偏白，疏松，少量丛生芽
S10	0.5	0.05	63.33±8.82bcd	0.131±0.019efg	偏黄，疏松，丛生芽玻璃化
S11	0.5	0.1	56.67±3.33de	0.091±0.018fgh	偏黄，疏松，丛生芽玻璃化

(续)

处理号 Number	6-BA (mg/L)	NAA (mg/L)	诱导率(%) Induction rate (%)	愈伤组织鲜重/叶片(g) Fresh weight per callus(g)	形态 Morphology
S12	0.5	0.3	76.67±6.67abcd	0.207±0.056de	偏黄，疏松
S13	1.0	0.05	0.00±0.00f	0.00±0.00h	叶片发黄，无愈伤产生
S14	1.0	0.1	0.00±0.00f	0.00±0.00h	叶片发黄，无愈伤产生
S15	1.0	0.3	0.00±0.00f	0.00±0.00h	叶片发黄，无愈伤产生

表5 6-BA浓度对愈伤组织诱导率和鲜重影响的多重比较结果
Table 5 Results of multiple comparisons of 6-BA on induction rate and fresh weight of callus

6-BA (mg/L)	诱导率(%) Induction rate (%)	愈伤组织鲜重/叶片(g) Fresh weight per callus(g)
0.05	50.00±6.24c	0.068±0.008d
0.1	81.11±6.11a	0.349±0.468a
0.2	82.22±4.34a	0.292±0.064b
0.5	65.56±4.44b	0.143±0.025c
1.0	0.00±0.00d	0.000±0.000e

表6 NAA浓度对愈伤组织鲜重影响的多重比较结果
Table 6 Results of multiple comparisons of NAA on fresh weight of callus

NAA (mg/L)	愈伤组织鲜重/叶片(g) Fresh weight per callus(g)
0.05	0.160±0.044b
0.1	0.147±0.039b
0.3	0.204±0.050a

2.4 不同处理对愈伤组织不定芽分化的影响

表7显示了10d后各处理愈伤组织不定芽分化的情况。数据分析结果表明，光照条件对不定芽分化有显著影响，16h/d光照处理不定芽分化系数优于暗处理(表8)。6-BA浓度和生长素种类对不定芽分化有显著影响。6-BA浓度水平为0.3mg/L时不定芽分化系数显著高于0.2mg/L，但浓度水平为0.2mg/L时不定芽无玻璃化现象，0.3mg/L时产生的不定芽出现明显的玻璃化现象。对于生长素种类，NAA对愈伤组织不定芽分化的效果显著优于IBA。16h/d光照处理下MS+0.2mg/L 6-BA+0.1mg/L NAA中愈伤组织的不定芽分化系数达12.00±1.62，且不定芽无玻璃化现象，为不定芽分化最优培养基。后续试验发现，若芽丛在不定芽分化培养基上继续培养将陆续出现玻璃化，因此在愈伤组织分化出芽点后应及时转入激素浓度低的培养基MS+0.025mg/L 6-BA+0.025mg/L NAA上进行芽伸长培养。

表7 6-BA浓度、细胞分裂素和生长素比例、生长素种类和光照条件对黑果枸杞愈伤组织不定芽分化的影响
Table 7 Effect of 6-BA, ratio of cytokinin to auxin, type of auxin and light condition on bud differentiation of callus of *Lycium ruthenicum*

6-BA (mg/L)	细胞分裂素生长素比例 Cytokinin/Auxin	生长素种类 Type of Auxin	暗处理 Dark treatment 不定芽分化系数 Adventitious buds differentiation coefficient	不定芽状态 Status	16h/d 光照处理 16h/d Light treatment 不定芽分化系数 Adventitious buds differentiation coefficient	不定芽状态 Status
0.2	2:1	IBA	3.90±0.40fghi	芽白色，无玻璃化	8.56±1.04cde	芽绿，无玻璃化
0.2	2:1	NAA	6.81±0.81cdefg	芽白色，无玻璃化	10.00±1.15bc	芽绿，无玻璃化
0.2	1:1	IBA	2.77±0.75i	芽白色，无玻璃化	5.83±0.75defghi	芽绿，无玻璃化
0.2	1:1	NAA	3.70±0.69ghi	芽点白，无玻璃化	7.30±0.64cdef	芽绿，无玻璃化
0.2	2:3	IBA	3.24±0.61hi	芽点白，无玻璃化	9.10±0.98bcd	芽绿，无玻璃化
0.2	2:3	NAA	3.88±0.46fghi	芽点白，无玻璃化	12.00±1.62ab	芽绿，无玻璃化
0.3	2:1	IBA	5.43±0.75efghi	芽点白，部分玻璃化	8.50±1.44cde	芽绿，少量芽玻璃化
0.3	2:1	NAA	6.37±1.10defgh	芽白，部分玻璃化	10.23±1.54abc	芽绿，少量玻璃化

（续）

6-BA (mg/L)	细胞分裂素生长素比例 Cytokinin/Auxin	生长素种类 Type of Auxin	暗处理 Dark treatment		16h/d 光照处理 16h/d Light treatment	
			不定芽分化系数 Adventitious buds differentiation coefficient	不定芽状态 Status	不定芽分化系数 Adventitious buds differentiation coefficient	不定芽状态 Status
0.3	1∶1	IBA	7.22±1.05cdef	芽白，部分玻璃化	11.91±1.69ab	芽绿，部分玻璃化
0.3	1∶1	NAA	8.23±1.15cde	芽白，部分玻璃化	13.37±2.02a	芽绿，部分玻璃化
0.3	2∶3	IBA	5.17±0.35efghi	芽白，较多玻璃化	5.43±1.00efghi	芽绿，部分玻璃化
0.3	2∶3	NAA	5.97±1.00defghi	芽白，较多玻璃化	7.97±1.10cde	芽绿，部分玻璃化

表8 6-BA浓度、生长素种类、光照条件对愈伤组织不定芽分化系数的影响的多重比较结果

Table 8 Results of multiple comparisons of 6-BA, type of auxin and light condition on bud differentiation of callus of *Lycium ruthenicum*

实验因子 Treatment factor	水平 Level	不定芽分化系数 Adventitious buds differentiation coefficient
光照条件 Light condition	暗处理	5.22±0.34b
	16h/d 光照处理	9.19±0.79a
生长素种类 Type of Auxin	NAA	7.99±0.66a
	IBA	6.42±0.49b
6BA (mg/L)	0.20	6.43±0.53b
	0.30	7.98±0.51a

2.5 IBA、NAA对黑果枸杞组培苗生根的影响

10d后各处理的生根率、生根数、根长、根粗出现了显著差异（表9）。在不添加生长素的MS培养基上，黑果枸杞小植株生根率为100.00%，根细长、数量少。添加适量的生长素能显著增加生根数和根粗，促进黑果枸杞小植株生根。综合表9中各项指标可知，IBA促进生根的效果显著优于同浓度的NAA。最佳生根培养基为1/2MS+0.1mg/L IBA，小植株经此培养基生根培养10d后，生根率达到100%，生根数为11.33±0.17，根长为16.65±0.37mm，根粗0.44±0.03mm，经炼苗后即可以进行移栽。

表9 生长素对黑果枸杞组培苗生根的影响

Table 9 Effect of auxin on rootingculture of *Lycium ruthenicum*

处理号 Number	IBA (mg/L)	NAA (mg/L)	开始生根时间(d) Rooting time(d)	生根率(100%) Rooting rate(100%)	生根数 Root number	根长(mm) Root length(mm)	根粗(mm) Root width(mm)
CK	0	0	6	100.00±0.00a	8.20±0.80b	26.25±0.44a	0.29±0.02f
G1	0.05	0	6	100.00±0.00a	10.53±0.23a	18.40±0.22b	0.35±0.02de
G2	0.1	0	6	100.00±0.00a	11.33±0.17a	16.65±0.37b	0.44±0.03bc
G3	0.5	0	8	93.33±5.77a	10.00±0.40ab	7.64±0.27c	0.57±0.02a
G4	0	0.05	6	100.00±0.00a	8.93±0.75b	16.39±0.51b	0.33±0.02de
G5	0	0.1	7	90.00±10.00a	11.33±0.15a	7.55±0.58c	0.39±0.01cd
G6	0	0.5	9	30.00±10.00b	2.93±0.92c	2.67±0.23d	0.41±0.08b

3 讨论

外植体的选择和消毒是植物组织培养中最重要的环节之一。大田中材料带菌较多，黑果枸杞初代培养过程中伴随着污染，可通过一段时间的室内培养进行避免（李媛媛等，2017）。本文以黑果枸杞休眠枝条经多菌灵和抗生素处理，在组培室水培一段时间后萌发的侧芽为外植体进行消毒和初代培养，能降低污染率，并且在休眠期也可以取材。

黑果枸杞离体条件下主要通过茎段诱导不定芽或用器官诱导愈伤组织再分化出芽两种途径增殖（王聪慧等，2019；陈健和柴勇，2018；李媛媛等，2017）。报道茎段的芽增殖系数为3~4，与本文结果接近（王静等，2019；杨宁等，2016；乔永旭，2015）。报道愈伤组织分化出芽系数达到5~8，本文结果为12.00±1.62。但李娜等（李娜等，2020；曹君迈等，2018）报道茎段诱导丛生芽、汪清锐和吕林芳（2019）报道愈伤组织芽分化增殖系数大于25，可能

是试验周期、材料基因型不同造成了如此大的差距。戴逢斌 等(2019)报道茎段芽诱导中遇到玻璃化问题，本文发现茎段经过多次继代后芽诱导系数和生理状态有所下降，以无菌叶片愈伤组织诱导再生芽分化系数更高，在黑果枸杞组培快繁时这两种增殖途径同时应用效果更好。

6BA 能显著影响黑果枸杞离体条件下的增殖和分化。防止黑果枸杞组培苗玻璃化现象的主要措施是降低细胞分裂素浓度(李娜 等,2020;汪清锐和吕林芳,2019)。本文愈伤诱导和芽分化适宜的 6BA 浓度为 0.2mg/L,接近于前人(陈海军 等,2018;杨宁 等,2016;孙晓红 等,2016)的结果,愈伤诱导时无菌叶片在 1.0mg/L 的 6BA 中黄化死亡,愈伤芽分化时在 0.3mg/L 的 6BA 中不定芽已出现部分玻璃化,明显不能耐受前人(汪清锐和吕林芳,2019;曹君迈 等,2018;冀菲 等,2016;乔永旭,2015)报道的愈伤组织诱导和分化的 6BA 浓度。此外,本文茎段增殖 6BA 浓度超过 0.1mg/L 就会引起严重玻璃化,增殖适宜浓度低于前人(王聪慧 等,2019;陈健和柴勇,2018;曹君迈 等,2018;乔永旭,2015)的研究。可能是不同种源地、不同优株系的黑果枸杞对植物生长调节剂要求差异较大,具体影响因素尚需进行后续探讨。

试验还发现黑果枸杞不同再生阶段最适宜的生长素种类不同,在愈伤组织不定芽分化试验中,NAA 效果显著优于 IBA;在生根试验中,IBA 效果显著优于同浓度的 NAA;愈伤组织不定芽诱导光照处理优于暗处理。这两点在前人黑果枸杞组培研究中很少报道,希望本试验结果能为后续研究者提供参考依据。

参考文献

曹君迈,马海军,谭亚萍,2018. 离体黑果枸杞再生途径的研究[J]. 干旱地区农业研究,36(5):54-58.

陈海军,刘嘉伟,李佳,等,2018. 黑果枸杞(Lycium ruthenicum)组织培养与再生体系的建立[J]. 内蒙古农业大学学报(自然科学版),39(4):14-23.

陈海魁,蒲凌奎,曹君迈,等,2008. 黑果枸杞的研究现状及其开发利用[J]. 黑龙江农业科学(5):155-157.

陈健,柴勇,2018. 黑果枸杞离体快繁研究[J]. 林业调查规划,43(6):161-165.

戴逢斌,刘丽萍,李艾佳,等,2019. 多基因型黑果枸杞高效快繁体系的建立[J]. 生物技术通报,35(4):201-207.

胡相伟,马彦军,李毅,等,2015. 黑果枸杞组织培养技术[J]. 甘肃农业科技(5):73-74.

冀菲,唐晓杰,程广有,2016. 黑果枸杞组培繁殖培养基选择[J]. 北华大学学报(自然科学版),17(4):537-539.

矫晓丽,迟晓峰,董琦,等,2011. 柴达木野生黑果枸杞营养成分分析[J]. 氨基酸和生物资源,33(3):60-62.

李娜,黄衡宇,曾彪,2020. 黑果枸杞基茎丛生芽诱导及植株高效再生体系的建立[J]. 中草药,51(13):3545-3553.

李淑珍,李进,2011. 黑果枸杞叶黄酮降血脂及抗氧化活性的研究[J]. 北方药学,8(11):23-24.

李小艳,王梅,段鹏慧,等,2017. 黑果枸杞的组织培养快速繁殖技术[J]. 贵州农业科学,45(6):12-14.

李媛媛,赵红霞,赵学彩,等,2017. 黑果枸杞组培无菌体系获得及组培快繁技术研究[J]. 山东林业科技,47(6):22-25.

林丽,李进,吕海英,等,2012. 黑果枸杞花色苷对小鼠动脉粥样硬化的影响[J]. 中国中药杂志,37(10):1460-1466.

乔永旭,2015. 黑果枸杞高频再生体系的建立[J]. 中药材,38(10):2031-2034.

孙晓红,位书磊,宋强,等,2016. 黑果枸杞的叶片分化与快速繁殖[J]. 植物生理学报,52(5):653-658.

汪建红,陈晓琴,张蔚佼,2009. 黑果枸杞果实多糖降血糖生物功效及其机制研究[J]. 食品科学,30(5):244-248.

汪清锐,吕林芳,2019. 黑果枸杞组织培养研究[J]. 山西林业科技,48(1):31-33.

王聪慧,王铁军,高芳,等,2019. 黑果枸杞离体快繁技术研究[J]. 森林工程,35(2):32-36.

王静,赵百慧,姜牧炎,等,2019. 野生黑果枸杞快速繁殖体系[J]. 北方园艺(24):118-123.

杨宁,李宜珅,陈霞,等,2016. 黑果枸杞的组织培养和快速繁殖[J]. 西北师范大学学报(自然科学版),52(2):84-88.

Lin JY, Zhang Y, Wang XQ, et al, 2015. *Lycium ruthenicum* extract alleviates high-fat diet-induced nonalcoholic fatty liver disease via enhancing the AMPK signaling pathway[J]. Molecular Medicine Reports, 12(3):3835-3840.

Peng Q, Liu H, Lei H, et al, 2016. Relationship between structure and immunological activity of an arabinogalactan from *Lycium ruthenicum*[J]. Food Chemistry, 194:595-600.

Yin J, Wu T, 2017. Anthocyanins from black wolfberry (*Lycium ruthenicum* Murr.) prevent inflammation and increase fecal fatty acid in diet-induced obese rats[J]. Rsc Advances, 7(75):47848-47853.

糯米条华北地区嫩枝扦插技术研究

王啸博[1]　郭伟[1]　乔鑫[1]　李凤蝶[1]　何慧茹[1]　李进宇[2]　刘秀丽[1,*]

([1]花卉种质创新与分子育种北京市重点实验室，国家花卉工程技术研究中心，城乡生态环境北京实验室，园林环境教育部工程研究中心，林木花卉遗传育种教育部重点实验室，园林学院，北京林业大学，北京 100083；[2]北京市园林科学研究院，北京 100083)

摘要　糯米条(Abelia chinensis)是华北地区珍贵的夏秋观花植物，研究糯米条嫩枝扦插繁殖技术，扩大繁殖系数，对推广其在园林中的栽培应用具有重要的意义。本研究在北京地区选取 7 年生糯米条 10～12cm 的嫩枝插穗，研究不同叶片处理方式、激素种类和激素浓度对糯米条嫩枝扦插生根率、生根数、最长生根长度与生根指数的影响。糯米条进行嫩枝扦插生根率和生根指数均受多因素影响。叶片处理方式、外源激素种类、激素浓度水平三种因素均对生根率、生根指数有显著影响；对生根条数均无显著影响；叶片处理方式对平均根长有显著影响，外源激素种类和激素浓度水平对平均根长无显著影响。采用多因素方差分析对试验数据进行处理，综合分析根系质量得到最优处理组合为全叶 NAA2000mg/L，生根率 77.8%，平均根数 3.71 条，平均根长 3.72cm，生根指数 10.73。

关键词　糯米条；嫩枝扦插；叶片处理；外源激素；激素浓度

Study on Softwood Cutting Technology of *Abelia chinensis* in North China

WANG Xiao-bo[1]　GUO Wei[1]　QIAO Xin[1]　LI Feng-die[1]　HE Hui-ru[1]　LI Jin-yu[2]　LIU Xiu-li[1,*]

([1]*Beijing Key Laboratory of Ornamental Plants Germplasm Innovation & Molecular Breeding，National Engineering Research Center for Floriculture，Beijing Laboratory of Urban and Rural Ecological Environment，Engineering Research Center of Landscape Environment of Ministry of Education，Key Laboratory of Genetics and Breeding in Forest Trees and Ornamental Plants of Ministry of Education，School of Landscape Architecture，Beijing Forestry University，Beijing 100083，China；[2]Beijing Institute of Landscape Architecture，Beijing 100083 China*)

Abstract　*Abelia chinensis* is a precious ornamental plant in summer and autumn in North China. It is of great significance to study the suitable softwood cutting propagation technology of *Abelia chinensis*, and to expand the propagation coefficient, so as to promote its wide application in landscape architecture. In this study, the effects of different leaf treatments, hormone types and hormone concentrations on rooting rate, rooting number, root length and rooting index of seven-year-old 10-12cm *Abelia chinensis* softwood cuttings in Beijing were studied. Rooting rate and rooting index are affected by many factors. The results show that the three factors have significant effects on the rooting rate and rooting index, but have no significant effect on the number of rooting strips; the treatment method of leaves has a significant effect on the average root length, while the type and concentration of exogenous hormones have no significant effect on the average root length. Multi factor analysis of variance were used to analyze the experimental data. The results show that the best treatment combination is NAA2000mg/L, the rooting rate is 77.8%, the average root number is 3.71, the average root length is 3.72cm, and the rooting index is 10.73.

Key words　*Abelia chinensis*；Softwood cutting；Leaf treatment；Exogenous hormone；Hormone concentration

糯米条(*Abelia chinensis*)是忍冬科(Caprifoliaceae)六道木属(*Abelia*)落叶灌木，是中国特有的优良园林植物，在长江以南地区广泛种植，花白色具芳香，萼片在果期变红、宿存，是一种优良的夏秋观花、观花萼的香花灌木，适宜在各类园林绿地以及庭院中应用(陈有民，1990)。而在华北地区需要在一定的小环境

---

1 基金项目：基金项目：北京市共建项目专项(2019GJ-03)，2019；北京园林绿化增彩延绿科技创新工程——北京园林植物高效繁殖与栽培养护技术研究(2019-KJC-02-10)。

第一作者：王啸博，北京林业大学，硕士。729005055@qq.com。

* 通信作者：刘秀丽，北京林业大学园林学院，博士，副教授。showlyliu@126.com。

下栽植(桂炳中等，2015；邓运川，2016)，北京市在"八五"期间将其列为十大重点发展花灌木(吴铁明，1994)，2008年北京奥运会举办期间，糯米条在丰富北京地区的夏秋季植物景观，打破单调的植物选择上起到了重要的作用(孙宜和黄亦工，2007)。但目前在北京的园林绿地中糯米条的应用依然极少。

目前关于糯米条的繁殖技术已有少量研究。桂炳中等人(2015)认为，播种繁殖应在10月初采集瘦果，0~10℃冰箱条件下干藏处理，翌春3月份采用室内盆播方式播种或者4月中旬采用露地直播的方式播种。但由于糯米条种子较轻，易被风吹走，不易采收，在一定程度上限制了糯米条的实生苗繁殖，因此部分学者对无性繁殖进行了相关研究。邓运川(2016)认为，扦插繁殖应在6~9月以珍珠岩或者素沙土为基质，选取当年生半木质化或全木质化枝条制作插穗。吴铁明等人(1994)则探究了不同时期的糯米条扦插成活率，认为糯米条在生长季和休眠季都可以进行扦插繁殖，得到植株当年即可开花。此外大多学者认同糯米条嫩枝扦插过程中应该注意保湿与遮光处理(桂炳中等，2015；邓运川，2016)。桂炳中等人(2015)还对糯米条的分株繁殖可能性与用法进行了探讨，认为可在春季萌动前挖起植株，结合苗木更新进行分株繁殖。

糯米条对丰富北方地区园林的秋季景观具有极其重要的作用，目前糯米条种子资源极缺，在北京采集到的种子大多不成熟，而扦插繁殖是提高繁殖效率、扩大个体数目的重要手段。本试验采用3种外源激素、两种叶片处理方式、5个不同的激素浓度水平，对糯米条嫩枝扦插生根率、生根数量、生根长度与生根指数的影响进行了相关研究。采用多因素方差对数据进行处理，分析影响各性状的显著因素，寻求糯米条扦插繁殖最佳处理组合，以期提高种苗的生产效率，在保存优良种质资源，扩大糯米条的规模化生产，满足北方尤其是北京地区增彩延绿的应用需求。

1 材料和方法

1.1 试验地概况、时间

试验于2019年8月8日至9月28日进行，试验地点在北京市昌平区小汤山镇前蔺沟村的国家花卉中心温室内，该地区属于暖温带大陆性季风气候，年平均气温11.7℃，年平均降水量640mm，全年无霜期180~200d。

1.2 试验材料

1.2.1 插穗选择

于2019年8月8日在北京7年生糯米条母株上选取当年生长势良好、芽发育饱满、无损伤、无病虫害的半木质化嫩枝为插穗。

1.2.2 外源激素

选用NAA，IBA、ABT1生根粉3种试剂，其中IBA、NAA为北京博奥拓科技有限公司生产，ABT1为北京艾比蒂生物科技有限公司生产。三者均在北京林业大学实验室提前配制好需要的梯度浓度溶液。

1.3 试验方法

1.3.1 试验设计

试验设计如表1，设计为2×3×5，以半叶和全叶的清水处理为对照，共计32个处理组合，每个处理15个插穗，重复3次。

表1 糯米条嫩枝扦插试验影响因素与水平

Table 1 Influencing factors and levels of softwood cutting experiment of *Abelia chinensis*

水平 Level	因素		
	叶片处理方式(A) Leaf treatment	外源激素种类(B) Exogenous hormone	激素浓度(C) (mg/L) Concentration
1	半叶	NAA	500
2	全叶	IBA	800
3		ABT1	1000
4			1500
5			2000
CK	CK	CK	CK

1.3.2 插穗处理

每个插穗修剪至10~12cm并带有1~2对芽节，上切口平切，距离芽1cm，下切口斜切，距离下芽0.5cm。剪好的插穗仅保留上端一对叶片，其他叶片全部去掉，处理方式如图1。将处理后的插穗15个为一组，浸泡在清水中。分组时应将枝条的上、中、下部分平均分配，避免由于插穗在枝条上的位置不同而影响试验结果。

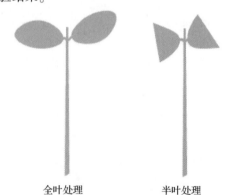

全叶处理　　　半叶处理

图1 叶片处理方式示意图

Fig. 1 Leaf treatment method

1.3.3 基质处理

选用 V 草炭∶V 珍珠岩=1∶1，混合完成后采用多菌灵 1000 倍液进行消毒。将消毒好的扦插基质分装到 50 孔的穴盘中，每孔内基质厚度不低于 8cm，浇透水，放置到苗床上备用。

1.3.4 扦插方法与扦插后管理

扦插采用直插法，在激素溶液中速蘸 5s 后立即扦插到备用穴盘中，插入深度为插穗总长度的 1/3～1/2。各处理组别在扦插完成后插好标签作为区分，并且浇透水，使插穗与基质充分结合。

扦插后将穴盘放置于苗床上接受自然光照，温度控制在 25～30℃，打开自动喷雾设施，定期进行喷雾，保持环境湿度 90% 以上，避免插穗由于蒸腾作用而产生较大失水影响成活率。扦插后第 14d 进行第一次观察，之后每隔 12d 观察插穗生长情况和生根形态并且进行记录。扦插后 50d 进行起苗、移栽，同时统计插穗各项生根指标。

1.4 指标测定与数据分析

于扦插后第 50d 起苗，起苗时将扦插苗连同基质整株拔出，小心去除干净基质，注意不要损伤根系。同时对植物体各项生根数据进行统计，记录植物生根个体数（生出新根长度≥1mm 的个体），测定记录插穗不定根数量与长度。之后把成活植株移栽到装有 V 草炭∶V 珍珠岩∶V 蛭石=1∶1∶1 混合基质的盆中，置于温室的苗床上，继续培育。

统计、计算每个处理组的生根率、平均根数、平均根长。以生根指数作为综合生根效果评价指标，生根指数计算方法参照牟洪香（2003）的计算方法，为该处理下单株扦插苗的平均总根长。公式如下：

生根率=每组生根个体数/每组插穗数

生根指数=生根率×平均根数×平均根长

通过 SPSS 19.0 软件进行多因素方差分析，确定影响糯米条嫩枝扦插的显著因素和各项生根指标的主要因素，使用 Excel 2016、Adobe Photoshop 2018CC 软件对数据进行作图，分析各因素变化规律，确定最优处理组合。

2 结果与分析

2.1 试验结果

在扦插的 1440 株糯米条插穗中，共计获得 748 株生根植株，生根率为 51.94%。不同处理组得到的生根个体数目与测定、计算得到的生根性状数据结果如表 2 所示，各组各项数据如表 3 所示。

表 2 糯米条嫩枝扦插生根指标数据统计结果

Table 2 Statistics of softwood cutting experiment of *Abelia chinensis*

组别 NO.	叶片处理(A) Leaf treatment	外源激素(B) Exogenous hormone	浓度(C) (mg/L) Concentration	生根率(%) Rooting rate	平均根数(条) Root number	平均根长(cm) Root length	生根指数 Rooting index
1	1	1	1	53.30	2.75	3.08	4.52
2	1	1	2	66.70	2.47	3.99	6.57
3	1	1	3	60.00	3.48	3.62	7.56
4	1	1	4	57.80	3.23	2.9	5.41
5	1	1	5	55.60	2.72	3.75	5.67
6	1	2	1	22.20	2.5	2.88	1.6
7	1	2	2	44.40	2	3.25	2.89
8	1	2	3	42.20	2.26	4.46	4.26
9	1	2	4	51.10	2.35	4.17	5.01
10	1	2	5	64.40	3.21	4.47	9.25
11	1	3	1	22.20	1.6	4.76	1.69
12	1	3	2	40.00	1.78	5.18	3.69
13	1	3	3	48.90	2.14	5.11	5.35
14	1	3	4	37.80	2.41	3.98	3.62
15	1	3	5	37.80	2.94	4.2	4.66
16	2	1	1	51.10	2.87	3.91	5.74
17	2	1	2	71.10	1.88	6.31	8.44

（续）

组别 NO.	叶片处理(A) Leaf treatment	外源激素(B) Exogenous hormone	浓度(C) (mg/L) Concentration	生根率(%) Rooting rate	平均根数(条) Root number	平均根长(cm) Root length	生根指数 Rooting index
18	2	1	3	82.20	2.03	4.99	8.33
19	2	1	4	60.00	2.04	3.92	4.8
20	2	1	5	77.80	3.71	3.72	10.73
21	2	2	1	48.90	2.64	4.34	5.6
22	2	2	2	44.40	1.55	5.49	3.78
23	2	2	3	64.40	2.66	4.19	7.18
24	2	2	4	46.70	2.52	4	4.7
25	2	2	5	53.30	1.58	6.18	5.21
26	2	3	1	55.60	1.84	4.78	4.89
27	2	3	2	40.00	1.89	5.3	4.01
28	2	3	3	53.30	2.42	3.59	4.63
29	2	3	4	55.60	2.92	4.33	7.02
30	2	3	5	68.90	2.19	6.14	9.26
31	1	CK	CK	46.7	2.67	3.68	4.59
32	2	CK	CK	37.8	2.47	3.66	3.42

表3 试验各项指标极值
Table 3 The extreme value of each index in the experiment

指标 Index	最大组 Group	最大值 Maximum	最小组 Group	最小值 Minimum
生根率 Rooting rate	18 全叶 NAA1000mg/L	82.2%	6 半叶 IBA500mg/L	22.2%
平均根数 Root number	20 全叶 NAA2000mg/L	3.71 条	7 全叶 IBA800mg/L	1.55 条
平均根长 Root length	20 全叶 NAA2000mg/L	6.31cm	6 半叶 IBA500mg/L	2.88cm
生根指数 Rooting index	20 全叶 NAA2000mg/L	10.73	6 半叶 IBA500mg/L	1.60

2.2 结果分析

2.2.1 不同处理对糯米条嫩枝扦插生根率的影响

由表2可知32个组合处理中均有插穗萌发新根。生根率最高组别18，为全叶 NAA1000mg/L，生根率为82.2%；最差组别6，为半叶 IBA500mg/L 处理为22.2%。如图2所示，除CK对照、NAA500mg/L 处理、IBA1500mg/L 处理、IBA2000mg/L 处理4组外，全叶处理组别生根率均优于半叶处理。所以相比于半叶处理选用全叶处理获得的生根率较高。

在全叶处理下随 NAA 浓度升高，生根率呈现上升趋势并且在1000mg/L 时达到最高值，之后随浓度升高仍保持高水平；在半叶处理下随 NAA 浓度升高，生根率呈现先升高再降低的趋势，同时在1000mg/L 达到最高66.7%，但生根率均低于全叶处理。全叶处理下随 IBA 浓度升高，生根率并没有明显的变化规律，在1000mg/L 时达到最高64.4%；在半叶处理下生根率随 IBA 浓度升高而呈现一定的升高趋势，在1000mg/L 达到64.4%。在全叶处理下随 ABT1 浓度升高，呈现一定的上升趋势，2000mg/L 处理获得了68.9% 的较高水平；半叶处理下虽然随着 ABT1 浓度升高，生根率表现为先上升后降低的趋势，在1000mg/L 达到48.9%，但是整体没有达到很高的水平。

各处理极差分析见表4。在极差分析中，极差 R 值可以看出某一因素影响作用的大小。R值越大，代表该因素对研究指标的影响越大(秦爱丽 等,2018)。3个因素中,外源激素的R值(17.55)最大,说明外源激素对糯米条嫩枝扦插生根率影响最大,其次是浓度(17.41),叶片处理影响最小(11.26)。

对数据进行多因素方差分析,如表5所示。叶片处理方式、外源激素、激素浓度对成活率的方差分析均达到0.05显著性水平,说明对生根率均有显著影响。其中外源激素 $P<0.001$ 对生根率有极显著影响,叶片处理方式 $P<0.01$ 对生根率有显著影响,浓度处理 $P<0.05$ 对生根率存在显著性影响。

由表4可知叶片处理方式、激素种类、浓度3种因素各水平作用大小为A2>A1,B1>B2>B3,C5>C3>C4>C1。3种处理最优组合应为A2B1C5,第20组(77.8%),而在本次试验中18组得到生根率极大值(82.2%)。观察二者数据差异并不大,处理方式不同体现在浓度处理水平,叶片处理方式与激素种类均一致。由多因素方差分析可知浓度是3个影响因素影响较小的因素,且全叶NAA处理下高浓度组别普遍表现较好。综上所述,糯米条嫩枝扦插可选择全叶处理并在NAA1000~2000mg/L高浓度溶液速蘸处理,不仅可以减少操作步骤,还可以获得高生根率达到扦插生产需求。

表4 各处理对糯米条嫩枝扦插生根率的影响

Table 4 Effects of different treatments on rooting rate of *Abelia chinensis* (%)

组别 NO.	叶片处理 Leaf treatment	外源激素 Exogenous hormone	浓度 Concentration
T1	46.96	63.56	42.22
T2	58.22	48.20	51.10
T3		46.01	58.50
T4			51.50
T5			59.63
R	11.26	17.55	17.41

$T_i(i=1,2,3,4,5)$表示各因素相应水平下的平均值,R为最大与最小水平间距,下同。

$T_i(i=1,2,3,4,5)$ was mean value under each factor level, R was distance of maximum and minimum level, the same below.

表5 不同因素及水平对糯米条嫩枝扦插生根率影响的方差分析

Table 5 Variance analysis for different factors and levels on rooting rate of *Abelia chinensis* softwood cutting propagation

	源 Source of variation	平方和 Sum of square	自由度 df	均方 Mean square	F F value	显著性 Sig
生根率 Rooting rate	叶片处理	950.907	1	950.907	12.153	0.002
	浓度	1173.305	4	293.326	3.749	0.018
	组别	1829.094	2	914.547	11.688	0.000

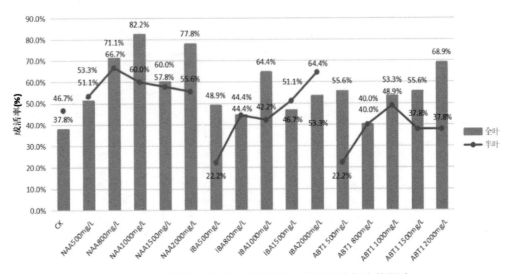

图2 不同叶片处理方式、激素种类、浓度对生根率的影响

Fig.2 Effects of different leaf treatments, hormone types and concentrations on rooting rate

表6 不同因素及水平对糯米条嫩枝扦插生根性状影响的方差分析

Table 6 Variance analysis for different factors and levels on rooting characters of *Abelia chinensis* softwood cutting propagation

指标 Index	源 Source of variation	平方和 Sum of square	自由度 df	均方 Mean square	F F value	显著性 Sig
平均生根条数 Root number	叶片处理	0.320	1	0.320	1.338	0.260
	浓度	2.213	4	0.553	2.311	0.090
	组别	1.403	2	0.702	2.930	0.074
	误差	5.267	22	0.239		
平均根长 Root lenth	叶片处理	4.324	1	4.324	7.650	0.011
	浓度	5.100	4	1.275	2.256	0.096
	组别	2.586	2	1.293	2.287	0.125
生根指数 Rooting index	叶片处理	16.980	1	16.980	6.883	0.016
	浓度	42.743	4	10686	4.332	0.010
	组别	23.135	2	11.568	4.689	0.020
	误差	54.272	22	2.467		

2.2.2 不同处理对糯米条嫩枝扦插平均生根条数的影响

如表7所示,对糯米条嫩枝扦插苗的平均生根条数进行极差分析,糯米条扦插苗的生根条数以浓度的R值(0.80)最大,说明浓度是影响根系条数的主要因素。对各因素进行方差分析如表6所示,叶片处理方式、激素类型、浓度的方差分析均未达到0.05显著性水平,说明叶片处理方式、激素类型、浓度对平均生根条数均无显著影响。

表7 各处理对糯米条嫩枝扦插生根条数的影响

Table 7 Effects of different treatments on root number of *Abelia chinensis* (条)

组别 NO.	叶片处理 Leaf treament	外源激素 Exogenous hormone	浓度(mg/L) Concentration
T1	2.52	2.72	2.37
T2	2.32	2.26	1.93
T3		2.21	2.50
T4			2.58
T5			2.73
R	0.2	0.51	0.80

2.2.3 不同处理对糯米条嫩枝扦插平均根长的影响

如表8对糯米条嫩枝扦插苗的根长进行极差分析。结果表明:糯米条扦插苗的不定根数量以浓度的R值(0.96)最大。对数据进行方差分析,如表6所示,叶片处理方式的方差分析均达到0.05显著性水平,说明叶片处理方式对平均根长有显著影响。而激素类型、浓度对平均根长的方差分析P值均未达到0.05,对平均根长没有显著影响。

表8 各处理对糯米条嫩枝扦插根长的影响

Table 8 Effects of different treatments on root lenth of *Abelia chinensis* (cm)

组别 NO.	叶片处理 Leaf treament	外源激素 Exogenous hormone	浓度(mg/L) Concentration
T1	3.99	3.92	3.96
T2	4.75	4.38	4.92
T3		4.74	4.33
T4			3.88
T5			4.74
R	0.76	0.82	0.96

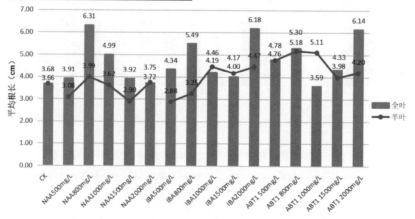

图3 不同叶片处理方式、激素种类、浓度对平均根长的影响

Fig.3 Effects of different leaf treatments, hormone types and concentrations on rooting rate

如图3可知，半叶处理获得的扦插苗不定根根长普遍低于全叶处理，采用全叶处理获得扦插苗根系较长，生根质量较好。半叶处理保持在2.88~5.18cm，全叶处理在3.59~6.31cm，获得最大值的组别是18，为全叶NAA1000mg/L处理，达到6.31cm。不同激素种类随着浓度升高，平均根长没有一定的变化规律，激素种类与浓度对平均根长的影响不大。综合评价，叶片处理方式是影响扦插苗根长的主要因素，选用全叶处理可以获得不定根较长的扦插苗。

2.2.4 不同处理对糯米条嫩枝扦插生根指数的影响

对计算得到的生根指数进行极差分析，结果表明（表9）生根指数R值最大的为浓度（3.63），说明浓度是影响根系不定根长度的主要因素。其次为外源激素和叶片处理方式。进一步对影响生根指数的各因素进行方差分析，如表6所示，叶片处理方式、激素类型、浓度对生根指数的方差均达到0.05显著性水平，三因素P值均小于0.05，说明这三因素对生根指数均有显著性影响。

表9 各处理对糯米条嫩枝扦插生根指数的影响
Table 9 Effects of different treatments on rooting index of *Abelia chinensis*

组别 NO.	叶片处理 Leaf treatment	外源激素 Exogenous hormone	浓度 Concentration
T1	4.78	6.31	4.01
T2	6.29	4.65	4.90
T3		4.88	6.22
T4			5.09
T5			7.46
R	1.51	1.66	3.63

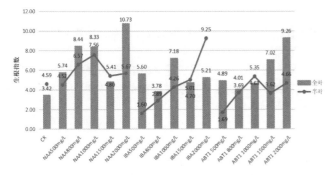

图4 不同叶片处理方式、激素种类、浓度对生根指数的影响

Fig. 4 Effects of different leaf treatments, hormone types and concentrations on rooting index

由图4可知，在所有组别中除了CK组、NAA1500mg/L、IBA1500mg/L、IBA2000mg/L、ABT1 2000mg/L五组外，全叶处理结果均优于半叶处理。采用全叶处理获得的根系发育更好。

生根指数最高组别为全叶NAA2000mg/L处理。在全叶处理下随NAA浓度升高，生根指数基本呈现上升趋势并且在2000mg/L时达到所有处理中最高的10.73，NAA高浓度处理下生根指数均保持高水平；半叶处理整体低于全叶处理，随激素浓度升高，生根指数呈现先上升后下降趋势，在1000mg/L达到最高7.56。全叶处理下IBA组别整体生根指数不高，且无一定的变化规律。在1000mg/L达到最高7.18；在半叶处理下各组差别很大，随激素浓度升高，生根指数有明显的升高趋势，在2000mg/L达到9.25。全叶处理生根指数随ABT1浓度升高，低浓度下各组生根指数变化不大，但是高浓度获得了较高的生根指数，尤其是在2000mg/L处理获得了9.26的较高水平；半叶条件下整体均较低，随激素浓度升高呈现一定的正态性。

综合评价，在本次糯米条嫩枝扦插试验中，叶片处理上全叶处理效果优于半叶处理；激素处理中NAA的扦插生根指数整体高于IBA、ABT1，并且全叶NAA高浓度处理下整体表现较好，可以达到生产需求。部分组别获得生根指数较低，生根情况较为不理想可能是由于采条时间和其他环境因素所导致。所以本试验认为糯米条嫩枝扦插可选用全叶高浓度NAA溶液速蘸处理。试验中全叶ABT1 2000mg/L、半叶IBA 2000mg/L也获得了较高的生根指数，可进一步研究其价值。

3 结论与讨论

3.1 叶片处理方式对嫩枝扦插生根率的影响

嫩枝扦插过程中，叶片既可以进行光合作用作为养分补给，同时作为主要蒸腾作用器官使插穗失水。对于不同植物最适留叶面积也不相同（孟丙南，2010）。留叶面积与植物的光合、呼吸、水分代谢有重要的关系，当插穗内部代谢达到一种平衡状态时，插穗生根效果较好。在前人的试验中均采用半叶处理结合全遮光措施进行嫩枝扦插（桂炳中等，2015；邓运川，2016）。本次试验将全叶处理与半叶处理进行对比，并采用自然光照处理，探寻糯米条合适的留叶方式。在本次扦插中绝大部分插穗能保持叶片不凋萎，仅少数出现叶缘干枯缺水现象，说明扦插环境保湿较适宜，自然光照也没有造成叶片过早凋萎，达到了嫩枝扦插留叶的效果。试验结果发现本试验中叶片处理方式对生根率有极显著影响，进一步发现全叶处理组别获得生根率优于半叶处理组别，同时获得扦插苗根系质量较高。但是在本次试验中由于没有进行生理指标测定，光照与留叶面积对于糯米条嫩枝扦插生根的影响需要进一步探究。值得注意的是在整个扦插过程所有组别均有插穗上的花芽萌发、开花。这是糯米条采集回来的枝条上已经有分化好的花芽,在扦插过程中花芽逐渐发育的结果。花芽的萌发与发育对植物体来说是一个营养消耗的过程,对扦插苗生根不利,这可能是本次试验部分组别生根率较低的原因,在之后可以对扦插时期与扦插过程中花芽分化过程进行更深入的探究。

3.2 外源生长调节剂对嫩枝扦插生根率的影响

扦插生产中,外源生长调节物质很大程度影响着插穗的生根情况。植物器官的再生除了对光照、温湿度和营养物质等条件要求以外,还需要植物激素促进生根(曹兵和高捍东,2003)。植物激素能够促进生根的原理在于:插穗经过激素处理后,使营养物质集中于插穗下切口附近,对于不定根的形成十分有利(吴小龙,2016)。生产、试验中常用的有NAA、IBA、IAA、ABT1生根粉等。对于不同植物,有不同的最适宜激素种类与浓度处理与其对应(姚锐,2017;李晓欣,2018)。此外处理时间与处理方式也会影响插穗的生根情况,目前常用的处理方法有低浓度浸泡法与高浓度速蘸法。之前在糯米条的嫩枝扦插试验中有学者选择100倍液NAA或ABT1进行10min浸泡处理(邓运川,2016)。本次嫩枝扦插试验选用3种常见的植物激素NAA、IBA、ABT1,通过设置浓度梯度进行速蘸处理,探究不同影响因素组合对于糯米条嫩枝扦插繁殖生根率的影响。试验结果证明外源激素种类对生根率有极显著影响,3种激素作用大小为:NAA处理>ABT1处理>IBA处理,3种激素中,NAA处理获得的效果最好,且速蘸处理下高浓度NAA优于低浓度。

3.3 糯米条嫩枝扦插生根质量评价

扦插生产关注的不仅是生根率,插穗的根系发育质量对移栽成活率以及后续培养有着重要意义,因此需要综合评价各项指标(孔雨光,2020)。生根数量、生根长度、生根指数三者大小是用来反映扦插苗木根系发育状况的重要指标。通过分析各项根系质量评价指标与各项处理之间的关系发现叶片处理方式对生根率、生根长度和生根指数均有显著影响,采用全叶处理获得的生根率、扦插苗根系质量均较高。激素种类与激素浓度对生根率和生根指数有显著影响,在本试验中发现选用高浓度的NAA进行速蘸处理根系发育优于其他组别。

综上所述,糯米条嫩枝扦插应在全叶条件下用高浓度NAA速蘸处理。本次试验中全叶NAA2000mg/L处理表现最好,生根率为77.8%,平均根数3.71条,平均根长3.72cm,生根指数10.73。

本研究仅从叶片处理方式、外源激素种类、激素浓度3个方面对糯米条嫩枝扦插的影响因素进行了探讨,对于其他因子如扦插基质、光照、母树年龄、插穗部位、扦插时期等因素还需在后续的研究中进行更为系统全面的研究,完善扦插繁殖体系,以期为糯米条种苗的周年生产提供技术支撑。

参考文献

曹兵,高捍东,2003.希蒙得木的扦插繁殖技术[J].南京林业大学学报(自然科学版)(4):62-66.

陈有民,1990.园林树木学[M].北京:中国林业出版社:70-71.

邓运川,2016.糯米条的栽培管理技术[N].中国花卉报,2016-06-14(W04).

桂炳中,周振姬,黄志敏,2015.华北地区糯米条栽培管理[J].中国花卉园艺(2):50-51.

孔雨光,燕丽萍,吴德军,等,2020.基质和生长调节剂对紫椴嫩枝扦插的影响[J].中南林业科技大学学报,40(6):25-33.

李晓欣,2018.金叶榆和大果榆嫩枝扦插影响因素的研究[D].呼和浩特:内蒙古农业大学.

孟丙南,2010.四倍体刺槐扦插技术优化及生根机理研究[D].北京:北京林业大学.

牟洪香,2003.三倍体毛白杨优良无性系微体快速繁殖技术研究[D].青岛:山东农业大学.

秦爱丽,简尊吉,马凡强,等,2018.母树年龄、生长调节剂、容器与基质对崖柏嫩枝扦插的影响[J].林业科学,54(7):40-50.

孙宜,黄亦工,2007.新优奥运木本观赏植物大观[J].中国花卉盆景(7):10-14.

吴铁明,1994.糯米条资源调查及利用[C]//中国园艺学会.中国园艺学会首届青年学术讨论会论文集.中国园艺学会:中国园艺学会:194-198.

吴小龙,2016.泰山椴扦插繁殖技术及其生根机理的研究[D].青岛:山东农业大学.

姚锐,2017.北美香柏扦插繁殖技术及其生根生理生化机理的研究[D].长沙:中南林业科技大学.

反季节栽培下氮营养水平对小菊'东篱娇粉'(*Chrysanthemum morifolium* 'Donglijiaofen')生长发育的影响

陈嘉琦 邱丹丹 杨秀珍* 刘景絮 韩文佳

(花卉种质创新与分子育种北京市重点实验室,国家花卉工程技术研究中心,城乡生态环境北京实验室,园林环境教育部工程研究中心,林木花卉遗传育种教育部重点实验室,园林学院,北京林业大学,北京 100083)

摘要 探讨反季节栽培下小菊对氮营养的需求水平,以达到为小菊栽培管理提供科学施肥技术的目的。本研究以小菊'东篱娇粉'(*Chrysanthemum morifolium* 'Donglijiaofen')为研究对象,设置 4 个氮营养水平(10、120、240、400mg/L),于 2020 年 9 月至 2021 年 4 月在温室进行了盆栽试验。结果表明:当氮营养水平为 120~240mg/L 时,小菊冠幅优于其他各处理,且开花早、花期长、品质较好;当氮营养水平为 10mg/L 时,小菊'东篱娇粉'表现出明显的氮营养供应不足的现象,株高、冠幅、花序数、干物质等指标均显著小于其他各处理;当氮营养水平为 400mg/L 时,小菊花序数显著高于其余各处理,但营养生长期延长,花期延迟。因此,根据本实验结果认为 120~240mg/L 可作为该季节小菊栽培的氮施肥量参考值。

关键词 小菊;氮营养水平;反季节栽培;生长发育

Effects of Nitrogen Nutrition Level on Growth and Development of *Chrysanthemum morifolium* 'Donglijiaofen' on the Off-season Cultivation

CHEN Jia-qi　QIU Dan-dan　YANG Xiu-zhen*　LIU Jing-xu　HAN Wen-jia

(*Beijing Key Laboratory of Ornamental Plants Germplasm Innovation & Molecular Breeding, National Engineering Research Center for Floriculture, Beijing Laboratory of Urban and Rural Ecological Environment, Engineering Research Center of Landscape Environment of Ministry of Education, Key Laboratory of Genetics and Breeding in Forest Trees and Ornamental Plants of Ministry of Education, School of Landscape Architecture, Beijing Forestry University, Beijing 100083, China*)

Abstract In order to understand the nitrogen nutrition level and to achieve the purpose of providing scientific fertilization technology for cultivation and management of chrysanthemum on the off-season cultivation. *Chrysanthemum morifolium* 'Donglijiaofen' was used as the experimental material to conduct a pot experiment in the glasshouse from December 2020 to April 2021, and four nitrogen concentrations were set (10, 120, 240, 400mg/L). The results showed that when the nitrogen nutrition level was 120~240mg/L, the crown width and quality of *Chrysanthemum morifolium* 'Donglijiaofen' was better than other treatments. It also showed early flowering and long flowering period. When the nitrogen nutrition level was 10mg/L, it showed obvious shortage of nitrogen nutrition. The plant height, crown width, inflorescence number, dry matter allocated to leaves and flowers and other indicators were significantly lower than other treatments. When the nitrogen nutrition level was 400mg/L, the number of inflorescences was significantly higher than other treatments, the vegetative growth period of *Chrysanthemum morifolium* 'Donglijiaofen' was prolonged, that was, the flowering period was delayed. Therefore, the nitrogen nutrition level of 120~240mg/L can be used as the reference value of nitrogen fertilizer for *Chrysanthemum morifolium* 'Donglijiaofen' cultivation in this season.

Key words Chrysanthemum; Nitrogen nutrition level; Off-season cultivation; Growth and development

---

1 基金项目:科学研究与研究生培养共建项目-科研项目-北京实验室-北京城乡节约型绿地营建技术与功能型植物材料高效繁育课题(2019GJ-03);中国传统菊花新品种培育与产业化关键技术研究课题(Z191100008519002)。
第一作者简介:陈嘉琦(1996-),女,硕士研究生,主要从事植物营养与栽培研究。
*通讯作者:杨秀珍,职称:副教授,E-mail:1060021646@qq.com。

小菊是菊科(Compositae)菊属(*Chrysanthemum*)一类新品种群的统称,花径常小于6cm,具有株型圆整、低矮紧凑、花繁色艳、花期长等特点,被广泛应用于切花、室内盆栽、园林绿化等。同时,随着家庭园艺的新起,小菊也越来越受到园艺爱好者的青睐,具有广阔的市场前景(王青,2013;刘萌萌,2017)。

氮素是植物生长发育必须的大量元素之一,科学合理施用氮肥是提高小菊品质的关键。传统栽培模式中氮肥多以基肥的形式施入,后期凭借经验补施氮肥,对小菊氮素需求规律不了解,导致实际生产中氮肥过量现象时有发生。过量施肥不仅会降低小菊氮素利用效率,还会造成肥料的浪费,引发环境问题。

反季节栽培是指选用科学合理的栽培技术使植物在不适宜的栽培季节下开花结果的栽培方式(魏晓羽,2020)。在花卉生产中运用反季节栽培技术可实现其在非自然季节开花,满足消费者的实时需要。菊花是典型的季节性花卉,只要满足其对环境的要求,配套科学合理的栽培技术,完全有可能实现反季节生产(吕晓惠,2007)。目前,国内外学者对切花菊的研究已经较深入,形成了较为成熟的周年生产栽培模式(杨再强 等,2007;MacDonald *et al.*,2014;李淼等,2017;李淼 等,2018)。而我国关于小菊栽培技术的研究集中在自然季节,在反季节栽培技术上相对滞后(徐兴龙,2018;裴庆,2018;杨中义,2019;赵小刚,2019;邱丹丹 等,2020)。前人对盆栽多头菊的反季节栽培进行了一定研究,主要集中在光周期、光质、生长调节剂上(吕晓惠,2007;樊靖,2009)。有关小菊反季节栽培的施肥技术缺乏系统的研究。事实上,小菊对生长环境极为敏感,温度、光照的变化会直接影响小菊对养分的吸收,而矿质营养的吸收对小菊品质的形成至关重要,因此针对小菊反季节栽培下施肥技术展开研究具有重要的实际意义。基于此,本研究通过分析氮营养水平对小菊冠幅、株高、开花等的影响,探究反季节栽培下氮营养对小菊生长发育的影响,以期为小菊栽培管理提供科学施肥技术。

1 材料与方法

1.1 试验材料

供试材料为小菊品种'东篱娇粉'(花玫红色,盆栽自然花期9~10月),插穗采自北京林业大学菊花种质资源圃。

1.2 试验方法

试验采用单因素完全随机区组试验设计,变量为氮营养水平,设置4个梯度:10、120、240、400mg/L,每个处理12个重复。氮源由$CO(NH_2)_2$提供,其余营养元素采用霍格兰营养液配方。

2020年8月在北京林业大学林业科技股份有限公司温室内进行试验(8~11月的日平均温度为24℃左右,11月白天气温在13℃左右,夜晚在5℃左右)。9月进行扦插,扦插基质为草炭:珍珠岩:蛭石=1:1:1(体积比),10月5日选取生长状况良好、长势一致的扦插苗定植于13.5cm×15.5cm(口径×高度)塑料盆中,栽培基质为珍珠岩:蛭石=1:1(体积比)。上盆后缓苗5d(10月10日)进行第一次营养液浇灌处理,每次每盆100ml,每4d浇灌1次,浇灌两次后发现有积水的情况,调整为每7d浇灌1次。期间由于温度较低,11月11日暂时停止施肥。

2020年12月将小菊移入加温温室(日均最高温度26℃左右,最低温度9℃左右)。缓苗14d(12月16日)继续进行处理,试验期间共浇灌营养液12次。1月3日对各处理进行一次摘心,其他管理同常规的小菊栽培管理手法。

表1 盆栽实验施肥方案
Table 1 Pot experiment fertilizer program

处理	氮营养水平(mg/L)	施肥次数	单株氮素施入量(mg/株)
T1	10		12
T2	120	12	144
T3	240		288
T4	400		480

1.3 测定指标与数据处理

于上盆后120d(现蕾前,2021年2月2日)、170d(现蕾后,2021年3月24日)进行采样。

表型数据测定:株高(基质表面到植株顶部的距离)、冠幅、叶片数、叶面积(从上往下第5片叶的面积)、初花、盛花、末花日期,各处理盛花期时的花序数(花径大于1cm的花序数)。

干物质测定:将根、茎、叶、花器官分开,置于60℃烘箱中烘干至恒重,称量各部分的干物质重,并计算根、茎、叶、花的干物质分配比例。

数据的统计整理使用Excle 2016,单因素方差分析(one-way ANOVA)和差异显著性检验(LSD法,$P<0.05$)使用SPSS 25.0,图形的绘制使用Origin 9.1。

2 结果与分析

2.1 氮营养水平对小菊'东篱娇粉'生长的影响

氮营养水平对小菊'东篱娇粉'的生长有显著影响(表2)。上盆后120d,各处理的株高、冠幅、主茎粗、叶片数随氮营养水平的提高先增加后减小，T2、T3、T4处理的株高、冠幅显著高于T1处理，三处理间差异不显著，T3、T4处理略低于T2处理；T2、T3处理的主茎粗和叶片数显著高于T1处理，两处理间无显著差异，其中叶片数显著高于T4处理。叶面积与氮营养水平呈正相关，在T4处理达到最大，与其他各处理差异显著。表明，T4处理的氮营养水平对小菊有一定的抑制作用。

上盆后170 d，各处理的株高、叶片数随着氮营养水平增加而增大，其中，T2、T3、T4处理的株高显著高于T1处理，三处理间差异不显著；T4处理的叶片数达到最大，与其他处理差异显著。主茎粗、冠幅和叶面积随氮营养水平的升高先增加后减小，主茎粗、冠幅在T2处理达到最大，与T3、T4处理差异不显著，但显著高于T1处理；叶面积在T3处理时达到最大，与其他处理差异显著。表明，停止施肥后，T4处理积累的氮则会进一步促进小菊进行营养生长。

表 2 氮营养水平对小菊'东篱娇粉'生长的影响
Table 2 Effect of different nitrogen nutrition level on growth of *Chrysanthemum morifolium* 'Donglijiaofen'

上盆后天数(d)	处理	株高(cm)	冠幅(cm)	主茎粗(mm)	叶片数(片/株)	叶面积(cm²)
120(现蕾前)	T1	16.4±0.56b	13.58±0.90b	1.33±0.38c	10.67±0.58c	8.20±0.45c
	T2	21.73±0.99a	27.67±0.94a	3.46±0.47a	57.00±3.46a	16.88±0.83b
	T3	21.27±1.57a	26.42±1.04a	3.12±0.42ab	53.00±2.65a	16.37±0.82b
	T4	20.2±1.46a	26.20±1.52a	2.57±0.26b	47.67±3.21b	18.17±0.76a
170(现蕾后)	T1	26.07±0.30b	15.87±0.94b	3.90±0.32b	45.33±5.55d	8.95±0.42c
	T2	37.10±0.64a	27.85±1.23a	6.28±0.31a	74.67±5.93c	13.74±0.44b
	T3	37.73±0.06a	26.73±0.60a	5.89±0.44a	124.33±6.98b	16.27±0.72a
	T4	39.83±1.09a	26.68±2.05a	5.77±0.04a	172.67±10.04a	13.81±0.00b

注：1) 小菊现蕾情况根据是否有肉眼可见花蕾进行判断，下同。2) 不同字母表示处理之间差异显著（$P<0.05$），下同。

2.2 氮营养水平对小菊'东篱娇粉'开花的影响

2021年3月24日对小菊'东篱娇粉'进行采收，各处理生长情况如图1所示，氮肥的施加对小菊'东篱娇粉'的花期、花量均有影响。从表3可以看出，T1处理花期最短，仅有15 d，T3处理花期最长，达24 d。随着氮营养水平的升高，花期延长5~9 d，相对延长60.0%。T2、T4处理间的花期时间接近，但T4处理的初花期、盛花期和末花期均晚于T2处理。单株花序数随氮营养水平的增加而增加，T4处理的花序数达35.00朵，显著高于其余各组，其中，T1处理仅3.67朵，相对增加853.68%。表明，停止施肥后，T4处理的小菊前期积累的氮素将进一步促进小菊进行营养生长，积累更多的营养物质，转入生殖生长后，能产生更多花蕾。

图 1 不同氮营养水平下小菊'东篱娇粉'生长情况

Fig. 1 Growth condition of *Chrysanthemum morifolium* 'Donglijiaofen' under different nitrogen nutrition level

表 3 氮营养水平对小菊'东篱娇粉'开花的影响
Table 3 Effect of different nitrogen nutrition level on flowering condition of *Chrysanthemum morifolium* 'Donglijiaofen'

处理	初花期	盛花期	末花期	花期(d)	花序数（个/株）
T1	3/16	3/24	4/04	15	3.67±0.33c
T2	3/01	3/10	3/22	21	19.00±0.58b
T3	3/10	3/21	4/03	24	21.67±2.19b
T4	3/26	4/03	4/15	20	35.00±1.00a

2.3 氮营养水平对小菊'东篱娇粉'干物质积累与分配的影响

干物质生产与分配是菊花外观品质形成的物质基础(杨再强 等,2007)。从表4可以看出,氮素有利于小菊干物质的积累。上盆后120d,小菊全株干物质积累量随氮营养水平先增加后减小,N2处理达到最大,但N2、N3、N4处理差异不显著,三者显著高于N1处理。根冠比是植株根系与地上部干重或鲜重的比值。根冠比与氮营养水平呈负相关,T1处理显著高于其余各处理。上盆后170d,小菊全株干物质积累量随氮营养水平增加而增加,N3、N4处理差异不显著,两者显著高于N1和N2处理,表明,小菊前期积累的氮素会进一步促进小菊的生长。根冠比与氮营养水平仍呈负相关,T1处理显著高于其余各处理。

图2为氮营养水平对小菊'东篱娇粉'干物质分配比率的影响。结果表明,上盆后120d,即在现蕾期,各处理分配到叶的干物质较多,且随氮营养水平增加而增加。上盆后170d,各处理均已现蕾,分配到叶的干物质减少,转移到花的干物质增加。N2、N3、N4处理分配到茎、叶和花的干物质高于N1处理。由于各处理花期差异较大,采摘时N1、N2、N3处理已进入盛花期,N1处理还未进入初花期,因此在营养器官的分配上差异较大。上盆后120d、170d,各处理分配到根的干物质随氮营养水平增加而减少,T1处理最大,表明低氮处理下,小菊'东篱娇粉'将干物质更多地分配到根系,促进其吸收营养。

表4 氮营养水平对小菊'东篱娇粉'干物质积累与分配的影响
Table 4 Effect of different nitrogen nutrition level dry matter accumulation and distribution of *Chrysanthemum morifolium* 'Donglijiaofen'

处理	干物质积累				干物质分配(g)						
	上盆后120d(未现蕾)		上盆后170d(现蕾)		上盆后120d(未现蕾)			上盆后170d(现蕾)			
	干物质量(g/株)	根冠比	干物质量(g/株)	根冠比	茎	叶	根	茎	叶	花	根
T1	1.00b	38.89a	3.20c	25.55a	0.31c	0.41b	0.28b	1.22d	0.91c	0.45c	0.62bc
T2	4.39a	18.01b	9.13b	12.34b	1.51a	2.21a	0.67a	3.16c	2.24c	2.70a	1.02ab
T3	4.32a	7.20bc	12.39a	10.96b	1.45ab	2.58a	0.29b	4.21b	3.74b	3.20a	1.23a
T4	3.94a	6.78c	13.95a	10.53b	1.37b	2.32a	0.25b	5.56a	5.37a	1.71b	1.32a

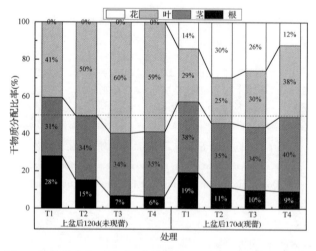

图2 氮营养水平对小菊'东篱娇粉'干物质分配比率的影响
Fig. 2 Effect of different nitrogen nutrition level dry matter distribution ratio of *Chrysanthemum morifolium* 'Donglijiaofen'

3 结论与讨论

探讨小菊'东篱娇粉'在反季节栽培下氮营养水平对其生长发育的影响,为实际生产合理施用氮肥提供参考,本研究分析了4组不同氮营养水平处理下小菊'东篱娇粉'的株高、冠幅、开花情况、干物质等指标,结果表明,当氮营养水平为10mg/L时,不利于小菊'东篱娇粉'的生长发育,株高、冠幅、花序数、分配到地上部的干物质等均显著小于其他各处理,且花瓣颜色不持久,外层花瓣有损伤,叶色浅。低氮条件下,根系吸收的氮素主要留存在根系,造成地上部氮素缺乏,不利于地上部的生长,同时,老叶中的氮素转移到正在发育中的组织中,叶片叶绿素含量下降,叶片绿色变浅(赵泽群 等,2020)。氮营养水平为120~240mg/L时,小菊'东篱娇粉'冠幅优于其他各处理,开花早、花期长、花色鲜艳、花型完整。氮营养水平为400mg/L时,小菊'东篱娇粉'花序数显著高于其余各处理,但营养生长期延长,花期延迟。因此,根据本实验结果认为120~240mg/L可作为该季节小菊栽培的氮施肥量参考值。

在温室栽培中,种植者因担心花卉品质常过量施用氮肥(MacDonald et al.,2014)。事实上,氮肥投入量与花卉品质并不呈线性相关,氮肥投入量超过一定量后花卉品质将不再提高或反而有所下降，基质中残留的氮素和流入到环境中的量会显著增加，避免这一问题的策略就是科学施肥（巨晓棠 等，2014）。本研究发现小菊'东篱娇粉'在氮营养水平为120~240mg/L时，小菊开花早，观赏品质表现较佳。故在实际生产小菊'东篱娇粉'时可以选择120mg/L（144mg/株），以低成本高效益的生产方式，减少对环境的影响。邱丹丹对小菊'东篱秋心'的研究中推荐的氮营养水平为180~240mg/L，何晶在对盆栽多头菊进行研究时，推荐的氮营养水平为210~350mg/L，本研究推荐的氮营养水平为120~240mg/L，表明不同品种间存在一定的差异，且生产中还需要根据环境选择合理的施肥时期、施肥量、各种营养元素的配比等（何晶，2007；邱丹丹 等，2020）。由于本研究推荐的氮营养水平范围过大，推测在此季节下，120~240mg/L范围内可能还存在更佳的氮施肥量。

本研究还发现小菊'东篱娇粉'秋冬季在温室中仅利用暖气加温调节温度，春季能正常开花，推测小菊'东篱娇粉'对光周期不敏感，只要条件适宜就能正常生长发育。早有研究表明氮素会影响植物的开花时间，在拟南芥中，低氮会促进植物开花，但在严重缺氮的条件下表现延迟开花，可能是由于低氮胁迫会延缓开花基因的表达，延长营养生长期，从而延迟开花；同样，在高水平氮条件下开花亦延迟，只有在合适的氮浓度条件下才会促进开花（张友润，2011；Lin et al.，2017；Yan et al.，2021）。与本研究的结果一致，氮营养水平与开花时间呈"U"型曲线。

参考文献

樊靖，2009. 盆栽多头菊品种筛选及其反季节栽培中B9的应用研究[D]. 北京：北京林业大学.

何晶，2007. 盆栽多头菊引种栽培中营养物质和生长调节剂应用研究[D]. 北京：北京林业大学.

巨晓棠，谷保静，2014. 我国农田氮肥施用现状、问题及趋势[J]. 植物营养与肥料学报，20（4）：783-795.

李森，赵平，姜蓉，等，2017. 四种主栽切花菊品种的养分吸收特征[J]. 植物营养与肥料学报，23（5）：1394-1401.

李森，赵平，姜蓉，汤利，2018. 鲜切菊花品种'Cedis'多头小菊和'Country'多头菊养分需求特性研究[J]. 园艺学报，45（3）：591-598.

刘萌萌，2017. 盆栽小菊高频再生体系建立与试管开花研究[D]. 银川：宁夏大学.

吕晓惠，2007. 反季节栽培中光对盆栽菊花生长影响的研究[D]. 北京：北京林业大学.

裴庆，2018. 菊花种苗繁育及摘心与定植期的研究[D]. 南京：南京农业大学.

邱丹丹，杨秀珍，戴思兰，等，2020. 氮水平对小菊"东篱秋心"分枝和开花的影响[J]. 安徽农业科学，48（18）：157-161.

王青，2013. 盆栽多头小菊株型改良的育种研究[D]. 北京：北京林业大学.

魏晓羽，2020. "醉金香"葡萄反季节栽培的生理特性研究[D]. 扬州：扬州大学.

徐兴龙，2018. 地被菊耐盐生理机制与地被茶菊营养品质评价的研究[D]. 北京：北京林业大学.

杨再强，罗卫红，陈发棣，等，2007. 温室标准切花菊干物质生产和分配模型[J]. 中国农业科学（9）：2028-2035.

杨中义，2019. 温度调控菊花成花诱导的机制研究[D]. 太原：山西农业大学.

张友润，2011. 氮素营养调控拟南芥开花诱导相关基因表达的研究[D]. 杭州：浙江大学.

赵小刚，2019. 日中性小菊新品种选育及小菊开花期遗传分析[D]. 北京：北京林业大学.

赵泽群，师赵康，王雯，等，2020. 低氮胁迫对玉米幼苗氮素和蔗糖分配及性状的影响[J]. 植物营养与肥料学报，26：1-14.

Lin Y L, Tsay Y F, 2017. Influence of differing nitrate and nitrogen availability on flowering control in *Arabidopsis*[J]. J Exp Bot, 68(10): 2603-2609.

MacDonald W N, Tsujita M. J, Blom T J, et al, 2014. Impact of various combinations of nitrate and chloride on nitrogen remobilization in potted chrysanthemum grown in a subirrigation system[J]. Canadian Journal of Plant Science, 94(4).

Yan F H, Zhang L P, Cheng F, et al, 2021. Accession-specific flowering time variation in response to nitrate fluctuation in *Arabidopsis thaliana*[J]. Plant Divers, 43(1): 78-85.

温度、光照、赤霉素和不同储藏方式对丁香种子萌发的影响

钟玉婷　赵冰*

(西北农林科技大学，风景园林艺术学院，杨凌 712100)

摘要　以 4 种丁香属植物 *Syringa pekinensis*, *Syringa reticulata* var. *amurensis*, *Syringa oblata*, *Syringa protolaciniata* 种子为材料，通过对影响种子萌发的温度、光照、赤霉素、储藏方式等因子进行研究，探究适宜的丁香种子萌发条件和储藏条件。结果表明，丁香种子不具有物理休眠特性，浸种即可解除种子休眠，4 种丁香种子的萌发能力为：北京丁香>暴马丁香>华北紫丁香>华丁香，这与种子的物理特性有关，大而薄的种子发芽率高，北京丁香、暴马丁香、华北紫丁香、华丁香的发芽率最高分别可达到 90.00%、85.56%、76.67%、65.56%，且 20℃黑暗状态是丁香的最佳萌发环境条件。不同浓度的赤霉素处理可以缩短北京丁香、华丁香、华北紫丁香种子发芽时间，但是对提高丁香发芽率作用较小，甚至会对丁香种子萌发产生抑制作用。牛皮纸袋常温条件保存是北京丁香、暴马丁香、华丁香的最佳储藏方式，牛皮纸袋-20℃条件保存是华北紫丁香的最佳储藏方式，在经过最低-20℃的储藏温度后，华北紫丁香发芽率仍能达到 73.33%，说明华北紫丁香植物之所以在东北、西北寒冷地区为广泛分布种，其种子经过低温仍不失活力是原因之一。

关键词　丁香；种子；发芽率；赤霉素；储藏方式

Effects of Temperature, Light, GA$_3$ and Different Storage Methods on the Germination of *Syringa* Seeds

ZHONG Yu-ting　ZHAO Bing*

(*Northwest A&F University, College of Landscape Architecture and Art, Yangling 712100, China*)

Abstract　Four kinds of *Syringa*—*Syringa pekinensis*, *Syringa reticulata* var. *amurensis*, *Syringa oblata*, and *Syringa protolaciniata* were selected as seed materials, we conducted comparative experiments on the factors that affect the germination of seeds, such as temperature, light, GA$_3$, and storage methods, and explored the appropriate germination conditions and storage conditions of *Syringa* seeds. The results showed that *Syringa* seeds do not have physical dormancy characteristics, so soaking the seeds can release the seed dormancy, and the germination ability of the four *Syringa* seeds was: *Syringa pekinensis*>*Syringa reticulata* var. *Amurensis*>*Syringa oblata*>*Syringa protolaciniata*, which was related to the physical characteristics of the seeds, and the thin seeds had a high germination rate. The germination rates of *Syringa pekinensis*, *Syringa reticulata* var. *amurensis*, *Syringa oblata*, and *Syringa protolaciniata* can reach 90.00%, 85.56%, 76.67%, and 65.56% respectively, and the dark state at 20℃ was the best environment for the germination of *Syringa*, Different concentrations of GA$_3$ treatment can shorten the germination time of *Syringa pekinensis*, *Syringa oblata*, and *Syringa protolaciniata*, but have little effect on increasing the germination rate of seeds of *Syringa*, and even can inhibit the germination of *Syringa* seeds. Normal temperature storage in kraft paper bags was the best storage method for *Syringa pekinensis*, *Syringa reticulata* var. *amurensis* and *Syringa protolaciniata*. storage temperature of -20℃ in kraft paper bags was the best storage method for *Syringa oblata*. After the lowest storage temperature of -20℃, the germination rate of *Syringa oblata* can still reach 73.33%, indicating that the reason why the *Syringa oblata* was widely distributed in the northeast and northwest cold regions, and one of the reasons was that its seeds were still vigorous after low temperature.

Key words　*Syringa*; Seeds; Germination rate; GA$_3$; Storage condition

---

1 基金项目：西安市科技计划项目(20NYYF0064)。
　第一作者简介：钟玉婷(1996-)，女，硕士研究生，主要从事种质资源调查研究。
* 通讯作者：赵冰，职称：副教授，E-mail：bingzhao@nwsuaf.edu.cn。

丁香,木樨科(Oleaceae)丁香属(Syringa)落叶灌木或小乔木,是优良的园林观赏树种。丁香的植株秀丽多姿,花序细密,花色淡雅,花香宜人,抗逆性极强,我国东北、西北、华北、西南地区均有栽培(张健,2009),因此丁香在北方园林建设中扮演着重要的角色,具有很高的开发利用价值。

目前,在全世界范围内,木樨科丁香属植物大约有27种,中国原产22种,其中特有种18种,拥有丰富的丁香种质资源,但是我国开发利用丁香资源起步较晚,种子有性繁殖成为最早的也是最基本的育种方式,播种繁殖的优势不但在于其所得幼苗生长势较好,适宜能力强,而且能最大程度地保持本种的遗传多样性(王新悦,2020;和子森 等,2016)。国内外丁香播种研究内容主要集中在光照、温度条件(赵丹 等,2019;赵璐,2011)、播种时间(李艳萍 等,2019)、播种深度(李艳萍 等,2019)、外源激素种类的选择(赵丹 等,2019)、激素浓度的控制(和子森 等,2016)等,旨在如何提高种子发芽率,涉及紫丁香(郑蔚虹 等,2004;李爱霞,2013;王东丽 等,2017)、暴马丁香(闫兴富 等,2010)、羽叶丁香(李艳萍 等,2019;和子森 等,2016;姜在民,1999)、紫萼丁香等。陈燕(2012)对红丁香和小叶丁香种子败育现象进行了解释,气候波动和缺乏有效的昆虫传粉媒介都是导致坐果率低的原因,可通过胚培养技术解决该问题。李爱霞(2013)对紫丁香的播种育苗技术及播后管理技术进行了详细描述,紫丁香在自然条件下较难萌发,必须经过人工催芽处理,处理方法包括湿沙层积催芽和低温处理,上述研究说明了丁香种子容易出现败育现象,且种子的储藏方式同样会影响种子出苗率,但关于种子如何储藏,最大化地保持种子活力的系统研究较少报道。

因此,本研究选用4种丁香属植物——北京丁香、暴马丁香、华北紫丁香、华丁香的种子为实验材料,通过对影响种子萌发的温度、光照、赤霉素、储藏方式等因子进行对比试验研究,探究适宜的丁香种子萌发条件和储藏条件,提高种子储藏活力,有效降低播种成本,以期为丁香属植物资源的育种、园林应用提供依据。

1 材料与方法

1.1 供试材料

试验于2020年9~12月在西北农林科技大学南校区风景园林艺术学院实验楼进行,4个丁香种分别为北京丁香(*Syringa pekinensis*)、暴马丁香(*Syringa reticulata* var. *amurensis*)、华北紫丁香(*Syringa oblata*)、华丁香(*Syringa protolaciniata*),种子采自陕西西北农林科技大学校园。

1.2 种子处理

9~10月,蒴果开裂前,即果皮由绿色变为黄褐色时,及时采种,之后将陆续采收的成熟丁香种子放置室内阴干,堆放厚度4~5cm。试验前进行选种,选取原则为种子充分成熟,种粒饱满有光泽。称量并计算种子千粒重,测定种子千粒重方式参照《林木种子检验规程》(GB 2772—1999)相关规定。

1.3 试验设计

1.3.1 不同萌发条件对丁香种子萌发特性的影响

设置温度和光照2个影响因子,处理组分别为6个萌发条件(表1),每个处理组重复3次,每次重复30粒种子。丁香种子在温度为30℃的水中浸泡24h充分吸水后,使用0.5%高锰酸钾消毒30min,冲洗干净,清洗至水中无紫色,然后用镊子将丁香种子轻放至已经铺放两层滤纸的培养皿中(培养皿直径为90mm),喷水保持湿润,置于气候培养箱中。温度变化分为恒温和变温两种方式,光照为黑暗(24h)和黑暗(8h)/光照(16h)两种处理方式,试验过程中记录始发芽时间和每天的发芽粒数,计算发芽率、发芽势和发芽指数。

表1 不同温度和光照处理
Table 1 Table of different temperature and light treatment conditions

处理编号	影响因子		
	温度水平(℃)	温度变化	光照变化
T_1	20	恒温	暗(8h)/光(16h)
T_2	20	恒温	暗(24h)
T_3	25	恒温	暗(8h)/光(16h)
T_4	25	恒温	暗(24h)
T_5	20/25	变温	暗(8h)/光(16h)
T_6	20/25	变温	暗(24h)

1.3.2 不同赤霉素浓度对丁香种子萌发特性的影响

设置4个赤霉素浓度处理组,赤霉素浓度分别为50mg/L、200mg/L、400mg/L、800mg/L,对照组(CK)为清水,浸泡24h,每处理组重复3次,每组重复30粒种子。种子处理方法与上述试验相同,萌发环境条件为前一阶段所得的最佳温度、光照条件,试验过程中记录始发芽时间和每天的发芽粒数,计算发芽率、发芽势和发芽指数。

1.3.3 不同储藏方式对丁香种子萌发特性的影响

设置6个处理组,储藏方式分别为沙藏和牛皮纸袋，储藏温度分别为4℃、-20℃、室温3个处理温度，每处理组重复3次，每组重复30粒种子。种子处理方法与上述实验相同，萌发环境条件为前一阶段所得的最佳温度、光照条件，试验过程中记录始发芽时间和每天的发芽粒数，计算发芽率、发芽势和发芽指数。

表2 不同储藏方式和温度处理
Table 2 Distribution table of different storage methods and temperature treatments

处理编号	储藏方式	储藏温度(℃)
T_1	沙藏	4
T_2	沙藏	-20
T_3	沙藏	室温
T_4	牛皮纸袋	4
T_5	牛皮纸袋	-20
T_6	牛皮纸袋	室温

1.4 数据分析

试验所得数据使用SPSS软件和Origin 2018软件进行数据分析和图表制作。指标计算方法如下：

初始萌发时间：指从萌发试验开始到第1粒种子开始萌发所持续的天数。

萌发高峰期：萌发量最大的时间距试验开始的天数。

发芽持续时间：种子开始萌发到最后一个萌发的总天数。

发芽率 GR = 种子发芽总数/供试种子总数×100%

发芽势 GE = 达到高峰时发芽种子数/供试种子总数×100%

发芽指数 $GI = \sum(G_t/D_t)$，其中 G_t 为 t 日内的发芽数，D_t 为相应的发芽天数。

以胚根出现作为种子发芽标准，连续3d无萌发种子视为萌发结束；每24小时观察记录种子发芽数。

2 结果与分析

2.1 种子形态观察和千粒重测定

丁香种子都属于小粒种子。由表3知，北京丁香和暴马丁香的种子体积均大于华北紫丁香和华丁香的种子，且颜色较浅，其中北京丁香种子长0.95~1.36cm，宽0.32~0.49cm，厚度0.06~0.10cm，暴马丁香种子长1.28~1.51cm，宽0.40~0.58cm，厚度0.07~0.10cm，华北紫丁香种子长0.70~1.04cm，宽0.24~0.35cm，厚度0.04~0.11cm，华丁香种子长0.82~0.11cm，宽0.18~0.26cm，厚度0.08~0.13cm。

表3 丁香种子形态特征
Table 3 Morphological characteristics of *Syringa* seeds

植物种类	拉丁名	形态观察	千粒重(g)
北京丁香	*Syringa pekinensis*		1.4796±0.0295
暴马丁香	*Syringa reticulata* var. *Amurensis*		1.7726±0.0340
华北紫丁香	*Syringa oblata*		0.7684±0.0414

植物种类	拉丁名	形态观察	千粒重(g)
华丁香	*Syringa protolaciniata*		0.9326±0.0298

2.2 不同萌发条件对丁香种子萌发特性的影响

通过不同温度和光照处理发现，丁香种类不同，种子萌发效果有所差异。由表4可知，北京丁香、暴马丁香、华丁香和华北紫丁香的初始萌发时间分别为5~9d、5~6d、9~22d、4~5d，4种丁香初始萌发时间排序为（由早到晚）：华北紫丁香、暴马丁香、北京丁香、华丁香，对于萌发高峰期，华丁香的萌发高峰期远远晚于其他3种丁香，北京丁香、暴马丁香、华丁香和华北紫丁香的发芽持续时间分别为14~19d、11~22d、7~27d、10~17d，其中华丁香的持续时间仍较长。从图1、图2和图3可以看出，对于北京丁香来说，T_1、T_2条件下的各个发芽指标都显著高于T_3、T_4、T_5、T_6（$P<0.05$），T_1和T_2之间发芽率、发芽势和发芽指数均无显著差异（$P>0.05$），说明20℃温度条件下催芽比25℃和20/25℃变温条件下催芽要好，温度为20℃，光照和黑暗交替条件下，发芽率最高，可达到90.00%。对于暴马丁香，T_2条件下的各个发芽指标都显著高于其他处理组（$P<0.05$），发芽率、发芽势和发芽指数分别为85.56%、60.00%、37.19，说明T_2是暴马丁香种子的最佳萌发条件。华北紫丁香的最高发芽率为76.67%，T_1、T_2、T_5、T_6条件下的各个发芽指标都显著高于T_3、T_4（$P<0.05$），T_1的发芽势最大，T_2次之，T_2、T_5、T_6的发芽指数显著高于其他处理组（$P<0.05$），发芽率相同时，发芽势和发芽指数越高，其种子品质越好，发芽整齐度越高，则T_2对华北紫丁香种子萌发效果较好。对于华丁香，T_1、T_2条件下的各个发芽指标都显著高于T_3、T_4、T_5、T_6（$P<0.05$），T_2的发芽势显著高于T_1（$P<0.05$），即华丁香种子的最佳萌发条件为T_2，而且华丁香在T_3、T_4、T_5、T_6下发芽率都很低，分别为13.33%、45.56%、6.67%、11.11%，说明25℃和20/25℃条件抑制华丁香种子萌发，且抑制作用明显。

总体来看，4种丁香种子的萌发能力为：北京丁香>暴马丁香>华北紫丁香>华丁香，温度对丁香种子萌发影响显著，不同温度条件下，各发芽指标具有显著差异，4种丁香发芽最适温度是20℃，T_2可以是4种丁香的最佳萌发条件。

表4 不同温度和光照处理对四种丁香种子萌发的影响
Table 4 Effects of different temperature and light Treatments on the germination of *Syringa* seeds (d)

植物种类	处理组	初始萌发时间	萌发高峰期	发芽持续时间
北京丁香	T1	5	9	15
	T2	6	9	16
	T3	7	9	19
	T4	9	9	14
	T5	6	9	18
	T6	6	9	17
暴马丁香	T1	5	7	14
	T2	5	7	11
	T3	6	7	22
	T4	6	7	18
	T5	6	7	20
	T6	5	7	18
华丁香	T1	9	16	27
	T2	9	16	24
	T3	22	16	7
	T4	18	16	23
	T5	17	16	8
	T6	15	16	8
华北紫丁香	T1	4	7	10
	T2	4	7	14
	T3	5	7	16
	T4	4	7	17
	T5	4	7	13
	T6	4	7	17

注：同列不同小写字母表明差异显著（$P<0.05$），相同字母表示差异不显著（$P>0.05$）。

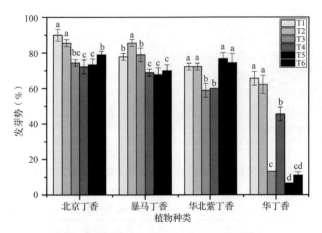

图 1 不同温度和光照处理下种子发芽率

Fig. 1　Seed germination rate under different temperature and light treatment

注：同列不同小写字母表明差异显著（$P<0.05$），相同字母表示差异不显著（$P>0.05$）。

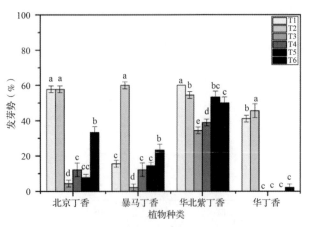

图 2 不同温度和光照处理下种子发芽势

Fig. 2　Seed germination potential under different temperature and light treatments

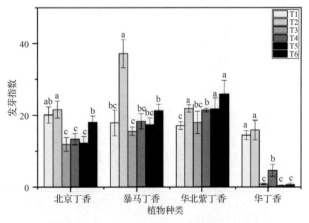

图 3 不同温度和光照处理下种子发芽指数

Fig. 3　Seed germination index under different temperature and light treatment

2.3　不同赤霉素浓度对丁香种子萌发特性的影响

由表 5 可知，同种丁香在不同赤霉素浓度处理条件下，初始萌发时间无明显差异，北京丁香在 0mg/L 赤霉素预处理时初始萌发时间是第 6d，50mg/L 赤霉素使北京丁香提前 2d 萌发，其他浓度处理使北京丁香提前 1d 萌发，赤霉素使暴马丁香的初始萌发时间都延后 1~2d 萌发，华丁香种子使用 400mg/L 赤霉素预处理后与对照组相比萌发时间提前 2d，华北紫丁香初始萌发时间无变化。北京丁香在使用不同浓度的赤霉素后发芽持续时间缩短了 3~7d，暴马丁香在 50mg/L 和 400mg/L 赤霉素处理后发芽持续时间延长 1d，800mg/L 赤霉素的发芽持续时间延长 2d，华丁香在使用不同浓度的赤霉素后发芽持续时间缩短了 5~15d，华北紫丁香的发芽持续时间也在施用赤霉素后缩短了 1~6d。从图 4 可以看出，与对照组相比，400mg/L 的赤霉素将花叶丁香的发芽率从 23.33% 提高至 24.44%，50mg/L 的赤霉素将华北紫丁香的发芽率从 72.22% 提高至 82.22%，其他赤霉素浓度处理都显著降低了丁香的发芽率（$P<0.05$），说明不同浓度的赤霉素处理可以缩短北京丁香、华丁香、华北紫丁香种子发芽时间，但是对提高丁香发芽率作用较小，甚至会对丁香种子萌发产生抑制作用。

表 5 不同赤霉素浓度对四种丁香种子萌发的影响

Table 5　Effects of different GA_3 concentrations on the germination of Syringa seeds　　（d）

种类	赤霉素浓度（mg/L）	初始萌发时间	萌发高峰期	发芽持续时间
北京丁香	CK	6	9	16
	50	4	9	10
	200	5	9	13
	400	5	9	9
	800	5	9	13
暴马丁香	CK	5	9	11
	50	6	9	12
	200	6	9	11
	400	7	9	12
	800	7	9	13
华丁香	CK	9	12	24
	50	9	12	9
	200	8	12	19
	400	7	12	18
	800	8	12	17

（续）

种类	赤霉素浓度（mg/L）	初始萌发时间	萌发高峰期	发芽持续时间
华北紫丁香	CK	4	6	14
	50	4	6	8
	200	4	6	17
	400	4	6	11
	800	4	6	13

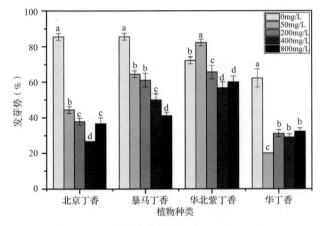

图 4 不同赤霉素浓度处理下种子发芽率

Fig. 4　Seed germination rate under different GA$_3$ concentration treatments

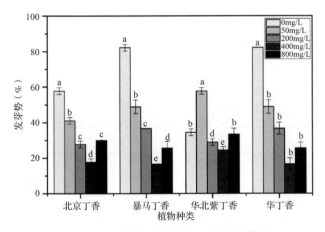

图 5 不同赤霉素浓度处理下种子发芽势

Fig. 5　Seed germination potential under different GA$_3$ concentration treatments

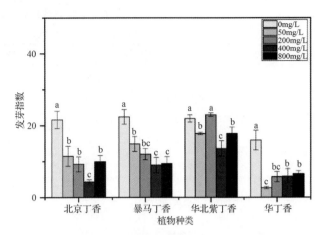

图 6 不同赤霉素浓度处理下种子发芽指数

Fig. 6　Seed germination index under different GA$_3$ concentration treatments

2.4 不同储藏方式对丁香种子萌发特性的影响

从表6中可知，在-20℃沙藏处理条件下4种丁香的初始萌发时间都晚于其他处理组，其中华丁香种子萌发延迟时间最长，第13d开始萌发，但4种丁香的其他储藏方式其初始萌发时间比较相近，同一种丁香的初始萌发时间差距在1~2d。北京丁香种子采用沙藏的方式发芽持续时间缩短天数较多，暴马丁香在常温条件保存时，发芽持续时间最短，华丁香种子在沙藏-20℃和沙藏常温条件下发芽持续时间较短。由图7可以看出，北京丁香和暴马丁香采用牛皮纸袋的储藏方式优于沙藏，其发芽率都高于相对应温度的沙藏处理发芽率，同时低温会降低北京丁香种子和暴马丁香种子的发芽率，牛皮纸袋常温条件是北京丁香种子和暴马丁香种子的最佳储藏方式，其发芽率显著高于其他处理组（$P<0.05$）。对于华北紫丁香来说，牛皮纸袋-20℃、牛皮纸袋常温和沙藏4℃的储藏方式发芽率显著高于其他储藏方式（$P<0.05$），由图8可以看出，华北紫丁香牛皮纸袋-20℃的发芽势显著高于其他储藏方式（$P<0.05$），沙藏4℃次之，由图9可知，华北紫丁香牛皮纸袋4℃发芽指数显著低于其他储藏方式（$P<0.05$），说明牛皮纸袋-20℃是华北紫丁香种子的最佳储藏方式。对于华丁香，牛皮纸袋常温条件下的各项发芽指标都高于其他储藏方式，说明牛皮纸袋常温是华丁香的最佳储藏方式。

表 6 不同储藏方式对四种丁香种子萌发的影响

Table 6　Effects of different storage methods on the germination of *Syringa* seeds (d)

植物种类	处理条件		编号	初始萌发时间	萌发高峰期	发芽持续时间
北京丁香	牛皮纸袋	−20℃	T1	6	8	15
		4℃	T2	4	8	14
		常温	T3	6	8	16
	沙藏	−20℃	T4	9	8	12
		4℃	T5	5	8	11
		常温	T6	5	8	13
暴马丁香	牛皮纸袋	−20℃	T1	5	7	14
		4℃	T2	4	7	14
		常温	T3	5	7	11
	沙藏	−20℃	T4	6	7	15
		4℃	T5	5	7	14
		常温	T6	4	7	12
华丁香	牛皮纸袋	−20℃	T1	9	16	20
		4℃	T2	8	16	21
		常温	T3	9	16	24
	沙藏	−20℃	T4	13	16	14
		4℃	T5	8	16	21
		常温	T6	9	16	19
华北紫丁香	牛皮纸袋	−20℃	T1	3	6	11
		4℃	T2	3	6	11
		常温	T3	4	6	14
	沙藏	−20℃	T4	4	6	14
		4℃	T5	4	6	10
		常温	T6	4	6	12

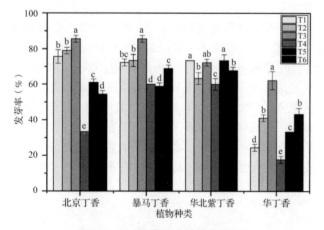

图 7　不同储藏方式种子发芽率

Fig. 7　Seed germination rate under different storage methods

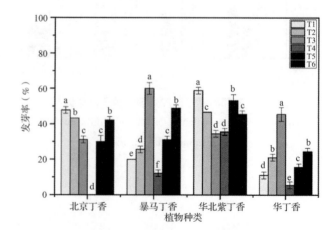

图 8　不同储藏方式种子发芽势

Fig. 8　Seed germination potential under different storage methods

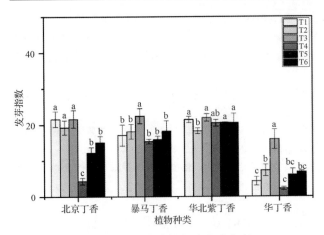

图 9 不同储藏方式种子发芽指数
Fig. 9 Seed germination index under different storage methods

3 讨论

种子休眠是为保护自身免受外界干扰从而促进植物存活的适应策略(Farhadi M. et al., 2013)，外在环境与植物种子自身特性都是影响种子休眠的重要因素(周志琼和何其华, 2020)，种子内在原因又包括种皮或果皮吸水障碍、种子本身具有萌发性抑制物和胚休眠(孙佳等, 2012)，该试验中北京丁香、暴马丁香、华北紫丁香、华丁香经过浸种即可解除种子休眠，即丁香种子不具有物理休眠特性，这一研究结果与羽叶丁香种子(和子森等, 2016)研究一致。此外赤霉素也是另外一种打破种子休眠的方式(赵冰等, 2014)，目前，很多相关研究都能证明赤霉素能够促进种子发芽，例如毛冬青(童家赟等, 2020)、太白杜鹃(赵冰, 2014)、霞红灯台报春(Yang L. et al., 2020)等等，但本试验中研究结果略有不同，不同浓度的赤霉素处理可以缩短北京丁香、华丁香、华北紫丁香种子发芽时间，但是对提高丁香发芽率作用较小，甚至会对丁香种子萌发产生抑制作用，因此，有关其种子内部对赤霉素的调控机理仍需进一步研究。

不同植物种子萌发速率和发芽率具有一定的差异，种子的物理特性和化学特性都对种子的萌发起着重要的作用(Zhang J L et al., 2020)，通过对丁香进行不同的温度和光照处理，发现4种丁香种子的萌发能力为：北京丁香>暴马丁香>华北紫丁香>华丁香，这可能与种子的物理特性有关，大而薄的种子比小而厚的种子发芽率更高，发芽速率更快(Zhang J L et al., 2020)，北京丁香和暴马丁香的体积大于华北紫丁香和华丁香，且种子厚度较小。同时发现温度对丁香种子萌发影响显著，不同温度条件下，各发芽指标具有显著差异，在环境温度处于20℃时，除暴马丁香黑暗条件发芽率显著高于光暗交替，其他3种丁香光暗交替与无光照发芽率无明显差异，但黑暗状态的种子发芽势和发芽指数要显著高于光暗交替，说明20℃时埋于地表层的丁香种子要比裸露在地表的种子更容易发芽。

储藏温度和储藏方式对丁香种子萌发影响显著，该研究结果与桃叶卫矛种子研究一致(宋红等, 2015)，研究得出牛皮纸袋常温条件保存是北京丁香、暴马丁香、华丁香最佳储藏方式，牛皮纸袋-20℃条件保存是华北紫丁香的最佳储藏方式。当然，储藏温度和储藏方式不但影响种子发芽率，而且对种子内部营养物质变化有着显著的作用(宋红等, 2015)，从而影响种子活力，所以有关丁香种子在不同储藏条件下生理指标和营养物质的变化等方面有待深入研究。

丁香是能够适应北方地区寒冷条件的重要观花植物，具有极高的观赏、药用、经济价值(臧淑英和崔洪霞, 2000)，本研究以4种丁香属植物种子为材料，通过对影响种子萌发的温度、光照、赤霉素、储藏方式等因子进行对比试验研究，探索出适宜的丁香种子萌发条件和最佳储藏条件：即丁香在9~11月采种后，将北京丁香、暴马丁香、华丁香种子装入牛皮纸袋后选择常温保存，将华北紫丁香种子装入牛皮纸袋后选择-20℃保存，3月中旬，可将选好的种子用30℃温水浸泡24h，然后用0.5%高锰酸钾溶液消毒30min，避光恒温催芽，保持湿润，温度选择20℃左右为最佳。该研究可以有效提高种子的生产性能，以期为丁香的人工栽培繁殖提供一定的理论依据和技术支持。

参考文献

陈燕, 2012. 引种栽培条件下红丁香和小叶丁香种子败育的解剖学研究[D]. 北京：北京林业大学.
和子森, 陈苏依勒, 程明, 等, 2016. 濒危植物羽叶丁香种子休眠与萌发特性研究[J]. 植物生理学报, 52(4): 560-568.
姜在民, 蔡靖, 崔宏安, 1999. 华榛、羽叶丁香种子形态构造特点的研究[J]. 陕西林业科技(3): 14-16.
李爱霞, 2013. 一种紫丁香繁殖栽培方法：中国, CN201210007944.2[P]. 2013-07-17.
李艳萍, 张锦梅, 满丽婷, 2019. 丁香新品种繁育技术研究[J]. 林业科技通讯(6): 66-68.
宋红, 李万义, 丁格根其尔, 等, 2015. 不同储藏方法对桃叶卫矛种子萌发和营养物质的影响[J]. 东北林业大学学报, 43(6): 30-33.

孙佳, 郭江帆, 魏朔南, 2012. 植物种子萌发抑制物研究概述[J]. 种子, 31(4): 57-61.

童家赟, 李韵璇, 黄欢, 等, 2020. 温度、赤霉素和硝酸钾溶液浸种对毛冬青种子萌发的影响[J]. 北方园艺(11): 112-116.

王东丽, 焦菊英, 王宁, 等, 2017. 植冠与土壤种子库储存种子的萌发特性及策略[J]. 生态学报, 37(20): 6743-6752.

王新悦, 2020. 中国科学院植物研究所丁香国家花卉种质资源库推动丁香种苗进入品种化时代[J]. 中国花卉园艺(23): 14-15.

闫兴富, 方苏, 杜茜, 等, 2010. 遮荫对暴马丁香种子萌发及幼苗生长的影响[J]. 甘肃农业大学学报, 45(1): 104-110.

臧淑英, 崔洪霞, 2000. 丁香花[M]. 上海: 上海科技出版社.

张健, 2009. 丁香属(Syringa)一些植物形态解剖与园林应用探讨[D]. 福州: 福建农林大学.

赵冰, 2014. 光照时间和赤霉素浓度对太白杜鹃种子萌发的影响[J]. 北方园艺(2): 60-63.

赵冰, 董进英, 张冬林, 2014. 温度、光照和赤霉素浓度对秀雅杜鹃种子萌发的影响[J]. 种子, 33(5): 26-30.

赵丹, 梁文华, 赵莲绮, 等, 2019. 不同处理对红丁香与四季丁香种子萌发和前期生长的影响[J]. 新疆农业大学学报, 42(1): 21-27.

赵璐, 2011. 两种丁香种子萌发影响因子的研究[D]. 呼和浩特: 内蒙古农业大学.

郑蔚虹, 齐恒玉, 何俊莉, 2004. 赤霉素对紫丁香种子萌发及幼苗生长的影响[J]. 林业科技(4): 4-6.

周志琼. 何其华, 2020. 横断山区干旱河谷川滇蔷薇种子休眠与萌发的地理空间差异[J]. 生态学报, 40(17): 6037-6045.

Farhadi M, Tigabu M, Arian A G, et al, 2013. Pre-sowing treatment for breaking dormancy in *Acer velutinum* Boiss. seed lots[J]. Journal of Forestry Research, 24(2): 273-278.

Yang L E, Peng D L, Li Z M, et al, 2020. Cold stratification, temperature, light, GA_3, and KNO_3 effects on seed germination of *Primula beesiana* from Yunnan, China[J]. Plant Diversity, 42(3): 168-173.

Zhang J L, Siemann E, Tian B L, et al, 2020. Differences in seed properties and germination between native and introduced populations of *Triadica sebifera*[J]. Journal of Plant Ecology, 13(1): 70-77.

IBA 对 3 种丁香扦插生根的影响

钟玉婷　赵 冰*　付丽童

(西北农林科技大学，风景园林艺术学院，杨凌 712100)

摘要　选用 3 个丁香种 Syringa vulgaris f. plena，Syringa pubescens，Syringa protolaciniata 的半木质化的枝条为插穗，采用完全随机区间设计，研究不同施用方法和不同质量浓度的吲哚丁酸钾盐(K-IBA)对丁香插条生根的影响。结果表明，3 个丁香种的生根能力具有差异性，其中巧玲花最易生根，重瓣洋丁香次之，华丁香生根困难。不同 IBA 质量浓度和施用方法都是影响丁香插穗生根的重要因素，低质量浓度的 IBA 对丁香扦插生根影响不显著，较高浓度时，丁香生根能力明显增强，且固态 Hormodin 的生根能力均好于液态 K-IBA，质量浓度为 8000mg/L 的 Hormodin 可以更好的促进巧玲花和华丁香生根，生根率分别可达到 81.21% 和 62.42%。固态 Hormodin 质量浓度为 3000mg/L 时，重瓣欧丁香生根率为 40.61%。

关键词　丁香；K-IBA；扦插；生根；Hormodin

The Effects of IBA on the Rooting of Stem Cuttings of Three *Syringa* Species

ZHONG Yu-ting　ZHAO Bing*　FU Li-tong

(*Northwest A&F University, College of Landscape Architecture and Art, Yangling 712100, China*)

Abstract　Three kinds of Syringa—*Syringa vulgaris* f. *plena*, *Syringa pubescens* and *Syringa protolaciniata* were selected as cuttings, different application methods and different mass concentrations of potassium indole butyrate (K-IBA) of (K-IBA) on clove cuttings were studied by using a completely random interval design method. The results showed that the rooting ability of three species of *Syringa* was different, *Syringa pubescens* was the easiest to root, followed by *Syringa vulgaris* f. *plena*, and *Syringa protolaciniata* was difficult to root. Different IBA concentration and applied methods were the important factors for the rooting of clove cuttings. , the effect of low concentration of IBA on clove cuttings rooting was not significant, but for high levels, clove rooting ability enhanced obviously, and rooting ability of solid Hormodin was better than liquid K-IBA, 8000 mg/L Hormodin can better promote *Syringa pubescens* and *Syringa protolaciniata* to take root, rooting rate can respectively reach 81.21% and 62.42%, the rooting rate of *Syringa vulgaris* f. *plena* was 40.61% when the solid Hormodin was 3000mg/L.

Key words　*Syringa*; K-IBA; Cutting; Rooting; Hormodin

丁香，又名百结、情客、紫丁白，木樨科(Oleaceae)丁香属(*Syringa*)落叶灌木或小乔木，是优良的园林观赏树种。丁香的植株秀丽多姿，花序细密，花色淡雅，花香宜人，群体花期长，抗逆性极强，在北方园林建设中扮演着重要的角色。

中国拥有丁香属植物约 27 种(臧淑英和崔洪霞，2000)，主要分布于西南及黄河流域以北各地，素有"丁香之国"之称。近年来，丁香作为抗逆性较强的花灌木种类，在北美和欧洲已十分受欢迎，国外市场发展成熟，但国内丁香还属于小众、边缘化产品(王新悦，2020)，尚未形成品种化市场，而且目前丁香的繁殖技术还主要靠播种繁殖，繁殖技术问题没有得到根本解决。扦插繁殖操作简单、繁殖速度快、可以很好地保持亲本优良性状，是植物繁殖常用的方式之一(颜婷美，2014)。国内外对于丁香属植物的扦插技术研究大多集中于如何提高插穗的成活率，目前已知的研究对象包括紫丁香(任俐 等，2006)、欧丁香(Cameron R. et al., 2003)、蓝丁香(李艳萍 等，

1　基金项目：西安市科技计划项目(20NYYF0064)。

　　第一作者简介：钟玉婷(1996-)，女，硕士研究生，主要从事种质资源调查研究。

*　*通讯作者：赵冰，职称：副教授，E-mail：bingzhao@nwsuaf.edu.cn。

2019)、红丁香(李爱平，2007)、什锦丁香(李艳萍等，2019)、羽叶丁香(李艳萍 等，2019)等，虽然涉及丁香种类较多，但对于花型和叶型都奇特的重瓣洋丁香、巧玲花和华丁香的繁殖技术研究仍较少，严重影响了其园林应用。

本试验所选用3种丁香属植物——重瓣洋丁香、巧玲花和华丁香，这3种丁香花型奇特、花被片数目为4~8，花香宜人，且都可以二次开花，具有很高的园林观赏价值，但在园林应用中，很少可以看到它们的身影，究其原因是因为其结实率低，扦插难度大，生根率低(Cameron R. *et al.*，2003；李艳萍 等，2019)。所以，本试验通过对3种丁香植物的半木质化枝条施用不同浓度的IBA，以期可以找到适宜的扦插生根条件，解决良种苗木供不应求的矛盾和扦插繁殖困难的问题，为丁香扦插繁殖工作提供一定的理论依据和技术支持。

1 材料与方法

1.1 供试材料

试验于2020年6~9月在西北农林科技大学南校区温室进行，3个丁香种分别为重瓣洋丁香(*Syringa vulgaris* f. *plena*)、巧玲花(*Syringa pubescens*)、华丁香(*Syringa protolaciniata*)，插穗选自健壮母株，采自陕西西北农林科技大学校园。

1.2 插穗处理

将从生长健壮、无病虫害的母株上剪取的丁香插条剪至7~12cm长，下端距节0.5cm处45°斜剪，上端平剪，距上节位1.5cm，保留两个叶片，剪去叶片的2/3，插穗用0.5%高锰酸钾消毒。

1.3 试验设计

采用完全随机区间设计方法，分别设置不同吲哚丁酸钾盐(K-IBA)(固体荷尔蒙顿1号、2号和3号；液体K-IBA)和不同吲哚丁酸钾盐(K-IBA)质量浓度(1000mg/L、1500mg/L、3000mg/L、8000mg/L)(如表1)，扦插基质为V(珍珠岩):V(沙)= 1:2，每组32个插穗，重复3次。

表1 IBA处理插穗的方法
Table 1 Methods of IBA for cuttings

处理	处理方法	IBA质量浓度(mg/L)	时间(s)	穗数(个)
CK	对照	0	10	32
I	Hormodin 1(固态)	1000	速蘸	32
II	Hormodin 2(固态)	3000	速蘸	32
III	Hormodin 3(固态)	8000	速蘸	32
IV	K-IBA(液态)	1000	10	32
V	K-IBA(液态)	1500	10	32
VI	K-IBA(液态)	3000	10	32
VII	K-IBA(液态)	8000	10	32

1.4 扦插方法与插后管理

先在基质中用树枝做好引导洞，然后用插穗蘸取Hormodin(荷尔蒙顿1号、2号和3号，固体)后直插入引导洞或在液体K-IBA中浸泡10s，自然晾干15min后插入引导洞，压实基质。扦插穴盘放在温室中，温度为25~34℃，湿度保持在60%以上，前期管理每天浇2次水，防止枝条腐烂，后期每天浇1次水，每周喷1次1000倍50%多菌灵预防发生病虫害。

1.5 数据分析

扦插50d后记录其生根率、生根数目和生根长度，用Excel软件和SPSS软件进行数据方差分析和多重比较。

2 结果与分析

2.1 不同丁香种的扦插生根差异分析

不同种丁香的生根能力存在一定差异。从表2中可以看出，未使用任何生长调节剂的情况下(即对照组)，巧玲花的生根率为18.79%，重瓣洋丁香和华丁香的生根率均为3.03%，表明这3种丁香都是极其不易生根的木本植物，且巧玲花、重瓣洋丁香和华丁香的生根效果都较差，生根数量分别为3.67条、4.00条、1.00条，巧玲花和华丁香的平均根长均小于7cm。但使用IBA后，不同种丁香存在处理组与对照组(CK)相比生根率显著性增长($P<0.05$)，总体而言，巧玲花的综合指标较好，生根率最高为81.21%，平均生根数量为18.00条，平均根长为31.31cm，生根率最低为15.45%，而华丁香的生根率最高为62.42%，最低生根率为0，即不生根，且大多数处理生根率都较低。从图1中也可以看出，巧玲花和重瓣欧丁香所有处理组都生根，巧玲花根生长茂密，但是华丁香存在未生根情况，生根数量较少。所以对比3个丁香种的生根能力，巧玲花最易生根，重瓣洋丁香次之，华丁香最差，且IBA是影响丁香生根的重要因素。

2.2 不同 IBA 质量浓度对丁香生根的影响

同一种生长素的不同质量浓度对同一植物的作用不同。从表2可以看出，对于巧玲花，不论 IBA 的施用状态是固态还是液态，除施用液态 K-IBA1000mg/L 的扦插苗生根率有所降低，与对照组相比，其他生根率均有所增加，且 Hormodin 3、液态 IBA1500mg/L、液态 IBA3000mg/L、液态 IBA8000mg/L 等较高浓度 K-IBA 的施用都使插穗生根率显著增加（$P<0.05$），其中荷尔蒙顿3号的生根率和生根效果均最好，生根率为 81.21%，生根条数为 18.00 条，生根长度为 31.31mm。当施用 IBA 为固态时，生根率、生根数量、平均根长均随着质量浓度的增加而增大，当施用状态为液态时，生根率随着质量浓度的增加呈先升高后降低的趋势，质量浓度为 3000mg/L 的液态 IBA，其生根率为 68.79%，反而施用液态 K-IBA8000mg/L 时，其生根率降低到 50.00%。说明适当高质量浓度的 IBA 会促进巧玲花生根，且 IBA 对巧玲花的生根率和生根效果都有显著影响。

对于重瓣欧丁香，对照组的生根率最低，和其他处理组的生根率对比具有显著性差异，随着质量浓度的增加，生根率呈先上升后下降的趋势。与对照组相比，使用不同质量浓度的 IBA（固态 Hormodin 和液态 K-IBA）均可显著提高其生根率（$P<0.05$），且施用低质量浓度的重瓣欧丁香生根效果较好，生根数量与对照组相比均显著升高（$P<0.05$），其中施用 Hormodin 1 的生根数量为 4.33 条，液态 1000mg/L 的生根数量为 6.33 条。重瓣欧丁香固态和液态的最佳浓度均是 3000mg/L，生根率分别可达到 40.61%、28.18%，说明较高质量浓度的 IBA 可以更好的促进重瓣欧丁香插穗生根。

对华丁香施用 IBA 的平均生根率最高可达62.42%，其由高到低的顺序为 Hormodin 3、8000mg/L、Hormodin 2、3000mg/L、Hormodin 1、CK、1000mg/L、1500mg/L，说明随着质量浓度的降低，华丁香生根率随之降低，低浓度的 IBA 对华丁香作用较小，甚至液态 IBA1000mg/L、1500mg/L 的生根率为 0%，无法生根，反而质量浓度为 8000mg/L 的 IBA（包括固态粉末状和液体 K-IBA）对华丁香生根率影响显著，生根数量和平均根长与对照组相比显著增高（$P<0.05$），Hormodin 3 的各项综合指标都显著高于对照组，综合来看，选择高质量浓度 Hormodin 3 作为华丁香的生根促进剂最佳。

由表2可以看出，将3个种的丁香插穗分别在不同质量浓度的 IBA 处理后，较高浓度的 IBA 会对丁香插穗的生根能力产生显著性影响，反而低浓度作用不明显，生根率较高的处理组，生根效果也会较好，即生根数量和平均根长较高。

2.3 不同 IBA 施用方法对丁香生根的影响

对比不同 IBA 施用方法（即固态 Hormodin 和液态 K-IBA）对丁香生根的差异，相同质量浓度的固态 Hormodin 和液态 K-IBA 之间生根率、生根数量和平均根长具有显著性差异（$P<0.05$）。由表2可以得出，施用 Hormodin 3 的巧玲花生根率比对应的质量浓度为 8000mg/L 的生根率显著增高（$P<0.05$），Hormodin 2 的生根率显著低于 3000mg/L 的生根率（$P<0.05$），Hormodin 1 对巧玲花生根率的影响和 1000mg/L 相比均无显著性差异（$P>0.05$），除 Hormodin 1 的巧玲花平均根长显著低于液态 K-IBA1000mg/L 的平均根长

表2　50d 后3种丁香扦插生根情况

Table 2　Rooting condition of 3 *Syringa* species after 50 days

丁香种	处理	生长素种类及浓度（mg/L）	生根率（%）	生根数量（条）	平均根长（mm）
巧玲花	CK	0	18.79±1.05ef	3.67±0.57d	6.57±0.35f
	Ⅰ	Hormodin 1	21.82±4.81ef	3.33±0.57d	13.88±1.46e
	Ⅱ	Hormodin 2	24.85±4.19e	17.00±1.00a	22.23±1.21b
	Ⅲ	Hormodin 3	81.21±1.05a	18.00±1.00a	31.31±0.17a
	Ⅳ	1000（液态）	15.45±4.72f	1.67±0.57e	21.10±0.30b
	Ⅴ	1500（液态）	34.24±3.67d	3.00±0.00d	5.60±0.27f
	Ⅵ	3000（液态）	68.79±4.67b	8.00±0.00c	18.32±0.45c
	Ⅶ	8000（液态）	50.00±4.55c	11.00±1.00b	16.66±0.38d

(续)

丁香种	处理	生长素种类及浓度(mg/L)	生根率(%)	生根数量(条)	平均根长(mm)
重瓣洋丁香	CK	0	3.03±5.24d	4.00±0.00bc	38.81±0.01bc
	Ⅰ	Hormodin 1	12.42±5.00c	4.33±1.15b	38.57±2.25bc
	Ⅱ	Hormodin 2	40.61±4.57a	4.33±1.52b	46.11±0.86a
	Ⅲ	Hormodin 3	18.79±1.05c	2.67±0.57c	36.31±3.16c
	Ⅳ	1000（液态）	18.79±1.05c	6.33±1.15a	28.98±1.94d
	Ⅴ	1500（液态）	15.45±4.72c	1.00±0.00d	41.18±2.81b
	Ⅵ	3000（液态）	28.18±1.57b	4.00±1.00bc	21.30±0.63e
	Ⅶ	8000（液态）	15.45±4.72c	1.00±0.00d	8.51±1.39f
华丁香	CK	0	3.03±5.25d	1.00±0.00c	6.85±0.01c
	Ⅰ	Hormodin 1	15.45±4.72c	1.67±0.57c	10.35±2.12b
	Ⅱ	Hormodin 2	18.79±1.05c	1.00±0.00c	7.09±1.36c
	Ⅲ	Hormodin 3	62.42±2.09a	5.00±0.00b	26.45±0.78a
	Ⅳ	1000（液态）	0±0.00d	0.00±0.00d	0.00±0.00d
	Ⅴ	1500（液态）	0±0.00d	0.00±0.00d	0.00±0.00d
	Ⅵ	3000（液态）	15.45±4.72c	1.67±0.58c	7.98±1.77c
	Ⅶ	8000（液态）	31.21±4.66b	7.33±1.15a	11.65±0.16b

注：同列不同小写字母表明差异显著（$P<0.05$），相同字母表示差异不显著（$P>0.05$）。

（$P<0.05$），其他均是固态 IBA 的生根数量和平均根长显著高于液态处理组（$P<0.05$）；对于重瓣洋丁香来说，Hormodin 2 的生根率显著高于 3000mg/L 的生根率（$P<0.05$），其他相同浓度处理之间对比生根率差异不显著（$P>0.05$）；对于华丁香，Hormodin 1 和 Hormodin 3 的生根率分别显著高于对应液态 K-IBA 生根率（$P<0.05$），Hormodin 2 和 3000mg/L 差异不显著（$P>0.05$）。总之，不同 IBA 施用方法显著影响丁香插穗的生根率，除巧玲花 Hormodin 2 生根率显著低于 3000mg/L 的生根率，其他处理固态 Hormodin 的生根能力均好于液态 K-IBA。

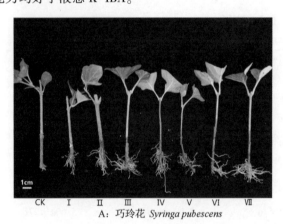

A：巧玲花 Syringa pubescens

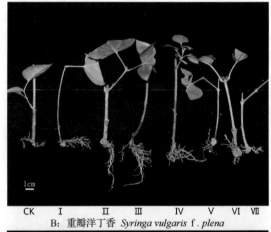

B：重瓣洋丁香 Syringa vulgaris f. plena

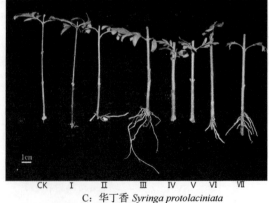

C：华丁香 Syringa protolaciniata

图 1　50d 后 3 种丁香扦插生根情况

Fig. 1　Rooting condition of 3 Syringa species after 50 days

注：CK；Ⅰ为荷尔蒙顿 1 号；Ⅱ为荷尔蒙顿 2 号；Ⅲ为荷尔蒙顿 3 号；Ⅳ为 1000mg/L；Ⅴ为 1500mg/L；Ⅴ为 3000mg/L；Ⅵ为 8000mg/L

3 讨论

生根是扦插是否成功的关键，不同的植物插穗生根能力不同，与植物本身遗传特性有关（李叶华 等，2020）。研究表明，月季、木槿、柳树、中华金叶榆等植物容易生根（森下义郎和大山浪，1998），楸树（马仕君 等，2020）、山楂（森下义郎和大山浪，1998）等植物扦插不易成功。Cameron R 等（2003）通过对不同木质化程度的欧丁香枝条扦插后发现欧丁香的生根率随着插穗木质化程度的增加而减小，6月所采插条的生根率仅为40%左右，因此本研究的3种丁香的平均生根率都较低，这可能与枝条采收部位和年龄有关，即木质化程度越高的枝条扦插生根能力较弱，该研究结果与上述研究结果相同。同时，插穗长度、内源激素、插条选取位置、生长状态等内因条件以及基质、外源激素、试验环境等外因条件都是影响插条生根的重要因素（李叶华 等，2020；李谦和刘益荣，2016），本研究通过对比 IBA 处理组与对照组的生根结果，发现使用 IBA 后，不同种丁香存在处理组与对照组相比生根率显著性增长的情况，所以对于难生根树种，生长调节剂会对插穗扦插生根产生明显的促进作用，则植物生长调节剂是目前调控难生根树种生根最常用的方法（Henriquea A et al.，2006）。

研究发现，不同 IBA 质量浓度和施用方法都是影响丁香插穗生根的重要因素。本试验中，低质量浓度的 IBA 对丁香扦插生根影响不显著，反而较高浓度时，巧玲花、重瓣洋丁香和华丁香的生根能力明显增强，甚至高质量浓度 8000mg/L 的 IBA 是巧玲花和华丁香的最佳生根促进剂，本试验结果与杜鹃（赵冰和张冬林，2014）、芍药（付喜玲 等，2009）、金叶榆（徐笑玥 等，2016）等研究结果不一致，说明不同种类的植物对生长素的敏感性不同，这导致最佳 IBA 处理浓度有很大差异，首先可能与枝条幼嫩程度有关，试验中所采枝条木质化程度较高，其次与树种本身的生理活动也有关系，内源激素较低，所以生长调节剂浓度较高时，才可满足插穗生根的条件，则需要较高外源激素刺激枝条萌发新根。巧玲花、重瓣洋丁香和华丁香生根率最高的处理组，其相对应的生根数量和平均根长也显著高于对照组（$P<0.05$），说明生长素浓度对丁香的生根效果影响较大。表明对于不同的植物，选取适合质量浓度的生长素尤其重要，同时 IBA 对丁香的生根效果也具有一定作用。

将3种丁香分别施用固态 Hormodin 和液态 K-IBA，经过相同 IBA 质量浓度处理组之间的对比，发现固态 Hormodin 的生根能力均好于液态 K-IBA，该结果与冬青卫矛（Xue HW et al.，2011）的研究结果相同，固体 Hormodin 对特别难生根的植物影响效果显著，能诱导形成根原体，并且使得细胞分化和分裂进程加快，促进维管束系统的分化，从而使插穗生根（Xue HW et al.，2011；杨欣超，2012）。考虑到固体 Hormodin 的生根效果好和操作简便的优点，丁香插条生根时可优先选择 Hormodin。

丁香是能够适应北方地区寒冷条件的重要观花植物，本试验主要从不同 IBA 质量浓度和施用方法的角度对3个丁香种的扦插生根进行了研究，巧玲花和华丁香生根率使用 Hormodin 3 最高可达到 81.21%、62.42%，而重瓣欧丁香的生根率最高只能达到 40.61%，因此还需要探索其他最适条件来提高重瓣欧丁香的生根率，进一步完善丁香的扦插技术，为北方观赏植物丁香的大规模繁殖提供技术支持，以期能够实现更多观赏价值高的丁香在园林中广泛应用。

参考文献

付喜玲，郭先锋，康晓飞，等，2009. BA 对芍药扦插生根的影响及生根过程中相关酶活性的变化[J]. 园艺学报，36(6)：849-854.

李谦，刘益荣，2016. 紫丁香嫩枝扦插繁殖生根影响因素研究[J]. 北方园艺(12)：54-56.

李爱平，2007. 红丁香生物学特性及快繁技术研究[J]. 内蒙古林业科技，33(4)：26-28.

李艳萍，张锦梅，满丽婷，2019. 丁香新品种繁育技术研究[J]. 林业科技通讯(6)：66-68.

李叶华，陈爽，赵冰，2020. 3个八仙花品种的扦插繁殖技术研究[J]. 种子，39(5)：144-147.

马仕君，彭泰来，余韵，等，2020. 生根激素和磁场对楸树嫩枝扦插生根的影响[J]. 东北林业大学学报，48(6)：21-24.

任俐，刘小东，李耀文，2006. 三种植物激素对紫丁香扦插的影响[J]. 哈尔滨商业大学学报(自然科学版)，22(2)：33-39.

森下义郎，大山浪，1998. 植物扦插理论与技术[M]. 李云森，译. 北京：中国林业出版社.

王新悦，2020. 中国科学院植物研究所丁香国家花卉种质资源库推动丁香种苗进入品种化时代[J]. 中国花卉园艺(23)：14-15.

徐笑玥，佟兆庆，闫文涛，等，2016. 中华金叶榆嫩枝扦插繁殖技术[J]. 东北林业大学学报，44(5)：1-4.

颜婷美，2014. 绣球丁香嫩枝扦插繁殖技术及生根机理研究[D]. 泰安：山东农业大学.

杨欣超, 2012. 珍稀濒危树种连香树繁育技术研究[D]. 长沙: 中南林业科技大学.

臧淑英, 崔洪霞, 2000. 丁香花[M]. 上海: 上海科技出版社.

赵冰, 张冬林, 2014. IBA 生根剂对 3 个杜鹃花品种嫩枝扦插生根的影响[J]. 东北林业大学学报, 42(7): 83-86.

Cameron R, Harrison-Murray R, Fordham M, 2003. Rooting cuttings of *Syringa vulgaris* cv. Charles Joly and *Corylus avellana* cv. Aurea: the influence of stock plant pruning and shoot growth[J]. Trees - structure and Function, 17(5): 451-462.

Henriquea A, Campinhos E N, Ono E O, et al, 2006. Effect of plant growth regulation in the rooting of *Pinus* cuttings[J]. Brazilian Archives of Biology and Technology, 49(2): 189-196.

Xue HW, Jin XL, Liu HY, et al, 2011. Timing and Hormone Effects on Rooting of *Euonymus japonicus* 'Microphyllus Butterscotch' Cuttings[J]. Amer Soc horticultural Science, 46(9): 265.

两种委陵菜属植物种子发芽对温度的响应

张浩然 关雯雨 孔令旭 张艳 董丽*

(花卉种质创新与分子育种北京市重点实验室,国家花卉工程技术研究中心,城乡生态环境北京实验室,
园林环境教育部工程研究中心,林木花卉遗传育种教育部重点实验室,园林学院,北京林业大学,北京 100083)

摘要 以大萼委陵菜(*Potentilla conferta*)和腺毛委陵菜(*Potentilla longifolia*)2种植物种子为试验材料,采用实验室培养的方法,通过测定不同温度处理下种子的发芽率、发芽势、发芽指数、发芽进程等指标,研究温度对种子发芽的影响。结果表明:2种委陵菜种子的最大发芽率不同,且达到较大发芽率的温度也不同,大萼委陵菜在20~30℃达到最大发芽率,发芽率在40%以上;腺毛委陵菜为15~20℃,发芽率为64%~79.33%。2种植物种子发芽势达到较大值的温度不一致,大萼委陵菜为20~30℃;腺毛委陵菜为20℃。发芽指数出现较大值的温度范围不一致,大萼委陵菜为20~30℃,发芽指数为32.42~33.19;腺毛委陵菜为20~25℃,发芽指数为43.23~51.48。综合分析大萼委陵菜和腺毛委陵菜各项发芽指标,表明大萼委陵菜适宜在20~30℃温度条件下萌发,腺毛委陵菜种子萌发的最适温度为定值,为20℃。

关键词 温度;委陵菜属;种子发芽

Seed Germination Responses of Three *Potentilla* Species to Temperature

ZHANG Hao-ran GUAN Wen-yu KONG Ling-xu ZHANG Yan DONG Li*

(*Beijing Key Laboratory of Ornamental Plants Germplasm Innovation & Molecular Breeding, National Engineering Research Center for Floriculture, Beijing Laboratory of Urban and Rural Ecological Environment, Engineering Research Center of Landscape Environment of Ministry of Education, Key Laboratory of Genetics and Breeding in Forest Trees and Ornamental Plants of Ministry of Education, School of Landscape Architecture, Beijing Forestry University, Beijing 100083, China*)

Abstract Two plant seeds of *Potentilla conferta* and *Potentilla longifolia* were used as test materials. The method of laboratory culture was used to determine the germination rate, germination potential and germination of seeds under different temperature treatments. Index, germination process and other indicators to study the influence of temperature on seed germination. The results showed that the temperature range where the seed germination rate reaches a larger value for *P. conferta* is 20~30℃, and the germination rate is more than 40%; *P. longifolia* is 15~20℃, and the germination rate is 64%~79.33%. The temperature at which the seed germination potential of the two plants reaches a larger value is inconsistent, the temperature of *P. conferta* is 20~30℃; the temperature of *P. longifolia* is 20℃. The temperature range where the germination index has a larger value for *P. conferta* is 20~30℃, and the germination index is 32.42~33.19; *P. longifolia* is 20~25℃, and the germination index is 43.23~51.48. Comprehensive analysis of the germination indexes of *Potentilla calyciflorum* and *Potentilla glandularis* showed that *P. conferta* was suitable to germinate at 20~30℃, and the optimum temperature for seed germination of *P. longifolia* was 20℃.

Key words Temperature; *Potentilla*; Seed germination

种子萌发是植物生活史中的关键阶段,也是相对脆弱的阶段(Tobe *et al.*,2000)。种子能否萌发不仅受到自身特性的影响,还与外部环境紧密相关。温度通常被认为是决定种子萌发的重要环境因子(李得禄等,2021;李雄 等,2014;徐亮 等,2005),当外界温度低于或超过一定范围会对种子活力产生不良影

---

1 基金项目:北京市科技计划项目:北京城市生态廊道植物景观营建技术(D171100007217003),2018北京园林绿化增彩延绿科技创新示范工程-北京"增彩延绿"植物群落物候和景观设计研究(CEG-2018-01)。
第一作者简介:张浩然(1997-),女,硕士研究生,主要从事园林植物栽培与应用研究。
* 通讯作者:董丽,职称:教授,E-mail:dongli@bjfu.edu.cn。

响,造成发芽和出苗不良(王俊年 等,2012)。种子萌发所需的最适温度往往与其起源地的生态环境和现在的生活环境有关(塔依尔 等,2004)。研究种子萌发对温度的响应特征,对揭示植物对特定环境的适应机制及植物繁育具有重要的科学意义。

委陵菜属(*Potentilla* L.)隶属于蔷薇科,以一年生或多年生草本植物为主,世界范围内约有200种,中国约有80种,主要分布于北半球温带、寒带及高山地区(中国科学院中国植物志编辑委员会,1982)。大部分委陵菜属植物外形富于自然野趣,在恶劣环境中能够表现良好的抗逆性,是退化草地或次生演替地的先锋物种之一(王艳荣 等,2005),在城市园林绿化中具有广阔的应用前景(刘雪 等,2015)。目前,国内对委陵菜属植物的研究主要集中在鹅绒委陵菜、绢毛匍匐委陵菜、匍匐委陵菜和匍枝委陵菜等常见种上,且多聚焦于植物对环境胁迫的生理响应(樊星 等,2016;吴建慧 等,2014;阎尚博 等,2020;杨晓宁,2018),少见对委陵菜属植物繁殖栽培的研究。

基于此,本研究选取2种未有研究的委陵菜属植物种子为试验材料,以温度为影响因子,初步探讨种子发芽对不同温度处理的响应,旨在确定不同委陵菜属植物种子发芽的最适温度,同时了解不同温度下种子发芽的基本特征,为这两种委陵菜属植物的人工繁育提供坚实的理论基础,使其在园林绿地中的推广应用成为可能。

1 材料与方法

1.1 供试材料

2种供试委陵菜属植物分别为大萼委陵菜(*Potentilla conferta*)和腺毛委陵菜(*Potentilla longifolia*),种子于2020年7~8月采集于北京市海淀区八家苗圃,种子采收后置于室内风干,备用。

1.2 试验方法

发芽试验以籽粒饱满、大小均匀一致、无病虫害的种子作为试验材料。先用1%次氯酸钠溶液浸泡种子10min消毒,然后用蒸馏水冲洗3次,用滤纸吸干种子表面水分。以铺有双层滤纸的培养皿作为发芽床,在光照:黑暗=16h:8h下,设置4个恒温(15℃、20℃、25℃、30℃)条件。每个温度条件设置3次重复,每重复50粒种子。试验期间每天定时统计1次种子发芽数,并根据具体情况向培养皿中补充蒸馏水。当胚根长度达到种子长度的1/2时视为发芽开始,当连续5d没有种子发芽视为发芽结束。

1.3 测定指标

(1)发芽率(GR) = (n/N)×100%;

式中,n为发芽种子数,N为供试种子总数。

(2)发芽势(GP) = (s/N)×100%;

式中,s为7d发芽种子数,N为供试种子总数。

(3)发芽指数(GI) = $\sum(Gt/Dt)$;

式中,Gt为t天内发芽种子数,Dt为相应的发芽天数。

1.4 数据处理

试验数据采用SPSS 22.0软件进行单因素方差分析及显著性检验,利用Excel绘图。

2 结果与分析

2.1 温度对种子发芽率的影响

从种子发芽率来看,温度对不同委陵菜属植物的影响存在差异。大萼委陵菜种子发芽率随温度升高呈现先上升后下降的趋势,腺毛委陵菜种子发芽率则随温度升高而不断下降。大萼委陵菜发芽率最大值出现在20℃,为42.67%,25℃和30℃发芽率差距不大,分别为40.67%和40%,15℃时发芽率最低,为29.33%。大萼委陵菜在20℃、25℃、30℃下的发芽率差异不显著($P>0.05$),但均显著高于15℃下种子发芽率($P<0.05$)。与大萼委陵菜发芽率明显不同的是,腺毛委陵菜发芽率最大值出现在15℃,发芽率为79.33%。腺毛委陵菜在15℃时发芽率显著高于25℃和30℃($P<0.05$),与20℃差异不显著($P>0.05$)。

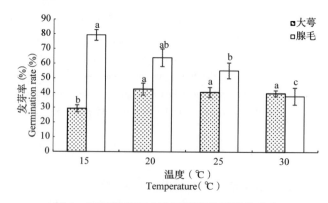

图1 不同温度下2种委陵菜种子的发芽率

Fig. 1 Germination rate of two *Potentilla* species at different temperature

2.2 温度对种子发芽势的影响

从种子发芽势来看,随着温度从15℃升高到

30℃,两种委陵菜属植物发芽势均呈现出先升高后降低的趋势。大萼委陵菜在15℃时发芽势最小,为24%,当温度升高到20℃时,发芽势达到最大值,为42.67%,25℃和30℃发芽势有所下降,分别为40.67%和38%。腺毛委陵菜种子发芽势的最小值也出现在15℃,为24.67%,当温度升高到20℃时,腺毛委陵菜种子发芽势大幅上升达到最大值60.67%,此后随着温度升高,种子发芽势逐渐降低,25℃和30℃种子发芽势分别为44.67%和30.67%。大萼委陵菜种子发芽势在20℃、25℃、30℃下差异不显著($P>0.05$),但均显著高于15℃($P<0.05$)。腺毛委陵菜在20℃时发芽势显著高于15℃和30℃($P<0.05$),与25℃时种子发芽势差异不显著($P>0.05$)。总体而言,在不同温度处理下腺毛委陵菜发芽势高于大萼委陵菜。

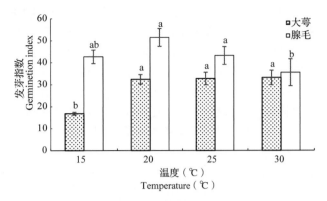

图3 不同温度下2种委陵菜种子的发芽指数

Fig. 3 Germination index of two *Potentilla* species at different temperature

2.4 温度对种子发芽进程的影响

与腺毛委陵菜相比,大萼委陵菜种子萌发较易,播后2~3d开始萌发,5~6d达到发芽高峰,萌发周期最长不超过17d。20℃、25℃、30℃下,大萼委陵菜发芽整齐迅速,发芽率均超过40%,15℃时种子发芽受到明显抑制,主要表现为发芽时滞增加、发芽率显著降低及发芽周期延长。腺毛委陵菜在20℃和25℃发芽整齐,分别在第6d和第8d达到发芽高峰,

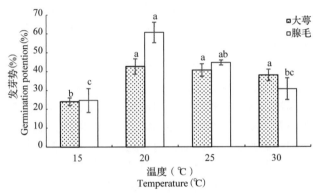

图2 不同温度下2种委陵菜种子的发芽势

Fig. 2 Germination potention of two *Potentilla* species at different temperature

2.3 温度对种子发芽指数的影响

从发芽指数来看,两种植物种子发芽指数的变化趋势受温度影响略有不同,其中,大萼委陵菜随温度升高而逐渐增加,腺毛委陵菜的发芽指数以20℃为拐点,先增加后下降。总的来看,同一温度条件下,腺毛委陵菜的发芽指数高于大萼委陵菜。大萼委陵菜发芽指数的最大出现在30℃,为33.19,最小出现在15℃,为16.88。大萼委陵菜在15℃的发芽指数显著低于其他温度的发芽指数($P<0.05$),20℃、25℃、30℃下的发芽指数差异不显著($P>0.05$)。腺毛委陵菜发芽指数最大出现在20℃,为51.48,25℃和15℃发芽指数分别为43.23和42.66,30℃时发芽指数最低,但也达到了20℃的69.03%。20℃和25℃下腺毛委陵菜的发芽指数差异不显著($P>0.05$),与30℃差异显著($P<0.05$)。

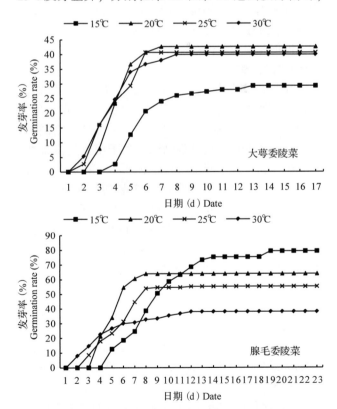

图4 不同温度下2种委陵菜种子的发芽进程

Fig. 4 Seed germination duration of two *Potentilla* species at different temperature

此时种子发芽百分数分别达到最终发芽率的85.42%和97.60%。腺毛委陵菜在30℃温度条件下发芽，种子发芽时间早，播种后第2d即开始萌发，第6d达到发芽高峰，但之后萌发种子数量很少，最终发芽率仅为38%，表明高温条件对种子萌发影响严重，发芽率显著降低。当温度为15℃时，尽管腺毛委陵菜种子萌发速度较慢，发芽高峰有所延缓，但最高发芽率达到79.33%。

3 讨论

外界环境温度与种子萌发密切相关（Nyachiro et al.，2002），对于不同地区的植物来说，种子萌发温度往往存在一定差异，这是由于在长期进化过程中，植物种子受外界环境影响形成了与之相适应的最适发芽温度范围（管康林，2009）。本试验结果证明，温度变化对两种委陵菜属植物种子萌发有重要影响，而且不同种之间种子对于温度变化的响应存在明显差别，这种差别和植物的生长环境存在一定关系。本试验所用到的植物种子均采自于八家苗圃，母株为2016年至2017年自北京郊区引种所得。前人研究发现，大萼委陵菜与腺毛委陵菜海拔分布集中于1000~2100m（赵凡 等，2017；赵凡，2018），高海拔与低海拔相比，环境温度有所降低（许静 等，2013），因而在本试验中，原生生境海拔较高的大萼委陵菜和腺毛委陵菜在温度相对较低的条件下表现出更高的发芽率、发芽势和发芽指数。

在萌发过程中，种子内部进行着活跃的代谢反应，温度通过影响种子内部酶的活性来影响最终的发芽结果（刘志民 等，2003）。在一定的温度范围内，随着温度的升高，酶活性增强，种子萌发速度加快，但当温度超过种子萌发的最适范围后，酶蛋白结构被破坏而失活则会限制种子发芽（李阳 等，2016）。

一般而言，研究人员通过分析发芽率、发芽势、发芽指数及发芽时间等指标来评价种子萌发的优劣（李得禄 等，2021；王传旗 等，2017；王传旗 等，2016；于玲 等，2015）。其中，发芽率是衡量种子质量好坏的重要指标，内部因素及外部环境共同作用于种子的发芽率。本研究结果表明：大萼委陵菜种子萌发对温度的适应范围广，其发芽率在20~30℃温度条件下均保持在40%以上；腺毛委陵菜种子萌发的适宜温度为15~20℃，发芽率分别为79.33%和64%，15℃处理时的发芽率比25℃处理高24%，比30℃处理高41.33%，充分说明温度对发芽率有很大影响，且温度过高或过低都不利于种子发芽（王俊年 等，2012），这与前人的研究结果一致。值得注意的是，在本试验中不同种类种子的最适萌发温度存在一定差异，这可能是种子内部相关酶反应的最适温度不同而引起的。

发芽势反映的是种子的发芽速度和整齐度（何欢乐 等，2005），在发芽率相同的情况下，发芽势高的种子生命力更强。本研究发现，大萼委陵菜在20~30℃下7d的发芽势均占总发芽率的95%以上，腺毛委陵菜在20℃下7d的发芽势占总发芽率的比例为94.80%。

发芽进程能够反映种子萌发的速度和难易程度（李雄 等，2014）。结果显示，15℃处理下两种委陵菜属植物发芽进程持续时间最长，相较于其他温度处理萌发历期平均延长了5~7d，随着温度的升高，种子的初始萌发时间提前，但是就种子萌发的持续时间而言，温度升高的影响并不明显。

综合分析两种委陵菜属植物在不同温度下的发芽率、发芽势、发芽指数和发芽进程，得出结论如下：大萼委陵菜适宜的发芽温度为20~30℃；腺毛委陵菜为20℃。值得指出的是，虽然本研究明确了恒温条件下两种委陵菜属种子发芽的适宜温度范围，但对于变温处理对种子发芽特性的影响未作研究。自然条件下，随着昼夜交替及季节更替，环境温度处在不断变化的状态之中，前人研究显示，变温处理能够显著提高某些植物的种子发芽率（葛庆征 等，2012；杨伟光 等，2018；张睿昕 等，2010），因此，有关委陵菜属植物对变温处理的响应还需要做进一步研究。

参考文献

樊星，蔡撩，刘金平，等，2016. 局部遮光对鹅绒委陵菜基株形态塑性及生物量配置的影响[J]. 草业学报，25(3)：172-180.

葛庆征，张卫国，张灵菲，等，2012. 温度对垂穗披碱草种子萌发的影响[J]. 草业科学，29(5)：759-767.

管康林，2009. 种子生理生态学[M]. 北京：中国农业出版社.

何欢乐，蔡润，潘俊松，等，2005. 盐胁迫对黄瓜种子萌发特性的影响[J]. 上海交通大学学报（农业科学版）(2)：148-152.

李得禄，王飞，韩福贵，等，2021. 大花白麻和罗布麻种子萌发对温度的响应[J]. 西北林学院学报，36(2)：110-115.

李雄，尹欣，杨时海，等，2014. 温度对高山植物紫花针茅种子萌发特性的影响[J]. 植物分类与资源学报, 36(6): 698-706.

李阳, 毛少利, 李倩, 2016. 温度和种子大小对菊叶委陵菜种子萌发特性的影响[J]. 分子植物育种, 14(1): 228-232.

刘雪, 时海龙, 袁涛, 2015. 北京地区委陵菜属植物资源及园林应用[M]//中国园艺学会观赏园艺专业委员会, 张启翔. 北京: 中国林业出版社.

刘志民, 蒋德明, 高红瑛, 等, 2003. 植物生活史繁殖对策与干扰关系的研究[J]. 应用生态学报(3): 418-422.

塔依尔, 杨梅花, 2004. 不同温度对沙棘种子萌发的影响[J]. 种子(9): 32-34.

王传旗, 梁莎, 武俊喜, 等, 2017. 温度对西藏5种野生豆科牧草种子萌发的影响研究[J]. 种子, 36(10): 1-5.

王传旗, 梁莎, 扎西次仁, 等, 2016. 温度对西藏3种野生披碱草属牧草种子萌发的影响[J]. 西藏大学学报(自然科学版), 31(2): 63-67.

王俊年, 李得禄. 2012. 4种补血草属植物种子发芽对温度的响应[J]. 草业科学, 29(2): 249-254.

王艳荣, 张玮, 赵利君, 等, 2005. 典型草原7种植物的放牧退化敏感度的比较研究[J]. 内蒙古大学学报(自然科学版)(4): 432-436.

吴建慧, 许建军, 张静, 等, 2014. 两种委陵菜对干旱胁迫的光合生理响应[J]. 草业科学, 31(7): 1330-1335.

徐亮, 包维楷, 庞学勇, 2005. 不同温度下四川马尔康岷江柏种子的发芽特征[J]. 应用与环境生物学报(2): 141-145.

许静, 杜国祯, 李文龙, 等, 2013. 温度和海拔对高寒草甸植物种子萌发进化特性的影响[J]. 兰州大学学报(自然科学版), 49(3): 377-383.

阎尚博, 钱永强, 张艳, 等, 2020. 土壤含水量对4种委陵菜属植物生长及生理影响[J]. 草业科学, 37(1): 98-105.

杨伟光, 刘盼盼, 袁光孝, 等, 2018. 种质及变温对羊草种子萌发的影响[J]. 草业学报, 27(7): 103-111.

杨晓宁, 2018. 基于煤矸石基质栽培的绢毛匍匐委陵菜生态适应性研究[D]: 太原: 山西农业大学.

于玲, 钟原, 王莹, 等, 2015. 低温和赤霉素对紫斑牡丹种子萌发和幼苗生长的影响[J]. 北京林业大学学报, 37(4): 120-126.

张睿昕, 鱼小军, 邓利强, 等, 2010. 温度对发草种子萌发和幼苗生长的影响[J]. 草原与草坪, 30(1): 42-44.

赵凡, 2018. 北京及周边地区委陵菜属植物资源及其适应性研究[D]. 北京: 北京林业大学.

赵凡, 屈琦琦, 关海燕, 等, 2017. 北京及周边山区委陵菜属植物种质资源研究[M]//中国园艺学会观赏园艺专业委员会, 张启翔. 北京: 中国林业出版社.

中国科学院中国植物志编辑委员会, 1982. 中国植物志[M]. 北京: 科学出版社.

Nyachiro J M, Clarke F R, Depauw R M, et al, 2002. Temperature effects on seed germination and expression of seed dormancy in wheat[J]. Euphytica, 126(1): 123-127.

Tobe K, Li X, Omasa K, 2000. Seed Germination and Radicle Growth of a Halophyte, *Kalidium caspicum* (Chenopodiaceae)[J]. Annals of Botany, 85(3): 391-396.

3个短生育期百合新种质高效组培体系的初建

谭平宇[1]　高丽[2]　贾桂霞[1,*]

（[1]花卉种质创新与分子育种北京市重点实验室，国家花卉工程技术研究中心，城乡生态环境北京实验室，园林环境教育部工程研究中心，林木花卉遗传育种教育部重点实验室，园林学院，北京林业大学，北京 100083；[2]北京花乡花木集团有限公司，北京 100067）

摘要　新铁炮百合具有童期短、生长迅速的特点，'粉黛'和'骄阳'百合是与其杂交选育出的新品种，同样具有速生特性且杂种优势明显，是百合转基因研究中良好的受体材料。因此，以'骄阳'和'粉黛'百合为外植体，研究试管鳞茎小鳞片不定芽诱导和增殖的条件。首先，以 MS 为基本培养基，设立不同蔗糖浓度，筛选'粉黛'和'骄阳'小鳞茎诱导的培养基；之后通过不同浓度的 6-BA 与 NAA 组合，筛选出不定芽诱导和增殖的最适培养基。其中'粉黛'百合的最适小鳞茎诱导培养基为：MS+60g/L 蔗糖，在此培养基上小鳞茎诱导率达 56.25%；'骄阳'百合的最适小鳞茎诱导培养基为：MS+80g/L 蔗糖，小鳞茎增重率达 569.74%。以试管鳞茎的小鳞片为材料，'粉黛'百合的最适不定芽诱导培养基为：MS+2.0mg/L 6-BA+0.2mg/L NAA，不定芽诱导率达 68.33%，增殖率达 14.58%；'骄阳'百合的最适不定芽诱导培养基为：MS+1.5mg/L 6-BA+0.4mg/L NAA。同时以新铁炮百合实生苗中筛选出对光周期不敏感的新种质为材料，筛选诱导和维持胚性愈伤组织的最适培养基，其中胚性愈伤组织诱导最适培养基为：MS+0.5mg/L NAA+0.2~0.4mg/L TDZ，诱导率达 100%；增殖和维持胚性愈伤组织的最适培养基为 MS+0.5mg/L NAA+0.6mg/L TDZ。在组培体系建立过程中发现：'粉黛'和'骄阳'百合可快速成球、分化、增殖，新铁炮百合新种质相对其他百合品种更容易诱导和增殖胚性愈伤组织，该研究对百合新种质的扩繁及遗传转化提供了良好的基础。

关键词　百合；试管小鳞茎；不定芽；胚性愈伤组织

Preliminary Establishment of High-efficiency Tissue Culture System of 3 New Germplasm of *Lilium* in Short Growth Period

TAN Ping-yu[1]　GAO Li[2]　JIA Gui-xia[1*]

([1]*Beijing Key Laboratory of Ornamental Plants Germplasm Innovation & Molecular Breeding, National Engineering Research Center for Floriculture, Beijing Laboratory of Urban and Rural Ecological Environment, Engineering Research Center of Landscape Environment of Ministry of Education, Key Laboratory of Genetics and Breeding in Forest Trees and Ornamental Plants of Ministry of Education, School of Landscape Architecture, Beijing Forestry University, Beijing 100083, China;* [2]*Beijing Huaxiang Huamu Company Limited, Beijing 100067, China*)

Abstract　*Lilium* × *formolongi* has the characteristics of short child period and rapid growth. *L. formolongi* 'Fendai' and *L.* FA hybrids 'Jiaoyang' are new varieties bred from crosses with them. They also have fast-growing characteristics and have obvious heterosis, which is a good acceptor material in lily transgenic research. Therefore, the conditions for the induction and proliferation of adventitious buds of small scales of test-tube bulbs were studied with *L. formolongi* 'Fendai' and *L.* FA hybrids 'Jiaoyang' as explants. First, MS was used as the basic medium, set up different sucrose concentrations, and screen the medium for induction of *L. formolongi* 'Fendai' and *L.* FA hybrids 'Jiaoyang' bulblets; then set different concentrations of 6-BA and NAA combinations to screen out optimal medium for adventitious bud induction and proliferation. The best medium for inducing the *L. formolongi* 'Fendai' bulbs is MS+60g/L sucrose, and the induction rate of the bulbs was 56.25%; the best medium for the induction of *L.* FA hybrids 'Jiaoyang' bulbs is MS+80g/L sucrose, and the weight gain rate of small bulbs reached 569.74%. The optimum adventitious bud induction medium of *L. formolongi* 'Fendai' was MS+2.0mg/L 6-BA+0.2mg/L NAA, the rate of adventitious bud induction was 68.33%, and the proliferation rate was 14.58%; the optimum in-

---

1　第一作者简介：谭平宇（1997—），女，硕士研究生，主要从事农杆菌介导的百合遗传转化研究。
*　通讯作者：贾桂霞，职称：教授，E-mail: gxjia@bjfu.edu.cn。

duction medium of *L.* FA hybrids 'Jiaoyang' is MS+1.5mg/L 6-BA+0.4mg/L NAA. New germplasm that are not sensitive to photoperiod were selected from the seedlings of *Lilium × formolongi* as materials to screen the most suitable medium for inducing and maintaining embryogenic callus. The best medium for inducing embryogenic callus was MS+0.5mg/L NAA+0.2-0.4mg/L TDZ. The best medium for proliferation and maintenance of embryogenic callus was MS+0.5mg/L NAA+0.6mg/L TDZ. In the process of establishing tissue culture system, it was found that the 'Fendai' and 'Jiaoyang' could rapidly differentiate and proliferate. The new germplasm of *Lilium × formolongi* was more likely to induce and proliferate embryogenic callus than other lilies, and could provide suitable receptor materials for the genetic transformation of *Lilium*.

Key words *Lilium*; Test tube bulblet; Adventitious bud; Embryogenic callus

百合（*Lilium* spp.）是百合科百合属多年生草本球根植物，是花卉产业中重要的鲜切花和盆栽花卉，百合主要通过传统杂交育种进行遗传改良（符勇耀 等，2020），但传统育种可能出现杂交障碍、育种周期长等问题（马旭 等，2020）。通过遗传转化技术，定向修饰目的基因，可缩短育种周期。

组织培养再生有器官发生和体细胞胚发生两种途径。器官发生途径是外植体直接再生出不定芽或不定根，或先形成非胚性愈伤组织再生成不定芽或不定根，形成完整植株；体细胞胚发生途径是外植体体细胞脱分化产生体细胞胚发育成完整植物，或形成胚性愈伤组织后再生为完整植株（Mazri et al.，2018）。通常将百合试管鳞茎的小鳞片用于不定芽或愈伤组织的诱导，因此百合试管鳞茎的诱导与膨大是其组培体系建立的基础。近年的研究发现，生长调节剂配比、蔗糖含量、光周期等均会影响试管鳞茎膨大程度（常琳 等，2018），其中通过蔗糖诱导小鳞茎发生是最常见的手段，且可以有效避免植物激素对植株造成畸形（廉美兰 等，2006）。目前研究表明，60~90g/L 蔗糖对百合鳞茎膨大效果较好（周玲云 等，2016；张艳波 等，2012），不同基因型的百合鳞茎膨大的最适蔗糖浓度不同。对于百合不定芽的诱导，最常用的植物生长调节剂为 6-BA 和 NAA，研究表明 0.5~1.5mg/L 6-BA 和 0.2~0.6mg/L NAA 能高效诱导不同品种百合不定芽（符勇耀 等，2020；向地英 等，2015）。百合胚性愈伤组织的诱导与植物生长调节剂种类和浓度、光暗培养条件相关，有研究表明，2,4-D、6-BA、NAA、TDZ 等生长调节剂均能有效诱导分化台湾百合、铁炮百合等不同百合愈伤组织（夏小艺 等，2020；张璐 等，2019；向地英 等，2015；权永辉 等，2013），其中 NAA、TDZ 和 2,4-D 的激素组合可以有效诱导百合产生胚性愈伤组织。TDZ 同时具有生长素和细胞分裂素的功能（Ahmad et al.，2018），因此在离体培养中能明显影响外植体的增殖与分化（王春夏 等，2020）。目前在朱顶红（鲁娇娇 等，2016）、天竺葵（Visser et al.，1992）、花烛（辛伟杰 等，2006）等植物离体培养研究中发现，低浓度的 TDZ 有利于胚性愈伤组织诱导。

目前在百合遗传转化育种中，最常用农杆菌介导的转化法，不同基因型百合的遗传转化效率不同，这是影响遗传转化的重要因素。一般情况下，百合从组培苗到开花需要 2~3 年的时间，转化后等待观测开花表型及选择株系的时间长，因此选择具有短生育期的材料建立再生体系，为后续的遗传转化提供材料，并缩短时间。为了筛选适宜转化的的百合基因型，本试验选取了生长迅速、杂种优势强的'粉黛'百合（*L. formolongi* 'Fendai'）、'骄阳'百合（*L.* FA hybrids 'Jiaoyang'）和新铁炮百合新种质（选自'白光'早花群体，对光周期不敏感），这些材料可以承受部分农杆菌介导法对受体细胞的毒害作用，缩短转化进程，有利于转化后的表型观测，探究高效诱导鳞茎、不定芽和胚性愈伤组织的组培体系，为百合遗传转化的良好受体材料。

1 材料与方法

1.1 试验材料

以课题组培育的百合新品种'粉黛'百合、'骄阳'百合和新铁炮百合新种质的花蕾为外植体，通过酒精和次氯酸钠消毒获得组培体系，经分化得到大量无菌苗。以新铁炮百合新种质无菌苗长至 3~5cm 长的幼嫩叶片诱导胚性愈伤组织。以无菌苗分化的不定芽用于诱导小鳞茎膨大试验。试管小鳞茎膨大至直径 1cm 后，从小鳞茎中剥离幼嫩的鳞片，其具有再生和分化能力强的优点，这些小鳞片用于诱导不定芽再生。

1.2 无菌苗的获得和继代培养

取 5~8cm 长、未显色的'粉黛'百合、'骄阳'百合和新铁炮百合新种质的新鲜小花苞，在流水下将尘土冲洗干净；在超洁净工作台中用 75% 酒精浸泡 10s 使外植体外表皮毛孔张开，有利于后续消毒；迅速用 2%NaClO 溶液浸洗 5~8min，不断震荡摇晃，使花苞充分消毒。用无菌水冲洗 3 次，每次 2min。用无菌解剖刀将花苞剖开，将幼嫩的花梗、外花被片、内花被片、雌蕊、雄蕊、子房切成 1cm 大小，接种于分化培养基中（MS+1.5mg/L 6-BA+0.2mg/L NAA+30g/L 蔗糖+6.5g/L琼脂)。培养2周后获得无菌苗。

1.3 诱导试管鳞茎形成培养基的筛选

以'骄阳'百合和'粉黛'百合无菌苗做外植体。分化苗生长至1cm左右时，切下分化苗接种至添加60、70、80g/L蔗糖浓度的MS培养基中诱导小鳞茎形成。每个处理接15个芽，重复3次。观察小鳞茎形成及植株生长情况，接种40d后统计平均小鳞茎数、诱导率、褐化率、增重率。各统计指标计算方式如下：

平均小鳞茎数=诱导出的小鳞茎总数/诱导出小鳞茎的接种材料数；

小鳞茎诱导率=诱导出小鳞茎的鳞片数/接种材料数×100%；

小鳞茎增重率=接种40d后小鳞茎重量/接种前外植体重量×100%；

褐化率=接种40d后褐化外植体数/接种外植体数×100%。

1.4 不定芽分化培养基的筛选

以'骄阳'百合、'粉黛'无菌苗分化出小鳞茎为诱导材料，用无菌解剖刀将小鳞茎剥开成鳞片，接入不定芽分化培养基中，培养基为表1所示。每个处理接种15个鳞片，重复3次。观察不定芽分化情况和生长状况，接种30d后统计平均不定芽数、诱导率、增重率、褐化率。各统计指标计算公式如下：

平均不定芽数=分化总芽数/接种鳞片数；

不定芽诱导率=诱导出不定芽的鳞片数/接种鳞片数×100%；

不定芽增重率=接种30d后重量/接种后重量；

褐化率=褐化鳞片数/接种鳞片数×100%。

表1 不定芽分化培养基配方
Table 1 Adventitious bud differentiation medium formula

培养基类型	B1	B2	B3	B4	B5	B6	B7	B8	B9
6-BA(mg/L)	1.0	1.0	1.0	1.5	1.5	1.5	2.0	2.0	2.0
NAA(mg/L)	0.2	0.4	0.6	0.2	0.4	0.6	0.2	0.4	0.6

1.5 新铁炮百合新种质胚性愈伤组织的诱导培养基筛选

选取分化培养基中继代40d左右的无菌植株新鲜幼嫩叶片，切成2cm长的叶段，叶段在培养基上平铺，使伤口充分接触培养基。培养基如表2所示，每个浓度接种8个叶段，每个处理重复3次。20d统计出愈情况，30d统计分化情况，40d统计愈伤增殖情况。各统计指标计算公式如下：

愈伤组织诱导率=20d诱导出愈伤的外植体数/接种数×100%；愈伤组织增重率=接种40d后愈伤组织重量/接种20d愈伤组织重量×100%；不定芽分化率=接种40d后分化的不定芽数/接种数×100%。

表2 不同浓度激素组合愈伤组织诱导和增殖培养基配方
Table 2 Medium formula with different concentrations of hormone combination callus for induction and proliferation

培养基类型	C1	C2	C3	C4	C5	C6
NAA(mg/L)	0.5	0.5	0.5	1.0	1.0	1.0
TDZ(mg/L)	0.2	0.4	0.6	0.2	0.4	0.6

1.6 数据处理与分析

用SPSS软件对所得数据进行方差分析和多重比较分析(LSD法，$P=0.05$)，差异显著的用不同字母标示。

2 结果与分析

2.1 蔗糖浓度对百合小鳞茎形成的影响

本研究以蔗糖浓度为单因素，控制单一变量设计了3个不同浓度的高糖培养基，通过比较平均小鳞茎数、增重率、诱导率、褐化率和生长情况等，确定不同品种适宜的蔗糖浓度，接种40d后生长指标统计结果如表3和图1。

'粉黛'和'骄阳'百合不定芽接种至不同蔗糖浓度培养基10d后诱导出小鳞茎，30d后小鳞茎壮大增殖。接种40d后，'粉黛'百合中，60g/L蔗糖浓度下小鳞茎健壮，生根出叶，长势极好；70g/L蔗糖浓度下小鳞茎健康，长势好，生根出叶；80g/L蔗糖浓度下小鳞茎健壮，长叶多。结合各生长指标和图1中

FD1-FD3的生长状况的,'粉黛'百合在60g/L蔗糖浓度处理下,平均小鳞茎数、增重率、诱导率均最高,褐化率较低,且小鳞茎生长健康无畸形,接种50d持续诱导出更多小鳞茎,鳞茎持续膨大并抽叶,生根较多,因此60g/L蔗糖更适宜'粉黛'百合小鳞茎的诱导、分化和增殖。

'骄阳'百合不定芽接种40d后,60g/L蔗糖浓度下小鳞茎抽叶,但叶片较畸形,鳞茎长势较好;70g/L蔗糖浓度下处理的小鳞茎长势较差,叶片和小鳞茎都部分畸形;80g/L蔗糖浓度下小鳞茎生长较健壮,叶片和鳞茎畸形较少。结合图1的JY1-JY3生长状况和生长指标,3个处理的褐化率均在10.00%~15.00%之间,无较大差异。虽然60g/L蔗糖浓度下平均小鳞茎数和诱导率在3种处理中最高,但60g/L蔗糖诱导的小鳞茎生长较差,较多畸形鳞茎和叶片;80g/L蔗糖诱导的小鳞茎增殖率在3种处理中最高,也表明'骄阳'百合在80g/L蔗糖浓度培养基中生长较迅速和健康,结合其畸形鳞茎和叶片较少的生长状况,80g/L蔗糖更适宜'骄阳'百合小鳞茎的诱导、分化和增殖。

表3 '粉黛'百合和'骄阳'百合不定芽在不同蔗糖浓度培养基中40d后小鳞茎诱导和增殖情况

Table 3 Induction and proliferation of small bulbs in the adventitious buds of L. formolongi 'Fendai' and L. FA hybrids 'Jiaoyang' in different sucrose concentration media for 40d

处理	蔗糖浓度(g/L)	'粉黛'百合				'骄阳'百合			
		平均小鳞茎数	诱导率(%)	增重率(%)	褐化率(%)	平均小鳞茎数	诱导率(%)	增重率(%)	褐化率(%)
A1	60	1.56a	56.25a	530.59a	4.17a	1.37a	35.00a	494.37ab	15.00a
A2	70	1.31a	42.82a	512.07a	8.33a	0.98a	30.00a	276.79ab	10.00a
A3	80	1.38a	39.58a	403.20a	0a	1.04a	20.83a	569.74a	14.58a

图1 '粉黛'百合和'骄阳'百合小鳞茎诱导和增殖

Fig. 1 Small bulbs induction and proliferation of L. formolongi 'Fendai' and L. FA hybrids 'Jiaoyang'

(FD1-FD3分别表示'粉黛'百合不定芽接入60、70、80g/L蔗糖培养基30d时的状态;JY1-JY3分别表示'骄阳'百合不定芽接入60、70、80g/L蔗糖培养基30d时的状态)

(FD1-FD3 represents the state of adventitious buds of L. formolongi 'Fendai' when they are put to 60、70、80g/L sugar media for 30ds respectively; JY1-JY3 represents the state of adventitious buds of L. FA hybrids 'Jiaoyang' when they are put to 60、70、80g/L sugar media for 30ds respectively)

2.2 植物生长调节剂对百合不定芽形成的影响

以6-BA和NAA浓度为2个因素,采用完全随机区组法设计了9个不同浓度植物生长调节剂组合的分化培养基,通过比较诱导率、平均不定芽数、增重率、褐化率和生长情况等,确定最佳的激素组合,接种30d后的结果如表4和图2。

9种配方中,除了fd9的诱导率显著低于其他8种配方,fd1-fd8的不定芽诱导率均较高,生长健壮。随着6-BA/NAA浓度比例增加,芽点数、出芽速度和不定芽生长速度都显著增加(fd4、fd5和fd7);随着6-BA/NAA比例减小,不定芽生长缓慢且畸形率较高(图fd3、fd6和fd9);fd7的平均不定芽数、增重率在9种处理中均最高,分别达3.80、14.58,不定芽诱导率也高达68.33%,虽然鳞片褐化率较高,但其增长的不定芽远远多于褐化的鳞片数。结合分化数据和生长情况,添加2.0mg/L 6-BA + 0.2mg/L NAA的MS培养基更适宜'粉黛'百合不定芽诱导和分化。

'骄阳'百合的9种处理中,jy1-jy9的接触培养基部位均有部分愈伤组织,但jy1-jy8生长迅速,出芽旺盛,而jy9生长缓慢,出芽小,叶片畸形,诱导率、平均不定芽数、增重率最低。随着6-BA浓度增加,不定芽的畸形率和玻璃化增加(jy7、jy8和jy9);6-BA/NAA的比例越小,接触培养基的部位诱导出愈伤组织的数量越多,不利于不定芽的分化形成(jy4、jy8);jy5生长健壮,出芽旺盛而迅速,其平均不定芽数最高,为4.55,诱导率和增重率较高,分别为83.33%和15.06 结合分化指标和生长情况,添加1.5mg/L 6-BA + 0.4mg/L NAA的MS培养基更适宜'骄阳'百合不定芽诱导和分化。

表4 '粉黛'百合和'骄阳'百合在B1-B9处理30d后的不定芽诱导情况

Table 4 Adventitious bud induction of *L. formolongi* 'Fendai' and *L.* FA hybrids 'Jiaoyang' in treatments B1-B9 for 30d

处理	激素组合		'粉黛'百合				'骄阳'百合			
	6-BA (mg/L)	NAA (mg/L)	诱导率 (%)	平均不定芽数	增重率	褐化率 (%)	诱导率 (%)	平均不定芽数	增重率	褐化率 (%)
B1	1.0	0.2	76.00a	3.80a	13.97ab	28.00a	78.33a	2.93bc	17.66a	13.33ab
B2	1.0	0.4	66.84a	1.91bc	11.39abc	36.23a	71.30a	2.35cd	11.20ab	25.74a
B3	1.0	0.6	53.33a	1.47bc	7.65abc	30.00a	88.33a	2.77cd	11.90ab	5.00ab
B4	1.5	0.2	63.94a	2.31ab	11.54abc	9.70b	90.45a	2.99bc	11.83ab	9.70ab
B5	1.5	0.4	62.00a	2.36ab	11.47abc	32.00a	83.33a	4.55a	15.06a	13.33ab
B6	1.5	0.6	60.00a	1.80bc	6.88abc	38.33a	86.67a	3.13bc	10.53ab	28.33a
B7	2.0	0..2	68.33a	3.80a	14.58a	21.67ab	73.33a	2.68cd	11.86ab	20.00ab
B8	2.0	0.4	51.67a	1.88bc	11.25abc	31.67a	85.00a	4.08ab	13.79a	11.67ab
B9	2.0	0.6	22.00b	0.40c	4.94c	28.00a	43.89b	1.62d	3.81b	25.83a

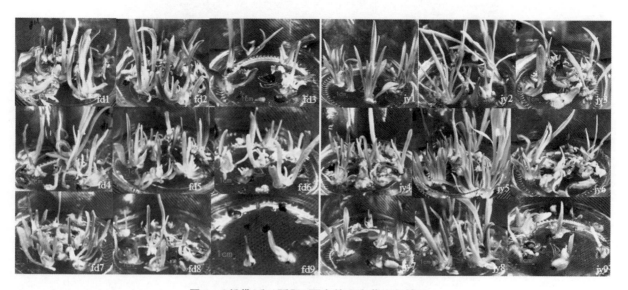

图2 '粉黛'和'骄阳'百合的不定芽生长情况

Fig. 2 Growth of adventitious buds of *L. formolongi* 'Fendai' and *L.* FA hybrids 'Jiaoyang'

(fd1-fd9分别表示'粉黛'百合小鳞片接入B1-B9分化培养基60d后的状态;jy1-jy9分别表示'骄阳'百合小鳞片接入B1-B9分化培养基60d后的状态)

(fd1-fd9 represent the state of *L. formolongi* 'Fendai' small scales after being connected to B1-B9 differentiation media for 60d; jy1-jy9 indicate the status of *L.* FA hybrids 'Jiaoyang' small scales being connected to B1-B9 differentiation media for 60d)

2.3 植物生长调节剂对新铁炮百合新种质胚性愈伤组织诱导的影响

本研究以 NAA 和 TDZ 浓度为 2 个因素,采用完全随机区组法设计了 6 个不同浓度植物生长调节剂组合的诱愈培养基。通过比较诱导率、增重率、不定芽分化率和生长情况,确定诱导和胚性愈伤并维持愈伤状态的最佳激素组合。

表 5 表明叶段接种至诱愈培养基 20d 后,C1 和 C2 的诱导率最高,均达 100%;图 3 的 Y1 和 Y2 显示,接种 20d 后,这 2 种处理的愈伤组织生长速度更快,已经生长出一定面积的愈伤组织。因此,0.5mg/L NAA + 0.2mg/L TDZ 和 0.5mg/L NAA + 0.4mg/L TDZ 的激素组合,都很适宜新铁炮百合新种质胚性愈伤组织的诱导。

表 5 接种 30d 后新铁炮百合新种质在不同浓度植物生长调节剂组合培养基中胚性愈伤组织诱导和增殖情况

Table 5 Embryogenic callus induction and proliferation of new germplasm of *Lilium × formolongi* in different concentrations of plant growth regulator combination medium for 30d

处理	激素组合		诱导率(%)	增殖率(%)	不定芽分化率(%)
	NAA(mg/L)	TDZ(mg/L)			
C1	0.5	0.2	100.00a	275.21a	20.83c
C2	0.5	0.4	100.00a	296.22a	53.07a
C3	0.5	0.6	95.00a	324.32a	0d
C4	1.0	0.2	50.00b	390.26a	44.44ab
C5	1.0	0.4	90.00a	223.40a	37.50abc
C6	1.0	0.6	76.92bc	384.38a	39.17bc

图 3 新铁炮百合新种质胚性愈伤组织的诱导和增殖情况

Fig. 3 Induction and proliferation of embryogenic callus of new germplasm of *Lilium × formolongi*

(Y1-Y6 分别表示新铁炮百合叶段接入 C1-C6 培养基 20d 后的诱愈情况;C1-C6 分别表示新铁炮百合 Y1-Y6 接入 C1-C6 培养基 20d 后的增殖情况)

(Y1-Y6 represents the healing condition of leaf segments after being put to C1-C6 media for 20d; C1-C6 represents the proliferation condition of Y1-Y6 being put to C1-C6 media for 20d)

叶段经 NAA+TDZ 培养基诱导脱分化出现愈伤组织后，转接在 C1-C6 培养基中继代，20d 后统计增殖率和褐化率。此时诱导增殖出的胚性愈伤组织疏松、柔软、易碎、半透明状，呈黄绿色，表面为小圆球颗粒状。C1-C6 处理下胚性愈伤组织的增殖率很高，但6 种处理无显著差异；愈伤组织分化出不定芽会影响其胚性状态，愈伤组织分化出不定芽、接种 60d 后逐渐褐化，愈伤组织不再维持在胚性状态；因此，愈伤组织的不定芽分化率对胚性状态维持有极大影响；C3 的愈伤组织不定芽分化率显著低于其他处理，20d 内未分化出不定芽，在胚性愈伤组织增殖期间，能较稳定维持其胚性状态；因此，0.5mg/L NAA + 0.6mg/L TDZ 激素组合有利于新铁炮百合新种质胚性愈伤组织的增殖和短时间稳定。

3 讨论

高效组培体系是百合遗传转化体系建立的基础。植物激素的种类和质量浓度对百合不定芽的分化、生长，胚性愈伤组织的诱导、增殖和维持具有关键作用。前人研究普遍表明，高蔗糖浓度有利于促进百合小鳞茎的诱导及膨大，因为蔗糖是植物体内必需的碳源、能源或调节剂（周玲云 等，2016）。本试验中，'粉黛'百合和'骄阳'百合的最适小鳞茎诱导和增殖浓度分别是 60g/L 和 80g/L，表明蔗糖起作用的阈值因基因型不同有较大差异，而某一类百合是否有较一致的小鳞茎诱导最适蔗糖浓度还需进一步研究。在适宜范围内、相同培养条件下，'粉黛'百合的生长状况明显优于'骄阳'百合，'粉黛'百合经过高糖培养基诱导，小鳞茎更壮实，出芽和生根更多，生长速度更快，而'骄阳'百合在高糖培养基下生长略有畸形，出芽较少；，表明'骄阳'百合和'粉黛'百合的适应性有较大差异。

诱导百合不定芽分化中，6-BA/NAA 的配比对不定芽分化至关重要；不同百合品种所需的分化培养基中的植物激素配比也有所不同。'骄阳'百合和'粉黛'百合在不同分化培养基中的不定芽诱导有较大差异，再生体系不具有普遍性和通用性。两种百合的小鳞片在 B1-B9 九种培养基中均能形成一定数量的不定芽，但诱导时间、诱导率、增重率等差异较大。特别是'骄阳'百合在分化培养基中有不同程度的脱分化现象，表明'骄阳'百合是较易形成愈伤组织的基因型，可考虑后续对其诱导胚性愈伤组织。

在百合胚性愈伤组织诱导中，常使用 NAA、TDZ、2,4-D、PIC 等，TDZ 有利于体细胞胚诱导，应用广泛。张璐等人（2019）对宜昌百合的试验表明，TDZ 对宜昌百合愈伤组织的诱导作用最大，具有生长素和分裂素的双重作用。宜昌百合胚性愈伤组织诱导主要受到 TDZ 质量浓度的影响，浓度高于 1.0mg/L 时受到抑制。肖望等（2016）在白姜花中发现 3 类愈伤：一是浅黄色松散易碎，具有胚性细胞特征；二是白色疏松半透明，呈水渍状，为非胚性细胞状态；三是黄色致密颗粒状，介于胚性细胞和非胚性细胞之间。胚性愈伤组织来源于单细胞，遗传稳定，数量多，是良好的外源基因转化受体。在之前的预试验中，采用比值相近的 6-BA 和 NAA 组合诱导胚性愈伤组织，启动率较高，较易脱分化，但大多为浅黄色致密的非胚性愈伤。本研究中，新铁炮百合新种质在 NAA+TDZ 的诱愈培养基下，诱导、增殖出黄色疏松柔软易碎的胚性愈伤组织，其诱导和增殖情况均较好。表明不同激素组合影响了诱导愈伤组织的类型。鲁娇娇等人（2016）探究朱顶红胚性愈伤组织诱导时发现初始诱导的愈伤组织不具备胚性，需继代数次才分化为胚性愈伤组织；而在对新铁炮百合新种质的诱导试验中，发现其在初代诱导时即具有胚性，即愈伤组织具胚性细胞的特征，表明新铁炮百合能更快诱导出胚性愈伤组织。

'粉黛'百合和'骄阳'百合是本课题组选育的国际登录新品种，有强大的杂种优势，生长健壮，出芽快，生长周期短，在抗生素的筛选下仍能高效生长，是百合遗传转化的良好受体材料，有利于'粉黛'和'骄阳'百合遗传转化体系的初建。本研究探究诱导'骄阳'百合和'粉黛'百合小鳞茎形成和不定芽分化和生长的最适培养基，探究诱导和维持新铁炮百合新种质胚性愈伤组织，为后续遗传转化提供大量受体材料，有利于受体材料在选择压筛选下的生长，为百合遗传转化体系的初建打下基础。

参考文献

常琳，杜方，王丽婷，等，2018. 金石和伯爵百合鳞茎诱导及膨大研究［J］. 山西农业科学，46（8）：1279-1281，1370.

符勇耀，刘建玲，朱艺勇，等，2020. 卷丹转基因体系构建及岷江百合 LrCCoAOMT 的导入［J］. 园艺学报，47（7）：1345-1358.

廉美兰，朴炫春，孙丹，2006. 影响百合试管鳞茎诱导及膨大的几种因素［J］. 延边大学农学学报（3）：153-158.

刘宝骏，刘国锋，2018. 安祖花胚性愈伤组织诱导及植株再生研究［J］. 热带亚热带植物学报，26（4）：407-414.

鲁娇娇，张梦迪，孙红梅，2020. 朱顶红花孔雀和黑天鹅离体快繁技术体系的建立[J]. 沈阳农业大学学报，51(4)：488-493.

马旭，张铭芳，肖伟，等，2020. 百合遗传转化及纳米磁珠法研究进展[J]. 分子植物育种，18(14)：4657-4664.

王春夏，张梦迪，王锦霞，等，2020. 朱顶红无菌苗叶片高效再生体系[J]. 园艺学报，47(2)：301-309.

向地英，薛木易，邹丽红，2015. 铁炮百合离体再生体系的建立[J]. 江苏农业科学，43(2)：55-57.

肖望，涂红艳，张爱玲，2016. 白姜花胚性愈伤组织的诱导与植株再生体系的建立[J]. 园艺学报，43(8)：1605-1612.

辛伟杰，徐彬，王广东，等，2006. 花烛体细胞胚胎发生及植株再生研究[J]. 园艺学报(6)：1281-1286.

张璐，潘远智，刘柿良，等，2019. 宜昌百合胚性愈伤组织诱导及植株再生体系的研究[J]. 植物研究，39(3)：338-346，357.

张艳波，2013. 毛百合组织培养与试管鳞茎膨大的研究[D]. 哈尔滨：东北林业大学.

周玲云，高素萍，陈锋，2016. 蔗糖和光周期在泸定百合试管鳞茎膨大中的作用机制[J]. 浙江大学学报(农业与生命科学版)，42(4)：435-441.

Ahmad N, Faisal M. 2018. Thidiazuron：From Urea Derivative to Plant Growth Regulator[M].

Bakhshaie M, Khosravi S, Azadi P, et al, 2016. Biotechnological advances in *Lilium*[J]. Plant Cell Reports, 35(9)：1799-1826.

Mazri M A, Meziani R, Belkoura I, et al, 2018. A combined pathway of organogenesis and somatic embryogenesis for an efficient large-scale propagation in date palm (*Phoenix dactylifera* L.) cv. Mejhoul[J]. Biotech, 8(4)：215.

Visser, J A, Qureshi, et al, 1992. Morphoregulatory role of thidiazuron：substitution of auxin and cytokinin requirement for the induction of somatic embryogenesis in *Geranium* hypocotyl cultures[J]. Plant physiology.

不同光质比对微型蝴蝶兰试管苗形态建成的影响

吴小梅 张黎*

(宁夏大学农学院,银川 750021)

摘要 以引进微型蝴蝶兰小花品种"AN2235"试管苗为试材。探究不同光质配比对微型蝴蝶兰试管苗形态建成影响。经筛选出的最佳继代增殖培养基对其培养15d后,分别放入5种不同的红蓝光质比下观察并测量试管苗在15d、30d、45d时形态指标。结果表明:能达到扩繁目的最有效的红蓝光质比为3:7和100%蓝光。随着培养天数增加,增殖率成上升趋势。培养30d时,更有利于根系生长。相比其他光质配比,3:7光质配比能够有效提升增殖率,对其形态建成有着较大的影响,可达到扩繁效果。

关键词 微型蝴蝶兰;试管苗;光质比;形态建成;增殖率

Effects of Different Light Quality Ratio on Morphogenesis of *Phalaenopsis* Miniatura Plantlets

WU Xiao-mei ZHANG Li*

(*College of Agriculture, Ningxia University, Yinchuan, 750021*)

Abstract The test tube plantlets of introduced Mini *Phalaenopsis* variety "AN2235" were used as materials. Objective to explore the effect of different light quality ratio on the morphogenesis of micro Phalaenopsis plantlets. The best subculture medium was selected and cultured for 15 days, Five different light quality ratios of red to blue were used to observe and measure the morphological indexes of test tube plantlets at 15d, 30d and 45d. The results show that: The most effective ratio of red to blue light was 3:7 and 100% blue light. With the increase of culture days, The proliferation rate increased. When cultured for 30 days, it was more conducive to root growth. Compared with other light quality ratios, 3:7. The ratio of light to mass can effectively improve the proliferation rate, It has a great influence on its shape construction, It can achieve the effect of multiplication.

Key words *Phalaenopsis* miniature; Test tube plantlet; Light quality ratio; Morphogenesis; Proliferation rate

蝴蝶兰(*Phalaenopsis* ssp.),兰科蝴蝶兰属植物,原产于中国台湾、菲律宾、印度尼西亚、泰国、马来西亚等地(戴艳娇,2010)。株型优美,花色丰富多样,花型似蝶,深受国内外鲜花产业青睐。此外,蝴蝶兰还有"洋兰王后""年宵花之王"等美誉之称。它拥有独特的单茎气生根,极少发生侧枝。很难进行分株繁殖。其种子形成无胚乳,使得种子大量繁殖较为困难。

随着我国鲜花产业的发展,花卉市场激烈的竞争,蝴蝶兰组培扩繁已经成为一种快繁趋势。有研究表明光谱对植物的生长发育、形态建成、光合作用、物质代谢以及基因表达均有调控作用,有学者通过调节光质配比控制植株形态建成与生长发育,以达到产业所需。本试验以引进市场销量较为广泛的小花品种微型蝴蝶兰试管苗为试材。在筛选出的 MS+5mg/L 6-BA+0.5mg/L NAA+1.5g/L 活性炭的培养基上,经培养15d后,将其放入红蓝光质比为100%红光、7:3、3:7、100%蓝光、5:5 的光质配比下,每隔15d记录一次试管苗的形态建成变化。以期为微型蝴蝶兰试管苗在不同光质比影响下形态建成有效应用上提供理

---

1 基金项目:本研究由2019宁夏回族自治区重点研发计划项目(现代农业科技创新示范区专项)"新优特异花卉引进筛选与配套栽培技术集成示范"资助。

第一作者简介:吴小梅(1996-),女,硕士研究生,主要从事观赏植物研究,E-mail:2857526648@qq.com。

* 通信作者:张黎,教授,硕士生导师,主要从事观赏园艺研究,E-mail:zhang_li9988@163.com。

论借鉴。

1 材料与方法

1.1 试验材料

以引进的微型蝴蝶兰小花品种"AN2235"试管苗为试验材料,于宁夏园艺产业园组培室内进行试验。

1.2 试验方法

1.2.1 不同浓度激素筛选对微型蝴蝶兰试管苗继代增殖影响

以微型蝴蝶兰小花品种"AN2235"为试验材料,采用3因素3水平的正交试验设计,将丛生芽转接到添加不同浓度激素6-BA、NAA、不同浓度活性炭(表1)的MS培养基中,分别接种到9种诱导继代增殖的培养基中(表2)。每个处理3个重复,每个重复接种5瓶,每瓶接2个丛生芽,隔15d观察记录1次,180d后统计数据。筛选出微型蝴蝶兰小花品种的最佳继代增殖培养基配方。

表1 L₉(3³)因子水平试验设计表
Table 1 Test design table of the factor levels sucrose concentrations

因子/水平	1	2	3
A:6-BA(mg/L)	5	7.5	10
B:NAA(mg/L)	0.1	0.5	1.0
C:活性炭(g/L)	1.0	1.5	2.0

表2 L9(3³)正交试验设计
Table 2 L₉(3³) Orthogonal experimental design

处理编号	6-BA(mg/L)	NAA(mg/L)	活性炭(g/L)
T1	1	1	1
T2	1	2	2
T3	1	3	3
T4	2	1	2
T5	2	2	3
T6	2	3	1
T7	3	1	3
T8	3	2	1
T9	3	3	2

1.2.2 不同光质比对微型蝴蝶兰试管苗形态建成的影响

以微型蝴蝶兰小花品种"AN2235"为试验材料,将其转接至筛选出的最佳继代增殖培养基中进行培养。将生长15d后的试管苗分别转放至红蓝光质比为100%红光、7:3、3:7、100%蓝光、5:5等光质比下(表3),每个光质比10瓶,每隔15d统计1次,共统计3次。

表3 不同光质比试验设计表
Table 3 Test design table of different light quality

处理组合	15d	30d	45d
100%红光(T1)	/	/	/
7:3(T2)	/	/	/
3:7(T3)	/	/	/
100%蓝光(T4)	/	/	/
5:5(T5)	/	/	/
CK	/	/	/

1.3 指标测定

株高、叶尖距、叶宽、最长根长:采用游标卡尺测量。

叶数、根数、节间数:采用计数法测。

增殖倍数=增殖后的株数/接种株数。

1.4 数据处理及分析

使用Excel2010进行数据整理,DSP进行方差分析,采用Duncan进行多重比较。用origin软件绘图直观综合评价不同光质比处理对微型小花品种蝴蝶兰形态建成影响。通过对其株高、叶尖距、叶数、增殖率等植物学形态指标进行综合分析光质比对微型小花品种蝴蝶兰形态指标影响。

2 结果与分析

2.1 不同浓度激素筛选对微型蝴蝶兰试管苗继代增殖影响

由表4可得:采用3因素3水平正交试验设计,经过180d的试验结果统计分析得出:叶片数增量值最大的处理为T2、T7、T9;叶尖距值最大的处理为T2、T8;生根数最多的处理为T2;增殖倍数最大的处理为T1、T2、T5、T7、T8。综合可得:适宜微型小花品种蝴蝶兰"AN2235"生长的最佳激素浓度配比为T2处理,培养基配方为:MS+6-BA 5m/L+NAA 0.5mg/L+活性炭1.5g/L。

以筛选出最佳浓度激素进行试管苗继代扩繁光质配比试验。pH调至5.8,进行高压灭菌,于超净工作台内紫外消毒进行继代接种工作。将生长15d的试管苗,放入不同配比的光质下进行培养。

表 4 不同浓度激素处理 15d 时对微型蝴蝶兰试管苗继代增殖影响

Table 4 Effects of different concentrations of hormone on subculture and proliferation of *Phalaenopsis* miniatura plantlets

处理编号	AN2235						
	叶片数(个)	叶尖距(cm)	叶宽(cm)	根数(条)	最长根长(cm)	节间数(个)	增殖倍数(倍)
T1	4.00b	4.05b	1.45ab	3.50b	1.60c	1.00a	1.00a
T2	5.50a	5.10a	1.65a	4.10a	3.00b	1.00a	1.00a
T3	4.00b	4.10b	1.45ab	3.50b	1.80c	1.00a	0.00b
T4	3.50ab	4.00b	1.40c	3.00ab	1.75c	0.00b	0.00b
T5	5.41a	4.70ab	1.50b	4.00a	3.00b	1.00a	1.00a
T6	3.00ab	4.00b	1.30c	3.00ab	1.80c	0.00b	0.00b
T7	5.50a	4.00b	1.45ab	3.50b	3.00b	1.00a	1.00a
T8	4.00b	5.00a	1.60a	3.70b	3.50b	1.00a	1.00a
T9	5.50a	4.40ab	1.50b	4.00a	4.00a	1.00a	0.00b

注：数据采用新复极差法进行差异显著性比较，不同小写字母之间表示差异显著($P<0.05$)，同一列中不同字母代表差异程度。

2.2 不同光质比对微型蝴蝶兰试管苗形态建成的影响

2.2.1 不同光质比对微型蝴蝶兰试管苗生长 15d 后的形态建成影响

随着培养天数的增加，不同光质配比下试管苗表现出不同的长势（表5）。在不同光质配比培养15d时，叶片数增量最多的是100%红光、3∶7、100%蓝光，叶数增量红蓝光质比由高到低依次为：T1>T3>T4>CK>T2>T5；叶尖距增长量最大的红蓝光质比为7∶3和100%蓝光，叶宽值最大的红蓝光质比为7∶3，表明7∶3光质比更有利于提高叶的延展性。根数增加量光质比依次为：T3>T4>T1>T5>T2>CK；最长根长光质比依次为：T1>T2>T3>T4>CK>T5。在15d时，T1-T4光质条件下试管苗形态建成呈上升趋势，相反，T5光质配比下试管苗形态建成较慢。增殖倍数最高的光质配比为红蓝光质比为3∶7和100%蓝光。表明在15d时，微型蝴蝶兰"AN2235"品种的最适光质比为T3、T4，有利于其形态建成。

表 5 微型蝴蝶兰继 1 代试管苗在不同光质下 15d 性状表现

Table 5 15 day character performance of the first generation of mini *Phalaenopsis* plantlets under different light quality

处理组合	叶片数(个)	叶尖距(cm)	叶宽(cm)	根数(条)	最长根长(cm)	节间数(个)	增殖倍数(倍)
100%红光	7.50ab	3.45a	1.45a	5.50ab	5.75a	2.00a	1.50a
7∶3	3.50b	4.10a	2.80a	3.50b	4.40ab	1.50a	1.50a
3∶7	6.50ab	2.95a	1.80a	6.00ab	4.05a	1.50a	2.00a
100%蓝光	5.00ab	4.05a	1.85a	6.50ab	3.80ab	2.00a	2.00a
5∶5	10.00a	3.45a	2.00a	8.50ab	2.40b	1.50a	2.00a
CK	4.00ab	3.00a	1.55a	3.00b	3.05ab	1.00a	1.00a

注：数据采用新复极差法进行差异显著性比较，不同小写字母之间表示差异显著($P<0.05$)，同一列中不同字母代表差异程度。

2.2.2 不同光质比对微型蝴蝶兰试管苗生长 30d 后的形态建成影响

随着培养天数的增加，不同光质配比下试管苗表现出不同的长势（表6）。在不同光质配比培养30d时，叶片数增量光质比由高到低依次为：T1>T3>T5>T4>CK>T2；叶尖距和叶宽最大的红蓝光质比为7∶3和100%蓝光，有利于提高叶的延展性。生根数在100%蓝光下值最大为8，根数增加量红蓝光质比依次为：T4>T1>T3>T5>T2>CK；最长根长光质比依次为：T1>T2>T3>T4>T5>CK。在30d时，由增殖率最高的光质配比为3∶7和白炽光可得出：T1-T3光质条件下试管苗形态建成呈上升趋势。相反，在T4、T5光质配比下试管苗形态建成较慢。综合结果表明在30d时，微型蝴蝶兰"AN2235"品种的最适光质比为T1、T3时有利于促进形态建成。

表 6 微型蝴蝶兰继 1 代试管苗在不同光质下 30d 性状表现

Table 6　The 30 day characters of *Phalaenopsis* miniatura subculture plantlets under different light quality

处理组合	叶片数（个）	叶尖距（cm）	叶宽（cm）	根数（条）	最长根长（cm）	节间数（个）	增殖倍数（倍）
100%红光	7.80c	4.25b	2.30a	6.50ab	8.45a	2.50a	1.50a
7∶3	4.00b	4.65ab	1.65a	4.50b	5.10b	1.50a	1.50a
3∶7	7.50a	4.70a	1.70a	5.50ab	4.20b	2.00a	2.00b
100%蓝光	4.52b	4.70a	1.45b	8.00a	3.70b	2.00a	1.00a
5∶5	5.50a	3.45b	1.55a	5.50ab	3.15b	2.00a	1.00a
CK	4.50a	3.40b	1.50a	3.00b	3.00b	1.00a	2.00b

注：数据采用新复极差法进行差异显著性比较，不同小写字母之间表示差异显著（*P*<0.05），同一列中不同字母代表差异程度。

2.2.3　不同光质比对微型蝴蝶兰试管苗生长 45d 后形态建成的影响

随着培养天数的增加，不同光质配比下试管苗表现出不同的长势（表7、图1）。在不同光质配比培养45d 时，叶片数增量光质比由高到低依次为：T1>T3>T5 >CK> T2 = T4；在 7∶3 红蓝光质比下叶尖距和叶宽最大，更有利于提高叶的延展性。根数增量光质比依次为：T4>T1 = T5>T3>T2>CK；最长根长光质比依次为：T1>T2>T3>T4 >CK>T5。增殖率最高的光质配比为红蓝光比为 3∶7 和 5∶5。在 45d 时，T1-T3 光质条件下试管苗形态建成呈上升趋势。相反，T4、CK 光质配比下试管苗形态建成较慢。表明在 45d 时，微型蝴蝶兰"AN2235"品种的最适光质比为 T1、T3、T4，有利于其形态建成。

图 1　不同光质比处理 45d 时试管苗形态建成

Fig. 1　Morphogenesis of test tube plantlets treated with different light quality ratios for 45 days

表 7　微型蝴蝶兰继 1 代试管苗在不同光质下 45d 性状表现

Table 7　The 45 day characters of *Phalaenopsis* miniatura subculture plantlets under different light quality

处理组合	叶片数（个）	叶尖距（cm）	叶宽（cm）	根数（条）	最长根长（cm）	节间数（个）	增殖倍数（倍）
100%红光	8.00bc	4.15ab	2.55b	6.00a	7.25a	2.00a	2.50ab
7∶3	4.50ab	5.15a	2.75b	4.50a	4.70ab	2.00a	1.00b
3∶7	6.00a	3.55b	1.50ab	5.00a	4.60ab	2.00a	3.50a
100%蓝光	4.50ab	4.05ab	1.85a	6.50a	3.50b	1.00a	2.00ab
5∶5	5.50a	3.40b	1.70a	6.00a	2.90b	2.00a	3.00a
CK	5.00a	3.60b	1.55ab	3.50b	3.25b	1.00a	2.50ab

注：数据采用新复极差法进行差异显著性比较，不同小写字母之间表示差异显著（*P*<0.05），同一列中不同字母代表差异程度。

3 讨论

在不同光质配比培养15d时发现，红蓝光质配比为3∶7和100%红光时，更有利于发出新叶。不同光质配比下叶片的延展性比白炽光下强。在LED光质对植物组织培养影响研究进展中发现（周鹏 等，2016）：红蓝光质不同配比下能够促进兰花组织培养苗叶面积增加，这与本试验研究结果一致。在3∶7光质配比下，更有利于试管苗生根，最多根数可达6，根长达到4.20。除此外，红蓝光质配比能有效提高增殖倍数。在不同LED光源对蝴蝶兰增殖和壮苗培养的影响中发现（闫海霞 等，2018）：一种蝴蝶兰属组培植物在LED红蓝复合光照下，植物的根系明显好于单色LED和荧光灯处理，白鹤芋组培苗的叶片数、根数在红蓝光比为7∶3时最多。这与本试验研究结果相近。这可能与不同的植物对光质配比的敏感程度、适应性不同而导致红蓝光最佳配比不同。

在不同光质配比培养30d时发现，叶的延展性及叶片数增量变化不大。主要集中在根数及最长根长和增殖倍数上。随着光质培养时间的增加，可有效提升试管苗的生根率及增殖倍数。在LED光源对蝴蝶兰花卉生长发育影响研究进展中结果表明（王建兵，2017）：根系活力受到单色光及不同配比复合光的调控，红蓝复合光和单色蓝光下梗系活力最高。这与本试验研究结果一致。

在不同光质配比培养45d时发现，叶片数在100%红光和3∶7光质配比下新增最多，增殖倍数有所提高。相反，叶的延展性、根数、最长根长相比培养30d时形态长势更弱。可能是由于随着培养天数的增加，培养基内的营养元素有所缺乏导致。在不同光谱的LEDs对蝴蝶兰组培苗生长的影响中表明（戴艳娇，2010）：新型光源LEDs辐射的红蓝等光进行不同光质配比组合后，对蝴蝶兰组培苗各形态指标有影响且荧光灯处理组的根活活力最弱，这与本试验结果一致。

综上所述：随着培养天数的增加，培养30d的时间更有利于试管苗的形态建成；不同的光质配比更有利于提高试管苗的增殖倍数；红蓝光质比为3∶7和100%蓝光更有利于提高微型蝴蝶兰"AN2235"品种试管苗增殖率。

参考文献

戴艳娇，王琼丽，张欢，等，2010. 不同光谱的LEDs对蝴蝶兰组培苗生长的影响[J]. 江苏农业科学（5）：227-231.

广东省农业科学院环境园艺研究所. 一种利用LED光源促进蝴蝶兰组培苗生根的方法：CN201410649851.9[P]. 2015-03-25.

任桂萍，王小菁，朱根发，2016. 不同光质的LED对蝴蝶兰组织培养增殖及生根的影响[J]. 植物学报，51(1)：81-88.

王建兵，王金涛，苏利英，等，2017. LED光源对蝴蝶兰花卉生长发育影响研究进展[J]. 安徽农业科学，45(7)：6-8.

闫海霞，何荆洲，黄昌艳，等，2018. 不同LED光源对蝴蝶兰增殖和壮苗培养的影响[J]. 经济林研究，36(1)：16-22.

周鹏，张敏，2016. LED光质对植物组织培养影响研究进展[J]. 江苏林业科技，43(4)：44-48.

岷江百合种子萌发及组织培养的初探

陈佳伟　张倩　贾桂霞*

(花卉种质创新与分子育种北京市重点实验室，国家花卉工程技术研究中心，城乡生态环境北京实验室，园林环境教育部工程研究中心，林木花卉遗传育种教育部重点实验室，园林学院，北京林业大学，北京 100083)

摘要　以岷江百合种子为材料，研究丛枝真菌和微生物菌肥对种子萌发和地上及地下鳞茎生长发育的影响；同时对组培条件下种子萌发、无菌苗增殖和鳞茎快速膨大的培养基进行了筛选。研究结果表明：(1) 丛枝真菌对岷江百合的发芽速度和发芽率有明显促进作用，第 8 日发芽且发芽率达 38.1%；微生物菌肥亲土一号对岷江百合发芽率、发育速度没有提高，发芽率为 7.6%。(2) 丛枝真菌对岷江百合地下鳞茎的质量增长有促进作用，移栽 4 个月后，与对照相比增加 0.15g。(3) 组培条件下岷江百合萌发应采用 1/2MS 培养基，流水冲洗 15min，萌发率最高达 80%。(4) 岷江百合增殖和试管鳞茎培育条件的筛选：①使用不同浓度 6-BA 筛选适宜岷江百合的分生培养基，结果是岷江百合不定芽在培养基 MS+1mg/L 6-BA+0.1mg/L NAA+30g/L 蔗糖+6.5g/L 琼脂上平均增殖系数达 3.6，长势最旺。②比较不同蔗糖浓度对百合鳞茎形成的影响，结果表明：岷江百合小鳞茎在蔗糖浓度 60g/L 的培养基中鳞茎质量增加最多，培养基为 MS+0.1mg/L NAA+60g/L 蔗糖+6.5g/L 琼脂。③对比生根苗与成球苗的移栽后生长状况：岷江百合成球苗移栽成活率更高，接近为生根苗成活率的 2 倍，且成球苗生长状况更好。

关键词　岷江百合；种子萌发；丛枝真菌；鳞茎膨大

Study on Seed Germination and Tissue Culture of *Lilium regale* Wilson

CHEN Jia-wei　ZHANG Qian　JIA Gui-xia*

(Beijing Key Laboratory of Ornamental Plants Germplasm Innovation & Molecular Breeding, National Engineering Research Center for Floriculture, Beijing Laboratory of Urban and Rural Ecological Environment, Engineering Research Center of Landscape Environment of Ministry of Education, Key Laboratory of Genetics and Breeding in Forest Trees and Ornamental Plants of Ministry of Education, School of Landscape Architecture, Beijing Forestry University, Beijing 100083, China)

Abstract　The effects of Arbuscular Mycorrhizal fungi and microbial fertilizer on Seed Germination and the growth and development of aboveground and underground bulbs were studied; At the same time, the medium for seed germination, aseptic seedling proliferation and rapid bulb expansion was selected. The results show that: (1) Arbuscular Mycorrhizal fungi could significantly promote the germination rate and germination rate of *L. regale*, and the germination rate was 38.1% on the 8th day; The germination rate and growth rate of *L. regale* were not improved by microbial fertilizer "qintu No. 1", and the germination rate was 7.6%. (2) Arbuscular Mycorrhizal fungi could promote the growth of underground bulb quality of *L. regale*. After transplanting for 4 months, it increased by 0.15g compared with the control. (3) Under the condition of tissue culture, 1/2MS medium should be used for the germination of *L. regale*, and the germination rate could reach 80% when it was washed with running water for 15min. (4) Selection of multiplication and tube bulb culture conditions of *L. regale*: ① Different concentrations of 6-BA were used to select the suitable meristematic medium for *L. regale*. The results showed that the average proliferation coefficient of adventitious buds of *L. regale* was 3.6 on MS + 1mg/L 6-BA + 0.1mg/L NAA + 30g/L sucrose + 6.5g/L agar, and the growth was the most vigorous. ② The effects of different sucrose concentrations on bulb formation of Lilium were compared. The results showed that the bulb weight of *L. regale* increased most in the medium with sucrose concentration of 60g/L, and the medium was MS + 0.1mg/L NAA + 60g/L sucrose + 6.5g/L agar. ③ Comparing the growth status of rooting seedlings and bulb seedlings after transplanting: the survival rate of bulb seedlings of *L. regale* is higher, nearly twice of that of rooting seedlings, and the growth status of bulb seedlings is better.

Key words　*Lilium regale* Wilson; Seed germination; Arbuscular Mycorrhizal fungi; Bulb enlargement

百合是百合科百合属（*Lilium*）的植物，原产于北半球。我国具有丰富的野生百合资源，是百合属植物的自然分布中心，也是育种的重要材料（梁松筠，2002）。岷江百合（*L. regale* Wilson）百合科百合属多年生草本球茎植物，又名王百合、千叶百合。花大，直径约12cm，1~20朵，开放时浓香，喇叭形，白色，喉部为黄色，花期6~7月，果熟期9~10月，生性强健，极耐寒，耐碱，喜半阴，又耐晒，具有很高观赏价值（中国科学院中国植物志编委会，1980）。岷江百合结实率高，适宜播种繁殖（郑爱珍和张峰，2004），原产地四川，英国著名植物学家Wilson1903年在四川岷江地区发现了它（Macrae E A，1998），其作为具有优良的抗性以及观赏特性的野生资源，具有丰富的变异，成为了现代百合新品种培育的理想材料和基因来源（龙雅宜和张金政，1998）。

丛枝菌根真菌（Arbuscular Mycorrhizas Fungi，AMF）是古老的真菌，起源于4.62亿~3.53亿年前。与AMF形成共生关系的植物种类很多，包括裸子植物、被子植物、蕨类和苔藓等。AMF可以促进植物生长，改善营养条件，提高抗逆性和抗病性。AMF通过丛枝菌根与植物根系建立的互惠共生体并与宿主植物的根系一起生长发育（ROBB SM，1957）。微生物菌肥不像一般的肥料那样直接给植物提供养料物质，而是以微生物生命活动过程和产物来改善植物营养条件，影响营养元素的有效性，刺激植物生长发育，抵抗病菌危害，从而提高植物品质。由于不同植物、不同立地条件适宜的菌种不同。针对性施用才能收到良好效果，因此这类肥料开发常常具有特殊性（占新华 等，1999）。王树和2008年研究兰州百合与丛枝真菌的共生效应（王树和，2008）。邢红爽等2018年探究出接种丛枝真菌能在一定范围和程度上提高百合的耐热性（邢红爽 等，2018）。草莓施用亲土1号微生物菌肥等系列产品后，整体出苗较全，发病率明显降低（王庆菊，2018）。目前没有比较详细的AMF和微生物菌肥对岷江百合萌发和生长发育的研究，因此本试验将探究AMF和微生物菌肥对种子萌发和地上及地下鳞茎生长发育的影响。

目前，对岷江百合的研究多集中在资源分布（隆世良 等，2018；潘红丽 等，2018）、诱导愈伤组织及生根（孙道阳 等，2016）和播种后植物学性状调查（孙婷 等，2014；陈明月 等，2012）。目前没有比较详细的岷江百合种子萌发条件和组织培养的研究。因此本研究将从种子萌发条件筛选、幼苗培育、组织培养3个方面，为岷江百合种质资源的保存和繁殖提供一定的理论基础。

1 材料与方法

1.1 材料

岷江百合（*L. regale* Wilson）种子采集于四川。组织培养试验在北京林业大学国家花卉工程技术研究中心进行。播种试验在北京林业大学三顷园温室进行。丛枝真菌（Arbuscular Mycorrhizas fungi，AMF）购买于北京农科院。微生物菌肥购买的为富朗亲土一号，有效活菌数≥6亿/g，有机质≥45%，含解淀粉芽孢杆菌、地衣芽孢杆菌。

1.2 试验方法

1.2.1 微生物菌肥、丛枝真菌对岷江百合种子萌发的影响

选择颗粒饱满的岷江百合种子4℃沙藏1个月。挑选饱满、均一的种子进行播种，共3个处理，分别为接种AMF、微生物菌肥和对照。具体操作方法如下：先将种子点播在盘中，覆土完成播种。然后丛枝真菌组将AMF接种在基质表面，具体操作为在基质表面平铺40g菌剂，上覆一层基质，喷湿表面基质，完成接种。微生物菌肥组施用亲土1号微生物菌肥，将微生物菌肥按照说明书稀释后浇灌。对照为播种后覆土。每个处理105粒种子，所有处理采用相同的管理方法：使用浸盆法使土壤湿润，覆盖一层保鲜膜。每2d观察和统计萌发情况并且喷水。调查发芽进程、发芽率和成活率。

1.2.2 丛枝真菌对幼苗的影响

未接种AMF的幼苗进行移栽时，一半接种AMF，一半未接种AMF覆土作为对照，观察AMF对岷江百合生长发育的影响。调查指标是叶片数和地下鳞茎质量。

1.2.3 组织培养条件下种子处理方式对萌发的影响

将岷江百合种子进行以下处理：蒸馏水泡24h、蒸馏水泡12h、流水冲15min和无处理对照。之后接种到萌发培养基中。具体处理见表2。培养基的配方如下：S1：MS+0.1mg/LNAA+30g/L蔗糖+6.5g/L琼脂；S2：1/2MS+0.1mg/LNAA+30g/L蔗糖+6.5g/L琼脂。

种子采用次氯酸钠消毒，使用75%乙醇浸泡岷江百合种子1min，后用无菌水漂洗，再用2%次氯酸钠浸泡岷江百合种子20min，并用无菌水漂洗2遍，之

后接种培养基。每3d记录发芽情况,第10d记录污染情况。

1.2.4 增殖培养基的筛选

岷江百合种子组织培养产生不定芽芽丛后,将不定芽芽丛切成单芽,接种到不同6-BA浓度的增殖培养基中。每组接种10个不定芽,重复3次。6-BA浓度梯度为1.0mg/L、2.0mg/L、3.0mg/L。S3:MS+1mg/L 6-BA+0.1mg/L NAA+30g/L 蔗糖+6.5g/L 琼脂;S4:MS+2mg/L 6-BA+0.1mg/L NAA+30g/L 蔗糖+6.5g/L 琼脂;S5:MS+3mg/L 6-BA+0.1mg/L NAA+30g/L 蔗糖+6.5g/L 琼脂。40d后统计不定芽的增殖数量并观测不同株系分化和生长情况。平均增殖系数=增殖的芽总数/接种不定芽数量。

1.2.5 养球培养基的筛选

选取大小相对一致的岷江百合小鳞茎,接入不同蔗糖浓度的培养基中,每组接10个,重复3次。蔗糖浓度梯度为40g/L糖、60g/L糖、80g/L糖。S6:MS+0.1mg/L NAA+40g/L 蔗糖+6.5g/L 琼脂;S7:MS+0.1mg/L NAA+60g/L 蔗糖+6.5g/L 琼脂;S8:MS+0.1mg/L NAA+80g/L 蔗糖+6.5g/L 琼脂。培养50d后,计算鳞茎平均质量变化。鳞茎平均质量变化=培养后鳞茎质量-培养前鳞茎质量。

1.2.6 组培生根苗和养出球的苗移栽比较

将岷江百合的组培生根苗和养出球的苗经过炼苗栽入温室。炼苗具体操作是:将组培苗敞口在温室中放4d,把培养基洗掉,使用多菌灵浸泡,然后移栽。并且部分接种AMF,观察对比两种不同类型组培苗的生长发育情况和AMF对组培苗移栽成活率和生长的影响(表5)。其中蔗糖80g/L的组培成球苗经过低温处理,4℃下冷藏7d、14d,观察百合小鳞茎的萌发和生长状况。

2 结果与分析

2.1 微生物菌肥、丛枝真菌对岷江百合种子萌发的影响

岷江百合种子不同处理下萌发进程见图1,岷江百合用AMF处理的种子萌发明显较快,第8d开始萌发,施用微生物菌肥和无处理的种子第12d开始萌发,从发芽到停止发芽共12d。且如图2所示,岷江百合AMF处理的种子发芽率38.1%、成活率35.2%,明显高于施用微生物菌肥的种子发芽率7.6%、成活率7.6%和无处理的种子发芽率14.3%、成活率14.3%。岷江百合播种最好接种AMF。

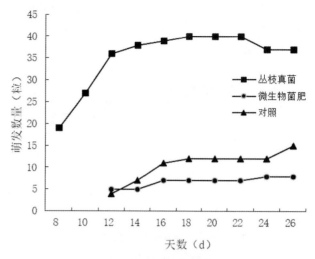

图1 岷江百合萌发情况

Fig. 1 The germination of *Lilium regale*

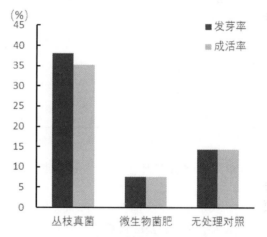

图2 岷江百合种子微生物菌肥、丛枝真菌处理下的萌发结果

Fig. 2 Germination results of two wild lily seeds treated with microbial fertilizer and Arbuscular Mycorrhizas fungi

2.2 丛枝真菌对幼苗影响的结果

岷江百合移栽后,叶片缓慢或不生长,挖出地下鳞茎发现主要是地下鳞茎在生长,明显变大。接种丛枝真菌组和对照组移栽成活率相同,均为90%。从图3可以看出,AMF对岷江百合的幼苗叶片数有略微影响,稍多于对照组,但不明显。叶片数呈下降趋势,地上部分逐渐萎蔫,地下鳞茎在生长。

如表1所示,接种AMF的岷江百合平均地下鳞茎质量0.96g大于对照组0.81g,说明AMF对岷江百合地下鳞茎的质量增长有促进作用。

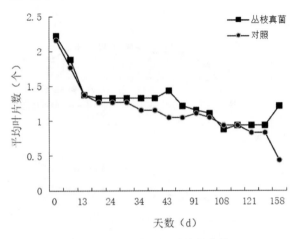

图 3 岷江百合平均叶片数变化

Fig. 3 Changes in the average number of leaves of Lilium regale

表 1 百合移栽后地下鳞茎质量统计

Table 1 Statistics on the quality of underground bulbs after lily transplanting

编号	不同条件	移栽数量（株）	鳞茎平均质量（g）
1	丛枝真菌 AM	18	0.96
2	无处理	18	0.81

2.3 组织培养条件下种子处理方式对萌发影响的结果

如表2所示，岷江百合在 S1：MS 培养基上第 13d 开始发芽，S2：1/2MS 培养基上第 11d 开始发芽，故 1/2MS 培养基使岷江百合种子提前发芽。岷江百合不同处理方法下萌发率蒸馏水泡 12h 组>流水冲洗 15min 组>蒸馏水泡 24h 组>无处理组。

表 2 萌发条件的不同处理方法

Table 2 Different treatment methods for germination conditions

编号	处理	培养基类型	接种数量（粒）	萌发率（%）
1	蒸馏水泡 24h	MS	15*3	73.3
2	蒸馏水泡 12h	MS	15*3	84.4
3	流水冲 15min	MS	15*3	80.0
4	对照	MS	15*3	91.4
5	蒸馏水泡 24h	1/2MS	15*3	85.0
6	蒸馏水泡 12h	1/2MS	15*3	96.7
7	流水冲 15min	1/2MS	15*3	100.0
8	对照	1/2MS	15*3	95.5

2.4 增殖培养基筛选的结果

如表3所示，岷江百合不定芽在 S3：MS+1mg/L 6-BA+0.1mg/L NAA+30g/L 蔗糖+6.5g/L 琼脂培养基上平均增殖系数最高，长势最旺，且 6-BA 浓度 1mg/L 上不定芽增殖显著高于 2mg/L、3mg/L。

表 3 增殖培养基的筛选结果

Table 3 Screening results of proliferation medium

编号	外植体类型	6-BA 浓度（mg/L）	接种数量	平均增殖系数
1	岷江百合不定芽	1	10*3	3.6
2	岷江百合不定芽	2	10*3	2.5
3	岷江百合不定芽	3	10*3	2.7

2.5 养球培养基筛选的结果

培养 50d 后，鳞茎平均质量变化如表4所示，岷江百合小鳞茎在蔗糖浓度 60g/L 的培养基中鳞茎质量增加最多，在蔗糖浓度 80g/L 的培养基中鳞茎质量增加较多。岷江百合的养球培养基为 MS+0.1mg/L NAA+60g/L 蔗糖+6.5g/L 琼脂。

表 4 养球培养基的筛选结果

Table 4 Screening results of the culture medium

编号	外植体类型	蔗糖浓度（g/L）	接种数量	接种时鳞茎平均质量	培养后鳞茎平均质量	鳞茎平均质量变化
1	岷江百合小鳞茎	40	10*3	0.56	1.34	0.78
2	岷江百合小鳞茎	60	10*3	0.51	1.56	1.05
3	岷江百合小鳞茎	80	10*3	0.60	1.52	0.92

2.6 组培生根苗和养出球的苗移栽比较结果

如表5所示，岷江百合组培苗中生根苗移栽成活率显著低于成球苗成活率，是否接种 AMF 对成活率影响不明显，接种 AMF 的成球苗叶片数略多于未接种的成球苗。其中蔗糖浓度 80g/L 下的成球苗经过冷藏处理后移栽，冷藏 7d 与 14d 移栽成活率相同，且生长较慢，移栽成活率都低于其他蔗糖浓度的成球苗。岷江百合组培苗移栽成活率最高的是未休眠的成球苗。

表5 不同类型组培苗移栽结果
Table 5 Transplanting results of different types of tissue culture seedlings

编号	组培苗类型	是否接种丛枝真菌	冷藏(d)	移栽数量(株)	成活率(%)	生长状况
1	生根苗	是	—	10	40.0	差
2	生根苗	否	—	10	30.0	差
3	成球苗	是	—	10	70.0	平均叶片数叶片数3.1
4	成球苗	否	—	10	90.0	平均叶片数叶片数2.8
5	成球苗(80g/L 蔗糖)	否	7	5	40.0	苗小
6	成球苗(80g/L 蔗糖)	否	14	5	40.0	苗小

3 讨论

播种试验中发现岷江百合种子接种 AMF 后发芽显著早于对照组并且发芽率提高，AMF 可以促进植物生长，因此可以在播种时使用 AMF 缩短生长周期。试验中岷江百合种子施用亲土1号微生物菌肥后，发芽率低于对照组。可见微生物菌肥针对性较强，具有特殊性，富朗的亲土一号微生物菌剂不适合岷江百合施用。试验过程中还发现岷江百合幼苗地上部分生长缓慢，叶色发黄，叶片数少，但地下鳞茎增长较多，仍需后续栽培观察。栽培过程中丛枝真菌 AMF 组的岷江百合最先抽薹，可能是萌发较早，AMF 促进生长。

关于对促进种子萌发的预处理方法，前人研究较多。大致可分为物理预处理和化学预处理两大类。种子的生物学特性不同，预处理方法也有所不同。本文采用不同时间流水冲洗或浸泡种子的预处理方法，发现岷江百合蒸馏水浸泡12h组发芽率最高。可能是因为浸泡使种皮变软或者脱去，从而提高发芽率。在种子萌发阶段，不同 MS 含量的培养基对野生百合种子萌发是有影响的，岷江百合在 1/2MS 培养基中发芽更早，发芽率更高。在组织培养过程中可根据情况更换不同 MS 含量的培养基。

在百合的离体再生试验中，使用较多的激素为 6-BA、NAA、IAA、IBA 等，在一定浓度范围内，随着 6-BA 浓度的上升，诱导不定芽的比例上升，但超过一定浓度后，诱导率降低。后续可将浓度梯度进一步缩小探究。其中除了单独激素浓度的影响，还有激素间的比值对百合不定芽增殖有影响。糖不仅可以作为碳源，还可以作为渗透压调节剂，在植物组织培养中使用最多的是蔗糖。在百合的鳞茎膨大中，不同浓度的蔗糖表现出不同的效果(王爱勤，周歧伟 等，1998)。本试验结果表明，60g/L 的蔗糖最适合百合鳞茎增长。

参考文献

陈明月，张延龙，牛立新，等，2012. 岷江百合实生后代生长发育特性的研究[J]. 西北农林科技大学学报(自然科学版)，40(9)：195-201.

梁松筠，2002. 百合属部分. 中国高等植物[M]. 青岛：青岛出版社：118-133.

龙雅宜，张金政，1998. 百合属植物资源的保护与利用[J]. 植物资源与环境，7(10)：40-44.

隆世良，蒋宇，郑绍伟，等，2018. 岷江上游干旱河谷野生百合资源分布与繁殖力比较[J]. 四川林业科技，39(2)：61-64.

潘红丽，汤欢，张利，等，2015. 四川省野生岷江百合资源调查研究[J]. 四川林业科技，36(1)：90-93.

孙道阳，牛立新，张延龙，等，2016. 野生百合花器官愈伤组织诱导及生根研究[M]//中国园艺学会观赏园艺专业委员会，张启翔. 中国观赏园艺研究进展2016. 北京：中国林业出版社.

孙婷，刘玉珊，尚迪，等，2014. 三种野生百合实生后代的植物学性状比较分析[J]. 安徽农业科学，42(32)：11282-11283.

王爱勤，周歧伟，何龙飞，等，1998. 百合试管结鳞茎的研究[J]. 广西农业大学学报(1)：71-75.

王庆菊，2018. 亲土1号在草莓上的应用及推广效果分析[J]. 中国果菜，38(4)：78-82.

王树和，2008. 兰州百合与丛枝菌根真菌的共生效应[D]. 兰州：兰州大学.

邢红爽，张瑞，郭绍霞，2018. 高温胁迫下丛枝菌根真菌对百合耐热性的影响[J]. 青岛农业大学学报(自然科学版)，28(11)：258-264.

占新华，蒋延惠，徐阳春，等，1999. 微生物制剂促进植物生长机理的研究进展[J]. 植物营养与肥料学报(2)：2-10.

郑爱珍，张峰，2004. 百合的繁殖方法[J]. 北方园艺(4)：43.

中国科学院中国植物志编委会，1980. 中国植物志[M]. 北京：科学出版社.

Macrae E A．1998. Lilies：a guide for growers and collectors [M]. Timber Press Portland.

ROBB SM. 1957. The culture of excised tissue from bulb scales of *Lilium speciosum*[J]. J Exp Bot, 8：348-352.

华北珍珠梅花芽分化观察及修剪对二次开花的影响

郭伟 王啸博 袁涛*

(花卉种质创新与分子育种北京市重点实验室,国家花卉工程技术研究中心,城乡生态环境北京实验室,园林环境教育部工程研究中心,林木花卉遗传育种教育部重点实验室,园林学院,北京林业大学,北京 100083)

摘要 探明不同修剪方式对华北珍珠梅(Sorbaria kirilowii)生长季二次开花的影响,为延长花期的栽培方法提供科学理论依据与指导,同时明确华北珍珠梅花芽分化过程。以北京林业大学内华北珍珠梅为试验对象,通过在不同时间采取剪除花序与短截两种不同的修剪方式,观察其二次花期情况,同时利用石蜡切片法观察华北珍珠梅花芽分化过程,并对花芽分化时期进行划分。针对长度与腋芽数不同的枝条采用不同强度的修剪方式,可以显著提高华北珍珠梅二次开花的开花量,关键技术点在于修剪后所留枝条上的芽的饱满程度,春季花芽分化与修剪后花芽分化过程基本一致,分为花序分化阶段与花器官分化阶段,包括花序未分化期、花序分化初期、花序分化中期、花序分化后期、花序分化末期、花萼分化时期、性器官分化时期 7 个时期。在适宜的环境条件下,对华北珍珠梅进行适当的修剪措施及养护管理,能够使得其二次开花整齐,观赏效果好,可更好地发挥其美化美观的作用。华北珍珠梅春季花芽分化与修剪后花芽分化虽在花芽分化进程上基本一致,但在分化结束与花开放上存在着不同步性,其原因可能是因其花芽分化与开放所需外部环境条件不同。

关键词 华北珍珠梅;二次开花;花芽分化;修剪

Observation on Bud Differentiation of *Sorbaria kirilowii* and the Effect of Pruning on Secondary Flowering

GUO Wei WANG Xiao-bo* YUAN Tao

(Beijing Key Laboratory of Ornamental Plants Germplasm Innovation & Molecular Breeding, National Engineering Research Center for Floriculture, Beijing Laboratory of Urban and Rural Ecological Environment, Engineering Research Center of Landscape Environment of Ministry of Education, Key Laboratory of Genetics and Breeding in Forest Trees and Ornamental Plants of Ministry of Education, School of Landscape Architecture, Beijing Forestry University, Beijing 100083, China)

Abstract The effects of different pruning methods on the secondary flowering of *Sorbaria kirilowii* during the growing season were explored to provide scientific theoretical basis and guidance for cultivation methods to prolong the flowering period, and to clarify the differentiation process of *Sorbaria kirilowii*. Taking the *Sorbaria kirilowii* in Beijing Forestry University as the test object, by adopting two different pruning methods at different times, cutting off the inflorescence and short cutting, observe the second flowering period, and observe the process of the bud differentiation of *Sorbaria kirilowii* plum using the paraffin section method. Divide the period of flower bud differentiation. For branches with different lengths and number of axillary buds, pruning methods of different intensities can significantly increase the amount of secondary flowering of *Sorbaria kirilowii*. The key technical point is the plumpness of the buds on the remaining branches after pruning, and the differentiation of flower buds in spring and after pruning The differentiation process of flower buds is basically the same. It is divided into inflorescence differentiation stage and floral organ differentiation stage, including inflorescence undifferentiation, early inflorescence differentiation, middle inflorescence differentiation, late inflorescence differentiation, end inflorescence differentiation, calyx differentiation, and sex organ differentiation. Under suitable environmental conditions, proper pruning measures and maintenance management of *Sorbaria kirilowii* plum can make its secondary blooming neatly, have a good viewing effect, and can better play its role in beautifying. Although the flower bud differentiation of *Sorbaria kirilowii* in spring is basically the same as the flower bud differentiation after pruning, there is an asynchrony between the end of differentiation and the opening of the flower, which may be

---

第一作者简介:郭伟(1998),男,北京林业大学,硕士研究生。
*通讯作者:袁涛,职称:教授,E-mail:yuantao@bjfu.edu.cn。

due to the different external environmental conditions required for the differentiation and opening of the flower bud.

Key words Sorbaria kirilowii; Secondary flowering; Flower bud differentiation; Pruning

华北珍珠梅(Sorbaria kirilowii)为蔷薇科珍珠梅属多年生落叶大灌木,产自我国华北、东北、西部大部分地区(中国植物志),树形美观,夏秋季节大型圆锥花序于当年生枝顶盛开,色泽洁白,花朵繁茂,城镇园林绿化中常作耐荫花灌木应用。华北珍珠梅可二次开花(孙超 等,2008),但开花极不整齐且花量少,花序短;采取适当措施调控其连续地整齐开花,特别是在国庆节期间集中开放可烘托节日气氛,美化节日环境。

对观赏植物的花期进行调控,需根据植物的营养状态、开花习性、花芽分化与发育规律制定相应的技术措施(虞佩珍,2003),杨艳容等人(2006)从调节温度与光照、应用生长调节物质与园艺栽培措施等方面实现了植物花期的控制。何玉萍、张立民等人发现花芽分化为一年多次分化类型的石榴(何玉萍,2006)与板栗(张立民,2007)因植物各部位的芽分化不同步导致多次花期;孙晓萍、周春雷、杨苑钊等人发现紫薇(孙晓萍 等,2016)、木槿(周春雷,2003)、木芙蓉(杨苑钊 等,2019)等植物花芽虽然一年分化一次,但可以通过技术措施使其自然花期后再次抽枝、花芽分化从而第二次开花;陈彩霞等人利用修剪结合水肥管理实现紫薇一年多次开花(李彩霞 等,2014);周威士利用修剪残花实现木槿花期的延长(周威士,2004);妻鹿加年雄指出,高温期对大花醉鱼草进行不间断地定期修剪,使得大花醉鱼草可以持续产生新稍及花芽,实现长期开花(妻鹿加年雄,2012);张秀玲、黄启玉通过不同的修剪方式精准调控楸桐(张秀玲,2007)与白花檵木(黄启玉,2019)二次开花的花期;日本小森贞男等发现通过人工处理的方式打破温带苹果的休眠,从而调节花期,可以使果树一年两次开花并且结果(小森贞男,2014)。

目前,刘金、郭晓琴等人虽然已经发现了华北珍珠梅连续开花的特性(刘金,2000;郭晓琴,2015),由于缺乏试验论证,这一发现并未应用于实践当中,使其二次开花的具体管护措施还未提出,在华北珍珠梅第一次集中自然花期后,大部分地区仍然不对其做任何处理,仅冬季疏剪以使得珍珠梅枝条分布均匀,保持树冠圆整。本试验以北京林业大学内华北珍珠梅为试验材料,采取不同时间与不同方式的修剪,同时采用石蜡切片法观察华北珍珠梅花芽分化过程,并比较春季与修剪后所采的萌芽的花芽分化进程的异同,旨在为提升华北珍珠梅观赏特性与探究其花芽分化特点提供理论依据。

1 材料与方法

1.1 材料

试验材料为位于北京市海淀区北京林业大学一号教学楼北侧的华北珍珠梅,植株生长健壮,株龄约20年,每年自然花期为6月上旬至11月初,始花期为6月10日左右,集中花期约20d,之后零星开放至11月。该地属温带季风型气候,夏季高温多雨,冬季寒冷干燥。北京气温变化见图1(查询于中国气象网 http://www.weather.com.cn/)。

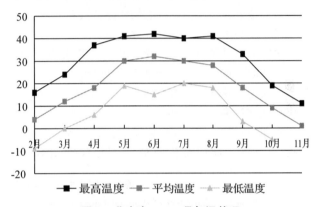

图 1 北京市 2~11 月气温状况

Fig. 1 Beijing February-November temperature situation

1.2 方法

1.2.1 修剪

(1)2019年7月7日开始,正常开花、长势一致的植株上选择长度和生长势基本一致的花枝,分别进行如下处理,每种处理各50枝,并设置对照组:

处理A:剪除花序及花序下第一片叶子;

处理B:短截至花枝中部;

对照组:不进行任何修剪处理。

(2)7月22日、8月7日、8月15日、8月31日按(1)处理。

(3)选择生长势近似但枝条上腋芽数量不同的花枝,按(1)、(2)处理。根据处理后剪留枝上芽的数量,分少芽枝(2~5枚芽/剪留枝)、中芽枝(6~8枚芽/剪留枝)、多芽枝(>8枚芽/剪留枝)三类枝。

(4)对以上各处理已结束二次开花的枝条,花谢后再次按(1)处理。

处理前,处理组与对照组均施入缓释肥(40g/株)与磷酸二氢钾溶液(50mg/L,2000ml)。

1.2.2 花芽分化观察

2019年7~12月,每7~15d于处理A和处理B枝条上取5~6个腋芽；2020年2~4月，每隔5d，取枝条上部饱满的芽、新梢顶端直至新梢可见明显小花序；去除芽鳞和顶端生长点多余叶片，FAA（70%乙醇∶冰醋酸∶福尔马林 90∶5∶5，v/v/v）固定后4℃保存。

石蜡切片样品制备及显微观察：参照陈丽娜（2017）、甄妮（2017）的制片方法，将固定后的材料进行常规石蜡切片法制片，用轮转式切片机（LaicaRM2235）切片，切片厚度为8μm，番红－固绿双重染色法进行切片染色，用荧光显微镜（CX40RFL）镜检并拍照。

1.3 测定指标

记录对照组与处理组的枝条腋芽的萌芽率、开花率与萌芽成花率。观察不同处理后二次开花的始花期、盛花期与末花期，观察花序总数及动态变化、花后再次修剪的枝条可否第三次开花。以芽松动、叶片露出为芽萌动期，小叶开始伸展为展叶期，全株5%花序开放为始花期，全株30%花序开放为盛花期，全株90%花序凋谢为末花期。

萌芽率（%）= 萌芽数/芽总数；开花率（%）= 花芽数/芽总数；萌芽成花率（%）= 花芽数/萌芽数

萌芽数包括剪留枝上所有萌动的芽数，花芽数指萌动后形成花序并开花的芽数。

2 结果与分析

2.1 修剪处理对华北珍珠梅二次开花的影响

处理时间对华北珍珠梅二次开花花期的影响，见表1。不同修剪时间对于华北珍珠梅二次开花有显著影响。2019年7月7日至2019年8月7日期间各处理均促进剪留枝条的腋芽萌动并二次开花；8月15日后进行处理的植株芽仅萌动、展叶而无花蕾；8月30日各处理的芽均不萌动。二次花期结束后再次修剪处理，枝条不再开花。对照组植株枝条部分腋芽萌动，但较少且不整齐，零星开花。

处理时间对华北珍珠梅二次开花花期的影响，见表1。不同修剪时间对于华北珍珠梅二次开花有显著影响。2019年7月7日至2019年8月7日期间各处理均促进剪留枝条的腋芽萌动并二次开花；8月15日后进行处理的植株芽仅萌动、展叶而无花蕾；8月30日各处理的芽均不萌动。二次花期结束后再次修剪处理，枝条不再开花。对照组植株枝条部分腋芽萌动，但较少且不整齐，零星开花。

表1 不同时间处理对华北珍珠梅二次开花花期的影响
Table 1　The effect of different time processing on the secondary flowering flowering period of *Sorbaria kirilowii*

处理时间	展叶期	现蕾期	二次开花始花期	二次开花盛花期	二次开花末花期	二次开花花期（天数）
2019/7/7	2019/7/19	2019/7/23	2019/8/1	2019/8/11	2019/8/24	23
2019/7/21	2019/8/3	2019/8/6	2019/8/13	2019/8/28	2019/9/11	29
2019/8/7	2019/8/17	2019/8/23	2019/9/2	2019/9/17	2019/9/27	25
2019/8/15*	2019/9/5	—				
2019/8/24*	—					
2019/8/31*						

注：* 2019年8月24日处理为2019年7月7日处理后华北珍珠梅二次开花结束后的再次处理；2019年8月15日处理，腋芽仅萌动展叶而并无花蕾出现，其后所有时间处理腋芽均不萌动。

不同修剪处理对华北珍珠梅二次开花率的影响，见图2。试验期间，华北珍珠梅可在第一次花期后，于7月7日至8月7日之间，产生极少量的花序。而在7月7日至8月7日之间，随着处理时间推迟，处理A的开花率提高，于8月7日达到最大，为16.41%；处理B开花率7月7日最高，为16.76%，之后的处理随略有下降但较稳定，在14.8%~16.76%范围内波动。8月15日后两种处理得到的二次开花率均下降为0。

7月7日，处理B的开花率高于处理A，但之后处理A的开花率逐渐提高，处理B的开花率逐渐降低，处理A于8月7日超过处理B，但是两者差异并不大。可见7月上旬处理B能够有效提高二次开花率；7月中下旬及8月上旬，两种处理方式成花效果无显著差异；8月中下旬两种修剪均无效果，建议不进行修剪处理。

2.2 不同处理对剪留枝萌芽和开花的影响

2.2.1 不同处理对剪留枝萌芽的影响

两种处理对三类剪留枝萌芽率的影响，见图3；对少芽枝，处理A的萌芽率不断提高，而处理B的萌芽率先降低后升高，但处理A的萌芽率仅在7月7日略低于处理B，其余处理远高于处理B，8月7日达到最大值，为34.43%；对中芽枝，处理A的萌芽率先升高后降低，处理B的萌芽率在逐渐提高，但两种处理对于中芽枝萌芽率的影响并无显著性差异；对

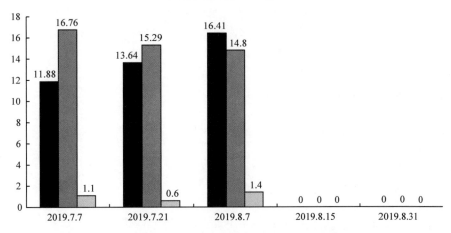

图 2 不同修剪处理方式对华北珍珠梅二次开花率的影响

Fig. 2 Effects of different pruning treatments on secondary flowering rate of *Sorbaria kirilowii*

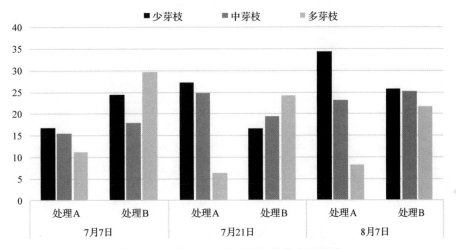

图 3 不同处理对三类剪留枝萌芽率的影响

Fig. 3 Effects of different treatments on germination rate of three branches

多芽枝，处理 A 的萌芽率先降低后升高，都在 10% 左右，而处理 B 的萌芽率随逐渐下降，但都在 20% 以上。处理 A 可有效提高少芽枝的萌芽率，而处理 B 能够有效提高多芽枝萌芽率。

华北珍珠梅当年生枝条上部的芽较弱，饱满芽多位于枝条中部，处理 A 的剪口芽位于枝条上部，芽小而弱，萌芽率低且成花少；其下第 1 个或第 2 个芽能萌发；处理 B 的剪口芽位于枝条中部，芽较为饱满，多数会萌发。

2.2.2 不同处理对剪留枝萌芽成花率的影响

不同处理对剪留枝萌芽成花率的影响，见图 4；7 月 7 日与 8 月 7 日，处理 A 与处理 B 对剪留枝萌芽成花率的影响基本一致；在 7 月 22 日后的处理中，处理 B 萌芽成花率都大于处理 A。在促进枝芽能够顺利萌动展叶后，通过两种不同处理，均使得超过 50% 的萌芽转化花芽。

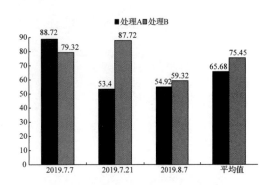

图 4 不同处理对萌芽成花率的影响

Fig. 4 Effects of different treatments on germination and flowering rate

2.3 花芽分化进程观察

华北珍珠梅的休眠芽为纯叶芽，根据其生长点形态变化和花芽分化特点，将其花芽分化两个阶段，分别为圆锥花序分化时期与花器官分化时期，两个分化过程是同时进行的，且由基部向上进行。

表2 华北珍珠梅花芽分化各时期特点及起始时间
Table 2 *Sorbaira kirilowii* plum bud differentiation characteristics and starting time

	特点	春季花芽分化各时期起始时间	修剪后花芽分化时期
花序未分化期	芽体小，生长点呈锥形，叶原基为数层芽鳞覆盖	落叶后至1月中下旬	修剪后1~3d
花序分化初期	芽鳞松动，生长锥变扁，花序原基突起	2月上旬	修剪后4d
花序分化中期	花序原基突起开始膨大，两侧形成新的突起并分化出新的苞片	2月中旬	修剪后8d
花序分化后期	花序顶部生长锥持续伸长，次生突起出现并逐渐形成新的苞片和侧生花序原基	3月上旬，芽萌动	修剪后14d
花序分化末期	侧生花序原基的生长锥开始分化小花的花器官	3月下旬，新梢快速生长期	修剪后19d
萼片分化时期	花序轴不再伸长，中心生长锥两侧分裂，在基部形成弓形的萼片		修剪后22d
花瓣分化时期	生长锥进一步下凹，在基部形成花瓣原基	4月中上旬	修剪后24d
性器官分化期	中心的生长锥二侧分裂突起，形成中部下陷状，逐渐分裂出分离的雄蕊原基与雌蕊原基		修剪后26d

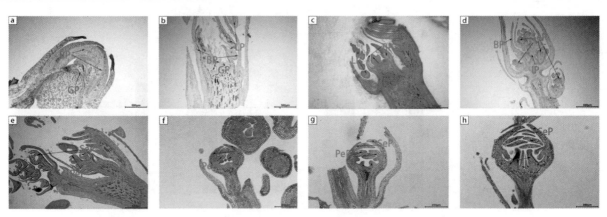

图5 春季华北珍珠梅花芽分化过程
Fig. 5 Bud differentiation process of *Sorbaria kirilowii* in spring

注：a：花序未分化期；b：花序分化初期；c：花序分化中期；d、e：花序分化末期(3月5日)；f：萼片分化时期；g：花瓣分化期；h：性器官分化期。

GP：生长点；IP：花序原基；BP：鳞片原基；LP：叶原基；SeP：萼片原基；PeP：花瓣原基；PP：雌蕊原基；SP：雄蕊原基。

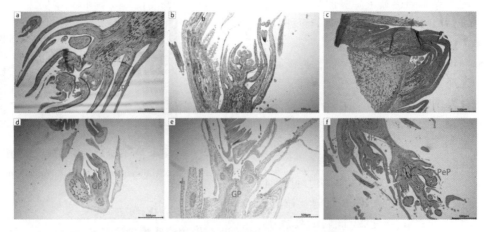

图6 华北珍珠梅二次开花花芽分化观察
Fig. 6 Observation on flower bud differentiation of *Sorbaria kirilowii*

注：a：花序分化末期(7月21日，处理A)；b：花序分化末期(8月5日，处理B)；c：花序分化初期(7月21日，处理B)；d：花序分化初期(9月2日，处理B)；e：花序分化初期(8月21日，处理B)；f：萼片分化时期(8月5日，处理A)

GP：生长点；IP：花序原基；BP：鳞片原基；SeP：萼片原基；PeP：花瓣原基

3 讨论

3.1 华北珍珠梅花芽分化特点

华北珍珠梅花芽分化类型为当年分化当年开花型。在北京，每年3月初萌芽，4月中旬枝条顶端基本完成花芽分化，每年6月上中旬进入始花期，6月底进入末花期。紫薇(沙飞 等，2020)、木槿(刘雪梅和崔怡凡，2012)、木芙蓉(杨苑钏 等，2019)等与珠梅花芽分化类型类似，都为当年分化当年开花型。研究结果表明，华北珍珠梅花芽分化经历了6个时期，与季作梁等人(1984)观察到荔枝分化类型类似。花芽分化分为两个同时进行的阶段，分别为花序分化阶段与花器官分化阶段，整体分为7个时期：花序未分化期、花序分化初期、花序分化中期、花序分化后期、花序分化末期、花萼分化时期、性器官分化时期。

本文发现春季华北珍珠梅当年生新枝萌发后约20d，顶梢完成花芽分化，于3月中下旬变但在每年6月上旬才进入始花期，第一批开花花量较大，集中开花期约2周左右，花谢后，花枝中下部的腋芽又陆续萌发，零星开花至10月。而在集中花期后对开花枝进行修剪处理，剪留枝上的腋芽在修剪前均没有花芽分化，但处理后1~3d便开始萌发，并于修剪后约25d完成了花芽分化，约35d后进入二次花期的始花期，约40d后进入盛花期。观察中发现，华北珍珠梅春季生长发育的顶芽与修剪后剪留枝上的腋芽从萌动至完成花芽分化的时间大致相同，但两者花芽分化与开花时间产生了不同步的现象，春季花芽分化与花开放是不连续的，而修剪后花芽分化结束后立即开花。花芽分化的过程是内外因素共同作用、相互协调的结果(陈晨和喻方圆，2020)，而温度变化对植物花芽形态建成意义重大，不同植物成花时对环境温度都有特定范围的需求(马月萍和戴思兰，2003)。在王英等人的研究中发现，桂花在完成花芽分化后，相对低温及其持续时间是花开放的必要条件(王英 等，2016)；

张馨之等人发现如水仙等部分植物可以相应高温而调整开花时间，升高温度即可促进开花(张馨之，2016)；由此总结其原因，可能是华北珍珠梅花芽分化与花开放所需求的温度等环境条件不同所致，其花芽分化所需的温度环境条件较为宽松，在每年2~9月都可以进行花芽的分化，而花开放所需的温度条件较高，仅可在温度较高的6~10月开花。

3.2 华北珍珠梅二次开花养护管理措施

通过修剪可以促进华北珍珠梅形成较为整齐的二次花期，其技术要点如下：①第一次花期后20d进行修剪，对于枝条过长且顶芽较为弱小的花枝宜采用中短截的方式；对于枝条长度适中且顶芽饱满健康的花枝可以仅剪除残花花序。修剪要点是能够留下较为饱满的枝芽，促进芽萌动开花；②保持适宜的土壤水分，为防止剪口处枝芽失水严重，修剪后每隔5日叶面喷水，并加强营养供应，为二次开花提供充足的养分；③修剪的同时还应注意保持华北珍珠梅自然圆头形的观赏树形，提升其二次花期时的观赏效果。

花期调控可以通过控制温度、光照、植物生长调节剂和栽培管理等方法，使得植物在特定的时间开花或者延长其花期(程永生，2011)。与华北珍珠梅花芽分化类型相同的紫薇，通过轮剪技术可以使紫薇在较长时间内开花连绵不绝，产生多次连续的花期且无空花期，此技术已在杭州G20峰会期间使用(孙晓萍 等，2016)。而本试验已经证明华北珍珠梅在适宜的外界条件下，可以保持不断抽枝、花芽分化的能力，本次试验是在华北珍珠梅自然花期结束后进行修剪，在二次花期前植株一直保持无花的状态直到二次花期出现，若在华北珍珠梅自然花期前对植株的枝条开始分批分量修剪，使得植株开花有次序且观赏效果较佳，即可最大限度发挥华北珍珠梅的园林美化功能，但此次试验并未设计轮剪试验，尚需进一步试验验证。

参考文献

陈彩霞, 孙淑梅, 郑成军, 等, 2014. 促使紫薇一年多次开花的技术措施[J]. 科学种养(7)：21-22.

陈晨, 喻方圆, 2020. 林木花芽分化研究进展[J]. 林业科学, 56(9)：119-129.

陈利娜, 薛辉, 李好先, 等, 2017. 石榴花芽石蜡切片制作方法的改良[J]. 安徽农业科学, 45(2)：1-3, 16.

程永生, 2011. 观赏植物花期调控技术研究进展[J]. 现代园艺(2)：6-8.

郭晓琴, 2015. 珍珠梅繁殖技术要点[J]. 内蒙古林业(12)：24.

何玉萍, 2011. 如何使石榴树多开花早结果[N]. 云南科技报, 2011-07-15(006).

黄启玉, 2019. 白花檵木盆景二度开花的奥秘[J]. 花木盆景(盆景赏石)(6)：56.

季作梁, 李沛文, 梁立峰, 等, 1984. 荔枝花芽分化的初步观察[J]. 园艺学报(2)：134-137.

刘金, 2000. 有趣的花灌木旱夏二次开花现象[J]. 中国花卉盆景(12): 14.

刘雪梅, 崔怡凡, 2012. 木槿花芽分化研究[J]. 山东林业科技, 42(6): 52-53.

马月萍, 戴思兰, 2003. 植物花芽分化机理研究进展[J]. 分子植物育种(4): 539-545.

妻鹿加年雄, 2012. 庭院花木修剪——花木盛开的法宝[M]. 草药花园译. 武汉: 湖北科学技术出版社: 137-138.

沙飞, 杨海牛, 刘芳, 等, 2020. 轮次修剪对紫薇多轮开花的影响[J]. 北方园艺(20): 77-82.

孙超, 姜磊, 黄志辉, 2008. 华北珍珠梅繁殖及栽培技术[J]. 河北农业科技(17): 39.

孙晓萍, 樊丽娟, 陈亮, 2016. 杭州市紫薇花期调控成果初报[J]. 中国园林, 32(12): 32-37.

王英, 张超, 付建新, 等, 2016. 桂花花芽分化和花开放研究进展[J]. 浙江农林大学学报, 33(2): 340-347.

小森贞男, 2014. リンゴの休眠特性の解析と二期咲きの可能性[R]. 園芸学会春季大会 筑波大学. 3.30.

杨艳容, 2006. 花卉花期调控技术研究[J]. 襄樊职业技术学院学报(6): 13-14, 16.

杨苑钊, 曾心美, 马娇, 等, 2019. 木芙蓉不同早花品种花期特征观察与分析[J]. 现代农业科技(17): 144-145, 150.

余克菊, 刘玉娇, 2004. 轮次修剪技术使紫薇盆景五次开花[J]. 中国花卉园艺(10): 48.

虞佩珍, 2003. 花期调控原理与技术[M]. 沈阳: 辽宁科学技术出版社: 24, 26

张立民, 2007. 板栗二次结实调控技术研究[D]. 北京: 北京林业大学.

张馨之, 2016. 水仙的花期调控及株型调控技术研究[D]. 上海: 上海交通大学.

张秀玲, 2007. 桢桐多次开花的栽培技术[J]. 现代农业科技(8): 16.

甄妮, 韩瑜, 潘会堂, 等, 2017. 单瓣黄刺玫花芽分化过程的形态学观察[M]//中国园艺学会观赏园艺专业委员会张启翔. 中国观赏园艺研究进展2017. 北京: 中国林业出版社.

中国科学院中国植物志编辑委员会, 1974. 中国植物志(第36卷)[M]. 北京: 科学出版社: 77.

周春雷, 2003. 木槿二度开花管理卡[J]. 中国花卉盆景(8): 34.

周威士, 2004. 木槿花期剪枝二度开[J]. 中国花卉盆景(9): 32.

白刺花种子的硬实性及吸水特性

韦秋莹 徐珂 蒋雨萌 别沛婷 袁涛*

（花卉种质创新与分子育种北京市重点实验室，国家花卉工程技术研究中心，城乡生态环境北京实验室，园林环境教育部工程研究中心，林木花卉遗传育种教育部重点实验室，园林学院，北京林业大学，北京 100083）

摘要 以白刺花开花后不同时间采收的种子为材料，分析种子硬实性形成的时期及种皮结构，筛选浓硫酸和热水处理解除硬实性的最佳条件，并探索解除硬实方法对种子结构和吸水特性的影响，为其种子采收、贮藏和播种繁殖等提供参考。结果表明：①白刺花开花后 80d 采收的种子尚未形成硬实性，但种胚已基本发育成熟，发芽率可达 93%，花后 150d 采种硬实率则高达 99%。②种皮表皮层角质化程度高，栅栏层和骨状石细胞层排列紧密是种子硬实性形成的原因。③浓硫酸处理 40min 或 70℃ 热水处理 60min 是解除白刺花种子硬实性的最适条件。④浓硫酸处理后，严重受损的种脐是种子的初始及主要吸水位点，种子吸水速度快；热水处理后，种脐区域外受损严重的栅栏层是主要吸水位点，吸水速度慢。北京地区的白刺花开花 80d 后采收的种子宜随采随播，开花后 150d 采收的种子利于储藏。浓硫酸处理相较热水处理硬实种子吸涨速度快，可实现快速且均匀的育苗。

关键词 白刺花；硬实性；种子结构；吸水特性

Hardness and Water Absorption Characteristics of *Sophora davidii* Seeds

WEI Qiu-ying XU Ke JIANG Yu-meng BIE Pei-ting YUAN Tao*

(Beijing Key Laboratory of Ornamental Plants Germplasm Innovation & Molecular Breeding, National Engineering Research Center for Floriculture, Beijing Laboratory of Urban and Rural Ecological Environment, Engineering Research Center of Landscape Environment of Ministry of Education, Key Laboratory of Genetics and Breeding in Forest Trees and Ornamental Plants of Ministry of Education, School of Landscape Architecture, Beijing Forestry University, Beijing 100083, China)

Abstract This paper provides reference for the collection, storage and sowing propagation of *Sophora davidii* seeds by used the seeds collected at different times after flowering, analyzed the stage of seed hardness formation and seed coating structure, screened the optimal conditions for seed hardness removal by concentrated sulfuric acid and hot water treatment, and explored the effects of the methods on seed structure and water absorption characteristics. The results showed that: ① The seeds collected 80 days after flowering had not formed seed hardness, but the embryos were mature basically, the germination rate was up to 93%. The hard seed rate collected 150 days after flowering was high, up to 99%. ② The cause of seed hardness formation was the high degree of keratinization in the epidermal layer, the closed arrangement of palisade layer and osteolithoid layer of seed coat. ③ Concentrated sulfuric acid treatment for 40 min and hot water treatment for 60 min at 70℃ were the optimal conditions to remove the seed hardness. ④ The hilum was seriously damaged after concentrated sulfuric acid treatment, which was the initial and main site of water absorption rapidly. After hot water treatment, the severely damaged palisard layer outside the hilum was the main site of water absorption, and the speed was slow. In Beijing, *Sophora davidii* seeds collected 80 days after flowering should be sowing as collecting, and the seeds collected 150 days after flowering are conducive to storage. The absorption rate of the hard seeds treated with concentrated sulfuric acid was faster than treated with hot water, which could realize rapid and uniform seedling breeding.

Key words *Sophora davidii*; Seed hardnees; Seed structure; Water absorption

---

1 基金项目：2019 北京园林绿化增彩延绿科技创新工程-北京园林植物高效繁殖与栽培养护技术研究（2019-KJC-02-10）。
第一作者简介：韦秋莹（1995-），女，硕士研究生，主要从事园林植物繁殖研究。
* *通讯作者：袁涛（1969-），职称：教授，E-mail：yuantao@bjfu.edu.cn。

白刺花(*Sophora davidii*)，为豆科蝶形花亚科槐属落叶灌木，可用于水土保持和土壤改良，也是饲料、食源、蜜源、薪材和药用植物，是一种生态效益和经济效益均较好的优良树种(薛智德 等，2002；陈强 等，2002)。

白刺花种子有硬实性，硬实性是植物经过长期演化而获得的对不良环境及季节变化的生物学适应性，使种子在很长的时期内保持生活力，有利于形成土壤种子库，繁衍和保存种质(Baskin and Baskin，2000)。种子硬实性的关键在于种皮结构与吸水特性，形态解剖是观察种皮结构的常用方法，凡士林密封法和苯胺蓝染色相结合可分析种子吸水特性(张琪 等，2020；Rodrigues-Junior *et al.*，2020)。目前白刺花种子解除硬实性的研究较多(郭学民 等，2010；陈玲 等，2011；吴丽芳 等，2018)，硬实性的形成及解除与种皮结构及吸水特性的研究少见报告。本文在不同时期采收白刺花种子，探究白刺花硬实性形成的时期种皮结构的及解除种子硬实性的最佳条件，观察解除硬实性后的白刺花种子初始吸水位点和水分迁移情况，为白刺花种子采收、资源的保存和种苗生产提供理论依据。

1 材料和方法

1.1 试验材料

采种母株为北京林业大学第一教学楼北侧正常生长、结实的白刺花，株龄约30年。2020年分别于开花后80d、120d、150d采收种子置于4℃冰箱中保存。

1.2 不同采收时间种子的硬实性

将不同时间采收的种子分为完整种子和刀片划伤种皮(机械损伤)，每处理各50粒，重复3次，温水浸种24h，统计各处理种子的吸涨率，随后将所有种子放入两层湿润滤纸的培养皿中，置于25℃-光照12h的恒温光照培养箱(GXZ-0358-LED)，以胚根长2mm为发芽标准，连续10d无种子发芽时结束，统计发芽率。根据完整种子和机械损伤处理(刀片划伤)种子的吸涨率和发芽率确定各采收时间的种子硬实性。

1.3 种子硬实性解除方法

取开花后150d采收的白刺花种子进行以下处理：

(1) 浓硫酸(98%)：酸蚀处理10min、20min、30min、40min、60min后，自来水、蒸馏水依次冲洗，每处理50粒种子，重复3组。

(2) 热水：恒温60℃、70℃、80℃热水浸种20min、40min、60min，每处理30粒种子，重复3组。

将浓硫酸和热水处理后的种子按照1.2开展发芽试验，统计吸涨率和发芽率，四唑染色法测定未发芽种子的生活力，其中未发芽且未吸胀的种子，刀片划伤种皮使其充分吸水后染色；将各处理的发芽种子及虽未发芽种子但检测后有生活力的种子记为有生活力的种子。依据各处理的吸涨率和发芽率，结合生活力筛选浓硫酸最佳处理时长和热水处理最佳温度和时长。

经最佳处理获得的解除硬实性的种子下文记为"解除硬实性种子"。

1.4 种子微观结构观察

取非硬实种子、硬实种子和解除硬实性种子，采用自然干燥法制备样品(肖媛 等，2013)，扫描电镜观察种子表面、种子横切面、纵切面的解剖结构。

1.5 种子吸水部位测定

将解除硬实性的种子进行如下凡士林密封处理：

Ⅰ：对照组，无密封；
Ⅱ：仅露出种脐区域；
Ⅲ：仅露出种脊区域；
Ⅳ：密封种脐和种脊区域；
Ⅴ：完全密封种子。

每处理30粒，重复3次，处理后将种子放于25℃的水中，于0h、12h、24h、36h、48h、60h、72h、84h时统计种子吸涨率。

1.6 种子吸水位点及水分移动路径的观察

将解除硬实性的种子浸入2%苯胺蓝溶液，35℃黑暗条件下染色，每1h随机取出种子，纵剖后在体式显微镜(Leica EZ4 HD)观察种子的着色情况。

1.7 数据分析

Excel 2011进行数据整理，SPSS 21.0进行差异显著性分析。

2 结果与分析

2.1 不同采收时间白刺花种子的硬实性

各采收期处理的白刺花种子吸涨率和发芽率见表1。各采收期经机械划伤的种子吸涨率均达100%，完整种子的吸涨率差异较大，其中开花后80d采收的达98%，与机械损伤无显著性差异，开花后120d和150d采收的完整种子吸涨率则急剧下降，与机械损伤处理具显著性差异，且开花后150d采收的完整种子吸涨率接近为0，与机械损伤的差异更显著。表明开花后80d采收的白刺花种子硬实性尚未完全形成，仅约2%为硬实种子，当采收期延后，种子的硬实率随之上升，开花后150d采收的种子硬实率高，达99%。开花后80d采收的种子发芽率均大于91%，与各采收期经机械损伤的发芽率无显著性差异，表明开花后80d采收的种子已具备发芽能力，种胚已完成生理成熟。

表1 不同采收时间白刺花种子的吸涨率和发芽率

Table 1 Imbition and germination rate of *Sophora davidii* at different harvesting stages

采收时间 Harvest time	处理 Treatment	吸涨率(%) Swollen percentage	发芽率(%) Germination rate
开花后80d	完整种子	98.00±1.63 a	93.33±2.49 a
	机械损伤	100.00±0.00 a	91.33±4.11 a
开花后120d	完整种子	12.00±0.03 b	12.00±2.83 b
	机械损伤	100.00±0.00 a	96.67±1.89 a
开花后150d	完整种子	0.67±0.94 c	0.67±0.94 c
	机械损伤	100.00±0.00 a	97.33±2.49 a

注：不同小写字母代表同列0.05水平差异显著，下表同。

Note: Different lowercase letters represent significant differences in the 0.05 level of the same column, the same below.

2.2 白刺花种子的结构

白刺花种子呈肾形或不规则椭圆形，种脐位于种子中部偏上，中间有一明显脐沟，种脐上端明显凸起部位为种孔，种脐下部有一线状种缝线，也称种脊（图1 A）。种脐区域与其他区域的种皮解剖结构有明显差异（图1 B），种脐横向两侧种皮结构呈连续性，靠近种胚的内侧结构在两侧中位向种胚内部凹陷（图1 C）。非硬实种子种皮表面为卷曲交错的条纹（图1 D），较粗糙，大多数种子的表皮层角质化程度较低，栅栏层由排列疏松的长柱状细胞和厚壁细胞组织组成，最内侧为骨状石细胞层，骨状石细胞两端膨大，中部略细，细胞间隙明显（图1 E）。非硬实种脐区域的横切面显示种脐表面覆盖较多的残存种柄栓状组织，脐沟内侧的管胞塞呈螺纹闩状，管胞塞周围均分布着厚壁组织和薄壁组织；脐两侧结构相同，最外侧均为双层栅栏层，栅栏层内侧依次为大量星状细胞组成的厚壁细胞层和薄壁细胞层，其中薄壁细胞层向种脐两侧延伸（图1 F）。与非硬实种子不同，硬实种子种

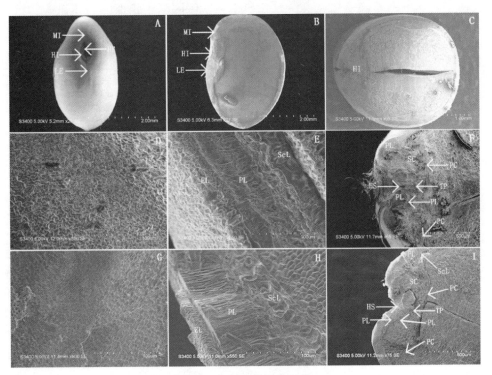

图1 白刺花种子的结构

Fig. 1 Seed structure of *Sophora davidii*

A：种子表面；B：种子纵切面；C：种子横切面；D：非硬实种子种皮表面 E：非硬实种子种皮纵切面；F：非硬实种子种脐横切面 G：硬实种子种皮表面；H：硬实种子种皮纵切面；I：硬实种子种脐横切面。EL：表皮层；HI：种脐；HS：脐沟；LE：种脊；MI：种孔；PC：薄壁细胞；PL：栅栏层；SC：厚壁细胞；ScL：骨状石细胞层；TP：管胞塞

A: Seed furface; B: Longitudinal section of seeds; C: Seed cross section; D: Surface of non-hard seed coat; E: Longitudinal section of non-hard seed coat; F: Transverse section of non-hard seed hilum; G: Surface of hard seed coat; H: Longitudinal section of hard seed coat; I: Transverse section of hard seed hilum; EL: Epidermal layer; HI: hilum; HS: Hilum slit; LE: Lens; MI: Micropyle; PC: Parenchyma cells; PL: Palisade layer; SC: sclerenchymal cells; ScL: Stone cell layer; TP: Tracheid plug

皮表面为致密的网状隆起(图1G),细胞界限清晰,表皮层角质化程度高,有许多棱或蜡质组织,栅栏层细胞排列整齐、紧密,最内侧的骨状石细胞层细胞有宽大的气腔,细胞大而紧凑,间隙小(图1H),种脐区域无种柄残存组织,其他结构与非硬实无明显差异(图1I)。

2.3 白刺花种子硬实性的解除

2.3.1 解除方法

(1)浓硫酸处理

由图2可知,浓硫酸处理均显著提高了种子吸涨率和发芽率,且均随处理时长增加而先升高后下降,40min时,吸涨率和发芽率达到最高,分别为98.67%、95.33%,发芽率与其他处理时间有显著差异,处理时长超过40min时,吸涨率虽有升高,但发芽率和生活力下降,因此浓硫酸处理最佳时长为40min。

(2)热水处理

热水处理温度上升或时间延长时,吸涨率均随之提高。70℃与60℃水温处理种子的吸涨率和发芽率均显著提高,80℃处理40~60min与70℃处理60min种子的吸涨率无显著性差异,但发芽率与生活力均显著降低(表2),热水处理解除白刺花种子硬实性的最佳方法为恒温70℃的热水处理60min。

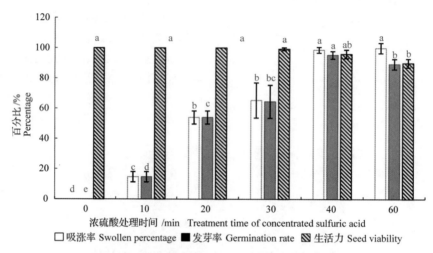

图2 浓硫酸处理对白刺花硬实种子的影响

Fig. 2 Influence of concentrated sulfuric acid treatment on *Sophora davidii* seeds

不同小写字母代表同系列0.05水平差异显著

Different lowercase letters represent significant differences in the 0.05 level of the same series

表2 热水处理对白刺花硬实种子的影响

Table 2 The effect of hot water treatment on *Sophora davidii* seeds

温度/℃ Temperature	处理时间(min) Treatment time	吸涨率(%) Swollen percentage	发芽率(%) Germination rate	生活力(%) Seed viability
60	20	34.44±4.16 d	32.22±3.14 c	100.00±0.00 a
60	40	36.67±4.71 d	35.56±4.16 c	100.00±0.00 a
60	60	42.22±4.16 d	41.11±5.67 c	100.00±0.00 a
70	20	81.11±1.57 c	81.11±1.57 b	100.00±0.00 a
70	40	85.56±4.16 c	83.33±5.44 ab	100.00±0.00 a
70	60	94.44±3.14 ab	92.22±4.16 a	98.89±1.57 a
80	20	88.89±1.57 b	80.00±5.44 b	90.00±2.72 b
80	40	90.00±2.72 ab	44.44±5.67 c	48.89±6.85 c
80	60	95.56±1.57 a	2.22±1.57 d	4.44±1.57 d

2.3.2 浓硫酸和热水处理后种子的结构

浓硫酸和热水处理后的硬实种子结构变化明显。浓硫酸处理后种皮更为光滑,但出现与种脊近平行的横向裂缝,种脊开裂且种脐受损严重(图3A),栅栏层被腐蚀(图3 B),管胞塞两侧脱落(图3 C)。热水处理后的种皮出现与种脊近垂直的纵开裂,种脐的脐沟加宽,种脊的裂缝增大(图3 D),部分开裂至种脐边缘(图3 F),种皮的栅栏层部位受损(图3E),种脐无明显受损,脐沟、管胞塞以及周围的厚壁细胞见白色物质(图3 F)。

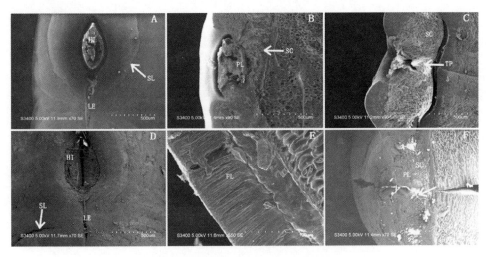

图3 白刺花种子解除休眠后的结构

Fig. 3 The structure of *Sophora davidii* seeds after breaking dormancy

A~C为浓硫酸处理的种子,D~F为热水处理的种子;HI:种脐;LE:种脊;MI:种孔;PC:薄壁细胞;PL:栅栏层;SC:厚壁细胞;SL:裂缝;TP:管胞塞

A~C refers to the seeds after concentrated sulfuric acid treatment, B~D refers to the seeds after hot water treatment; HI: Hilum; LE: Lens; PL: Palisade layer; SC: Sclerenchymal cells; SL: Slit; TP: Tracheid plug

2.3.3 解除硬实性后种子的吸水部位和途径

(1)浓硫酸

凡士林密封后吸涨情况见图4左侧:对照组Ⅰ和处理Ⅱ在浸种12h内快速吸水,吸涨率分别达94.4%和87.8%,均显著高于其他处理,表明种脐区域是初始吸水位点。处理Ⅲ和处理Ⅳ吸水速度慢,在36~60h时吸水加快,即随着浸种时间的延长,种脊区域和种脐以及种脊之外的种皮也可吸水。浸种84h时,处理Ⅲ的吸涨率(67.8%)显著高于处理Ⅳ(45.6%),但两者的吸涨率仍均显著低于处理Ⅰ(100%)和处理Ⅱ(100%),表明种脐区域是浓硫酸处理种子的主要吸水位点,种脊区域是次要位点,且种脐和种脊之外的种皮也可以吸收水分。

种子苯胺蓝染色如图5所示,染色1 h时,种脐外部组织呈蓝色(图5 A),随染色时间延长,种脐栅栏层开始着色并加深(图5 B),随后种脐内部的厚壁组织也染成蓝色(图5 C),并以种脐区域为中心向两侧种皮扩散(图5 D),染色5h时有染液从种子的表皮层向栅栏层扩散(图5 E),染色7h种皮已全部被染成蓝色(图5 F)。染色试验证明浓硫酸处理后水分进入种子的途径为从种脐向种脊及其周边种皮扩散,当距离种脐、种脊最远的受损种皮开始吸水时,白刺花种子吸涨。

(2)热水处理

凡士林密封后的白刺花种子吸涨情况见图4右侧,吸水12~24h后,处理Ⅲ和处理Ⅳ吸涨率显著升高,表明种脊和种脐、种脊区域外的种皮均是解除硬实后白刺花种子的初始吸水区域。吸水24~36h后,处理Ⅱ的吸涨率显著升高,84h后处理Ⅱ、Ⅲ和Ⅳ种子的吸涨率无显著性差异,其中处理Ⅲ和Ⅳ与对照种子的吸涨率无显著性差异,表明白刺花种子在经过热水处理后,种脐、种脊以及种皮均可使水分进入种子。

解除硬实性的种子在苯胺蓝染色如图6所示,最先着色的组织是种脐部位的最外层、表皮层及部分栅栏层(图6 A),之后着色区域从栅栏层向内侧扩散,但种脐栅栏层内侧未着色(图6 B);染色9 h时,种脐区域的厚壁组织仍未被染色,但种皮各栅栏层均已着色(图6 C)。表明经热水处理解除硬实性的白刺花种子,种脐区域外的栅栏层是种子吸水的主要途径,种脐和种脊内侧的厚壁组织短时间内无法透过水分。

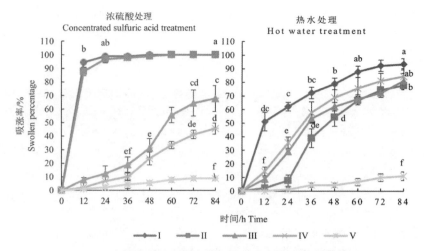

图 4 凡士林密封处理硬实性解除的白刺花种子吸涨情况

Fig. 4 Water absorption of *Sophora davidii* seeds dormant broken non-dormant seeds by Vaseline lifted

Ⅰ：对照组；Ⅱ：仅种脐区域露出；Ⅲ：仅种脊区域露出；Ⅳ：仅种脐和种脊区域不露出；Ⅴ：凡士林完全密封种子

Ⅰ: the control group; Ⅱ: only the hilum area without sealed; Ⅲ: only the len area without sealed; Ⅳ: sealed outside area the hilum and len of seed coat; Ⅴ: sealed the whole seeds

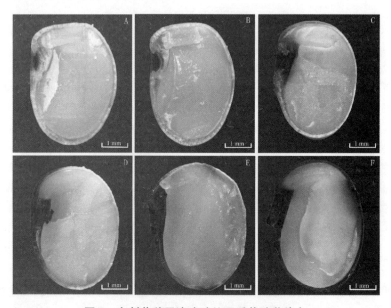

图 5 白刺花种子浓硫酸处理后苯胺蓝染色

Fig. 5 Aniline blue staining of *Sophora davidii* seeds after concentrated sulfuric acid treatment

A：染色 1h；B：染色 2h；C：染色 3h；D：染色 4h；E：染色 5h；F：染色 7h

A: Staining for 1h; B: Staining for 2h; C: Staining for 3h; D: Staining for 4h; E: Staining for 5h; F: Staining for 7h

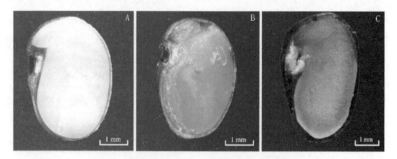

图 6 白刺花种子热水处理后苯胺蓝染色

Fig. 6 Aniline blue staining of *Sophora davidii* after hot water treatment

A：染色 3h；B：染色 6h；C：染色 9h

A: Staining for 3h; B: Staining for 6h; C: Staining for 9h

3 讨论

3.1 白刺花硬实性形成时期与采收期

很多豆科植物新采收种子的萌发能力受种胚的生理成熟过程与种皮硬实性形成的控制（Cresta et al., 2011）。一般认为，种子的硬实性是在种子完成生理后熟即种子的胚已具备萌发能力后形成的（Van Klinken et al., 2008; Qu et al., 2010; Baskin and Baskin, 2014）。该研究表明花后80d采收的白刺花种子种胚已具备萌发能力，种胚生理已发育成熟，且种子硬实性尚未形成，此时采种不需处理即可获得较高的发芽率，是适宜的采种期。白刺花种子的硬实性在完成生理成熟后形成，花后150d采收的白刺花种子硬实性已充分形成，该采收期采收种子利于储藏备不时之需。

3.2 白刺花硬实性形成的结构

种子从非硬实状态向硬实状态发育时的变化主要涉及种皮外生起源的栅栏层和厚壁巨石细胞（Baskin and Baskin, 2000），以及合点和珠孔的发育（Gama-Arachchige et al., 2010）。多数豆科种子形成硬实性时，除种脐外，种子表面有一层连续的角质层覆盖，并富含蜡质物质，通常被认为是最外层的连续性吸涨屏障（Shao et al., 2007）。

一些学者认为，种子硬实性的形成主要是栅栏层因为细胞壁的栓化作用或细胞中存在酚醛类物质等，形成机械或化学屏障，使水分无法渗透（Manning et al., 1985; Baskin and Baskin, 2014; Smýkal et al., 2014）。其中，栅栏层中的明线常被认为是最不能渗透的区域（Desouza et al., 2001）。白刺花种皮具有致密的角质化表皮层，排列紧密的栅栏层以及骨状石细胞层，对阻隔水、气起到了重要作用，是硬实性形成的关键。但本文未观察到明线，也有学者认为明线是一种光学现象，因所用材料及研究方法的不同而造成差异（符近 等，1997），或今后需要探讨观察白刺花明线的最佳方法。此外，有学者认为成熟豆科植物的种脐结构特殊性也是影响种子不透水的关键因素，种脐区域主要控制种子与外部环境水分交换，脐沟和管胞塞被认为可起到水阀的作用（Lush and Evans, 1980; Kikuchi et al., 2006）。白刺花种脐区域脐沟到种胚之间主要是管胞塞结构、大量的厚壁细胞和少量的薄壁细胞，该结构在种子硬实性形成前后差异性不大，种子形成硬实性后水分也无法从种脐进入种胚使种子吸涨，因此管胞塞以及厚壁细胞也可阻止水分进入种胚。

3.3 白刺花种子结构与吸水特性

大多数具有硬实性的植物种子，解除其硬实性首先会打开存在于种皮或果皮中的特殊解剖结构，即为"水隙"，也可称为初始吸水位点，使水分进入种子，吸水位点一旦被打开，就不能再次闭合（Baskin, 2003; Gama-Arachchige et al., 2013）。在许多豆科植物中，吸水位点一般是种子的种脐、种脊和合点区域。其中，多数豆科植物的初始吸水位点是种脊（陈丽 等，2019; Geneve, 2018; Jaganathan et al., 2017; Jaganathan et al., 2018），也有一些植物的初始吸水位点为种脐（Wang et al., 2020）。前人对槐属植物苦豆子（*Sophora alopecuroides*）的研究发现其经硫酸处理后种脐为其初始吸水位点，但苦豆子种脐区域的吸水速度慢，延长浸种时间后种脊区域快速吸水，且热水处理后种脐和种脐区域外均可进行吸水（Hu et al., 2008）。但该研究发现浓硫酸和热水处理解除白刺花种子硬实性后，种皮和种脊均开裂，此外浓硫酸处理后种脐区域栅栏层被腐蚀，管胞塞脱落，是种子初始吸水位点，水分主要由种脐向两侧种皮快速扩散，随浸种时间延长，受损的种脊及种皮也可以吸水，但吸水速度慢。热水处理后种脐区域外栅栏层受损严重的种皮为初始吸水位点，12h后水分也可从种脐区域进入，推测因种脊开裂至种脐边缘，而凡士林密封仅露出种脐区域时未密封种脐内侧边缘，时间延长水分可从种脐内侧边缘经种脊裂缝进入种胚使种子吸涨。白刺花硬实种子播种繁殖时，浓硫酸处理相较热水处理是更好的方法，因种子经浓硫酸处理后可通过种脐区域快速吸涨，育苗快速且均匀。

参考文献

陈丽, 代松, 马青江, 等, 2019. 合欢种皮结构及其与吸水的关系[J]. 林业科学, 55(5): 46-54.

陈玲, 李苇洁, 徐信, 等, 2011. 不同处理方法对白刺花种子萌发的影响[J]. 种子, 30(7): 110-113.

陈强, 王达明, 李品荣, 等, 2002. 白刺花的育苗造林技术及开发利用前景[J]. 中国野生植物资源, 21(6): 20-21.

符近, 尤瑞麟, 顾增辉, 1997. 马占相思种子休眠的研究[J]. 北京大学学报(自然版), (6): 79-85.

郭学民, 肖啸, 梁丽松, 等, 2010. 白刺花种子硬实与萌发特性研究[J]. 种子, 29(12): 38-42.

吴丽芳, 魏晓梅, 陆伟东, 等, 2018. 白刺花硬实种子的休眠机制及休眠解除[J]. 南方农业学报, 49(5): 944-949.

肖媛, 刘伟, 汪艳, 等, 2013. 生物样品的扫描电镜制样干燥方法[J]. 实验室研究与探索, 32(5): 45-53+172.

薛智德, 侯庆春, 韩蕊莲, 等, 2002. 黄土丘陵沟壑区白刺花促进生态恢复的研究[J]. 西北林学院学报, 17(3): 26-29.

张琪, 王欢, 朱铭玮, 等, 2020. 加拿大紫荆种子硬实性解除及其吸水特性研究[J/OL]. 南京林业大学学报(自然科学版), 1-9. https://kns.cnki.net/kcms/detail/detail.aspx?FileName=NJLY20200818000&DbName=CAPJ2020.

Baskin C C, Baskin J M, 2014. Seeds: Ecology, Biogeography, and Evolution of Dormancy and Germination[M]. 2nd ed. San Diego, CA: Academic Press.

Baskin C C, 2003. Breaking physical dormancy in seeds-focusing on the lens[J]. New Phytologist, 158: 227-238.

Baskin, J. M., Baskin, C. C., Li, X, 2000. Taxonomy, anatomy and evolution of physical dormancy in seeds[J]. Plant Species Biol. 15, 139-152.

Desouza F H D, Marcos F J, 2001. The seed coat as a modulator of seed environment relationships in Fabaceae[J]. Brazilian Journal of Botany, 24(4): 365-375.

Gama-Arachchige N S, Baskin J M, Geneve R L, et al, 2010. Identification and characterization of the water gap in physically dormant seeds of Geraniaceae, with special reference to *Geranium carolinianum*[J]. Annals of Botany, 105(6): 977-990.

Gama-Arachchige N S, Baskin J M, Geneve R L, et al, 2013. Identification and characterization of ten new water-gaps in seeds and fruits with physical dormancy and classification of water-gap complexes[J]. Annals of Botany, 112: 69-84.

Geneve R L, Baskin C C, Baskin J M, et al, 2018. Functional morpho-anatomy of water-gap complexes in physically dormant seed[J]. Seed Science Research, 28: 186-191.

Gresta F, Avola G, Onofri A, et al, 2011. When Does Hard Coat Impose Dormancy in Legume Seeds? Lotus and Scorpiurus Case Study[J]. Crop Science, 51: 1739-1747.

Hu X W, Wang Y R, Wu Y P, et al, 2008. Role of the lens in physical dormancy in seeds of *Sophora alopecuroides* L. (Fabaceae) from north-west China[J]. Australian Journal of Agricultural Research, 59(6): 491-497.

Jaganathan G K, Wu G R, Han Y Y, et al, 2017. Role of the lens in controlling physical dormancy break and germination of *Delonix regia*(Fabaceae: Caesalpinioideae)[J]. Plant Biology, 19: 53-60.

Jaganathan G K, Yule K J, Biddic M, 2018. Determination of the water gap and the germination ecology of *Adenanthera pavonina* (Fabaceae, Mimosoideae): the adaptive role of physical dormancy in mimetic seeds[J]. Aob Plants, 5(5).

Kikuchi K, Koizumi M, Ishida N, et al, 2006. Water uptake by dry beans observed by micro-magnetic resonance imaging[J]. Annals of Botany, 98(3): 545-53.

Lush W M, Evans L T, 1980. The seed coats of cowpeas and other grain legumes: Structure in relation to function[J]. Field Crops Research, 3: 267-286.

Manning J C, Van Staden J, 1985. The Development and Ultrastructure of the Testa and Tracheid Bar in *Erythrina Lysistemon* Hutch. (Leguminosae: Papilionoideae)[J]. Protoplasm, 129: 157-167.

Qu X, Baskin J M, Baskin C C, 2010. Whole-seed development in *Sicyos angulatus* (Cucurbitaceae, Sicyeae) and a comparison with the development of water-impermeable seeds in five other families[J]. Plant Species Biology, 25: 185-192.

Rodrigues-Junior A G, Santos M T A, Hass J, et al, 2020. What kind of seed dormancy occurs in the legume genus Cassia?[J]. Scientific Reports, 10: 12194.

Shao S, Meyer C J, Ma F, et al, 2007. The outermost cuticle of soybean seeds: chemical composition and function during imbibition[J]. Journal of Experimental Botany, 58: 1071-1082.

Smykal P, Vernoud V, Blair M W, et al, 2014. The role of the testa during development and in establishment of dormancy of the legume seed[J]. Frontiers in Plant Science, 5(351).

Van Klinken R D, Lukitsch B, Cook C, 2008. Interaction between seed dormancy-release mechanism, environment and seed bank strategy for a widely distributed perennial legume, *Parkinsonia aculeata* (Caesalpinaceae)[J]. Annals of Botany, 102: 255-264.

Wang H, Chen L, Dai S, et al, 2020 Seed coat anatomy of *Cercis chinensis* and its relationship to water uptake[J]. Canadian Journal of Plant Science, 100(3): 276-283.

一串红与鼠尾草属 2 种植物远缘杂交胚挽救研究

王俊力[1]　王红利[1]　葛秀秀[2]　陈洪伟[1,*]

([1] 北京农学院园林学院，[2] 北京农学院生物学院，北京 102206)

摘要　一串红(*Salvia splendens*)是唇形科(Labiatae)鼠尾草属(*Salvia* L.)的多年生草本花卉，广泛的应用于各类园林布置中。但是一串红在与同属植物杂交过程中存在着杂交障碍，制约了一串红的种质创新。本研究以一串红为亲本和同属植物深蓝鼠尾草、朱唇进行远缘杂交，通过解剖法观察杂交幼胚的发育过程，确定杂交幼胚发生败育的时期。通过胚挽救技术解决受精后障碍，并确定最适宜的胚培养配方。结果表明，深蓝鼠尾草'蓝与黑'×一串红'白马王子'与一串红'白马王子'×朱唇'红云'杂交幼胚在人工授粉杂交后 4d 发育为球形胚，8d 时发育为心形胚；一串红'白马王子'×深蓝鼠尾草'蓝与黑'杂交幼胚在杂交后 16d 大部分开始发生子叶畸形，畸形程度较轻，可发育为成熟胚；朱唇'红云'×一串红'白马王子'杂交幼胚在杂交后 12d 多数发育为畸形胚，且畸形程度高。一串红'白马王子'×深蓝鼠尾草'蓝与黑'12d、16d 胚龄幼胚及其反交组合 8d 胚龄幼胚，朱唇'红云'×一串红'白马王子'8d 胚龄幼胚及其反交组合 8d 胚龄幼胚均在 M1(无任何激素添加的 1/2MS 培养基)培养基中生长情况较好，可直接发育成苗。

关键词　一串红；种间杂交；胚发育；胚挽救

Study on the Rescue of Hybrid Embryos between *Salvia splendens* and Two Species of the Same Genus

WANG Jun-li[1]　WANG Hong-li[1]　GE Xiu-xiu[2]　CHEN Hong-wei[1]

([1] School of Landscape Architecture, [2] School of Biology, Beijing University of Agriculture, Beijing 102206, China)

Abstract　*Salvia splendens* is a perennial herbaceous flower belonging to *Salvia* L. in the Labiatae family. It is widely used in various garden layouts. However, there are obstacles to hybridization in the process of hybridization with plants of the same genus, which restricts the germplasm innovation of the plant. In this study, *Salvia splendens* was used as the parent to perform a distant hybridization with the same genus of *S. guaranitica* and *S. coccinea*. The development process of hybrid immature embryos was observed by anatomical method, and the period of abortion of hybrid immature embryos was determined. Resolve fertilization obstacles through embryo rescue technology and determine the most suitable embryo culture formula. The hybrid immature embryos of *S. guaranitica* 'Blue and black' × *S. splendens* 'Baimawangzi' and *S. splendens* 'Baimawangzi' × *S. coccinea* 'Hongyun' develop into globular embryos at 4 days after hybridization, and develop into heart-shaped embryo at 8 days. Shaped embryo; *S. splendens* 'Baimawangzi' × *S. guaranitica* 'Blue and black' hybrid immature embryos mostly begin to have cotyledon deformities at 16 days after hybridization, the degree of deformity is relatively minor, and they can develop into mature embryos; *S. coccinea* 'Hongyun' × *S. splendens* 'Baimawangzi' hybrids developed into malformed embryos at 12 days after the hybridization. *S. splendens* 'Baimawangzi' × *S. guaranitica* 'Blue and black' 12 d、16d embryo age young embryo and its backcross combination 8 d embryo age young embryo, *S. coccinea* 'Hongyun' × *S. splendens* 'Baimawangzi' 8 d embryo and its backcross combination 8 d embryo age young embryo growth in M1(no hormone added 1/2 MS medium) medium, can directly develop into seedlings.

Key word　*Salvia splendens*; Interspecific hybridization; Embryo development; Embryo rescue

---

第一作者简介：王俊力(1995—)，女，硕士研究生，主要从事一串红育种研究。王红利(1967—)，男，实验师。
* 通讯作者：陈洪伟，职称：副教授，E-mail：chenhongwei2006@126.com。

一串红在20世纪80年代引入我国后,在各地广泛栽培,普遍应用于各类花坛、花境的布置中。由于地理环境、气候等因素的影响,一些一串红新品种并不适合在我国栽培繁殖。此外,一串红的品种颜色有限,市场销售的品种花色主要以红色系矮生品种为主(傅巧娟,2014),其余品种花色只有紫色、白色、鲑鱼色系等(Robertson E 等,1990),缺少蓝色系及黄色系品种。因此,利用从国外引进的优良品种及相关种质资源进行一串红的杂交育种工作,选育出具有自主知识产权、观赏性状优良且适应本土环境的新品种,对满足国内市场需求十分必要(Huii L 等,2012)。

鼠尾草属作为唇形科的一个大属,全世界范围内已命名种约1000种,种类资源十分丰富(魏宇昆 等,2015)。鼠尾草属中的很多品种具有一串红所缺乏的优良性状,如花色新颖、抗寒、耐热性强、具芳香气味等。尽管鼠尾草的原始种数量众多,但种间杂交育种进展不大。目前,只有少量的杂交品种成功问世。其中,在花卉种质研究技术较为成熟的日本,通过 *Salvia×jamensis*、*S. farinacea×S. longispicat*、*S. guaranitica×S. gesneraeflora*、*S. leucantha×S. elegans* 这几种杂交组合培育出了新品种(三轮俊贵 等,2012)。北京农学院一串红课题组曾以自育一串红品种与鼠尾草属其他种植物作为亲本进行杂交试验,发现杂交结实率较低,且杂交幼胚败育率极高,得到的少量成熟种子播种后大多无法正常发育,成苗率极低(秦宇婷,2020)。本研究希望通过应用胚挽救技术,解决一串红远缘杂交过程中出现的杂交幼胚败育问题,破除远缘杂交障碍,为培育出性状、品质更加优良的一串红新品种提供理论依据和科学可靠的技术手段。

1 材料与方法

1.1 试验材料

试验材料一串红'白马王子'、朱唇'红云'为北京农学院一串红课题组通过常规选育、经北京市林木品种审定委员会审定通过的新品种,深蓝鼠尾草'蓝与黑'为市场采购。

1.2 杂交幼胚发育过程观察

人工杂交授粉后,每隔4d取材1次。将膨大的子房置于体视显微镜下,一支解剖针固定住材料,另一支解剖针从种子种脐处将种皮划开,依次解剖到最里层。取出的幼胚放在湿润的载玻片上,于蔡司光学共聚焦显微镜下观察拍照。

1.3 杂交幼胚培养

经过对各组合不同发育阶段幼胚的解剖观察,分别选取不同杂交组合中8d、12d、16d胚龄的幼胚作为试验材料。将采集的杂交种子放入灭菌好的小烧杯中,加入75%酒精连续消毒30s后迅速倒出酒精,无菌水漂洗3次,每次2min。将消毒好的种子放在经过灭菌的培养皿中以备使用,培养皿中垫有滤纸以吸干多余水分。将已灭菌的载玻片放在体视显微镜下,将手术镊置于酒精灯上烘烤,降温后夹取消毒好的种子放在载玻片上,使用烘烤灭菌后的解剖针从种子种脐一端划开,一层层剥离出幼胚,接种在培养基中。整个操作过程在超净工作台中进行。

以1/2MS为基本培养基,每升添加琼脂6g,蔗糖30g,分别以6-BA、2,4-D、NAA的浓度为变量(mg/L),设置9个组合,M1:(0,0,0)、M2:(0,1.0,1.5)、M3(0,2.0,1.0)、M4(0.5,0,1.0)、M5(0.5,1.0,0)、M6(0.5,2.0,0.5)、M7(1.0,0,0.5)、M8(1.0,1.0,1.0)、M9(1.0,2.0,0)。将解剖出的幼胚分别接种到不同的培养基中,每个培养皿中接种2个,每种培养基中共接种20个幼胚。接种后的幼胚首先进行暗培养,14d后转移到光照条件下进行培养,7d后将外植体转移到组培瓶中继续进行培养(12h光周期,7:00~19:00),25±1℃。每20d更换新的培养基,定期观察并记录幼胚生长情况。

注:由于杂交组合深蓝鼠尾草'蓝与黑'×一串红'白马王子'与一串红'白马王子'×朱唇'红云'在杂交后子房膨大率低,且在杂交后脱落率极高,无法获得足够数量的膨大子房。因此,在胚挽救试验中只选取9种培养基中的1~3种(在反交组合中表现较好的培养基配方)进行胚培养。

2 结果与分析

2.1 杂交幼胚发育观察

以朱唇'红云'做母本,一串红'白马王子'做父本,杂交后的第4d,幼胚均已发育至球形胚阶段(图1a);在第8d,大多数幼胚发育至心形胚阶段(图1b),少数为球形胚和鱼雷形胚;在杂交后第12d,幼胚发育程度较为分散,可见到少量的心形胚、鱼雷形胚和子叶型胚,但极大多数幼胚已经开始出现畸形(图1c)。畸形胚主要表现为胚轴伸长、扭曲,子叶顶端呈淡绿色、碗状不分离状态,幼胚畸形率达到了89.89%(表1);随时间的增长,幼胚败育率持续增长,且在解剖过程中变得愈加难以剥离。通过对杂交后的第16d、第20d以及第24d幼胚的解剖观察发现,幼胚的绿色部位逐渐扩大直至整个胚都呈现出绿色（图1d、图1e、图1f），幼胚畸形率全部达到了90%以上。

以一串红'白马王子'做母本、朱唇'红云'做父本的杂交幼胚在第4d全部发育到了球形胚阶段；在杂交后第8d，大部分幼胚都处于心形胚阶段，少量幼胚发育至鱼雷形胚阶段，还有少量幼胚仍处于球形胚阶段。由于该杂交组合杂交后落花率极高，至第8d几乎已经脱落殆尽，因此无法进行后续胚形统计。另外，通过统计发现，朱唇'红云'与一串红'白马王子'的正反交试验中，子房的假膨大现象较少，有胚率分别达到了94.31%和92.75%（表1）。

以一串红'白马王子'做母本，深蓝鼠尾草'蓝与黑'做父本的杂交幼胚在杂交后第4d已全部发育到球

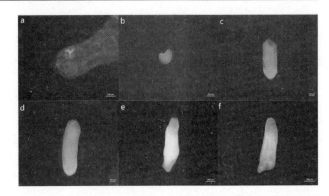

图1 朱唇'红云'×一串红'白马王子'杂交幼胚发育过程

Fig. 1 Developmental process of hybrid embryo
S. splendens × S. guaranitica

a：4d（球形胚）；b：8d（心形胚）；c：12d（畸形胚）；d：16d（畸形胚）；e：20d（畸形胚）；f：24d（畸形胚）

表1 朱唇'红云'×一串红'白马王子'正反交幼胚发育情况

Table 1 Development of young embryos in reciprocal crosses of S. coccinea × S. splendens

杂交组合	胚龄(d)	胚珠数(个)	球形胚	心形胚	鱼雷形胚	子叶形胚	畸形胚	有胚数	有胚率(%)	畸形率(%)
朱唇'红云'×一串红'白马王子'	4	31	28	0	0	0	0	28		0.00
	8	129	10	97	13	0	0	120		0.00
	12	267	0	7	7	1	242	256		89.89
	16	30	0	0	0	1	27	28	94.31	90.00
	20	30	0	0	0	0	28	28		93.33
	24	23	0	0	0	0	21	21		91.30
	总计	510	38	104	20	2	318	481		66.11
一串红'白马王子'×朱唇'红云'	4	22	20	0	0	0	0	20		0.00
	8	47	3	39	2	0	0	44	92.75	0.00
	总计	69	23	39	2	0	0	64		0.00

形胚阶段（图2a）；在第8d时，多数发育到心形胚阶段（图2b），少量为球形和鱼雷形胚；至第12d，大多数胚已发育到子叶形胚（图2c），少量为鱼雷形，与此同时也有少量的胚开始发生畸形，主要表现为子叶部分生长扭曲，与同阶段正常发育幼胚差异不显著。从第16d开始，杂交幼胚开始出现大量的畸形（图2d），达到了70.42%（表2）。随时间变化，幼胚的畸形程度也逐渐加深，与正常的胚相比，畸形胚在发育后期子叶不能正常向下生长将胚轴包裹起来（图2e-f）。

通过徒手解剖，共对685个一串红'白马王子'×深蓝鼠尾草'蓝与黑'杂交种胚进行了解剖观察，有胚率为81.9%（表2）。在解剖过程中发现，几乎所有空胚的膨大种子都表现为种子顶端淡绿色，有胚种子则为乳白色。

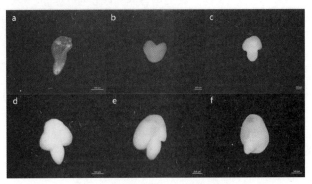

图2 一串红'白马王子'×深蓝鼠尾草'蓝与黑'杂交幼胚发育过程

Fig. 2 Developmental process of hybrid embryo
of S. splendens × S. guaranitica

a：4d（球形胚）；b：8d（心形胚）；c：12d（子叶形胚）；d：16d（畸形子叶形胚）；e：20d（畸形子叶形胚）；f：24d（畸形子叶形胚）

深蓝鼠尾草'蓝与黑'×一串红'白马王子'的杂交幼胚在杂交后第 4d 多数都发育到球形胚阶段，至第 8d 时，几乎都发育为球形胚（表2）。由于膨大的子房在杂交后 8d 时几乎已脱落殆尽，因此无法继续进行幼胚发育观察。

表 2　一串红'白马王子'×深蓝鼠尾草'蓝与黑'幼胚发育情况

Table 2　Development of young embryos in reciprocal crosses of S. splendens × S. guaranitica

杂交组合	胚龄(d)	总数	胚形					有胚数	有胚率(%)	畸形率(%)
			球形胚	心形胚	鱼雷形胚	子叶形胚	球形胚			
一串红'白马王子'×深蓝鼠尾草'蓝与黑'	4	30	23	0	0	0	0	23		0.00
	8	30	5	19	1	0	0	25		0.00
	12	274	0	0	13	184	25	222		9.12
	16	311	0	0	0	44	219	263	81.90	70.42
	20	20	0	0	0	3	12	15		60.00
	24	20	0	0	0	3	13	16		65.00
	总计	685	28	19	14	234	269	564		47.70
深蓝鼠尾草'蓝与黑'×一串红'白马王子'	4	20	16	2	0	0	0	18		0.00
	8	61	2	35	17	0	0	54	88.89	0.00
	总计	81	18	37	17	0	0	72		0.00

2.2　杂交幼胚在不同培养基中的生长观察

通过表3可知，朱唇'红云'×一串红'白马王子' 12d 胚龄幼胚在 M1 培养基中启动率高达 100%，但出真叶率只有 10%，大多数无法发育成健康小苗，生长过程中表现出胚轴扭曲、畸形以及子叶不展开等现象，死亡率高达 90%。朱唇'红云'×一串红'白马王子' 8d 胚龄幼胚在 M1 培养基中萌发率高，且出真叶率可达到 30%，在后续培养过程中也生长良好，接种后 30d 发育为健康小植株。在 M2-M9 这 8 种培养基中，不同胚龄幼胚都表现出了较高的出愈率。

组合一串红'白马王子'×朱唇'红云'在 M1 培养基中启动率较低，只有 64%，出真叶率达到了 32%，随时间增长，出真叶幼胚逐渐长成健康小植株，其余未出真叶幼胚陆续死亡。在培养基 M7、M8、M9 中，幼胚表现出了较高的启动率和出愈率，但愈伤组织生长速度慢，体积增长不明显。

表 3　朱唇'红云'×一串红'白马王子'正反交幼胚在不同培养基中的生长观察

Table 3　Observation on the growth of embryos of S. coccinea × S. splendens in different culture media

配方	朱唇'红云'×一串红'白马王子' 12d 胚龄幼胚					朱唇'红云'×一串红'白马王子' 8d 胚龄幼胚					一串红'白马王子'×朱唇'红云' 8d 胚龄幼胚				
	接种数(个)	萌发或出愈数(个)	胚启动率(%)	出真叶率(%)	出愈率(%)	接种数(个)	萌发或出愈数(个)	胚启动率(%)	出真叶率(%)	出愈率(%)	接种数(个)	萌发或出愈数(个)	胚启动率(%)	出真叶率(%)	出愈率(%)
M1	20	20	100	10	0	20	20	100	30	0	22	14	64	32	0
M2	20	18	90	0	90	20	19	95	0	90	-	-	-	-	-
M3	20	16	90	0	80	20	18	90	0	100	-	-	-	-	-
M4	20	18	100	0	90	20	20	100	0	100	-	-	-	-	-
M5	20	18	100	0	90	20	20	100	0	100	-	-	-	-	-
M6	20	20	100	0	100	20	19	95	0	95	-	-	-	-	-
M7	20	18	90	0	90	20	20	100	0	100	12	11	92	0	67
M8	20	20	100	0	100	20	20	100	0	100	20	20	100	0	100
M9	20	20	100	0	100	20	20	100	0	100	22	21	96	0	96

通过表 4 可以看出，在 M1 培养基中，一串红'白马王子'×深蓝鼠尾草'蓝与黑'16d 胚龄的出真叶率为 25%，12d 胚龄幼胚的出真叶率稍高一些，为 30%；两个胚龄的幼胚在接种 30d 后，都能发育为健康小植株。在 M2-M8 培养基中都有着较高的出愈率，全部在 90% 及以上。

由于深蓝鼠尾草'蓝与黑'×一串红'白马王子'获得的膨大杂交子房较少，无法达到 9 种配方的用量，因此采用在其他组合中生长表现最好的 M1 培养基进行试验。如表 4 所示，M1 培养基中共接种深蓝鼠尾草'蓝与黑'×一串红'白马王子' 8d 胚龄的幼胚 26 个，幼胚启动率达到了 96.2%，其中 11 株长出真叶，出真叶率达到了 42.3%。长出真叶的小苗在后续生长中持续长出新叶，发育为健康的小植株。

表 4　一串红'白马王子'×深蓝鼠尾草'蓝与黑'正反交幼胚在不同培养基中的生长观察
Table 4　Observation on the growth of embryos of *S. guaranitica* × *S. splendens* in different culture media

配方	一串红'白马王子'×深蓝鼠尾草'蓝与黑' 16d 胚龄幼胚					一串红'白马王子'×深蓝鼠尾草'蓝与黑' 12d 胚龄幼胚					深蓝鼠尾草'蓝与黑'×一串红'白马王子' 8d 胚龄幼胚				
	接种数（个）	萌发或出愈数（个）	胚启动率（%）	出真叶率（%）	出愈率（%）	接种数（个）	萌发或出愈数（个）	胚启动率（%）	出真叶率（%）	出愈率（%）	接种数（个）	萌发或出愈数（个）	胚启动率（%）	出真叶率（%）	出愈率（%）
M1	20	19	95	25	0	20	18	90	30	0	26	25	96	42	0
M2	20	20	100	0	100	20	20	100	0	100	-	-	-	-	-
M3	20	20	100	0	100	20	20	100	0	100	-	-	-	-	-
M4	20	19	95	0	90	20	20	100	0	95					
M5	20	20	100	0	100	20	20	100	0	100					
M6	20	19	95	0	90	20	20	100	0	100					
M7	20	20	100	0	90	20	20	100	0	90					
M8	20	20	100	0	100	20	20	100	0	100					
M9	20	20	100	0	100	20	19	95	0	95					

各杂交组合幼胚在 M1 培养基中的发育过程如图 3 中 A-H 所示，不同的杂交组合以及不同胚龄的幼胚发育时间阶段基本一致。在接种后暗培养的 4~10d 中，胚根长出；在胚根持续生长过程中胚轴也开始生长并伸长，此时可放到光照条件下培养。由于光照的作用，子叶开始变绿，并慢慢展开。20d 左右，侧根数量增多，可见第一对真叶长出。30~40d，可长成 2 对真叶以上小苗。

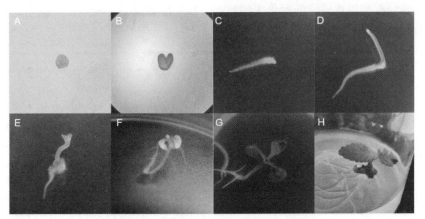

图 3　M1 培养基中幼胚发育过程观察
Fig. 3　Development of young embryos in M1 medium
A：接种的球形胚；B：接种的心形胚；C：胚根伸出；D：胚轴伸长；
E：子叶展开；F：第一对真叶长出；G：第一对真叶展开；H：长成小苗

3　讨论

通过播种发现朱唇'红云'×一串红'白马王子'的杂交种子存在着严重的萌发问题，发芽率低，且在萌发后由于胚的畸形和异常最终全部死亡；一串红'白马王子'×深蓝鼠尾草'蓝与黑'杂交种子虽然有健康植株长成，但其萌发率及成苗率也十分低。可能是由于大部分的胚在发育过程中发生败育或死亡，产生的种子为无胚或畸形胚状态。J Kat等（2001）在研究中发现，在杂交育种试验中的不育性主要表现有3种：一是幼胚停止发育，二是幼胚发育过程中夭亡，三是幼苗在发育早期夭亡。这也能解释本试验杂交过程中子房膨大后陆续脱落、种子萌发后发生夭亡的现象。

本试验拟定了9种添加不同浓度6-BA、NAA、2,4-D的培养基对4个杂交组合的幼胚进行培养后发现，在不添加任何激素的空白1/2MS培养基中，幼胚的生长情况最好。杂交组合朱唇'红云'×一串红'白马王子'的8d胚龄幼胚和12d胚龄幼胚分别是发生败育的时间节点的前后两个时期。试验结果表明，在败育前进行胚挽救，成苗率更高。这一结果与Sharma D R等（1996）在研究中阐明的结论一致。一串红'白马王子'×深蓝鼠尾草'蓝与黑'不同胚龄幼胚的培养效果则没有明显差异，其原因可能是因为该组合的杂交幼胚虽然畸形发生率较高，但畸形的程度较低，对其后续生长无实质性影响。

在M2-M9培养基中，所有杂交胚都形成了愈伤组织。杂交胚所形成的愈伤组织在继代过程中容易发生褐化，初步推断可能是自身酚类物质被氧化所形成。想要解决这一问题，使褐化程度降低，还需进一步研究。梁艳等（2020）等在对黑皮油松（Pinus tabuliformis var. mukdensis）的组织培养试验中发现，在培养基中加入1500mg/L聚乙烯吡咯烷酮可以有效地降低褐化率。郝捷（2014）发现，在卡特兰（Cattleya hybrida）的组织培养中，一定时间的暗培养和硫代硫酸钠、抗坏血酸和柠檬酸的添加都可以达到降低褐化率的目的。在本试验的脱分化诱导过程中，外植体虽然有生长变化甚至出现芽点，但都在培养30d后逐渐停止生长并最终死亡，其原因可能是外植体在分化过程中所需营养成分、培养条件等过于复杂，应用的培养基配方成分和环境条件不适合。因此，还需对培养环境、培养基的种类、激素的配比等进行更进一步的研究。

4 结论

本试验通过一串红'白马王子'与朱唇'红云'、深蓝鼠尾草'蓝与黑'进行种间杂交试验，对不同杂交组合各发育时期的杂交幼胚进行了解剖观察，确定了杂交幼胚发生败育的时期，并利用胚挽救技术对杂交幼胚进行体外培养。研究结果如下：

组合一串红'白马王子'×朱唇'红云'与深蓝鼠尾草'蓝与黑'×一串红'白马王子'杂交幼胚在第4d可发育到球形胚阶段，在第8d大部分发育为心形胚。由于杂交后7~9d膨大的子房几乎全部脱落，因此无法进行后续观察。组合朱唇'红云'×一串红'白马王子'的幼胚畸形率十分高，且畸形程度大。在杂交后12d开始，将近90%的杂交幼胚都从心形胚直接发育成严重畸形的条状胚。组合一串红'白马王子'×深蓝鼠尾草'蓝与黑'的杂交幼胚在杂交后16d开始出现畸形，但这一组合的杂交胚畸形程度不高，可发育至成熟。

通过胚挽救技术的应用，一串红'白马王子'×深蓝鼠尾草'蓝与黑'12d、16d胚龄幼胚及其反交组合8d胚龄幼胚，朱唇'红云'×一串红'白马王子'8d、12d胚龄幼胚及其反交组合8d胚龄幼胚均在M1培养基（1/2MS+蔗糖30g/L+琼脂6g/L）中成苗，成苗率在25%到42.3%之间。

参考文献

傅巧娟，2014. 一串红新品种选育研究进展[J]. 植物遗传资源学报，15(6)：1405.

郝捷，2014. 卡特兰组织培养过程中褐化问题的研究[D]. 北京：中国林业科学研究院.

梁艳，赵雪莹，许昕，等，2020. 黑皮油松外植体的抗褐化处理与诱导培养[J]. 分子植物育种，18(21)：7173-7178.

秦宇婷，2020. 一串红（Salvia splendens）与同属6种植物间杂交亲和性及F₁观察[D]. 北京：北京农学院.

三轮俊贵，2012. サルビア種間交雑品種「フェニックスシリーズ」の育成[J]. 岐阜県農業技術センター研究報告，12：10-15.

魏宇昆，王琦，黄艳波，2015. 唇形科鼠尾草属的物种多样性与分布[J]. 生物多样性，23(1)：3-10.

Huii L, Guoping Z, Guozheng S, et al, 2012. Callus Induction and Plant Regeneration from Mature Seeds of Salvia splendens [J]. International Journal of Agriculture & Biology, 14(3)：445-449.

Kato J, Ishikawa R, Mii M, 2001. Different genomic combinations in inter-section hybrids obtained from the crosses between Primula sieboldii (Section Cortusoides) and P. obconica (Section Obconicolisteri) by the embryo rescue technique [J]. Theoretical & Applied Genetics, 102(8)：1129-1135.

Robertson E, Ewart L, 1990. Flower color inheritance in Salvia splendens[J]. Acta Horticulturae(272)：67-70.

Sharma D R, Kaur R, Kumar K, 1996. Embryo rescue in plants: a review[J]. Euphytica, 89：325-337.

酸蚀处理和采收时间对鸡麻种子萌发的影响

徐珂 刘佳欣 袁涛*

（花卉种质创新与分子育种北京市重点实验室，国家花卉工程技术研究中心，城乡生态环境北京实验室，园林环境教育部工程研究中心，林木花卉遗传育种教育部重点实验室，园林学院，北京林业大学，北京 100083）

摘要 鸡麻(*Rhodotypos scandens*)观赏和园林应用价值较高，种子为硬实种子。2018年11月，2020年8~9月采集北京林业大学校园内鸡麻种子，进行了4℃沙藏、变温沙藏、酸蚀、去壳处理。分析酸蚀处理时间和低温沙藏对鸡麻种子发芽率的影响。研究表明，鸡麻种子存在休眠现象，开花后140d左右是最佳采种期，酸蚀0.5小时后的硬实种子发芽率最高，为42%。去壳种子100天4℃沙藏后萌发率可达90%。

关键词 鸡麻；种子萌发；酸蚀处理；采收期；低温沙藏

Implications of Acid Scarification and Picking Time on Seed Germination of *Rhodotypos scandens*

XU Ke LIU Jia-xin YUAN Tao*

(*Beijing Key Laboratory of Ornamental Plants Germplasm Innovation & Molecular Breeding, National Engineering Research Center for Floriculture, Beijing Laboratory of Urban and Rural Ecological Environment, Engineering Research Center of Landscape Environment of Ministry of Education, Key Laboratory of Genetics and Breeding in Forest Trees and Ornamental Plants of Ministry of Education, School of Landscape Architecture, Beijing Forestry University, Beijing 100083, China*)

Abstract *Rhodotypos scandens* is valuable for ornamental and landscape application with hard seed shell and dormancy embryo. Intervention can break dormancy, resulting in earlier germination and shorter breeding cycles. Seeds of plants on the campus of Beijing Forestry University were collected regularly in November 2018, and August to September 2020. The optimum picking time, length of acid scarification and implications of removing shells on germination rate was identified by 4℃ scarification, variable temperature scarification, acid scarification and removing seed shell. The study showed that the seeds were dormant and that the highest germination rate was 35.3%, achieved after 140 days scarification and around 140 days after flowing. After one month of sand storage at 5-15℃ and 0.5 hours of soaking in concentrated sulphuric acid, the highest germination rate of 42% was achieved in November 30th.

Key words *Rhodotypos scandens*; Seed germination; Acid scarification; Picking time; Cold scarification

休眠是种子在恶劣条件下的适应性策略，以避免种子因灾难而过早死亡，是植物经过长期的演化而获得的一种对环境条件及季节性变化的生物学适应性，是植物种子遗传因素和环境共同作用的结果（张红生等，2001）。因地理、气候等环境条件及植物本身特性限制，种子是可行性较强的园林植物引种材料。了解植物种子休眠的机制并掌握种子破眠技术，可缩短引种驯化时间，有助于更好利用优良的本土植物种质资源开展育种工作。

自然界中某些植物种子在水、热等适宜情况下也不能吸胀，长期处于干燥、坚实状态，从而影响其萌发，农业上将这类种子称为硬实种子（陈海魁，2008）。硬实种子在豆科、旋花科、百合科、大戟科、锦葵科等植物中常见。硬实种子的特性为其提供了延长生命的机会，对其在自然界中种的延续和传播，以及农业生产实践上极为有利（王昕洵 等，2016）。但硬实种子发芽时间长、出苗不一致，对大规模生产不利（牛连杰，2004）。种子打破休眠与覆盖层的约束力

第一作者简介：徐珂(1997-)，女，硕士研究生，主要从事园林植物繁殖研究。

* 通讯作者：袁涛(1969-)，职称：教授，E-mail: yuantao@bjfu.edu.cn。

密切相关,胚根伸长,突破种胚外覆盖物是大多数物种解除和种子萌发的关键过程(Baskin C C, Baskin J M, 2014)。

种胚萌发与多种因素有关,包括种胚分化发育程度,胚内部化学物质及生理限制等,许多物种需要经过不同时期的干燥后熟或低温层积才能解除休眠状态(Bewley JD, Black M, 1994),其中,低温湿藏在生产中是较为常用的处理方法。

种子硬实形成原因与植物遗传特性,种子成熟度和外部环境有关(陈海魁,2008)。对于硬实种子处理有多种方法,主要为物理方法、化学方法、生物方法和综合方法,总体来说,化学处理效果优于物理处理优于生物处理,目前以浓硫酸等化学试剂进行处理最为常见,但这些方法因为使用到危险化学品,大批量种子处理时不易把控时间,且酸蚀后化学试剂难以处理,因此在生产中应用较少。种子成熟度与种胚萌发密切相关,在生产过程中,如果可以直接从采收环节入手,确定最适采摘时间,将能大大提高种子萌发率,从而使出苗一致,并节约大量生产成本。

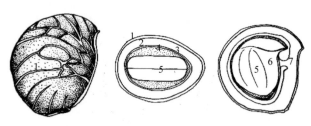

图1 鸡麻果实的结构(任宪威,朱伟成等,2007)

Fig. 1 Drupe structure of *Rhodotypos scandens*

注:1. 果皮;2. 外种皮;3. 内种皮;4. 胚乳;5. 胚;6. 种孔区;7. 胚芽

图2 成熟后的鸡麻种实

Fig. 2 Mature drupe of *Rhodotypos scandens*

高质量的种子具有更好的生长优势和生产潜力,而确定种子最佳成熟期是实际生产实践中丰产的基础(李耀龙,2011)。采收过早,容易造成种子成熟度差、活力低、质量差;而采收过晚,则会导致种子收

获减少以及成熟后劣变引起活力降低(Crocker W, Barton L V,1959)。李婷等人对不同采种期的国槐种子进行研究,对国槐种实颜色和形态进行了记录,测定不同采种期国槐种子含质量及生化物质的差异,获得国槐种子的最佳采收期为11月中旬到12月中旬。建议选择向阳处生长状况好的植株以期获得高品质的种子,并认为由于气候和地理位置的不同,国槐的物候期可能有所差异,最佳采种期也可能推迟或提前,但幅度不会太大(李婷,彭祚登,2016)。

适宜的采收期能收获品质好、发芽率高的种子,因此确定种子采收期有着重要的现实意义。一般来说,近成熟的种子与完全成熟的种子相比较,近于成熟的种子耐储性相对较差,所以采种期的早晚对其遗传品质有着十分重要的影响。植物的适宜采种期因植物的种类不同而有所差异,如华北落叶松(*Larix gmelinii* var. *principis-rupprechtii*)的适宜采种期为8月下旬至9月初(张汝利,袁德水,2014),通关散(*Marsdenia tenacissima*)药材的最佳采收期为秋、冬两季(陈文 等,2018)。

鸡麻,蔷薇科鸡麻属灌木,单叶对生、花萼花瓣4基数、核果,在蔷薇科中极为独特且原始(俞德浚,1984;和渊 等,2008),也是该属唯一种和模式种。鸡麻枝形优美,叶色清新,花朵秀丽洁白,可孤植或丛植于草坪一隅、假山石旁、水池岸边(李延生 等,2015)。适应性和抗逆性较强,是北京地区很有观赏价值和应用前景的晚春初夏观花落叶灌木。

李玉弟等通过鸡麻嫩枝扦插的基质和配比使其扦插苗第二年即可开花,且生长健壮(李玉弟,2012.)。令狐昱慰等通过探讨栽培基质、激素、浓度和处理时间的处理对鸡麻插穗生根率影响,认为激素种类对影响最大而处理时间影响最小(令狐昱慰 等,2013)。扦插等无性繁殖方式可以缩短育苗时间,获得整齐一致的幼苗,但实生苗根系发达,抗性强,种子繁殖在园林植物引种中应用更多。

鸡麻果实成熟后果皮亮黑色,去除果皮后可见有厚且坚硬种壳的硬实种子。自然条件下萌发时间长,萌发率低,第一年种子需沙藏过冬,第二年春季沙藏的种子中只有少量发芽,播种后不出苗,需第三年出苗(李锐丽,2007)。目前缺少对打破鸡麻坚硬种皮机械障碍的方法研究。

本研究通过在不同时期采收鸡麻种子进行低温沙藏和酸蚀处理,探讨鸡麻采收种子的最适宜时间,即种胚发育成熟而种皮硬实性尚未完全形成的时间,避免使用浓硫酸、强碱、热水处理、X射线等破除种子硬实性的危险操作,同时也为鸡麻种苗繁育及推广提供参考。

1 材料与方法

1.1 试材及取样

2018年11月采收鸡麻种子，用于种子酸蚀处理试验。2020年8月22日，8月28日，9月10日，9月20日，9月30日采收鸡麻种子，用于采收期试验。2020年9月30日采收种子用于种壳去除试验。

所有种子均采自北京林业大学校内主楼南侧生长健康、无病虫害的成年鸡麻植株，种子无干瘪、霉烂、病虫害。4℃低温、干燥储存。

1.2 采收期及种壳去除实验

将细河沙灭菌后，向内加水至沙子用手握住即可成团，松手即可散落的状态；沙子与种子大致按5∶1(体积比)均匀混合，混合前记录种子数量；将混合后的沙子和种子于4℃保存，定期观察种子发芽情况。每个处理3次重复，每重复60粒。

1.3 酸蚀处理

2019年1月21日进行浓硫酸酸蚀处理，0，0.5h，1h，1.5h，2h，2.5h，3h后结束。每个处理2次重复，每个重复60粒。

清洗浓硫酸处理后的种子，螺旋测距仪LT-MT519测量种壳厚度并沙藏。显微镜(LEICA EZ4)观察种实的酸蚀部位和酸蚀程度。

经处理后的种子2019年1月23日开始低温沙藏，沙藏120d后，即2019年4月23日取出种子并统计发芽率。

1.4 种子采收处理

2020年8月22日、8月28日、9月10日、9月20日、9月30日采摘种子，每次3个重复，每重复100粒种子，低温沙藏120d后，即2022年12月22日，12月28日，2021年1月10日，1月20日，1月30日取出统计萌发率。

1.5 种子的种壳处理

2020年9月30日采摘的无干瘪、霉烂、病虫害的种子，以去除种壳为处理组，未去种壳为对照组，每个处理6个重复，每个重复20粒种子，放于4℃进行低温湿润沙藏，120d后，即2021年2月1日取出统计萌发率。

1.6 数据处理

Excel 2020进行数据整理，SPSS 26.0进行差异显著性分析。

2 结果与分析

2.1 鸡麻果皮的形态变化

不同采种时间种子外种皮颜色变化如图3所示，种皮变色程度可作为种实采摘时间的指示标志。

2020年6月25日，种子浅褐色

2020年7月9日，种子褐色加深

2020年7月23日，种子深褐色

2020年8月6日，深褐色加深

2020年8月28日，种子深褐色

2020年9月20日，种子黑褐色

图3 鸡麻果实外观变化

Fig. 3 Changes in appearance of *Rhodotypos scandens* drupe

2.2 酸蚀处理时间对种子萌发率的影响

由图4至图10可知，经过酸蚀处理的核果果皮剥落，外种皮随酸蚀时间增强而逐渐碳化。处理2h后，种壳厚度减少最多，种孔区种壳出现裂纹，这代表着种子萌发时胚根更容易穿透种皮，同时浓硫酸已经对胚起到破坏作用。处理2~3h后种皮厚度未进一步变化，推断为种孔外部形成碳化层从而起到一定保护作用。

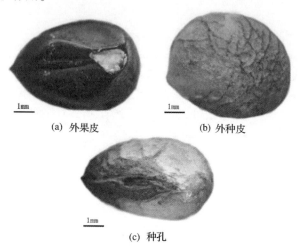

图4 未酸蚀处理果实及外种皮观察

Fig. 4 Observing drupes and seed shells with no acid scarification

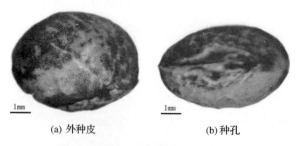

图5 酸蚀0.5h果实及外种皮观察

Fig. 5 Observing drupes and seed shells with 0.5h acid scarification

图6 酸蚀1h果实及外种皮观察

Fig. 6 Observing drupes and seed shells with 1h acid scarification

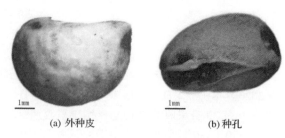

图7 酸蚀1.5h果实及外种皮观察

Fig. 7 Observing drupes and seed shells with 1.5h acid scarification

图8 酸蚀2h果实及外种皮观察

Fig. 8 Observing drupes and seed shells with 2h acid scarification

图9 酸蚀2.5h果实及外种皮观察

Fig. 9 Observing drupes and seed shells with 2.5h acid scarification

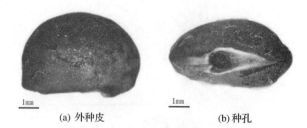

图10 酸蚀3h果实及外种皮观察

Fig. 10 Observing drupes and seed shells with 3h acid scarification

由表1可知，酸蚀处理2h后，酸蚀2.5h和3h后种壳厚度无明显减少，可能是种壳形成的碳化层阻止了酸蚀作用，酸蚀强度减弱。

由表2至表4可知，酸蚀处理时间为0.5h，1h，0h时萌发率极显著高于其他处理时长。0.5h后种子发芽率最高。处理1.5~3h后种子发芽率低于未处理组。可能由长时间的酸蚀作用，种胚受损严重导致。

表1 酸蚀不同时间后种壳厚度变化
Table 1 Seed shell thickness variation

处理时长	0h	0.5h	1h	1.5h	2h	2.5h	3h
平均值	0.64	0.63	0.49	0.18	0.08	0.12	0.17
厚度变化	0	0.01	0.15	0.46	0.56	0.52	0.47

表2 酸蚀处理时间对发芽率影响
Table 2 Variation of germination rate after acid scarification

酸蚀处理时长	0h	0.5h	1h	1.5h	2h	2.5h	3h
发芽率(%)	22.32	42.20	31.67	12.93	12.28	12.73	7.63
发芽长度(mm)	11.04	11.54	13.92	7.00	10.93	12.64	3.56

表3 鸡麻种子酸蚀试验结果
Table 3 Seed germination rate after acid and cold scarification

酸蚀时间(h)	观测值		观测值反正弦转换		处理和	处理平均数
0	17.24%	27.78%	0.43	0.56	0.98	0.49
0.5	41.82%	42.59%	0.70	0.71	1.41	0.71
1	33.33%	30.00%	0.62	0.58	1.20	0.60
1.5	12.28%	13.56%	0.36	0.38	0.74	0.37
2	12.73%	11.86%	0.36	0.35	0.72	0.36
2.5	11.11%	14.29%	0.34	0.39	0.73	0.36
3	6.67%	8.62%	0.26	0.30	0.56	0.28
					6.33	3.17

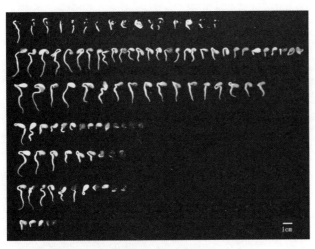

图11 酸蚀处理的种子经沙藏后发芽情况
Fig. 11 Germination of seeds acid scarified for 0h after cold scarification

注：a-g：酸蚀0、0.5、1、1.5、2、2.5、3h 不同时间的种子沙藏后发芽情况

表4 酸蚀时间对萌发率影响的方差分析
Table 4 Variance analysis of acid scarification

变异来源	自由度	平方和	均方	F
处理间	6	0.282594	0.047099	30.48286
机误	7	0.010816	0.001545	
总计	13	0.29341		

表5 酸蚀时长的LSD多重比较
Table 5 Variance analysis of acid scarification

处理时间(h)	平均数	差异显著性					
		X-X3	X-X2	X-X2.5	X-X1.5	X-X0	X-X1
0.5	0.7071	0.4276**	0.3489**	0.3434**	0.3396**	0.2155**	0.1096*
1	0.5976	0.3180**	0.2393**	0.2338**	0.2300**	0.1059*	
0	0.4917	0.2121**	0.1334*	0.1279*	0.1241*		
1.5	0.3676	0.0880	0.0094	0.0039			
2.5	0.3637	0.0841	0.0055				
2	0.3582	0.0786					
3	0.2796						

2.3 采收时间对沙藏种子萌发率的影响

由表6至表8可知,8月28日采收的种子经沙藏后萌发率极显著高于其他采收时间。其他采收时间种子经沙藏后萌发率都较低,这可能是因为8月28日前后鸡麻种胚可能已经发育成熟,且种皮等结构尚未硬化,不足以阻碍种子从环境中吸收水分。由此可确定鸡麻最适采种期为8月28日前后,萌发情况如图12所示。

图12 2020年8月28日采摘种子的萌发情况
Fig. 12 Seed germination after picking in 28th, August

表6 鸡麻种子采摘试验结果
Table 6 Seed germination rate for different picking time

采摘时间	观测值			观测值正反弦转换			处理和	处理平均数
8.22	5%	10%	8%	0.2255	0.3218	0.2868	0.8340	0.2780
8.28	32%	38%	36%	0.6013	0.6642	0.6435	1.9090	0.6363
9.10	10%	3%	8%	0.3218	0.1741	0.2868	0.7826	0.2609
9.20	5%	5%	6%	0.2255	0.2255	0.2475	0.6985	0.2328
9.30	3%	1%	0	0.1741	0.1002	0.0000	0.2743	0.0914
							4.50	1.50

表7 鸡麻采收时间方差分析
Table 7 Variance analysis of picking time

变异来源	自由度	平方和	均方	F
处理间	4	0.4894	0.1224	35.6727
机误	10	0.0343	0.0034	
总计	14	0.5238		

$F_{0.05}(4, 10) = 3.48$, $F_{0.01}(4, 10) = 5.99$ 因$F > F_{0.01}(4, 10)$,所以采摘时间差异极显著。

表 8　5 个采摘时间的 LSD 多重比较

Table 8　LSD multiple comparisons of picking time

采摘时间	X	X-X5	X-X4	X-X3	X-X1
8.28	0.6363	0.5449**	0.4035**	0.3754**	0.3583**
8.22	0.2780	0.1866**	0.0452	0.0171	
9.10	0.2609	0.1695**	0.0281		
9.20	0.2328	0.1414*			
9.30	0.0914				

2.4　种壳对种子萌发的影响

表 9　种壳对萌发率的影响

Table 9　Germination rate of seeds with and without shells　（%）

处理	观测值					
有种壳	0	5	5	0	5	0
无种壳	95	90	95	100	95	100

图 13　去种壳后种胚萌发情况

Fig. 13　Germination of seed embryos without shell

由表 9 可知，9 月 30 日采收的鸡麻种子在去壳后，几乎全部萌发，可见种壳会抑制种胚萌发。

9 月 30 日未去壳种子经 140d 5～15℃变温沙藏后萌发率约为 1%，而经过 100d 沙藏后，9 月 30 日去壳种胚的萌发率达 90%，萌发情况如图 13 所示。说明 9 月 30 日采收种子种胚具备萌发能力，但鸡麻种子的坚硬的种壳对胚约束力较大，多数胚未能萌发。在 9 月 30 日前采收的种子种胚都具有一定萌发力，这对后续针对鸡麻种壳开展的试验有一定指导意义。

3　讨论

一般认为，种子的硬实性是在种子完成生理后熟即种子的胚已具备萌发能力后形成的(Baskin C C, Baskin J M, 2003)，是其经过长期演化而获得的对不良环境及季节变化的生物学适应性，使种子在很长的时期内保持生活力，有利于形成土壤种子库，繁衍和保存种质(Baskin and Baskin, 2000)

在采收试验中，8 月 28 日前采收的种子种胚已经具备发芽力，且种壳硬实度较低，此时采种可以获得较高萌发率，但种实易腐败，不易长期保存。8 月 28 日鸡麻果实外果皮呈黑褐色，基本完全成熟，种子逐渐形成较高硬实性。8 月 28 日之后采收的鸡麻种子种壳硬实度逐渐上升，可进行长期保存，但低温沙藏后萌发率较低。鸡麻种子成熟后宿存在枝条顶端，经历冬季低温干旱等不利条件后来年掉落，推测硬种壳可以保护其度过不利环境，在适宜环境下萌发，具有一定生态意义，但不利于种苗繁殖生产。

在进行酸蚀试验前，11 月采收后的鸡麻种子进行约 60d 室温干藏，酸蚀后种子萌发率可达 42%，说明种子的保存时间长度对鸡麻种子种胚萌发力影响不大，最佳采种期之后采收的种子只要对种壳进行适当破坏就能获得理想的种胚萌发率。在酸蚀试验中，在酸蚀 0.5h 种胚发芽率明显提高，可作为酸蚀处理最佳时间。酸蚀 1.5h 后种胚萌发率明显降低，这说明酸蚀 1.5h 会破坏种胚。研究表明，牻牛儿苗科(Geraniaceae)的种子休眠主要是由种壳不透水栅栏层以及透水口的关闭引起。野老鹳草(*Geraniaceae carolinianum*)种壳的透视水口是邻近珠孔的栅栏细胞(Gama-Arachchige N S et al., 2010)。鸡麻种子在酸蚀 2h 已经能看到种孔区覆盖层种壳出现较大裂缝，很有可能是浓硫酸破坏种孔附近的栅栏细胞，形成透水孔，今后需要探讨种子透水孔位置，以期通过只破坏透水孔使种胚整齐一致萌发，减少生产负担。

进一步研究将探讨鸡麻硬实性形成的生理机制，以发现调节硬实形成期的具体方法，确认鸡麻种壳透水口具体位置，进一步阐明其透水过程中解剖结构变化，尝试其他打破种壳约束以促进休眠的方法，以期为种子繁殖和生产提供更多参考。

参考文献

陈海魁, 2008. 植物种子的硬实现象及其处理方法研究综述[J]. 甘肃农业(2): 80-81.

陈文, 王旭, 彭玉姣, 等, 2018. 贮藏方式对4种药食两用植物种子萌发的影响[J]. 中国农学通报, 34(1): 85-89.

和渊, 邱爽, 王赵琛, 等, 2008. 蔷薇亚科植物叶表皮微形态特征的初步观察[J]. 北京师范大学学报(自然科学版), 44(5): 515-518.

李锐丽, 2007. 北京地区流苏及鸡麻种子的休眠与萌发研究[J]. 种子, 26(7): 29-31.

李婷, 彭祚登, 2016. 不同采种期对国槐种子萌发及生理代谢的影响[J]. 东北林业大学学报, 44(3): 33-36.

李延生, 2015. 辽宁树木志[M]. 北京: 中国林业出版社.

李耀龙, 2011. 硬实种子萌发处理方法探究[J]. 园艺与种苗(6): 99-102.

李玉弟, 2012. 一种鸡麻的扦插育苗方法[P]. 中国: CN102577821 A.

令狐昱慰, 黎斌, 张莹, 等, 2013. 不同处理对鸡麻扦插繁殖的影响[J]. 西北农业学报, 22(9): 163-166.

牛连杰, 2004. 浅谈种子发生硬实的原因及影响硬实形成的因素[J]. 种子世界, 9.

任宪威, 朱伟成, 等, 2007 中国林木种实解剖图谱[M]. 北京: 中国林业出版社: 295.

王昕洵, 陈玲玲, 张蕴薇, 等, 2016. 不同硬实率紫花苜蓿种子的近红外光谱分析[J]. 光谱学与光谱分析, 36(3): 702-705.

俞德浚, 1984. 蔷薇科植物的起源与进化[J]. 植物分类学报, 22(6): 431.

张红生, 2010. 种子学[M]. 北京: 科学出版社: 100-102.

张汝利, 袁德水, 2014. 不同采种期对华北落叶松母树产量及品质的影响研究[J]. 安徽农学通报, 20(13): 112-114.

Baskin C C, Baskin J M, 2014. Seeds: Ecology, Biogeography, and Evolution of Dormancy and Germination[M]. 2nd ed. San Diego, CA: Academic Press.

Bewley J D, Black M, 1994. Seeds: Physiology of Development and Germination[M]. New York: Plenum: 367.

Crocker W, Barton L V, 1959. 种子生理学[M] 北京: 科学出版社: 172-173.

Baskin C C, 2003. Breaking physical dormancy in seeds-focusing on the lens[J]. New Phytologist, 158: 227-238.

Baskin J M, Baskin C C, Li X, 2000. Taxonomy, anatomy and evolution of physical dormancy in seeds[J]. Plant Species Biol, 15: 139-152.

Gama-Arachchige N S, Baskin J M, Baskin C C, et al, 2010. Identification and characterization of the water gap in physically dormant seeds of Geraniaceae, with special reference to *Geranium carolinianum*[J]. Annals of Botany, 105: 977-990.

不同植物生长抑制剂处理对山茶矮化栽培的影响

孙映波[1]　于波[1]　刘小飞[1]　谭文彪[2]　谭骤旋[2]　朱玉[3]　黄丽丽[1]*

([1]广东省农业科学院环境园艺研究所/农业农村部华南都市农业重点实验室/广东省园林花卉种质创新综合利用重点实验室，广州 510640；[2]广东金颖园林有限公司，广州 510640；[3]中华生物资源应用协会，宜兰 26047)

摘要　本试验使用不同浓度的多效唑、烯效唑、丁酰肼、矮壮素（CCC）、植物矮壮素（Bonzi）溶液浇灌耐冬山茶植株基部，结果表明植物矮壮素 2000 倍和矮壮素 5000 倍浇灌处理（无论浇灌一次还是两次）的矮壮效果明显，植株矮壮，株型紧凑；可应用于耐冬山茶的盆栽矮化栽培；烯效唑 200 倍和多效唑 500 倍浇灌二次处理矮化效果虽明显，但对生长起了较大的抑制作用，不推荐使用。

关键词　山茶；植物生长抑制剂；多效唑；烯效唑；丁酰肼；矮壮素；植物矮壮素；矮化效果

Effects of Different Plant Growth Inhibitor Treatments on Dwarfing Cultivation of Camellia

SUN Ying-bo[1]　YU Bo[1]　LIU Xiao-fei[1]　TAN Wen-biao[3]　TAN Zhou-xuan[3]　ZHU Yu[2]　HUANG Li-li[1]*

([1]Environmental Horticulture Institute, Guangdong Academy of Agricultural Sciences/ Key Laboratory of Urban Agriculture in South China/ Guangdong Key Lab of Ornamental Plant Germplasm Innovation and Utilization, Ministry of Agriculture, Guangzhou 510640; [2]Guangdong Jinying Landscaping Co., Ltd, Guangzhou, 510640; [3]Chinese Bioresource Application Association, Yilan 26047, China)

Abstract　The tissue treated at the basal part of the Camellia plants with different concentrations of Paclobutrazol, Uniconazole, chlormequat, Butyryl hydrazide Chlormequa(CCC), and Plant extracts(Bonzi). The results showed that the dwarfing effect was obvious when Plant extracts with the concentrations of 2000 times or Chlormequa with the concentrations of 5000 times by watering once or twice, allowed the plants to grow very compact and the plant basewas strong, that can be used as a reference for the potted dwarf cultivation of Camellia. Although the dwarfing effect of the second treatment with 200 times of Uniconazole or 500 times of Paclobutrazol were obvious, but the growth were inhibited significantly and not recommended.

Key words　Camellia; Plant growth inhibitor; Paclobutrazol; Uniconazole; Butyryl hydrazide; Chlormequa; Plant extracts (Bonzi); Dwarfing effect

　　山茶花（Camellia）是我国十大名花之一，也是盆栽和园林绿化的重要花卉种类，在花卉生产中占有十分重要的地位。盆栽山茶一直深受广大消费者的喜爱。近年来微型植物盆栽由于体积娇小，自然清秀，被越来越多人追捧，尤其受年轻人的欢迎。应用植物生长抑制剂控制盆栽植物的株高是一项重要的现代农业技术措施。国内外生长抑制剂在金鱼草、百合等多种观赏植物上的应用已有报道，赵兰勇等进行了多效唑在金鱼草上的应用研究[1]，蔡军伙等探讨了 PP_{333}、GA_3 对麝香百合切花品质及叶绿素含量的影响[2]，谢

1　基金项目：广东省现代农业科技创新联盟建设项目"观赏茶新品系选育及高效快繁技术研究与示范"（2016LM3169）；广东省省级科技计划项目"芳香山茶高效繁育及精准化栽培技术研究与示范"（2018A050506054）；广东省重点领域研发计划项目"多瓣型四季开花茶花新品种培育及产业化"（2018B020202002）；广东省公益研究与能力建设专项"茶花资源创新利用与示范平台建设"（2014B070706016）；广州市对外研发合作专项"芳香山茶种质资源创新及产业化应用技术研究"（201807010016）；广州市科技计划项目"微型茶花品种资源创新利用及产业化关键技术研究"（201604020031）；广东省标准化制修订项目"广东山茶播种育苗技术规程"；农业部华南都市农业重点实验室开放课题基金资助。

第一作者简介：孙映波，男，研究员，主要从事园林和观赏植物育种、生物技术与产业化技术研究。E-mail：sunyingbo20@163.com。

* 通讯作者：黄丽丽，女，助理研究员，E-mail：104317910@qq.com。

利娟等研究了矮壮素对盆栽黄芩的矮化效果[3]，但植物生长抑制剂在山茶花上的应用研究很少。本研究通过多种植物生长抑制剂处理茶花植株，探讨不同植物生长抑制剂处理对茶花植株生长的影响，以期达到矮化植株的效果，为实现微型盆栽山茶产业化生产提供栽培参考。

1 材料与方法

1.1 材料

试验于2017年8月至2018年1月在广东省农业科学院环境园艺研究所白云基地的温室大棚进行。温室上覆有一层遮光率为50%~60%的遮阳网，温室内空气相对湿度为70%~90%。

供试的植物生长抑制剂：使用的多效唑为"国光"牌15%可湿性粉剂，烯效唑为"剑牌"可湿性粉剂，丁酰肼为"国光"牌50%可湿性粉剂，矮壮素（CCC）为"国光"牌50%水剂。植物矮壮素为进口"Bonzi"牌水剂。

供试盆栽容器：上口直径18cm的塑料盆。

供试盆栽基质：以泥炭+黄泥+桑枝渣=2：1：1作为盆栽基质。

供试茶花品种：耐冬。选用长势均匀、生长3个月的耐冬山茶扦插苗，每盆种1棵。

1.2 试验方法

本试验共设置6个处理：
(1) 清水（CK）；
(2) 多效唑500倍；
(3) 烯效唑200倍；
(4) 丁酰肼250倍；
(5) 矮壮素（CCC）5000倍；
(6) 植物矮壮素（Bonzi）2000倍。

每个处理设置30盆，分3次重复。处理方法为对基质进行浇灌，每盆浇灌200ml。浇灌次数为2次：上盆成活后浇灌1次，上盆60d后浇灌1次。其他栽培管理措施按正常栽培管理统一进行。

1.3 指标测定

先观察和拍照，浇灌之前测量各植株的株高、叶片数、主枝基径、分枝数数据；浇灌1次的处理在处理30d后测量各处理的株高、叶片数、主枝基径、分枝数；浇灌2次的处理在第2次处理90d后测量各处理的株高、叶片数、主枝基径、分枝数。

1.4 数据分析

使用卡尺测量植株株高，游标卡尺测量主枝基径，记录植株叶片数和分枝数，采用Microsoft excel 2007统计和分析数据。

2 结果与分析

各种植物生长剂处理1次对山茶植株生长的影响见表1。由表1可知，与清水浇灌相比，多效唑500倍浇灌处理植物矮化59.4%，烯效唑200倍浇灌处理植物矮化54.2%，丁酰肼250倍浇灌处理植物矮化52.8%，矮壮素（CCC）5000倍浇灌处理植物矮化81.1%，植物矮壮素2000倍浇灌处理植物矮化83.5%。除了矮壮素（CCC）5000倍浇灌处理的植株叶片数比对照增长4.5%，植物矮壮素2000倍浇灌处理的植株叶片数比对照增长22.7%，其他处理叶片数增长量均低于清水浇灌处理，多效唑500倍浇灌处理低68.2%，烯效唑200倍浇灌处理低86.4%，丁酰肼250倍浇灌处理低27.2%。与清水浇灌相比，各个处理的主枝基径均比对照低，其中烯效唑200倍浇灌处理比对照低44.5%，丁酰肼250倍浇灌处理比对照低24.3%，多效唑500倍浇灌处理比对照低22.8%，矮壮素（CCC）5000倍浇灌处理比对照低20.3%，植物矮壮素2000倍浇灌比对照处理低16.0%。与清水浇灌相比，各个处理的植株分枝数均比对照高，其中丁

表1 各种植物生长抑制剂处理1次对山茶植株生长的影响

Table 1　The effects of various plant growth inhibitors on the growth of camellia plants at one time

处理	株高（cm）	叶片数（片）	基部粗度（mm）	分枝数（个）
对照（CK.清水）	2.12	0.44	0.219	0.07
多效唑500倍	0.86	0.14	0.169	0.11
烯效唑200倍	0.97	0.06	0.122	0.10
丁酰肼250倍	1.00	0.32	0.166	0.08
矮壮素（CCC）5000倍	0.40	0.46	0.175	0.13
植物矮壮素（Bonzi）2000倍	0.35	0.54	0.184	0.20

注：以上数据为处理30d后，各指标数据的增长量。

酰肼 250 倍浇灌处理比对照增长 14.3%，烯效唑 200 倍浇灌处理比对照增长 42.9%，多效唑 500 倍浇灌处理比对照增长 57.1%，矮壮素(CCC)5000 倍浇灌处理比对照增长 85.7%，植物矮壮素 2000 倍浇灌处理比对照增长 185.7%。

由此可看出，各植物生长抑制剂处理一次试验中，从株高角度均有较好的矮化效果，结合植株其他生长指标综合考虑，以植物矮壮素(Bonzi) 2000 倍浇灌处理和矮壮素(CCC) 5000 倍浇灌处理的矮壮效果较明显，植株矮壮，株型紧凑；多效唑 500 倍、烯效唑 200 倍和丁酰肼 250 倍处理的矮壮效果均不大明显。

各种植物生长剂处理 2 次对山茶植株生长的影响见表 2。由表 2 可知，与清水浇灌对照处理相比，烯效唑 200 倍浇灌处理植物矮化 37.7%，多效唑 500 倍浇灌处理植物矮化 32.1%，植物矮壮素 2000 倍浇灌处理植物矮化 20.4%，矮壮素(CCC) 5000 倍浇灌处理植物矮化 15.7%，丁酰肼 250 倍浇灌处理植物矮化 11.0%。除了植物矮壮素 2000 倍浇灌处理比对照增长 22.7%，矮壮素(CCC) 5000 倍浇灌处理的植株叶片数比对照增长 4.5%，其他处理叶片数增长量均低于清水浇灌处理，烯效唑 200 倍浇灌处理低 86.4%，多效唑 500 倍浇灌处理低 68.2%，丁酰肼 250 倍浇灌处理低 27.3%。与清水浇灌对照处理相比，各个处理的主枝基径均比对照低，其中烯效唑 200 倍浇灌处理比对照低 44.5%，多效唑 500 倍浇灌处理的主枝基径比对照低 41.0%，丁酰肼 250 倍浇灌处理比对照低 24.2%，矮壮素(CCC) 5000 倍浇灌处理比对照低 20.2%，植物矮壮素 2000 倍浇灌处理比对照低 15.9%。与清水浇灌对照处理相比，各个处理的植株分枝数均比对照高，其中丁酰肼 250 倍浇灌处理比对照增长 21.2%，烯效唑 200 倍浇灌处理比对照增长 51.5%，多效唑 500 倍浇灌处理的植株分枝数比对照增长 72.7%，矮壮素(CCC) 5000 倍浇灌处理植株分枝数比对照增长 103.0%，植物矮壮素 2000 倍浇灌处理比对照增长 203.0%。

由此可看出，各植物生长剂处理 2 次试验中，从株高、叶片数、基部粗度和分枝数等生长指标综合考虑，植物矮壮素 2000 倍浇灌处理矮壮效果较好(株高中等、叶片数、基部粗度与对照处理接近，分枝数比对照处理有较大增长)，矮壮素(CCC) 5000 倍浇灌处理的矮壮效果次之，丁酰肼 250 倍浇灌处理的矮壮效果不明显，烯效唑 200 倍和多效唑 500 倍浇灌处理矮化效果虽明显，但植株高度过低、基部瘦弱、叶片稀疏，没有达到矮壮的效果，影响其观赏价值；不推荐烯效唑 200 倍和多效唑 500 倍浇灌用于做茶花矮壮处理。

表 2　各种植物生长抑制剂处理 2 次对山茶植株生长的影响
Table 2　Effects of two treatments with various plant growth inhibitors on the growth of camellia plants

处理	株高(cm)	叶片数(片)	基部粗度(mm)	分枝数(个)
对照(CK. 清水)	19.98	2.20	1.094	0.33
多效唑 500 倍	13.56	0.70	0.645	0.57
烯效唑 200 倍	12.45	0.30	0.608	0.50
丁酰肼 250 倍	17.79	1.60	0.829	0.40
矮壮素(CCC) 5000 倍	16.85	2.30	0.873	0.67
植物矮壮素(Bonzi) 2000 倍	15.90	2.70	0.920	1.00

注：以上数据为处理 90d 后，各指标数据的增长量。

3　讨论与结论

耐冬山茶可以作为微型茶花盆栽品种，植株高度和株型是重要的参考指标。本研究表明使用各种植物生长剂处理两次后，与清水浇灌对照处理相比，植物矮壮素(Bonzi) 2000 倍浇灌处理植物矮化 20.4%，植株叶片数增长 22.7%，植株主枝基径略低，植株分枝数增长 203.0%，植物矮壮素施 1 次矮化效果较明显，施 2 次也有一定的矮化效果，增加叶片数和分枝数，对第一次起到巩固作用。烯效唑 200 倍和多效唑 500 倍浇灌处理分别矮化 37.7%和 32.1%，其植株叶片数和植株基部粗度增长均明显低于对照处理。烯效唑 200 倍和多效唑 500 倍浇灌 1 次和两次处理矮化效果都较明显；但浇灌 2 次处理后叶片数基本不增加，对生长起了较大的抑制作用，所以不建议使用烯效唑 200 倍和多效唑 500 倍处理进行浇灌 2 次处理。

矮壮素(CCC) 5000 倍在 1 次浇灌处理之后矮化 81.1%，效果仅次于植物矮壮素(Bonzi) 2000 倍浇灌处理;但2次浇灌处理之后矮化了15.7%,效果也仅次于植物矮壮素(Bonzi)2000倍浇灌处理。丁酰肼250倍2次浇灌处理后对耐冬山茶的矮化作用不明显。丁华侨等[4]的研究表明矮壮素对姜荷花的矮化并没有作用,李冬梅等[5]的研究表明矮壮素和丁酰肼不能矮化盆栽海南三七植株,使用100和300mg/L多效唑基部浇灌处理1次可应用在盆栽海南三七的矮化生产上,与本试验结果相接近。

综上所述,各种植物生长抑制剂处理1次后,从株高角度均有较好的矮化效果,结合植株其他生长指标综合考虑,以植物矮壮素(Bonzi)2000倍浇灌处理和矮壮素(CCC)5000倍浇灌处理的矮壮效果较明显,其植株矮壮,株型紧凑。各种植物生长剂处理2次试验中,从株高、叶片数、基部粗度和分枝数等生长指标综合考虑,植物矮壮素2000倍和矮壮素5000倍浇灌处理的矮壮效果均较好,其植株紧凑,株型优美,可推荐应用于耐冬山茶的盆栽矮化栽培。丁酰肼250倍浇灌处理的矮壮效果不明显。烯效唑200倍和多效唑500倍浇灌处理浇灌两次处理的矮化效果虽明显,但植株高度过低、基部瘦弱、叶片稀疏,没有达到矮壮的效果,影响其观赏价值;不推荐烯效唑200倍和多效唑500倍浇灌用于做茶花矮壮处理。

参考文献

[1] 赵兰勇,贾锦山.多效唑在金鱼草上的应用研究[J].山东农业大学学报,1995,26(2):243-245.

[2] 蔡军伙,连芳青,魏绪英.PP_{333}、GA_3对麝香百合切花品质及叶绿素含量的影响初探[J].江西农业大学学报,2002,24(5):623-626.

[3] 谢利娟,韩蕾,李永红,等.矮壮素对盆栽黄芩的矮化效果[J].东北林业大学学报,2004,32(4):92-93.

[4] 丁华侨,王炜勇,邹清成.不同植物生长延缓剂对姜荷花的矮化效果[J].浙江农业科学,2013(5):559-562.

[5] 李冬梅,刘小飞.3种植物生长延缓剂对盆栽海南三七的矮化效果[J].热带农业科学,2018,38(5):28-33.

四种野生杜鹃属植物组培快繁体系研究

罗程　黄文沛　王馨婕　冉艾宁　潘远智　姜贝贝*

(四川农业大学风景园林学院,成都　611130)

摘要　本研究以喇叭杜鹃(*Rhododendron discolor*)、皱皮杜鹃(*Rhododendron wiltonii*)、海绵杜鹃(*Rhododendron pingianum*)和绒毛杜鹃(*Rhododendron pachytrichum*)为研究对象,以种子无菌播种产生的无菌苗为外植体,进行增殖培养、愈伤组织诱导及生根培养研究,以期建立4种野生杜鹃的快速繁殖体系。研究结果如下:

(1)最适喇叭杜鹃、皱皮杜鹃、海绵杜鹃和绒毛杜鹃茎段增殖培养的激素配比分别为 2.0mg/L TDZ+0.05mg/L NAA、0.5mg/L TDZ+0.25mg/L NAA、0.5mg/L TDZ+0.25mg/L NAA 和 0.5mg/L TDZ+0.25mg/L NAA,40d 时丛生芽平均增殖倍数分别为 3.67、2.50、2.72 和 2.89。

(2)最适喇叭杜鹃、皱皮杜鹃、海绵杜鹃和绒毛杜鹃茎尖增殖培养的激素配比分别为 2.0mg/L ZT+0.2mg/L NAA、4.0mg/L ZT+0.2mg/L NAA、2.0mg/L ZT+0.2mg/L NAA 和 2.0mg/L ZT+0.2mg/L NAA,40d 时茎尖平均增殖倍数分别为 1.96、1.29、1.79 和 2.79。

(3)最适喇叭杜鹃叶柄和叶片愈伤组织诱导的激素配比为 1.5mg/L TDZ+0.05mg/L NAA 和 1.0mg/L TDZ+0.05mg/L NAA;最适皱皮杜鹃叶柄和叶片愈伤组织诱导的激素配比为 0.5mg/L TDZ+0.05mg/L NAA 和 1.0mg/L TDZ+0.2mg/L NAA;最适海绵杜鹃叶柄和叶片愈伤组织诱导的激素配比为 1.5mg/L TDZ+0.05mg/L NAA 和 1.5mg/L TDZ+0.2mg/L NAA;最适绒毛杜鹃叶柄和叶片愈伤组织诱导的激素配比为 0.5mg/L TDZ+0.05mg/L NAA 和 1.5mg/L TDZ+0.2mg/L NAA。

(4)喇叭杜鹃、皱皮杜鹃、海绵杜鹃和绒毛杜鹃芽苗在蛭石:珍珠岩=1:1的基质中进行瓶外生根培养,生根率分别为 83%、67%、76%和 80%。

关键词　野生杜鹃;组培快繁;激素配比

Study on Tissue Culture and Rapid Propagation of Four Kinds of Wild Rhododendron

LUO Cheng　HUANG Wen-pei　WANG Xin-jie　RAN Ai-ning　PAN Yuan-zhi　JIANG Bei-bei*

(*College of Landscape Architectre*, *Sichuan Agricultural University*, *Chengdu* 611130, *China*)

Abstract　In this study, the aseptic seedlings of *Rhododendron discolor*, *Rhododendron wiltonii*, *Rhododendron pingianum* and *Rhododendron pachytrichum* were taken as the research objects, and the aseptic seedlings produced by aseptic seeding of seeds were taken as explants for proliferation culture, callus induction and rooting culture in order to study the tissue culture and rapid propagation technology system of four kinds of wild Rhododendron. The results of the study are as follows:
(1) The results showed that the optimal ratio of hormone for proliferation culture of the stem of *Rhododendron discolor*, *Rhododendron wiltonii*, *Rhododendron pingianum* and *Rhododendron pachytrichum* was: 2.0mg/L TDZ+0.05mg/L NAA, 0.5mg/L TDZ+0.25mg/L NAA, 0.5mg/L TDZ+0.25mg/L NAA and 0.5mg/L TDZ+0.25mg/L NAA respectively, while the average proliferation multiole are 3.67, 2.50, 2.72 and 2.89 at 40 days respectively.
(2) It was found that the best hormone combination for proliferation culture of the stem tip of *Rhododendron discolor* was: 2.0mg/L ZT+0.2mg/L NAA, the best for *Rhododendron wiltonii* was: 4.0mg/L ZT+0.2mg/L NAA, the best for *Rhododendron pingianum* and *Rhododendron pachytrichum* were: 2.0mg/L ZT+0.2mg/L NAA, the average proliferation multiole are

---

1　基金项目:四川农业大学大学生创新训练计划(04070341);四川农业大学学科建设双支计划(03573238)。
　　第一作者简介:罗程(1999—),女,在读本科生,主要从事园林植物组培快繁技术研究。
*　通讯作者:姜贝贝,职称:教授,E-mail:sicaujbb@163.com。

1.96, 1.29, 1.79 and 2.79 at 40 days respectively.

(3) The leaves and petioles of aseptic seedlings of four kinds of rhododendrons were used as materials for callus induction. The experimental result of the *Rhododendron discolor* was: the best hormone combination for the petioles was 1.5mg/L TDZ + 0.05mg/L NAA, the best for the leaves was 1.0mg/L TDZ + 0.05mg/L NAA. The experimental result of the *Rhododendron wiltonii* was: the best for the petioles was 0.5mg/L TDZ + 0.05mg/L NAA, the best for the leaves was 1.0mg/L TDZ + 0.2mg/L NAA. The experimental result of the *Rhododendron pingianum* was: the best hormone combination for the petioles was 1.5mg/L TDZ + 0.05mg/L NAA, the best for the leaves was 1.5mg/L TDZ + 0.2mg/L NAA. And the experimental result of the *Rhododendron pachytrichum* was: the best hormone combination for the petioles was 0.5mg/L TDZ + 0.05mg/L NAA, the best for the leaves was 1.5mg/L TDZ + 0.2mg/L NAA.

(4) The rooting rate of *Rhododendron discolor*, *Rhododendron wiltonii*, *Rhododendron pingianum* and *Rhododendron pachytrichum* was 83%, 67%, 76% and 80% respectively on the mixed matrix of vermiculite and perlite.

Key words Wild rhododendron; Tissue culture; Hormone combination

杜鹃花是杜鹃花科(Ericaceae)杜鹃花属(Rhododendron)植物的总称(冯国楣和杨增宏,1999),是世界名花之一,也是我国十大名花的"花中西施",有"木本花卉之王"的称号(王守中 等,1989)。我国野生杜鹃资源极为丰富,其中四川省地处亚热带,地形复杂,气候类型丰富多样,故而拥有较多的杜鹃花资源。从气候带上看,大部分杜鹃花种类分布于温带和亚热带地区,海拔400~4500m的地区均有杜鹃花属植物的分布(马丽莎 等,2004),加之其较高的观赏、药用等价值,现已成为四川省最具特色和开发潜力的野生植物资源之一(鲜小林 等,2012)。

然而,我国的野生杜鹃花资源利用率却大大低于其他种源地区,忽视国产种质资源的价值是阻碍我国杜鹃花产业发展的重要原因(吴荭 等,2013)。四川具有重要研究、栽培和开发价值的野生杜鹃属植物有21种,多生长于灌丛、荒坡、林缘或山谷旁。其中,一些矮小植株根系发达,具有保水固土的效果,耐干旱、耐瘠薄且有很高的观赏价值(陈烈华 等,2011)。

目前国内对野生杜鹃属植物的研究多停留于播种、扦插、嫁接繁殖等方面,而对其进行组织培养并建立快速繁殖体系的研究相对较少,已有的杜鹃属植物组培快繁研究也仅涉及少数品种(程家胜 等,2003;李金月 等,2014)。本试验中的四种杜鹃属植物均为分布于峨眉山片区的野生种杜鹃,在园林上尚未得到开发应用,相关研究较少。因此,及时开展关于四种野生杜鹃属植物快速繁殖体系建立的研究,既是对野生杜鹃的保护、开发及利用,也推动了其研究进展,对野生杜鹃相近种的研究也具有积极意义。

1 材料与方法

1.1 试验材料

试验材料为绒毛杜鹃(*Rhododendron pachytrichum*)、喇叭杜鹃(*Rhododendron discolor*)、皱皮杜鹃(*Rhododendron wiltonii*)、海绵杜鹃(*Rhododendron pingianum*)的无菌苗,均由无菌播种获得。

1.2 无菌体系的建立

将4种杜鹃的成熟果荚剥开,取出种子,去除杂质,并选取颗粒饱满、无病虫害的种子。用浓度为400mg/L赤霉素分别浸泡48h后,将其用纱布仔细包裹起来,在流水下冲洗10min,并转移至超净工作台上对种子表面进行杀菌处理,即用75%的酒精漂洗包裹好的种子30s,倒出酒精后用无菌水清洗2遍;再用2%次氯酸钠消毒种子,处理5min,随后用无菌水冲洗5遍。最后将种子播种到不添加激素的Anderson培养基(蔗糖30g/L,琼脂5.5g/L,pH5.7~5.8),每瓶20粒种子。在温度25±2℃,空气相对湿度60%左右,光照时间为16h/d,光照强度4000~5000lx条件下培养。

1.3 茎段增殖培养

分别剪取4种杜鹃无菌苗茎段1~2cm,每个茎段2~3个腋芽,去除叶片,接种到含有不同激素配比的Anderson培养基中。培养基内添加蔗糖30g/L、琼脂5.5g/L,植物生长调节素选择TDZ和NAA。每个处理6瓶,每瓶3个外植体,每处理3个重复,待40d后统计芽的诱导率、增殖倍数及其生长情况,筛选出茎段增殖最佳激素配比。具体试验方案如表1。

表1 茎段增殖培养设计方案
Table 1 Chart of testing program for subculture multiplication of stem

编号(NO.)	TDZ(mg/L)	NAA(mg/L)
1	0.5	0.05
2	1.0	0.05
3	2.0	0.05
4	0.5	0.25
5	1.0	0.25
6	2.0	0.25

1.4 茎尖增殖培养

剪取4种杜鹃无菌苗茎尖为外植体,以 Anderson 为基本培养基,探究不同浓度激素配比对茎尖不定芽分化的影响。培养基内添加蔗糖30g/L、琼脂5.5g/L,细胞分裂素选取 ZT,生长素选取 NAA。每个处理6瓶,每瓶3个外植体,每处理3个重复,待40d后统计芽的诱导率、增殖倍数及其生长情况。具体试验方案如表2。

表2 茎尖增殖培养设计方案
Table 2 Chart of testing program for subculture multiplication of stem tip

编号(NO.)	ZT(mg/L)	NAA(mg/L)
1	1.0	0.05
2	1.0	0.1
3	1.0	0.2
4	2.0	0.05
5	2.0	0.1
6	2.0	0.2
7	4.0	0.05
8	4.0	0.1
9	4.0	0.2

1.5 叶片、叶柄愈伤组织诱导

将4种杜鹃无菌苗叶片由叶柄基部处切下,在叶片主叶脉中部横切3~4mm的伤口,将有伤口的叶片作为外植体;同时将叶柄单独切下,接种于含有不同激素配比的 Anderson 培养基中。培养基内添加蔗糖30g/L、琼脂5.5g/L,植物生长调节剂选用 TDZ 及 NAA。每个处理6瓶,每瓶4个叶片或4个叶柄,每处理3个重复。暗培养1周后,置于培养室中进行培养并观察,待40d后观察统计出愈率及愈伤量。具体试验方案如表3。

表3 叶片与叶柄愈伤组织诱导培养设计方案
Table 3 Chart of design on callus induction of leaf and petiole

编号(NO.)	TDZ(mg/L)	NAA(mg/L)
1	0.5	0.05
2	1.0	0.05
3	1.5	0.05
4	0.5	0.2
5	1.0	0.2
6	1.5	0.2

1.6 瓶外生根培养

选择进行增殖培养后长度达到3cm左右、叶片4叶以上、叶色深绿、健壮、大小基本一致的组培苗,带瓶移入室内,放置7d,再打开瓶盖炼苗3d。取出无菌苗置于流水下冲洗,去除其根上附着的培养基,注意避免伤害组培苗细弱的根系。洗净后移栽到蛭石:珍珠岩=1:1的基质中。移栽时,在基质中挖一小孔,将组培苗基部小心放入孔中,深度以埋过根部为宜,最后填入基质并压实。移栽的组培苗置于人工气候箱中,温度为25±1℃,光照时间为16h/d,适当浇水以保证湿度,诱导其生根。

1.7 数据统计与处理

材料接种培养40d后统计:污染率、死亡率、褐化率、出芽率等。

污染率(%)=(污染的外植体数/接种外植体总数)×100%

死亡率(%)=(死亡的外植体数/接种外植体总数)×100%

褐化率(%)=(褐化的外植体数/接种外植体总数)×100%

诱导率(%)=[培养40d后诱导出丛生芽的外植体数/(接种数-污染数)]×100%

出愈率(%)=(产生愈伤组织的外植体数/接种外植体数)×100%

增殖倍数=培养40d后诱导出的丛生芽个数/接种芽数

增殖率(%)=发生增殖的愈伤组织块数/接种的愈伤组织块数×100%

生根率(%)=(生根苗数/接种数)×100%

平均根长(cm)=根系长度总和/生根总数

试验数据将利用 Excel 和 SPSS 软件进行方差分析、极差分析等。统计分析4种杜鹃在不同培养条件下的诱导率、增殖倍数、出愈率、生根率等生理指标,以求建立4种野生杜鹃属植物的组培快繁技术体系。

2 结果与分析

2.1 茎段增殖培养

2.1.1 生长调节剂对喇叭杜鹃无菌苗茎段增殖培养的影响

分析表4可知:在低浓度(0.5mg/L)NAA处理下,随着 TDZ 浓度的升高,喇叭无菌苗茎段增殖倍数和诱导率都呈现升高趋势;在 TDZ 浓度为2.0mg/L 时,增殖倍数和诱导率均可达到最大值,且增殖效果明显，组培苗长势良好。在相同NAA浓度下，高浓度(2.0mg/L)的TDZ处理的平均增殖倍数为3.15，而低浓度(0.5mg/L)情况下平均增殖倍数只有2.0，高浓度的TDZ提高了无菌苗茎段的增殖倍数。以Anderson为基础培养基，组合TDZ 2.0mg/L，NAA 0.05mg/L，喇叭杜鹃茎段增殖效果最佳，增殖倍数达3.67。

表4 不同生长调节剂对喇叭杜鹃无菌苗茎段增殖培养的影响
Table 4 Results of different growth regulators acting on plantlet subculture stem of *Rhododendron discolor*

编号	TDZ(mg/L)	NAA(mg/L)	增殖倍数	诱导率(%)	长势
1	0.5	0.05	1.58±0.5c	70a	长势较差,植株细弱矮小
2	1.0	0.05	2.29±0.69bc	72.22a	长势一般,叶片翻卷
3	2.0	0.05	3.67±0.42a	83.33a	长势良好,腋芽叶片多
4	0.5	0.25	2.42±0.06bc	75a	长势较好,叶片嫩绿
5	1.0	0.25	2.25±0.1bc	75a	长势一般,组培苗细弱
6	2.0	0.25	2.63±0.44b	70.83a	长势较弱,组培苗纤细

注：表中数据为平均数±标准差(SE)；字母表示在0.05水平上差异显著性，下同。

2.1.2 生长调节剂对皱皮杜鹃无菌苗茎段增殖培养的影响

分析表5可知：低浓度(0.5mg/L)NAA处理的诱导率比高浓度(2.0mg/L)NAA处理下的略低，但不同的生长调节剂浓度配比对皱皮杜鹃无菌苗茎段诱导率的影响不显著。在相同NAA浓度处理下，皱皮杜鹃无菌苗茎段增殖倍数随着TDZ浓度的增加呈递减趋势。低浓度(0.5mg/L)TDZ处理下的组培苗增殖效果均良好，腋芽叶片多，而高浓度(2.0mg/L)TDZ处理下的组培苗相对较矮小，且愈伤组织偏多，叶片偏黄。综上，以Anderson为基础培养基，组合TDZ 0.5mg/L，NAA 0.25mg/L，皱皮杜鹃茎段增殖效果最佳，增殖倍数达到2.50，诱导率也可达72.22%，且增殖效果明显，组培苗长势良好。

表5 不同生长调节剂对皱皮杜鹃无菌苗茎段增殖培养的影响
Table 5 Results of different growth regulators acting on plantlet subculture stem of *Rhododendron wiltonii*

编号	TDZ(mg/L)	NAA(mg/L)	增殖倍数	诱导率(%)	长势
1	0.5	0.05	2.13±0.10ab	66.67ab	长势较好,叶片较多
2	1.0	0.05	1.83±0.33abc	72.22a	长势一般,叶片翻卷
3	2.0	0.05	1.42±0.58bc	50b	长势较弱,组培苗矮小
4	0.5	0.25	2.50±0.62a	72.22a	长势良好,腋芽多
5	1.0	0.25	1.96±0.12ab	75a	长势一般,组培苗细弱
6	2.0	0.25	1.04±0.16c	70.83ab	长势较弱,组培苗纤细

2.1.3 生长调节剂对海绵杜鹃和绒毛杜鹃无菌苗茎段增殖培养的影响

分析表6和7可知，不同浓度的TDZ和NAA对海绵杜鹃和绒毛杜鹃的无菌苗茎段增殖培养均有较大的影响，各处理的结果之间有显著差异。最适合海绵杜鹃、绒毛杜鹃无菌苗茎段增殖培养的条件为：激素配比为TDZ0.5mg/L+NAA0.25mg/L。此时，海绵杜鹃茎段的增殖倍数为2.72，绒毛杜鹃茎段的增殖倍数为2.89，分别为6个处理中的最大值。在此浓度下两种杜鹃无菌苗均生长茁壮，侧芽得到充分伸长，茎基部长出大量的丛生芽，叶片为青绿色，长势良好。

海绵杜鹃茎段的增殖能力随着TDZ浓度的增加而逐渐减弱，在TDZ浓度为2.0mg/L时海绵杜鹃组培苗长势最差；与此同时，增殖产生的丛生芽长势也随TDZ浓度的升高而减弱。当TDZ为0.5mg/L，NAA为0.05mg/L或者0.25mg/L时，茎段增殖倍数均达到2倍以上，但是在NAA浓度为0.25mg/L时，丛生芽数量更多，组培苗更健壮。观察表5数据，得出的结论与海绵杜鹃相同。由此可知，TDZ和NAA对海绵杜鹃和绒毛杜鹃无菌苗茎段增殖诱导的能力相似，其中0.5mg/L的TDZ与0.25mg/L的NAA诱导增殖能力最好。

表6 不同生长调节剂对海绵杜鹃无菌苗茎段增殖培养的影响
Table 6 Results of different growth regulators acting on plantlet subculture stem of *Rhododendron pingianum*

编号(NO.)	TDZ(mg/L)	NAA(mg/L)	增殖倍数	生长情况
1	0.5	0.05	2.22±0.42b	长势一般，侧芽伸长，茎基部长出较多丛生芽，苗稍粗
2	1.0	0.05	1.72±0.21c	长势较弱，侧芽伸长，茎基部长出较少丛生芽，芽小，苗纤细
3	2.0	0.05	1.53±0.92c	长势较弱，侧芽伸长，茎基部长出丛生芽，芽小，叶片黄绿色
4	0.5	0.25	2.72±0.27a	长势良好，侧芽伸长，茎基部长出许多丛生芽，组培苗苗壮
5	1.0	0.25	1.50±0.25c	长势较弱，侧芽伸长，茎基部长出丛生芽，芽小，叶片黄绿色
6	2.0	0.25	1.31±0.17c	长势较差，侧芽伸长，茎基部长出少量丛生芽，芽小，苗细弱

表7 不同生长调节剂对绒毛杜鹃无菌苗茎段增殖培养的影响
Table 7 Results of different growth regulators acting on plantlet subculture stem of *Rhododendron pachytrichum*

编号(NO.)	TDZ(mg/L)	NAA(mg/L)	增殖倍数	生长情况
1	0.5	0.05	1.67±0.17bc	长势较弱，侧芽伸长，茎基部长出少量丛生芽，苗细弱
2	1.0	0.05	2.58±0.09a	长势良好，侧芽伸长，茎基部长出较多丛生芽，苗苗壮
3	2.0	0.05	1.44±0.42c	长势较差，侧芽微伸长，茎基部长出丛生芽，芽小，叶片黄绿色
4	0.5	0.25	2.89±0.09a	长势良好，侧芽伸长，茎基部长出许多丛生芽，组培苗苗壮
5	1.0	0.25	1.33±0.17c	长势较差，侧芽微伸长，茎基部长出丛生芽，芽小，叶片黄绿色
6	2.0	0.25	2.03±0.18b	长势一般，侧芽伸长，茎基部长出较多丛生芽，芽小，苗稍壮

2.2 茎尖增殖培养

2.2.1 生长调节剂对喇叭杜鹃无菌苗茎尖增殖培养的影响

分析表8可知，不同的生长调节剂浓度配比对喇叭杜鹃无菌苗茎尖诱导率没有显著影响，且当ZT浓度为2.0mg/L时，诱导率相同。随着ZT浓度的增加，喇叭杜鹃茎尖的平均增殖倍数增加。当ZT浓度达到最高4.0mg/L时，无菌苗茎尖增殖情况整体较好，增殖倍数也较高。每种处理下的无菌植株多细弱矮小，但当ZT和NAA浓度均达到最大时，可产生较多腋芽。以Anderson为基础培养基，组合ZT 2.0mg/L，NAA 0.2mg/L，喇叭杜鹃茎尖增殖倍数达到最大值为1.96，是最佳的处理。

表8 不同生长调节剂对喇叭杜鹃无菌苗茎尖增殖培养的影响
Table 8 Results of different growth regulators acting on plantlet subculture stem tip of *Rhododendron discolor*

编号	ZT(mg/L)	NAA(mg/L)	增殖倍数	诱导率(%)	长势
1	1.0	0.05	1.50±0.2abc	50a	长势较好，丛生芽较多
2	1.0	0.1	0.54±0.06e	27.5c	长势一般，叶片翻卷
3	1.0	0.2	0.96±0.06de	30bc	长势较差，植株细弱矮小
4	2.0	0.05	1.13±0.27cd	41.67ab	长势较好，叶片嫩绿
5	2.0	0.1	1.00±0.27de	50a	长势较弱，组培苗细弱
6	2.0	0.2	1.96±0.12a	50a	长势较好，叶片嫩绿
7	4.0	0.05	1.42±0.29bcd	50a	长势一般，叶片翻卷
8	4.0	0.1	1.63±0.2ab	50a	长势一般，植株矮小
9	4.0	0.2	1.25±0.27bcd	44.44a	长势一般，腋芽较多

2.2.2 生长调节剂对皱皮杜鹃无菌苗茎尖增殖培养的影响

由表9可知，皱皮杜鹃无菌苗茎尖的增殖倍数偏低，且植株长势也较差，多数植株矮小细弱，叶片稀少偏黄。在高浓度(4.0mg/L)ZT处理下，增殖倍数可全部达到1以上，且诱导率也相对较高，均可达到50%；ZT浓度较低(1.0mg/L)时，增殖倍数均小于1。相同ZT浓度处理下，皱皮杜鹃茎尖的增殖倍数均随 NAA 的浓度增加而呈先减小后升高的趋势,且 NAA 浓度越高,增殖倍数也越大。当 NAA 浓度为 2.0mg/L、ZT 浓度为 4.0mg/L 时,是对皱皮杜鹃茎尖增殖的最优处理,增殖倍数可达到最高 1.29。

表 9　不同生长调节剂对皱皮杜鹃无菌苗茎尖增殖培养的影响
Table 9　Results of different growth regulators acting on plantlet subculture stem tip of *Rhododendron wiltonii*

编号	ZT(mg/L)	NAA(mg/L)	增殖倍数	诱导率(%)	长势
1	1.0	0.05	0.46±0.33cd	32.5cd	长势较差,叶片偏黄
2	1.0	0.1	0.08±0.03d	13.3d	长势较差,部分死亡
3	1.0	0.2	0.79±0.39bc	41.67bc	长势较差,植株细弱矮小
4	2.0	0.05	1.13±0.44ab	50abc	长势一般,叶片嫩绿
5	2.0	0.1	0.58±0.06bcd	50abc	植株矮小,叶片少而黄
6	2.0	0.2	0.96±0.06abc	41.67bc	长势较差,叶片小
7	4.0	0.05	1.17±0.24ab	62.5ab	长势一般,叶片翻卷
8	4.0	0.1	1.04±0.26abc	50abc	长势一般,植株矮小
9	4.0	0.2	1.29±0.21a	75a	长势一般,有部分丛生芽

2.2.3　生长调节剂对海绵杜鹃和绒毛杜鹃无菌苗茎尖增殖培养的影响

由表 10 至表 13 可知,整体来看,ZT 和 NAA 诱导海绵杜鹃和绒毛杜鹃茎尖增殖的能力相似,但相同浓度的 ZT 和 NAA 处理下,绒毛杜鹃的茎尖增殖产生的不定芽数量高于海绵杜鹃。根据 SPSS 系统对两种杜鹃无菌苗茎尖增殖倍数进行方差分析,得到两种杜鹃的 P 值均为 $0.000(P<0.05)$。同时,根据估算边际均值及单因素成对比较结果(即表 11 和表 13)可知,ZT 浓度不同,茎尖的增殖倍数有显著差异($P<0.01$),当 ZT 浓度为 2mg/L 时增殖倍数较高;而 NAA 浓度对茎尖增殖倍数无显著影响。当 ZT 浓度为 1.0mg/L 时,绝大多数茎尖褐化死亡,无法增殖;当 ZT 浓度为 4.0mg/L 时,茎尖长势比处理 1、2、3 好,但是增殖产生的不定芽少。

由此可知,不同浓度的 ZT 和 NAA 对海绵杜鹃和绒毛杜鹃无菌苗茎尖增殖培养均有较大的影响,且 ZT 对海绵杜鹃和绒毛杜鹃茎尖的增殖效应大于 NAA。综上,海绵杜鹃和绒毛杜鹃无菌苗茎尖增殖培养的最佳方案为:ZT2.0mg/L+NAA0.2mg/L 组合,此时海绵杜鹃增殖倍数为 1.79,绒毛杜鹃为 2.79。该方案下叶片多,为青绿色,茎尖伸长到了 2~3 节,有较多不定芽产生,生长茁壮。

表 10　不同生长调节剂对海绵杜鹃无菌苗茎尖增殖培养的影响
Table 10　Results of different growth regulators acting on plantlet subculture stem tip of *Rhododendron pingianum*

编号(NO.)	ZT(mg/L)	NAA(mg/L)	增殖倍数	生长情况
1	1.0	0.05	0.25±0.00c	大多数茎尖褐化死亡,几乎无不定芽产生,叶稀少
2	1.0	0.10	0.21±0.19c	大多数茎尖褐化死亡,几乎无不定芽,叶稀少
3	1.0	0.20	0.38±0.22c	大多数茎尖褐化死亡,有少量不定芽,芽小
4	2.0	0.05	1.25±0.25b	长势较好,茎尖伸长,有较多不定芽,叶翻卷
5	2.0	0.10	1.08±0.14b	长势一般,茎尖伸长,有不定芽产生,叶为黄绿色
6	2.0	0.20	1.79±0.19a	长势良好,茎尖伸长 2~3 节,长出许多不定芽,叶片青绿色
7	4.0	0.05	1.00±0.13b	长势一般,茎尖伸长,有不定芽产生,叶较少,为黄绿色
8	4.0	0.10	1.21±0.14b	长势较好,茎尖伸长,有较多不定芽,叶翻卷
9	4.0	0.20	1.05±0.38b	长势一般,茎尖伸长,有不定芽产生,叶少,为黄绿色

表 11　海绵杜鹃茎尖增殖倍数方差分析

Table 11　Variance analysis of multiplication times of plantlet subculture stem tip of *Rhododendron pingianum*

变异来源	自由度	均方	F	显著性
ZT 浓度(mg/L)	2	0.950	17.128	0.003
NAA 浓度(mg/L)	2	0.060	0.171	0.847

表 12　不同生长调节剂对绒毛杜鹃无菌苗茎尖增殖培养的影响

Table 12　Results of different growth regulators acting on plantlet subculture stem tip of *Rhododendron pachytrichum*

编号(NO.)	ZT(mg/L)	NAA(mg/L)	增殖倍数	生长情况
1	1.0	0.05	1.35±0.34b	长势较好,茎尖伸长,有较多不定芽产生,叶翻卷
2	1.0	0.10	0.67±0.14c	大多数茎尖褐化死亡,几乎无不定芽,叶稀少
3	1.0	0.20	0.71±0.07c	部分茎尖褐化死亡,有少量不定芽,芽小
4	2.0	0.05	1.42±0.38b	长势较好,茎尖伸长,有较多不定芽,叶翻卷
5	2.0	0.10	2.38±0.22a	长势良好,茎尖伸长,有较多不定芽产生,叶为青绿色
6	2.0	0.20	2.79±0.19a	长势良好,茎尖伸长2~3节,长出许多不定芽,叶片青绿色
7	4.0	0.05	1.50±0.25b	长势较好,茎尖伸长,有较多不定芽产生,叶翻卷
8	4.0	0.10	1.17±0.29bc	长势一般,茎尖微伸长,有不定芽产生,叶少,为黄绿色
9	4.0	0.20	1.33±0.29b	长势一般,茎尖伸长,有少量不定芽产生,叶翻卷

表 13　绒毛杜鹃茎尖增殖倍数方差分析

Table 13　Variance analysis of multiplication times of plantlet subculture stem tip of *Rhododendron pachytrichum*

变异来源	自由度	均方	F	显著性
ZT 浓度(mg/L)	2	1.290	5.800	0.040
NAA 浓度(mg/L)	2	0.038	0.060	0.943

2.3　叶柄愈伤组织的诱导

2.3.1　生长调节剂对喇叭杜鹃无菌苗叶柄愈伤组织诱导的影响

通过表14分析得出:不同的生长调节剂浓度配比对喇叭杜鹃无菌苗叶柄出愈率存在显著影响。高浓度(0.2mg/L)NAA处理下喇叭杜鹃无菌苗叶柄愈伤组织的出愈率较低浓度(0.05mg/L)NAA处理下的显著降低。在低浓度NAA下,随着TDZ浓度的升高,喇叭无菌苗叶柄愈伤组织出愈率先下降后升高。而在高浓度NAA下,喇叭杜鹃无菌苗叶柄愈伤组织出愈率随着TDZ浓度的升高,呈现先升高后下降的趋势。以Anderson为基础培养基,最适喇叭杜鹃叶柄愈伤组织诱导的激素组合为TDZ 1.5mg/L、NAA 0.05mg/L,出愈率最高,达到83.33%。

表 14　不同生长调节剂对喇叭杜鹃无菌苗叶柄诱导愈伤组织的影响

Table 14　Effect of different hormones combination on callus induction from petiole of aseptic seedling leaves of *Rhododendron discolor*

编号(NO.)	TDZ(mg/L)	NAA(mg/L)	出愈率(%)	生长情况
1	0.5	0.05	79.17±0.16ab	量少、粒状、浅绿色
2	1.0	0.05	70.83±0.12ab	量多、疏松、黄绿色
3	1.5	0.05	83.33±0.06a	量较多、疏松、黄绿色、部分褐化
4	0.5	0.2	37.50±0.18c	叶片增厚、直接分化成芽
5	1.0	0.2	54.17±0.06bc	量较多、致密、灰绿色、部分褐化
6	1.5	0.2	33.33±0.06c	量少、疏松、黄绿色

2.3.2　生长调节剂对皱皮杜鹃无菌苗叶柄愈伤组织诱导的影响

通过表15分析得出,在诱导皱皮杜鹃无菌苗叶柄愈伤组织的处理中,高浓度(0.2mg/L)NAA处理相对低浓度(0.05mg/L)NAA处理诱导效果较好。但皱皮杜鹃叶柄愈伤组织出愈率整体偏低,且产生的愈伤组织量较少，多呈粒状，外植体有褐化现象。在相同NAA浓度处理下，皱皮无菌苗叶柄愈伤组织出愈率随着TDZ浓度的升高，呈现先增后减的趋势，出愈率均在TDZ浓度为1.0 mg/L时达到最高。综上，以Anderson为基础培养基，选择TDZ 1.0mg/L、NAA 0.2mg/L的激素组合最适宜皱皮杜鹃叶柄愈伤组织的诱导，出愈率达到最高75%。

表15　不同生长调节剂对皱皮杜鹃无菌苗叶柄诱导愈伤组织的影响

Table 15　Effect of different hormones combination on callus induction from petiole of aseptic seedling leaves of *Rhododendron wiltonii*

编号(NO.)	TDZ(mg/L)	NAA(mg/L)	出愈率(%)	生长情况
1	0.5	0.05	54.17±0.12abc	量少、粒状、浅绿色
2	1.0	0.05	58.33±0.12ab	量少，粒状
3	1.5	0.05	29.17±0.16c	叶柄膨大，褐化较多
4	0.5	0.2	33.33±0.06bc	量少、部分褐化
5	1.0	0.2	75.00±0.10a	量较多、浅绿色
6	1.5	0.2	54.17±0.06abc	量少，粒状

2.3.3　生长调节剂对海绵杜鹃无菌苗叶柄愈伤组织诱导的影响

观察表16数据可知，海绵杜鹃无菌苗叶柄在处理1中，褐化率较高，出愈率低，且产生的愈伤组织少、活力低。而在处理3中，叶柄在两端切口处均能产生愈伤组织，且愈伤组织质量好，体积大，呈现蓬松、浅绿色的状态。综合海绵杜鹃叶柄在不同激素配比的培养基上形成愈伤组织的能力，认为Anderson+TDZ1.5mg/L+NAA0.05mg/L为最佳培养基。

表16　不同生长调节剂对海绵杜鹃无菌苗叶柄诱导愈伤组织的影响

Table 16　Effect of different hormones combination on callus induction from petiole of aseptic seedling leaves of *Rhododendron pingianum*

编号(NO.)	TDZ(mg/L)	NAA(mg/L)	出愈率(%)	愈伤组织生长情况
1	0.5	0.05	37.50±0.25c	量少，粒状，带褐点，部分褐化
2	1.0	0.05	54.17±1.14bc	量少，粒状，浅绿色，部分褐化
3	1.5	0.05	100.00±0.00a	量多，蓬松，浅绿色
4	0.5	0.20	91.67±0.72a	量较多，致密，黄绿色
5	1.0	0.20	70.83±0.72ab	量较少，致密，黄绿色，部分褐化
6	1.5	0.20	83.33±0.72a	量较多，致密，黄绿色

2.3.4　生长调节剂对绒毛杜鹃无菌苗叶柄愈伤组织诱导的影响

观察表17数据可知，在处理1中，绒毛杜鹃无菌苗叶柄两端的切口处均有大量愈伤组织产生，并且长势良好，出愈率较高，为91.67%。处理5中，叶柄的出愈率为83.33%，与处理1中叶柄的出愈率无显著差异，但处理1中的愈伤组织为蓬松状态，生长状态优于处理5。综合比较叶柄在不同处理中产生愈伤组织的能力，认为Anderson+TDZ0.5mg/L+NAA0.05mg/L为诱导绒毛杜鹃无菌苗叶柄产生愈伤组织的最佳培养基。

表17　不同生长调节剂对绒毛杜鹃无菌苗叶柄诱导愈伤组织的影响

Table 17　Effect of different hormones combination on callus induction from petiole of aseptic seedling leaves of *Rhododendron pachytrichum*

编号(NO.)	TDZ(mg/L)	NAA(mg/L)	出愈率(%)	愈伤组织生长情况
1	0.5	0.05	91.67±0.72a	量多，蓬松，浅绿色
2	1.0	0.05	50.00±1.25b	量少，粒状，浅绿色，部分褐化
3	1.5	0.05	37.50±0.00b	量少，粒状，带褐点，部分褐化
4	0.5	0.20	58.33±0.72b	量较少，致密，黄绿色
5	1.0	0.20	83.33±0.72a	量多，致密，黄绿色
6	1.5	0.20	41.67±1.44b	量少，粒状，黄色，部分褐化

2.4 叶片愈伤组织的诱导

叶柄接种 15d 左右，部分叶柄褐化；30d 后，呈嫩绿色的愈伤组织增多，有细小丛生芽产生。叶片接种 15d 左右，少部分叶片切口处出现少量愈伤组织；30d 后，愈伤组织增多，多为黄绿色；40d 后有极少数愈伤组织分化出绿色丛芽。整体来看，叶片产生的愈伤组织量要多于叶柄，且多致密，而叶柄褐化死亡现象较多，因此叶片愈伤组织诱导情况要优于叶柄。

2.4.1 生长调节剂对喇叭杜鹃无菌苗叶片愈伤组织诱导的影响

由表 18 可知，在诱导喇叭杜鹃无菌苗叶片愈伤组织的处理中，高浓度(0.2mg/L)NAA 处理下 TDZ 浓度对喇叭杜鹃无菌苗叶片愈伤组织的出愈率影响不大，愈伤组织生长情况一般，量较少。在低浓度(0.05mg/L)NAA 处理下，随着 TDZ 浓度的升高，喇叭无菌苗叶片愈伤组织出愈率呈现先升高后下降的趋势，且有少部分愈伤组织可直接分化为腋芽。以 Anderson 为基础培养基，最适喇叭杜鹃叶片愈伤组织的激素配比为 TDZ 1.0mg/L、NAA 0.05mg/L，出愈率达到最高，为 83.33%。

表 18 不同生长调节剂对喇叭杜鹃无菌苗叶片诱导愈伤组织的影响
Table 18 Effect of different hormones combination on callus induction from aseptic seedling leaves of *Rhododendron discolor*

编号(NO.)	TDZ(mg/L)	NAA(mg/L)	出愈率(%)	生长情况
1	0.5	0.05	41.67±0.06bc	量少、粒状、部分褐化
2	1.0	0.05	83.33±0.12a	量多、有少部分腋芽分化
3	1.5	0.05	29.17±0.16c	量少、黄绿色、部分褐化
4	0.5	0.2	66.67±0.21ab	量较少、粒状、嫩绿色
5	1.0	0.2	62.50±0.1ab	量较少、灰绿色、部分褐化
6	1.5	0.2	66.67±0.06ab	量少，疏松、黄绿色

2.4.2 生长调节剂对皱皮杜鹃无菌苗叶片愈伤组织诱导的影响

由表 19 可知，在诱导皱皮杜鹃无菌苗叶片愈伤组织的处理中，低浓度(0.05mg/L)NAA 处理下喇叭杜鹃无菌苗叶片愈伤组织的出愈率随着 TDZ 浓度增加而升高，愈伤组织也从细小的粒状逐渐增加，最终可分化为腋芽。在高浓度(0.2mg/L)NAA 处理下，皱皮杜鹃无菌苗叶片愈伤组织出愈率随着 TDZ 浓度的升高，呈现先升高后下降的趋势。以 Anderson 为基础培养基，组合 TDZ 1.0mg/L、NAA 0.2mg/L，皱皮杜鹃叶片愈伤组织出愈率最高为 87.50%，诱导愈伤组织效果最好，愈伤组织生长致密，量多，部分分化形成腋芽。

表 19 不同生长调节剂对皱皮杜鹃无菌苗叶片诱导愈伤组织的影响
Table 19 Effect of different hormones combination on callus induction from aseptic seedling leaves of *Rhododendron wiltonii*

编号(NO.)	TDZ(mg/L)	NAA(mg/L)	出愈率(%)	生长情况
1	0.5	0.05	37.50±0.20c	量少、粒状、浅绿色
2	1.0	0.05	62.50±0.10bc	叶片增厚、有细小腋芽分化
3	1.5	0.05	79.17±0.59a	量较多、有腋芽分化、部分褐化
4	0.5	0.2	50.00±0.10bc	叶片增厚、浅绿色
5	1.0	0.2	87.50±0.10a	量多、致密、部分直接分化成芽
6	1.5	0.2	70.83±0.06ab	量较多、疏松、黄绿色

2.4.3 生长调节剂对海绵杜鹃和绒毛杜鹃无菌苗叶片愈伤组织诱导的影响

由表 20 和表 21 可知，浓度配比不同 TDZ 和 NAA 均能使海绵和绒毛杜鹃无菌苗叶片产生愈伤组织，但是各处理的诱导产生的愈伤组织质量有明显的差异。当组合 TDZ1.5mg/L+NAA0.2mg/L 时，两种杜鹃苗叶片产生的愈伤组织质量最好，出愈率最高，达100%，此时在叶片切口处产生大量绿色、蓬松、活力强、易增殖的愈伤组织。随着TDZ浓度的提高，杜鹃叶片的出愈率也不断提高。在两种杜鹃的处理1中，TDZ和NAA浓度在所有处理中均为最低，此时两种杜鹃的叶片出愈率最低，愈伤组织长势最弱，量少且为黄色粒状；在处理1~3中，随着不断提高TDZ浓度，叶片的愈伤组织的诱导率明显提高，长势也逐渐变好。

表20 不同生长调节剂对海绵杜鹃无菌苗叶片诱导愈伤组织的影响

Table 20 Effect of different hormones combination on callus induction from aseptic seedling leaves of *Rhododendron pingianum*

编号(NO.)	TDZ(mg/L)	NAA(mg/L)	出愈率(%)	生长情况
1	0.5	0.05	50.00±1.25c	量极少，粒状，黄色
2	1.0	0.05	58.33±0.72bc	量少，粒状，浅绿色
3	1.5	0.05	91.67±0.72a	量较多，蓬松，黄绿色
4	0.5	0.20	62.50±0.00bc	量较少，致密，部分褐化
5	1.0	0.20	75.00±1.25b	量较多，致密，黄绿色，部分褐化
6	1.5	0.20	100.00±0.00a	量多，蓬松，绿色

表21 不同生长调节剂对绒毛杜鹃无菌苗叶片诱导愈伤组织的影响

Table 21 Effect of different hormones combination on callus induction from aseptic seedling leaves of *Rhododendron pachytrichum*

编号(NO.)	TDZ(mg/L)	NAA(mg/L)	出愈率(%)	生长情况
1	0.5	0.05	58.33±0.72b	量极少，粒状，黄色
2	1.0	0.05	70.83±1.44b	量较少，致密，浅绿色，部分褐化
3	1.5	0.05	75.00±1.25b	量较多，致密，黄绿色
4	0.5	0.20	66.67±0.72b	量较少，致密，部分褐化
5	1.0	0.20	91.67±0.72a	量较多，蓬松，黄绿色
6	1.5	0.20	100.00±0.00a	量多，蓬松，绿色

2.5 瓶外生根培养

本试验采取瓶外生根方法。结果表明，4种杜鹃均能在基质中正常生根，移栽约1个月后开始形成根系。其中，喇叭杜鹃生根率达到83%，皱皮杜鹃生根率达67%。但根系均较细小，且组织苗长势较差，需继续进行养护。3个月后，组培苗生长情况有所好转，植株有所增高，且生长较为健壮。而海绵杜鹃和绒毛杜鹃生根效果较好，试验苗长势良好。海绵杜鹃生根率达到76%，根数为7~8根，根长为1~2cm；绒毛杜鹃生根率为80%，根数为10根左右，根长达到2~3cm。绒毛杜鹃的生根能力稍强于海绵杜鹃。

3 结论与讨论

3.1 结论

本试验筛选出了适宜4种杜鹃丛生芽诱导、愈伤组织诱导以及生根培养的方法，成功建立了相关组织培养技术体系。各环节的研究结果如下：

（1）最适喇叭杜鹃、皱皮杜鹃、海绵杜鹃和绒毛杜鹃茎段增殖培养的激素配比分别为2.0mg/L TDZ + 0.05mg/L NAA、0.5mg/L TDZ + 0.25mg/L NAA、0.5mg/L TDZ + 0.25mg/L NAA 和 0.5mg/L TDZ + 0.25mg/L NAA，40d时丛生芽平均增殖倍数分别为3.67、2.50、2.72和2.89。

（2）最适喇叭杜鹃、皱皮杜鹃、海绵杜鹃和绒毛杜鹃茎尖增殖培养的激素配比分别为2.0mg/L ZT + 0.2mg/L NAA、4.0mg/L ZT + 0.2mg/L NAA、2.0mg/L ZT + 0.2mg/L NAA 和 2.0mg/L ZT + 0.2mg/L NAA，40d时茎尖平均增殖倍数分别为1.96、1.29、1.79和2.79。

（3）最适喇叭杜鹃叶柄和叶片愈伤组织诱导的激素配比分别为1.5mg/L TDZ + 0.05mg/L NAA 和 1.0mg/L TDZ + 0.05mg/L NAA；最适皱皮杜鹃叶柄和叶片愈伤组织诱导的激素配比分别为0.5mg/L TDZ +

0.05mg/L NAA 和 1.0mg/L TDZ +0.2mg/L NAA；最适海绵杜鹃叶柄和叶片愈伤组织诱导的激素配比为：1.5mg/L TDZ + 0.05mg/L NAA 和 1.5mg/L TDZ + 0.2mg/L NAA；最适绒毛杜鹃叶柄和叶片愈伤组织诱导的激素配比为：0.5mg/L TDZ +0.05mg/L NAA 和 1.5mg/L TDZ +0.2mg/L NAA。

（4）喇叭杜鹃、皱皮杜鹃、海绵杜鹃和绒毛杜鹃芽苗在蛭石∶珍珠岩=1∶1的基质中进行瓶外生根培养，生根率分别为83%、67%、76%和80%。

3.2 讨论

本试验以4种杜鹃的叶片、叶柄为外植体，成功诱导出了愈伤组织；使用茎段和茎尖为外植体，均成功诱导出了丛生芽，完成了增殖培养以及芽苗瓶外生根培养，初步建立了这4种杜鹃的组培快繁体系，推动了野生杜鹃属植物的研究进展，也为四者的商品化生产和应用提供了技术支持。

3.2.1 愈伤组织诱导

有研究表明，TDZ对桃叶杜鹃（*R. anne*）（苗永美等，2004）、鹿角杜鹃（*R. latoucheae*）（黄地歌 等，2017）、牛皮杜鹃（*Rhododendron chrysanthum*）（刘淼等，2012）等多种杜鹃叶片愈伤组织诱导具有较高诱导率。一般情况下，幼嫩的外植体再生能力较强（陈正华 等，1986），但有的幼叶易褐化而难以存活（陆锦明 等，2019）。因此，有学者采用叶柄作为外植体诱导愈伤组织，在对杜鹃红山茶（*Camellia azalea*）（林剑波 等，2019）、矾根（*Heuchera micrantha*）（陆锦明 等，2019）等植物的研究中表明叶柄作为外植体的愈伤组织诱导效果更优。因此，本试验选用叶柄作为外植体，探究其与叶片愈伤组织诱导能力的差异。结果表明，以叶柄、叶片为外植体均能成功诱导出愈伤组织，并且四者产生的部分愈伤组织可分化产生腋芽。在愈伤组织诱导过程中，应根据试验材料本身的特点选择最适宜的外植体，从而保证出愈率和愈伤组织良好的生长状况。

在本试验对4种杜鹃进行愈伤组织诱导时，4种杜鹃的叶片和叶柄都能成功产生愈伤，但是能进行再分化从而产生不定芽的只有很少一部分。因此，在未来研究中应着力于诱导愈伤组织产生不定芽，以便进一步提高增殖效率。杨乃博（1986）培养毛叶杜鹃叶片时，用ZT 2.0mg/L，诱导出大量不定芽。程雪梅（2008）培养马缨杜鹃时首先用TDZ成功地将愈伤组织诱导出不定芽，然后将外植体转移到含有KT的培养基中培养，试验结果较好。同时ZT诱导不定芽的能力也较强，有外国学者认为，ZT在进行杜鹃花组织培养中诱导分化和增殖的效果非常理想。因此，在未来的试验中可以考虑利用ZT或TDZ搭配KT来诱导杜鹃愈伤组织再分化，以期提高4种杜鹃繁殖效率。

3.2.2 瓶外生根培养

杜鹃属植物生根培养主要采用两种方式，一种是瓶内生根，另一种是瓶外生根。在本试验中，对4种杜鹃进行瓶外生根培养获得了成功，在未来的研究中可以探索瓶内生根。在我国常用于诱导生根的生长调节剂为NAA、IBA、IAA等生长素，钟宇（2001）的研究发现IAA诱导杜鹃生根的效果稍好于NAA，王亦菲（2003）在研究不同激素条件下西洋杜鹃的生根率发现，西洋杜鹃在没有添加激素的培养基上，生根率较低，仅为22%，而在含有IBA的培养基上培养时，生根率高达84%。由此可见，杜鹃属植物研究试验中常用生长素诱导生根，其中IBA的诱导效果较好。因此，在未来的研究中可以使用IBA和NAA两种生长素，探索4种杜鹃的最佳瓶内生根条件，从而对比两种生根方式，以期选出4种杜鹃生根效果最好的培养方式，以便于将培养周期适当缩短，最大程度地减少培养所需成本。

参考文献

陈烈华，王晓荷，刘蕊，等，2011. 杜鹃花属植物种质资源开发利用综述[J]. 安徽农学通报，17（12）：194-195.

陈正华，1986. 木本植物组织培养及其应用[M]. 北京：高等教育出版社：24.

程家胜，2003. 植物组织培养与工厂化育苗技术[M]. 北京：金盾出版社.

程雪梅，赵明旭，何承忠，2008. 马缨杜鹃的组织培养与快速繁殖[J]. 植物生理学通（2）：297-298.

冯国楣，杨增宏，1999. 中国杜鹃花[M]. 科学出版社，1-7.

黄地歌，2017. 鹿角杜鹃迁地保护及繁育技术研究[D]. 长沙：中南林业科技大学.

李金月，2014. 杜鹃花组织培养研究进展[J]. 北京农业（18）：1.

林剑波，刘和平，陈勇，等，2019. 杜鹃红山茶愈伤组织诱导初探[J]. 现代园艺（15）：38-39.

刘淼，曹后男，宗成文，等，2012. TDZ对牛皮杜鹃叶片分化及继代增殖的影响[J]. 西北农业学报，21（12）：158-162.

陆锦明，2019. 彩叶花卉矾根"红贝露"的组织培养与快速繁殖技术研究[J]. 植上海农业科技(3)：78-81.

马丽莎, 2004. 四川杜鹃属野生花卉资源开发与利用[D]. 成都：四川农业大学.

苗永美, 2004. 几种杜鹃组织培养技术研究[D]. 成都：四川农业大学.

王守中, 1989. 杜鹃[M]. 上海：上海科技出版社.

王亦菲, 孙月芳, 周润梅, 等, 2003. 二种西洋杜鹃的组织培养[J]. 上海农业学报, 40(1)：25-29.

吴莅, 杨雪梅, 邵慧敏, 等, 2013. 杜鹃花产业的种质资源基础：现状、问题与对策[J]. 生物多样性, 21(5)：628-634.

鲜小林, 陈睿, 秦帆, 等, 2012. 四川杜鹃花资源调查及其育种意义研究[J]. 北方园艺, 2：92.

杨乃博, 1986. 毛叶杜鹃叶片的不定芽分化[J]. 植物生理学通讯(4)：54-55.

钟宇, 张健, 罗承德, 等, 2001. 西洋杜鹃组织培养技术体系研究 I. 基本培养基和外植体的选择[J]. 四川农业大学学报, 19(1)：37-39.

大花铁线莲'薇安'转录组结构分析及激素信号转导相关基因挖掘

王莹　王锦*

（西南林业大学园林园艺学院，昆明 650224）

摘要　本研究以大花铁线莲'薇安'品种完全花为材料进行转录组测序，通过组装后得到无参转录组测序的参考转录本，比对获得 99652 条 Unigene 并进行七大数据库注释，根据 GO 注释和 KEGG 信号通路注释结果，从植物激素信号转导、植物激素合成与代谢等方面挖掘相关基因。根据 GO 四级注释结果显示，生物过程（BP）中激素响应和激素水平调控的基因分别有 244 个和 228 个，细胞激素代谢过程的相关基因有 222 个；KEGG 通路分析显示，涉及植物激素信号转导的相关基因有 452 个，生长素类相关基因最多。此外利用生物信息学技术，对全部 Unigene 进行 CDS 预测、TF 分析和 SSR、SNP 检测，对基因的结构和类别进行分类归纳，同时挖掘出与激素直接相关的 TF 家族基因 101 个。这些转录组分析结果和激素相关基因的挖掘为进一步深入研究铁线莲花部结构发育提供了相应基础数据。

关键词　铁线莲；转录组；基因挖掘；激素信号转导

Transcriptome Structure Analysis and Hormone Signal Transduction Related Genes Discovery in *Clematis* 'Vyvyan Pennell'

WANG Ying　WANG Jin*

(*College of Landscape Architecture and Horticulture Science, Southwest Forestry University, Kunming 650224, China*)

Abstract　In this study, transcriptome sequencing was performed using the complete flowers of Clematis 'Vyvyan Pennell' as material. The reference transcripts were obtained after assembly, then by comparison we got 99,652 unigenes and annotated those genes with seven databases. According to GO annotation and KEGG signaling pathway annotation, plant hormone signal transduction, plant hormone synthesis and metabolism related genes were discovered. According to GO level 4 annotation results shows, there are separately 244, 228 and 222 genes in hormone response, regulation of hormone levels and cellular hormone metabolic process; in KEGG pathway, there are 452 genes related with plant hormone signal transduction. By using bioinformatics technology, all the unigenes have been predicted CDS, analyzed TF family and detected SSR, SNP, 101 genes in two hormone related transcription factor family were found. This study about transcriptome structure and hormone related genes will provide basic and important data for further study of the floral structure of Clematis.

Key words　Clemats; Transcriptome; Gene discovery; Hormone signal transduction

毛茛科（Ranunculaceae）铁线莲属（*Clematis* L.）多为木质藤本，花型美观，具有"藤本皇后"的美誉，在园林观赏方面是极好的垂直绿化材料，我国铁线莲属植物虽原生种分布较多，但园艺新优品种培育较少（Wang Wencai 和 Bruce Bartholomew，2001；李同水，2012）。目前我国对于铁线莲的研究，大多集中在药用价值开发（李林芳 等，2019；周鹏 等，2019）对其系统分类和药品鉴定有了进一步发展，但对园艺铁线莲

1　基金项目：国家林业局林业科技成果国家级推广项目"铁线莲优良品种繁殖技术示范推广"（201528）。
作者简介：王莹（1986-），女，在读博士研究生，讲师，主要从事园林植物与观赏园艺方面研究。E-mail：327281514@qq.com。
* 通讯作者，王锦，职称：教授，E-mail：908505685@qq.com。

品种观赏性状以及新品种选育仍缺乏系统性研究。大花铁线莲'薇安'(Clematis 'Vyvyan Pennell')属于早花大花组,花直径18~22cm,春季开完全重被或半重被花,秋季开单被花。花色为深蓝紫色,花瓣中部有紫色或洋红色条带,花药米黄色,花丝白色,1954年由英国的Walter Pennell以'Daniel Deronda'ב Beauty of Worcester'杂交选育而成。该品种不同季节花被类型不同的特性是研究花结构发生发育的理想材料,值得深入研究。植物花器官的发育受多种因素调控,其中植物激素的含量及相关基因表达水平的变化均会对花发育造成影响。

植物激素(Plant Hormones)是植物体内对生长发育有显著调节作用的微量(1μmol/L以下)有机化合物。近年来研究显示,植物激素对花器官的成花诱导具有重要作用(Gerardo Campos-Rivero et al.,2017;Aaron Santner和Mark Estelle,2009),此外在花部结构形成和表观遗传调控中也都扮演重要角色(Jw Chandler,2011)。激素合成、激素信号转导往往会改变关键成花基因或花结构基因的表达水平,以此影响花器官的发生发育,如研究表明生长素是花原基起始的基本条件,而生长素输出载体PIN发生突变影响生长素极性运输,也抑制花序分生组织正常发育成花分生组织,导致花序发育的多向性缺陷(Youfa Cheng和Yunde Zhao,2007)。在植物体内,各类植物激素(生长素、赤霉素、细胞分裂素、脱落酸、乙烯、油菜素内酯、茉莉酸、水杨酸)会产生协同或拮抗作用,从而形成复杂的"激素信号调控网络图"。研究花结构中激素的信号调控网络及相关基因的表达,对花器官发生发育研究有极大推动作用。本文通过大花铁线莲'薇安'的转录组数据分析,对不同被型下激素信号转导及相关基因进行挖掘探索,为阐明该品种花被特异性发育提供分子支撑。

1 材料与方法

1.1 材料选取

2018年6月采集国外引进的大花铁线莲品种'薇安'(Clematis 'Vyvyan Pennell')同一植株上同一时期3种不同花型(单被、半重被、重被)的完全花进行转录组测序(熊阳阳等,2019a)。样品采集后迅速用液氮冷冻并保存在-80℃超低温冰箱中,用于随后的RNA提取和cDNA文库建立。

1.2 样品测序

样品送至北京诺禾致源生物科技公司进行测序分析。对样品提取Total RNA并进行纯度(OD260/280)和浓度(Qubit)检测,琼脂糖凝胶电泳分析RNA降解程度和是否有污染,Agilent2100精确检测RNA的完整性。样品检测合格后,用带有Oligo(dT)的磁珠富集mRNA,随后进行cDNA文库建立和检测,库检合格后进行高通量测序(Illumina HiSeqTM2000/MiSeqTM)。

1.3 De novo 组装

测序得到的原始数据文件经CASAVA碱基识别(Base Calling)分析转化形成Raw reads,对Raw reads进行过滤,去除含有带接头(adapter)的、低质量的和未知碱基N比例大于10%的reads后得到Clean reads。因铁线莲目前无参考基因组,使用Trinity软件v2.8.2(https://github.com/trinityrnaseq/trinityrnaseq/releases/tag/Trinity-v2.8.2)(Manfred G Grabherr等,2011)对Clean reads进行拼接组装,以获取后续分析的参考转录本。Corset软件(https://github.com/Oshlack/Corset)(Nadia M Davidson和Alicia Oshlack,2014)利用比对上转录本的reads数和表达模式对转录本进行层次聚类,得到Unigene用于后续分析。

1.4 Unigene注释及结构分析

1.4.1 Unigene功能注释

通过生信分析软件将Unigene在七大功能数据库中进行注释:用Diamond v0.8.22进行NR、KOG、SwissProt注释;用HMMER 3.0 package进行Pfam蛋白家族注释(Sean Eddy,1992);用KAAS(KEGG automatic annotation server)进行KEGG通路注释(Yuki Moriya et al.,2007);用NCBI blast 2.2.28进行NT注释;基因NR和Pfam两部分的蛋白注释结果,用Blast2GO v2.5进行GO注释。根据GO注释和KEGG信号通路注释,将与植物激素信号转导、植物激素合成与代谢的相关基因与信号通路进行归类,从而挖掘相关基因。

1.4.2 编码序列(Coding sequences, CDS)预测

按照Nr蛋白库、Swissprot蛋白库的优先级顺序进行比对,从比对结果中挑选Unigene的最佳比对片段作为CDS;而未能注释上的Unigene则采用Estscan v3.0.3软件预测其CDS(Christian Iseli et al.,1999)。

1.4.3 转录因子(Transcript factors, TF)分析

首先利用getorf(EMBOSS:6.5.7.0)检测Unigene的ORF(Open reading frame),之后用Hmmsearch v3.0将ORF比对到database中,进行TF家族的鉴定与分类(Sean Eddy,1992)。

1.4.4 SSR和SNP检测

通过MISA软件(MIcroSAtellite identification tool, https://webblast.ipk-gatersleben.de/misa/)对Unigene 序列进行 SSR 搜索（Sebastian Beier 等，2017），以单核苷酸重复数≥10，双核苷酸重复数≥6，三至六核苷酸重复≥5，运用 Excel 软件对 SSR 各类型比例、分布进行统计分析。

SSR 发生频率 = 含 SSR 位点 Unigene 数/Unigene 总数

SSR 分布平均距离 = 总 Unigene 长度/SSR 总数

将转录本通过 Samtools 和 Picard-tools 等软件对比对结果进行染色体坐标排序，去掉重复的 reads。将高质量的 bam 文件用变异检测软件 GATK3 进行 SNP Calling 和 Indel Calling，对原始结果进行过滤，运用 Excel 软件进行相应数据统计。

2 结果与分析

2.1 测序及组装结果

通过 Illumina HiSeqTM2000/MiSeqTM 平台测得单被花、半重被花、重被花 3 种花型转录组测序量分别为 8.52G、8.29G、10.49G，过滤后得到 Clean reads 的比率分别达到 96.8%、96.57%、95.82%，碱基质量超过 Q_{30} 的比例分别为 94.8%、94.8% 和 95.27%，GC 含量均在 50% 左右（图1），说明测序组装效果好，可用于后续分析。

通过拼接组装，得到 Transcripts 共 146036 个，平均长度 977 bp；共获得 99652 个 Unigene，平均长度 1301.08 bp，长度均集中在 201~14638 bp（图2）。

2.2 Unigene 功能注释

将 99652 条 Unigene 进行功能注释，比对到七大数据库，其中 NR 库注释成功率最高，达 60.3%，注释了 60096 条基因；其次在 SwissProt、Pfam 和 GO 上均注释成功 47% 左右的基因，分别有 47482、46955、47346 条基因；在 NT 库上注释到 35049 条基因，占总 Unigene 的 35.17%；注释到 KO 库上的有 23555 条基因，占 23.63%；在 KOG 上注释的基因最少，有 16484 条占 16.54%。在七大数据库上均注释成功的基因有 9133 条，占总数的 9.16%，在 NR、NT、GO、KO 和 KOG 上注释到的基因结果展示在图3中，在这 5 个数据库中都注释上的有 9218 条，占全部 Unigene 的 9.25%。

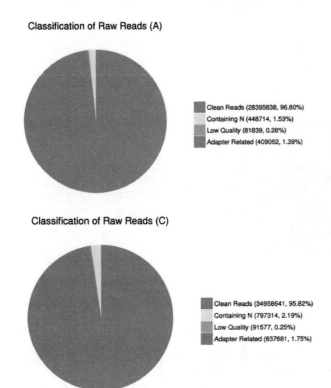

图1 测序数据质量情况

Fig. 1 Quality of transcriptome sequence data

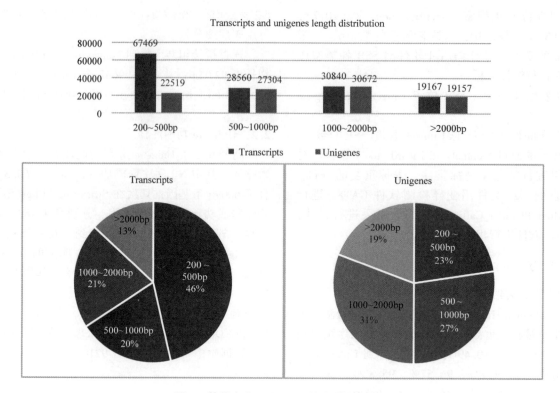

图 2 转录本和 Unigenes 长度分布与占比

Fig. 2 Transcripts and unigenes length distribution and percentage

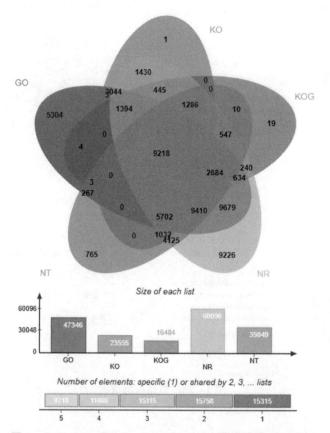

图 3 GO、KO、KOG、NR 和 NT 五个数据库注释韦恩图

Fig. 3 Venn diagram of annotation genes among GO, KO, KOG, NR, NT databases

2.2.1 GO 注释结果

47346 个注释到 GO 上的基因富集到生物过程（Biological Process）、细胞组分（Cellular Component）和分子功能（Molecular Function）三大类共 1681 个条目，其中在二级分类的注释条目如图 4 所示。

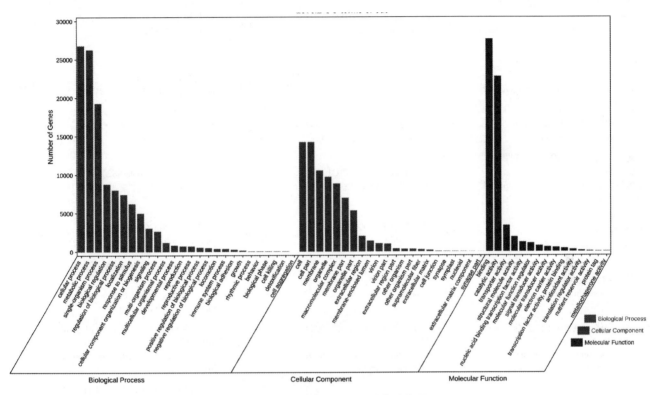

图 4 Unigene 的 GO 二级分类注释图
Fig. 4 Annotation diagram of GO in level 2

生物过程（BP）条目中具体细分到四级分类，基因多聚集在大分子代谢过程、细胞氮化合物代谢过程以及有机环状化合物、杂环化合物、芳香族化合物代谢和合成过程；细胞组分（CC）条目显示大量基因作用于胞内和胞内细胞器等部分；基因的分子功能（MF）最多为核苷磷酸结合、阴阳离子结合、核苷酸、核酸等的结合以及转移酶、水解酶和跨膜转运体的活性等方面（表1）。生物过程（BP）中富集到激素响应（response to hormone）（GO：0009725）的基因有 244 个，激素水平调控（regulation of hormone levels）（GO：0010817）的基因有 228 个，细胞激素代谢过程（cellular hormone metabolic process）（GO：0034754）的基因有 222 个，激素生物合成过程（hormone biosynthetic process）（GO：0042446）的基因有 4 个，2 个基因注释到生长素代谢过程（auxin metabolic process）（GO：0009850），1 个基因注释到油菜素甾醇代谢过程（brassinosteroid metabolic process）（GO：0016131），总体而言激素相关基因有一定的表达丰度，可以进一步挖掘。

表 1 Unigene 的 GO 四级分类基因数量（前 10）
Table 1 Genes number of GO annotation in level 4

生物过程（BP） GO Term（Level 4）	Gene Number	细胞组分（CC） GO Term（Level 4）	Gene Number	分子功能（MF） GO Term（Level 4）	ene Number
大分子代谢过程（GO：0043170） macromolecule metabolic process	17283	细胞内（GO：0005622） intracellular	12841	核苷磷酸结合（GO：1901265） nucleoside phosphate binding	7916
细胞大分子代谢过程（GO：0044260） cellular macromolecule metabolic process	15888	胞内部分（GO：0044424） intracellular part	12840	阴离子结合（GO：0043168） anion binding	7734

(续)

生物过程(BP) GO Term(Level 4)	Gene Number	细胞组分(CC) GO Term(Level 4)	Gene Number	分子功能(MF) GO Term(Level 4)	ene Number
细胞氮化合物代谢过程(GO: 0034641) cellular nitrogen compound metabolic process	13184	胞内细胞器(GO: 0043229) intracellular organelle	9610	核苷酸结合(GO: 0000166) nucleotide binding	7649
有机环状化合物代谢过程(GO: 1901360) organic cyclic compound metabolic process	11859	胞内膜结合细胞器(GO: 0043231) intracellular membrane-bounded organelle	6964	核酸结合(GO: 0003676) nucleic acid binding	7040
杂环代谢过程(GO: 0046483) heterocycle metabolic process	11531	胞内细胞器部分(GO: 0044446) intracellular organelle part	5267	核糖核苷酸结合(GO: 0032553) ribonucleotide binding	6784
细胞芳香族化合物代谢过程(GO: 0006725) cellular aromatic compound metabolic process	11366	膜固有成分(GO: 0031224) intrinsic component of membrane	5259	核苷结合(GO: 0001882) nucleoside binding	6705
有机物生物合成过程(GO: 1901576) organic substance biosynthetic process	10908	细胞质(GO: 0005737) cytoplasm	4690	阳离子结合(GO: 0043169) cation binding	6142
细胞生物合成过程(GO: 0044249) cellular biosynthetic process	10449	胞质部分(GO: 0044444) cytoplasmic part	4678	转移酶活性,转移含磷组团(GO: 0016772) transferase activity, transferring phosphorus-containing groups	4995
含碱基化合物代谢过程(GO: 0006139) nucleobase-containing compound metabolic process	10362	胞内非膜结合细胞器(GO: 0043232) intracellular non-membrane-bounded organelle	3979	水解酶活性,作用于酸酐(GO: 0016817) hydrolase activity, acting on acid anhydrides	2554
蛋白代谢过程(GO: 0019538) protein metabolic process	9013	催化复合体(GO: 1902494) catalytic complex	2675	底物特异性跨膜转运体活性(GO: 0022891) substrate-specific transmembrane transporter activity	2106

2.2.2 KEGG通路分析及激素相关基因挖掘

通过KEGG通路分析显示23555条Unigene比对到了五大类通路上,其中基因数量最多的是代谢通路(Metabolism),环境信息处理(Environmental Information Processing)的基因数量最少(图5),但其主要的信号转导通路(Signal transduction)涉及植物激素的信号转导(Plant hormone signal transduction)(ko04075),该通路注释到激素相关基因452个,按不同激素类别进行归纳(表2),生长素类相关基因较多,通过分析该通路得到相应的候选基因,在这些候选基因中根据差异表达分析再进一步筛选目标基因。

2.3 转录组结构分析

2.3.1 CDS预测

CDS预测可为近一步激素相关基因的克隆和验证奠定基础,通过在Nr蛋白库、Swissprot蛋白库中Blast,共获得53079条Unigene的CDS,长度51～13236nt,平均长度1007nt;未比对上的用ESTScan软件预测其ORF,从而得到相应的核酸序列和氨基酸序列46860条,平均长度526.7nt,长度51～13221nt

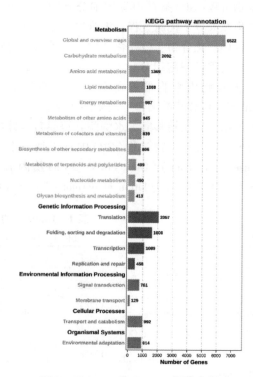

图5 Unigene的KEGG通路分析

Fig. 5　KEGG pathway analysis

表2 激素信号转导通路(ko04075)中涉及相关基因
Table 2　Genes in plant hormone signal transduction pathway(ko04075)

激素类别 Hormone	相关同源基因 Related Orthology Genes	基因数量 Gene Number	基因描述 Definition
生长素 Auxin	AUX1	14	生长素输入载体 Auxin influx carrier(AUX1 LAX family)
	TIR1	12	转运抑制相应1 Transport inhibitor response 1
	IAA	24	生长素响应蛋白IAA Auxin-responsive protein IAA
	ARF	22	生长素响应因子 Auxin response factor
	GH3	8	生长素响应GH3基因家族 Auxin responsive GH3 gene family
	SAUR	40	SAUR家族蛋白 SAUR family protein
细胞分裂素 Cytokinine	CRE1	18	拟南芥组氨酸激酶2/3/4(细胞分裂素受体) Arabidopsis histidine kinase 2/3/4(cytokinin receptor)
	AHP	9	含组氨酸磷酸转移蛋白 Histidine-containing phosphotransfer peotein
	B-ARR	17	二元响应调控子ARR-B家族 Two-component response regulator ARR-B family
	A-ARR	10	二元响应调控子ARR-A家族 Two-component response regulator ARR-A family
赤霉素 Gibberellin	GID1	2	赤霉素受体GID1 Gibberellin receptor GID1
	GID2	2	F-box蛋白GID2 F-box protein GID2
	DELLA	5	DELLA蛋白 DELLA protein
	PIF3/4	4	光敏色素互作因子3/4 Phytochrome-interacting factor 3/4
脱落酸 Abscisic acid	PYR/PYL	9	脱落酸受体PYR/PYL家族 Abscisic acid receptor PYR/PYL family
	PP2C	29	蛋白磷酸酶2C Protein phosphatase 2C
	SNRK2	16	丝氨酸/苏氨酸蛋白激酶SRK2 Serine/threonine-protein kinase SRK2
	ABF	11	ABA响应元件结合因子 ABA responsive element binding factor
乙烯 Ethylene	ETR	18	乙烯受体 Ethylene receptor
	CTR1	4	丝氨酸/苏氨酸蛋白激酶CTR1 Serine/threonine-protein kinase CTR1
	MKK4/5	1	裂原活化蛋白激酶的激酶4/5 Mitogen-activated protein kinase kinase 4/5
	MPK6	3	裂原活化蛋白激酶6 Mitogen-activated protein kinase 6
	EIN2	1	乙烯耐受蛋白2 Ethylene-insensitive protein 2

激素类别 Hormone	相关同源基因 Related Orthology Genes	基因数量 Gene Number	基因描述 Definition
	EIN3	7	乙烯耐受蛋白3 Ethylene-insensitive protein 3
	EBF1/2	1	EIN3 结合 F-box 蛋白 EIN3-binding F-box protein
	ERF1/2	2	乙烯响应转录因子1 Ethylene-responsive transcription factor 1
油菜素甾醇 Brassinosteroid	BAK1	2	油菜素甾醇不敏感相关受体激酶1 Brassinosteroid insensitive 1-associated receptor kinase 1
	BRI1	2	蛋白油菜素甾醇不敏感1 Protein brassinosteroid insensitive 1
	BKI1	1	BRI1 激酶抑制子1 BRI1 kinase inhibitor 1
	BSK	26	BR-信号激酶 BR-signaling kinase
	BIN2	4	蛋白油菜素甾醇不敏感2 Protein brassinosteroid insensitive 2
	BZR1/2	4	抗油菜素甾醇1/2 Brassinosteroid resistant 1/2
	TCH4	6	木葡聚糖：木葡聚糖转移酶 TCH4 Xyloglucan：xyloglucosyl transferase TCH4
	CYCD3	2	细胞周期蛋白 D3 Cyclin D3
茉莉酸 Jasmonic acid	JAR1	1	茉莉酸氨基合成酶 Jasmonic acid-amino synthetase
	COI1	3	冠菌素耐受蛋白1 Coronatine-insensitive protein 1
	MYC2	5	转录因子 MYC2 Transcription factor MYC2
水杨酸 Salicylic acid	NPR1	10	调控蛋白 NPR1 Regulatory protein NPR1
	TGA	8	转录因子 TGA Transcription factor TGA
	PR-1	7	病原相关蛋白1 Pathogenesis-related protein 1

不等。如图6所示，通过 Blast 获得的 CDS 序列长度较长，大于 1000nt 的有 20852 条，占 39.3%；由 ESTScan 获得的 CDS 主要集中在 200~999nt，占 64.5%。

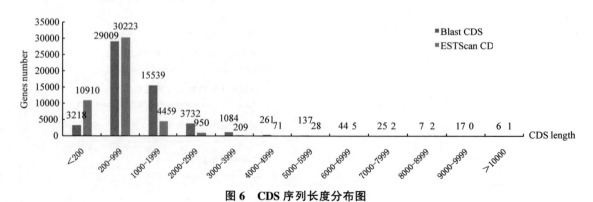

图6 CDS 序列长度分布图

Fig. 6 CDS length distribution of unigenes

2.3.2 TF 分析

通过翻译和预测的蛋白序列与 TF 数据库进行 Hmmsearch 比对,检测出 3205 条 Unigene 比对到 78 个转录因子家族(表3),其中 MYB、Orphans、AP2-EREBP、bHLH、C2H2、FAR1、C3H、NAC、mTERF 转录因子家族比对到的 Unigene 数量较多,占总量的 3.74% ~ 5.34%。在这些转录因子家族中,与生长素相关的转录因子有 ARF 和 AUX/IAA 家族,调控生长素响应基因表达和信号转导(Tom J Guilfoyle et al., 1998;Jason W Reed, 2001),此外还有一些与激素信号转导途径中关键蛋白互作的转录因子,如 TCP 家族(Michael Nicolas 和 Pilar Cubas, 2016)、MYB 家族(Wenjun Sun et al., 2019)等,这些 TF 都将为后续深入研究提供思路与方向。

表3 转录因子家族及 Unigene 基因数量
Table 3 Transcription factor family and unigenes number

序号 Order	TF 家族 TF family	基因数量 Gene number	序号 Order	TF 家族 TF family	基因数量 Gene number	序号 Order	TF 家族 TF family	基因数量 Gene number
1	ABI3VP1	57	27	EIL	9	53	PHD	75
2	Alfin-like	5	28	FAR1	140	54	PLATZ	17
3	AP2-EREBP	143	29	FHA	35	55	Pseudo ARR-B	5
4	ARF	59	30	G2-like	59	56	RB	7
5	ARID	14	31	GeBP	17	57	Rcd1-like	2
6	ARR-B	16	32	GNAT	78	58	RWP-RK	13
7	AUX/IAA	42	33	GRAS	50	59	S1Fa-like	1
8	BBR/BPC	8	34	HB	94	60	SBP	25
9	BES1	14	35	HMG	29	61	SET	96
10	bHLH	143	36	HRT	2	62	Sigma70-like	10
11	BSD	12	37	HSF	28	63	SNF2	72
12	bZIP	85	38	IWS1	35	64	SOH1	1
13	C2C2-CO-like	3	39	Jumonji	65	65	SRS	2
14	C2C2-Dof	24	40	LIM	6	66	SWI/SNF-BAF60b	23
15	C2C2-GATA	31	41	LOB	22	67	SWI/SNF-SWI3	20
16	C2C2-YABBY	8	42	LUG	13	68	TAZ	9
17	C2H2	142	43	MADS	83	69	TCP	25
18	C3H	138	44	MBF1	3	70	Tify	59
19	CAMTA	12	45	MED6	3	71	TIG	1
20	CCAAT	87	46	MED7	4	72	TRAF	80
21	Coactivator p15	4	47	mTERF	120	73	Trihelix	55
22	CPP	10	48	MYB	171	74	TUB	18
23	CSD	18	49	NAC	137	75	ULT	2
24	DBP	9	50	OFP	6	76	VOZ	6
25	DDT	6	51	Orphans	168	77	WRKY	92
26	E2F-DP	11	52	PBF-2-like	6	78	zf-HD	5

2.3.3 SSR 和 SNP 检测

在全部 99652 个 Unigene 序列中,经过 SSR 检测分析,识别发现 23035 个 SRRs,分布在 18243 条 Unigene 序列上,SSR 发生频率仅为 18.30%,其中 3748 条序列含有一个以上的 SSR 位点,存在复合型 SSRs 1715 个。Unigene 总长 129654975bp,平均 5.63 kb 出现一个 SSR 位点。在铁线莲'薇安'转录组中单核苷酸重复类型总数最多 10833,占所有碱基重复类型的 47.03%,重复次数以 10 次起,最多重复 81 次,9 ~ 12 次重复内的位点最多有 7358 个。双核苷酸和三核苷酸在 5 ~ 8 次重复内的位点最多,分别为 4676 个和 4797 个,五核苷酸重复的 SSR 位点数量最少,仅有 53 个,占全部数量的 0.23%(表4)。

表 4 铁线莲'薇安'转录组中不同类型 SSR 的分布频率
Table 4 Distribution frequency of different SSRs of *C.* 'Vyvyan Pennell'

SSR 类型	重复次数 Repeat number							总数 Total	频率(%) Percentage
	5~8	9~12	13~16	17~20	21~24	25~28	29~32	>32		
单核苷酸 Mono-	—	7358	1938	701	406	148	82	200	10833	47.03
双核苷酸 Di-	4676	1585	315	200	95	56	19	14	6960	30.21
三核苷酸 Tri-	4797	78	11	0	0	3	0	0	4889	21.22
四核苷酸 Tetra-	185	4	0	1	0	0	0	0	190	0.82
五核苷酸 Penta-	44	4	5	0	0	0	0	0	53	0.23
六核苷酸 Hexa-	107	3	0	0	0	0	0	0	110	0.48

利用 GATK3 软件对铁线莲'薇安'完全花的转录组测序结果进行筛选,含有 SNP 位点的 Unigenes 共有 76911 条,占所获全部 Unigenes 数的 77.18%。这些序列上获得的总 SNP 位点数有 204421 个,平均每 634.3bp 含有 1 个 SNP,其中非编码区 SNP 位点 80435 个,编码区位点 123986 个,占 60.65%,全部位点的同义突变有 78431 个,非同义突变有 45555 个。SNP 变异类型有 4 种,该试验统计最常见的转换(transition)与颠换(transversion)两种类型。在编码区 SNP 位点中,转换位点 48040 个,颠换位点 28866 个,转换约为颠换的 1.66 倍,转换两种类型数量平均,A/G 类转换仅比 C/T 类多 226 个,颠换 4 种类型中 A/T 颠换数量较多,比最少的 C/G 类多 2405 个(表 5)。

表 5 铁线莲'薇安'转录组中 SNP 转换、颠换信息
Table 5 Information of *C.* 'Vyvyan Pennell' SNP transition and transversion

SNP 变异 SNP variation	类型 Type	数量 Number	比率(%) Rate
转换 Transition	A/G	24133	11.81
	C/T	23907	11.69
颠换 Transversion	A/T	8487	4.15
	A/C	7112	3.48
	T/G	7185	3.51
	C/G	6082	2.98

3 讨论

随着测序技术的发展,转录组分析研究越来越广泛和深入,现已有各类园艺花卉植物分别进行了转录组分析,如分析"雏菊"花香的生物合成途径(Junyang Yue et al., 2018)以及菊花花色改变的分子机制(Wei Dong et al., 2020),这些研究都为园艺植物种质资源开发利用、分子定向育种等奠定重要基础。铁线莲作为优良的攀缘类花卉,深受国内外园艺爱好者的追捧,其多样的品种类型也是研究学者重要的研究内容,如南京农业大学研究了铁线莲'凯撒'品种的香气复合物及相关基因(Yifan Jiang et al., 2020),为铁线莲花香研究奠定了基础。而铁线莲'薇安'品种花部结构特殊,花瓣天然缺失,花萼瓣化构成花被,花被片数不稳定(具有单被或重被现象)(熊阳阳 等, 2019b),这一特性对研究花器官发生发育具有重要意义。花的发育受多种因素调控,众多研究证实植物激素如细胞分裂素、生长素、赤霉素等含量变化及相关基因表达水平变化,对花发育构成起到一定的调控作用。植物激素相关基因及其调控通路对铁线莲花发育和花部构成的影响也仍需进一步探索。

本文通过转录组测序和生物信息学的方法,对铁线莲'薇安'3 种花被类型的转录组进行数据分析和激素相关基因的挖掘,在获得的 99652 条 Unigene 中成功比对到七大数据库上的基因有 9133 条,根据 GO 注释和 KEGG 通路分析,关注到 GO 四级分类下富集到激素响应(response to hormone)(GO:0009725)的基因有 244 个,激素水平调控(regulation of hormone levels)

（GO：0010817）的基因有 228 个，细胞激素代谢过程（cellular hormone metabolic process）（GO：0034754）的基因有 222 个，激素生物合成过程（hormone biosynthetic process）（GO：0042446）的基因有 4 个，2 个基因注释到生长素代谢过程（auxin metabolic process）（GO：0009850），1 个基因注释到油菜素甾醇代谢过程（brassinosteroid metabolic process）（GO：0016131），这些激素相关基因有一定的表达丰度，可以进一步挖掘。KEGG 通路中植物激素的信号转导（Plant hormone signal transduction）（ko04075）中注释到激素相关基因 452 个，其中生长素类基因较多，在这些候选基因中可根据差异表达分析再进一步筛选目标基因。转录因子在花发生发育中也发挥着重要的调控作用，通过转录组数据分析，也关注到与生长素相关的转录因子 ARF 和 AUX/IAA 家族，以及与激素信号转导途径中关键蛋白互作的转录因子 TCP 家族、MYB 家族等。此外 CDS 预测和 SSR、SNP 位点多态性分析，为铁线莲属植物的分子研究补充信息，对开展铁线莲植物的 EST-SNP 相关性状验证工作、分子定向育种、遗传连锁图谱构建提供有价值的科学支撑。

参考文献

李林芳，王淑安，李素梅，等，2019. 2 个铁线莲品种的挥发性成分分析[J]. 分子植物育种，16.

李同水，2012. 藤本皇后：铁线莲[M]. 长春：吉林科学技术出版社.

马丽杰，吴云，谷巍，等，2019. 基于 ITS2 序列的东北透骨草及其混伪品 DNA 分子鉴定[J]. 中草药，50（23）：5830-5837.

熊阳阳，和文志，于文剑，等，2019b. 大花铁线莲花芽分化研究[J]. 西南农业学报，(32)3：615-619.

熊阳阳，王昌命，罗琳莉，等，2019a. 基于 RNA-seq 的铁线莲转录组信息分析[J]. 分子植物育种，17（12）：3859-3864.

余伟军，姚红，孙瑞琦，等，2019. 铁线莲属植物 ISSR-PCR 反应体系优化及遗传多样性分析[J]. 植物资源与环境学报（2）：42-48.

周鹏，张亚梅，吴丽丽，等，2019. 藏药长花铁线莲及其主要成分 calcoside D 降低急性高尿酸血症小鼠尿酸水平及作用机制研究[J]. 中药新药与临床药理，2（30）：141-146.

Beier S, Thiel T, Münch T, et al, 2017. MISA-web: a web server for microsatellite prediction[J]. Bioinformatics, 33 (16): 2583-2585.

Campos-Rivero G, Osorio-Montalvo P, Sánchez-Borges R, et al, 2017. Plant hormone signaling in flowering: an epigenetic point of view[J]. Journal of plant physiology, 214: 16-27.

Chandler J, 2011. The hormonal regulation of flower development[J]. Journal of Plant Growth Regulation, 30 (2): 242-254.

Cheng Y, Zhao Y, 2007. A role for auxin in flower development [J]. Journal of integrative plant biology, 49 (1): 99-104.

Davidson N M, Oshlack A, 2014. Corset: enabling differential gene expression analysis for de novo assembled transcriptomes [J]. Genome biology, 15 (7): 1-14.

Dong W, Li M, Li Z, et al, 2020. Transcriptome analysis of the molecular mechanism of Chrysanthemum flower color change under short-day photoperiods[J]. Plant Physiology and Biochemistry, 146: 315-328.

Eddy S, 1992. HMMER user's guide[J]. Department of Genetics, Washington University School of Medicine, 1992, 2 (1): 13.

Grabherr M G, Haas B J, Yassour M, et al, 2011. Trinity: reconstructing a full-length transcriptome without a genome from RNA-Seq data[J]. Nature biotechnology, 29 (7): 644.

Guilfoyle T J, Ulmasov T, Hagen G, 1998. The ARF family of transcription factors and their role in plant hormone-responsive transcription[J]. Cellular and Molecular Life Sciences CMLS, 54 (7): 619-627.

Iseli C, Jongeneel C V, Bucher P, 1999. ESTScan: a program for detecting, evaluating, and reconstructing potential coding regions in EST sequences. Paper presented at the ISMB.

Jiang Y, Qian R, Zhang W, et al, 2020. Composition and Biosynthesis of Scent Compounds from Sterile Flowers of an Ornamental Plant Clematis florida cv. 'Kaiser'[J]. Molecules, 25 (7): 1711.

Moriya Y, Itoh M, Okuda S, et al, 2007. KAAS: an automatic genome annotation and pathway reconstruction server[J]. Nucleic acids research, 35 (suppl_ 2): W182-W185.

Nicolas M, Cubas P, 2016. TCP factors: new kids on the signaling block[J]. Current opinion in plant biology, 33: 33-41.

Reed J W, 2001. Roles and activities of Aux/IAA proteins in Arabidopsis[J]. Trends in plant science, 6 (9): 420-425.

Santner A, Estelle M, 2009. Recent advances and emerging trends in plant hormone signalling[J]. Nature, 459 (7250): 1071-1078.

Sun W, Ma Z, Chen H, et al, 2019. MYB gene family in Potato (Solanum tuberosum L.): genome-wide identification of hormone-responsive reveals their potential functions in growth and development[J]. International journal of molecular sciences, 20 (19): 4847.

Wencai W, Bartholomew B. 2001. Flora of China 6[M].

Yue J, Zhu C, Zhou Y, et al, 2018. Transcriptome analysis of differentially expressed unigenes involved in flavonoid biosynthesis during flower development of Chrysanthemum morifolium 'Chuju'[J]. Scientific reports, 8 (1): 1-14.

梅花糖基转移酶基因 *PmGT*72*B*1 克隆及表达模式分析

李世琦　张曼　郑唐春　王佳　程堂仁　张启翔*

（花卉种质创新与分子育种北京市重点实验室，国家花卉工程技术研究中心，城乡生态环境北京实验室，园林环境教育部工程研究中心，林木花卉遗传育种教育部重点实验室，园林学院，北京林业大学，北京 100083）

摘要　梅花属蔷薇科李属，是我国的传统名花之一。前期研究发现梅花糖基转移酶基因 *PmGT72B*1 位于垂枝主效 QTL 区间，本研究基于梅花垂枝茎与芽转录组数据筛选出 *PmUGT72B*1 并对该基因进行克隆和序列分析，进一步利用荧光定量 PCR 检测梅花 *PmGT72B*1 基因在直枝和垂枝梅花茎中的表达水平。研究结果表明 *PmUGT72B*1 基因 CDS 序列长度为 870 bp，编码 289 个氨基酸，编码蛋白分子量为 31666.41Da。该蛋白的不稳定指数预测为 34.59，是一种稳定蛋白质。总平均亲水性为 -0.194，是一种亲水蛋白，不存在跨膜结构域。亚细胞定位于细胞核、细胞质和叶绿体中，与生物信息学预测结果一致。荧光定量 PCR 检测结果显示，直枝和垂枝梅花中 *PmGT72B*1 基因在所选的三个时期（生长初期、生长旺盛期和生长末期）中均存在表达差异，*PmGT72B*1 在垂枝中的表达量均高于直枝。在生长旺盛期，垂枝梅花茎的前端的表达水平最高，中间的表达量次之，基部的表达量最低。*PmGT72B*1 在垂枝茎基部的下侧表达量高于上侧。本研究结果为深入解析梅花 *PmGT72B*1 基因调控株型性状形成机制研究提供理论依据。

关键词　梅花；垂枝；*PmUGT72B*1；亚细胞定位；荧光定量 PCR

Gene Cloning and Expression Analysis of *PmGT72B*1

LI Shi-qi　ZHANG Man　ZHENG Tang-chun　WANG Jia　CHENG Tang-ren　ZHANG Qi-xiang*

（*Beijing Key Laboratory of Ornamental Plants Cermplasm Innovation & Molecular Breeding, National Engineering Research Center for Floriculture, Beijing Laboratory of Urban and Rural Ecological Environment, Engineering Research Center of Landscape Environment Ministry of Education, Key Laboratory of Genetics and Breeding in Forest trees and Ornamental Plants of Ministry of Education, School of Landscape Architecture, Beijing Forestry University, Beijing, 100083 China*）

Abstract　*Prunus mume* is a famous ornamental plant belonging to the genus *Prunus* in the Rosaceae. Preliminary research found that the *PmGT72B*1 gene of *P. mume* is located in the main QTL range of weeping branches. In this study, the glycosyltransferase gene *PmUGT72B*1 was selected based on the transcriptome data of the stems and buds of weeping branches of *P. mume*. The gene was cloned and sequenced, and qRT-PCR technology was used to detect the expression level of *PmGT72B*1 gene in straight branches and weeping branches. The results showed that the CDS sequence of the gene is 870 bp in length and encodes 289 amino acids. The theoretical isoelectric point *pI* of the gene is 8.22, the relative molecular weight of the encoded protein is 31666.41 Da, and the instability index of the protein is predicted to be 34.59, which is a stable protein. The total average hydrophilicity is -0.194, which is a hydrophilic protein with no transmembrane domain. The subcellular localization in the nucleus, cytoplasm and chloroplast is consistent with the prediction of bioinformatics analysis. qRT-PCR results showed that the *PmGT72B*1 gene expression in straight branches and weeping *P. mume* was different in the three selected periods (initial growth period, vigorous growth period and end growth period), and the expression level of *PmGT72B*1 in weeping branches was higher than straight branches. In the vigorous growth period, the expression level of the front end of the weeping branches was the highest, followed by the middle expression level, and the lowest expression level at the base. The expression level of *PmGT72B*1 on the lower side of the base of the weeping stem is higher than that on the upper side. The results of this study can provide a theoretical basis for further research on the regulation mechanism of *PmGT72B*1 in weeping trait of *P. mume*.

Key words　*Prunus mume*; Weeping branches; *PmUGT72B*1; Subcellular location; qRT-PCR

基金项目：中央高校基本科研业务费专项资金资助（PTYX202128）和北京市共建项目。
第一作者简介：李世琦（1995-），女，硕士研究生，主要从事花卉分子育种研究。
* 通讯作者：张启翔，职称：教授，E-mail：zqxbjfu@126.com。

梅花是中国特有的传统名花，已有3000多年的应用历史。在长期的引种驯化和栽培过程中，梅花的株型产生了丰富的变化，而垂枝性状则是梅花特殊的株型性状之一。垂枝型梅花色香姿韵俱全，具有很高的园林园艺应用价值。前期研究发现梅花 PmGT72B1 基因位于垂枝主效 QTL 区间，在垂枝梅花和直枝梅花的茎尖和茎段中均出现显著的差异表达，推测 PmGT72B1 基因是位于主效 QTL 区间潜在调控垂枝性状的重要候选基因（Shi et al.，2019；卓孝康，2019）。PmGT72B1 属于 UDP-glycosyltransferase 亚家族，被预测为松柏醇葡萄糖基转移酶，参与芥子酸酯代谢和木质素合成代谢。松柏苷（Coniferin）是松柏醇葡萄糖基转移酶的一种储存形式，也是木质化过程中生物重要中间产物（Yonekura et al.，2014）。其中 UGT72B1 参与木质素生物合成过程，UGT72B1 酶催化的木质素单体糖基化在维持木质素单体代谢平衡和正常细胞壁木质化中起着重要作用，是调节植物细胞壁木质化的关键成分，参与细胞壁发育（Peng et al.，2017；Sun et al.，2018；秦晶晶，2018）。

木质素与纤维素、半纤维素共同构成了植物细胞壁，次生细胞壁为植物提供机械强度，为植物直立生长提供机械支撑（Hoson et al.，2015；Wilson et al.，2000）。在垂枝元宝枫中，茎近地侧木质素含量显著低于远地侧，表明木质素为植物垂直生长提供支撑力（王永胜，2014）。在杨树木质素生物合成中，UGT72B1 起重要作用，木质素含量的减少以及通过吲哚乙酸和赤霉素的相互作用导致的次生生长的减少，会降低茎机械强度，因此抑制 UGT72B1 的表达显著降低木质素含量（Zhong et al.，2000）。

本研究从梅花（Prunus mume）转录组中获得 PmUGT72B1 基因的 cDNA 序列，利用生物信息学技术分析了该基因及编码蛋白的结构特征，并利用荧光定量 PCR 分析了 PmUGT72B1 在梅花不同时期的表达，为深入研究梅花 PmUGT72B1 基因功能奠定基础。

1 材料与方法

1.1 植物材料

供试材料取于北林科技温室，对梅花'六瓣'דˊ粉台垂枝'的 F_1 群体进行取样，采集 3 个个体的嫩茎和芽，迅速放入液氮中冷冻保存，后存于 -80℃ 进行保存备用。

1.2 试验方法

1.2.1 梅花各部位 RNA 提取和 cDNA 合成

分别对梅花'六瓣'ד粉台垂枝'的 F_1 群体幼嫩的顶端分生组织，侧枝尚未木质化时前端、中部、基部的茎，刚木质化时、茎基部的上下侧材料，提取 RNA，并反转录成 cDNA，保存于 -20℃ 冰箱，用于后续的基因克隆及荧光定量 PCR。

表 1 时空表达模式取样表
Table 1 Sampling schedule of spatiotemporal expression

名称	取样时间及部位
S0	幼嫩的芽
S1	侧枝尚未木质化时前端的茎
S2	侧枝尚未木质化时中部的茎
S3	侧枝尚未木质化时基部的茎
UP	刚木质化时，茎基部上侧韧皮部
DN	刚木质化时，茎基部下侧韧皮部

1.2.2 PmGT72B1 基因的克隆

根据课题组前期梅花垂枝和直枝茎与芽转录组数据中鉴定上调表达的 PmGT72B1 基因。利用 Primer Premier 5 软件，遵循引物设计原则，设计特异性引物（PmGT72B1-F：ATGGACCCGGTTCAAGACC；PmGT72B1-R：TTAGATCTTGAGGCCCTTCCATA），用于 CDS 区扩增。使用 TaKaRa 高保真酶，以梅花 cDNA 为模板，进行 PCR 扩增。扩增体系为：Premix，25μL；Forward primer，0.5μL；Reverse primer，0.5μL；cDNA，1μL；ddH$_2$O，23μL。扩增程序为：98℃ 变性 10s、55℃ 退火 5s、72℃ 延伸 1min，40 个循环；72℃ 延伸 5min 至结束。将 PCR 产物经 1% 的琼脂糖凝胶电泳后，用天根生化科技（北京）有限公司的普通琼脂糖凝胶 DNA 回收试剂盒进行回收纯化，并与 pCloneEZ-TOPO 载体进行连接，转化至 DH5α 大肠杆菌感受态中，37℃ 过夜培养，挑取大小中等的单克隆菌落，置于 500μL 卡那霉素的终浓度为 50mg/mL 的液体 LB 培养基中，37℃ 培养 5h 后进行菌落 PCR 检测，将结果带有目的条带的阳性菌液进一步扩大培养，保存菌种，送睿博兴科生物公司测序。

1.2.3 梅花 PmGT72B1 基因的生物信息学分析

利用 NCBI 数据库（https://www.ncbi.nlm.nih.gov/）对序列进行 Blast 比对；利用 Phytozome（https://jgi.doe.gov）数据库网站进行基因系统进化分析，并用 MEGA X 软件中多序列对比的邻接法对编码的氨基酸序列进行比对，构建系统进化树；利用 ExPaSy 提供的 ProtParam（https://web.expasy.org/protparam/）分析基因的氨基酸基本理化性质；用 SOPMA（https://npsa-prabi.ibcp.fr/cgi-bin/npsa_automat.pl?page=npsa_sopma.html）在线分析蛋白的二级结构，利用 SWISSMODEL（https://swissmodel.expasy.org）在线分析蛋白的三级结构；利用 NCBI（https://www.ncbi.nlm.nih.gov/Structure/cdd/wrpsb.cgi）

进行基因结构域预测；利用CELLO2GO（http://cello.life.nctu.edu.tw/cello2go/）在线软件进行基因的蛋白质亚细胞定位预测。

1.2.4 *PmGT72B1*的亚细胞定位

Super1300是本课题组保存的带有GFP的植物表达载体。利用Primer Premier 5软件，遵守引物设计原则，并加入同源臂，设计引物（1300-*PmGT72B1*-F：AAATACTAGTGGATCCGGTACCATGGACCCGGTTCAAGACC；1300-*PmGT72B1*-R：CCCTTGCTCACCATGGTACCGATCTTGAGGCCCTTCCATA），用于PCR扩增。选择测序正确的*PmGT72B1*质粒作为模板，进行PCR扩增，胶回收PCR产物，并将取得的胶回收产物电泳检测和浓度测定。选用TaKaRa公司的内切酶*Kpn*Ⅰ进行单酶切Super1300载体，反应程序：37℃恒温反应3h。用1%琼脂糖凝胶电泳胶回收产物。利用Vazyme公司的ClonExpressⅡ One Step Cloning Kit连接试剂盒，将酶切后的Super1300载体与*PmGT72B1*进行连接。转化大肠杆菌，将电泳检测有目的条带的菌液送至睿博兴科公司进行测序。把测序正确的菌液培养并提取质粒，转化根癌农杆菌。

将新活化的农杆菌（OD$_{600}$值0.8~1.0）5000rpm，10min离心收集菌体，用约10mL侵染液（MES，10mM；MgCl$_2$，10mM；AS，200μM）重悬农杆菌，调节OD$_{600}$值至0.8左右，室温放置1~4h。注射进6~8周龄的本氏烟草叶片中，72h后用PBS缓冲液将DAPI染色液稀释成5μg/mL，将提前注射好的本氏烟草叶片剪成0.5cm×0.5cm的方块，用PBS缓冲液清洗3遍，在浓度为5μg/mL的DAPI染色液中浸泡15min，用PBS缓冲液冲洗5遍，做成临时切片，使用激光共聚焦显微镜观察。

1.2.5 荧光定量PCR分析

基于转录组分析筛选得到梅花*PmGT72B1*的基因序列，荧光定量引物通过Integrated DNA Technologies网站设计（https://sg.idtdna.com/scitools/Applications/RealTimePCR/）。见表2。

表2 梅花*PmGT72B1*基因荧光定量PCR引物
Table 2 Primers of *PmGT72B1* used for qRT-PCR

引物名称 Primer Name	引物序列（5'-3'） Primer Sequence（5'-3'）
Action-F	ATATAGCTGCTCAGTTCAACC
Action-R	AAAAACAGTCACCACATTCTT
D-GT72B1-F	ACTGCCAAATAACGACCCC
D-GT72B1-R	TCGATTTCTTATTCCCCAGGC

使用TaKaRa的TB Green© Premix Ex*Taq*Ⅱ试剂盒和CFX Connect Real-Time System荧光定量仪，梅花嫩枝刚冒出的芽，侧枝尚未木质化时前端、中部和基部的茎，刚木质化时、茎基部上下侧韧皮部的cDNA为模板，进行RT-PCR反应，在荧光定量专用96孔板中依次加入如下反应体系（20μL）：TB Green Premix Ex *Taq* Ⅱ（2×），10μL；Forward primer（10μM），1μL；Reverse primer（10μM），1μL；cDNA，2μL；ddH$_2$O，6μL。反应条件：95℃，30s；95℃，5s、60℃，30s、72℃，30s重复40个循环。利用课题组已筛选的*PP2A*基因作为内参基因，使用$2^{-\Delta\Delta Ct}$法进行各组织间的基因相对表达量分析。每个样品进行3个生物学重复和3个技术学重复减少误差。

2 结果与分析

2.1 梅花各部分组织总RNA提取及质量检测

通过紫外分光光度计和琼脂糖凝胶电泳检测RNA的质量和浓度。得到的RNA质量浓度为150~200 mg/L，A260/A280的比值在1.8~2.0，表明RNA的完整性和纯度较好，可用于后续试验。

2.2 梅花*PmGT72B1*基因的克隆及序列

以梅花'六瓣'דFe粉台垂枝'F$_1$群体生长期幼嫩芽的RNA为模板，利用特异性引物*PmGT72B1*-F、*PmGT72B1*-R进行PCR扩增（图1）。PCR产物经过胶回收后，连接到pCloneEZ-TOPO载体上，连接产物转化大肠杆菌，将PCR条带正确的阳性克隆送睿博兴科公司测序。基于测序结果显示，该基因大小为870 bp，利用DNAMAN软件翻译显示该序列编码289个氨基酸。

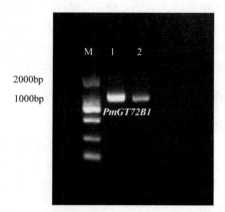

图1 梅花*PmGT72B1*基因目的片段的克隆
Fig. 1 Cloning of target fragment of *PmGT72B1* gene of *P. mume*
注：M为DL2000 marker；*PmGT72B1*为PCR产物
Note：M：DL2000 marker；*PmGT72B1*：PCR product

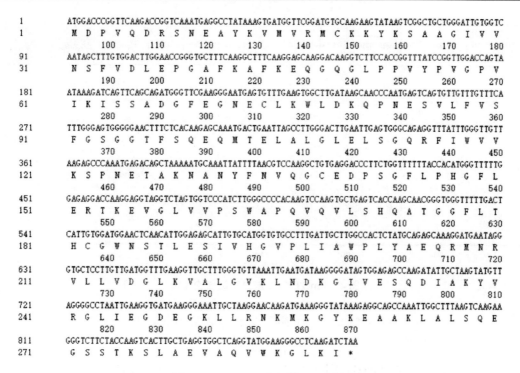

图 2 *PmGT72B1* 基因的 CDS 序列

Fig. 2 CDS sequence of *PmGT72B1* gene

2.3 *PmGT72B1* 的生物信息学分析

2.3.1 梅花 *PmGT72B1* 基因系统进化分析

为了分析梅花 *PmGT72B1* 生物学意义上的系统发育进化过程，运用 Phytozome 的 Blast 程序，根据梅花的氨基酸序列与数据库中已知的蛋白质序列进行比对，选取了水稻(*Oryza sativa*, LOC_Os01g19220.1)，毛果杨(*Populus trichocarpa*, Potri.002G197200.1)，桃(*Prunus persica*, Prupe.1G559400.1)，苹果(*Malus domestica*, MDP0000298527)，拟南芥(*Arabidopsis thaliana*, AT5G09730.1)，玉米(*Zea mays*, Zm00008a030422_T01)，大豆(*Glycine max*, Glyma.08G180900.1)，草莓(*Fragaria vesca*, mrna25563.1-v1.0-hybrid)等8种植物进行多序列同源比对，并利用生物学软件 MEGA X 软件进行系统进化分析，并制作分子进化树。结果如图3所示，梅花、桃、苹果、草莓和毛果杨为一支，拟南芥和大豆为一支共同聚为一类；水稻和玉米聚为另一类。

2.3.2 *PmGT72B1* 的蛋白基本理化性质分析

用 EXPASY 的 ProtParam 程序对梅花 *PmGT72B1* 基因编码蛋白进行了理化性质分析，预测显示该蛋白由289个氨基酸组成，蛋白的相对分子量为31666.41 Da，理论等电点 *pI* 为8.22，其分子式为 $C_{1423}H_{2242}N_{380}O_{415}S_{11}$，PmGT72B1 蛋白由20种氨基酸组成，带负电荷的残基总数(Asp + Glu)为31个，带正电荷的残基总数(Arg + Lys)为33个。该蛋白的不稳定指数预测为34.59，是一种稳定的蛋白质。其脂肪指数：86.30，总平均亲水性为-0.194。

2.3.3 PmGT72B1 蛋白的二、三级结构预测

用 NPSA 在线软件对梅花 PmGT72B1 蛋白二级结构进行预测，如图3-7所示，该二级结构组成如下：α 螺旋(Alpha helix)(Hh)：41.87%，β 折叠(Extended strand)(Ee)：14.53%，无规卷曲(Random coil)(Cc)：35.64%，β 转角(Beta turm)(Tt)：7.96%。PmGT72B1 蛋白二级结构主要以 α 螺旋为主。

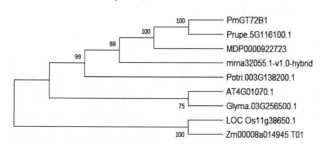

图 3 *PmGT72B1* 与其他物种间的进化分析

Fig. 3 Evolutionary analysis between *PmGT72B1* and other species

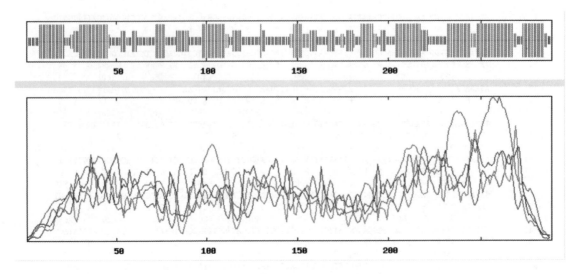

图 4 PmGT72B1 蛋白二级结构预测

Fig. 4 Prediction of the secondary structure of PmGT72B1 protein

注：蓝色为 α 螺旋，红色为 β 折叠，绿色为 β 转角，紫色为无规则卷曲

Note: blue is α helix, red is β-sheet, green is β-turn, and purple is random curl

用 SWISSMODEL 在线软件对 PmGT72B1 蛋白的三级结构进行预测，如图 5 所示，PmGT72B1 蛋白以 2vg8.1 为参考模板构建 CAD，同源性为 57.84%。全球性模型质量评估（GMQE）分别为 0.81，QMEAN 值为 -0.44，说明建立的蛋白三维模型较可靠。

2.3.4 PmGT72B1 功能结构域预测

利用 NCBI 的 Conserved domains 工具预测分析 PmGT72B1 的功能结构域，其结果如图 6 所示，PmGT72B1 结构中有一个糖基转移酶 GTB 型超家族结构，保守域 GT1-Gtf-like 上的 TDP 结合位点显示 6 个残基构成此保守结构域。

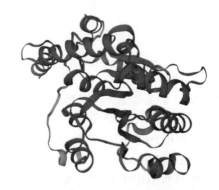

图 5 PmGT72B1 蛋白三级结构预测

Fig. 5 Prediction of the tertiary structure of PmGT72B1 protein

图 6 PmGT72B1 功能结构域预测

Fig. 6 PmGT72B1 functional domain prediction

2.3.5 PmGT72B1 亚细胞定位预测

通过 CELLO2GO 网站对蛋白质亚细胞定位预测，PmGT72B1 的蛋白质预测在细胞质中的分值最高，为 2.269，其次是叶绿体中，分值为 1.074，在线粒体中，分值为 0.613，在细胞核中，分值为 0.458，而在细胞外、细胞膜、细胞质、细胞骨架、高尔基体、溶酶体、过氧化酶体等位置的分值最高仅为 0.142，最低只有 0.007。所以从预测的结果可知，PmGT72B1 定位在细胞质、叶绿体上的可能性较大。

2.4 PmGT72B1 基因的亚细胞定位

为了验证梅花 PmGT72B1 发挥功能的场所，将 PmGT72B1 基因构建到 Super1300 植物表达载体上。利用本氏烟草瞬时转化法，注射本氏烟草叶片，利用激光共聚焦显微镜观察 PmGT72B1 在细胞水平的定位情况。结果表明，与空载对照相比，空载对照在烟草细胞中都能检测出 GFP 绿色荧光信号，而 PmGT72B1-GFP 融合蛋白的绿色荧光信号主要定位在烟草细胞核和细胞膜上（图 7）。

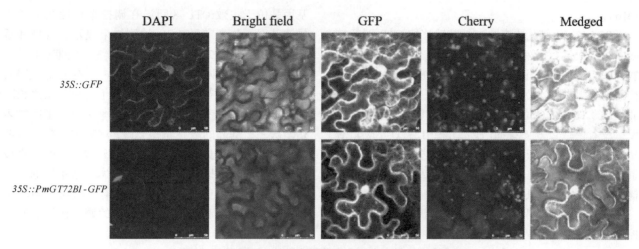

图 7 PmGT72B1 基因在烟草表皮细胞中的亚细胞定位
Fig. 7 Subcellular localization of PmGT72B1 gene in tobacco epidermal cells

35S∷GFP，空载体对照；35S∶PmGT72B1-GFP，1300-35S∷PmGT72B1-GFP 融合载体；DAPI，DAPI 激发光通道；Brightfield，明场；GFP，绿色荧光信号；Cherry，红色荧光信号；Medged，不同荧光的叠加信号。

35S∷GFP, empty expression vector; 35S∶PmGT72B1-GFP, PmGT72B1; 1 and GFP fusion vector 1300-35S∷PmGT72B1-GFP; DAPI, DAPI excitation light channel; bright field, field observations; GFP, green fluorescent signal; Cherry, red fluorescent signal; Merge, overlay by GFP and Cherry.

2.5 PmGT72B1 基因的表达分析

通过荧光定量 PCR 分析发现，直枝和垂枝梅花中 PmGT72B1 基因在所选的 3 个时期（生长初期、生长旺盛期和生长末期）中均有表达差异，PmGT72B1 在垂枝梅花中的表达量均高于直枝。在生长旺盛期，垂枝梅花的茎前端的表达水平最高，中间的表达量次之，基部的表达量最低。PmGT72B1 在垂枝茎基部的下侧表达量高于上侧。

3 讨论

GT72B1 参与木质素生物合成过程，与生长素、细胞分裂素、油菜素内酯、水杨酸和茉莉酸等植物激素有关，GT72B1 酶催化的木质素单体糖基化在维持木质素单体代谢平衡和正常细胞壁木质化中起着重要作用，是调节植物细胞壁木质化的关键成分，参与细胞壁发育。（Harmoko et al.，2016；吴长桥，2021）。拟南芥 ugt72b1 突变体的木质化增强，木质素生物合成增加，表现出莲座叶皱褶、卷曲，叶柄变短，根失去向地性等生长素缺乏的表型特征（Jin et al.，2013；Wang et al.，2011）。在水稻中，ugt72b1 突变体会降低生长素由上往下的极性运输，以及对重力的响应，导致分枝角度增加，以及叶子颜色深、株矮、初生根长等表型变化（Dong et al.，2020；Ishihara et al.，

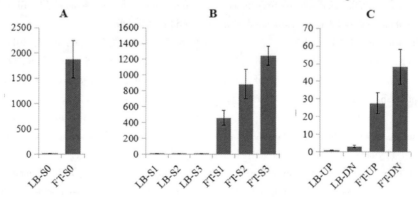

图 8 PmGT72B1 基因表达模式分析
Fig. 8 Expression analysis of PmGT72B1 gene

A，生长初期；B，生长旺盛期；C，生长末期；S0，幼嫩的芽；S1，茎前端；S2，茎中部；S3，茎基部；UP，茎基部上侧的韧皮部；DN，茎基部下侧韧皮部。

A, early growth period; B, vigorous growth period; C, late growth period; S0, young bud; S1, the front of the stem; S2, the middle of the stem; S3, the base of the stem; UP, the phloem on the upper side of the stem base; DN, the phloem on the lower side of the stem base.

2016)。

PmGT72B1 结构中有一个糖基转移酶 GTB 型超家族结构，大多数序列在 C 末端含有一个由 44 个氨基酸残基组成的保守序列，该保守序列被认为是糖基转移酶与糖基供体识别结合的位点，保守域 GT1-Gtf-like 上的 TDP 结合位点显示 6 个残基构成此保守结构域，没有跨膜结构（Caputi *et al*., 2012；Ostrowski *et al*., 2014；Tiwari *et al*., 2016）。通过烟草瞬时转化系统进行亚细胞定位分析表明 *PmGT72B1* 定位在细胞核和细胞膜中，与其糖基转移酶的生物学功能相吻合。

遗传学分析结果显示梅花垂枝性状是由主效基因控制，多个微效基因参与调控形成，推测 *PmGT72B1* 基因是位于主效 QTL 区间潜在调控垂枝性状的重要候选基因。荧光定量 PCR 检测结果显示，直枝和垂枝梅花中 *PmGT72B1* 基因在所选的 3 个时期（生长初期、生长旺盛期和生长末期）中均有表达差异，*PmGT72B1* 在垂枝中的表达量均高于直枝。在生长旺盛期，垂枝梅花茎的前端的表达水平最高，中间的表达量次之，基部的表达量最低。*PmGT72B1* 在垂枝茎基部的下侧表达量高于上侧。*PmGT72B1* 基因在直枝和垂枝中的表达量差异，可能引起木质素单体糖基化的变化，进而可能影响细胞壁木质化以及细胞壁发育。*PmGT72B1* 基因在梅花株型中的调控作用还有待进一步深入研究。

参考文献

秦晶晶，孙春玉，张美萍，等，2018. 植物 UDP-糖基转移酶分类、功能以及进化[J]. 基因组学与应用生物学，37(1)：440-450.

王永胜，2014. 不同枝型元宝枫形态结构差异及生理机制研究[D]. 太原：山西农业大学.

吴长桥，张睿胤，穆德添，等，2021. 七叶一枝花糖基转移酶基因的克隆及表达分析[J]. 分子植物育种：1-13.

张杰，2016. 梅花高密度遗传图谱构建及部分观赏性状 QTL 分析[D]. 北京：北京林业大学.

卓孝康，2019. 基于全基因组关联与 QTL 作图解析梅花垂枝性状遗传变异[D]. 北京：北京林业大学.

Caputi L, Malnoy M, Goremykin V, *et al*, 2012. A genome-wide phylogenetic reconstruction of family 1 UDP-glycosyltransferases revealed the expansion of the family during the adaptation of plants to life on land[J]. The Plant Journal, 69(6)：1030-1042.

Dong N, Sun Y, Guo T, *et al*, 2020. UDP-glucosyltransferase regulates grain size and abiotic stress tolerance associated with metabolic flux redirection in rice, 11(1)：2629.

Harmoko R, Yoo JY, Ko KS, *et al*, 2016. N-glycan containing a core α1, 3-fucose residue is required for basipetal auxin transport and gravitropic response in rice (*Oryza sativa*)[J]. New Phytologist, 212(1)：108-122.

Hoson T and Wakabayashi K, 2015. Role of the plant cell wall in gravity resistance[J]. Phytochemistry, 112：84-90.

Ishihara H, Tohge T, Viehöver P, *et al*, 2016. Natural variation in flavonol accumulation in *Arabidopsis* is determined by the flavonol glucosyltransferase BGLU6[J]. Journal of Experimental Botany, 67(5)：1505-1517.

Jin S, Ma X, Han P, *et al*, 2013. UGT74D1 is a novel auxin glycosyltransferase from *Arabidopsis thaliana*[J]. PLOS One, 8(4)：0.

Ostrowski M and Jakubowska A, 2014. UDP-glycosyltransferases of plant hormones[J]. Advances in Cell Biology, 4.

Peng M, Shahzad R, Gul A, *et al*, 2017. Differentially evolved glucosyltransferases determine natural variation of rice flavone accumulation and UV-tolerance[J]. Nature Communications, 8(1)：1975.

Shi L, Jiang C, He Q, *et al*, 2019. Bulked segregant RNA-sequencing (BSR-seq) identified a novel rare allele of *eIF4E* effective against multiple isolates of *BaYMV/BaMMV*[J]. Theoretical and Applied Genetics, 132(6)：1777-1788.

Sun Y, Chen Z, Li J, *et al*, 2018. Diterpenoid UDP-glycosyltransferases from Chinese Sweet Tea and Ashitaba complete the biosynthesis of rubusoside[J]. Molecular Plant, 11(10)：1308-1311.

Tiwari P, Sangwan RS and Sangwan NS, 2016. Plant secondary metabolism linked glycosyltransferases: An update on expanding knowledge and scopes[J]. Biotechnology Advances, 34(5)：714-739.

Wang J, Ma X, Kojima M, *et al*, 2011. N-glucosyltransferase UGT76C2 is involved in cytokinin homeostasis and cytokinin response in *Arabidopsis thaliana*[J]. Plant and Cell Physiology, 52(12)：2200-2213.

Wilson BF, 2000. Apical control of branch growth and angle in woody plants[J]. American Journal of Botany, 87(5)：601-607.

Yonekura K and Saito K, 2014. Function, structure, and evolution of flavonoid glycosyltransferases in plants[J]. Recent Adv. Polyphen. Res, 4：61-82.

Zhong R, Morrison WH, Himmelsbach DS, *et al*, 2000. Essential role of caffeoyl coenzyme a O-methyltransferase in lignin biosynthesis in woody poplar plants[J]. Plant Physiology, 124(2)：563-578.

东方百合遗传转化受体研究

陈月　刘涵　郑雨婷　张可汶　吕英民*

(花卉种质创新与分子育种北京市重点实验室，国家花卉工程技术研究中心，城乡生态环境北京实验室，园林环境教育部工程研究中心，林木花卉遗传育种教育部重点实验室，园林学院，北京林业大学，北京 100083)

摘要　以东方百合'西伯利亚''索邦'的茎轴和花丝为外植体，探讨不同植物激素组合对胚性愈伤组织诱导的影响，进而建立百合体细胞胚遗传转化受体系统。结果显示，'西伯利亚'更适合用茎轴做外植体诱导胚性愈伤，最佳培养基为 MS+NAA 1mg/L+ TDZ 0.1mg/L，诱导率为 80.7%，而其花丝诱导结果不理想，在 MS+PIC 1mg/L+ TDZ 0.1mg/L 的培养基中最高仅为 47.2%；'索邦'以花丝为外植体诱导胚性愈伤的效果更好，最佳培养基为 MS+PIC 1mg/L+ TDZ 0.1mg/L，诱导率达 91.7%，但用茎轴为外植体的诱导效果不佳，在 MS+NAA 1mg/L+ TDZ 0.1mg/L 的培养基上只有 13.0%的诱导率。'西伯利亚'茎轴和'索邦'花丝诱导出的愈伤组织虽然颜色不同，分别为淡黄色和淡黄绿色，但表面都有颗粒状凸起，证明都属于胚性愈伤组织。本试验成功诱导出大量胚性愈伤作为转化受体材料，为东方百合转基因育种提供了重要基础和前提。

关键词　东方百合；胚性愈伤组织；遗传转化受体

Study on the Transformation Receptor of Oriental Lily

CHEN Yue　LIU Han　ZHENG Yu-ping　ZHANG Ke-wen　LYU Ying-min*

(*Beijing Key Laboratory of Ornamental Plants Germplasm Innovation & Molecular Breeding, National Engineering Research Center for Floriculture, Beijing Laboratory of Urban and Rural Ecological Environment, Engineering Research Center of Landscape Environment of Ministry of Education, Key Laboratory of Genetics and Breeding in Forest Trees and Ornamental Plants of Ministry of Education, School of Landscape Architecture, Beijing Forestry University, Beijing 100083, China*)

Abstract　The stem axis and filaments of Oriental Lily 'Siberia' and 'Sorbonne' were used as explants to explore the effects of different plant hormone combinations on its embryogenic callus induction, and then to establish the receptor system of somatic embryo genetic transformation in lily. The results showed that 'Siberia' was more suitable to use stem axis as explants to induce embryogenic callus and the optimal medium combinations was MS + NAA 1mg/L + TDZ 0.1mg/L, with the induction rates of 80.7%, while the highest rate of filaments was only 47.2% in the medium of MS+PIC 1mg/L+ TDZ 0.1mg/L. In addition, 'Sorbonne' had better effect on inducing embryogenic callus by using filaments as explants, and the best medium was MS + PIC 1mg/L+ TDZ 0.1 mg/L, with the induction rates of 91.7%. However, its stem axis was not suitable for explants, the induction rate was only 13.0% in MS + NAA 1mg/L+ TDZ 0.1mg/L medium. Although the color of callus induced by 'Siberia' stem axis and 'Sorbonne' filaments was different, they were light yellow and light yellow green, respectively, there was a common feature that the surface of callus had granular protuberance, which proved that all of them belong to embryogenic callus. This experiment successfully induced a large number of embryogenic callus as transformation acceptor materials, which provided an important basis and premise for transgenic breeding of oriental lily.

Key words　Oriental lily; Embryogenic callus; Genetic transformation receptor

东方百合是常见的用于观赏的百合栽培种，其色彩丰富、花型变化较大，花期长，应用方式较多，深受人们喜爱。通过基因工程导入外源基因可以改良品质，提高百合的观赏性及抗性(Wang et al., 1991)，为扩大其应用方式提供基础。遗传转化受体系统是植物基因工程的重要前提条件，主要包括不定芽再生系

基金项目：国家重点研发项目(2019YFD1000400)；国家自然科学基金(31672190；31872138；31071815；31272204)。
第一作者简介：陈月(1995)，女，硕士研究生，主要从事百合遗传育种研究。
* 通讯作者：吕英民，职称：教授，邮箱：Luyingmin@ bjfu.edu.cn。

统、愈伤组织再生系统、体细胞胚再生系统。不定芽再生系统有再生时间短、转化再生植株育性好、外植体来源广等优点，常用鳞片和叶片作为受体材料，但存在嵌合体和不同基因型间再生频率差异较大等问题（黄洁 等，2012）；愈伤组织作为受体的优点是转化率高和扩繁量大，缺点是变异较大，嵌合体较多（李岳，2017）；以胚状体（体细胞胚）作为受体，细胞繁殖量大，转化率高，嵌合体少，无性系变异小（王丽娜 等，2008），兼具上面两种受体系统的优点，所以十分适合用于百合转化。但目前用体胚进行东方百合遗传转化的研究相对较少，本研究旨在探索东方百合的最适组织培养方式来获得胚性愈伤组织，优化百合转基因受体系统。

1 材料与方法

1.1 植物材料

以东方百合'西伯利亚'和'索邦'为材料，种球购自海宁花海园艺有限公司。部分种球栽种在北京林业大学温室中，两个月后用于摘取花苞。

1.2 材料处理

选择东方百合'西伯利亚'和'索邦'的种球剥去鳞片得到中央茎轴，用洗洁精水浸泡15min后流水冲洗4h。置于超净工作台中，用75%酒精浸泡30s，无菌水冲洗2~3次，再用3%次氯酸钠浸泡15min，无菌水冲洗5~6次，置于无菌纸上沥干。沥干后横向切取成0.1cm的茎轴薄片作为外植体。

选择东方百合'西伯利亚'和'索邦'5~6cm的花苞，用剪刀剪下，洗洁精水浸泡15min后流水冲洗2h。置于超净工作台中，75%酒精浸泡30s，无菌水冲洗2~3次，再用1.5%次氯酸钠浸泡15min，无菌水冲洗5~6次，置于无菌纸上沥干。沥干后按纵剖面切开花苞，将花丝取出，切成5~7mm长的小段用作外植体。

1.3 愈伤组织的诱导及继代

将两个百合的茎轴和花丝外植体分别接种到MS+NAA（1、2）mg/L + TDZ（0.1、0.3、0.5）mg/L + 30.0g/L蔗糖+7.0 g/L琼脂和MS+ 1.0mg/LPIC（毒莠定）+TDZ（0.1、0.2、0.3、0.4、0.5）mg/L+30.0g/L蔗糖+7.0 g/L琼脂的不种初代培养基中进行筛选，将NAA+TDZ和PIC+TDZ诱导出的愈伤组织在各自的最适培养基上30d继代一次。25±2℃的黑暗环境下培养，60d后统计初代愈伤组织诱导率。

1.4 数据整理与统计分析

胚性愈伤组织诱导率(%)=产生胚性愈伤组织的外植体数/接种外植体总数

褐化率(%)=褐化的外植体数/接种外植体总数

所得数据采用Excel和SPSS软件进行处理分析。

2 结果与分析

2.1 不同激素对两种百合茎轴诱导愈伤的影响

将两种百合的茎轴外植体接种到6种不同激素浓度的培养基中，从而筛选出最适培养基，诱导愈伤的试验结果如表1、表2所示。可以看出，'西伯利亚'茎轴（表1）在NAA 1mg/L+ TDZ 0.1mg/L的B1培养基中诱导率最高，高达80.7%，与其他培养基种类有显著差异，为诱导愈伤的最佳培养基。在NAA为1mg/L时，随着TDZ浓度的升高，诱导率逐渐下降，分别为80.7%、61.1%、27.8%；同时褐化率越来越高。在NAA为2mg/L时，随着TDZ浓度的升高，诱导率逐渐上升，但是普遍较低，最多只能达到63.0%；另外褐化率越来越低。而'索邦'百合（表2）的诱导效果明显差于'西伯利亚'，最高诱导率只有13.0%，并且随着培养基中激素浓度的变化，诱导率没有呈现出规律性变化，且褐化程度比较高。

表1 不同培养基对'西伯利亚'茎轴诱导胚性愈伤的影响

Table 1 The effects of different media on embryogenic callus induction from the stem axis of 'Siberia'

培养基编号 The number of culture medium	NAA 浓度(mg/L) The concentration of NAA(mg/L)	TDZ 浓度(mg/L) The concentration of TDZ(mg/L)	胚性愈伤诱导率(%) The induction rate of embryogenic callus(%)	褐化率(%) Browning rate(%)
B1	1	0.1	80.7±4.38a	19.3±4.38d
B2	1	0.3	61.1±3.20b	38.9±3.20c
B3	1	0.5	27.8±3.20d	72.2±3.20a
B4	2	0.1	42.6±4.91c	57.4±4.91b
B5	2	0.3	57.4±1.83b	42.6±1.83c
B6	2	0.5	63.0±4.88b	37.0±4.88c

注：同一列中不同小写字母为使用Duncan多重范围检测在0.05水平差异显著性。

Note：Nomal letters in every column indicate significant differences at 0.05 level by Duncan's mutiple range test.

表2 不同培养基对'索邦'茎轴诱导胚性愈伤的影响
Table 2 The effects of different media on embryogenic callus induction from stem axis of 'Sorbonne'

培养基编号 The number of culture medium	NAA浓度(mg/L) The concentration of NAA(mg/L)	TDZ浓度(mg/L) The concentration of TDZ(mg/L)	胚性愈伤诱导率(%) The induction rate of embryogenic callus(%)	褐化率(%) Browning rate(%)
B1	1	0.1	13.0±1.87a	87.0±1.83c
B2	1	0.3	5.6±0.00bc	94.4±0.00ab
B3	1	0.5	5.6±3.2bc	94.4±3.20ab
B4	2	0.1	3.7±1.87c	96.3±1.87a
B5	2	0.3	11.1±0.00bc	88.9±0.00bc
B6	2	0.5	7.4±1.83abc	92.6±1.83abc

注：同一列中不同小写字母为使用Duncan多重范围检测在0.05水平差异显著性。
Not: Nomal letters in every column indicate significant differences at 0.05 level by Duncan's mutiple range test.

在茎轴接种15d后，百合'西伯利亚'的切口处开始产生愈伤(图1A)，之后产生的愈伤组织不断增多，逐渐形成淡黄色、紧实、表面有颗粒状凸起的愈伤(图1E-F)，属于胚性愈伤组织，这些愈伤组织表面的颗粒状凸起，由单细胞起始，逐渐形成胚状体。虽然'索邦'也诱导出了胚性愈伤组织，但是外植体启动时间长，并且诱导愈伤的数量非常少，40~50d才诱导出极少的胚性愈伤。综上可知，茎轴为外植体时，'西伯利亚'比'索邦'诱导胚性愈伤组织的效果好。

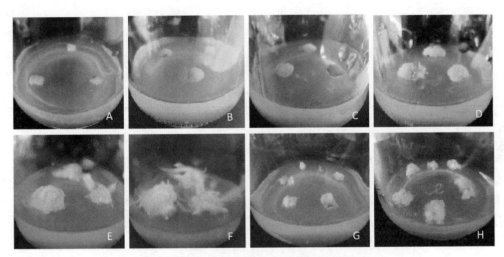

图1 '西伯利亚'茎轴外植体愈伤组织的诱导
Fig. 1 Callus induction from stem axis explants of 'Siberia'
A-F分别为茎轴在0、15、20、30、45、60d得到的淡黄色愈伤组织；
G为刚刚继代时的愈伤组织；H为继代20d后的愈伤组织
A-F. The light yellow callus was obtained from stem axis at 0, 15, 20, 30, 45 and 60 days;
G. The callus just subcultured; H. The callus of subculture 20 days later

2.2 不同激素对两种百合花丝诱导愈伤的影响

将两种百合的花丝接种到含有PIC和不同浓度TDZ的培养基上，由表3可以看出，在添加0.1~0.5mg/L的TDZ后，'索邦'百合的诱导率都出现显著变化，远高于单独使用PIC的诱导结果，同时诱导出的愈伤数量也更多，尤其在P2培养基中的诱导率高达91.67%，是'索邦'诱导愈伤的最佳培养基；而'西伯利亚'百合诱导率在添加了TDZ后总体上没有明显变化，且诱导愈伤的数量相对较少，只有在P2培养基中提高了8.33%，诱导率远低于'索邦'。

表 3 不同培养基对'西伯利亚'花丝诱导胚性愈伤的影响
Table 3 The effects of different media on embryogenic callus induction from filaments of 'Siberia'

培养基编号 The number of culture medium	PIC 浓度(mg/L) The concentration of NAA(mg/L)	TDZ 浓度(mg/L) The concentration of TDZ(mg/L)	胚性愈伤诱导率(%) The induction rate of embryogenic callus(%)	褐化率(%) Browning rate(%)
P1	1	0.0	38.9±2.78b	15.3±1.39d
P2	1	0.1	47.2±2.78a	23.6±1.40c
P3	1	0.2	11.1±1.39c	55.6±2.78a
P4	1	0.3	33.3±0.00b	33.3±4.81b
P5	1	0.4	33.3±4.81b	33.3±0.00b
P6	1	0.5	36.1±1.39b	13.9±1.39d

注：同一列中不同小写字母为使用 Duncan 多重范围检测在 0.05 水平差异显著性。
Not: Nomal letters in every column indicate significant differences at 0.05 level by Duncan´s mutiple range test.

表 4 不同培养基对'索邦'茎轴诱导胚性愈伤的影响
Table 4 The effects of different media on embryogenic callus induction from filaments of 'Sorbonne'

培养基编号 The number of culture medium	PIC 浓度(mg/L) The concentration of NAA(mg/L)	TDZ 浓度(mg/L) The concentration of TDZ(mg/L)	胚性愈伤诱导率(%) The induction rate of embryogenic callus(%)	褐化率(%) Browning rate(%)
P1	1	0.0	49.5±2.82d	0.00
P2	1	0.1	91.7±4.81a	0.00
P3	1	0.2	77.8±2.78bc	0.00
P4	1	0.3	83.3±0.00abc	0.00
P5	1	0.4	86.1±1.39ab	0.00
P6	1	0.5	75.0±2.41c	0.00

注：同一列中不同小写字母为使用 Duncan 多重范围检测在 0.05 水平差异显著性。
Not: Nomal letters in every column indicate significant differences at 0.05 level by Duncan´s mutiple range test.

花丝在接种 15d 后，其形态学下端开始膨大，只有个别外植体在伤口处出现愈伤，30~35d 后，'索邦'下端继续膨大，产生明显的愈伤组织（图 2-A），'西伯利亚'则是在 35~40d 后才开始产生愈伤组织，二者产生的都是淡黄绿色、紧实、表面有颗粒状凸起的愈伤，同样属于胚性愈伤组织。另外，从图 2 可以看出，'索邦'诱导出的愈伤数量明显比'西伯利亚'多，因此从诱导率和诱导量综合来看，'索邦'更适合用花丝为外植体诱导愈伤。

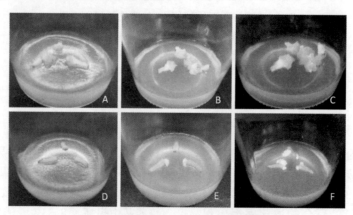

图 2 花丝外植体胚性愈伤组织的诱导
Fig. 2 Callus induction of filament explants
A-C 分别为'索邦'花丝在 35、45、60d 得到的愈伤组织；
D-F 为'西伯利亚'花丝在 35、45、60d 得到的愈伤组织。
A-C. The bright yellow green callus was obtained from the filaments of 'Sorbonne' at 35, 45 and 60 days.
D-F. The bright yellow green callus was obtained from the filaments of 'Siberia' at 35, 45 and 60 days.

3 讨论

体细胞胚通过直接发生与间接发生两种途径进行（张萍，2011），一般都以间接方式在外植体上发生（权永辉，2013），即先脱分化形成胚性愈伤组织，再分化出体细胞胚。表面有颗粒状突起正是胚性愈伤的共同特点（杜灵娟，2013；张倩，2013；孟鹏，2015），本试验中诱导出的愈伤组织都呈紧实颗粒状，并在显微镜下看到了无数球形的预胚团突出愈伤组织表面，初步鉴定其属于胚性愈伤。

影响胚性愈伤组织诱导的因素主要有基因型、外植体和植物生长激素。本研究选用了两个东方百合品种'西伯利亚'和'索邦'，都使用茎轴和花丝作为外植体诱导胚性愈伤，结果表明'西伯利亚'使用茎轴的诱导率明显高于'索邦'，且胚性愈伤启动时间早20多天，而花丝诱导率明显低于'索邦'，且启动时间更晚，说明不同基因型之间有显著差异，李岳（2017）在研究中也发现不同基因型百合的胚性愈伤组织诱导能力存在巨大差异。

不同外植体对百合诱导胚性愈伤也有影响。Qi等（2014）首次使用百合的中央茎轴诱导出胚性愈伤，诱导率高达89.2%；另外，花组织因具有较高的胚反应及不易污染的优点，常用于百合体细胞胚的诱导（Tribulato et al.，1997；Hoshi et al.，2004），不过前人的研究（杜灵娟，2013；刘爱玲，2016）发现在花器官（花丝、花梗、花柱、子房等）中，花丝的胚性愈伤组织的诱导率最高，因此本研究选用了茎轴和花丝作为外植体，结果表明两个百合品种适宜诱导愈伤的外植体不同，'西伯利亚'更适合用茎轴为外植体，而'索邦'更适合用花丝做外植体。

激素种类和浓度是影响诱导率的重要因素。TDZ具生长素和细胞分裂素的双重活性，已被广泛用于体细胞胚的诱导（Roiloa et al.，2006；张旭红，2018；张璐，2019），常与生长素 NAA 或 PIC 组合使用。茎轴为外植体时适合 NAA 与 TDZ 的激素组合，在含有 PIC 的培养基上没有愈伤组织的出现（Qi et al.，2014）。本试验筛选了6种浓度组合，发现低浓度 NAA（1mg/L）与 TDZ 共同使用时，高浓度的 TDZ（0.3~0.5mg/L）会抑制愈伤组织的发生，这与张翔宇等（2015）和张璐等（2019）的研究结果一致，但高浓度 NAA（2mg/L）与 TDZ 共同使用时，其浓度越大诱导率越高，可能是由于 NAA 与 TDZ 有较好的协同作用，对外植体造成的伤害较小。试验最终得出'西伯利亚'茎轴最佳培养基是 MS+NAA 1mg/L+ TDZ 0.1mg/L，与 Nhut 等（2002）用麝香百合幼茎切片和假鳞茎诱导体胚得出的结果相同。PIC 在植物愈伤组织诱导、胚性保持和增殖等方面也有着显著的影响（史爱琴 等，2013；张倩，2013），常用于花器官的诱导（Mori et al.，2005；田菲菲，2015；刘爱玲，2016）。仅添加 PIC 就可诱导出胚性愈伤，但是诱导率相对较低，目前只有 PIC 和 TDZ 组合诱导百合鳞片的报道（孟鹏，2015），诱导率十分理想，因此本试验尝试采用使用 PIC+TDZ 组合的方式，继续探索优化最适诱胚培养基，结果显示'索邦'在添加 TDZ 之后，普遍高于单独仅 PIC 的诱导率，说明 PIC 和 TDZ 组合使用优于单独使用 PIC，且得出花丝诱导愈伤最适培养基为 MS+PIC1.0mg/L+TDZ0.1mg/L。

本研究以东方百合'西伯利亚'和'索邦'的茎轴和花丝为外植体，筛选得到胚性愈伤组织高效诱导的最佳培养基，为东方百合遗传转化奠定了基础。

参考文献

杜灵娟，2013. 花特异嵌合启动子功能分析及百合 ACO RNAi 遗传转化[D]. 杨凌：西北农林科技大学.

黄洁，刘晓华，管洁，等，2012. 百合分子育种研究进展[J]. 园艺学报，39(9)：1793-1808.

李岳，2017. 巨球百合离体再生和遗传转化研究[D]. 杭州：浙江大学.

刘爱玲，2016. 蓝色相关基因转化'Robina'百合的研究[D]. 杨凌：西北农林科技大学.

孟鹏，2015. 百合高效再生体系的优化及农杆菌介导的Ll-DREB1基因转化[D]. 武汉：华中农业大学.

权永辉，2013. 百合体细胞胚的诱导悬浮培养的研究[D]. 杨凌：西北农林科技大学.

史爱琴，于晓英，符红艳，等，2013. 毒莠定在植物组织培养中的应用[J]. 湖南农业科学(15)：16-9.

田菲菲，2014. 'Robina'百合悬浮胚性愈伤组织遗传转化的研究[D]. 杨凌：西北农林科技大学.

王丽娜，廖卉荣，杨素丽，等，2008. 百合遗传转化体系研究进展[J]. 贵州农业科学(1)：127-130.

张璐，潘远智，刘柿良，等，2019. 宜昌百合胚性愈伤组织诱导及植株再生体系的研究[J]. 植物研究，39(3)：338-346，357.

张萍，2011. 百合转蓝色基因品种的选择及其遗传转化研究[D]. 杨凌：西北农林科技大学.

张倩，2013. 麝香百合胚性愈伤诱导及农杆菌介导的遗传转化体系的优化[D]. 武汉：华中农业大学.

张翔宇，陈杰，吉云，等，2015. 淡黄花百合珠芽诱导愈伤组织再分化出丛生芽的研究[J]. 北方园艺(19)：101-105.

张旭红, 王顿, 梁振旭, 等, 2018. 欧洲百合愈伤组织诱导及植株再生体系的建立[J]. 植物学报, 53(6): 840-847.

Hoshi Y, Kondo M, Mori S, et al, 2004. Production of transgenic lily plants by Agrobacterium-mediated transformation [J]. Plant cell reports, 22(6): 359-364.

Mori S, Adachi Y, Horimoto S, 2005. Callus formation and plant regeneration in various lilium species and cultivars. In Vitro Cellular & Developmental Biology[J]. Plant, 41(6): 783-788.

Nhut D T, Le B V, Minh N T, et al, 2002. Somatic embryogenesis through pseudo-bulblet transverse thin cell layer of lilium longiflorum[J]. Plant Growth Regulation, 37(2), 193-198.

Qi Y Y, Du L J, Quan Y H, et al, 2014. Agrobacterium-mediated transformation of embryogenic cell suspension cultures and plant regeneration in Lilium tenuifolium oriental×trumpet´robina´[J]. Acta Physiologiae Plantarum, 36(8): 2047-2057.

Roiloa S R, Retuerto R, 2006. Small-scale heterogeneity in soil quality influences photosynthetic efficiency and habitat selection in a clonal plant[J]. Annals of Botany, 98(5): 1043-1052.

Tribulato A, Remotti P C, LÖffler H J M, et al, 1997. Somatic embryogenesis and plant regeneration in Lilium longiflorum Thunb[J]. Plant Cell Reports, 17(2): 113-118.

Wang Y, Kronenburg B, Menzel T, et al, 2012. Regeneration and Agrobacterium-mediated transformation of multiple lily cultivars[J]. Plant Cell Tissue & Organ Culture, 111(1): 113-122.

梅花 GRF 家族基因的鉴定与生物信息分析

程文辉　李平　邱丽珂　张曼　程堂仁　王佳　张启翔*

（花卉种质创新与分子育种北京市重点实验室，国家花卉工程技术研究中心，城乡生态环境北京实验室，园林环境教育部工程研究中心，林木花卉遗传育种教育部重点实验室，园林学院，北京林业大学，北京 100083）

摘要　GRF（GROWTH-REGULATING FACTOR）家族基因是植物特有的转录因子，调控植物生长发育的各个阶段。尽管 GRF 基因功能在模式植物中已有报道，但其在梅花生长发育中的生物学功能尚未阐明。本研究在梅花全基因组中筛选到 10 个 PmGRF 基因，通过生物信息学分析方法对其进行染色体定位、蛋白理化性质、蛋白基因结构与基序等分析，并对 PmGRF 基因表达的组织特异性，以及其在花芽休眠和开花过程中的表达模式进行分析。研究结果表明，梅花基因组中共有 10 个 PmGRF 基因分别位于 6 条染色体上。PmGRF 蛋白含有 QLQ 和 WRC 功能域，编码氨基酸长度在 329~758aa 之间，其相对分子量大小的范围为 36172.13~82509.3Da 及理论等电点的分布区间为 7.12~9.48pI。PmGRF 亚细胞定位预测分析发现，GRF 转录因子均定位在细胞核中。根据进化树关系，梅花 GRF 基因可分为 6 组，与拟南芥的 GRF 家族基因的分组一致，且同组内的 PmGRF 基因结构和基序的相似度高。基因表达模式分析表明，10 个 PmGRF 基因在梅花不同器官之间差异表达，且部分 PmGRF 基因在花芽休眠解除和开花过程中差异表达，说明 PmGRF 基因间发生功能分化，且部分 GRF 基因可能参与调控梅花花芽休眠与花器官发育。综上所述，本研究鉴定了梅花 GRF 基因家族，并对其基因结构、序列保守性、以及表达模式进行分析，为后续揭示梅花 GRF 家族基因生物学功能提供理论基础。

关键词　梅花；GRF 基因家族；花发育

Identification and Bioinformatics Analysis of the GRF Gene Family in *Prunus mume*

CHENG Wen-hui　LI Ping　QIU Li-ke　ZHANG Man　CHENG Tang-ren　WANG Jia　ZHANG Qi-xiang*

(*Beijing Key Laboratory of Ornamental Plants Germplasm Innovation & Molecular Breeding, National Engineering Research Center for Floriculture, Beijing Laboratory of Urban and Rural Ecological Environment, Engineering Research Center of Landscape Environment of Ministry of Education, Key Laboratory of Genetics and Breeding in Forest Trees and Ornamental Plants of Ministry of Education, School of Landscape Architecture, Beijing Forestry University, Beijing 100083, China*)

Abstract　GRF (GROWTH-REGULATING FACTOR) transcription factors are plant-specific transcription factors closely related to plant growth and development. Despite previous report on the functional role of *GRF* in model plant species, their functions in the growth and development of *Prunus mume* is still unknown. In this study, we identified ten *PmGRFs* in the genome of *P. mume* and analyzed their chromosome location, protein physicochemical properties, gene structure and protein motifs. We also examined the expression pattern of *PmGRFs* across different tissues and during the process of floral bud dormancy and flowering. These results showed that all ten *PmGRF* genes were located on six chromosomes. All PmGRF family proteins contained at least one QLQ and one WRC function domain. The amino acid length of PmGRF proteins ranged from 329aa to 758aa, with relative molecular weight ranging from 36172.13Da to 82509.3Da, and the theoretical isoelectric points ranging from 7.12pI to 9.48pI. The subcellular location of all PmGRF proteins were predicted to be located in the nucleus. The evolutionary analysis revealed that the *PmGRFs* can be divided into six groups, which is consistent with that of *GRF* family genes in *Arabidopsis*.

基金项目：中央高校基本科研业务费专项资金资助（PTYX202125）和北京市共建项目。
第一作者简介：程文辉（1997-），男，硕士研究生，主要从事梅花花卉分子育种研究。
* 通讯作者：张启翔，职称：教授，E-mail：zqxbjfu@126.com。

Proteins within each sub-family have high similarity in gene structure and protein sequence. The gene expression analysis suggested that all ten *GRF* genes were differentially expressed among different tissues. Some *PmGRF* were also differentially expressed during the process of flower bud dormancy and flowering in *P. mume*, indicating that the function of *PmGRFs* differentiated and some *GRFs* may be related to the regulation of bud dormancy and flower development. Overall, we identified the *GRF* family genes in *P. mume* and analyzed their gene structure, sequence conservation, and expression pattern. The results of our research provided information for future functional studies of *GRF* family genes in *P. mume*.

Key words *Prunus mume*; GRF gene family; Flower development

生长调控转录因子(GROWTH-REGULATING FACTOR, GRF)是植物特有的转录因子家族(Knaap and Kende, 2000)。*GRF* 基因最早是在水稻中鉴定的, GRF 蛋白分子量的大小在 40~60kDa(Knaap and Kende, 2000)。GRF 蛋白绝大多数都含有 2 个蛋白保守域：QLQ 功能域主要由芳香族/疏水性氨基酸组成, 参与蛋白互作；以及另一个功能域 WRC 可能参与调控转录因子与 DNA 结合(Knaap and Kende, 2000; Raventos et al., 1998; Zhang et al., 2008)。QLQ 和 WRC 保守功能域位于 GRF 蛋白的 N 端, 而蛋白的 C 端的区域有不太保守的基序(TQL 和 GGPL), 且 GRF 蛋白的 N 端相对 C 端序列更为保守(Knaap and Kende, 2000)。

最初, 研究者认为 *GRF* 基因仅仅在茎和叶中起作用(Kim and Lee, 2006; Knaap and Kende, 2000; Lin et al., 2003; Xu et al., 2003)。近年的研究发现, *GRF* 基因在植物生长发育的各个阶段都发挥着作用。在植物中, GRF 转录因子可以与 GRF 结合因子(GRF-INTERACTING FACTOR, GIF)结合形成复合物, 作为转录共激子来调控下游基因(Byung et al., 2014; Kim and Kende, 2004; Lee et al., 2009; Lee et al., 2014)。另外, 在植物花器官发育过程中, *GRF* 的转录水平受 miR396 的调控(Pajoro et al., 2014)。例如, 拟南芥的 miR396a 可以通过调控 *GRF* 基因, 进而调控下游的 *AP1* 与 *SEP3* 基因的转录水平来决定萼片和花瓣的分化(Pajoro et al., 2014)。除了调控萼片分化外, miR396/*GRF* 也参与调控雌蕊的发育(Liang et al., 2014)。在水稻中, GRF 转录因子也被证实参与调控花器官发育, 除 *OsGRF*4 和 *OsGRF*10 外, *OsGRF*6 在幼穗中高表达, 且 *GRF* 的表达受 miR396 的调控(Kim et al., 2010; Kim et al., 2012; Liu et al., 2014), 此外, *GRF* 基因家族也控制开花时间, *AtGRF*1 和 *AtGRF*2 过表达会导致拟南芥开花时间明显滞后于野生型(Kim et al., 2010)。尽管前期研究对 GRF 转录因子的功能较为深入, 但其功能与调控机理在木本植物花发育过程中尚未明确。

梅花是中国传统名花, 因其极高的观赏价值和丰富的文化内涵而著名。梅花能在早春低温条件下开花与其内部基因调控密切相关, 然而前期梅花的花发育研究大部分都集中在 MADS-box 基因家族。*GRF* 基因家族是与植物生长发育密切相关的植物特有的基因家族, 且在前期研究中发现与花器官的发育相关, 然而梅花 *GRF* 基因的功能尚未研究。因此, 本研究在梅花全基因组范围内鉴定梅花 *GRF* 家族成员, 利用生物信息学分析方法对该基因家族成员进行基因染色体定位、进化分析、基因结构和蛋白基序分析, 并对 *PmGRF* 基因在不同组织、花芽发育和开花过程中的表达模式进行分析, 从而初步分析 *PmGRF* 基因在梅花中的生物学功能。

1 材料与方法

1.1 梅花 *GRF* 家族成员的鉴定与染色体定位

首先, 下载梅花参考基因组数据(http://prunusmumegenome.bjfu.edu.cn/), 利用 Pfam 数据库(http://pfam.xfam.org/)下载含有 QLQ 保守结构域的隐马可尔夫模型文件(PF08880)与含有 WRC 保守结构域的隐马可尔夫模型文件(PF08879), 利用 HMMER 对梅花蛋白序列数据进行本地 BlastP 检索, 并根据 E-value<1e^{-8} 的标准筛选出含有功能域的全部梅花 *GRF* 基因。

利用 NCBI 中的 Conserved Domains Search Tool (https://www.ncbi.nlm.nih.gov/Structure/bwrpsb/bwrpsb.cgi)对蛋白序列的保守域进行分析, 确认每个蛋白成员同时含有 QLQ 和 WRC 的保守域结构。根据梅花 *GRF* 基因家族在染色体上的定位信息, 利用 MapChart 2.0 软件绘制染色体上的基因定位图。

1.2 梅花 GRF 蛋白理化性质及进化分析

首先, 利用 Plant-PLoc server 在线软件(http://www.csbio.sjtu.edu.cn/bioinf/plant-multi/)对梅花 *GRF* 蛋白序列的亚细胞定位进行预测, 其次通过 Expasy 在线软件的 ProtParam 工具(https://web.expasy.org/protparam/)对蛋白序列的氨基酸数量、分子量、理论等电点等理论性质进行分析, 并对其稳定性和亲水性等性质进行预测。

在 TAIR 网站(https://www.arabidopsis.org/)下

载拟南芥 GRF 蛋白序列,利用 NCBI 下载杏、桃、毛果杨的 GRF 的蛋白序列,将这 4 个物种的蛋白序列与梅花 GRF 蛋白序列共同构建系统发生树。利用 MEGA7 的 ClustalW 对蛋白序列进行比对,然后采用 Neighbor joining 算法构建蛋白序列进化树,Bootstrap 值设置为 1000。

1.3 梅花 GRF 基因结构分析与蛋白基序分析

从梅花基因组数据库获得梅花 GRF 基因家族成员的外含子、内显子等基因结构信息,通过 NCBI Conserved Domains Search Tool 获得蛋白结构保守域的相关信息。首先利用 TBtools 软件对该基因家族成员的基因结构进行绘制,其次利用 MEME 在线软件对梅花 GRF 基因家族的蛋白序列进行基序分析,设置基序最大值为 7,并根据 E-value<0.05 的标准筛选获得该基因家族的基序。最后,利用 TBtools 软件对 MEME 的分析结果进行可视化分析。

1.4 梅花 GRF 基因的表达模式分析

为了研究 *PmGRF* 基因在梅花不同组织器官以及花芽发育过程中的表达模式,从 NCBI 的 GEO 数据库(https://www.ncbi.nlm.nih.gov/geo/info/overview. html)获取梅花不同组织(根、茎、叶、花芽、果实)的转录组数据(编号:GSE40162)和开花过程的 4 个时期(休眠解除、萼片全露出、花瓣稍微露出、花瓣完全绽放)的转录组数据(BioProject ID:PRJNA714446),以及从 CNCB 上的 NGDC 数据库(https://bigd.big.ac.cn/)下载花芽休眠解除过程中的转录组数据(编号:PRJCA000291)。提取 *PmGRF* 基因在各个组织和发育时期的 FPKM 值,利用 pheatmap R 软件包对 FPKM 值进行分析并以热图的形式进行结果可视化。

2 结果与分析

2.1 梅花 GRF 家族成员的鉴定与染色体定位

通过 HMMER 软件在梅花全基因组中检索到 10 个 *GRF* 基因,利用 Pfam 在线网站和 NCBI Conserved Domains Search 对这 10 个基因的蛋白结构域进行鉴定,发现 10 个基因均含有 QLQ 和 WRC 功能蛋白结构域。根据 E-value 值的大小,从小到大依次对 *PmGRF* 基因家族成员进行基因命名(表 1)。*PmGRF* 基因家族成员的染色体分布比较分散,其中 *PmGRF*4 和 *PmGRF*8、*PmGRF*9 和 *PmGRF*10、*PmGRF*1、*PmGRF*6 和 *PmGRF*7 同在一条染色体上。

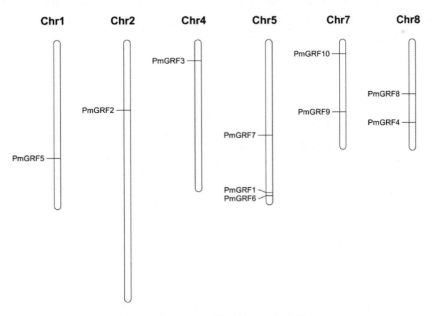

图 1 梅花 *GRF* 基因的染色体定位

Fig. 1 Chromosome mapping of *GRF* genes in *P. mume* genome

2.2 梅花 GRF 蛋白理化性质分析

通过 Plant-PLoc server 软件预测 GRF 蛋白的亚细胞定位,GRF 转录因子可能都位于细胞核中(表 1),但实际定位需要通过后期试验确认。利用 Expasy 软件中的 ProtParam 工具对蛋白序列的理化性质分析表明,GRF 蛋白的编码氨基酸长度平均在 479.5aa,PmGRF1 蛋白的氨基酸最短为 329aa,而 PmGRF7 的氨基酸最长为 758aa。其中,PmGRF1、PmGRF3、PmGRF4 与 PmGRF8 氨基酸长度在 300~400aa,而

PmGRF2、PmGRF5、PmGRF6 与 PmGRF9 长度在 500~600aa。GRF 蛋白成员的分子量平均值为 52656.41Da，分子量分布范围为 36172.13~82509.3Da。PmGRF5 和 PmGRF6 蛋白的理论等电点接近在 8 以下，其他 8 个成员均在 8 以上。PmGRF 蛋白不稳定系数都在 40 以上，说明这 10 个的蛋白可能不太稳定，但具体蛋白稳定性需通过蛋白相关试验来确认。

表1 梅花 GRF 基因家族蛋白特征统计
Table 1 The GRF family genes in P. mume

编号	基因名称	基因 ID	CDS (bp)	氨基酸长度 (aa)	分子量 (Da)	等电点 pI	不稳定系数	保守结构域	亚细胞定位
1	PmGRF1	Pm019573	990	329	36172.13	8.54	45.96	QLQ、WRC	细胞核
2	PmGRF2	Pm005437	1773	590	63846.93	8.8	48.21	QLQ、WRC	细胞核
3	PmGRF3	Pm013274	1092	363	40508.4	8.79	60.71	QLQ、WRC	细胞核
4	PmGRF4	Pm027054	1161	386	43762.36	8.84	58.69	QLQ、WRC	细胞核
5	PmGRF5	Pm002351	1536	511	55511.51	7.12	49.32	QLQ、WRC	细胞核
6	PmGRF6	Pm019687	1641	546	59613.53	7.62	59.77	QLQ、WRC	细胞核
7	PmGRF7	Pm017948	2277	758	82509.3	9.48	54.88	QLQ、WRC	细胞核
8	PmGRF8	Pm026217	1179	392	42996.88	9.08	57.26	QLQ、WRC	细胞核
9	PmGRF9	Pm024257	1554	517	56754.37	8.35	46.72	QLQ、WRC	细胞核
10	PmGRF10	Pm023072	1212	403	44888.67	8.57	42.51	QLQ、WRC	细胞核

2.3 梅花 GRF 蛋白进化分析

利用 MEGA7.0 对拟南芥、毛果杨、杏、桃 GRF 基因家族成员的蛋白序列构建系统进化树，结果如图 2 所示。梅花 GRF 蛋白根据进化亲缘关系可分为 6 个组：Ⅰ组：PmGRF2 和 PmGRF5；Ⅱ组：PmGRF8；Ⅲ组：PmGRF7；Ⅳ组：PmGRF6 和 PmGRF9；Ⅴ组：PmGRF1 和 PmGRF10；Ⅵ组：PmGRF3 和 PmGRF4。每个梅花 GRF 成员都含有一个 QLQ 功能域和一个 WRC 功能域，但 PmGRF7 比其他成员多含 1 个 WRC 功能域，因此 PmGRF7 单独处于一组。该进化树分成的 6 个组的分布与前人对拟南芥的分组一致（Omidbakhshfard et al., 2015）。从 5 个物种 GRF 蛋白的进化关系中发现，杏的 GRF 蛋白序列和梅花亲缘关系最近，其次是桃、杨树和拟南芥。

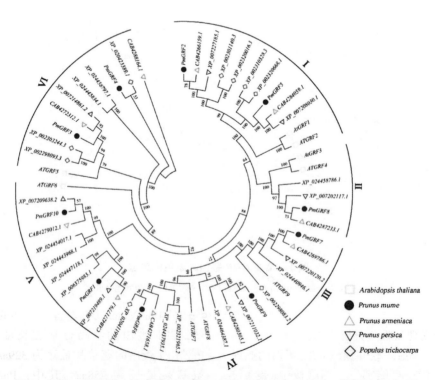

图 2 梅花、拟南芥、杏、桃、毛果杨 GRF 基因家族蛋白序列的系统进化分析
Fig 2. Phylogenetic relationships in GRF protein family of P. mume、Arabidopsis thaliana、Prunus armeniaca、Prunus persica and Populus trichocarpa

2.4 梅花 *GRF* 基因结构与基序分析

梅花 *GRF* 基因在 CDS 长度、内含子、外显子的数目上存在一定的差异,如表 1 和图 3 所示。梅花 *GRF* 基因家族成员的 CDS 序列平均值为 1441.5bp。其中,*PmGRF*1 最短,序列长 990bp;*PmGRF*7 最长,序列长 2277bp,并且序列长度大部分都小于 1700bp(表 1)。梅花 GRF 基因内含子数量大多在 2~4 个,只有 *PmGRF*7 含有 13 个内含子(图 3)。

利用 MEME 对梅花 GRF 蛋白序列进行基序预测,根据 Motif 的设定值以及 E-value 值筛选出 7 个 Motif 序列,结果如图 4 所示。梅花 6 个分组的 GRF 蛋白都含有 Motif1 和 Motif2,而除了Ⅲ组蛋白不含有 Motif3 外,其他 5 组都有(图 4)。另外,仅Ⅴ组的 PmGRF1 和Ⅵ组蛋白含有 Motif4,Ⅰ、Ⅱ组和Ⅳ组蛋白含有 Motif6,Ⅰ组、Ⅴ组、Ⅵ组和Ⅳ组的 PmGRF9 蛋白含有 Motif7(图 4)。

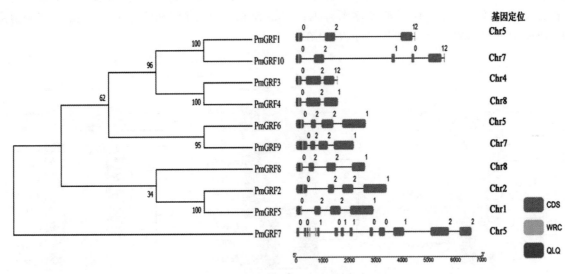

图 3 梅花 *GRF* 家族基因的基因结构分析

Fig. 3 Gene structure of *PmGRF* family genes

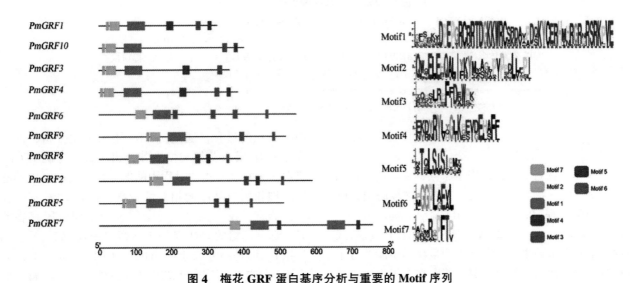

图 4 梅花 GRF 蛋白基序分析与重要的 Motif 序列

Fig. 4 Motif distribution and Motif sequence of PmGRF proteins

2.5 梅花 *GRF* 基因的表达模式分析

为了探究梅花 *GRF* 基因的组织特异性表达模式,分析梅花不同组织(根、茎、叶、花芽、果实)的转录组数据,结果如图 5A 所示。从热图中可以发现,*PmGRF* 基因在不同器官中的表达水平差异较大,10 个 *PmGRF* 基因中 7 个基因在叶片中有较高表达,在花芽中的表达量都比较低。在根和茎中,分别有 3 个

GRF 基因(PmGRF5-6、8 和 PmGRF2、4、8)有着较高的表达水平,在果实中有 5 个基因(包括 PmGRF2-4、PmGRF7、PmGRF10)表达量较高。以上结果说明不同 GRF 基因在梅花的不同器官中发挥着相应的功能。

另一方面,利用梅花花芽休眠解除过程的转录组数据,分析 PmGRF 在花芽休眠到花芽开放过程中的基因表达模式,结果如图 5B 和 5C 所示。从热图中可以发现,梅花 GRF 基因家族的各个成员在休眠过程中表达量的变化差异比较大,PmGRF2、PmGRF3、PmGRF4 在休眠早期表达量较高,随着休眠解除逐渐降低;PmGRF1、PmGRF7、PmGRF8、PmGRF9、PmGRF10 在休眠解除后花芽发育过程中先上调表达,之后表达量呈现下降趋势;PmGRF5 和 PmGRF6 在花芽萌发时有着较高的表达(图 5B 所示)。在花蕾发育至绽放的各个阶段中(如图 5C 所示),梅花 GRF 基因家族大部分成员在休眠解除期有着高表达,然后逐渐降低(如 PmGRF1、PmGRF2、PmGRF3、PmGRF4、PmGRF7、PmGRF9、PmGRF10)。PmGRF5 和 PmGRF8 呈现在开花绽放的过程逐渐上升,而 PmGRF6 呈现先上升后下降的趋势。说明 GRF 基因的各个成员在休眠过程中的调控扮演着不同的角色,早期比较高表达的可能与休眠相关而在休眠晚期有着高表达的可能与解除休眠相关。

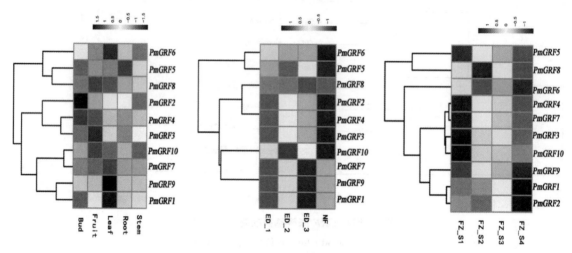

图 5 PmGRF 基因的表达模式分析
Fig. 5 Expression patterns of GRF gene family in P. mume
A. 不同组织(bud:花芽 fruit:果实 leaf:叶片 root:根 stem:茎)中 PmGRF 基因的表达模式
B. 花芽休眠不同阶段 PmGRF 基因的表达模式(ED Ⅰ:内休眠阶段;ED Ⅱ:内休眠解除阶段;
ED Ⅲ:生态休眠阶段;NF:花芽萌发阶段)
C. 花蕾不同阶段 PmGRF 基因的表达模式(FZ_S1:生态休眠阶段;
FZ_S2:花芽萌发阶段 FZ_S3:花蕾膨大阶段 FZ_S4:花蕾绽放阶段)

3 讨论

GRF 是植物特有的转录因子家族,参与调控植物的根、茎、叶、花、果实的发育,以及逆境胁迫的响应等生物学过程(Bao et al., 2014;Debernardi et al., 2014;Hewezi et al., 2012;Kim et al., 2012)。在模式植物拟南芥和水稻中,GRF 基因的生物学功能及分子调控机制较为清晰。然而,GRF 基因在多年生木本植物梅花中的生物学功能尚未阐明,且其是否参与调控梅花花器官发育与开花时间也未知。

本研究在梅花中鉴定了 10 个 GRF 基因,对其进行蛋白结构域分析发现,每个 PmGRF 蛋白均含有 QLQ 和 WRC 蛋白功能域,且蛋白基序在这些功能域中相对保守,这说明 QLQ 和 WRC 功能域可能制约着 GRF 蛋白的进化。通过对 GRF 蛋白进化分析,发现梅花 GRF 蛋白分组与拟南芥分组一致,这说明 GRF 蛋白序列在物种进化过程中的保守性且同一组内的基因结构和蛋白基序的相似性较高。梅花 GRF 基因在不同器官、花芽发育至花蕾绽放的不同阶段存在差异,部分同组的 GRF 基因表达模式一致(如:V 组和 Ⅵ 组),但是部分处于同组的差距明显(如:Ⅰ 组和 Ⅳ 组),这说明不同的 GRF 基因在梅花不同器官、同一器官的不同时期基因表达水平存在差异,反映不同的 GRF 基因在梅花中可能发挥着不同的功能。通过对比梅花 10 个 GRF 的基因结构、蛋白特性以及组织特异性表达情况发现,PmGRF 基因在氨基酸长度、等电点、组织表达偏好性方面有着不同程度的差异,这也从侧面反映 GRF 家族基因在进化过程中发生序列改变从而引起功能异化。通过对 *PmGRF* 基因在梅花休眠解除以及花蕾发育至开花过程中不同阶段的表达模式分析发现,在休眠解除前期高表达的梅花 *GRF* 基因(*PmGRF*2-4,*PmGRF*8,*PmGRF*10)可能在花芽休眠解除过程中起促进作用;而在花芽休眠解除后部分 *GRF* 基因在花器官发育高表达但在开花中低表达,如 *PmGRF*1 和 *PmGRF*2,可能与花器官发育与形成有关;*PmGRF*5 与 *PmGRF*8 呈现持续上升的表达趋势可能对梅花的开花起重要的调控作用。尽管梅花 GRF 蛋白序列与模式植物相比较为保守,但是 *PmGRF* 基因是否调控梅花花器官发育和开花时间仍然需要通过后期分子试验进行验证。综上所述,本研究对梅花 GRF 家族基因成员进行鉴定以及生物信息分析,为后续梅花 GRF 家族基因的功能性研究提供理论依据,并且为完善梅花乃至木本植物的花器官发育的分子机制奠定基础。

参考文献

Bao M, Bian H, Zha Y, et al, 2014. miR396a-Mediated Basic Helix-Loop-Helix Transcription Factor bHLH74 Repression Acts as a Regulator for Root Growth in *Arabidopsis* Seedlings [J]. Plant and Cell Physiology, 55(7): 1343-1353.

Debernardi J M, Mecchia M A, Vercruyssen L, et al, 2014. Post-transcriptional control of GRF transcription factors by microRNA miR396 and GIF co-activator affects leaf size and longevity. [J]. Plant Journal, 79(3): 413-426.

Hewezi T, Maier T R, Nettleton D, et al, 2012. The Arabidopsis MicroRNA396-GRF1/GRF3 Regulatory Module Acts as a Developmental Regulator in the Reprogramming of Root Cells during Cyst Nematode Infection [J]. Plant Physiology, 159(1): 321-335.

Kim J H, Choi D, Kende H, 2010. The AtGRF family of putative transcription factors is involved in leaf and cotyledon growth in *Arabidopsis*[J]. Plant Journal, 36(1): 94-104.

Kim J H, Kende H, 2004. A transcriptional coactivator, AtGIF1, is involved in regulating leaf growth and morphology in *Arabidopsis*[J]. Proceedings of the National Academy of Sciences of the United States of America, 101(36): 13374-13379.

Kim J H, Lee B H, 2006. GROWTH-REGULATING FACTOR4 of *Arabidopsis thaliana* is required for development of leaves, cotyledons, and shoot apical meristem[J]. Journal of Plant Biology, 49(6): 463-468.

Kim J S, Mizoi J, Kidokoro S, et al, 2012. Arabidopsis growth-regulating factor7 functions as a transcriptional repressor of abscisic acid- and osmotic stress-responsive genes, including *DREB2A*. [J]. Plant Cell, 24(8): 3393-3405.

Knaap E, Kende K H, 2000. A Novel Gibberellin-Induced Gene from Rice and Its Potential Regulatory Role in Stem Growth[J]. Plant Physiology, 122(3): 695-704.

Lee B H, Ko J H, Lee S, et al, 2009. The Arabidopsis GRF-INTERACTING FACTOR Gene Family Performs an Overlapping Function in Determining Organ Size as Well as Multiple Developmental Properties [J]. Plant Physiology, 151(2): 655-668.

Lee B H, Wynn A N, Franks R G, et al, 2014. The *Arabidopsis thaliana* GRF-INTERACTING FACTOR gene family plays an essential role in control of male and female reproductive development[J]. Developmental Biology, 386(1): 12-24.

Liang G, He H, Li Y, et al, 2014. Molecular Mechanism of microRNA396 Mediating Pistil Development in *Arabidopsis*[J]. Plant Physiology, 164(1): 249.

Liu H, Guo S, Xu Y, et al, 2014. OsmiR396d-regulated OsGRFs function in floral organogenesis in rice through binding to their targets *OsJMJ*706 and *OsCR*4. [J]. Plant Physiology, 165(1): 160-174.

Omidbakhshfard M A, Proost S, Fujikura U, et al, 2015. Growth-Regulating Factors (GRFs): A Small Transcription Factor Family with Important Functions in Plant Biology[J]. Mol Plant, 8(7): 998-1010.

Pajoro, Madrigal, Muino, Jm, Matus, et al, 2014. Dynamics of chromatin accessibility and gene regulation by MADS-domain transcription factors in flower development[J]. GENOME BIOL, 2014, 15(3): R41.

Raventos D, Skriver K, Schlein M, et al, 1998. HRT, a Novel Zinc Finger, Transcriptional Repressor from Barley[J]. Journal of Biological Chemistry, 273(36): 23313-23320.

Xu L, Xu Y, Dong A, et al, 2003. Novel as1 and as 2 defects in leaf adaxial-abaxial polarity reveal the requirement for ASYMMETRIC LEAVES1 and 2and ERECTA functions in specifying leaf adaxial identity[J]. Development, 130(17): 4097-4107.

Zhang D F, Li B, Jia G Q, et al, 2008. Isolation and characterization of genes encoding GRF transcription factors and GIF transcriptional coactivators in Maize (*Zea mays* L.) [J]. Plant Science, 175(6): 809-817.

牡丹AP2/ERF转录因子 PsRAV1 的克隆与生物信息学分析

马玉杰　何春艳　成仿云*

（花卉种质创新与分子育种北京市重点实验室，国家花卉工程技术研究中心，城乡生态环境北京实验室，园林环境教育部工程研究中心，林木花卉遗传育种教育部重点实验室，园林学院，北京林业大学，北京 100083）

摘要　牡丹是中国特有的传统名贵花卉，其花可观赏，根可入药，籽可榨油，是一种集观赏、药用和油用价值于一身的经济作物。AP2/ERF（APETALA2/ethylene response factor）家族转录因子在调控植物生长以及次生代谢积累等方面具有重要功能。本研究以紫斑牡丹品种'京红'为材料旨在牡丹中克隆AP2/ERF家族转录因子，并利用生物信息学软件分析该转录因子序列特征与蛋白质结构，结果表明：从'京红'中成功克隆了1041bp大小的转录因子，并命名为 PsRAV1；该序列在53~114氨基酸区域存在一个AP2结构功能域，在183~286氨基酸区域存在一个B3结构功能域，系统进化树分析表明 PsRAV1 与葡萄中转录因子 RVA1 具有较高同源性，PsRVA1 属于 RVA 亚家族转录因子。PsRVA1 蛋白由346个氨基酸组成，且属于不稳定的亲水性蛋白质；二级结构以无规则卷曲占比最高，为53.18%。该转录因子的克隆及结构分析可为探索其在牡丹生长发育及逆境调控过程中的生物学功能和利用转基因技术改良及培育牡丹新品种奠定理论基础。

关键词　牡丹；AP2/ERF 家族；RVA 亚家族；生物信息学分析

Cloning and Bioinformatics Analysis of AP2 / ERF Transcription Factor *PsRAV*1 from the *Paeonia* L.

MA Yu-jie　HE Chun-yan　CHENG Fang-yun*

(*Beijing Key Laboratory of Ornamental Plants Germplasm Innovation & Molecular Breeding, National Engineering Research Center for Floriculture, Beijing Laboratory of Urban and Rural Ecological Environment, Engineering Research Center of Landscape Environment of Ministry of Education, Key Laboratory of Genetics and Breeding in Forest Trees and Ornamental Plants of Ministry of Education, School of Landscape Architecture, Beijing Forestry University, Beijing 100083, China*)

Abstract　Peony is a unique traditional and precious flower in China. Its flowers can be viewed, its roots can be used as medicine, and its seeds can be used to extract oil. AP2 / ERF (APETALA2/ethylene response factor) family transcription factors play an important role in regulating plant growth and secondary metabolism. In order to clone AP2/ERF family transcription factors from *Paeonia suffruticosa* 'Jinghong', bioinformatics software was used to analyze the sequence characteristics and protein structure of AP2/ERF family transcription factors; There is an AP2 domain in the 53~114 amino acid region and a B3 domain in the 183~286 amino acid region. Phylogenetic tree analysis showed that PsRVA1 had high homology with grape transcription factor RVA1, and PsRVA1 belonged to RVA subfamily. PsRVA1 protein is composed of 346 amino acids, and belongs to unstable hydrophobic protein; The highest proportion of secondary structure was irregular coil (53.18%). The cloning and structural analysis of the transcription factor can lay a theoretical foundation for exploring its biological function in the process of peony growth and development and stress regulation, and for improving and breeding new peony varieties by transgenic technology.

Key words　The *Paeonia* L.; AP2/ERF family; RVA subfamily; Bioinformatics analysis

牡丹（*Paeonia suffruticosa*）是芍药科（Paeoniaceae）芍药属（*Paeonia*）牡丹组（Section *Moutan*）多年生木本植物，属于落叶亚灌木，是中国特有的传统名贵花卉，其花硕大端庄，雍容华贵，色泽艳丽，芳香馥郁，故有"国色天香"之美誉。牡丹花可观赏，根可入药，籽可榨油，是一种集观赏、药用和油用价值于

---

1 第一作者简介：马玉杰（1996—），女，硕士研究生，主要从事观赏植物资源与育种研究。
* *通讯作者：成仿云，职称：教授，E-mail：mayr1113@163.com。

一身的经济作物。我国是牡丹栽培品种的发源地，拥有丰富且独特的野生牡丹种质资源。但目前对于牡丹花发育、果实发育、根发生、抗寒、耐涝等性状方面功能基因的研究报道较少，这大大限制了我们利用分子手段培育牡丹新优品种的进程，因此我们期望能从牡丹基因组的水平上筛选出控制生长发育及胁迫应答的相关基因。AP2/ERF 家族转录因子参与调控植物生长发育及胁迫应答等多个过程，对植物的生长发育和环境适应具有重要作用（李慧峰 等，2020），因此开展牡丹 AP2/ERF 转录因子研究，可为探索其在牡丹生长发育及逆境调控过程中的生物学功能和利用转基因技术改良及培育牡丹新品种奠定理论基础。

AP2/ERF 转录因子，是一大类主要存在于植物中的转录因子（Okamuro et al.，1997；Riechmann et al.，1998；Magnani et al.，2004）。该家族的转录因子在植物的生物生理过程中起着重要的调节作用，如植物的形态发生、对各种胁迫的响应机制、激素信号转导和代谢产物调节等。AP2/ERF 转录因子包含约 60 个氨基酸的 AP2 DNA 结合域，直接与靶基因启动子处的 DRE（dehydration responsive elements）/CRT（C-repeat element）/GCC box 等顺式作用元件相互作用（Okamuro et al.，1997；Riechmann et al.，1998；Allen et al.，1998）。该超家族因子主要分为 4 个主要亚家族：DREB（Dehydration Responsive Element-Binding）、ERF（Ethylene-Responsive-Element Binding protein）、AP2（APETALA2）、RAV（Related to ABI3/VP）和 Soloists（少数未分类因子）（Riechmann et al.，1998；Sakuma et al.，2002；Nakano et al.，2006）。

AP2 亚家族成员包含 1 个或多个串联重复的 AP2 保守结构域（Kagaya et al.，1999；Licausi et al.，2013），ERF 和 DREB 亚家族成员都只有一个 AP2 保守结构域（Nakano et al.，2006；Licausi et al.，2013），RAV 亚家族成员同时含有一个 AP2 保守结构域和一个 B3 结构域（Kagaya et al.，1999；Swaminathan et al.，2008），Soloist 亚家族成员仅含有一个 AP2 保守结构域，但在其结合的 DNA 序列上与其他 AP2/ERF 成员差异很大（Zhuang et al.，2008；Du et al.，2016）。研究表明，AP2 亚家族成员在植物生长和发育中起重要作用，包括花器官、种子和果实等发育进程（Maes et al.，2001；Jofuku et al.，2005；Chung et al.，2010；Horstman et al.，2014）；过表达 ERF 和 DREB 亚家族成员能够提高转基因株系对多种非生物胁迫的抗性，包括干旱（Hong et al.，2005；Oh et al.，2009；Zhang et al.，2010；Fang et al.，2015；Yang et al.，2016）、高盐（Guo et al.，2004；Hong et al.，2005；Bouaziz et al.，2013）、冻害（Zhang et al.，2010；Fang et al.，2015）、渗透胁迫（Zhang H W et al.，2010）和高温（Qin et al.，2007）等；其中，过表达 ERF 亚家族还能够提高植物参与调控防御基因的表达从而提高对多种生物胁迫的抵抗能力（Berrocal-Lobo et al.，2002；Guo et al.，2004；Moffat et al.，2012；Dong et al.，2015）；RAV 亚家族可以识别两种核苷酸序列，其 AP2 保守结构域可与 CAACA 基序结合，B3 结构域可与 CACCTG 序列结合，该亚家族成员参与油菜素内酯 BR（brassinosteroid）响应、乙烯响应和生物及非生物胁迫响应（Hu et al.，2004；Sohn et al.，2006）。

目前，关于牡丹 AP2/ERF 转录因子的功能研究还未见报道，本研究通过牡丹转录组数据与 GenBank 数据库中 AP2/ERF 家族基因进行比对，成功筛选并克隆出 *PsRVA*1 基因，对其进行序列分析和蛋白质结构预测，为探索其在牡丹生长发育及逆境调控过程中的生物学功能和利用转基因技术改良及培育牡丹新品种奠定理论基础。

1 材料与方法

1.1 供试材料

紫斑牡丹（*P. rockii*）是油用牡丹主要种植种类之一，其抗性强，分布域广泛，花大色艳，观赏性极佳。'京红'（*P. rockii* 'Jing hong'）为紫斑牡丹的一个花油兼用品种，于延庆牡丹园基地采取'京红'饱满休眠芽置于干冰中，带回后放入 -80 ℃ 冰箱保存备用。

图 1 紫斑牡丹（左图）与'京红'（右图）实生苗花部性状

Fig. 1 Flower characters of seedlings of *P. suffruticosa* (left) and *P. suffruticosa* 'Jing hong' (right)

1.2 RNA 提取与 cDNA 合成

采用北京艾德莱生物科技有限公司（Aidlab Biotechnologies Co., Ltd）EASYspin Plus 多糖多酚/复杂植物 RNA 快速提取试剂盒（RN53）提取 RNA，之后采用天根生化科技（北京）有限公司（TIANGEN Biotech (Beijing) Co., Ltd）FastQuant cDNA 第一链合成试剂盒（KR106）将 RNA 逆转录为 cDNA，于 -20 ℃ 冰箱保存备用。

1.3 PsRVA1 克隆与测序

根据数据库比对结果设计特异性引物(表1)进行PCR扩增,反应程序设置为:94℃预变性3min;94℃变性30s,55℃退火30s,72℃延伸1min,30个循环;72℃延伸5min。采用天根生化科技(北京)有限公司的普通琼脂糖凝胶DNA回收试剂盒(DP209)将PCR产物回收纯化,之后采用中美泰和生物技术(北京)有限公司(Taihe Biotechnologies Co., Ltd)的Zero Background Blunt TOPO Cloning Kit平末端克隆试剂盒(C5851)将PsRVA1片段连接到pCloneEZ载体上,构建重组质粒pCloneEZ-PsRVA1,并转化大肠杆菌DH10B感受态细胞,筛选阳性克隆送入北京擎科生物技术有限公司(Tsingke Biotechnology Co., Ltd.)进行测序。

表1 PCR反应特异性引物
Table 1 Specific primers for PCR reaction

基因名称 Gene Name	正向引物 Sense Primer	反向引物 Antisense Primer
PsRVA1	CTCAGTCTTCACCTCTTCTC	TGCTACATTCACGTACAACT

1.4 序列分析与结构预测

通过NCBI线上软件ORF Finder查找测序序列完整开放阅读框(Open Reading Frame, ORF),并将ORF序列通过BLAST比对找到同源性较高的蛋白序列,利用MEGA version X(Kumar, Stecher, Li, Knyaz, and Tamura 2018)构建系统进化树;利用NCBI中CDD数据库分析该转录因子的结构域并查找结构域最相似蛋白;利用线上软件ProtParam (https://web.expasy.org/protparam/)预测分析蛋白质基本理化性质,利用ProtScal软件(https://web.expasy.org/protscale/)预测分析蛋白亲水性;采用SOPMA软件(https://npsa-prabi.ibcp.fr/cgi-bin/npsa_automat.pl?page=npsa_sopma.html)及SWISS-MODEL软件(https://swissmodel.expasy.org/interactive)分别预测蛋白质二级、三级结构。

2 结果与分析

2.1 RNA 提取与PCR反应

以紫斑牡丹品种'京红'芽子提取RNA,并通过琼脂糖凝胶电泳和紫外分光光度计进行RNA质量检测,结果显示为6个提取的重复样品大部分28S rRNA、18S rRNA、5S rRNA条带单一清晰,完整性好(图2);挑取条带清晰且亮度高的RNA进行紫外分光光度计检测,结果显示OD260/OD280比值均介于1.9~2.0之间,表明RNA质量符合后续试验要求。以RNA反转录的cDNA为模板,通过设计引物进行PCR反应扩增得到目的基因PsRVA1,琼脂糖凝胶电泳图显示该基因长度约1100bp条带(图3)。

2.2 基因克隆与测序

将PCR产物切胶回收,再将其与pCloneEZ克隆载体连接,构成重组质粒pCloneEZ-PsRVA1。挑取阳性菌落进行摇菌,利用目的基因的特异性引物对菌液进行PCR鉴定,发现片段大小与PsRVA1基因片段大小相符,之后将载体送入北京擎科生物技术有限公司进行测序,测序结果与原转录组测序数据比对一致。

2.3 PsRVA1的系统发育树分析

将PsRVA1与其他物种同源蛋白序列进行比对,利用MEGA version X(Kumar, Stecher, Li, Knyaz, and Tamura 2018)邻接法构建系统进化树进行分析,发现PsRVA1与葡萄(Vitis vinifera)转录因子RAV1有较高的同源性(图4),这表明该转录因子可能与RAV1具有相似的结构与功能,有待进一步分析。

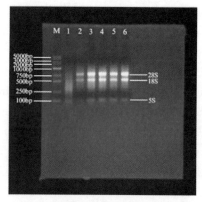

图2 RNA 电泳图
Fig. 2 Electrophoretogram of RNA
注:M:AL5000 DNA Maker;1-6:RNA
Note:M:AL5000 DNA Maker;1-6:RNA

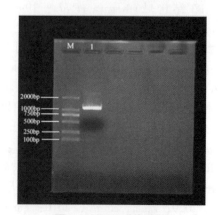

图3 PsRVA1 电泳图
Fig. 3 Electrophoretogram of PsRVA1
注:M:DL2000 DNA Maker;1:PsRVA1
Note:M:DL2000 DNA Maker;1:PsRVA1

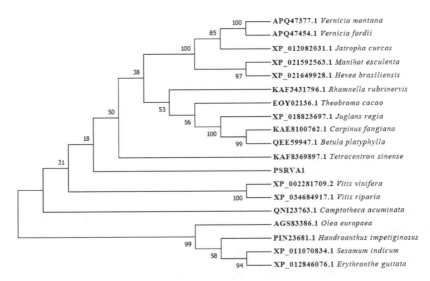

图 4　PsRVA1 同源蛋白系统发育树

Fig. 4　Phylogenetic tree of PsRVA1 homologous protein

2.4　转录因子结构域分析

利用 NCBI 中 CDD 数据库预测该转录因子的结构域，结果显示，PsRVA1 在 53～114 氨基酸区域存在一个 AP2 结构功能域，在 183～286 氨基酸区域存在一个 B3 结构功能域，组成保守结构域 AP2 上的 DNA 结合位点共 11 个残基，组成保守结构域 B3 上的 DNA 结合位点共 11 个残基（图 5），这些残基位点结合 DNA 从而行使调节功能。图 5 中显示 PsRVA1 与葡萄转录因子 RVA1 的 AP2、B3 功能域所在位点相近，此外，利用 DNAMAN 软件将 PsRVA1 氨基酸序列与葡萄、河岸葡萄（Vitis vinifera）和水青树（Tetracentron sinense）的同源蛋白序列进行多重序列比对，从图 6 的比对结果可见它们的 RAV 氨基酸序列在 AP2 及 B3 结构域具有高度相似性。这些结果进一步表明 PsRVA1 属于 AP2/ERF 家族蛋白的 RVA 亚家族。

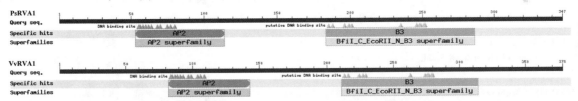

图 5　PsRVA1 与 VvRVA1 转录因子结构域

Fig. 5　Transcription factor domain of PsRVA1 and VvRVA1

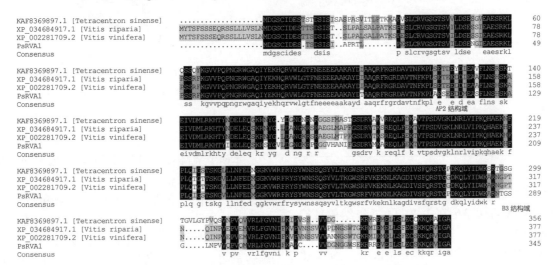

图 6　PsRVA1 与同源蛋白多重序列比对结果

Fig. 6　Sequence alignment results of PsRVA1 and homologous protein

2.5 转录因子 PsRVA1 的一级结构分析

在线软件 ProtParam 分析显示，PsRVA1 由 346 个氨基酸组成，相对分子量为 38849.92Da，其中带负电荷残基数（Asp + Glu）44 个，带正电荷残基数（Arg + Lys）52 个，分子式为 $C_{1710}H_{2706}N_{498}O_{518}S_{10}$，不稳定系数为 44.84，一般当不稳定系数大于 40 时，蛋白质属于不稳定蛋白质，因此推测 PsRVA1 属于不稳定蛋白质，总平均亲水性为 -0.602，推测该蛋白质为亲水性蛋白（表 2）。

利用在线软件 ProtScale 对 PsRVA1 蛋白序列进行亲水性及疏水性预测。结果显示，在 15~40 aa、210~230 aa、290~320 aa 等部分区域为疏水区域，其他大部分属于亲水区域（图 7），表明 PsRVA1 绝大多数氨基酸属于亲水性氨基酸，进一步表明该蛋白质为亲水性蛋白。

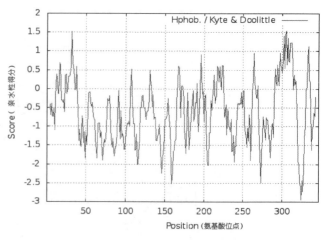

图 7 PsRVA1 亲水性预测分析

Fig. 7 Prediction and analysis of PsRVA1 hydropathicity

表 2 PsRVA1 基本理化性质预测结果

Table 2 Prediction results of basic physical and chemical properties of PsRVA1

一级结构特征 Primary structural characteristic	预测结果 Predicting result
编码氨基酸个数 Number of amino acids	346
相对分子质量（Da） Molecular weight (Da)	38849.92
理论等电点（pI） Theoretical pI	9.19
负电荷残基总数（Asp+Glu） Total number of negatively charged residues (Asp + Glu)	44
正电荷残基总数（Arg+Lys） Total number of positively charged residues (Arg + Lys)	52
分子式 Formula	$C_{1710}H_{2706}N_{498}O_{518}S_{10}$
原子总数 Total number of atoms	5442
不稳定指数（II） The instability index (II)	44.84
脂肪系数 Aliphatic index	73.21
平均亲水性 Grand average of hydropathicity (GRAVY)	-0.602

2.6 PsRVA1 二级结构与三级结构预测

利用 SOPMA 对转录因子 PsRVA1 二级结构进行预测，发现 PsRVA1 无规则卷曲（Cc）比例最高，为 53.18%，α-螺旋（Hh）和延伸链（Ee）分别占比 21.97%和 20.81%。α-螺旋是蛋白质二级结构的主要形式之一，蛋白质中 α-螺旋的占比与蛋白质稳定性呈正比（周雅然 等，2021）。利用在线软件 SWISS-MODEL，以含 B3 结构域的转录因子 NGA1（B3 domain - containing transcription factor NGA1）（PDB：5os9.2.A）为模板对转录因子 PsRVA1 进行三级结构预测，该模板 GMQE 值为 0.14，QMEAN 值为 -0.80，表明待测蛋白与模板蛋白的匹配度较好，可信度较高。结果发现 PsRVA1 主要由无规则卷曲、α-螺旋和延伸链组成，其中无规卷曲占比较多（图 8），三级结构预测与二级结构预测结果相符。

图 8 PsRVA1 三级结构预测

Fig. 8 Tertiary structure prediction of PsRVA1

3 讨论

本研究克隆一个牡丹中的 AP2/ERF 家族转录因子，并利用生物信息学软件对其序列及结构进行分析，该转录因子含有一个 AP2 结构域和一个 B3 结构域，系统进化树分析结果表明 PsRVA1 与葡萄中转录因子 RVA1 具有较高同源性，表明其属于 RVA 亚家族转录因子。研究表明，在拟南芥中过表达 AtRAV1、AtRAV2 基因会表现出莲座叶变小、侧根数目减少以及开花延迟等生长延缓的表型(Osnato et al., 2012; Fu et al., 2014),在烟草中转入 GmRAV 2 基因发现在短日照下植株表现出生长迟缓,根长变短和开花延迟的表型,而 rav1 和 rav2 突变体在发育早期则表现出轻微促进生长的现象(Fu et al., 2014),可知 RAV1 和 RAV2 基因在植物生长和开花过程中起负调节作用。此外,RVA 蛋白还能够参与植物抵抗非生物和生物胁迫的防卫反应,在棉花中转入 AtRAV1、AtRAV2 基因可以提高对干旱的耐受程度(Mittal et al., 2015),转入 CaRAV1 基因的拟南芥转基因植株可增强抗盐能力(Kim et al., 2005),转入 GhRAV1 基因的拟南芥转基因植株表现出对盐、干旱和外源 ABA 敏感(Gutierrez et al., 2004)。在拟南芥中过量表达 CaRVA1 能够引起病原防卫途径中 PR 基因的表达上调,转基因植株对病菌侵染的敏感程度高于野生型(Sohn et al., 2006),在番茄中过量表达 SlRAV2 基因能够增强其抵抗细菌性枯萎病的能力(Li et al., 2015)。

综上可知,RVA 亚家族成员在植物的生长发育过程及对生物和非生物胁迫响应机制中都起到重要作用,而在牡丹中对于花发育、果实发育、根发生、抗寒、耐涝等性状方面功能基因的研究较少。因此,研究牡丹中 AP2/ERF 家族转录因子 PsRVA1 对探索其在牡丹生长发育及逆境调控过程中的生物学功能奠定理论基础,今后可以通过增加对牡丹中这一类转录因子的了解与认识,探究其在牡丹中具体的生物学功能与调节途径,进而利用转基因技术改良及培育牡丹新品种。

参考文献

李慧峰, 董庆龙, 赵强, 等, 2020 14 个苹果 AP2/ERF 转录因子基因的克隆与表达分析[J]. 核农学报, 34(5): 921-931.

周雅然, 于放, 王燕燕, 2021. 喜树转录因子 CaERF1 的克隆与生物信息学分析. 分子植物育种. https://kns.cnki.net/kcms/detail/46.1068.S.20210409.0924.004.html.

Allen MD, Yamasaki K, Ohme-Takagi M, et al., 1998. A novel mode of DNA recognition by a beta-sheet revealed by the solution structure of the GCC-box binding domain in complex with DNA[J]. Embo J., 17(18): 5484-5496.

Berrocal-Lobo M., Molina A., Solano R., 2002. Constitutive expression of ETHYLENE-RESPONSE-FACTOR1 in Arabidopsis confers resistance to several necrotrophic fungi [J]. The Plant Journal, 29: 23-32.

Bouaziz D, Pirrello J, Charfeddine M, et al., 2013. Overexpression of StDREB1 transcription factor increases tolerance to salt in transgenic potato plants[J]. Molecular Biotechnology, 54(3): 803-817.

Chung M Y, Vrebalov J, Alba R, et al., 2013. A tomato (Solanum lycopersicum) APETALA2/ERF gene, SlAP2a, is a negative regulator of fruit ripening[J]. The Plant Journal, 64(6): 936-947.

Dong L D, Cheng Y X, Wu J J, et al., 2015. Overexpression of GmERF5, a new member of the soybean EAR motif-containing ERF transcription factor, enhances resistance to Phytophthora sojae in soybean[J]. Journal of Experimental Botany, 66(9): 2635-2647.

Du C, Hu K, Xian S, et al., 2016. Dynamic transcriptome analysis reveals AP2/ERF transcription factors responsible for cold stress in rapeseed(Brassica napus L.)[J]. Mol Genet Genom, 291: 1053-1067.

Fang Z W, Zhang X H, Gao J F, et al., 2015. A buckwheat (Fagopyrum esculentum) DRE-Binding transcription factor gene, FeDREB1, enhances freezing and drought tolerance of transgenic Arabidopsis[J]. Plant Molecular Biology Reporter, 33(5): 1510-1525.

Fu M, Kang HK, Son SH, et al., 2014. A subset of Arabidopsis RAV transcription factors modulates drought and salt stress responses independent of ABA[J]. Plant & cell physiology, 55(11): 1892-904.

Guo Z J, Chen X J, Wu X J, et al., 2004. Overexpression of the AP2/EREBP transcription factor OPBP1 enhances disease resistance and salt tolerance in tobacco[J]. Plant Molecular Biology, 55(4): 607-618.

Gutierrez RA, Green PJ, Keegstra K, et al., 2004. Phylogenetic profiling of the Arabidopsis thaliana proteome: what proteins distinguish plants from other organisms[J]. Genome Biology, 5(8): R53.

Hong J P, Kim W T, 2005. Isolation and functional characterization of the Ca-DREBLP1 gene encoding a dehydration-responsive element binding-factor like protein 1 in hot pepper (Capsicum annuum L. cv. Pukang)[J]. Planta, 220(6): 875-888.

Horstman A, Willemsen V, Boutilier K, et al., 2014. AINTEGUMENTA-LIKE proteins: Hubs in a plethora of networks [J]. Trends in Plant Science, 19(3): 146-157.

Hu Y X, Wang Y H, Liu X F, et al., 2004. Arabidopsis RAV1 is down-regulated by brassinosteroid and may act as a negative regulator during plant development[J]. Cell Research, 14(1): 8-15.

Jofuku K D, Omidyar P K, Gee Z, et al., 2005. Control of

seed mass and seed yield by the floral homeotic gene APETALA2[J]. Proceedings of the National Academy of Sciences of the United States of America, 102(8): 3117-3122.

Kagaya Y, Ohmiya K, Hattori T, et al., 1999. RAV1, a novel DNA-binding protein, binds to bipartite recognition sequence through two distinct DNA-binding domains uniquely found in higher plants[J]. Nucleic Acids Res, 27: 470-478.

Kim SY, Kim YC, Lee JH, et al., 2005. Identification of a CaRAV1 possessing an AP2/ERF and B3 DNA-binding domain from pepper leaves infected with *Xanthomonas axonopodis* pv. glycines 8ra by differential display[J]. Biochimica et Biophysica Acta, 1729(3): 141-146.

Kumar S, Stecher G, Li M, et al., 2018. MEGA X: Molecular Evolutionary Genetics Analysis across computing platforms [J]. Molecular Biology and Evolution, 35: 1547-1549.

Li XJ, Li M, Zhou Y, Hu S, et al., 2015. Overexpression of Cotton RAV1 Gene in *Arabidopsis* Confers Transgenic Plants High Salinity and Drought Sensitivity[J]. PLOS ONE, 10 (2): e0118056.

Licausi F, Ohme-Takagi M, Perata P, et al., 2013. APETALA2/Ethylene Responsive Factor (AP2/ERF) transcription factors: mediators of stress responses and developmental programs[J]. New Phytol, 199: 639-649.

Maes T, van de Steene N, Zethof J, et al., 2001. *Petunia* AP2-like genes and their role in flower and seed development [J]. The Plant Cell, 13(2): 229-244.

Magnani E, Sjolander K, Hake S, et al., 2004. From endonucleases to transcription factors: evolution of the AP2 DNA binding domain in plants [J]. Plant Cell, 16(9): 2265-2277.

Mittal A, Jiang Y, Ritchie GL, et al., 2015. AtRAV1 and AtRAV2 overexpression in cotton increases fiber length differentially under drought stress and delays flowering[J]. Plant Science An International Journal of Experimental Plant Biology, 241: 78-95.

Moffat CS, Ingle RA, Wathugala DL, et al., 2012. ERF5 and ERF6 play redundant roles as positive regulators of JA/Et-mediated defense against Botrytis cinerea in Arabidopsis[J]. PLoS One, 7(4): e35995.

Nakano T, Suzuki K, Fujimura T, et al., 2006. Genome-wide analysis of the ERF gene family in *Arabidopsis* and rice[J]. Plant Physiol, 140(2): 411-432.

Oh SJ, Kim YS, Kwon CW, et al., 2009. Overexpression of the transcription factor AP37 in rice improves grain yield under drought conditions[J]. Plant Physiology, 150(3): 1368-1379

Okamuro JK, Caster B, Villarroel R, et al., 1997. The AP2 domain of APETALA2 defines a large new family of DNA binding proteins in *Arabidopsis*[J]. Proc Natl Acad Sci U S A, 94(13): 7076-7081.

Osnato M, Castillejo C, Matias-Hernandez L, et al., 2012. Genes link photoperiod and gibberellin pathways to control flowering in *Arabidopsis*[J]. Nature Communications, 3(3): 199-202.

Qin F, Kakimoto M, Sakuma Y, et al., 2007. Regulation and functional analysis of ZmDREB2A in response to drought and heat stresses in *Zea mays* L.[J]. The Plant Journal, 50(1): 54-69.

Riechmann JL, Meyerowitz EM. 1998. The AP2/EREBP family of plant transcription factors[J]. Biol Chem. 379(6): 633-646.

Sakuma Y, Liu Q, Dubouzet JG, et al., 2002. DNA-binding specificity of the ERF/AP2 domain of Arabidopsis DREBs, transcription factors involved in dehydration and cold-inducible gene expression[J]. Biochem Biophys Res Commun, 290(3): 998-1009.

Sohn K H, Lee S C, Jung H W, et al., 2006. Expression and Functional Roles of the Pepper Pathogen-Induced Transcription Factor RAV1 in Bacterial Disease Resistance, and Drought and Salt Stress Tolerance[J]. Plant Molecular Biology, 61(6): 897-915.

Swaminathan K, Peterson K, Jack T. 2008 The plant B3 superfamily[J]. Trends Plant Sci, 13: 647-655.

Yang Y Q, Dong C, Li X, et al., 2016. A novel Ap2/ERF transcription factor from Stipa purpurea leads to enhanced drought tolerance in *Arabidopsis thaliana*[J]. Plant Cell Reports, 2016, 35(11): 2227-2239.

Zhang HW, Liu W, Wan LY, et al., 2010. Functional analyses of ethylene response factor JERF3 with the aim of improving tolerance to drought and osmotic stress in transgenic rice [J]. Transgenic Research, 19(5): 809-818.

Zhang ZJ, LiF, Li DJ, et al., 2010. Expression of ethylene response factor JERF1 in rice improves tolerance to drought [J]. Planta, 232(3): 765-774.

Zhang Z, Huang R. 2010. Enhanced tolerance to freezing in tobacco and tomato overexpressing transcription factor TERF2/LeERF2 is modulated by ethylene biosynthesis[J]. Plant Molecular Biology, 73(3): 241-249.

Zhuang J, Cai B, Peng R H, et al., 2008. Genome-wide analysis of the AP2/ERF gene family in *Populus trichocarpa* [J]. Biochem Bioph Res Co, 371: 468-474.

金钱树实时荧光定量 PCR 内参基因筛选

张欢 侯志文 何文英 杨淞麟 高丽丽 廖飞雄*

（华南农业大学林学与风景园林学院，广东省森林植物种质资源创新与利用重点实验室，广州 510642）

摘要 内参基因可在荧光定量 PCR 分析基因表达时使结果更加精准，为了更准确地进行金钱树基因表达分析，选择 EF1α、TUB5、UBC36、UBQ7、sec3、eIF-6 为候选内参基因，使用 GeNorm、NormFinder、BestKeeper 和 RefFinder 对这 6 个候选内参基因在金钱树叶片扦插不同时期和不同器官中表达稳定性进行分析。结果表明，所有候选基因均能特异性扩增并显示出较高的特异性，通过 GeNorm 和 NormFinder 分析发现，在扦插不同时期的叶片中 EF1α 排在第一，在不同器官中 eIF-6 排在第一，BestKeeper 分析结果表明，在扦插不同时期的叶片中 UBC36 的表达最稳定，不同器官中 sec3 的表达最稳定，对 3 个软件得到的排名进行综合分析，得出 EF1α 可作为金钱树不同扦插时期的叶片可用内参基因，而 eIF-6 可作为金钱树不同器官可用内参基因。

关键词 金钱树；内参基因；qRT-PCR

Screening of Suitable Reference Genes for qRT-PCR Analysis of Gene Expression in *Zamioculcas zamiifolia*

ZHANG Huan HOU Zhi-wen HE Wen-ying YANG Song-lin GAO li-li LIAO Fei-xiong*

(*College of Forestry and Landscape Architecture, South China Agricultural University, Guangdong Key Laboratory for Innovative Development and Utilization of Forest Plant Germplasm, Guangzhou 510642, China*)

Abstract Reference genes could make the results more accurate when analyzing gene expression by Quantitative real-time PCR (qRT-PCR), in order to analyze the genes expression more currently in *Zamioculcas zamiifolia*, six commonly used reference gens, including EF1α, TUB5, UBC36, UBQ7, sec3A and eIF-6, were selected as candidate reference genes. The expression stability of six genes was evaluated by GeNorm, NormFinder, BestKeeper, and RefFinder in different cutting stages of leaves and different organs of *Zamioculcas zamiifolia*, . The results showed that all candidate reference genes could amplify specifically with high efficiency, the GeNorm and NormFinder algorithm found that EF1α to be a stable genen in cutting leaves of different stages, while eIF-6 expressed the best stablity in different organs, but UBC36 was identified as the best gene and sec3 was the best one in different organs by BestKeeper analysis, the comprehensive analysis of the rankings obtained by the three software found, EF1α was the optimal reference gene for gene expression in leaves at different stages, and eIF-6 was the most suitable reference gene in different organs.

Key words *Zamioculcas zamiifolia*; Reference gene; qRT-PCR

实时荧光定量 PCR(quantitative real-time PCR, qRT-PCR)被广泛用于基因表达和转录组分析，具有的高度灵敏性、准确性、快速和安全等优点(Udvardi et al., 2008)，然而 qRT-PCR 的准确性受多种因素的影响，RNA 的提取质量，引物的特异性，PCR 效率等都是破坏试验结果可靠性的关键因素，在不同条件和不同细胞内目的基因的表达存在很大差异，故需选择合适的参考基因对其归一化，从而保障实验的准确性(袁伟 等，2012)。常用的内参基因大多是参与细胞器骨架构成和生物体基本生化代谢过程的基因，如

---

1 基金项目：国家自然科学基金项目(32071823)。
  第一作者简介：张欢(1997—)，女，硕士研究生。
  * 通讯作者：廖飞雄，职称：教授，E-mial: fxliao@sacu.edu.cn。

ACT(肌动蛋白)、TUB(β微管蛋白)、EF1α(延伸因子1α)、GAPDH(3-磷酸甘油醛脱氢酶)等,这些基因往往被认为有高度的保守性,可直接作为内参基因使用。但大量试验证明,常用的内参基因在不同种类、组织、器官,甚至不同的生长发育时期的表达仍然不稳定(Die et al., 2010;Niu et al., 2015),因此,在表达分析时,应先通过分析基因的稳定性和适用性,以筛选出适宜的内参基因。

金钱树(Zamioculcas zamiifolia)是天南星科重要的观叶植物,其叶色碧绿,叶形椭圆,叶片如铜钱挂坠在叶柄两侧,又因其极耐阴、耐旱、病虫害少等优点很快成为全世界流行的室内盆栽植物,具有极高的观赏价值和经济价值 Chen et al., 2002;钱仁卷 等,2008)。早期主要通过形态观察和各种繁殖技术(扦插、组织培养等)对金钱树进行形态学和生产繁殖等方面的研究,随着技术和可用生物信息学软件的进步,就此开始了金钱树基因组学和转录组学的研究(Abdullah et al., 2020),但在金钱树基因表达分析时采用什么样的内参基因却未见有报道,实验室前期已进行了金钱树叶片转录组测序,通过转录组数据分析筛选出 EF1α(延伸因子1α)、TUB5(β微管蛋白5)、UBC36(泛素缀合酶36)、UBQ7(泛素蛋白7)、囊外复合物 sec3、eIF-6(翻译起始因子6)等6个基因为候选内参基因,本文通过不同的计算程序:GeNorm、NormFinder、BestKeeper 和 RefFinder,评估了6个候选内参基因在金钱树叶片扦插过程中以及不同器官中的稳定性,以筛选出适合金钱树叶片扦插过程和不同器官基因表达研究中可用的内参基因,为金钱树基因功能研究奠定基础。

1 材料与方法

1.1 试材及取样

选择生长健壮、无病虫害的二年生金钱树成熟叶片进行扦插,于生长箱中培养(光照度≤5000lx、12h/12h 光照;相对湿度80%~90%;培养温度28~30℃),分别在扦插后 0d、3d、6d、15d 切取叶柄基部≤5mm 组织;不同器官材料选取金钱树幼嫩叶片、总叶柄、芽、根4个部位组织,样品用液氮固定,-80℃保存备用。

1.2 总 RNA 的提取和 cDNA 合成

使用 Plant RNA Kit(OMEGA, USA)试剂盒进行金钱树样品总 RNA 提取,用 NanoDrop2000 检测总 RNA 浓度和纯度,并使用1.0%琼脂糖凝胶电泳检测总 RNA。待合格后,用 Evo M-MLV 逆转录试剂盒Ⅱ将 RNA 反转成 cDNA,-20℃保存备用。

1.3 候选内参基因选择和引物设计

参考已有的文献报道(李俊慧,2012;侯志强 和 王庆国,2013;曾德福 等,2018;杨阳 等,2020)和金钱树转录组数据,筛选出6个表达量差异不显著的基因为候选内参基因,EF1α、TUB5、UBC36、UBQ7、sec3A、eIF-6。利用软件 BioEdit 和金钱树转录组数据建立本地氨基酸库和核苷酸库,于拟南芥数据网(https://www.arabidopsis.org/)查询候选内参基因的氨基酸序列,与本地氨基酸库进行比对(E-value < 10^{-5}),找到金钱树中的同源基因及该基因的特异性片段,遵循引物设计原则,利用引物设计软件 Primer Premier 5.0 设计候选内参基因的特异性引物(表1)。

表1 候选内参基因的引物序列
Table 1 Primer sequence of candidate reference genes

基因 Gene	正向引物序列(5'→3') Forward primer(5'→3')	反向引物序列(5'→3') Reverse primer(5'→3')	扩增长度(bp) Amplification length(bp)
EF1α	TCTCAAACCGCTCTATCACAC	GTCAGCATGGGTAAGGAGAAG	136
TUB5	ATTTCGTCCATCCCTTCACC	TCCACCTTCATCGGCAATTC	125
UBC36	GGTGGGAAACAGTAGGCTTG	GGAAGACAAACGAAGCAGAAG	124
UBQ7	AGGTTGGCAAGAGTAACAGAG	ACCCTCTTTGTCCTGAATCTTG	149
sec3	AATTGCTTGGGTCCTCTGAG	TTCTTGATGCCTTGGTACTGG	112
eIF-6	CTCTTGGTCAGTGGTAGTGTG	TTTCTACAGTGCGTTCGAGG	142

1.4 qRT-PCR 和数据分析

以 cDNA 为模板进行6个候选内参基因的 PCR 扩增,其产物用1.0%琼脂糖凝胶电泳进行检测。用 Hieff© qPCR SYBR Green Master Mix(NO Rox)试剂盒,以上述备用的 cDNA 为模板,反应条件为95℃预变性30s;95℃变性5s,60℃退火30s,40个循环;循环后通过溶解曲线分析(65~95℃)验证扩增产物的特异性。每个反应重复3次。将得到的阈值循环数Ct(Cycle threshold)做箱线图,Ct值可以判断候选内参基因的转录水平,Ct值越小,表示该基因的表达丰度越高(Roy et al.,2021)。

1.5 候选内参基因表达稳定性分析

将每个样品cDNA混合模板按5倍稀释梯度进行稀释,即浓度分别为1、1/5、1/25、1/125、1/625倍,然后进行qRT-PCR,得到5个梯度下每个候选内参基因的Ct值,用Ct值绘制标准曲线,并计算扩增效率。

利用软件GeNorm、NormFinder、BestKeeper分析候选内参基因的稳定性,对候选基因进行排名,用在线软件RefFinder(http://blooge.cn/RefFinder/)综合分析候选内参基因的稳定性。在GeNorm中,进行成对比较得出所研究基因的平均表达稳定值M(Average expression stability,M),M值最低的基因则是最稳定的基因,当M值大于1.5,表示该基因表达不稳定;和GeNorm一样,NormFinder也是根据相对值给出基因表达稳定值SV(Stability value,SV),SV值最小的基因为最合适的内参基因;BestKeeper则是通过比较基因的标准偏差(Standard Deviation,SD)和变异系数(Coefficient of Variation,CV)的大小最终确定稳定性最好的内参基因,SD和CV值越小则表示基因稳定性越好,当SD大于1.0,表示该内参基因表达不稳定(吴建阳等,2017)。

2 结果与分析

2.1 总RNA质量和cDNA质量检测

提取金钱树不同器官和扦插不同时期叶片的总RNA,经凝胶电泳检测发现,28S和18S条带清晰(图1),OD260/OD280均大于2.0,表明获得的总RNA质量较好,可用于后续试验分析。

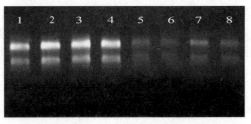

图1 金钱树不同器官(1-4)和扦插不同时期叶片(5-8)总RNA琼脂糖凝胶电泳结果

Fig. 1 Agarose gel electrophoresis of total RNA from different organs(1-4) and cutting leaves in different stages(5-8) of *Zamioculcas zamiifolia*

1:叶片;2:总叶柄;3芽;4根;5:扦插后0d;
6:扦插后3d;7:扦插后6d;8:扦插后15d

2.2 候选内参基因引物的扩增特异性和扩增效率分析

对所有候选基因进行qRT-PCR分析,PCR产物用电泳检测,结果显示(图2、图3),6对引物在金钱树叶片扦插不同时期和不同器官试验材料中溶解曲线仅有单一信号峰,无杂峰,重复性较好,电泳结果显示,产物大小在100~200bp之间,符合预期的设计要求,产物条带单一,无杂带,说明引物的特异性较好,定量分析的结果可靠性高,可用于内参基因表达稳定性分析。

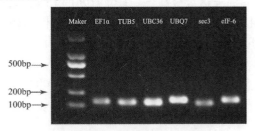

图2 6个候选内参基因引物特异性检测电泳图

Fig. 2 Primer amplification specificity of 6 candidate reference genes

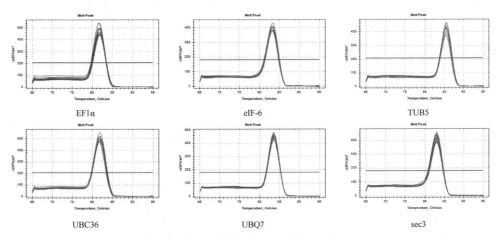

图3 6个候选内参基因溶解曲线

Fig. 3 Melting curves of 6 candidate reference genes

对扩增效率进行计算，结果显示扩增效率在96.6%~109.5%之间，扩增效率良好，$EF1\alpha$ 的扩增效率最低，$TUB5$ 最高，决定系数 R^2 在 0.995~0.998 之间（表2），符合试验要求。

表2 候选内参基因扩增效率和标准曲线参数
Table 2　Amplification efficiency and standard curve parameters of candidate reference genes

基因 Gene	扩增效(E)(%) Amplification efficiency(%)	决定系数(R²) Coefficient of determination(R²)	斜率(K) Slope(K)
$EF1\alpha$	96.6	0.998	-3.405
$TUB5$	109.5	0.995	-3.114
$UBC36$	97.1	0.996	-3.392
$UBQ7$	103.6	0.995	-3.238
$sec3$	104.1	0.997	-3.227
$eIF-6$	97.0	0.995	-3.397

2.3　候选内参基因表达丰度分析

由图4A可知，在金钱树扦插过程的不同时期，候选的6个内参基因 Ct 值在 19.72~27.59 之间，$EF1\alpha$ 和 $UBC36$ 的 Ct 值最低，分别为 19.72~21.98 和 21.55~22.68，表示 $EF1\alpha$ 和 $UBC36$ 在扦插不同时期叶片的表达量最高，$sec3$ 和 TUB 的 Ct 最高，分别为 24.48~27.59 和 22.19~26.58，表达丰度较低。由图4B可知，在金钱树不同器官中，所有的候选内参基因 Ct 值介于 17.15~24.95，其中 $EF1\alpha$ 的 Ct 值最低，介于 17.15~19.83 之间，说明 $EF1\alpha$ 的表达丰度最高，在金钱树不同器官的表达量最高，$UBQ7$ 的 Ct 值最高，表明 $UBQ7$ 表达丰度较低。

2.4　候选内参基因稳定性分析

2.4.1　GeNorm 分析

软件 GeNorm 通过 M 值大小来判断基因稳定性，M 值越小，表示基因稳定性越好，M>1.5，则表示候选内参基因的稳定性差，不能作为内参基因。结果显示，6个候选内参基因的 M 值均小于 1.5，候选内参基因稳定性较好。在扦插不同时期叶片，M 值由大到小依次为：$TUB5>sec3>UBC36>eIF-6>UBQ7>EF1\alpha$（图5A），其中 $UBQ7$ 和 $EF1\alpha$ 的 M 值相同且最小，表明 $UBQ7$ 和 $EF1\alpha$ 在金钱树扦插不同时期叶片的稳定性最好。在金钱树不同器官中，M 值由大到小依次为 $TUB5>UBQ7>sec3>EF1\alpha>UBC36>eIF-6$（图5B），其中以 $UBC36$ 和 $eIF-6$ 的稳定性最好。

2.4.2　NormFinder 分析

NormFinder 是利用表达稳定值 SV 筛选出合适的内参基因，评估的是候选内参基因整体与子集之间的关系，和 M 值一样，SV 值越低则基因表达稳定性越好。在扦插不同时期叶片（图6A），$EF1\alpha$ 和 $UBQ7$ 的 SV 值最小，分别为 0.171 和 0.31，表明其在扦插过程的不同时期中表达稳定性最好，$TUB5$ 的 SV 值最大（1.188），稳定性最差（图4A）；在金钱树不同器官中（图6B），$eIF-6$ 和 $UBC36$ 的 SV 值最小，分别为 0.108 和 0.296，表明 $eIF-6$ 和 $UBC36$ 在不同器官中的表达最稳定，$TUB5$ 的 SV 值最大（0.993），表达最不稳定。

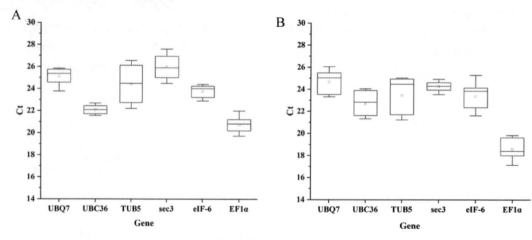

图4　候选内参基因 Ct 值
Fig. 4　Ct values of candidate reference genes
A：扦插不同时期叶片；B：不同器官
图中每个盒代表1个内参基因的1组处理，盒中横线代表中位线，
盒的上下分别代表上/下四分位，"。"代表均值

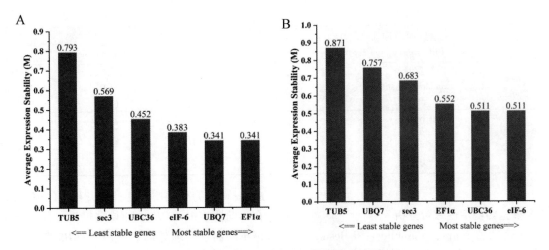

图 5 GeNorm 分析候选内参基因稳定性

Fig. 5 Expression stability analysis of the candidate reference genes by GeNorm

A：扦插不同时期叶片；B：不同器官

2.4.3 BestKeeper 分析

软件 Bestkeeper 通过直接对 Ct 值进行分析，用计算得到的 SD 和 CV 值对候选内参基因的稳定性进行评估，SD 和 CV 值越小，表示候选内参基因的稳定性越好。结果显示（表 3），在扦插不同时期叶片稳定性由高到低依次排序为：$UBC36>eIF-6>EF1α>UBQ7>sec3>TUB5$，在不同器官中稳定性由高到低依次为：$sec3>EF1α>eIF-6>UBC36>UBQ7>TUB5$。

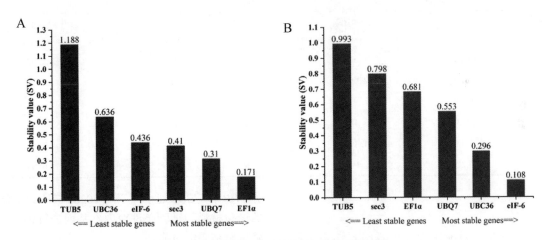

图 6 NormFinder 分析候选内参基因稳定性

Fig. 6 Expression stability analysis of the candidate reference genes by NormFinder

A：扦插不同时期叶片；B：不同器官

表 3 Bestkeeper 分析候选内参基因稳定性

Table 3 Expression stability analysis of the candidate reference genes by Bestkeeper

基因 Gene	扦插不同时期叶片 Different stages of cutting			不同器官 Different organs		
	排名 Ranking	标准偏差 Standard Deviation (SD)	变异系数 Coefficient of Variation (CV)	排名 Ranking	标准偏差 Standard Deviation (SD)	变异系数 Coefficient of Variation (CV)
EF1α	3	0.54	2.61	2	0.67	3.63
TUB5	6	1.71	7.00	6	1.66	7.13
UBC36	1	0.38	1.7	4	0.91	4.05

（续）

基因 Gene	扦插不同时期叶片 Different stages of cutting			不同器官 Different organs		
	排名 Ranking	标准偏差 Standard Deviation（SD）	变异系数 Coefficient of Variation（CV）	排名 Ranking	标准偏差 Standard Deviation（SD）	变异系数 Coefficient of Variation（CV）
UBQ7	4	0.60	2.38	5	0.99	4.05
sec3	5	0.96	3.68	1	0.35	1.44
eIF-6	2	0.52	2.17	3	0.84	3.62

2.5 候选内参基因稳定性综合分析

RefFinder 是在 GeNorm、Normfinder 和 Bestkeeper 等软件的基础上对候选内参基因的稳定性进行综合分析，通过计算各个软件得到排名的几何均值，得到最终的总排名。最终结果显示（表4），在扦插不同时期叶片基因稳定性综合排名中，$EF1\alpha$ 排在第一，表明 $EF1\alpha$ 可作为金钱树叶片扦插过程中的理想内参基因；在不同器官中，eIF-6 的排名最高，最适合作为金钱树不同器官的理想内参基因。TUB5 在不同扦插时期和不同器官中，用在3个软件分析结果显示其排名都最低，说明 TUB5 不适合作为金钱树叶片扦插过程和不同器官中的内参基因。

表 4 RefFinder 综合分析候选内参基因稳定性
Table 4 Expression stability analysis by RefFinder

排序 Ranking	扦插不同时期叶片 Different stages of cutting		排序 Ranking	不同器官 Different organs	
	基因 Gene	几何均值 Geomean of ranking values		基因 Gene	几何均值 Geomean of ranking values
1	$EF1\alpha$	1.32	1	eIF-6	1.32
2	UBQ7	2.00	2	UBC36	2.00
3	eIF-6	2.91	3	$EF1\alpha$	3.13
4	UBC36	3.16	4	sec3A	3.16
5	sec3A	4.16	5	UBQ7	3.87
6	TUB5	6.00	6	TUB5	6.00

3 讨论

荧光定量 PCR 是目前用于分析基因表达最常用的技术之一，为保证试验结果的稳定性，常常需要选择合适的内参基因对目的基因进行校正和标准化，从而减少检测样本之间的差异。本研究结果显示，金钱树不同扦插时期的叶片适用的内参基因为 $EF1\alpha$，而不同器官中适用的内参基因是 eIF-6，$EF1\alpha$ 在不同器官中的综合排名却不高，表达也相对不稳定。内参基因选择受很多因素的影响，不仅仅是因为物种的不同，对于同一物种，因组织材料或者试验条件的不同，所选择的内参基因往往也不同，如红掌根部适用的内参基因为 18SrRNA，而佛焰苞发育不同阶段理想的内参基因则是 UBQ7（Gopaulchan et al., 2013；杨澜等，2015）；杜鹃红山茶不同器官中最佳的内参基因为 TUA 和 GAPDH，不同时期花瓣的最佳内参基因则为 TUB 和 UBQ（刘小飞等，2020），所以需结合不同的试验材料和试验条件对内参基因进行选择，从而保障试验结果的可靠性。

在本研究中，用 GeNorm、Normfinder 和 Bestkeeper 对6个候选内参基因的稳定性发现，GeNorm 和 Normfinder 的分析结果基本相同，而 Bestkeeper 的分析结果和前两个程序的结果略有差异，如 $EF1\alpha$ 在叶片扦插不同时期中 GeNorm 和 Normfinder 分析排在第一，但用 Bestkeeper 分析却排在第三，这种现象在其他物种的内参筛选中也存在，如在大花绣球中 UPL7 在 GeNorm 和 Normfinder 中排名都是第一，在 Bestkeeper 中却排在第七（陈双双等，2021）。GeNorm 和 Normfinde 都是根据计算得到的 $2^{-\Delta Ct}$ 计算基因表达稳定值，基本原理相同，所以得出的排名差距不大，Bestkeeper 则可以直接通过 Ct 值判断基因的稳定性，相对于 GeNorm 和 NormFinder，BestKeeper 的优点在于不但可以分析内参基因表达的稳定性,而且还可以分析候选内参基因的表达水平(袁伟 等,2012)。因排名存在差异,故用 RefFinder 进行综合分析,使试验结果更加准确,最终得出 $EF1\alpha$ 在扦插不同时期叶片中表达最稳定,eIF-6 在不同器官中表达最稳定。

$EF1\alpha$ 是最常用的蛋白翻译延长因子之一,负责调控蛋白的翻译过程,在基因表达和调控中都非常保守,且几乎存在于每一个细胞中,很适合作为内参基因(Wit et al.,2020),同时发现,$EF1\alpha$ 在彩色马蹄莲、红掌、观赏百合和偃松(杨澜 等,2015;陈敏敏 等,2018;王思瑶 等,2019;周琳 等,2020)等植物中都稳定表达。eIF-6 参与翻译调控,是核糖体生物发生的重要组成成分(Kato et al,2010),在胡萝卜、巴西橡胶树、珙桐等植物中都可以稳定表达,并作为内参基因用于目的基因的表达分析(李和平,2010;田畅,2015;任锐 等,2016)。内参基因的正确选择有助于获得更加准确的试验结果,在本研究中筛选了金钱树叶片扦插不同时期和不同器官中的内参基因,为更加准确了解金钱树的基因表达变化提供了有力的技术支持。

参考文献

陈敏敏,张茹佳,查倩,等,2018. 百合体胚诱导、发育及不同组织实时定量 PCR 内参基因筛选[J]. 分子植物育种,16:4982-4990.

陈双双,齐香玉,冯景,等,2021. 铝处理下绣球实时荧光定量 PCR 内参基因筛选及验证[J]. 华北农学报,36:9-18.

侯志强,王庆国,2013. 鲜切马铃薯实时荧光定量 PCR 分析中内参基因的选择[J]. 安徽农业科学,41:5207-5209.

李和平,2010. 巴西橡胶树蔗糖转运蛋白基因 HbSUT5 的表达特性研究[D]. 海口:海南大学.

李俊慧,2012. 人参榕块根膨大过程细胞分裂素与相关基因表达研究[D]. 福州:福建农林大学.

刘小飞,于波,黄丽丽,等,2020. 杜鹃红山茶实时定量 PCR 内参基因筛选及验证[J]. 广东农业科学,47:203-211.

钱仁卷,王代容,廖飞雄,等. 2008. 金钱树的叶片扦插繁殖及基质、生长素的效应[M]//中国园艺学会观赏园艺专业委员会,张启翔. 北京:中国林业出版社.

任锐,戴鹏辉,李萌,等,2016. 珙桐实时定量 PCR 内参基因的筛选及稳定性评价[J]. 植物生理学报,052:1565-1575.

田畅,2015. 胡萝卜高效再生体系的建立和内参基因的筛选[D]. 南京:南京农业大学.

王思瑶,于宏影,丛日征,等,2019. 偃松内参基因 PpEF-1α 的生物信息学分析[J]. 温带林业研究,2:47-53.

吴建阳,何冰,杜玉洁,等,2017. 利用 geNorm、NormFinder 和 BestKeeper 软件进行内参基因稳定性分析的方法[J]. 现代农业科技,278-281.

杨澜,杨光穗,李崇晖,等,2015. 红掌佛焰苞基因 qRT-PCR 分析中内参基因的筛选[J]. 热带亚热带植物学报,23:51-58.

杨阳,叶碧欢,宋其岩,等,2020. 多花黄精块茎发育和胁迫条件下 qPCR 内参基因的筛选与验证[J]. 中国中药杂志,45:5967-5975.

袁伟,万红建,杨悦俭,2012. 植物实时荧光定量 PCR 内参基因的特点及选择[J]. 植物学报,47:427-436.

曾德福,周建婵,钟春梅,等,2008. 菊叶薯蓣不同发育时期块茎内参基因的筛选[J]. 植物生理学报,54:509-517.

周琳,张永春,蔡友铭,等,2020. 彩色马蹄莲不同品种和组织 qRT-PCR 内参基因筛选[J]. 分子植物育种,18(12):3971-3979.

Abdullah,Henriquez C L,Mehmood F,et al,2020. Comparison of Chloroplast Genomes among Species of Unisexual and Bisexual Clades of the Monocot Family Araceae[J]. Plants 9,737.

Chen J,Henny R J,Mcconnell D B,2002. Development of new foliage plant cultivars[J]. Computer Engineering & Applications 36:466-472.

Die J V,Román B,Nadal S,et al,2010. Evaluation of candidate reference genes for expression studies in *Pisum sativum* under different experimental conditions[J]. Planta 232:145-153.

Gopaulchan D,Lennon A M,Umaharan P,2013. Identification of reference genes for expression studies using quantitative RT-PCR in spathe tissue of *Anthurium andraeanum* (Hort.)[J]. Scientia Horticulturae 153.

Kato Y,Konishi M,Shigyo M,et al,2010. Characterization of plant eukaryotic translation initiation factor 6 (eIF6) genes:The essential role in embryogenesis and their differential expression in Arabidopsis and rice - ScienceDirect[J]. Biochemical & Biophysical Research Communications 397:673-678.

Niu X,Qi J,Zhang G,et al,2015. Selection of reliable reference genes for quantitative real-time PCR gene expression analysis in Jute (*Corchorus capsularis*) under stress treatments[J]. Frontiers in Plant Science 6,848.

Roy R,O O E,S R I,2021. Identification of reliable reference genes for expression studies in the magnum of laying hens housed in cage and cage-free systems[J]. Veterinary medicine and science.

Udvardi M K,Czechowski T,Scheible W R,2008. Eleven Golden Rules of Quantitative RT-PCR[J]. Plant Cell,20:1736-1737.

Wit M,Sierota Z,Żolciak A,et al,2020. Phylogenetic Relationships between Phlebiopsis gigantea and Selected Basidiomycota Species Inferred from Partial DNA Sequence of Elongation Factor 1-Alpha Gene[J]. Forests 11(5).

芍药属远缘杂交胚败育植物激素信号转导通路分析

贺丹[1]　张明星[1]　曹健康[1]　张佼蕊[1]　何松林[2]*

（[1]河南农业大学风景园林与艺术学院，郑州 450002；[2]河南科技学院园艺园林学院，新乡 453003）

摘要　为探究芍药属远缘杂交胚败育的分子机理，以牡丹'凤丹白'和芍药'粉玉奴'自交与杂交 14、18 和 28d 的正常胚胎与败育胚胎为试验材料进行转录组测序。结果显示，KEGG 富集通路中，差异基因显著富集于植物激素信号转导通路、植物 MAPK 通路与淀粉和蔗糖代谢通路等。在植物激素信号转导通路中，编码蛋白磷酸酶 2C（PP2C）、赤霉素受体 GID1（GID1）、生长素响应蛋白（AUX/IAA）以及乙烯响应转录因子（ERF1/2）的基因显著富集。随机选取 3 个差异基因进行 qRT-PCR 验证，结果显示，3 个基因与转录组表达一致，生长素响应因子（ARF18）和蛋白磷酸酶 2C（PP2C 3）基因的相对表达量在 14vs18d 与 18vs28d 中都表现为上调，组蛋白（H3.2）与之相反。在自交与杂交的同一时期，14d 与 28d 的相对表达量一致，H3.2 和 PP2C 3 自交中的表达量都高于杂交，ARF18 在杂交中的表达量相对较高；但是 18d 中的表达量呈现出相反的趋势。

关键词　芍药属；远缘杂交；胚败育；激素；信号转导

Analysis of Phytohormone Signal Transduction Pathway of Distant Hybrid Embryo Abortion in *Paeonia*

HE Dan[1]　ZHANG Ming-xing[1]　CAO Jian-kang[1]　ZHANG Jiao-rui[1]　HE Song-lin[2]*

（[1] College of Architecture and Art, Henan Agricultural University, Zhengzhou 450002, China; [2] Colleg of Horticulture Landscape Architecture, Henan Institute of Science and Technology, Xinxiang 453000, China）

Abstract　In order to explore the molecular mechanism of distant hybrid embryo abortion, transcriptome sequencing was performed on the normal embryos of *P. ostii* 'Fengdanbai' ×*P. ostii* 'Fengdanba' and aborted embryos of *P. ostii* 'Fengdanbai' and *P. lactiflora* 'Fenyunu' at 14, 18 and 28 days. The results showed that in the KEGG enrichment pathway, the differential genes were significantly enriched in the phytohormone signal transduction pathway, the plant MAPK pathway, and the starch and sucrose metabolism pathways. In the phytohormone signal transduction pathway, the genes encoding protein phosphatase 2C (PP2C), gibberellin receptor GID1 (GID1), auxin response protein (AUX/IAA) and ethylene response transcription factor (ERF1/2) were significantly enriched. PP2C and ERF1/2 related genes were up-regulated, and GID1 and AUX/IAA were the opposite. 3 genes were selected randomly to verify qRT-PCR. The results showed that the expression of the 3 genes was consistent with the transcriptome results. The relative expression of auxin response factor (ARF18) and protein phosphatase 2C (PP2C 3) genes were up-regulated in 14vs18d and 18vs28d, while histone (H3.2) was the opposite. In the same period of self-cross and hybridization, the relative expression levels of 14d and 28d were the same. The expression levels of H3.2 and PP2C 3 in self-cross were higher than those of hybridization, and the expression level of ARF18 in hybridization was relatively high; but the expression in 18d showed the opposite trend.

Key words　*Paeonia*; Distant hybridization; Embryo abortion; Hormone; Signal transduction

牡丹（*Paeonia ostii*）和芍药（*Paeonia lactiflora*）同属于芍药科芍药属植物，分别有"花王"和"花相"的美称，具有很高的观赏应用价值。远缘杂交育种不仅可以丰富物种的遗传多样性，增强物种的抗逆性与抗

---

1 基金项目：国家自然科学基金项目（31600568，31870698），河南省科技攻关项目（202102110234）。
第一作者简介：贺丹（1983—），女，副教授，硕士生导师，主要从事风景园林植物应用研究。
* 通讯作者：何松林，职称：教授，E-mail：hsl213@yeah.net。

病能力,同时也能够将优良性状进行结合,得到更符合生产生活所需要的新品种(卢良恕,1998)。牡丹与芍药的远缘杂交后代表现出更强的杂种优势,能够填补牡丹、芍药之间的花期,具有更强的抗逆性。但是大多数植物远缘杂交受精后胚胎无法正常发育,发生萎缩和死亡的现象。芍药属远缘杂交受精后障碍主要表现为胚体的异常降解,种胚败育无法形成种子以及形成种子后无法发育成正常植株等(肖佳佳,2010;宋春花,2011)。因此,深入研究芍药属远缘杂交胚败育是芍药属杂交种亟待解决的问题。

胚胎败育主要包括内源激素的失调、营养物质的缺失、及胚乳的不正常发育等(胡适宜,1983;Marshall, 1985; Hanft et al., 1990;张松林 等,1994;张健 等,2001)。植物激素是一类在植物生长发育过程中,通过植物激素信号转导途径发挥作用的小分子物质(张林甦 等,2020)。植物激素信号转导途径以激素受体为起点,当植物在生长发育过程中受到外界或者植物本身的诱导时,经过基因的积累与表达,最终导致植物性状产生的信号转导途径(苏谦 等,2008)。植物生长发育过程是多种激素相互协调、共同作用的结果(Zhang et al., 2016)。脱落酸(ABA)与赤霉素(GA)有一定的拮抗作用,它们的表达水平在一定程度上影响了植物的胚胎发育(杨荣超 等,2012;伍静辉 等,2018)。GA 的合成需要生长素(IAA)的参与,所以 IAA 与 GA 相互协同(Mcatee et al., 2013)。通过对转录组数据的分析发现,植物激素信号转导通路在植物花芽分化以及响应逆境胁迫中都起着重要的作用,是多种激素共同作用的结果(陈笛 等,2020;高红秀 等,2020)。植物胚胎发育也与内源激素有着密切的关系,在发育的不同时期特定的激素起主导作用,发育过程是多种激素互相调节、共同作用的结果(Chen and Lu, 2001; Yang and Chen, 2016;张文颖 等,2018;闫旭宇 等,2020)。IAA 通过影响生物合成、极性运输以及信号转导来调控植物胚胎早期发育过程(宋丽珍 等,2013)。ABA 则通过影响胚和胚乳的发育调控种胚的发育(覃章铮 等,1990)。因此植物激素及其信号转导通路在植物的种胚发育中起着重要的作用。

本研究以'凤丹白'自交、'凤丹白'与'粉玉奴'杂交后 14、18 和 28d 的正常胚胎与败育胚胎为材料,对杂交种胚转录组数据进行分析,通过实时荧光定量检测植物激素信号转导通路中的差异基因的相对表达量的变化,为芍药属远缘杂交胚败育提供一定的理论依据。

1 材料与方法

1.1 材料及处理

以牡丹品种'凤丹白'为母本,芍药品种'粉玉奴'为父本,试验材料均来自河南省优质花卉蔬菜种苗工程研究中心。于 2020 年 3 月下旬进行'凤丹白'的自交以及'凤丹白'בPoppy'粉玉奴'的杂交试验,授粉后14、18 和 28d 取正常发育胚胎和败育胚胎,每个时间段重复 3 次,置于-80℃冰箱中保存。

1.2 KEGG 代谢通路注释

依据 DEGseq 方法(Wang et al., 2010),并按照 Q-value<0.001 且 | log2Fold Change | >2 的筛选条件进行基因表达水平分析,将所得的差异基因根据官方分类以及 KEGG 注释结果进行进一步的生物通路分类,使用 R 软件中的 phyper 函数进行富集分析,通常将校正后的阈值 Q value≤0.05 的功能视为显著富集。

1.3 相对表达量分析

对 KEGG 富集中的植物激素信号转导通路进行分析,选取差异基因设计特异性引物(表1),用 β-Tublin 作为内参基因进行实时荧光定量反应,反应体系则按照 He 等方法进行(He et al., 2019),每个反应设置 3 个生物学重复,结果按照 $2^{-\Delta\Delta C_t}$ 法计算出该基因的相对表达量(Livak and Schmittgen, 2001)。然后对差异基因的相对表达量进行分析。

表1 qRT-PCR 验证所选基因及其对应引物信息
Table 1 List of the expression profiles selected for confirmation by qRT-PCR

基因 ID Gene ID	基因名称 Gene Name	引物序列(5'-3') Primer sequence(5'-3')
Unigene23849_All	ARF18	F: AACCAATTCTTACCGAGGAGCAGATG R: TTGAGACCCAGAGACAGAGCCATC
CL10921.Contig1_All	H3.2	F: ACTGGTCAGAACTTGGCAGG R: GGAAACAATGGAGGACCCGT
CL1301.Contig2_All	PP2C 3	F: GGATCCGATGCCGGAAAGAT R: CCGCAAGCAGTTTCGTTTGA

基因 ID Gene ID	基因名称 Gene Name	引物序列(5'-3') Primer sequence(5'-3')
内参基因	β-Tublin	F: TGAGCACCAAAGAAGTGGA R: CACCGCCTGAACATCTCCTGAA

2 结果与分析

2.1 KEGG 代谢通路注释及富集分析

远缘杂交胚败育的差异基因显著富集到 37 条代谢通路上，注释到 KEGG 的 5 大类代谢途径：细胞过程(Cellular Processes)、环境信息处理(Environmental Information Processing)、遗传信息处理(Genetic Information Processing)、代谢(Metabolism)、有机系统(Organismal Systems)(图 1)。在胚胎败育的 3 个时期，差异基因富集的代谢通路基本一致，都明显富集于植物-病原体相互作用(Plant-pathogen interaction)、植物激素信号转导(Plant hormone signal transduction)、苯丙烷类生物合成(Phenylpropanoid biosynthesis)、内质网的蛋白质加工(Protein processing in endoplasmic reticulum)、植物 MAPK 信号通路(MAPK signaling pathway)、淀粉和蔗糖代谢(Starch and sucrose metabolism)和氨基糖和核苷酸糖代谢(Amino sugar and nucleotide sugar metabolism)等通路。

2.2 植物激素信号转导代谢途径差异基因分析

通过对植物激素信号转导途径的进一步分析，差异表达显著的部分基因（CL4998.Contig3_All、CL1301.Contig2_All、CL1228.Contig4_All、Unigene17208_All 等）主要编码与赤霉素受体、蛋白磷酸酶 2C、生长素响应蛋白以及乙烯响应转录因子合成相关的基因，与 GA、ABA、ETH 和 IAA 等激素的信号转导途径有关。在 GA 以及 IAA 信号转导通路中，编码 GID1 以及 AUX/IAA 的基因显著下调；在 ABA 和 ETH 的合成通路中，编码 PP2C 和 ERF1/2 的基因则显著上调。

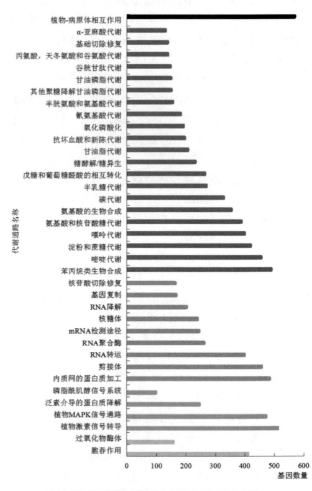

图 1 差异基因显著富集的 Pathway 代谢途径

Fig. 1 Pathway metabolic pathway with significant enrichment of differential genes

表 2 植物激素信号转导途径中高度差异表达的部分基因

Table 2 Partially differentially expressed genes in plant hormone signaling pathways

通路 Pathway	基因 ID Gene ID	功能 Function	植物激素 Plant hormone	表达量(14vs18) Expression(14vs18)	表达量(18vs28) Expression(18vs28)
植物激素信号转导 Plant hormone signal transduction	CL4998.Contig3_All	GID1 赤霉素受体	赤霉素 GA, Gibberellinacid	Down	Down
	CL4998.Contig4_All			Down	Down
	CL1232.Contig4_All			Down	Down
	Unigene25040_All			Down	Down

通路 Pathway	基因 ID Gene ID	功能 Function	植物激素 Plant hormone	表达量(14vs18) Expression(14vs18)	表达量(18vs28) Expression(18vs28)
植物激素信号转导 Plant hormone signal transduction	CL1301.Contig2_All	PP2C 磷酸酶 2C	脱落酸 ABA, Abscisic acid	Up	Up
	CL3461.Contig1_All			Up	Up
	CL3461.Contig2_All			Up	Up
植物激素信号转导 Plant hormone signal transduction	CL1228.Contig4_All	AUX/IAA 生长素响应蛋白	生长素 IAA, Indole acetic acid	Down	Down
	CL2140.Contig1_All			Down	Down
	CL4196.Contig5_All			Down	Down
植物激素信号转导 Plant hormone signal transduction	Unigene17208_All	ERF1/2 乙烯响应转录因子	乙烯 ETH, Ethylene	Up	Up
	Unigene18938_All			Up	Up
	Unigene23773_All			Up	Up

2.3 差异表达基因的 RT-qPCR 验证

为了检测差异基因在不同时期的表达量,随机选取植物激素信号转导通路中的 3 个差异基因序列设计特异性引物进行 RT-qPCR 验证。结果表明:生长素响应因子(ARF18)和蛋白磷酸酶 2C(PP2C 3)基因的相对表达量在 14vs18d 与 18vs28d 中都表现为上调(图 2A、2B),组蛋白(H3.2)基因与之相反,都表现为下调(图 2C)。在自交与杂交的同一时期,14d 与 28d 的相对表达量一致,H3.2 和 PP2C 3 自交中的表达量都高于杂交,ARF18 在杂交中的表达量相对较高;18d 中的表达量在 3 个基因中呈现出完全相反的趋势。

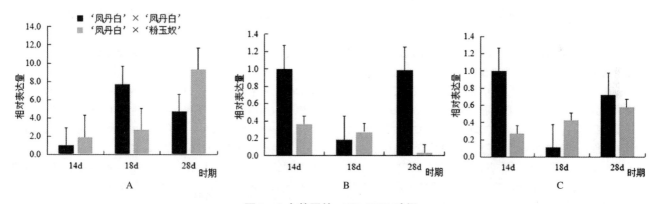

图 2 3 个基因的 qRT-PCR 验证
Fig.2 qRT-PCR Results of 3 genes
注:A:Unigene23849_All(ARF18);B:CL10921.Contig1_All(H3.2);C:CL1301.Contig2_All(PP2C 3)

3 讨论

受精后胚胎败育主要表现为胚体不发育、胚乳发育不正常导致杂种胚部分或者全部死亡等(刘建鑫,2016)。经研究发现植物胚胎败育与植物激素的含量以及它们的平衡有着密切的联系(Ram,1992;Kojima et al.,1996;黄华宁,2013)。本研究中通过对转录组数据分析发现在植物激素信号转导途径中,差异基因显著富集于 ABA、ETH、GA 以及 IAA 等激素的代谢通路中,部分编码 GA 和 IAA 合成相关蛋白质的基因显著下调,ABA 和 ETH 则相反。有研究表明,高水平的 IAA 可以通过促进分生组织活动来维持细胞活性,促进胚细胞的发育,从而使胚胎正常发育(任海燕,2018)。较高水平的 GA 和 ZT 能够促进子房的正常发育,从而促进胚胎的正常发育(Zang et al.,2011)。张凤路等研究发现乙烯信号是诱导 ZT、GA 和 IAA 的重要因素,乙烯是胚败育的诱导因素之一(张凤路 等,1999)。与正常胚胎相比,败育胚胎中 IAA 含量的迅速下降以及 ABA 含量的快速升高,使(GA+IAA+ZT)/ABA、(GA+IAA)/ABA 的比值下降,破坏了激素平衡,造成了胚败育(陈伟 等,2000;贺军虎 等,2012;任海燕 等,2020)。因此推测较高水平的IAA以及发育后期低水平的ABA和(GA+IAA+ZT)/ABA、(GA+IAA)/ABA的高比值有利于胚胎的发育,而低水平的IAA、ABA含量以及激素平衡的破坏则是导致胚败育发生的重要因素。

生物行为是一个复杂的过程,是多个基因、多种蛋白相互协调、共同作用的结果,而对KEGG富集分析进行可以推断差异基因参与的转导和代谢途径,有利于对基因的功能和作用途径进行分析(田帅 等,2021)。在对3个时期杂种胚的KEGG代谢途径进行分析,发现差异基因显著富集于植物激素信号转导通路、植物MAPK信号通路以及淀粉和蔗糖的代谢等通路,且与代谢相关的通路较多,推测在胚败育过程中代谢较为旺盛。对植物激素信号转导通路发现,差异表达显著的基因富集于ABA、IAA、ETH以及GA等激素的合成途径,推测GA、ABA和IAA等信号转导途径在败育中更活跃,但是胚败育是多个因素共同作用的结果,对于其发生的机制,仍需进一步的研究。

蛋白磷酸酶2C(PP2C)是ABA信号转导途径中重要的调节因子(陈耘蕊 等,2020),在ABA与ETH的合成途径中,编码PP2C、ERF1/2的部分基因显著上调,编码与GA、IAA合成相关蛋白GID1、AUX/IAA相关的部分基因显著下调,推测这些基因在激素合成途径中起着重要的作用。通过对植物信号转导途径中部分差异基因的相对表达量的测定,结果表明ARF18与PP2C 3表达量在杂交过程中持续上调,H3.2与之相反,且与转录组结果一致;ARF18在IAA合成途径中差异表达,但其表达量与AUX/IAA相关基因的表达量趋势相反,推测部分蛋白在IAA合成途径中负调控,但也有研究表明ARF18可能参与调控GA诱导种子败育的过程(白云赫 等,2020)。3个基因在授粉后14d和28d的表达量在自交与杂交同一时期趋势一致,H3.2与PP2C 3自交表达量都高于杂交,ARF18在杂交中表达量较高;18d的表达量与14、28d表现出相反的趋势,因此推测这些基因在芍药属远缘杂交胚败育过程的前期和后期起着更重要的作用。

参考文献

白云赫,王文然,董天宇,等,2020. vvi-miR160s介导VvARF18应答赤霉素调控葡萄种子的发育[J]. 中国农业科学,53(9):1890-1903.

陈伟,吕柳新,叶陈亮,等,2000. 荔枝胚胎败育与胚珠内源激素关系的研究[J]. 热带作物学报,21(3):34-38.

陈笛,郭永春,陈雪津,等,2020. 红蓝光调控茉莉开花的转录组分析[J]. 生物工程学报,36(9):1869-1886.

陈耘蕊,毛志君,李兆伟,等,2021. 植物蛋白磷酸酶2C结构和功能的研究现状与进展[J]. 浙江大学学报(农业与生命科学版),47(1):11-20.

高红秀,朱琳,刘天奇,等,2020. 水稻植物激素响应低温胁迫反应的转录组分析[J]. 分子植物育种.

贺军虎,马锋旺,束怀瑞,等,2012. '金煌'杧果胚正常与胚败育果实内源激素的变化[J]. 园艺学报,39(6):1167-1174.

胡适宜,朱澂,徐是雄,1983. 豇豆胚胎发育早期的胚柄及胚乳中的传递细胞[J]. 植物学报,25(1):1-7.

黄华宁,贺军虎,赵小青,等,2013. 胚胎败育与内源激素变化的关系研究进展[J]. 安徽农业科学,41(32):12534-12536.

刘建鑫,2016. 芍药属植物远缘杂交种与杂交亲和性、F1真实性研究[D]. 北京:北京林业大学.

卢良恕,1998. 21世纪我国农业科学技术发展趋势与展望[J]. 中国农业科学(2):1-19.

任海燕,王永康,赵爱玲,等,2020. '冷白玉'枣果实发育过程中内源激素变化与胚败育的关系[J]. 林业科学,56(4):55-63.

任海燕,2018. '冷白玉'枣胚败育与激素及相关基因的研究[D]. 晋中:山西农业大学.

宋春花,2011. 芍药杂交亲和性的细胞学研究[D]. 泰安:山东农业大学.

宋丽珍,王逸,杨青华,2013. 生长素在植物胚胎早期发育中的作用[J]. 植物学,48(4):371-380.

苏谦,安冬,王库,2008. 植物激素的受体和诱导基因[J]. 植物生理学通讯,44(6):1202-1208.

覃章铮,唐锡华,潘国桢,等,1990. 水稻胚和胚乳内源ABA含量的变化及其与发育和萌发的关系[J]. 植物学报,32(6):448-455.

田帅,邱发发,葛聪聪,等. 2021. 沃柑果皮响应柑橘锈螨为害的转录组分析[J]. 果树学报,https://doi.org/10.13925/j.cnki.gsxb.20200590

伍静辉,谢促萍,田长恩,等,2018. 脱落酸调控种子休眠和萌发的分子机制[J]. 植物学,53(4):542-555.

肖佳佳,2010. 芍药属杂交亲和性及杂种败育研究[D]. 北京:北京林业大学.

闫旭宇,李娟,李玲,等,2020. 枣胚败育因素分析及提高幼胚发生的措施[J]. 种子,39(8):52-60.

杨荣超,张海军,王倩,等,2012. 植物激素对种子休眠和萌发调控机理的研究进展[J]. 草地学报,20(1):1-9.

张凤路,王志敏,赵明,等,1999. 玉米籽粒败育过程的激素变化[J]. 中国农业大学学报,4(3):1-4.

张健,吕柳新,叶明志,2001. 荔枝胚胎发育研究进展[J].

福建农业学报, 16(1): 57-60.

张林甦, 韩忠耀, 王传明, 等, 2020. 阴地蕨全转录组分析及植物激素信号转导相关基因筛选[J]. 广西植物, 40(4): 536-545.

张松林, 金芝兰, 1994. 谷子胚和胚乳的发育[J]. 西北植物学报, 14(4): 249-254.

张文颖, 王晨, 汤葳, 等, 2018. 果树果实胚败育研究进展[J]. 分子植物育种, 16(12): 4043-4054.

Chen W, Lu L X. 2001. Endogenous hormpnes in relation to embryo development in litch[J]. Acta Horticulturae Sinica, 558: 247-250.

Hanft J M, Reed A J, Jones R J, 1990. Effect of 1-aminocyclopropane 1-car-boxylic acid on maize kernel development in vitro[J]. Journal of Plant Growth Regulation, 9(2): 89-94.

He D, Lou X Y, He S L, et al, 2019. Isobaric tags for relative and abso-lute quantitation-based quantitative proteomics analysis provides novel insights into the mechanism of cross-in-compatibility between tree peony and herbaceous peony[J]. Functional Plant Biology, 46(5): 417-427.

Kojima K, Yamamoto Mi Y, Goto A, et al, 1996. Changes in ABA, IAA and GAs contents in reproductive organs of satsuma mandarin (Citrus reticulate)[J]. Journal of the Japanese Society for Horticultural Science, 65(2): 237-243.

Marshall C, 1985. Developmental and physiological aspects of seed production in herbage grasses[J]. Journal of Applied Seed Production, 3: 43-49.

Mcatee P, Karim S, Schaffer R, et al, 2013. Adynamic interplay between phytohormones is required for fruit development, maturation, and ripening[J]. Frontiers in Plant Science, 4: 79.

Ram S, 1992. Naturally occurring hormones of mango and their role in growth and drop of the fruit[J]. Acta Horticulturae Sinica, 321: 400-411.

Wang L, Feng Z X, Wang X, et al, 2010. DEGseq: an R package for identifying differentially expressed genes from RNA-seq data[J]. Bioinformatics, 26(1): 136-138.

Yang Y H, Chen Y X, 2016. Study on relation between endogenous phytohormones and ovule abortion in tetraploid *Robinia pseudoacacia*[J]. Agricultural Science & Technology, 17(8): 1773-1776.

Zang A, Xu Y, Pan H, 2011. Dynamic changes of endogenous hormone content in Dangshansu pear during furit development[J]. Agricultural Science &Technology, 12(7): 940-942, 962.

Zhang S, Zhang D, Fan S, et al, 2016. Effect of exogenous GA_3 and its inhibitor paclobutrazol on floral formation, endogenous hormones, and flowering-associated genes in 'Fu-ji' apple(*Malus domestica* Borkh)[J]. Plant Physiology and Biochemistry, 107: 178-186.

芍药 PlABCF3 基因的表达分析与亚细胞定位

贺丹[1] 曹健康[1] 张佼蕊[1] 张明星[1] 何松林[2]*

([1] 河南农业大学风景园林与艺术学院，郑州 450002；[2] 河南科技学院园艺园林学院，新乡 453003)

摘要 本试验在已获得的 PlABCF3 基因的基础上，利用 RT-qPCR 技术对其在母本芍药'粉玉奴'、父本牡丹'凤丹白'的根、茎、叶、花、芽等不同部位的表达量进行分析；通过 GFP 融合蛋白表达法对该基因进行亚细胞定位。结果显示，PlABCF3 基因在两亲本的不同部位均有表达，在母本'粉玉奴'中，PlABCF3 基因在花中表达量最高，在叶中表达量最低；在父本'凤丹白'中，PlABCF3 基因在花中表达量最高，在根中表达量最低。亚细胞定位显示 PlABCF3 基因定位在细胞核中，这与 PlABCF3 的调控功能相符。

关键词 芍药；PlABCF3；实时荧光定量；亚细胞定位

Expression Analysis and Subcellular Localization of PlABCF3 Gene in *Paeonia lactiflora*

HE Dan[1]　CAO Jian-kang[1]　ZHANG Jiao-rui[1]　ZHANG Ming-xing[1]　HE Song-lin[2]*

([1] Colloge of landscape architecture and art, Henan Agricultural University, Zhengzhou 450002, China; [2] Colleg of Horticulture Landscape Architecture, Henan Institute of Science and Technology, Xinxiang 453003, China)

Abstract Based on the obtained PlABCF3 gene, RT-qPCR was used to analyze the expression level in root, stem, leaf, flower, and bud of female parent *P. lactiflora* 'Fen Yunu' and male parent *P. ostii* 'Fengdanbai'. GFP fusion protein expression was used to analyze the subcellular localization. The results showed that the PlABCF3 gene was expressed in different parts of the two parents. In the female parent 'Fen Yunu', the PlABCF3 expression level was the highest in flower and the lowest in leaf. In the male parent 'Fengdanbai', PlABCF3 has the highest expression level in flower and the lowest in root. The subcellular location showed that PlABCF3 gene was located in the nucleus, which was consistent with the regulatory function of PlABCF3.

Key words *Paeonia lactiflora*; PlABCF3; Real-time fluorescence quantification; subcellular localization

芍药(*Paeonia lactiflora*)为芍药科(Paeoniaceae)芍药属(*Paeonia*)的多年生草本植物，具有花型饱满、花色艳丽等特点，被称为"花相"(张润龙 等, 2021)。近些年来，为了追求更多的优良品种，人们把对芍药的研究重点逐渐转移到芍药的育种上来，其中芍药与牡丹的远缘杂交因其后代具有更强的杂种优势，花色花型变异丰富而受到关注。但芍药与牡丹远缘杂交存在严重的杂交不亲和性，且不亲和性与激素的变化密切相关(Mesejo et al., 2013; 贺丹 等, 2017)。在前期研究中发现 PlABCF3 基因与内源激素密切相关，因此进一步研究 PlABCF3 对芍药属远缘杂交不亲和具有重要意义(贺丹 等, 2020)。

植物的生长发育受到多种因素的影响，其中 ABC 蛋白家族作为最古老、最大的蛋白家族之一，扮演着重要的角色(Verrier et al., 2008)。ABC 转运蛋白是一类膜结构转运蛋白，对于生物体内的物质跨膜转运起着重要的作用(Murina et al., 2019)。研究表明，植物中的 ABC 转运蛋白不仅对于植物体内的各种激素、有机分子、金属离子以及次生代谢物的运输起着重要作用，同时也有利于植物与病原体间的相互作用

---

1 基金项目：国家自然科学基金项目(31600568, 31870698)，河南省科技攻关项目(202102110234)。
第一作者简介：贺丹(1983-)，女，副教授，硕士生导师，主要从事风景园林植物应用研究。
* 通讯作者：何松林，职称：教授，E-mail: hsl213@yeah.net。

和植物体内离子通道的调控（Verrier et al.，2008）。根据不同的命名系统，ABC家族可以分为不同的亚族，常用的HUGO分类系统将ABC家族分为ABCA、ABCB、ABCC、ABCD、ABCE、ABCF等8个亚族（Dean et al.，2001；Landgraf et al.，2014）。ABCF家族又称为GCN（general control non-depressible）亚家族，和其他家族不同的是，该蛋白家族没有跨膜区域，不具有转运功能，是属于可溶性蛋白家族（Kovalchuk et al.，2010；Stolarczyk et al.，2011；刘艳青，2017）。目前对ABCF蛋白的研究主要是集中在细菌方面，植物方面的研究较少。在拟南芥中，AtABCF2蛋白可以导致大量蛋白质合成受损，影响其他蛋白的合成；AtABCF3基因对于拟南芥根的生长发育起着重要的作用，AtABCF5蛋白在拟南芥的生长中产生多效影响（Vandenrule et al.，2002；Vlachonasion et al.，2003；Lageix et al.，2008；Servet et al.，2008）。MdABCF蛋白在苹果中与S-RNase结合，调控微丝微管骨架解聚，导致其自交不亲和（孟冬，2014）。Eu-ABCF1基因对于杜仲的雄蕊发育起着重要作用，同时还影响着内部的生长素运输及杜仲的抗寒性（王磊，2019）。芍药中的PlABCF3基因在芍药远缘杂交过程中，通过对激素的调控来影响花粉柱头的识别与发育，进而影响到杂交不亲和性（贺丹 等，2020）

蛋白质作为基因功能的执行者，机体中的每一个细胞和所有重要组成部分都有它的参与（邢浩然 等，2006）。因此，蛋白质在细胞中的正确定位是细胞系统高度有序运转的前提保障。研究细胞中蛋白质定位的机制和规律，预测蛋白质的亚细胞定位，对于了解蛋白质结构、性质和功能及相互作用具有重要意义。目前蛋白质亚细胞定位的方法主要有生物信息学预测定位法、免疫组织化学定位法、共分离标记酶辅助定位法、蛋白质组学定位技术以及融合基因定位法。其中最常用的是融合基因定位法，融合基因定位法是将目的蛋白基因与易于检测的报告基因进行融合，构建融合基因表达载体，表达融合蛋白，然后借助于报告基因表达产物的特征来定位目的蛋白质。目前，以绿色荧光蛋白（GFP）和β-葡糖苷酸酶（GUS）应用最为广泛，其中GFP因其灵敏度高、对活细胞无毒害作用，所以广泛应用（Sullivan et al.，1998；Abelson et al.，1999）。

本研究以芍药'粉玉奴'、牡丹'凤丹白'的根、茎、叶、芽、花为材料，根据课题组克隆的PlABCF3基因（GenBank登录号为MT1235940），设计其特异的荧光定量引物，对其进行了不同部位的荧光定量表达；同时构建瞬时表达载体，利用农杆菌浸润法对烟草叶片进行侵染，进行亚细胞定位，为进一步研究ABC蛋白家族在芍药属远缘杂交不亲和性中的作用提供理论基础。

1 材料与方法

1.1 供试材料

试验材料来自于河南省优质花卉苗木培育基地，母本选用芍药'粉玉奴'、父本选用牡丹'凤丹白'。'粉玉奴'的芽在当年刚出头的时候进行采集，父本'凤丹白'的芽在尚未开放的时候进行采集，根、茎、叶、花均选择幼嫩的部位，将采集的材料放入自封袋中，用液氮速冻后放入-80℃保存备用。亚细胞定位所使用的'本氏'烟草种子来源于实验室保存。

试验所用的PlABCF3基因序列由实验室提供（GenBank登录号为MT1235940），大肠杆菌TOP10感受态、农杆菌GV3101感受态购自于北京庄盟国际生物基因科技有限公司，克隆载体pMD18-T购自takara公司，瞬时表达载体的pcambia2300由本实验室保存提供。

1.2 生物信息学分析

通过在线网站（https：//www.genscript.com/tools/psort）进行该基因的亚细胞定位预测；通过在线网站（http：//nls-mapper.iab.keio.ac.jp/cgi-bin/NLS_Mapper_form.cgi）进行PlABCF3的氨基酸序列的定位区域预测。

1.3 荧光定量PCR

父母本不同部位的RNA的提取采用改良的CTAB法进行（陈坤松 等，2004），RNA的反转录试剂选用的是南京诺唯赞生物科技股份有限公司的HiScript© II Q Select RT SuperMix for qPCR。将获得的cDNA放入-80℃冰箱保存，部分放入-20℃备用。试验中菌液的检测引物PlABCF3-F和PlABCF3-R为实验室提供；荧光定量引物序列为PlABCF3-qPCR-F和PlABCF3-qPCR-R；内参引物为β-Tubulin（F：TGAGCAC-CAAAGAAGTGGACGAAC，R：CACACGCCTGAACATCTCCTGAA）（表1），实时定量反应体系及反应程序参照He等方法进行（He et al.，2019）。每个反应包括3个生物学重复，结果按照$2^{-\triangle\triangle CT}$法计算出基因的相对表达量（Thomas et al.，2008）

表1 芍药 PlABCF3 菌液检测所用引物及 qPCR 引物序列
Table 1 Primers and qPCR primer sequences for the detection of herbaceous peony PlABCF3

引物名称 Primer name	引物序列(5'—3') Primer sequence (5´–3´)	用途 purpose
PlABCF3-F	ATGACTGCAGTAGCGAGC	菌液检测
PlABCF3-R	AAGCTCCAGCATTCCCTTGT	菌液检测
PlABCF3-qPCR-F	CGACAACGAGAGGCACAATACCAG	qPCR
PlABCF3-qPCR-R	CCTTGACAACAGATCCGCTACCAG	qPCR
β-Tubulin-F	TGAGCACCAAAGAAGTGGACGAAC	内参基因
β-Tubulin-R	CACACGCCTGAACATCTCCTGAA	内参基因

1.4 质粒的提取

将胶回收产物按照pMD18-T Vector Cloning Kit 试剂盒（Takara）进行载体的构建。大肠杆菌Top10的转化按照热转化的步骤进行，转化完成后进行涂板，放入生化培养箱中37℃倒置培养10~14h。挑选10个单独的菌落进行PCR验证，将条带正确的菌落扩大培养后送生工生物工程（上海）股份有限公司测序，挑选测序正确的进行质粒提取，质粒提取采用天根生化科技（北京）有限公司生产的质粒小提取试剂盒。

1.5 融合表达载体的构建

将质粒与pcambia2300载体质粒用QuickCut Sal I 和 QuickCut Kpn I（Takara）进行双酶切，然后用ClonExpress II One Step Cloning Kit试剂盒（南京诺威赞）进行基因重组，构建重组质粒。用GV3101与重组质粒进行农杆菌的转化，转化后的菌液与890μl LB液体混合后，放入28℃、180r/min的摇床中培养3h。培养结束后将菌液涂到含有卡那抗生素的LB固体培养基上，培养时间20~28h。挑取10个菌落送生工进行测序，扩大培养测序结果正确的菌落。

1.6 PlABCF3 基因的亚细胞定位观察

将菌液进行扩大培养，以菌液OD600值在0.8~1.2为宜，5000r/min离心5min，弃除上清液，向试管中加入重悬液（10mM MES，10mM MgCl₂ 100uM AS）混匀，使OD值为0.8，黑暗条件下静置3h。针管吸取静置好的菌液，选择幼嫩的烟草叶片进行注射浸透，以整个叶片呈水浸状为宜。暗处理10~14h后在光照培养箱中正常培养3d后进行亚细胞观察。

2 结果与分析

2.1 原核表达载体 pcambia2300-ABCF3 的构建

将构建好的原核表达载体转化，放入生化培养箱进行培养后，挑选部分菌落进行PCR验证（图1），选取条带正确的菌落进行扩大培养后送生工测序，提取测序正确的菌落质粒（图2）。融合表达载体构建完成后，转化农杆菌，待板上长出单独菌落后进行挑选，接着进行PCR验证（图3）。

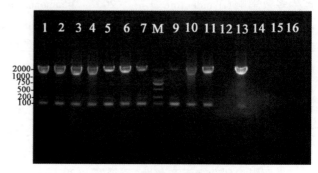

图1 原核载体菌落图

Fig. 1 Colony diagram of prokaryotic carrier

注：1-16为电泳通道，M为DL2000Marker

Note：1-16 is electrophoresis channel, M is DL2000marker

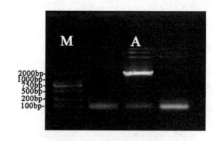

图2 重组质粒图

Fig. 2 Recombinant plasmid

注：M为DL2000Marker；A为重组质粒电泳通道

Note：M is dl2000marker; A is the electrophoresis channel of recombinant plasmid

2.2 芍药 PlABCF3 基因的的实时荧光定量

将芍药'粉玉奴'与牡丹'凤丹白'的根、茎、叶、花、芽提取出的cDNA作为底物，进行荧光定量试验。结果显示，PlABCF3基因在'粉玉奴'的各个部位均有表达，在花中表达量最高，叶中表达量最低，

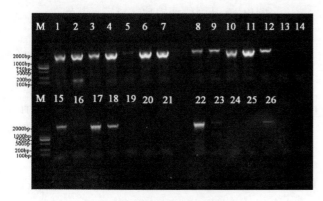

图 3　农杆菌菌落电泳图

Fig. 3　Electrophoresis of Agrobacterium tumefaciens

注：M 为 DL2000Marker；1–26 为电泳通道图

Note：M is DL2000marker；1–26 are electrophoretic channels

根、茎、芽中表达量差异不大（图 4）。*PlABCF3* 基因在'凤丹白'的各个部位也均有表达，在花中表达量最高，表达量最低的部位在根部，其他部位表达量差异明显（图 5）。

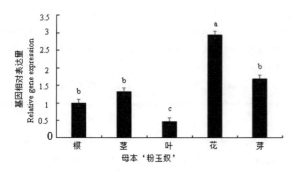

图 4　*PlABCF3* 基因在母本不同部位的表达量

Fig. 4　Expression of *PlABCF3* gene in different parts of female parent

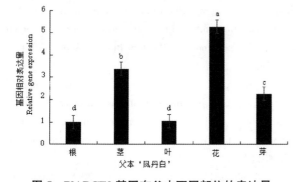

图 5　*PlABCF3* 基因在父本不同部位的表达量

Fig. 5　Expression of *PlABCF3* gene in different parts of male parent

2.3　芍药 *PlABCF3* 基因的的亚细胞定位

通过生物学信息分析，预测 *PlABCF3* 基因定位到细胞核。将菌液浸润过的叶片制成水装片，放在共聚焦显微镜下进行观察 GFP 荧光（图 6），结果显示 pCAMBIA2300 空载体只有在细胞膜上有荧光表达，说明 pCAMBIA2300 定位于细胞膜上；连接有 *PlAB-CF3* 基因的 pCAMBIA2300 载体在细胞核处出现荧光表达，因此可以判断出 *PlABCF3*3 基因定位于细胞核上。

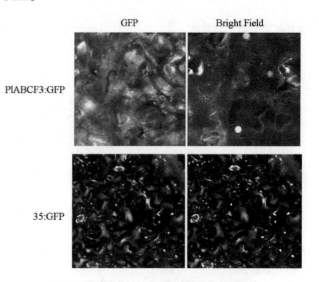

图 6　芍药 *PlABCF3* 基因的亚细胞定位

Fig. 6　Subcellular localization of *plABCF3* gene in *Paeonia lactiflora*

3　讨论

本研究在已获得 *PlABCF3* 基因序列的基础上，对该基因在亲本不同部位之间的表达量进行了分析及亚细胞定位。荧光定量显示，在亲本的不同部位均有表达，在花中的表达量最高，在其他不同部位的表达量差异显著。课题组之前的研究发现，芍药 *PlABCF3* 基因在不同的自交、杂交的柱头上，表达量与 ABA 呈高度负相关，与 ZR 呈中度负相关（贺丹 等，2020）。ZR 作为细胞分裂素的一种，其主要的作用是促进细胞的分裂与分化，主要存在部位为根尖、茎尖、生长的果实等处于细胞分裂的部位（王艳芳 等，2006）。本研究中发现，*PlABCF3* 基因虽然在不同的部位均有一定的表达，但是在花中的表达量达到最高，在根、茎中的表达量为最低，这和课题组之前的研究结果一致，从而进一步证实了 *PlABCF3* 基因与内源激素之间可能具有密切的关系，且与芍药属远缘杂交不亲和相关。

亚细胞定位显示，空白载体定位于细胞膜中，含有 *PlABCF3* 基因的载体定位于细胞核中，因此判定 *PlABCF3* 基因是定位于细胞核中，这与先前的预测结果一致。亚细胞定位结果进一步证实 *PlABCF3* 基因的调控作用，为之后深入研究该蛋白与其他蛋白的相互影响打下基础，更有利蛋白互作的验证，为进一步深入探究 PlABCF3 基因的调控功能奠定了基础。

参考文献

陈昆松, 李方, 徐昌杰, 等, 2004. 改良 CTAB 法用于多年生植物组织基因组 DNA 的大量提取[J]. 遗传(4): 529-531.

贺丹, 解梦珺, 吕博雅, 等, 2017. 牡丹与芍药的授粉亲和性表现及其生理机制分析[J]. 西北农林科技大学学报(自然科学版), 21(8): 129-136.

贺丹, 张佼蕊, 何松林, 等, 2020. 芍药属远缘杂交不亲和 PlABCF3 基因克隆及表达分析[J]. 华北农学报, 35(6): 81-89.

刘艳青, 赵永芳, 2017. ABC 转运蛋白结构与转运机制的研究进展[J]. 生命科学(3): 223-229.

李绍华, 2017. 岷江百合 Lr ABCF1 基因的克隆及功能验证[D]. 杨凌: 西北农林科技大学.

孟冬, 2014. MdABCF 转运 S-RNase 至花粉管影响自交不亲和反应[D]. 北京: 中国农业大学.

王磊, 2019. 杜仲 EuABCF1 基因克隆及表达分析[D]. 贵州: 贵州大学.

王艳芳, 崔震海, 阮燕晔, 等, 2006. 不同类型春玉米灌浆期间籽粒中内源激素 IAA、GA、ZR、ABA 含量的变化[J]. 植物生理学通讯(2): 225-228.

邢浩然, 刘丽娟, 刘国振, 2006. 植物蛋白质的亚细胞定位研究进展[J]. 华北农学报, 21(s2): 1-6.

张润龙, 王小斌, 邵灵梅, 等, 2021. 芍药和牡丹的组织培养及遗传转化体系构建[J]. 植物生理学报, 57(2): 235-247.

Abelson J. Simon M, 1999. Green fluorescent protein[J]. Methods in Enzymology, 3(2): 449.

Akiyama, Masa S, 2011. The roles of ABCA12 in keratinocyte differentiation and lipid barrier formation in the epidermis[J]. Dermato Endocrinology, 3(2): 107-112.

Ardyv H, Alexander J S, Hein S I F, et al, 1996. MDR1 P-Glycoprotein is a lipid translocase of broad specificity, while MDR3 P-Glycoprotein specifically translocates phosphatidylcholine[J]. Cell, 87(3): 507-517.

Beers M F, Hawkins A, Shuman H, et al, 2011. A novel conserved targeting motif found in ABCA transporters mediates trafficking to early post-Golgi compartments[J]. Journal of Lipid Research, 52(8): 1471-1482.

Deanm, Annilo T. 2005. Evolution of the ATP-binding cassette (ABC) transporter superfamily in vertebrates[J]. Ann Rev Genomics Human Gen, 6: 123-142.

Deanm, H Y, Chimini G. 2001. The human ATP-binding cassette (ABC) transporter superfamily[J]. Journal of Lipid Research, 42: 1007-1017.

Dong J S, Lai R, Jennings J L, et al, 2005. The Novel ATP-Binding Cassette Protein ARB1 Is a Shuttling Factor That Stimulates 40S and 60S Ribosome Biogenesis[J]. Molecular & Cellular Biology, 25(22): 9859-9873.

Tom P J, Dunkley, Svenja H, et al, 2006. Lilley Mapping the Arabidopsis Organelle Proteome[J]. Proceedings of the National Academy of Sciences of the United States of America, 103(17)

He D, Lou X Y, He S L, et al, 2019. Isobaric tags for relative and absolute quantitation-based quantitative proteomics analysis provides novel insights into the mechanism of cross-incompatibility between tree peony and herbaceous peony[J]. Functional Plant Biology: FPB, 5(46): 417-427.

Kaneda M, Schuetz M, Lin B. S. P, et al, 2011. ABC transporters coordinately expressed during lignification of Arabidopsis stems include a set of ABCBs associated with auxin transport[J]. Journal of Experimental Botan, 62(6): 2063-2077.

Kim D Y, Bovet L, Kushnir S, et al, 2006. AtATM3 is involved in heavy metal resistance in Arabidopsis[J]. Plant Physiol, 140(3): 922-932.

Landgraf R, Smolka U, Altmann S, et al, 2014. The ABC transporter ABCG1 is required for suberin formation in potato tuber periderm[J]. Plant Cell, 26: 3403-3415.

Lane T S, Rempe C S, Davitt J, et al, 2016. Diversity of ABC transporter genes across the plant kingdom and their potential utility in biotechnology[J]. BMC Biotechnology, 16(1): 47.

Molday R S, Zhong M, Quazi F. 2009. The role of the photoreceptor ABC transporter ABCA4 in lipid transport and stargardt macular degeneration[J]. Biochim Biophys Acta, 1791(7): 573-583.

Murina V, Kasari M, Takada H, et al, 2019. CatherineABCF ATPases Involved in Protein Synthesis, Ribosome Assembly and Antibiotic Resistance: Structural and Functional Diversification across the Tree of Life[J]. Journal of Molecular Biology, 431(18).

Servet C, Benhamed M, Latrasse D, et al, 2008. Characterization of a phosphatase 2C protein as an interacting partner of the histone acetyltransferase GCN5 in Arabidopsis[J]. BBA-Gene Regulatory Mechanisms, 1779(6-7): 0-382.

Stolarczyk E L, Cassandra J R, Christain M P. 2011. Regulation of ABC transporter function via phosphorylation by protein kinases[J]. Curr Pharm Biotechnol, 1(4): 621-635.

Sullivan K F, Kay S A. 1998. Green fluorescent proteins[J]. Methods in Cell Biology, 58: 386.

Vandenbrule S, Smart C C. 2002. The plant PDR family of ABC transporters [J]. Planta, 216: 95-106.

Paul J V, David B, Bo B, et al, 2008. Plant ABC proteins: a unified nomenclature and updated inventory[J]. Trends Plant Sci, 13: 151-159.

Vlachonasios K E, Thomashow M F, Triezenberg S J. 2003. Disruption mutations of ADA2b and GCN5 transcriptional adaptor genes dramatically affect *Arabidopsis* growth, development, and gene expression[J]. Plant Cell, 15(3): 626-638.

Mesejo C, Yuste R, Martinez F A, et al, 2013. Self-pollination and parthenocarpic ability in developing ovaries of self-incompatible clementine mandarins (*Citrus clementina*)[J]. Physiology Plant, 148(1): 87-96.

桂花花瓣基因瞬时转化体系建立

席婉[1,2]　朱琳琳[1,2]　袁金梅[1,2]　曾旭梅[1,2]　熊康舜[1,2]　王彩云[1,2]*　郑日如[1,2]*

（[1] 华中农业大学，园艺植物植物生物学教育部重点实验室，武汉 430070；
[2] 农业农村部华中都市农业重点实验室，武汉 430070）

摘要　桂花是中国著名香花植物，同时根据色泽可以分为丹桂、金桂和银桂等品种群。桂花的香气和色泽分子机制研究一直是热点，且遗传转化体系是开展基因功能验证的核心基础。桂花是多年生木本植物，童期约为 8 年，通过桂花种子侵染、愈伤稳定转化等方法开展转基因功能验证难以实现。而花瓣瞬时表达体系具有操作简单、实验周期短等优势，是一种快速分析基因功能的有效手段。乙酰丁香酮（AS）可通过诱导农杆菌 Vir 区基因的活化和表达，促进 T-DNA 的插入，但是不同的植物适应乙酰丁香酮的最适浓度不同，除此之外，农杆菌菌液浓度对受体材料的侵染效果因植物种类不同而各有差异，因此本研究通过农杆菌介导瞬时转化方法探索最适宜桂花花瓣转化的菌液浓度和乙酰丁香酮的浓度，并构建类胡萝卜素裂解酶基因 *OfCCD4* 超表达载体，瞬时转化桂花花瓣，共培养 72h 后利用实时荧光定量 PCR 检测比较不同材料中的 *OfCCD4* 基因转录水平。结果表明，桂花花瓣瞬时转化效率最高的菌液浓度为 0.8，乙酰丁香酮浓度为 20umol/L。同时，实时荧光定量 PCR 检测表明，*OfCCD4* 基因表达量显著高于空载和野生型材料，表明花瓣瞬时转化体系有效。桂花花瓣基因瞬时转化体系的建立可广泛应用于桂花次生代谢物相关基因的功能验证，为解析色泽、香气等分子机制提供了技术支持。

关键词　桂花；乙酰丁香酮；瞬时转化；*OfCCD4*

Establishment of Gene Transient Transformation System of *Osmanthus fragrans* Petals

XI Wan[1,2]　ZHU Lin-lin[1,2]　YUAN Jin-mei[1,2]　ZENG Xu-mei[1,2]
XIONG Kang-shun[1,2]　WANG Cai-yun[1,2]*　ZHENG Ri-ru[1,2]*

([1] Key Laboratory for Horticultural Plant Biology, Ministry of Education, Huazhong Agricultural University, Wuhan 430070, China; [2] Key Laboratory of Urban Agriculture in Central China, Ministry of Agriculture and Rural Affairs, Wuhan 430070, China)

Abstract　*Osmanthus fragrans* is a famous fragrant flower plant in China. According to its color, it can be divided into the Albus group, the Luteus group and the Aurantiacus group. The molecular mechanism of aroma and color of *O. fragrans* has always been a hot spot, and the genetic transformation system is the core basis of gene function verification. *O. fragrans* is a perennial woody plant, and its childhood is about 8 years. It is difficult to verify the transgenic function through seed infection and callus transformation. The petal transient expression system has the advantages of simple operation and short experimental period, which is an effective method for rapid analysis of gene function. Acetylsyringone (AS) can promote the insertion of T-DNA by inducing the activation and expression of vir region gene of Agrobacterium tumefaciens. However, the optimal concentration of acetylsyringone is different for different plants. In addition, the infection effect of Agrobacterium tumefaciens on receptor materials varies with plant species, In this study, Agrobacterium mediated transient transformation method was used to explore the most suitable concentration of bacterial solution and acetobutanone for *O. fragrans* petal transformation, and the carotenoid lyase gene *OfCCD4* overexpression vector was constructed. *O. fragrans* etals were transiently transformed and co cultured for 72 hours. The transcription level of ofccd4 gene in different materials was detected by real-time quantitative PCR. The results

---

1 基金项目：课题（No. 2013PY088.）。
第一作者简介：席婉（1994），女，博士研究生，主要从事桂花花色花香研究。
* 通讯作者：王彩云，职称：教授，E-mail：wangcy@mail.hzau.edu.cn。郑日如，职称：副教授，E-mail：rrzheng@mail.hzau.edu.cn。

showed that the concentration of 0.8 and 20 umol / L acetosyringone had the highest instantaneous transformation efficiency. At the same time, real-time PCR detection showed that the expression of *OfCCD*4 gene was significantly higher than that of empty and wild-type materials, indicating that the petal transient transformation system was effective. The establishment of transient transformation system of *O. fragrans* petal gene can be widely used in the functional verification of *O. fragrans* secondary metabolite related genes, providing technical support for the analysis of color, aroma and other molecular mechanisms.

Key words　*Osmanthus fragrans*；Acetosyringone；Transient expression；*OfCCD*4

瞬时表达技术是一种将目的基因转入靶细胞，获得该基因短暂高水平表达的技术。植物瞬时表达技术与操作复杂、价格昂贵且转化周期长的稳定转化体系相比，因具有操作简单、实验周期短等优势，广泛用于植物的遗传转化（Jung et al.，2014）。瞬时表达技术已经成功地广泛应用于烟草、番茄、拟南芥、月季等植物中（王焕，2020；Yu et al.，2013；Zhang et al.，2014）。该技术常用方法有基因枪轰击法、原生质体转化法、农杆菌介导的瞬时转化法等。其中，农杆菌介导的瞬时转化法相对其他方法而言成本更低、对实验设备限制更少且效率更高（Janssen et al.，1990）。目前，农杆菌介导的瞬时转化法主要通过物理割伤（Khemkiadngoen et al.，2011）、超声处理（Georgiev et al.，2011）及真空渗透（Han et al.，2016）3种途径。其中，真空渗透法可以在不损伤植物样本的情况下，对完整的植物样本进行侵染，并且相对于超声处理，其操作更为简便。

桂花是中国传统十大名花之一，除了是集绿化、美化、香化于一体的优良园林树种之外，还被列为重要的天然保健植物和特产经济植物（向其柏和刘玉莲，2008）。自古以来，桂花就深受中国人的喜爱，导致使其在中国的产业需求旺盛，但作为多年生木本花卉，桂花具有生命周期长、花期短、结实品种少和种子后熟的特质，很难通过传统杂交育种获得优质种质。解析桂花色泽变异遗传机制的一大难点是需要建立有效的功能验证平台。虽然植株转化是基因功能验证最直接的手段，但是桂花童期长达8年以上，不可能以植株为材料进行；另外桂花种子存在生理后熟现象，需要通过一段时间的层积处理才能正常发芽，因此进行种子侵染也较困难。愈伤组织也可作为稳定转化的材料，并在许多植物中已有成功的研究，比如：柑橘、马铃薯、胡萝卜、桂花等（Li et al.，2006b；胡诗洋，2019；Diretto et al.，2010），但是愈伤组织稳定转化的周期长，成功率低，本课题组仍在继续优化稳定转化体系。因此，建立桂花花瓣的瞬时表达转化技术用于快速验证基因功能显得尤为重要。

本研究以丹桂花瓣为材料，采用农杆菌介导的瞬时转化方法，转入桂花类胡萝卜素裂解酶基因，通过实时荧光定量PCR技术研究适合桂花花瓣高效瞬时转化的最佳条件，为开展桂花同源基因功能验证奠定基础。

1　材料与方法

1.1　试材及取样

以华中农业大学校园内栽培状态良好，长势均一的桂花花瓣为试材，采取盛花期花瓣为试验材料，根癌农杆菌（*Agrobacterium tumefaciens*）GV3101菌株购于武汉绿日生物有限公司，植物表达载体Super1300、PBI121为华中农业大学园艺林学学院教育部重点实验室保存。

1.2　酶及生化试剂

Trizol超纯RNA提取试剂盒购于北京康为世纪生物科技有限公司、cDNA反转录试剂盒购于北京全式金生物技术有限公司，荧光定量PCR试剂盒购于日本Takara公司，所有引物以及测序工作均由北京擎科生物技术有限公司合成。

1.3　根癌农杆菌菌液制备

将携带花色相关的目的基因的植物表达载体和35S∷GUS转化农杆菌，挑选阳性单菌落，接种于含有50mg/L卡那霉素（Kan）的YEB液体培养基中，置于28℃摇床震荡过夜培养；将过夜培养后的菌液取1ml接种于含有20mmol/L乙酰丁香酮（AS）、10mmol/LMES、50mg/L卡那霉素（Kan）的YEB液体培养基中，28℃、180r/min过夜扩大培养；4000rpm，10℃，10min收集菌体（若菌液过多可分多次加入），侵染液重悬菌株，移液枪吸打混匀，调节OD_{600} = 0.6、0.8、1.0，并在侵染液中加入浓度分别为10umol/L、20umol/L和25umol/L的乙酰丁香酮（AS），暗处室温孵育2h，共培养3d后检测GUS基因的表达。

1.4　桂花花瓣的准备与侵染

采取处于盛花期的桂花花瓣，小心摘下无破损花瓣，然后将花瓣完全浸入不同浓度的农杆菌菌液中，抽真空至0.8atm，缓慢放气，此过程需5min完成。去离子水反复冲洗抽吸后的花瓣，去除多余菌液。将冲洗过后的桂花花瓣浸泡在含有蒸馏水(水没过花瓣)的50ml离心管中,置于暗组培室中,72h后对花瓣进行拍照,并检测不同农杆菌菌液浓度下GUS基因的表达。

1.5 瞬时转化材料的鉴定

设计桂花 *OfCCD*4 基因和 GUS 基因检测引物,分别以未转化和转化的桂花花瓣为材料提取总 RNA,反转录 cDNA 后以此为模板进行实时荧光定量 PCR,以 $2^{\triangle\triangle ct}$ 计算方法计算不同材料下基因的相对表达量。实时荧光定量 PCR 体系与程序如下:

表1 实时荧光定量 PCR 体系
Table 1 Real-time PCR system

成分	体积
Rox	0.4μl
Mix	10μl
Primer-F/Primer-R	0.4μl/0.4μl
ddH$_2$O	6.8μl
cDNA	2μl

表2 实时荧光定量 PCR 程序
Table 2 Real-time PCR procedure

温度	时间	循环
95℃	2min	1
95℃	15s	
60℃	15~20s	40
72℃	20~30	
95℃	10s	
65℃	60s	溶解曲线
97℃	1s	

表3 实时荧光定量 PCR 引物
Table 3 Real-time PCR primers

引物名称	引物序列(5'-3')
GUS-F	AACCGTTCTACTTTACTGGCTTTGG
GUS-R	GCATCTCTTCAGCGTAAGGGTAAT
*OfCCD*4-F	GCTGCTGAAGACAAAATTCTTAGAG
*OfCCD*4-R	TTCTTGATTTCATTGTCTGTTCGCC

1.6 数据统计与分析

每个试验包含3个独立的生物重复。数据以带有标准误差的平均值表示。采用 SPSS 17.0 软件(Integral Solutions Limited, USA)进行单因素方差分析(One-way ANOVA analysis),$P<0.05$ 为显著性水平。同时,采用 SPSS17.0 软件 Pearson 分析相关系数。

2 结果与分析

2.1 菌液浓度和侵染液中乙酰丁香酮浓度对 GUS 基因表达量的影响

提升桂花花瓣瞬时转化的效率,将携带 35S::GUS 的农杆菌菌液使用真空渗透(Han et al., 2016)的方法瞬时转化银桂花瓣,农杆菌菌液浓度分别设置为 0.6、0.8 和 1.0,同时将侵染液中乙酰丁香酮的浓度设置为 10μmol/L、20μmol/L 和 25μmol/L,共培养 3d 后,通过检测 GUS 基因的表达量探索最佳转化效率。

结果表明,当菌液浓度从 0.6 逐渐升高达到 1.0 时,GUS 基因的表达量呈现先上升后下降的趋势;菌液浓度为 0.8 时,GUS 基因表达量最高。然而从乙酰丁香酮浓度角度来看,当侵染液中乙酰丁香酮浓度为 20μmol/L 时,GUS 基因有最高的表达量,且乙酰丁香酮3个不同浓度之间差异极其显著。该结果表明与乙酰丁香酮相比,菌液浓度对 GUS 基因的表达量影响不显著。综合考虑最佳的组合是菌液浓度为 0.8,乙酰丁香酮浓度为 20μmol/L(图1)。

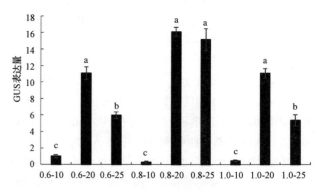

图1 GUS 基因表达量
Fig. 1 Changes in fruit color of Citrus iyo during fruit development

注:0.6-10:OD$_{600}$ = 0.6 AS 浓度 10μmol/L;0.6-20:OD$_{600}$ = 0.6 AS 浓度 20μmol/L;0.6-25:OD$_{600}$ = 0.6 AS 浓度 25μmol/L;0.8-10:OD$_{600}$ = 0.8 AS 浓度 10μmol/L;0.8-20:OD$_{600}$ = 0.8 AS 浓度 20μmol/L;0.8-25:OD$_{600}$ = 0.8 AS 浓度 25μmol/L;1.0-10:OD$_{600}$ = 1.0 AS 浓度 10μmol/L;1.0-20:OD$_{600}$ = 1.0 AS 浓度 20μmol/L;1.0-25:OD$_{600}$ = 1.0 AS 浓度 25μmol/L

2.2 类胡萝卜素基因在瞬时表达体系中的功能验证

为了验证花瓣瞬时表达体系,将 *OfCCD*4 基因构建超表载体瞬时转化丹桂花瓣。qRT-PCR 结果显示,与对照组相比,携带 *OfCCD*4 超表载体的转基因花瓣中,目的基因的表达量明显高于对照组,说明目的基

因 *OfCCD*4 在该丹桂花瓣中被超表,结果证实了该体系可用于基因功能在桂花花瓣中的验证。

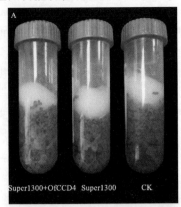
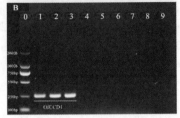
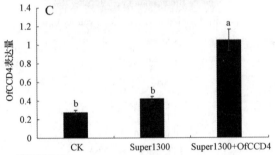

图 2 *OfCCD*4 在桂花花瓣中的瞬时过表达

Fig. 2 Transient overexpression of *OfCCD*4 in *Osmanthus fragrans* petals

A. 瞬时转化后的花瓣;B. RT-PCR 检测,0 泳道为 Maker,1-3 泳道为 *OfCCD*4,4-6 泳道为 Super1300,7-9 泳道为 CK;C. *OfCCD*4 表达量检测

3 讨论

瞬时转化技术是植物常用于验证基因功能的技术,具有操作简单、实验周期短等优势,农杆菌介导的瞬时转化法成本低,对实验设备限制少且效率更高。目前,农杆菌介导的瞬时转化法主要通过物理割伤、超声处理及真空渗透 3 种途径。其中,真空渗透法可以在不损伤植物样本的情况下,对完整的植物样本进行侵染,并且相对于超声处理,其操作更为简便(Kapila *et al.*,1997)。根据已有报道,影响瞬时转化的最重要的因素主要有:农杆菌菌液浓度、侵染时间、侵染方式和乙酰丁香酮浓度(吴英杰,2010)。

本研究通过采用不同浓度梯度的农杆菌菌液和不同浓度梯度的乙酰丁香酮进行组合,获得桂花花瓣瞬时转化最适的浓度为:OD_{600} = 0.8,乙酰丁香酮的浓度为 20μmol/L。大量研究表明,农杆菌菌液浓度对受体材料的侵染效果因植物种类不同而各有差异(李玲,2020)。在月季花瓣中 OD_{600} 低于 0.5,GUS 基因不表达;而 OD_{600} 在 0.5~4.0 之间均能观察到 GUS 信号(Yasmin *et al.*,2010);OD_{600} 为 0.9 时 GUS 基因的表达达到峰值(王磊,2014)。除此之外,农杆菌菌液浓度为 0.6~1.0 已经普遍用于兰花的瞬时转化,例如:石斛兰(Subramaniams *et al.*,2013)、文心兰(Liau *et al.*,2003)和蝴蝶兰(Mishiba *et al.*,2005)等。此外,乙酰丁香酮(AS)可通过诱导农杆菌 Vir 区基因的活化和表达,促进 T-DNA 的插入,因此 Vir 区的活化是农杆菌向植物基因组转化最为关键的一步。但是不同的植物适应乙酰丁香酮的最适浓度不同(董喜才,2011),比如在进行杏树叶片瞬时转化时,添加 100 μmol/L AS 转化效果最好(Petri *et al.*,2004)。其他研究表明兰花(Men *et al.*,2003)、烟草叶片(吴英杰等,2010)和月季花瓣(Yasmin *et al.*,2010)的遗传转化使用的 AS 浓度各不相同,而在本研究中最适合桂花瞬时转化的 AS 浓度为 20μmol/L。

前期研究表明,桂花花瓣中 α-胡萝卜素和 β-胡萝卜素含量是决定色泽差异的关键因素,且类胡萝卜素裂解酶基因 *OfCCD*4 在丹桂的表达量明显低于银桂(曾祥玲,2015;Wang *et al.*,2018)。本研究使用该体系,将 *OfCCD*4 瞬时转化丹桂花瓣,与对照组相比,转基因材料 *OfCCD*4 表达量明显上调。但是无论是转基因花瓣还是野生型花瓣,离体之后均出现褐化现象,后续尝试添加抗褐化剂减少花瓣的褐化,比如:VC、KT、蔗糖溶液、柠檬酸等。总之,本研究证实了该体系的可行性,为桂花重要基因功能快速验证提供了可行的途径。

参考文献

董喜才,杜建中,王安乐,2011. 乙酰丁香酮在植物转基因研究中的作用[J]. 中国农学通报,27(5):292-299.

胡诗洋,2019. 桂花花瓣类胡萝卜素研究及胚性愈伤培养条件优化[D]. 武汉:华中农业大学.

李玲,顾恒,岳远征,等,2020. 木本植物瞬时转化体系的研究进展[J]. 分子植物育种,18(23):7784-7794.

王焕,郑日如,曹声海,等,2020. 月季花瓣特异表达启动子的筛选和鉴定[J]. 园艺学报,47(4):686-698.

王磊, 陈雯, 刘娅, 等, 2014. 月季花瓣中农杆菌介导的基因瞬时表达体系的优化及其在RNAi中的应用[J]. 农业生物技术学报, 22(2): 133-140.

吴英杰, 姜波, 张岩, 2010. 农杆菌介导的烟草瞬时表达试验条件优化[J]. 东北林业大学学报(9): 110-112.

向其柏, 刘玉莲, 2008. 中国桂花品种图志[M]. 杭州: 浙江科学技术出版社: 2-88.

曾祥玲, 2015. 桂花色香形成的分子机制及其关系研究[D]. 武汉: 华中农业大学.

Cao H B, Zhang J C, Xu J D, et al, 2012. Comprehending crystalline β-carotene accumulation by comparing engineered cell models and the natural carotenoid-rich system of citrus [J]. Journal of Experimental Botany, 63 (12): 4403-4417.

Diretto G, Al-Babili S, Tavazza R, et al, 2010. Transcription-metabolic networks in bata-carotene-enriched potato tubers: the long and winding road to the Golden phenotype[J]. Plant Physiology, 154: 899-912.

Georgiev M I, Ludwig-Mvller J, Alipieva K. 2011. Sonication-assisted Agrobacterium rhizogenes-mediated transformation of Verbascu mulation [J]. Plant Cell Reports, 30(5): 859-866.

Hameed M A, Reid J B, Rowe R N, 1987. Root confinement and its effects on the water relations, growth and assimilate partitioning of tomato (Lycopersicon esculentum Mill.) [J]. Annals of Botany, 59: 685-692.

Han Y J, Wu M, Cao L Y, et al, 2016. Characterization of OfWRKY3, a transcription factor that positively regulates the carotenoid cleavage dioxygenase gene OfCCD4 in Osmanthus fragrans[J]. Plant Mol. Biol, 91(4-5): 485-496.

Janssen B J, Gardenr R C, 1990. Localized transient expression ofGUS in leaf discs following cocultivation with Agrobacterium [J]. Plant Molecular Biology, 14(1): 61-72.

Jung S K, Lindenmuth B E, McDonald K A, et al, 2014. Agrobacterium tumefaciens mediated transient expression of plant cell wall-degrading enzymes in detached sunflower leaves[J]. Biotechnol. Progr, 30(4): 905-91.

Khemkladngoen N, Cartagena J A, Fukui K, 2011. Physical-wounding-assisted Agrobacterium-mediated transformation of ju-venilecotyledons of a biodiesel-producing plant, Jatropha curcas L. [J]. Plant Biotechnology Reports, 5(3): 235-243.

Liau C H, You S J, Prasad V, 2003. Agrobacterium tumefaciens-mediated transformation of an Oncidium orchid[J]. Plant Cell Reports, 21(10): 993-998.

Li L, Lu S, Cosman K M, et al, 2006b. beta-Carotene accumulation induced by the cauliflower Or gene is not due to an increased capacity of biosynthesis[J]. Phytochemistry, 67: 1177-1184.

Men S Z, Ming X T, Liu R W, 2003. Agrobacterium-mediated transformation of a Dendrobium orchid[J]. Plant Cell Tissue and Organ Culture, 75(1): 63-71.

Mishiba K, Chin D P, Mii M, 2005. Agrobacterium tumefaciens-mediated transformation Phalaenopsis by targeting protocorms at an early stage after germination[J]. Plant Cell Reports, 24(5): 297-303.

Petri C, Alburquerque N, Garcia-Castillo S, et al, 2004. Factors affecting gene transfer efficiency to apricot leaves during early Agrobacterium-mediated transformation steps[J]. Horticultural Science & Biotechnology, 79(5): 704-712.

Subramaniams S, Rathinam X, 2013. Prelim-inary factors influencing transient expression of Gus in den-drobiun Savin white protocorm-like bodies using Agrobacterium mediated transformation system[J]. World Applied Sciences Journal, 35(4): 24-30.

Wang Y G, Zhang C, Dong B, et al, 2018. Carotenoid accumulation andits contribution to flower coloration of Osmanthus fragrans[J]. Front Plant Sci., 9: 1499.

Yasmin A, Debener T, 2010. Transient gene expression in rose petals via Agrobacterium infiltration[J]. Plant Cell Tissue and Organ Culture, 102(2): 245-250.

Yu F, De Luca V, 2013. ATP-binding cassette transporter controls leaf surface secretion of anticancer drug compo-nents in Catharanthus roseus, Proc[H]. Natl. Acad. Sci. USA, 110(39): 15830-15835.

Zhang Z, Thomma B P H J, 2014. Virus-induced gene silencing and Agrobacterium tumefaciens-mediated transient expression in Nicotiana tabacum [J]. Methods Mol. Biol., 1127: 173-181.

京西煤矿废弃地植被构成特征的微地形分异

曹钰　董丽*

（花卉种质创新与分子育种北京市重点实验室，国家花卉工程技术研究中心，城乡生态环境北京实验室，园林环境教育工程研究中心，林木花卉遗传育种教育部重点实验室，园林学院，北京林业大学，北京 100083）

摘要　本研究在卫星图像解析与现场调研的基础上，结合前人方法将京西典型浅山区煤矿废弃地王平煤矿划分为 8 类微地形单元，通过研究不同微地形类型的生境特征与植被物种构成、群落特征，分析讨论了王平镇煤矿废弃地自然恢复植被的现状以及其在不同微地形类型之间的差异性。研究共计调查到废弃地植被 45 科 99 属 110 种，其中菊科、禾本科、豆科、蔷薇科是优势科；栾树、构树、荆条、酸枣等乡土物种在各微地形自然恢复植被中大量存在，是煤矿废弃地植被恢复的重要物种，荆条为其中的优势种；各类微地形自然恢复群落之间存在差异，但结构基本都为"乔+灌+草"的模式，少有"乔+草"结构。顶坡、平整下部边坡、下部山谷、谷床等地势利于持土保水的微地形样地物种丰富度与群落结构较好，高上部边坡、下部山脊等坡度较大、地势不利于持土保水的样地植被长势较差。本研究在对各微地形植被恢复情况与群落构成比较分析的基础上，结合景观与生态需求，提出了针对不同微地形条件的群落构建模式，以期为京西浅山区煤矿废弃地生态修复提供一定程度的参考。

关键词　煤矿废弃地；植被恢复；植被构成特征；微地形

Microtopographic Differentiation of Vegetation Composition Characteristics in Abandoned Coal Mine in Western Beijing

CAO Yu　DONG Li*

(Beijing Key Laboratory of Ornamental Plants Germplasm Innovation & Molecular Breeding, National Engineering Research Center for Floriculture, Beijing Laboratory of Urban and Rural Ecological Environment, Engineering Research Center of Landscape Environment of Ministry of Education, Key Laboratory of Genetics and Breeding in Forest Trees and Ornamental Plants of Ministry of Education, School of Landscape Architecture, Beijing Forestry University, Beijing 100083, China)

Abstract　Based on predecessors, the study combined satellite images and field research to divide the Wangping coal mine, a typical shallow mountainous area in western Beijing, into 8 types of microtopographic units. By studying the habitat characteristics, species composition and community characteristics of different microtopographic types, we analyzed the current status of naturally restored vegetation in the abandoned Wangping coal mine and its variability among different microtopographic types. The study investigated a total of 110 species of 45 families and 99 genera of the abandoned land vegetation, among which Asteraceae, Gramineae, Leguminosae and Rosaceae are the dominant families; native species such as *Koelreuteria paniculata*, *Broussonetia papyrifera*, *Vitex negundo* var. *heterophylla* and *Ziziphus jujuba* var. *spinosa* are abundant in all the naturally restored microtopographic vegetation, as important species for abandoned coal mine vegetation restoration, while *V. negundo* is the dominant species among them. Each naturally restored microtopographic communities varies, but the community structures are mainly "tree-shrub-herb" type, merely "tree-herb". The species richness and community structure of CS, FLS, VLS,

---

1　基金项目：北京城市生态廊道植物景观营建技术（编号 D171100007217003）。

第一作者简介：曹钰（1993—），女，硕士研究生，主要从事园林植物应用与园林生态研究。

*通讯作者：董丽，职称：教授，E-mail：dongli@bjfu.edu.cn。

RB which are favorable for soil and water retention are better, while the vegetation growth of HUS, RLS that are not favorable for soil and water retention is poor. Based on the comparative analysis of vegetation growth and community composition of various microtopography, the study proposes community construction models for different microtopographic conditions, combining ornamental and ecological requirements, in order to provide a reference for ecological restoration of abandoned coal mine in shallow mountainous areas of western Beijing.

Key words Wasted coal mine; Vegetation restoration; Vegetation composition characteristics; Microtopography

近年来,随着矿产资源的消耗殆尽以及人们生态意识的提高,北京关闭了大部分的矿山,产生了大量的矿山废弃地(李一为 等,2010;蒋美琛 等,2017;Worlanyo, et al., 2020)。由于过分的采掘和废弃物的堆砌,矿山废弃地的生态环境已遭受非常严重的破坏,单纯依靠自然的修复和演替,需要漫长的时间(Connell & Slatyer, 1977;李明顺 等,2005)。因此,通过对废弃地的调查,研究其植被恢复机理,在此基础上制定合理的生态修复模式,对矿山废弃地进行适当的人为干预,将有效缩短其生态环境恢复的时间,同时保证恢复后生态环境的生态安全、生态效益和可持续性(Prach et al., 2001;刘永光,2012)。地形通过直接地貌过程与间接对环境因子的再分配,影响植被生长(葛斌杰 等,2010)。而群落尺度的微地形生境差异,解释了宏观尺度研究中因为分形效应所难以解释的群落异质性(Kraft N J B et al., 2008)。国内在微地形尺度上进行植被特征研究的对象多集中在黄土高原等地区(赵荟 等,2010;杨士梭 等,2014;卢纪元 等,2016),杨永川等(2012)在日本学者的微地形划分基础上研究了浙江丘陵地区森林公园植被的微地形分异,袁振等(2017)结合黄土高原区与杨永川的划分方法,对河北片麻岩山区不同微地形的群落异质性展开了研究。

北京的煤矿废弃地大多分布于门头沟区与房山区。此前的学者对门头沟煤矿废弃地植被恢复的研究重点主要集中在自然恢复植被的数量分类排序与种间关系(赵方莹和程小琴,2010),基于海拔与废弃年限梯度的植被演替研究(李一为,2007),土壤理化性质与植被恢复效果的评价(刘永光 等,2012),恢复效果综合评价(钱一武,2011)与煤矸石山恢复的树种选择(侯巍 等,2017)等方面,多为大中尺度下随机取样。而门头沟煤矿因大多采用斜井式开采,塌陷、地裂缝、滑坡、泥石流、压占、水土流失等次生灾害对原本山体破坏严重,产生了丰富的微地形,为植物生长带来微生境上的多样性与特异性(张长敏,2009;王煜琴,2009)。因此,本文选取门头沟王平镇煤矿作为典型样地,以其微地形分异为基础,进行植被恢复的研究及修复模式的探讨,对样地的植被群落特征和微地形特征因子进行调研和分析,探讨不同微地形单元植被恢复的差异,提出适宜于该煤矿废弃地植被恢复的不同微地形植物种类和配置模式,构建适宜北京同类型煤矿废弃地的植被恢复策略,以期为今后的矿区植被恢复工作提供有效的理论和技术支持,同时也为北京其他煤矿废弃地的植被恢复提供借鉴和参考。

1 材料与方法

1.1 研究对象

王平镇地处于北京市中山区向低山区过渡地带,距北京市区约40km,镇域面积约为46.6hm^2,东西分别毗邻妙峰山镇与雁翅镇,南北分别相接龙泉镇与上苇甸,内有永定河过境。镇内共有行政村16个、驻区单位19个、社区居委会4个,人口总数约9000人。王平镇属典型的中纬度大陆性季风气候,春季少雨多风,夏季高温多雨,秋季潮湿清凉,冬季寒冷干燥。另受山区复杂地形影响,镇域范围内有不同的小气候区,年均温通常为4.0~11.7℃,气温的季节性差异较大,最低温月为1月,最高温月为7月,且气温随海拔升高而递减。年平均降水量为600mm,主要集中在夏季。主要风向为西北风和北风,集中在春秋两季。其地带性植被类型主要为暖温带落叶阔叶林。区域内岩石主要为沉积岩,山地众多、坡地陡峭是该地区的主要地貌特征。土壤以褐土为主,兼具棕壤与山地草甸。

王平煤矿曾是京西矿务局(后改为京煤集团)旗下的八大煤矿之一,投产于1958年,1994年闭矿后,山体下部发展为自然村落,有人为活动痕迹,总体属于受人为活动影响的自然恢复山林。多年以来的矿山开采,产生了大量的煤矸石和各类废弃矿渣,导致土地资源被大量占用、土壤中有毒物质污染严重,再加上水土流失和风沙侵蚀,使得王平镇土壤的水土涵养能力普遍较低、土地普遍瘠薄(郝玉芬,2011)。

研究区域位于北京市门头沟王平镇王平村王吕路北侧山脉(E115°58′52″,N39°58′09″),为原王平煤矿西北矿区。海拔200~580m,属于浅山丘陵地区。道路南侧是煤矸石堆积区。研究地曾经是王平镇煤矿的采矿区之一,山体上部以自然恢复的植被为主,下部地区靠近村落,人为活动干扰较大,建有人工果园。

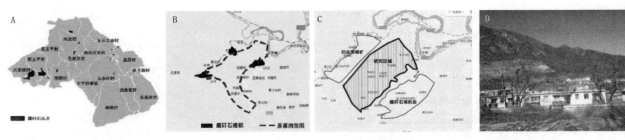

图1 研究样地区位与基本情况
Fig. 1 The location and basic condition of study area
A：王平镇区划；B：原煤田范围；C：研究区域范围示意图；D：王平镇现状

1.2 微地形单元划分

由于自然侵蚀作用和人为采矿、修路等活动的干扰，研究地山坡整体微地形变化比较复杂。参考杨永川等（2012）在丘陵地区与袁振等（2017）在河北山区的微地形划分方式，结合煤矿废弃地地貌特性与场地特征的实际情况，划定研究样地的微地形单元。使用Google Earth软件提取煤矿废弃地DEM图像，得到煤矿废弃地的地形状况。根据提取的高程信息进一步进行研究区矿山表面的三维创建，获取研究地的等高线图。在三维立体模型上提取地形突变点和特殊地貌信息，并进行实地调查验证，在此基础上对门头沟王平镇煤矿废弃地进行地形地貌分析，分析微地形类型及分布，并根据丘陵地微地形分类方法对微地形单元进行划分。

经过实地勘查发现，研究地顶坡区域范围跨度较小，地势特征较为均匀，因此不再对其进行分级，记为顶坡（crest slope，CS）；上部边坡（upper sideslope，US）由于海拔跨度较大，进行了纵向的分级处理，由上往下分为高上部边坡（higher upper sideslope，H-US）和低上部边坡（lower upper sideslope，L-US）两级；下部边坡（lower sideslope，LS）位置受到雨水侵蚀与采矿活动的影响，导致坡面破碎化严重，产生了许多山脊和沟谷类地形，同时也保留有部分未受侵蚀较为平整的坡面，因此将下部边坡又分为平整下部边坡（flat lower sideslope，F-LS）、下部山脊（ridged lower sideslope，R-LS）和下部山谷（valleyed lower sideslope，V-LS）；山脚位置坡度较缓，人为活动干扰大，地貌情况与下部边坡相似，划分为麓坡（foot slope，FS）和谷床（river bed，RB）。共设置8种微地形类型。

1.3 样地选择

在研究样地范围内，按照微地形类型的不同，每类微地形选择3个平行样方，共选取24个大样方（图2），对各样方的生境因子进行记录与调查，利用红外测距仪、手持罗盘仪、GPS定位仪、卷尺等工具对样地坡向、坡位、坡度进行测量、划分和记录，对海拔和经纬度进行调查和测量分析，运用GPS、ArcGis获取样地的坡度、坡向、海拔、经纬度等的数据。

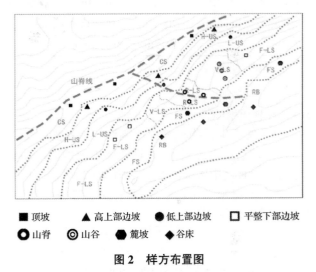

■ 顶坡 ▲ 高上部边坡 ● 低上部边坡 □ 平整下部边坡
◯ 山脊 ◎ 山谷 ⬢ 麓坡 ◆ 谷床

图2 样方布置图
Fig. 2 Sample plot layout

样地总体均位于山体阳坡。坡度范围在14°~42°之间，整体坡度比较平缓。其中下部山谷平均坡度最小，下部山脊平均坡度最大。研究地土层厚度整体偏薄，砾石多，土壤相对瘠薄，土壤厚度基本随着海拔降低而逐渐增大。顶坡和下部山脊由于都位于山脊线上，雨水冲刷带走了部分土壤，导致土壤厚度较其他类型薄（表1）。

由于样地坡面破碎度较高，且植被以灌草为主，乔木层丰富度相对较低，因此将植物调查的样方面积设置为100m²。在24个大样方内，采用每木检尺的方法调查记录每个乔木样方内乔木的种类、数量高度、冠幅、胸径、枝下高、生长状况；在四角处设置4个5m×5m的灌木样方，记录灌木的种类、数量、高度、冠幅、地径、生长状况等；在大样方内，分别选取4个对角和中心设置5个1m×1m的草本样方，共计120个草本样方，调查草本植物的种类、数量、盖度、频度、高度等（方精云，2009）。记录每个样地的位置、立地条件等详细信息。在此基础上，计算出不同物种的盖度、密度、频度，计算每一个样地不同物种的重要值(IV)，统计出不同样地样方内各物种重要值的平均值。调研时间为 2018 年 3~4 月与 7~8 月。

表 1 各微地形样地环境特征
Table 1 Environmental characteristics of each microtopographic sample site

微地形单元	坡度(°)	坡向(°)	海拔(m)	土壤厚度
顶坡	16~24	190~230	500~600	薄
高上部边坡	15~31	120~140	450~550	较薄
低上部边坡	14~34	110~220	370~490	较薄
平整下部边坡	16~30	120~170	330~410	较薄
下部山脊	35~42	45~180	370~430	薄
下部山谷	8~22	110~190	300~350	较厚
麓坡	14~30	120~210	250~330	较薄
谷床	17~30	90~110	250~340	中等

注：坡向为北偏东。

1.4 物种识别

物种的识别及物种来源的判断，参照贺士元等(1992)《北京植物志》、中国科学院中国植物志编辑委员会(2004)《中国植物志》、刘冰等(2018)《中国常见植物野外识别手册》，对物种种类、来源与产地、植物区系进行划分与判断。

1.5 数据分析

运用 EXCEL 软件对调查所得生境因子数据与植被信息进行统计与分析，对不同微地形之间的生境特征、物种构成、科属分布、物种来源、重要值等进行对比分析，并进行图表绘制。

2 结果与分析

2.1 研究地植被总体物种构成特征

本研究共计调查到研究区域现有植被物种 110 种，隶属于 45 科 99 属；其中裸子植物 1 种(隶属于 1 科 1 属)，被子植物 109 种(隶属于 44 科 98 属)；双子叶植物 93 种(隶属于 38 科 72 属)，单子叶植物 16 种(隶属于 6 科 16 属)；木本植物有 17 科 28 属 28 种，草本植物有 32 科 73 属 82 种；木本植物中，乔木 12 科 18 属 18 种，灌木 6 科 9 属 9 种，木质藤本 1 科 1 属 1 种，常绿针叶乔木为 1 科 1 属 1 种，落叶阔叶乔木为 11 科 17 属 17 种；草本植物中，一二年生草本为 12 科 17 属 17 种，多年生草本为 25 科 46 属 56 种，其中草质藤本 4 科 5 属 5 种。

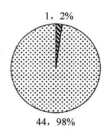

图 3 裸子植物与被子植物比例
Fig. 3 Ratio of gymnosperms to angiosperms

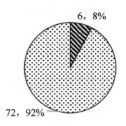

图 4 单子叶植物与双子叶植物比例
Fig. 4 Ratio of monocotyledonous plants to dicotyledonous plants

在植物生活型与形态特征方面，共统计到研究地木本植物共计 17 科 28 属 28 种，草本植物共计 32 科 73 属 82 种。木本植物中，乔木共计 12 科 18 属 18 种，灌木共计 6 科 9 属 9 种，木质藤本 1 科 1 属 1 种。其中常绿针叶乔木 1 科 1 属 1 种，落叶阔叶乔木 11 科 17 属 17 种。草本植物中一二年生草本 12 科 17 属 17 种，多年生草本 25 科 46 属 56 种，其中草质藤本 4 科 5 属 5 种。从物种构成分析中可得，研究地乔木层和灌木层的树种较为单一，绝大多数为落叶树种，常绿树种仅有侧柏 1 种，林下灌木层种类较少但数量较多，草本层种类相对丰富。

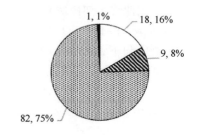

图 5 植物生活型物种比例
Fig. 5 Species proportion of plant life types

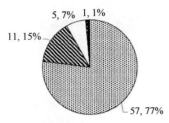

图 6 单子叶植物与双子叶植物比例
Fig. 6 Proportion of herbaceous plantslife types

研究地植被以菊科（Compositae）、禾本科（Gramineae）、豆科（Leguminosae）、蔷薇科（Rosaceae）、百合科（Liliaceae）、萝藦科（Asclepiadaceae）、堇菜科（Violaceae）、毛茛科（Ranunculaceae）、桑科（Moraceae）、大戟科（Euphorbiaceae）、无患子科（Sapindaceae）、石竹科（Caryophyllaceae）植物为主，占据研究地植物种类的59.45%。其中菊科（19.81%）>禾本科（6.31%）>豆科（5.41%）>蔷薇科（5.41%）>百合科（3.60%）>萝藦科（3.60%）。与刘永光（2012）等人的研究结果相似。

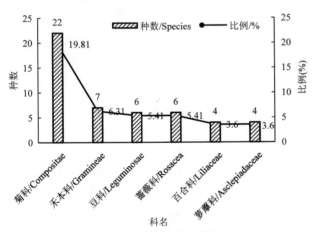

图 7 研究地植被优势科统计
Fig. 7 Statistics on the dominant families of vegetation in the studied land

表2中为研究样地乔木、灌木、草本等不同生活型中重要值前10的植物。其中乔木层物种数量总共为18种，其中栾树（*Koelreuteria paniculata*）重要值最高，其相对多度、相对频度和相对盖度亦均为最高，是乔木层中的优势种，其次是构树（*Broussonetia papyrifera*）、山桃（*Amygdalus davidiana*）。物种重要值排在前5的依次为：栾树、构树、山桃、山杏（*Armeniaca sibirica*）和白蜡（*Fraxinus chinensis*）；灌木层物种数量共10种，其中荆条（*Vitex negundo* var. *heterophylla*）重要值最高，相对多度、相对频度和相对盖度均为最高，是灌木层中的优势种，也是所有植物中的优势种。其次是酸枣（*Ziziphus jujuba* var. *spinosa*）、小叶鼠李（*Rhamnus parvifolia*）。物种重要值排在前5的依次为：荆条、酸枣、小叶鼠李、扁担杆（*Grewia biloba*）和绣线菊（*Spiraea salicifolia*）；草本层物种数量总共为82种，其中白颖薹草（*Carex duriuscula* subsp. *rigescens*）重要值最高，相对多度、相对频度和相对盖度均为最高，是草本层中的优势种。其次是狗牙根（*Cynodon dactylon*）、马唐（*Digitaria sanguinalis*）。物种重要值排在前5的依次为：白颖薹草、狗牙根、马唐、白莲蒿（*Artemisia stechmanniana*）和铁杆蒿（*Artemisia gmelinii*）。

研究样地所有植物物种均属于北京地区的乡土植物，无外来入侵物种。虽然侧柏（*Platycladus orientalis*）、山杏、山桃等部分树种既有栽培植物，也有本区域天然分布物种，但人工栽植部分一直表现良好，对本研究地的生态环境有较高的适应性。

本区域地处废弃煤矿范围内，除部分山脚区域之外大部分都未经过人工恢复和园林景观建设，也无外来引种植物，自然恢复的植被保留了自然乡土的物种、群落分布及演替特征，对该地区的煤矿废弃地生态植被修复具有较高的研究价值。

2.2 研究区域不同微地形植被构成及景观特征分析

在研究地的顶坡样地中共计调查到物种33种、高上部边坡25种、低上部边坡36种、平整下部边坡32种、下部山脊36种、下部山谷44种，群落优势种均为荆条；麓坡植物共计18种、谷床34种，群落优势种均为扁担杆。

表2 研究样地总体物种重要值分析
Table 2 Analysis of species importance values

序号	乔木	重要值/Iv	序号	灌木	重要值/Iv	序号	草本	重要值/Iv
1	栾树	79.4588	1	荆条	106.3899	1	白颖薹草	25.5129
2	构树	52.0546	2	酸枣	59.5672	2	狗牙根	20.2659
3	山桃	37.1659	3	小叶鼠李	40.4507	3	马唐	19.4552
4	山杏	30.3583	4	扁担杆	29.1046	4	白莲蒿	18.4589
5	白蜡	22.2075	5	绣线菊	25.883	5	铁杆蒿	15.8491

(续)

序号	乔木	重要值/Iv	序号	灌木	重要值/Iv	序号	草本	重要值/Iv
6	黄连木	14.9958	6	胡枝子	18.5772	6	北京隐子草	15.7516
7	朴树	7.2211	7	雀儿舌头	13.748	7	老鹳草	10.0541
8	桑树	7.2009	8	杭子梢	3.1029	8	铁线莲	9.6162
9	国槐	6.3303	9	爬山虎	1.8678	9	唐松草	8.4286
10	榆树	6.2038	10	锦鸡儿	1.3087	10	益母草	8.3224

表3 研究样地总体物种构成及优势种

Table 3 Species composition and dominant species

微地形单元	物种数				优势种			
	乔木层	灌木层	草本层	整体群落	乔木层	灌木层	草本层	整体群落
顶坡	11	7	15	33	山杏	荆条	铁杆蒿	荆条
高上部边坡	8	8	9	25	栾树	荆条	铁杆蒿	荆条
低上部边坡	9	8	19	36	山桃	荆条	狗牙根	荆条
平整下部边坡	7	7	18	32	栾树	荆条	白颖薹草	荆条
下部山脊	11	7	18	36	白蜡	荆条	白莲蒿	荆条
下部山谷	10	7	27	44	栾树	荆条	马唐	荆条
麓坡	6	6	6	18	构树	扁担杆	马唐	扁担杆
谷床	7	4	23	34	构树	扁担杆	北京隐子草	扁担杆

研究地顶坡(CS)样地坡度平缓，坡向整体向南偏东，平均海拔最高，土层薄。共调查到乔木11种、灌木7种、草本植物15种，其中乔木层山杏重要值最高，其次为山桃和黄连木(*Pistacia chinensis*)；灌木层荆条重要值最高，小叶鼠李和绣线菊重要值居于其次；草本层铁杆蒿重要值最高，其次为唐松草(*Thalictrum aquilegiifolium* var. *sibiricum*)、白颖薹草，这几种植物在顶坡植被组成中具有重要的地位。荆条为该群落优势种。

顶坡虽然土层较薄，但其自然植被群落由于海拔较高、道路不通等原因，受到的人为干扰因素较小，整体来说植被种类较为丰富，恢复程度较好。主要的群落组成模式见表4。灌木层植物数量最多，草本层物种数量最丰富，由于山顶光照充足，乔木层物种丰富度大于灌木层。顶坡群落优势种为荆条，此外山杏、山桃、小叶鼠李在群落中长势良好，占比较高，是群落组成的重要物种。群落整体结构和丰富度较好，兼具山杏、山桃等早春观花树种，草本生活型丰富。但缺乏常绿植物。

高上部边坡(H-US)共有乔木8种、灌木8种、草本9种，乔木层栾树重要值最高，其次为山桃和山杏；灌木层荆条重要值最高，酸枣和小叶鼠李重要值居于其次；草本层铁杆蒿重要值最高，其次为北京隐子草(*Cleistogenes hancei*)、茵陈蒿(*Artemisia capillaris*)。荆条为群落优势种。

表4 顶坡植被物种重要值

Table 4 Analysis of species importance values in crest sideslope

生活型	序号	名称	重要值/Iv	生活型	序号	名称	重要值/Iv
乔木	1	山杏	85.1228	草本	1	铁杆蒿	33.0016
	2	山桃	51.5909		2	唐松草	32.1219
	3	黄连木	47.0045		3	白颖薹草	31.103
	4	刺槐	19.9515		4	狗牙根	22.6014
	5	榆树	16.2919		5	石生蝇子草	19.5627
灌木	1	荆条	146.4424		6	野鸢尾	16.2478
	2	小叶鼠李	53.0406		7	白头翁	15.1582
	3	绣线菊	32.5014		8	黄精	13.8587
	4	雀儿舌头	27.2853		9	荩草	13.691
	5	酸枣	21.3316		10	马唐	13.0963

高上部边坡的自然植被群落受人为干扰因素较小，但由于总体坡度较大，水土保持能力相对较差，植被数量和物种丰富度都相对表现较差。主要的群落组成模式为乔+灌+草的模式(表5)。灌木层植被数量最多，长势最好，乔木层物种数量与灌木层相当，但数量少于灌木层，草本层物种丰富度表现也较差。群落优势种为荆条，此外栾树、山桃、小叶鼠李、扁担杆在群落中长势良好，占比较高，是群落组成的重要物种。高上部边坡群落与顶坡群落物种相似度较高，但结构差于顶坡群落，同样缺乏常绿树种。

表 5 高上部边坡植被物种重要值

Table 5 Analysis of species importance values in higher upper sideslope

生活型	序号	名称	重要值/Iv	生活型	序号	名称	重要值/Iv
乔木	1	栾树	92.0504	草本	1	铁杆蒿	39.5577
	2	山桃	71.0243		2	北京隐子草	27.7036
	3	山杏	61.618		3	茵陈蒿	22.8
	4	柿树	25.0665		4	婆婆针	19.6265
	5	黄连木	16.5477		5	灰菜	17.9765
灌木	1	荆条	108.1265		6	白颖薹草	16.9398
	2	酸枣	83.4557		7	茜草	15.8981
	3	小叶鼠李	33.5398		8	石生蝇子草	14.7229
	4	绣线菊	22.1052		9	穿龙薯蓣	14.4182
	5	胡枝子	22.0558		10	铁苋菜	13.6812

低上部边坡(L-US)共有乔木9种、灌木8种、草本19种，乔木层山桃重要值最大，其次为黄栌(*Cotinus coggygria*)和山杏；灌木层荆条重要值最高，小叶鼠李和酸枣居于其次；草本层狗牙根重要值最高，其次为白莲蒿。荆条为群落优势种。

低上部边坡有一些人工修建的果园等，也有少量人工栽植的侧柏。但总体上人为扰动较小，主要的群落组成模式为乔+灌+草的模式(表6)。低上部边坡乔木层与灌木层表现与高上部边坡相当，但草本层物种丰富度远大于高上部边坡。作为上部边坡分水线的底端样地，草本种子伴随滑落的土层扩散至此。黄栌、山桃、小叶鼠李、酸枣在群落中长势良好，占比较高，是群落组成的重要物种。低上部边坡出现黄栌等秋色叶物种，丰富了季相景观。

表 6 低上部边坡植被物种重要值

Table 6 Analysis of species importance values in lower upper sideslope

生活型	序号	名称	重要值/Iv	生活型	序号	名称	重要值/Iv
乔木	1	山桃	98.6548	草本	1	狗牙根	69.824
	2	黄栌	50.5765		2	白莲蒿	57.3922
	3	山杏	44.6711		3	远志	24.2948
	4	黄连木	27.6162		4	委陵菜	23.2866
	5	构树	23.0021		5	狗尾草	19.6055
灌木	1	荆条	151.2768		6	马唐	18.1072
	2	小叶鼠李	55.7092		7	绵枣儿	8.6189
	3	酸枣	31.2795		8	唐松草	8.2304
	4	胡枝子	21.3752		9	茜草	7.99
	5	扁担杆	14.8938		10	铁杆蒿	6.6581

平整下部边坡(F-LS)共有乔木7种、灌木7种、草本18种，乔木层栾树重要值最大，其次为山桃和黄连木；灌木层荆条重要值最高，小叶鼠李和扁担杆重要值居于其次；草本层白颖薹草重要值最高，其次为老鹳草(*Geranium wilfordii*)、马唐，同时也是该群落的重要组成物种。荆条为群落优势种。

平整下部边坡建有祠堂等人工建筑物，修建的水泥道路边也有少量人工栽植的侧柏，但总体上人为扰动较之前几个微地形大，物种与上部边坡存在显著差异。主要的群落组成模式为乔+灌+草的模式(表7)。整体来说，作为下部边坡在分水线下的起点，平整下部边坡群落的乔木与灌木层稍逊于上部边坡，但草本层物种相对丰富。或许与人为活动干扰有关，对上层植被的长势产生了负面影响，同时带来了更为丰富的草本植物。此外栾树、山桃、小叶鼠李、扁担杆在群落中长势良好，占比较高，是群落组成的重要物种。平整下部边坡群落结构较差，观赏性也较差，作为人为活动较多的区域，对观赏性需求较其他区域更高，更需要进行群落改良。

表 7 平整下部边坡植被物种重要值

Table 7 Analysis of species importance values in flat lower sideslope

生活型	序号	名称	重要值/Iv	生活型	序号	名称	重要值/Iv
乔木	1	栾树	84.9731	草本	1	白颖薹草	59.0428
	2	山桃	76.9123		2	老鹳草	45.9567
	3	黄连木	43.2266		3	马唐	45.2378
	4	山杏	37.186		4	北柴胡	19.3337
	5	构树	22.6211		5	狗牙根	17.2195
灌木	1	荆条	180.0006		6	沙参	15.103
	2	小叶鼠李	43.4242		7	地黄	14.5501
	3	扁担杆	29.2551		8	茜草	13.8667
	4	酸枣	20.7324		9	铁线莲	11.8475
	5	胡枝子	9.4273		10	铁苋菜	9.114

下部山脊(R-LS)样地共有乔木11种、灌木8种、草本18种，乔木层白蜡重要值最大，其次为山桃和山杏；灌木层荆条重要值最高，绣线菊和小叶鼠李重要值居于其次；草本层白莲蒿重要值最高，其次为白颖薹草、铁杆蒿。荆条为群落优势种。

下部山脊土层较薄，附近有一些人工修建的输电塔、水泥道路，部分区域有人工栽植侧柏，总体上人为扰动中等，其未受干扰区域植被群落恢复较好，群落植物种类较丰富。主要的群落组成模式为乔+灌+草的模式(表8)。整体来说，下部山脊的乔木丰富度大于平整下部边坡，推测是因为山脊处阳光相对充足。草本层情况与平整下部边坡相当，或许源自相同的人为干扰程度。山杏、山桃、小叶鼠李、绣线菊在群落中长势良好,占比较高,是群落组成的重要物种。群落中有人为栽植的侧柏作为常绿树种,但种类和丰富度仍旧较为单一。

表 8 下部山脊植被物种重要值
Table 8 Analysis of species importance values in ridged lower sideslope

生活型	序号	名称	重要值/Iv	生活型	序号	名称	重要值/Iv
乔木	1	白蜡	87.2074	草本	1	白莲蒿	54.9056
	2	山桃	45.5823		2	白颖薹草	52.2935
	3	山杏	32.673		3	铁杆蒿	29.5977
	4	桑树	25.0749		4	北京隐子草	26.8317
	5	黄栌	23.0951		5	北柴胡	26.0947
灌木	1	荆条	139.0478		6	远志	18.9229
	2	绣线菊	45.6098		7	苫草	11.9025
	3	小叶鼠李	30.9045		8	葎叶蛇葡萄	8.5706
	4	胡枝子	27.648		9	野鸢尾	7.5113
	5	酸枣	17.9035		10	茜草	7.5113

下部山谷(V-LS)样地共有乔木 10 种、灌木 7 种、草本 27 种,乔木层栾树重要值最大,其次为山核桃(*Carya cathayensis*)和构树;灌木层扁担杆重要值最高,绣线菊和荆条重要值居于其次;草本层马唐重要值最高,其次为老鹳草、马兜铃(*Aristolochia debilis*)。栾树为群落优势种。

下部山谷有一些采矿活动遗留的石头砌筑的台地,栽种有山桃、侧柏等,也有因为修筑道路破坏的区域,但总体上人为扰动中等。下部山谷土壤条件为 8 种微地形中最优,厚度与紧实度都适于植物生长,且保水能力较好。因此下部山谷的草本丰富度为 8 种微地形中最高。而由于山谷阳光有限,乔木层表现一般,但长势良好。下部山谷主要的群落组成模式为乔+灌+草的模式(表 9)。整体来说,下部山谷群落植物种类较为丰富,灌木层植被数量最多,栾树、山核桃、构树、绣线菊在群落中长势良好,占比较高,是群落组成的重要物种。群落整体结构与观赏性都较好,结合独特的地形,别具山野风味。

麓坡(FS)共有乔木 6 种、灌木 6 种、草本 6 种,乔木层构树重要值最大,其次为栾树和黄连木;灌木层扁担杆重要值最高,荆条和小叶鼠李重要值居于其次;草本层马唐重要值最高,其次为益母草(*Leonurus japonicus*)、牛筋草(*Eleusine indica*)。构树为群落优势种。

表 9 下部山谷植被物种重要值
Table 9 Analysis of species importance values in valleyed lower sideslope

生活型	序号	名称	重要值/Iv	生活型	序号	名称	重要值/Iv
乔木	1	栾树	100.1409	草本	1	马唐	51.8854
	2	山核桃	55.3097		2	老鹳草	37.9242
	3	构树	42.7067		3	马兜铃	37.0475
	4	桑树	28.7755		4	狗牙根	32.3058
	5	山桃	18.4237		5	铁线莲	21.7572
灌木	1	扁担杆	75.6831		6	点地梅	10.5675
	2	绣线菊	58.3388		7	牡蒿	9.7662
	3	荆条	50.5112		8	大油芒	8.8612
	4	雀儿舌头	40.9364		9	沙参	8.5313
	5	小叶鼠李	40.155		10	蒙古蒿	8.1825

麓坡位置靠近村庄和主要道路,有较多人工修建水泥道路、泥土路、废弃建筑物等,部分位置为建筑垃圾堆放地,同时伴有羊群畜牧干扰。总体上人为扰动较大,未受干扰区域比重小,植被恢复状况较差,群落植物种类较少。主要的群落组成模式为乔+灌+草、乔+草两种模式(表 10)。整体来说,麓坡群落植物种类较其他微地形少,灌木层植被种类较少,但整体数量最多,长势最好,呈现单一物种"疯长"现象。乔木层、草本层物种数量都比较少。群落优势种为构树,此外扁担杆、荆条、小叶鼠李、栾树、酸枣在群落中长势良好,占比较高,是群落组成的重要物种。群落结构与观赏性差。

表 10 麓坡植被物种重要值
Table 10 Analysis of species importance values in foot slope

生活型	序号	种名	重要值/Iv	生活型	序号	种名	重要值/Iv
乔木	1	构树	115.1796	灌木	4	酸枣	44.1709
	2	栾树	55.9584		5	胡枝子	16.8673
	3	黄连木	54.9776	草本	1	马唐	70.6035
	4	山杏	43.0649		2	益母草	63.4370
	5	山桃	16.5441		3	牛筋草	51.3203
	6	国槐	14.2753		4	萹蓄	45.3601
灌木	1	扁担杆	92.2332		5	霞草	36.4642
	2	荆条	81.9746		6	茜草	32.8148
	3	小叶鼠李	64.7539				

谷床(RB)样地共有乔木 7 种、灌木 4 种、草本 23 种,乔木层构树重要值最大。其次为栾树和丝棉木(*Euonymus maackii*);灌木层扁担杆重要值最高,

荆条和小叶鼠李居于其次；草本层北京隐子草重要值最高其次为铁线莲(*Clematis florida*)、益母草。扁担杆为群落优势种。

谷床靠近村庄和主要道路，部分区域有村民居住，有羊群出没(村民圈养)。此外，该处还有较多人工修建水泥道路、泥土路、废弃建筑物等，总体上人为扰动较大，未受干扰区域比重小，植被恢复状况一般，群落植物种类较少。主要的群落组成模式为乔+灌+草模式(表11)。谷床存在受人为栽植影响的物种，如臭椿(*Ailanthus altissima*)等，由于地形处于沟谷处，土壤条件与下部山谷类似，但人为干扰大，因此总体群落结构趋势类似下部山谷，但丰富度上逊色许多。构树、栾树、荆条、小叶鼠李在群落中长势良好，占比较高，是群落组成的重要物种。

表11 谷床植被物种重要值
Table 11 Analysis of species importance values in river bed

生活型	序号	种名	重要值/Iv	生活型	序号	种名	重要值/Iv
乔木	1	构树	136.0113	草本	1	北京隐子草	54.1908
	2	栾树	81.0527		2	铁线莲	33.3604
	3	丝棉木	27.3681		3	益母草	30.268
	4	刺槐	18.8384		4	猪殃殃	26.8208
	5	国槐	14.7705		5	大籽蒿	22.0673
灌木	1	扁担杆	192.8085		6	白颖薹草	22.0673
	2	荆条	44.0004		7	倒地铃	18.9559
	3	小叶鼠李	32.6350		8	灰菜	17.5199
	4	酸枣	30.5562		9	苜蓿	14.2794
					10	荩草	12.5638

总体来看，乔木层中，栾树、构树、山桃、山杏在各类微地形中广泛存在，且构树和栾树在各类微地形中重要值较高，黄连木主要出现在山体上部位置，山核桃只出现于下部山谷位置。灌木层中荆条分布最广，且重要值高，酸枣、扁担杆和小叶鼠李分布广泛，其中扁担杆在山体下部数量较多。草本层中，铁杆蒿重要值高，白颖薹草、马唐在各微地形中分布广泛。

2.3 基于微地形的煤矿废弃地群落配置模式研究

研究地群落植被乔木层长势较弱，物种种类偏少，数量少，植株整体高度偏低，在研究地群落中处于劣势；乔木层植物物种均大多为落叶乔木，常绿乔木只有侧柏1种，常绿乔木极度缺乏，原有植被中没有彩色叶树种，变色叶植物只有国槐、刺槐等为数不多的几种，且数量和频率均不高。灌木层植被整体长势良好，在群落中各物种植物数量多，灌木层植被整体数量也为群落中最高，但是灌木种类比较单一，丰富度较低；灌木层植物均为落叶植物，缺乏常绿灌木，原有植被中没有彩色叶树种，缺乏观赏性强的观花、观果的灌木。草本层植物长势较好，植物种类非常丰富但单一物种数量少，以多年生草本为主，具有观赏性草本少。

总体来说，研究地群落乔木层种类、数量均较少，灌木层种类较少，群落稳定性差，乔、灌、草中均缺乏观赏性强的植物种类。因此在生态修复时应增加乔、灌层植物种类，同时为了满足景观性原则，在能够适应研究地生境的基础上，适当增加一些常绿树种和观赏性强的植物。

2.3.1 基于微地形的煤矿废弃地植被恢复技术手段建议

在进行煤矿废弃地植被恢复工作时，由于场地环境受到破坏比较大、地形破损、水土流失严重，单一地依靠种植植物，不能够有效地进行修复，由于立地条件差，人工栽植的植物也不能很好地生长。因此，在植被修复之前，要进行一些工程技术手段，来改良废弃地立地条件，以保证植被修复工作顺利进行。建议采取的技术手段主要有覆土及土壤改良、平整坡面、边坡加固3种。

研究地土壤厚度整体偏薄，土壤保水性差，尤其是山体中、上部区域，有些地方甚至有裸露的岩石，严重限制了植被的生长；建议通过采取局部覆土的工程措施，对研究地顶坡、高上部边坡、下部山脊等位于山体上部区域微地形，采用客土法，覆盖10~15cm土壤，土壤来源应采取适宜植物生长的土壤。同时建议通过向土壤中添加相应的化学改良剂，对土壤进行化学改良，在为植物生长提供氮、磷、钾等营养元素的同时，化学改良剂还能够在土壤表层和植物根系附近形成保护膜，涵养水分。

研究地低下部边坡、下部山谷、下部山脊等区域由于之前的采矿活动造成的塌陷，以及修筑道路、建筑物等人工挖出来的断面、陡坡等区域，因为地形破坏大，水土流失严重，还可能有滑坡等危险，不适于植物的生长。采用边坡加固的措施，可以有效防止水土流失，稳定该区域的土壤性质，还能避免发生地质灾害，为植物生长提供稳定的环境。

研究地山体下部麓坡、谷床等位置，由于村民修建房屋、工厂以及修筑道路等活动，受到人为干扰大，造成了这些区域坡面有较多小尺度的沟谷等，坡面凹凸不平。在栽植植被之前，利用工程手段，对坡面进行平整，有助于植被的生长。

2.3.2 基于微地形的煤矿废弃地群落配置模式建议

研究地群落乔木层种类、数量均较少，灌木层种类较少，群落稳定相差，乔、灌、草中均缺乏常绿植物，以及观赏性强的植物彩色叶、变色叶和观花树种。因此在群落模式构建时时在原有植物种类的基础上，增加了油松、圆柏、沙地柏等常绿植物，紫叶李、紫叶矮樱等彩色叶植物，火炬树、黄栌等秋色叶植物，以及连翘、丁香、珍珠梅等观花灌木，并且结合各微地形类型实际状况，构建了相应的群落模式。

表12 谷床植被物种重要值
Table 12　Analysis of species importance values in river bed

微地形单元	现存典型群落	推荐群落模式
顶坡	山桃+朴树（Celtis sinensis）——荆条+小叶鼠李+雀儿舌头（Leptopus chinensis）——唐松草+铁杆蒿； 山杏+黄栌+黄连木——荆条+绣线菊——狗牙根+茜草（Rubia cordifolia）； 山杏+柿树（Diospyros kaki）+山桃——荆条+小叶鼠李+绣线菊——石生蝇子草+白颖薹草	山杏+山桃+黄连木+刺槐+油松——荆条+小叶鼠李+绣线菊+雀儿舌头+连翘——唐松草+铁杆蒿+狗牙根+野鸢尾+风毛菊
高上部边坡	山桃+栾树+构树——荆条+酸枣+胡枝子——狗牙根+铁杆蒿； 山杏+柿树+栾树——荆条+绣线菊——白颖薹草+石生蝇子草+茜草	栾树+山桃+山杏+柿树+侧柏——荆条+酸枣+小叶鼠李+绣线菊+胡枝子——铁杆蒿+茜草+车桑子+黄花蒿+二月蓝
低上部边坡	山桃+侧柏+山杏——荆条+小叶鼠李+酸枣+胡枝子——狗尾草+狗牙根+白莲蒿； 山桃+构树+刺槐（Robinia pseudoacacia）——荆条+小叶鼠李+杭子梢（Campylotropis macrocarpa）+锦鸡儿（Caragana sinica）——马唐+委陵菜（Potentilla chinensis）+远志（Polygala tenuifolia）+北柴胡（Bupleurum chinense）	山桃+黄栌+山杏+黄连木+构树+油松——珍珠梅+荆条+小叶鼠李+酸枣+胡枝子——狗牙根+白莲蒿+远志+委陵菜+狗尾草
平整下部边坡	栾树+山桃+山杏——荆条+小叶鼠李+扁担杆——马唐+铁杆蒿+白颖薹草； 山桃+栾树+白蜡——荆条+小叶鼠李+酸枣——地黄+老鹳草+狗牙根	栾树+山桃+黄连木+山杏+构树+侧柏——荆条+小叶鼠李+扁担杆+酸枣——白颖薹草+老鹳草+马唐+北柴胡+狗牙根
下部山脊	山桃+桑树+臭椿+栾树——荆荆条+绣线菊+爬山虎——铁杆蒿+葎叶蛇葡萄（Ampelopsis humulifolia）+北柴胡； 山桃+黄栌+黄连木——荆条+小叶鼠李+酸枣+扁担杆——北京隐子草+荩草+白莲蒿； 白蜡+山杏+榆树（Ulmus pumila）——绣线菊+雀儿舌头+小叶鼠李——皱叶鸦葱（Scorzonera inconspicua）+白颖薹草+绵枣儿+堇菜（Viola verecunda）	白蜡+山桃+山杏+桑树+黄栌+紫叶李——荆条+绣线菊+小叶鼠李+胡枝子+紫叶矮樱——白莲蒿+白颖薹草+铁杆蒿+北京隐子草+荩草
下部山谷	栾树+桑树+侧柏——荆条+小叶鼠李+扁担杆+雀儿舌头——老鹳草+苦荬菜+狗牙根+马兜铃； 栾树+山桃+朴树+构树——荆条+小叶鼠李+绣线菊+扁担杆——石生蝇子草+马唐+穿龙薯蓣（Discorea nipponica）； 榆树+构树+栾树——荆条+锦鸡儿+雀儿舌头——马兜铃+蒙古蒿（Mongolian wormwood）+大油芒（Spodiopogon sibiricus）+铁苋菜（Acalypha australis）	栾树+山核桃+构树+桑树+山桃+油松——扁担杆+绣线菊+荆条+雀儿舌头+黄刺玫——马唐+老鹳草+马兜铃+铁线莲+狗牙根
麓坡	栾树+山杏+山桃+国槐（Sophora japonica）——扁担杆+小叶鼠李+胡枝子——马唐+茜草； 构树+黄连木——益母草+萹蓄（Polygonum aviculare）+牛筋草	构树+栾树+黄连木+山杏+油松+山桃——扁担杆+荆条+小叶鼠李+酸枣+连翘——马唐+益母草+牛筋草+萹蓄+茜草+玉簪
谷床	构树+栾树——扁担杆+小叶鼠李——益母草+早开堇菜（Viola prionantha）+苜蓿（Medicago sativa）； 丝棉木+栾树+山桃——荆条+扁担杆——益母草+北京隐子草； 栾树+白蜡+国槐——扁担杆+酸枣——猪殃殃（Galium aparine）+铁线莲+灰菜（Chenopodium album）	构树+栾树+丝棉木+刺槐+油松+侧柏——扁担杆+荆条+小叶鼠李+酸枣+丁香——北京隐子草+铁线莲+益母草+猪殃殃+大籽蒿+白颖薹草+毛地黄

3 讨论

在研究丘陵地带以及山区植被随地形变化的研究中，前人的研究大多是单纯地以海拔高度为划分依据，或是将山体坡面进行等分，以此界定微地形类型来进行生境因子和植被特征的对比分析。如卢纪元等（2016）将研究地山体坡面等分位上部、中部、下部3部分，研究了植物群落结构与微地形土壤养分之间关系。然而，王平镇煤矿废弃地原本山体坡面变化复杂，如果单纯以海拔高度作为划分依据，不能够准确地表达其微地形特征,因此本研究综合杨永川等(2012)在研究天童山森林公园植被特征与袁振等(2017)在河北平山片麻岩山区时采用的微地形划分方法,结合样地实际情况进行相应修改研究,划分出了研究地的8种微地形类型。

樊金拴等(2006)研究北方煤矿废弃地植被特征是,发现禾本科、菊科、豆科、蔷薇科、十字花科的植物在矿山植被恢复中起到主要的作用,且在植被演替的初级阶段,草本层植物多样性要高于乔木层和灌木层。本研究结果与之相似,王平镇煤矿废弃地植被以菊科、禾本科、豆科、蔷薇科、百合科的植物为主,且植物多样性指数草本层>灌木层>乔木层。袁振等(2017)发现缓台和U形沟等坡度平缓或沟谷地形里植物群落物种丰富且分布均匀,本研究中平缓下部边坡、下部山谷与谷床等地的群落物种丰富度也呈类似规律。

安俊珍等(2013)研究了金矿尾矿废弃地植被恢复中基质土的理化性质的改善,并探讨了现有植被恢复中存在的问题。基于矿区植被调查和物种生物生态特性及环境恢复能力的分析,确定尾矿植被恢复物种与"乔+灌+草配置、草+灌优先"的配置模型。本研究对王平在煤矿废弃地植被特征以及生境因子进行调查分析,评价了废弃地自然植被群落现状。基于此选择了煤矿废弃地植被恢复的植物物种,以"乔+灌+草"配置为基础构建了微地形群落模式。

参考文献

安俊珍,蔡崇法,罗进选,等.2013.蛇屋山金矿生态环境损害与尾矿植被恢复模式[J].中国水土保持科学,11(2):77-83.

程小琴,赵方莹,2010.门头沟区煤矿废弃地自然恢复植被数量分类与排序[J].东北林业大学学报,38(11):75-79.

樊金拴,霍锋,左俊杰,等.2006.煤矿矸石山植被恢复的初步研究[J].西北林学院学报,(3):7-10.

方精云,王襄平,沈泽昊,等.2009.植物群落清查的主要内容、方法和技术规范[J].生物多样性,17(6):533-548.

葛斌杰,杨永川,李宏庆,2010.天童山森林土壤种子库的时空格局[J].生物多样性,18(5):489-496.

郝玉芬,2011.山区型采煤废弃地生态修复及其生态服务研究[D].北京:中国矿业大学.

侯巍,杨莉,胡雪,等,2017.门头沟区龙泉镇煤矸石山植被恢复中的树种选择[J].中国水土保持,(10):21-25.

蒋美琛,田淑芳,詹骞,2017.北京周边重点矿山开采区的植被恢复状况评价[J].中国矿业,26(6):88-94.

李明顺,唐绍清,张杏辉,等,2005.金属矿山废弃地的生态恢复实践与对策[J].矿业安全与环保,(4):16-18.

李一为,杨文姬,赵方莹,等,2010.矿业废弃地植被恢复研究[J].中国矿业,19(01):58-60.

李一为,2007.京西矿业废弃地生境特征及植被演替研究[D].北京:北京林业大学.

刘永光,孙向阳,李金海,等,2012.基于土壤理化性状的北京市门头沟区废弃煤矿工程恢复效果分析[J].中国农学通报,28(14):246-251.

刘永光,2010.北京山区关停废弃矿山人工恢复效果及评价研究[D].北京:北京林业大学.

卢纪元,朱清科,陈文思,等,2016.陕北黄土区植被特征对坡面微地形的响应[J].中国水土保持科学,14(1):53-60.

钱一武,2011.北京市门头沟区生态修复综合效益价值评估研究[D].北京:北京林业大学.

王煜琴,2009.城郊山区型煤矿废弃地生态修复模式与技术[D].北京:中国矿业大学.

杨士梭,温仲明,苗连朋,等,2014.黄土丘陵区植物功能性状对微地形变化的响应[J].应用生态学报,25(12):3413-3419.

杨永川,达良俊,由文辉,2005.浙江天童国家森林公园微地形与植被结构的关系[J].生态学报,(11):38-48.

袁振,魏松坡,贾黎明,等,2017.河北平山片麻岩山区微地形植物群落异质性[J].北京林业大学学报,39(2):49-57.

张长敏,2009.煤矿采空塌陷特征与危险性预测研究[D].北京:中国地震局地质研究所.

赵方莹,程小琴,2010.门头沟区煤矿废弃地自然恢复植物群落种间关系[J].东北林业大学学报,38(8):48-51.

赵荟,朱清科,秦伟,等,2010.黄土高原干旱阳坡微地形土壤水分特征研究[J].水土保持通报,30(3):64-68.

Connell J H, Slatyer R O, 1977. Mechanisms of succession in natural communities and their role in community stability and organization[J]. The American Naturalist, 111(982): 1119-1144.

Kraft N J B, Valencia R, Ackerly D D, 2008. Functional traits and niche-based tree community assembly in an Amazonian forest[J]. Science, 322 (5901): 580-582.

Prach K, Bartha S, Joyce C B, 2001. The role of spontaneous vegetation succession in ecosystem restoration: a perspective [J]. Applied Vegetation Science, 4 (1): 111-114.

Worlanyo A S, Jiangfeng L, 1987. Evaluating the environmental and economic impact of mining for post-mined land restoration and land-use: A review[J]. Journal of Environmental Management, 111623.

弃耕群落时空动态视角下生态种植设计方法探究

徐俊 高亦珂*

(花卉种质创新与分子育种北京市重点实验室,国家花卉工程技术研究中心,城乡生态环境北京实验室,园林环境教育部工程研究中心,林木花卉遗传育种教育部重点实验室,园林学院,北京林业大学,北京 100083)

摘要 城市化、城市人口聚集导致城市生境破坏、生物多样性减少,恶化的城市环境需要新型的绿地种植形式应对城市化带来的挑战。生态种植在建植方式和建植目标上注重绿地生态服务功能,借鉴弃耕群落时空动态规律可以综合城市绿地所需要的生态功能和美学效果。以赣东北弃耕1、3、8、15年群落为研究对象,分析群落种类结构、物种多样性、群落稳定性。发现草本群落开始向灌木群落过度的群落变化中期阶段群落物种多样性、稳定性更高,相似气候环境城市中生环境生态种植群落生活型组成可借鉴为多年生禾本科植物+多年生非禾本科植物+一年生草本+灌木+藤本植物;上中下层植物重要值组成为 47%-45%-8%;物种选择上多利用禾本科、菊科等大科物种,根据一年生物种特性,通过合理设计达到增加群落观赏性的设计目标。

关键词 生态种植;物种多样性,弃耕群落。

Learning from Nature—Coupling the Law of Abandoned Farming Community Restoration and Ecological Planting Design Theory

XU Jun GAO Yi-ke

(Beijing Key Laboratory of Ornamental Plants Germplasm Innovation & Molecular Breeding, National Engineering Research Center for Floriculture, Beijing Laboratory of Urban and Rural Ecological Environment, Engineering Research Center of Landscape Environment of Ministry of Education, Key Laboratory of Genetics and Breeding in Forest Trees and Ornamental Plants of Ministry of Education, School of Landscape Architecture, Beijing Forestry University, Beijing 100083, China)

Abstract Urbanization and the concentration of urban population have led to the destruction of urban habitats and the reduction of biodiversity. The deteriorating urban environment requires new forms of green land planting to meet the challenges brought about by urbanization. Ecological planting pays attention to the ecological service function of green land in terms of planting methods and planting goals. Learning from the temporal and spatial dynamics of abandoned farming communities can integrate the ecological functions and aesthetic effects required by urban green land. Taking 1, 3, 8, 15 years of abandoned farming in northeastern Jiangxi as the research object, the species structure, species diversity, and stability of the community are analyzed. It is found that the community species diversity and stability are higher in the middle stage of the community change when the herbaceous community begins to transition to the shrub community. The life form composition of the urban mesozoic environment ecological planting community in similar climate environment can be used for reference as perennial gramineous plants + perennial non-gramineous plants + Annual herb + shrub + vine; the important value composition of upper, middle and lower plants is 45%-45%-10%; species selection uses more major family species such as gramineous and asteraceae, according to the characteristics of annual biological species, through reasonable design to increase The design goal of community ornamental.

Key words Ecological planting design; Species diversity; Abandoned farming communities

---

1 基金项目:无。

第一作者简介:徐俊(1995),江西人,男,北京林业大学园林学院专业硕士研究生,研究方向:园林植物生态与应用。

* 通信作者:高亦珂,职称:教授,E-mail: gaoyk@ bjfu.edu.cn。

城市绿地作为城市生态系统的一部分，承担着多种生态服务功能；城市绿地种植的形式和内容对城市绿地所提供生态服务功能有着极大影响。"二战"后，随着城市化发展，城市生境破坏、城市生物多样性减少、生物同质化（Biotic Homogenization）、稀有物种流失等问题越发严重；气候变化则对全球各个角落的植被产生显著影响（Albrecht et al. 2011；Eyre et al. 2003），恶化的城市环境需要新型的绿地种植形式应对城市化带来的挑战。为了治理城市病，改善人居环境、转变城市发展方式，国家提出"城市双修"治理城市环境问题，即生态修复、城市修补，有计划有步骤地修复被破坏的山体、河流、湿地、植被（张舰等，2016）。中国生物多样性保护与绿色发展基金会提出"让野草长"推动城市可持续发展。

生态种植（Ecological Planting Design）概念的提出最早追溯到1982年，通过开发本地植物，效仿建植物种多样性高、群落结构复杂的植物群落，在管理上用低维护、让群落自发生长的管理办法替代建植管理费用昂贵的传统种植设计（Krueger，2001；Manning，1982）。生态种植设计介于恢复生态学与园艺种植设计之间，它将生态恢复群落以反映传统种植设计带有人类美学意图的形式进行设计种植，即关注种群动态、群落的生态价值，也强调群落的美学价值（O'Brien，2013）。生态种植群落建植方法强调对生态学理论的运用，从自然群落研究中获取灵感（Garcia-Albarado，2005）。Kingsbury（2009）利用群落横断面研究群落结构和及其组成物种的性状特征，这种方法提供了群落有效的"及时快照"，概述了截面区的植物生长情况，特别是在植物传播、叶面散布、地表层的生长和扩散、自种苗和杂草的位置和传播方面，以及群落物种相对于单一种植的交互程度。Martinez（2016）将草本（88%）与木本（12%）种子混合，加入不同功能群的物种[先锋植物（35%）、豆科植物（36%）]，组合搭配季节性观赏植物建植生态种植群落，在工厂区域还允许自发植物的存留；生态种植不仅能增强多样性，还能为每年的传粉昆虫提供花蜜和花粉。生态种植的应用，较多倾向于场地生态恢复和重建、养育动植物多样性等。例如生态种植吸引传粉昆虫，哺育动植物多样性（Krueger，2001），用于恢复和创建湿地群落，促进生物多样性（Cho，2004），防止景观退化等（Johnson，1986）。

弃耕演替也叫撂荒演替，在弃耕地上进行，是人为干扰下形成的一类退化生态系统，自然状态下，撂荒演替会使植被得以逐渐恢复，形成与当地气候条件相一致的地带性顶极群落（Clements，1916）。但顶极并非终极，当达到顶极后，由于顶极群落内在生理机制的局限，它最终要回到原来演替的某一阶段，重新产生新的生物群落，是一种螺旋式上升过程（范竹华等，2005）。弃耕植被恢复演替过程中草本和灌木物种丰富度、多样性指数以及均匀度指数的变化均表现为抛物线变化规律。在恢复较短的时间里，物种丰富度的确随着恢复时间变化是线性增加的，但是较长的足够的恢复时间，却表现为一个下降的趋势（Abebe et al.，2006）。Bonet and Pausas（2004）调查了一个弃耕60年时间序列弃耕群落变化，发现物种丰富度在前10年是增加较快，18年后达到最大值，之后又开始下降。郝文芳等（2005）对黄土丘陵区弃耕地群落演替过程中的物种多样性研究发现，Shannon-wiener多样性指数、Pielou均匀度指数、Margalef丰富度指数在9年达到最高值，在25年时最低，而Simpose指数呈相反的趋势。石丹等（2019）对巫山高山移民迁出区不同弃耕年限对植物物种多样性的影响分析发现，草本层物种多样性随着演替年限的延长而增长，在演替第8年达到最大值。弃耕群落早期主要是一年生或者二年生的杂草和一些短命的多年生禾本科植物组成的植物群落。随着时间的推移，群落逐渐被一些多年生的非禾本科草本和大量的禾本科物种替代，最后，木本物种替代草本变成了演替顶极群落（Rees et al.，2001）。

弃耕群落研究主要应用成果集中在退耕还林、荒漠化防治、水土流失等问题上，而城市的绿化种植则集中在植物的美学效果，缺乏对植物群落植物生态功能和群落生态服务功能的考虑。生态种植强调对自然群落研究和借鉴，群落多样性、稳定性、群落结构、群落观赏性等指标被认为是生态种植设计的关键，借鉴生态学理念调查研究野外群落、筛选物种也越来越多被用来作为生态种植的理论依据，但是现阶段生态种植所进行的野外调查大多是片段式单一时刻群落调查，而城市里已建植的生态群落，受限于城市多种干扰因素的影响，通常很难对群落的动态变化进行长达10年以上的观测，弃耕地植被与城市干扰条件下的生态种植有一定的相似性，弃耕群落研究是群落恢复生态学研究的典范，从恢复生态学的角度来说，城市绿化忽视了植物生态功能，比如群落自我更新能力和养育动植物的能力（魏志刚，2012）。为了应对城市化带来的挑战，迎合国家城市双修发展计划，以弃耕群落的动态变化规律可以为相似气候环境下城市生态种植提供在群落多样性、稳定性、群落结构、群落管理上的理论借鉴为假设，以赣东北丘陵弃耕地15年间群落作为研究对象，期望探明：①在自然植被恢复过程中，多样性高、稳定性强的植物群落在恢复的什么阶段出现，其群落结构如何，生态种植是否可以借鉴；②基于恢复过程中生活型及优势种变化的群落结构角度分析其生态种植的借鉴意义；③禾本科植物在恢复过程中的重要性及对生态种植群群落构建的借鉴。

1 材料和方法

1.1 样地调查

研究地区位于江西省上饶市铅山县葛仙山乡南耕村（N28°8′~28°10′，E117°37′~117°38′），丘陵地区。2020年春季通过实地调查和询问户主确定弃耕年限，利用空间代替时间法选择山坡旱田弃耕第1、3、8、15年的弃耕地共4个样地，每个样地用随机系统抽样法选取3个样方，草本样方1m×1m，灌木样方2.5m×2.5m。调查时间为2020年5月、7月、9月、11月的8~15日。

1.2 分析与计算

调查密度（株树或丛数）和盖度（投影盖度），调查密度时，丛生植物按丛数计算其个体数量；盖度用估测法测定其投影盖度。

1）以各恢复阶段的群落特征数据为基础，以优势植物区分不同的群落。优势种用重要值表示，重要值=（相对盖度+相对密度+相对高度）/3。

2）物种多样性选用以下4个指数计算（张金屯2004）

Menhinick 丰富度指数
$$D = \ln S / \ln N$$

Shannon-Wiener 信息指数：
$$H = -\sum_{i=1}^{s} P_i \ln P_i$$

Simpson 多样性指数：
$$D = -\sum_{i=1}^{s} \left(\frac{N_i}{N}\right)^2$$

Pielou 均匀指数：
$$D = 1 - \sum_{i=1}^{s} \frac{N_i(N_i - 1)}{N(N - 1)} (i = 1, 2 \cdots s)$$

式中，P_i 表示第 i 个种的多度比例 $P_i = N_i/N_0$，N_i 为种 i 的个体数，N 为样本总个体数，S 为物种数。

3）M. Godron 稳定性测定方法（Godron, et al. 1971）

由所研究的植物群落所有种类的数量和这些种类的频度进行计算，把植物累计的相对频率作为纵坐标（Y），植物种类百分数作为横坐标（X），得到平滑曲线，与直线的交点即为所求交点坐标。根据这种方法，种百分数与累积相对频度比值越接近20/80群落就越稳定，在20/80这一点上是群落的稳定点（郑元润，2000）。

平滑曲线模拟模型为：$y = ax^2 + bx + c$

直线方程为：$y = 100 - x$

采用EXCEL 2016、SPSS 26.0软件对所测数据统计分析和群落稳定性计算绘图，采用R语言的library（"readxl""vegan""reshape2""spaa"）包进行多样性指数计算，多样性指数变化用Turky tests进行多重比较。

2 结果

调查后统计，群落样方共出现旱田53种植物，分属于26科45属。物种前3的科分别是禾本科10种，菊科7种，蔷薇科6种。

2.1 群落生活型结构变化

弃耕群落第1年和第3年都以一年生植物为主，一年生重要值占比分别是第1年85%和第3年48%，第8年以宿根植物为主（62%），到了第15年则以灌木植物为主（57%）（表1）。弃耕群落15年生活型变化情况是，一年生植物群落→宿根+一年生植物群落→灌木+多年生植物群落。群落第8年出现灌木，在第15年灌木占比超过一半。

禾本科植物重要值随着恢复时间的进行，总体呈现下降的趋势，但是除了第3年，其他所有群落中，禾本科植物重要值都占24%以上（表1）。

表1 弃耕群落恢复过程中不同生活型重要值占比变化

Table 1 Changes in the proportion of important values of different life forms during the restoration process of abandoned farming communities （%）

生活型	dry1	dry3	dry8	dry15
灌木	0	0	7	57
匍匐灌木	0	14	6	7
宿根	15	38	62	30
一年生植物	85	48	24	6
（其中禾本科总重要值）	43	6	24	25

2.2 群落种类组成的时空演变

2.2.1 多度

弃耕群落在恢复的1~15年间，年多度变化并不显著，呈现的是先升后降的趋势，在弃耕第3年达到最高。多度的年内季节变化，第1年5月与其他月份多度变化差异均显著，第3年5月与9、11月变化差异显著，第8年11月与其他3个月差异变化显著，到第15年，多度季节变化均不显著，随时间推移有一个差异显著性不断推后且降低的过程（图1）。

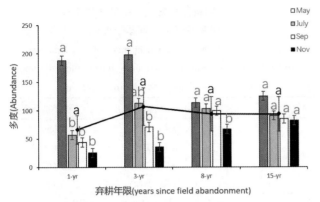

图1 弃耕群落变化过程中群落多度年变化与季节变化

Fig. 1 The annual and seasonal changes of the community frequency during the process of the abandoned farming community

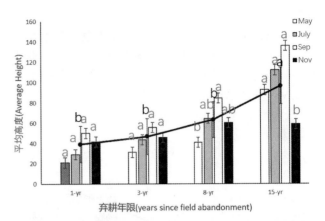

图2 弃耕群落变化过程中群落高度年变化与季节变化

Fig. 2 Annual and seasonal changes of community height during the process of abandoned farming communities

2.2.2 高度

弃耕群落1~15年间，群落年平均高度呈不断增长趋势，第1、3、8年之间高度无显著差异，但这3年与第15年平均高度变化差异均显著。第1、3、8年都是草本植物为主的群落阶段，高度差异不大，但是第15年已经处于灌木为主的群落阶段，与草本群落高度差异显著。不同恢复年限的高度季节变化均呈现升降变化，每年9月群落高度最高(图2)。

以生态位理念为基础按植物高度分层进行群落设计被认为是生态种植的有效方法。将各个群落的植物按开花高度分为3个层级：下层植物(<20cm)、中层植物(20~80cm)和上层植物(>80cm)(谢哲城，2020)，并将各群落的各组别物种的重要值进行加和并按时间变化作折线图。高度分层年变化情况：

在群落的各个阶段，重要值总和下层植物始终占最小的比例，中层植物先升后降，上层植物先降后升。1~8年草本植物群落阶段，中层植物重要值一直占据较高比例(39%~47%)，8~15年，上层植物则开始不断占据优势位置(45%~88%)，下层植物占比处于不断下降的趋势(23%~8%)。高度分层的季节变化，第1年5月以中下层为主，然后中下层不断减少，上层不断增多；第3年以中层植物为主，上层先增后减，下层相反；第8年以中、高层为主，下层变化较小；第15年以高层植物为主，下层到9、11月全部消失(图3)。第8年每个月份均有不同层级植物出现，而其他年份，则会在个别季节出现个别层级物种消失现象，比如第1年5月、第3年11月缺乏上层物种，第15年11月缺乏下层物种。

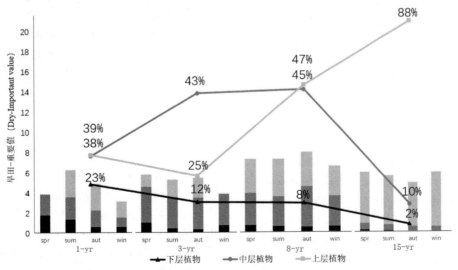

图3 弃耕群落变化过程中不同高度植物重要值占比变化

Fig. 3 Changes in the proportion of important values of plants at different heights during the process of abandoned farming

2.2.3 盖度

弃耕群落 1~15 年间，群落总盖度呈不断增长趋势，第 1、3 年与第 15 年总盖度差异显著。弃耕群落各个阶段群落季节总盖度变化呈降—升—降变化，7月或 9 月季节总盖度最高(图 4)。

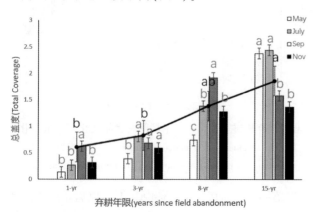

图 4 弃耕群落恢复过程中群落盖度年变化与季节变化

Fig. 4 Annual and seasonal changes of community coverage during the restoration process of abandoned farming communities

2.2.4 优势种变化

弃耕群落变化第 1 年，各个月份的优势种亚优势种均为一年生植物，第 3 年优势种仍以一年生植物为主，第 8 年优势种以多年生禾本科物种为主，其次是非禾本科多年生植物和一年生植物，禾本科占比 4/8。第 15 年以多年生禾本科植物为主，其次是灌木种(表 2)。就科属变化而言，弃耕群落调查过程中，禾本科、菊科出现频率最高，分布在群落变化过程中的各个阶段；除了群落变化第 3 年，其它所有群落中，禾本科植物重要值都占整体群落重要值 24%以上；禾本科植物在旱田第 1，8，15 年都分别占据优势种 5/8、4/8、6/8 的比例；菊科在弃耕群落第 1、3、8 年占据的优势种亚优势种总的比例分别为 2/8、5/8、1/8。禾本科、菊科对群落变化、群落外貌具有重要影响。

芸薹(*Brassica campestris*)，看麦娘(*Alopecurus aequalis*)，狗尾草(*Setaria viridi*)，一年蓬(*Erigeron annuus*)，马唐(*Digitaria sanguinalis*)，鬼针草(*Bidens pilosa*)，糠稷(*Panicum bisulcatum*)，稻(*Oryza sativa*)，泥胡菜(*Hemistepta lyrate*)，翅果菊(*Lactuca indica*)，糙叶薹草(*Carex scabrifolia*)，石荠苎(*Mosla scabra*)，鸡矢藤(*Paederia scanden*)，篷藟(*Rubus hirsutus*)，白茅(*Imperata cylindrica*)，拂子茅(*Calamagrostis epigeios*)，小蓬草(*Erigeron canadensis*)，葛(*Pueraria lobata*)，荻(*Triarrhena sacchariflora*)，金樱子(*Rosa laevigata*)。

表 2 弃耕群落恢复过程中群落优势种亚优势种年变化与季节变化

Table 2 Annual and seasonal changes of the dominant sub-dominant species of the community during the restoration process of the abandoned farming community

弃耕年限	调查月份	优势种(重要值)	亚优势种(重要值)
1	5	芸薹(105%)	看麦娘(56%)
	7	狗尾草(108%)	一年蓬(89%)
	9	马唐(72%)	鬼针草(63%)
	11	糠稷(94%)	稻(61%)
3	5	泥胡菜(119%)	翅果菊(58%)
	7	翅果菊(72%)	糙叶薹草(71%)
	9	翅果菊(87%)	鬼针草(60%)
	11	石荠苎(89%)	鸡矢藤(84%)
8	5	糙叶薹草(89%)	篷藟(83%)
	7	白茅(74%)	拂子茅(63%)
	9	白茅(61%)	小蓬草(55%)
	11	白茅(77%)	葛(69%)
15	5	荻(96%)	金樱子(87%)
	7	荻(81%)	金樱子(75%)
	9	荻(60%)	白茅(57%)
	11	白茅(98%)	荻(77%)

2.3 物种多样性变化

弃耕群落 1~15 年间，除了 pielou 均匀度指数呈不断下降趋势外，simpson 多样性指数、menhinick 丰富度指数和 shannon.wiener 信息指数都呈升降变化趋势，第 8 年达到最高，其中 shannon 指数第 8 年与其他年份差异性显著，simpson 指数第 8 年与第 1、第 15 年差异显著(图 5)。

群落不同变化年限，各项多样性指数的季节变化情况为，第 1 年，除 pielou 指数不断上升至 11 月最高外，其他 3 项多样性指数均呈升降变化，7 或 9 月达到最高，第 1 年所有指数 5 月与其他月份均差异显著。第 3 年，各项多样性指数月变化总体呈上升趋势，menhinick 丰富度指数 5、7 月与 9、11 月差异显著，其他指数间月变化差异不显著。第 8 年，各项指数的季节变化没有统一规律，除了 menhinick 丰富度第 11 月与其他 3 个月差异显著外，其他多样性指数月变化差异均不显著。第 15 年，各项多样性指数变化总体呈下降趋势，pielou 指数与 simpson 指数 5 月与其他 3 个月差异均显著，shannon 指数 5 月与 9、11 月差异显著，menhinick 指数第 11 月与其他 3 个月差异均显著(图 5)。

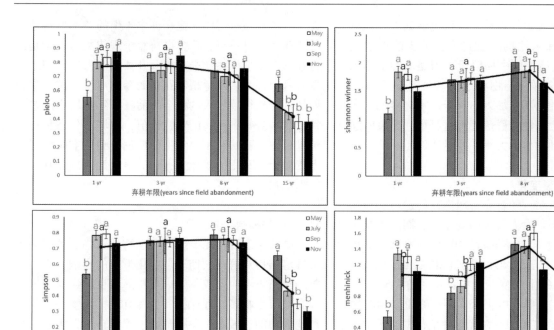

图5 弃耕群落恢复过程中群落物种多样性年变化与季节变化

Fig. 5 Annual and seasonal changes of community species diversity during the restoration process of abandoned farming communities

单因素方差分析了所有多样性指数变量，不同的字母表示 Tukey tests($P<0.05$)多样性指数的显著性不同

One-way variance analysis analyzes all the diversity index variables, and different

letters indicate the significance of the diversity index of Tukey tests($P<0.05$).

2.4 群落稳定性变化

旱田恢复第1、3、8、15年稳定性变化趋势为先升后降，第8年种百分数与累积相对频度比值26/73最接近20/80，群落相对更稳定(表3)。

表3 群落稳定性分析结果

Table 3 Community stability analysis results

弃耕年限	曲线类型	决定系数 R^2	P	交点坐标
Dry1	$y=-0.0204x^2+3.157x-12.334$	0.906	$P<0.01$	(32, 68)
Dry3	$y=-0.0241x^2+3.544x-18.848$	0.915	$P<0.01$	(31.3, 68.7)
Dry8	$y=-0.0257x^2+3.520x-0.850$	0.87	$P<0.01$	(26.2, 73.8)
Dry15	$y=-0.0195x^2+3.040x-9.685$	0.937	$P<0.01$	(32.3, 77.9)

3 结论和讨论

3.1 群落多样性和稳定性

弃耕群落1~15年变化过程中群落变化序列为一年生植物群落→多年生+一年生植物群落→多年生+灌木植物群落。弃耕群落多样性、稳定性都呈现先升后降的变化趋势，第8年灌木刚刚在草本植物中出现的时候以多年生禾本科植物+多年生非禾本科草本植物+一年生草本+灌木+藤本植物的群落结构组成表现出多样性、稳定性更高，这一群落结构组成可以为相似气候环境下城市生态种植提供群落配置借鉴。弃耕地一直被生态学家作为群落演替和恢复的典范，多数研究表明，各层植物多样性达到最高的阶段一般都是处于植被演替的过渡阶段，该阶段是多种成分并存的时期，即演替恢复中期物种多样性达到最高(郝文芳，2010；李文金，2010)，从群落植物高度分层的角度看，旱田弃耕早期、初期以中层植物为主50%左右，第1、3、8年中层植物占比分别是38%、63%、45%，其次是上层植物39%、25%、47%，最后是下层植物，23%、12%、8%。中期群落上层植物不断增多，中下层植物急剧减少。旱田弃耕群落物种多样性、群落稳定性更高的植物群落第8年高度结构为中层、高层植物45%、下层植物10%。在城市生态种植设计过程中，研究者倾向于选择按照植物高度分层搭配物种，期望通过物种高度的时空错落达到物种共存的效果，但这种分类仅仅只是对生态位理论的片面使用。除了高度，还可以考虑物种生活型的多样性变化，甚至利用城市有定期干扰条件(如秋季修剪)的特点，加入半灌木、木质藤本等物种。根据生活型重要值分析结果，灌木半灌木比例不宜过高，重要值控制在10%左右。在群落变化的中期阶段，当灌木种不断加入后，群落总的多样性、物种数量特征都呈下降趋势，这表明灌木种的不断加入不利于草本群落物种多样性的提升，在生态种植群落管理过程中，要及时通过刈割管理灌木种的植株大小和数量比例。

3.2 群落种类数量变化

生态学研究表明，随着弃耕地恢复的进行，植物群落的成份和结构都发生很大的变化，后期的植被主要被1~3个禾草主导（Freeman，1998）。禾草优势种可以解释群落总盖度的40%以上（Miles and Knops，2009）。本研究中的生活型变化中，除了群落恢复第3年，其他所有恢复群落中，禾本科植物重要值都占整体群落重要值24%以上；在优势种变化中，禾本科植物在旱田第1、8、15年都占据了绝大多数优势种位置，而且季节优势种总的占比趋势不断上升，在后期达到了6/8；这可以佐证禾本科植物在群落恢复过程中的重要作用。除了禾本科，菊科在弃耕群落第1、3、8年占据的优势种亚优势种总的比例分别为2/8、5/8、1/8。禾本科、菊科对群落变化、群落外貌具有重要影响。本研究认为在生态种植群落配置过程中，可以多利用禾本科、菊科等大科物种植物。禾本科、菊科在城市栽培植物中已经引种、培育了很多具有较高观赏价值的园艺种，苗源、管理经验相对丰富，在城市生态种植设计中，可以考虑多组合利用禾本科、菊科及其他大科物种，在促进大科物种之间相互竞争增加多样性的同时还能保证观赏效果。

通过对群落变化过程中生活型变动规律分析发现，在群落变化的草本群落阶段和草本群落向灌木过渡的群落阶段，始终都有一年生草本植物的存在，在人工群落建植过程中，完全纯多年生的草本群落建植是脱离实际且不符合草本群落竞争规律的，不论是因为春季多年生植物还未来得及开枝展叶占据空间还是夏秋月份部分多年生植物花枝凋零空出生态位，都会增加一年生植物侵入的机会。而且一年生城市园艺观赏植物本身具备很高的观赏价值，在城市生态种植建植过程中，不妨利用一年生的特色，利用空间和时间上资源错开利用的规律，有目的地设计使用和补播一年生植物。

3.3 生态种植

城市生态种植需要综合考虑物种选择、种间关系及群落结构对群落长期动态变化带来的影响，人工群落的建植也不应该仅仅考虑视觉的改良，还应当考虑提高城市生物多样性保护和为稀有动植物物种提供栖息地的功能。城市生态种植灵感源于自然，生态种植的目标也是城市生态服务和人居环境。在生态种植的不断深入研究中，加强对不同地域自然群落的调研与规律总结能帮助我们更好地促进人与环境和谐相处。过去我们一直逡巡于草甸景观的借鉴，对于城市干扰环境下植物群落变化还有很多待研究的细节。除了草甸、弃耕地、城市废弃地、边坡、废弃矿山、林缘等都有可学习借鉴的空间；在群落研究及群落设计方法上，应当开放思想，如进行生活型生长型的单因素或多因素多水平试验等。在城市生态种植设计过程当中，我们应当更深入学习群落变化规律，为城市群落建植提供量化依据和标准，而不仅仅停留在经验性、观赏性层面。以本着"本于自然，高于自然"的原则，提供的理念在于基于群落结构角度如何设计提高群落生物多样性，注重不同生活型物种搭配变化带来的群落效益变化。

参考文献

范竹华，等，2005. 生态演替理论探析[J]. 农业与技术，25(1)：99-101.

郝文芳，2010. 陕北黄土丘陵区撂荒地恢复演替的生态学过程及机理研究[D]. 杨凌：西北农林科技大学.

郝文芳，等，2005. 黄土丘陵区弃耕地群落演替过程中的物种多样性研究[J]. 草业科学(9)：1-8.

李文金，2010. 亚高寒草甸弃耕地恢复演替过程及其生态学机制研究[D]. 兰州：兰州大学.

李裕元，邵明安，2004. 子午岭植被自然恢复过程中植物多样性的变化[J]. 生态学报(2)：252-260.

石丹，等，2019. 巫山高山移民迁出区不同弃耕年限对植物物种多样性的影响[J]. 生态学报，39(15)：5584-5593.

魏志刚，2012. 恢复生态学原理与应用[M]. 哈尔滨：哈尔滨工业大学出版社.

谢哲城，2020. 基于功能多样性的花卉混播群落自组织过程和景观表现研究[D]. 北京：北京林业大学.

张舰，李昕阳，2016. "城市双修"的思考[J]. 城乡建设(12)：16-21.

张金屯，2004. 数量生态学[M]. 北京：科学出版社.

郑元润，2000. 森林群落稳定性研究方法初探[J]. 林业科学(5)：28-32.

Abebe M H, et al., 2006. The role of area enclosures and fallow age in the restoration of plant diversity in northern Ethiopia [J]. African Journal of Ecology, 44(4)：507-514.

Albrecht H, et al., 2011. The soil seed bank and its relationship to the established vegetation in urban wastelands[J]. Landscape and Urban Planning, 100(1-2): p. 87-97.

Bonet, A. and J. G. Pausas, 2004. Species richness and cover along a 60-year chronosequence in old-fields of southeastern Spain[J]. Plant Ecology, 174(2): 257-270.

Cho, D., 2004. Study on the ecological planting design model for restoration and creation of palustrine wethlands: focusing on biodiversity promotion[M]. Doctoral Thesis, Seoul University.

Clements F E, 1916. Plant succession: an analysis of the development of vegetation[M]. Carnegie institution of washington publ.

Eyre M, Luff M, Woodward J, 2003. Beetles (Coleoptera) on brownfield sites in England: An important conservation resource [J]. Journal of Insect Conservation, 7(4): p. 223-231.

Freeman C, 1998. The flora of Konza Prairie: a historical review and contemporary patterns. Grassland dynamics: long-term ecological research in tallgrass prairie[M]. Oxford University Press, New York, 69-80.

Garcia-Albarado J C, 2005. Natural patterns in time and space: inspiration for ecological planting design[M]. University of Sheffield.

Godron M, et al, 1969. Some aspects of heterogeneity in grasslands of Cantal (France). in International Symposium on Stat Ecol New Haven 1971.

Hitchmough, Wagner, and Ahmad, 2017. Extended flowering and high weed resistance within two layer designed perennial prairie-meadow vegetation [J]. Urban Forestry & Urban Greening.

Johnson R, 1986. Ecological planting design prevents landscape deterioration[M]. American nurseryman (USA).

Kingsbury N, 2009. An investigation into the performance of species in ecologically based ornamental herbaceous vegetation, with particular reference to competition in productive environments[M]. University of Sheffield.

Krueger, T. W., 2001. An alternative planting treatment for turf open spaces in conservation subdivisions[J]. Virginia Tech.

Manning O D, New Directions, 1982. Designing for Man and Nature[J]. Landscape Design: 30-32.

Martinez P A, 2016. New approaches in ecological planting design in southern Europe[M]. Trials in central Spain.

Miles E K Knops J M, 2009. Grassland compositional change in relation to the identity of the dominant matrix-forming species [J]. Plant Ecology & Diversity, 2(3): p. 265-275.

Norton B A, et al, 2019. Urban meadows as an alternative to short mown grassland: effects of composition and height on biodiversity[J]. Ecological Applications, 29.

O'Brien, B., 2013. Planting Culuare.

Rainer T West C, 2015. Planting in a post-wild world: Designing plant communities for resilient landscapes[M]. Timber Press.

Rees M, et al., 2001. Long-term studies of vegetation dynamics [J]. Science, 293(5530): 650-655.

植物识别 APP 对园林植物基础课程影响研究

张秦英[1,*] 王一祎[1] 彭耀凯[2]

([1] 天津大学建筑学院风景园林系,天津 300110;[2] 深圳市腾讯计算机系统有限公司,深圳 518000)

摘要 随着智能手机和大数据识别技术的发展,植物识别 APP 出现并普及,因其便携性、高效性、交互性等优势,对高校园林植物基础课程的教学及学习方式产生了重要的影响。通过问卷调研教师及学生对植物识别 APP 的使用评价和期望,分析其对园林植物基础课程教学方法和学习效果的影响。数据分析表明:形色是最常使用的植物识别 APP;准确率是影响 APP 使用中的重要因素,教师对准确率的评价远低于学生;APP 已成为园林植物教与学的重要工具,突出表现为学生课堂提问次数减少,对于植物形态特征的掌握能力提高,但因 APP 缺少与课堂专业教学直接结合的功能,尚没有对教学产生明显的作用。结合师生期望和风景园林专业的特点,从完善 APP 功能和改革教学方法两方面提出优化建议,以期进一步促进智能化信息技术与风景园林专业教学的结合。

关键词 植物识别 APP;园林植物识别;教学改革;智能化;风景园林

Research on the Influence of Plant Recognition APP on the Course of Landscape Plant Introduction

ZHANG Qin-ying[1,*] WANG Yi-yi[1] PENG Yao-kai[2]

([1] Department of Landscape Architecture, School of Architecture, Tianjin University, Tianjin 300110, China;
[2] Shenzhen Tencent Computer System Co., Ltd, Shenzhen 518000, China)

Abstract With the development of smart phones and big data recognition technology, Plant Recognition APP had been appeared and used widely. Due to its portability, high efficiency, interactivity and other advantages, Plant Recognition APP has made an important impact on the way of teaching and learning on the course of landscape plant. This paper aimed to know how the APP impact on the teachers and students by questionnaire surveying. It was showed that Xingse is the most popular Plant Recognition APP, and accuracy was an important factor in the use of APP and teachers' evaluation of accuracy was much lower than students'; APP has become an important tool for teaching and learning plants. The apparent performance was that the number of questions asked by students in class reduced, and the ability to master the morphological characteristics of plants improved. However, because lacking the function of directly integrating with classroom professional teaching, APP has not yet shown obvious effects on teaching. Combining the expectations of teachers and students and the feature of landscape architecture, suggestions are proposed from two aspects: to modify APP functions and reform teaching methods. The paper could be further promote the integration of intelligent information technology and landscape architecture teaching.

Key words Plant recognition APP; Landscape plant identification; Teaching reform; Intelligent; Landscape architecture

园林植物基础是风景园林专业的核心课程之一,该课程在要求学生掌握基本的植物分类学知识的基础上,能够识别园林绿化中常用的树木及花卉种类,并了解其生长习性及应用方法,为进一步开展植物景观设计奠定基础。近 20 年来,园林植物基础课程的授课方式发生了很大的变化,从课堂上挂轴图展示到现在的幻灯片、录像等辅助授课,同时,网络、智能手机等信息产品的应用,教师和学生均可以比较容易地

---

1 基金项目:天津大学"研究生创新人才培养项目"(编号 YCX18011)。

* 第一作者及通讯作者简介:张秦英,女,博士,天津大学建筑学院风景园林系副系主任、副教授、硕士生导师,研究方向为园林植物资源与景观应用,E-mail:qinying_zhang@163.com。

获得大量资料,尤其是移动电子设备上植物识别APP的使用,使得信息的获取更加便捷、快速,学生可以利用碎片化时间学习植物的相关知识,进一步激发了学生的学习兴趣(许展慧 等,2020)。

植物识别APP是通过拍照识别出植物,并附有相关介绍的植物信息,具有高效性、便捷性、交互性等优势。使用植物识别APP时,通过手机对植物进行拍照,APP会根据照片识别出被查询植物的种类,给出一种或两种以上的植物识别结果,并附有相关植物科属、文化内涵、生态习性、物候期、植物价值等信息。除了拍照识别的基本功能外,此类APP还具有名师鉴花、识花结果分享、植物地图、在线花展、花语壁纸等功能,可以很好地满足爱花人士的需求。早期的植物识别应用程序在pc端,需要将植物照片上传得到识别结果。第一个植物识别的移动程序是Kumar等设计的Leafsnap,它可以安装在智能手机上,大大提高了植物识别效率(Zhao et al.,2015)。形色是我国第一款安装在智能手机上的植物识别APP,目前常用的还有花伴侣、花帮主、微软识花、百度识图(百度子功能)等,各个植物识别APP的特点和定位不同,但是以植物科普、大众交流为主,目前尚没有针对专业课程教学使用的植物识别APP或网络平台。

随着植物识别APP的普及,越来越多的植物学相关专业的学生成为了它的用户,植物识别APP不仅可以在日常生活中识别周边植物,也能促进学生识记课堂中讲授的植物种类,对于调动学生的学习积极性有一定帮助;通过植物学基础课程教学实践,任课教师开始探索将智能手机植物识别技术引入到教学的可行性,并开始在植物教学和野外实习中探索APP与教学的结合方法(张海娜 等,2018;赵鹏 等,2018;苏凤秀 等,2019;夏立群 等,2019)。植物识别APP已经间接地成为教师课堂教学的补充,但目前APP的使用多处于学生自发的使用状态,缺少与课程教学内容的有效连接。植物识别APP的使用如何影响"园林植物基础"相关课程的教学方法和学习效果?本文通过问卷调查,了解风景园林相关教师和学生在教与学中的APP使用情况和存在的问题,在此基础上,探讨适用于专业教学使用的APP特征、APP与课堂教学更好衔接的方法,使得传统的植物教学更好地借力移动网络平台,提高教学质量和学习效果。

1 研究方法

通过问卷星发放网络问卷,调研对象为学习园林植物相关课程的学生和教授相关课程的老师。问卷分为学生版和教师版。学生版的问卷主要从样本基本信息、主要使用的APP种类、APP的使用目的、APP对植物学习的帮助、APP与教师教学的对比、APP存在的不足与建议等几方面进行设置问卷。教师版主要从以下几个角度进行问卷调查:教师基本信息、主要使用的APP种类、APP认可度、学生课堂表现的变化、教学方式的变化、APP的不足与建议。对获取的数据进行相关性统计分析,来探究植物识别APP对园林植物基础课程教与学的影响。

2 结果与分析

2.1 问卷基础数据分析

2.1.1 参与问卷师生情况分析

本次调研收到学生问卷164份,教师问卷35份,调研对象的具体情况如表1、表2所示。从表1可以看出,学生中女性占73.2%,男性占26.8%;园林、风景园林专业的学生占67.1%,建筑、规划、环艺专业的学生占25.6%,可以看出以园林植物景观应用为主要目标的学生占比92.7%,数据可以体现风景园林学科的特点。从表2中可以看出,教师中女性占74.3%,男性占25.7%;30~50岁之间的教师占比82.9%;教龄在10年以上的教师占比62.9%;反映出目前园林植物教学一线的经验丰富、精力充沛的教师情况。对于两份问卷结果分别进行信度检测,学生版问卷Cronbach α系数值为0.681,教师版问卷Cronbach α系数值为0.601,均大于0.6,说明研究数据信度质量符合要求,可以进行统计分析。

表1 学生样本基本信息
Table 1 Basic information of the students

	分组	人数(人)	百分比(%)
性别	男	44	26.8
	女	120	73.2
专业	农学、园艺、林学、植物保护、植物科学与技术	8	4.9
	建筑、城规、环艺	42	25.6
	园林、风景园林	110	67.1
	其他	4	2.4

表2 教师样本基本信息
Table 2 Basic information of teachers

	分组	人数(人)	百分比(%)
性别	男	9	25.7
	女	26	74.3
年龄	30岁以下	2	5.7
	30~40岁	14	40
	40~50岁	15	42.9
	50岁以上	4	11.4

分组		人数(人)	(续) 百分比(%)
教龄	3年以下	4	11.4
	3~5年	1	2.9
	5~10年	8	22.9
	10~20年	16	45.7
	20年以上	6	17.1

在植物识别APP的选择上,如图1所示,最受学生与教师青睐的植物识别APP是形色,有82.9%的学生和74.3%的教师使用形色来识别植物,教师中有14.3%的人不使用植物识别APP。

2.1.2 APP识别准确率评价

识别准确率是用户在使用植物识别APP时普遍关注的问题。本次问卷中,学生对于植物识别APP准确度的评价要高于教师,如图2,学生中认为植物识别准确率在85%以上的占比65.3%,教师占比仅40%。许展慧等(2020)以400张植物照片为样本,对国内8款常用的植物识别APP的识别能力进行测评,对于识别到种的准确率,按照乔、灌、草、藤不同的生长型进行统计,对乔木的识别率最高的是花帮主(53%),其次是百度识图(47%),再次为花伴侣和形色,准确率为43%。该结果与教师对准确率的评价相近,说明教师对于植物的知识储备明显高于学生,在使用植物识别APP时对于反馈结果可以有一个更加精确的判断,而学生由于尚未形成一定的知识积累,在面对错误的识别结果时辨别能力较弱,容易被APP误导,这也是在对植物识别APP的准确度的判断中,学生的评价高于教师的原因,反映了此类APP的准确度是限制其作为专业学习工具的主要因素。

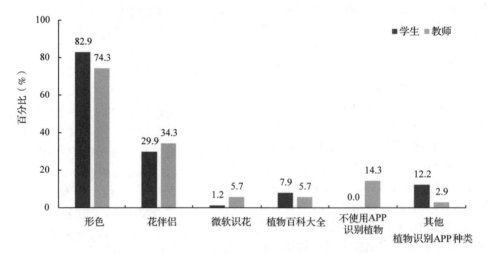

图1 学生与教师最常用植物识别APP种类分析

Fig. 1 Analysis of the most commonly used Plant Recognition APP by students and teachers

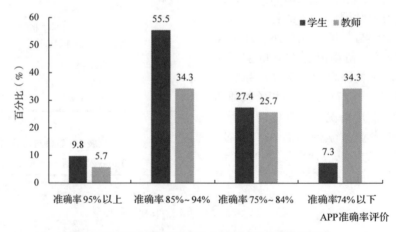

图2 学生与教师对于植物识别APP准确度的评价

Fig. 2 Evaluation of the accuracy of Plant Recognition APP by Students and teachers

2.2 学生APP使用情况分析

2.2.1 学生使用APP的目的

统计结果显示,80%以上的学生认为植物识别APP有较大(或很大)的帮助,不同性别及不同专业之间没有明显的差别,表明植物识别APP在学生群体中具有很高的认可度,这与植物识别APP便携性、高效性等优点是分不开的。

植物识别APP除了必备的拍照识别植物种类功能以外,还有许多版块可供用户进行植物知识的学习。在问卷结果中,学生在平常生活中除了使用拍照识别功能以外,排名前三的是在APP浏览关于植物知识的相关文章、查看植物配置等相关案例知识、和他人分享植物识别结果并进行讨论,证明植物识别APP可以在学生进行自学时满足其多种需求,除了帮助学生在遇到不认识的植物时进行识别,其强大的社交和信息输出功能也为学生进行植物知识的学习提供了便利。

2.2.2 APP对学生学习植物识别的影响

园林植物种类繁多,通过一门64学时甚至32学时的植物识别课程,学生需要掌握数百种常用的植物种类的名称、形态特征、生态习性、应用特点等。课堂教学主要帮助学生理解相关概念、构建植物识别的知识框架,引导学生进行植物知识学习入门,而更多的植物种类识别则需要学生在课下进行自学,才能满足植物景观设计的需要。如图3所示,学生用APP识别植物有58%是"课堂上学到的,但没有完全掌的种类",反映了学生并不能完全消化教师在课堂上讲述的植物相关知识,也说明植物识别APP可以成为课业学习内容的有效补充。图4显示,学生在遇到不认识的植物时,选择"先试着用学过的知识判断,判断不出后用APP识别"的比例为62.2%,选择"直接使用APP进行识别"的比例占28.7%,而选择"直接咨询老师"的学生比例仅占8.5%,可以看出在日常生活中,植物识别APP在某种程度上代替教师向学生答疑解惑,极大地减轻了教师的教学压力。植物识别APP的高效性为学生在日常生活中自学植物知识创造了条件,在减轻教师教学压力和辅助学生进行自学两方面起到了重要的作用。

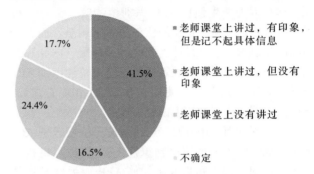

图3 学生遇到不认识植物的原因分析

Fig. 3 The reasons that students meet unknown plants

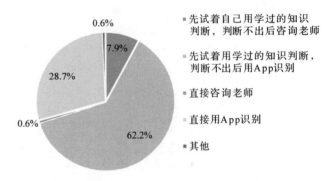

图4 学生遇到不认识植物的做法

Fig. 4 How to do when students meet unknown plants

图5的数据说明,当学生面对植物识别APP给出的结果时,78.1%的学生会"结合自己所学知识""与他人讨论或查询相关资料后再确定最后结果",证明大部分的学生可以批判地看待植物识别APP的识别结果,这种态度可以削弱植物识别APP识别不准确可能带来的负面影响。

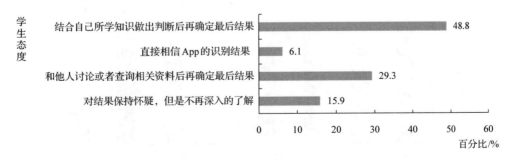

图5 学生对植物识别APP识别结果的态度

Fig. 5 Students' attitudes towards the recognition results of Plant Recognition APP

2.2.3 APP 和教师教学的对比

植物识别 APP 在某种程度上起到与课堂教学相一致的作用。如图 6，对比学生通过植物识别 APP 与课堂讲授两种方式学习一种植物的效果，对于植物形态的记忆，植物识别 APP 的学习效果要高于课堂讲授，这是因为学生使用 APP 识别植物时，是直接接触植物，可以获得更形象的认知和感官刺激。而关于植物的生态习性、在设计上的应用及搭配、内涵和产地等知识，课堂讲授的效果要优于使用植物识别 APP 自学。对比课堂教学与使用植物识别 APP 的优势，学生认为课堂讲授的知识内容更丰富、更准确、知识掌握更牢固，而使用方便、识别快速是植物识别 APP 的主要优势。说明使用植物识别 APP 和教师讲授在植物知识的传递上可以互补，使 APP 成为课堂教学的有效补充。

虽然 APP 已经成为学生学习植物识别的重要工具，但教师的课堂教学仍具有不可替代性。学生中认为植物识别 APP 可以代替教师的仅占 1.8%，而 57.9% 的学生认为 APP 完全不能取代教师，35.4% 的学生认为在某种程度上教师是无可替代的，直观地反映了课堂讲授这种传统的教学方式在新时代仍有其强大的生命力，是不可替代的。

2.3 教师 APP 使用情况分析

2.3.1 教师对 APP 的认可度

35 位参与问卷的教师中，针对问题"您觉得植物识别 APP 对植物的教学是否有帮助？" 91.4% 的教师认为植物识别 APP 在教学中有积极影响，其中 65% 的老师认为帮助很大或较大，可以看出 APP 有助于提升教学效果已经基本成为共识。问题"您会使用植物识别 APP 作为辅助的教学工具吗？"中，74.3% 的老师给出了肯定的答复。如图 7，随着年龄和教龄的增加，不愿意将植物识别 APP 作为辅助教学工具的比例增加。关于这一现象，笔者认为，除了存在青年教师更愿意接纳新的教学方式的原因以外，年长且教龄长的教师由于其丰富的教学经验，更看重在教学中巩固学生的基础，以批判性地思维去看待这类 APP 更容易发现其存在的一些弊端。

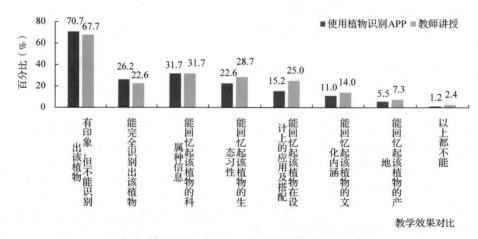

图 6 使用植物识别 APP 与课堂教学效果的比较

Fig. 6 Comparison of the effect of using Plant Recognition APP and teaching

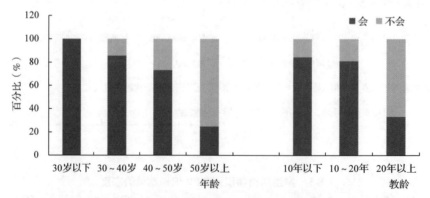

图 7 不同年龄/教龄的教师将植物识别 APP 作为辅助教学工具的可能性

Fig. 7 The possibility of using Plant Recognition APP as an auxiliary teaching tool by teachers in different ages/teaching ages

2.3.2 APP对课堂教学的影响

植物识别APP的出现,对教师的课堂教学产生了一定影响,主要表现在学生的学习情况变化上。如图8,将近一半的教师认为,自从植物识别APP出现以后,学生上课提问的次数减少;针对学生在课堂上的认真度、作业质量和植物知识的掌握程度的变化,认为变差的比例约为2%~15%,变好的比例约为8%~23%,更多的教师选择没有变化或者不确定。可以看出,植物识别APP在教学上主要起到的作用是解答学生关于植物识别的问题,在课堂表现和学习效果上略有提升,但并没有起到明显的促进教学的作用。

2.3.3 APP对教师教学内容的影响

植物识别APP开始逐渐影响到教师的授课内容,如图9,在课堂教学中,40%的老师会根据植物识别APP进行教学内容的调整,54.3%的老师会因为APP而调整课外实习的内容。在课堂教学中,植物识别APP的影响突出表现在减少植物形态特征知识的讲授。植物识别的课外实习环节,一直存在教生比例过小、指导老师难以照顾到过多同学、不宜进行样本采集、难以进行调研记录的情况(顾振华,2008;周春玲 等,2009;夏立群 等,2019),植物识别APP可以很好地解决这一问题,所以在课外实习时植物识别APP更受教师欢迎。

2.4 APP功能评价

学生与教师从APP的不足与改进建议两方面对APP进行评价,如图10至图13所示,学生认为植物识别APP存在的缺陷和不足排名前三的是缺少优秀植物配置案例介绍、不方便识别较高大的乔木和缺少在线讨论交流植物知识的功能,教师认为植物识别APP存在的缺陷和不足排名前三的是不方便识别较高大的乔木、植物识别准确率不高和缺少优秀植物配置案例介绍。

从提升教学质量和效果考虑,学生认为APP应增加的功能排名前三的是历届优秀作业案例库功能;定制每日学习计划功能,碎片化学习植物知识;慕课开设课程以进行针对性补充教学和资料下载功能,能下载专业相关资料(并列第三)。教师认为APP应增加的功能排名前三的是资料下载功能,能下载专业相关资料、慕课开设课程以进行针对性补充教学和增加定制每日学习计划功能。学生与教师建议的应增加的功能基本重合,学生要比教师多出一个历届优秀作业案例库功能,实际上也是对于学习资料的需求。

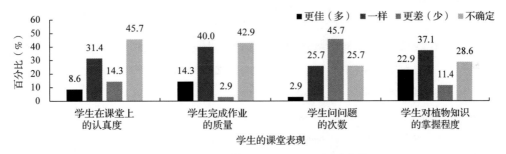

图8 教师认为植物识别APP对课堂教学的影响

Fig. 8 Evaluation of the affect of Plant Recognition APP on teaching by teachers

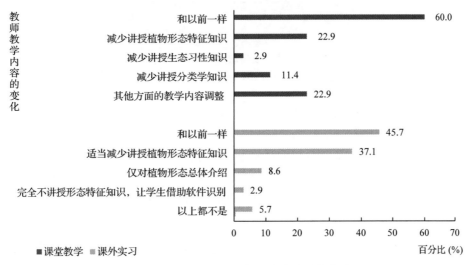

图9 植物识别APP对教师教学内容的影响

Fig. 9 The influence of Plant Recognition APP on teachers' teaching content

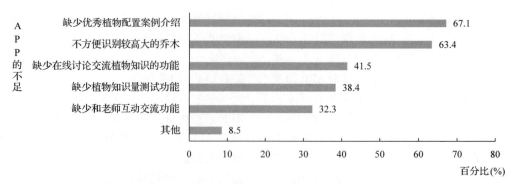

图 10 学生认为植物识别 APP 存在的不足

Fig. 10 Shortcomings of Plant Recognition APP in students' opinion

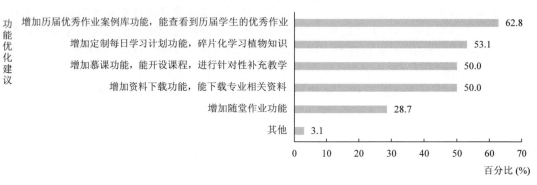

图 11 学生对于植物识别 APP 的改进方向的建议

Fig. 11 Suggestions to improve the function of Plant Recognition APP by students

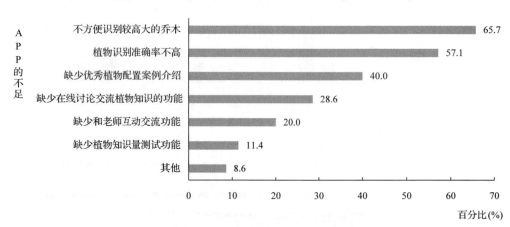

图 12 教师认为植物识别 APP 存在的不足

Fig. 12 Shortcomings of Plant Recognition APP's in teachers' opinion

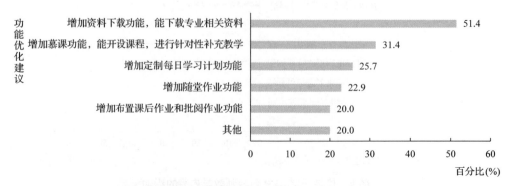

图 13 教师对于植物识别 APP 的改进方向的建议

Fig. 13 Suggestions to improve the function of Plant Recognition APP by teachers

3 结论与建议

3.1 结论

通过对问卷结果的统计分析发现，植物识别APP已经对"园林植物基础"课程的教与学产生了较大的影响，具体结论如下：

（1）教师与学生最常使用的植物识别APP都是形色，其次是花伴侣。对于用户普遍关注的识别准确率的问题，教师的评价要远低于学生，故学生在使用APP时要充分意识到识别结果可能存在的不准确性，提高辨别能力。

（2）使用植物识别APP已成为学生学习园林植物的重要途径，但APP的使用并不能完全替代课堂教学，而是在一定程度上影响到了教师的教学内容和学生的课堂表现。教学内容上，APP明显促进了学生对于植物形态的掌握，相应地，部分教师也开始因为APP的使用，调整课堂教学和课外实习的授课内容，减少对植物形态的介绍。课堂表现上，APP的使用，明显减少了课堂的提问次数，在听课认真程度和学习效果上略有提升，但没有起到明显的促进教学的作用。教学方式上，教师在课外实习中主动使用APP的比例高于课堂讲授。

（3）植物识别APP除了最基本的拍照识别植物种类的功能，还有一些其他的辅助学习的功能。然而植物识别APP的现有功能大多是基于非专业人士的需求而被开发出来的，虽然在一定程度上可以帮助学生自学植物知识，但尚不足与课堂教学相结合。为了更好地与课堂教学相衔接，APP需要不断进行功能优化并增加可以辅助教学的功能，以提高其辅助教学的能力。

3.2 建议

植物识别APP可以成为与植物教学相结合的辅助工具，帮助学生在课外进行植物知识的补充学习，提高学习效率。由于缺少针对专业教学特点和需求的功能，使得APP在教学效果上没有表现出很明显的的促进作用。通过完善APP的功能并与教师教学紧密结合，可以进一步提升APP的使用效果，进一步减轻植物课程授课教师的教学压力，提高学生的学习效率。

3.2.1 APP功能优化

（1）提高APP的识别准确率。APP识别准确率不足的问题是作为专业教学使用的重要问题，提升识别准确率可以着眼于扩大图像库的数据量、优化算法来实现（许展慧 等，2020）。

（2）增加植物种类识别专业测试。植物种类识别小测可以与教学相结合成为阶段性考核学生学习效果的手段。目前，形色有每日识花签到功能，花伴侣有识花挑战功能，但并没有可以与教学相结合的自定义植物种类测试。

（3）开辟专业教学使用的版本（APP-专业版），教师可以利用APP平台建立与学生的讨论组，同学之间可以讨论，教师也可以针对学生常见的识别问题进行解答，提高学生利用APP自主学习与课堂教学的有效连接。

（4）风景园林专业的学生需要提升对植物整体形态特征的空间意识，利用AR（增强现实）和VR（虚拟现实）技术增加植物的空间展示功能（彭耀凯，2020）。

（5）开辟学习资料分享与下载专区。增设相关植物识别内容视频教学专区，教师可以自主上传分享植物介绍的视频，便于更多学生的学习。

3.2.2 APP与教学紧密结合

园林植物种类繁多，各高校开设的园林植物课程不能在短短一个学期的时间内将所有植物知识面面俱到地教授给学生，更好的方法是帮助学生建立植物知识体系，掌握园林植物的自我学习方法，将植物识别APP作为课堂教学的补充，发挥其便捷、高效的优势，养成学生在日常生活中对于植物知识的学习习惯，使学生不断丰富自己的知识储备，以达到识记、应用植物的目的。

（1）教师引导学生辩证地对待APP的识别结果，提高对于识别结果的辨伪意识，通过进一步核对特征进行论证。学生拥有的植物知识储备是对识别结果进行进一步判断的基础，不能因为植物识别APP的出现而忽略对植物知识的学习和积累。

（2）教师可以有意识地调整植物形态特征介绍的讲授内容和实习方式。在老师的指导下，将植物形态识别的内容以学生自主学习为主，教师通过定期讨论、多次测试等方式，督促学生学习进度，检测学习效果，将有限的课时用于植物生态习性、景观应用等方面。

（3）借由植物识别APP这一辅助工具，结合慕课线上教学平台，尝试园林植物识别课程"线上+线下"的教学模式。

植物识别APP因其便携性、高效性、交互性等优势，成为学生在课下进行自学的强大辅助工具和教师课堂教学的补充，对于减轻植物课程授课教师的教学压力和提高学生的学习效率有一定的作用。通过深入的课程探索与改革，"课堂+APP"的教学模式可以成为园林植物基础课程教学的发展方向。

参考文献

顾振华,2008.《园林植物识别》课程的设计与教学实践[J].生物学教学(12):22-23.

彭耀凯,2020.园林植物在线学习平台建设研究[D].天津:天津大学.

苏凤秀,杨熊炎,等,2019.风景园林专业园林植物类野外实习混合教学研究[J].绿色科技(9):271-273.

夏立群,李倩茹,等,2019.大数据在线识别技术在植物生物学实习教学中的运用[J].大学教育(11):57-59.

许展慧,刘诗尧,等,2020.国内8款常用植物识别软件的识别能力评价[J].生物多样性,28(4):524-533.

张海娜,鲁向晖,等,2018.植物识别APP在"植物学"课程教学中的应用[J].中国林业教育,36(4):76-78.

赵鹏,郭垚鑫,等,2018.智能手机植物识别APP在植物学教学中的应用[J].高校生物学教学研究(电子版)8(1):47-51.

周春玲,孙玉林,等,2009.园林植物识别教学方法的探索[J].中国林业教育,27(1):76-78.

Zhao Z, Ma L, et al, 2015. ApLeaf:An efficient android-based plant leaf identification system[J]. Neurocomputing(Amsterdam)151:1112-1119.

北京三山五园地区植被覆盖度时空演变及其地形响应关系

夏天[1] 蓝海浪[2] 刘丹丹[1] 刘秀丽[1]*

([1]花卉种质创新与分子育种北京市重点实验室,国家花卉工程技术研究中心,城乡生态环境北京实验室,园林环境教育部工程研究中心,林木花卉遗传育种教育部重点实验室,园林学院,北京林业大学,北京 100083;[2]北京市园林古建设计研究院有限公司,北京 100081)

摘要 为研究北京市三山五园地区植被覆盖状况,本文基于 Landsat 系列遥感影像数据反演北京三山五园地区 2001—2020 年的植被覆盖度,分析了三山五园地区植被覆盖度时空特征,同时通过 Geoda 软件对植被覆盖度进行局域空间自相关分析,并借助 ArcGIS 软件和 DEM 数据对植被覆盖度的地形因素进行分析。结果表明,2001—2020 年之间北京三山五园地区植被覆盖度总体呈上升趋势,平均植被覆盖度由 2001 年的 54.68% 上升到 2020 年的 62.97%,其中高植被覆盖度占比由 49.78% 上升至 58.75%。以 2011 年为界,2011 年之前上下波动剧烈,之后总体呈稳步上升状态。这期间,三山五园地区植被覆盖度的局域空间自相关集群也截然不同,但到 2020 年回归到与未开发前的自然状态相近,并更加完善,高-高关联中心分布于三山五园及园外园,低-低关联则位于东部的科技园区。从空间上而言,植被覆盖度在地形因子的影响下,大体随着高程和坡度先增加后减少,不同坡向对植被覆盖度也有一定影响。随着郊区城镇化减缓,一系列生态建设的开展,北京三山五园地区的植被覆盖状况日渐改善。该研究结果可为三山五园地区的景观生态营建提供有力的科学依据。

关键词 植被覆盖度;线性回归;局域空间自相关;地形因子

Spatiotemporal Evolution of Vegetation Coverage and Its Response to Topography in "Three Hills and Five Gardens" Region

XIA Tian[1] LAN Hai-lang[2] LIU Dan-dan[1] LIU Xiu-li[1]*

([1]*Beijing Key Laboratory of Ornamental Plants Germplasm Innovation & Molecular Breeding, National Engineering Research Center for Floriculture, Beijing Laboratory of Urban and Rural Ecological Environment, Engineering Research Center of Landscape Environment of Ministry of Education, Key Laboratory of Genetics and Breeding in Forest Trees and Ornamental Plants of Ministry of Education, School of Landscape Architecture, Beijing Forestry University, Beijing 100083, China;* [2]*Beijing Institute of Landscape and Traditional and Research Co. Ltd, Beijing 100081, China*)

Abstract In order to study the vegetation coverage in the Three Hills and Five Gardens area of Beijing, this paper based on Landsat remote sensing image data inversion of the vegetation coverage in the Three Hills and Five Gardens area of Beijing from 2001 to 2020, analyzed the spatial and temporal characteristics of the vegetation coverage in the Three Hills and Five Gardens area, and conducted a local spatial autocorrelation analysis of the vegetation coverage through GeoDA software. The topographic factors of vegetation coverage were analyzed by using ArcGIS software and DEM data. The results show that the vegetation coverage in the Three Hills and Five Gardens area of Beijing is generally increasing from 2001 to 2020, with the average vegetation coverage increasing from 54.68% in 2001 to 62.97% in 2020, and the proportion of high vegetation coverage increasing from 49.78% to 58.75%. Taking 2011 as the boundary, it fluctuated sharply before 2011, and then showed a steady rise in general. During this period, the local spatial autocorrelation clusters of vegetation coverage in the Three Hills and Five Gardens

---

1 基金项目:本研究由 2019 北京园林绿化增彩延绿科技创新工程-北京园林植物高效繁殖与栽培养护技术研究(2019XKJS0324)、北京市共建项目专项(2019GJ-03)和北京林业大学高精尖学科建设项目共同资助。
第一作者:夏天,男,硕士研究生,主要从事景观生态学和园林植物应用研究。E-mail:619584192@qq.com。
*通讯作者:刘秀丽,副教授,主要从事景观生态学和园林植物应用等研究。E-mail:showlyliu@126.com。

are also quite different. However, by 2020, the local spatial autocorrelation clusters of vegetation coverage in the Three Hills and Five Gardens will return to the natural state before development and become more perfect. The high-high correlation centers are distributed in the Three Hills and Five Gardens and the gardens outside the gardens, while the low-low correlation centers are located in the eastern science and technology park. From the perspective of space, under the influence of topographic factors, the vegetation coverage increased first and then decreased with elevation and slope, and different slope aspects also had a certain influence on the vegetation coverage. With the slowing down of suburban urbanization and the development of a series of ecological construction, the vegetation coverage in Beijing's Three Hills and Five Garden Areas is gradually improving. The research results can provide a strong scientific basis for landscape ecological construction in the area of three mountains and five gardens.

Key words Fractional vegetation coverage; Linearregression; Local spatial autocorrelation; Terrain factor

植被是覆盖在地球表面的植物群落的总称，与气候、地形、水文等自然环境因素有着密不可分的关系，在保持水土、防风固沙、固碳等改善环境方面起着不可替代的作用[1-3]。植被覆盖度（FVC，Fractional Vegetation Cover）是指某一区域植被的垂直投影面积占该区域面积的百分比[4-5]。获取植被覆盖度及其变化信息，对监测环境、水文、气候等起着重要的作用。而植被覆盖度的变化与地形因子和人类活动关系紧密。

有关植被覆盖度的研究起始于 20 世纪 30 年代，之后日益受到国内外学者的广泛关注，成为研究的焦点。植被覆盖度的测量通常分为地面测量和遥感估算两种方法[6-7]。遥感估算因适用于大尺度，被广泛应用于分析区域植被覆盖度变化[7]。以往研究中，采用传统方法下载、存储并处理遥感影像，效率低；采用的 MODIS 植被指数产品分辨率也较低（250m），通常应用于国土空间等更大尺度范围的研究，对区域内小范围的植被不敏感、识别效果差[8-10]；而 Landsat 卫星影像数据因其分辨率较高（30m），逐渐运用于区域内小范围的植被覆盖度研究当中[11-12]。如胡承江等利用 Landsat 系列遥感影像分析了北京市永定河流域植被覆盖演变[13]，赵梦溪等借助 Landsat 8 影像产品对佳木斯市城市地表温度与植被覆盖度的空间动态性进行了分析[14]，田地等基于 6 期 Landsat TM/OLI 遥感数据影像探讨了地形因子对植被覆盖度时空特征的驱动影响[15]。

三山五园地区是近年来北京城市总体规划、海淀分区规划提出的一个热门概念，生态环境及植被覆盖情况备受重视，其生态环境也经历了一个漫长而曲折的过程。目前，针对北京市区域范围内的植被覆盖度时空变化特征及其相关影响因素的研究较少。因此，本文以北京市三山五园地区的 Landsat 系列遥感影像为基础，采用改进的像元二分模型，借助 ArcGIS 技术和 Geoda 软件分析三山五园地区植被覆盖度时空变化特征及其局域空间自相关演变、植被覆盖度与相关因素的定量关系等，以期为北京市三山五园地区植被生态恢复和景观环境营建提供良好的理论基础支撑。

1 研究地区和研究方法

1.1 研究区概况

北京市是中华人民共和国的首都，国务院批复确定的中国政治、文化、科技创新中心，属于超大城市。海淀区位于北京城区西部和西北部，云集了清华大学、北京大学等著名高等学府，拥有颐和园、圆明园、香山等众多名胜古迹。地势西高东低，兼有山地平原。西部为海拔 100m 以上的山地。东部和南部为海拔 50m 左右的平原。香山山势低缓，属低山丘陵，平原残丘有玉泉山和万寿山。

三山五园是对北京西北郊以清代皇家园林为代表的历史文化遗产的统称[16]。三山，是指香山、玉泉山、万寿山；五园是指畅春园、静明园、圆明园、静宜园、清漪园（今颐和园）。而三山五园地区，东界地铁 13 号线和京密引水渠，西至海淀区区界，北起西山山脊线和北五环，南至北四环，总面积约为 68km^2（图 1），近年来被北京城市规划总体规划、海淀分区规划提到一个全新的高度，寄希望于构建以三山五园为核心的历史文化保护地区，恢复山水田园的历史风貌。

1.2 数据来源及处理

1.2.1 遥感数据来源及预处理

本文选用 2001—2020 年 20 期 20 景 LandsatTM/ETM+/OLI 影像，其中 2001—2005 年以及 2007—2011 年选用 TM 影像，2006 年和 2012 年选用 ETM+ 影像，2013—2020 年选用 OLI 影像。影像数据来源于中国科学院地理空间数据云（http://www.gscloud.cn），大部分无云或者少云，个别影像的云量较大，但绝大部分集中在非研究区域，经研究区边界矢量裁剪后对后续处理几乎不产生影响。由于归一化植被指数（NDVI）对植物有着较强的敏感性，表现为在植物生长初期，通过 NDVI 指数分析会使植被盖度预估值偏高；在植物生长后期，则会偏低；故而适用于处在发育中期的植被情况监测[13]。本文以

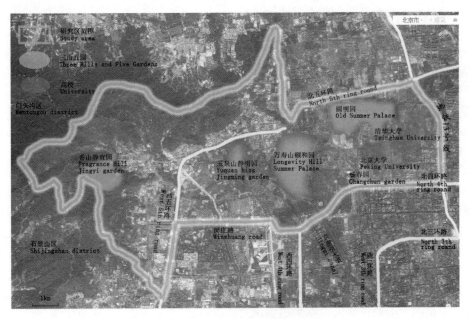

图1　三山五园地区研究范围

Fig. 1　The research scope of "Three Hills and Five Gardens" Region

5~9月的生长旺盛季的遥感图像数据作为分析对象。

收集工作完成后，统一对其进行包含时间、影像质量等遥感影像分类和筛选，共选出有效分析数据20景，并对筛选出的有效影像数据通过ENVI5.3软件进行辐射定标、FLAASH大气校正、条带修复等预处理工作，以三山五园规划范围为参考依据，借助行政区域边界、交通路网、水系等勾画矢量边界，对遥感影像进行裁剪，以满足本文更深层次的分析要求。

1.2.2 地形数据

地形因子包括高程、坡度和坡向，本文通过地理空间数据云（http://www.gscloud.cn）获取30m地面分辨率ASTERGDEMV2高程数据。其中坡度和坡向数据借助ArcGIS10.2软件中3DAnalyst模块生成。

依据研究区海拔高度，将三山五园地区以100m为间隔分为8个高程，即第1高程（0~100m）、第2高程（100~200m）、第3高程（200~300m）、第4高程（300~400m）、第5高程（400~500m）、第6高程（500~600m）、第7高程（600~700m）、第8高程（700~800m）。且由于坡度、坡向均对植被存在一定的影响，依据《水土保持综合治理规划通则 GB T15772—2008》[17]将研究区划分为平坡（0°~5°）、缓坡（5°~8°）、斜坡（8°~15°）、陡坡（15°~25°）、急坡（25°~35°）、险坡（35°以上）6个坡度级别；以及平地（0°）、阴坡（0°~67.5°，337.5°~360°）、半阴坡（67.5°~112.5°，292.5°~337.5°）、半阳坡（112.5°~157.5°，247.5°~292.5°）、阳坡（157.5°~247.5°）5种坡向类型[15,18]。

1.3 研究方法

1.3.1 基于改进的像元二分模型的植被覆盖度计算

目前对于植被覆盖度进行估算的方法中，利用植被指数近似估算较为实用和常见，本文采用的是李苗苗等在像元二分模型的基础上改进的模型来进行估算，其公式为[19]：

$$FVC = (I_{NDVI} - I_{NDVI_{soil}})/(I_{NDVI_{veg}} - I_{NDVI_{soil}}) \quad (1)$$

式（1）中，FVC为植被覆盖度；I_{NDVI}为任一像元的归一化植被指数；$I_{NDVI_{soil}}$为完全是裸土或无植被覆盖区域的$NDVI$值，$I_{NDVI_{veg}}$则代表完全被植被所覆盖的像元的$NDVI$值，即纯植被像元的$NDVI$值。归一化植被指数I_{NDVI}通过公式（2）计算[20]：

$$I_{NDVI} = (\rho_{NIR} - \rho_r)/(\rho_{NIR} + \rho_R) \quad (2)$$

式（2）中：ρ_{NIR}为近红外波段的反射率；ρ_R为红光波段的反射率。

选择Transform->NDVI，利用Landsat系列遥感影像计算NDVI。选择Basic Tools->Statistics->Compute Statistics，在文件选择对话框中，利用研究区地区的矢量数据生成的ROI建立一个掩膜文件。得到研究区的统计结果，在统计结果中，最后一列表示对应NDVI值的累积概率分布。分别取累积概率为5%和95%的NDVI值作为NDVImin和NDVImax。

1.3.2 变化趋势分析

线性回归是利用数理统计中回归分析，来确定两种或两种以上变量间相互依赖的定量关系的一种统计分析方法，是被广泛认可的趋势变化分析，其表达形式为 $y=w'x+e$。本文采用线性回归方法对植被覆盖度变化情况进行定量分析[9,21-22]。

1.3.3 局域空间自相关

空间自相关是检测一些变量在同一分布区内的观测数据是否具有潜在的相互依赖性[26]。而局域空间自相关系数(LISA)是用来检验局部地区是否存在相似或者相异的观察值聚集在一起[23-24]。因此存在4种空间模式：高-高关联，低-低关联，高-低关联，低-高关联。为了解2001—2020年研究区植被覆盖度的不同时期的空间变异规律，本研究借助空间统计分析软件 Geoda 对其进行分析。

1.3.4 地形因子和植被覆盖度关系

借助 ArcGIS10.2 软件中的栅格数据转点数据以及多值提取至点数据工具，将植被覆盖度的栅格数据转为点数据，再将地形因子的栅格数据提取至植被覆盖度的点数据，最后通过 Excel 软件对各高程、坡度及坡向的植被覆盖度均值进行统计分析。

2 结果与分析

2.1 三山五园地区植被覆盖度时空演变分析

2.1.1 三山五园地区植被覆盖度年际变化

对研究区域 2001—2020 年植物生长旺季共 20 景遥感影像数据进行分析，得出自 2001 年以来，植被盖度的演变情况，并分析演变特征规律。通过对这 20 景遥感影像数据进行植被盖度的反演可以直观地得出每年的植被盖度情况。

按照植被盖度的 5 个等级进行统计分析，可以看出 2001—2020 年 20 年来，三山五园地区的总体植被覆盖度呈现上升趋势，线性回归方程 $y=0.0048x-9.0759$，$R^2=0.6409$（图2），平均植被覆盖度由 2001 年的 54.68% 上升至 2020 年的 62.97%。近 10 年，随着人们对生活环境质量的越加重视，该地区的植被盖度处于平稳上升态势，但仍然有继续提高的空间。

2.1.2 三山五园地区植被覆盖度时空特征

结合图2，选择比较有意义的时间节点 2001 年（起始）、2003 年（五环路建成）、2008 年（奥运会举办）、2011 年（百万亩造林工程前一年）、2015 年（北京市 2035 规划提出前一年）、2020 年（结束）年 6 个时期的影像，进一步研究三山五园地区 20 年来植被覆盖度的演变情况。通过对三山五园地区植被覆盖度变化情况的研究，得出空间分布的总体特征。

本文参照前人研究结果并结合三山五园地区独特的地理环境，将植被覆盖度划分为 5 个等级：极低植被覆盖度（Ⅰ级 FVC<10%）、低植被覆盖（Ⅱ级 FVC 为 10%~30%）、中低植被覆盖（Ⅲ级 FVC 为 30%~

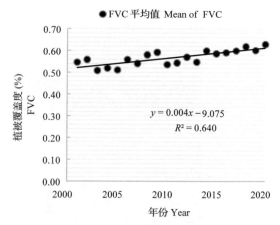

图 2 2001—2020 年三山五园地区植被覆盖度均值折线统计图

Fig. 2 Statistical chart of broken line of mean FVC from 2001 to 2020 in "Three Hills and Five Gardens" Region

45%）、中植被覆盖（Ⅳ级 FVC 为 45%~60%）和高植被覆盖（Ⅴ级 FVC>60%），具体结果见图3。

三山五园地区植被覆盖度因地形地貌呈现明显差异，西部以香山和大片供市民游憩的园外园为核心的生态休闲游憩区，植被覆盖度高；中部是玉泉山静明园、万寿山颐和园以及圆明园为核心的历史文化旅游区，植被覆盖度也大多处于一个中高值；而东部以清华大学、北京大学为核心的教育科研文化区植被覆盖度则较低。但是西中东三部分的内部也存在一定的异质性，如西部香山街道随着远郊城镇化的发展，植被覆盖度呈现出降低趋势，而东部的科技园区的极低植被覆盖度由大面积聚集逐渐破碎化，此结果说明荒山绿化、百万亩造林、"300m 见绿、500m 见园"等生态建设项目以及北京城市的扩张与植被覆盖度的变化密切相关。

2001—2011 年，三山五园地区植被覆盖度均值总体呈现出波浪式上升的趋势。结合图3和表1，2001—2011 年的不同等级植被覆盖度波动较大，这一时期的Ⅰ级和Ⅴ级植被覆盖度呈现出减少到增多再到减少的变化，而Ⅱ、Ⅲ、Ⅳ级植被覆盖则相反，呈现出增多到减少再到增多的变化。2011 年以后，三山五园地区总体呈现出较平稳的变化趋势，Ⅰ、Ⅱ、Ⅲ、Ⅳ级植被覆盖度都在减少，而Ⅴ级植被覆盖度则在增多。总体而言，从 2001—2020 年Ⅰ、Ⅱ、Ⅲ、Ⅳ级植被覆盖度分别由 10.67km²、10.71km²、6.43km²、6.34km² 减少到 8.06km²、7.94km²、6.24km²、5.81km²。而Ⅴ级植被覆盖度则由 33.85km² 增加到 39.95km²，占比由 49.78% 上升至 58.75%。

变化率上，两个时期也呈现出不同的趋势。2001—2011 年，各等级植被覆盖度变化率较高，大多

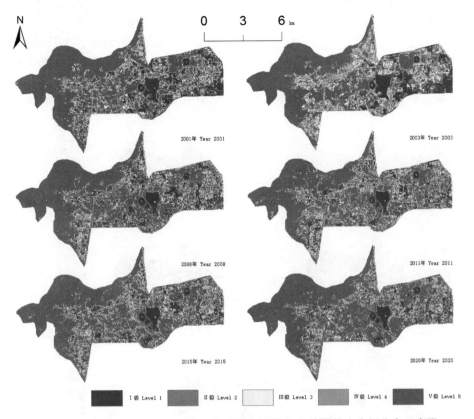

图 3 2001—2020 年三山五园地区各时期不同等级植被覆盖度空间分布示意图

Fig. 3 Schematic diagram of spatial distribution of vegetation coverage at different levels in each period from 2001 to 2020 in "Three Hills and Five Gardens" Region

表 1 2001—2020 年三山五园地区各时期不同等级植被覆盖度面积的年变化量

Table 1 Annual variation of FVC area of different grades in each period from 2001 to 2020 in "Three Hills and Five Gardens" Region

FVC	2001—2003 年		2003—2008 年		2008—2011 年		2011—2015 年		2015—2020 年	
	变化量(km²) Amount of change	变化率(%) Rate of change	变化量(km²) Amount of change	变化率(%) Rate of change	变化量(km²) Amount of change	变化率(%) Rate of change	变化量(km²) Amount of change	变化率(%) Rate of change	变化量(km²) Amount of change	变化率(%) Rate of change
I	-1.43	-13.4	1.08	11.69	-0.89	-8.62	-0.15	-1.60	-1.21	-13.04
II	2.36	22.04	-3.86	-29.53	1.27	13.79	-1.16	-11.07	-1.37	-14.70
III	1.94	30.17	-2.03	-24.32	1.23	19.40	-0.67	-8.85	-0.66	-7.08
IV	1.40	22.08	-2.07	-26.74	2.01	35.45	-1.22	-15.89	-0.65	-10.06
V	-4.25	-12.56	6.87	23.21	-3.62	-9.93	3.21	9.77	3.89	10.79

在 20%以上，最高的为 2008—2011 年Ⅳ级植被覆盖，变化率高达 35.45%。而 2011 年以后，各等级植被覆盖度变化率则较低，基本不超过 20%，最高的为 2011—2015 年Ⅳ级植被覆盖，变化率仅在 15.89%。说明三山五园地区经过 20 年的发展，植被覆盖度变化趋向稳定，符合城市发展的总体特征。

2.2 三山五园地区植被覆盖度局域空间自相关分析

三山五园地区不同时期植被覆盖度局域空间自相关集群分布见图 4，图中灰色部分表示 LISA 不显著区域($P<0.05$)。

2001—2020 年三山五园地区局域空间自相关存在显著变化。2001 与 2020 年的局域空间自相关较为相似，但是 2020 年颐和园园外园区域的高—高关联有所扩张，而东部低—低关联则在减少。2003—2015 年的局域空间自相关在中东部地区大体相似，皆为南部为高—高关联聚集，北部为低—低关联聚集，中间是狭长的关联不显著。有所不同的是，2003 年的西部山地为关联不显著，而 2006、2011 及 2015 年则为高—低关联。可以看出，经历 20 年的规划建设，三山五园地区的植被覆盖度趋向于早期还未开始城镇化建设的自然状态,但更加完善。

2.3 地形因子与植被覆盖度时空动态的关系

本研究将三山五园地区地形因子划分为高程、坡度、坡向,具体地形因子空间分布见图5。不同地形条件的影响下,植被覆盖度的平均值存在一定差异。随着高程的增加,植被覆盖度呈现出第2高程起(>100m)先陡然增加到微弱上升最后微弱衰减的趋势。坡度带来的植被覆盖度变化趋势大体与高程带来的相同,但是植被覆盖度最高均值在高程上仅停留在第6高程(500~600m),而在坡度上则大多出现在最高等

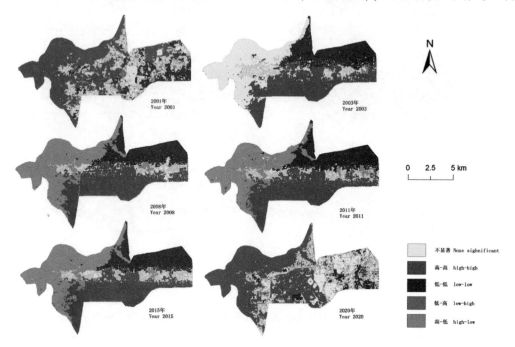

图4 2001—2020年三山五园地区植被覆盖度局域空间自相关系数集群图

Fig. 4 Cluster diagram of local spatial autocorrelation coefficient of FVC from 2001 to 2020 in "Three Hills and Five Gardens" Region

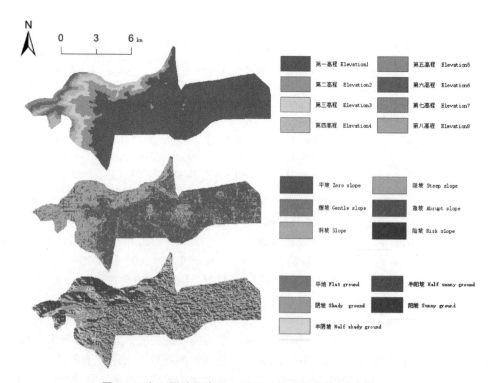

图5 三山五园地区高程、坡度、坡向地形特征示意图

Fig. 5 Schematic diagram of elevation, slope and slope topographic features in "Three Hills and Five Gardens" Region

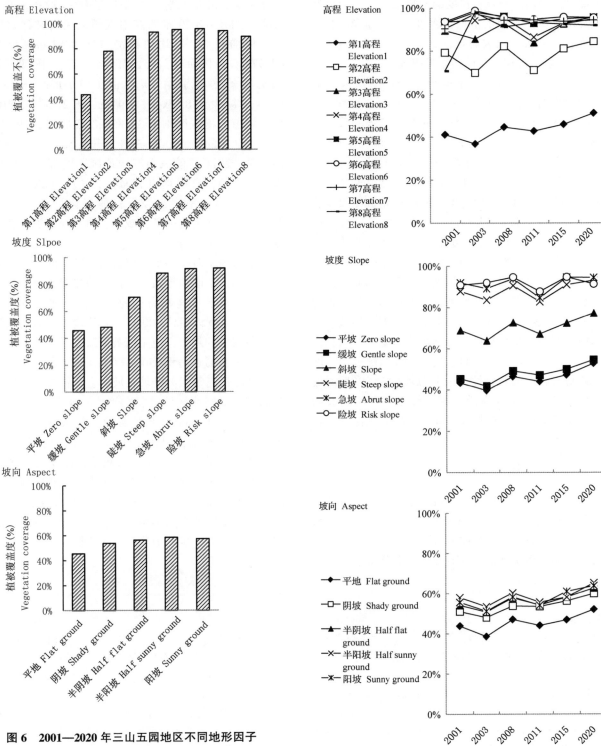

图6　2001—2020年三山五园地区不同地形因子条件下植被覆盖度动态特征

Fig. 6　Average FVC of three hills and five gardens under different topographic factors in different periods from 2001 to 2020 in "Three Hills and Five Gardens" Region

图7　2001—2020年三山五园地区各时期不同地形因子条件下植被覆盖度平均值

Fig. 7　Dynamic characteristics of vegetation coverage under different topographic factors from 2001 to 2020 in "Three Hills and Five Gardens" Region

级的陡坡。坡向对植被覆盖度的影响则较小，但仍然有明显的规律。平地的植被覆盖度最低，但就阴坡、半阴坡、半阳坡、阳坡而言，呈现出半阳坡>阳坡>半阴坡>阴坡的规律。具体结果见图6。

2001—2020年期间，不同地形条件下植被覆盖度时间序列的变化规律亦存在差异。第1~3高程(0~300m)的植被覆盖度同总体均值的变化趋势一致，呈现减—增—减—增—增的趋势。第4高程(300~400m)以后，各高程的变化趋势则各不相同，如2001年第8高程(700~800m)的植被覆盖度出现了异常的低值，2003年第1~2高程(0~200m)的植被覆盖度和总体均值一致，都为各年份中最低，但第5高程至第8高程(400~800m)的植被覆盖度却显著高于其他年份，这与图4中2003年西山呈低—低关联聚集中心有一定相关性。说明三山五园地区高程在400m以后的植被覆盖度的变化更多地来自于自身和气候，人为活动的影响很小。在坡度上，平坡、缓坡、斜坡、陡坡的植被覆盖度变化趋势和总体均值的变化一致，皆为减—增—减—增—增。而急坡和险坡的植被覆盖度变化趋势有自己的独特性，说明急坡(15°)以后的坡度，植被覆盖度受人为活动影响较小。在不同坡向上，植被覆盖度变化趋势和总体均值的变化保持一致(图7)。

3 结论与讨论

北京三山五园地区植被覆盖度总体情况良好，植被以V级植被覆盖度(FVC>60%)为主。从研究区域植被空间分布看，V级植被覆盖度主要分布于三山五园及园外园，而I级植被覆盖度则集中分布于东部以清华大学、北京大学为主的科技园区，散布于城郊居民点。2001—2020年间三山五园地区植被覆盖度总体呈增加趋势，平均植被覆盖度由54.68%上升至62.97%，总体而言，从2001—2020年I、II、III、IV级植被覆盖度分别由10.67km²、10.71km²、6.43km²、6.34km²减少到8.06km²、7.94km²、6.24km²、5.81km²。而V级植被覆盖度则由33.85km²增加到39.95km²，占整个地区的比例由49.78%上升至58.75%。分时间段来看，2011年前三山五园地区不同等级植被覆盖度变化剧烈，有增加也有减少，2011年以后，三山五园地区总体呈现出较平稳的变化趋势，I、II、III、IV级植被覆盖度都在减少，而V级植被覆盖度则在增多。

地形因子对不同等级植被覆盖度空间分布有着重要的影响，不同地形因子条件下植被覆盖存在显著差异[25-26]。随着坡度和高程的增加，植被覆盖度皆呈现出第2高程以后(>100m)先陡然增加到微弱增加再到微弱减少的趋势，但是植被覆盖度最高均值在高程上仅停留在第6高程(500~600m)，而在坡度上则大多出现在最高等级的陡坡。坡向上，植被覆盖度呈现半阳坡>阳坡>半阴坡>阴坡>平地的规律。

本文选择Landsat系列影像虽然以精度的优势弥补连续度的不足，但由于Landsat数据的可获取性，每年选取的是5~9月期间的数据，即便处于植被生长旺盛季，年际变化仍存在一定误差，且在地形因子对植被覆盖度的驱动力分析当中，山地地区受到大面积的平原地区的平均影响，这些问题均需在后续的研究中，进行进一步的细分和分区分析。

参考文献

[1] 杨绘婷, 徐涵秋, 施婷婷, 等. 基于植被信息季节变换的植被覆盖度变化——以福建省连江县为例[J]. 应用生态学报, 2019, 30(1): 288-294.

[2] Mohamed Sallah A H, Tychon B, Piccard I, et al. Batch-processing of AquaCrop plug-in for rainfed maize using satellite derived Fractional Vegetation Cover data[J]. Agricultural Water Management, 2019, 217: 346-355.

[3] Cooper S, Okujeni A, Jnicke C, et al. Disentangling fractional vegetation cover: Regression-based unmixing of simulated spaceborne imaging spectroscopy data[J]. Remote Sensing of Environment, 2020, 246: 111856.

[4] 李秀瑞, 孙林, 朱金山, 等. 多尺度遥感数据协同的干旱地区植被覆盖度提取[J]. 生态学杂志, 2016, 35(5): 1394-1402.

[5] 陈宝强, 张建军, 赵荣玮, 等. 晋西黄土区陡坡植被自然恢复评价[J]. 生态学杂志, 2018, 37(1): 17-25.

[6] 赵国忱, 李招, 韩自祥. 基于像元二分模型的北票市植被覆盖度动态变化研究[J]. 测绘与空间地理信息, 2019, 42(7): 5-7.

[7] 马娜, 胡云锋, 庄大方, 等. 基于遥感和像元二分模型的内蒙古正蓝旗植被覆盖度格局和动态变化[J]. 地理科学, 2012, 32(2): 251-256.

[8] 魏学. 近18年内蒙古赤峰地区植被覆盖度与气候因子的关系[J]. 畜牧与饲料科学, 2018, 39(4): 59-62.

[9] 王思琪. 基于Landsat和MODIS NDVI时序数据的黄河源植被覆盖度提取和变化分析[D]. 北京: 中国地质大学, 2020.

[10] 王文辉. 福建长汀植被覆盖度变化的主要驱动影响因子及影响力分析[J]. 福建农林大学学报(自然科学版), 2017, 46(3): 277-283.

[11] 张超, 余树全, 李土生. 基于多时相 Landsat 影像的庆元县植被覆盖变化研究[J]. 浙江农林大学学报, 2011, 28(1): 72-79.

[12] 郭建坤, 黄国满. 1998—2003 年内蒙古地区土地覆被动态变化分析[J]. 资源科学, 2005, 27(6): 84-89.

[13] 胡承江, 李雄. 1979—2013 年北京市永定河流域平原城市段核心区域植被盖度演变分析[J]. 中国园林, 2015, 31(9): 12-16.

[14] 赵梦溪, 李丹. 城市地表温度和植被覆盖度的空间动态性——以佳木斯为例[J]. 东北林业大学学报, 2019, v.47(12): 47-51.

[15] 田地, 刘政, 胡亚林. 福州市植被覆盖度时空特征及与地形因子的关系[J]. 浙江农林大学学报, 2019, 36(6): 1158-1165.

[16] 刘剑, 胡立辉, 李树华. 北京"三山五园"地区景观历史性变迁分析[J]. 中国园林, 2011, 27(2): 54-58.

[17] 中华人民共和国水利部. 水土保持综合治理规划通则: GBT15772-2008[S]. 北京: 中国标准出版社, 2008.

[18] 汤巧英, 戚德辉, 宋立旺, 等. 基于 GIS 和 RS 的延河流域植被覆盖度与地形因子的相关性研究[J]. 水土保持研究, 2017(4): 198-203.

[19] Li Gun, Liang Wei, Yang Qinke. Analysis of land use pattern change in coarse sandy region of middle reaches of Yellow River[J]. Science of Soil and Water Conservation, 2009, 7(3): 52-58.

[20] 李苗苗. 植被覆盖度的遥感估算方法研究[D]. 北京: 中国科学院研究生院(遥感应用研究所), 2003.

[21] 李苗苗, 吴炳方, 颜长珍, 等. 密云水库上游植被覆盖度的遥感估算[J]. 资源科学, 2004, 26(4): 153-159.

[22] José Manuel Fernández-Guisuraga, Calvo L, Susana Suárez-Seoane. Comparison of pixel unmixing models in the evaluation of post-fire forest resilience based on temporal series of satellite imagery at moderate and very high spatial resolution[J]. ISPRS Journal of Photogrammetry and Remote Sensing, 2020, 164: 217-228.

[23] B A AA, B O M, A E R. Including Sentinel-1 radar data to improve the disaggregation of MODIS land surface temperature data[J]. ISPRS Journal of Photogrammetry and Remote Sensing, 2019, 150: 11-26.

[24] 夏天, 黎璇, 何东进, 等. 福建平潭岛填海活动热岛效应的时空变异[J]. 森林与环境学报, 2019, 39(5): 540-547.

[25] Kowe P, Mutanga O, Odindi J, et al. Exploring the spatial patterns of vegetation fragmentation using local spatial autocorrelation indices[J]. Journal of Applied Remote Sensing, 2019, 13(2): 24523.

[26] 杨博. 四川省植被覆盖度变化及驱动力分析[D]. 成都: 四川农业大学, 2018.

[27] 张诗羽, 张毅, 王昌全, 等. 岷江上游流域植被覆盖度及其与地形因子的相关性[J]. 水土保持通报, 2018, 38(1): 69-75.

基于 CiteSpace 的石蒜属植物可视化分析

马美霞[1]　魏绪英[2]　张绿水[1]　徐丽娜[1]　张瑶[1]　蔡军火[1,*]

(¹ 江西农业大学园林与艺术学院，南昌　330045；² 江西财经大学艺术学院，南昌　330032)

摘要　石蒜属植物(Lycoris)是一类我国原产的特色球根花卉，也是优良的林下中药材、工业淀粉原料植物，其综合开发利用价值较高。为快速、高效地反映文献之间的关系，进一步发现石蒜属植物研究演化路径、研究热点。以 WOS 和 CNKI 数据源为基础，利用 CiteSpace 软件，进行可视化图形分析，初步揭示石蒜属植物相关研究的演进过程及其内在规律，以达到预测未来相关研究趋势的目的。结果表明：(1)石蒜属植物研究共经历了 3 个阶段(缓慢积累期、快速增长期、稳定增长期)；研究方向沿"属内种间关系—繁殖栽培—药理药效—细胞学和分子生物学—杂交育种"的路线发展。(2)从国际合作水平来看，中国的合作贡献最大，以中国科学院的发文量最多，研究水平也较高。(3)国内的科研人员已在华东地区形成核心作者群，但团队之间的合作较为疏散。

关键词　石蒜属；CiteSpace；研究进展；热点分析

Visual Analysis of Cite Space Knowledge Map for *Lycoris* Research

MA Mei-xia[1]　WEI Xu-ying[2]　ZHANG Lv-shui[1]　XU Li-na[1]　ZHANG Yao[1]　CAI Jun-huo[1*]

(¹*College of Landscape Architecture，Jiangxi Agricultural University，Nanchang 330045，China*；
²*College of Art，Jiangxi University of Finance and Economics，Nanchang 330032，China*)

Abstract　Lycoris is not only a kind of characteristic bulbous flower, but also an excellent raw material plant of Chinese medicinal materials and industrial starch. In addition, its comprehensive development and utilization value is high. In order to reflect the relationship between literatures quickly and efficiently, the evolutionary path and research hotspot of Lycoris were further found. Based on data sources of WOS and CNKI, CiteSpace software was used for visual graphic analysis. The purpose of this study is to reveal the evolution process and internal rules of lycoris related research, so as to predict the future research trend. The results showed that the study of *Lycoris* went through three stages (slow accumulation stage, rapid growth stage and stable growth stage). The research direction develops along the route of " interspecific relationship within genus—propagation and cultivation—pharmacology and pharmacodynamics—cytology and molecular biology—cross breeding". Secondly, in terms of the level of international cooperation, China's contribution to cooperation is the largest. The Chinese Academy of Sciences has the largest number of publications and a high level of research. Finally, domestic researchers have formed a core group of authors in eastern China, but the cooperation between the teams is relatively dispersed.

Key words　Lycoris；CiteSpace；Research progress；HOTSPOT ANALYSIS

引言

石蒜属(Lycoris)植物在民间被称为龙爪花[1]，具有自发的"夏眠"特性[2]，且花叶不相见，又被称为"魔术花"，其花型优美，色泽艳丽，有"中国的郁金香"之美誉[3]，是理想的园林地被、花境、花丛及切花材料[4]，为近年新开发的球根花卉新宠[5]。石蒜属鳞茎中还含有多种生物碱[6]、石蒜多糖和石蒜凝集素[7]，具有镇痛、降压、抗炎、抗病毒作用[8]。在治疗小儿麻痹症、重症肌无力、肠麻痹以及阿尔茨海默

1　基金项目：国家自然科学基金项目(31560226，31960327)和江西省自然科学基金项目(20202BABL205004)。
　第一作者简介：马美霞(1994—)，女，山西吕梁人，硕士研究生，主要从事园林植物栽培与应用研究。
＊通讯作者：蔡军火(1976—)，男，教授，E-mail：Cjhuo7692@163.com。

症等方面具显著疗效[9-10]，开发潜力巨大。此外，其独特的夏眠习性与亚热带地区的夏季湿润气候不相协调[11]，科学研究价值特殊。

目前，国内外学者对石蒜属已做了大量研究，涉及育种、系统分类与进化、生长发育、繁殖栽培技术和资源开发等方面[12]，近年来，相关文章的发文量呈现逐年上升趋势，但未见其计量学研究的相关报道。为快速、高效地反映文献之间的关系，发现学科演化路径[13-15]和研究热点。利用 CiteSpace 软件，通过可视化图形分析，旨在初步揭示石蒜属植物相关研究的演进过程及其内在规律，以达到预测未来相关研究趋势的目的。

1 资料与方法

1.1 数据来源

为确保研究数据的可靠性和全面性，本文选取 WOS 和 CNKI 两个数据库的期刊文献作为数据来源，检索年度跨度均为 1990—2019 年。其中，在 Web of Science 数据库中，以 "*Lycoris*" or "*Lycoris radiata*" 为主题进行检索，文献类型限定为 Article 和 Review，文献语种限定为 English，共检索到论文 148 篇，去除重复与非研究类文献，最终获取外文文献 137 篇，形成本文的国外样本数据库。在 CNKI 期刊数据库中，以"石蒜""石蒜属植物""红花石蒜"为主题词，检索年度跨度为 1990—2019 年。共检索到中文文献 1615 篇，其中以"石蒜"为主题词搜索得到的相关文献共 1394 篇，以"石蒜属植物"为主题词搜索得到相关文献共 181 篇，以"红花石蒜"为主题词搜到文献 40 篇，以人工方式剔除条件不符（包括会议、新闻、学者随笔等）或信息不全的文献，最终获得中文文献 686 篇，形成本文的国内样本数据库。

1.2 数据转化

首先，将所选中外文文献以 Refworks 格式导出，包括作者、发文机构、题目、期刊、关键词、摘要等关键信息；其次，利用 CiteSpace 5.6.R.4 软件对初导出的数据格式进行转换；最后，在参数设置中，节点类型分别为作者、机构、国家和关键词，年被引频次最高阈值为 50，剪切方式为 Pathfinder 法，获得作者、研究机构和关键词等相关知识图谱。

2 国内外石蒜研究的时空分布特征

2.1 文献时间分布分析

根据文献数量的多少和年度分布趋势，可以反映出该研究领域的发展水平和程度及发展趋势[16-17]。从图 1 中可以得知，近 30 年国内、外石蒜属植物相关研究的发文数量整体呈现上升趋势。这与 SCI 期刊数的增多有一定关系[18]，符合国内外科技论文数量普遍增长的大趋势[19]。然而，外文的发文量要远少于中文，这可能与石蒜的原产与主要分布区在中国有关。从发展阶段来看，相关研究历程大致可划分为以下 3 个阶段：（1）起步阶段（1990—2002 年）：研究内容主要涉及"形态与细胞学分类、生长习性、繁殖"等方面，且公众对相关研究的关注度较弱；（2）快速发展阶段（2003—2012 年），其受关注度迅速上升，研究内容主要聚焦于"栽培管理、种球扩繁技术、花期调控、生长发育机理、开发利用"等方面。期间，中文发文量快速增长（年均增加 10 篇，至 2012 年底达 59 篇）。（3）转折阶段（2013 年至今），研究内容逐渐关注"发育机理与新品种选育"，文献发表量呈波动式上升。这表明，石蒜属植物相关研究的热点在不断变化，内容也在由浅入深地推进，研究手段也日渐先进。

2.2 空间分布特征

2.2.1 文献作者分析

通过绘制石蒜研究文献作者的知识图谱，可以定量识别出该领域中的关键研究人员及其分布情况。核心作者的研究方向在很大程度上代表着该领域的重点和未来趋势，且体现了该领域的研究水平[22]。不同作者之间的合作程度也在一定程度反映了该领域的研究水平和发展阶段。

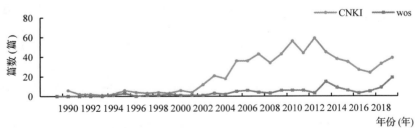

图 1 国、内外石蒜属植物研究发文量时间分布图

Fig. 1 Time distribution of the publication amount of domestic and foreign *Lycoris* research

根据普赖斯定律，按核心作者的认证公式（$M \approx 0.749 \times \sqrt{N_{\max}}$）计算，将在该领域的外文发文数不少于 2 篇的作者可定义为核心作者。对于石蒜属植物研究，外文发文量在 2 篇以上的作者共 40 位，这些核心作者的发文量占总发文量的 27%。其中，排名在前 10 的核心作者见表 1。在近 30 年中，以 2013 年的外文发文量最多，其中有 4 位作者（Wang Ren、Xiao Huaxiao、Liu Kun、Peng Feng）在这年的发文量均达 4 篇（占总发文量的 10%）。从影响力的角度来分析，影响力最持久的是 Jiang Yumei，长达 10 年，其主要研究方向为石蒜的基因克隆和序列分析。

表 1　石蒜属植物研究外文文献发文量≥3 篇的作者

Table 1　Authors who published more than 3 papers on *Lycoris*

位次	发文量	中心性	年份	作者	半衰期
1	4	0.00	2006	Li Gongke	1
2	4	0.00	2006	Xiao Huaxiao	1
3	4	0.00	2018	Liu Kun	1
4	3	0.00	2013	Peng Feng	0
5	3	0.00	2013	Xia Bing	0
6	3	0.00	2013	Li Xiaodan	0
7	3	0.00	2013	Xu Sheng	0
8	3	0.00	2013	Jiang Yumei	10
9	3	0.00	2013	Wang Ren	0
10	3	0.00	2013	Zheng Lu	0

由表 2 可知，对于石蒜属植物的研究，中文文献发文量在 10 篇以上的作者共计 20 位，占总发文量的 6%。其中，以周坚的发文量最多，共 37 篇，最具影响力。其团队主要在应用 RAPD 及 ISSR 分子标记手段对石蒜属植物的种质资源分布、遗传多样性及其变异类型、生长发育、栽培、繁育等方面进行了较为深入的研究。其次，影响力较大的还有夏冰、彭峰、郑玉红、周守标等，分别从石蒜属植物的生理生态习性、栽培、繁育、分子遗传、药用成分鉴定及其药理药效等方面开展了系统研究。

表 2　石蒜属植物研究中文文献发文量≥10 篇的作者

Table 2　Authors of more than 10 Chinese literatures on *Lycoris*

位次	发文量	中心性	年份	作者	半衰期
1	37	0.04	2001	周坚	8
2	33	0.02	2003	夏冰	7
3	24	0.03	2007	彭峰	4
4	23	0.05	2007	郑玉红	8
5	19	0	2003	周守标	2
6	19	0.01	2011	张鹏翀	2
7	18	0.02	2001	张露	8
8	18	0.01	2009	鲍淳松	4
9	17	0.01	2009	汪仁	3
10	16	0	2009	江燕	4
11	13	0	2013	季宇彬	2
12	12	0	2007	熊远福	5
13	12	0	2009	童再康	4
14	11	0	2007	袁菊红	2
15	11	0	2009	张海珍	3
16	10	0	2003	秦卫华	1
17	10	0	2009	魏绪英	3
18	10	0	2009	蔡军火	3
19	10	0.01	2004	邓传良	2
20	10	0	2009	李霞	3

2.2.2　文献作者合作网络知识图谱分析

为清楚地反映作者间的合作情况，本文绘制了石蒜属植物研究的外文作者合作知识图谱。从图 2 可知，外文作者之间的连线较为紧密，表明外文作者之间有着较强的合作研究关系，尤其是发文量排名前 10 的核心作者（如 Wang Ren、Xia Bing、Li Xiaodan、S Kurita 等之间形成了一个稳定的研究群体）。

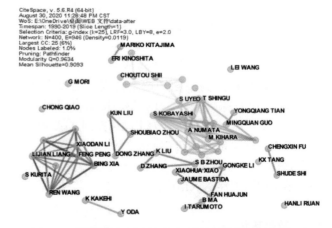

图 2　石蒜属植物研究的外文文献作者合作网络展示

Fig. 2　The author cooperation network exhibition of Chinese literature on *Lycoris*

从石蒜属植物研究的中文文献作者合作网络可视化分析图（图 3）得知，该领域研究具有强有力的领军人物（如：周坚），且研究团队及其相关人员之间的学术交流较多，合作较为密切。另外，文献互相引用的频率较高，说明其学术研究的认同度相对较高，已基本形成了一定范围内的学术共鸣。研究团队区域性合作的特点突显，主要集中在华东（江苏、浙江、江西、安徽）和华中地区。然而，仍有部分研究团队（如核心区域外）之间的合作较少。

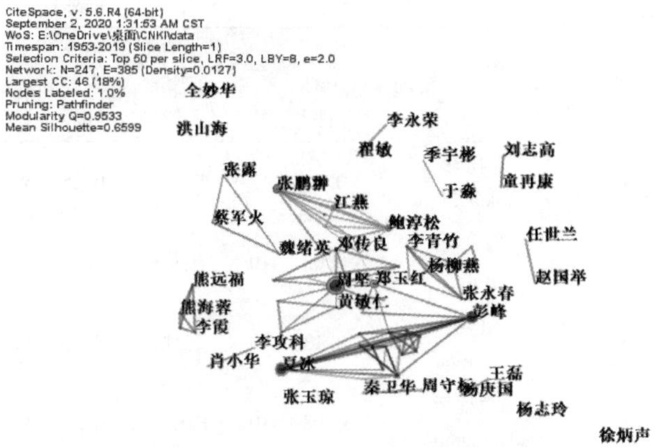

响力的研究机构是中国科学院(图4、表3)。该科研机构与其他机构的连线最多,其在国内的合作关系非常明显且较为集中,对外合作也较为密切。在外文的发表方面,排在前3名的机构主要集中在中国和日本,依次是中国科学研究院(Chinese Acad Sci)、安徽师范大学(Anhui Normal Univ)、日本千叶大学(Chiba Univ)。

图3 石蒜属植物研究中文文献作者合作网络展示

Fig. 3 Cooperation network of Chinese literature authors in *Lycoris* research

2.3 机构分析

从石蒜属植物的研究机构共现知识图谱得知(图4、表3、表4),国内外对石蒜属植物的研究主要集中在科研机构和高校,且主要分布在华东地区的南京、杭州、芜湖、南昌等地。另外,其发文量共222篇,占总发文量的18.41%,充分体现了该区域机构在石蒜属植物研究领域的领先地位。从图4和图5中也可以看出,国内外石蒜属的研究机构分布整体呈现"局部集中,整体分散"的现象,现已形成了多个核心的团队及其机构,但是团队之间的合作关系相对较弱。

表3 石蒜属植物研究外文文献发文量≥5篇的机构

Table 3 Institutions that published more than 5 articles on *Lycoris* research

位次	机构	频次	中心性	年份	半衰期
1	中国科学院 Chinese Acad Sci	17	0.11	2005	11
2	安徽师范大学 Anhui Normal Univ	10	0.01	2007	5
3	千叶大学(日本) Chiba Univ	8	0.03	2005	3
4	江苏省中科院植物研究所 Jiangsu Prov & Chinese Acad Sci	7	0.03	2010	3
5	中山大学 Sun Yat Sen Univ	6	0.00	2005	2
6	浙江大学 Zhejiang Univ	5	0.05	2006	1
7	华中科技大学 Huazhong Univ Sci & Technol	5	0.00	2013	4

从半衰期来看,对于石蒜属植物的研究,最具影

表4 石蒜属植物研究中文文献发文量≥10篇的机构

Table 4 Institutions with more than 10 papers published in Chinese literature of *Lycoris* research

位次	机构	频次	中心性	年份	半衰期
1	杭州植物园	26	0.00	2007	6
2	哈尔滨商业大学生命科学与环境科学研究中心	24	0.00	2013	2
3	江苏省中国科学院植物研究所	22	0.00	2003	13
4	南京林业大学森林资源与环境学院	20	0.00	2004	4
5	江西农业大学园林与艺术学院	19	0.00	2006	6
6	国家教育部抗肿瘤天然药物工程研究中心	17	0.00	2013	2
7	中国科学院上海药物研究所	16	0.00	1979	8
8	安徽师范大学生命科学学院	11	0.00	2003	2
9	湖南农业大学理学院	10	0.00	2009	3

对于中文文献,国内发文频次最高的机构为杭州植物园(图5、表4),发文量为26篇;其次,为哈尔滨商业大学(24篇)和江苏省中国科院植物所(22篇);之后为南京林业大学和江西农业大学,其学术论文发表的共现频次均在10以上。由此可见,国内石蒜的研究主要集中在高校,其次为研究所,企业较少。

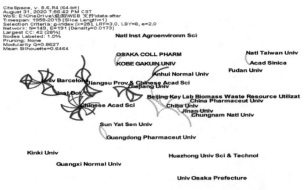

图4 石蒜属植物研究外文文献发表机构合作网络展示

Fig. 4 Cooperation network exhibition of foreign literature publishing institutions on *Lycoris*

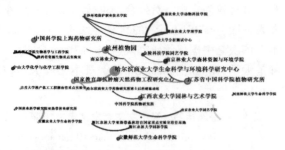

图 5 石蒜属植物研究中文文献发表机构合作网络展示

Fig. 5 Cooperation network display of Chinese literature publishing institutions of *Lycoris* research

2.4 关键词分析

高频次关键词代表着该领域的研究热点[20-21],是揭示论文主要内容的重要途径[23-24]。通过对国内石蒜属植物研究的文献做关键词共现分析和聚类分析,生成知识分析图谱,可以清晰揭示石蒜属研究的整体发展脉络及其各阶段热点。

2.4.1 关键词共现分析

以"Lycoris"or"Lycoris radiata"为关键词进行检索,经去除重复与非研究类文献后获取文献 137 篇。运用 CiteSpace 对其进行可视化和计量化分析表明,国际上有关石蒜属植物的研究热点随着时间而变化。早期研究主要围绕石蒜科植物(Amaryllidaceae)和石蒜(Lycoris radiata)的基础生物学和生态学特性展开,随后逐渐关注其开发利用(如生物碱的药效与药理、淀粉),继而过渡到细胞学研究(如核型分析)、育种(杂交和辐射育种)、分子生物学(如转录组学、功能基因克隆与定位)等领域。采用同种方法将中文文献(经去重后的 686 篇)导入 CiteSpace 软件,生成表 5 和图 6。结果表明:石蒜属植物的药用成分及其药理药效研究一直备受关注。

表 5 国、内外石蒜属植物研究高频关键词表(Top10)

Table 5 High frequency keyword table of domestic and foreign *Lycoris* research (Top10)

位次	WOS 高频关键词	中介中心性	频次	CNKI 高频关键词	中介中心性	频次
1	石蒜 Lycoris radiata	0.33	36	石蒜	0.49	217
2	石蒜科 Amaryllidaceae	0.28	26	石蒜属	0.32	107
3	石蒜科生物碱 Amaryllidaceae alkaloid	0.09	22	石蒜碱	0.31	83
4	生物碱 alkaloid	0.11	13	加兰他敏	0.25	69
5	鳞茎 Bulb	0.09	10	生物碱	0.14	49
6	进化 Evolution	0.13	10	忽地笑	0.26	43
7	加兰他敏 galanthamine	0.08	10	中国石蒜	0.25	34
8	细胞凋亡 apoptosis	0.02	7	石蒜属植物	0.13	32
9	辐射 radiata	0.24	7	组织培养	0.13	26
10	核型 karyotype	0	7	红花石蒜	0.18	21

从关键词出现的频次分析,频次达 20 的关键词有 11 个。其中以"石蒜"出现的频次最多,共计 217 次。另外,出现"石蒜属、属内的具体物种或杂交品种"相关关键词的频次共计 205 次。由此进一步说明相关研究主要集中在石蒜属种间关系及其物种特性研究上。除此之外,出现"石蒜科生物碱、生物碱、加兰他敏或其他生物碱名称"频次多达 201 次。这表明,近 30 年国内对于石蒜属植物的研究热点主要聚焦于石蒜生物碱的化学成分及其药理学研究、提取工艺等方面[25-31]。

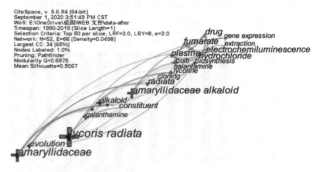

图 6 国外石蒜属植物研究关键词共现分析知识图谱

Fig. 6 Knowledge map of keyword co-occurrence in foreign literature of *Lycoris*

从整体来看(1990—2020 年),首先,本研究前期主要集中在石蒜属植物的分类、开发利用及药用价值方面。因此,其关键词出现频率极高。其次,是石蒜的生长发育、繁殖栽培、生理生态等方面的研究。再次,近年逐渐向石蒜属植物的细胞学和分子生物学研究过渡。

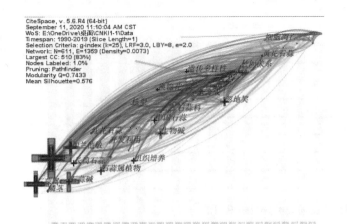

图 7 国内石蒜属植物研究关键词共现分析知识图谱

Fig. 7　Knowledge map of key words co-occurrence analysis of *Lycoris* in China

2.4.2 聚类分析

对比中文和外文文献中石蒜研究热点聚类,主要关键词进行自动聚类,由此可以展示石蒜相关研究文献中文关键词的聚类网络,发现热点领域有相同点。下列图中(图8、图9)展现出来的关键词聚类网络可以看出,两个图中都有聚类重叠,表明这部分聚类之间联系较为紧密,虽然研究略有差异,但主题集中。

图 8 国内石蒜属植物研究关键词聚类分析知识图谱

Fig. 8　Knowledge map of key words cluster analysis of Lycoris *Lycoris* in China

如国内石蒜研究关键词的聚类分析图谱中(图8),#2,#4,均为石蒜属植物的研究;#0,#5均为石蒜的药用价值的研究。国外石蒜研究关键词的聚类分析图谱中,#3,#1 韩国(South Korea)、分子模拟(molecular modeling)都是对石蒜分子方面的研究,#5

有效的生物碱浓缩(effective alkaloid enrichment)是对石蒜生物碱的研究。总结聚类分析图可以看出,近年来,国内外对石蒜的研究多围绕石蒜内的生物碱等开发利用价值和繁殖栽培以及分子研究等方面来展开。如秦卫华等分析了九华山野生石蒜的核型[32],结果表明:九华山野生石蒜染色体的数目为 2n = 22,3 对亚端部着丝点区染色体,8 对端部着丝点区染色体,这在石蒜种中迄今未见报道,可为石蒜属的核型演化与演化机制提供重要的基础资料。姚剑虹等利用现代分子技术进行了石蒜凝集素基因的克隆以及转基因植物的抗虫性研究。

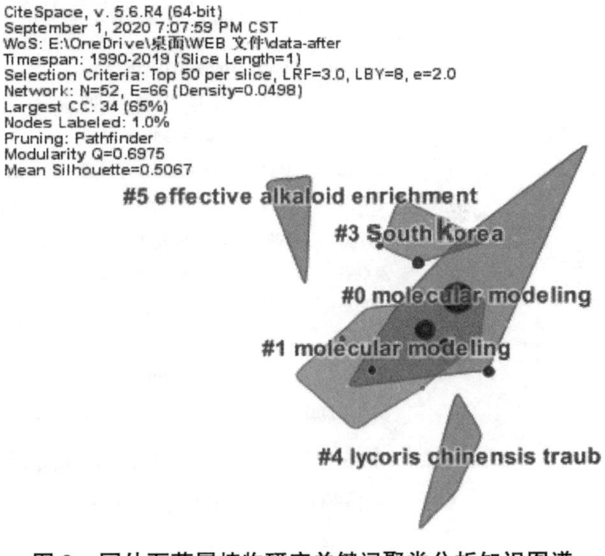

图 9 国外石蒜属植物研究关键词聚类分析知识图谱

Fig. 9　Knowledge map of key words cluster analysis of *Lycoris* in foreign countries

2.4.3 突现词分析

突现词和突现率可以反映一个学科或者某一领域研究前沿的发展趋势。利用 CiteSpace 软件的突现词探测功能,可以直观地展示研究前沿之间的演进路径和交互关系[33-34]。为此,本文基于对 WOS 数据库中 1990—2019 年的数据分析,根据突现词及其时间分布特点,将石蒜属领域的研究发展划分为以下 2 个阶段(图10)。

通过对 CNKI 数据库中 1990—2019 年的数据分析,如图11所示,根据突现词及时间分布特点,可将石蒜发展划分为3个阶段。

第一个阶段:在1990—2002 年,突现关键词有"石蒜"或"*Lycoris radiata*""石蒜属"或"*Lycoris*",等突现词出现及其突现率较高,表明该阶段我国已开始研究石蒜属植物研究,研究对象以石蒜属种间关系及属内种——石蒜(*Lycoris radiata*)为多,石蒜属其他种的相关研究也陆续出现。说明在此阶段人们开始关注

Keywords	Year	Strength	Begin	End	1990－2019
lycori	1990	3.2262	**2005**	2006	
microwave-assisted extraction	1990	2.5186	**2006**	2007	
amaryllidaceae	1990	3.3068	**2009**	2010	
constituent	1990	2.3388	**2010**	2011	
lycoris radiata	1990	2.1981	**2010**	2011	
alkaloid	1990	1.643	**2013**	2017	
lycorine	1990	1.6932	**2013**	2014	
bulb	1990	4.5031	**2014**	2017	
amaryllidaceae alkaloid	1990	0.8155	**2017**	2019	

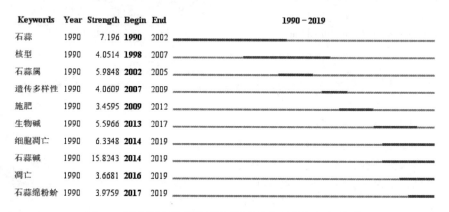

图 10　国外石蒜属植物研究关键词聚类分析知识图谱

Fig. 10　Cluster analysis knowledge map of *Lycoris* in foreign countries

Keywords	Year	Strength	Begin	End	1990－2019
石蒜	1990	7.196	**1990**	2002	
核型	1990	4.0514	**1998**	2007	
石蒜属	1990	5.9848	**2002**	2005	
遗传多样性	1990	4.0609	**2007**	2009	
施肥	1990	3.4595	**2009**	2012	
生物碱	1990	5.5966	**2013**	2017	
细胞凋亡	1990	6.3348	**2014**	2019	
石蒜碱	1990	15.8243	**2014**	2019	
凋亡	1990	3.6681	**2016**	2019	
石蒜绵粉蚧	1990	3.9759	**2017**	2019	

图 11　国内石蒜属植物研究关键词突现分析知识图谱

Fig. 11　Knowledge map of key words emergence analysis of *Lycoris* in China

石蒜属植物，其相关研究尚处于起步阶段。

第二个阶段：在 2003—2012 年，突现词开始出现了“石蒜属”“遗传多样性”“核型”“施肥”等。在此阶段，石蒜属植物的无性繁殖、属内杂交及其核型、植物发育生物学与栽培技术研究得到进一步发展，其研究内容呈多元化发展，研究水平也得到有效提高[36-39]。

第三个阶段：在 2013—2020 年，突现关键词有“生物碱”或“alkaloids”“细胞凋亡”“石蒜碱”或“lycorine”等，且持续时间较长。这表明，近年来学者们开始广泛关注石蒜科鳞茎内部各种生物碱的开发利用，研究的前沿方向整体表现出从宏观向微观转变的态势。这与共词分析的结果基本趋于一致，说明关于石蒜的研究热点与前沿在发展中变化。

从这些突现关键词的突现率和突现时间节点来看，石蒜属植物的研究与国家方针政策和科技进步密切相关。从突现词影响的周期来看，石蒜属植物的开发利用研究时间最长(1990—2019)，尤其是药理作用研究(如抗菌[40]、抗病毒[41]、抗肿瘤[42-43]等)。根据相关的政策指导，石蒜属植物的开发利用、繁殖栽培、细胞学和分子生物学等问题仍将成为学者们的研究重点。

3　结语

本文借助 CiteSpace 软件，对 1990—2019 年的 WOS 和 CNKI 数据库中石蒜属植物研究文献数据进行知识图谱可视化分析，得出如下结论：

(1)国内外有关石蒜属植物研究的发文量整体呈“慢-快-慢”的上升态势。其中，2013 年至今呈跳跃式上升阶段，与其他领域的论文增长规律是趋于一致，但发文数量远低于其他学科。这可能与该学科的热点转移、存在的种类的珍稀程度以及分布地域的局限性有关。

(2)石蒜属植物的研究力量主要分布在中国和日本等亚洲国家。从发文量和研究机构的影响力来看，中国(尤其是华东地区的高校和科研院所)具有一定的领先地位，但在顶级期刊和高质量文献发表及国际合作方面有待进一步提高。

(3)尽管我国的石蒜属植物资源丰富，相关的研究文献发文量也较多，研究内容与前沿也多数是集中在生物碱的化学成分分析及其药理药效方面，但对其作用机制等方面的研究尚不深入。

(4)从突现词的影响周期来看,石蒜属植物的开发利用研究持续时间最长(30年),学术影响力最大。前期主要关注该属植物的开发利用、分类及核型演化机制,中期主要关注其种球繁育、生长发育及其开发应用;近期则更多聚焦于从基础生物学及其花期调控和育种等内容问题。总体上呈现由宏观向微观的发展态势。

参考文献

[1] 令狐昱慰,李多伟. 石蒜属植物的研究进展[J]. 亚热带植物科学, 2007, 36(2): 73.

[2] Liu K, Tang C F, Zhou S B, et al. 2012. Comparison of the photosynthetic characteristics of four Lycoris species with leaf appearing in autumn under field conditions[J]. Photosynthetica, 50(4): 570-576.

[3] 琴惠. 丰富多彩的石蒜花[J]. 大众花卉, 1986(3): 10-11.

[4] 董国良. 石蒜外治妙用[J]. 中医外治杂志, 1995(6): 31-32.

[5] 金雅琴,黄雪芳,李冬林. 江苏石蒜的种质资源及园林用途[J]. 南京农专学报, 2003, 19(3): 17-21.

[6] 邓传良. 周坚. 换锦花C-带的初步探究[J]. 生物学杂志, 2004, 21(2): 18-19.

[7] 常丽青,等. 红花石蒜球茎凝集素的纯化及部分性质[J]. 应用与环境生物学报, 2005, 11(2): 164-167.

[8] 贾献慧,周铜水,郑颖,等. 石蒜科植物生物碱成分的药理学研究[J]. 中医药学刊, 2001(06): 573-574.

[9] 徐子猷,黄赛杰,阮连军. 氢溴酸加兰他敏的透皮吸收[J]. 药学服务与研究, 2002(02): 88-91.

[10] Coyle J, et al. Galanthamine, a cholinesterase inhibitor that allosterically modulates nicotinic receptors: effects on the course of Alzheimer's disease[J]. Society of Biological Psychiatry, 2001, 49: 289-299.

[11] 王仁师. 关于石蒜属(Lycoris)的生态地理[J]. 西南林学院学报, 1990, 10(1): 41-48.

[12] Cai Junhuo, Fan Junjun, Wei Xuying, et al. A three-dimensional analysis of summer dormancy in the red spider Lily (Lycoris radiata)[J]. Hortscience, 54(9): 1459-1464.

[13] 蔡军火,魏绪英,张露. 遮光对石蒜叶片生长及开花期性状的影响[J]. 草业科学, 2011, 28(12): 2092-2095.

[14] 胡力,肖宏. 基于CNKI文献大数据视野下生药学学科发展及研究进展分析[J]. 中国中药杂志, 2018, 43(4): 689.

[15] 陈悦,陈超美,刘则渊,等. CiteSpace知识图谱的方法论功能[J]. 科学学研究, 2015, 33(2): 242.

[16] Pan X L, Yan E J, Cui M, et al. Examining the usage, citation, and diffusion patterns of bibliometric mapping software: a comparative study of three tools[J]. J Informetr, 2018, 12(2): 481.

[17] 高云峰,徐友宁,祝雅轩,等. 矿山生态环境修复研究热点与前沿分析——基于VOSviewer和CiteSpace的大数据可视化研究[J]. 地质通报, 2018, 37(12): 2144-2153.

[18] Larsen P O, Ins M V. The rate of growth in scientific publication and the decline in coverage provided by Science Citation Index[J]. Scientometrics, 2010, 84(3): 575-603.

[19] Wang C, Liu Y, Li X H, et al. Advances in the study of the genera of the genera of amylose based on bibliometrics[J]. Acta Ecologica Sinica, 2016, 36(16): 5276-5283.

[20] Xiao L M, Xiao Q L. Study on progress and hot issues of green innovation at home and abroad visual analysis based on CiteSpace[J]. Resource Development & Market, 2018, 34(9): 1212-1220.

[21] 曹永强,朱明明. 近20年来我国空气污染研究热点与趋势的文献计量分析[J]. 华北水利水电大学学报(自然科学版), 2016, 37(3): 76-81.

[22] 刘丽,白秀广,姜志德. 国内保护性耕作研究知识图谱分析——基于CNKI的数据[J]. 干旱区资源与环境, 2019, 33(4): 76-81.

[23] 田甜,张永,王朝晖. 通过关键词词频分析看2009-2013年内科学综合期刊研究热点和发展方向[J]. 中华医学科研管理杂志, 2016, 29(1): 32-37.

[24] 李珊珊,张文毓,孙长虹,等. 基于文献计量分析土壤修复的研究现状与趋势[J]. 环境工程, 2015, 33(5): 160-165.

[25] 赵蓉英,许丽敏. 文献计量学发展演进与研究前沿的知识图谱探析[J]. 中国图书馆学报, 2010(5): 60-68.

[26] 王晓燕,黄敏仁,韩正敏. 石蒜属植物中加兰他敏的分离提取及其应用[J]. 南京林业大学学报:自然科学版, 2004, 28(4): 79-83.

[27] 王晓燕,黄敏仁,韩正敏. 微波辅助提取石蒜属植物忽地笑中加兰他敏的研究[J]. 南京中医药大学学报, 2005, 21(6): 374-375.

[28] 肖观秀. 超临界萃取技术提取石蒜中加兰他敏的工艺研究[D]. 天津:天津大学, 2005.

[29] 王晓燕,黄敏仁,韩正敏,等. 石蒜属植物忽地笑中化学成分的GC-MS分析[J]. 中草药, 2007, 38

(12)：188-188，217.
[30] 李亚仲，单宇，吴志平. 紫外分光光度法测定石蒜鳞茎的总生物碱含量[J]. 时珍国医国药，2007，18(7)：1695-1696.
[31] 谢俊，谈锋，冯魏，等. 石蒜属植物分类鉴别、药用成分及生物技术应用研究进展[J]. 中草药，2007，38(12)：902-1902
[32] 秦卫华，余本祺，周守标，等. 安徽省九华山野生石蒜居群的核型研究[J]. 安徽师范大学学报，2004，(4)：440-442.
[33] 李霞，熊远福，蒋利华，等. 一步法提取石蒜中加兰他敏和石蒜碱[J]. 化工进展，2008，27(6)：904-912.
[34] 刘璐祯，周为吉，郑荣宝，等. 基于学科知识图谱的国内土地资源管理学科演进及其进展研究[J]. 中国农业大学学报，2017，22(01)：189-202.
[35] 周守标，秦卫华，余本祺，等. 安徽产石蒜两个居群的核型研究[J]. 云南植物研究，2004(4)：421-426.
[36] Liu Y, Hsu B S. Mechanism of sterility of diploid hybridin genus *Lycoris*[J]. Acta Agr Shanghai, 1990, 6: 27-30.
[37] Traub H P. *Lycoris haywardii*, *L. houdyshelii* and *L. caldwdlii*[J]. Plant Life, 1957, 13: 42-48.
[38] 谢菊英，张露，连芳青，等. 生长调节剂对石蒜无性繁殖的影响[J]. 南京林业大学学报(自然科学版)，2006(3)：125-127.
[39] 蔡军火，魏绪英，付振勇，等. 石蒜属植物发育生物学与栽培技术研究进展[J]. 江西林业科技，2009(5)：21-24.
[40] Chen C, Morris S. Visualizing evolving networks: minimum spanning trees versus pathfinder networks[C]//IEEE Symposium on Information Visualization, 2003 (9): 1921.
[41] Chengsman L, Nair J J, Staden J V et al. Antibacterial activity of crinane alkaloids from *Boophone disticha* (Amaryllidaceae)[J]. Journal of Ethnopharmacology, 2012, 140(2): 405-408.
[42] Liu J, Yang Y, Xu Y, et al. Lycorine reduces mortality of human enterovirus 71-infected mice by inhibiting virus replication[J]. Virology Journal, 2011, 8(1): 483-483.
[43] Kornienk A E A. Anticancer evaluation of structur-ally diverse Amaryllidaceae alkaloids and their synthetic derivatives[J]. Phytochemistry Reviews, 2009, 8(2): 449-459.

紫叶李的减噪特性与效果研究

陈瑞珉 陈仿 王明月 李湛东*

(花卉种质创新与分子育种北京市重点实验室,国家花卉工程技术研究中心,城乡生态环境北京实验室,园林环境教育部工程研究中心,林木花卉遗传育种教育部重点实验室,园林学院,北京林业大学,北京 100083)

摘要 本研究以紫叶李为研究对象,研究其对不同频率白噪声的减噪效果以及不同程度剪枝处理下的树冠减噪效果。实验与数据分析结果如下:①紫叶李对于中高频噪声有较好的减噪效果,当噪声频率大于3150Hz时,树冠的减噪能随着频率的增大趋向于稳定的增强。②三次疏剪使其树冠的减噪能力不断降低,为完整树冠(1.48%)>第一次疏剪(1.44%)>第二次疏剪(0.85%)>第三次疏剪(0.76%)。③叶厚、树冠总孔隙率、叶长等10个植物结构因子显著地影响了树冠的减噪能力($P=0.000$)。紫叶李叶叶片越厚实宽大,树冠孔隙率越小,枝条越粗、枝叶越密集,紫叶李的减噪效果越好。在应用时,可以根据枝叶等结构特征和树冠孔隙率特征对阔叶小乔木进行选择,将这些特征作为植物降噪参考的标准。

关键词 紫叶李;枝叶结构;减噪效果;相关性分析

Studies on Noise Reduction Characteristics and Effect of *Prunus cerasifera* 'Atropurpurea'

CHEN Rui-min CHEN Fang WANG Ming-yue LI Zhan-dong*

(Beijing Key Laboratory of Ornamental Plants Germplasm Innovation & Molecular Breeding, National Engineering Research Center for Floriculture, Beijing Laboratory of Urban and Rural Ecological Environment, Engineering Research Center of Landscape Environment of Ministry of Education, Key Laboratory of Genetics and Breeding in Forest Trees and Ornamental Plants of Ministry of Education, School of Landscape Architecture, Beijing Forestry University, Beijing 100083, China)

Abstract In this study, *Prunus cerasifera* 'Atropurpurea' was used as the research object to study the noise reduction effects of it on white noise at different frequencies and crown noise reduction effects under different levels of pruning. The results of the experiments and data analysis are as follows: ①*Prunus cerasifera* 'Atropurpurea' has a good noise reduction effect on medium and high frequency noise. When the noise frequency is greater than 3150Hz, the noise reduction energy of the tree crown tends to be steadily enhanced with the increase of the frequency. ②The noise reduction ability of the crown decreased continuously for three times: The intact crown (1.48%) >First cutting (1.44%) >Second cutting (0.85%) >The third cutting (0.76%). ③Ten plant structural factors, such as leaf thickness, total canopy porosity and leaf length, had significant effects on the noise reduction ability of tree crown ($P=0.000$). If the leaves are thicker, wider, more dense, with smaller canopy porosity and thicker branches, *Prunus cerasifera* 'Atropurpurea' will have better noise reduction effect. In application, small broad-leaved trees can be selected according to the structural characteristics of branches and leaves and the characteristics of canopy porosity. These characteristics can be used as the reference standard for plant noise reduction.

Key words *Prunus cerasifera* 'Atropurpurea'; Branch and leaf structure; Noise reduction effect; Correlation analysis

---

第一作者简介:陈瑞珉,1996年生,女,硕士研究生,主要从事园林植物应用与园林生态研究。
第二作者简介:陈仿,女,硕士研究生,主要从事园林植物应用与园林生态研究。
王明月,女,硕士研究生,主要从事园林植物应用与园林生态研究。
* 通讯作者:李湛东,职称:副教授,E-mail: zhandong@bjfu.edu.cn

随着我国城市的不断发展，经济不断进步，噪声污染对人类的健康危害日益严重，长时间处于噪声环境，会对听觉器官和其他机体器官产生较大的损害（赵佳琳，2015）。对于这些严重影响着周围居民的身体健康和生活质量的噪声，我们急需积极采取措施有效治理。目前噪声防治主要从声源防治、切断传播途径和受声点防护3个方面进行（丁亚超 等，2004），而在环境噪声控制技术的研究中，植物由于其综合的生态、美观作用以及经济实用等特点在噪声治理上发挥了独特且重要的作用，因此受到各国研究者的关注（Inan Ekici 和 Hocine Bougdah，2003）。

早在1946年，Eyring 就在对巴拿马热带雨林研究后提出灌木丛可以衰减声波能量的观点（Eyring，1946）。R. Bullen 和 F. Fricke（1982）为林带减噪研究推导了几何体模型和回归方程，并用乔木幼苗进行了验证；彭海燕（2010）通过试验和计算得出林带减噪效果与宽度变化的回归方程；在声学专著中，蔡俊（2011）推导出了各种树木平均的附加衰减量。

林带由植物群落构成，植物群落又是由每一棵单株植物构成，每种植物都有其特定的生物学结构特征，因此可能会有各自特定的敏感减噪频段，所以应重视对单株植物降噪的研究（巴成宝，2013）。一些研究者开始通过量化单株植物的生物学结构特征并分析它们对植物减噪特性的影响，发现不同的植物种类以及不同的生物学结构特征都会影响其减噪效果（John R. Moore，2005；刘佳妮，2007）。

在对植物减噪效果研究的初期，研究者对于树干和分枝的减噪作用未能达成统一：Toshio Watanabe 和 Shinji Yamada（1996）认为枝干没有减噪效果；T. F. W. Embleton（1963）认为枝干通过和声波发生共振来吸收声能；G. Reethof（1980）认为树皮对噪声的吸收不受频率影响。叶片的减噪作用结论比较一致：高频声波入射，在叶片表面产生散射，从而散射隔声。在单株植物中，孔隙率描述的是冠层中光的透射能力（尹高飞 等，2014），对于其他吸声降噪材料，孔隙率是影响材料吸声系数的特性之一，所以树冠孔隙率也会在一定程度上影响植物的减噪效果（王明月，2019）。

但是，迄今为止，相关研究选择的植物生物学结构量化指标较少，且植物结构未做细致分解，量化单株植物的生物学结构特征还不够深入，量化方式不统一有待商榷。因此关于制定减噪植物的筛选和评价的定量指标还没有定论（巴成宝，2013；王明月，2019）。

本文试图利用紫叶李进行单株减噪效果的研究，研究其在不同频段的减噪差异及其影响因素，量化11个紫叶李的生物学结构指标，做相关分析与回归分析，解释其枝叶结构对减噪的影响。

紫叶李是优良的色叶树种，在园林绿化中运用极广。紫叶李的减噪作用还未有针对性的研究，减噪原理尚不明确，还未有明确的与其减噪有关的研究。鉴于其广泛的园林应用与多样的生态作用，可将其作为单株植物减噪研究的一个模式来实验测定其枝叶结构对减噪效果的相关性。

1 试验方法与对象

首先对紫叶李实验树的各项枝叶结构数据进行测量统计；然后对紫叶李进行8个方向上的减噪测试；最后对紫叶李进行3次剪枝，改变树冠的孔隙率，每次剪枝后分别进行枝叶结构测量和减噪测试。

1.1 试验时间和地点

本研究试验时间在8~9月，保证温湿度条件一致，风速<2m/s。

试验地点位于北京市大兴区黄垡苗圃，选择此处进行试验的原因是该地地处郊区，干扰较小，声场较为单一，苗圃中有适宜规格的苗木供选，且较为空旷，适宜测量和拍照从而尽量精确测算植物树冠的孔隙率。

1.2 试验材料和器材

本试验挑选购买的紫叶李苗木规格胸径2.0~2.3cm，冠高1.5~1.8m，冠幅2.3~2.6m，形态特征具有代表性；长势良好，无病虫害等，种植点间距大于10m。

试验器材包括：10m卷尺，5m塔尺，电子游标卡尺，电子数显天平，电子数显角度尺，白色背景布，三脚架，佳能60D单反相机，JBL民用级音响，白噪声频播放软件及手机，CEL-63型多功能声级计等。

1.3 试验方法

（1）植物枝叶结构特征测定

对每株试验树的各项枝叶结构数据（包括：叶厚；树冠总孔隙率；叶长；枝径；单叶面积；叶宽；叶柄径；树冠表面肌理；树冠立面面积；枝条夹角；叶面积密度）进行测量并统计。

其中，树冠表面肌理即单叶面积与树冠立面投影面积的比值；叶面积密度即植物单位空间内的叶面积。

（2）植物减噪效果的测定

以种植点为原点，由正南向正北设为0°，顺时针旋转，每45°设一个测点，测量该植株树冠8个方向上各测点的等效连续A声级，单位为dB。噪声源为连续稳定、频率1kHz且声压级稳定，比环境声至少大10dB的白噪声。将音箱固定在植株冠幅前端水平1m、高度1.2m处，以保证声源到达冠幅前端时已经形成稳定声波。打开音箱播放噪声，待声压稳定后，从0°方向开始，保证声级计探头水平正对声源，依次测量距声源1m处树冠近端测点、远离声源处树冠远端测点的等效连续A声级，之后将声源和远测点同时平移至冠幅外延1m以外空地测点做空白对照。每个方向进行3组重复。

不同种类植物的树冠对不同频率噪声的衰减效果不同，利用1/3倍频程频谱分析法，可以算出单株植物树冠对不同频率噪声的衰减量，分析不同树种对于不同频率声谱的衰减能力。本文研究的倍频程中心频率范围为25~20000Hz，共计30个倍频。在本研究中划定25~150Hz为低频段，150~500Hz为中低频段，500~5000Hz为中高频段，5000~20000Hz高频段。

本试验中相对A声级减噪能力（简称减噪能力）具体计算方法如下：

减噪能力（dB/m）=植物减噪率/冠幅；植物减噪率（%）=植物减噪量/近测点等效连续A声级；植物减噪量=总减噪量-空白对照减噪量。

(3) 剪枝改变树冠孔隙率

为探究植物树冠孔隙率对其减噪能力的影响，实验设计人工改变树冠的孔隙率。

从完整树冠开始按比例疏剪枝叶，先从生长点整条剪去一半数量的一年生枝条，此时得到第一次剪枝处理树冠；再剪去所有的一年生枝条，此时得到第二次剪枝处理树冠，进行第三次疏剪，整枝剪去所有二年生枝条，得到第三次剪枝处理树冠，测量其不同强度剪枝处理树冠的减噪量和生物学结构。

2 结果与分析

2.1 紫叶李减噪能力频谱分析

首先比较紫叶李完整树冠在25~20000Hz的30个频率声谱上的减噪能力和减噪率，共重复48次，进行单因素方差分析及多重比较，整理、合并分析结果，整理得出结果。

由表1数据和图1、图2可见，紫叶李完整树冠对低频段噪声衰减能力较弱且不稳定，在低频、中低频噪声频段差异不显著，当噪声频率<3150Hz时，树冠的减噪能力和减噪率在不同频段都出现了不同幅度的波动。但是随着频率的升高，其减噪能力和减噪率逐渐增强，对高频声谱的减噪能力、减噪率尤为突出，中高频段、高频段与低频、中低频相较有显著差异。当噪声频率≥3150Hz时，树冠的减噪能力和减噪率随频率的增大呈现明显且稳定的增强。

表1 紫叶李完整树冠在不同频率声谱上减噪能力与减噪率平均值

Table 1　The averages of the noise reduction ability and noise reduction rate of whole tree crowns of *Prunus cerasifera* 'Atropurpurea'

频段	频率	减噪能力平均值(dB/m)	减噪率平均值(%)
低频段	25	0.16±12.36 (ef)	-0.34±26.11 (fg)
	31.5	-0.36±11.37 (ef)	-1.09±23.77 (fg)
	40	-0.6±7.54 (f)	-1.56±16.21 (g)
	50	-0.14±4.94 (ef)	-0.18±10.13 (fg)
	63	-0.6±5.67 (f)	-1.4±12.36 (g)
	80	-0.72±3.73 (f)	-1.54±7.77 (g)
	100	0.34±4.2 (ef)	0.75±8.42 (efg)
	125	-0.55±3.73 (ef)	-1.12±7.63 (fg)
中低频段	160	-0.6±2.25 (f)	-1.18±4.65 (fg)
	200	-0.11±1.66 (ef)	-0.21±3.64 (fg)
	250	-0.36±1.36 (ef)	-0.82±2.97 (fg)
	315	-0.44±1.88 (f)	-1.03±4.05 (fg)
	400	-0.07±1.17 (ef)	-0.22±2.67 (fg)
	500	-0.32±1.14 (ef)	-0.68±2.44 (fg)
中高频段	630	0.08±1.22 (ef)	0.18±2.66 (fg)
	800	0.35±1.72 (ef)	0.7±3.78 (efg)
	1000	0.19±0.97 (ef)	0.5±2.18 (efg)
	1250	0.52±1 (def)	1.04±2.14 (efg)
	1600	0.18±0.9 (ef)	0.36±2 (efg)
	2000	0.37±0.94 (ef)	0.69±2.02 (efg)
	2500	0.51±1.08 (def)	0.98±2.19 (efg)
	3150	0.51±1 (def)	1.04±2.04 (efg)
	4000	0.97±1.15 (cdef)	2.07±2.39 (defg)
	5000	1.42±1.1 (cdef)	3.13±2.36 (def)
高频段	6300	2.19±1.31 (bcdef)	4.78±2.68 (cde)
	8000	2.71±1.25 (bcde)	5.96±2.73 (bcd)
	10000	3.52±1.51 (bcd)	7.8±3.54 (bc)
	12500	4.03±1.72 (bc)	8.87±3.94 (bc)
	16000	4.67±2.3 (ab)	10.18±4.99 (b)
	20000	7.37±3.64 (a)	16.09±7.7 (a)
F值		10.241	11.133
显著性		0.000	0.000

注：a、b、c、d、e、f、g表示以差异性为依据的种间合并分类标识，相同字母表示没有差异。

分析原因如下：由于白噪声的噪声谱是连续的，其功率谱密度在整个可听范围（20~20000Hz）内的所有频率能量密度都相同，故高频率区的能量更强（程建春，2012）；而且因为高频噪声的波长较短，易在植物枝叶表面散射，所以高频噪声更易被树冠衰减。

2.2 紫叶李枝叶结构特征与减噪能力

试验中测得两株紫叶李在不同角度上的11项枝

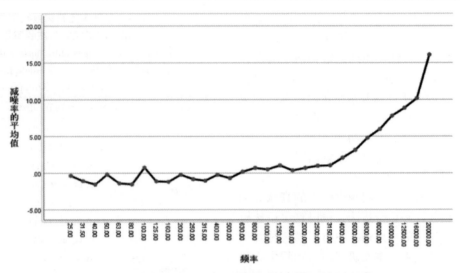

图 1 紫叶李完整树冠在不同频率声谱上减噪率平均值图

Fig. 1 The averages of thenoise reduction rate of whole tree crowns of *Prunus cerasifera* 'Atropurpurea'

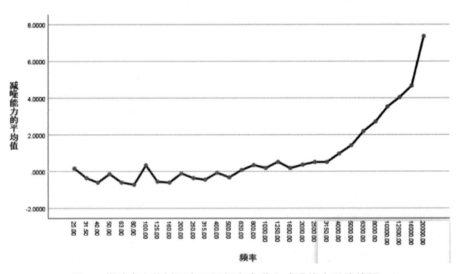

图 2 紫叶李完整树冠在不同频率声谱上减噪能力平均值图

Fig. 2 The averages of the noise reduction ability of whole tree crowns of *Prunus cerasifera* 'Atropurpurea'

叶结构特征将其分别取平均值并计算标准差,得到紫叶李的平均枝叶结构特征,再进行第一次、第二次、第三次疏剪,改变了其树冠、透光率、枝条、叶片等方面的结构。4 种等级下的平均枝叶结构特征整理见表 2。

表 2 四种等级紫叶李的平均枝叶结构特征

Table 2 Average branch and leaf structure characteristics of 4 grades of *Prunus cerasifera* 'Atropurpurea'

枝叶结构因子	完整树冠	第一次疏剪	第二次疏剪	第三次疏剪
ThL	0.11±0.01	0.11±0.03	0±0	0±0
TCP	15.55±11.17	18.78±10.96	100±0	100±0
LL	6.37±0.46	5.81±1.64	0±0	0±0
BrDR	1.73±0.27	1.81±0.57	0±0	0±0
ASL	14.05±1.93	12.63±4.25	0±0	0±0
LW	3.02±0.76	2.89±0.86	0±0	0±0
Dyb	0.54±0.08	0.43±0.13	0±0	0±0
PteA	0.1±0.02	0.09±0.04	0±0	0±0
CrEA	1.37±0.19	1.67±0.93	1.09±0.27	0±0
BrA	122.52±13.36	122.52±13.36	122.23±13.15	0±0
rASL	0.01±0.01	0.01±0.01	0±0	0±0

注:ThL:叶厚(cm);TCP:树冠总孔隙率(%);;LL:叶长;BrDR 枝径(cm);ASL:单叶面积(cm²);LW:叶宽;Dyb:叶柄径(cm);PteA:树冠表面肌理;CrEA:树冠立面面积/㎡(高为1m);BrA:枝条夹角;rASL:叶面积密度(cm²/cm³)。

对紫叶李不同强度剪枝处理树冠的减噪能力测试

结果由表3可见。重复48次试验检测紫叶李减噪能力和减噪率，并进行单因素方差分析。验证发现，随着不断剪枝，紫叶李减噪效果变低，表现为减噪能力与减噪率的不断降低。

完整树冠时的减噪能力为1.48%，大于第一次疏剪结果(1.44%)，显著大于第二次疏剪结果(0.85%)，最后一次疏剪结果平均减噪能力则为0.76%，结构的改变对树冠的减噪效果具有影响。

根据多重比较结果，紫叶李的平均减噪率及平均减噪能力在第一、第二两次不同强度剪枝处理下差异性极显著，但是后两次剪枝处理的平均减噪率及平均减噪能力差异不显著。第一、二两次疏剪处理是树冠有无叶片的分界，故出现了极显著差异；而当紫叶李树冠枝叶数量从完整到只剩一半叶片，其减噪能力与减噪率无显著差异，从没有叶片开始其枝条数量的减少也并未显著影响其减噪能力。

表3 四种等级紫叶李平均减噪能力及平均减噪率

Table 3　Average noise reduction capability and noise reduction rate of 4 grades of *Prunus cerasifera* 'Atropurpurea'

紫叶李等级	平均减噪能力(dB/m)	平均减噪率(%)
完整树冠(0)	1.48±0.46(a)	3.23±0.89(a)
第一次剪枝处理树冠(1)	1.44±0.52(a)	2.95±1.11(a)
第二次剪枝处理树冠(2)	0.85±0.59(b)	1.68±1.14(b)
第三次剪枝处理树冠(3)	0.76±0.46(b)	1.46±0.96((b)
F值	8.869	11.915
显著性	0.000	0.000

注：a、b表示以差异性为依据的种间合并分类标识，相同字母表示没有差异。

2.3 紫叶李的减噪能力、减噪率与枝叶结构特征因子的相关性分析

将紫叶李的14个结构特征因子先标准化处理，再与平均相对A声级减噪能力进行相关分析，结果如表4所示。

表4 紫叶李树冠的减噪能力、减噪率与其生物学结构特征的相性分析结果

Table 4　Correlation analysis between the noise reduction ability and noise reduction rate of tree crowns and their biological structure characteristics of *Prunus cerasifera* 'Atropurpurea'

序号	枝叶结构因子	与减噪能力相关性	显著性	与减噪率相关性	显著性
1	ThL	0.533**	0.000	0.593**	0.000
2	TCP	-0.535**	0.000	-0.587**	0.000
3	LL	0.522**	0.000	0.581**	0.000
4	BrDR	0.519**	0.000	0.582**	0.000
5	ASL	0.506**	0.000	0.553**	0.000
6	LW	0.501**	0.000	0.545**	0.000
7	Dyb	0.483**	0.000	0.574**	0.000
8	PteA	0.479**	0.000	0.516**	0.000
9	CrEA	-0.444**	0.004	-0.400**	0.001
10	BrA	0.431**	0.000	0.445**	0.001
11	rASL	0.236	0.061	0.300*	0.016

从相关性分析结果可得，有10个紫叶李树冠的生物学结构特征与其树冠减噪能力相关性分析结果的显著性小于0.05，即这10个生物学结构特征显著影响了树冠的减噪能力。叶面积密度的显著性大于0.05，相关系数只有0.236，说明紫叶李的叶面积密度与树冠减噪能力的相关性较弱。11个生物学结构特征与紫叶李减噪率都呈现显著相关性，除叶面积密度以外都是极显著。

紫叶李树冠的生物学结构特征中与树冠减噪能力相关性最强的是叶厚，相关系数达到0.533，与树冠的减噪能力均呈正相关，即叶片越厚，树冠的减噪能力就越强；同时叶厚与减噪率的相关性也是最强的，相关系数为0.593。说明紫叶李的叶厚对于其减噪效果确有较强的相关性。

树冠总孔隙率是树冠孔隙率的一维量化，相关性仅次于叶厚，与树冠的减噪能力负相关，树冠孔隙率越大，它的减噪能力就越弱。树冠立面透光率是噪声入射方向树冠立面孔隙率的二维量化，也与与树冠的减噪能力呈现负相关关系，但相关性仅为-0.444。这与减噪率相关性计算结果基本一致。

除了叶面积密度与树冠减噪能力的相关性较弱以外，叶相关的结构参数，包括叶长、单叶面积和叶宽，都与树冠的减噪能力均呈正相关的关系，排序分别为3、5、6。但是叶柄径与减噪率的相关性系数超过单叶面积和叶宽，分别为0.574、0.553和0.545。

总体来说，平均减噪率和减噪能力与生物学结构的相关性分析结果基本一致，所以可以将平均减噪率和平均减噪能力视为评价紫叶李减噪效果的重要依据。

2.4 紫叶李的减噪能力、减噪率与枝叶结构特征因子的线性回归模型

将紫叶李减噪能力与相关性排序在前6位的结构因子做线性回归处理，建立其减噪模型，探索叶厚、树冠总孔隙率、树冠平均孔隙率、叶长等6个结构因子对紫叶李减噪能力与减噪率的影响。

表5 紫叶李减噪能力、减噪率与其结构因子线性回归模型
Table 5 Linear regression model of *Prunus cerasifera* 'Atropurpurea' the noise reduction ability and noise reduction rate

相关结构因子	减噪能力模型	标准化系数Beta	显著性	R^2	减噪率模型	标准化系数Beta	显著性	R^2
叶厚	5.424 ThL+0.825	0.533	0.000	0.285	12.701 ThL+1.607	0.593	0.000	0.351
树冠总孔隙率	-0.008 TCP+1.577	-0.535	0.000	0.286	-0.018 TCP+3.354	-0.587	0.000	0.344
叶长	0.099LL+0.832	0.522	0.000	0.273	0.231LL+1.623	0.581	0.000	0.337
枝径	0.332 BrDR+0.839	0.519	0.000	0.269	0.784 BrDR+1.635	0.582	0.000	0.339
单叶面积	0.043 ASL+0.847	0.506	0.000	0.256	0.098 ASL+1.670	0.553	0.000	0.306
叶宽	0.182LW+0.863	0.483	0.000	0.233	0.434LW+1.686	0.545	0.000	0.297

从表6结果来看，首先减噪能力、减噪率的变化情况较为一致，是可以同时可作为评价总减噪效果的重要依据，与之前分析结论一致。

回归部分相应的显著性都为0.000，小于显著水平0.05，可以判断由这6个结构因子对减噪能力与减噪率解释的部分非常显著。在上文相关性分析中相关性系数最高的叶厚这一结构因子在与减噪能力的线性回归模型中常数与系数分别为5.424和0.825，与减噪率的线性回归模型中常数与系数则达到了12.701和1.607，即随着叶片厚度的增大，紫叶李减噪效果会有相对较大的乘数，叶厚对紫叶李树冠减噪特性的影响最大。

除了树冠孔隙率呈现负相关以外，其他5项结构因子均与减噪能力呈正相关，与相关性分析结果一致。除叶厚以外，对紫叶李减噪效果影响较大的依次是枝径、叶宽、叶长、叶面积、总树冠孔隙率，枝条越粗、叶长叶宽越大、树冠各枝叶间空隙越小、枝叶越密集，紫叶李的减噪能力越好。

3 结论与建议

（1）紫叶李对于中高频噪声有较好的减噪效果，当噪声频率大于3150Hz时，树冠的减噪能随着频率的增大趋向于稳定的增强，高频噪声更易被紫叶李树冠衰减，紫叶李对低频和中低频噪声的衰减不稳定。

（2）结构的改变会显著影响紫叶李树冠的减噪效果，显著性水平为0.000。3次疏剪使其树冠的减噪能力不断降低，为完整树冠（等级0）（1.48%）>等级1（1.44%）>等级2（0.85%）>等级3（0.76%）。

（3）在紫叶李树冠的生物学结构特征中有10个因子极显著地影响了树冠的减噪能力。根据相关性分析，相关性排序前3的分别是叶厚、树冠总孔隙率、叶长，分别与紫叶李减噪能力呈现正相关（相关性系数0.533）、负相关（相关性系数-0.535）、正相关关系（相关性系数0.522）。根据线性回归模型，也是叶厚对紫叶李减噪效果影响最大，之后依次是枝径、叶宽、叶长、叶面积、总树冠孔隙率。说明紫叶李叶结构中叶片越厚实宽大，树冠的减噪能力就越强；树冠孔隙率越大，减噪能力越弱。枝条越粗、枝叶越密集，紫叶李的减噪效果越好。总的来说，紫叶李叶结构特征对其减噪效果的影响大于枝结构特征，二者共同作用，对中高频段噪声声波起到散射、吸收和绕射的效果。

（4）对紫叶李减噪效果的研究还需要再增加实验植株数量进行更多、更深入的探索。本实验还需增加样本量，可更多地减少误差；关于疏剪，也应当做更准确的形态、比例、结构控制。相对于其他阔叶树种来说，紫叶李的减噪能力并不突出，影响每种阔叶树减噪效果的结构特征因子排序也因种间差异有所区别。但是从本研究来看，在考虑植物降噪应用时，可以根据叶等结构特征和树冠孔隙率特征对阔叶小乔木进行选择，将这些特征作为辅助参考的标准。

参考文献

巴成宝，2013.北京部分园林植物减噪及其影响因子研究[D].北京：北京林业大学.

蔡俊，2011.噪声污染控制工程[M].北京：中国环境科学出版社：39-155.

程建春，2012.声学原理[M].北京：科学出版社：546.

丁亚超，周敬宣，李恒，等，2004.绿化带对公路交通噪声衰减的效果研究[J].公路（12）：204-208.

刘佳妮，2007.园林植物减噪功能研究[D].杭州：浙江大学.

彭海燕，2010.北京平原公路绿化带降噪效果及配置模式研究[D].北京：北京林业大学.

王明月，李梦圆，刘文，等，2017.不同宽度的地被对交通噪声的衰减效果研究[M]//中国园艺学会观赏园艺专业委员会, 张启翔. 中国观赏园艺研究进展 2017, 北京: 中国林业出版社, 776-780.

尹高飞, 柳钦火, 李静, 等, 2014. 树冠形状对孔隙率及叶面积指数估算的影响分析[J]. 遥感学报, 18(4): 752-759.

赵佳琳, 2015. 城市噪声污染的原因及对策研究[D]. 青岛: 中国海洋大学.

Eyring C. F, 1946. Jungle Acoustics[J]. Journal of the Acoustical Society of America, 18(2): 257-270.

G. Reethof, G. M. Heisler, 1976. Trees and Forest for Noise Abatement and Visual Screening[R]. USDA Forest Service.

Inan Ekici, Hocine Bougdah, 2003. A Review of Research on Environmental Noise Barriers[J]. Building Acoustics, 10(4): 289-323.

John R. Moore, Douglas A. Maguire, 2004. Natural Sway Frequencies and Damping Ratios of Trees: Concepts, Review, and Synthesis of Previous Studies[J]. Trees, 18: 195-203.

R. Bullen, F. Fricke, 1982. Sound Propagation through Vegetation[J]. Journal of Sound and Vibration, 80(1): 11-23.

T. F. W. Embleton, 1963. Sound Propagation in Homogeneous Deciduous and Evergreen Woods[J]. Journal of the Acoustical Society of America, 35: 1119-1125.

Toshio Watanabe, Shinji Yamada, 1996. Sound attenuation through Absorption by Vegetation[J]. Journal of Acoustical Society of Japan, 17(4): 175-182.

露天开采矿山生态修复技术模式与效益评价
——以唐山文喜采石场为例

孔令旭 叶一又 张岳 关雯雨 董丽*

(花卉种质创新与分子育种北京市重点实验室,国家花卉工程技术研究中心,城乡生态环境北京实验室,园林环境教育部工程研究中心,林木花卉遗传育种教育部重点实验室,园林学院,北京林业大学,北京 100083)

摘要 露天开采矿山的开采使其植被和土壤遭到破坏,形成大量裸露的岩质坡体,造成严重的生态环境问题,亟需进行人工干预的生态修复。本研究以燕山地区典型露天开采矿山——唐山文喜采石场为研究对象,通过资料收集与实地调研,对采石场示范区采取的修复技术展开研究分析,运用AHP层次分析法对不同技术的生态效益进行综合评价,筛选出不同边坡环境下的最优修复技术。研究结果表明,唐山文喜采石场运用了包括"飘台"式、覆土绿化、"钻孔爬藤"、植生袋修复法在内的11种生态修复技术;缓坡修复中,植生袋修复法效果最佳,三维网格修复法次之;中坡修复中,生态草毯修复法效果最佳,植生袋修复法次之;陡坡修复中,鱼鳞坑覆土修复法效果最佳,植生袋修复法次之。研究结果可以为燕山地区露天开采矿山的生态修复提供技术支撑。

关键词 露天开采矿山;生态修复技术;效益评价

Technical Model and Benefit Evaluation of Ecological Rehabilitation of Open-pit Mines——Taking Tangshan Wenxi Quarry as an Example

KONG Ling-xu YE Yi-you ZHANG Yue GUAN Wen-yu DONG Li*

(Beijing Key Laboratory of Ornamental Plants Germplasm Innovation & Molecular Breeding, National Engineering Research Center for Floriculture, Beijing Laboratory of Urban and Rural Ecological Environment, Engineering Research Center of Landscape Environment of Ministry of Education, Key Laboratory of Genetics and Breeding in Forest Trees and Ornamental Plants of Ministry of Education, School of Landscape Architecture, Beijing Forestry University, Beijing 100083, China)

Abstract The mining of open-pit mining has destroyed vegetation and soil, forming a large number of exposed rocky slopes, causing serious ecological environmental problems, and ecological restoration of artificial intervention is urgently needed. This research takes Tangshan Wenxi Quarry, a typical open-pit mining in Yanshan area, as the research object. Through data collection and field investigation, the restoration technology adopted in the quarry demonstration area is studied and analyzed, and the AHP analytic hierarchy process is used to analyze different technologies. Comprehensive evaluation of the ecological benefits of the project, screening out the optimal restoration technology under different slope environments. The research results show that Tangshan Wenxi Quarry has used 11 kinds of ecological restoration techniques including "floating platform" type, covered soil greening, "drilled climbing vines", and plant bag restoration method; in the gentle slope restoration, the plant bag restoration method is the best, followed by the three-dimensional mesh repair method; in the middle slope restoration, the ecological grass carpet restoration method is the best, and the vegetation bag restoration method is the second; in the steep slope restoration, the fish scale pit cover soil restoration method has the best effect, and the vegetation bag restoration method Second. The research results can provide technical support for the ecological restoration of open-pit mining in Yanshan area.

Key words Open-pit mining; Ecological restoration technology; Benefit evaluation

---

1 基金项目:北京市科技计划项目:北京城市生态廊道植物景观营建技术(D171100007217003)北京林业大学建设世界一流学科和特色发展引导专项资金资助——基于生物多样性支撑功能提升的雄安新区城市森林营建与管护策略方法研究(2019XKJS0320)。
第一作者简介:孔令旭(1997—),男,硕士研究生,主要从事园林植物栽培与应用研究。
* 通讯作者:董丽,职称:教授,E-mail:dongli@bjfu.edu.cn。

随着经济的发展，人类加强了对石材资源的利用与开发(Duan W J et al.，2008)。但部分露天开采矿山未按照国家法律法规进行开采，采后未考虑恢复措施，导致其生态环境遭到严重破坏，引发地质灾害等生态问题；也导致宏观景观支离破碎。因此露天开采矿山的生态恢复受到广泛重视(Lu Y et al.，2010)，成为恢复生态学研究的重要内容之一。

燕山地区矿产资源丰富，矿区众多，历史上开采行为持续多年，形成的矿山生态问题极为复杂，规模大，问题多，治理难度大(赵晓苗，2019)，已引起省、市各级政府高度重视。河北省政府在 2014 年发布了《关于印发<河北省大气污染防治矿山环境治理攻坚行动方案>的通知》等多份文件，要求省内各地区加强矿山露天开采形成的白碴山治理工作。因此，亟需找到适合燕山地区露天开采矿山修复治理的技术措施。

本研究选取燕山地区典型露天开采矿山（唐山文喜采石场）中的生态修复示范区作为研究对象，对其采取的生态修复技术进行分析，并对不同技术产生的生态效益进行评价，从中筛选出不同边坡环境下最优的修复技术，优选出适于本地区的治理方法，为今后燕山地区露天开采矿山的生态系统恢复提供理论与技术支持。

1 研究区概况

研究区是唐山市滦县榛子镇文喜采石场内的生态修复示范区。文喜采石场属于低山丘陵地貌，海拔标高 97~138m；气候属暖温带大陆性季风气候，四季分明，较为干旱；由于开采多年，总体地形坡度约 40°，局部达 85°；岩性为白云岩，土壤 pH 偏碱性，约为 7.94；采石场原生植被较少，四周山坡上覆盖植被主要为杂草，大部分基岩裸露。采石场东约 4.1km 有河流"陡河"；所在地区经济以农业为主，农业产品主要为小麦、玉米、高粱、红薯等，果品有梨、桃和苹果等；工业以采矿业及矿产品加工业为主；本地区电力充足，经济收入较高，劳动力相对紧张。

2 文喜采石场修复前问题识别

（1）植被破坏严重，坡体裸露，导致地质灾害。由于长期的白云岩矿石开采等活动，矿区形成多个露天采面和采矿坑，加之矿山关闭后一直未采取有效的修复措施，导致了复杂的矿山地质环境问题，具有地质灾害的风险。主要的地质灾害为崩塌，规模较小，危险性中等。比如矿区内采场边坡坡面浮石较多，有零星小块石处于欠稳定状态，易引起崩塌。

（2）地形地貌景观破坏。白云岩的开采严重破坏了原有的地形地貌以及植被景观，形成白碴山成片的地质景观。

（3）对土地资源影响较轻。矿区范围内主要为采矿用地，根据调查，矿山未开采时为荒山坡地，无耕地等农业用地。矿山开采破坏的土地资源面积为 4hm²，对土地资源影响较轻。

（4）对周边水资源基本无影响。文喜采石场为露天开采矿山，且开采标高远高于周边区域，山上无地表水体，采坑内充水均为大气降水。矿山开采矿种为建筑用白云岩，矿石及废石中几乎不含有害物质成分，在大气降水后地表水下渗时，不会对地下含水层造成污染，因此对周边水资源基本无影响。

3 文喜采石场示范区生态修复的技术模式

2016 年 8 月，河北省地矿局第二地质大队以唐山市滦县文喜采石场作为燕山地区矿山环境恢复治理试验区，向河北省国土资源厅申请专项资金，针对以上问题，采取一系列的生态修复技术对矿山进行治理。

3.1 文喜采石场示范区生态修复技术模式

文喜采石场在长期的采矿活动中，其地形地貌遭到破坏，形成许多裸露的坡体，在强降雨、大风以及重力作用下，极易发生水土流失以及地质灾害。采石场边坡结构松散、土壤贫瘠、水分条件差、生物活性低，其生态恢复一直是采石场修复的重点和难点。

施工方遵循"因地制宜、宜林则林、宜耕则耕、提高土地利用效率、改善生态环境"的原则，对文喜采石场边坡进行生态修复设计。示范区内边坡坡度变化范围较大，0°~72°均有分布（图 1），面积 33200m²。施工方采用了混喷植生、"飘台"式、覆土绿化、钻孔爬藤、植生袋、鱼鳞坑覆土、削坡分级绿化、客土混喷、土工格室、三维网格、生态草毯、复垦耕地修复法共 11 种修复技术。

3.2 文喜采石场示范区生态修复的关键技术

3.2.1 "飘台"式修复法

首先人工清理边坡上的大块浮石，废石用于砌筑挡墙或回填采坑。之后在边坡上打设岩层锚杆及拉筋，浇筑混凝土侧面及底面挡板。飘台底宽 0.60m，顶宽 1.20m，高度 1.20m，飘台总长度约 125.00m。挡板内侧覆土，覆土厚度约 1.00m，平台内栽植柏树。飘台内侧平台坡脚及外侧坡顶处栽植地锦（*Parthenocissus tricuspidata*）。

3.2.2 覆土绿化修复法

首先人工清理边坡上的浮石。之后对边坡进行适

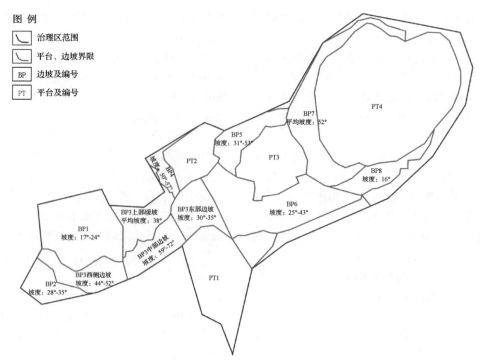

图 1 示范区废弃地分区图
Fig. 1 Demonstration area wasteland zoning map

当平整，平整后覆一定厚度的土壤作为植物生长的基质，并可以遮挡裸露的山体，在坡面挖栽植坑，间距据所植植物而定。最后于栽植坑内覆土，厚度0.8m。

3.2.3 "钻孔爬藤"修复法

在陡坡的坡面上开凿生长孔绿化，生长孔沿等高线布置，孔间距垂向间距1.50m，共打设两排钻孔，孔直径0.30m，深度0.50m，与水平方向呈30°夹角。孔内覆土(为防止土壤漏出，用袋子装入土壤)，厚度0.50m，覆土0.20m，栽植地锦。

3.2.4 植生袋修复法

首先在坡面打设锚杆，锚杆间距3.00m×3.0m，单根锚杆长度0.60m，入岩深度0.50m。之后沿坡面铺设植生袋。植生袋沿坡按自下向上的方向铺设，第一排植生袋纵向铺设，第二排及以上横向铺设并压实，坡顶最后一排植生袋纵向铺设。每两层植生袋的铺设位置呈品字形结构。植生袋右侧区域靠近坡脚处栽植地锦，株间距0.10m。平台底部栽植草坪，生态袋下部种植野花组合，例如波斯菊(Cosmos bipinnata)。

3.2.5 鱼鳞坑覆土修复法

清理碎石整理场地后，利用岩体的突出部分，采用浆砌片石垒砌成鱼鳞状的坑，在坑内回填种植土，形成内径长4.00m、宽2.00m、深0.80m的鱼鳞状坑，坑内种植植物。

3.2.6 削坡分级绿化修复法

在陡坡上，土壤难以附着于山体表面极易流失，在此情况下对其进行削坡分级修筑平台，平台完成后在平台外侧修建挡土墙以防止水土流失，挡土墙采用浆砌片石、砖石等材料。同时内部设置排水、反滤措施，防止挡墙内侧积水，挡墙建成后回填土壤，种植植物。

3.2.7 客土混喷修复法

清除作业面杂物及松动岩石块，修正坡面转角处及坡顶的棱角，尽可能将作业面平整，以利于客土喷播施工，也有利于增加作业面绿化效果。之后在边坡打设锚杆，锚杆直径0.02m，长度0.60m，间距3.00m×3.00m。然后在坡面进行客土混喷，混喷材料为掺有草种和土壤的混合有机材料，经过喷播机搅拌混匀成泥浆，在喷播泵的作用下均匀地喷洒在作业面上。

3.2.8 土工格室修复法

整平施工场地清除杂物后，铺设土工格室，在保持土工格室不变形的情况下人工回填土壤，后种植植物。

3.2.9 三维网格修复法

平整坡面追施底肥后，铺设三维植被网垫，在网垫上回填补0.02~0.03m厚的土壤将网包盖住，之后选择适宜的植物种子均匀播种，并使草籽进入土壤中。

3.2.10 生态草毯修复法

清理作业面杂物及松动石块，对坡面转角处及坡顶棱角进行修整使之平整,以利于草毯铺设,也有利于增加作业面绿化。平整后沿坡面覆土,厚度0.30m,之后沿坡面播撒草籽。最后自上而下平整地将草毯铺设在作业面上,铺设时草毯之间不宜重叠。

3.2.11 复垦耕地修复法

复垦治理范围内的遭到破坏的土地作为耕地,结合经济作物进行修复。覆土厚度为0.80~1.00m,覆土后平整场地,最后种植植物。

3.3 修复过程问题识别

修复技术使用混乱,造成资源浪费与修复效果不佳的情况。由于目前露天开采矿山修复方式单一,治理效果一般,基本无成功的范例可供借鉴,所以示范区虽采用多种修复技术,但缺乏理论指导,导致修复过程中出现了资源浪费与修复效果不佳的情况。

4 文喜采石场示范区修复技术效益评价

4.1 不同边坡环境下修复技术归纳

研究发现,场地内地形地貌情况较为复杂,单一的修复技术难达成最佳修复效果,因此施工方在不同边坡环境下采取了多种修复技术。为对目前的修复技术进行评价,本研究对不同边坡环境下采取的修复技术进行归纳(表1)。

经过现场勘查和查阅资料,确定示范区影响边坡的立地条件主要为坡度,可将示范区边坡按坡度分为:缓坡(0°≤坡度<35°)、中坡(35°≤坡度<60°)、陡坡(60°≤坡度<90°)。

表1 不同坡度边坡修复技术运用情况表
Table 1 Application of repair technology under different slope

边坡坡度	序号	修复技术
0°≤缓坡<35°	1	植生袋修复法
	2	复垦耕地修复法
	3	三维网格修复法
	4	覆土绿化修复法
	5	鱼鳞坑覆土修复法
35°≤中坡<60°	1	削坡分级绿化修复法
	2	覆土绿化修复法
	3	植生袋修复法
	4	土工格室修复法
	5	生态草毯修复法
60°≤陡坡<90°	1	"飘台"式修复法
	2	覆土绿化修复法
	3	"钻孔爬藤"修复法
	4	植生袋修复法
	5	鱼鳞坑覆土修复法

4.2 评价方法

本研究运用层次分析法将问题量化处理,得到直观的植物景观评分,对河北唐山文喜采石场典型废弃地修复技术进行综合分析,以便对周边地区矿山修复的建设提供理论依据与建议。

层次分析法(Analytic Hierarchy Process)是美国著名运筹学家、匹兹堡大学教授托马斯·提于20世纪70年代中期提出的(MENDES P.,2011)。它是一种定性与定量相结合的决策分析方法(李昆仑,2005),该方法可以将复杂问题分解成若干个层次,在相较于原来问题简单得多的层次上逐步分解分析,并可将人的主观断和定性分析用数量分析表述、转换和处理(赵焕臣,1986)。

4.3 评价体系构建

国外对矿山修复技术的生态效益研究进展较快(Costanza R et al.,1997;Pearce D,1998;)。国际生态协会提出了生态修复的9个评价指标,包含生态恢复的结构与功能自我维持、生态系统抗干扰能力及与相邻生态系统的有物质能量的交流3个方面(SER,2004)。我国从20世纪60年代开始,陆续在东北、四川等地开展了生态效益定位研究,并对生态效益进行评价(何利平,2006;周湘山,2012),采用生态修复技术对废弃地水源的涵养、水土的保持、环境的净化及水质的净化等方面都有着明显的作用(关军洪等,2017;李芬 等,2018)。

通过对文献的的阅读,笔者构建合适的评价体系(图2)。本次评价将以修复技术择优选择为目标,准则层主要有土壤理化性质、植物群落特征、植物景观效果及修复成本。

4.4 各层指标权重的确立

评价因子的权重反映了各评价指标在评价体系中的相对重要程度,直接影响评价结果的合理性。由专家调查判定各因素的相对重要性,并采用1~9标度法量化景观评价指标(表2)。对各层评价指标做判断矩阵,两两比较,计算出各因子权重值以及相对于总体景观评价的权重。各因子相对于总体景观评价权重值=方案层中各因子权重值×该因子所属上一层准则层的权重值。

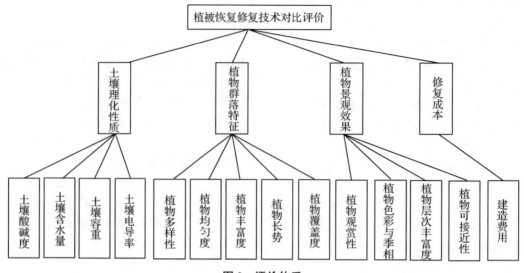

图 2 评价体系
Fig. 2 Evaluation System

表 2 比较结果标度值
Table 2 Compare the result scale value

重要性标度	含义
1	表示因素 bi 与 bj 比较,具有同等重要性
3	表示因素 bi 与 bj 比较,bi 比 bj 稍微重要
5	表示因素 bi 与 bj 比较,bi 比 bj 明显重要
7	表示因素 bi 与 bj 比较,bi 比 bj 强烈重要
9	表示因素 bi 与 bj 比较,bi 比 bj 极端重要
2,4,6,8	分别表示相邻判断 1-3、3-5、5-7、7-9 的中值
倒数	表示 bi 与 bj 比较判断 bij,则 bj 与 bi 比较的判断 bji = 1/bij

对判断矩阵进行一致性检验,一致性比例 $CR = CI/RI$ 为一致性指标,$CI = (\lambda_{max} - n)/(n - 1)$。$n$ 为判断矩阵的阶数。RI 为判断矩阵的随机一致性指标,数值参照表 3。当 $CR < 0.10$ 时,认为判断矩阵具有良好的一致性,否则应对判断矩阵数值作适当修正,直至达到符合一致性的要求。

表 3 平均随机一致性检验指标
Table 3 Mean random consistency test

阶数	1	2	3	4	5	6	7	8	9
RI	0	0	0.58	0.90	1.12	1.24	1.32	1.41	1.45

4.5 定性与定量法相结合赋分

在评价方案层的 15 个因子中存在定性与定量因子,其中土壤 pH、土壤容重、土壤电导率、付出成本、土壤含水率、植物多样性、植物丰富度、植物均匀度、植物覆盖度等 9 个因子属于定量因子,其余 6 种因子为定性因子。植物景观综合评分需使定量因子与定性因子分值量纲一致(媛媛,2013),因此将 9 个定量因子数值转化为可与其余 7 个定性因子比较的数值:

(1)Simpson 指数反映植物物种多样性高低,并且计算数值在 0~1 之间,为方便与其余定性因子进行比较和得到植物景观综合评分,因此植物物种多样性评分设计为:Simpson 指数×10。

(2)本次调查结果的中,植物丰富度介于 0~10,故直接取其丰富度作为其评价得分。

(3)Pielou 均匀性指数计算结果介于 0~1,故同样将 Pielou 均匀性×10 作为其最后得分。

(4)土壤含水率即 100g 烘干土中含有若干克水分,取值范围 0~100,因此将土壤含水率评分设计为:土壤含水率/10。

(5)综合前人的研究结果并结合河北省平原地区作物生长的实际情况,同样使用 10 分制确定土壤容重的综合隶属度(表 4)。

表 4 土壤容重的隶属度
Table 4 The membership of soil bulk density

标准	过松 <0.55	很松 0.55~0.65	松 0.65~0.85	偏松 0.85~1.00	适宜 1.00~1.25	偏紧 1.25~1.35	紧实 1.35~1.45	过紧实 1.45~1.55	很紧实 >1.55
评分	2	4	6	8	10	8	6	4	2

(6)通过对土壤样本电导率的测定与统计，发现整体土壤电导率数值小于 270μS/cm(25℃下)，由于土壤电导率与土壤盐分息息相关，在一定范围内电导率越高，土壤特性越好，故以 270μS/cm(25℃下)为满分值设置评定标准(表5)：

表5 废弃地修复土壤电导率评价标准
Table 5 Evaluation criteria for remediation of soil electrical conductivity in abandoned land

因子	评分标准
土壤电导率	0~2：土壤电导率 0~54μS/cm(25℃下)
	2~4：土壤电导率 54~108μS/cm(25℃下)
	4~6：土壤电导率 108~162μS/cm(25℃下)
	6~8：土壤电导率 162~216μS/cm(25℃下)
	8~10：土壤电导率 216~270μS/cm(25℃下)

(7)土壤 pH 评分参考国内外通常的评价应用，建立指标模型如下(其中 X 为土壤 pH，M 为换算得分)：

$$M = \begin{cases} 0 & (X \leq 4 \text{ 或 } X \geq 10) \\ \left[1-\frac{1}{3}|X-7|\right] \times 10 & (4 < X < 10) \end{cases}$$

(8)植被覆盖度取值为 0~100%，将其数值转化为小数形式×10，以此作为评分依据。

(9)成本评分依据是根据 11 种修复技术成本区间，将成本划分区间按 10 分制标准设置分值如表6。

表6 废弃地修复土壤电导率评价标准
Table 6 Evaluation criteria for remediation of soil electrical conductivity in abandoned land

评价因子	评价标准
建造成本	8~10 分：44~88
	6~8 分：88~132
	4~6 分：132~176
	2~4 分：176~220
	0~2 分：220~264

4.6 权重计算

权重值反映了评判者对各个评价因子的重视程度，进行相应的 4 个判断矩阵的计算，得出各层指标权重值，如表7，CR 值均小于 0.1，一致性检验通过。

由结果可得，唐山市凉帽顶矿山修复评级下的 3 个准则中，重要性排名为：植物群落特征>植物景观效果>土壤理化性质>修复成本，其权重值分别为 0.5463、0.2468、0.1425、0.0644。

从各评价因子相对总体植物景观评价的总体权重来看，植物多样性和植物覆盖度这两个指标在所有指标中权重最大，分别为 0.1802 和 0.1568，说明此二者在所有评价中因子中受重视程度最高，植物可接近性及土壤酸碱性所占权重最低，为 0.0185，受重视程度最低。

表7 边坡废弃地修复综合评定表
Table 7 Comprehensive evaluation table for slope abandoned land rehabilitation

目标层	准则层	权重	因子层	权重	因子层权重
唐山矿山废弃地植物修复技术评定（CR=0.0886）	土壤特性（CR=0.0632）	0.1425	土壤酸碱度	0.1298	0.0185
			土壤含水率	0.4842	0.069
			土壤容重	0.2189	0.0312
			土壤电导率	0.1663	0.0237
	群落特征（CR=0.0812）	0.5463	植物多样性	0.3299	0.1802
			植物均匀度	0.0760	0.0415
			植物丰富度	0.1851	0.1011
			植物长势	0.1221	0.0667
			植物覆盖度	0.2870	0.1568
	景观效果（CR=0.0359）	0.2468	植物观赏性	0.3124	0.0771
			植物色彩与季相	0.4182	0.1032
			植物层次丰富度	0.1945	0.0480
			植物可接近性	0.0750	0.0185
	付出成本（CR=0.000)	0.0644	建造费用	0.0644	0.0644

4.7 结果

将各修复技术各项指标进行总体统计(表8)，根据水平分析法不同因子不同权重进行最后的计算可以得到以下结果(表9)。

表8 基于 AHP 层次分析法的总体评分表
Table 8 Overall score table based on AHP analytic hierarchy process

分类	修复方式	样方	土壤含水率	土壤容重	土壤电导率	植物多样性	植物均匀度	植物丰富度	植物长势	植物覆盖度	植物观赏性	层次丰富度	色彩与季相	可接近性	建造费用
0~35	植生袋	本地土	7.23	9	7	7.7627471	7.8316908	10	9	9	8	8	8	8	7.5
	复垦耕地	农田土	5.55	7	269	7.244898	9.8048647	5	9	9	7	4	6	10	7.5
	三维网格	本地土	10.88	9	6	8.0168257	9.4057757	6	9	8	7	8	6	7	8.5
	覆土绿化	本地土	5.48	9	5	5.8163265	7.2323569	4	7	10	8	7	6	7	7.5
	鱼鳞坑覆土	本地土	2.43	6	10	5.5902778	8.4990862	3	6	3	4	4	5	6	4

(续)

分类	修复方式	样方	土壤含水率	土壤容重	土壤电导率	植物多样性	植物均匀度	植物丰富度	植物长势	植物覆盖度	植物观赏性	层次丰富度	色彩与季相	可接近性	建造费用
35~60	削坡分级绿化	本地土	5.44	9	6.5	6.7649744	8.0674995	6	8	7	7	8	8	6	5.5
	覆土绿化	本地土	5.23	10	116.7	8.1066667	8.7125421	8	7	7	5	6	5	4	7.5
	植生袋	营养土	11.85	8	6.5	6.6814815	6.8564822	7	10	10	8	6	6	7	3
	土工格室	本地土	7.2	9	6	5.8060871	6.2185375	7	8	7	7	5	7	4	4
	生态草毯	本地土	6.85	9	10	6.9817265	7.8094304	6	9	10	8	7	8	7	8
60~90	"飘台"式	本地土	6.76	10	6	7.4489796	9.9261407	4	7	7	6	6	7	1	4
	覆土绿化	本地土	5.57	8	5.5	4.0571089	5.8189047	4	3	2	2	4	4	3	7.5
	"钻孔爬藤"	营养土	6.58	10	6	0	0	1	7	7	5	3	6	1	9.5
	植生袋	营养土	3.05	10	7	7.8703153	9.1359594	6	8	9	7	6	6	5	3
	鱼鳞坑覆土	本地土	7.75	9	9	7.8936288	8.1240407	10	8	9	8	8	8	4	4

表 9 边坡废弃地修复技术综合评价表
Table 9 Comprehensive evaluation form of slope wasteland restoration technology

分类	修复技术	土质	土壤PH	土壤容重	土壤电导率	植物多样性	植物均匀度	植物丰富度	植物长势	植物覆盖度	植物观赏性	层次丰富度	色彩与季相	可接近性	建造费用	总分
0~35	植生袋	本地土	0.0931	0.2808	0.1659	1.39885	0.32502	1.011	0.6003	1.4112	0.6168	0.384	0.8256	0.111	0.483	7.706579
	复垦耕地	农田土	0.1073	0.2184	0.237	1.30553	0.4069	0.506	0.6003	1.4112	0.5397	0.192	0.6192	0.185	0.483	6.811032
	三维网格	本地土	0.0863	0.2808	0.1422	1.44463	0.39034	0.607	0.6003	1.4112	0.6168	0.336	0.8256	0.13	0.5474	7.417705
	覆土绿化	本地土	0.0913	0.2808	0.1185	1.0481	0.30014	0.404	0.4669	1.568	0.6168	0.288	0.6192	0.167	0.483	6.451612
	鱼鳞坑覆土	本地土	0.09	0.2184	0.237	1.00737	0.35271	0.303	0.3335	0.4704	0.3084	0.192	0.516	0.111	0.2576	4.397713
35~60	削坡分级绿化	本地土	0.1141	0.2808	0.15405	1.21905	0.3348	0.607	0.5336	1.0976	0.5397	0.384	0.8256	0.111	0.3542	6.555083
	覆土绿化	本地土	0.1184	0.312	0.10665	1.46082	0.36157	0.809	0.4669	1.0976	0.3855	0.288	0.516	0.074	0.483	6.479242
	植生袋	营养土	0.1042	0.2496	0.15405	1.204	0.28454	0.708	0.667	1.568	0.6168	0.288	0.6192	0.13	0.1932	6.785814
	土工格室	本地土	0.0987	0.2808	0.1422	1.04626	0.25807	0.708	0.5336	1.0976	0.5397	0.24	0.7224	0.074	0.2576	5.998593
	生态草毯	本地土	0.1178	0.2808	0.237	1.25811	0.32409	0.607	0.6003	1.568	0.6168	0.336	0.8256	0.13	0.5152	7.415782
60~90	"飘台"式	本地土	0.0715	0.312	0.1422	1.34231	0.41193	0.404	0.4669	1.0976	0.4626	0.288	0.7224	0.019	0.2576	5.997974
	覆土绿化	本地土	0.0937	0.2496	0.13035	0.73109	0.24148	0.404	0.2001	0.3136	0.1542	0.192	0.4128	0.056	0.483	3.661859
	"钻孔爬藤"	营养土	0.0913	0.312	0.1422	0	0	0.101	0.4669	1.0976	0.3855	0.144	0.6192	0.019	0.6118	3.990067
	植生袋	营养土	0.095	0.312	0.1659	1.41823	0.37914	0.607	0.5336	1.4112	0.5397	0.288	0.6192	0.093	0.1932	6.65424
	鱼鳞坑覆土	本地土	0.1085	0.2808	0.2133	1.42243	0.33715	1.011	0.5336	1.4112	0.6168	0.384	0.8256	0.005	0.2576	7.406779

5 结论与讨论

本研究通过对文喜采石场示范区生态修复技术的效益评价，筛选出了不同边坡环境下的最优修复技术：缓坡修复中植生袋修复法效果最佳，三维网格修复法次之；中坡修复中生态草毯修复法效果最佳，植生袋修复法次之；陡坡修复中，鱼鳞坑覆土修复法效果最佳，植生袋修复法次之。

缓坡修复中，植生袋修复法和三维网格修复法得分最高。原因是缓坡环境下，边坡水土附着情况相对良好。三维网格和植生袋，可以充分利用土壤优势，发挥其技术简单、灌草结合可实现快速增绿、固土效果好的优势。中坡修复中，生态草毯修复法和植生袋修复法得分最高，土工格室修复法得分相对最低，但相差不大。分析其中原因，一方面是因为土工格室中所选修复植物为紫穗槐、臭椿等小型灌木，而生态草毯与植生袋选择快生草本为主要修复植物，在未到达一定的修复年限之前，草本类在覆盖度、长势、均匀度等水平上均优于灌木；另一方面，土工格室修复法为达到较好的固土保水效果，将土壤分成若干小矩形，在植物根系生长到一定阶段，土工格室间的室壁会阻碍根系向旁侧伸长，植物只能将根系向下或向上伸长，向上生长的根系由于温度变化剧烈、水分蒸发的问题对根系造成不利影响，而向下生长的植物由于土工格室下废弃的土壤或裸露的岩体无法得到营养同样长势不佳。陡坡修复中，鱼鳞坑覆土修复法和植生袋修复法的相对得分最高，"钻孔爬藤"和覆土绿化修复法对矿山修复的反馈效果较差,其原因是鱼鳞坑覆土修复法筑造的挡墙及生态袋的固定作用,使得陡坡环境下的土壤及水分流失较慢,为植物创造生存的基本保障,而"钻孔爬藤"和覆土绿化修复法无法创造以上生存条件,"飘台"式修复法虽同样起到固土保水的作用,但覆土深度及平台过窄的特点都限制了植物的生长空间。

因此,为达到减少示范区生态修复中资源浪费以及生态效益最大化的目的,建议缓坡修复以植生袋修复法和三维网格修复法为主,其他修复法为辅,并尽量减少鱼鳞坑覆土修复法的使用;中坡修复以生态草毯修复法为主,减少土工格室修复法的使用;陡坡修复以鱼鳞坑覆土修复法为主,减少"钻孔爬藤"和覆土绿化修复法使用。本研究结果可为文喜采石场边坡废弃地生态修复提供优化方案,并对燕山地区露天开采矿山的生态修复提供可借鉴的模式。

另外,本研究也存在一些不足,因为仅针对文喜采石场采用的11种修复方法,并未涉及其他的修复方法,而且仅以坡度作为不同边坡环境的分类标准,并未考虑其他影响因子,因此研究具有一定的局限性。未来可以针对更多的修复技术和更多具有不同立地条件的矿山废弃地进行研究,并从自然、社会、经济背景角度充分认知矿区生态系统恢复,重建国情差异、学科交叉、规划决策、环境规制(白中科,2018),构建更科学的露天开采矿山生态系统恢复重建方案。

参考文献

白中科,周伟,王金满,等,2018. 再论矿区生态系统恢复重建[J]. 中国土地科学,32(11):1-9.

关军洪,郝培尧,董丽,等,2017. 矿山废弃地生态修复研究进展[J]. 生态科学,36(2):193-200.

何利平,2006. 森林生态效益评价研究存在的问题与建议[J]. 山西科技(5):75-76,78.

李芬,李妍菁,赖玉珮,2018. 城市矿山修复生态效益评估研究[J]. 环境保护,46(2):55-58.

李昆仑,2005. 层次分析法在城市道路景观评价中的运用[J]. 武汉大学学报(工学版),38(1):143-147,152.

媛媛,2013. 石家庄市中山公园园林植物景观评价——基于层次分析法[J]. 中国园艺文摘(12):118-119.

赵焕臣,1986. 层次分析法:一种简易的新决策方法[M]. 北京:科学出版社:10-30.

赵晓苗,2019. 非煤露天开采矿山环境治理措施研究与实践[D]. 唐山:华北理工大学.

周湘山,2012. 四川省洪雅县退耕还林工程生态效益评价研究[D]. 北京:北京林业大学.

Costanza R, d'Arge R, de Groot R, et al, 1997. The value of the world's ecosystem services and natural capital[J]. Nature, 387(6630):253-260.

Duan W J, Ren H, Fu S L, et al, 2008. Natural recovery of different areas of a deserted quarry in South China[J]. Journal of Environmental Sciences, 20(4):476-481.

Lu Y, Liu X Y, Lu B Y, et al, 2010. Study on ecological reclamation of the deserted quarries in Jiangyin Municipality[J]. Journal of Southwest Forestry University, 30(4):16-20.

MENDES P. 2011. Demand driven supply chain[M]. Heidelberg: Springer-Verlag, 149-155.

Pearce D. 1998. Auditing the earth: the value of the world's ecosystem services and natural capital[J]. Environment: Science and Policy for Sustainable Development, 40(2):23-28.

Society for Ecological Restoration International Science & Policy Working Group. 2004. The SER International Primer on Ecological Restoration[M]. Tucson, Arizona: Society for Ecological Restoration International Science & Policy Working Group.

北京市立体花坛应用调查与分析

乔鑫[1]　蓝海浪[2]　刘秀丽[1*]

([1]花卉种质创新与分子育种北京市重点实验室，国家花卉工程技术研究中心，城乡生态环境北京实验室，园林环境教育部工程研究中心，林木花卉遗传育种教育部重点实验室，园林学院，北京林业大学，北京 100083；
[2]北京市园林古建设计研究院有限公司，北京 100081)

摘要　近年来，立体花坛在城市绿化中被应用广泛，已成为节日和重大活动期间布置景观的重要形式，为城市景观注入了新的活力。本文对 2018 年、2019 年北京市 63 处立体花坛的植物种类及其应用状况进行了实地调查和分析。结果表明：(1)植物种类上，北京地区应用于立体花坛的植物共 110 种，隶属于 51 科 90 属，多为一、二年生草本植物，伴有少量多年生草本和木本植物；(2)植物色彩上，花坛植物多以红、粉、橙、绿色系为主；(3)设计主题上，北京市立体花坛以欢度节庆、美好生活、乡村建设等主题为主(占 68%)，兼顾公园、景区的游乐性主题。在调查与分析的基础上，总结了北京市立体花坛目前在应用和管理上存在的问题，并对立体花坛的设计手法及在城市中的进一步应用提出了可行性建议。

关键词　立体花坛；植物应用；应用状况；城市美化

Investigation and Analysis on the Applications of Mosaiculture in Beijing Area

QIAO Xin[1]　LAN Hai-lang[2]　LIU Xiu-li[1*]

([1]Beijing Key Laboratory of Ornamental Plants Germplasm Innovation & Molecular Breeding, National Engineering Research Center for Floriculture, Beijing Laboratory of Urban and Rural Ecological Environment, Engineering Research Center of Landscape Environment of Ministry of Education, Key Laboratory of Genetics and Breeding in Forest Trees and Ornamental Plants of Ministry of Education, School of Landscape Architecture, Beijing Forestry University, Beijing 100083, China;
[2]Beijing Institute of Landscape and Traditional and Research Co. Ltd, Beijing, 100081, China)

Abstract　In recent years, Mosaiculture have been widely used in urban landscaping, and have become an important form of landscape layout during festivals and major activities, injecting new vitality into the urban landscape. In this paper, the plant species and their applications in 63 Mosaiculture in Beijing during 2018 to 2019 were investigated and analyzed. The results showed that: (1) In terms of plant species, there were 110 species, belonging to 90 genera and 51 families, used in the Mosaiculture in Beijing area. Most of them were therophyte, biennial herbaceous flowers, accompanied by a few perennial herbaceous flowers and woody plants; (2) The colors of plants with the highest application frequency were red, pink, orange and green. (3) In terms of design themes, Beijing's Mosaiculture mainly focus on festivals, wonderful life, rural construction (accounting for 68%), while giving consideration to amusement themes of parks and scenic spots. Finally, the problems existing in the application and management of Mosaiculture in Beijing were summarized, and some feasible suggestions on the design methods of vertical flowerbeds and their further application in cities were put forward on the basis of investigation and analysis.

Key words　Mosaiculture; Plants application; Application situation; City beautification

---

1 基金项目：北京林业大学建设世界一流学科和特色发展引导专项资金(2019XKJS0324)；北京市共建项目专项(2016GJ-03)；2019 北京园林绿化增彩延绿科技创新工程—北京园林植物高效繁殖与栽培养护技术研究(2019-KJC-02-10)。

第一作者简介：乔鑫(1997-)，女，硕士研究生，主要从事园林植物栽培与植物应用研究。

* 通讯作者：刘秀丽，职称：副教授，E-mail：showlyliu@126.com。

立体花坛又名"植物马赛克",起源于欧洲,在欧美发达国家已经较为普及。伴随人们日益提高的生活水平和审美水平,立体花坛作为集观赏性高、视觉冲击力强、美化环境、组织交通、具有丰富文化内涵等优势于一身的高雅的植物艺术表现形式,备受推广与关注。

立体花坛是运用一年生或多年生的草本植物或小灌木种植在二维或三维的立体构架上而形成的植物艺术造型,且其表面植物覆盖率至少达到80%(韦菁,2010)。作为集园艺、园林、工程与环境艺术于一体一种城市美化装饰手法,要求主题设计巧妙鲜明(侯江涛 等,2015),植物材料合理搭配与运用,养护管理精细及时,从而使得观赏者能够感受到它的形式美感和审美内涵(刘立波,2012)。

近年来,立体花坛在城市园林绿化美化中发挥了越来越重要的作用,同时在各大节庆活动中起到烘托喜悦气氛等重要作用。在国内立体花坛的发展应用中,植物种类逐渐丰富,造型设计更加新颖,司丽芳对立体花坛立面植物的选择进行过分析(司丽芳,2018),李睿对花坛植物色彩配置进行过研究(李睿,2020),晏静等人对乌鲁木齐立体花坛的植物应用进行过调查研究(晏静,2020)。北京作为首都城市,立体花坛的应用走在其他城市的前列。而目前,针对北京地区立体花坛植物应用的研究与分析相对较少,本文在全面调研北京市立体花坛在长安街节点、各大公园及城市节点的应用现状后,对植物应用现状进行整体评价,分析其应用特点及存在的问题,为立体花坛进一步的设计与应用提出相关建议。

1 研究地概况与研究方法

1.1 北京地区概况

北京市东、西、北三面环山,地处中纬,具明显的大陆性季风气候。四季明显,长短不一,春季干旱少雨,夏季高温多雨,秋季凉爽宜人,冬季寒冷干燥。北京地区平均年降水量为600~700mm,降水分布不均,城市整体严重缺水。近年来,在节庆及重大节日立体花坛纷纷出现在北京地区大街小巷,深受城市居民及各地游客喜爱。

1.2 调查范围和内容

调查时间为2017年5月至2019年10月,调查对象包括东单及西单各四角、复兴门、建国门、天安门广场、国家会议中心、世界园艺博览会、钓鱼台、四元桥、北海公园、北京植物园等多处设有立体花坛的场地,如图1所示。

图1 北京市立体花坛调查地点
Fig. 1 Survey site of Mosaiculture in Beijing

1.3 调查方法

本研究通过查阅文献、实地考察、花坛跟随调查等方式,对北京地区立体花坛植物材料的选择和应用、植物材料的种类和习性、后期的养护管理、植物生长状况进行全面调研,包括植物种类、观赏颜色、设计应用手法、在调查样地中各花卉出现的频度等,探究北京地区立体花坛的主题设计与应用情况、植物材料的选择应用情况。

2 调查结果与分析

2.1 立体花坛植物应用种类

立体花坛在植物材料上通常选择植株矮小、枝叶花繁密、生命力旺盛、生长缓慢、颜色丰富、耐修剪、适应力强、易养护管理的植物材料(董丽,2003;赵玮,2008)。实地调查后,对北京市立体花坛植物应用调查结果进行汇总,所调查的北京地区应用于立体花坛的植物共110种,隶属于51科90属,多为一、二年生草本植物,伴有少量多年生草本和木本植物,具体种类目录见附表1。运用较多前5科是菊科、苋科、唇形科、禾本科和景天科,如图2。应用频度[频度(%)=某种/品种立体花坛植物材料出现的样地数/调查的总样地数×100]最高的植物是'金叶'佛甲草,其次是四季海棠、'白草'佛甲草、红龙草,如表1、附表1。

2.2 植物分类

2.2.1 按植物应用季节分类

北京地区立体花坛多出现于每年4~10月,根据调查与应用时间将其分为春季立体花坛和秋季立体花

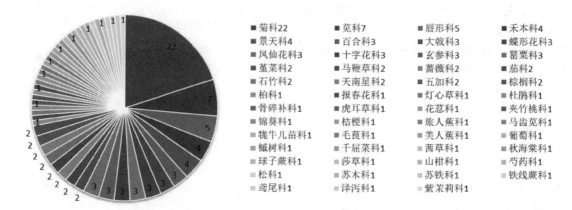

图 2 各科植物种类数量统计

Fig. 2 Statistics of the number of plant species in each family

表 1 立体花坛植物应用频率分析

Table 1 Frequency analysis of plant application in Mosaiculture

应用频度 Application of frequency	植物种类 Plant species
85%以上	'金叶'佛甲草、四季海棠、'白草'佛甲草、红龙草、鸡冠花、万寿菊、美女樱
70%~80%	蓝花鼠尾草、一品红、矮牵牛、长春花、一串红、'绿草'五色苋、'玫红草'五色苋、'黄草'五色苋、'紫草'莲子草、小菊、垂盆草、黑心金光菊、三角梅、三色堇、铁线蕨、变叶木
60%~70%	苏丹凤仙草、新几内亚凤仙花、非洲凤仙、八宝景天、角堇、牡丹、麦冬、蓝目菊、丰花月季
50%~60%	雏菊、石竹、荚果蕨、彩叶草、柳枝稷、金鱼草、毛地黄
40%~50%	滨菊、菊花、天竺葵、鼠尾草、苏铁、矾根、黄金菊、宿根天人菊、冰岛罂粟
30%~40%	千屈菜、六倍利、微型月季、细叶美女樱、香石竹、鸢尾、百日草、日光菊、宿根福禄考、白晶菊、花烟草、木茼蒿、银叶菊、草地风毛菊、大丽花、波斯菊、甜叶菊、五星花
20%~30%	夏堇、瓜叶菊、火炬花、醉蝶花、花毛茛、筋骨草、郁金香、薹草、虞美人、白屈菜、'丰花'百日草、美人蕉、蒲苇、千日红、羽扇豆
10%~20%	金钱蒲、马齿苋、金叶过路黄、骨碎补、红枫、蒲葵、玉带草、杜鹃、菖蒲、翠菊、灯芯草、鹤望兰、黄香草木樨
10%以下	香雪球、虎刺梅、地锦、双荚决明、华山松、金枝槐、羽衣甘蓝、紫罗兰、常春藤、向日葵、泽泻、西洋常春藤、木槿、龙柏、加那利海枣

坛。北京地区立体花坛常用立面植物春季17种,秋季15种,且植物种类在春、秋两季变化不大,'金叶'佛甲草、'白草'佛甲草、四季海棠、五色苋应用频率高,超过90%;常用平面植物春季50种,秋季59种,植物种类差异明显,美女樱、万寿菊、一串红、鸡冠花、鼠尾草、一品红应用频率高,超过80%,平面植物的生长状况受阳光、水分的影响较大。

春季花坛立面花卉布置植物种类主要有佛甲草、四季海棠、五色苋、矮牵牛、垂盆草等,斜、平面布置主要有美女樱、万寿菊、一串红、矮牵牛、蓝花鼠尾草、三角梅、铁线蕨、变叶木、角堇、牡丹、蓝目菊、雏菊、石竹(表2)。秋季花卉平面与斜面布置通常采用矮牵牛、一品红、孔雀草、醉蝶花、鼠尾草、彩叶草、一串红、万寿菊、鸡冠花等多种花卉,立面多采用佛甲草、四季海棠、非洲凤仙、银叶菊、五色草等植株矮小、生长紧密的植物,同时也会选用角堇、多色五色草等新优品种。与此同时,秋季立体花坛大量使用菊科品种,国庆期间菊科植物品种繁多、色彩丰富、株型圆润丰满,通常将小菊修剪成不同造型、不同颜色进行搭配与碰撞,大气而华丽,突出并丰富了立体视觉效果,烘托了节日欢快的气氛,是其他五色草、彩叶草扦插或绑扎的立体花坛效果所无法比拟的(王世豪 等,2019;路覃坦 等,2020)。

2.2.2 按植物观赏形态分类

在对北京市立体花坛植物的实地调查后得出,应用于立体花坛布置的植物种类总计有110种,按照植物观赏形态分类(图3),将其分为观花木本植物、观叶木本植物、观赏草类(禾本科和莎草科)、观叶草本植物和观花草本植物。其中观叶木本植物12种,约占总量10.91%;观花木本植物7种,约占总量6.36%;观叶草本植物22种,约占总量20.00%;观花草本植物63种,约占总量57.27%;观赏草有6种,约占总量5.46%。立体花坛在设计的立体骨架下,应用多种观花、观叶的草本植物,并在平面、斜面等点缀观花、观叶的乔灌木,如配以三角梅、苏铁、龙柏、油松等植物、景观石及仿真景观石,在技

表2 立体花坛春、秋季植物应用种类
Table 2　Application species of plants in spring and autumn of Mosaiculture

应用季节 Application season	应用于花坛位置 Applied position	植物种类 Plant species
春季	立面植物	'金叶'佛甲草、'白草'佛甲草、四季海棠、红龙草、'绿草'五色苋、'玫红草'五色苋、'黄草'五色苋、'紫草'莲子草、垂盆草、三色堇、矮牵牛、非洲凤仙、八宝景天、彩叶草、矾根、薹草属、银叶菊
春季	斜、平面植物	美女樱、万寿菊、一串红、矮牵牛、蓝花鼠尾草、三角梅、铁线蕨、变叶木、角堇、牡丹、蓝目菊、雏菊、石竹、荚果蕨、金鱼草、毛地黄、滨菊、菊花、柳枝稷、天竺葵、黄金菊、宿根天人菊、冰岛罂粟、六倍利、微型月季、细叶美女樱、麦冬、香石竹、鸢尾、白晶菊、花烟草、木茼蒿、日光菊、长春花、花毛茛、筋骨草、郁金香、针茅、虞美人、羽扇豆、苏铁、骨碎补、红枫、蒲葵、玉带草、杜鹃、菖蒲、羽衣甘蓝、紫罗兰、常春藤
秋季	立面植物	四季海棠、'白草'佛甲草、'金叶'佛甲草、红龙草、垂盆草、'紫草'莲子草、'玫红草'五色苋、矮牵牛、'黄草'五色苋、'绿草'五色苋、彩叶草、长春花、银叶菊、夏堇、香雪球
秋季	斜、平面植物	鸡冠花、万寿菊、蓝花鼠尾草、一品红、矮牵牛、长春花、小菊、黑心金光菊、美女樱、一串红、苏丹凤仙花、新几内亚凤仙花、三角梅、变叶木、麦冬、丰花月季、柳枝稷、金鱼草、鼠尾草、苏铁、千屈菜、百日草、日光菊、鸢尾、宿根福禄考、草地风毛菊、大丽花、波斯菊、甜叶菊、五星花、瓜叶菊、火炬花、醉蝶花、针茅、白屈菜、'丰花'百日草、美人蕉、蒲苇、千日红、金钱蒲、马齿苋、金叶过路黄、翠菊、灯芯草、鹤望兰、黄香草木樨、虎刺梅、筋骨草、地锦、双荚决明、华山松、金枝槐、向日葵、泽泻、西洋常春藤、木槿、龙柏、常春藤、加那利海枣

术方面广泛运用3D打印技术建模,准确表达设计意图,骨架加工更为精确(周亚军,2016),丰富立体花坛植物景观,多种植物材料与科技巧妙融合于同一立体花坛,能够更加准确、生动地表明主题、烘托气氛。同时,与以往的立体花坛比较,近来立体花坛应用的观赏草种类更丰富、应用于花坛中的面积更大,观赏草姿态飘逸、颜色丰富、观赏期长,用于塑造动物形象栩栩如生,广受好评。

图3　立体花坛植物形态分类
Fig. 3　Morphological classification of plants in Mosaiculture

2.2.3 按植物色彩分类

对所调查的立体花坛植物按照观赏色彩进行分类,主要分为红色、橙色、粉色等红色系,以及黄色系、绿色系、蓝紫色系、白色及黑色(图4)。其中,观赏色为红色的植物占比最高,为17.68%,蓝紫色、黄色、白色次之,分别为15.66%、15.15%、15.15%,红色系(包括橙色、粉红色)植物占37.38%,结合调查的视觉体验来看,红色、黄色系植物为立体花坛立面的主色调,运用绿色系植物加以陪衬,过渡的斜面与平面植物应用颜色较为丰富,在红色、黄色系植物的基础上配以蓝紫色、白色植物,并与观赏乔灌木搭配,从而形成丰富完整、主题鲜明的立体花坛。

春季立体花坛从花色看,红色系的植株有三色堇、非洲凤仙、彩叶草、美女樱、一串红、四季海棠等;黄色系的有佛甲草、万寿菊、三色堇、凤仙花、黄金菊等;蓝紫色系有矾根、翠雀、鼠尾草、三色堇、莲子草等。秋季立体花坛红色系的花卉有四季海棠、鸡冠花、一品红、矮牵牛、长春花、红龙草等;黄色系的花卉有佛甲草、万寿菊、小菊、黑心金光菊、日光菊、向日葵等;蓝紫色系有蓝花鼠尾草、矮牵牛、小菊、甜叶菊、夏堇、瓜叶菊等。

图4　立体花坛植物色彩分类
Fig. 4　Color classification of plants in Mosaiculture

2.3 立体花坛在城市中的应用

近年来,北京地区在国内、国际重大活动中均大规模应用立体花坛,"五一""十一"、APEC会议、北

京世园会等节日活动，长安街、各大公园节点位置均可看到立体花坛的身影。立体花坛在城市中的应用，能最直观地带给人们欢乐祥和的氛围以及美的感受。立体花坛的设计包括主题设计、造型构架设计、色彩设计、植物应用及喷灌照明设施设计（蓝海浪，2009）。其中，色彩与植物的应用是设计中至关重要的环节，直接关系到其带给人们的感受和人们对这一立体花坛的评价，人们对色彩、造型是十分敏感的，通过对植物材料的巧妙应用，将植物的色彩、质感表现出来，在精准构造出立体花坛造型的同时带给人们接触植物、感受自然的乐趣。

图 6　东单"共同繁荣"花坛实景图

Fig. 6　"Common prosperity"scene in Dongdan

分内侧植物略高于外侧，由内而外、由立面到平面过渡平滑自然，花桥中花朵造型多样，不同花色植物的过渡与对比恰到好处，造型结构虽简单，植物在大色块、粗线条下的应用凸显了各个品种的魅力，避免了单调乏味。花坛具有照明与喷灌设施，夜晚花坛在内部灯光的照耀下具有别样的植物美；花坛喷灌设施虽时常开放，但仍存在植物长势不良的现象，为保证花坛景观和观赏效果，对植物换盆的情况经常出现。

图 5　东单"共同繁荣"花坛立面图

Fig. 5　Elevation of "Common prosperity" in Dongdan

1. 四季海棠（粉色）　2. 四季海棠（粉色）　3. 四季海棠（粉色）
4. 四季海棠（粉色）　5. 四季海棠（粉色）　6. 四季海棠（粉色）
7. 蓝花鼠尾草　8. 一串红　9. 矮牵牛　10. '金叶'佛甲草
11. 五色苋　12. 万寿菊　13. 荚果蕨

2.3.1　长安街立体花坛的应用

主题立意：立体花坛位于东单街角，主题为"共同繁荣"。花坛以小朋友和花桥为主景，两位小朋友站在半球形造型上，花桥代表友谊之桥，两位小朋友站在同一地球上，欢乐地张开双臂，旨在体现中非论坛期望合作共赢、共同构建中非命运共同体的主题，以各色四季海棠、一串红、鼠尾草等进行装饰，平面植物以花朵的造型向外扩散，明亮的色彩烘托喜悦的节日气氛，营造舒适宜人的环境。

花卉丰富度：花坛体量较大，主要分为立面和平面 2 部分（图5），由 13 个品种植物组成，立面运用了不同颜色的四季海棠品种，大体分为红、黄、紫 3 个色块，营造欢乐喜悦的节庆氛围。整体设计意图明确、结构清晰、植物丰富度较好，色彩明亮，能够有效表达"共同繁荣"的主题。

景观效果与养护管理：如图6，立体花坛整体色彩艳丽、轻松明快，以红色、黄色等暖色调为主，以蓝紫色的鼠尾草和绿色、黄绿色的佛甲草等加以衬托对比，给人以热烈、活泼、欢快的感受。花坛平面部

（a）9月

（b）10月

图 7　西单"繁花似锦"花坛

Fig. 7　"Carpet of flowers" in Xidan

图7是位于西单街角、主题为"繁花似锦"的立体花坛，图7a花坛以繁花似锦簇拥的会标为主景，用以在中非会议期间表达中非长久友谊，共同携手前行

的主题；图 7b 以 2019 世园会的吉祥物"小萌芽""小萌花"为主景，突出共同建设花园城市、宣传世园会的意图。两个立体花坛位于西单，其实为同一立体花坛的不同时期，在不同的节日里，通过切换主景，表达不同的花坛主题，在保证花坛观赏性的情况下，做到了对花坛植物和设施的重复利用。

2.3.2 北京世园会立体花坛的应用

北京世园会"绿色石景山"立体花坛位于 2019 北京世园会园内主路旁(图 8)，以"绿色石景山"为设计主题，结合石景山以即将举办的 2022 年冬奥会加快全区高端绿色发展的现状，将石景山区多元文化交融、山水城市相融、产城发展共融的理念融入花坛设计之中，主景为冬奥会比赛场地"首钢大跳台"及石景山游乐园的摩天轮，以连绵的青山为背景加以衬托，用花卉勾勒出永定河，形成石景山区绿色、生态发展的画卷。花坛运用的材料较为简单，主要有'金叶'佛甲草、四季海棠、'白草'佛甲草、蓝花鼠尾草、三色堇、一串红、木茼蒿、白晶菊等，虽然植物材料简洁但主题突出，具有趣味性。

图 8 北京世园会"绿色石景山"

Fig. 8 "Green Shijingshan" at Beijing EXPO

图 9 北京世园会一景图

Fig. 9 A corner of Beijing EXPO

如图 9，在世园会园中人流密集的地方有这样一组立体花坛，其放置于草地中，与周围环境融合，以两个运动的、开心的小孩子为设计元素，选择'金

图 10 丰台区某立体花坛

Fig. 10 Mosaiculture in Fengtai District

叶'佛甲草、红龙草、'绿草'五色苋、'紫草'莲子草、四季海棠等常见立体花坛立面植物为材料，完美地将喜悦之情传递于游人心中。在调研中，此类游乐性主题立体花坛较少，游人心向往之。总言之，立体花坛的设计以"适宜"为原则，与周围环境相适应，与大众审美相适应，植物的选择与所应用场地的气候相适应。如此，立体花坛在应用后便可发挥其美化环境、烘托气氛、净化空气、组织交通、寓教于乐的作用。

2.3.3 城市街角立体花坛的应用

图 10 所示小型立体花坛位于丰台区一街角处，采用了立体花坛常用的植物材料四季海棠、佛甲草、垂盆草和红龙草。常用的植物材料，简单的几何构图，适宜的应用位置，温馨巧妙的设计主题，使得一个小小的立体花坛在街角起到美化隔离、烘托气氛的作用。

3 总结

3.1 小结

每逢大型活动、会议展览或特殊节日，北京地区长安街、部分街角、公园节点均会布置各类立体花坛来渲染气氛。通常这些立体花坛会具有视觉宽阔、景观丰富多彩的艺术效果，通常由一个大型或多个大小或造型不同的花坛组合而成，形成一个比较大的景点，表达一个主题。

对于本研究调查的立体花坛，其中 68% 主题为与人民生活、科技、发展等相关，具有鲜明的政治意义，宣传地域特色与文化的立体花坛占 24%，8% 的立体花坛主题较为活泼可爱，带有童真童趣，休闲娱乐体验较强。秋季立体花坛多为庆祝国庆节和迎接部分会议，大多应用长势一致造型规整的花卉种类组成细致的图案和文字来展示国家一年来取得的成就，对于花卉本身的造型特点并无过分强调。而春季花坛更偏重于不同造型、色彩的花卉种类的搭配，利用花卉自身的株高、质感等特点组合形成不同的景观效果，更灵活、富有趣味。

调研的立体花坛大多采用了成熟的卡盆缀花工艺和开花穴盘苗栽植工艺，并将插花花艺、柳条编织和浮雕等手艺有机结合，丰富花坛造型工艺，且设置了夜景照明，广泛采用LED灯具，颜色逼真、表现效果好且节能环保。但在立体花坛的应用上，在主题设计、应用效果、养护管理上尚存在以下几方面问题：

3.1.1 设计主题单一，缺少变化与创新

北京地区立体花坛具有体量大、主题鲜明的特点，大多以体现人民美好生活、体现国家政策为主题，展现的是当时当季的时事，但综合来看各展位的立体花坛主题存在交叉重复现象，缺少创新性和创造力，以休闲放松、欢快热烈的娱乐性为主题的立体花坛较少。

3.1.2 植物材料应用单一

近些年在立体花坛植物种类的应用上虽有一些变化，但还存在可供选择的植物种类较少的问题，尤其是在立面表达上，可供选择的植物种类不多，每一处立体花坛的立面的植物种类相差不大，存在单一、乏味的问题。

3.1.3 忽视植物生态习性，后期养护管理成本较高

在花坛植物的设计上，忽视了一些植物的生态习性要求，如喜阳的植物种植在花坛阴面，导致植物不能正常生长或不能体现较好的观赏价值，仅通过花坛自身的喷灌设施不能满足一些植物对水分的要求，为保证立体花坛的观赏性，只能通过换盆等方式进行优化，但这与节能、可持续的景观理念相违背。

3.2 建议

3.2.1 加强设计人员的专业水平、提高创新能力

设计人员不仅要熟悉植物材料的特点，也要掌握立体花坛的设计原理，发挥主观能动性，在主题设计上结合哲学、格局、审美、景观、文化等多方面考虑，丰富立体花坛的主题，赋予花坛文化内涵、渲染气氛的使命，与周围环境巧妙结合，适应场地需求，尤其是在色彩设计中，不局限于主题的时代性。在运用植物的过程中，满足植物生长的生态环境是基本要求，在此基础上进行合理搭配，勇于采用市场上运用频率较少且观赏效果好的植物；设计时使花坛与场地融为一体，而不是突兀地放置在场地中央，从而为观赏者带来美感和视觉的享受。

3.2.2 加强立体花坛植物的育种工作

植物是立体花坛观赏效果的承载者，需要推广和应用观赏价值高、适应能力强、观赏时间长的植物，植物材料的丰富程度与立体花坛景观效果息息相关。目前在北京地区应用于立体花坛中的植物不管是应用范围还是种类都较少，因此增加对优良植物的引进与推广、对适合立体花坛植物的选育与新品种育种工作就显得尤为重要。

3.2.3 加强后期养护管理水平

纵然设计出精美的花坛图案并配置色彩绚丽的花卉，管理养护也是一个重要的环节，不然只能是前功尽弃，不但达不到美化效果，而且会弄巧成拙影响城市景观。立体花坛的后期养护管理包括看护、灌溉、病虫害防治、施肥、换苗和日常安全检查等，其对日常养护管理的要求十分精细，需要提高立体花坛养护工人的养护管理技术，研发适用于立体花坛养护的工程设施与标准化流程。

北京地区立体花坛在园林绿化中日渐流行，深受欢迎，其在主题选择、可供选择植物种类、养护管理等方面，均需要进一步探索与提升。

参考文献

董丽,2003. 园林花卉应用设计[M]. 北京：中国林业出版社.

侯江涛,王真真,2015. 花坛的设计原则与方法[J]. 现代农业科技(2)：205-206.

蓝海浪,2009. 立体花坛的研究与应用[D]. 北京：北京林业大学.

李睿,2020. 园林花卉配置的色彩设计应用与分析[J]. 花卉(4)：30-31.

刘立波,2012. 花坛在城市景观中的应用[J]. 凯里学院学报,30(3)：76-78.

路覃坦,李婷,2020. 节日立体花坛应用浅析[J]. 中国花卉园艺(22)：60-61.

晏静,朱军,潘美言,等,2020. 乌鲁木齐市立体花坛花卉种类调查与应用研究[J]. 天津农业科学,26(3)：84-90.

司丽芳,2018. 北京立体花坛中立面植物的选用[J]. 黑龙江农业科学,10(3)：81-85

韦菁,2010. 立体花坛在城市绿化中的应用研究[J]. 现代农业科技(12)：205-207.

王世豪,叶杨飞,2019. 圆明园国庆花卉应用浅析[J]. 现代园艺(15)：169-170.

赵玮,2008. 立体花坛研究[D]. 南京：南京林业大学.

周亚军,2016. 节庆花坛设计研究[D]. 长沙：中南林业科技大学.

附表 1 北京地区立体花坛应用植物汇总表

序号	植物名称	拉丁名	科属	观赏特性	应用频度	立体花坛中的应用情况
1	火炬花	Kniphofia uvaria	百合科火把莲属	总状花序着生筒状小花呈火炬形，橘红色	0.26	长势良好，喜温暖湿润阳光充足环境，耐半阴
2	麦冬	Ophiopogon japonicus	百合科沿阶草属	叶绿色、果黑色、花白色或淡紫色	0.38	正常生长，喜温暖湿润，生长过程中需水量大
3	郁金香	Tulipa gesneriana	百合科郁金香属	花白色、红色、粉色、紫色、黑色等多彩多样	0.25	生长良好，性喜向阳、避风，耐寒性强，怕酷暑
4	龙柏	Sabina chinensis 'Kaizuka'	柏科圆柏属	叶绿色	0.04	长势良好，喜阳，稍耐阴，对烟尘的抗性较差
5	金叶过路黄	Lysimachia nummularia 'Aurea'	报春花科珍珠菜属	花亮黄色，花色与叶色相近	0.17	长势良好，喜光耐阴，耐水湿，耐寒性强
6	蓝花鼠尾草	Salvia ballotaeflora	唇形科鼠尾草属	长穗状花序，花小紫色，花量大	0.73	长势中等，不耐阴，耐寒性强
7	筋骨草	Ajuga ciliata	唇形科筋骨草属	花紫色、粉色	0.25	长势较好，生于阴湿处
8	彩叶草	Coleus blumei	唇形科鞘蕊花属	叶绚丽多彩	0.55	部分叶色变黄，大多呈现良好的观赏性
9	一串红	Salvia splendens	唇形科鼠尾草属	花红色	0.8	部分萎蔫，喜光，不耐寒，极耐旱
10	鼠尾草	Salvia officinalis	唇形科鼠尾草属	叶子灰绿色，花蓝色至蓝紫色	0.43	生长良好，耐阴
11	变叶木	Codiaeum variegatum var. pictum	大戟科变叶木属	叶亮绿色、白色、灰色、黄色及各种红色，散生黄色斑点或斑纹	0.7	长势较好，喜热畏寒
12	一品红	Euphor biapulcherrima	大戟科大戟属	花红色	0.83	生长良好，不耐干旱、水湿
13	虎刺梅	Euphorbia splendens	大戟科大戟属	花红色，小灌木	0.09	长势良好，稍耐阴，耐高温，较耐旱，不耐寒
14	灯芯草	Juncus effusus	灯心草科灯心草属	茎簇生，花序假侧生，聚伞状，密集或疏散	0.13	长势良好，耐阴，耐寒，耐旱
15	金枝槐	Sophora japonica 'Chrysoclada'	蝶形花科槐属	小枝金黄色	0.09	生长良好，耐旱能力和耐寒力强，耐瘠薄
16	羽扇豆	Lupinus polyphyllus	蝶形花科羽扇豆属	花色丰富艳丽，红、黄、蓝、粉等	0.2	长势较好，喜气候凉爽、阳光充足的地方，略耐阴，耐旱
17	黄香草木樨	Melilotus officinalis	蝶形花科黄木樨属	茎直立，多分枝，花冠黄色	0.13	长势良好，耐寒，耐旱，耐贫瘠
18	杜鹃	Rhododendron simsii	杜鹃科杜鹃属	品种花色多样	0.15	长势良好，性喜凉爽、湿润、通风的半阴环境
19	非洲凤仙	Impatiens walleriana	凤仙花科凤仙花属	花红色、粉红色、橘红色、粉色、紫色、蓝紫色、白色	0.65	长势较好，不耐高温和烈日暴晒
20	苏丹凤仙花	Impatiens walleriana	凤仙花科凤仙花属	花色多变，红色、紫色到白色	0.7	长势良好，喜温暖湿润
21	新几内亚凤仙	Impatiens hawkeri	凤仙花科凤仙花属	花瓣桃红色、粉红色、橙红色、紫红白色等	0.7	生长良好，喜炎热，不耐寒
22	骨碎补	Davallia mariesii	骨碎补科骨碎补属	叶扁平长条状，绿色	0.15	长势较好
23	柳枝稷	Panicum virgatum	禾本科稷属	绿色"能源草"	0.57	长势良好，耐旱

(续)

序号	植物名称	拉丁名	科属	观赏特性	应用频度	立体花坛中的应用情况
24	蒲苇	Cortaderia selloana	禾本科蒲苇属	花穗银白色，具光泽	0.22	长势良好，性强健，耐寒，喜温暖、阳光充足及湿润
25	玉带草	Phalaris arundinacea	禾本科䅟草属	叶扁平、线形、绿色且具白边及条纹，质地柔软，形似玉带	0.15	长势良好，喜光，耐盐碱
26	针茅	Stipa capillata	禾本科针茅属	叶绿色，秆纤细直立	0.25	表现力强，耐旱
27	矾根	Heuchera micrantha	虎耳草科矾根属	叶黄绿色至紫红色	0.4	生长良好，耐寒，耐阴
28	宿根福禄考	Phlox paniculata	花葱科福禄考属	花淡红、深红、紫、白、淡黄	0.35	长势良好，性喜温暖，稍耐寒，忌酷暑
29	长春花	Catharanthus roseus	夹竹桃科长春花属	花粉红色，白色	0.3	部分长势不好，喜高温、高湿、耐半阴，不耐严寒
30	三色堇	Viola tricolor	堇菜科堇菜属	花红、橘黄、黄、蓝、紫、白色	0.7	黄色的三色堇长得不好，部分萎蔫
31	角堇	Viola cornuta	堇菜科堇菜属	花有红色、橘红、明黄色、堇紫色和复色	0.65	长势较好，喜凉爽环境，忌高温，耐寒性强
32	木槿	Hibicus syriacus	锦葵科木槿属	花淡紫色	0.04	长势良好，较耐干燥和贫瘠
33	'白草'佛甲草	Sedum lineare 'Albamarguna'	景天科佛甲草属	白色	0.95	长势较好，耐旱
34	'金叶'佛甲草	Sedum lineare 'Jin Ye'	景天科景天属	叶阴处呈绿色，充分日照下呈黄色	0.98	部分立体花坛一半已更换，部分萎蔫，花坛上部长得好，下部长势不好
35	垂盆草	Sedum sarmentosum	景天科景天属	绿色	0.75	长势良好，耐旱
36	八宝景天	Sedum spectabile	景天科景天属	花淡粉红色	0.65	生长较好，耐干旱瘠薄
37	六倍利	Lobelia erinus	桔梗科半边莲属	花形似蝴蝶，红、桃红、紫、紫蓝、白等	0.38	生长良好，喜凉爽，忌干燥、霜冻、酷热
38	百日草	Zinnia elegans	菊科百日草属	花色多样，粉、白、红、橘红	0.35	长势良好，不耐寒，喜阳光，耐干旱瘠薄
39	'丰花'百日草	Zinnia hybrida	菊科百日草属	花色除蓝色外，其他颜色均有	0.22	长势良好，喜温暖向阳，不耐酷暑高温和严寒
40	滨菊	Leucanthemum vulgare	菊科滨菊属	头状花序单生于枝顶，管状花黄色，舌状花白色，花梗细长直立	0.45	长势良好，有较高的观赏价值
41	雏菊	Bellis perennis	菊科雏菊属	花瓣白色	0.58	应用后期长势一般，喜光，耐半阴
42	翠菊	Callistephus chinensis	菊科翠菊属	花瓣有浅白、浅红、蓝紫等	0.13	长势较好，喜阳光、喜湿润、不耐涝
43	大丽花	Dahlia pinnata	菊科大丽花属	花粉色，艳丽	0.3	长势较好，喜半阴，阳光过强影响开花
44	草地风毛菊	Saussurea amara	菊科风毛菊属	头状花序通常多数，生于茎枝顶端，粉红色	0.3	长势良好，耐旱，耐盐碱
45	瓜叶菊	Senecio cruenta	菊科瓜叶菊属	花有红、粉、紫、蓝色，花色艳丽	0.26	长势良好，喜光，不耐干旱、积水
46	黑心金光菊	Rudbeckia hirta	菊科金光菊属	黑心黄色花	0.74	长势较好，不耐寒，耐旱，不择土壤
47	菊花	Dendranthema morifolium	菊科菊属	花色有红、黄、白、橙、紫、粉红、暗红等各色	0.45	喜阳光，忌荫蔽，较耐旱，怕涝，耐寒

(续)

序号	植物名称	拉丁名	科属	观赏特性	应用频度	立体花坛中的应用情况
48	黄金菊	Euryops pectinatus	菊科黄蓉菊属	花黄色，花心黄色	0.4	长势良好，喜阳光
49	小菊	Dendranthema morifolium	菊科菊属	花有红、黄、白、紫、绿、粉红、复色、间色等	0.78	长势较好，开花有先后，较耐寒，耐旱，花色艳丽，覆盖性强
50	蓝目菊	Arctotis stoechadi-folia var. grandis	菊科蓝目菊属	舌状花白色，背面淡紫色，盘心蓝紫色	0.63	长势良好，不耐寒．忌炎热，喜向阳环境
51	木茼蒿	Argyranthemum frutescens	菊科木茼蒿属	头状花序多数，舌状花白色、淡黄色或粉色	0.3	生长较好，喜光，喜凉爽湿润，耐寒性不强
52	银叶菊	Senecio cineria	菊科千里光属	叶正反面均被银白色柔毛	0.2	颜色特别，喜光、喜肥，生长良好
53	波斯菊	Cosmos bipinnata	菊科秋英属	花紫红色、粉色或白色	0.3	长势较好，耐贫瘠土壤，忌炎热，对夏季高温不适应，不耐寒
54	日光菊	Heliopsis helianthoides	菊科赛菊芋属	头状花序集生成伞房状，舌状华鲜黄色	0.3	生长较好，耐寒，喜向阳高燥环境
55	宿根天人菊	Gaillardia aristata	菊科天人菊属	舌状花上部黄色基部紫色，管状花紫褐色	0.4	长势良好，耐热，耐旱，喜阳光充足
56	甜叶菊	Stevia rebaudiana	菊科甜叶菊属	花冠基部浅紫红色或白色，上部白色	0.3	长势尚可，喜温暖湿润，抗旱能力差
57	白晶菊	Chrysanthemum paludosum	菊科茼蒿属	边缘银白色，中央筒状花金黄色	0.3	长势良好，喜温暖湿润，较耐寒，耐半阴
58	万寿菊	Tagetes erecta	菊科万寿菊属	花黄色或橘黄色	0.8	生长良好，抗性强
59	向日葵	Helianthus annuus	菊科向葵属	花边缘黄色，中部棕色或紫色	0.04	长势良好，喜温又耐寒、耐旱、耐涝
60	鹤望兰	Strelitzia reginae	旅人蕉科鹤望兰属	花外瓣橘黄色，内瓣蓝色，形似仙鹤昂首远望	0.13	长势较好，较高观赏价值，要求阳光充足，不耐寒
61	美女樱	Verbena × hybrida	马鞭草科马鞭草属	花有白、粉、红、玫瑰红、紫、复色等多品种	0.85	长势好，喜温暖，忌高温多湿
62	细叶美女樱	Verbena tenera	马鞭草科马鞭草属	花序呈伞房状，粉紫，白色	0.38	长势较好，不耐干旱抗寒性强
63	马齿苋	Portulaca oleracea	马齿苋科马齿苋属	肉质草本，黄色小花	0.17	长势良好，喜肥沃土壤，耐旱亦耐涝，生命力强
64	天竺葵	Pelargonium hortorum	牻牛儿苗科天竺葵属	伞形花序腋生，花瓣红色、橙红、粉红或白色	0.45	长势良好，喜燥恶湿
65	花毛茛	Ranunculus asiaticus	毛茛科花毛茛属	花型似牡丹花，较小，白、黄、红、水红、大红、橙、紫和褐色等	0.25	长势一般，喜凉爽及半阴，忌炎热，既怕湿又怕旱
66	美人蕉	Canna generalis	美人蕉科美人蕉属	花色丰富，有白、黄、桔红、粉红、大红、紫红或复色	0.22	长势良好，喜温暖和充足的阳光，不耐寒
67	地锦	Parthenocissus tricuspidata	葡萄科爬山虎属	绿色	0.09	长势良好，耐寒耐旱，喜阴湿环境
68	红枫	Acer palmatum 'Atropurpureum'	槭树科槭树属	叶片掌状，红色	0.15	长势较好，叶色突出，喜阳光，稍耐旱，不耐涝
69	千屈菜	Lythrum salicaria	千屈菜科千屈菜属	小花多而密集，紫红色	0.39	长势尚可，喜强光、水湿，耐寒性强

(续)

序号	植物名称	拉丁名	科属	观赏特性	应用频度	立体花坛中的应用情况
70	五星花	Pentas lanceolata	茜草科五星花属	花冠淡紫色	0.3	长势良好，喜阳光充足，能适应炎热的环境又能适应冷凉
71	微型月季	Rosa 'Minima'	蔷薇科蔷薇属	株型矮小，颜色多样，红色、粉色等	0.38	长势良好，点景，喜光，不耐阴，畏炎热，较耐寒
72	丰花月季	Rosa 'Hybrida'	蔷薇科蔷薇属	白色、红色、粉色	0.61	长势良好，适应性强较耐寒
73	矮牵牛	Petunia hybrida	茄科矮牵牛属	花白、紫或各种红色均有	0.65	生长良好，花色艳丽
74	花烟草	Nicotiana alata	茄科烟草属	花冠淡绿色，粉色	0.3	生长良好，喜温暖、向阳的环境，耐旱，不耐寒。
75	四季海棠	Begonia semperflorens	秋海棠科秋海棠属	粉、红	0.93	生长良好，花色艳丽
76	荚果蕨	Matteuccia struthiopteris	球子蕨科荚果蕨属	叶羽毛球状排列，叶外层鲜绿色，内层暗褐色	0.58	后期部分叶边枯黄，喜温暖湿润，耐阴耐寒
77	薹草属	Carex	莎草科薹草属	棕色	0.23	长势良好，发挥较好的观赏效果，耐旱
78	醉蝶花	Cleome spinosa	山柑科白花菜属	花玫瑰红色或白色	0.26	长势良好，适应性强，喜高温，较耐暑热，忌寒冷
79	牡丹	Paeonia suffruticosa	芍药科芍药属	粉红、紫红、深红	0.65	长势较好，花色艳丽，喜光怕热，耐寒，耐干旱
80	香雪球	Lobularia maritima	十字花科香雪球属	白色或淡紫色，花繁密成球形	0.09	生长良好，但部分花坛用假花，稍耐寒
81	羽衣甘蓝	Brassica oleracea var. acephala f. tricolor	十字花科芸薹属	叶边绿色不同深度，叶中心白、黄、红等多色	0.08	生长正常，喜冷凉气候，极耐寒，不耐涝
82	紫罗兰	Matthiola incana	十字花科紫罗兰属	总状花序顶生和腋生，花多数，较大，花瓣紫红、淡红或白色	0.05	长势尚可，忌燥热，耐寒不耐阴
83	石竹	Dianthus chinensis	石竹科石竹属	花白、粉、红、紫红色	0.58	长势良好，耐寒、耐干旱，不耐酷暑
84	香石竹	Dianthus caryophyllus	石竹科石竹属	花常单生枝端，粉红、紫红或白色	0.35	生长较好，喜冷凉气候，不耐寒
85	华山松	Pinus armandii	松科松属	叶绿色	0.09	生长良好，耐寒
86	双荚决明	Cassia bicapsularis	苏木科决明属	叶绿色	0.09	长势较好，稍能耐阴，耐修剪
87	苏铁	Cycas revoluta	苏铁科苏铁属	绿色羽状叶	0.2	长势良好，不耐寒，稍耐半阴
88	菖蒲	Acorus calamus	天南星科菖蒲属	叶片剑状线形，花黄绿色	0.13	生长状况尚可，性好潮湿耐寒，忌干旱
89	金钱蒲	Acorus gramineus	天南星科菖蒲属	叶片较厚、线形，灰绿或褐色	0.17	长势较好，喜温暖湿润
90	铁线蕨	Adiantum capillus-veneris	铁线蕨科铁线蕨属	淡绿色薄质叶片，乌黑光亮叶柄	0.7	叶边发红，不耐寒
91	常春藤	Hedera nepalensis	五加科常春藤属	绿色、花叶，攀缘藤本	0.05	生长良好，稍耐阴
92	西洋常春藤	Hedera helix	五加科常春藤属	叶面深绿具光泽，背面淡绿，花小，淡白绿色	0.04	长势良好，半耐寒，不耐盐碱和干旱
93	红龙草	Alternanthera dentata 'Rubiginosa'	苋科锦绣苋属	红棕色叶	0.88	生长良好，叶色明亮

(续)

序号	植物名称	拉丁名	科属	观赏特性	应用频度	立体花坛中的应用情况
94	'绿草'五色苋	Alternanthera ficoidea 'Green'	苋科锦绣苋属	绿色叶	0.78	生长良好
95	'玫红草'五色苋	Alternanthera ficoidea 'Mei Hong'	苋科锦绣苋属	玫红色叶	0.78	生长良好，稍耐阴
96	'黄草'五色苋	Alternanthera ficoidea 'Aurea'	苋科锦绣苋属	黄色叶，花白	0.78	喜阳光充足，喜温暖湿润，畏寒，不耐干旱和水涝
97	'紫草'莲子草	Alternanthera sessilis 'Zi Cao'	苋科锦绣苋属	紫色叶	0.78	生长良好，不耐干旱和水涝
98	千日红	Gomphrena globosa	苋科千日红属	花色艳丽，白、紫色	0.22	长势良好，喜阳光，耐干热，性强健
99	鸡冠花	Celosia cristata	苋科青葙属	红色、紫红色	0.87	长势较好，部分出现萎蔫
100	夏堇	Torenia fournieri	玄参科蝴蝶草属	花紫青色、桃红色、粉红、蓝色及紫色等	0.26	长势尚可，喜高温，耐炎热，喜光、耐半阴
101	金鱼草	Antirrhinum majus	玄参科金鱼草属	花粉色	0.53	长势较好，喜凉爽，较耐寒，不耐酷热
102	毛地黄	Digitalis purpurea	玄参科毛地黄属	花色从白色、粉红色、黄色、紫色到褐色	0.53	有点蔫，较耐寒、较耐干旱、耐瘠薄土壤
103	白屈菜	Chelidonium majus	罂粟科白屈菜属	花黄色	0.22	长势良好，喜温暖湿润，耐寒
104	冰岛罂粟	Papaver nudicaule	罂粟科罂粟属	花白色、橙色、浅红色	0.4	生长良好，喜温暖、阳光充足
105	虞美人	Papaver rhoeas	罂粟科罂粟属	花橘红色	0.23	长势不好，耐寒，怕暑热，喜阳光充足的环境
106	鸢尾	Iris tectorum	鸢尾科鸢尾属	花蓝紫色	0.35	长势良好，喜阳光充足，气候凉爽，耐寒，耐半阴
107	泽泻	Alisma orientale	泽泻科泽泻属	多年生水生或沼生草本，花白色、粉红色或浅紫色	0.04	长势较好，土壤需保持湿润肥沃
108	三角梅	Bougainvillea glabra	紫茉莉科叶子花属	花色多紫、粉色	0.73	长势较好，花色艳丽，不耐寒，耐干旱贫瘠
109	加那利海枣	Phoenix canariensis	棕榈科刺葵属	叶绿色	0.04	长势良好，喜光又耐阴，抗寒、抗旱
110	蒲葵	Livistona chinensis	棕榈科蒲葵属	绿色，叶大如扇	0.15	长势较好，喜光，耐阴，抗风、耐旱、耐湿、较耐盐碱

上海市公园绿地花境植物应用分析

秦诗语[1] 吴瑾[2] 张亚利[3] 王美仙[1] 罗乐[1,*]

([1] 花卉种质创新与分子育种北京市重点实验室，国家花卉工程技术研究中心，城乡生态环境北京实验室，园林环境教育部工程研究中心，林木花卉遗传育种教育部重点实验室，园林学院，北京林业大学，北京 100083；[2] 上海市公园管理事务中心，上海 200023；[3] 上海植物园、上海思创绿化科技成果转化应用促进中心，上海 200231）

摘要 选取上海市景观效果较好的 50 处公园绿地中的花境，对其植物应用情况进行实地调研。统计植物种类、应用频率、观赏期等应用特征，并对花境管理人员开展植物应用及管护现状问卷调查，旨为上海及其他区域的花境应用设计提供借鉴。研究表明：目前上海花境应用植物种类较为丰富。约 376 种，其中木本植物及多年生草本植物占比最大。观赏期上看，春季可观赏植物种类最多；冬季相对较少。花境应用的主要问题为植物更换较为频繁，长效性可持续性有待加强。另外，冬季植物应用较少，可适当添加适宜的冬季植物，以提升花境四季景观效果。

关键词 花境；木本植物；宿根花卉；冬季景观

Application Analysis of Flower Border Plants in Park Green Space in Shanghai

QIN Shi-yu[1] WU Jin[2] ZHANG Ya-li[3] WANG Mei-xian[1] LUO Le[1,*]

([1] *Beijing Key Laboratory of Ornamental Plants Germplasm Innovation & Molecular Breeding, National Engineering Research Center for Floriculture, Beijing Laboratory of Urban and Rural Ecological Environment, Engineering Research Center of Landscape Environment of Ministry of Education, Key Laboratory of Genetics and Breeding in Forest Trees and Ornamental Plants of Ministry of Education, School of Landscape Architecture, Beijing Forestry University, Beijing 100083, China;* [2] *Shanghai Municipal Administration Center of Parks, Shanghai 200023, China;* [3] *Shanghai Botanical Garden, Shanghai SiChuang Green Science and Technology Achievements Transformation and Application Promotion Center, Shanghai 200231, China*)

Abstract The flower borders of 50 parks with better landscape effect in Shanghai were selected to carry out field investigation on their plant application. Plant species, application frequency, ornamental period and other application characteristics were counted, and a questionnaire survey was conducted on plant application and management status of flower border management personnel, aiming to provide reference for the design of flower border application in Shanghai and other regions. The results show that there are abundant plant species in the flower borders of Shanghai. There were about 376 species in total, among which woody plants and perennial herbs accounted for the largest proportion. In terms of ornamental period, the most species of ornamental plants can be found in spring. and the least species in winter. The main problem of flower borders application is that plant replacement is more frequent and the long-term sustainability needs to be strengthened. In addition, winter plants are seldom used, so appropriate winter plants can be added to improve the landscape effect of flower border in four seasons.

Key words Flower border; Woody plants; Perennial herbs; Application frequency; Winter landscape

上海地区花境发展起步较早，是我国第一批将花境引入城市绿地的城市之一（王美仙，2009）。自 2009 年来，上海公园管理事务中心开展一年两次的花境评比活动，每年均有 50 余座花境参加评选，每年评选花境面积可达 8000m² 以上，极大程度促进了上海市花境行业的应用水平。2015 年后，每年举办家庭园艺展与国际花展，花境是其中重要的参展作品形式。近两年在上海市举办了许多花境大赛，如源怡

第一作者简介：秦诗语（1996-），女，硕士研究生，主要从事植物景观研究。

* 通讯作者：罗乐，职称：副教授，E-mail：luolebjfu@163.com。

杯花境大赛、中国国际花境大赛等,从设计方案到施工落地,切实提升了花境行业全流程的技能水平。近年来随着绿化水平的提高,花境在上海市的应用水平已初步达到成熟阶段(刘莉,2019),在公园绿地、道路绿地等均是重要的花卉应用形式(蔡莹莹,2014;林妍,2019)。

选取上海市内2020年参与花境评比活动的50处公园绿地内的花境进行现场调研,统计花境植物应用情况,分析植物种类、应用频率及观赏期等特征;并向园内花境管理人员发放调研问卷,了解目前花境设计及施工管理等流程的实际问题,为未来上海市及其他城市的花境建设提供参考和借鉴。

1 研究内容及方法

本次调研以2020年上海市各公园参与上海公园管理事务中心举办的花境评选活动的50处公园绿地花境为研究对象(表1),以上海市区为研究范围。共包括16个市辖区内的44处公园绿地花境及直属公园的6处花境。其营造水平较高,从设计到施工管理均能代表上海市的较高花境营造水准,对其进行植物应用的研究对推动未来花境的发展具有一定意义。

于2020年5~12月对50处花境进行全面勘探调研,记录花境植物应用材料,统计其应用频率、观赏期等特征;并对50处花境的管理人员进行问卷调查,针对植物材料更换时间及频率、季节景观提升改造等问题进行探讨,以研究上海市目前花境植物应用现状,并对未来花境发展提供借鉴。

2 调研结果与分析

2.1 上海市公园绿地花境植物应用分析

2.1.1 花境植物种类分析

据调研,目前上海市公园绿地花境应用植物共约376种,植物材料种类十分丰富(图1),其中包括木本植物152种,约占比40.4%;多年生草本134种,约占比35.6%;一二年生草本52种,约占比13.8%;观赏草31种,约占比8.2%;蕨类植物7种,约占比1.9%。分析可知,木本植物及多年生草本为上海花境中运用最多的植物材料种类,均为建设节约型园林的倡导植物类型,具有可持续性高、生态性强等优点。其中木本植物在花境中承担骨架植物及背景植物的角色,其结构稳定、观赏期长,维护管理便捷;而多年生草本品种众多,具有抗性强、观赏价值高、养护管理简单等优点,成为营造花境的重点植物类型(谢婷婷,2009;陈花香,2012)。一二年生草本多作为季节补充性植物材料,应用种类与多年生草本相比

表1 调研花境分布统计

Table 1 The flower borders distribution statistics of the survey

序号	城区	公园名称	序号	城区	公园名称
1	市直属公园	上海动物园	26		清涧公园
2		上海植物园	27	杨浦区	杨浦公园
3		上海共青森林公园	28		黄兴公园
4		上海古猗园	29		民星公园
5		上海滨江森林公园	30		四平科技公园
6		上海辰山植物园	31	浦东新区	世纪公园
7	静安区	闸北公园	32		白莲泾公园
8		静安公园	33		金桥公园
9		静安中环公园	34		张衡公园
10		大宁公园	35	闵行区	闵行体育公园
11		岭南公园	36		莘庄公园
12	黄浦区	人民公园	37		闵行公园
13		南园	38		吴泾公园
14		古城公园	39	松江区	方塔园
15	徐汇区	徐家汇公园	40		醉白池公园
16		衡山公园	41	宝山区	吴淞炮台湾国家湿地公园
17	长宁区	中山公园	42		淞沪抗战纪念公园
18		海粟绿地	43		友谊公园
19	虹口区	鲁迅公园	44		共和公园
20		和平公园	45	青浦区	大观园
21		曲阳公园	46	嘉定	汇龙潭公园
22		昆山公园	47		秋霞圃
23		四川北路公园	48	金山区	滨海公园
24	普陀区	长风公园	49	奉贤	古华公园
25		甘泉公园	50	崇明	新城公园

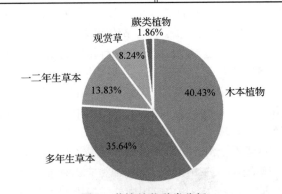

图1 花境植物种类分析

Fig. 1 Species analysis of plants in flower borders

较少。观赏草及蕨类植物近年来被逐渐应用到花境中来，其中观赏草的品种丰富，是一种优秀的冬季观景材料，且富有野趣，符合现代人回归自然的心愿（田娅玲，2020）；而蕨类植物耐阴性强，是营造荫生花境及岩石花境的优良植物材料（崔秋芳，2006）。

2.1.2 花境植物种类应用频率分析

某植物出现在调研花境点的次数与总花境样点数之间的比值称为该植物的应用频率（application frequency），分别列举不同种类材料下应用频率排名前10的植物（表2至表4），以分析上海市花境植物材料应用特点。

木本植物中，红千层、红花檵木、金叶胡颓子等在上海花境中应用频率较高，运用频率均超50%，其观赏价值高、观赏期长，是花境结构中重要的骨架植物。红千层树姿优美，夏季可观红花，花形奇特；一年四季叶色常青，叶形轻盈，且适应性强，是上海市公园绿地花境内重要的背景树种。红花檵木一年四季均有景可赏：树形上，形态多样，既可修剪成球形，也可依自然形态生长；花期上，春、秋季均可观紫红色花；叶色上，在适宜条件下叶色可四季长红，是优秀的冬季花境景观植物材料，常作为花境中的视觉焦点植物。金叶胡颓子叶片独特，常修剪成球形应用，是重要的花境点缀树种。

多年生草本中，玉簪、美人蕉系列、松果菊系列、萱草系列、百子莲、黄金菊、矾根、紫娇花等植物的应用频率较高，其中玉簪应用频率高达90%；玉簪、松果菊、萱草等品种多样，颜色、形态变化丰富，可以通过不同的组合方式形成不同的花境景观；美人蕉形态独特，观赏价值高，是很好的组成花境视觉焦点的植物材料；黄金菊观赏期久，极大程度上丰富了花境的色彩景观。

一二年生草本中，美女樱系列、石竹系列、金鸡菊、毛地黄等植物应用频率较高，但仅有美女樱、石竹应用频率超过50%，说明一二年生花卉在上海花境中应用频率低于木本植物及多年生草本，与其养护管理精细、存活时间短等特点有关，符合节约型园林的倡导。

观赏草为近年发展起来的一种植物材料，以自然飘逸等特点备受公众喜爱。上海花境中，金叶薹草、蒲苇、小兔子狼尾草是应用频率较高的观赏草种类，但其仍有上升的空间；在未来的应用中，可加大观赏草在园林花境中的尝试与探索。

蕨类在上海花境中应用种类较少，其中肾蕨的应用频率较高，约16%，但其他种类应用频率较低。反映出蕨类植物在花境中应用尚处于摸索起步阶段，可在保证花境整体效果的前提下积极引进新品种并尝试在上海地区进行应用。

表2 上海市高应用频率花境植物种类分析(1)

Table 2 Species analysis of high-frequency flower border plants in Shanghai(1)

\multicolumn{3}{c}{木本植物}	\multicolumn{3}{c}{多年生草本}
序号	植物名称	应用花境数量	应用频率(%)	序号	植物名称	应用花境数量	应用频率(%)
1	红千层	34	68.00	1	玉簪	40	80.00
2	红花檵木	33	66.00	2	美人蕉系列	35	70.00
3	金叶胡颓子	25	50.00	3	松果菊系列	28	56.00
4	银姬小蜡	22	44.00	4	萱草系列	27	54.00
5	杜鹃	20	40.00	5	百子莲	25	50.00
6	火焰南天竹	19	38.00	6	黄金菊	23	46.00
7	彩叶杞柳	18	36.00	7	矾根	22	44.00
8	穗花牡荆	18	36.00	8	紫娇花	22	44.00
9	小丑火棘	17	34.00	9	马鞭草	21	42.00
10	八仙花	17	34.00	10	墨西哥鼠尾草	19	38.00

表3 上海市高应用频率花境植物种类分析(2)

Table 3 Species analysis of high-frequency flower border plants in Shanghai(2)

一二年生草本				观赏草			
序号	植物名称	应用花境数量	应用频率(%)	序号	植物名称	应用花境数量	应用频率(%)
1	美女樱系列	35	62.00	1	金叶薹草	11	22.00
2	石竹系列	27	54.00	2	蒲苇	10	20.00
3	金鸡菊	17	34.00	3	小兔子狼尾草	9	18.00
4	毛地黄	12	24.00	4	墨西哥羽毛草	7	14.00
5	天人菊	10	20.00	5	蓝羊茅	5	10.00
6	羽扇豆	9	18.00	6	细叶芒	5	10.00
7	彩叶草	8	16.00	7	花叶芒	5	10.00
8	白晶菊	7	14.00	8	紫穗狼尾草	4	8.00
9	大花飞燕草	7	14.00	9	大布尼狼尾草	3	6.00
10	黑心菊	6	12.00	10	粉黛乱子草	3	6.00

表4 上海市高应用频率花境植物种类分析(3)

Table 4 Species analysis of high-frequency flower border plants in Shanghai(3)

蕨类植物			
序号	植物名称	应用花境数量	应用频率(%)
1	波士顿肾蕨	8	16.00
2	贯众	2	4.00
3	红盖鳞毛蕨	2	4.00
4	蕾丝蕨	1	2.00
5	井栏边草	1	2.00
6	鸟巢蕨	1	2.00
7	渐尖毛蕨	1	2.00

2.1.3 花境植物种类观赏期分析

对在上海市公园绿地花境中应用的植物种类的观赏期进行统计,分析春、夏、秋、冬四季可观赏的各类花境植物数量(表5)。统计可知,春季可观赏花境植物种类最多,约达272种;其中木本植物及多年生草本种类最多。其次是秋季及夏季,分别约达234种、221种,均为木本植物占比最多。冬季可观赏植物种类最少,仅约138种,约为春季观赏花境植物种类的1/2;其中木本植物占比最多,其次为观赏草植物,一二年生草本占比与其他季节相比较高。

由以上可知,上海地区春季花境植物最为丰富,春、夏、秋季主要观赏植物种类为木本植物及多年生草本;而冬季可观赏花境植物较少,主要观赏植物为木本植物及观赏草,而一二年生草本占比较其他季节偏高。

表5　上海市公园绿地花境各季节观赏植物种类数量
Table 5　The number of ornamental plant species in each season in the flower border of Shanghai park green space

序号	植物类型	可观赏的植物种类数量			
		春季	夏季	秋季	冬季
1	木本植物	113	108	102	55
2	多年生草本	83	45	68	27
3	一二年生草本	38	30	26	21
4	观赏草	31	31	31	31
5	蕨类植物	7	7	7	4
	总计	272	221	234	138

2.2 关于花境植物应用情况的公园内专业人员问卷分析

为了进一步研究上海市公园绿地花境植物的应用情况,对各花境的专业管理人员进行问卷调查,共发放问卷50份。探讨植物材料更换、季节景观提升、景观提升改造建议等问题,了解目前花境植物在实际运用中的应用现状及问题,以对未来发展方向提供借鉴。

2.2.1 植物材料更换

统计分析上海市公园绿地花境专业人员问卷,可知在植物材料更换频率上(图2),57%的花境一年更换两次植物材料,更换时间分别在春季及秋季。其次为一年内更换3次,占比25%,更换时间分别在春季、夏季以及秋季;11%的花境一年更换4次植物材料。仅有7%的花境一年更换一次植物材料。反映出上海市公园花境更换植物材料频率较为频繁,正处于建设长效型花境的摸索阶段,未来应继续探索长效型花境的营造理论及方法,如适当选择观赏期长的植物材料、合理搭配观赏期不一的植物材料,以达到建设节约型花境的愿景(张美萍,2010)。

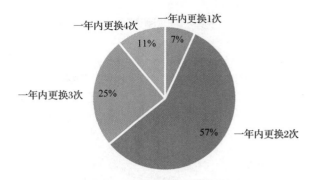

图2　上海市公园花境植物材料更换频率统计
Fig. 2　Statistics on the frequency of plant replacement in flower borders of Shanghai

2.2.2 季节景观提升

统计花境专业人员认为花境需要景观提升的季节(图3),有64%的花境专业人员表示冬季是最需要景观提升的季节,占比最高;其次是夏季,占比28%。认为春季及秋季需要景观提升的专业人员较少,仅占3%、5%。反映出专业人员认为上海市花境春季、秋两季景观效果已较为成熟,而冬、夏两季景观存在提升的空间,其中冬季花境景观急需进行改造提升,可能与目前冬季花境植物可运用植物材料较少有关。

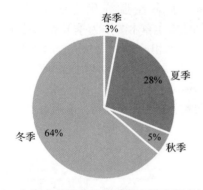

图3　上海市公园花境季节景观提升需求统计
Fig. 3　Statistics on the demand of seasonal landscape improvement in flower borders of Shanghai parks

2.2.3 景观提升重点

统计花境专业人员认为的花境景观提升重点(图4),即哪些方面对于花境景观提升最有帮助。其中选择养护管理、方案设计、植物选择等的专业人员最多。反映出在未来的花境实践中,养护管理、设计提升及植物选择等方面依然是重要的探索及提升方向。

3 结论与讨论

随着城市绿化水平的提升,花境因其尺度灵活、景观效果佳、生态性强、造价节约等特点,已经逐渐成为一种重要的景观形式(徐卉,2018;王嘉琪,2018),在公园、道路等处应用频率较高(罗慈慧,

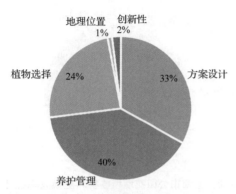

图 4　上海市公园花境景观提升重点统计
Fig. 4　Statistics on the key points of improvement of flower border landscape in Shanghai parks

2019；潘夏莉，2018）。而植物作为花境营造的主体，对其进行研究是发展花境必不可少的一部分（储显，2018）。上海市作为我国营造花境水平较高的城市之一，对其进行花境植物的研究，以对未来花境建设提供参考。

在植物应用方面，目前上海花境应用植物共约376种，植物材料种类十分丰富。木本植物及多年生草本为上海花境中运用最多的植物材料种类，具有可持续性高、生态性强等优点分别占比40.4%、35.6%。一二年生草本多作为季节点缀使用，应用种类与多年生草本相比较少，约占比13.8%。观赏草及蕨类植物近年来被逐渐应用到花境中来，各占比8.2%、1.9%。木本植物中，红千层、红花檵木、金叶胡颓子等植物应用频率较高，运用频率均超过50%；

多年生草本中，玉簪、美人蕉系列、松果菊系列、萱草系列、百子莲、黄金菊、矾根、紫娇花等植物的应用频率较高，其中玉簪应用频率高达90%；一二年生草本中，美女樱系列、石竹系列、金鸡菊、毛地黄等植物应用频率较高，仅有美女樱、石竹应用频率超过50%；观赏草植物中，金叶薹草、蒲苇、小兔子狼尾草是应用频率较高的种类；蕨类中肾蕨的应用频率较高，约16%，但其他种类应用频率较低。从观赏期上看，上海公园绿地花境各季节观赏植物种类不尽相同，其中春季可观赏的植物种类最多；春、夏、秋季主要观赏植物种类为木本植物及多年生草本；冬季可观赏花境植物较少，主要观赏植物为木本植物及观赏草。

目前上海公园绿地花境植物材料更换频率大多为一年两次，更换次数为一次以下的较少。大多专业花境管理人员认为冬季是上海市需要提高景观效果的季节，并且反映植物的养护管理、设计及植物的选择是目前的景观提升重点。

总的来看，上海市花境营造在植物应用方面已具备一定水平，但仍在长效性花境的营造及冬季花境景观植物的选择上存在进步空间。目前花境植物材料的更换次数较为频繁，正处于建设长效型花境的摸索阶段，未来应继续探索长效型花境的营造理论及方法，以达到建设节约型花境的愿景。同时冬季为最需要提升景观效果的季节，可观赏的植物材料种类与其他季节相比较少，木本植物及观赏草为主要种类，缺少可观赏的中景及前景植物，未来应在理论及实践两方面进行冬季景观提升探索的研究。

参考文献

陈花香，2012. 福建省花境植物资源及花境在园林绿地中的应用研究[D]. 福州：福建农林大学.

储显，2018. 城市中花境运用及其景观结构的公众评价[D]. 合肥：安徽农业大学.

崔秋芳，秦华，2006. 蕨类植物在园林绿化中的应用[J]. 西南园艺（4）：35-37.

林妍，2019. 上海道路景观绿化中花境运用浅析[J]. 现代园艺（4）：130-131.

刘莉，2019. 沪杭地区长效型花境设计研究[D]. 杭州：浙江大学.

潘夏莉，2018. 杭州城市绿地花境调查与设计策略研究[D]. 杭州：浙江农林大学.

田娅玲，2020. 观赏草在大尺度花境中应用的理论与实践——以上海辰山植物园为例[J]. 安徽农学通报，26（Z1）：65-67，69.

王嘉琪，2018. 成都市道路花境植物选择与应用研究[D]. 成都：四川农业大学.

王美仙，2009. 花境起源及应用设计研究与实践[D]. 北京：北京林业大学.

谢婷婷，2009. 南京城市公园绿地花境植物群落研究与综合评价分析[D]. 南京：南京农业大学.

徐卉，2018. 花境在南京城市建设中的运用[D]. 南京：南京农业大学.

张美萍，2010. 长效型混合花境应用初探——以上海市闵行体育公园为例[J]. 现代农业科技（12）：210-211.

北京奥林匹克森林公园健康步道中不同植物群落的空气负离子效益研究

张灿　孟子卓　夏笛　于晓南*

（花卉种质创新与分子育种北京市重点实验室，国家花卉工程技术研究中心，城乡生态环境北京实验室，园林环境教育部工程研究中心，林木花卉遗传育种教育部重点实验室，园林学院，北京林业大学，北京 100083）

摘要　为研究健康步道中不同植物群落的空气负离子效益，选取了北京奥林匹克森林公园的 38 个样地，对各点的数据采用列表、条形图等方式，来分析不同植物群落的空气负离子浓度差异，并对比样地内部与对应步道的空气负离子变化。得出以下结论：（1）样地内部中的 CI 值（空气清洁度）均大于对应步道中的 CI 值，表明样地内部空气质量更好；（2）在单层群落结构中，以郁闭度为 70%的毛白杨+栾树的乔木群落样地的空气负离子效益为最佳；在双层群落结构中，以郁闭度为 75%的圆柏+栾树+二乔玉兰-红王子锦带的乔灌群落样地的空气负离子效益为最佳；在复层群落结构中，以郁闭度为 60%的毛白杨-榆叶梅+金钟花-鸢尾的样地的空气负离子效益为最佳；（3）不同植物群落中的样地内部与对应步道 CI 值由大到小排序基本为：乔灌草植物群落（TSG）＞乔灌植物群落（TS）＞乔木群落（T）＞草本群落（G）＞乔草植物群落（TG）＞灌草植物群落（SG）＞灌木群落（S），且乔灌草植物群落（TSG）空气清洁度等级较为稳定。

关键词　健康步道；植物群落；空气负离子

Study on the Air Anion Benefits of Different Plant Communities in the Healthy Trail of Beijing Olympic Forest Park

ZHANG Can　MENG Zi-zhuo　XIA Di　YU Xiao-nan

(Beijing Key Laboratory of Ornamental Plants Germplasm Innovation & Molecular Breeding, National Engineering Research Center for Flori culture, Beijing Laboratory of Urban and Rural Ecological Environment, Engineering Research Center of Landscape Environment of Ministry of Education, Key Laboratory of Genetics and Breeding in Forest Trees and Ornamental Plants of Ministry of Education, School of Landscape Architecture, Beijing Forestry University, Beijing 100083, China)

Abstract　In order to study the air negative ion benefits of different plant communities in healthy trails, 38 samples of Beijing Olympic Forest Park were selected. The data of each point were analyzed by list and bar chart to analyze the difference of air anion concentration between different plant communities and the air negative ions changes in the interior of the specific plot and corresponding footpath. The following conclusions are drawn: (1) CI value (air cleanliness) in the sample plot is higher than that in the corresponding footpath, which indicates that the air quality in the sample is better. (2) In the single layer community structure, the air negative ion benefit of the arbor community sample with 70% canopy density of *Populus tomentosa*+ *Koelreuteria paniculata* was the best; In the double layer community structure, the air negative ion benefit of the community sample of coniferous shrub community with 75% canopy density + Luan tree + erqiaoyulan Red Prince was the best; In the complex community structure, the air negative ion benefit of Populus tomentosa + camphorus iris with 60% canopy density was the best. (3) The CI values of the samples and corresponding footpaths in different plant communities were classified from large to small: Tree- Shrub-Grass Plant community (TSG)> Tree- Shrub Plant community(TS) > Tree Plant community (T) > Grass Plant community(G) > Tree-Grass Plant community(TG) > Shrub-Grass Plant community (SG) > Shrub Plant community(S), and the air cleanliness level of TSG was stable.

Key words　Healthy walking; Plant community; Air anion

第一作者简介：张灿（1996—），女，硕士研究生，主要从事健康景观及园林植物应用研究。

*通讯作者：于晓南，教授，E-mail：yuxiaonan626@126.com。

空气负离子也被称为负氧离子,主要来源于由紫外线、宇宙射线、放射性物质引发的空气电离作用(黄春松 等,2005)。此外,山林、树冠、叶端的尖端放电以及雷电、瀑布、海浪的冲击,也能够产生较高浓度的空气负离子,其次植物叶表面在短波紫外线的作用下发生的光电效应,也可以促进空气电离植物叶尖的放电,也能够促使空气电离,从而产生空气负离子(蒙晋佳和张燕,2005)。空气负离子对于人类健康能够起到重要的作用。当空气中的空气负离子浓度较高时,能抑制多种病菌的繁殖,降低血压和消除疲劳,促进人体的生长和发育,对于改善体质和维持健康有重要作用。而若空气负离子缺乏,人会感到不适。据有关研究表明,空气负离子浓度达到700 个/cm^3 以上时有益于人体健康,浓度达到 1×10^4 个/cm^3 以上时才能治病,当负离子浓度大于或等于正离子浓度时,才能感到舒适,并对多种疾病有辅助医疗作用(黄彦柳 等,2004)。

国内目前关于空气负离子的研究主要侧重于不同环境条件下空气负离子浓度水平及其相关影响因子、空气负离子评价标准和分级标准、空气负离子在医疗保健中的作用及其机理、空气负离子资源的开发和利用等方面(吴楚材 等,2001)。另外对于森林公园空气负离子浓度及其影响因素的研究(潘剑彬 等,2011),以及对于不同植被类型空气负离子浓度及其影响因素分析(冯鹏飞 等,2015),但是对于结合城市中的健身步道为研究,却少之又少。城市健身步道作为"连接荒野与文明的纽带",是当下越来越深受广大群众喜爱的身体锻炼方法。从不同植物群落着手研究城市健康步道中的空气负离子效益,能对人体健康能够起到重要的作用,同时对于康养景观有着重要意义。

1 研究地区与研究方法

1.1 试验设备

本研究测定空气负离子的仪器为 DLY-3G 型大气离子测量仪。该仪器是测量大气离子的专用仪器,数据稳定,测量准确,灵敏度高,使用方便。其测定原理大多是电容式空气离子收集器收集空气离子携带的电荷,测量这些电荷形成的电流和取样空气流量,再换算出离子浓度(周晓香,2002)。操作程序及注意事项遵从仪器使用说明。

1.2 研究区域选择

北京奥林匹克森林公园(以下简称奥森公园)是北京奥林匹克公园的重要组成部分,地处温带半湿润大陆性季风气候,夏季高温多雨,冬季寒冷干燥;全年平均气温为12.3℃,1 月最冷,月平均气温-3.7℃;7 月最热,月平均气温26.2℃。年平均降雨量为571.9mm,雨量主要集中 6~8 月,约占全年降雨量的74%。在奥森公园区域中,有着较为完善的步道系统和跑步设施,健身人数较多,而且植物景观群落层次丰富,且植被覆盖率达90%,有大量可供选择的试验样方。

1.3 样点布置

在正式试验开始前,提前去奥森公园进行样地挑选,并记录样地详细信息和拍摄样地照片,最后共确定样地 38 个。奥森林园内样点的设置主要依照随机原则,参照大地坐标,在经纬线交叉点布置,同时依据样点所能代表的植物群落类型和群落结构的典型性原则对样点位置进行微调。奥森公园样地均位于10m×10m 群落样方的中心,测定仪器分布在以样点为中心的5m×5m 范围内。样地位置如图所示,1~23号样地位于奥森公园南园,24~38 号样地位于奥森公园北园。

1.4 数据采集与分析方法

本研究具体观测时间为 2020 年 9~10 月,选择晴朗无风的天气进行测量,为保证试验数据的精确度和客观性,所有数据均采用多天测量求平均值的方法得来。每个监测点进行试验时,仪器高度统一设定为0.5m,在相互垂直的 4 个方向分别测定,待仪器稳定后每个方向连续读取 3 个有效值,然后取 4 个方向的平均值作为这个时刻的浓度值。对各点的数据采用列表、条形图等方式来分析其变化规律、变化范围以及波动性。

表1 奥林匹克森林公园样地基本信息
Table 1 Basic information of sample plots in Olympic Forest Park

样地	地理位置	群落种类	群落类型	优势种平均胸径(m)	优势种平均高度(m)	郁闭度(%)
1	40°0′37″N 116°23′13″E	蒲公英+早熟禾+车前草+狗尾草	草本群落	—	—	—
2	40°0′35″N 116°23′22″E	紫叶桃+白蜡+旱柳+金银木+绣线菊	乔灌群落	0.45	9.0	70.00
3	40°0′35″N 116°23′26″E	早熟禾	草本群落	—	—	—

(续)

样地	地理位置	群落种类	群落类型	优势种平均胸径(m)	优势种平均高度(m)	郁闭度(%)
4	40°0′38″N 116°23′24″E	油松+构树+紫叶矮樱-金银木+红王子锦带+凤尾兰+白三叶草+狗尾草+早熟禾	乔灌草群落	0.20	6.0	40.00
5	40°0′36″N 116°23′25″E	构树+臭椿+白蜡+金银木-红瑞木-狼尾草+芒草+白三叶草+牛筋草+早熟禾	乔灌草群落	0.25	8.0	25.00
6	40°0′33″N 116°23′32″E	西府海棠-山荆子+平枝枸子	乔灌群落	0.15	6.5	30.00
7	40°0′44″N 116°23′36″E	圆柏+毛白杨-红瑞木+棣棠-黑麦草+牛筋草	乔灌草群落	0.20	11.0	20.00
8	40°0′48″N 116°23′36″E	毛白杨-鸢尾+马蔺+狗尾草+早开堇菜+早熟禾	乔草群落	0.45	20.0	70.00
9	40°0′55″N 116°23′34″E	毛白杨-欧洲琼花+金叶玉簪+麦冬	乔灌草群落	0.35	16.0	20.00
10	40°1′12″N 116°23′8″E	国槐+栾树-大花马齿苋+蓝花鼠尾草+千日红+金苞花+荷兰菊+萱草	乔草群落	0.15	6.5	60.00
11	40°0′59″N 116°22′29″E	油松+白皮松+栾树-沙地柏	乔灌群落	0.15	3.5	70.00
12	40°0′56″N 116°22′28″E	紫叶稠李-红丁香+金银木-狗尾草+早熟禾	乔灌草群落	0.10	6.5	20.00
13	40°0′57″N 116°22′28″E	金银木+彩叶草+毛蕊花+金苞花+花烟草+山桃草	灌草群落	0.10	5	70.00
14	40°0′55″N 116°22′29″E	月季+木香-雀稗	灌草群落	0.05	0.8	30.00
15	40°0′52″N 116°22′31″E	白蜡-早熟禾	乔草群落	0.20	10.0	70.00
16	40°0′50″N 116°22′35″E	毛白杨	纯乔群落	0.25	20.0	80.00
17	40°0′48″N 116°22′42″E	圆柏-沙地柏	乔灌群落	0.10	6.5	30.00
18	40°0′49″N 116°22′42″E	栾树	纯乔群落	0.20	12.0	90.00
19	40°0′40″N 116°22′50″E	西府海棠-沙地柏	乔灌群落	0.15	5.0	95.00
20	40°0′40″N 116°22′55″E	毛白杨+栾树	乔木群落	0.30	14.5	70.00
21	40°0′38″N 116°22′57″E	圆柏+栾树+二乔玉兰-红王子锦带	乔灌群落	0.15	6.5	75.00
22	40°0′38″N 116°22′54″E	毛白杨-榆叶梅+金钟花-鸢尾	乔灌草群落	0.35	18.0	60.00
23	40°0′38″N 116°22′39″E	雀稗	纯草群落	—	—	—
24	40°1′30″N 116°22′29″E	油松	纯乔群落	0.15	4.5	70.00
25	40°1′23″N 116°22′52″E	樱花-大叶黄杨-早熟禾	乔灌草群落	0.10	2.5	40.00
26	40°1′23″N 116°22′52″E	大叶黄杨	纯灌群落	0.05	1.0	60.00
27	40°1′22″N 116°22′54″E	侧柏	纯乔群落	0.18	8.0	50.00
28	40°1′23″N 116°23′9″E	金银木	纯灌群落	0.05	1.5	80.00
29	40°1′28″N 116°23′16″E	金银木+早熟禾	灌草群落	0.05	1.5	60.00
30	40°1′29″N 116°23′24″E	油松+石榴-绣线菊-马蔺+蛇莓+早熟禾	乔灌草群落	0.25	7.0	40.00
31	40°1′39″N 116°23′21″E	丁香	纯灌群落	0.10	1.5	30.00
32	40°1′48″N 116°22′59″E	金银木+迎春-夏至草+萱草+习见蓼	灌草群落	0.10	1.5	40.00
33	40°1′45″N 116°22′39″E	榆树-大叶黄杨+金银木	乔灌群落	0.15	9.0	30.00
34	40°1′43″N 116°22′24″E	元宝+国槐-大叶黄杨+金银木	乔灌	0.30	10.0	20.00
35	40°1′34″N 116°22′20″E	金枝槐+油松-大叶黄杨-早开堇菜+蒲公英+车轴草+早熟禾	乔灌草	0.15	6.5	15.00
36	40°1′40″N 116°22′17″E	油松+国槐+毛白杨-金银木-三桠绣线菊-早熟禾	乔灌草	0.15	6.0	10.00
37	40°1′39″N 116°22′16″E	金枝槐+榆树-习见蓼	乔草	0.32	8.0	40
38	40°1′33″N 116°22′15″E	侧柏+旱柳-紫丁香-萱草	乔灌草	0.30	5.0	40.00

图 1 奥林匹克森林公园绿地样点分布示意图

Fig. 1　Distribution of green space samples in Olympic Forest Park

1.5　评价指标

目前国内外关于空气负离子的评价指标基本选用单极系数和安培空气质量评价系数法(安倍 等，1980)。

$$q = n^+/n^-,\quad CI = n^-/1000\,q$$

单极系数 q 是空气中正离子浓度与负离子浓度的比值,研究表明,在通常的陆地上 q 值为 1.2 左右,大多数学者认为 q 应等于或小于 1,才能给人以舒适感(邵海荣 等,2005)。CI 值越大,空气质量越好。该指标把空气负离子作为评价指标,同时又考虑了正、负离子的构成比,比较全面、客观。

表 2　空气清洁度分级标准
Table 2　The criteria for evaluating air quality

空气清洁等级	CI 值
最清洁(A)	≥1.00
清洁(B)	0.70~1.00
中等(C)	0.50~0.69
允许(D)	0.30~0.49
轻污染(E1)	0.20~0.29
中污染(E2)	0.10~0.19
重污染(E3)	≤0.10

1.6　数据分析

运用 EXCEL 2017 进行数据整理,SPSS 26.0 进行数据分析,运用 Origin 8.0 进行绘图。

2　试验结果分析

2.1　不同群落结构的负离子浓度变化与空气质量分析

2.1.1　单层群落结构

此 11 个样地均为单层群落结构样地,其中 1、3、23 号样地为草本植物群落样地,26、28、31 号样地为灌木植物群落样地,16、18、20、24、27 号样地为乔木植物群落样地。从图来看,样地内部中空气负离子浓度高的样地分别是 1、18、20、23 号样地,其中 1 号样地最高达到 900 个/cm³;对应步道中空气负离子浓度高的样地分别是 18、20、23 号样地,其中 20 号样地最高达到 870 个/cm³。从表 3 可知,样地内部中 q 小于或等于 1 的样地有 1、2、18、20、23、28、31 号样地;对应步道中 q 小于或等于 1 的样地有 3、18、20、23、31,其中 20 号样地 q 值最小,对人体来说最有舒适感。依据安培空气质量评价系数法,CI 值越大,空气质量越好,其中 A 代表最清洁,在样地内部和对应步道中达到等级 A 的样地均为 18、20、23 号样地。根据以上分析结果综合考虑,18、20、23 号样地空气负离子浓度高,人体舒适感好,空气质量好,且对应位置的健康步道也有良好的空气质量效益,其中 20 号样地为最佳。

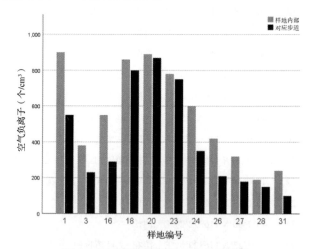

图 2　单层群落结构空气负离子浓度

Fig. 2　Air anion concentration in Single Layer Plant community

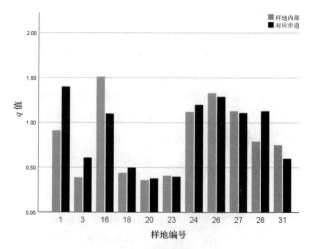

图 3　单层群落结构 q 值

Fig. 3　q in Single Layer Plant community

表 3 单层群落结构负离子测定与评价
Table 3 The determination and evaluation of negative ions in Single Layer Plant community

样地	样地内部					对应步道				
	n^-	n^+	q	CI	等级	n^-	n^+	q	CI	等级
1	900	820	0.91	0.99	B	550	770	1.40	0.39	D
3	380	150	0.39	0.96	B	230	140	0.61	0.38	D
16	550	830	1.51	0.36	D	290	320	1.10	0.26	E1
18	860	380	0.44	1.95	A	800	400	0.50	1.60	A
20	890	320	0.36	2.48	A	870	330	0.38	2.29	A
23	780	320	0.41	1.90	A	750	300	0.40	1.88	A
24	600	670	1.12	0.54	C	350	420	1.20	0.29	E1
26	420	560	1.33	0.32	D	210	270	1.29	0.16	E2
27	320	360	1.13	0.28	E1	180	200	1.11	0.16	E2
28	190	150	0.79	0.24	E1	150	170	1.13	0.13	E2
31	240	180	0.75	0.32	D	100	60	0.60	0.17	E2

注:n^-、n^+ 单位为(个/cm^3)

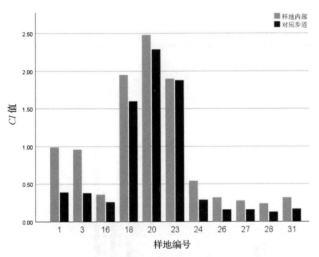

图 4 单层群落结构 CI 值
Fig. 4 CI in in Single Layer Plant community

2.1.2 双层群落结构

此 16 个样地均为双层群落结构样地,其中 8、10、15、37 号样地为乔草植物群落样地,2、6、11、17、19、21、33、34 号样地为乔灌植物群落样地,13、14、29、32 号样地为灌草植物群落样地。从图来看,样地内部中空气负离子浓度高的样地分别是 6、17、19、21 号样地,其中 21 号样地最高达到 1000 个/cm^3;对应步道中空气负离子浓度高的样地分别是 17、19、21 号样地,其中 19 号样地最高达到 800 个/cm^3。单极系数 q 是空气中正离子浓度与负离子浓度的比值,大多数学者认为 q 小于或等于 1 对于人体来说会产生舒适感,从表 4 可知,样地内部中 q 小于或等于 1 的样地有 2、8、10、11、13、15、17、19、21、29 号样地;对应步道中 q 小于或等于 1 的样地有 2、10、11、13、17、19、21、29,其中 21 号样地 q 值最小,对人体来说最有舒适感。依据安培空气质量评价系数法,CI 值越大,空气质量越好,其中 A 代表最清洁,在样地内部和对应步道中达到等级 A 的样地均为 2、17、19、21 号样地。根据以上分析结果综合考虑,17、19、21 号样地空气负离子浓度高,人体舒适感好,空气质量好,且对于对应位置的健康步道有良好的影响效益,其中 21 号样地为最佳。

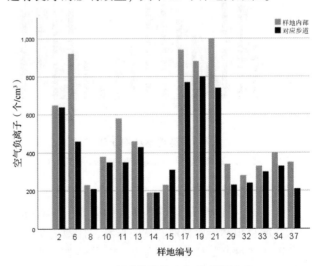

图 5 双层群落结构空气负离子浓度
Fig. 5 Air anion concentration in Double Layer Plant community

表 4　双层群落结构负离子测定与评价

Table 4　Determination and evaluation of negative ions in Double Layer Plant community

样地	样地内部					对照步道				
	n^-	n^+	q	CI	等级	n^-	n^+	q	CI	等级
2	650	350	0.54	1.21	A	640	370	0.58	1.11	A
6	920	980	1.07	0.86	B	460	540	1.17	0.39	D
8	230	180	0.78	0.29	E1	210	240	1.14	0.18	E2
10	380	180	0.47	0.80	B	350	130	0.37	0.94	B
11	580	410	0.71	0.82	B	350	240	0.69	0.51	C
13	460	350	0.76	0.60	C	430	370	0.86	0.50	C
14	190	360	1.89	0.10	E2	190	360	1.89	0.10	E2
15	230	200	0.87	0.26	E1	310	450	1.45	0.21	E1
17	940	390	0.41	2.27	A	770	460	0.60	1.29	A
19	880	260	0.30	2.98	A	800	380	0.48	1.68	A
21	1000	430	0.43	2.33	A	740	170	0.23	3.22	A
29	340	130	0.38	0.89	B	230	100	0.43	0.53	C
32	280	380	1.36	0.21	E1	240	320	1.33	0.18	E2
33	330	420	1.27	0.26	E1	300	450	1.50	0.20	E1
34	400	550	1.38	0.29	E1	330	440	1.33	0.25	E1
37	350	470	1.34	0.26	E1	210	230	1.10	0.19	E2

注：n^-、n^+ 单位为个/cm³。

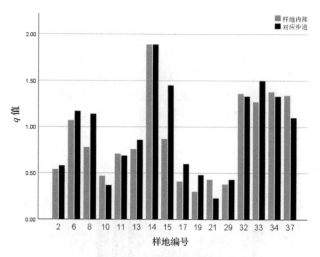

图 6　双层群落结构 q 值

Fig. 6　q in Double Layer Plant community

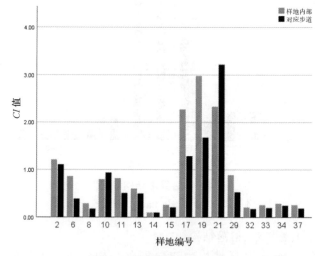

图 7　双层群落结构 CI 值

Fig. 7　CI in Double Layer Plant community

2.1.3　复层群落结构

此 11 个样地均为复层群落结构样地，所有样地均为乔灌草植物群落样地。从图来看，样地内部中空气负离子浓度高的样地分别是 9、22 号样地，其中 22 号样地最高达到 1060 个/cm³；对应步道中空气负离子浓度高的样地分别是 9、22 号样地，其中 22 号样地最高达到 980 个/cm³。从表 5 可知，样地内部中除 9 号样地外，其余样地 q 小于或等于 1；对应步道中除 25 号样地外，其余样地均 q 小于或等于 1，其中 22 号样地 q 值最小，对人体来说最有舒适感。依据安培空气质量评价系数法，CI 值越大，空气质量越好，其中 A 代表最清洁，在样地内部和对应步道中达到等级 A 的样地均为 4、22 号样地。根据以上分析结果综合考虑，22 号样地空气负离子浓度高，人体舒适感好，空气质量好，且对于对应位置的健康步道有良好的影响效益，为最佳样地。

表5 复层群落结构负离子测定与评价
Table 5 Determination and evaluation of negative ions in Multi Layer Plant community

样地	样地内部					对照步道				
	n^-	n^+	q	CI	等级	n^-	n^+	q	CI	等级
4	550	260	0.47	1.16	A	520	280	0.54	0.97	B
5	530	480	0.91	0.59	B	450	400	0.89	0.51	B
7	510	430	0.84	0.60	B	420	300	0.71	0.59	B
9	780	810	1.04	0.75	B	600	490	0.82	0.73	B
12	480	440	0.92	0.52	B	270	230	0.85	0.32	D
22	1060	400	0.38	2.81	A	980	250	0.26	3.84	A
25	350	280	0.80	0.44	D	310	320	1.03	0.30	D
30	420	270	0.64	0.65	C	320	180	0.56	0.57	C
35	590	540	0.92	0.64	C	430	330	0.77	0.56	C
36	420	220	0.52	0.80	B	400	280	0.70	0.57	C
38	480	320	0.67	0.72	B	450	420	0.93	0.48	D

注：n^-、n^+ 单位为个/cm³。

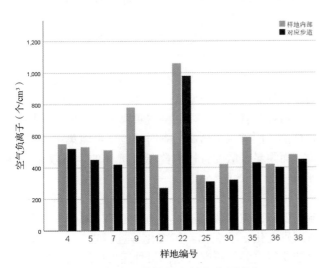

图8 复层群落结构空气负离子浓度

Fig. 8 Air anion concentration in Multi Layer Plant community

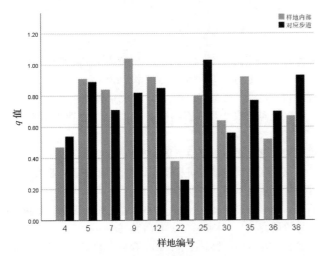

图9 复层群落结构 q 值

Fig. 9 q in Multi Layer Plant community

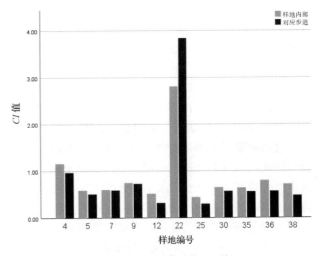

图10 复层群落结构 CI 值

Fig. 10 CI in Multi Layer Plant community

2.2 不同群落类型的负离子浓度变化与空气质量分析

根据群落不同类型，将其划分为草本群落（G）、灌木群落（S）、乔木群落（T）、乔灌植物群落（TS）、灌草植物群落（SG）、乔草植物群落（TG）、乔灌草植物群落（TSG）7种类型。将38个样地归类后求得空气负离子、空气正离子平均值，再依据单极系数和安培空气质量评价系数法，可得出表6。

从表6中可明显得知，在样地内部中，乔灌植物群落（TS）与乔灌草植物群落（TSG）等级均为A，表示最清洁；草本群落（G）与乔木群落（T）等级均为B，表示为清洁；灌草植物群落（SG）与乔草植物群落（TG）等级均为D，表示为允许；灌木群落（S）为E1表示为轻污染。在对应步道内，空气清洁度等级进一

表 6　不同群落类型负离子测定与评价

Table 6　Determination and evaluation of negative ions in different community types

样地	样地内部					对应步道				
	n^-	n^+	q	CI	等级	n^-	n^+	q	CI	等级
G	690	660	0.96	0.72	B	510	400	0.78	0.65	C
S	280	300	1.07	0.26	E1	150	170	1.13	0.13	E2
T	640	510	0.80	0.80	B	500	330	0.66	0.76	B
TS	710	470	0.66	1.07	A	550	380	0.69	0.80	B
SG	320	310	0.97	0.33	D	280	290	1.04	0.27	E1
TG	300	260	0.87	0.35	D	260	260	1.00	0.26	E1
TSG	660	400	0.61	1.09	A	570	320	0.56	1.02	A

步降低,仅有乔灌草植物群落(TSG)仍为等级 A,其余均下降近一个等级。在样地内部中,CI 值由大到小排序为:乔灌草植物群落(TSG)>乔灌植物群落(TS)>乔木群落(T)>草本群落(G)>乔草植物群落(TG)>灌草植物群落(SG)>灌木群落(S);在对应步道中,乔灌草植物群落(TSG)>乔灌植物群落(TS)>乔木群落(T)>草本群落(G)>灌草植物群落(SG)>乔草植物群落(TG)>灌木群落(S),基本趋于一致。

3　结论

通过分析,样地内部中的 CI 值(空气清洁度)均大于对应步道中的 CI 值,表明样地内部空气质量更好,这意味着对应步道的空气负离子有所下降,会随着与样地内部的距离产生损耗,空气负离子效益在健康步道中往往达不到正常水平。另外,在单层群落结构中,以郁闭度为 70% 的毛白杨+栾树的乔木群落样地的空气负离子效益为最佳;在双层群落结构中,以郁闭度为 75% 的圆柏+栾树+二乔玉兰-红王子锦带的乔灌群落样地的空气负离子效益为最佳;在复层群落结构中,以郁闭度为 60% 的毛白杨-榆叶梅+金钟花-鸢尾的样地的空气负离子效益为最佳。不同植物群落中的样地内部与对应步道 CI 值由大到小排序基本为:乔灌草植物群落(TSG)>乔灌植物群落(TS)>乔木群落(T)>草本群落(G)>乔草植物群落(TG)>灌草植物群落(SG)>灌木群落(S),且乔灌草植物群落(TSG)空气清洁度等级较为稳定。

此外,在之后的健康步道的植物群落设计中,我们还可参考更多的研究来提高空气负离子的浓度,从而提高空气质量,比如,生物多样性和森林覆盖率越高,空气负离子浓度越高(曾曙才 等,2006)。复层结构植物配置群落产生的空气负离子多于单层结构植物群落,同时城市植物配置时还应尽可能集中片状配置,而零星分散配置则会降低其群体的生态效益(范亚民 等,2005)。

本文的研究结果只是基于短期的空气负离子浓度分析得来,随着数据量的增加,还可以对空气负离子浓度月变化、季变化、年变化等进行进一步的研究,以期获得更多的研究成果。另外还可以增加空气负离子系数及森林空气离子指数评价法(石强 等,2004)来提高研究的科学性和准确性。

参考文献

安倍,1980. 关于空气离子测定[J]. 芦敬,等译. 空气清净,7(6):243-248.

曾曙才,苏志尧,陈北光,2006. 我国森林空气负离子研究进展[J]. 南京林业大学学报:自然科学版,30(5):107-111.

范亚民,何平,李建龙,等,2005. 城市不同植被配置类型空气负离子效应评价[J]. 生态学杂志,24(8):883-886.

冯鹏飞,于新文,张旭,2005. 北京地区不同植被类型空气负离子浓度及其影响因素分析[J]. 生态环境学报,24(5):818-824.

黄春松,黄翔,吴志湘,2005. 空气负离子产生的机理研究[C]//第五届功能性纺织品及纳米技术研讨会论文集. 北京:中国纺织科学研究院,5:373-379.

黄彦柳,陈东辉,陆丹,等,2004. 空气负离子与城市环境[J]. 干旱环境监测,4(18):208-211.

蒙晋佳,张燕,2005. 地面上的空气负离子主要来源于植物的尖端放电[J]. 环境科学与技术,28(1):112-113.

潘剑彬,董丽,廖圣晓,等,2011. 北京奥林匹克森林公园空气负离子浓度及其影响因素[J]. 北京林业大学学报,33(2):59-64.

邵海荣,杜建军,单宏臣,等,2005. 用空气负离子浓度对北京地区空气清洁度进行初步评价[J]. 北京林业大学学报:自然科学版,27(4):56-59.

石强,舒惠芳,钟林生,等,2004. 森林游憩区空气负离子评价研究[J]. 林业科学,40(1):36-40.

吴楚材,郑群明,钟林生,2001. 森林游憩区空气负离子水平研究[J]. 林业科学,37(5):75-81.

周晓香,2002. 空气负离子及其浓度观测简介[J]. 江西气象科技,25(2):46-47.

郑州市森林公园植物景观调查

陈乐　陈启航　徐言　许龙伟　康圣楠　张雪敏　于晓南*

（花卉种质创新与分子育种北京市重点实验室，国家花卉工程技术研究中心，城乡生态环境北京实验室，园林环境教育部工程研究中心，林木花卉遗传育种教育部重点实验室，园林学院，北京林业大学，北京 100083）

摘要　城市森林公园是生态效益最强的城市绿地类型之一，承担着多项功能——美化环境、改善城市气候、给其他生物提供栖息地等，是促进城市生态环境发展、改善城市人居环境的关键途径。郑州市森林公园于 2017 年重建，2019 年建成开放，位于郑州市东北角，是郑州地区改善环境与气候、保护物种多样性、改善城市人居环境质量的重要元素，然而目前关于其植物景观的调查还十分欠缺。基于此，本研究对郑州市森林公园中植物种类、数量、植物景观营造方式等进行调查分析，以期为郑州地区植物景观设计和改善提供参考。结果表明，郑州森林公园物种丰富多样，植物景观营造科学。其中最主要的特点是本土性的植物资源分布广泛，充分利用本土特色植物可以以较少的营建成本及后期管理成本，营造持续性强、乡土性浓厚的地域性景观，对改善环境与气候具有重要作用，在这一区域内生态效益与景观参与性并举的功能作用。

关键词　园林植物；植物景观；公园；绿地；森林公园

Investigation on Plant Landscape of Zhengzhou Forest Park

CHEN Le　CHEN Qi-hang　XU Yan　XU Long-wei　KANG Sheng-nan　ZHANG Xue-min　YU Xiao-nan*

（*Beijing Key Laboratory of Ornamental Plants Germplasm Innovation & Molecular Breeding, National Engineering Research Center for Floriculture, Beijing Laboratory of Urban and Rural Ecological Environment, Engineering Research Center of Landscape Environment of Ministry of Education, Key Laboratory of Genetics and Breeding in Forest Trees and Ornamental Plants of Ministry of Education, School of Landscape Architecture, Beijing Forestry University, Beijing 100083, China*）

Abstract　Urban forest parks are one of the types of urban green spaces with the strongest ecological benefits. They perform multiple functions-beautify the environment, improve the urban climate, provide habitats for other organisms, etc., and promote the development of the urban ecological environment and improve the urban living environment. The key way. Zhengzhou Forest Park was rebuilt in 2017 and completed and opened in 2019. It is located in the northeast corner of Zhengzhou City. It is an important element in the Zhengzhou area to improve the environment and climate, protect the diversity of species, and improve the quality of urban human settlements. The investigation is still very lacking. Based on this, this study investigates and analyzes the plant species, quantity, and plant landscape construction methods in Zhengzhou Forest Park, in order to provide a reference for the plant landscape design and improvement in Zhengzhou. The results show that Zhengzhou Forest Park is rich in species and scientific in plant landscape construction. The most important feature is the wide distribution of native plant resources. Making full use of native plant resources can create a sustainable and strong regional landscape with less construction and later management costs, which is useful for improving the environment and climate. Important role, the functional role of ecological benefits and landscape participation in this area.

Key words　Garden plants；Plant landscape；Park；Green space；Forest park

---

第一作者简介，陈乐（1995—），女，硕士研究生，主要从事园林植物与生态研究。

* 于晓南（1974—），女，教授，博士生导师，E-mail：yuxiaonan626@126.com。

城市森林公园作为城市中生态环境最为优越的场所，承载了净化城市空气、降低噪声，为不同人群提供休憩、游览场所等一系列职能，在城市开发过度的大背景下渐渐成为我国建设可持续发展城市中不可或缺的角色（尹照迪 等，2021；何颖，2017）。植物对于绿地的作用主要有调节环境生态状况、划分空间、美化城市环境、营造景观效果等（刘润中，2021），将园林中的植物进行合理配置，有效延伸生态空间，营造良好的生态环境，实现人与自然和谐共处，推动城市更好更快地建设和发展（胡雅馨 等，2020）。植物景观规划设计主要指在满足园林植物生长需求的基础上，根据园林美学的原理和所处环境，选择合适的绿化植物，通过合理配置绿化植物，设计出优美的园林景观，充分发挥绿化植物的景观特点（吕硕 等，2019；赵芷薇，2017）。具体而言，就是利用乔木、藤本、灌木等植物材料创造景观，充分发挥植物自身的自然美感，形成良好的生态环境供人们观赏（李昆鹏，2020）。

郑州市森林公园是一座现代式城市公园，植物配置主要为适宜当地环境的常见植物。公园有一定的地势落差变化，为营造开阔式的场地空间提供了条件。该公园运用了部分极简主义园林简约化、系列化、规则化等的造园手法，形成了符合场地状况的景观空间环境。该公园植物应用设计常用手法有：孤赏树、修剪整齐的草坪、修剪整形的绿篱、片植的纯林、模纹花坛、整齐的树阵等方面。

1 公园总体概况

郑州市森林公园面积约为229hm²，西起中州大道，东至龙湖岸线，南起北三环，北至龙源一街，由凤山、湖畔湿地和原生态沙丘林组成。结合公园区位分析其周边状况，郑州市森林公园位于郑州市中央商务区北侧，与郑州市城市副中心紧邻，该区域交通较为便利，规划中将会有地铁通行，西侧为大量居住区，东侧为规划中的城市副商务中心，旁边有郑州市图书馆、黑川纪章纪念馆等。

从公园平面图来看，整个公园空间呈自然式进行划分。公园长块状，公园中间有4条郑州市主干路穿过，将公园分开，结合植物种植、地形变化等多种元素的应用，使得公园空间划分上疏密有致，形成明显的开放空间与静谧空间。该公园塑造形成了7条蜿蜒起伏、连绵一体的山体工程，其中最高峰地面高差为40m。公园各部分空间环境，可大致分为以下几部分的区域：凤翎湿地、科普湿地、活力湿地、观景台、月季花田、中原文化雕塑、儿童游乐场、法桐树廊等（图1）。在结合地形的基础上，整个公园采用自然曲线的游览路线将各个景观节点自然而然地连接起来，形成一个有机体。

图1 郑州市森林公园平面图
Fig. 1 Plan of Zhengzhou Forest Park

2 森林公园的植物物种调查

该公园根据其场地特征合理搭配，进行植物种植设计及应用。根据调研得出该公园的主要植物配置表（表1至表3）。该公园应用植物种类多，通过各植物种类搭配与数量的变化，与各区域场地状况、景观小品的搭配，丰富公园的空间结构。

整个公园植物共计运用了163种植物，乔木共79种——白皮松、银杏数量最多，为整个公园基调树种。其次，数量居多的乔木为白蜡、大叶女贞、金枝国槐，是公园的骨干树种。该公园具有珍稀树种椋子木、秤锤树、北美枫香、青檀等27种树种，桂花、独干石楠、木瓜、西府海棠等34种灌木，地被共计36种植物，水生植物14种。

整个公园的树种丰富多样，植物之间层次分明，群落结构稳定，季相变化明显。公园结合其密林及地势变化特点，利用植物多样性与丰富性，突出各区域的特点。例如，水边运用乔木+地被花卉+观赏草+水生植物形式，突出水面的静美。建筑周边、景观节点等处采用园林式复层群落，丰富的植物品种及种植层次，营造自然的生态风貌。

表1 郑州市森林公园常用乔木和灌木

Table 1　Trees and shrubs commonly used in Zhengzhou Forest Park

序号	植物名称(乔木)	总数量	树高(cm)	冠幅(cm)	植物名称(灌木)	总数量	树高(cm)	冠幅(cm)
1	雪松	375	650~700		枇杷	111	350~400	300~350
2	大叶女贞	558		>200	桂花	436	200~250	>200
3	广玉兰	470			独干石楠	462	250~300	>160
4	白皮松	1154	450~500	300~350	紫荆	192	>200	>150
5	紫玉兰	70	>350		蜡梅	70	>200	>200
6	栾树 A	371	400	>250	晚樱	147	250~300	>160
7	重阳木 A	124	400~500	>250	早樱	168	250~300	>160
8	银杏 A	312	700	>200	红枫	184	250~300	>160
9	七叶树	57	500	>250	美人梅	154	250	>160
10	楸树	355	>450	>300	红叶李	78	300~350	>160
11	悬铃木	306			碧桃	89	250~300	>160
12	乌桕	97	500		紫薇 A	102	220	>150
13	丝棉木	406	400~600	>200	西府海棠	211	300	>150
14	朴树	182	600~700	>250	北美海棠	128	250~300	
15	榉树	262	600~700	>250	木瓜	330	250~300	180
16	白蜡 A	559	450	>200	蜀桧	217	300~400	
17	三角枫	165	500	>250	红叶石楠球	296		>200
18	水曲柳	12	500	>200	海桐球	215		>200
19	垂柳 A	1	500	>200	大叶黄杨球	157		>200
20	垂柳 B	31			小叶女贞球	59		>200
21	油松	189	450~500		红花檵木球	5		>200
22	金枝国槐	453	300~350	>250	金森女贞球	7		>200
23	金叶国槐	71	500~600	200~300	丛生紫薇	53	250~300	>250
24	五角枫 A	266	500	>250	红梅	26		>350
25	国槐 A	104	450	>250	紫丁香	82	>200	>150
26	金叶榆	49	200~250	>150	垂丝海棠	37	250~300	200~250
27	白玉兰	28	>350	>250	花石榴	55	300~400	300~350
28	千头椿	22			山杏	55	300~400	300~400
29	黄栌	22			蓝冰柏	2	300~350	
30	无患子	46	>600		紫藤	300	>100	
31	早园竹	200	200~250		凌霄	300	>150	
32					连翘	848	80~120	
33					迎春	1000	60~80	
34					红瑞木	2301	80~120	

表2 郑州市森林公园珍稀树种和特选乔木

Table 2　Rare tree species and specially selected trees in Zhengzhou Forest Park

序号	植物名称(珍稀树种)	总数量	树高(cm)	冠幅(cm)	植物名称(特选乔木)	总数量	树高(cm)	冠幅(cm)
1	北美复叶槭	7			造型油松	17		>300
2	建始复叶槭	94	>600		造型五针松 A	10	250~300	
3	刺楸	3	>750		造型五针松 B	9	300~400	
4	八角枫	9	>600		造型小叶女贞	3		150~250
5	葛罗槭	3			对节白蜡	62		
6	椋子木	9	>600		丛生三角枫	24	500	>300
7	巨紫荆	13	>600		特选丛生三角枫	18	800	>450
8	红叶椿	5	>750		丛生朴树	35	500	
9	青檀	2	>750		丛生大叶女贞	29	500	>300

（续）

序号	植物名称(珍稀树种)	总数量	树高(cm)	冠幅(cm)	植物名称(特选乔木)	总数量	树高(cm)	冠幅(cm)
10	茶条槭	1	>250	>200	紫薇 B	26		
11	流苏树	3			白蜡 B	276		>300
12	秤锤树	5		>150	五角枫 B	2	500~600	>350
13	小叶朴	30			朴树 B	17	800	>300
14	溲疏	8	>150	>100	朴树 C	5	700~800	>350
15	海州常山	4	250~300		银杏 B	32	900	>300
16	木绣球	13	100~250	>100	银杏 C	68	>1000	>350
17	金叶复叶槭	17			广玉兰 B	18		>300
18	山白树	7			重阳木 B	46		
19	红国王	9			国槐 B	4	450~500	>300
20	红闪寿星桃	4	100~200	>200	栾树 B	45		
21	飞蛾槭	5			梨树	56		
22	北美枫香	9						
23	金叶水杉	5						
24	美国红枫	94	>300					
25	沼生栎	2						
26	银槭	6						
27	柿子树	1						

表 3　郑州市森林公园地被植物和水生植物
Table 3　Ground cover and aquatic plants in Zhengzhou Forest Park

序号	植物名称(地被植物)	总数量	苗高(cm)	冠幅(cm)	植物名称(水生植物)	总数量	苗高(cm)
1	矮紫薇	6747	30~50		荷花	389	50~70
2	品种月季	429	40~100		旱伞草	57	50~70
3	大滨菊	1544	30~40		芦苇	127	80~100
4	红叶石楠	8346	45~50	20~25	苦草	618	10~20
5	金叶女贞	1551	30~50	20~25	菱白	550	50~100
6	金森女贞	8348	40~45	20~25	梭鱼草	86	100~150
7	小叶女贞	98	40~45	20~25	黄菖蒲	435	50~70
8	小龙柏	1994	40~45	20~25	芦竹	155	50~70
9	大叶黄杨	14329	50~80	20~25	香蒲	374	80~100
10	金边黄杨	6189	40~45	20~25	千屈菜	277	60~80
11	瓜子黄杨	10575	>40	20~25	再力花	116	40~60
12	海桐	2005	40~45	20~25	矮蒲苇	425	60~80
13	八角金盘	199	40~45	>20	美人蕉	97	50~70
14	蔷薇	5885	60~80	20~30	睡莲	134	60~80
15	南天竹	7823	40~45	20~25			
16	金焰绣线菊	2015	40~50	>20			
17	丰花月季	4612	40~45	20~25			
18	玉簪	3497		30~40			
19	葱兰	6362	35				
20	大花萱草	8223	20~25	15~20			
21	鸢尾	6517	30~40	15~20			
22	马蔺	2888	30~40	15~20			
23	小兔子狼尾草	3156	40~60				

(续)

序号	植物名称(地被植物)	总数量	苗高(cm)	冠幅(cm)	植物名称(水生植物)	总数量	苗高(cm)
24	柳叶马鞭草	1173	40~50	>20			
25	狭叶十大功劳	668	45~50	20~25			
26	铺地柏	11206	45~50	20~25			
27	常夏石竹	1828	30				
28	红花酢浆草	6756	15~20				
29	洒金柏	2035	30~50	15~20			
30	麦冬	93966					
31	白三叶	12308	15~20				
32	草花	5649					
33	扶芳藤	738					
34	珍珠梅	148	80~100	25~30			
35	刚竹	236		>250			
36	草坪	49003					

3 森林公园各区域的植物应用分析

3.1 主广场及中原文化雕塑

公园主入口区域位于森林公园东部,是较为开敞式的空间。该区域有广场硬质铺装部分、较大的雕塑、休闲座椅区域以及地上停车场等部分。由主入口进入公园,为开放空间式广场,广场中心部分有树阵式的乔木种植——银杏行列式种植,营造出一条银杏道(图2、图3)。广场两侧分别列植银杏树,银杏树之间通过休闲座椅连接形成一条休憩线,提供人们能够休闲停留的空间。休憩座椅后面种植石楠树与公园的其他空间分割开,具有一定的私密性。银杏树阵另一端为中原文化雕塑(图3)——重要的景观和交通节点,通过雕塑将游人引导至不同目的地。雕塑下部种植红叶石楠将雕塑与地面连接部分的生硬感进行自然的过渡,此景观节点的观感更加舒适自然。

图3　中原文化雕塑

Fig. 3　Central Plains Cultural Sculpture

3.2 月季花田与林间徒步道

月季花田位于主广场北部,通过雕塑引导向北进入月季花田,月季花田与雕塑之间以几株红梅进行过渡(图4),月季种植区与步道之间以绿篱分隔开。月季花田中点植樱花、红梅来丰富早春与竖向景观。

林间徒步道(图5)随着地形的增高,植物的种类与数量相比其他区域更为丰富,植物种植上采用乔木与灌木结合,步道两边主要种植丝棉木、枇杷、南天竹等树种。一些观赏效果佳的樱花、丛生紫薇等点缀其中。多采用迎春、沿阶草、地毯草、花叶冷水花、连翘等灌木及草本植物穿插交错种植,通过适宜的规划设计与植物种植,在步道两侧通过种植不同叶色与质感的乔木与灌木,充分发挥植物自身的自然美感,增加了植物景观丰富度。

图2　公园入口

Fig. 2　Entrance to the park

图 4 月季花田与雕塑之间
Fig. 4 Between the rose field and the sculpture

图 5 林间徒步道
Fig. 5 Forest trail

图 6 观景台
Fig. 6 Observation deck

图 7 环坡道路
Fig. 7 Ring road

图 8 坡道旁植物种植
Fig. 8 Planting of plants beside the ramp

3.3 观景台

观景台位于整个公园北部，为全园地势最高，也是整个公园中高差最大的地方——40m，植物结合山坡地势进行设计。山坡多数区域以白蜡结合南天竹、迎春花与沿阶草进行植物种植。峰顶以观景台（图6）作为中心，观景台周围设置一些座椅等景观小品，并通过种植石楠绿篱与其他空间隔开。通过环绕式道路将游人从山坡下部引导至观景台，在环坡道路两侧种植大量的迎春花、枇杷、桂花、南天竹、白蜡、丝棉木、雪松等植物（图7、图8）。早春开花的迎春花，火红的南天竹枝叶，黄灿灿的枇杷果实，秋季桂花的香气，树形优雅娟秀的白蜡树于秋季变黄，季相变化明显且丰富。该区域通过合理种植植物与丰富的色彩搭配，体现出山林胜景的精辟。

3.4 亲子草坪与亲子活动场

该区域位于公园南部，包括亲子草坪、亲子活动场、林地游乐场。亲子草坪与亲子活动场属于开敞空间，通过大量铺植草坪草，运用金叶女贞、红叶石楠做空间分割，在草坪中点植黄杨球和海桐球，增添儿童游玩的乐趣。红枫、三角枫点植在草坪边缘或中央，异色叶树种打破草坪单一的枯燥感，增添空间的活力感。该区域最南端通过银杏、法桐、楸树、白皮松等营造密林(图9)，在密林中设置一个面积较大的沙坑，并设置滑梯等游乐设施，与相对安静的草坪通过密林分割开，充分运用植物进行空间划分与营造合理布置整个空间。整个区域空间运用植物分割布置区域合理、张弛有度，通过自然式和规则式的运用来协调植物高低与游人视线的关系，以及植物色彩和季节的关系。

图 9　密林

Fig. 9　Dense woods

图 10　水域边缘绿化

Fig. 10　Greening at the edge of the water area

3.5　露营草坪与法桐树廊区域

公园西侧为露营草坪与法桐树廊区域。露营草坪主要以大面积草坪为基调，为开敞空间，少数乔木加以点缀，结合一些景观小品、现代雕塑以及时令花卉种植营造空间的特色。法桐树廊以法桐为主，采用绿地及小型活动区的形式，为相对闭合的空间，南侧是一个小型的水域(图10)，两者之间通过绿篱及一些硬质铺装进行过渡，再有春季时令花卉与现代景观雕塑及半围合式广场的结合，形成了该区域独特的空间环境韵味。

3.6　湿地区域

湿地区域位于整个公园东部。以湿地漫滩为大背景，设置亲水长廊和亲水石块驳岸，其设计采用蜿蜒盘绕的线条轮廓(图11、图12)。湿地区域内的植物多以乔—灌—草—滨水的种植设计方式。植物以耐水湿的水杉、垂柳和旱柳为主，灌木选择鸡爪槭、石楠、梅花、碧桃、平枝枸子(陈有民，2011)，地被选择薹草、常春藤和沿阶草，搭配千屈菜、大叶再力花、水葱、芦苇等水生植物(图13)，形成富于变化的水岸线及天际线，增强湿地景观的多样性和参与性。岛屿之间以栈道连接(图11)，栈道与路口连接处运用植物进行自然的过渡(图14、图15)。因为场地前身为郑州林场，故此区域中保留一些树龄较大的本土树种——栾树、柳树等，形成单个景观小品(图16)。水边与浅水区域群植水杉(图17)，营造一种密林景观，石块驳岸处采用群植柳树和白皮松，创造一个上部相对封闭的休憩区域)。此外，区域内植被类型多为垂柳、栾树、女贞、海桐、南天竹、牛筋草、狗牙根等本土性植物类型(图18、图19)。以较少的营建成本及后期管理成本，营造持续性强、乡土性浓厚的地域性景观，满足在这一区域内生态效益与景观参与性并举的功能作用。

图 11　亲水长廊

Fig. 11　Water promenade

图 12　亲水石块驳岸

Fig. 12　Rocks on the water's edge

图 13　水生植物

Fig. 13　Aquatic plants

图 14　栈道与道口连接处

Fig. 14　The junction of the plank road and the crossing

图 15　栈道与道口连接处

Fig. 15　The junction of the plank road and the crossing

图 16　垂柳

Fig. 16　*Salix babylonica*

图 17　水杉

Fig. 17　*Metasequoia glyptostroboides*

图 18　栾树

Fig. 18　*Koelreuteria paniculata*

图 19　泡桐

Fig. 19　*Paulownia tomentosa*

4 结语

郑州市森林公园的植物种植设计中，本土性的植物资源分布广泛，乔木多为银杏、桂树、鸡爪槭、白蜡、金枝国槐等；灌木类多为桂花、独干石楠、木瓜、西府海棠、南天竹、海桐，种类丰富且景致性强，可适当增加本土性灌木如冬青等种植比例，以营造四季有景，避免深冬、初春较为衰败的景观面貌。大面积的草坪观赏期主要是在夏季，可改采用冷季型草坪草和暖季型草坪草混播，延长草坪的稳定性和观赏性。滨水植物景观区域可在现有基础上适当丰富植物品类，如睡莲、岸生鸢尾等，进一步丰富岸生—挺水—浮水—沉水的滨水植物景观带（赵千瑜 等，2021）（图20、图21）。

整体而言，郑州市森林公园应以本土性植物为主、外来植物为辅、优化种植为基本原则。进一步挖掘景观中的地域性特色，在整体规划设计方面，保持利用现有景观节点及区域，扎根于郑州市地处中原的地域性本土化景观，结合所处空间性质，营造自然野趣的浸入式体验，进一步丰富地域特征下的景观特色。

图20 紫薇

Fig. 20 *Lagerstroemia indica*

图21 公园部分俯瞰图

Fig. 21 A partial bird's eye view of the park

参考文献

何颖，2017. 基于游憩机会谱的城市森林公园优化设计研究[D]. 重庆：重庆大学.

侯菲菲，2020. 园林设计中的植物配置与植物造景[J]. 住宅与房地产（27）：54, 65.

胡雅馨，李鹏宇，2020. 合肥市公园绿地植物群落物种多样性与生态效益分析——以杏花公园、庐州公园、天鹅湖公园为例[J]. 建筑与文化（12）：122-123.

李昆鹏，2020. 植物造景在环境艺术设计当中的运用探究——以园林景观设计为例[J]. 美术教育研究（18）：108-109.

李倩，朱蓉，2020. 无锡市湿地公园地域性景观设计研究——以梁鸿湿地公园为例[J]. 艺术研究（6）：109-113.

刘润中，2021. 公园绿地植物应用调查分析——以重庆江北嘴中央公园为例[J]. 现代园艺，44（3）：59-61.

吕硕，王美仙，李擘，等，2019. 山西太原市综合公园植物多样性研究[J]. 风景园林，26（8）：106-110.

王旭东，2016. 城市绿地植物群落结构特征与优化调控研究[D]. 郑州：河南农业大学.

尹照迪，翟辉. 城市森林公园使用后评价（POE）研究——以云南省保山市太保公园为例[J]. 城市建筑，18（2）：164-167.

张心欣，翟俊，吴军，2018. 城市草本植物多样性设计研究[J]. 中国园林，34（6）：100-105.

赵千瑜，2021. 低碳理念下城市园林植物景观设计研究[J]. 山西建筑，47（10）：159-161.

赵书笛，麻广睿，2021. 从化工厂到生态绿核——北京城市绿心森林公园地块一生态修复设计[J]. 风景园林，28（2）：39-43.

赵芷薇，2017. 城市森林公园景观规划设计研究[D]. 北京：北京林业大学.

我国花卉团体标准建设的思考

何金儒 王佳 张启翔*

(国家花卉工程技术研究中心，国家花卉产业技术创新战略联盟，园林学院，北京林业大学，北京 100083)

摘要 发展团体标准是落实国务院深化标准化工作改革的重要任务，也是完善花卉产业标准体系、适应花卉产品多样化市场需求的重要手段。本文分析了我国花卉产业标准体系现状及存在的问题，强调了团体标准的作用及对我国花卉产业高质量发展的重要意义，提出了关于我国花卉团体标准建设的思考。

关键词 花卉产业；团体标准；花卉标准体系

Thinking on Construction of Flower Group Standard in China

HE Jin-ru WANG Jia ZHANG Qi-xiang*

(*National Engineering Research Center for Floriculture, Technology Innovation Alliance of Flower Industry, School of Landscape Architecture, Beijing Forestry University, Beijing 100083, China*)

Abstract The development of group standards is not only an important task to carry out The State Council's reform of deepening standardization, but also an important means to perfect the standard system of flower industry and adapt to the diversified market demand of flower products. This paper analyzes the status quo and existing problems of China's flower industry standard system, emphasizes the role of group standard and its important significance to China's flower industry, and puts forward some thoughts on the construction of China's flower industry group standard.

Key words Flower industry; Group standard; Standard system of flower

花卉产业是现代高效农业的重要组成部分，被誉为"朝阳产业"和"黄金产业"，也是"美丽的事业"（程堂仁，2018）。党的十九大报告中关于"加快生态文明体制改革，建设美丽中国"概念的提出，从供给和需求两方面给我国花卉产业的发展带来了前所未有的战略机遇。一方面，城镇化进程为花卉产业发展创造了市场空间，城市建设和城镇化扩张增加了对绿量和美化的要求，拓展了花卉苗木市场。另一方面，小康社会建设为花卉产业发展营造了消费环境。花卉具有让人赏心悦目的天然属性和深厚的文化意蕴，人们通过花卉消费来满足对美好生活的向往。随着中国城乡居民生活水平的日益提高，文化消费的份额和比例将逐步增长，花卉将成为小康社会日常消费的重要组成部分。

1 我国花卉产业发展现状

1.1 我国花卉产业优势明显，发展迅速

我国花卉产业起步于20世纪80年代初，由于花卉种质资源丰富、区域特色明显、劳动力充足且廉价，我国花卉产业具有得天独厚的优势条件。随着国民经济的快速发展，我国花卉产业持续高速发展，经历了从无到有，从小到大，从弱到强的发展过程（程堂仁，2013；潘会堂，2012）。据中国花卉协会统计，2019年，全国花卉生产面积148.48万 hm^2，销售额1793.20亿元，分别较上年增长1.62%和9.40%。主要鲜切花和盆栽植物面积19.64万 hm^2，占全球同类生产面积（74.50万 hm^2）的26.36%；观赏苗木88.26万 hm^2，占全球同类生产面积（116.50万 hm^2）的75.76%。2010—2019年，我国花卉生产面积年平均

基金项目：中央高校基本科研业务费专项（PTYX202125）和北京市共建项目。
第一作者简介：何金儒（1988— ），女，助理研究员，主要从事花卉产业市场研究。
*通讯作者：张启翔，职称：教授，Email：zqxbjfu@126.com。

增长 5.38%，花卉总销售额年平均增长 8.76%，我国已成为世界上花卉业发展速度最快的国家，也是世界上花卉生产面积最大的国家，产业总体呈现稳中求进的态势，对于创新发展、高质量发展的总体需求日趋明显。

1.2 我国花卉产业基础薄弱，问题突出

我国花卉产业发展迅速，但由于起步晚、底子薄、基础差，原始积累不足，与荷兰、美国、日本等花卉业发达国家依然存在很大差距。据 AIPH 统计年报 2020 显示，2019 年中国鲜切花和盆花生产面积占全球生产面积的 24.4%，单位面积产值仅为欧洲平均水平的 22.6%，是荷兰的 11.7%，奥地利的 7.6%，丹麦的 3.4%，瑞士的 2.1%；2019 年绿化苗木占全球生产面积的 72.4%，单位面积产值仅为欧洲平均水平的 11.8%，是瑞士的 5.2%，瑞典的 4.8%，荷兰的 4.3%，挪威的 2.5%；2019 年中国花卉出口仅占全球的 1.7%，因此中国只能是花卉生产大国，而非花卉产业强国和贸易强国。

花卉尤其是园林绿化苗木标准化生产水平偏低依然是限制我国花卉产业持续快速健康发展的主要"瓶颈"之一。标准化生产方面，如种苗工厂化生产、盆花设施化栽培、生产自动化调控、无缝冷链等技术主要是靠引进而来，结合国内的气候、土壤、水质、温度、光照等自然地理条件进行适应性配套、加工、改造、集成。种苗工厂化繁殖、水肥精准管理、环境精准调控、容器苗大田生产等方面也主要依赖于国外引进或模仿。我国花卉产业正处于由粗放经营向集约经营转变、由"多、散、小"向"规模化、专业化、集团化"转变、由劳动密集型向技术密集型转变、由资源依赖型向创新驱动型转变、由数量扩张型向质量效益型转变的过渡阶段（孔海燕，2007；程堂仁等，2013）。花卉产业规模化、专业化、智能化和标准化是花卉产业发展的目标和方向（李国雅，2019）。提升我国花卉产业标准化水平，完善花卉标准体系建设，制定符合国情的花卉标准对于提高我国花卉产品质量和国际竞争力具有重要的战略意义。

2 我国花卉标准体系发展现状

2.1 花卉标准体系建设起步晚

我国花卉标准体系建设工作起步较晚，现行标准体系和标准化管理体制于 20 世纪 80 年代确立。国内发布的最早的花卉标准是在参考日本等技术发达国家切花分级标准的基础上制定、由农业部农业司于 1997 年发布的农业行业标准，包括月季、菊花、满天星等切花标准；2000 年，国家标准《主要花卉产品等级》发布，从基本规则、切花检验、盆花检验、盆栽观叶植物检验、花卉种子检验、种苗检验及种球检验共 7 个部分明确了技术规范；2005 年，全国花卉标准化技术委员会成立，推动了花卉标准体系建设工作，花卉领域的农业行业标准、林业行业标准逐渐增多。

2.2 我国现行花卉标准现状

根据全国标准信息公共服务平台数据显示，截至 2020 年底，已经发布的花卉相关的国家标准、行业标准和地方标准约 1080 项。其中，国家标准 37 项，包括产品质量标准 11 项、技术规程 4 项、检验检疫等规程 6 项，品种测试指南 4 项，花卉产品包装、运输、贮藏及采后处理标准 4 项，园林绿地建设、养护与管理规范 6 项，其他 2 项。行业标准 299 项，林业标准 182 项，占林业标准总数的 10.1%。农业标准 91 项，仅占农业标准总数的 2.4%。商务、城建等其他行业标准 27 项。行业标准中，技术规程类标准 150 余项，约占 50.17%，如《梅花培育技术规程》《非洲凤仙生产技术规程》《百合种球生产技术规程》等；植物新品种特异性、一致性、稳定性测试指南共有 68 项，占 22.74%；产品质量标准 28 项，占 9.36%；术语、病虫害监测、进口检疫、园林绿化等其他标准 17.73%。地方标准 720 余项，其中技术规程 480 余项，产品质量 90 余项，占总数的近 80%。花卉苗木养护管理技术规程以及园林绿地建设、养护与管理规范等方面的标准 60 余项，约占 8.33%。

2.3 花卉产业标准体系存在的问题

现行花卉标准在明确技术指标、规范产品质量、维护市场秩序等方面发挥了一定的积极作用，有效促进了花卉产业健康发展。但目前存在的问题仍制约着我国花卉产业的进一步发展，不容忽视。

首先，标准体系统一规划性较差。标准大部分由科研机构制定，主管部门较多，容易导致标准制修订工作各自为战，不能很好地反映市场需求。我国现行的国家标准、行业标准和地方标准主要集中在技术规程产品质量两大类，花卉苗木的开发利用、产品认证、采后处理、包装物流等花卉产业链重要环节的标准较少。此外，部分标准存在内容交叉，缺乏针对性，标准覆盖花卉品种不全面、不配套等问题（路馨丹，2014）。因此，要做好顶层设计，结合我国花卉产业实际情况，从市场出发，对花卉标准进行统一规划。

第二，花卉标准技术水平有待提高。我国花卉标准化工作起步较晚，花卉生产专业技术人才不足、标

准制定者对花卉行业标准化缺乏系统研究，标准的可操作性不强。处于生产一线的花农们还没有标准化生产的概念，配土施肥、病虫害防治、包装运输等环节仍采用落后传统的方式；专业技术人才短缺、技术力量薄弱导致无土栽培、组织培养育苗等知识密集型高新生产技术推广度低。虽有大量技术规程和产品质量标准，但其中技术指标与花卉先进国家的标准有很大差距，产品出口时常因为不合国际贸易标准而遭遇"绿色壁垒"，标准对于产品和技术的提升作用远远不足。

第三，标准宣传贯彻力度较弱。标准只有真正推广实施才能体现其价值，现行花卉标准几乎全部为推荐性标准，由使用者自愿采纳。标准发布后，缺乏相应的机构去推广花卉的规范化管理和标准化生产，标准宣贯速度慢，采标率低。花卉企业对标准的理解和认识不足，并不参照标准进行花卉的生产与销售，生产出来的产品达不到标准的要求，进一步制约了花卉产业标准化工作进程（王丽花 等，2008）。

3 我国花卉团体标准体系建设现状

3.1 我国团体标准产生背景和意义

团体（association）是指具有法人资格，且具备相应专业技术能力、标准化工作能力和组织管理能力的学会、协会、商会、联合会和产业技术联盟等社会团体。团体标准是由团体按照团体确立的标准制定程序自主制定发布，由社会自愿采用的标准。

培育和发展团体标准是国务院深化标准化工作改革过程中激发市场主体活力、完善标准供给结构的一项重要举措（李上，2015；方卫星 等，2017）。2015年，团体标准作为一种新的标准类型，与国家标准、行业标准、地方标准和企业标准共同构成我国新型标准体系。国家标准、行业标准和地方标准是由政府主导制定的，侧重于保基本，明底线。团体标准是在贯彻国家标准和行业标准的基础上提出更高的要求，起到提升产品质量、提高市场竞争力的作用。两类标准在市场中各司其职，互不矛盾。产业联盟、行业社团等团体具有灵活度高、对市场中出现的问题反应速度快的双重优势，能够高效协调相关市场主体共同制定满足市场和创新需要的标准，供市场自愿选用，增加标准的有效供给。团体标准一经出台，得到了市场的积极响应，在很多领域展现出良好的发展潜力。

3.2 我国花卉团体标准建设现状

截至2020年12月，共有4334家社会团体在全国团体标准信息平台注册，社会团体在平台共计公布21350项团体标准，从国民经济行业划分来看，农、林、牧、渔业类占比14.05%，在20个国民经济行业分类排名第二，农业类团体标准比重较大。花卉作为农业的重要组成部分，目前只有4家花卉相关社团发布了9项团体标准，与农业领域团体标准的发展情况存在巨大差距，花卉团体标准对市场的促进作用亟待提升。

4 我国花卉团体标准建设的思考

团体标准是激发创新活力、促进经济发展、提质增效的重要手段，是标准化全面深化改革系列措施中的一项重要和关键举措。建立花卉团体标准，健全团体标准制修、发布、实施、认证、评价与监管等工作机制和程序，结合实际落实实施情况，进一步完善协会团体标准体系，提升现有标准水平，对接国际标准，提升产品和服务的市场竞争力，对花卉产业标准化发展具有战略意义。

我国花卉团体标准应立足于花卉市场，聚焦生产需求，致力于提高花卉生产技术水平和产品质量。在标准制定者的层面，应协调组织高校、科研院所、优势企业以及营销商和消费者形成有效联动，制定具有制定高质量、高可行性、高认可度等特点的团体标准。因此，我国花卉团体标准应从以下几个方面建设和完善。

4.1 制定新花卉资源开发利用程序标准，增加花卉标准多样性

我国是花卉种质资源大国，很多原产中国的种质资源在引种国外后大放异彩，如高山杜鹃被德国、比利时引种后成功进行了产业化，珙桐被欧美引种后培育出优良的新品种（潘会堂，2013）。中国原产的观赏植物有7000多种，且植物多样性丰富度世界第一，中国植物区系特有成分高，按维管植物（不含苔藓），中国植物特有种占全部的50%，远高于其他任何北半球温带国家。但国内对本土资源开发滞后，尚未形成真正的商业化开发利用模式。

20世纪90年代中期，国际上提出新花卉概念。新花卉是指具有一定的观赏和应用价值，尚未引种栽培或栽培甚少，并且在人工引种、驯化并对其观赏性、商品性、适应性、生产性等进行全面评价的基础上，通过研发其繁殖、栽培、采后、应用等关键技术，形成一定规模生产能力，经过不同地区的栽培试验，证明能在某一地区或某一些环境可以应用且生长良好的观赏植物。新花卉是花卉产业持续发展的源泉，对我国日益发展的花卉产业具有重要意义，但我国尚未发布新花卉相关的标准。

花卉团体标准应对中国新花卉资源制定标准化的

开发程序，对资源收集、评价到开发利用，再到新品种选育、繁殖栽培及推广应用、病虫害防治等环节制定规范化、切合市场需求的花卉标准，根据不同类型的资源制定优先开发序列，统一花卉产业市场对新花卉资源的认定，保证对新花卉资源进行科学有序的开发，以确保花卉市场健康、可持续的发展。

4.2 制定现代化、集约型花卉生产标准，提升花卉生产技术水平

全球现代化的花卉生产方式是朝着自动化、精准化、集约化的方向发展的。荷兰、以色列等花卉发达国家，在花卉设施栽培中的智能化灌溉、精准施肥、实时监测、环境控制、专家与决策支持系统、远程监控及故障诊断等方面处于世界领先。荷兰花卉生产通过专用基质、精准施肥、标准化种植，并配合物联网、水肥循环利用、CO_2施肥、智能控制等对植物生长因子做到精准管理调控，满足花卉生长的特定需求。我国花卉产业还有大部分为大田栽培和个体农户栽培，数量很多且分散，生产水平差异很大，先进的生产技术难推广，导致花卉产业从技术水平到产品质量参差不齐，不利于市场的有序发展和资源合理配置。

截至2020年12月，工厂化育苗、容器苗生产、花期调控、盆花设施等内容，只有十余项地方标准已发布实施，无国家标准或行业标准。花卉团体标准应针对不同类型的产品，围绕繁殖技术、种苗工厂化生产、水肥精准管理、环境精准调控、花期调控、容器苗标准化生产、盆花设施化栽培、生产自动化调控、标准化工程苗木生产技术、水肥一体化等重要的生产环节充分调研全国各地实际情况，结合国际发展趋势制定切实可行的技术标准。

4.3 制定优质产品质量标准，提升花卉产品国际市场竞争力

花卉发达国家一直都非常重视团体标准的制定和构建，团体标准化体系的建立与实施是其立于行业不败之地的关键因素。如荷兰花卉拍卖协会、欧洲经济委员会、欧盟植物保护组织、美国花商协会及日本的农林水产省农蚕园艺局等，都有本团体的标准，这些标准也是当前国际上广泛使用的花卉质量标准。这些团体通过团体标准来保证自身的经济效益及社会认可度，并以此作为贸易壁垒的手段之一。

我国现行的花卉产品质量国家标准、行业标准及地方标准在一定程度上对产品质量起到了规范作用，但这些政府主导制定的标准全部为推荐性标准，主要起基础规范作用。标准中对于产品质量的评价指标量化程度低，先进性、可操作性较差。荷兰花卉拍卖协会(VBN)标准对于自产和进口产品全部是强制执行，首先对最低贸易要求进行了明确的界定，如切花不进行预处理就根本不能进行交易，低于最低成熟度或高于最高成熟度等均不能交易。其次，将质量和规格分开，质量分为A1、A2、B1和B2四级，若级别低于B2级则不能交易。而且，其评价指标比较细致，且可量化，易于操作。而我国只在出入境强制执行检验检疫标准，其余的花卉产品标准均是推荐性的，对于国内自产在国内上市销售的花卉产品根本无从监管；国内产品标准均未设定最低的上市交易条件，如预处理、病虫害等严重影响花卉产品质量的指标均未无明确规定。标准评价指标基本无量化，多数依据感官进行评价，如形容花茎一级为挺直、粗壮、有韧性、粗细均匀，二级是挺直、粗壮、有韧性、粗细较均匀，只用一个"较"字去进行产品分级，操作性较差，容易出现评判误差。

此外，花卉产品质量标准覆盖不全。根据《2020年全国花卉产销形势分析报告》数据显示，切花产品排名前四的月季、香石竹、非洲菊和百合产品质量等级行业标准刚于2020年发布，此前仅有少量地方标准可参考执行。盆花产品中，排名前四的是蝴蝶兰、大花蕙兰、红掌、凤梨，蝴蝶兰盆花仅有两项地方标准，红掌仅有3项地方标准，无行业标准；市场占有率很高的大花蕙兰没有任何标准可参考。花卉苗木方面，常用的园林绿化花卉苗木如紫荆、丁香、海棠、梅花等，多数为技术规程标准，鲜有苗木质量分级标准。

花卉团体标准应从目前市场需求量较大的花卉及苗木产品入手，充分调动行业中具有影响力与领导力的生产企业、科研院所以及销售商，对国际常用的花卉产品质量标准进行充分分析，结合我国花卉产业和市场特色，制定比国家标准、行业标准等更为严格的团体标准。做到每一种花卉有一项标准与之相配套，进一步集中全国优势产区、优势企业制定详细的单一类别物种的花卉产品质量标准。率先在团体范围内强制执行，进而推广至市场。并且可以参考荷兰花卉拍卖协会的经验，对符合团体标准的产品进行认证，从而为形成具有中国特色的花卉产品、花卉品牌奠定基础，逐步实现全国花卉行业产品的优质化、商品化、标准化。使花卉产品更好地与国际市场接轨，提升中国花卉产业综合实力。

4.4 制定花卉物流相关标准，保障产品流通品质

花卉物流是花卉产业链中的重要环节，对花卉苗木产品的价值起到关键作用。花卉苗木从采收到消费

的各个流通环节，从数量到质量上都不可避免地产生一定的损耗，影响其商品价值和观赏性。荷兰、以色列等花卉发达国家的损耗率通常只有20%，而我国通常在30%以上，给花卉生产和经营者造成很大损失（高俊平 等，2004）。

2009年，国家标准《主要切花产品包装、运输、贮藏》(GB/T 23897—2009)发布，标准规定了切花月季、非洲菊、菊花、唐菖蒲、百合和香石竹6种花卉的包装、运输及贮藏各环节的技术要求与方法，为我国国内大型花卉交易市场、花卉生产单位提供基础参考规范，但并不能满足日益发展的多样化花卉产业需求。目前，我国尚未建立成熟的标准化技术体系和专一化的物流系统，很多花卉苗木产品忽略包装与分级，严重影响了产品的价格、运输的成活率及出口量。国外先进的花卉产品包装及物流技术及标准值得我们学习，如意大利的华奇奴容器苗圃建立了无缝化冷链体系，其容器苗产品从种苗到大苗，上千个品种实现了大半个欧洲的覆盖运输与销售，在时间与价格上实现了双赢，值得国内学习和借鉴(潘会堂 等，2013)。

我国花卉物流企业大部分较小，单个企业很难完成花卉物流标准的构建。而且由于地区差异，不同地区的企业无法对接，给花卉的流通带来很大困难（薛金礼，2021）。产业技术联盟、协会等花卉团体应担起行业责任，组织行业内单位，根据花卉产品种类及各类花卉自身的特点制定相应分级包装和储运等物流标准，在温控、包装、标签等物流环节实现无缝对接，减少花卉在物流环节的损失。

5 结　语

作为市场主导的标准，花卉团体标准应当聚焦市场需求。相关团体应重新审视现今和未来的花卉产业发展，完善和制定符合市场的高质量团体标准，提高我国花卉产业的国际市场竞争力。此外，行业的发展需要市场和监管部门共同维护，以创造真实、透明、诚信的花卉市场，为花卉产业的发展提供一个健康有序的环境，持续推进我国花卉产业高质量发展的进程。

参考文献

程堂仁，王佳，张启翔，2018. 中国设施花卉产业形势分析与创新发展[J]. 温室园艺，5：21-27.

程堂仁，王佳，张启翔，2013. 发展我国创新型花卉产业的战略思考[J]. 中国园林，2：73-78.

程堂仁，王佳，王晓娇，等，2013. "美丽中国"背景下花卉产业的机遇与创新[J]. 林业经济问题，33(6)：526-539.

方卫星，曾伟，甘义祥，2017. 团体标准实施存在的问题及对策研究[J]. 标准科学，9：18-20，24.

高俊平，王子华，2004. 采后保鲜——提升我国花卉产业整体水平的关键[J]. 中国花卉园艺，7：10-11.

孔海燕，2007-08-17(001). 从种植大国跨向现代花卉产业强国[N]. 中国绿色时报.

李国雅，2019. 我国花卉产业现状和发展刍议[J]. 甘肃农业科技，5：77-80.

李上，2015. 积极培育发展团体标准创产业集群发展新局[J]. 中国标准化(11)：47-48.

路馨丹，满芮，孔巍，2014. 我国花卉农业行业标准现状与思考[J]. 中国花卉园艺，3：22-23.

潘会堂，蔡明，孙明，等，2014. 我国花卉产业标准化专利战略研究[C]. 第十一届中国标准化论坛论文集. 1418-1421.

王丽花，黎其万，和葵，等，2008. 我国花卉质量标准现状及与国外比对分析[J]. 农业质量标准，2：29-32.

薛金礼，祝安然，邵贝贝，2021. 我国花卉物流发展对策[J]. 物流技术，40(4)：40-42.